钢结构制作安装手册

Manufacture and Erection Manual of Steel Structures

第三版

主　编　罗永峰
副主编　贺明玄　陈晓明

中国建筑工业出版社

图书在版编目（CIP）数据

钢结构制作安装手册 ＝ Manufacture and Erection
Manual of Steel Structures / 罗永峰主编；贺明玄，
陈晓明副主编. —3 版. —北京：中国建筑工业出版社，
2022.5

ISBN 978-7-112-27260-0

Ⅰ.①钢… Ⅱ.①罗… ②贺… ③陈… Ⅲ.①钢结构
－结构构件－制作－技术手册②钢结构－建筑安装－技术
手册 Ⅳ.①TU391－62②TU758.11－62

中国版本图书馆 CIP 数据核字（2022）第 063254 号

本手册由上海市金属结构协会和同济大学牵头，组织上海市及国内部分钢结构
单位与专家编制完成。手册内容以现行国家及行业有关钢结构工程施工及验收规
范、标准为依据，参考上海地区及国内外的钢结构施工经验，并引用部分国外规范
资料，进行编写。

根据目前国内外钢结构技术发展与工程应用现状，本书第三版对第二版的内容
进行了重新排列组织与扩充，修订了与现行标准不对应的内容，并增加了新的技术
内容。手册第三版共 8 篇 24 章，内容包括施工总则、结构用钢材、连接方法、用
具和机具、工厂制作、现场安装、检测检验、工程管理方法等内容，对切割、制
孔、成形加工、矫正、组装、焊接、腐蚀与防护、成品检验与运输、工程验收等一
系列操作与管理过程，分别进行阐述并作出规定，根据大量现有工程应用资料，列
出了钢结构工程施工中不同工艺技术的具体操作方法及作业流程图表、实用的管理
表格形式等，可供钢结构企业直接参考应用。

本书可供钢结构制作工厂、钢结构施工安装企业、建筑工程施工与设计部门的
技术人员和管理人员以及土建专业大专院校师生参考应用。

* * *

责任编辑：刘婷婷　郭　栋
责任校对：张惠雯

钢结构制作安装手册
Manufacture and Erection Manual of Steel Structures
第三版
主　编　罗永峰
副主编　贺明玄　陈晓明

*

中国建筑工业出版社出版、发行（北京海淀三里河路 9 号）
各地新华书店、建筑书店经销
北京红光制版公司制版
北京京华铭诚工贸有限公司印刷
*
开本：787 毫米×1092 毫米　1/16　印张：64½　字数：1604 千字
2022 年 5 月第三版　　2022 年 5 月第一次印刷
定价：**228.00** 元
ISBN 978-7-112-27260-0
（38729）

序

　　随着国民经济和基础建设的不断发展，钢结构已在我国基础设施建设中得到广泛应用。钢结构因具有较高的强度和较好的韧性，因此，现代大型公共建筑、公用设施等均采用钢结构作为主要结构体系，钢结构甚至已成为现代住宅建筑的主要结构体系。这些现代钢结构建筑的特点通常是跨度大、体量规模大，且形态新异、体系复杂，新材料和新技术在钢结构建筑的应用也在不断发展，这都为钢结构的设计计算方法、控制技术、制作工艺、安装技术、工程管理提出了挑战，但同时也为钢结构整体技术的进步提供了机遇。

　　然而，在钢结构广泛应用与快速发展的同时，近年来发生了不少钢结构工程施工质量事故与安全事故，造成了一定的生命财产损失与不良的社会影响。这些事故的调查分析表明，发生施工事故的主要原因，或因施工方法不当、或是技术措施不正确、或因作业不规范、或是作业不符合规范要求与施工管理不善等，这也说明，钢结构施工不仅需要完备的标准规范体系、先进的施工设备、先进的施工方法，同时也需要与现行标准规范配套的技术手册、实施细则体系及技术管理制度，只有具备详细完备的技术与管理规则及实施细则，且严格按照规则体系进行规范性制作安装施工，才能保障钢结构工程的施工安全、质量、经济与绿色节能指标。

　　由沈祖炎院士主编的《钢结构制作安装手册》，一直以来是对我国钢结构施工规范、标准系统的进一步解析、补充与延伸，为钢结构构件与零部件制作加工、运输、安装与施工管理提供了技术性指导文献与参考资料，在我国钢结构工程施工领域发挥了重要作用。《钢结构制作安装手册》第一版于1998年11月正式出版发行，第二版于2011年10月正式出版发行，第二版应用至今已历时10年，在这过去的10年中，我国钢结构理论与技术飞速发展，关于钢结构的数值化分析与设计方法、数字化制作工艺、智能化施工安装技术、视频化施工监测技术、信息化检测与鉴定技术以及智能化施工控制与管理技术等，已得到深入研究与发展，且取得了众多技术成果，现代数字化、信息化与智能化技术已广泛用于钢结构施工全过程中。同时，国内钢结构行业关于钢结构的系列标准规范，诸如材料标准、设计标准、信息模型标准、制作与安装技术标准、施工监测技术标准、施工质量检测与验收标准、加固技术标准等，均已吸收国内外最新研究成果、先进工艺技术和实际工程经验等得到更新修订或新编制订，使得《钢结构制作安装手册》第二版的部分内容已不适应、不满足当前钢结构工程应用的最新发展与要求，为此，为适应现代钢结构工程发展大势，为钢结构工程施工提供更为先进、及时、准确、详细的信息资料、技术方法和实施细则，根据当前国内外钢结构行业的科技发展和最新技术，对《钢结构制作安装手册》第二版进行改编和扩充非常必要且势在必行。根据中国建筑工业出版社的建议，原《钢结构制作安装手册》第二版编委会重新组织专家进行《钢结构制作安装手册》第三版的修编与扩编。第三版由同济大学罗永峰教授、上海市金属结构行业协会副秘书长贺明玄教授、上海建工集团总工程师陈晓明教授级高工三位担任主编工作，同时在原编委会的基础上根据编写内容增加新的编委，组成新的编委会，完成了《钢结构制作安装手册》第三版的修编和扩编工作。《钢结构制作安装手册》第三版的出版也是对沈祖炎院士的纪念。

新修编的《钢结构制作安装手册》第三版，在第二版的基础上修编了已过时或不符合国家现行钢结构行业相关标准和规范的内容，同时补充了与BIM技术及数字化、智能化信息技术等有关的内容，并调整了整体章节内容范围与安排顺序，使新修编第三版的内容更全、更新，且更具有逻辑顺序，便于工程技术人员查询应用。

这本《钢结构制作安装手册》为钢结构工程制作与安装施工提供了技术工具和参考资料，是国内钢结构施工技术方面最为全面和详细的权威工具书。第三版的成功修编出版，体现了编写专家团队深厚的理论基础、丰富的实践经验和扎实的专业技术水平，相信这本《钢结构制作安装手册》对提高我国钢结构施工行业专业人员技术水平、规范化钢结构施工、推动我国钢结构工程施工水平进步具有重要作用和意义。

中国工程院院士、浙江大学教授 董石麟

2021 年 3 月 19 日

第 三 版 前 言

本手册第一版于 1998 年 11 月正式出版，第二版于 2011 年 10 月正式改编出版，第二版应用至今已历时 10 年，在这 10 年中，钢结构在我国各行各业得到广泛应用，相应的新技术、新工艺不断出现、飞速发展，关于钢结构的分析与设计计算方法、制作加工工艺、施工安装技术、施工监测技术、数字化与智能化管理技术、检测与鉴定技术，已得到深入研究和快速发展且取得了众多研究成果，积累了丰富的工程经验和技术资料，同时，国内外关于钢结构的材料标准、设计规范与标准、信息模型标准、制作与安装技术标准、施工监测技术标准、施工质量检测与验收标准、加固技术标准、改建与拆除技术标准等，均已吸收最新的研究成果和先进技术而得到更新，使得本手册第二版的部分内容已不适应、也不满足当前钢结构工程应用的需要，为此，编写组根据钢结构工程需要和技术应用的发展现状，结合国内外新技术、新工艺、新标准，对本手册的第二版进行改编。

本手册第三版在第二版原有内容的基础上，进行了章节重组、内容调整、更新与扩充。根据现行标准、规范和最新技术成果、数据资料，替换第二版中已过时的内容，并根据钢结构工程应用现状及未来发展趋势，增加了部分新的章节。本手册第三版内容的调整、修改及编排为：第 1 篇 施工总则，按现行标准、法规及技术要求进行了更新修改，将第二版"第 2 篇第 1 章引论"和"第 10 篇钢结构制作安装管理要点"调整到本篇，并将第二版"第 7 章试验、检查"内容分散到后续其他章节，增加了"信息与 BIM 技术"一节，将本篇压缩调整为两章；第 2 篇 钢结构工厂制作、成品检验与运输，将第二版的第 8 篇合并到第 2 篇、重新排列，并更新原有内容，将本篇调整为四章；第 3 篇 焊接，将原来的八章压缩调整为三章，并更新修改原内容；第 4 篇 紧固件连接，将第二版"第 11 篇第 4 章螺栓连接件及检测"调整到本篇，与第 4 篇第二版原内容合并，调整压缩为三章，并更新修改相关内容；第 5 篇 铸钢节点，将第二版的八章压缩为一章，并更新修改相关内容；第 6 篇 索和膜结构，修改了篇名，并将索结构和膜结构分开单独成章，分别论述索结构和膜结构的材料要求、施工工艺的检验标准，同时更新修改相关内容；第 7 篇 钢结构的腐蚀与防护，将第二版的十一章调整为五章；第 8 篇 工地安装，增加了"钢结构改建与加固"与"钢结构施工监测"两章内容，并更新修改相关内容，将第二版的七章调整为两章；将第二版的"第 11 篇钢结构检测"，分散到其他篇相应的质量检验章节，取消第二版第 11 篇。

本手册第三版修改编写组，由以下单位组成：同济大学、上海市金属结构行业协会、上海市机械施工有限公司、宝钢钢构有限公司、上海宝冶集团有限公司、中国二十冶钢构公司、上海交通大学、阿克苏诺贝尔国际油漆、上海宝冶工程技术公司、江苏永益股份有限公司、同恩（上海）工程技术有限公司、上海建工（江苏）钢结构有限公司、中船第九设计研究院工程有限公司、中冶（上海）钢结构科技有限公司、浙江中天恒筑钢构有限公司、浙江国星钢构有限公司、海南大学、上海建工集团。

本手册第三版由罗永峰教授任主编，贺明玄教授、陈晓明总工任副主编，精心组织众多专家编写而成，最后由罗永峰完成统稿工作。在编写过程中，得到上海乃至全国有关单位、同行专家的支持和帮助，在此表示衷心感谢。本手册第三版的改编也难免会有失误和不妥之处，恳请读者发现后指出，提出宝贵意见、批评指正，来函联系电子邮件地址：yfluo93@tongji.edu.cn。

第三版编写人员名单

主　　编： 罗永峰

副 主 编： 贺明玄　陈晓明

编写人员：

张立新	卢　定	刘春波	肖　瑾	郁政华	陈务军
罗　放	王　磊	王　勤	葛俊伟	徐文敏	刘　晓
曹富荣	倪建公	李　旻	秦夏强	顾　军	蒋首超
王　雄	韩　波	盛林峰	周　锋	丁佩良	许　喆
白文化	丁一峰	遇　瑞	周孝平	岳　琨	向新岸
潘　钦	任思杰	韩更赞	叶智武	郭小农	曹洁华
李　洪	魏国春	汤菊华	刘　刚	黄文华	刘明路
高喜欣	李　璐	吴　俊	孔令严	吴　浩	尚景朕
张晋文	吴　昊	高志能	李瑞雄	强旭红	徐　晗
罗立胜	刘占龙	戴文德	贾宝荣	吴旗连	马　良
董婉莹					

参编单位： 同济大学

上海市金属结构行业协会

上海市机械施工有限公司

宝钢钢构有限公司

上海宝冶集团有限公司

中国二十冶钢构公司

上海交通大学

阿克苏诺贝尔国际油漆

上海宝冶工程技术公司

江苏永益股份有限公司

同恩（上海）工程技术有限公司

上海建工（江苏）钢结构有限公司

中船第九设计研究院工程有限公司

中冶（上海）钢结构科技有限公司

浙江中天恒筑钢构有限公司

浙江国星钢构有限公司

海南大学

上海建工集团

第三版各章分工与执笔人

篇	名称	章	名称	负责人	执笔人
第1篇	施工总则	第1章	绪论	罗永峰	肖瑾 贺明玄 陈晓明 顾军
		第2章	钢结构工程管理	贺明玄	肖瑾 陈晓明 刘春波 王雄 顾军 李洪 张立新 卢定 董婉莹 高志能
第2篇	钢结构工厂制作、成品检验与运输	第3章	钢结构制作方案	刘春波	贺明玄 许喆 徐文敏 曹洁华 丁一峰 汤菊华
		第4章	零部件加工		
		第5章	钢结构组装		
		第6章	成品检验与运输	王勤	陈晓明 戴文德
第3篇	焊接	第7章	焊接准备	刘春波	丁佩良 许喆 徐文敏 曹洁华 肖瑾 张晋文 刘晓 韩波 罗立胜 丁一峰 徐晗 周孝平 吴旗连
		第8章	焊接工艺		
		第9章	焊接检验		
第4篇	紧固件连接	第10章	铆钉连接	肖瑾	王雄 白文化 遇瑞 李洪
		第11章	螺栓连接		
		第12章	自攻螺钉、钢拉铆钉及射钉连接		
第5篇	铸钢节点	第13章	铸钢节点	曹富荣	陈晓明 倪建公 罗永峰
第6篇	索和膜结构	第14章	索结构	陈务军	向新岸 潘钦 任思杰 韩更赞 吴浩 尚景朕 李瑞雄 刘晓 刘刚 李旻 黄文华
		第15章	膜结构		
第7篇	钢结构的腐蚀与防护	第16章	腐蚀等级与防护方法	罗放	葛俊伟 秦夏强 蒋首超 徐文敏 刘晓 韩波 魏国春 岳琨 强旭红 刘占龙
		第17章	涂料		
		第18章	涂装设计		
		第19章	涂装施工		
		第20章	钢结构防火保护措施		
第8篇	工地安装	第21章	安装施工准备	陈晓明	盛林峰 郁政华 周锋 王雄 王磊 郭小农 罗永峰 遇瑞 刘明路 吴昊 马良 李旻 黄文华 贾宝荣
		第22章	施工安装		
		第23章	钢结构改建与加固		
		第24章	钢结构施工监测	王磊	陈晓明 罗永峰 高喜欣 吴俊 孔令严 李璐 叶智武 徐晗 罗立胜 贾宝荣

第 二 版 前 言

本手册第一版于1998年11月正式出版，至今已历时12年有余。在这10多年中，钢结构在我国各行各业中广泛应用、飞速发展，关于钢结构的制作加工工艺、施工安装技术、分析与设计计算方法，已得到深入发展且取得了众多的研究成果，积累了丰富的工程经验和技术资料，同时，国内外关于钢结构的设计规范、制作安装技术标准、施工质量检测与验收规范等，均已吸收最新的研究成果和先进技术而得到更新修订，使得本手册的部分内容已不适应当前钢结构工程应用的需要，为此，编写组根据工程需要和钢结构工程发展现状，结合国内外的新技术、新标准，对本手册的第一版进行改编。

本次再版修订工作，在手册原有内容的基础上，进行了适当的内容更新、调整与扩充。根据现行标准、规范和最新技术成果、数据资料替换其中已过时的内容，并根据钢结构工程应用现状及未来发展趋势，增加了部分新的章节。本手册第二版内容的修改及编排为：第一篇施工总则，按新的标准、法规及技术要求进行了更新修改；第二篇工厂制作，除更新原有内容外，其中第五章增加激光切割、第六章增加计算机控制加工技术、第九章增加专业组装设备；第三篇焊接，本篇内容调整较大、更新较多，并增加了第八章焊接工装，此外，将原焊接管理一章的内容，按照本次修编要求，统一调整到第十篇；第四篇连接紧固件，修改了原篇名，在高强度螺栓一章中，增加了钢网架螺栓球节点用高强度螺栓，并增加了自攻螺钉及自攻自钻螺钉、钢拉铆钉、射钉连接三章内容；第五篇铸钢节点，本篇为新增加篇，阐述了铸钢节点的选材、制作工艺过程、缺陷修补方法、涂装与验收规则；第六篇结构用索和膜，本篇为新增加篇，阐述了结构用索和膜的材料、制作工艺、张拉方法和检测方法与标准；第七篇钢结构的腐蚀与防护，增加了钢结构防火保护措施；第八篇成品的检验与运输，增加了钢梁的形式及检查要点、钢网架的形式及检查要点、压型金属板的形式及检查要点；第九篇工地安装，增加了吊装设备选用、单层结构安装、空间钢结构安装、高耸塔桅钢结构安装，并增加了工地测量一章；第十篇钢结构制作安装管理要点，本篇将原手册中其他章节关于管理方面的内容调整到此，并进行了更新修改，增加了合同管理、材料退库管理、图纸与变更文件管理以及质量、职业健康安全和环境管理体系等内容；第十一篇钢结构检测，本篇为新增加内容，阐述了钢材、连接材料、紧固件、焊接及涂装等的检测方法与评定标准。本手册适用于工业和民用建筑、一般构筑物及多高层建筑钢结构工程，配合执行有关钢结构工程设计、制作、安装、验收的国家及地方规范、规程、标准时参考使用。

本手册第二版修改编写组，由以下单位组成：同济大学、上海市金属结构协会、中船江南重工、宝钢钢构有限公司、上海宝冶钢构分公司、中国二十冶钢构公司、上海交通大学、上海市机械施工有限公司、上海宝冶工程技术公司、上海晓宝钢结构有限公司、宝钢工程技术集团有限公司、中船第九设计研究院工程有限公司、北京机电院高技术股份有限公司。

本手册第二版由沈祖炎院士任主编，曹平、罗永峰任副主编，精心组织众多专家编写而成，最后由罗永峰完成统稿工作。在编写过程中，得到上海乃至全国有关单位、同行专家的支持和帮助，在此一并致谢。本手册第二版的改编也难免会有失误和不妥之处，恳请读者发现后指出，提出宝贵意见、批评指正，来函联系电子邮件地址：yfluo93@tongji.edu.cn。

第二版编写人员名单

主　　编：沈祖炎

副 主 编：曹　平　罗永峰

成　　员：同济大学：沈祖炎　罗永峰　蒋首超

上海市金属结构行业协会：曹　平　张关兴

中船江南重工：丁佩良　戴同均　王庆祥　舒　月

宝钢钢构有限公司：贺明玄　虞明达

上海宝冶钢构分公司：肖　瑾　邱柏舜　陈宝文

中国二十冶钢构公司：秦夏强　罗　放

上海交通大学：陈务军

上海市机械施工有限公司：吴欣之　陈晓明　盛林峰

上海宝冶工程技术公司：张立华　王秋蓉

上海晓宝钢结构有限公司：王　勤　戴文德

宝钢工程技术集团有限公司：陈　炯

中船第九设计研究院工程有限公司：倪建公

北京机电院高技术股份有限公司：章亚红　陈旭东

第 一 版 前 言

　　钢结构具有强度高、自重轻、抗震性能好、施工速度快等优点，在现代建筑工程中广泛应用。发达国家绝大多数商业、办公、娱乐、体育、会展等公共建筑以及广播电视通信设施建筑均为钢结构。近年来，随着我国经济实力的增强和技术水平的提高，钢结构在我国各类建筑中得到越来越普遍的应用。例如仅上海地区就有上海金茂大厦、上海大剧院、上海八万人体育馆、浦东国际金融大厦、金桥大厦、新世界金融中心、上海证券大厦、上海新锦江大酒店、静安-希尔顿饭店、上海国贸中心、上海瑞金大厦等高于30层的建筑和公共建筑，以及金桥工业开发区厂房建筑等均为钢结构，另外，我国大面积开发区的建设，主要采用轻型钢结构体系。可以预见，随着我国现代化的发展，建筑市场必将成为钢材应用的主要领域之一，钢结构势必日益成为我国工程建设的主要结构体系。

　　近年来，上海地区在制作安装钢结构方面积累了丰富的经验，随着钢结构应用日益广泛，钢结构制作工厂和安装公司也越来越多。为了适应上海市钢结构制作安装技术进一步发展，贯彻执行国家的技术经济政策，确保钢结构制作安装质量，做到技术先进，经济合理，安全适用，文明施工，推广总结上海这方面的经验，上海市金属结构协会组织同济大学、上海冶金建筑设计研究院、上海建筑质量监督总站、中国船舶总公司第九设计研究院、沪东船厂、冠达尔钢结构公司（原上海冶金结构厂）、上海建筑机械施工公司、华东建筑机械厂、宝钢冶金结构公司、第二十冶金结构公司等十多家单位，由同济大学牵头，集中上海钢结构制作安装方面专家编写这本手册。本手册主要包括以下内容：

- 钢结构施工总则
- 工厂制作
- 焊接
- 普通螺栓和高强度螺栓连接
- 钢结构的腐蚀和防护
- 钢结构的吊装及运输
- 钢结构制作安装管理要点

　　本手册适用于工业和民用房屋建筑及一般构筑物和超高层建筑钢结构工程，配合执行有关钢结构工程设计、施工、安装、验收的国家及地方规范、规程、标准时参考使用。

　　本手册由沈祖炎任主编，黄文忠、沈德洪任副主编，精心组织众多专家编写而成，最后统稿由沈德洪、施保华、宋金林等做了大量的文字工作。在编写过程中，得到上海乃至全国有关单位、同行专家的支持和帮助，在此一并致谢。

第一版编写人员名单

主　　编：沈祖炎

副主编：黄文中　　沈德洪

成　　员：沈祖炎　　黄文中　　沈德洪　　陈万里　　陈楚壁
　　　　　施宝华　　宋金林　　周金鑫　　吴文备　　袁柏山
　　　　　洪德昌　　马益茂　　王　勤　　钟阿定　　邹志孝
　　　　　施铭川　　陈贵华　　张根兴　　梁学锋　　虞承礼
　　　　　全锡根　　田申生　　周世金　　费向平

目　　录

第1篇　施工总则

第1章 绪 论

1.1 建筑钢结构的范围与本手册的特点

1.1.1 现代建筑钢结构主要包括广泛应用于工业与民用建筑的钢结构以及构筑物钢结构。

1.1.2 本《钢结构制作安装手册》(以下简称《手册》)适用于现行国家标准《钢结构设计标准》GB 50017—2017 定义的工业与民用建筑钢结构和一般构筑物钢结构的制作与安装施工。

1.1.3 本《手册》除规定和解说与一般钢结构工程的焊接、普通和高强度螺栓连接、钢结构制作、安装、防腐和防火、施工监测、检测检验等标准有关的施工内容外，同时介绍钢结构工程招、投标程序、工程监理、BIM 技术应用内容以及建筑钢结构的工程管理。为正确进行钢结构制作与安装施工，确保建筑钢结构质量与安全，设计所规定的钢结构各部分和各构件的性能和质量，施工中必须完全实现和满足，这是钢结构工程施工的基本原则。

1.1.4 本《手册》中的各项规定，施工人员应充分掌握。本《手册》亦可供土建结构设计、科研人员、建设单位工作人员使用和参考。

1.2 钢结构加工制作与安装企业

1.2.1 钢结构企业的能力、制作工厂的规模、加工设备的配置等应满足对应企业资质的基本要求。钢结构企业应建立完整的质量、职业健康与安全以及环境等的管理体系、加工制作技术体系、质量检验与验收体系；企业应具有全面的企业管理制度、系统的企业管理流程、健全的项目管理责任制度。管理机构人员配置应满足要求，责、权、利应明确。

1.2.2 制作工厂能力主要包括以下项目。

1. 设备、机械、人员及年产量；

2. 技术人员数量及其履历；

3. 技术工人的数量及其技术水平与资格；

4. 检查体制及检验、试验设备；

5. 软件技术及研发团队；

6. 工程业绩。

1.2.3 根据建设部 2015 年 1 月 1 日起施行的《建筑业企业资质等级标准》(建市[2014] 159 号)，钢结构工程专业承包资质分为一级、二级、三级，企业资质划分对企业的资产、企业主要人员、企业工程业绩均有要求，其中企业主要人员包括：建筑工程专业注册建造师，结构、机械、焊接等专业工程序列职称人员，施工现场管理人员，技术工人等。按照《建筑业企业资质等级标准》，钢结构工程企业资质等级标准划分如表 1.2.3-1 所示，不同资质企业可承包工程范围如表 1.2.3-2 所示。

钢结构工程专业承包企业资质等级标准汇总表　　　　　表 1.2.3-1

要求	资质等级		
	一级	二级	三级
企业资产	净资产 3000 万元以上	净资产 1500 万元以上	净资产 500 万元以上
	厂房面积不少于 30000m²	厂房面积不少于 15000m²	—
企业主要人员	建筑工程专业一级注册建造师不少于 8 人	建筑工程专业注册建造师不少于 6 人	建筑工程专业注册建造师不少于 3 人
	技术负责人具有 10 年以上从事工程施工技术管理工作经历，且具有建筑工程相关专业高级职称；结构、机械、焊接等专业中级以上职称人员不少于 20 人，且专业齐全	技术负责人具有 8 年以上从事工程施工技术管理工作经历，且具有建筑工程相关专业高级职称或一级注册建造师执业资格；结构、机械、焊接等专业中级以上职称人员不少于 10 人，且专业齐全	技术负责人具有 5 年以上从事工程施工技术管理工作经历，具有工程序列中级以上职称或注册建造师执业资格；结构、机械、焊接等专业中级以上职称人员不少于 6 人
	持有岗位证书的施工现场管理人员不少于 30 人，且施工员、质量员、安全员、材料员、造价员、资料员等人员齐全	持有岗位证书的施工现场管理人员不少于 15 人，且施工员、质量员、安全员、材料员、造价员、资料员等人员齐全	持有岗位证书的施工现场管理人员不少于 8 人，且施工员、质量员、安全员、材料员、造价员、资料员等人员齐全
	经考核或培训合格的焊工、油漆工、起重信号工等中级工以上技术工人不少于 50 人	经考核或培训合格的焊工、油漆工、起重信号工等中级工以上技术工人不少于 20 人	经考核或培训合格的焊工、油漆工、起重信号工等中级工以上技术工人不少于 10 人
	—	—	技术负责人（或注册建造师）主持完成过本类别资质二级以上标准要求的工程业绩不少于 2 项
企业工程业绩（近 5 年承担过下列 5 类中的 2 类钢结构工程的施工，工程质量合格）	钢结构高度 80m 以上	钢结构高度 50m 以上的建筑物	—
	钢结构单跨 30m 以上	钢结构单跨 24m 以上的建筑物	—
	网壳、网架结构短边边跨跨度 70m 以上	网壳、网架结构短边边跨跨度 30m 以上	—
	单体钢结构建筑面积 30000m² 以上	单体钢结构建筑面积 10000m² 以上	—
	单体钢结构工程钢结构重量 5000t 以上	单体钢结构工程钢结构重量 2000t 以上	—

续表

要求	资质等级		
	一级	二级	三级
技术装备（应具有的机械设备）	切割设备（多头切割机或数控切割机或仿型切割机或等离子切割机或相贯切割机等）3台	切割设备（多头切割机或数控切割机或仿型切割机或等离子切割机或相贯切割机等）1台	—
	制孔设备（三维数控钻床或平面数控钻床或50mm以上摇臂钻床等）3台	制孔设备（三维数控钻床或平面数控钻床或50mm以上摇臂钻床等）1台	—
	端面铣切或锁口机不少于2台	—	—
	超声波探伤仪、漆膜测厚仪（干湿膜）等质量检测设备齐全	超声波探伤仪、漆膜测厚仪（干湿膜）等质量检测设备齐全	—

不同资质钢结构企业可承包工程范围　　　　表 1.2.3-2

资质等级	可承包工程范围
一级	可承揽各类钢结构工程的施工
二级	可承担下列钢结构工程的施工： （1）钢结构高度 100m 以下； （2）钢结构单跨跨度 36m 以下； （3）网壳、网架结构短边边跨跨度 75m 以下； （4）单体钢结构工程钢结构总重量 6000t 以下； （5）单体建筑面积 35000m² 以下
三级	可承担下列钢结构工程的施工： （1）钢结构高度 60m 以下； （2）钢结构单跨跨度 30m 以下； （3）网壳、网架结构短边边跨跨度 33m 以下； （4）单体钢结构工程钢结构总重量 3000t 以下； （5）单体建筑面积 15000m² 以下。注：钢结构工程是指建筑物或构筑物的主体承重梁、柱等均使用以钢为主要材料，并工厂制作、现场安装的方式完成的建筑工程

2020 年 11 月 11 日国务院常务会议审议通过了《建设工程企业资质管理制度改革方案》，2020 年 11 月 30 日中华人民共和国住房和城乡建设部发布了"住房和城乡建设部关于印发建设工程企业资质管理制度改革方案的通知"，该通知主要内容有：精简资质类别，归并等级设置。对部分专业划分过细、业务范围相近、市场需求较小的企业资质类别予以合并，对层级过多的资质等级进行归并。本次改革后，工程勘察资质分为综合资质和专业资质，工程设计资质分为综合资质、行业资质、专业和事务所资质，施工资质分为综合资质、施工总承包资质、专业承包资质和专业作业资质，工程监理资质分为综合资质和专业资质。资质等级原则上压减为甲、乙两级（部分资质只设甲级或不分等级）。

钢结构工程专业承包资质并入建筑工程施工总承包资质。钢结构工程专业承包资质变为新的建筑工程施工总承包资质，分为甲、乙两个级别，原钢结构工程专业承包一级资质调整为建筑工程施工总承包甲级资质，原钢结构工程专业承包二级、三级资质合并成为建筑工程施工总承包乙级资质。

1.2.4　安装企业应按照其拥有的注册资本、专业技术人员、技术装备和已完成的建筑工程业绩等条件申请资质，经审查合格、取得建筑业企业资质证书后，方可在资质许可的范围内从事建筑施工活动。钢结构安装企业审查的主要内容如下。

1. 企业营业执照、资质等级证书、安全生产许可证；
2. 安装企业现场项目管理机构的质量与技术管理体系和质量与安全保证体系；
3. 项目经理岗位证书、安全生产考核合格证书；
4. 专职安全生产管理人员安全生产考核合格证书；
5. 专职管理人员和特殊工种作业人员的资格证、上岗证；
6. 工程业绩。

1.3　钢结构制造与安装的特点与要求

1.3.1　钢结构施工包括钢构件生产制作、运输与安装，其中钢构件制作主要包括钢结构施工详图设计、原材料准备、加工工艺编制、生产计划安排、生产技术交底、放样和号料、切割、成形加工、制孔、矫正、组装、连接（焊接或栓接）、涂装、钢结构预拼装、质量检验、涂刷标号等；钢结构运输包括钢构件包装、转场运输、堆场等；钢结构安装包括施工准备、工地现场测量、施工设备选用、施工措施及临时支承体系设置、施工前检查、钢结构基础锚固、钢构件与零部件吊装、施工过程监测、工地现场连接、工地现场涂装、安装质量检验等。

1.3.2　钢构件具有外形尺寸小、重量轻、承载力高的特点。钢结构构件制造的基本元件常为热轧型材、板材以及冷成型型材，采用这些基本元件可制成壁薄细长的钢构件。另外，特别复杂的节点或构件也可采用铸钢生产。

随着建筑技术的发展、建筑标准的合理化、预制构件的标准化，可建立钢构件标准通用模数，使其尺寸协调，以适当限制构件类型及尺寸，进而使制作生产机械化、高效化，以节约大量材料。

1.3.3　完整的钢结构产品，需要将基本元件采用机械设备和成熟的工艺方法进行各种加工制作，以达到规定产品的预期要求。现代化钢结构制造厂，应具有进行剪、冲、切、折、割、钻、焊、喷、压、滚、弯、卷、刨、铣、磨、锯、涂、抛、热处理等加工及无损检测的设备，并辅有各种专用胎具、模具、夹具、吊具等工艺装备，对设计出的任何形状和尺寸的钢结构件，均能够按设计要求制作，同时制造能力也应达到高精度、高水平。

1.3.4　钢结构焊接有多种类型，如手工电弧焊、CO_2 气体保护焊、电渣焊、半自动埋弧焊、自动埋弧焊、氩弧焊、重力焊、等离子焊、激光焊等，由这些焊接类型或方法还可发展派生出其他的焊接类型。不同类型的焊接方法，需要与焊接方法相匹配的焊接材料。

目前，建筑钢结构构件主要包括柱、梁、支撑、拉杆等，构件间的连接主要为焊接、高强度螺栓连接、销接。钢构件连接也可采用栓焊混合连接。一般工厂制作以焊接居多，现场安装以螺栓居多，或者部分相互交叉使用。

1.3.5 钢结构制造厂均进行非定型产品生产。目前，我国尚无将钢结构制造厂划分为单一生产某一产品（工业厂房或高层建筑）的专门企业分类，各厂均是在合同范围内以销定产，而非以产定销，因此，制造厂生产布局难以固定为某一模式。一般大、中型企业（年产 4000～20000t 以上）均以大流水作业生产的工艺流程为主线，布置同类型构件批量生产流水线（图 1.3.5-1）；中小型企业（年产 1200～4000t）均为作坊式布置，以某一产品类型组织生产，多数属混合型，即以产品类型进行区域性生产布置，其设备据此进行相应固定性配置。

钢结构制造工艺流程——即大流水作业生产的工艺流程如图 1.3.5-1、图 1.3.5-2所示。

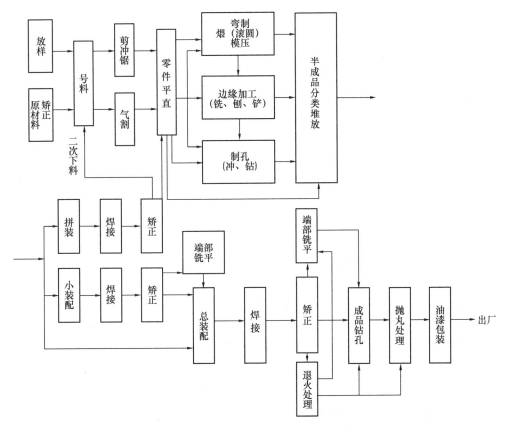

图 1.3.5-1　大流水作业生产的工作流程

图 1.3.5-2　流水生产区域划分

1.3.6 钢结构制造厂布置流水作业生产场地时，应考虑以下主要因素。

1. 产品的品种、特点和批量；

2. 工艺流程、方法；

3. 产品进度要求，每班制的工作量和要求的生产面积；

4. 现有生产厂房、设备和起重运输能力。

1.3.7 钢结构制造厂生产场地布置有流水生产布置、固定式生产布置和混合式生产布置三种，生产场地布置原则如下。

1. 按流水顺序安排生产场地，尽量减少运输量，避免倒流水；

2. 根据生产需要合理安排操作面积，以保证安全操作，并要保证材料和零件有必需的堆放场地；

3. 适当考虑必要的质量检查停止点所需场地，如拼板后的探伤、电渣焊后的探伤、预装等；

4. 保证成品能顺利运出，半成品顺利周转；

5. 便利供电、供气、供水及照明线路的布置。

1.3.8 钢结构制作流水生产布置特点如下。

1. 以工艺流程为主导，线条清晰，厂房以长条形为佳；

2. 操作单一，便于计划控制和生产管理；

3. 一旦某区域发生障碍，不影响其他区域和工序的正常生产；

4. 占有厂房场地较大，工艺装备固定。

1.3.9 钢结构制作采用固定式生产布置时，产品固定在区域内基本不流动，一道工序完成，移动配置设备，下道工序继续在原区域内生产直至完成。固定式生产是一种传统的、原始的作坊式生产形式，小型企业采用较多，其特点如下。

1. 占有生产场地较小；

2. 设备可移动，以配合构件生产位置；

3. 操作者必须具备多种工序操作能力；

4. 工效低，一旦出现生产障碍，将可能全部停止作业。

1.3.10 钢结构制作混合式生产布置的特点为：以流水生产或固定生产布置为基础，考虑两者生产的交叉，按厂房、设备、人员水平、构件类型（特殊或一般），将两种生产布置混合使用，也可按规模、设备条件进行有倾向性布置，混合式生产布置是中型企业采用较多的生产布置形式。

无论哪一种生产布置形式，都是以企业自身条件为基础，保证在合同期内生产出高质量的构件且提高劳动生产率，并使企业获取最大经济效益。从发展的角度出发，企业应向以构件类型划分的专业全流水生产布置方向发展，以便实现全自动化流水线生产。

1.3.11 钢结构生产的现场环境，无论室内室外，均处于立体操作空间中，尤其在室内流水生产布置条件下，生产效率很高，构件在空间大量、频繁移动。统计表明，钢结构生产构件移动量约为产出量的4～10倍左右，构件多采用行车等设备吊起在空间进行纵横及上下线性运动，这种移动几乎遍及生产场所的整个上空，因此，应特别重视安全生产。

1.3.12 为了便于钢结构制作和操作者的作业活动，加工构件均宜搁置于一定高度，无论是堆放搁置架、装配组装胎架，还是焊接胎架等，都应高出地面0.4～1.2m左右。另外，在制作大型钢结构或高度较大、重心过高、难以稳定的狭长构件和超大构件时，结构和构件常有倾倒和倾斜的趋势，因此，必须防范安全事故发生。

1.3.13 除安全通道外，钢构件制作操作者随时随地都处于重物包围的空间范围，操作者除应有自身防护意识外，还需注意各方位观察，以避免发生安全事故。另外，在钢结构生产的各个工序中，常需使用剪、冲、压、锯、钻、磨等机械设备，人与机械直接接触，易发生被机械损伤的事故。统计表明，机械损伤事故发生的概率仅次于工件起运中的坠落事故，因此，须有严格的防护和保护。钢构件生产安全防护包括下列内容。

1. 自身防范。必须按照国家规定的有关劳动法规条例，要求进行各类操作人员的安全学习和安全教育，特殊工种必需持证上岗。生产场地必须留有安全通道，设备之间的间距不得小于图 1.3.13-1 所示的最小间距。进入现场时，无论是操作者还是生产管理人员，均应穿戴劳动防护用品，并应注意观察和检查周围环境。

为安全生产，加工设备之间应留有一定的间距，用于工作平台和堆放材料、工件等。

2. 他人防范。操作者必须严格遵守各岗位的操作规程，以免损及自身和伤害他人。对危险源应有相应明确的标志、信号、警戒等，以免现场人员受到伤害。

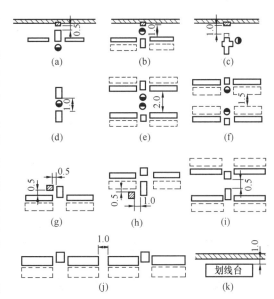

图 1.3.13-1 设备之间的最小间距（m）
(a) 操作人员在设备外侧作业时与设备间的距离；(b) 设备外侧堆放零件操作人员在内侧作业时与设备间的距离；(c) 操作人员在设备旁侧作业时与设备间的距离；(d) 操作人员在设备间作业时应留的距离；(e) 设备外侧堆放零件双工位操作人员在设备内侧作业时与设备间的距离；(f) 设备内侧堆放零件双工位操作人员作业时与设备间的距离；(g) 设备外侧堆放零件操作人员在设备角侧作业时与设备间的距离；(h) 操作人员在设备与零件堆放角侧作业时与设备间的距离；(i) 设备外侧堆放零件时操作台间的距离；(j) 设备外侧堆放零件时设备间的距离；(k) 划线台与设备间的距离

3. 所有构件的堆放、搁置应十分稳固，不稳定的构件应设置支撑或固结定位。堆放堆垛高度超过构件自身高度的构件时，堆垛列间距应大于构件自身高度（如吊车梁、屋架、桁架等），以避免多米诺骨牌式的连续塌倒。构件安置要求平稳、整齐，堆垛不得超过两层。

4. 索具、吊具要定时检查，不得超过额定荷载。焊接构件时，不得留存、连接起吊索具。碰甩过的钢丝绳，不得再次使用。钢丝绳股丝磨损后，应按规定更新。

5. 钢结构半成品和成品的制作胎具的制造和安装，均应进行安全性验算。

6. 钢结构生产过程中，所使用的氧气、乙炔或丙烷、电源，必须有安全防护措施，应定期检测泄漏和接地现象。

7. 吊运构件的移动和翻身，只能听从一人指挥，不得两人并列指挥或多人参与指挥。起重物件移动时，不得有人在本区域投影范围内滞留、停立和通过。

8. 所有制作场地的安全通道必须畅通。

1.3.14 钢结构制作过程中，应防止产生污染源。钢构件本身并不对环境卫生直接产生影响，但在生产过程中，所用的机械、动力、检测、设备、辅料等会产生污染，所以，应防备和控制污染源的产生，具体包括下列内容。

1. 机械噪声。厂房内生产噪声必须限制在95dB以下。目前，在对某些机械的噪声源还无法根治和消除的情况下，应重点控制并采取相应的个人防护措施，以免给操作人员带来职业性疾病。

2. 粉尘。应严格控制在$10mg/m^3$卫生标准范围内，操作时，应佩戴好劳动防护用品进行保护。

3. 油漆细雾。油漆场地应空气流通、通风良好，操作者应有完善的个人防护，尤其应严格控制有机物的毒性散发和有害金属的含量。

4. "RT" 检测。钢结构生产过程中，常需进行无损检测，其中采用射线检测时放射源危害最大。在密集型生产区域，质量检测应有时间限制。采用射线检测时宜夜间拍片，并应在检测区域内划定隔离防范警戒线，且应远距离控制操作。有条件时，采用铅房隔离最佳。

5. 污水和污物。使用乙炔发生器排污多，应严格控制。自1992年起，我国已使用瓶装乙炔，严禁使用电石发生器。目前，普遍使用丙烷或丙烯作为切割气，其安全性和经济性适合于大小规模的钢结构生产厂家。

钢结构加工厂的环境卫生保护，应遵照企业各工种劳动保护条例规定，以确保钢结构生产的安全和环境卫生达标。

1.3.15 钢结构安装是将工厂制作的构件和节点，按照事先制定好的施工工艺和顺序，安装到设计位置，并连接形成预先设计的结构。安装施工企业应建立完整的质量与安全保证体系、技术体系、检验与验收体系。

1.3.16 在现行国家标准《钢结构设计标准》GB 50017—2017 颁布后，依据该标准修编的《钢结构设计手册》第4版也已出版，《钢结构工程施工质量验收规范》已在原规范基础上重新修订为现行标准《钢结构工程施工质量验收标准》GB 50205—2020，《高层民用建筑钢结构技术规程》JGJ 99—2015 也颁布执行，这些均作为建筑钢结构的主要标准之一。

随着"一带一路"经济建设的发展，我国钢结构工程应用与施工已走向世界，在涉外工程中除采用我国标准外，还要采用 JIS、DIN、AISC、BS、AWS 等标准，因此，钢结构企业的设计、生产、安装必须符合国际合同的技术要求，需要采用相应国家和地区及建筑物所在地的标准。企业制订技术标准时，必须同时以当地标准或国际标准作为参考，以制订企业自己的内控标准。

1.3.17 钢结构制造质量应符合设计和制造标准要求，我国国内的钢结构工程质量应符合现行国家标准《钢结构工程施工质量验收标准》GB 50205—2020 的要求。

在实际钢结构生产中，钢结构制造质量决非越高越好，既要考虑产品的适用性，也要考虑质量控制要求。钢结构制造质量的控制原则为：在达到设计标准要求的前提下，应综合考虑适用性、技术性、经济性。实际上，产品连接精度选择过高时，有时反而会给吊装时的连接带来困难，因此，应制定合理、经济的钢结构制造质量标准。

1.4　信息与 BIM 技术

1.4.1　钢结构生产制造和施工管理宜采用建筑信息模型技术，通过深化设计、工厂制造、现场管理环节的应用，可提高钢结构制作安装的效率和质量。

1.4.2　钢结构的深化设计，应首先确认构造、加工、装配与安装工艺，并考虑土建结构施工的衔接、机电设备及幕墙装饰的相互配合，以消除详图设计误差为原则。

1.4.3　基于钢结构的建筑信息模型，可自动生成深化图纸，该图纸中需补充说明用于加工和安装的辅助数据，并需对装配节点的构件进行编号。

1.4.4　基于钢结构的建筑信息模型，可自动统计钢结构用钢量，并根据类别、材质、长度等进行归类，输出钢构件数量、单重、总重及表面积等统计信息。

1.4.5　钢结构生产制造阶段，宜获取钢结构深化设计的设计参数，主要包括材质、坐标点、螺栓、焊缝形式等信息，作为工厂内加工设备进行构件生产的数据源。

1.4.6　钢结构施工的全过程信息化模拟主要包括：施工场地规划、施工方案模拟、施工进度管理、钢构件现场物料管理、质量与安全管理、竣工模型移交等。

参考文献

［1］　中华人民共和国住房和城乡建设部．建筑业企业资质等级标准（建市［2014］159 号），2014 年 11 月 6 日．

［2］　中华人民共和国住房和城乡建设部．建设工程企业资质管理制度改革方案，2020 年 11 月 30 日．

第2章 钢结构工程管理

2.1 钢结构工程招标与投标

2.1.1 招标投标制是我国建筑业和基本建设管理体制改革的一项重要内容。建设单位通过招标择优选择施工单位，施工单位通过投标发挥自己的优势承揽任务，这对于促进承发包双方加强经营管理、缩短建设工期、确保工程质量、降低工程造价、提高投资效益等具有重要作用。上海市人民政府规定，从1989年1月1日起上海市全面实施招标投标承包制，并于2017年1月9日以沪府令50号发布《上海市建设工程招标投标管理办法》，旨在规范管理上海建设工程招标投标活动。全国人大九届十一次常务委员会于1999年8月30日通过《中华人民共和国招标投标法》。第十二届全国人民代表大会常务委员会第三十一次会议于2017年12月27日通过《关于修改〈中华人民共和国招标投标法〉〈中华人民共和国计量法〉的决定》，加强对工程招投标的管理。

2.1.2 建设工程施工招标有公开招标和邀请招标两种方式。公开招标由招标单位发布招标信息。投标单位可按招标信息在规定时间内直接向招标单位（招标人或其委托的招标代理机构）申请施工投标。邀请招标由招标单位发出施工投标邀请书，邀请3个以上具备承担投标能力、资信良好的施工单位参加施工投标。施工招标的范围可以是全部工程或单项工程，也可以是部分工程或专业工程。

2.1.3 招标。

招标可在线下购买招标文件、递交投标书，也可全部在线上进行网上招标、投标。招标人或其委托的招标代理机构组织招标主要包括以下过程。

1. 制订招标方案。

招标方案是指招标人通过分析和掌握招标项目的技术、经济、管理特征以及招标项目的功能、规模、质量、价格、进度、服务等需求目标，依据有关法律法规、技术标准，结合市场竞争状况，针对一次招标组织实施工作的总体策划，招标方案包括合理确定招标组织形式、依法确定项目招标内容、范围和选择招标方式等，是科学、规范、有效地组织实施招标采购工作的必要基础和主要依据。

2. 组织资格预审（招标投标资格审查）。

为了保证潜在投标人能够公平获取公开招标项目的投标竞争机会，并确保投标人满足招标项目的资格条件，避免招标人和投标人的资源浪费，招标人可对潜在投标人组织资格预审。

资格预审是招标人根据招标方案，编制发布资格预审公告，向不特定的潜在投标人发出资格预审文件，潜在投标人据此编制提交资格预审申请文件，招标人或者由其依法组建的资格审查委员会按照资格预审文件确定的资格审查方法、资格审查因素和标准，对申请人资格能力进行评审，确定通过资格预审的申请人。未通过资格预审的申请人，不具有投标资格。

3. 编制发售招标文件。

招标人应结合招标项目需求的技术经济特点和招标方案确定要素、市场竞争状况，根据有关法律法规、标准文本编制招标文件。依法必须进行招标项目的招标文件，应当使用国家发展改革部门会同有关行政监督部门制定的标准文本。招标文件应按照投标邀请书或招标公告规定的时间、地点发售或在相关公开的网站上进行下载。

建设工程施工招标应编制和发布招标文件，招标文件上报核准后不得变更。招标文件应包括下列内容：

1）投标人须知，包括合同主要条款、投标文件格式、技术条款、评标标准和方法、投标辅助材料；

2）工程综合说明；

3）施工图纸、地质资料和设计说明书；

4）工程量清单以及本工程选用的定额；

5）工程款项支付方式及预付款的百分比；

6）质量要求；

7）钢材、木材、水泥、新材料、特殊材料和设备的供应方式、供应量、供应地点以及材料差价计算方式；

8）工程特殊功能和结构的做法和要求，以及采用新技术、新材料的要求；

9）投标、开标、决标等活动的日程安排；

10）应预缴的投标保证金或投标保函；

11）关于特殊工程分发包的要求；

12）组织踏勘现场的日期，解释招标文件的时间、地点，送交标函截止日期；

13）奖惩办法及其他有关事项。

4. 组织踏勘现场。

招标人可以根据招标项目的特点和招标文件的规定，集体组织潜在投标人实地踏勘了解项目现场的地形地质、项目周边交通环境等并介绍有关情况。潜在投标人应自行负责据此踏勘做出的分析判断和投标决策。工程设计、监理、施工和工程总承包以及特许经营等项目招标一般需要组织踏勘现场。

5. 投标预备会。

投标预备会是招标人为了澄清、解答潜在投标人在阅读招标文件或现场踏勘后提出的疑问，按照招标文件规定时间组织的投标答疑会。所有的澄清、解答均应当以书面方式发给所有获取招标文件的潜在投标人，并属于招标文件的组成部分。招标人同时可以利用投标预备会对招标文件中有关重点、难点等内容主动做出说明。

2.1.4　投标。

1. 投标报名及资格预审。

潜在投标人应根据招标文件要求，在规定时间内进行投标报名。招标人可在报名阶段就进行资格预审，也可在正式投标阶段再进行资格预审。

2. 投标答疑。

潜在投标人在阅读招标文件中产生疑问和异议时，可按照招标文件规定的时间以书面提出澄清要求，招标人应当及时书面答复澄清。潜在投标人或其他利害人如果对招标文件的内容有异议，应在投标截止时间 10 天前向招标人提出。

3. 编制提交投标文件。

参加投标的施工单位,应根据招标文件编制投标标书,标书可分为资信标、技术标和商务标,主要包括下列内容:

1) 资信标包括:投标单位的营业执照、资质证书、财务开户及审计报告、信用查询情况等,拟派项目管理团队的人员简历、资质证书、设备证明及项目业绩;公司的相关项目业绩及合同复印件等证明材料。

2) 技术标包括:技术标目录;编制说明;施工总平面布置;主要专项工程施工方案;重大及特殊施工措施方案;保证工程质量的保证体系及技术措施;保证安全、文明施工及施工环境的技术措施及保证体系;投入施工的主要机械设备、材料和劳动力配置情况;施工进度网络计划及保证措施;施工管理机构配置情况及保证体系;项目经理资质、经历及类似工程业绩(也可在资信标中);其他相关文件。

3) 商务标包括:商务标目录;投标函;法定代表人身份证明或附有法定代表人身份证明的权委托书;投标保证金证明材料;商务标总说明;投标报价表。

投标人应根据国家和地方颁布的技术标准、规范、企业定额及其费率,综合考虑本工程的具体特点和自身的管理水平,充分考虑市场价格风险因素,合理确定投标报价。

4. 标书的递交。

潜在投标人应依据招标文件要求的格式和内容,编制、签署、装订、密封、标识投标文件,按照规定的时间、地点、方式提交投标文件,并根据招标文件的要求提交投标保证金。标书应密封送达招标单位,或按要求进行网上加密上传提交。标书一经送达招标单位,不得再行更改。

5. 标书的撤回。

投标截止时间之前,投标人可以撤回、补充或者修改已提交的投标文件。投标人撤回已提交的投标文件,应当以书面形式通知招标人。

2.1.5 开标。

1. 开标会可采用现场或网上召开,一般由招标人主持召开(委托招标代理机构代理招标时,也可由该代理机构主持),邀请监督部门及有关单位参加,投标单位派员参加,当众启封标书,宣布各投标单位表述的主要内容,并进行记录,同时由投标人代表签字确认,公布最终标底(现不提倡采用标底,一般可有最高限价,但应在开标前公布)。

2. 除招标文件特别规定或相关法律法规有规定外,投标人不参加开标会议不影响其投标文件的有效性。

3. 投标人少于3个的,招标人不得开标。依法必须进行招标的项目,招标人应分析失败原因并采取相应措施,按照有关法律法规要求重新招标。重新招标后投标人仍不足3个的,按国家有关规定需要履行审批、核准手续的招标项目,报项目审批、核准部门审批、核准后可以不再进行招标。

2.1.6 评标。

1. 组建评标委员会。

招标人应在开标前依法组建评标委员会。依法必须进行招标的项目,评标委员会应由招标人代表和不少于成员总数三分之二的技术经济专家组成,且评标委员会人数须为5人以上单数。依法必须进行招标项目的评标专家,从依法组建的评标专家库内相关专业的专家名单中以随机抽取方式确定。技术复杂、专业性强或者国家有特殊要求的，采取随机抽取方式确定的专家难以保证胜任评标工作的招标项目，可由招标人直接确定。

2. 评标。

评标由招标人依法组建的评标委员会负责。评标办法按招标文件规定，启封标书后不得更改。评标是对标书综合分析，择优选定，评标委员会应在充分熟悉、掌握招标项目的需求特点，认真阅读研究招标文件及其相关技术资料，依据招标文件规定的评标方法、评标因素和标准、合同条款、技术规范等，对投标文件进行技术经济分析、比较和评审，向招标人提交书面评标报告并推荐中标候选人。

2.1.7 定标。

1. 评标委员会按评标办法规定的方法、评审因素、标准对投标文件进行评审、打分，最后形成评标报告，向招标人推荐中标候选人或受招标人委托确定中标人。

2. 中标候选人公示。依法必须进行招标项目的招标人，应自收到评标报告之日起 33 日内在指定的招标公告发布媒体公示中标候选人，公示期不得少于 3 日。中标候选人不止 1 个的，应将所有中标候选人一并公示。投标人或者其他利害关系人对依法必须进行招标项目的评标结果有异议的，应当在中标候选人公示期间提出。招标人应当自收到异议之日起 3 日内作出答复；作出答复前，应当暂停招标投标活动。

3. 履约能力审查。中标候选人的经营、财务状况发生较大变化或者存在违法行为，招标人认为可能影响其履约能力的，应在发出中标通知书前由原评标委员会按照招标文件规定的标准和方法审查确认。

4. 确定中标人。招标人按照评标委员会提交的评标报告和推荐的中标候选人以及公示结果，根据法律法规和招标文件规定的定标原则确定中标人。

5. 发出中标通知书。招标人确定中标人后，向中标人发出中标通知书，同时将中标结果通知所有未中标的投标人。

6. 提交招标投标情况书面报告。依法必须招标的项目，招标人在确定中标人的 15 日内应该将项目招标投标情况书面报告提交招标投标有关行政监督部门。

2.1.8 签订合同。

招标人和中标人应当自中标通知书发出之日起 30 日内，按照中标通知书、招标文件和中标人的投标文件签订合同。签订合同时，中标人应按招标文件要求向招标人提交履约保证金，并依法进行合同备案。

2.2 施 工 规 划

2.2.1 施工规划的基本要求。

建设单位应将建筑物的质量要求在设计文件上（施工详图、设计说明等）明确表示。施工单位在接到设计文件后，为在合同期内按质量要求完成建筑物的施工，必须制定出《施工组织设计》，在施工前与施工进度表一起交监理机构确认。除有特殊要求的结构外，设计文件中一般不指定加工方法和施工方法。所采用的具体加工方法和施工方法，是在满足建筑物质量要求的前提下，由施工单位根据自筹的机械设备、技术能力、技术工人数量及技术熟练程度决定。在确保安全、质量的同时，还要注重经济性，这是施工单位的基本任务。所有这些内容都必须在《施工组织设计》中予以体现。

2.2.2 钢结构工程施工的主要内容。

钢结构工程施工可分为工厂制作和现场安装两阶段，主要内容包括：钢结构施工详图设计、原材料采购、钢结构制作、钢结构锚固、钢结构预拼装、钢结构包装、运输、钢结构安装、钢结构焊接、普通和高强度螺栓连接、钢结构防腐与防火涂装等。不同阶段的内容与要求如下。

1. 钢结构制作工程的主要内容包括：原材料准备、编制加工工艺、安排生产计划、生产技术交底、放样和号料、切割、成形加工、制孔、矫正、组装、连接（焊接或栓接）、涂装、质量检验、涂刷标号、装运等项目。大多数钢构件主要采用型钢和钢板制作，即将切割加工好的零部件采用焊接或栓接的方式连接，通过零件组焊、部件组焊制成构件，特别复杂的节点或构件也可采用铸钢的方法生产。钢结构工程采用的定型化节点与构件，如焊接球节点、螺栓球节点、铸钢节点、盆式支座节点、钢索、索具、钢拉杆等，已实现工业化生产，可以产品方式采购并运至施工现场进行安装。

2. 钢结构安装工程是将工厂制作的构件和节点，按照事先制定好的施工工艺和顺序，安装到设计位置，连接形成设计的结构。钢结构安装工程的主要内容包括：施工准备、工地现场测量、施工设备选用、施工措施及临时支承体系设置、施工前检查、构件或部件吊装、施工过程监测、工地现场连接、工地现场涂装、安装质量检验等项目。

3. 安装施工单位（包括加工厂）应建立完整的质量与安全保证体系、技术体系、检验与验收体系，以保证钢构件、节点的制作质量符合设计规定和要求以及施工安装结构的性能和质量达到设计目标。

2.2.3 钢结构工程施工组织设计的特点、主要内容与要求。

1. 钢结构工程施工组织设计的特点。

1）不同工程施工组织设计文件纲目相同，但对不同结构体系、不同施工单位，其具体内容具有多样性；

2）施工设备的选择、装拆、操作直接影响施工安全，需特别重视；

3）施工过程模拟分析、施工监测、施工控制要求高；

4）文件编写应详细、可操作性强。

2. 钢结构施工组织设计可由两部分组成：钢结构制作工程施工组织设计、钢结构安装工程施工组织设计，主要内容与要求如下。

1）钢结构制作工程施工组织设计，是钢构件在工厂加工制造前编制的用于指导和组织制造施工生产活动的技术文件。制造施工范围为从钢结构准备工作开始至成品交货出厂为止，需要编制整个生产制造过程的有关技术措施文件，主要内容包括：详图设计、审查图纸、备料核对、钢材选择和检验要求、材料变更与修改、钢材合理堆放、生产计划及生产组织方式、成品检验、涂刷标号及装运出厂等，同时还包括有关常用量具与工具。

2）钢结构安装工程施工组织设计，是钢结构工程安装前编制的用于指导和组织安装施工活动的技术文件，主要内容包括：工程概况（系统工程名称、单位工程名称及内容、工期要求、工作分工、施工环境、工程特点等）、工程量一览表、构件平面与立面布置图、施工机械设备与工具、工程材料和设备申请计划表、劳动力申请计划表、工程进度及成本计划表、钢结构运输方法、吊装的主要施工顺序、安装施工的主要技术措施、不同专业协作条件、工程质量检验标准、安全施工注意事项。

3. 钢结构工程施工组织设计各项技术规定应符合现行国家标准《钢结构工程施工质量验收标准》GB 50205—2020 的要求。

2.2.4 钢结构工程施工总体部署内容与要求。

1. 施工组织总设计应对项目总体施工做出下列宏观部署。

1）确定项目施工总目标，包括进度、质量、安全、环境和成本目标；

2）根据项目施工总目标的要求，确定项目分阶段（期）交付的计划；

3）确定项目分阶段（期）施工的合理顺序及空间组织。

2. 对于项目施工的重点和难点应进行简要分析。

3. 应明确项目管理组织机构形式，并宜采用框图的形式表示。

4. 对于项目施工中开发和使用的新技术、新工艺应做出部署。

2.2.5 施工总进度计划。

1. 施工总进度计划应按照项目总体施工部署的安排进行编制。

2. 施工总进度计划可采用网络图或横道图表示，并附必要说明。

2.2.6 总体施工准备与主要资源配置计划内容与要求。

1. 总体施工准备应包括技术准备、现场准备和资金准备等。

2. 技术准备、现场准备和资金准备应满足项目分阶段（期）施工的需要。

3. 主要资源配置计划应包括劳动力配置计划和物资配置计划等。

4. 劳动力配置计划应包括下列内容。

1）确定各施工阶段（期）的总用工量；

2）根据施工总进度计划确定各施工阶段（期）的劳动力配置计划。

5. 物资配置计划应包括下列内容。

1）根据施工总进度计划确定主要工程材料和设备的配计划；

2）根据总体施工部署和施工总进度计划确定主要施工周转材料和施工机具的配置计划。

2.2.7 主要施工方法说明。

1. 施工组织总设计应对钢结构工程和主要分部（分项）工程所采用的施工方法进行简要说明。

2. 对大型集中吊装机械、液压提升滑移等专项施工方案、脚手架工程、临时用水用电工程、季节性施工等专项工程所采用的施工方法应进行简要说明。

2.2.8 施工总平面布置要求。

1. 钢结构施工总平面布置应在总承包单位统一管理下编制，其中钢结构施工总平面布置应符合下列原则。

1）平面布置科学合理，施工场地占用面积少；

2）合理安排钢结构堆场，合理组织运输，减少二次搬运；

3）施工区域的划分和场地的临时占用应符合总体施工部署和施工流程的要求，减少相互干扰；

4）充分利用既有建（构）筑物和既有设施为项目施工服务，降低临时设施的建造费用；

5）临时设施应方便生产和生活，办公区、生活区和生产区宜分离设置；

6）符合节能、环保、安全和消防等要求；

7）遵守当地主管部门和建设单位关于施工现场安全文明施工的相关规定。

2. 施工总平面布置图应符合下列要求。

1）根据项目和总承包单位的总体施工部署，绘制现场不同施工阶段（期）的总平面布置图；

2）施工总平面布置图的绘制应符合国家相关标准要求并附必要说明。

3. 施工总平面布置图应包括下列内容。

1）项目施工用地范围内的地形状况；

2）全部拟建的建（构）筑物和其他基础设施的位置；

3）项目施工用地范围内的加工设施、运输设施、存贮设施、供电设施、供水供热设施、排水排污设施、临时施工道路和办公、生活用房等；

4）施工现场必备的安全、消防、保卫和环境保护等设施；

5）相邻的地上、地下既有建（构）筑物及相关环境。

2.3 钢结构工程管理

2.3.1 钢结构项目管理制度。

钢结构项目管理制度是钢结构项目管理的基本保证，由管理的组织机构、职责、资源、过程和方法的规定与要求组成，用以保证项目的正常运转。

1. 钢结构管理制度主要包括下列内容。

1）规章制度，包括工作内容、范围和工作程序、方式，如管理细则等。

2）责任制度，包括工作职责、职权和利益的界限及其关系，如组织机构与管理职责制度等。

2. 钢结构项目管理制度策划过程的实施程序。

1）识别并确定项目管理过程；

2）确定项目管理目标；

3）建立健全项目管理机构；

4）明确项目管理责任与权限；

5）规定所需要的项目管理资源；

6）监控、考核、评价项目管理绩效；

7）确定并持续改进规章制度和责任制度。

3. 项目管理制度文件包括下列内容。

1）项目管理责任制度；

2）项目管理策划；

3）采购管理；

4）合同管理；

5）技术管理；

6）进度管理；

7）质量管理；

8）成本管理；

9) 安全生产管理；

10) 绿色建造与环境管理；

11) 信息管理；

12) 沟通管理；

13) 风险管理；

14) 资源管理；

15) 收尾管理；

16) 管理绩效评价。

2.3.2　钢结构项目管理策划。

项目管理策划是为达到项目管理目标，在调查、分析有关信息的基础上，遵循一定程序对项目进行全面的构思和安排，制定和选择合理可行的执行方案，并根据目标要求和环境变化对方案进行修改、调整的活动。主要内容与步骤如下。

1. 项目管理策划应由项目管理规划和项目管理配套策划组成。项目管理规划应包括项目管理规划大纲和项目管理实施规划，项目管理配套策划应包括项目管理规划策划以外的所有项目管理规划内容。

项目管理规划大纲是项目管理工作中具有战略性、全局性和宏观性的指导文件。项目管理实施规划应对项目管理规划大纲的内容进行细化。钢结构项目可省略项目管理规划大纲的编制，直接编制项目管理实施规划。

2. 编制项目管理实施规划应遵循下列步骤。

1) 了解相关方的要求；

2) 分析项目具体特点和环境条件；

3) 熟悉相关的法规和文件；

4) 实施编制活动；

5) 履行报批手续。

3. 项目管理实施规划编制依据主要包括下列内容。

1) 适用的法律、法规和标准；

2) 项目合同及相关要求；

3) 项目管理规划大纲；

4) 项目设计文件；

5) 工程情况与特点；

6) 项目资源和条件；

7) 有价值的历史数据；

8) 项目团队的能力和水平。

4. 钢结构项目管理实施规划应包括下列内容。

1) 工程概况（包括编制依据）；

2) 施工总体部署；

3) 施工总平面布置；

4) 施工进度计划；

5) 施工准备及资源配置计划；

　6）钢结构施工方案；

　7）施工管理计划；

　8）质量计划；

　9）成本计划；

　10）安全生产计划；

　11）绿色建造与环境管理计划；

　12）信息管理计划；

　13）沟通管理计划；

　14）风险管理计划；

　15）项目收尾计划；

　16）附录：施工验算分析。

2.3.3　合同管理。

在钢结构制作、安装的经营活动中，合同管理是对项目合同的编制、订立、履行、变更、索赔、争议处理和终止等工作的管理活动，合同管理应是全过程管理，主要包括以下内容与要求。

1. 合同管理的主要任务。

1）建立项目合同管理制度，明确合同管理责任，设立专门机构或人员负责合同管理工作；

2）实施合同的策划和编制活动，规范合同管理的实施程序和控制要求，确保合同订立和履行过程的合规性。

2. 合同管理应遵循下列程序。

1）合同评审；

2）合同订立；

3）合同实施计划；

4）合同实施控制；

5）合同管理总结。

3. 为了各部门能迅速了解合同的整体情况，在合同签订完后，合同的签订部门应及时组织其他相关部门进行合同交底并做好合同交底记录。合同交底内容包括：

1）合同的主要内容；

2）合同订立过程中的特殊问题及合同待定问题；

3）合同实施计划及责任分配；

4）合同实施的主要风险；

5）其他应进行交底的合同事项。

2.3.4　技术管理。

根据钢结构制作和安装项目特点，进行技术管理策划，制定技术管理目标，建立技术管理程序，明确技术管理方法，确定技术管理措施，并进行技术应用活动。具体要求如下。

1. 技术管理的主要工作内容包括：

1）图纸自审和会审；

2）钢结构施工专项方案编制与报批；

3）技术交底；

4）图纸和工艺文件管理；

5）变更管理。

2. 图纸自审，是在施工准备期间由制作厂对图纸进行的审核，图纸自审的要求如下。

1）熟悉图纸和掌握图纸的内容；

2）审核图纸总说明、图面上的设计尺寸等；

3）明确与各专业工程的连接关系和分工；

4）确定施工总程序和各结构安装的先后顺序；

5）核对图集是否齐全；

6）检查需用特殊材料的种类、规格和数量，分析其资源的来源和可供程度；

7）提出与各专业间的配合要求。

3. 图纸会审，是在自审的基础上与各专业工程联合对设计图进行的图面审查，会审图纸的要求如下。

1）核对与土建和其他专业工程图面上基础的标高和中心、基础中螺栓的埋设形式和规格、埋设件及孔洞的设置和尺寸等；

2）确定与土建及其他专业工程施工的合理顺序；

3）明确与土建和其他专业施工的协作条件；

4）解决图纸自审中提出的图纸失误问题。

4. 钢结构施工专项方案的编制要求。

1）钢结构吊装安装施工方案属于危大工程专项方案，应严格按照"住房城乡建设部办公厅关于实施《危险性较大的分部分项工程安全管理规定》有关问题的通知"建办质〔2018〕31 号文件的有关内容实施。危大工程专项施工方案的主要内容应当包括：

（1）工程概况：危大工程概况和特点、施工平面布置、施工要求和技术保证条件；

（2）编制依据：相关法律、法规、规范性文件、标准、规范及施工图设计文件、施工组织设计等；

（3）施工计划：包括施工进度计划、材料与设备计划；

（4）施工工艺技术：技术参数、工艺流程、施工方法、操作要求、检查要求等；

（5）施工安全保证措施：组织保障措施、技术措施、监测监控措施等；

（6）施工管理及作业人员配备和分工：施工管理人员、专职安全生产管理人员、特种作业人员、其他作业人员等；

（7）验收要求：验收标准、验收程序、验收内容、验收人员等；

（8）应急处置措施；

（9）计算书及相关施工图纸。

2）超过一定规模的危大工程专项施工方案专家论证会的参会人员应当包括：

（1）论证专家；

（2）建设单位项目负责人；

（3）有关勘察、设计单位项目技术负责人及相关人员；

（4）总承包单位和分包单位技术负责人或授权委派的专业技术人员、项目负责人、项目技术负责人、专项施工方案编制人员、项目专职安全生产管理人员及相关人员；

（5）监理单位项目总监理工程师及专业监理工程师。

3）对于超过一定规模的危大工程专项施工方案，专家论证的主要内容应当包括：

（1）专项施工方案内容是否完整、可行；

（2）专项施工方案计算书和验算依据、施工图是否符合有关标准规范；

（3）专项施工方案是否满足现场实际情况，并能够确保施工安全。

4）超过一定规模的危大工程专项施工方案经专家论证后结论为"通过"的，施工单位可参考专家意见自行修改完善；结论为"修改后通过"的，专家意见要明确具体修改内容，施工单位应当按照专家意见进行修改，并履行有关审核和审查手续后方可实施，修改情况应及时告知专家。

5）进行第三方监测的危大工程监测方案的主要内容应当包括：工程概况、监测依据、监测内容、监测方法、人员及设备、测点布置与保护、监测频次、预警标准及监测成果报送等。

6）危大工程验收人员应当包括：

（1）总承包单位和分包单位技术负责人或授权委派的专业技术人员、项目负责人、项目技术负责人、专项施工方案编制人员、项目专职安全生产管理人员及相关人员；

（2）监理单位项目总监理工程师及专业监理工程师；

（3）有关勘察、设计和监测单位项目技术负责人。

5. 技术交底。

1）技术交底是钢结构制作和安装的一项重要管理工作，通过技术交底使各级施工管理人员掌握工程内容及图纸内容、设计要求，熟悉工程情况、技术要求、施工工艺方法，做到施工人员心中有数，以确保工程质量，全面完成任务。施工前应认真做好技术交底工作。

2）技术交底要按照岗位责任制逐级进行技术交底，即三级技术交底，主要对象是项目管理人员、班组长和操作工人。三级技术交底要求如下：

（1）施工组织总设计、单位工程施工组织设计交底文件应由项目技术负责人组织编制，经项目负责人审核后，由项目负责人或项目技术负责人对项目主要管理人员进行交底。

（2）施工方案交底文件应经项目技术负责人审核后，由方案编制人员向施工现场管理人员进行交底。专项施工方案交底应经项目技术负责人审核后，由项目技术负责人或编制人员向施工现场管理人员进行方案交底。

（3）施工作业交底应由专业工长编制，经项目专业技术负责人审核后，由专业工长对施工作业班组长及专业作业人员进行交底。当施工中出现间歇较长时间、施工作业班组人员变化或施工作业条件发生较大变化时，应重新进行施工作业交底。

3）技术交底完毕后，应及时填写施工技术交底记录，并由接受交底人员签字。

4）技术交底的主要内容如下：

（1）工程任务；

（2）工程特点；

（3）工艺程序；

（4）工艺方法；

（5）主要机械及工具；

（6）施工标准、规程；

（7）质量标准及要求；

（8）施工进度；

（9）工种配合；

（10）施工技术措施；

（11）主要工艺参数；

（12）对于新结构、新材料、新技术、新工具及有特殊要求的工程，应进行专门的技术交底。

6. 图纸和工艺文件管理。

图纸和工艺文件是施工的主要依据，在钢结构的制作和安装中，特别是在一些变更频繁的项目中，如何有效地管理好图纸和工艺文件显得尤为重要。为了更加有效检查图纸和工艺文件是否按照最新的执行，在平常的管理中，有必要在项目进行的某一阶段对图纸和文件进行集中审核。例如当某个子项或单位工程图纸出完时，根据最新的图纸目录，核查施工图纸版次及其数量是否完整。

7. 变更管理。

现代工程中变更次数和频率都比较高，而且变更的时间跨度比较大。若在钢结构制作过程中对结构有修改或变更，则对钢结构的制作产生影响；若钢结构制作已经完成并已发至现场进行安装，此时变更将对钢结构工程产生巨大影响。所以，对变更的管理显得非常重要。变更管理要求如下。

1）必须对变更的管理流程进行严格把握。从变更的产生、发放、执行和最终检验等流程上，严格进行签字确认，保证变更的正确执行。

2）进行变更的过程管理。当变更产生时，从设计源头开始确定变更的范围，并下发给相应的部门，在变更执行中，工艺方案的确定和变更损失，都应在过程中随时跟着变更。

3）变更如果属于合同外部分，在变更过程中，应及时就有关事宜向业主方提出书面申请。

2.3.5　安全生产管理。

钢结构制作和安装安全技术管理是一项极为重要的工作，应坚持"安全第一，预防为主，综合治理"的方针，防止在施工过程中发生工伤事故和职业伤害，保护职工的安全和健康，保护设备、资源和国家财产，保证各项工程建设的顺利进行。具体要求如下。

1. 安全生产管理一般规定。

1）建立安全生产管理制度，坚持以人为本、预防为主，确保项目处于本质安全状态。

2）根据有关要求确定安全生产管理方针和目标，建立项目部安全生产责任制度，健全职业健康安全管理体系，改善安全生产条件，实施安全生产标准化建设。

3）建立专门的安全生产管理机构，配备合格的项目安全管理负责人和管理人员，进行教育培训并持证上岗。

4）按规定提供安全生产资源和安全文明施工费用，定期对安全生产状况进行评价，确定并实施项目安全生产管理计划，落实整改措施。

2. 安全生产管理主要工作内容包括。

1）建立安全管理体系；

2）根据合同有关要求，确定安全生产管理范围和对象；

3）制定项目安全生产管理计划；

4）分级进行安全技术交底；

　5）组织安全检查；

　6）编制安全生产应急准备与响应预案，组织应急预案专项演练；

　7）进行事故处理；

　8）实施安全生产管理评价；

　9）实施项目安全管理标准化工作；

　10）开展安全文明工地建设活动。

　2.3.6　材料管理。

材料管理是对钢结构制作、安装生产经营活动中所需的各种物质的供应、保管和合理使用等进行管理，对企业增产节约有重要意义，主要内容与要求如下。

　1. 材料管理的主要工作内容包括。

　1）编制材料需求及供应计划；

　2）材料采购与仓储管理；

　3）材料代用；

　4）材料回收管理。

　2. 材料分类及特点如下。

材料分工程材料和辅助材料两类。工程材料是与构成钢结构制作和安装工程实体有直接联系的工程材料和连接材料。辅助材料也通称施工用料，施工用料是为完成钢结构制作和安装的临时用料，施工用料不用于构成工程实体，施工用料分低值易耗、周转材料、特殊措施用料、连接用工器具等。

　3. 材料验收要求如下。

　1）钢结构工程所用的材料应符合设计文件和国家现行有关标准的规定，应具有质量合格证明文件，并应经进场检验合格后使用。施工单位应制定材料的管理制度，并应做到订货、存放、使用规范化；

　2）钢材、焊接材料、紧固件、钢铸件、锚具、销轴、涂装材料等钢结构相关材料产品标准应按照现行国家标准《钢结构工程施工规范》GB 50755—2012 及《钢结构工程施工质量验收标准》GB 50205—2020 相关要求进行检验验收。

　4. 材料存储与管理应符合下列要求。

　1）材料存储及成品管理应有专人负责，管理人员应经企业培训上岗；

　2）材料入库前应进行检验，核对材料的品种、规格、批号、质量合格证明文件、中文标志和检验报告等，应检查表面质量、包装等；

　3）检验合格的材料应按品种、规格、批号分类堆放，材料堆放应有标识；

　4）材料入库和发放应有记录，发料和领料时应核对材料的品种、规格和性能；

　5）剩余材料应回收管理，回收入库时，应核对其品种、规格和数量，并应分类保管；

　6）钢材堆放应减少钢材的变形和锈蚀，并应放置垫木或垫块。

　5. 材料代用要求如下。

由于材料资源供应问题或钢结构制造和安装施工中采用新技术、新材料、新工艺而导致有较大的修改或需用材料代用时，必须由资源供应部门提出材料代用申请，呈报专责工程师或报请设计单位审核批准后方可代用。施工单位提出材料代用不得影响结构性能、使用寿命、设计标准和结构总尺寸。

2.3.7　环境管理。

环境管理的主要内容是节能环保管理，节能环保工作主要包括：节能减排、合法合规、达标排放、环境风险控制等环境保护工作。加强施工现场节能环保管理，采取有效措施进行控制，消除或减轻施工现场的各种粉尘、废气、废水、固体废弃物、噪声、振动和光等对环境的污染和危害。环境管理主要工作内容如下。

1. 工程施工前，应进行下列调查。

1）施工现场和周边环境条件；

2）施工可能对环境带来的影响；

3）制定环境管理计划的其他条件。

2. 应进行项目环境管理策划，确定施工现场环境管理目标和指标，编制项目环境管理计划。

3. 应根据环境管理计划进行环境管理交底，实施环境管理培训，落实环境管理手段、设施和设备。

4. 施工现场应符合下列环境管理要求。

1）工程施工方案和专项措施应保证施工现场及周边环境安全、文明，减少噪声污染、光污染、水污染及大气污染，杜绝重大污染事件的发生；

2）在施工过程中应进行垃圾分类，实施固体废弃物的循环利用，设专人按规定处置有毒有害物质，禁止将有毒、有害废弃物用于现场回填或混入建筑垃圾中外运；

3）按照分区划块原则，规范施工污染排放和资源消耗管理，进行定期检查或测量，实施预控和纠偏措施，保持现场良好的作业环境和卫生条件；

4）针对施工污染源或污染因素，进行环境风险分析，制定环境污染应急预案，预防可能出现的非预期损害；在发生环境事故时，进行应急响应以消除或减少污染，隔离污染源并采取相应措施防止二次污染。

5. 在施工过程及竣工后，进行环境管理绩效评价。

2.3.8　机械工器具管理。

1. 机械管理要求如下。

机械管理是根据国家关于机械设备管理的方针、政策，通过一系列技术、经济措施，对机械设备的选用、选购、保管、使用、维护、检修及报废等主要过程的综合管理，以提高机械设备、工器具使用寿命和提高机械设备的综合效率。机械设备管理的主要内容包括：

1）编制设备需用量、维护保养、检修年、季、月计划；

2）根据设备生产效率和生产（施工）要求，购置或租赁设备；

3）根据设备技术性能和合理使用设备的要求，制订设备的操作规程；

4）组织机械设备保养、设备检修；

5）做好设备验收、登记、保管、调拨、报废等日常管理工作；

6）根据需要和可能的要求，改造和更新设备。

2. 计量管理要求如下。

计量管理是采用各种计量仪器，对原料、元器件的进厂进行验收，对工艺生产、成品出厂进行测试、控制和检验。计量工作管理的主要任务包括：

1）认真贯彻国家计量法令和有关规定，监督检查本企业各车间、各工段、各小组的计量执行情况；

2）计量检测手段配备和更新；

3）建立健全计量机构；

4）建立计量标准器；

5）开展量值传递和周期检定；

6）研究解决生产中的计量测试技术问题；

7）培养计量管理和计量技术人员等。

8）编制各种计量器具登记卡。计量器具应编号、登记、立卡，账、物、卡应相符。全面掌握计量器具分布和使用情况，确定计量器具合理周期，对计量器具流转进行控制，见图 2.3.8-1。

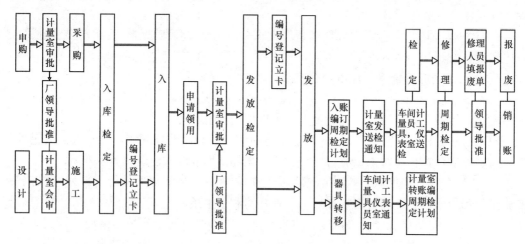

图 2.3.8-1　企业计量器流转控制图

2.3.9　钢结构制造管理。

钢结构制作划分为：施工准备、构件加工、成品出厂、出厂后服务等四个主要阶段。每个阶段均应按照施工图、技术标准、技术规程通过检查衡量和规范化运行，使钢结构制造全过程处于受控状态。各阶段的要求如下。

1. 施工准备阶段。钢结构制作的施工准备包括：技术、资源、组织三方面准备的内容。

1）技术准备内容包括：

（1）签合同、供图纸及技术文件；

（2）编制制作方案；

（3）编制工艺卡；

（4）编制工序路线卡；

（5）编制工序卡；

（6）编制工程预算；

（7）编制施工图预算；

（8）编制施工预算；

（9）图纸自审和会审；

（10）详图设计；

（11）编制技术措施计划；

（12）计量检验；

（13）技术检验；

（14）工艺评定；

（15）技术培训；

（16）开工报告。

2）资源准备内容包括：

（1）编制项目材料计划；

（2）工程材料计划；

（3）施工材料计划；

（4）周转材料计划；

（5）低值易耗品材料计划；

（6）工器具供应计划；

（7）设备检修维护。

3）组织准备内容包括：

建立钢结构制作施工准备管理体系，如表2.3.9-1所示。

钢结构制作施工准备管理体系　　　　　　　　　　　表2.3.9-1

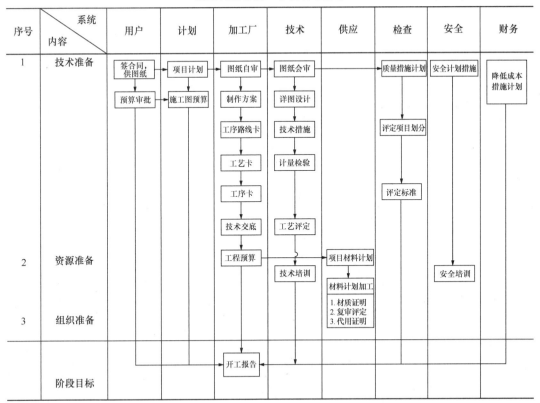

2. 制造计划管理。可通过进度计划表等形式表现，制造进度计划可参考表2.3.9-2所示制定。具体项目的加工进度计划一般由详图深化、材料采购、构件制作、构件除锈涂装、构件运输等计划组成。

制造进度计划（工厂月进度计划）　　　　　表 2.3.9-2

项目	工程总量	累计完成	剩余量			6月					7月					8月	9月	10月	11月
			合计	厂内	外委	完成量	制作量		涂装量		完成量	制作量		涂装量		完成量	完成量	完成量	完成量
							本厂	外委	本厂	外委		本厂	外委	本厂	外委				
项目A																			
项目B																			
项目C																			
项目D																			
项目E																			
项目F																			
项目H																			
项目I																			
合计																			

3. 钢结构加工程序如下。

1）材料进场；

2）放样；

3）号料；

4）切割；

5）制孔；

6）组装；

7）焊接；

8）涂装。

钢结构加工系统管理，如表 2.3.9-3 所示。

钢结构加工系统管理　　　　　表 2.3.9-3

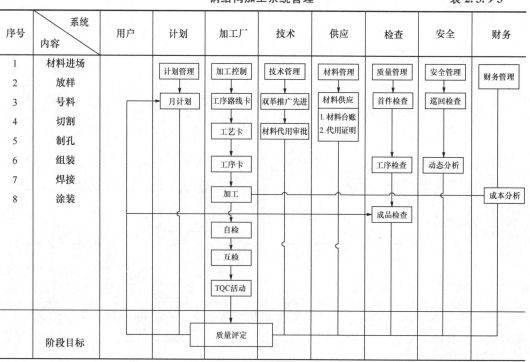

4. 检验与成品交工要求如下。

1) 检验贯穿于整个钢结构的制作过程，在钢结构制作前，应该根据项目的结构特点，专门编制检验计划。检验计划中应包括所有的检验项目、执行标准和检验点，对特别重要的项目应设置见证点、停止点或审核点。而对于特别重要的检验项目，可以和业主方进行共同检验。

2) 钢结构成品交工内容包括：成品管理、构件存放、成品发送、资料集成及成品交工，最终目的是达到用户验收要求。钢结构成品交工系统管理如表 2.3.9-4 所示。

钢结构成品交工系统管理　　　　　　　　　表 2.3.9-4

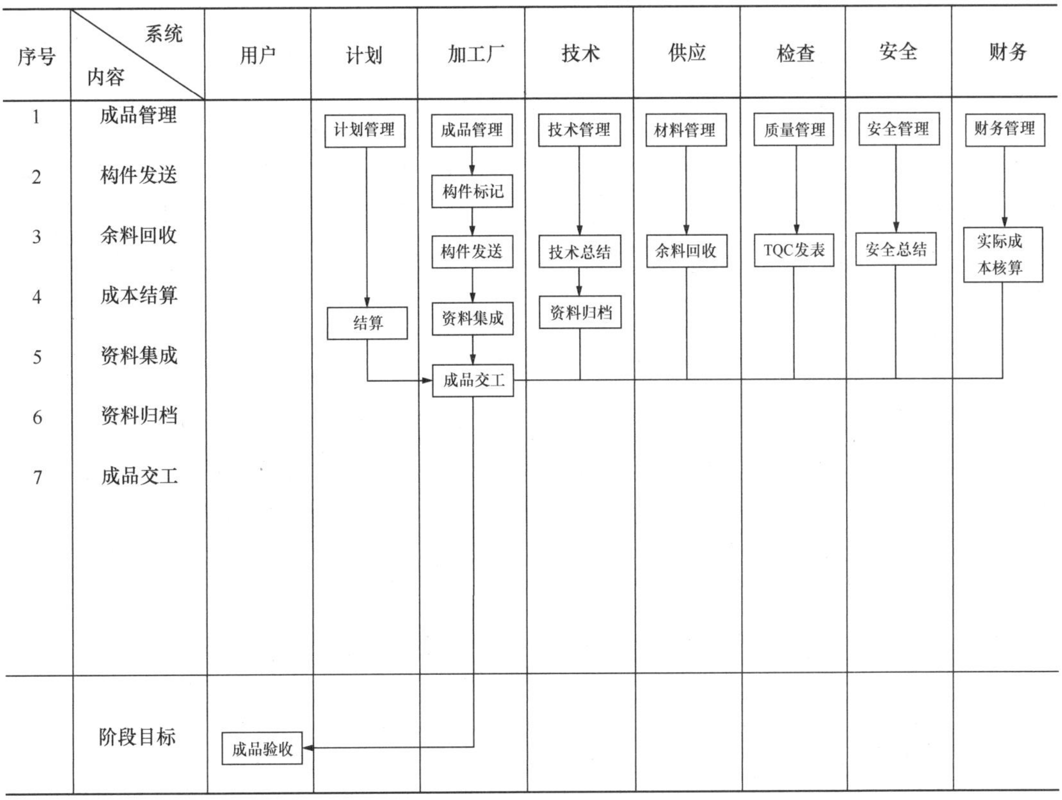

序号	系统 \ 内容	用户	计划	加工厂	技术	供应	检查	安全	财务
1	成品管理		计划管理	成品管理	技术管理	材料管理	质量管理	安全管理	财务管理
2	构件发送			构件标记					
3	余料回收			构件发送	技术总结	余料回收	TQC发表	安全总结	实际成本核算
4	成本结算		结算	资料集成	资料归档				
5	资料集成			成品交工					
6	资料归档								
7	成品交工								
阶段目标	成品验收								

2.3.10　钢结构焊接管理。

焊接是钢结构工程制作和安装过程中十分重要的工作，与施工材料、加工工序、安装程序、检验等方面的工作有着内在的联系。焊接质量，直接决定和影响钢结构加工和安装工程的质量。所以，焊接管理是钢结构加工和安装全面质量管理的重要一环，通过焊接管理，实现对焊剂的质量、安全、进度和成本的控制，可指导焊接工作规范化运行。焊接管理包括：焊材、焊接设备、焊接工具、焊接工艺、焊接环境和技术文件及焊接人员培训的管理。具体内容及要求如下。

1. 焊材管理应包括以下内容。

1) 焊材购入及保管；

2) 焊材领用及管理；

3) 焊材质量证明书及产品合格证；

4）焊材外观检查；

5）焊材复验管理；

6）焊材烘干管理；

7）焊材回收。

2. 焊接技术管理应包括以下内容。

1）根据材质和结构特点选择焊接方法；

2）工艺评定方案的确定；

3）进行工艺评定及工艺文件的编制；

4）工艺文件的审核确认，包括向业主方提交审核；

5）焊接工艺的传达和交底；

6）焊接工艺的修改和增补。

3. 焊接施工管理要点包括。

1）焊接技术人员（焊接工程师）应具有相应的资格证书，大型重要的钢结构工程，焊接技术负责人应取得中级及以上技术职称并有五年以上焊接生产或施工实践经验；

2）焊接质量检验人员应接受过焊接专业的技术培训，并应经岗位培训取得相应的质量检验资格证书；

3）焊缝无损检测人员应取得国家专业考核机构颁发的等级证书，并应按证书合格项目及权限从事焊缝无损检测工作；

4）焊工应经考试合格并取得资格证书，应在认可的范围内焊接作业，严禁无证上岗；

5）施工单位首次采用的钢材、焊接材料、焊接方法、接头形式、焊接位置、焊后热处理等各种参数及参数的组合，应在钢结构制作及安装前进行焊接工艺评定试验。焊接工艺评定试验方法和要求，以及免予工艺评定的限制条件，应符合现行国家标准《钢结构焊接规范》GB 50661—2011 的有关规定。

2.3.11 钢结构施工管理。

钢结构施工管理主要包括：施工准备、构件运输与存放、基础验收、结构安装等阶段的管理，主要内容和要求如下。

1. 钢结构施工准备。施工准备的基本任务是根据钢结构的工程量、工程结构特点、工期要求及现场的客观条件等，从技术、人力和资源方面，为结构工程上场安装创造良好的条件，主要包括技术准备、组织准备、资源准备、施工条件等，具体内容如下。

1）技术准备主要包括：审核图纸、现场调查、可行性研究、编制工艺文件。

2）组织准备主要包括：确定组织机构、下达计划任务、编制劳动力用量计划、进行劳动力配备与岗位培训。

3）资源准备包括下列主要内容：

（1）起重设备、施工机械等的选择和配备；

（2）工、卡具配备；

（3）特殊工、器具设计制造；

（4）材料准备；

（5）构件运入。

4）施工条件是为钢结构施工创造良好的施工环境，主要包括：

（1）大型临时设施建筑；

（2）施工电源线架设或埋设；

（3）基础验收。

5）钢结构施工准备阶段管理保证体系，见表 2.3.11-1。

施工准备管理保证体系　　　　　　　　　　表 2.3.11-1

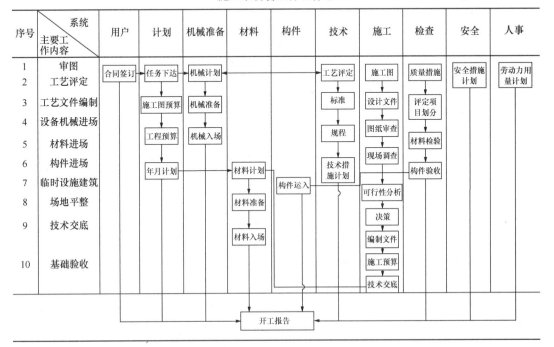

2. 钢结构运输与存放。钢结构运输方式，一般根据运输量的大小、构件的规格、重量及运输条件选定。对于外埠加工或运输线长，宜选用水路运输和铁路运输。对于现场运输或制作厂距安装现场较近，则选择公路运输。运输管理必须包括下列内容。

1）根据工程量的大小、构件规格、最大构件的重量、运输距离、运输条件，选择运输方案。

2）编制运输作业方案，应包括下列主要内容：

（1）运输构件数量；

（2）构件规格；

（3）构件重量；

（4）构件运输方法；

（5）运输路线；

（6）运输车辆计划；

（7）运输进度计划（包括入场先后顺序）；

（8）工器具设计；

（9）要求和注意事项；

（10）超大构件规格及运输方法；

（11）材料用量；

（12）劳动力用量。

3）钢结构工程量较大、构件制作距安装现场远或制作单位少、钢结构制作不能满足安装进度要求时，则采用提前将构件运入现场临时存放，再从存放场顺序运入安装现场的方法。构件存放对钢结构安装有直接影响，应对构件的存放加强管理。构件存放要设专门机构和人员进行管理，构件管理主要做好以下几项工作：

（1）平面规划；

（2）起重机具布置；

（3）制定构件存放方法；

（4）构件入库验收；

（5）构件入库登记管理；

（6）安装现场调查，构件发运；

（7）成本管理。

3. 基础验收。钢结构工程施工前，必须对基础进行全面彻底的复查，复查合格后办理中间交接验收手续。基础复查应包括下列内容。

1）中间交接资料包括：

（1）基础施工技术资料；

（2）测量资料；

（3）主要基础中心及标高测量资料；

（4）基础螺栓中心及标高偏差资料；

（5）测量主轴线；

（6）沉降观测点的设置；

（7）基础中心及标高轴线及轴线尺寸偏差；

（8）基础混凝土标号及养护达到的强度。

2）资料内的各种数据全面复查，主要包括：

（1）基础外形尺寸；

（2）混凝土标号；

（3）基础中心及标记偏差；

（4）基础螺栓中心及标高偏差；

（5）基础沉降复查。

4. 钢结构安装管理是根据确定的目标，组织现场安装，按照决定的对策和方法，指导、指挥和协调规范化的施工和调度工作，使工程施工的全过程均处于准确的控制状态，以达到预期的目标。钢结构安装管理的包括下列内容。

1）组织基础中间交接验收；

2）组织施工临时设施建筑；

3）组织施工场地平整、现场文明施工管理；

4）组织、调度起重机进场和架设；

5）组织构件运输；

6）组织材料运入现场；

7）劳动力的配备、平衡和调度；

8）现场施工测量；

9）编制施工进度计划，控制施工程序和安装进度；

10）处理施工质量问题和解决施工技术问题；

11）现场施工管理；

12）机械和起重机的平衡调度；

13）工程成本问题。

结构安装阶段系统管理体系，可参考表 2.3.11-2 确定。

结构安装阶段系统管理体系　　　　　　　　　　表 2.3.11-2

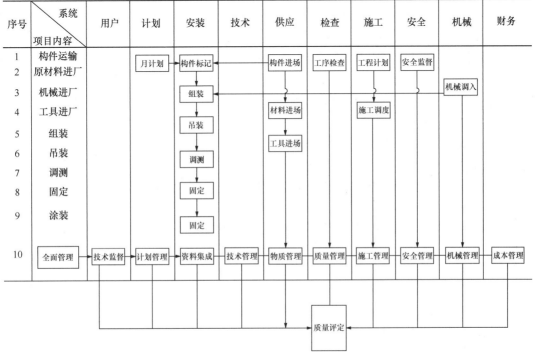

2.3.12　高强度螺栓施工管理。

高强度螺栓施工是钢结构安装工程施工中的重要工序，与钢结构制造和安装有直接联系，加强高强度螺栓安装工程施工管理，是保证钢结构施工全面质量的一个重要环节。对高强度螺栓的购入及保管、摩擦面处理、施工用的工器具、紧固作业等进行控制，可确保高强度螺栓的施工质量。高强度螺栓施工管理具体内容和要求如下。

1. 高强度螺栓购入及保管。高强度螺栓要成批购入、验收，每批产品的形式、尺寸、材料牌号及生产工艺应相同。对制造厂提交的产品，按紧固件验收检查、标志与包装的规定参见现行国家标准《紧固件 验收检查》GB/T 90.1—2002、《紧固件 标志与包装》GB/T 90.2—2002、《紧固件 质量保证体系》GB/T 90.3—2010 进行验收。运输和保管应保证产品不受损坏和便于使用。主要内容与要求如下。

1）包装箱、盒、袋等外表，应有标记和标签，主要内容如下：

（1）制造厂名；

　　（2）产品名称；

　　（3）产品规定标记；

　　（4）件数或净重；

　　（5）制造出厂日期；

　　（6）产品质量标记。

　　2）高强度螺栓的存放管理。高强度螺栓应存放在防潮、防雨、防尘的库内，并按形式和规格分类存放。螺栓要轻拿轻放，防止撞击而损坏包装和螺纹。包装箱在螺栓使用时打开，按当天使用的数量领取螺栓，防止螺纹生锈、沾染污物、泥沙、油污和混凝土。禁止露天存放过夜。

　　3）螺栓发放和回收均应进行记录，对长期保管和保管不善而造成螺纹生锈等可能改变螺栓扭矩系数或性能时，要对螺栓的轴力、扭矩系数检验合格后发放。

　　4）高强度螺栓的购入及保管，应做好以下几方面工作：

　　（1）控制高强度螺栓购入的种类、规格、材质和数量；

　　（2）控制高强度螺栓购入时间和使用时间；

　　（3）提交高强度螺栓的合格证书及产品质量保证书；

　　（4）保证高强度螺栓存放仓库的温度、湿度和环境；

　　（5）建立健全的入库验收及出库发放制度；

　　（6）建立高强度螺栓的回收制度；

　　（7）应进行高强度螺栓入库质量复验。

　　2. 摩擦面管理。高强度螺栓连接的摩擦面，直接影响高强度螺栓连接节点的承载能力，因此，应做好高强度螺栓结合面管理。高强度螺栓连接摩擦面管理包括以下内容。

　　1）确定摩擦面的处理方法；

　　2）摩擦面处理后的生锈情况；

　　3）摩擦面工厂工艺试验（质量评定）；

　　4）摩擦面的保护方法；

　　5）摩擦面的工地工艺试验；

　　6）高强度螺栓连接的制孔；

　　7）高强度螺栓连接前的表面处理。

　　3. 紧固管理。高强度螺栓紧固作业管理包括下列内容。

　　1）技术交底；

　　2）操作人员上岗前的培训；

　　3）建立中间交换管理制度，对制孔的检验确认；

　　4）摩擦面质量的确认；

　　5）临时螺栓质量的确认；

　　6）选择紧固的工艺方法；

　　7）选择紧固的工器具；

　　8）制定紧固程序；

　　9）选择螺栓种类、规格和长度；

10）确定初拧轴力；

11）确实终拧轴力；

12）质量检验；

13）涂装保护；

14）施工环境和气象条件管理。

2.3.13　质量、职业健康安全和环境管理体系。

1. 质量管理体系。质量管理的目的是满足顾客要求并且努力超越顾客期望。质量管理体系是用于建立质量方针和目标以及实现这些目标的过程的组织管理体系，由管理职责、资源管理、产品实现以及测量、分析和改进等四大过程构成，具体内容和要求如下。

1）管理职责包括：

（1）管理承诺；

（2）关注顾客；

（3）质量方针；

（4）策划；

（5）职责、权限和沟通；

（6）管理评审。

2）资源管理包括：

（1）资源提供；

（2）人力资源；

（3）基础设施；

（4）工作环境。

3）产品实现管理包括：

（1）产品实现的策划；

（2）与顾客有关的过程；

（3）设计和开发；

（4）采购；

（5）生产和服务提供；

（6）监视测量装置的控制。

4）测量、分析和改进管理包括：

（1）监视和测量；

（2）不合格品控制；

（3）数据分析；

（4）改进。

PDCA 循环能够应用于所有过程以及整个质量管理体系。PDCA 循环即：策划（Plan）、实施（Do）、检查（Check）、处置（Act）。

2. 职业健康安全管理体系是用于制定和实施组织的职业健康安全方针并管理其职业健康安全风险的组织管理体系，主要包括：组织结构、策划活动（包括风险评价、目标建立等）、职责、惯例、程序、过程和资源等。职业健康安全管理体系运行模式，可参见

图 2.3.13-1 职业健康安全管理体系运行模式

图 2.3.13-1，主要内容与要求如下。

1）策划，内容包括：

（1）对危险源辨识、风险评价和风险控制的策划；

（2）法规和其他要求；

（3）目标；

（4）职业健康安全管理方案。

2）实施与运行，内容包括：

（1）结构和职责；

（2）培训、意识和能力；

（3）协商和沟通；

（4）文件；

（5）文件与资料控制；

（6）运行控制；

（7）应急准备和响应。

3）检查与纠正措施，内容包括：

（1）绩效测量和监视；

（2）事故、事件、不符合的纠正和预防措施；

（3）记录和记录管理；

（4）审核。

4）管理评审。

3. 环境管理体系是用于管理环境因素、履行合规义务，并应对风险和机遇的组织管理体系，主要包括：组织结构、角色和职责、策划和运行、绩效评价和改进等，主要内容与要求包括。

1）策划，内容包括：

（1）环境因素；

（2）法律、法规和其他要求；

（3）目标、指标和方案。

2）实施与运行，内容包括：

（1）资源、作用、职责和权限；

（2）能力、培训和意识；

（3）信息交流；

（4）文件；

（5）文件控制；

（6）运行控制；

（7）应急准备和响应。

3）检查，内容包括：

（1）监视和测量；

（2）合规性评价；

（3）不符合的纠正措施和预防措施；

（4）记录控制；

（5）内部审核。

4）管理评审。

2.3.14 信息管理与 BIM 技术。

信息技术是指有关信息的收集、识别、提取、变换、存储、传递、处理、检索、检测、分析和利用等技术，计算机技术和现代通信技术一起构成了信息技术的核心内容。BIM（建筑信息模型）是工程项目物理和功能特性的数字化表达，是工程项目信息可分享的知识资源，为其全生命周期的各种决策构成可靠的基础。BIM 不是简单地将数字信息进行集成，而是一种数字信息的应用，并可用于设计、建造、管理的数字化方法。BIM 技术和信息化管理紧密相关，可视化的 BIM 模型，可以提高交流的信息准确度，提高沟通效率。

建立项目信息与知识管理制度，可及时、准确、全面地收集信息与知识，安全、可靠、方便、快捷地存储、传输信息和知识，有效、适宜地使用信息和知识。

1. 项目信息管理应包括以下内容。

1）信息计划管理；

2）信息过程管理；

3）信息安全管理；

4）文件与档案管理；

5）信息技术应用管理。

2. 项目信息化管理可采用专业信息系统，进行信息与知识管理。

3. 项目信息系统宜基于互联网并结合建筑信息模型、云计算、大数据、物联网等先进技术进行建设和应用。

4. BIM 技术在钢结构专业的应用主要包括。

1）详图深化设计，内容包括：

（1）精确建模；

（2）模型综合，校核检查；

（3）构件编号，出图；

（4）材料信息、零构件几何信息等，工程量清单和报表，材料采购更合理，便于加工制作及安装。

2）与其他专业所建造的三维模型进行合并，进行模型审核和碰撞检查等，从而达到优化施工流程的目的。

3）协同工程进度管理。

4）信息化交付，为运营维护提供直观的管理平台。

2.4 工 程 监 理

2.4.1 1988 年 7 月建设部发出了《关于开展建设监理工作的通知》，首次在我国提出了实行建设监理制度。"通知"指出，建立建设监理制度，旨在抑制和避免建设工作的随意性，以适应有计划商品经济的发展和工程建设管理体制的改革，也便于使我国的建设体制与建设市场衔接。

2.4.2　我国于1988年开始工程监理工作的试点，1996年在建设领域全面推行工程监理制度。自提出推行工程监理制度以来，经历了准备阶段（1988年）、试点阶段（1989～1992年）、稳步发展阶段（1993～1995年）以及全面推广阶段（1996年～至今）四个发展阶段。

2.4.3　《中华人民共和国建筑法》第三十二条规定，"建设工程监理应当依照法律、行政法规及有关的技术标准、设计文件和建筑工程承包合同，对承包单位在施工质量、建设工期和建设资金使用等方面，代表建设单位实施监督。"同时，还要根据《建设工程安全生产管理条例》等法规、政策，履行建设工程安全生产管理的法定职责。

2.4.4　《建设工程质量管理条例》（2019）第三条规定，建设单位、勘察单位、设计单位、施工单位、工程监理单位依法对建设工程质量负责。第十二条规定，实行监理的建设工程，建设单位应当委托具有相应资质等级的工程监理单位进行监理，也可以委托具有工程监理相应资质等级并与被监理工程的施工承包单位没有隶属关系或者其他利害关系的该工程的设计单位进行监理。第三十六条规定，工程监理单位应当依照法律、法规以及有关技术标准、设计文件和建设工程承包合同，代表建设单位对施工质量实施监理，并对施工质量承担监理责任。

2.4.5　《建设工程安全生产管理条例》（2019）第四条规定，建设单位、勘察单位、设计单位、施工单位、工程监理单位及其他与建设工程安全生产有关的单位，必须遵守安全生产法律、法规的规定，保证建设工程安全生产，依法承担建设工程安全生产责任。第十四条规定，工程监理单位应当审查施工组织设计中的安全技术措施或者专项施工方案是否符合工程建设强制性标准。工程监理单位在实施监理过程中，发现存在安全事故隐患的，应当要求施工单位整改；情况严重的，应当要求施工单位暂时停止施工，并及时报告建设单位。施工单位拒不整改或者不停止施工的，工程监理单位应当及时向有关主管部门报告。工程监理单位和监理工程师应当按照法律、法规和工程建设强制性标准实施监理，并对建设工程安全生产承担监理责任。

2.4.6　现行国家标准《建筑工程施工质量验收统一标准》GB 50300—2013，将一个单位工程划分为10个分部工程，106个子分部工程，其中钢结构为主体结构分部工程中的一个子分部工程，具体内容如表2.4.6-1所示。

钢结构为主体结构分部工程的划分方法与内容　　　　表2.4.6-1

分部工程	子分部工程	分项工程
主体结构	钢结构	钢结构焊接、紧固件连接，钢零部件加工，钢构件组装及预拼装，单层钢结构安装，多层及高层钢结构安装，钢管结构安装，预应力钢索和膜结构，压型金属板，防腐涂料涂装，防火涂料涂装

我国现行国家标准《钢结构工程施工质量验收标准》GB 50205—2020，将钢结构工程划分为10个分项工程，分别为：原材料及成品验收工程、焊接工程、紧固件连接工程、钢零件及钢部件加工工程；钢构件组装工程；钢构件预拼装工程；单层与多高层钢结构安装工程、空间结构安装工程、压型金属板工程以及涂装工程。

2.4.7 钢结构分为工厂加工制作和现场施工安装两部分，很多分项工程既含于工厂制作阶段，也含于现场安装阶段，具体内容如下。

1. 工厂加工制作包含的分项工程有：原材料及成品验收工程、焊接工程、紧固件连接工程、钢零件及钢部件加工工程、钢构件组装工程、钢构件预拼装工程、压型金属板工程与涂装工程。

2. 现场施工安装包含的分项工程有：原材料及成品验收工程、焊接工程、紧固件连接工程、钢零件及钢部件加工工程、钢构件组装工程、压型金属板工程与涂装工程。

2.4.8 钢结构监理的主要工作包括以下内容。

1. 审查施工组织设计、钢结构安装和加工方案；

2. 编制监理实施细则；

3. 审查分包单位资质、钢结构专项检测单位资质、焊接工艺评定报告、焊接人员资质、材料品牌资质；

4. 对原材料、成品进行验收，进行材料见证取样；

5. 对工序进行巡视、旁站、验收，验收检验批、隐蔽工程、分项工程；

6. 对进度进行跟踪、纠偏；

7. 对施工安全进行监督管理；

8. 对技术变更进行审查；

9. 对工程量进行审核；

10. 收集、汇总、整理监理文件资料；

11. 处置发现的质量问题和安全事故隐患。

另外，驻厂监理的主要工作内容如下。

1. 对厂内构件的加工进度进行监督、纠偏；

2. 对进厂原材料进行检查验收、见证取样；

3. 对厂内加工质量进行巡视、检查验收，并进行相应记录；

4. 对隐蔽部位进行验收并签署厂内隐蔽内容报验表，需旁站部位要留有旁站记录表。

2.4.9 钢结构资料报审报验工作有序高效落实，是钢结构顺利开展施工的重要前提条件，同时，资料管理也覆盖了整个钢结构专业施工过程，监理工程师应根据国家规范或者地方制度中关于工程档案归档的要求，开展施工过程中资料收集整理及审核工作。资料控制主要内容包括：资质类文件报审、方案审核、材料品牌及材料构配件设备报审等。

2.4.10 资质文件审核重点。

1. 分包单位资质。

审查钢结构制作专业分包单位的营业执照、资质等级证书、安全施工许可证、特殊工种操作安全证（焊工上岗证）、焊工合格证（焊工技术资格证）。

2. 钢结构专项检测单位资质。

审核检测单位资质能力、报告签发人员资质证书、与业主单位签订的检测合同、项目所在地质监站要求的检测单位备案证书（有效期内）（如果有此规定）、核查备案允许开展的检测项目。

3. 焊接人员资质。

重点核对合格证签发单位的资格，合格证的有效期（3年），焊接位置（平、立、仰、横焊）及焊接材料（钢材和焊材）是否与工程需求一致。

4. 材料品牌资质。

有品牌要求的材料，业主对主要材料品牌有严格规定，必须严格审查材料品牌的选用是否符合合同和相关文件要求；无品牌要求的材料，按照业主要求，在进场使用前，品牌资质需上报监理审核。因此，专业监理工程师要提前提醒施工单位进行材料品牌资质报审。

5. 材料品牌资质报审。

报审资料包括材料厂家资质以及供应商资质，根据材料标准，如有年检或型检要求的，还应一并提供相应有效期内的检验报告。防火涂料属于消防验收产品，因此，防火涂料品牌资质报审时，还要提供防火监督部门核发的生产许可证。

6. 钢结构专项施工方案报审。

1）方案审批流程与审查依据如下。

施工方案在程序上应按照现行国家标准《建筑施工组织设计规范》GB/T 50502—2009 的要求进行审核，主要依据条款包括：该规范中的第 3.0.1 条，施工组织设计按编制对象，可分为施工组织总设计、单位工程施工组织设计和施工方案；第 3.0.5 条，施工组织设计的编制和审批应符合下列规定：

（1）施工组织设计应由项目负责人主持编制，可根据需要分阶段编制和审批；

（2）施工组织总设计应由总承包单位技术负责人审批；单位工程施工组织设计应由施工单位技术负责人或技术负责人授权的技术人员审批，施工方案应由项目技术负责人审批；重点、难点分部（分项）工程和专项工程施工方案应由施工单位技术部门组织相关专家评审，施工单位技术负责人批准；

（3）由专业承包单位施工的分部（分项）工程或专项工程的施工方案，应由专业承包单位技术负责人或技术负责人授权的技术人员审批；有总承包单位时，应由总承包单位项目技术负责人核准备案；

（4）规模较大的分部（分项）工程和专项工程的施工方案应按单位工程施工组织设计进行编制和审批。

2）具体方案内容的审查要求如下：

（1）审查施工审批程序流程是否符合要求，审查钢结构专业在一个工程中是否属于专业分包，若为专业分包，则上报的方案需有两道审批，即分包单位审批和总包单位审批。

（2）根据工程进展以及实际情况，及时跟进编制方案种类，确保覆盖全部内容。

（3）审查专项方案是否属于危大或超危大工程范围，属于该范围的还应符合相应安全类文件要求，并同步向安全监理申报。

（4）审查内容主要包括：

① 方案编制内容是否完善，完整的钢结构施工方案必须包括钢结构制作和现场安装两部分；

② 方案中应体现施工单位针对本项目组织管理的明确架构，要细化明确到具体责任人，并应和投标文件人员资质证书进行比对，特别是牵涉到工程资料签认的人员（例如项目经理、技术负责人、质量员、测量员、安全员等）；

③ 施工部署是否切合现场实际，施工方法是否可行，质量保证措施是否可靠，是否

有针对性的指导现场实际施工，尤其是吊装过程中吊耳的设置以及吊耳承载力计算是否满足设计吊装要求；

④ 工期安排是否满足建设工程合同要求。配备的人力、材料、设备是否满足进度计划要求。消防、安全、文明施工措施是否符合有关规定，工序安排是否符合工艺规程要求；

⑤ 对本工程重难点的针对性分析以及相应的应对措施、质量控制办法；

⑥ 应详细介绍本工程典型构件加工、现场重点施工节点的控制方法及要求，允许偏差应与技术规格书及设计图中的要求进行核对；

⑦ 本工程分部分项工程检验批划分；

⑧ 本工程所用材料的材料复试一览表以及焊缝探伤检测的项目及比例；

⑨ 本工程制作、安装阶段隐蔽施工内容及控制要求。

钢结构专业编制的专项方案还应包括：涂装专项方案、测量专项方案。测量方案由测量组专业监理工程师审批，本专业监理工程师应配合督查方案内容。

3）所有方案必须在正式施工前完成报审，需专家论证的，必须得到专家论证通过后方可实施。

7. 焊接工艺评定报告报审。

钢结构制作和钢结构安装所用的焊接工艺评定报告应分别报审，专业监理工程师对上报的焊接工艺评定报告根据《钢结构焊接规范》GB 50661—2011 第 6 章"焊接工艺评定"要求进行审查，包括报告的有效期、能否覆盖本工程所有焊接接头形式等内容，确保申报内容符合规范的要求。报审提交的附件资料、焊接工艺评定编制单位必须与合同签订单位一致，特别是专业分包单位上报的焊接工艺评定报告，其中的委托单位必须是合同签订方名称。

8. 质保文件审查。

审查报验品牌是否为已通过资质审查的材料品牌。质保书审查共性要素包括：品名、材质（牌号）、规格、数量、唯一质保编号、出厂检验依据标准、出厂检验项目及数据、出厂检验合格结论、生产厂家质检章。当质保书为次原件时（生产厂家为复印件黑色印章，需要加盖供应商红色印章），应在质保书中明确勾画出用于本工程的炉批号（一般指钢板、钢筋、焊材等材料），并明确使用数量。对质保书中的数据，应按照对应的材料标准及设计要求进行复核审查。有复试要求的材料，应具备材料见证取样复试报告。

9. 进场实物的检查。

应按照现行国家标准《钢结构工程施工质量验收标准》GB 50205—2020 第 4 章"原材料及成品进场"进行实物检查。对进场材料品牌、数量、规格尺寸与质保书的复核审查。对进场材料进行品种、规格、标志、外观检验。钢结构专业较为特殊，大部分材料都是直接进入加工厂由驻厂监理进行审验，但要特别注意进入施工现场的材料也要进行报审报验（包括焊材、油漆等），并由现场监理工程师进行审验；对运送到现场的材料，还应不定期对材料储存仓库进行抽查，特别是涂装材料，确保过程使用的与申报一致；防腐、防火涂料进场时要对实物进行品名、技术性能、制作批号、颜色、贮存期限和使用说明的核对。

2.5　钢结构工程竣工管理

2.5.1　钢结构工程竣工管理包括工程竣工验收及移交、工程资料归档及移交。施工企业应建立钢结构工程竣工管理制度，形成竣工管理保证体系，明确竣工管理的职责和工作程序，施工企业相关职能部门应加强对项目竣工工作的指导、监督、检查和考核评价。项目部应做好钢结构工程（子）分部工程的验收及相关资料的整理移交工作，配合总包方完成工程竣工验收的相关工作。钢结构工程竣工工作流程包括以下内容。

1. 编制项目竣工计划；

2. 组织项目竣工交工；

3. 实施项目竣工验收；

4. 进行项目实物移交和资料归档。

2.5.2　项目经理部应编制项目竣工计划，提出各项管理要求，并按规定报企业主管部门审批，并报监理或建设单位批准后实施，具体内容和实施要求如下。

1. 项目竣工计划内容主要包括：确定竣工交工及移交管理、人员撤离、办公及生活设施拆除、项目设备、器械、用具清理、归还或入库以及相应的安全、质量要求、进度计划安排、环保、成本、保安控制措施等。

2. 项目经理部应全面负责项目竣工交工工作，编制工程尾项销项工作计划表，根据销项工作计划表逐项消除，工程尾项销项工作计划表应包括剩余工作内容、责任人、销项措施、实施人员安排、检查人、时间要求、奖惩等。

3. 项目经理应根据项目交工情况，定期召开相关会议，分析项目交工实施中出现的问题，推进竣工交工工作按期完成。

2.5.3　钢结构作为主体结构之一应按子分部工程竣工验收。当主体结构均为钢结构时应按分部工程竣工验收。大型钢结构工程可划分成若干个子分部工程进行竣工验收。钢结构分部工程竣工验收由总包单位向监理单位提出申请，监理单位组织验收。

2.5.4　钢结构分部工程合格质量标准应符合现行国家标准《钢结构工程施工质量验收标准》GB 50205—2020 有关规定。

1. 各分项工程质量均应符合合格质量标准；

2. 质量控制资料和文件应完整；

3. 有关安全及功能的检验和见证检测结果应符合相应合格质量标准的要求；

4. 有关观感质量应符合相应合格质量标准的要求。

2.5.5　钢结构分部工程竣工验收，应提供下列文件和记录。

1. 钢结构工程竣工图纸及相关设计文件；

2. 施工现场质量管理检查记录，应符合现行国家标准《建筑工程施工质量验收统一标准》GB 50300—2013 的规定；

3. 有关安全及功能的检验和见证检测项目检查记录；

4. 有关观感质量检验项目检查记录；

5. 分部工程所含各分项工程质量验收记录，应符合现行国家标准《建筑工程施工质量验收统一标准》GB 50300—2013 的有关规定；

6. 分项工程所含各检验批质量验收记录，应符合现行国家标准《钢结构工程施工质量验收标准》GB 50205—2020 附录 J 中表 J.0.1～表 J.0.13 的规定；

7. 强制性条文检验项目检查记录及证明文件；

8. 隐蔽工程检验项目检查验收记录；

9. 原材料、成品质量合格证明文件，中文产品标志及性能检测报告；

10. 不合格项的处理记录及验收记录；

11. 重大质量、技术问题实施方案及验收记录；

12. 其他有关文件和记录。

2.5.6 竣工验收合格后，应组织向发包人办理工程实体移交和工程档案资料移交工作，具体要求如下。

1. 承包人在组织工程实体移交时，应办理书面交接手续，并明确发包人和承包人的责任界限。承包人在组织工程实体移交时，应签署工程移交证书、出具工程使用说明书。与工程有关的备品、备件应在工程实体移交时一并移交。

2. 承包人应建立项目档案工作管理网络，指定项目总工程师或技术负责人分管此项工作，并负责督促、指导、审查项目文件材料归档的完整性、准确度，配备与档案任务相适应的专（兼）职档案人员负责文件材料的收集、整理、立卷、归档和利用工作。

3. 工程资料整理应与工程实施进度同步，纸质文件与电子文件应同时归档。档案移交套数应依据各级重点建设项目档案归属、流向、移交等办法进行收集编制。

4. 工程资料应按规定时间移交给总包单位或发包人。工程资料移交时，双方应在资料移交清单上签字盖章，工程资料应与清单目录一致。主要钢结构资料如表 2.5.6-1 所示。

主要钢结构资料

表 2.5.6-1

归档序号	钢结构移交文件名称	备注
施工管理文件、施工技术文件		
1	见证试验检测汇总表	
2	图纸会审记录	
3	设计变更通知单及目录汇总表	
4	工程洽商记录（技术核定单）及目录汇总表	
施工物资出厂质量证明文件及进场检测文件		
5	钢材试验报告及汇总表	
6	钢结构用钢材复试报告及汇总表	
7	钢结构用防火涂料复试报告及汇总表	
8	钢结构用焊接材料复试报告及汇总表	
9	钢结构用高强度大六角头螺栓连接副复试报告及汇总表	
10	钢结构用扭剪型高强螺栓连接副复试报告及汇总表	
施工记录文件		
11	隐蔽工程验收记录及汇总表	
12	工程定位测量记录	
13	垂直度、标高观测记录	
14	沉降观测记录	
15	大型构件吊装记录（含装配式建筑吊装记录）	
16	网架（索膜）施工记录	

续表

归档序号	钢结构移交文件名称	备注
施工试验记录及检测文件		
17	有关钢结构焊接连接或其他连接接试验报告及汇总表	
18	后置埋件抗拔试验报告及汇总表	
19	超声波探伤报告、探伤记录及汇总表	
20	钢构件射线探伤报告及汇总表	
21	磁粉探伤报告及汇总表	
22	高强度螺栓抗滑移系数检测报告及汇总表	
23	钢结构焊接工艺评定、装配式建筑结构手动灌浆套筒工艺性试验及汇总表	
24	网架节点承载力试验报告及汇总表	
25	钢结构防腐、防火涂料厚度检测报告及汇总表	
施工质量验收文件		
26	钢结构子分部（分部）质量验收记录、控制资料核查记录、安全和功能检验资料核查及主要功能抽查记录、观感质量检查记录	
竣工图		
27	钢结构竣工图	
工程声像文件		
28	工程照片	
29	工程录音，录像素材、专题片	

5. 工程承包合同及补充协议、竣工资料、工程质量保修书、工程技术总结、会议纪要等有关技术资料应列出清单向企业档案管理部门移交，并办理签字手续。

参考文献

［1］　钢结构工程施工质量验收标准：GB 50205—2020［S］. 北京：中国建筑工业出版社，2020.
［2］　中华人民共和国住房和城乡建设部. 危险性较大的分部分项工程安全管理规定. 2018.
［3］　钢结构工程施工规范：GB 50755—2012［S］. 北京：中国建筑工业出版社，2012.
［4］　紧固件 验收检查：GB/T 90.1—2002［S］. 北京：中国标准出版社，2002.
［5］　紧固件 标志与包装：GB/T 90.2—2002［S］. 北京：中国标准出版社，2002.
［6］　紧固件 质量保证体系：GB/T 90.3—2010［S］. 北京：中国标准出版社，2010.
［7］　中华人民共和国住房和城乡建设部. 建设工程质量管理条例. 2019.
［8］　建筑工程施工质量验收统一标准：GB 50300—2013［S］. 北京：中国建筑工业出版社，2013.
［9］　建筑施工组织设计规范：GB/T 50502—2009［S］. 北京：中国建筑工业出版社，2009.
［10］　钢结构焊接规范：GB 50661—2011［S］. 北京：中国建筑工业出版社，2011.

第2篇　钢结构工厂制作、成品检验与运输

第3章 钢结构制作方案

3.1 材　　料

3.1.1 钢结构用材料的主要要求。

1. 建筑结构用钢的材质要求。

建筑结构钢是指用于建筑工程钢结构的钢材。建筑结构钢必须具有足够的强度、良好的塑性、韧性、耐疲劳性和优良的焊接性能，且易于冷热加工成型，耐腐蚀性好，成本低廉。现行国家标准《钢结构设计标准》GB 50017—2017 提出了承重结构钢材应满足屈服强度、抗拉强度、伸长率、冷弯试验指标以及控制硫、磷含量保证的要求；高层建筑类用钢板应满足现行国家标准《建筑结构用钢板》GB/T 19879—2015 对材料的要求，这些指标是建筑钢结构设计计算、施工制作、安全使用的依据。具体指标参数的内容如下。

1）屈服强度（屈服点）：将不可逆（塑性）变形开始出现时，金属单位截面上的最低作用外力，定义为屈服强度或屈服点。它标志着金属对初始塑性变形的抗力。

钢构件强度校核时，若根据荷载组合计算得到的应力小于材料的设计强度，则构件是安全的。即

$$\sigma \leqslant f, \ f = \frac{f_y}{\gamma_G} \tag{3.1.1-1}$$

式中　f_y——材料屈服强度（在一些材料手册中，屈服强度也用 σ_s 表示，在本书后续章节里出现用 σ_s 表示屈服强度，含义相同）；

　　　γ_G——材料分项系数。

因此，屈服强度是作为强度计算和确定结构尺寸的最基本参数。

2）抗拉强度：钢材对最大均匀塑性变形的抗力指标，也是抵抗局部塑性变形的能力指标。

除在某些压力容器等钢结构设计计算中将抗拉强度作为重要的强度指标外，在建筑钢结构中，以规定抗拉强度的上、下限作为控制钢材冶金质量的指标。因为，第一，若抗拉强度太低，意味着钢的生产工艺不正常，冶金质量不良（钢中气体、非金属夹杂物过多等）；抗拉强度过高，则反映轧钢工艺不当，终轧温度太低，使钢材过分硬化，从而引起钢材塑性、韧性下降；第二，规定钢材强度的上下限，就可使钢材与钢材间、钢材与焊缝间的强度较为接近，使结构具有等强度的特征，避免因材料强度不均匀而产生过度的应力集中；第三，控制抗拉强度范围，还可避免因钢材的强度过高而给冷加工和焊接带来困难。

3）伸长率（延伸率）：钢材加工工艺性能的重要指标，表示钢材冶金质量的优劣。

根据拉力试样标距长度的不同，伸长率一般用 δ_5 和 δ_{10} 表示，其中 δ_5 为五倍直径长度

的试样，标准试样长度 $L_0=100$，直径 $D_0=20$，比例试样 $L_0=5.65\sqrt{F_0}$，F_0 为试样截面积。δ_{10} 为十倍直径长度的试样，标准试样长度 $L_0=200$，直径 $D_0=20$，比例试样 $L_0=11.3\sqrt{F_0}$。δ_5 与 δ_{10} 的关系是 $\delta_5=（1.2\sim1.5）\delta_{10}$。工程上常用 δ_5 表示。对建筑结构钢，要求 δ_5 应在 $16\%\sim23\%$。钢的伸长率太低，可能是钢的冶金质量不好所致；伸长率太高，则可能引起钢的强度、韧性等其他性能下降。随着钢的屈服强度等级的提高，伸长率的指标可有少许降低。

4）冷弯试验：是测定钢材变形能力的重要标志。以试件在规定的弯心直径下弯曲到一定角度不出现裂纹、裂断或分层等缺陷为合格标准。在试验钢材冷弯性能的同时，也可以检验钢的冶金质量。在冷弯试验中，钢材开始出现裂纹时的弯曲角度以及裂纹的扩展情况显示了钢的抗裂能力，在一定程度上反映出钢的韧性。

5）冲击韧性：抵抗脆性破坏的能力。

钢结构发生脆性破坏时的名义应力，通常接近或低于钢材的屈服强度，甚至低于结构的设计应力。因此，钢材只满足强度和塑性要求，还不能防止脆性破坏。为了保证钢结构建筑物的安全，防止低应力脆性断裂，建筑结构钢还必须具有良好的韧性。目前，关于钢材脆性破坏的试验方法已有数以百计之多，冲击试验是最简便的检验钢材缺口韧性的试验方法，也是作为建筑结构钢的验收试验项目之一。

6）化学成分碳、硫、磷控制：碳可提高钢的强度，但其塑性和韧性降低，且可焊性也降低。建筑结构钢的含碳量不宜太高，一般不应超过 0.25%，在焊接性能要求高的结构钢中，含碳量则应控制在 0.2% 以内；硫和磷是钢中有害的杂质元素，硫在钢中形成低熔点（1190℃）的 FeS，而 FeS 与 Fe 又形成低熔点（985℃）的共晶体分布在晶界上，当钢在 1000～1200℃ 进行焊接或热加工时，这些低熔点的共晶体先熔化使钢断裂，出现热脆性；磷能增加钢的强度，其强化能力是碳的二分之一，但使钢的塑性和韧性显著降低，尤其在低温下使钢变脆，发生冷脆性。因此建筑结构钢对磷、硫含量必须严格控制。

7）厚度方向性能：抵抗 Z 向破坏的能力。

用于造船、海上采油平台、高层建筑和压力容器等某些重要焊接件的钢板，不仅要求沿宽度方向和长度方向有一定的力学性能，而且要求厚度方向有良好的抗层状撕裂性能。一般按结构的重要性和钢板厚度分三个等级，分别为：Z15、Z25 和 Z35。

2. 现行国家标准《钢结构工程施工质量验收标准》GB 50205—2020 对钢材的要求如下。

1）牌号：钢材主要为 Q235、Q355、Q390、Q420、Q460、Q500、Q550、Q620 和 Q690，采用其他钢种和钢号时，除应符合相应技术标准的要求外，尚需进行必要的工艺性能试验。

2）质量证明书：钢材应附有符合设计文件要求的质量证明书，若对钢材质量有疑义时，应抽样检验，其结果应符合国家标准的规定和设计文件的要求。

3）表面质量：钢材表面的锈蚀、麻点或划痕的深度，不得大于该钢材厚度负偏差值的一半；断口处若有分层缺陷，应会同有关单位研究处理。

4）平直度：钢材矫正后应符合表 3.1.1-1 的允许偏差。

钢材矫正后允许偏差 表 3.1.1-1

项目	允许偏差		
	在 1m 范围内		
钢板、型钢的局部挠曲矢高 f		厚度 t	矢高 f
		≤14mm	≤1.5mm
		>14mm	≤1.0mm
角钢、槽钢、工字钢挠曲矢高 f	长度的 $\frac{1}{1000}$，但不大于 5.0mm		

3. 美国标准《钢结构建筑设计规范》ANSI/AISC 360-16 对结构钢的要求如下。

1）符合下列标准规范之一的材料、均可按美国钢结构学会（AISC）规范采用：

ASTM A36—19 碳素结构钢规范；

ASTM A529—19 高强度碳锰结构钢规范；

ASTM A572—18 结构用高强度低合金铌钒钢规范；

ASTM A242—13 高强度低合金结构钢规范；

ASTM A53—20 管道、钢材、发黑及热浸、镀锌、焊接及无缝钢材规范；

ASTM A588—15 高强度低合金结构耐候钢规范；

ASTM A500—18 圆形与异形冷成型焊接与无缝碳素钢结构管规范；

ASTM A992—15 结构钢型材标准规范；

ASTM A709—18 桥梁用结构钢标准规范。

2）具有钢厂的合格试验报告，或由制造单位试验室按照适用 ASTM A6 和 A568 指导规范做出的合格的试验报告，也属符合上述 ASTM 标准之一的充分证据。

3）若有需要，制造单位可提供书面保证，说明所供应的结构钢符合规定等级的要求。

4）未经鉴别的钢材，若无表面缺陷，可用于次要零件，或用于钢材的精确力学性能及其可焊性不影响结构强度的无关紧要的部位。

3.1.2 建筑结构钢的牌号和技术标准。

1. 中国建筑结构钢。

中国建筑结构钢的品种有：碳素结构钢、低合金高强度结构钢、桥梁用结构钢及建筑结构用钢板等。

牌号的表示方法：字母 Q 为钢材屈服点的"屈"字汉语拼音的首位字母；Q 后的数字为屈服点数值或屈服强度，单位 N/mm²（MPa）；数字后的字母为质量等级符号；其后若有 GJ—代表建筑结构用钢板；短线后的 Z 及数字表示厚度方向性能等级。如：Q355C-Z25，表示屈服强度等级为 355MPa、质量等级为 C、厚度方向性能等级为 Z25 的建筑结构用钢。

2. 日本结构钢材表示方法。

1）一般结构用轧制钢材 SS400：S—钢（Steel）、S—结构（Structure）、400—抗拉强度（N/mm²）。

2）焊接结构用轧制钢材 SM400A：S—钢（Steel）、M—船舶（Marine）、A—等级。

3）建筑结构用轧制钢材 SN400A。

4）碳素结构钢 S20C：S—钢（Steel）、20—含碳量、C—碳（Carbon）。

5）不锈钢 SUS301：S—钢（Steel）、US—不锈耐酸、301—AISI 顺序号。

6）一般结构用碳钢钢管 STK：S—钢（steel）、T—管子（Tube）、K—结构。

7）压力容器用钢板 SPV：S—钢（Steel）、P—压力（Pressure）、V—容器（Vessel）。

日本用于建筑结构钢的品种有："一般结构用轧制钢材""焊接结构用轧制钢材""建筑结构用轧制钢材"等。

3. 美国结构钢材。

美国 AISC 房屋建筑规范和桥梁建筑规范的结构钢有：ANSI/ASTM A36—19《碳素结构钢规范》、ANSI/ASTM A529—19《高强度碳锰结构钢规范》、ASTM A572—15《结构用高强度低合金铌钒钢规范》，ASTM—A588—15《高强度低合金结构耐候钢规范》、ASTM—A500—18《圆形与异形冷成型焊接与无缝碳素钢结构管规范》、ASTM—A992—15《结构钢型材标准规范》、ASTM—A709—18《桥梁用结构钢标准规范》、A36、A53、A529、A572、A242、A588、A500、A992、A709 的化学成分和机械性能见第 3.1.2-4 条。此外，ASTM A6—19 技术文件《结构用轧制钢板、型钢、钢板桩和扁钢交货的一般要求》中，详细说明了美国材料及试验学会（ASTM）颁布的各个标准的轧制钢板、型钢的尺寸、重量、公差、表面质量、修补、验收等一系列规定。

4. 常用建筑结构钢牌号。

1）中国标准结构钢。

（1）《碳素结构钢》GB/T 700—2006（表 3.1.2-1～表 3.1.2-3）。

碳素结构钢的化学成分　　　　　　　　　　　　　　表 3.1.2-1

牌号	等级	化学成分（%）						脱氧方法
		C	Mn	Si	S	P		
				不大于				
Q195	—	0.12	0.5	0.30	0.04	0.035		F、Z
Q215	A	0.15	1.2	0.35	0.050	0.045		F、Z
	B				0.045			
Q235	A	0.22	1.4	0.35	0.050	0.045		F、Z
	B	0.2[a]	1.4		0.045			
	C	0.17			0.040	0.040		Z
	D	0.17	1.4		0.035	0.035		TZ
Q275	A	0.24	1.5	0.35	0.050	0.045		F、Z
	B	0.21（≤40）			0.045			Z
		0.22（>40）						
Q275	C	0.2	1.5	0.35	0.040	0.040		Z
	D	0.2	1.5	0.35	0.035	0.035		TZ

注：a—经需方同意，Q235B 的含量可不大于 0.22%。

碳素结构钢的拉伸、冲击性能 表 3.1.2-2

牌号	等级	拉伸试验												冲击试验	
		屈服点 σ_s（N/mm^2）						抗拉强度 σ_b（N/mm^2）	伸长率 δ_5（%）					V 形冲击功（纵向）（J）	
		钢材厚度（直径），mm							钢材厚度（直径）（mm）					温度（℃）	
		≤16	>16~40	>40~60	>60~100	>100~150	>150		≤40	>40~60	>60~100	>100~150	>150~200		
		不小于							不小于						不小于
Q195	—	195	185	—	—	—	—	315~430	33	—	—	—	—		
Q215	A	215	205	195	185	175	165	335~450	31	30	29	27	26	—	—
	B													20	27
Q235	A	235	225	215	215	195	185	370~500	26	25	24	22	21	—	—
	B													20	27
	C													0	
	D													−20	
Q275	A	275	265	255	245	225	215	410~540	22	21	20	18	17	—	—
	B													20	27
	C													0	
	D													−20	

碳素结构钢的冷弯性能 表 3.1.2-3

牌号	试样方向	冷弯试验　$B=2a$　180°	
		钢材厚度（直径）（mm）	
		≤60	>60~100
		弯心直径 d	
Q195	纵	0	—
	横	0.5a	
Q215	纵	0.5a	1.5a
	横	a	2a
Q235	纵	a	2a
	横	1.5a	2.5a
Q275	纵	1.5a	2.5a
	横	2a	3a

（2）《低合金高强度结构钢》GB/T 1591—2018（表 3.1.2-4～表 3.1.2-14）。

低合金高强度结构钢中热轧钢的牌号及化学成分　　表 3.1.2-4

牌号		化学成分（质量分数）（%）														
钢级	质量等级	C^a 以下公称厚度或直径(mm) ≤40ᵇ 不大于	>40	Si	Mn	P^c	S^c	Nb^d	V^e	Ti^e	Cr	Ni	Cu	Mo	N^f	B
						不大于										
Q355	B	0.24		0.55	1.60	0.035	0.035	—	—	—	0.30	0.30	0.40	—	0.012	—
	C	0.20	0.22			0.030	0.030									
	D	0.20	0.22			0.025	0.025								—	
Q390	B	0.20		0.55	1.70	0.035	0.035	0.05	0.13	0.05	0.30	0.50	0.40	0.10	0.015	—
	C					0.030	0.030									
	D					0.025	0.025									
Q420ᵍ	B	0.20		0.55	1.70	0.035	0.035	0.05	0.13	0.05	0.30	0.80	0.40	0.20	0.015	
	C					0.030	0.030									
Q460ᵍ	C	0.20		0.55	1.80	0.030	0.030	0.05	0.13	0.05	0.30	0.80	0.40	0.20	0.015	0.004

ᵃ公称厚度大于 100mm 的型钢，碳含量可由供需双方协商确定。

ᵇ公称厚度大于 30mm 的钢材，碳含量不大于 0.22%。

ᶜ对于型钢和棒材，其磷和硫含量上限值可提高 0.005%。

ᵈ Q390、Q420 最高可到 0.07%，Q460 最高可到 0.11%。

ᵉ最高可到 0.20%。

ᶠ如果钢中酸溶铝 Als 含量不小于 0.015% 或全铝 Alt 含量不小于 0.020%，或添加了其他固氮合金元素，氮元素含量不作限制，固氮元素应在质量证明书中注明。

ᵍ仅适用于型钢和棒材。

低合金高强度结构钢中正火、正火轧制钢的牌号及化学成分　　表 3.1.2-5

牌号		化学成分（质量分数）（%）													
钢级	质量等级	C 不大于	Si	Mn	P^a 不大于	S^a	Nb	V	Ti^c	Cr	Ni	Cu	Mo	N	Als^d 不小于
										不大于					
Q355N	B	0.20	0.50	0.90～1.65	0.035	0.035	0.005～0.05	0.01～0.12	0.006～0.05	0.30	0.50	0.40	0.10	0.015	0.015
	C				0.030	0.030									
	D				0.030	0.025									
	E	0.18			0.025	0.020									
	F	0.16			0.020	0.010									
Q390N	B	0.20	0.50	0.90～1.70	0.035	0.035	0.01～0.05	0.01～0.20	0.006～0.05	0.30	0.50	0.40	0.10	0.015	0.015
	C				0.030	0.030									
	D				0.030	0.025									
	E				0.025	0.020									

续表

牌号		化学成分（质量分数）（%）													
钢级	质量等级	C	Si	Mn	Pa	Sa	Nb	V	Tic	Cr	Ni	Cu	Mo	N	Alsd
		不大于			不大于					不大于					不小于
Q420N	B	0.20	0.60	1.00~1.70	0.035	0.035	0.01~0.05	0.01~0.20	0.006~0.05	0.30	0.80	0.40	0.10	0.015	0.015
	C				0.030	0.030									
	D				0.030	0.025								0.025	
	E				0.025	0.020									
Q460Nb	C	0.20	0.60	1.00~1.70	0.030	0.030	0.01~0.05	0.01~0.20	0.006~0.05	0.30	0.80	0.40	0.10	0.015	0.015
	D				0.030	0.025								0.025	
	E				0.025	0.020									

钢中应至少含有铝、铌、钒、钛等细化晶粒元素中一种，单独或组合加入时，应保证其中至少一种合金元素含量不小于表中规定含量的下限。

a 对于型钢和棒材，磷和硫含量上限值可提高 0.005%。

b V+Nb+Ti≤0.22%，Mo+Cr≤0.30%。

c 最高可到 0.20%。

d 可用全铝 Alt 替代，此时全铝最小含量为 0.020%。当钢中添加了铌、钒、钛等细化晶粒元素且含量不小于表中规定含量的下限时，铝含量下限值不限。

低合金高强度结构钢中热机械轧制钢的牌号及化学成分　　　表 3.1.2-6

牌号		化学成分（质量分数）（%）														
钢级	质量等级	C	Si	Mn	Pa	Sa	Nb	V	Tib	Cr	Ni	Cu	Mo	N	B	Alsc
		不大于														不小于
Q355M	B	0.14d	0.50	1.60	0.035	0.035	0.01~0.05	0.01~0.10	0.006~0.05	0.30	0.50	0.40	0.10	0.015	—	0.015
	C				0.030	0.030										
	D				0.030	0.025										
	E				0.025	0.020										
	F				0.020	0.010										
Q390M	B	0.15d	0.50	1.70	0.035	0.035	0.01~0.05	0.01~0.10	0.006~0.05	0.30	0.50	0.40	0.10	0.015	—	0.015
	C				0.030	0.030										
	D				0.030	0.025										
	E				0.025	0.020										
Q420M	B	0.16d	0.50	1.70	0.035	0.035	0.01~0.05	0.01~0.12	0.006~0.05	0.30	0.80	0.40	0.20	0.015	—	0.015
	C				0.030	0.030										
	D				0.030	0.025								0.025		
	E				0.025	0.020										
Q460M	C	0.16d	0.60	1.70	0.030	0.030	0.01~0.05	0.01~0.12	0.006~0.05	0.30	0.80	0.40	0.20	0.015	—	0.015
	D				0.030	0.025								0.025		
	E				0.025	0.020										

续表

牌号		化学成分（质量分数）（%）													
钢级	质量等级	C	Si	Mn	P[a]	S[a]	Nb	V	Ti[b]	Cr	Ni	Cu	Mo	N	B	Als[c]
		不大于														不小于
Q500M	C	0.18	0.60	1.80	0.030	0.030	0.01 ~ 0.11	0.01 ~ 0.12	0.006 ~ 0.05	0.60	0.80	0.55	0.20	0.015	0.004	0.015
	D				0.030	0.025										
	E				0.025	0.020								0.025		
Q550M	C	0.18	0.60	2.00	0.030	0.030	0.01 ~ 0.11	0.01 ~ 0.12	0.006 ~ 0.05	0.80	0.80	0.80	0.30	0.015	0.004	0.015
	D				0.030	0.025										
	E				0.025	0.020								0.025		
Q620M	C	0.18	0.60	2.00	0.030	0.030	0.01 ~ 0.11	0.01 ~ 0.12	0.006 ~ 0.05	1.00	0.80	0.80	0.30	0.015	0.004	0.015
	D				0.030	0.025										
	E				0.025	0.020								0.025		
Q690M	C	0.18	0.60	2.00	0.030	0.030	0.01 ~ 0.11	0.01 ~ 0.12	0.006 ~ 0.05	1.00	0.80	0.80	0.30	0.015	0.004	0.015
	D				0.030	0.025										
	E				0.025	0.020								0.025		

钢中应至少含有铝、铌、钒、钛等细化晶粒元素中一种，单独或组合加入时，应保证其中至少一种合金元素含量不小于表中规定含量的下限。

[a] 对于型钢和棒材，磷和硫含量可以提高 0.005%。

[b] 最高可到 0.20%。

[c] 可用全铝 Alt 替代，此时全铝最小含量为 0.020%。当钢中添加了铌/钒/钛等细化晶粒元素且含量不小于表中规定含量的下限时，铝含量下限值不限。

[d] 对于型钢和棒材，Q355M、Q390M、Q420M 和 Q460M 的最大碳含量可提高 0.02%。

低合金高强度结构钢热轧状态交货钢材的碳当量　　表 3.1.2-7

牌号		碳当量 CEV（质量分数）（%）不大于				
		公称厚度或直径/mm				
钢级	质量等级	≤30	>30~63	>63~150	>150~250	>250~400
Q355[a]	B	0.45	0.47	0.47	0.49[b]	—
	C					—
	D					0.49[c]
Q390	B	0.45	0.47	0.48	—	—
	C					
	D					
Q420[d]	B	0.45	0.47	0.48	0.49[b]	—
	C					
Q460[d]	C	0.47	0.49	0.49	—	—

[a] 当需对硅含量控制时（例如热浸镀锌涂层），为达到抗拉强度要求而增加其他元素如碳和猛的含量，表中最大碳当量值的增加应符合下列规定：

对于 Si≤0.030%，碳当量可提高 0.02%；

对于 Si≤0.25%，碳当量可提高 0.01%。

[b] 对于型钢和棒材，其最大碳当量可到 0.54%。

[c] 只适用于质量等级为 D 的钢板。

[d] 只适用于型钢和棒材。

低合金高强度结构钢正火、正火轧制状态交货钢材的碳当量　　　表 3.1.2-8

牌号		碳当量 CEV（质量分数）（%）不大于			
		公称厚度或直径（mm）			
钢级	质量等级	≤63	>63~100	>100~250	>250~400
Q355N	B、C、D、E、F	0.43	0.45	0.45	协议
Q390N	B、C、D、E	0.46	0.48	0.49	协议
Q420N	B、C、D、E	0.48	0.50	0.52	协议
Q460N	C、D、E	0.53	0.54	0.55	协议

低合金高强度结构钢热机械轧制或热机械轧制加回火状态
交货钢材的碳当量及焊接裂纹敏感性指数　　　表 3.1.2-9

牌号		碳当量 CEV（质量分数）（%）不大于					焊接裂纹敏感性指数 Pcm（质量分数）（%）不大于
		公称厚度或直径（mm）					
钢级	质量等级	≤16	>16~40	>40~63	>63~120	>120~150[a]	
Q355M	B、C、D、E、F	0.39	0.39	0.40	0.45	0.45	0.20
Q390M	B、C、D、E	0.41	0.43	0.44	0.46	0.46	0.20
Q420M	B、C、D、E	0.43	0.45	0.46	0.47	0.47	0.20
Q460M	C、D、E	0.45	0.46	0.47	0.48	0.48	0.22
Q500M	C、D、E	0.47	0.47	0.47	0.48	0.48	0.25
Q550M	C、D、E	0.47	0.47	0.47	0.48	0.48	0.25
Q620M	C、D、E	0.48	0.48	0.48	0.49	0.49	0.25
Q690M	C、D、E	0.49	0.49	0.49	0.49	0.49	0.25

[a] 仅适用于棒材。

低合金高强度结构钢热轧钢材的拉伸性能　　　表 3.1.2-10

牌号		上屈服强度 R_{eH}[a]（MPa）不小于									抗拉强度 R_m（MPa）			
		公称厚度或直径/mm												
钢级	质量等级	≤16	>16~40	>40~63	>63~80	>80~100	>100~150	>150~200	>200~250	>250~400	≤100	>100~150	>150~250	>250~400
Q355	B、C	355	345	335	325	315	295	285	275	—	470~630	450~600	450~600	450~600[b]
	D									265[b]				
Q390	B、C、D	390	380	360	340	340	320	—	—		470~650	470~620		
Q420[c]	B、C	420	410	390	370	370	350	—	—		520~680	500~650		
Q460[c]	C	460	450	430	410	410	390	—	—		550~720	530~700		

[a] 当屈服不明显时，可用规定塑性延伸强度 $R_{p0.2}$ 代替上屈服强度。
[b] 只适用于质量等级为 D 的钢板。
[c] 只适用于型钢和棒材。

低合金高强度结构钢热轧钢材的伸长率　　　　　　　表 3.1.2-11

牌号			断后伸长率　A（%）不小于						
钢级	质量等级	试样方向	公称厚度或直径（mm）						
			≤40	>40～63	>63～100	>100～150	>150～250	>250～400	
Q355	B、C、D	纵向	22	21	20	18	17	17[a]	
		横向	20	19	18	18	17	17[a]	
Q390	B、C、D	纵向	21	20	20	19	—	—	
		横向	20	19	19	18	—	—	
Q420[b]	B、C	纵向	20	19	19	19	—	—	
Q460[b]	C	纵向	18	17	17	17	—	—	

[a] 只适用于质量等级为 D 的钢板。

[b] 只适用于型钢和棒材。

低合金高强度结构钢正火、正火轧制钢材的拉伸性能　　　　表 3.1.2-12

牌号		上屈服强度 R_{eH}[a]（MPa）不小于								抗拉强度 R_m（MPa）			断后伸长率 A（%）不小于					
钢级	质量等级	公称厚度或直径（mm）																
		≤16	>16～40	>40～63	>63～80	>80～100	>100～150	>150～200	>200～250	≤100	>100～200	>200～250	≤16	>16～40	>40～63	>63～80	>80～200	>200～250
Q355N	B、C、D、E、F	355	345	335	325	315	295	285	275	470～630	450～600	450～600	22	22	22	21	21	21
Q390N	B、C、D、E	390	380	360	340	340	320	310	300	490～650	470～620	470～620	20	20	20	19	19	19
Q420N	B、C、D、E	420	400	390	370	360	340	330	320	520～680	500～650	500～650	19	19	19	18	18	18
Q460N	C、D、E	460	440	430	410	400	380	370	370	540～720	530～710	510～690	17	17	17	17	17	16

注：正火状态包含正火加回火状态。

[a] 当屈服不明显时，可用规定塑性延伸强度 $R_{p0.2}$ 代替上屈服强度 R_{eH}。

低合金高强度结构钢热机械轧制钢材的拉伸性能　　　　表 3.1.2-13

牌号		上屈服强度 R_{eH}[a]（MPa）不小于						抗拉强度 R_m（MPa）				断后伸长率 A（%）不小于
钢级	质量等级	公称厚度或直径（mm）										
		≤16	>16～40	>40～63	>63～80	>80～100	>100～120[c]	≤40	>40～63	>63～80	>80～100	>100～120[b]
Q355M	B、C、D、E、F	355	345	335	325	325	320	470～630	450～610	440～600	440～600	430～590	22

续表

牌号		上屈服强度 R_{eH}^a（MPa）不小于						抗拉强度 R_m（MPa）					断后伸长率 A（%）不小于
钢级	质量等级	公称厚度或直径（mm）											
		≤16	>16~40	>40~63	>63~80	>80~100	>100~120b	≤40	>40~63	>63~80	>80~100	>100~120b	
Q390M	B、C、D、E	390	380	360	340	340	335	490~650	480~640	470~630	460~620	450~610	20
Q420M	B、C、D、E	420	400	390	380	370	365	520~680	500~660	480~640	470~630	460~620	19
Q460M	C、D、E	460	440	430	410	400	385	540~720	530~710	510~690	500~680	490~660	17
Q500M	C、D、E	500	490	480	460	450	—	610~770	600~760	590~750	540~730	—	17
Q550M	C、D、E	550	540	530	510	500		670~830	620~810	600~790	590~780	—	16
Q620M	C、D、E	620	610	600	580	—	—	710~880	690~880	670~860	—	—	15
Q690M	C、D、E	690	680	670	650	—	—	770~940	750~920	730~900	—	—	14

注：热机械轧制（TMCP）状态包含热机械轧制（TMCP）加回火状态。

[a]当屈服不明显时，可用规定塑性延伸强度 $R_{p0.2}$ 代替上屈服强度 R_{eH}。

[b]对于型钢和棒材，厚度或直径不大于 150mm。

低合金高强度结构钢夏比（V 形缺口）冲击试验的试验温度和冲击吸收能量　　　表 3.1.2-14

牌号		以下试验温度的冲击吸收能量最小值 KV_2/J									
钢级	质量等级	20℃		0℃		−20℃		−40℃		−60℃	
		纵向	横向	纵向	横向	纵向	横向	纵向	横向	纵向	横向
Q355、Q390、Q420	B	34	27	—	—	—	—	—	—	—	—
Q355、Q390、Q420、Q460	C	—	—	34	27	—	—	—	—	—	—
Q355、Q390	D	—	—	—	—	34[a]	27[a]	—	—	—	—
Q355N、Q390N、Q420N	B	34	27	—	—	—	—	—	—	—	—
Q355N、Q390N、Q420N、Q460N	C	—	—	34	27	—	—	—	—	—	—
	D	55	31	47	27	40[b]	20	—	—	—	—
	E	63	40	55	34	47	27	31[c]	20[c]	—	—
Q355N	F	63	40	55	34	47	27	31	20	27	16

牌号		以下试验温度的冲击吸收能量最小值 KV$_2$/J									
钢级	质量等级	20℃		0℃		-20℃		-40℃		-60℃	
		纵向	横向	纵向	横向	纵向	横向	纵向	横向	纵向	横向
Q355M、Q390M、Q420M	B	34	27	—	—	—	—	—	—	—	—
Q355M、Q390M Q420M、Q460M	C	—	—	34	27	—	—	—	—	—	—
	D	55	31	47	27	40[b]	20	—	—	—	—
	E	63	40	55	34	47	27	31[c]	20[c]	—	—
Q355M	F	63	40	55	34	47	27	31	20	27	16
Q500M、Q550M Q620M、Q690M	C	—	—	55	34	—	—	—	—	—	—
	D	—	—	—	—	47[b]	27	—	—	—	—
	E	—	—	—	—	—	—	31[c]	20[c]	—	—

当需方未指定试验温度时，正火、正火轧制和热机械轧制的 C、D、E、F 级钢材分别做 0℃、-20℃、-40℃、-60℃冲击。

a 仅适用于厚度大于 250mm 的 Q355D 钢板。

b 当需方指定时，D 级钢可做-30℃冲击试验，冲击吸收能量纵向不小于 27J。

c 当需方指定时，E 级钢可做-50℃冲击时，冲击吸收能量纵向不小于 27J、横向不小于 16J。

（3）《建筑结构用钢板》GB/T 19879—2015（表 3.1.2-15～表 3.1.2-17）。

建筑结构用钢板的化学成分　　　表 3.1.2-15

牌号	质量等级	化学成分（质量分数）（%）											
		C	Si	Mn	P	S	V[b]	Nb[b]	Ti[b]	Als[a]	Cr	Cu	Ni	Mo
		≤			≤					≥	≤			
Q235GJ	B、C	0.20	0.35	0.60~1.50	0.025	0.015	—	—	—	0.015	0.30	0.30	0.30	0.08
	D、E	0.18			0.020	0.010								
Q345GJ	B、C	0.20	0.55	≤1.60	0.025	0.015	0.150	0.070	0.035	0.015	0.30	0.30	0.30	0.20
	D、E	0.18			0.020	0.010								
Q390GJ	B、C	0.20	0.55	≤1.70	0.025	0.015	0.200	0.070	0.030	0.015	0.30	0.30	0.70	0.50
	D、E	0.18			0.020	0.010								
Q420GJ	B、C	0.20	0.55	≤1.70	0.025	0.015	0.200	0.070	0.030	0.015	0.80	0.30	1.00	0.50
	D、E	0.18			0.020	0.010								
Q460GJ	B、C	0.20	0.55	≤1.70	0.025	0.015	0.200	0.110	0.030	0.015	1.20	0.50	1.20	0.50
	D、E	0.18			0.020	0.010								
Q500GJ	C	0.18	0.60	≤1.80	0.025	0.015	0.120	0.110	0.030	0.015	1.20	0.50	1.20	0.60
	D、E				0.020	0.010								
Q550GJ[c]	C	0.18	0.60	≤2.00	0.025	0.015	0.120	0.110	0.030	0.015	1.20	0.50	2.00	0.60
	D、E				0.020	0.010								

牌号	质量等级	化学成分（质量分数）（%）												
		C	Si	Mn	P	S	V[b]	Nb[b]	Ti[b]	Als[a]	Cr	Cu	Ni	Mo
		≤			≤					≥	≤			
Q620GJ[c]	C	0.18	0.60	≤2.00	0.025	0.015	0.120	0.110	0.030	0.015	1.20	0.50	2.00	0.60
	D、E				0.020	0.010								
Q690GJ[c]	C	0.18	0.60	≤2.20	0.025	0.015	0.120	0.110	0.030	0.015	1.20	0.50	2.00	0.60
	D、E				0.020	0.010								

[a] 允许用全铝含量（Alt）来代替酸溶铝含量（Als）的要求，此时全铝含量 Alt 应不小于 0.020%，如果钢中添加 V、Nb 或 Ti 任一种元素，且其含量不低于 0.015% 时，最小铝含量不适用。

[b] 当 V、Nb、Ti 组合加入时，对于 Q235GJ、Q345GJ，（V＋Nb＋Ti）≤0.15%，对于 Q390GJ、Q420GJ、Q460GJ，（V＋Nb＋Ti）≤0.22%。

[c] 当添加硼时，Q550GJ、Q620GJ、Q690GJ 及淬火加回火状态钢中的 B≤0.003%。

建筑结构用钢板的碳当量　　　　　　　　　表 3.1.2-16

牌号	交货状态[a]	规定厚度(mm)的碳当量 CEV(%)				规定厚度(mm)的焊接裂纹敏感性指数 Pcm(%)			
		≤50[b]	>50~100	>100~150	>150~200	≤50[b]	>50~100	>100~150	>150~200
		≤				≤			
Q235GJ	WAR、WCR、N	0.34	0.36	0.38	—	0.24	0.26	0.27	—
Q345GJ	WAR、WCR、N	0.42	0.44	0.46	0.47	0.26	0.29	0.30	0.30
	TMCP	0.38	0.40	—		0.24	0.26	—	
Q390GJ	WCR、N、NT	0.45	0.47	0.49		0.28	0.30	0.31	
	TMCP、TMCP＋T	0.40	0.43	—		0.26	0.27	—	
Q420GJ	WCR、N、NT	0.48	0.50	0.52		0.30	0.33	0.34	
	QT	0.44	0.47	0.49		0.28	0.30	0.31	
	TMCP、TMCP＋T	0.40	双方协商	—		0.26	双方协商		
Q460GJ	WCR、N、NT	0.52	0.54	0.56		0.32	0.34	0.35	
	QT	0.45	0.48	0.50		0.28	0.30	0.31	
	TMCP、TMCP＋T	0.42	双方协商	—		0.27	双方协商		
Q500GJ	QT	0.52	双方协商						
	TMCP、TMCP＋T	0.47	—			0.28[c]	—		
Q550GJ	QT	0.54	双方协商						
	TMCP、TMCP＋T	0.47	—			0.29[c]	—		
Q620GJ	QT	0.58	双方协商						
	TMCP、TMCP＋T	0.48	—			0.30[c]	—		
Q690GJ	QT	0.60	双方协商						
	TMCP、TMCP＋T	0.50	—			0.30[c]	—		

[a] WAR：热轧；WCR：控轧；N：正火；NT：正火＋回火；TMCP：热机械控制轧制；TMCP＋T：热机械控制轧制＋回火；QT：淬火(包括在线直接淬火)＋回火。

[b] Q500GJ、Q550GJ、Q620GJ、Q690GJ 最大厚度为 40mm。

[c] 仅供参考。

建筑结构用钢板的机械性能　　　　　　　表 3.1.2-17

牌号	质量等级	拉伸试验										断后伸长率 A（％）≥	纵向冲击试验		弯曲试验[a]	
		钢板厚度（mm）											温度（℃）	冲击吸收能量 KV_2/J ≥	180°弯曲压头直径 D	
		下屈服强度 R_{eL}（MPa）				抗拉强度 R_m（MPa）			屈强比 R_{eL}/R_m						钢板厚度（mm）	
		6～16	>16～50	>50～100	>100～150	>150～200	≤100	>100～150	>150～200	6～150	>150～200				≤16	>16
Q235GJ	B	≥235	235～345	225～335	215～325	—	400～510	380～510	—	≤0.80	—	23	20	47	$D=2a$	$D=3a$
	C												0			
	D												−20			
	E												−40			
Q345GJ	B	≥345	345～455	335～445	325～435	305～415	490～610	470～610	470～610	≤0.80	≤0.80	22	20	47	$D=2a$	$D=3a$
	C												0			
	D												−20			
	E												−40			
Q390GJ	B	≥390	390～510	380～500	370～490	—	510～660	490～640	—	≤0.83	—	20	20	47	$D=2a$	$D=3a$
	C												0			
	D												−20			
	E												−40			
Q420GJ	B	≥420	420～550	410～540	400～530	—	530～680	510～660	—	≤0.83	—	20	20	47	$D=2a$	$D=3a$
	C												0			
	D												−20			
	E												−40			
Q460GJ	B	≥460	460～600	450～590	440～580	—	570～720	550～720	—	≤0.83	—	18	20	47	$D=2a$	$D=3a$
	C												0			
	D												−20			
	E												−40			

[a] 试样厚度。

（4）《桥梁用结构钢》GB/T 714—2015（表 3.1.2-18～表 3.1.2-26）。

桥梁用结构钢各牌号及质量等级钢磷、硫、硼、氢成分要求　　　　　　表 3.1.2-18

质量等级	化学成分（质量分数）（％）			
	P	S	B[a,b]	H[a]
	不大于			
C	0.030	0.025		
D	0.025	0.020[c]	0.0005	0.0002
E	0.020	0.010		
F	0.015	0.006		

[a] 钢中残余元素 B、H 供方能保证时，可不进行分析。

[b] 调质钢中添加元素 B 时，不受此限制，且进行分析并填入质量证明书中。

[c] Q420 及以上级别 S 含量不大于 0.015％。

桥梁用结构钢热轧或正火钢化学成分　　表 3.1.2-19

牌号	质量等级	化学成分（质量分数）（%）										
		C	Si	Mn	Nb[a]	V[a]	Ti[a]	Als[a,b]	Cr	Ni	Cu	N
		不大于							不大于			
Q345q	C D E	0.18	0.55	0.90~1.60	0.005~0.060	0.010~0.080	0.006~0.030	0.010~0.045	0.30	0.30	0.30	0.0080
Q370q	D E			1.00~1.60								

[a] 钢中 Al、Nb、V、Ti 可单独或组合加入。单独加入时，应符合表中规定；组合加入时，应至少保证一种合金元素含量达到表中下限规定，且 Nb＋V＋Ti≤0.22%。

[b] 当采用全铝（Alt）含量计算时，全铝含量应为 0.015%~0.050%

桥梁用结构钢热机械轧制钢化学成分　　表 3.1.2-20

牌号	质量等级	化学成分（质量分数）（%）											
		C	Si	Mn[a]	Nb[b]	V[b]	Ti[b]	Als[b,c]	Cr	Ni	Cu	Mo	N
		不大于							不大于				
Q345q	C D E	0.14	0.55	0.90~1.60	0.010~0.090	0.010~0.080	0.006~0.030	0.010~0.045	0.30	0.30	0.30	—	0.0080
Q370q	D E			1.00~1.60									
Q420q	D	0.11		1.00~1.70					0.50	0.30		0.20	
Q460q	D E F											0.25	
Q500q	F								0.80	0.70		0.30	

[a] 经供需双方协议，锰含量最大可到 2.00%。

[b] 钢中 Al、Nb、V、Ti 可单独或组合加入。单独加入时，应符合表中规定；组合加入时，应至少保证一种合金元素含量达到表中下限规定，且 Nb＋V＋Ti≤0.22%。

[c] 当采用全铝（Alt）含量计算时，全铝含量应为 0.015%~0.050%。

桥梁用结构钢调质钢化学成分　　表 3.1.2-21

牌号	质量等级	C	Si	Mn	Nb[a]	V[a]	Ti[a]	Als[a,b]	Cr	Ni	Cu	Mo	N
		不大于											
Q500q		0.11	0.55	0.80~1.70	0.005~0.060	0.010~0.080	0.006~0.030	0.010~0.045	≤0.80	≤0.70	≤0.30	≤0.30	≤0.0080
Q550q	D E F	0.12											
Q620q		0.14			0.005~0.090				0.40~0.80	0.25~1.00	0.15~0.55	0.20~0.50	
Q690q		0.15							0.40~1.00	0.25~1.20		0.20~0.60	

注：可添加 B 元素 0.0005%~0.0030%。

[a] 钢中 Al、Nb、V、Ti 可单独或组合加入。单独加入时，应符合表中规定；组合加入时，应至少保证一种合金元素含量达到表中下限规定，且 Nb＋V＋Ti≤0.22%。

[b] 当采用全铝（Alt）含量计算时，全铝含量应为 0.015%~0.050%。

桥梁用结构钢耐大气腐蚀钢化学成分 表 3.1.2-22

牌号	质量等级	化学成分[a,b,c]（质量分数）（%）									Mo	N	Als[e]
		C	Si	Mn[d]	Nb	V	Ti	Cr	Ni	Cu	不大于		
Q345qNH											0.10		
Q370qNH								0.040～	0.30～	0.25～	0.15		
Q420qNH	D E F	≤0.11	0.15～ 0.50	1.10～ 1.50	0.010～ 0.100	0.010～ 0.100	0.006～ 0.030	0.70	0.40	0.50	0.20	0.0080	0.015～ 0.050
Q460qNH													
Q500qNH								0.45～	0.30～	0.25～	0.25		
Q550qNH								0.70	0.45	0.55			

[a] 铌、钒、钛、铝可单独或组合加入，组合加入时，应至少保证一种合金元素含量达到表中下限规定；Nb＋V＋Ti ≤0.22%。

[b] 为控制硫化物形态要进行 Ca 处理。

[c] 对耐候钢耐腐蚀性的评定，参见附录 C。

[d] 当卷板状态交货时 Mn 含量下限可到 0.50%。

[e] 当采用全铝（Alt）含量计算时，全铝含量应为 0.020%～0.055%。

桥梁用结构钢的碳当量 表 3.1.2-23

交货状态	牌号	碳当量 CEV（质量分数）（%）		
		厚度≤50mm	50mm＜厚度≤100mm	100mm＜厚度≤150mm
热轧或正火	Q345q	≤0.43	≤0.45	协议
	Q370q	≤0.44	≤0.46	
热机械轧制	Q345q	≤0.38	≤0.40	—
	Q370q	≤0.38	≤0.40	
调质	Q500q	≤0.50	≤0.55	协议
	Q550q	≤0.52	≤0.57	
	Q620q	≤0.55	≤0.60	
	Q690q	≤0.60	≤0.65	

注：耐大气腐蚀钢的碳当量可在此表的基础上，由供需双方协议规定。

桥梁用结构钢的裂纹敏感性指数 表 3.1.2-24

牌号	Pcm（质量分数）（%）	牌号	Pcm（质量分数）（%）
	不大于		不大于
Q345q	0.20	Q500q	0.25
Q370q	0.20	Q550q	0.25
Q420q	0.22	Q620q	0.25
Q460q	0.23	Q690q	0.25

桥梁用结构钢的力学性能　　　　　　　表 3.1.2-25

牌号	质量等级	拉伸试验[a,b]					冲击试验[c]	
		下屈服强度 R_{eL}/MPa			抗拉强度 R_m/MPa	断后伸长率 A/%	温度 ℃	冲击吸收能量（KV_2/J）
		厚度 ≤50mm	50mm<厚度 ≤100mm	100mm<厚度 ≤150mm				
		不小于						不小于
Q345q	C	345	335	305	490	20	0	120
	D						−20	
	E						−40	
Q370q	C	370	360	—	510	20	0	120
	D						−20	
	E						−40	
Q420q	D	420	410	—	540	19	−20	120
	E						40	
	F						−60	37
Q460q	D	460	450	—	570	18	−20	120
	E						−40	
	F						−60	47
Q500q	D	500	480	—	630	18	−20	120
	E						−40	
	F						−60	47
Q550q	D	550	530	—	660	16	−20	120
	E						−40	
	F						−60	47
Q620q	D	620	580	—	720	15	−20	120
	E						−40	
	F						−60	47
Q690q	D	690	650	—	770	14	−20	120
	E						−40	
	F						−60	47

[a] 当屈服不明显时，可测量 $R_{p0.2}$ 代替下屈服强度。

[b] 拉伸试验取横向试样。

[c] 冲击试验取纵向试样。

桥梁用结构钢的工艺性能　　　　　　　表 3.1.2-26

180°弯曲试验		
厚度≤16mm	厚度>16mm	弯曲结果
$D=2a$	$D=3a$	在试样外表面不应有肉眼可见的裂纹

注：D—弯曲压头直径；a—试样厚度。

（5）《厚度方向性能钢板》GB/T 5313—2010（表 3.1.2-27）。

厚度方向性能钢板　　　　　　　　　　　　　表 3.1.2-27

厚度方向性能级别	断面收缩率 Z（%）	
	三个试样的最小平均值	单个试样最小值
Z15	15	10
Z25	25	15
Z35	35	25

注：1. 本标准适用于厚度为 15～400mm 镇静钢钢板。

　　2. 按本标准订货的厚度方向性能钢板的牌号，由产品原牌号和要求的厚度方向性能级别组成。

　　3. 按本标准订货的钢板，应进行超声波探伤检验，探伤方法和合格级别经供需双方协商在合同中注明。

　　2）美国结构钢。

美国标准的结构用钢主要包括以下内容，相关钢材的性能可参见附录 6-A：

（1）《碳素结构钢》ASTM A36/A36M—19；

（2）《高强度碳锰结构钢规范》ASTM A529/A529M—19；

（3）《结构用高强度低合金铌钒钢规范》ASTM A572/A572M—18；

（4）《高强度低合金结构钢规范》ASTM A242/A242M—13；

（5）《高强度低合金结构耐候钢规范》ASTM A588/A588M—15；

（6）《管道、钢材、发黑及热浸、镀锌、焊接及无缝钢材规范》ASTM A53/A53M—20；

（7）《圆形与异形冷成形焊接与无缝碳素钢结构管规范》ASTM A500/A500M—18；

（8）《结构钢型材标准规范》ASTM A992/A992M—15；

（9）《桥梁用结构钢规范》ASTM A709/A709M—18。

　　3）日本结构钢。

日本标准的结构用钢主要包括以下内容，相关钢材的性能可参见附录 6-B：

（1）《一般结构用轧制钢材》JIS-G 3101—15；

（2）《焊接结构用轧制钢材》JIS-G 3106—15；

（3）《建筑结构用轧制钢》JIS-G 3136—12。

3.1.3　建筑结构钢材的品种、规格和要求。

1. 钢板规格和要求。

1）现行国家标准《热轧钢板和钢带的尺寸、外形、重量及允许偏差》GB/T 709—2019，规定了热轧钢板和钢带的尺寸、外形、重量及允许偏差。标准适用于宽度大于或等于 600mm、厚度为 3～400mm 的热轧钢板，厚度允许偏差如下。

（1）单轧钢板的厚度允许偏差（N 类、A 类、B 类、C 类）见表 3.1.3-1。

（2）钢带（包括连轧钢板）的厚度允许偏差（mm）见表 3.1.3-2、表 3.1.3-3。

表 3.1.3-1

单轧钢板的厚度允许偏差（N 类、A 类、B 类、C 类）

下列公称宽度的厚度允许偏差

公称厚度	≤1500				>1500~2500				>2500~4000				>4000~5300			
	N 类	A 类	B 类	C 类	N 类	A 类	B 类	C 类	N 类	A 类	B 类	C 类	N 类	A 类	B 类	C 类
3.00~5.00	±0.45	+0.55 -0.35	+0.60	+0.90	±0.55	+0.70 -0.40	+0.80	+1.10	±0.65	+0.85 -0.45	+1.00	+1.30	—	—	—	—
>5.00~8.00	±0.50	+0.65 -0.35	+0.70	+1.00	±0.60	+0.75 -0.45	+0.90	+1.20	±0.75	+0.95 -0.55	+1.20	+1.50	—	—	—	—
>8.00~15.0	±0.55	+0.70 -0.40	+0.80	+1.10	±0.65	+0.85 -0.45	+1.00	+1.30	±0.80	+1.05 -0.55	+1.30	+1.60	±0.90	+1.20 -0.60	+1.50	+1.80
>15.0~25.0	±0.65	+0.85 -0.45	+1.00	+1.30	±0.75	+1.00 -0.50	+1.20	+1.50	±0.90	+1.15 -0.65	+1.50	+1.80	±1.10	+1.50 -0.70	+1.90	+2.20
>25.0~40.0	±0.70	+0.90 -0.50	+1.10	+1.40	±0.80	+1.05 -0.55	+1.30	+1.60	±1.00	+1.30 -0.70	+1.70	+2.00	±1.20	+1.60 -0.80	+2.10	+2.40
>40.0~60.0	±0.80	+1.05 -0.55	+1.30	+1.60	±0.90	+1.20 -0.60	+1.50	+1.80	±1.10	+1.45 -0.75	+1.90	+2.20	±1.30	+1.70 -0.90	+2.30	+2.60
>60.0~100	±0.90	+1.20 -0.60	+1.50	+1.80	±1.10	+1.50 -0.70	+1.90	+2.20	±1.30	+1.75 -0.85	+2.30	+2.60	±1.50	+2.00 -1.00	+2.70	+3.00
>100~150	±1.20	+1.60 -0.80	+2.10	+2.40	±1.40	+1.90 -0.90	+2.50	+2.80	±1.60	+2.15 -1.05	+2.90	+3.20	±1.80	+2.40 -1.20	+3.30	+3.60
>150~200	±1.40	+1.90 -0.90	+2.50	+2.80	±1.60	+2.20 -1.00	+2.90	+3.20	±1.80	+2.45 -1.15	+3.30	+3.60	±1.90	+2.50 -1.30	+3.50	+3.80
>200~250	±1.60	+2.20 -1.00	+2.90	+3.20	±1.80	+2.40 -1.20	+3.30	+3.60	±2.00	+2.70 -1.30	+3.70	+4.00	±2.20	+3.00 -1.40	+4.10	+4.40
>250~300	±1.80	+2.40 -1.20	+3.30	+3.60	±2.00	+2.70 -1.30	+3.70	+4.00	±2.20	+2.95 -1.45	+4.10	+4.40	±2.40	+3.20 -1.60	+4.50	+4.80
>300~400	±2.00	+2.70 -1.30	+3.70	+4.00	±2.20	+3.00 -1.40	+4.10	+4.40	±2.40	+3.25 -1.55	+4.50	+4.80	±2.60	+3.50 -1.70	+4.90	+5.20
>400~450							协议									

B 类厚度允许下偏差统一为-0.30mm。
C 类厚度允许下偏差统一为 0.00mm。

最小屈服强度 R_e 小于 360MPa 钢带（包括连轧钢板）的厚度允许偏差　表 3.1.3-2

公称厚度	钢带厚度允许偏差							
	普通精度 PT. A				较高精度 PT. B			
	公称宽度				公称宽度			
	600~1200	>1200~1500	>1500~1800	>1800	600~1200	>1200~1500	>1500~1800	>1800
≤1.50	±0.15	±0.17	—	—	±0.10	±0.12	—	—
>1.50~2.00	±0.17	±0.19	±0.21	—	±0.13	±0.14	±0.14	—
>2.00~2.50	±0.18	±0.21	±0.23	±0.25	±0.14	±0.15	±0.17	±0.20
>2.50~3.00	±0.20	±0.22	±0.24	±0.26	±0.15	±0.17	±0.19	±0.21
>3.00~4.00	±0.22	±0.24	±0.26	±0.27	±0.17	±0.18	±0.21	±0.22
>4.00~5.00	±0.24	±0.26	±0.29	±0.29	±0.19	±0.21	±0.22	±0.23
>5.00~6.00	±0.26	±0.28	±0.29	±0.31	±0.21	±0.22	±0.23	±0.25
>6.00~8.00	±0.29	±0.30	±0.31	±0.35	±0.23	±0.24	±0.25	±0.28
>8.00~10.00	±0.32	±0.33	±0.34	±0.40	±0.26	±0.26	±0.27	±0.32
>10.00~12.50	±0.35	±0.36	±0.37	±0.43	±0.28	±0.29	±0.30	±0.36
>12.50~15.00	±0.37	±0.38	±0.40	±0.46	±0.30	±0.31	±0.33	±0.39
>15.00~25.40	±0.40	±0.42	±0.45	±0.50	±0.32	±0.34	±0.37	±0.42

最小屈服强度 R_e 不小于 360MPa 钢带（包括连轧钢板）的厚度允许偏差　表 3.1.3-3

公称厚度	钢带厚度允许偏差							
	普通精度 PT. A				较高精度 PT. B			
	公称宽度				公称宽度			
	600~1200	>1200~1500	>1500~1800	>1800	600~1200	>1200~1500	>1500~1800	>1800
≤1.50	±0.17	±0.19	—	—	±0.11	±0.13	—	—
>1.50~2.00	±0.19	±0.21	±0.23	—	±0.14	±0.15	±0.15	—
>2.00~2.50	±0.20	±0.23	±0.25	±0.28	±0.15	±0.17	±0.19	±0.22
>2.50~3.00	±0.22	±0.24	±0.26	±0.29	±0.17	±0.19	±0.21	±0.23
>3.00~4.00	±0.24	±0.26	±0.29	±0.30	±0.19	±0.20	±0.23	±0.24
>4.00~5.00	±0.26	±0.29	±0.31	±0.32	±0.21	±0.23	±0.24	±0.25
>5.00~6.00	±0.29	±0.31	±0.32	±0.34	±0.23	±0.24	±0.25	±0.28
>6.00~8.00	±0.32	±0.33	±0.34	±0.39	±0.25	±0.26	±0.28	±0.31
>8.00~10.00	±0.35	±0.36	±0.37	±0.44	±0.29	±0.29	±0.30	±0.35
>10.00~12.50	±0.39	±0.40	±0.41	±0.47	±0.31	±0.32	±0.33	±0.40
>12.50~15.00	±0.41	±0.42	±0.44	±0.51	±0.33	±0.34	±0.36	±0.43
>15.00~25.40	±0.44	±0.46	±0.50	±0.55	±0.35	±0.37	±0.41	±0.46

2）厚度测量点位置：切边钢带（包括连轧钢板）位于距纵边不小于 25mm 处；不切边钢带（包括连轧钢板）位于距纵边不小于 40mm 处；切边单轧钢板位于距边缘（纵边或横边）不小于 25mm 处；不切边单轧钢板测量部位应有供需双方协议。

3）钢板表面质量应符合现行国家标准《碳素结构钢和低合金结构钢热轧钢板和钢带》GB/T 3274—2017 第 5.6 节表面质量的要求。钢板和钢带断面不应有目视可见分层，钢板和钢带表面不应有气泡、结疤、裂纹、折叠、夹杂和氧化铁皮压入等对使用有害的缺陷。

4）钢板和钢带表面允许有不影响使用的薄层氧化铁皮、铁锈和轻微的麻点、划痕等局部缺陷，其钢板表面缺陷不允许采用焊补和堵塞处理，应用凿子或砂轮清理。清理处应平缓无棱角，清理深度不得超过钢板厚度负偏差的范围，对低合金钢板，还应保证不薄于其允许的最小厚度。

2. 型钢规格和要求。

现行国家标准《热轧型钢》GB/T 706—2016 规定的热轧工字钢、槽钢、角钢等的尺寸、外形、重量及允许偏差如下。

1) 热轧型钢通常长度 5～19m。

2) 热轧工字钢截面尺寸、理论重量与截面特性，见表 3.1.3-4。

热轧工字钢截面尺寸、截面面积、理论重量与截面特性　　　　　　表 3.1.3-4

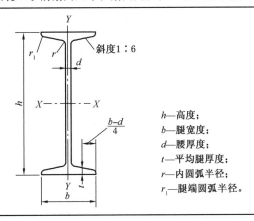

h—高度；
b—腿宽度；
d—腰厚度；
t—平均腿厚度；
r—内圆弧半径；
r_1—腿端圆弧半径。

3) 热轧工字钢、槽钢的尺寸、外形允许偏差，见表 3.1.3-5。

工字钢和槽钢尺寸、外形及允许偏差　　　　　　表 3.1.3-5

项目		允许偏差	图示
高度（h）	$h<100$	±1.5	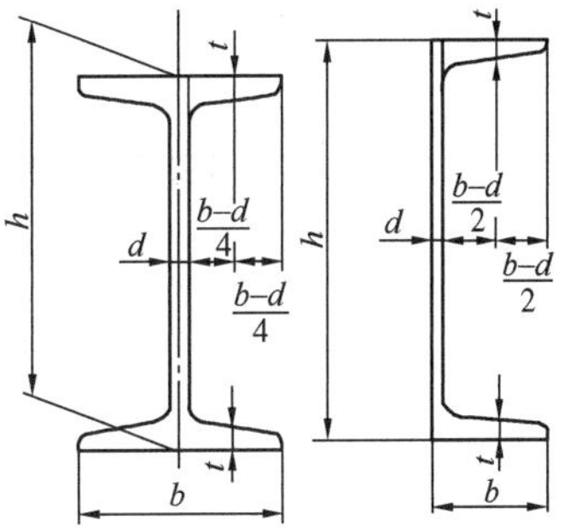
	$100 \leqslant h<200$	±2.0	
	$200 \leqslant h<400$	±3.0	
	$h \geqslant 400$	±4.0	
腿宽度（b）	$h<100$	±1.5	
	$100 \leqslant h<150$	±2.0	
	$150 \leqslant h<200$	±2.5	
	$200 \leqslant h<300$	±3.0	
	$300 \leqslant h<400$	±3.5	
	$h \geqslant 400$	±4.0	
腰厚度（d）	$h<100$	±0.4	
	$100 \leqslant h<200$	±0.5	
	$200 \leqslant h<300$	±0.7	
	$300 \leqslant h<400$	±0.8	
	$h \geqslant 400$	±0.9	
外缘斜度（T_1，T_2）		T_1、$T_2 \leqslant 1.5\%b$ $T_1+T_2 \leqslant 2.5\%b$	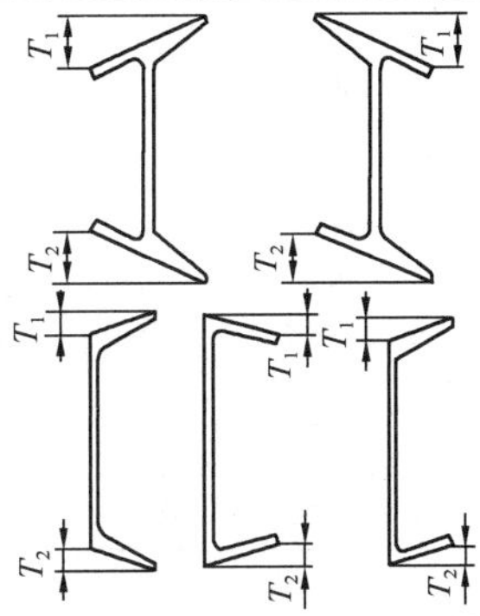

续表

项目		允许偏差	图示
弯腰挠度 (W)		$W \leqslant 0.15d$	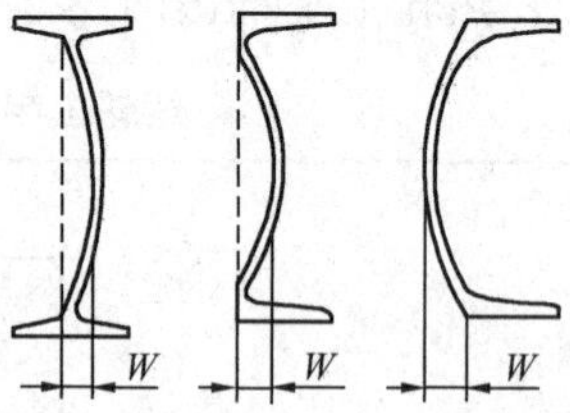
弯曲度	工字钢	每米弯曲度≤2mm 总弯曲度≤总长度的 0.20%	适用于上下、左右大弯曲
	槽钢	每米弯曲度≤3mm 总弯曲度≤总长度的 0.30%	
中心偏差 (S)	工字钢	$h<100$　　±1.5 $100 \leqslant h<150$　±2.0 $150 \leqslant h<200$　±2.5 $200 \leqslant h<300$　±3.0 $300 \leqslant h<400$　±3.5 $h \geqslant 400$　　±4.0	 $S=(b_1-b_2)/2$

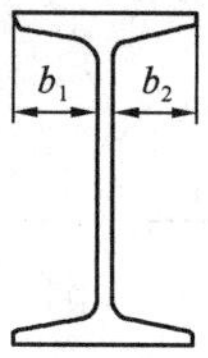

注：尺寸和形状的测量部位见图示。

4）热轧角钢截面尺寸、外形及允许偏差，见表3.1.3-6。

角钢尺寸、外形及允许偏差　　　　　　　　　表 3.1.3-6

项目		允许偏差		图示
		等边角钢	不等边角钢	
边宽度 (B, b)	$b^a \leqslant 56$	±0.8	±0.8	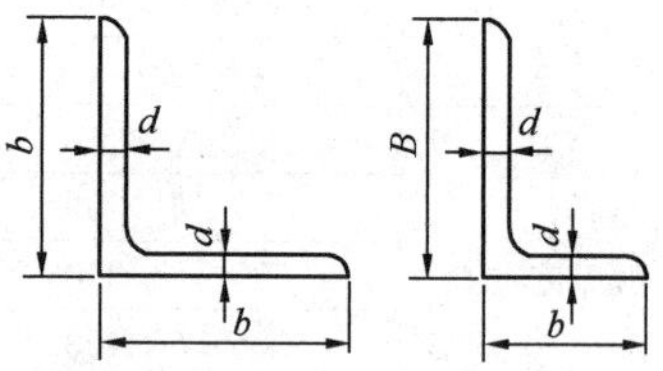
	$56<b^a \leqslant 90$	±1.2	±1.5	
	$90<b^a \leqslant 140$	±1.8	±2.0	
	$140<b^a \leqslant 200$	±2.5	±2.5	
	$b^a>200$	±3.5	±3.5	
边厚度（d）	$b^a \leqslant 56$	±0.4		
	$56<b^a \leqslant 90$	±0.6		
	$90<b^a \leqslant 140$	±0.7		
	$140<b^a \leqslant 200$	±1.0		
	$b^a>200$	±1.4		
顶端直角		$\alpha \leqslant 50'$		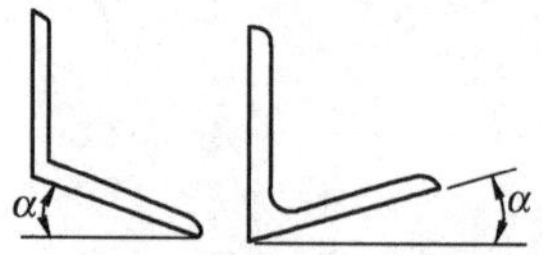
弯曲度		每米弯曲度≤3mm 总弯曲度≤总长度的 0.30%		适用于上下、左右大弯曲

注：尺寸和形状和测量部位见图示。

a 不等边角钢按长边宽度 B。

5）热轧工字钢、角钢、槽钢的长度允许偏差，见表 3.1.3-7。

热轧工字钢、角钢、槽钢的长度允许偏差　　表 3.1.3-7

长度（mm）	允许偏差（mm）
≤8000	+50 0
>8000	+80 0

6）热轧工字钢、角钢、槽钢的截面面积计算公式，见表 3.1.3-8。

热轧工字钢、角钢、槽钢截面面积计算公式（GB/T 706—2016）　表 3.1.3-8

型钢种类	计算公式
工字钢	$hd+2t\,(b-d)+0.577\,(r^2-r_1^2)$
槽钢	$hd+2t\,(b-d)+0.339\,(r^2-r_1^2)$
等边角钢	$d\,(2b-d)+0.215\,(r^2-2r_1^2)$
不等边角钢	$d\,(B+b-d)+0.215\,(r^2-2r_1^2)$

3. 结构用无缝钢管规格和要求。

现行国家标准《结构用无缝钢管》GB/T 8162—2018 规定的无缝钢管的尺寸、外形、重量及允许偏差如下。

1）结构用无缝钢管各等级钢的化学成分与力学性能要求，分别见表 3.1.3-9、表 3.1.3-10、表 3.1.3-11，其中优质碳素结构钢的牌号和化学成分（熔炼分析）应符合《优质碳素结构钢》GB/T 699-2015 的规定。

低合金高强度结构钢的化学成分　　表 3.1.3-9

牌号	质量等级	化学成分（质量分数）[a,b,c]（%）													
		C	Si	Mn	P	S	Nb	V	Ti	Cr	Ni	Cu	N[d]	Mo	B	Als[e]
		不大于													不小于
Q345	A	0.20	0.50	1.70	0.035	0.035	—	—	—	0.30	0.50	0.20	0.012	0.10	—	—
	B				0.035	0.035										
	C				0.030	0.030										
	D	0.18			0.030	0.025	0.07	0.15	0.20							0.015
	E				0.025	0.020										
Q390	A	0.20	0.50	1.70	0.035	0.035	0.07	0.20	0.20	0.30	0.50	0.20	0.015	0.10	—	—
	B				0.035	0.035										
	C				0.030	0.030										
	D				0.030	0.025										0.015
	E				0.025	0.020										
Q420	A	0.20	0.50	1.70	0.035	0.035	0.07	0.20	0.20	0.30	0.80	0.20	0.015	0.20	—	—
	B				0.035	0.035										

牌号	质量等级	化学成分（质量分数）[a,b,c]（%）														
		C	Si	Mn	P	S	Nb	V	Ti	Cr	Ni	Cu	N[d]	Mo	B	Als[e]
		不大于														不小于
Q420	C				0.030	0.030										
	D	0.20	0.50	1.70	0.030	0.025	0.07	0.20	0.20	0.30	0.80	0.20	0.015	0.20	—	0.015
	E				0.025	0.020										
Q460	C				0.030	0.030										
	D	0.20	0.60	1.80	0.030	0.025	0.11	0.20	0.20	0.30	0.80	0.20	0.015	0.20	0.005	0.015
	E				0.025	0.020										
Q500	C				0.025	0.020										
	D	0.18	0.60	1.80	0.025	0.015	0.11	0.20	0.20	0.60	0.80	0.20	0.015	0.20	0.005	0.015
	E				0.020	0.010										
Q550	C				0.025	0.020										
	D	0.18	0.60	2.00	0.025	0.015	0.11	0.20	0.20	0.80	0.80	0.20	0.015	0.30	0.005	0.015
	E				0.020	0.010										
Q620	C				0.025	0.020										
	D	0.18	0.60	2.00	0.025	0.015	0.11	0.20	0.20	1.00	0.80	0.20	0.015	0.30	0.005	0.015
	E				0.020	0.010										
Q690	C				0.025	0.020										
	D	0.18	0.60	2.00	0.025	0.015	0.11	0.20	0.20	1.00	0.80	0.20	0.015	0.30	0.005	0.015
	E				0.020	0.010										

[a] 除 Q345A、Q345B 牌号外，钢中应至少含有细化晶粒元素 Al、Nb、V、Ti 中的一种。根据需要，供方可添加其中一种或几种细化晶粒元素，最大值应符合表中规定。组合加入时，Nb+V+Ti≤0.22%。

[b] 对于 Q345、Q390、Q420 和 Q460 牌号，Mo+Cr≤0.30%。

[c] 各牌号的 Cr、Ni 作为残余元素时，Cr、Ni 含量各不大于 0.30%；当需要加入时，其含量应符合表中规定或由供需双方协商确定。

[d] 如供方能保证氮元素含量符合表中规定，可不进行氮含量分析。如果钢中加入 Al、Nb、V、Ti 等具有固氮作用的合金元素，氮元素含量不作限制，固氮元素含量应在质量证明书中注明。

[e] 当采用全铝时，全铝含量 Alt≥0.020%。

结构用无缝钢管碳素钢、低合金高强度钢的力学性能 表 3.1.3-10

牌号	质量等级	抗拉强度 R_m（MPa）	下屈服强度 R_{eL}^a（MPa）			断后伸长率[b] A（%）	冲击试验	
			公称壁厚 S（mm）				温度（℃）	吸收能量（KV_2/J）
			≤16	>16~30	>30			
			不小于					不小于
10	—	≥335	205	195	185	24	—	—
15	—	≥375	225	215	205	22	—	—
20	—	≥410	245	235	225	20	—	—

牌号	质量等级	抗拉强度 R_m（MPa）	下屈服强度 R_{eL}^a（MPa）			断后伸长率[b]A（%）	冲击试验	
			公称壁厚 S（mm）				温度（℃）	吸收能量（KV$_2$/J）
			≤16	>16～30	>30			
			不小于					不小于
25	—	≥450	275	265	255	18	—	—
35	—	≥510	305	295	285	17	—	—
45	—	≥590	335	325	315	14	—	—
20Mn	—	≥450	275	265	255	20	—	—
25Mn	—	≥490	295	285	275	18	—	—
Q345	A	470～630	345	325	295	20	—	—
	B						+20	34
	C					21	0	
	D						−20	
	E						−40	27
Q390	A	490～650	390	370	350	18	—	—
	B						+20	34
	C						0	
	D					19	−20	
	E						−40	27
Q420	A	520～680	420	400	380	18	—	—
	B						+20	34
	C						0	
	D					19	−20	
	E						−40	27
Q460	C	550～720	460	440	420	17	0	34
	D						−20	
	E						−40	27
Q500	C	610～770	500	480	440	17	0	55
	D						−20	47
	E						−40	31
Q550	C	670～830	550	530	490	16	0	55
	D						−20	47
	E						−40	31
Q620	C	710～880	620	590	550	15	0	55
	D						−20	47
	E						−40	31
Q690	C	770～940	690	660	620	14	0	55
	D						−20	47
	E						−40	31

[a]拉伸试验时，如不能测定 R_{eL}，可测定规定非比例延伸强度 $R_{p0.2}$代替 R_{eL}。

[b]如合同中无特殊规定，拉伸试验试样可沿钢管纵向或横向截取。如有分歧时，拉伸试验应以沿钢管纵向截取的试样作为仲裁试样。

合金钢钢管的力学性能　　　　　　　　　　　　表 3.1.3-11

序号	牌号	推荐的热处理制度[a]					拉伸性能[b]			钢管退火或高温回火交货状态布氏硬度（HBW）
		淬火（正火）			回火		抗拉强度 R_m(MPa)	下屈服强度[g] R_{eL}(MPa)	断后伸长率 A(%)	
		温度（℃）		冷却剂	温度（℃）	冷却剂				
		第一次	第二次				不小于			不大于
1	40Mn2	840	—	水、油	540	水、油	885	735	12	217
2	45Mn2	840	—	水、油	550	水、油	885	735	10	217
3	27SiMn	920	—	水	450	水、油	980	835	12	217
4	40MnB[c]	850	—	油	500	水、油	980	785	10	207
5	45MnB[c]	840	—	油	500	水、油	1030	835	9	217
6	20Mn2B[c,f]	880	—	油	200	水、空	980	785	10	187
7	20Cr[d,f]	880	800	水、油	200	水、空	835	540	10	179
							785	490	10	179
8	30Cr	860	—	油	500	水、油	885	685	11	187
9	35Cr	860	—	油	500	水、油	930	735	11	207
10	40Cr	850	—	油	520	水、油	980	785	9	207
11	45Cr	840	—	油	520	水、油	1030	835	9	217
12	50Cr	830	—	油	520	水、油	1080	930	9	229
13	38CrSi	900	—	油	600	水、油	980	835	12	255
14	20CrMo[d,f]	880	—	水、油	500	水、油	885	685	11	197
							845	635	12	197
15	35CrMo	850	—	油	550	水、油	980	835	12	229
16	42CrMo	850	—	油	560	水、油	1080	930	12	217
17	38CrMoAl[d]	940	—	水、油	640	水、油	980	835	12	229
							930	785	14	229
18	50CrVA	860	—	油	500	水、油	1275	1130	10	255
19	20CrMn	850	—	油	200	水、空	930	735	10	187
20	20CrMnSi[f]	880	—	油	480	水、油	785	635	12	207
21	30CrMnSi[f]	880	—	油	520	水、油	1080	885	8	229
							980	835	10	229
22	35CrMnSiA[f]	880	—	油	230	水、空	1620	—	9	229
23	20CrMnTi[e,f]	880	870	油	200	水、空	1080	835	10	217
24	30CrMnTi[e,f]	880	850	油	200	水、空	1470	—	9	229
25	12CrNi2	860	780	水、油	200	水、空	785	590	12	207
26	12CrNi3	860	780	油	200	水、空	930	685	11	217
27	12Cr2Ni4	860	780	油	200	水、空	1080	835	10	269

序号	牌号	推荐的热处理制度[a]					拉伸性能[b]			钢管退火或高温回火交货状态布氏硬度（HBW）
		淬火（正火）			回火		抗拉强度 R_m（MPa）	下屈服强度[g] R_{eL}（MPa）	断后伸长率 A（%）	
		温度（℃）		冷却剂	温度（℃）	冷却剂				
		第一次	第二次				不小于			不大于
28	40CrNiMoA	850	—	油	600	水、油	980	835	12	269
29	45CrNiMoVA	860	—	油	460	油	1470	1325	7	269

a. 表中所列热处理温度允许调整范围：淬火±15℃，低温回火±20℃，高温回火±50℃。
b. 拉伸试验时，可截取横向或纵向试样，有异议时，以纵向试样为仲裁依据。
c. 含硼钢在淬火前可先正火，正火温度应不高于其淬火温度。
d. 按需方指定的一组数据交货，当需方未指定时，可按其中任一组数据交货。
e. 含铬锰钛钢第一次淬火可用正火代替。
f. 于 280℃～320℃ 等温淬火。
g. 拉伸试验时，如不能测定 R_{eL}，可测定 $R_{p0.2}$ 代替 R_{eL}。

2) 钢管通常长度为：热轧（挤压、扩）钢管通常长度 3～12.5m。

3) 钢管外径和壁厚的允许偏差见表 3.1.3-12、表 3.1.3-13、表 3.1.3-14。

钢管外径允许偏差（mm）　　　　　　　表 3.1.3-12

钢管种类	允许偏差
热轧（扩）钢管	±1%D 或±0.5，取其中较大者
冷拔（轧）钢管	±0.75%D 或±0.3，取其中较大者

热轧（扩）钢管壁厚允许偏差（mm）　　　　　　　表 3.1.3-13

钢管种类	钢管公称外径 D	S/D	允许偏差
热轧钢管	≤102	—	±12.5%S 或±0.4，取其中较大者
	>102	≤0.05	±15%S 或±0.4，取其中较大者
		>0.05～0.10	±12.5%S 或±0.4，取其中较大者
		>0.10	+12.5%S −10%S
热扩钢管	—		±15%S

冷拔（轧）钢管壁厚允许偏差（mm）　　　　　　　表 3.1.3-14

钢管种类	钢管公称壁厚 S	允许偏差
冷拔（轧）	≤3	+15%S −10%S 或±0.15，取其中较大者
	>3～10	+12.5%S −10%S
	>10	±10%S

4) 钢管的弯曲度应符合表 3.1.3-15 的规定，且不得大于钢管总长度的 5‰。

钢管的弯曲度　　　　　　　表 3.1.3-15

钢管公称壁厚 S（mm）	每米弯曲度（mm/m）
≤15	≤1.5
>15～30	≤2.0
>30 或 D≥351	≤3.0

5）表面质量要求：钢管的内外表面不允许有目视可见的裂缝、折叠、结疤、轧折和离层。这些缺陷应完全清除，清除深度应不超过公称壁厚的下偏差，清理处的实际壁厚应不小于壁厚所允许的最小值。不超过壁厚下偏差的其他局部缺陷可允许存在。

4. 结构用冷弯焊接钢管规格与要求。

现行国家标准《结构用冷弯空心型钢》GB/T 6728—2017 规定的圆形、方形、矩形的尺寸、外形、重量及允许偏差如下。

1）冷弯焊接钢管的分类、代号：冷弯焊接型钢按外形形状分为圆形、方形、矩形和其他异型冷弯型钢，其代号分别为：

圆形型钢，简称为圆管，代号为 Y（或 ϕ）；

方形型钢，简称为方管，代号为 F；

矩形型钢，简称为矩形管，代号为 J。

2）结构用冷弯焊接型钢的截面尺寸、截面面积、理论重量及截面特性：焊接圆钢管见表 3.1.3-16，焊接方钢管见表 3.1.3-17，焊接矩形钢管见表 3.1.3-18，冷弯型钢的弯角外圆弧半径 R 或（C_1、C_2）值应符合表 3.1.3-19 的规定。

焊接圆钢管的截面尺寸、截面面积、理论重量及截面特性　　　表 3.1.3-16

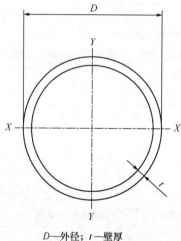

D—外径；t—壁厚

外径 D	允许偏差 $\pm\Delta$	壁厚 t	理论重量 M	截面面积 A	惯性矩 I	惯性半径 R	弹性模数 Z	塑性模数 S	扭转常数		单位长度表面积 A_s
									J	C	
mm	mm	mm	kg/m	cm²	cm⁴	cm	cm³	cm³	cm⁴	cm³	m²
21.3 (21.3)	±0.5	1.2	0.59	0.76	0.38	0.712	0.36	0.49	0.77	0.72	0.067
		1.5	0.73	0.93	0.46	0.702	0.43	0.59	0.92	0.86	0.067
		1.75	0.84	1.07	0.52	0.694	0.49	0.67	1.04	0.97	0.067
		2.0	0.95	1.21	0.57	0.686	0.54	0.75	1.14	1.07	0.067
		2.5	1.16	1.48	0.66	0.671	0.62	0.89	1.33	1.25	0.067
		3.0	1.35	1.72	0.74	0.655	0.70	1.01	1.48	1.39	0.067

外径 D	允许偏差 ±Δ	壁厚 t	理论重量 M	截面面积 A	惯性矩 I	惯性半径 R	弹性模数 Z	塑性模数 S	扭转常数		单位长度表面积 As
									J	C	
mm	mm	mm	kg/m	cm²	cm⁴	cm	cm³	cm³	cm⁴	cm³	m²
26.8 (26.9)	±0.5	1.2	0.76	0.97	0.79	0.906	0.59	0.79	1.58	1.18	0.084
		1.5	0.94	1.19	0.96	0.896	0.71	0.96	1.91	1.43	0.084
		1.75	1.08	1.38	1.09	0.888	0.81	1.1	2.17	1.62	0.084
		2.0	1.22	1.56	1.21	0.879	0.90	1.23	2.41	1.8	0.084
		2.5	1.50	1.91	1.42	0.864	1.06	1.48	2.85	2.12	0.084
		3.0	1.76	2.24	1.61	0.848	1.20	1.71	3.23	2.41	0.084
33.5 (33.7)	±0.5	1.5	1.18	1.51	1.93	1.132	1.15	1.54	3.87	2.31	0.105
		2.0	1.55	1.98	2.46	1.116	1.47	1.99	4.93	2.94	0.105
		2.5	1.91	2.43	2.94	1.099	1.76	2.41	5.89	3.51	0.105
		3.0	2.26	2.87	3.37	1.084	2.01	2.80	6.75	4.03	0.105
		3.5	2.59	3.29	3.76	1.068	2.24	3.16	7.52	4.49	0.105
		4.0	2.91	3.71	4.11	1.053	2.45	3.50	8.21	4.90	0.105
42.3 (42.4)	±0.5	1.5	1.51	1.92	4.01	1.443	1.89	2.50	8.01	3.79	0.133
		2.0	1.99	2.53	5.15	1.427	2.44	3.25	10.31	4.87	0.133
		2.5	2.45	3.13	6.21	1.410	2.94	3.97	12.43	5.88	0.133
		3.0	2.91	3.7	7.19	1.394	3.40	4.64	14.39	6.80	0.133
		4.0	3.78	4.81	8.92	1.361	4.22	5.89	17.84	8.44	0.133
48 (48.3)	±0.5	1.5	1.72	2.19	5.93	1.645	2.47	3.24	11.86	4.94	0.151
		2.0	2.27	2.89	7.66	1.628	3.19	4.23	15.32	6.38	0.151
		2.5	2.81	3.57	9.28	1.611	3.86	5.18	18.55	7.73	0.151
		3.0	3.33	4.24	10.78	1.594	4.49	6.08	21.57	8.98	0.151
		4.0	4.34	5.53	13.49	1.562	5.62	7.77	26.98	11.24	0.151
		5.0	5.30	6.75	15.82	1.530	6.59	9.29	31.65	13.18	0.151
60 (60.3)	±0.6	2.0	2.86	3.64	15.34	2.052	5.11	6.73	30.68	10.23	0.188
		2.5	3.55	4.52	18.70	2.035	6.23	8.27	37.40	12.47	0.188
		3.0	4.22	5.37	21.88	2.018	7.29	9.76	43.76	14.58	0.188
		4.0	5.52	7.04	27.73	1.985	9.24	12.56	55.45	18.48	0.188
		5.0	6.78	8.64	32.94	1.953	10.98	15.17	65.88	21.96	0.188
75.5 (76.1)	±0.76	2.5	4.50	5.73	38.24	2.582	10.13	13.33	76.47	20.26	0.237
		3.0	5.36	6.83	44.97	2.565	11.91	15.78	89.94	23.82	0.237
		4.0	7.05	8.98	57.59	2.531	15.26	20.47	115.19	30.51	0.237
		5.0	8.69	11.07	69.15	2.499	18.32	24.89	138.29	36.63	0.237
88.5 (88.9)	±0.90	3.0	6.33	8.06	73.73	3.025	16.66	21.94	147.45	33.32	0.278
		4.0	8.34	10.62	94.99	2.991	21.46	28.58	189.97	42.93	0.278
		5.0	10.30	13.12	114.72	2.957	25.93	34.9	229.44	51.85	0.278
		6.0	12.21	15.55	133.00	2.925	30.06	40.91	266.01	60.11	0.278
114 (114.3)	±1.15	4.0	10.85	13.82	209.35	3.892	36.73	48.42	418.7	73.46	0.358
		5.0	13.44	17.12	254.81	3.858	44.7	59.45	509.61	89.41	0.358
		6.0	15.98	20.36	297.73	3.824	52.23	70.06	595.46	104.47	0.358

续表

外径 D	允许偏差 ±Δ	壁厚 t	理论重量 M	截面面积 A	惯性矩 I	惯性半径 R	弹性模数 Z	塑性模数 S	扭转常数		单位长度表面积 A_s
									J	C	
mm	mm	mm	kg/m	cm²	cm⁴	cm	cm³	cm³	cm⁴	cm³	m²
140 (139.7)	±1.40	4.0	13.42	17.09	395.47	4.810	56.50	74.01	790.94	112.99	0.440
		5.0	16.65	21.21	483.76	4.776	69.11	91.17	967.52	138.22	0.440
		6.0	19.83	25.26	568.03	4.742	85.15	107.81	1136.13	162.30	0.440
165 (168.3)	±1.65	4	15.88	20.23	655.94	5.69	79.51	103.71	1311.89	159.02	0.518
		5	19.73	25.13	805.04	5.66	97.58	128.04	1610.07	195.16	0.518
		6	23.53	29.97	948.47	5.63	114.97	151.76	1896.93	229.93	0.518
		8	30.97	39.46	1218.92	5.56	147.75	197.36	2437.84	295.50	0.518
219.1 (219.1)	±2.20	5	26.4	33.6	1928	7.57	176	229	3856	352	0.688
		6	31.53	40.17	2282	7.54	208	273	4564	417	0.688
		8	41.6	53.1	2960	7.47	270	357	5919	540	0.688
		10	51.6	65.7	3598	7.40	328	438	7197	657	0.688
273 (273)	±2.75	5	33.0	42.1	3781	9.48	277	359	7562	554	0.858
		6	39.5	50.3	4487	9.44	329	428	8974	657	0.858
		8	52.3	66.6	5852	9.37	429	562	11700	857	0.858
		10	64.9	82.6	7154	9.31	524	692	14310	1048	0.858
325 (323.9)	±3.25	5	39.5	50.3	6436	11.32	396	512	12871	792	1.20
		6	47.2	60.1	7651	11.28	471	611	15303	942	1.20
		8	62.5	79.7	10014	11.21	616	804	20028	1232	1.20
		10	77.7	99	12287	11.14	756	993	24573	1512	1.20
		12	92.6	118	14472	11.07	891	1176	28943	1781	1.20
355.6 (355.6)	±3.55	6	51.7	65.9	10071	12.4	566	733	20141	1133	1.12
		8	68.6	87.4	13200	12.3	742	967	26400	1485	1.12
		10	85.2	109	16220	12.2	912	1195	32450	1825	1.12
		12	101.7	130	19140	12.2	1076	1417	38279	2153	1.12
406.4 (406.4)	±4.10	8	78.6	100	19870	14.1	978	1270	39750	1956	1.28
		10	97.8	125	24480	14.0	1205	1572	48950	2409	1.28
		12	116.7	149	28937	14.0	1424	1867	57874	2848	1.28
457 (457)	±4.6	8	88.6	113	28450	15.9	1245	1613	56890	2490	1.44
		10	110	140	35090	15.8	1536	1998	70180	3071	1.44
		12	131.7	168	41556	15.7	1819	2377	83113	3637	1.44
508 (508)	±5.10	8	98.6	126	39280	17.7	1546	2000	78560	3093	1.60
		10	123	156	48520	17.6	1910	2480	97040	3621	1.60
		12	146.8	187	57536	17.5	2265	2953	115072	4530	1.60
610	±6.10	8	118.8	151	68552	21.3	2248	2899	137103	4495	1.92
		10	148	189	84847	21.2	2781	3600	169694	5564	1.92
		12.5	184.2	235	104755	21.1	3435	4463	209510	6869	1.92
		16	234.4	299	131782	21.0	4321	5647	263563	8641	1.92

注：括号内为 ISO 4019 所列规格。

焊接方钢管的截面尺寸、截面面积、理论重量及截面特性　　　　表 3. 1. 3-17

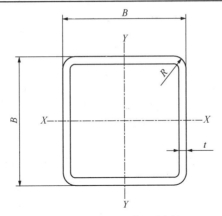

B—边长；t—壁厚；R—外圆弧半径

边长 （mm）	尺寸允许 偏差 （mm）	壁厚 （mm）	理论重量 （kg/m）	截面面积 （cm²）	惯性矩 （cm⁴）	惯性半径 （cm）	截面模数 （cm³）	扭转常数	
B	$\pm\Delta$	t	M	A	$I_x=I_y$	$r_x=r_y$	$w_x=w_y$	I_t （cm⁴）	C_t （cm³）
20	±0.50	1.2	0.679	0.865	0.498	0.759	0.498	0.823	0.75
		1.5	0.826	1.052	0.583	0.744	0.583	0.985	0.88
		1.75	0.941	1.199	0.642	0.732	0.642	1.106	0.98
		2.0	1.050	1.340	0.692	0.720	0.692	1.215	1.06
25	±0.50	1.2	0.867	1.105	1.025	0.963	0.820	1.655	1.24
		1.5	1.061	1.352	1.216	0.948	0.973	1.998	1.47
		1.75	1.215	1.548	1.357	0.936	1.086	2.261	1.65
		2.0	1.363	1.736	1.482	0.923	1.186	2.502	1.80
30	±0.50	1.5	1.296	1.652	2.195	1.152	1.463	3.555	2.21
		1.75	1.490	1.898	2.470	1.140	1.646	4.048	2.49
		2.0	1.677	2.136	2.721	1.128	1.814	4.511	2.75
		2.5	2.032	2.589	3.154	1.103	2.102	5.347	3.20
		3.0	2.361	3.008	3.500	1.078	2.333	6.060	3.58
40	±0.50	1.5	1.767	2.525	5.489	1.561	2.744	8.728	4.13
		1.75	2.039	2.598	6.237	1.549	3.118	10.009	4.69
		2.0	2.305	2.936	6.939	1.537	3.469	11.238	5.23
		2.5	2.817	3.589	8.213	1.512	4.106	13.539	6.21
		3.0	3.303	4.208	9.320	1.488	4.660	15.628	7.07
		4.0	4.198	5.347	11.064	1.438	5.532	19.152	8.48
50	±0.50	1.5	2.238	2.852	11.065	1.969	4.426	17.395	6.65
		1.75	2.589	3.298	12.641	1.957	5.056	20.025	7.60
		2.0	2.933	3.736	14.146	1.945	5.658	22.578	8.51
		2.5	3.602	4.589	16.941	1.921	6.776	27.436	10.22
		3.0	4.245	5.408	19.463	1.897	7.785	31.972	11.77
		4.0	5.454	6.947	23.725	1.847	9.490	40.047	14.43

续表

边长 （mm）	尺寸允许 偏差 （mm）	壁厚 （mm）	理论重量 （kg/m）	截面面积 （cm²）	惯性矩 （cm⁴）	惯性半径 （cm）	截面模数 （cm³）	扭转常数	
B	$\pm\Delta$	t	M	A	$I_x = I_y$	$r_x = r_y$	$w_x = w_y$	I_t （cm⁴）	C_t （cm³）
60	±0.60	2.0	3.560	4.540	25.120	2.350	8.380	39.810	12.60
		2.5	4.387	5.589	30.340	2.329	10.113	48.539	15.22
		3.0	5.187	6.608	35.130	2.305	11.710	56.892	17.65
		4.0	6.710	8.547	43.539	2.256	14.513	72.188	21.97
		5.0	8.129	10.356	50.468	2.207	16.822	85.560	25.61
70	±0.65	2.5	5.170	6.590	49.400	2.740	14.100	78.500	21.20
		3.0	6.129	7.808	57.522	2.714	16.434	92.188	24.74
		4.0	7.966	10.147	72.108	2.665	20.602	117.975	31.11
		5.0	9.699	12.356	84.602	2.616	24.172	141.183	36.65
80	±0.70	2.5	5.957	7.589	75.147	3.147	18.787	118.52	28.22
		3.0	7.071	9.008	87.838	3.122	21.959	139.660	33.02
		4.0	9.222	11.747	111.031	3.074	27.757	179.808	41.84
		5.0	11.269	14.356	131.414	3.025	32.853	216.628	49.68
90	±0.75	3.0	8.013	10.208	127.277	3.531	28.283	201.108	42.51
		4.0	10.478	13.347	161.907	3.482	35.979	260.088	54.17
		5.0	12.839	16.356	192.903	3.434	42.867	314.896	64.71
		6.0	15.097	19.232	220.420	3.385	48.982	365.452	74.16
100	±0.80	4.0	11.734	11.947	226.337	3.891	45.267	361.213	68.10
		5.0	14.409	18.356	271.071	3.842	54.214	438.986	81.72
		6.0	16.981	21.632	311.415	3.794	62.283	511.558	94.12
110	±0.90	4.0	12.99	16.548	305.94	4.300	55.625	486.47	83.63
		5.0	15.98	20.356	367.95	4.252	66.900	593.60	100.74
		6.0	18.866	24.033	424.57	4.203	77.194	694.85	116.47
120	±0.90	4.0	14.246	18.147	402.260	4.708	67.043	635.603	100.75
		5.0	17.549	22.356	485.441	4.659	80.906	776.632	121.75
		6.0	20.749	26.432	562.094	4.611	93.683	910.281	141.22
		8.0	26.840	34.191	696.639	4.513	116.106	1155.010	174.58
130	±1.00	4.0	15.502	19.748	516.97	5.117	79.534	814.72	119.48
		5.0	19.120	24.356	625.68	5.068	96.258	998.22	144.77
		6.0	22.634	28.833	726.64	5.020	111.79	1173.6	168.36
		8.0	28.921	36.842	882.86	4.895	135.82	1502.1	209.54
140	±1.10	4.0	16.758	21.347	651.598	5.524	53.085	1022.176	139.8
		5.0	20.689	26.356	790.523	5.476	112.931	1253.565	169.78
		6.0	24.517	31.232	920.359	5.428	131.479	1475.020	197.9
		8.0	31.864	40.591	1153.735	5.331	164.819	1887.605	247.69
150	±1.20	4.0	18.014	22.948	807.82	5.933	107.71	1264.8	161.73
		5.0	22.26	28.356	982.12	5.885	130.95	1554.1	196.79
		6.0	26.402	33.633	1145.9	5.837	152.79	1832.7	229.84
		8.0	33.945	43.242	1411.8	5.714	188.25	2364.1	289.03
160	±1.20	4.0	19.270	24.547	987.152	6.341	123.394	1540.134	185.25
		5.0	23.829	30.356	1202.317	6.293	150.289	1893.787	225.79
		6.0	28.285	36.032	1405.408	6.245	175.676	2234.573	264.18
		8.0	36.888	46.991	1776.496	6.148	222.062	2876.940	333.56
170	±1.30	4.0	20.526	26.148	1191.3	6.750	140.15	1855.8	210.37
		5.0	25.400	32.356	1453.3	6.702	170.97	2285.3	256.80
		6.0	30.170	38.433	1701.6	6.654	200.18	2701.0	300.91
		8.0	38.969	49.642	2118.2	6.532	249.2	3503.1	381.28

续表

边长 （mm）	尺寸允许 偏差 （mm）	壁厚 （mm）	理论重量 （kg/m）	截面面积 （cm²）	惯性矩 （cm⁴）	惯性半径 （cm）	截面模数 （cm³）	扭转常数	
B	$\pm\Delta$	t	M	A	$I_x=I_y$	$r_x=r_y$	$w_x=w_y$	I_t （cm⁴）	C_t （cm³）
180	±1.40	4.0	21.800	27.70	1422	7.16	158	2210	237
		5.0	27.000	34.40	1737	7.11	193	2724	290
		6.0	32.100	40.80	2037	7.06	226	3223	340
		8.0	41.500	52.80	2546	6.94	283	4189	432
190	±1.50	4.0	23.00	29.30	1680	7.57	176	2607	265
		5.0	28.50	36.40	2055	7.52	216	3216	325
		6.0	33.90	43.20	2413	7.47	254	3807	381
		8.0	44.00	56.00	3208	7.35	319	4958	486
200	±1.60	4.0	24.30	30.90	1968	7.97	197	3049	295
		5.0	30.10	38.40	2410	7.93	241	3763	362
		6.0	35.80	45.60	2833	7.88	283	4459	426
		8.0	46.50	59.20	3566	7.76	357	5815	544
		10	57.00	72.60	4251	7.65	425	7072	651
220	±1.80	5.0	33.2	42.4	3238	8.74	294	5038	442
		6.0	39.6	50.4	3813	8.70	347	5976	521
		8.0	51.5	65.6	4828	8.58	439	7815	668
		10	63.2	80.6	5782	8.47	526	9533	804
		12	73.5	93.7	6487	8.32	590	11149	922
250	±2.00	5.0	38.0	48.4	4805	9.97	384	7443	577
		6.0	45.2	57.6	5672	9.92	454	8843	681
		8.0	59.1	75.2	7229	9.80	578	11598	878
		10	72.7	92.6	8707	9.70	697	14197	1062
		12	84.8	108	9859	9.55	789	16691	1226
280	±2.20	5.0	42.7	54.4	6810	11.2	486	10513	730
		6.0	50.9	64.8	8054	11.1	575	12504	863
		8.0	66.6	84.8	10317	11.0	737	16436	1117
		10	82.1	104.6	12479	10.9	891	20173	1356
		12	96.1	122.5	14232	10.8	1017	23804	1574
300	±2.40	6.0	54.7	69.6	9964	12.0	664	15434	997
		8.0	71.6	91.2	12801	11.8	853	20312	1293
		10	88.4	113	15519	11.7	1035	24966	1572
		12	104	132	17767	11.6	1184	29514	1829
350	±2.80	6.0	64.1	81.6	16008	14.0	915	24683	1372
		8.0	84.2	107	20618	13.9	1182	32557	1787
		10	104	133	25189	13.8	1439	40127	2182
		12	123	156	29054	13.6	1660	47598	2552
400	±3.20	8.0	96.7	123	31269	15.9	1564	48934	2362
		10	120	153	38216	15.8	1911	60431	2892
		12	141	180	44319	15.7	2216	71843	3395
		14	163	208	50414	15.6	2521	82735	3877
450	±3.60	8.0	109	139	44966	18.0	1999	70043	3016
		10	135	173	55100	17.9	2449	86629	3702
		12	160	204	64164	17.7	2851	103150	4357
		14	185	236	73210	17.6	3254	119000	4989
500	±4.00	8.0	122	155	62172	20.0	2487	96483	3750
		10	151	193	76341	19.9	3054	119470	4612
		12	179	228	89187	19.8	3568	142420	5440
		14	207	264	102010	19.7	4080	164530	6241
		16	235	299	114260	19.6	4570	186140	7013

注：表中理论重量按密度 7.85g/cm³ 计算。

焊接矩形钢管的截面尺寸、截面面积、理论重量及截面特性　　　表 3.1.3-18

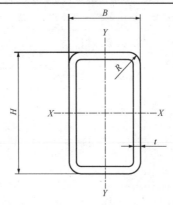

H—长边；B—短边；t—壁厚；R—外圆弧半径

边长 （mm）		尺寸允 许偏差 （mm）	壁厚 （mm）	理论 重量 （kg/m）	截面 面积 （cm²）	惯性矩 （cm⁴）		惯性半径 （cm）		截面模数 （cm³）		扭转常数	
H	B	$\pm\Delta$	t	M	A	I_x	I_y	r_x	r_y	W_x	W_y	I_x （cm⁴）	C_x （cm³）
30	20	±0.50	1.5	1.06	1.35	1.59	0.84	1.08	0.788	1.06	0.84	1.83	1.40
			1.75	1.22	1.55	1.77	0.93	1.07	0.777	1.18	0.93	2.07	1.56
			2.0	1.36	1.74	1.94	1.02	1.06	0.765	1.29	1.02	2.29	1.71
			2.5	1.64	2.09	2.21	1.15	1.03	0.742	1.47	1.15	2.68	1.95
40	20	±0.50	1.5	1.30	1.65	3.27	1.10	1.41	0.815	1.63	1.10	2.74	1.91
			1.75	1.49	1.90	3.68	1.23	1.39	0.804	1.84	1.23	3.11	2.14
			2.0	1.68	2.14	4.05	1.34	1.38	0.793	2.02	1.34	3.45	2.36
			2.5	2.03	2.59	4.69	1.54	1.35	0.770	2.35	1.54	4.06	2.72
			3.0	2.36	3.01	5.21	1.68	1.32	0.748	2.60	1.68	4.57	3.00
40	25	±0.50	1.5	1.41	1.80	3.82	1.84	1.46	1.010	1.91	1.47	4.06	2.46
			1.75	1.63	2.07	4.32	2.07	1.44	0.999	2.16	1.66	4.63	2.78
			2.0	1.83	2.34	4.77	2.28	1.43	0.988	2.39	1.82	5.17	3.07
			2.5	2.23	2.84	5.57	2.64	1.40	0.965	2.79	2.11	6.15	3.59
			3.0	2.60	3.31	6.24	2.94	1.37	0.942	3.12	2.35	7.00	4.01
40	30	±0.50	1.5	1.53	1.95	4.38	2.81	1.50	1.199	2.19	1.87	5.52	3.02
			1.75	1.77	2.25	4.96	3.17	1.48	1.187	2.48	2.11	6.31	3.42
			2.0	1.99	2.54	5.49	3.51	1.47	1.176	2.75	2.34	7.07	3.79
			2.5	2.42	3.09	6.45	4.10	1.45	1.153	3.23	2.74	8.47	4.46
			3.0	2.83	3.61	7.27	4.60	1.42	1.129	3.63	3.07	9.72	5.03
50	25	±0.50	1.5	1.65	2.10	6.65	2.25	1.78	1.04	2.66	1.80	5.52	3.41
			1.75	1.90	2.42	7.55	2.54	1.76	1.024	3.02	2.03	6.32	3.54
			2.0	2.15	2.74	8.38	2.81	1.75	1.013	3.35	2.25	7.06	3.92
			2.5	2.62	2.34	9.89	3.28	1.72	0.991	3.95	2.62	8.43	4.60
			3.0	3.07	3.91	11.17	3.67	1.69	0.969	4.47	2.93	9.64	5.18
50	30	±0.50	1.5	1.767	2.252	7.535	3.415	1.829	1.231	3.014	2.276	7.587	3.83
			1.75	2.039	2.598	8.566	3.868	1.815	1.220	3.426	2.579	8.682	4.35
			2.0	2.305	2.936	9.535	4.291	1.801	1.208	3.814	2.861	9.727	4.84
			2.5	2.817	3.589	11.296	5.050	1.774	1.186	4.518	3.366	11.666	5.72
			3.0	3.303	4.206	12.827	5.696	1.745	1.163	5.130	3.797	13.401	6.49
			4.0	4.198	5.347	15.239	6.682	1.688	1.117	6.095	4.455	16.244	7.77

续表

边长（mm）		尺寸允许偏差（mm）	壁厚（mm）	理论重量（kg/m）	截面面积（cm²）	惯性矩（cm⁴）		惯性半径（cm）		截面模数（cm³）		扭转常数	
H	B	$\pm\Delta$	t	M	A	I_x	I_y	r_x	r_y	W_x	W_y	I_x (cm⁴)	C_x (cm³)
50	40	±0.50	1.5	2.003	2.552	9.300	6.602	1.908	1.608	3.720	3.301	12.238	5.24
			1.75	2.314	2.948	10.603	7.518	1.896	1.596	4.241	3.759	14.059	5.97
			2.0	2.619	3.336	11.840	8.348	1.883	1.585	4.736	4.192	15.817	6.673
			2.5	3.210	4.089	14.121	9.976	1.858	1.562	5.648	4.988	19.222	7.965
			3.0	3.775	4.808	16.149	11.382	1.833	1.539	6.460	5.691	22.336	9.123
			4.0	4.826	6.148	19.493	13.677	1.781	1.492	7.797	6.839	27.82	11.06
55	25	±0.50	1.5	1.767	2.252	8.453	2.460	1.937	1.045	3.074	1.968	6.273	3.458
			1.75	2.039	2.598	9.606	2.779	1.922	1.034	3.493	2.223	7.156	3.916
			2.0	2.305	2.936	10.689	3.073	1.907	1.023	3.886	2.459	7.992	4.342
55	40	±0.50	1.5	2.121	2.702	11.674	7.158	2.078	1.627	4.245	3.579	14.017	5.794
			1.75	2.452	3.123	13.329	8.158	2.065	1.616	4.847	4.079	16.175	6.614
			2.0	2.776	3.536	14.904	9.107	2.052	1.604	5.419	4.553	18.208	7.394
55	50	±0.60	1.75	2.726	3.473	15.811	13.660	2.133	1.983	5.749	5.464	23.173	8.415
			2.0	3.090	3.936	17.714	15.298	2.121	1.971	6.441	6.119	26.142	9.433
60	30	±0.60	2.0	2.620	3.337	15.046	5.078	2.123	1.234	5.015	3.385	12.57	5.881
			2.5	3.209	4.089	17.933	5.998	2.094	1.211	5.977	3.998	15.054	6.981
			3.0	3.774	4.808	20.496	6.794	2.064	1.188	6.832	4.529	17.335	7.950
			4.0	4.826	5.147	24.691	8.045	2.004	1.143	8.230	5.363	21.141	9.523
60	40	±0.60	2.0	2.934	3.737	18.412	9.831	2.220	1.622	6.137	4.915	20.702	8.116
			2.5	3.602	4.589	22.069	11.734	2.192	1.595	7.356	5.867	25.045	9.722
			3.0	4.245	5.408	25.374	13.436	2.166	1.576	8.458	6.718	29.121	11.175
			4.0	5.451	6.947	30.974	16.269	2.111	1.530	10.324	8.134	36.298	13.653
70	50	±0.60	2.0	3.562	4.537	31.475	18.758	2.634	2.033	8.993	7.503	37.454	12.196
			3.0	5.187	6.608	44.046	26.099	2.581	1.987	12.584	10.439	53.426	17.06
			4.0	6.710	8.547	54.663	32.210	2.528	1.941	15.618	12.884	67.613	21.189
			5.0	8.129	10.356	63.435	37.179	2.171	1.894	18.121	14.871	79.908	24.642
80	40	±0.70	2.0	3.561	4.536	37.355	12.720	2.869	1.674	9.339	6.361	30.881	11.004
			2.5	4.387	5.589	45.103	15.255	2.840	1.652	11.275	7.627	37.467	13.283
			3.0	5.187	6.608	52.246	17.552	2.811	1.629	13.061	8.776	43.680	15.283
			4.0	6.710	8.547	64.780	21.474	2.752	1.585	16.195	10.737	54.787	18.844
			5.0	8.129	10.356	75.080	24.567	2.692	1.540	18.770	12.283	64.110	21.744

续表

边长 (mm)		尺寸允 许偏差 (mm)	壁厚 (mm)	理论 重量 (kg/m)	截面 面积 (cm²)	惯性矩 (cm⁴)		惯性半径 (cm)		截面模数 (cm³)		扭转常数	
H	B	$\pm\Delta$	t	M	A	I_x	I_y	r_x	r_y	W_x	W_y	I_x (cm⁴)	C_x (cm³)
80	60	±0.70	3.0	6.129	7.808	70.042	44.886	2.995	2.397	17.510	14.962	88.111	24.143
			4.0	7.966	10.147	87.945	56.105	2.943	2.351	21.976	18.701	112.583	30.332
			5.0	9.699	12.356	103.247	65.634	2.890	2.304	25.811	21.878	134.503	35.673
90	40	±0.75	3.0	5.658	7.208	70.487	19.610	3.127	1.649	15.663	9.805	51.193	17.339
			4.0	7.338	9.347	87.894	24.077	3.066	1.604	19.532	12.038	64.320	21.441
			5.0	8.914	11.356	102.487	27.651	3.004	1.560	22.774	13.825	75.426	24.819
90	50	±0.75	2.0	4.190	5.337	57.878	23.368	3.293	2.093	12.862	9.347	53.366	15.882
			2.5	5.172	6.589	70.263	28.236	3.266	2.070	15.614	11.294	65.299	19.235
			3.0	6.129	7.808	81.845	32.735	3.237	2.047	18.187	13.094	76.433	22.316
			4.0	7.966	10.147	102.696	40.695	3.181	2.002	22.821	16.278	97.162	27.961
			5.0	9.699	12.356	120.570	47.345	3.123	1.957	26.793	18.938	115.436	36.774
90	55	±0.75	2.0	4.346	5.536	61.75	28.957	3.340	2.287	13.733	10.53	62.724	17.601
			2.5	5.368	6.839	75.049	33.065	3.313	2.264	16.678	12.751	76.877	21.357
90	60	±0.75	3.0	6.600	8.408	93.203	49.764	3.329	2.432	20.711	16.588	104.552	27.391
			4.0	8.594	10.947	117.499	62.387	3.276	2.387	26.111	20.795	133.852	34.501
			5.0	10.484	13.356	138.653	73.218	3.222	2.311	30.811	24.406	160.273	40.712
95	50	±0.75	2.0	4.347	5.537	66.084	24.521	3.455	2.104	13.912	9.808	57.458	16.804
			2.5	5.369	6.839	80.306	29.647	3.247	2.082	16.906	11.895	70.324	20.364
100	50	±0.80	3.0	6.690	8.408	106.451	36.053	3.558	2.070	21.290	14.421	88.311	25.012
			4.0	8.594	10.947	134.124	44.938	3.500	2.026	26.824	17.975	112.409	31.35
			5.0	10.484	13.356	158.155	52.429	3.441	1.981	31.631	20.971	133.758	36.804
120	50	±0.90	2.5	6.350	8.089	143.97	36.704	4.219	2.130	23.995	14.682	95.026	26.006
			3.0	7.543	9.608	168.58	42.693	4.189	2.108	28.097	17.077	112.87	30.317
120	60	±0.90	3.0	8.013	10.208	189.113	64.398	4.304	2.511	31.581	21.466	156.029	37.138
			4.0	10.478	13.347	240.724	81.235	4.246	2.466	40.120	27.078	200.407	47.048
			5.0	12.839	16.356	286.941	95.968	4.188	2.422	47.823	31.989	240.869	55.846
			6.0	15.097	19.232	327.950	108.716	4.129	2.377	54.658	36.238	277.361	63.597
120	80	±0.90	3.0	8.955	11.408	230.189	123.430	4.491	3.289	38.364	30.857	255.128	50.799
			4.0	11.734	11.947	294.569	157.281	4.439	3.243	49.094	39.320	330.438	64.927
			5.0	14.409	18.356	353.108	187.747	4.385	3.198	58.850	46.936	400.735	77.772
			6.0	16.981	21.632	105.998	214.977	4.332	3.152	67.666	53.744	165.940	83.399

续表

边长 (mm)		尺寸允许偏差 (mm)	壁厚 (mm)	理论重量 (kg/m)	截面面积 (cm²)	惯性矩 (cm⁴)		惯性半径 (cm)		截面模数 (cm³)		扭转常数	
H	B	±Δ	t	M	A	I_x	I_y	r_x	r_y	W_x	W_y	I_x (cm⁴)	C_x (cm³)
140	80	±1.00	4.0	12.990	16.547	429.582	180.407	5.095	3.301	61.368	45.101	410.713	76.478
			5.0	15.979	20.356	517.023	215.914	5.039	3.256	73.860	53.978	498.815	91.834
			6.0	18.865	24.032	569.935	247.905	4.983	3.211	85.276	61.976	580.919	105.83
150	100	±1.20	4.0	14.874	18.947	594.585	318.551	5.601	4.110	79.278	63.710	660.613	104.94
			5.0	18.334	23.356	719.164	383.988	5.549	4.054	95.888	79.797	806.733	126.81
			6.0	21.691	27.632	834.615	444.135	5.495	4.009	111.282	88.827	915.022	147.07
			8.0	28.096	35.791	1039.101	519.308	5.388	3.917	138.546	109.861	1147.710	181.85
160	60	±1.20	3	9.898	12.608	389.86	83.915	5.561	2.580	48.732	27.972	228.15	50.14
			4.5	14.498	18.469	552.08	116.66	5.468	2.513	69.01	38.886	324.96	70.085
160	80	±1.20	4.0	14.216	18.117	597.691	203.532	5.738	3.348	71.711	50.883	493.129	88.031
			5.0	17.519	22.356	721.650	214.089	5.681	3.304	90.206	61.020	599.175	105.9
			6.0	20.749	26.433	835.936	286.832	5.623	3.259	104.192	76.208	698.881	122.27
			8.0	26.810	33.644	1036.485	343.599	5.505	3.170	129.560	85.899	876.599	149.54
180	65	±1.20	3.0	11.075	14.108	550.35	111.78	6.246	2.815	61.15	34.393	306.75	61.849
			4.5	16.264	20.719	784.13	156.47	6.152	2.748	87.125	48.144	438.91	86.993
180	100	±1.30	4.0	16.758	21.317	926.020	373.879	6.586	4.184	102.891	74.755	852.708	127.06
			5.0	20.689	26.356	1124.156	451.738	6.530	4.140	124.906	90.347	1012.589	153.88
			6.0	24.517	31.232	1309.527	523.767	6.475	4.095	145.503	104.753	1222.933	178.88
			8.0	31.861	40.391	1643.149	651.132	6.362	4.002	182.572	130.226	1554.606	222.49
200			4.0	18.014	22.941	1199.680	410.261	7.230	4.230	119.968	82.152	984.151	141.81
			5.0	22.259	28.356	1459.270	496.905	7.173	4.186	145.920	99.381	1203.878	171.94
			6.0	26.101	33.632	1703.224	576.855	7.116	4.141	170.322	115.371	1412.986	200.1
			8.0	34.376	43.791	2145.993	719.014	7.000	4.052	214.599	143.802	1798.551	249.6
200	120	±1.40	4.0	19.3	24.5	1353	618	7.43	5.02	135	103	1345	172
			5.0	23.8	30.4	1649	750	7.37	4.97	165	125	1652	210
			6.0	28.3	36.0	1.929	874	7.32	4.93	193	146	1947	245
			8.0	36.5	46.4	2386	1079	7.17	4.82	239	180	2507	308
200	150	±1.50	4.0	21.2	26.9	1.584	1.021	7.67	6.16	158	136	1942	219
			5.0	26.2	33.4	1935	1245	7.62	6.11	193	166	2391	267
			6.0	31.1	39.6	2268	1457	7.56	6.06	227	194	2826	312
			8.0	40.2	51.2	2892	1815	7.43	5.95	283	242	3664	396

续表

边长 (mm)		尺寸允 许偏差 (mm)	壁厚 (mm)	理论 重量 (kg/m)	截面 面积 (cm²)	惯性矩 (cm⁴)		惯性半径 (cm)		截面模数 (cm³)		扭转常数	
H	B	$\pm\Delta$	t	M	A	I_x	I_y	r_x	r_y	W_x	W_y	I_x (cm⁴)	C_x (cm³)
220	140	±1.50	4.0	21.8	27.7	1892	948	8.26	5.84	172	135	1987	224
			5.0	27.0	34.4	2313	1155	8.21	5.80	210	165	2447	274
			6.0	32.1	40.8	2714	1352	8.15	5.75	247	193	2891	321
			8.0	41.5	52.8	3389	1685	8.01	5.65	308	241	3746	407
250	150	±1.60	4.0	24.3	30.9	2697	1234	9.34	6.32	216	165	2665	275
			5.0	30.1	38.4	3304	1508	9.28	6.27	264	201	3285	337
			6.0	35.8	45.6	3886	1768	9.23	6.23	311	236	3886	396
			8.0	46.5	59.2	4886	2219	9.08	6.12	391	296	5050	504
260	180	±1.80	5.0	33.2	42.4	4121	2350	9.86	7.45	317	261	4695	426
			6.0	39.6	50.4	4856	2763	9.81	7.40	374	307	5566	501
			8.0	51.5	65.6	6145	3493	9.68	7.29	473	388	7267	642
			10	63.2	80.6	7363	4174	9.56	7.20	566	646	8850	772
300	200	±2.00	5.0	38.0	48.4	6241	3361	11.4	8.34	416	336	6836	552
			6.0	45.2	57.6	7370	3962	11.3	8.29	491	396	8115	651
			8.0	59.1	75.2	9389	5042	11.2	8.19	626	504	10627	838
			10	72.7	92.6	11313	6058	11.1	8.09	754	606	12987	1012
350	250	±2.20	5.0	45.8	58.4	10520	6306	13.4	10.4	601	504	12234	817
			6.0	54.7	69.6	12457	7458	13.4	10.3	712	594	14554	957
			8.0	71.6	91.2	16001	9573	13.2	10.2	914	766	19136	1253
			10	88.4	113	19407	11588	13.1	10.1	1109	927	23500	1522
400	200	±2.40	5.0	45.8	58.4	12490	4311	14.6	8.60	624	431	10519	742
			6.0	54.7	69.6	14789	5092	14.5	8.55	739	509	12069	877
			8.0	71.6	91.2	18974	6517	14.4	8.45	949	652	15820	1133
			10	88.4	113	23003	7864	14.3	8.36	1150	786	19368	1373
			12	104	132	26248	8977	14.1	8.24	1312	898	22782	1591
400	250	±2.60	5.0	49.7	63.4	14440	7056	15.1	10.6	722	565	14773	937
			6.0	59.4	75.6	17118	8352	15.0	10.5	856	668	17580	1110
			8.0	77.9	99.2	22048	10744	14.9	10.4	1102	860	23127	1440
			10	96.2	122	26806	13029	14.8	10.3	1340	1042	28423	1753
			12	113	144	30766	14926	14.6	10.2	1538	1197	33597	2042
450	250	±2.80	6.0	64.1	81.6	22724	9245	16.7	10.6	1010	740	20687	1253
			8.0	84.2	107	29336	11916	16.5	10.5	1304	953	27222	1628

边长（mm）		尺寸允许偏差（mm）	壁厚（mm）	理论重量（kg/m）	截面面积（cm²）	惯性矩（cm⁴）		惯性半径（cm）		截面模数（cm³）		扭转常数	
H	B	±Δ	t	M	A	I_x	I_y	r_x	r_y	W_x	W_y	I_x（cm⁴）	C_x（cm³）
450	250	±2.80	10	104	133	35737	14470	16.4	10.4	1588	1158	33473	1983
			12	123	156	41137	16663	16.2	10.3	1828	1333	39591	2314
500	300	±3.20	6.0	73.5	93.6	33012	15151	18.8	12.7	1321	1010	32420	1688
			8.0	96.7	123	42805	19624	18.6	12.6	1712	1308	42767	2202
			10	120	153	52328	23933	18.5	12.5	2093	1596	52736	2693
			12	141	180	60604	27726	18.3	12.4	2424	1848	62581	3156
550	350	±3.60	8.0	109	139	59783	30040	20.7	14.7	2174	1717	63051	2856
			10	135	173	73276	36752	20.6	14.6	2665	2100	77901	3503
			12	160	204	85249	42769	20.4	14.5	3100	2444	92646	4118
			14	185	236	97269	48731	20.3	14.4	3537	2784	106760	4710
600	400	±4.00	8.0	122	155	80670	43564	22.8	16.8	2689	2178	88672	3591
			10	151	193	99081	53429	22.7	16.7	3303	2672	109720	4413
			12	179	228	115670	62391	22.5	16.5	3856	3120	130680	5201
			14	207	264	132310	71282	22.4	16.4	4410	3564	150850	5962
			16	235	299	148210	79760	22.3	16.3	4940	3988	170510	6694

注：表中理论重量按密度 7.85g/cm³ 计算。

冷弯型钢的弯角外圆弧半径 R 或（C1、C2）　　表 3.1.3-19

厚度 t（mm）	碳素钢（R_{eL}≤320MPa）	低合金钢（R_{eL}>320MPa）
t≤3	(1.0～2.5) t	(1.5～2.5) t
3<t≤6	(1.5～2.5) t	(2.0～3.0) t
6<t≤10	(2.0～3.0) t	(2.0～3.5) t
t>10	(2.0～3.5) t	(2.5～4.0) t

注：R_{eL}值指标准中规定的最低值。

3）异型冷弯空心型钢（异形管）的截面尺寸、允许偏差参照方、矩形冷弯空心型钢的允许偏差执行。外形由供需双方协商确定。

5. 热轧 H 型钢和剖分 T 型钢《热轧 H 型钢和剖分 T 型钢》GB/T 11263—2017 规格和要求。

1）热轧 H 型钢的类型：热轧 H 型钢分为四类，其代号如下：

宽翼缘 H 型钢，代号 HW（W 为英文 Wide 的首字母）；

中翼缘 H 型钢，代号 HM（M 为英文 Middle 的首字母）；

窄翼缘 H 型钢，代号 HN（N 为英文 Narrow 的首字母）；

薄壁 H 型钢，代号 HT（T 为英文 Thin 的首字母）。

2）剖分 T 型钢的类型：剖分 T 型钢分为三类，其代号如下：

宽翼缘 T 型钢，代号 TW（W 为英文 Wide 的首字母）；

中翼缘 T 型钢，代号 TM（M 为英文 Middle 的首字母）；

窄翼缘 T 型钢，代号 TN（N 为英文 Narrow 的首字母）。

3）国家标准规定的尺寸、外形、重量，H 型钢见表 3.1.3-20，T 型钢见表 3.1.3-21。

H 型钢的型号、尺寸、重量　　　　　表 3.1.3-20

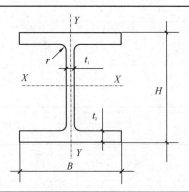

类别	型号（高度×宽度）（mm×mm）	截面尺寸（mm）					截面面积（cm²）	理论重量（kg/m）	表面积（m²/m）	惯性矩（cm⁴）		惯性半径（cm）		截面模数（cm³）	
		H	B	t_1	t_2	r				I_x	I_y	i_x	i_y	W_x	W_y
HW	100×100	100	100	6	8	8	21.58	16.9	0.574	378	134	4.18	2.48	75.6	26.7
	125×125	125	125	6.5	9	8	30.00	23.6	0.723	839	293	5.28	3.12	134	46.9
	150×150	150	150	7	10	8	39.64	31.1	0.872	1620	563	6.39	3.76	216	75.1
	175×175	175	175	7.5	11	13	51.42	40.4	1.01	2900	984	7.50	4.37	331	112
	200×200	200	200	8	12	13	63.53	49.9	1.16	4720	1600	8.61	5.02	472	160
		* 200	204	12	12	13	71.53	56.2	1.17	4980	1700	8.34	4.87	498	167
	250×250	* 244	252	11	11	13	81.31	63.8	1.45	8700	2940	10.3	6.01	713	233
		250	250	9	14	13	91.43	71.8	1.46	10700	3650	10.8	6.31	860	292
		* 250	255	14	14	13	103.9	81.6	1.47	11400	3880	10.5	6.10	912	304
	300×300	* 294	302	12	12	13	106.3	83.5	1.75	16600	5510	12.5	7.20	1130	365
		300	300	10	15	13	118.5	93.0	1.76	20200	6750	13.1	7.55	1350	450
		* 300	305	15	15	13	133.5	105	1.77	21300	7100	12.6	7.29	1420	466
	350×350	* 338	351	13	13	13	133.3	105	2.03	27700	9380	14.4	8.38	1640	534
		* 344	348	10	16	13	144.0	113	2.04	32800	11200	15.1	8.83	1910	646
		* 344	354	16	16	13	164.7	129	2.05	34900	11800	14.6	8.48	2030	669
		350	350	12	19	13	171.9	135	2.05	39800	13600	15.2	8.88	2280	776
		* 350	357	19	19	13	196.4	154	2.07	42300	14400	14.7	8.57	2420	808
	400×400	* 388	402	15	15	22	178.5	140	2.32	49000	16300	16.6	9.54	2520	809
		* 394	398	11	18	22	186.8	147	2.32	56100	18900	17.3	10.1	2850	951
		* 394	405	18	18	22	214.4	168	2.33	59700	20000	16.7	9.64	3030	985
		400	400	13	21	22	218.7	172	2.34	66600	22400	17.5	10.1	3330	1120
		* 400	408	21	21	22	250.7	197	2.35	70900	23800	16.8	9.74	3540	1170
		* 414	405	18	28	22	295.4	232	2.37	92800	31000	17.7	10.2	4480	1530
		* 428	407	20	35	22	360.7	283	2.41	119000	39400	18.2	10.4	5570	1930
		* 458	417	30	50	22	528.6	415	2.49	187000	60500	18.8	10.7	8170	2900
		* 498	432	45	70	22	770.1	604	2.60	298000	94400	19.7	11.1	12000	4370
	500×500	* 492	465	15	20	22	258.0	202	2.78	117000	33500	21.3	11.4	4770	1440
		* 502	465	15	25	22	304.5	239	2.80	146000	41900	21.9	11.7	5810	1800
		* 502	470	20	25	22	329.6	259	2.81	151000	43300	21.4	11.5	6020	1840

续表

类别	型号（高度×宽度）(mm×mm)	截面尺寸（mm）					截面面积（cm²）	理论重量（kg/m）	表面积（m²/m）	惯性矩（cm⁴）		惯性半径（cm）		截面模数（cm³）	
		H	B	t_1	t_2	r				I_x	I_y	i_x	i_y	W_x	W_y
HM	150×100	148	100	6	9	8	26.34	20.7	0.670	1000	150	6.16	2.38	135	30.1
	200×150	194	150	6	9	8	38.10	29.9	0.962	2630	507	8.30	3.64	271	67.6
	250×175	244	175	7	11	13	55.49	43.6	1.15	6040	984	10.4	4.21	495	112
	300×200	294	200	8	12	13	71.05	55.8	1.35	11100	1600	12.5	4.74	756	160
		* 298	201	9	14	13	82.03	64.4	1.36	13100	1900	12.6	4.80	878	189
	350×250	340	250	9	14	13	99.53	78.1	1.64	21200	3650	14.6	6.05	1250	292
	400×300	390	300	10	16	13	133.3	105	1.94	37900	7200	16.9	7.35	1940	480
	450×300	440	300	11	18	13	153.9	121	2.04	54700	8110	18.9	7.25	2490	540
	500×300	* 482	300	11	15	13	141.2	111	2.12	58300	6760	20.3	6.91	2420	450
		488	300	11	18	13	159.2	125	2.13	68900	8110	20.8	7.13	2820	540
	550×300	* 544	300	11	15	13	148.0	116	2.24	76400	6760	22.7	6.75	2810	450
		* 550	300	11	18	13	166.0	130	2.26	89800	8110	23.3	6.98	3270	540
	600×300	* 582	300	12	17	13	169.2	133	2.32	98900	7660	24.2	6.72	3400	511
		588	300	12	20	13	187.2	147	2.33	114000	9010	24.7	6.93	3890	601
		* 594	302	14	23	13	217.1	170	2.35	134000	10600	24.8	6.97	4500	700
HN	* 100×50	100	50	5	7	8	11.84	9.30	0.376	187	14.8	3.97	1.11	37.5	5.91
	* 125×60	125	60	6	8	8	16.68	13.1	0.464	409	29.1	4.95	1.32	65.4	9.71
	150×75	150	75	5	7	8	17.84	14.0	0.576	666	49.5	6.10	1.66	88.8	13.2
	175×90	175	90	5	8	8	22.89	18.0	0.686	1210	97.5	7.25	2.06	138	21.7
	200×100	* 198	99	4.5	7	8	22.68	17.8	0.769	1540	113	8.24	2.23	156	22.9
		200	100	5.5	8	8	26.66	20.9	0.775	1810	134	8.22	2.23	181	26.7
	250×125	* 248	124	5	8	8	31.98	25.1	0.968	3450	255	10.4	2.82	278	41.1
		250	125	6	9	8	36.96	29.0	0.974	3960	294	10.4	2.81	317	47.0
	300×150	* 298	149	5.5	8	13	40.80	32.0	1.16	6320	442	12.4	3.29	424	59.3
		300	150	6.5	9	13	46.78	36.7	1.16	7210	508	12.4	3.29	481	67.7
	350×175	* 346	174	6	9	13	52.45	41.2	1.35	11000	791	14.5	3.88	638	91.0
		350	175	7	11	13	62.91	49.4	1.36	13500	984	14.6	3.95	771	112
	400×150	400	150	8	13	13	70.37	55.2	1.36	18600	734	16.3	3.22	929	97.8
	400×200	* 396	199	7	11	13	71.41	56.1	1.55	19800	1450	16.6	4.50	999	145
		400	200	8	13	13	83.37	65.4	1.56	23500	1740	16.8	4.56	1170	174
	450×150	* 446	150	7	12	13	66.99	52.6	1.46	22000	677	18.1	3.17	985	90.3
		450	151	8	14	13	77.49	60.8	1.47	25700	806	18.2	3.22	1140	107

续表

类别	型号 (高度×宽度) (mm×mm)	截面尺寸 (mm)					截面面积 (cm²)	理论重量 (kg/m)	表面积 (m²/m)	惯性矩 (cm⁴)		惯性半径 (cm)		截面模数 (cm³)	
		H	B	t_1	t_2	r				I_x	I_y	i_x	i_y	W_x	W_y
HN	450×200	* 446	199	8	12	13	82.97	65.1	1.65	28100	1580	18.4	4.36	1260	159
		450	200	9	14	13	95.43	74.9	1.66	32900	1870	18.6	4.42	1460	187
	475×150	* 470	150	7	13	13	71.53	56.2	1.50	26200	733	19.1	3.20	1110	97.8
		* 475	151.5	8.5	15.5	13	86.15	67.6	1.52	31700	901	19.2	3.23	1330	119
		482	153.5	10.5	19	13	106.4	83.5	1.53	39600	1150	19.3	3.28	1640	150
	500×150	* 492	150	7	12	13	70.21	55.1	1.55	27500	677	19.8	3.10	1120	90.3
		* 500	152	9	16	13	92.21	72.4	1.57	37000	940	20.0	3.19	1480	124
		504	153	10	18	13	103.3	81.1	1.58	41900	1080	20.1	3.23	1660	141
	500×200	* 496	199	9	14	13	99.29	77.9	1.75	40800	1840	20.3	4.30	1650	185
		500	200	10	16	13	112.3	88.1	1.76	46800	2140	20.4	4.36	1870	214
		* 506	201	11	19	13	129.3	102	1.77	55500	2580	20.7	4.46	2190	257
	550×200	* 546	199	9	14	13	103.8	81.5	1.85	50800	1840	22.1	4.21	1860	185
		550	200	10	16	13	117.3	92.0	1.86	58200	2140	22.3	4.27	2120	214
	600×200	* 596	199	10	15	13	117.8	92.4	1.95	66600	1980	23.8	4.09	2240	199
		600	200	11	17	13	131.7	103	1.96	75600	2270	24.0	4.15	2520	227
		* 606	201	12	20	13	149.8	118	1.97	88300	2720	24.3	4.25	2910	270
	625×200	* 625	198.5	13.5	17.5	13	150.6	118	1.99	88500	2300	24.2	3.90	2830	231
		630	200	15	20	13	170.0	133	2.01	101000	2690	24.4	3.97	3220	268
		* 638	202	17	24	13	198.7	156	2.03	122000	3320	24.8	4.09	3820	329
	650×300	* 646	299	12	18	18	183.6	144	2.43	131000	8030	26.7	6.61	4080	537
		* 650	300	13	20	18	202.1	159	2.44	146000	9010	26.9	6.67	4500	601
		* 654	301	14	22	18	220.6	173	2.45	161000	10000	27.4	6.81	4930	666
	700×300	* 692	300	13	20	18	207.5	163	2.53	168000	9020	28.5	6.59	4870	601
		700	300	13	24	18	231.5	182	2.54	197000	10800	29.2	6.83	5640	721
	750×300	* 734	299	12	16	18	182.7	143	2.61	161000	7140	29.7	6.25	4390	478
		* 742	300	13	20	18	214.0	168	2.63	197000	9020	30.4	6.49	5320	601
		* 750	300	13	24	18	238.0	187	2.64	231000	10800	31.1	6.74	6150	721
		* 758	303	16	28	18	284.8	224	2.67	276000	13000	31.1	6.75	7270	859
	800×300	* 792	300	14	22	18	239.5	188	2.73	248000	9920	32.2	6.43	6270	661
		800	300	14	26	18	263.5	207	2.74	286000	11700	33.0	6.66	7160	781
	850×300	* 834	298	14	19	18	227.5	179	2.80	251000	8400	33.2	6.07	6020	564
		* 842	299	15	23	18	259.7	204	2.82	298000	10300	33.9	6.28	7080	687
		* 850	300	16	27	18	292.1	229	2.84	346000	12200	34.4	6.45	8140	812
		* 858	301	17	31	18	324.7	255	2.86	395000	14100	34.9	6.59	9210	939

续表

类别	型号（高度×宽度）(mm×mm)	H	B	t₁	t₂	r	截面面积(cm²)	理论重量(kg/m)	表面积(m²/m)	Iₓ	I_y	iₓ	i_y	Wₓ	W_y
HN	900×300	*890	299	15	23	18	266.9	210	2.92	339000	10300	35.6	6.20	7610	687
		900	300	16	28	18	305.8	240	2.94	404000	12600	36.4	6.42	8990	842
		*912	302	18	34	18	360.1	283	2.97	491000	15700	36.9	6.59	10800	1040
	1000×300	*970	297	16	21	18	276.0	217	3.07	393000	9210	37.8	5.77	8110	620
		*980	298	17	26	18	315.5	248	3.09	472000	11500	38.7	6.04	9630	772
		*990	298	17	31	18	345.3	271	3.11	544000	13700	39.7	6.30	11000	921
		*1000	300	19	36	18	395.1	310	3.13	634000	16300	40.1	6.41	12700	1080
		*1008	302	21	40	18	439.3	345	3.15	712000	18400	40.3	6.47	14100	1220
HT	100×50	95	48	3.2	4.5	8	7.620	5.98	0.362	115	8.39	3.88	1.04	24.2	3.49
		97	49	4	5.5	8	9.370	7.36	0.368	143	10.9	3.91	1.07	29.6	4.45
	100×100	96	99	4.5	6	8	16.20	12.7	0.565	272	97.2	4.09	2.44	56.7	19.6
	125×60	118	58	3.2	4.5	8	9.250	7.26	0.448	218	14.7	4.85	1.26	37.0	5.08
		120	59	4	5.5	8	11.39	8.94	0.454	271	19.0	4.87	1.29	45.2	6.43
	125×125	119	123	4.5	6	8	20.12	15.8	0.707	532	186	5.14	3.04	89.5	30.3
	150×75	145	73	3.2	4.5	8	11.47	9.00	0.562	416	29.3	6.01	1.59	57.3	8.02
		147	74	4	5.5	8	14.12	11.1	0.568	516	37.3	6.04	1.62	70.2	10.1
	150×100	139	97	3.2	4.5	8	13.43	10.6	0.646	476	68.6	5.94	2.25	68.4	14.1
		142	99	4.5	6	8	18.27	14.3	0.657	654	97.2	5.98	2.30	92.1	19.6
	150×150	144	148	5	7	8	27.76	21.8	0.856	1090	378	6.25	3.69	151	51.1
		147	149	6	8.5	8	33.67	26.4	0.864	1350	469	6.32	3.73	183	63.0
	175×90	168	88	3.2	4.5	8	13.55	10.6	0.668	670	51.2	7.02	1.94	79.7	11.6
		171	89	4	6	8	17.58	13.8	0.676	894	70.7	7.13	2.00	105	15.9
	175×175	167	173	5	7	13	33.32	26.2	0.994	1780	605	7.30	4.26	213	69.9
		172	175	6.5	9.5	13	44.64	35.0	1.01	2470	850	7.43	4.36	287	97.1
	200×100	193	98	3.2	4.5	8	15.25	12.0	0.758	994	70.7	8.07	2.15	103	14.4
		196	99	4	6	8	19.78	15.5	0.766	1320	97.2	8.18	2.21	135	19.6
	200×150	188	149	4.5	6	8	26.34	20.7	0.949	1730	331	8.09	3.54	184	44.4
	200×200	192	198	6	8	13	43.69	34.3	1.14	3060	1040	8.37	4.86	319	105
	250×125	244	124	4.5	6	8	25.86	20.3	0.961	2650	191	10.1	2.71	217	30.8
	250×175	238	173	4.5	6	13	39.12	30.7	1.14	4240	691	10.4	4.20	356	79.9
	300×150	294	148	4.5	6	13	31.90	25.0	1.15	4800	325	12.3	3.19	327	43.9
	300×200	286	198	6	8	13	49.33	38.7	1.33	7360	1040	12.2	4.58	515	105
	350×175	340	173	4.5	6	13	36.97	29.0	1.34	7490	518	14.2	3.74	441	59.9
	400×150	390	148	6	8	13	47.57	37.3	1.34	11700	434	15.7	3.01	602	58.6
	400×200	390	198	6	8	13	55.57	43.6	1.54	14700	1040	16.2	4.31	752	105

注 1. 表中同一型号的产品，其内侧尺寸高度一致。

2. 表中截面面积计算公式为：$t_1(H-2t_2)+2Bt_2+0.858r^2$。

3. 表中"*"表示的规格为市场非常用规格。

T 型钢的型号、尺寸、重量

表 3.1.3-21

类别	型号(高度×宽度)(mm×mm)	截面尺寸(mm)					截面面积(cm²)	理论重量(kg/m)	表面积(m²/m)	惯性矩(cm⁴)		惯性半径(cm)		截面模数(cm³)		重心Cₓ(cm)	对应H型钢系列型号
		h	B	t_1	t_2	r				I_x	I_y	i_x	i_y	W_z	W_y		
TW	50×100	50	100	6	8	8	10.79	8.47	0.293	16.1	66.8	1.22	2.48	4.02	13.4	1.00	100×100
	62.5×125	62.5	125	6.5	9	8	15.00	11.8	0.368	35.0	147	1.52	3.12	6.91	23.5	1.19	125×125
	75×150	75	150	7	10	8	19.82	15.6	0.443	66.4	282	1.82	3.76	10.8	37.5	1.37	150×150
	87.5×175	87.5	175	7.5	11	13	25.71	20.2	0.514	115	492	2.11	4.37	15.9	56.2	1.55	175×175
	100×200	100	200	8	12	13	31.76	24.9	0.589	184	801	2.40	5.02	22.3	80.1	1.73	200×200
		100	204	12	12	13	35.76	28.1	0.597	256	851	2.67	4.87	32.4	83.4	2.09	
	125×250	125	250	9	14	13	45.71	35.9	0.739	412	1820	3.00	6.31	39.5	146	2.08	250×250
		125	255	14	14	13	51.96	40.8	0.749	589	1940	3.36	6.10	59.4	152	2.58	
	150×300	147	302	12	12	13	53.16	41.7	0.887	857	2760	4.01	7.20	72.3	183	2.85	300×300
		150	300	10	15	13	59.22	46.5	0.889	798	3380	3.67	7.55	63.7	225	2.47	
		150	305	15	15	13	66.72	52.4	0.899	1110	3550	4.07	7.29	92.5	233	3.04	
	175×350	172	348	10	16	13	72.00	56.5	1.03	1230	5620	4.13	8.83	84.7	323	2.67	350×350
		1.75	350	12	19	13	85.94	67.5	1.04	1520	6790	4.20	8.88	104	388	2.87	
	200×400	194	402	15	15	22	89.22	70.0	1.17	2480	8130	5.27	9.54	158	404	3.70	400×400
		197	398	11	18	22	93.40	73.3	1.17	2050	9460	4.67	10.1	123	475	3.01	
		200	400	13	21	22	109.3	85.8	1.18	2480	11200	4.75	10.1	147	560	3.21	
		200	408	21	21	22	125.3	98.4	1.2	3650	11900	5.39	9.74	229	584	4.07	
		207	405	18	28	22	147.7	116	1.21	3620	15500	4.95	10.2	213	766	3.68	
		214	407	20	35	22	180.5	142	1.22	4380	19700	4.92	10.4	250	967	3.90	
TM	75×100	74	100	6	9	8	13.17	10.3	0.341	51.7	75.2	1.98	2.38	8.84	15.0	1.56	150×100
	100×150	97	150	6	9	8	19.05	15.0	0.487	124	253	2.55	3.64	15.8	33.8	1.80	200×150
	125×175	122	175	7	11	13	27.74	21.8	0.583	288	492	3.22	4.21	29.1	56.2	2.28	250×175
	150×200	147	200	8	12	13	35.52	27.9	0.683	571	801	4.00	4.74	48.2	80.1	2.85	300×200
		149	201	9	14	13	41.01	32.2	0.689	661	949	4.01	4.80	55.2	94.4	2.92	
	175×250	170	250	9	14	13	49.76	39.1	0.829	1020	1820	4.51	6.05	73.2	146	3.11	350×250
	200×300	195	300	10	16	13	66.62	52.3	0.979	1730	3600	5.09	7.35	108	240	3.43	400×300
	225×300	220	300	11	18	13	76.94	60.4	1.03	2680	4050	5.89	7.25	150	270	4.09	450×300

续表

类别	型号 (高度×宽度) (mm×mm)	截面尺寸（mm）					截面面积 （cm²）	理论重量 （kg/m）	表面积 （m²/m）	惯性矩 （cm⁴）		惯性半径 （cm）		截面模数 （cm³）		重心 C_x （cm）	对应H型钢系列型号
		h	B	t_1	t_2	r				I_x	I_y	i_x	i_y	W_z	W_y		
TM	250×300	241	300	11	15	13	70.58	55.4	1.07	3400	3380	6.93	6.91	178	225	5.00	500×300
		244	300	11	18	13	79.58	62.5	1.08	3610	4050	6.73	7.13	184	270	4.72	
	275×300	272	300	11	15	13	73.99	58.1	1.13	4790	3380	8.04	6.75	225	225	5.96	550×300
		275	300	11	18	13	82.99	65.2	1.14	5090	4050	7.82	6.98	232	270	5.59	
	300×300	291	300	12	17	13	84.60	66.4	1.17	6320	3830	8.64	6.72	280	255	6.51	600×300
		294	300	12	20	13	93.60	73.5	1.18	6680	4500	8.44	6.93	288	300	6.17	
		297	302	14	23	13	108.5	85.2	1.19	7890	5290	8.52	6.97	339	350	6.41	
TN	50×50	50	50	5	7	8	5.920	4.65	0.193	11.8	7.39	1.41	1.11	3.18	2.95	1.28	100×50
	62.5×60	62.5	60	6	8	8	8.340	6.55	0.238	27.5	14.6	1.81	1.32	5.96	4.85	1.64	125×60
	75×75	75	75	5	7	8	8.920	7.00	0.293	42.6	24.7	2.18	1.66	7.46	6.59	1.79	150×75
	87.5×90	85.5	89	4	6	8	8.790	6.90	0.342	53.7	35.3	2.47	2.00	8.02	7.94	1.86	175×90
		87.5	90	5	8	8	11.44	8.98	0.348	70.6	48.7	2.48	2.06	10.4	10.8	1.93	
	100×100	99	99	4.5	7	8	11.34	8.90	0.389	93.5	56.7	2.87	2.23	12.1	11.5	2.17	200×100
		100	100	5.5	8	8	13.33	10.5	0.393	114	66.9	2.92	2.23	14.8	13.4	2.31	
	125×125	124	124	5	8	8	15.99	12.6	0.489	207	127	3.59	2.82	21.3	20.5	2.66	250×125
		125	125	6	9	8	18.48	14.5	0.493	248	147	3.66	2.81	25.6	23.5	2.81	
	150×150	149	149	5.5	8	13	20.40	16.0	0.585	393	221	4.39	3.29	33.8	29.7	3.26	300×150
		150	150	6.5	9	13	23.39	18.4	0.589	464	254	4.45	3.29	40.0	33.8	3.41	
	175×175	173	174	6	9	13	26.22	20.6	0.683	679	396	5.08	3.88	50.0	45.5	3.72	350×175
		175	175	7	11	13	31.45	24.7	0.689	814	492	5.08	3.95	59.3	56.2	3.76	
	200×200	198	199	7	11	13	35.70	28.0	0.783	1190	723	5.77	4.50	76.4	72.7	4.20	400×200
		200	200	8	13	13	41.68	32.7	0.789	1390	868	5.78	4.56	88.6	86.8	4.26	
	225×150	223	150	7	12	13	33.49	26.3	0.735	1570	338	6.84	3.17	93.7	45.1	5.54	450×150
		225	151	8	14	13	38.74	30.4	0.741	1830	403	6.87	3.22	108	53.4	5.62	
	225×200	223	199	8	12	13	41.48	32.6	0.833	1870	789	6.71	4.36	109	79.3	5.15	450×200
		225	200	9	14	13	47.71	37.5	0.839	2150	935	6.71	4.42	124	93.5	5.19	
	237.5×150	235	150	7	13	13	35.76	28.1	0.759	1850	367	7.18	3.20	104	48.9	7.50	475×150
		237.5	151.5	8.5	15.5	13	43.07	33.8	0.767	2270	451	7.25	3.23	128	59.5	7.57	
		241	153.5	10.5	19	13	53.20	41.8	0.778	2860	575	7.33	3.28	160	75.0	7.67	
	250×150	246	150	7	12	13	35.10	27.6	0.781	2060	339	7.66	3.10	113	45.1	6.36	500×150
		250	152	9	16	13	46.10	36.2	0.793	2750	470	7.71	3.19	149	61.9	6.53	
		252	153	10	18	13	51.66	40.6	0.799	3100	540	7.74	3.23	167	70.5	6.62	
	250×200	248	199	8	14	13	49.64	39.0	0.883	2820	921	7.54	4.30	150	92.6	5.97	500×200
		250	200	10	16	13	56.12	44.1	0.889	3200	1070	7.54	4.36	169	107	6.03	
		253	201	11	19	13	64.65	50.8	0.897	3660	1290	7.52	4.46	189	128	6.00	

续表

类别	型号 (高度×宽度) (mm×mm)	截面尺寸 (mm)					截面面积 (cm²)	理论重量 (kg/m)	表面积 (m²/m)	惯性矩 (cm⁴)		惯性半径 (cm)		截面模数 (cm³)		重心 C_x (cm)	对应 H 型钢系列型号
		h	B	t_1	t_2	r				I_x	I_y	i_x	i_y	W_z	W_y		
TN	275×200	273	199	9	14	13	51.89	40.7	0.933	3690	921	8.43	4.21	180	92.6	6.85	550×200
		275	200	10	16	13	58.62	46.0	0.939	4180	1070	8.44	4.27	203	107	6.89	
	300×200	298	199	10	15	13	58.87	46.2	0.983	5150	988	9.35	4.09	235	99.3	7.92	600×200
		300	300	11	17	13	65.85	51.7	0.989	5770	1140	9.35	4.14	262	114	7.95	
		303	201	12	20	13	74.88	58.8	0.997	6530	1360	9.33	4.25	291	135	7.88	
	312.5×200	312.5	198.5	13.5	17.5	13	75.28	59.1	1.01	7460	1150	9.95	3.90	338	116	9.15	625×200
		315	200	15	20	13	84.97	66.7	1.02	8470	1340	9.98	3.97	380	134	9.21	
		319	202	17	24	13	99.35	78.0	1.03	9960	1160	10.0	4.08	440	165	9.26	
	325×300	323	299	12	18	18	91.81	72.1	1.23	8570	4020	9.66	6.61	344	269	7.36	650×300
		325	300	13	20	18	101.0	79.3	1.23	9430	4510	9.66	6.67	376	300	7.40	
		327	301	14	22	18	110.3	86.59	4.24	10300	5010	9.66	6.73	408	333	7.45	
	350×300	346	300	13	20	18	103.8	81.5	1.28	11300	4510	10.4	6.59	424	301	8.09	700×300
		350	300	13	24	18	115.8	90.9	1.28	12000	5410	10.2	6.83	438	361	7.63	
	400×300	396	300	14	22	18	119.8	94.0	1.38	17600	4960	12.1	6.43	592	331	9.78	800×300
		400	300	14	26	18	131.8	103	1.38	18700	5860	11.9	6.66	610	391	9.27	
	450×300	445	299	15	23	18	133.5	105	1.47	25900	5140	13.9	6.20	789	344	11.7	900×300
		450	300	16	28	18	152.9	120	1.48	29100	6320	13.8	6.42	865	421	11.4	
		456	302	18	34	18	180.0	141	1.50	34100	7830	13.8	6.59	997	518	11.3	

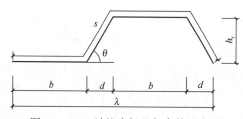

图 3.1.3-1　波纹腹板几何参数示意图

6. 波纹腹板 H 型钢规格和要求。

根据现行行业标准《波纹腹板钢结构技术规程》CECS 291：2011，波纹腹板几何参数可参见图 3.1.3-1，波纹腹板 H 型钢的几何参数与截面尺寸可参见图 3.1.3-2。

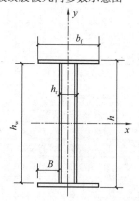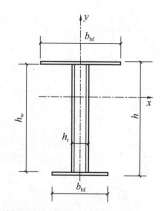

图 3.1.3-2　波纹腹板 H 型钢的几何参数与截面尺寸

波纹腹板 H 型钢参数见表 3.1.3-22，表 3.1.3-23，表 3.1.3-24。

波纹腹板 H 型钢表（CW-500）　　　　　　　　　　表 3.1.3-22

CW-500		CWA	$t_w=$	2.0	mm	$A_q=$	8.0	cm^2
		CWB	$t_w=$	3.0	mm	$A_q=$	12.0	cm^2
		CWC	$t_w=$	4.0	mm	$A_q=$	16.0	cm^2

几何尺寸			质量			几何参数						
b_f	t_f	h	CWA	CWB	CWC	A_f	I_x	i_x	I_y	i_y	I_t	I_w
mm	mm	mm	kg/m	kg/m	kg/m	cm^2	cm^4	cm	cm^4	cm	cm^4	cm^6
200	10	520	41.2	46.1	51.0	40	26010	25.50	1333	5.77	13.3	867000
220	10	520	42.4	46.3	54.2	44	28611	25.50	1775	6.35	14.7	1153977
250	10	520	47.1	51.0	58.9	50	32513	25.50	2604	7.22	16.7	1693359
200	12	524	45.5	49.5	57.3	48	31457	25.60	1600	5.77	23.0	1048576
220	12	524	49.3	53.2	61.1	53	34603	25.60	2130	6.35	25.3	1395655
250	12	524	55.0	58.9	66.7	60	39322	25.60	3125	7.22	28.8	2048000
300	12	524	64.4	68.3	76.1	72	47186	25.60	5400	8.66	34.6	3538944
220	15	530	59.7	63.6	71.4	66	43762	25.75	2662	6.35	49.5	1765072
250	15	530	66.7	70.7	78.5	75	49730	25.75	3906	7.22	56.3	2590088
300	15	530	78.5	82.4	90.3	90	59676	25.75	6750	8.66	67.5	4475672
350	15	530	90.3	94.2	102.1	105	69622	25.75	10719	10.10	78.8	7107201
250	20	540	86.4	90.3	98.1	100	67600	26.00	5208	7.22	133.3	3520833
300	20	540	102.1	106.0	113.8	120	81120	26.00	9000	8.66	160.0	6084000
350	20	540	117.8	121.7	129.5	140	94640	26.00	14292	10.10	186.7	9661167
400	20	540	133.5	137.4	145.2	160	108160	26.00	21333	11.55	213.3	14421333
300	25	550	125.6	129.5	137.4	150	103359	26.25	11250	8.66	312.5	7751953
350	25	550	145.2	149.2	157.0	175	120586	26.25	17865	10.10	364.6	12309814
400	25	550	164.9	168.8	176.6	200	137813	26.25	26667	11.55	416.7	18375000
450	25	550	184.5	188.4	196.3	225	155039	26.25	37969	12.99	468.8	26162842
350	30	560	172.7	176.6	184.5	210	147473	26.50	21438	10.10	630.0	15054484
400	30	560	196.3	200.2	208.0	240	168540	26.50	32000	11.55	720.0	22472000
450	30	560	219.8	223.7	231.6	270	189608	26.50	45563	12.99	810.0	31996266

波纹腹板 H 型钢表（CW-1000）　　　　　　　　　表 3.1.3-23

CW-1000		CWA	$t_w=$	2.0	mm	$A_q=$	16.0	cm^2
		CWB	$t_w=$	3.0	mm	$A_q=$	24.0	cm^2
		CWC	$t_w=$	4.0	mm	$A_q=$	32.0	cm^2

几何尺寸			质量			几何参数						
b_f	t_f	h	CWA	CWB	CWC	A_f	I_x	i_x	I_y	i_y	I_t	I_w
mm	mm	mm	kg/m	kg/m	kg/m	cm^2	cm^4	cm	cm^4	cm	cm^4	cm^6
200	10	1020	51.0	60.8	70.7	40	102010	50.50	1333	5.77	13.3	3400333
220	10	1020	54.2	64.0	73.8	44	112211	50.50	1775	6.35	14.7	4525844
250	10	1020	58.9	68.7	78.5	50	127513	50.50	2604	7.22	16.7	6641276
200	12	1024	57.3	67.1	76.9	48	122897	50.60	1600	5.77	23.0	4096576
220	12	1024	61.1	70.9	80.7	53	135187	50.60	2130	6.35	25.3	5452543
250	12	1024	66.7	76.5	86.4	60	153622	50.60	3125	7.22	28.8	8001125
300	12	1024	76.1	86.0	95.8	72	184346	50.60	5400	8.66	34.6	13825944

续表

CW-1000				CWA		$t_w=$	2.0	mm		$A_q=$	16.0	cm²
				CWB		$t_w=$	3.0	mm		$A_q=$	24.0	cm²
				CWC		$t_w=$	4.0	mm		$A_q=$	32.0	cm²

几何尺寸			质量			几何参数						
b_f	t_f	h	CWA	CWB	CWC	A_f	I_x	i_x	I_y	i_y	I_t	I_w
mm	mm	mm	kg/m	kg/m	kg/m	cm²	cm⁴	cm	cm⁴	cm	cm⁴	cm⁶
220	15	1030	71.4	81.2	91.1	66	169987	50.75	2662	6.35	49.5	6856147
250	15	1030	78.5	88.3	98.1	75	193167	50.75	3906	7.22	56.3	10060791
300	15	1030	90.3	100.1	109.9	90	231801	50.75	6750	8.66	67.5	17385047
350	15	1030	102.1	111.9	121.7	105	270434	50.75	10719	10.10	78.8	27606811
250	20	1040	98.1	107.9	117.8	100	260100	51.00	5208	7.22	133.3	13546875
300	20	1040	113.8	123.6	133.5	120	312120	51.00	9000	8.66	160.0	23409000
350	20	1040	129.5	139.3	149.2	140	364140	51.00	14292	10.10	186.7	37172625
400	20	1040	145.2	155.0	164.9	160	416160	51.00	21333	11.55	213.3	55488000
300	25	1050	137.4	147.2	157.0	150	393984	51.25	11250	8.66	312.5	29548828
350	25	1050	157.0	166.8	176.6	175	459648	51.25	17865	10.10	364.6	46922445
400	25	1050	176.6	186.4	196.3	200	525313	51.25	26667	11.55	416.7	70041667
450	25	1050	196.3	206.1	215.9	225	590977	51.25	37969	12.99	468.8	99727295
350	30	1060	184.5	194.3	204.1	210	556973	51.50	21438	10.10	630.0	56857609
400	30	1060	208.0	217.8	227.7	240	636540	51.50	32000	11.55	720.0	84872000
450	30	1060	231.6	241.4	251.2	270	716108	51.50	45563	12.99	810.0	120843141

<h3 style="text-align:center">波纹腹板 H 型钢表（CW-1500）　　　　表 3.1.3-24</h3>

CW-1500				CWA		$t_w=$	2.0	mm		$A_q=$	24.0	cm²
				CWB		$t_w=$	3.0	mm		$A_q=$	36.0	cm²
				CWC		$t_w=$	4.0	mm		$A_q=$	48.0	cm²

几何尺寸			质量			几何参数						
b_f	t_f	h	CWA	CWB	CWC	A_f	I_x	i_x	I_y	i_y	I_t	I_w
mm	mm	mm	kg/m	kg/m	kg/m	cm²	cm⁴	cm	cm⁴	cm	cm⁴	cm⁶
200	10	1520	60.8	75.6	90.3	40	228010	75.50	1333	5.77	13.3	7600333
220	10	1520	64.0	78.7	93.4	44	250811	75.50	1775	6.35	14.7	10116044
250	10	1520	68.7	83.4	98.1	50	285013	75.50	2604	7.22	16.7	14844401
200	12	1524	67.1	81.8	96.6	48	274337	75.60	1600	5.77	23.0	9144576
220	12	1524	70.9	85.6	100.3	53	301771	75.60	2130	6.35	25.3	12171431
250	12	1524	76.5	91.3	106.0	60	342922	75.60	3125	7.22	28.8	17860500
300	12	1524	86.0	100.7	115.4	72	411506	75.60	5400	8.66	34.6	30862944
220	15	1530	81.2	96.0	110.7	66	378712	75.75	2662	6.35	49.5	15274722
250	15	1530	88.3	103.0	117.8	75	430355	75.75	3906	7.22	56.3	22414307
300	15	1530	100.1	114.8	129.5	90	516426	75.75	6750	8.66	67.5	38731922
350	15	1530	111.9	126.6	141.3	105	602497	75.75	10719	10.10	78.8	61504857

续表

CW-1500		CWA CWB CWC	$t_w=$ $t_w=$ $t_w=$	2.0 3.0 4.0	mm mm mm	$A_q=$ $A_q=$ $A_q=$	24.0 36.0 48.0	cm² cm² cm²

几何尺寸			质量			几何参数						
b_f mm	t_f mm	h mm	CWA kg/m	CWB kg/m	CWC kg/m	A_f cm²	I_x cm⁴	i_x cm	I_y cm⁴	i_y cm	I_t cm⁴	I_w cm⁶
250	20	1540	107.9	122.7	137.4	100	577600	76.00	5208	7.22	133.3	30083333
300	20	1540	123.6	138.4	153.1	120	693120	76.00	9000	8.66	160.0	51984000
350	20	1540	139.3	154.1	168.8	140	808640	76.00	14292	10.10	186.7	82548667
400	20	1540	155.0	169.8	184.5	160	924160	76.00	21333	11.55	213.3	123221333
300	25	1550	147.2	161.9	176.6	150	872109	76.25	11250	8.66	312.5	65408203
350	25	1550	166.8	181.5	196.3	175	1017461	76.25	17865	10.10	364.6	103865804
400	25	1550	186.4	201.2	215.9	200	1162813	76.25	26667	11.55	416.7	155041667
450	25	1550	206.1	220.8	235.5	225	1308164	76.25	37969	12.99	468.8	220752686
350	30	1560	194.3	209.0	223.7	210	1228973	76.50	21438	10.10	630.0	125457609
400	30	1560	217.8	232.6	247.3	240	1404540	76.50	32000	11.55	720.0	187272000
450	30	1560	241.4	256.1	270.8	270	1580108	76.50	45563	12.99	810.0	266643141

7. 其他国家建筑结构钢材的品种和规格。

1) 日本钢材的品种和规格。

(1) 日本钢板标准《热轧钢板和钢带的形状、尺寸、重量》JIS G3193—2008 规定了热轧钢板、钢带的形状、尺寸、重量及其允许公差。

(2) 日本型钢标准《热轧型钢的尺寸规格、质量及其允许误差》JIS G3192—2014 规定了热轧型钢的形状、尺寸、重量及其允许偏差，具体包括等边角钢（等边山形钢）、不等边角钢（不等边山形钢）、不等边不等厚角钢、工字钢、槽钢、球扁钢、T 型钢、H 型钢、CT 型钢等的尺寸规格、截面面积和单位重量等。

2) 美国钢材品种。

美国钢材品种有钢板和型钢，其中型钢按照美国材料试验协会 ASTM 标准《轧制钢板、型钢、钢板桩及结构用钢棒的要求》ANSI/ASTM A6—2019 可分为"W"型钢、"C"型钢、"HP"型钢、"S"型钢、"M"型钢、"MC"型钢、"L"型钢等，见图 3.1.3-3，特点如下。

"W"型钢——用为梁或柱，带有两个对称宽翼缘，其内表面基本平行。

"HP"型钢——用为支承柱的宽凸缘型钢，其特点是凸缘和腹板具有同一公称厚度，高度和宽度基本相同。

"S"型钢——内凸缘内表面带有约 16⅔‰ 斜度的美国标准钢梁型钢。

"M"型钢——不属于"W""S""HP"型钢的双对称型钢。

"C"型钢——内凸缘表面具有约 16⅔‰ 斜度的美国标准槽钢。

"MC"型钢——不属于"C"型钢的槽钢。

"L"型钢——等边和不等边角钢。

各类型钢标准断面尺寸见《轧制钢板、型钢、钢板桩及结构用钢棒的要求》ASNI/ASTMA6—2019。

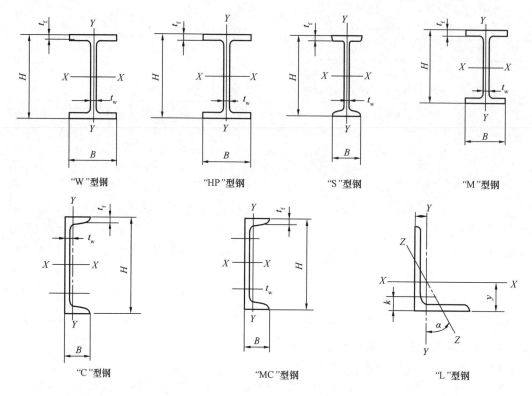

"W"型钢　　　　"HP"型钢　　　　"S"型钢　　　　"M"型钢

"C"型钢　　　　"MC"型钢　　　　"L"型钢

图3.1.3-3　美国ASTM规格各类型钢示意图

3）欧标钢材品种和规格

欧标低碳钢、低合金高强钢等钢种的化学成分、机械性能等参数可参照欧洲标准《结构钢热轧制品第2部分：非合金结构钢交货技术条件》EN 10025-2：2019、《结构钢热轧制品第3部分：正火轧制可焊细晶粒结构钢的交货技术条件》EN 10025-3：2019、《结构钢热轧制品第4部分：热机械正火/轧制可焊细晶粒结构钢的交货技术条件》EN 10025-4：2019、《结构钢热轧制品第5部分：耐大气腐蚀结构钢的交货技术条件》EN 10025-5：2019、《结构钢热轧制品第6部分：调质条件下高屈服强度结构钢扁材交货技术条件》EN 10025-6：2019。

《垂直于产品表面具有改善变形性能的钢材产品-技术交货条件》EN 10164：2018给出了具有钢板厚度方向性能要求的断面收缩率最小值。

《3mm及以上厚度热轧钢板—尺寸和形状及质量公差》EN 10029：2010给出了热轧钢板的外形尺寸偏差。

型钢的具体规格尺寸可参照欧标《工字钢和H型钢—形状和尺寸公差》EN 10034：1993、《等边和不等边角钢第1部分 尺寸》EN 10056-1：2017、《结构钢等边角和不等边角钢第2部分：形状和尺寸公差》EN 10056-2：1993、《热轧槽钢形状、尺寸和质量公差》EN 10279：2000。

3.1.4　钢材外观缺陷及检验。

1. 钢材入场检验的一般要求如下。

1）钢材入场时，需对钢材的规格、尺寸、外观质量等进行检验，并复核钢材质量证明书，以确保入场钢材符合采购合同、设计图纸及标准规范要求。

2）钢材厚度可采用测量工具或超声波测量仪器进行检测；对受腐蚀后的钢材应将腐蚀层除净、露出金属光泽后再进行测量。

3）钢材的外形尺寸检验内容应包括厚度、宽度、长度、不平度、镰刀弯及斜切的检验，检验方法和评定应符合现行国家标准《热轧钢板和钢带的尺寸、外形、重量及允许偏差》GB/T 709—2019 的规定。

4）钢材的表面有锈蚀、麻点或划痕等缺陷时，其深度不得大于该钢材厚度允许负偏差值的 1/2，且不应大于 0.5mm；同时钢板表面的锈蚀等级应符合现行国家标准《涂覆涂料前钢材表面处理 表面清洁度的目视评定 第 1 部分：未涂覆过的钢材表面和全面清除原有涂层后的钢材表面的锈蚀等级和处理等级》GB/T 8923.1—2011 规定的 C 级及 C 级以上等级。

5）钢材不得有目视可见分层，表面不应有裂纹、气泡、折叠、夹杂、结疤和压入氧化铁皮等缺陷。

2. 裂纹的特征与检测方法如下。

1）定义：钢板表面在纵横方向上呈现断断续续不同形状的裂缝称裂纹。

2）特征：因轧制方向不同，缺陷呈现的部位及形状有所不同，纵轧钢板的缺陷出现在表面两侧的边缘部位；横轧钢板缺陷出现在钢板表面两端的边缘部位，成鱼鳞状的裂纹。如图 3.1.4-1 所示。

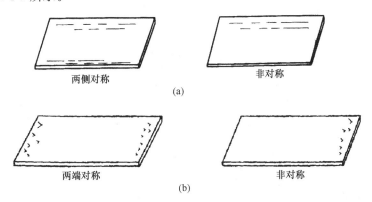

图 3.1.4-1　钢板裂纹
（a）纵轧钢板出现的裂缝；（b）横轧钢板出现的裂缝

3）检查方法与判断：

（1）经宏观检查发现后，可用深度千分表测量。

（2）用砂轮清除，按有关国家现行标准判断。

3. 重皮（结疤）特点与检测方法如下。

1）定义：钢材表面呈现局部薄皮状重叠，称为重皮（结疤）。

2）特征：因水容易浸入缺陷下部使其冷却快，故缺陷处呈棕色或黑色；结疤容易脱落，形成光面的凹坑。

3）检查方法与判断：

（1）经宏观检查发现后，用砂轮或扁铲清理。

（2）用工具测量，按国家现行标准判断。

4. 夹杂特点与检测方法如下。

1）定义：钢板内部有非金属的掺入如耐火材料等，称为夹杂。

2）特征：是隐蔽性的缺陷之一。只在切割断面上与纵边平行方向的裂缝留露，一般呈灰白色或灰黑色的粉状物，如图 3.1.4-2 所示。

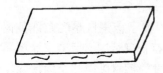

图 3.1.4-2　在钢板断面上
发现的非金属夹杂

3）检查方法与判断：

（1）宏观法与机械法相结合进行检查；

（2）按国家现行标准要求，发现时必须切掉。

5. 分层特点与检测方法如下。

1）定义：在钢板的断面上出现的分离层。

2）特征：横轧钢板出现在钢板的纵断面上，纵轧钢板出现在钢板的横断面上；发生分层的钢板断面上往往出现非金属物，但有时也无非金属物。

3）检查方法与判断：

（1）宏观与机械法结合进行检查；

（2）按国家现行标准要求，发现时必须切掉。

6. 发纹（毛缝）特点与检测方法如下。

1）定义：在钢板纵横断面上呈现断断续续发状的缺陷，为发纹。

2）特征：在断面上呈现灰白色细小断续的发状裂缝。裂纹和发纹的主要区别是深浅、长短和粗细的不同。

3）检查方法和判断：宏观检查发现后，按有关国家现行标准判断并做出结论。

7. 气泡特点与检测方法如下。

1）定义：在钢板表面上局部呈沙丘状的凸包，称作气泡。

2）特征：钢板表面呈现无规律的凸起，其外缘比较光滑，大部分是鼓起的；在钢板断面处则呈凸起式的空窝，如图 3.1.4-3 所示。

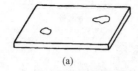
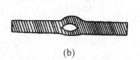

(a)　　　　　　　　　　　　　　　(b)

图 3.1.4-3　钢板缺陷—气泡
（a）钢板表面呈现的凸起；（b）钢板表面呈现的空屋

3）检查方法与判断：

（1）宏观检查，发现凸包时用手锤敲打鉴别，若听有空响声便有气泡。

（2）按标准要求，将有缺陷部分切掉。

8. 铁皮特点。

1）定义：钢材表面黏附着以铁为主的金属氧化物称铁皮。

2）特征：钢材表面有黑灰色或棕红色呈鳞状、条状或块状的铁皮。

9. 麻点特点与检测方法如下。

1）定义：钢板表面无规则分布的凹坑，形成表面粗糙，通常称为麻点。

2）特征：钢板表面有若干凹坑，使钢板表面呈粗糙面，严重时有类似橘子皮状的、比麻点大而深的麻斑。

3）形成原因：将未除净的氧化铁皮压入钢板表面，一旦脱落即呈麻点。

4）检查方法与判断方法：宏观检查，按现行标准要求判断。

10. 压痕特点如下。

1）定义：轧辊表面局部不平，或因有非轧件落入而经轧制后呈现在钢板上的印迹，通常称为压痕。

2）特征：钢板表面呈现有次序排列的压痕（轧辊造成的凹凸）；钢板表面呈现无次序排列的压痕（非轧件压入），如图 3.1.4-4 所示。

图 3.1.4-4　压痕

（a）钢板表面呈现有序的压痕；

（b）钢板表面呈现无序的压痕

11. 划痕（刮伤）特点与检测方法如下。

1）定义：钢板表面有低于轧制面的沟状缺陷为刮伤；钢板两侧边因钢绳吊运产生的永久变形，称为划痕（刮伤）。

2）检查方法与判断：宏观检查，按现行标准要求判断。

3.1.5　钢材的检测

1. 钢材检测的一般要求如下。

1）钢材复检的范围：钢材进厂后，应根据设计或标准规范要求，对部分钢材的力学性能和化学成分进行取样复验，复验抽样比例应符合现行国家标准《钢结构工程施工质量验收标准》GB 50205—2020 和《钢结构工程施工规范》GB 50755—2012 的要求，复验结果应符合现行国家产品标准和设计要求。属于下列情况之一的钢材，应对其化学成分和力学性能进行抽样复检：

（1）结构安全等级为一级的重要建筑主体结构用钢材；

（2）结构安全等级为二级的一般建筑，当其结构跨度大于 60m 或高度大于 100m 时或承受动力荷载需要验算疲劳的主体结构用钢材；

（3）板厚不小于 40mm，且设计有 Z 向性能要求的厚板；

（4）强度等级大于或等于 420MPa 高强度钢材；

（5）进口钢材、混批钢材或质量证明文件不齐全的钢材；

（6）设计文件或合同文件要求复验的钢材。

要求抗层状撕裂（Z 向）性能的钢板应进行断面收缩率检测，同时应根据设计或订货要求进行超声波探伤检测。

2）进场钢材复验检验批量标准值，根据同批钢材量确定，同批钢材是指由同一牌号、同一质量等级、同一规格、同一交货条件的钢材组成。检验批量标准值可按照表 3.1.5-1 确定。

钢材复验检验批量标准值

表 3.1.5-1

同批钢材量（t）	检验批量标准值（t）	备注
≤500	180	1. 对于钢板厚度，同一规格可参照厚度分组： ≤16mm； >16~40mm； >40~63mm； >63~80mm； >80~100mm。 2. 对于型钢，同一规格可参照钢板厚度分组确定
501~900	220	
901~1500	240	
1501~3000	300	
3001~5400	340	
5401~9000	360	
>9000	400	

3）复验检验批量：根据建筑结构的重要性及钢材品种不同，对检验批量标准值进行修正，检验批量值取 10 的整数倍，修正系数可按表 3.1.5-2 采用。

钢材复验检验批量修正系数

表 3.1.5-2

项目	修正系数
建筑结构安全等级一级，且设计使用年限 100 年重要建筑用钢材； 强度等级超过 420MPa 高强度钢材	0.85
同批钢材用量超过 3000t 时，同一厂家首次进场前 600t 钢材	0.75
同批钢材用量超过 3000t 时，同一厂家首次进场前 600t 钢材检验合格后进场的钢材	1.25
其他情况	1.00

注：当同时出现两种或两种以上情况时，修正系数取较低者。

4）钢材复验项目的确定：钢材复验项目原则上由结构设计工程师通过设计文件确定，当设计文件没有注明时，可按照表 3.1.5-3 执行。

每个检验批复验项目及取样数量

表 3.1.5-3

序号	复验项目	取样数量	适用标准编号（均为现行国家标准）
1	屈服强度、抗拉强度、伸长率	1	GB/T 2975、GB/T 228
2	冷弯性能（设计要求时）	1	GB/T 2975、GB/T 232
3	冲击韧性（设计要求时）	3	GB/T 2975、GB/T 229
4	Z 向钢厚度方向断面收缩率	3	GB/T 5313
5	化学成分 （碳当量 CE、裂纹敏感性指数 Pcm）	1	GB/T 20065、GB/T 223 GB/T 4336、GB/T 20125

5）铸钢件复验要求如下：

（1）铸钢件按炉次分批，即同一类型、同一炉次浇铸、同炉进行热处理的为一批。

（2）厂家在按批浇铸过程中应连体铸出试样坯，经同炉热处理后加工成试件二组，其中一组用于出厂检验，另一组随铸钢产品进场进行见证自检复检。铸钢件按批进行复验，每批取 1 个化学成分试件、1 个拉伸试件和 3 个冲击韧性试件（设计要求时）。检验标准可按表 3.1.5-3 执行。

6）钢拉杆、拉索复验要求如下：

（1）对应于同一炉批号的原材料，按同一轧制工艺及热处理制度生产的同一规格杆体或索体为一批。

（2）组装数量以不超过 50 套件的钢拉杆或钢拉索为 1 个检验批。每个检验批抽 3 个试件按其产品标准地要求进行拉伸检验。检验标准可按表 3.1.5-3 执行。

2. 钢材力学性能试验。

力学性能试验，是对钢材的各种力学性能指标进行测定及试验研究的一门实验科学。进行测定和试验研究的对象称为试样。试验要求如下。

1）取样位置及试样制备要求。

力学性能试验时，由于金属材料在冷、热加工变形过程中变形量不均匀，材料内部各种缺陷分布和金属组织不均匀，将会造成材料不同部位材料力学性能有差异。因此，不同的取样部位，材料力学性能指标的检测结果可能不同。由于钢材在轧制工艺过程中，造成材料性能的各向异性，使材料金属与主加工方向平行的纵向、与主加工方向垂直的横向及厚度方向的力学性能产生差异。仅取一个试样的试验结果偶然性很大、可信度很低，取样数量太多，则会造成材料、人力和时间的浪费，因此，取样数量是检测材料力学性能的主要因素之一。通常，取样的部位、方向、数量是影响材料性能试验结果的 3 个主要因素。因此，必须对取样的部位、方向和数量进行统一规定。现行国家标准《钢及钢产品　力学性能试验取样位置及试样制备》GB/T 2975—2018 的规定如下：

（1）对于角钢、槽钢、T 型钢、工字钢、乙字钢等型钢，切取拉伸、弯曲和冲击样坯时，应在其肢部宽度方向由外边缘向内的肢长 1/3 处取样；但对于肢部有斜度的型钢，应在其腰部（腹板）1/4 处取样，如图 3.1.5-1 所示。

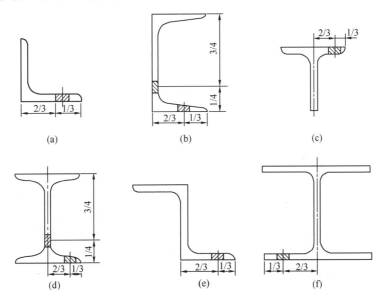

图 3.1.5-1　型钢肢部宽度方向样坯切取位置

（a）角钢；（b）槽钢；（c）热轧 T 型钢；（d）热轧工字钢；

（e）乙型钢；（f）热轧 H 型钢

型钢中切取拉伸样坯时，肢部厚度方向取样位置应尽可能取全厚度样坯，若试验机能力不够时，则在其样坯中心线为厚度 1/4 或距底部 12.5mm 处取样，取两者数字较大者，见图 3.1.5-2。型钢冲击样坯的取样方向，见图 3.1.5-3。

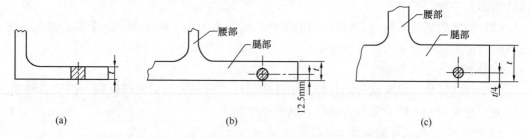

图 3.1.5-2 型钢腿部厚度方向拉伸样坯切取位置

（a）$t\leqslant$50mm；（b）$t\leqslant$50mm；（c）$t>$50mm

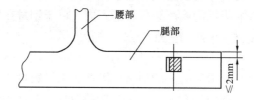

图 3.1.5-3 型钢腿部厚度方向冲击样坯切取位置

（2）条钢包括圆钢、六角钢和矩形截面钢，条钢取拉伸样坯时，若试验机能力允许，应尽可能取全截面样坯做拉伸试验；若试验机能力不够，圆钢按图 3.1.5-4 所示取样，六角钢按图 3.1.5-5 所示取样，矩形钢按图 3.1.5-6 所示取样。

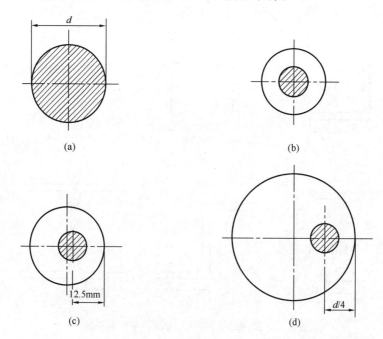

图 3.1.5-4 圆钢拉伸样坯切取位置

（a）全横截面试样；（b）$d\leqslant$25mm；（c）$d>$25mm；（d）$d>$50mm

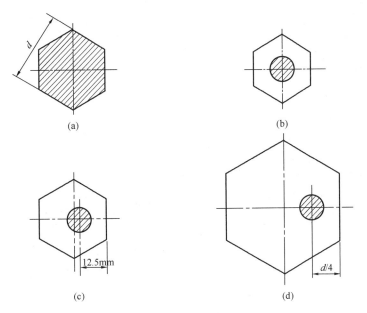

图 3.1.5-5 六角钢拉伸样坯切取位置

（a）全横截面试样；（b）$d\leqslant25mm$；（c）$d>25mm$；（d）$d>50mm$

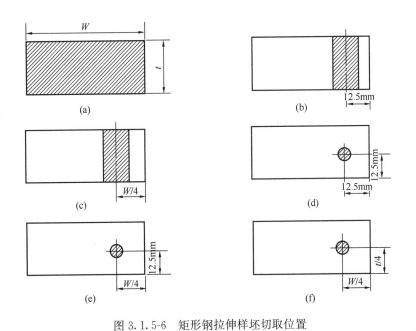

图 3.1.5-6 矩形钢拉伸样坯切取位置

（a）全横截面试样；（b）$W\leqslant50mm$；（c）$W>50mm$；（d）$W\leqslant50mm$ 和 $t\leqslant50mm$；

（e）$W>50mm$ 和 $t\leqslant50mm$；（f）$W>50mm$ 和 $t>50mm$

圆钢、六角钢和矩形截面钢上切取冲击样坯的位置，分别见图 3.1.5-7、图 3.1.5-8、图 3.1.5-9。

（3）钢板应在宽度的 1/4 处切取拉伸、弯曲和冲击样坯，见图 3.1.5-10、图 3.1.5-11。若试验机能力允许，应尽可能取全厚度样坯做拉伸试验。

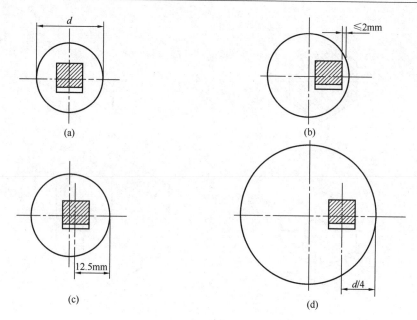

图 3.1.5-7　圆钢冲击样坯切取位置

(a) $d \leqslant 25$mm；(b) 25mm$< d \leqslant 50$mm；(c) $d > 25$mm；(d) $d > 50$mm

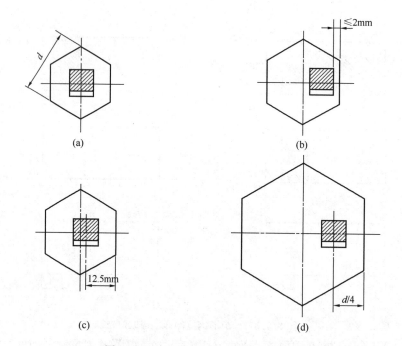

图 3.1.5-8　六角钢冲击样坯切取位置

(a) $d \leqslant 25$mm；(b) 25mm$< d \leqslant 50$mm；(c) $d > 25$mm；(d) $d > 50$mm

（4）圆钢管拉伸和弯曲的取样位置见图 3.1.5-12，其中对于焊管，当取横向试样检验焊接性能时，焊缝应在试样中部，若试验机能力允许，应尽可能取全尺寸试样做拉伸试验。

圆钢管上切取冲击样坯的位置，见图 3.1.5-13。

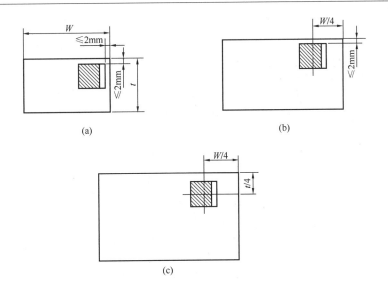

图 3.1.5-9 矩形钢冲击样坯切取位置

(a) 12mm≤W≤50mm 和 t≤50mm；(b) W>50mm 和 t≤50mm；(c) W>50mm 和 t>50mm

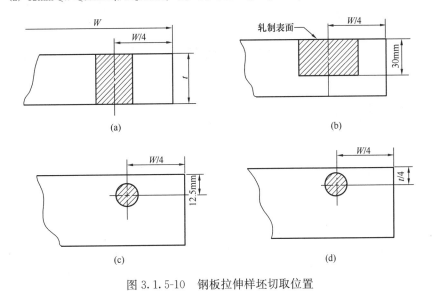

图 3.1.5-10 钢板拉伸样坯切取位置

(a) 全厚度试样；(b) t>30mm；(c) 25mm<t≤50mm；(d) t≥50mm

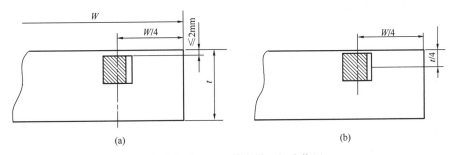

图 3.1.5-11 钢板冲击样坯切取位置

(a) 对于全部 t 值；(b) t>40mm

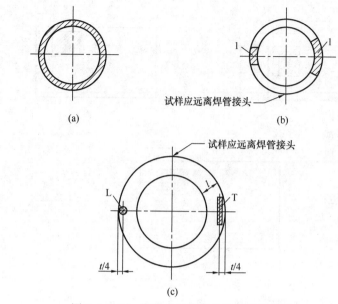

图 3.1.5-12　钢管拉伸和弯曲样坯切取位置

（a）全横截面试样；（b）矩形横截面试样；（c）圆形横截面试样

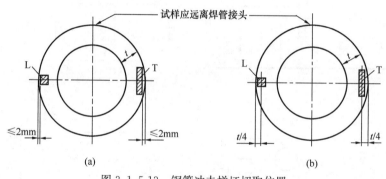

图 3.1.5-13　钢管冲击样坯切取位置

（a）冲击试样；（b）$t>40$mm 冲击试样

L—纵向试样；T—横向试样

　　（5）常用的样坯切取方法有冷剪法、火焰切割法、砂轮片切割法、锯切法、激光切割等。当用烧割法切取样坯时，从样坯切割线至试样边缘宜留有足够的加工余量。一般应不小于钢产品的厚度或直径，且最小不得少于 12.5mm。对于厚度或直径大于 60mm 的钢产品，其加工余量可根据相关方协议适当减少，见表 3.1.5-4。

冷剪样坯预留加工余量　　　　　　　　　　　　　　　　　　　　表 3.1.5-4

直径或厚度（mm）	加工余量（mm）
≤4	4
>4～10	厚度或直径
>10～20	10
>20～35	15
>35	20

　　（6）推荐采用无影响区域的数控锯切、水刀等冷切割方式。采用激光切割方式时，保留的加工余量的选取见表 3.1.5-5。

激光切割加工余量的选择　　　　　　　　　　　　　表 3.1.5-5

直径或厚度（mm）	加工余量（mm）
≤15	1～2
>15～25	2～3

（7）取样时应注意下列事项：

① 样坯应在外观和尺寸合格的钢材上切取；

② 应防止因过热、加工硬化影响其力学及工艺性能；

③ 应对样坯做出不影响其性能的标记，以保证始终能识别取样位置和方向。

2）试样形状及尺寸要求。

拉伸试样可分为板材试样、棒材试样、管材试样、线材试样、型材试样，应根据其形状和试验目的不同，进行试样机加工。也可以采用不加工的原始截面试样。国家现行标准中规定的试样主要类型见表 3.1.5-6。不同截面试样要求如下。

试样的主要类型　　　　　　　　　　　　　　　表 3.1.5-6

产品类型		试样类型
薄板材（mm）	线材、棒材、型材	
0.1≤厚度<3		板试样
厚度≥3	直径或边长≥4	线材、棒材、型材试样
	直径或边长<4	小直径线材、棒材、型材试样
管材		管材试样

（1）圆截面试样的加工形状尺寸及试样见图 3.1.5-14 和表 3.1.5-7。在 L_0 大于 15mm 时，应优先采用 $L_0=5d$ 的短比例试样，否则，选用 $L_0=10d$ 的长比例试样，若有需要，也可以采用定标距试样。

圆截面比例试样　　　　　　　　　　　　　　　表 3.1.5-7

d（mm）	r（mm）	短比例试样 $K=5.65$			短比例试样 $K=11.3$		
		L_0（mm）	L_c（mm）	试样编号	L_0（mm）	L_c（mm）	试样编号
25				R1			R01
20				R2			R02
15				R3			R03
10	≥0.75d	5d	≥L_0+d/2	R4	10d	≥L_0+d/2	R04
8				R5			R05
6				R6			R06
5				R7			R07
3				R8			R08

（2）矩形试样：厚度大于 0.1mm 的板（带）材料，一般采用矩形截面试样，其形状、尺寸及试样编号见图 3.1.5-14 和表 3.1.5-8、表 3.1.5-9，应优先选用 $K=5.65$ 的短比例试样，原板材可通过机加工减薄，其宽厚比不大于 8：1；若短比例试样的 L_0 小于

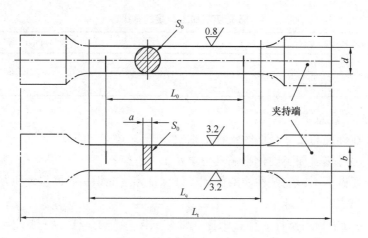

图 3.1.5-14　板材、棒材试样加工示意图

15mm，则应选用 $K=11.3$ 的长比例试样。薄带试样还可以采用标距为 50mm 或 80mm 的定标距试样。

薄板（带）矩形截面比例试样　　　　　　　　　　表 3.1.5-8

b (mm)	r (mm)	短比例试样 $K=5.65$				短比例试样 $K=11.3$			
		L_0 (mm)	L_c (mm)		试样编号	L_0 (mm)	L_c (mm)		试样编号
			带头	不带头			带头	不带头	
10					P1				P01
12.5	$\geqslant 20$	$5.65S_0$ $\geqslant 15$	$\geqslant L_0+b/2$	$\geqslant L_0+3b$	P2	$11.3S_0$ $\geqslant 15$	$\geqslant L_0+b/2$	$\geqslant L_0+3b$	P02
15					P3				P03
20					P4				P04

板材矩形截面比例试样　　　　　　　　　　表 3.1.5-9

b (mm)	r (mm)	短比例试样 $K=5.65$			短比例试样 $K=11.3$		
		L_0 (mm)	L_c (mm)	试样编号	L_0 (mm)	L_c (mm)	试样编号
12.5				P7			P07
15				P8			P08
20	$\geqslant 12$	$5.65S_0$ $\geqslant 15$	$\geqslant L_0+1.5S_0$	P9	$11.3S_0$ $\geqslant 15$	$L_0+1.5S_0$	P09
25				P10			P010
30				P11			P011

（3）对于管材可采用纵向弧形试样，见图 3.1.5-15，也可选用带塞头的全截面试样，见图 3.1.5-16，或将其两端夹持部分压扁进行试验，见图 3.1.5-17。应优先选用短比例试样。

（4）试样加工要求如下：

① 试样在机械加工过程中，要防止冷变形或受热而影响其力学性能。通常以切削加工为宜，进刀深度要适当，并充分冷却，特别是最后一道切削或磨削的深度不宜过大，以免影响材料性能。

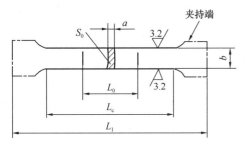

图 3.1.5-15　纵向弧形试样

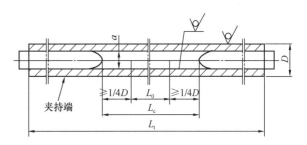

图 3.1.5-16　带塞头的全截面试样

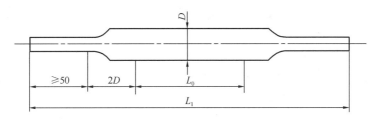

图 3.1.5-17　两端夹持压扁试样

② 对于矩形截面试样，一般要保留原表面层并防止损伤。清除试样上的毛刺，尖锐棱边应倒圆，但半径不宜过大。

③ 加工后，试样的尺寸和表面粗糙度应符合规定的要求，表面不应有显著的横向刀痕、磨痕或机械损伤、明显的淬火变形或裂纹等缺陷。

3）金属拉伸试验。

拉伸试验是工业上使用最广泛的力学性能试验方法之一。试验时在拉伸机上对圆柱试样或板状试样两端缓慢施加载荷，使试样受轴向拉力沿轴向伸长，一般进行到拉断为止。

拉伸试验是在应力状态为单轴、温度恒定、应变速率在 0.00025～0.0025/s 的条件下进行的。通过拉伸试验可以得到材料的基本力学性能指标，如抗拉强度、屈服强度、断后伸长率、断后收缩率、弹性模量、泊松比、规定非比例延伸强度、硬化强度、塑性应变比等，反映金属材料力学性能。另外，高温拉伸试验还可以了解材料受高温作用下的失效情况；低温拉伸试验可以测定材料在低温条件下的强度和塑性，用以评定低温下的脆性。

在试样拉伸试验过程中，宏观上可以看到试样被逐步均匀拉长，然后在某一等截面处变细，直到在该处断裂（图 3.1.5-18）。这个过程可以分为弹性变形、屈服变形、均匀塑性变形、局部塑性变形 4 个阶段。一般试验机都带有自动记录装置，可把作用在试样上的力和所引起的试样伸长值自动记录下来，绘出载荷-伸长曲线，称拉伸曲线或拉伸图。图 3.1.5-19 为 Q355 钢拉伸曲线示意图。

拉伸试验应符合现行国家标准《金属材料 拉伸试验 第 1 部分：室温试验方法》GB/T 228.1—2010、《金属材料 拉伸试验 第 2 部分 高温拉伸试验方法》GB/T 228.2—2015、《金属材料 拉伸试验 第 3 部分：低温拉伸试验方法》GB/T 228.3—2019、《金属材料 拉伸试验 第 4 部分：液氦试验方法》GB/T 228.4—2019、《金属材料 弹性模量和泊松比试验方法》GB/T 22315—2008 等的规定。

拉力试验机是拉伸试验的主要设备，主要由加载机构、夹样机构、记录或输出机构、测力结构四部分组成，可分为机械式、液压式、电子万能式以及电液式几种。在测定微小塑性变形下的力学性能指标时，应采用精度高、放大倍数大的长度测量仪即引伸计。

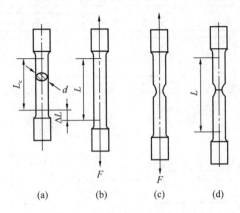

图 3.1.5-18　试样在拉伸时的伸长和断裂过程
（a）试样；（b）伸长；（c）产生缩颈；（d）断裂

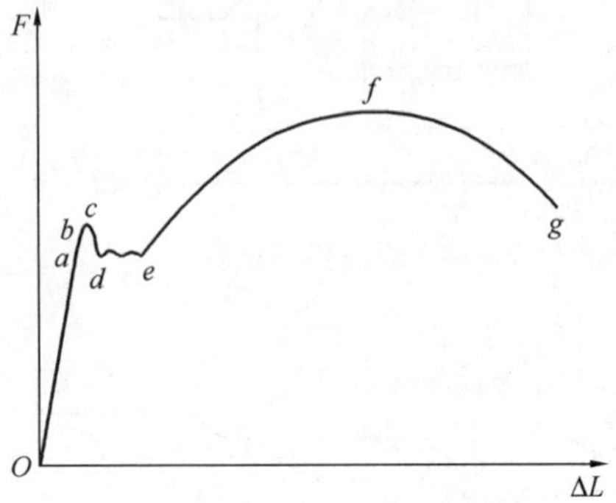

图 3.1.5-19　Q355 钢拉伸曲线

4）金属冲击试验。

金属材料在使用过程中，除要求有足够的强度和塑性，还要求有足够的韧性，也就是金属在弹性变形、塑性变形和断裂过程中吸收能量的能力。韧性好的材料在服役过程中不至于发生脆性断裂。韧性可分为静力韧性、冲击韧性和断裂韧性，其中评价冲击韧性（在冲击载荷下，金属塑性变形和断裂过程中吸收能量的能力）的试验方法，按其服役工况分简支梁条件下的冲击弯曲试验（即夏比冲击试验）、悬臂梁条件下的冲击弯曲试验（艾氏冲击试验）以及冲击拉伸试验。

夏比冲击试验方法，是用规定高度的摆锤对处于简支梁状态的缺口试样进行一次性打击，测量试样折断时的冲击吸收功。其主要用途包括：

（1）评价金属材料在大能量一次冲击载荷作用下破坏时的缺口敏感性；

（2）检查和控制金属材料的冶金质量和热加工质量；

（3）评定材料在高、低温条件下的韧性、脆性转变特性；

（4）评估构件的寿命和可靠性。

夏比冲击试验应符合现行国家标准《金属材料　夏比摆锤冲击试验方法》GB/T 229—2020 的规定。

5）金属弯曲试验。

弯曲试验是一种常用的试验方法，主要用来检验材料在弯曲载荷作用下的性能，适用于测定脆性和低塑性材料的强度指标。弯曲试验时，试样横截面上的应力、应变分布是不均匀的，上、下表面的应力最大，可以灵敏地反映材料的表面缺陷情况。弯曲试验应符合国家现行标准《金属材料　弯曲力学性能试验方法》YB/T 5349—2014。

试验时，将一定形状和尺寸的试样放置于弯曲装置上，以规定直径的弯心将试样弯曲到所要求的角度后，卸除试验力，检查试样承受变形的性能。弯曲试验时，试样上的外力垂直于试样的轴线，并作用在纵向对称面（通过试样的轴线和截面对称轴的平面）内，试样的轴线在纵向对称面内弯曲成一条平面曲线的弯曲变形称为平面弯曲。

3. 钢材化学性能检测。

1）钢材的化学组成：化学成分是指钢铁产品的化学组成，包括主成分和杂质元素，其含量以重量百分数表示。钢是含碳量在 $0.04\%\sim2.3\%$ 之间的铁碳合金，为了保证韧性和塑性，含碳量一般不超过 1.7%。钢的主要元素除铁、碳外，还有硅、锰、硫、磷等。建筑钢结构用钢主要有碳素结构钢、低合金高强度结构钢等。

2）化学成分试样的采取要求如下。

（1）建筑钢结构工程中材料的化学性能检测，主要目的是验证其化学成分。方法是在经过加工的成品钢材上采取试样，然后对其进行化学分析、成品分析。试样的采取与制备是化学分析工作中最重要的环节，分析样品必须具备不变性（或尽可能的稳定性）、均匀性和高度的代表性。试样取样方法，应符合现行国家标准《钢的成品化学成分允许偏差》GB/T 222—2006 的规定。

（2）化学分析用试样样屑，一般用钻、刨、割、切削、击碎等方法获取，或用某些工具机制取，样屑应粉碎并混合均匀。制取样屑时，不能用水、油或其他润滑剂，并应去除表面氧化铁皮和污物。成品钢材还应除去脱碳层、渗碳层、涂层、镀层金属或其他外来物质。

当用钻头采取试样样屑时，对小断面钢材成品分析，钻头直径不应小于 6mm；对大断面钢材成品分析，钻头直径不应小于 12mm。供仪器分析用的试样样块，使用前应根据分析仪器的要求，适当磨平或抛光。

（3）钢的分析试样，可从用于力学性能试验所选用的抽样产品中取得。型钢从抽样产品上切取原始样品，其形状为片状。制备块状的分析试样，应按照分析方法需要的尺寸，从原始样品上切取。制备屑状的分析试样，应在原始样品的整个横截面区域铣取。当样品不适合于铣取时，可用钻取，但对沸腾钢不推荐采用钻取。最合适的钻取位置取决于截面的形状，具体如下：

① 对称形状的型材，如方坯、扁坯、圆坯等样屑，应从钢材的整个横截面上平行于纵向的轴线方向钻取，位置在从钢材横断面中心至边缘的中间部位或对角线的 1/4 处平行于轴线部位，如图 3.1.5-20（a）、（b）所示。

② 对于复杂形状的型材，应按图 3.1.5-20（c）、（d）、（e）、（f）、（g）所示位置从钢材的整个横断面上钻取钻孔周围至少留有 1mm 厚材料。

③ 钢轨的取样，在轨头的边缘和中心线的中间位置钻一个 $20\sim25$mm 的孔来制取屑状样品，如图 3.1.5-20 所示。在钻取端或切取截面不合适的情况下，可在垂直于主轴线的平面上钻取来制取屑状样品。

④ 对于钢板或板坯，可在钢板或板坯的中心线与外部边缘的中间位置，切取原始样品来制备合适尺寸的快状分析试样或外部边缘屑状分析试样，如图 3.1.5-20 所示。原始样品宽度为 50mm。

⑤ 对于轻型钢、棒材、盘条、薄板、钢带和钢丝，当抽样产品的横截面面积足够充分时，通过捆绑或折叠后切取适当长度，铣切全部折叠后的横截面来制备试样，如果不知钢板或带材的轧制方向，按直角的两个方向切取一定长度的样品，折叠后制取样品。

⑥ 管材按下列方法之一进行取样：

a. 焊管在与焊缝 90°的位置取得原始样品。

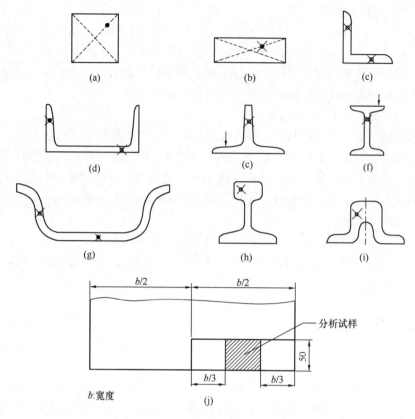

图 3.1.5-20　型钢取样部位示意图

（a）方钢；（b）扁钢；（c）角钢；（d）槽钢；（e）热轧T型钢；（f）热轧工字钢；

（g）热轧异型钢；（h）钢轨；（i）热轧轨道；（j）钢板或板坯

b. 横切管材可车铣横切面来制备屑状分析试样，当管材截面小时，铣切之前应压扁管材。

c. 在管材圆周围的数个位置钻穿管壁，来制备屑状分析试样。

3）钢的化学成分检测方法。

（1）钢材成品的化学成分分析，又叫验证成分分析，是指从成品钢材上按规定方法（详见《钢的成品化学成分允许偏差》GB/T 222—2006）钻取或刨取试屑，并按规定的标准方法分析得到化学成分。钢材的成品成分，主要供使用部门或检验部门验收钢材时使用。生产厂一般不做成品分析，但应保证成品成分符合标准规定。有些主要产品或者有时由于某种原因（如工艺改动、质量不稳、熔炼成分接近上下限、熔炼分析未取到等），生产厂也需进行成品成分分析。

（2）钢的化学成分分析所采用的现行国家标准主要有：《冶金产品化学分析方法标准的总则及一般规定》GB/T 1467—2008、《测量方法与结果的准确度（正确度与精密度）第1部分：总则与定义》GB/T 6379.1—2004、《测量方法与结果的准确度（正确度与精密度）第2部分：确定标准测量方法重复性与再现性的基本方法》GB/T 6379.2—2004、《冶金产品化学分析 火焰原子吸收光谱法通则》GB 7728—2021、《冶金产品化学分析分光光度法通则》GB 7729—2021、《钢和铁 化学成分测定用试样的取样和制样方法》GB/T

20066—2006，以及"钢铁及合金化学分析方法"GB/T 223.3～223.70 序列等共几十种标准。

（3）化学分析基本方法有重量分析法、滴定分析法、分光光度分析法，原理如下：

① 重量分析法的基本原理是将待测组分与试样中的其他组分分离，并转化为一定称量形式的化合物，然后用称量的方法测定待测组分的含量。即称取一定的试料，将基本被测组分以单质或化合物状态分离出来，然后用分析天平称量单质或化合物的质量，计算出该组分在试样中的含量。根据待测组分与试样中的其他组分分离方法不同，可分为沉淀法、气化法、电解法、萃取法等。主要用于 Si、S、P、Mo、W、Cu 等元素的分析。

② 滴定分析法是将一种已知其准确浓度的试剂溶液（称为标准溶被）滴加到被测物质的溶液中，直到化学反应完全时为止，然后根据所用试剂溶液的浓度和体积可以求得被测组分的含量。即将被测物质的溶液置于一定的容器（锥形瓶或烧杯）中，并加入少量适当的指示剂，然后用一种已知标准溶液通过滴定管逐滴地加入到容器里，当滴入的滴定剂的量达到理论终点，即化学计量点，指示剂颜色改变。根据所用试剂溶液的浓度和体积可以求得被测组分的含量。该方法特点是：加入标准溶液物质的量与被测物质的量恰好是化学计量关系；适于组分含量在 1‰以上各种物质的测定；快速、准确、仪器设备简单、操作简便。滴定分析法根据标准溶液和待测组分间的反应类型的不同，可分为四类：酸碱滴定法、配位滴定法、氧化还原滴定法、沉淀滴定法。

③ 分光光度分析法是基于不同分子结构的物质对电磁辐射选择性吸收而建立的分析方法。光度法的基本原理是：由光源发出白光，采用分光装置获得单色光，让单色光通过有色溶液，透过光的强度通过检测器进行测量，从而求出被测物质含量。在分光光度计中，将不同波长的光连续地照射到一定浓度的样品溶液时，便可得到不同波长相对应的吸收强度。如以波长（λ）为横坐标，吸收强度（A）为纵坐标，就可绘出该物质的吸收光谱曲线。利用该曲线进行物质定性、定量的分析方法，称为分光光度法，也称为吸收光谱法。

用紫外光源测定无色物质的方法，称为紫外分光光度法；用可见光光源测定有色物质的方法，称为可见光光度法，与比色法一样，都以 Beer-Lambert 定律为基础。紫外光区与可见光区均常用。但分光光度法的应用光区包括紫外光区、可见光区、红外光区。分光光度计是基本仪器。

（4）分析钢材主要化学元素的化学成分的常用方法及执行标准如下：

① 钢材中碳（C）含量测定：应按现行国家标准《钢铁及合金　碳含量的测定管式炉内燃烧后气体容量法》GB/T 223.69—2008 执行，也可按国际标准《钢和铁 中总碳量测定-感应电炉燃烧红外线吸收法》ISO 9556：1989（E）或现行国家标准《钢铁及合金化学分析方法-管式炉内燃烧后重量法测定碳含量》GB/T 223.71—1997 执行。

采用气体容量法测定试样碳含量时，试样置于磁舟内于高温炉中加热并通氧燃烧，使碳氧化成二氧化碳，混合气体经除硫后收集于量气管中。然后以氢氧化钾溶液吸收二氧化碳，吸收前后体积之差即为二氧化碳体积，由此计算碳含量。测定范围：0.10%～5.00%。

② 钢材中锰（Mn）含量的测定：应按现行国家标准《钢铁及合金化学分析方法 高碘酸钠（钾）光度法测定锰量》GB 223.63—1988 执行，也可按现行国家标准《钢铁及合金化学分析方法 亚砷酸钠-亚硝酸钠滴定法测定锰量》GB 223.58—1987 或《钢铁及合金

锰含量的测定　电位滴定或可视滴定法》GB/T 223.4—2008 执行。

采用光度法测定试样含锰量时，试样经酸溶解后，在硫酸、磷酸介质中，用高碘酸钠（钾）将锰氧化至七价，测量其吸光度。测定范围：0.010%～2.00%。

③ 钢材中硅（Si）含量测定：应按现行国家标准《钢铁酸溶硅和全硅含量的测定　还原型硅钼酸盐光度法》GB/T 223.5—2008 或《钢铁及合金化学分析方法　高氯酸脱水重量法测定硅含量》GB/T 223.60—1997 执行。

试样测定按光度法测定酸溶硅含量时，试样用稀酸溶样，在微酸性溶液中，正硅酸与钼酸铵生成氧化型硅钼酸盐（黄色），在草酸存在的情况下，用硫酸亚铁铵将其还原成硅钼蓝，于波长 810nm 处测定其吸光度。测量范围：0.030%～1.00%。

④ 钢材中硫（S）含量的测定：应按现行国家标准《钢铁及合金化学分析方法　管式炉内燃烧后碘酸钾滴定法　测定硫含量》GB/T 223.68—1997 或《高频炉燃烧红外线吸收法测定硫含量》ISO 4935—1989 执行。

试样测定按碘酸钾滴定法测定硫含量时，试样置于磁舟内于高温炉中加热并通氧气燃烧，使硫氧化成二氧化硫，被酸性淀粉溶液吸收后，用碘酸钾标准溶液滴定至浅蓝色为终点。测定范围：0.0030%～0.20%。

⑤ 钢材中磷（P）含量的测定：应按现行国家标准《钢铁及合金化学分析方法　乙酸丁酯萃取光度法测定磷量》GB 223.62—1988 或《钢铁及合金　磷含量的测定　铋磷钼蓝分光光度法和锑磷钼蓝分光光度法》GB/T 223.59—2008 执行。

试样测定按萃取光度法测磷量时，在 0.65～1.63mol/L 硝酸介质中，磷与钼酸铵生成的磷钼杂多酸可被乙酸丁酯萃取，用氯化亚锡将磷钼杂多酸还原并反萃取至水相。于波长 680nm 处，测量其吸光度。测量范围：0.0010%～0.050%。

4）钢材化学成分允许偏差。

（1）成品分析所得值，不应超过规定化学成分范围的上限加上偏差，也不能超过规定化学成分范围的下限减下偏差，可参见表 3.1.5-10。

（2）同一熔炼号的成品分析，同一元素只允许有单向偏差，不能同时出现上偏差和下偏差。例如，某一规格为 SWRCH35K 钢的成品碳含量检测值为 0.39%，要判定它是否合格，核查标准会得知，SWRCH35K 钢的含碳量规定范围是 0.33%～0.38%，若仅以此判断 0.39%不合格是不正确的，而应继续核查《钢的成品化学成分允许偏差》GB/T 222—2006 中的表 2，按其要求，成品分析所得的值，不能超过规定化学成分范围的上限加上偏差。经核查，对于规定化学成分>0.25%的优质碳素结构钢，其上偏差为 0.01%，所以，此钢材的碳含量 0.39%＝（0.38＋0.01）%，此结果应判为合格。

可见，正确理解和使用钢材成品化学成分的允许偏差，对质检人员是极其重要的。

非合金钢和低合金钢成品化学成分允许偏差（单位为质量分数）　　表 3.1.5-10

元素	规定化学成分范围（%）	允许偏差（%）	
		上偏差	下偏差
C	≤0.25	0.02	0.02
	>0.25～0.55	0.03	0.03
	>0.55	0.04	0.04

元素	规定化学成分范围（%）	允许偏差（%）	
		上偏差	下偏差
Mn	≤0.80	0.03	0.03
	>0.80～1.70	0.06	0.06
Si	≤0.37	0.03	0.03
	>0.37	0.05	0.05
S	≤0.050	0.005	
	>0.05～0.35	0.02	0.01
P	≤0.06	0.005	
	>0.06～0.15	0.01	0.01
V	≤0.20	0.02	0.01
Ti	≤0.20	0.02	0.01
Nb	0.015～0.06	0.005	0.005
Cu	≤0.55	0.05	0.05
Cr	≤1.05	0.05	0.05
Ni	≤1.00	0.05	0.05
Pb	0.15～0.35	0.03	0.03
Al	≥0.015	0.003	0.003
N	0.010～0.020	0.005	0.005
Ca	0.002～0.006	0.002	0.0005

3.1.6　钢材的管理

1. 入库与验收要求。

钢材进厂后先卸于"待验区"，采购员填写"材料入库交验单"，填写该批钢材的工程名称、品种、规格、钢号、炉批号、数量、重量等，并请计划员核实签名，然后连同"材料质量证明书"、出库码单一并交钢材仓库管理员，管理员收到上述单据后，应及时通知质检部门检验员前来仓库检验。检验员收到"材料入库交验单"和有关资料后，首先检查该批钢材"质量保证书"上所写化学成分、机械性能是否达到技术条件的要求，接着由钢材保管员陪同到"待验区"复核钢材表面质量、外形是否符合标准，若全部符合，在"入库交验单"上填写合格，签署姓名，在钢材表面做出检验合格的认可标记。

2. 复验要求。

经检验若发现"钢材质量保证书"上数据不清不全、材质标记模糊、表面质量和外观尺寸不符合有关标准要求时，检验员需上报厂材料质量的职能部门请求复核，职能人员根据工程的重要性及钢材质量的具体情况做出裁决和进行复验鉴定。当设计和合同有复试要求时，严格按复试要求执行，经复验鉴定合格的材料方准予正式入库，不合格钢材应及时标识、隔离，另行处理。

3. 储存要求。

1) 经验收或复验合格的钢材，由记账员、保管员按时间、项目、名称、型号、规格、炉批号填写"钢材仓库材料记录卡"登记入库，并将钢材表面涂上色标、规格和型号。

2) 待验材料不记账入库者，除有特殊审批手续外，未入库钢材不准发放投产。仓库专业保管员应定期对库存钢材清点检查，保持帐、卡、物三者相符。平时采用持续盘点和余额核对法进行检查，年终应全面盘点。对保存期超过一定期限的钢材应及时处理、避免积压和锈蚀。

3) 钢材存放的库房及场地应平整，道路畅通，照明清晰，标记显明，堆放应成行、成方、成垛。

4) 合格钢材应按品种、牌号、规格分类堆放。在最底层垫上道木或石块，防止底部进水的钢材锈蚀。对常用钢材宜按强度等级进行统一色标；有特殊要求的钢材应按项目标记色标后分类堆放。

4. 钢材发放要求。

钢材应依据"领料单"发放。发放时，车间领料员与仓库保管员应共同核对钢材牌号、规格型号、数量等，必要时，还要请质检人员签字认可才能发放。

3.2　施工详图深化设计

3.2.1　钢结构工程施工前应由制造厂或施工单位进行施工详图深化设计。

3.2.2　施工详图深化设计依据应包括以下内容。

1. 设计施工图、设计提供的建筑信息模型（BIM）、设计技术要求、设计变更等结构设计文件及工程合同文件。

2. 相关专业配合技术文件：加工制作工艺技术要求；安装专业的构件分段分节文件、安装措施及吊装方案；土建专业的混凝土工程钢筋开孔、套筒和搭筋板技术要求，浇注孔、流淌孔等设计技术要求；机电设备专业的预留孔洞技术要求；幕墙及擦窗机专业的连接技术要求；其他专业的相关技术要求。

3.2.3　施工详图深化设计图纸表达应符合下列规定。

1. 采用的图幅、图线、字体、比例、符号、定位轴线、图样画法，尺寸标注，常用建筑材料图例、螺栓、螺栓孔及电焊铆钉等均应符合现行国家标准《房屋建筑制图统一标准》GB/T 50001—2017、《建筑制图标准》GB/T 50104—2010 及《建筑结构制图标准》GB/T 50105—2010 的有关规定。

2. 焊缝的表达应符合现行国家标准《焊缝符号表示法》GB/T 324—2008 的有关规定。

3. 宜采用第一角正投影法绘制，当采用其他投影法绘制时应在图纸中表明投影关系。

3.2.4　施工详图深化设计交付宜包括以下内容。

1. 图纸目录，至少应包含以下内容：施工详图图号、施工详图名称、图纸版本号、图幅大小、提交日期等信息。

2. 深化设计技术总说明，应包含工程概况、深化设计依据、材料要求、焊接要求、涂装要求、制作和安装工艺要求等内容。

3. 安装布置图，应包括地脚锚栓布置图、柱脚布置图、各层平面布置图、立面图、剖面图、连接节点索引编号等。

4. 构件加工详图，由主视图、俯视图（或左右视图）、剖面图、局部放大图、材料表、螺栓表、安装索引图及其他信息如焊接形式、油漆区域等信息构成。

5. 深化设计模型，应包含所有杆件。

3.2.5　施工详图深化设计流程如下。

施工详图深化设计流程（图3.2.5-1）应包括：输入文件收集、输入文件评审、设计问题协调、深化设计绘图、评审确认、图纸发放交底等环节。

3.2.6　施工详图的评审要求。

1. 建设方应组织总包及设计院对施工详图深化设计进行评审确认，评审确认单位应出具书面的审批意见，并应予以归档。

2. 钢结构安装单位及总承包确认的内容应包括：深化图中构件的分段及焊接空间等是否满足现场吊装和焊接要求；构件现场安装措施、现场安装对接节点形式，以及与土建相关连接节点（钢筋连接器、连接板、灌浆孔、透气孔等）是否满足现场施工要求。

3. 设计院应对施工详图是否符合施工图要求进行确认，特别是对构件分段及重要节点方案的确认，以及构件定位（平面和立面）、截面、材质及节点（分段位置、形式、连接板、螺栓等）等的确认。

4. 建设方应确认深化设计是否按照设计及总包要求执行，并应对深化设计提出相应的修改意见。同时建设方应协调各方，确保深化设计评审确认工作顺利进行。

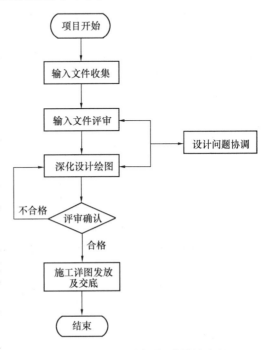

图 3.2.5-1　施工详图深化设计流程

5. 深化设计单位对深化设计图的设计质量负责，评审确认单位对深化设计图的审批不能免除设计单位对深化设计图的质量责任。

3.2.7　设计变更管理要求。

1. 深化设计单位应组织相关部门对更改的必要性、合理性和可行性进行更改评审，更改的评审应包括评价更改对产品和已交付产品的影响，并宜形成书面记录。

2. 建设方或原设计提出更改的依据应予以保存。

3. 施工深化设计详图的更改，可采用编制《设计变更通知单》的形式或图纸换版的形式。《设计变更通知单》应详细写明更改的范围、更改内容、更改的时间，并编号按序保存。施工深化设计详图有较大的修改或同一图纸第三次更改时，应进行换版；换版图纸应有明显的版本变更标记、变更时间、变更内容，同时圈注出变更位置。

4. 深化设计单位对结构的任何修改和变动都应经过监理、设计和建设方的最终审查和批准。

3.2.8　建筑信息模型（BIM）及信息化技术应用。

1. 钢结构施工详图深化设计宜采用建筑信息模型（BIM）技术。

2. 钢结构施工详图深化设计建筑信息模型（BIM）应用软件宜与其他专业建筑信息模型（BIM）具有一定的兼容性（数据交换接口），具有碰撞检测功能、工程量统计功能（材料清单、构件清单、零件清单等）以及二维图纸生成功能。

3. 钢结构施工详图深化设计建筑信息模型（BIM）精度及深度如表3.2.8-1所示。

BIM模型精细度要求　　　　　　　　　　　　　　　表3.2.8-1

专业	BIM模型内容	BIM模型精细度要求
钢结构	1）所有钢结构构件的详细信息； 2）所有连接节点的详细信息； 3）钢结构施工的工艺构造及施工措施信息	a）准确的轴网及标高； b）钢构件准确的几何位置、方向、截面规格； c）连接节点（含现场分段连接）连接板、加劲板及螺栓的准确信息（板厚、数量，材质、规格、直径等）； d）钢构件及零部件的材料属性； e）构件表面处理特殊标注
混凝土结构相关	1）钢结构预埋件准确位置及尺寸、材质，锚栓、钢筋的排布等； 2）钢筋套筒、钢筋搭接板的准确位置及尺寸、材质； 3）钢结构开孔（混凝土浇灌孔，透气孔等）的准确位置及尺寸	
设备预留孔	1）钢结构设备预留孔准确尺寸； 2）预留孔补强措施	

4. 钢结构施工详图深化设计建筑信息模型（BIM）应根据结构属性对构件及零部件进行信息编码。因细节不同（如孔、切槽等）的构件均应单独编号，不同构件不应出现同号或重号；对超长度、超宽度、超高度或箱形构件，若需要分段、分片运输时，应将各段、各片分别编号；当一根构件分画于两张图上时，应视作同一张图纸进行零部件编号。编码规则如下：

1）钢构件编码标准格式如下：

构件类型代码　　　　　　　　　　　　　　　表3.2.8-2

构件类型	代码	构件类型	代码
钢柱	GZ	柱间支撑	ZC
钢框柱	GKZ	水平支撑	SC
暗柱	AZ	钢屋架	WJ
钢梁	GL	钢檩条	LT
钢框梁	GKL	楼梯	T
连梁	LL	隔撑	YC
暗梁	AL	扶手栏杆	LG
边梁	BL	雨篷	YP
吊车梁	DCL	地脚螺栓	EB
钢板墙	GBQ	埋件	MJ
钢桁架	HJ	其他	QT

2）零部件编码标准格式如下：

零部件类型（见表3.2.8-3）←┐┌→流水号
　　　　　　　　　　　　　　××

构件类型代码　　　　　　　　　　　　　　表 3.2.8-3

零部件类型	零件前缀	零部件类型	零件前缀
拼制截面腹板	BF	方管、矩形管	F
拼制截面翼板	BY	圆管	G
拼制截面隔板	BG	圆钢、钢筋	D
拼制 H 形钢	BH	节点板、加劲板（工厂焊接）	P
拼制 T 形钢	BT	吊耳和临时连接耳板	E
箱形	B	衬垫板	S
轧制 H 形	H	电渣焊板	DZ
轧制 T 形	T	套筒	TT
槽钢	C	栓钉	SD
L 角钢	L	其他现场安装小散件	X

3.3　制作工艺方案

3.3.1　在钢结构制造中，施工组织是指导和合理组织施工生产活动的重要技术措施，从钢结构准备工作开始至成品交货出厂为止，需要编制整个生产过程各有关技术措施的文件，包括图纸审查、备料核对、钢材选择和检验要求、材料的变更与修改、钢材的合理堆放、成品检验以至装运出厂等有关施工生产技术资料文件的编写和制订，同时包括有关常用量具与工具。主要要求如下。

1. 应做好施工详图的审查及生产技术准备的编制工作，以保证成品质量，尽量节约钢材，并便于组织流水作业生产。

2. 各项规定应按照现行国家标准《钢结构工程施工质量验收标准》GB 50205—2020的技术要求，并结合具体情况编制。

3. 钢结构制作尚须考虑下列条件。

1）结构的使用情况以及安装运输条件；

2）保证质量节约钢材并在制造中降低劳动强度；

3）结构变形后对应力的影响及处理。

3.3.2　备料和核对要求。

1. 根据施工详图材料表计算各种材质与规格材料的净用量，再加一定数量的损耗，编制材料预算计划。

提出材料预算时，需根据使用长度合理订货，以减少不必要的拼接和损耗。

对拼接位置有严格要求的吊车梁翼缘和腹板等，配料时要与桁架的连接板搭配使用，即优先考虑翼缘板和腹板，将剩下的余料作小块连接板。小块连接板不能采用整块钢板切割，否则，计划需用的整块钢板就可能不够用，而翼缘和腹板割下的余料则浪费。

2. 钢材的损耗率，为考核各种钢材实际消耗的平均值，工程预算一般按实际所需增加相应的损耗率提出材料需用量。表 3.3.2-1 仅供参考。

钢板、角钢、工字钢、槽钢损耗率　　　　　　表 3.3.2-1

编号	材料名称	规格（mm）	损耗率（%）	编号	材料名称	规格（mm）	损耗率（%）
1	钢板	1～5	2.00	9	工字钢	14a 以下	3.20
2		6～12	4.50	10		24a 以下	4.50
3		13～25	6.50	11		36a 以下	5.30
4		26～60	11.00	12		60a 以下	6.00
			平均：6.00				平均：4.75
5	角钢	75×75 以下	2.20	13	槽钢	14a 以下	3.00
6		80×80～100×100	3.50	14		24a 以下	4.20
7		120×120～150×150	4.30	15		36a 以下	4.80
8		180×180～200×200	4.80	16		40a 以下	5.20
			平均：3.70				平均：4.30

注：不等边角钢按长边计，其损耗率与等边角钢同。

3. 为了提高生产率以及确保构件的油漆质量，大型构件钢材在下料加工前，应进行预处理，其方法一般为手工除锈或喷砂、喷丸除锈，然后涂上防锈底漆。

4. 钢结构用材料主要是钢板和各种型钢，为了确保构件的质量，使用前应对每一批钢材核对质量保证书，必要时应对钢材的化学成分和机械性能进行复验，以保证符合其牌号所规定的各项技术要求，从而达到设计要求（建筑钢材各项要求具体内容见本章第 1 节）。

5. 钢材在轧制、运输、堆放过程中，常会产生凹凸不平或者弯曲、扭曲等现象，特别是薄钢板和截面积小的型钢更容易发生变形，凡变形超过技术要求的钢材，在划线下料前，都必须对钢材进行矫正。一般使用机械设备矫正，此外亦可用热矫正方法进行矫正（具体见第 4 章）。

3.3.3　钢材的代用和变通办法。

1. 由于供应钢材或备料规格不能满足设计要求而需要代用时，应按下列原则代用。

1）钢结构类型不同，对钢材的要求就不同，选用时应综合考虑对钢材的强度、塑性、韧性、耐疲劳性能、耐锈性能等的要求。对原钢板结构、焊接结构、低温结构和采用含碳量高的钢材制作的结构，还应重点防止脆性破坏。

2）结构钢材的选择可参见表 3.3.3-1。

3）对钢材性能的要求如下：

（1）承重结构的钢材，应保证抗拉强度（f_b）、屈服强度（f_y）、伸长率（δ_5 或 δ_{10}）和硫（S）、磷（P）的极限含量。焊接结构应保证碳（C）的极限含量。必要时，还应有冷弯试验的合格证。

（2）对重级工作制和吊车起重量等于或大于 50t（500kN）的中级工作制焊接吊车梁或类似结构的钢材，应有常温冲击韧性的保证。计算温度等于或低于 -20℃时，Q235 钢应有 -20℃下冲击韧性的保证，Q355 钢和 Q345q 钢，应具有 -40℃下冲击韧性的保证。重级工作制的非焊接吊车梁所用钢材也宜具有冲击韧性的保证。

结构钢材的选择

表 3.3.3-1

项次	结构类型			工作温度 ℃	可选用钢材牌号	备注
1	承受静力荷载或间接承受动力荷载的结构	非抗震地区	焊接结构 重要的受拉和受弯构件		Q235B Q355，Q390，Q420 等的 B 级	Q235 沸腾钢不得用于工作温度≤−20℃
2			其他构件		Q235B Q355，Q390，Q420 等的 A 级	Q235 沸腾钢不得用于工作温度≤−30℃
3			非焊接结构		Q235，Q355，Q390，Q420 等的 A 级	Q235A 应具有冷弯试验的合格保证
4		抗震设防地区			Q235B，Q355B	焊接结构时同项次 1 和项次 2
5	直接承受动力荷载且需验算疲劳的结构以及虽不需验算疲劳但动力荷载或振动荷载较大的结构（如吊车起重量不小于 50t 的中级工作制吊车梁）	非抗震地区	焊接结构	$T>0$	Q235B，Q355B，Q355C，Q390B，Q390C，Q420B，Q420C	Q235 沸腾钢不得用于以下情况：(1) 需验算疲劳时；(2) 虽不验算疲劳，但工作温度低于−20℃
6				$-20\leq T\leq 0$	Q235C，Q355C，Q355D，Q390D，Q42D	
7				$T\leq -20$	Q235D，Q355D，Q355E，Q390E，Q420E	
8			非焊接结构	$T>-20$	Q235B，Q355B，Q390B，Q390C，Q420B，Q420C	
9				$T\leq -20$	Q235C，Q235D，Q355C，Q355D，Q355E，Q390D，Q390E，Q420D，Q420E	需验算疲劳时，Q235 沸腾钢不得采用
10		抗震设防地区	焊接结构	$T>0$	Q235B，Q355B	同项次 5、项次 6、项次 7
11				$-20\leq T\leq 0$	Q235C，Q355C	
12				$T\leq -20$	Q235D，Q355D，Q355E	
13			非焊接结构	$T>-20$	Q235B，Q355B	同项次 9
14				$T\leq -20$	Q235C，Q235D，Q355C，Q355D，Q355E	

2. 钢结构选用钢材的要求应符合本书第 3.3.3 条第 2)、3) 条款的规定，设计选用钢材的钢号和提出对钢材性能的要求，施工单位不得随意更改或代用。

3. 钢材代用一般须与设计单位共同研究确定，同时应注意下列几点。

1) 钢号虽然满足设计要求，但生产厂提供的材质保证书中缺少设计部门提出的部分性能要求时，应做补充试验。

2) 钢材性能虽然满足设计要求，但钢号的质量优于设计提出的要求时，应注意节约。不能任意以优代劣，不应使质量差距过大。若采用其他专业用钢代替建筑结构钢时，宜查阅这类钢材生产的技术条件，并与建筑钢材的技术条件对照，以保证钢材代用的安全性和经济合理性。重要结构的代用应有可靠的试验依据。

3）若钢材性能满足设计要求，而钢号质量低于设计要求时，一般不允许代用。若结构性能与使用条件允许，在材质相差不大的情况下，经设计单位同意亦可代用。

4）钢材的钢号和性能都与设计提出的要求不符时，首先应根据本书第3.3.3条2）、3）款的规定检查是否合理，然后按钢材的设计强度重新计算，根据计算结果改变构件的截面、焊缝尺寸和节点构造，经设计单位同意亦可代用。

5）采用进口钢材时，应验证其化学成分和机械性能是否满足相应钢号的标准。

6）钢材的规格尺寸与设计要求不同时，不能随意以大代小，须经计算后征得设计单位同意后才能代用。

7）若钢材品种供应不全，可根据钢材选择的原则合理调整。建筑结构对材质的要求如下：

受拉构件高于受压构件；焊接结构高于螺栓或铆钉连接的结构；厚钢板结构高于薄钢板结构；低温结构高于常温结构；承受动力荷载的结构高于承受静力荷载的结构。遇含碳量高或焊接困难的钢材，可改用螺栓连接，但须与设计单位商定。

4. 钢材代用在取得设计单位的同意认可后，应做好变更钢材签证手续。在此基础上发出材料代用通知单。材料代用通知单可由工艺部门签发，通知有关部门执行。

3.3.4 编制工艺流程要求。

根据现行国家标准《钢结构工程施工质量验收标准》GB 50205—2020 第3.0.1条的要求："钢结构工程施工单位应有相应的施工技术标准、质量管理体系、质量控制及检验制度，施工现场应有经审批的施工组织设计、施工方案等技术文件"工艺编制应符合下列要求。

1. 工艺规程应包括下列内容。

1）成品技术要求。

2）为保证成品达到规定的标准而制订的措施包括：

（1）关键零件的精度要求、检查方法和使用的量具、工具；

（2）主要构件的工艺流程、工序质量标准、为保证构件达到工艺标准而采用的工艺措施（如组装次序，焊接方法等）；

（3）采用的加工设备和工艺装备。

2. 工艺规程是生产经验和技术理论的结晶，也是钢结构制造中主要的和根本性的指导性技术文件，亦是制作中最可靠的质量保证措施，因此，工艺规程一经制订，必须严格执行，不得随意更改。在施工中应通过一定手续才能进行修订。

3. 编制正确的工艺规程应满足下列基本要求。

1）工艺要求：在一定的生产规模和条件下编制的工艺规程，不但应能保证图纸的技术要求，而且应能更可靠、更顺利地实现这些要求，即工艺规程应尽可能依靠工装设备，而不是依靠劳动者技巧来保证获得产品质量和产量的稳定性。

2）经济要求：所编制的工艺规程要保证在最佳经济效果下，达到技术条件的要求，因此，对于同一产品应考虑不同的工艺方案，互相比较，从中选择最好的方案，力争做到以最少的劳动量、最短的生产周期、最低的材料和能源消耗，生产出质量可靠的产品。

3）安全要求：所编制的工艺规程，既应满足工艺、经济条件，又应是最安全的施工方法，并应尽量减轻劳动强度，减少流程中的往返性。

4. 编制工艺规程的依据如下。

1）结构件的总图、部件图和零件图；

2）结构件的设计说明和技术条件；

3）结构件的批量及单件的重量和外形尺寸；

4）车间的作业面积，动力、起重和加工设备的能力；

5）车间劳动者的数量、工种及技术等级等。

5. 工艺规程应根据产品的结构、制造技术条件、生产纲领和生产条件等编制，其内容应包括。

1）分出单个构件的加工工艺流程单；

2）由流程单排出装配、焊接顺序的方案；

3）进行工艺、经济的可靠性论证，分析比较得出合理的装配、焊接顺序；

4）填写装配、焊接工艺卡片；

5）提出各工序所需的设备、工艺装备检测工具等的清单，填写专用工艺装备或设备的设计任务书；

6）填写材料消耗定额表和材料汇总单；

7）填写各工序工时定额单；

8）必要时，列出使用钢材排料切割单。

6. 其他工艺准备工作内容包括。

1）从施工详图中选出零件图，编制工艺流程表。

2）根据来料尺寸和用料要求，统筹安排合理配料，确定拼接位置：

（1）拼装位置应避开安装孔和复杂部位；

（2）双角钢断面的构件，两角钢应在同一处拼接；

（3）一般接头属于等强度连接，其位置一般无严格规定，但应尽量布置在受力较小部位；

（4）各种型钢对接接头标准：可参见表3.3.4-1至3.3.4-4所示。

<table>
<tr><td colspan="6" align="center">等边角钢对接接头标准</td><td align="right">表 3.3.4-1</td></tr>
</table>

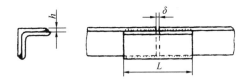

角　　钢	对接接头角钢	接头角钢长（L）	空隙（δ）	焊缝高（h）	角　　钢	对接接头角钢	接头角钢长（L）	空隙（δ）	焊缝高（h）
50×50×5	50×50×5	210	8	5	65×65×8	65×65×8	330	10	6
50×50×6	50×50×6	220	10	6	75×75×6	75×75×6	330	10	6
60×60×5	60×60×5	230	10	6	75×75×8	75×75×8	440	10	6
60×60×6	60×60×6	250	10	6	80×80×6	80×80×6	370	10	6
65×65×6	65×65×6	300	10	6	80×80×8	80×80×8	370	10	8

续表

角　钢	对接接头角钢	接头角钢长 (L)	空隙 (δ)	焊缝高 (h)	角　钢	对接接头角钢	接头角钢长 (L)	空隙 (δ)	焊缝高 (h)
90×90×8	90×90×8	410	12	8	150×150×12	150×150×12	640	14	12
90×90×10	90×90×10	500	12	8	150×150×14	150×150×14	750	16	12
100×100×8	100×100×8	450	12	8	150×150×16	150×150×16	850	16	12
100×100×10	100×100×10	540	12	8	180×180×14	180×180×14	770	18	14
100×100×12	100×100×12	520	14	10	180×180×16	180×180×16	890	18	14
120×120×10	120×120×10	540	14	10	200×200×16	200×200×16	970	20	16
120×120×12	120×120×12	640	14	10	200×200×18	200×200×18	970	18	14
130×130×10	130×130×10	570	14	10	200×200×20	200×200×30	1100	20	16
130×130×12	130×130×12	680	14	10	200×200×24	200×200×24	1270	20	16

不等边角钢对接接头标准　　　　　　　　　表 3.3.4-2

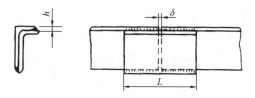

角　钢	对接接头角钢	接头角钢长 (L)	空隙 (δ)	焊缝高 (h)	角　钢	对接接头角钢	接头角钢长 (L)	空隙 (δ)	焊缝高 (h)
60×40×5	60×40×5	240	8	5	130×90×8	130×90×8	480	12	8
60×40×6	60×40×6	240	10	6	130×90×10	130×90×10	580	12	8
75×50×6	75×50×6	280	10	6	150×100×10	150×100×10	640	12	8
75×50×8	75×50×8	360	10	6	150×100×12	150×100×12	760	12	8
85×55×6	85×55×6	300	10	6	180×120×12	180×120×12	750	14	10
85×55×8	85×55×8	380	10	6	180×120×14	180×120×14	860	14	10
90×60×8	90×60×8	340	10	6	200×120×12	200×120×12	800	14	10
90×60×10	90×60×10	440	10	6	200×120×14	200×120×14	900	14	10
100×75×8	100×75×8	380	12	8	200×120×16	200×120×16	1040	14	10
100×75×10	100×75×10	460	12	8	200×150×12	200×150×12	870	16	12
120×80×8	120×80×8	440	12	8	200×150×16	200×150×16	1150	16	12
120×80×10	120×80×10	520	12	8					

槽钢对接接头标准 表 3. 3. 4-3

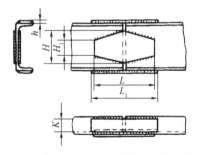

截面号数	水 平 直 板				垂 直 盖 板				
	盖板厚	宽度 K	长度 L_1	焊缝高 h	盖板厚	宽度 H	宽度 H_1	长度 L	焊缝高 h
10	12	35	180	6	6	60	40	130	5
12	12	40	210	6	6	80	40	160	5
14	12	45	230	6	8	90	50	160	6
16	14	50	270	6	8	100	50	200	6
18	14	55	230	8	8	120	60	230	6
20	14	60	250	8	8	140	60	250	6
22	14	65	260	8	8	160	70	280	6
24	16	65	280	8	8	180	80	300	6
27	16	70	340	8	8	200	90	300	6
30	18	70	340	8	8	230	100	330	8
33	18	70	380	8	10	250	110	350	8
36	20	75	390	10	10	270	120	410	8
40	24	80	420	10	12	300	130	430	10

工字钢对接接头标准 表 3. 3. 4-4

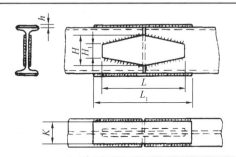

截面号数	水 平 盖 板				垂 直 盖 板				
	盖板厚	宽度 K	长度 L_1	焊缝高 h	盖板厚	宽度 H	宽度 H_1	长度 L	焊缝高 h
10	12	55	260	5	6	60	40	120	5
12	12	60	310	5	6	80	40	150	5
14	14	60	320	6	8	90	50	160	6
16	14	65	350	6	8	100	50	190	6
18	14	75	400	6	8	120	60	220	6
20a	16	80	470	6	8	140	60	260	6
22a	16	90	520	6	8	160	70	290	6
24a	16	95	470	8	10	180	80	290	8
27a	18	100	480	8	10	200	90	300	8
30a	18	105	510	8	10	230	100	390	8

续表

截面号数	水平盖板				垂直盖板				
	盖板厚	宽度 K	长度 L_1	焊缝高 h	盖板厚	宽度 H	宽度 H_1	长度 L	焊缝高 h
33a	18	110	570	8	10	250	110	410	8
36a	20	100	500	10	12	270	120	360	10
40a	22	110	540	10	12	300	130	440	10
45a	24	120	600	10	12	350	150	540	10
50a	30	125	620	12	14	380	170	480	12
55a	30	125	630	12	14	480	180	590	12
60a	30	135	710	12	14	480	200	660	12

3）根据工艺要求准备必要的工艺装备（胎、夹、模具）。因为工艺装备的生产周期较长，应争取先行安排加工；

4）确定各工序的精度要求和质量要求，并绘制加工卡片；

5）根据构件的加工需要，调拨或添置必要的设备和工具，此项工作也应提前做好准备。

7. 钢结构的制作工序常因设备情况和构件的制造要求而有所不同。对于有特殊加工要求的构件，应在制造前制定专门的加工工序。一般钢结构制造的工序即流水作业生产工艺流程如图3.3.4-1所示。

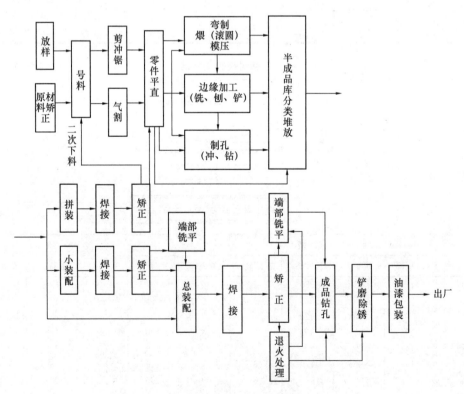

图 3.3.4-1　流水作业生产的工艺流程

3.3.5　工艺装备技术要求。

1. 钢结构加工过程中，工艺装备是影响产品质量的重要因素。一般钢结构制作中，工装可分为以下两类。

1）原材料加工过程中所需的工艺装备，如剪切用的定位靠山，各种冲切模、压模、切割套模、钻模等。这一类工艺装备的主要作用是保证构件符合图纸的尺寸要求。

2）拼装焊接所需的工艺装备，如拼装用的定位器、夹紧器、拉紧器、推撑器以及装配焊接用的各种拼装模胎、焊接转胎等。这一类工艺装备主要用来保证构件的整体几何尺寸和减少变形量。

2. 对结构工装夹具的要求如下。

1）使用方便，操作容易，安全可靠；

2）有可能在最合理、方便的位置，按工艺顺序进行各个位置焊缝的焊接；

3）焊接工件能迅速地散热以减少变形；

4）容易检查构件尺寸和取放构件；

5）结构要简单、加工方便、经济合理；

6）能减少装配、焊接劳动量，提高生产率。

3. 结构工装夹具设计所需的原始资料包括。

1）生产规模：当大批量生产构件时，应设计专用的和快速装拆的夹具；当为一般的批量生产时，除设计给某种构件或成品的专用夹具外，还可设计一些适合各种构件或成品使用的通用夹具。当单件生产时，应设计简易的具有快速作用的夹具。

2）产品结构：结构件在整个成品中的位置、形状、尺寸、重量等，是决定夹具方案的重要因素。

3）结构件制作工艺：设计工艺装备夹具前，必须了解结构件的制作工艺过程（包括下料、加工、装配、焊接等），并分析各工序间的联系及各工序对夹具的要求，从而考虑采用相适应的工装夹具。

4）工装夹具的功能：根据工艺要求或者技术要求选用合理的夹具，充分体现工装夹具的功能，如对于要保证孔距尺寸的连接板等，可用定位销等定位器具。

5）厂房结构、起重能力以及有无压缩空气气源，也是工装设计的参考条件。

3.3.6　安排生产计划及生产组织方式要求。

1. 根据结构件的特点、工程量的大小和安装施工进度，将整个工程划分成工号（单元），以便分批投料、配套加工、配套组装。

2. 划分工号后，根据其工作量和进度计划，安排作业计划，同时安排劳动力和机具平衡计划。对薄弱环节的关键设备，需按其工作量具体安排进度和班次，以免影响整个工程的进度。

3. 生产组织形式，可根据专业化程度和生产规模安排，目前钢结构生产组织形式有下列两种。

1）专业分工的大流水作业生产：定机、定人进行流水作业，特点是工序分工明确，工作相对稳定。这种生产组织方式的生产效率和产品质量都有显著提高，适合于大批量生产标准成品构件的专业工厂和车间。

2）一包到底的混合形式：特点是成品构件由大组包干，除焊工因有合格证制度需专人负责外，其他各工种多数为"一专多能"，如放样工兼做划线和拼搭工作、剪冲工兼做平直、矫正工作等。机具也由大组统一调配使用。这种方式适合于小批量生产标准成品构件的工地生产和生产非标准产品的专业工厂。其优点是，劳动力和设备都容易调配，管理和调度也比较简单。缺点是对工人的技术水平要求较高，工种不能相对稳定。

3.3.7　组织技术交底要求。

1. 钢结构工程是一个综合性的加工生产过程。构件或产品的生产从投料到成品，要经过许多道加工工序和装配连接等一系列工作。根据构件或产品的特性和技术要求，为确保工程质量，对制作的工艺规程以及装配、焊接等生产技术问题，必须进行组织技术交底的专题讨论，这是施工前为贯彻执行工程项目技术要求、保证质量工作的专业会议。

2. 技术交底会应参加的部门和人员包括：工程图纸的设计单位、工程建设单位以及制作单位有关部门和有关人员。

3. 技术交底包括下列主要内容。

1）工程概况；

2）工程结构件数量；

3）图纸中关键部件的说明；

4）节点情况介绍；

5）原材料对接和堆放的要求；

6）验收标准的说明；

7）交货期限、交货方式的说明；

8）构件包装和运输要求；

9）油漆质量要求；

10）其他需要说明的技术要求。

4. 技术交底会的目的，是对某一项钢结构工程中的技术要求进行全面的交底，确保工程质量。同时，亦可对制作中的难题进行研究讨论，以达到意见统一，解决生产上的问题。

3.3.8　构件检验、涂刷标号及装运要求。

1. 竣工检验要求如下。

1）制成的构件，应在未涂刷前交质检部门进行最后检验，若合同有规定时，则须有建设单位的检验人员共同进行检验。交货时，应具备下列文件备查或供安装单位核对：

（1）最后更改完整的施工详图及安装布置图；

（2）设计单位或建设单位对设计修改表示同意的证明文件；

（3）出厂构件和安装配件的明细表；

（4）焊接工艺评定报告和焊工技术证书编号表；

（5）高强度螺栓摩擦面抗滑移系数试验报告。

2）检验合格的构件，技术质量检验部门应在提出的检验证书上签章，并按构件标号注明验收构件的主要尺寸、公差以及对设计的修改和修改的依据。

3）钢结构制造的允许偏差见表 3.3.8-1 至表 3.3.8-8 所列。

单层钢柱的允许偏差 表 3.3.8-1

项目		允许偏差（mm）	检查方法	图 例
柱底面到柱端与桁架连接的最上一个安装孔距离（l）		$\pm l/1500$ ± 15.0	用钢尺检查	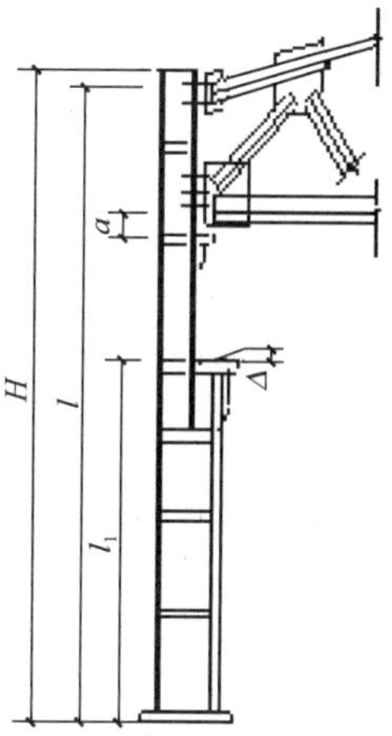
柱底面到牛腿支承面距离（l_1）		$\pm l_1/2000$ ± 8.0		
牛腿面的翘曲（Δ）		2.0		
柱身弯曲矢高		$H/1200$ 且不大于 12.0	用拉线、直角尺和钢尺检查	
柱身扭曲	牛腿处	3.0	用拉线、吊线和钢尺检查	
	其他处	8.0		
柱截面几何尺寸	连接处	± 3.0	用钢尺检查	
	非连接处	± 4.0		
翼缘对腹板的垂直度	连接处	1.5	用直角尺和钢尺检查	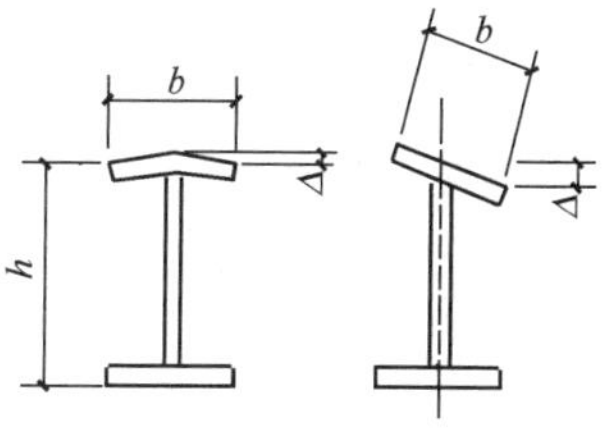
	其他处	$b/100$ 且不大于 5.0		
柱脚底板平面度		5.0	用 1m 直尺和塞尺检查	
柱脚螺栓孔中心对柱轴线的距离		3.0	用钢尺检查	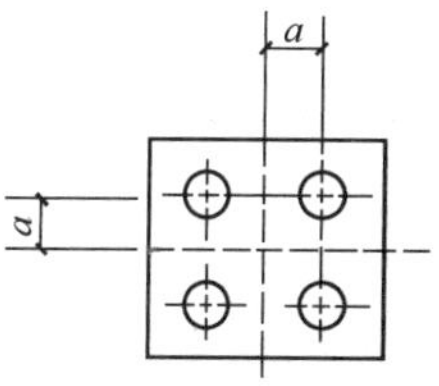

多节钢柱外形尺寸的允许偏差　　　　　　　　　　　表 3.3.8-2

项目		允许偏差（mm）	检验方法	图例
一节柱高度（H）		±3.0	用钢尺检查	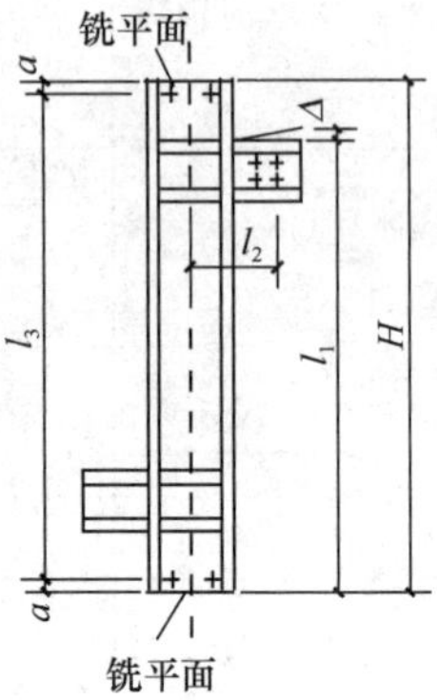
两端最外侧安装孔距离（l_3）		±2.0		
铣平面到第一排安装孔距离（a）		±1.0		
柱身弯曲矢高（f）		$H/1500$ 且不大于 5.0	用拉线和钢尺检查	
一节柱的柱身扭曲		$h/250$ 且不大于 5.0	用拉线、吊线和钢尺检查	
牛腿端孔到柱轴线距离（l_2）		±3.0	用钢尺检查	
牛腿的翘曲或扭曲（Δ）	$l_2 \leqslant 1000$	2.0	用拉线、直角尺和钢尺检查	
	$l_2 > 1000$	3.0		
柱截面尺寸	连接处	±3.0	用钢尺检查	
	非连接处	±4.0		
柱脚底板平面度		5.0	用 1m 直尺和塞尺检查	
翼缘板对腹板的垂直度	连接处	1.5	用直角尺和钢尺检查	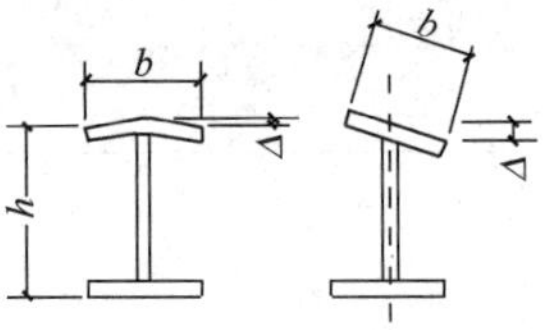
	其他处	$b/100$ 且不大于 3.0		
柱脚螺栓孔对柱轴线的距离（a）		3.0	用钢尺检查	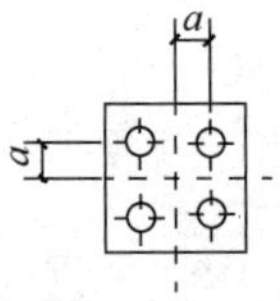
箱形截面连接处对角线差		3.0		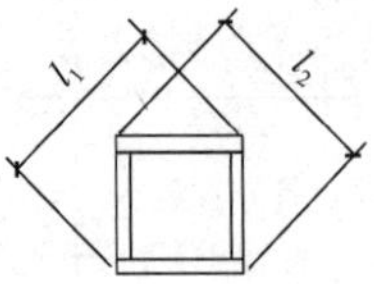
箱形、十字形柱身板垂直度		$h(b)/150$ 且不大于 5.0	用直角尺和钢尺检查	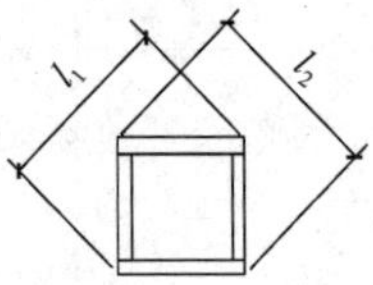

复杂截面钢柱外形尺寸的允许偏差　　　　　　　表 3.3.8-3

项目		允许偏差（mm）	图例
双箱体	箱形截面高度 h（连接处）	±4.0	
	箱形截面高度 h（非连接处）	+8.0 −4.0	
	翼板宽度 b	±2.0	
	腹板间距 b_0	±3.0	
	翼板间距 h_0	±3.0	
	垂直度 Δ	$H/150$，且不大于 6.0	
三箱体	箱形截面尺寸 H（连接处）	±4.0	
	箱形截面尺寸 H（非连接处）	+8.0 −4.0	
	翼板宽度 b	±2.0	
	腹板间距 b_0	±3.0	
	翼板间距 h_0	±3.0	
	垂直度 Δ	不大于 6.0	
特殊箱体	箱形截面尺寸 h（连接处）	±5.0	
	箱形截面尺寸 h（非连接处）	+12.0 −5.00	
	翼板间距 H_0	±3.0	
	翼板间距 h_0	±3.0	
	垂直度 Δ	$h/150$，且不大于 5.0	
	箱形截面尺寸 b	±2.0	

焊接实腹钢梁外形尺寸的允许偏差　　　　　　　表 3.3.8-4

项目		允许偏差（mm）	检验方法	图例
梁长度（l）	端部有凸缘支座板	0 −5.0	用钢尺检查	
	其他形式	±l/2500 ±5.0		
端部高度（h）	$h\leqslant2000$	±2.0		
	$h>2000$	±3.0		
拱度	设计要求起拱	±l/5000	用拉线和钢尺检查	
	设计未要求起拱	10.0 −5.0		
侧弯矢高		l/2000 且不大于 10.0		
扭曲		h/250 且不大于 10.0	用拉线、吊线和钢尺检查	

续表

项目		允许偏差（mm）	检验方法	图例
腹板局部平面度	$t \leqslant 14$	5.0	用1m直尺和塞尺检查	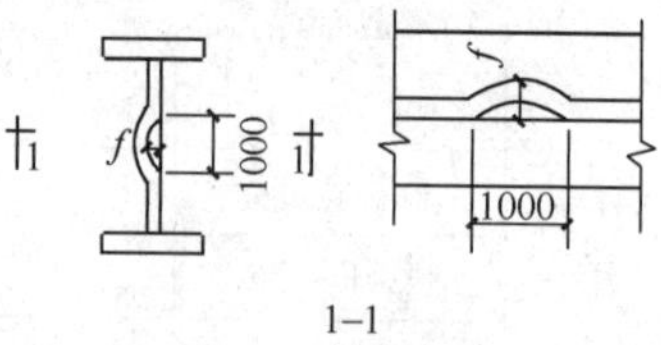 1—1
	$t > 14$	4.0		
翼缘板对腹板的垂直度		$b/100$ 且不大于3.0	用直角尺和钢尺检查	
吊车梁上翼缘与轨道接触面平面度		1.0	用200mm、1m直尺和塞尺检查	
箱形截面对角线差		3.0	用钢尺检查	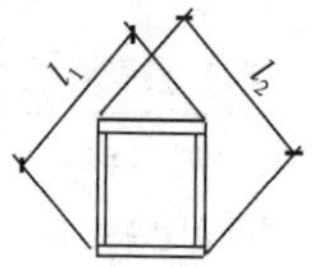
箱形截面两腹板至翼缘板中心线距离（a）	连接处	1.0		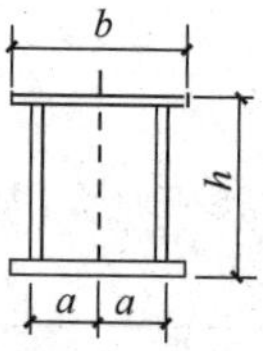
	其他处	1.5		
梁端板的平面度（只允许凹进）		$h/500$ 且不大于2.0	用直角尺和钢尺检查	
梁端板与腹板的垂直度		$h/500$ 且不大于2.0	用直角尺和钢尺检查	

钢桁架外形尺寸的允许偏差　　　　　表 3.3.8-5

项目		允许偏差（mm）	检验方法	图例
桁架最外端两个孔或两端支承面最外侧距离 l	$l \leqslant 24m$	+3.0 −7.0	用钢尺检查	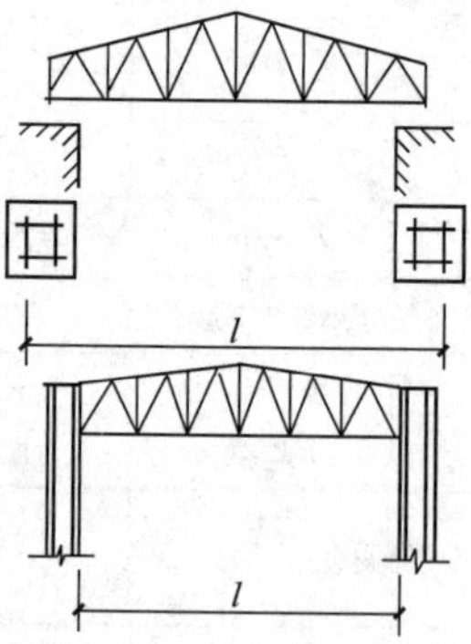
	$l > 24m$	+5.0 −10.0		
桁架跨中高度		±10.0		
桁架跨中拱度	设计要求起拱	$l/5000$	用拉线和钢尺检查	
	设计未要求起拱	10.0 −5.0		
相邻节间弦杆弯曲		$l/1000$		

132

项目	允许偏差（mm）	检验方法	图例
支承面到第一个安装孔距离（a）	±1.0	用钢尺检查	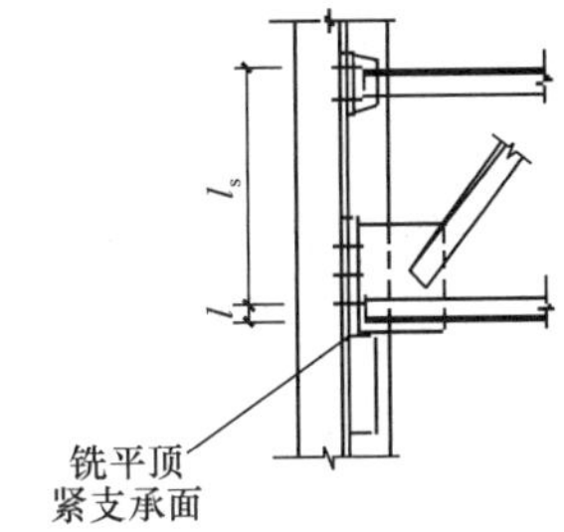 铣平顶紧支承面
檩条连接支座间距	±3.0		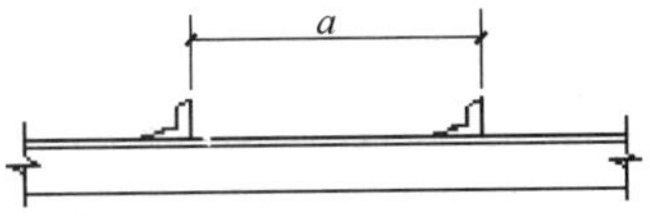

钢管构件外形尺寸的允许偏差　　　　　　　　　　　表 3.3.8-6

项目	允许偏差（mm）	检验方法	图例
直径（d）	$\pm d/250$ 且不大于±5.0	用钢尺检查	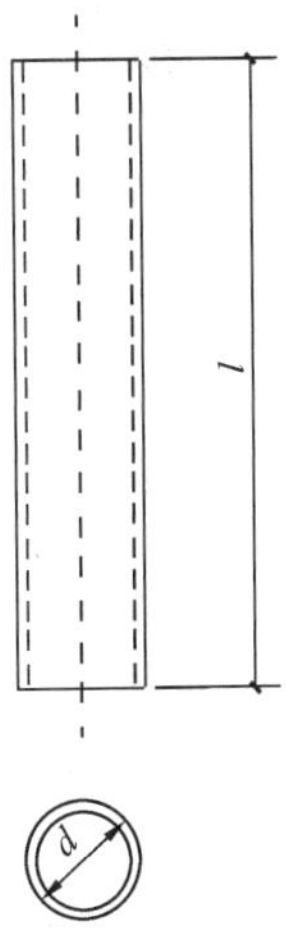
构件长度（l）	±3.0		
管口圆度	$d/250$ 且不大于5.0		
管端面管轴线垂直度	$d/500$ 且不大于3.0	用角尺、塞尺和百分表检查	
弯曲矢高	$l/1500$ 且不大于5.0	用拉线、吊线和钢尺检查	
对口错边	$t/10$ 且不大于3.0	用拉线和钢尺检查	

墙架、檩条、支撑系统钢构件外形尺寸的允许偏差　　　　表 3.3.8-7

项目	允许偏差（mm）	检验方法
构件长度（l）	±4.0	用钢尺检查
构件两端最外侧安装孔距离（l_1）	±3.0	
构件弯曲矢高	$l/1000$ 且不大于10.0	用拉线和钢尺检查
截面尺寸	+5.0 −2.0	用钢尺检查

钢平台、钢梯和防护钢栏杆外形尺寸的允许偏差　　　表 3.3.8-8

项目	允许偏差（mm）	检验方法	图例
平台长度和宽度	±5.0	用钢尺检查	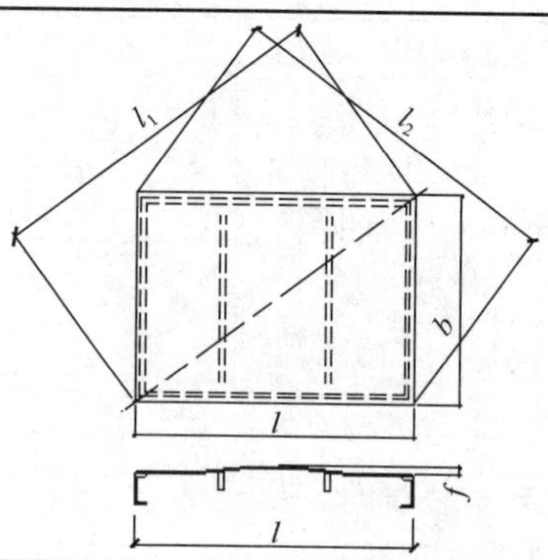
平台两对角线差 $\|l_1-l_2\|$	6.0		
平台支柱高度	±3.0		
平台支柱弯曲矢高	5.0	用拉线和钢尺检查	
平台表面平面度（1m 范围内）	6.0	用 1m 直尺和塞尺检查	
梯梁长度（l）	±5.0	用钢尺检查	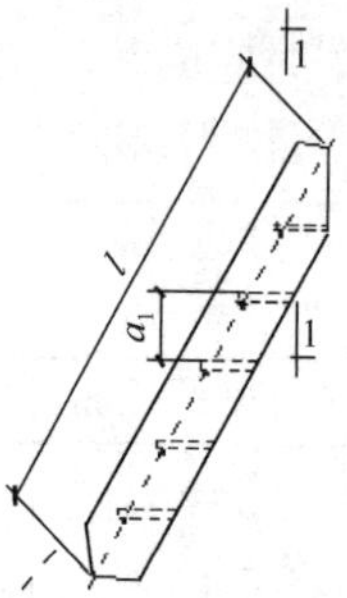
钢梯宽度（b）	±5.0		
钢梯安装孔距离（a）	±3.0		
钢梯纵向挠曲矢高	$l/1000$	用拉线和钢尺检查	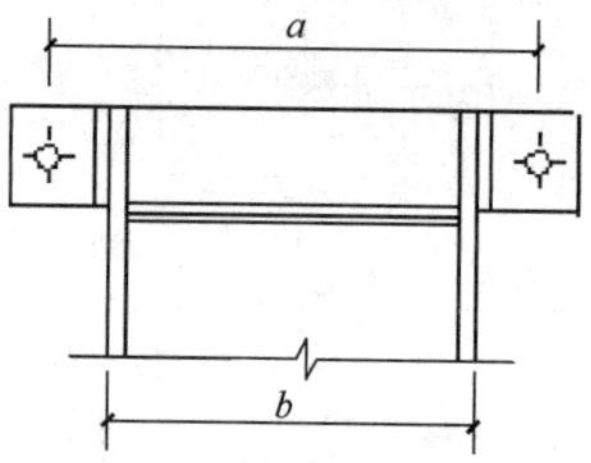
踏步（棍）间距	±3.0	用钢尺检查	
栏杆高度	±3.0		
栏杆立柱间距	±5.0		

2. 油漆涂装要求如下。

1) 制成的构件，应在质量验收后进行油漆涂装，且必须在装车发运前结束，若不能在厂内完成油漆涂装工作，则事先须征得建设单位的同意。

2) 结构上的构件编号及其他各种标志，如基础号、预装连接有关的编号等，均应以颜色涂于易识别部位，凡有编号处宜以鲜明油漆划出一方框，加以显示。

3) 工地连接（节点）的接触面和在施工详图中注明不油漆的表面，均不涂漆。

4) 结构件与混凝土接触部分不得涂漆。

5) 工地焊缝在距焊缝 50～100mm 处不予涂漆。

6) 油漆涂装时，应在温度 5～38℃ 和相对湿度不大于 85% 的天气情况下进行涂刷。雨天或构件表面结露时，不宜作业，油漆后 4h 内严防雨淋。

3. 成品的堆放和装运要求如下。

1) 制作完成的结构件，不能及时运出或暂时不需安装，需在厂中堆存时，应以单位工程构件分组堆放，堆放时应考虑到安装运出顺序；

2) 成品堆放时，上下层应以方木垫平，方木上下层的中心线，须在同一平面内，以保证构件不发生弯曲变形；

3）屋架和桁架结构，严禁叠放太高，应按如图3.3.8-1所示的方法放置；

4）制成的构件，应在涂漆干燥后，再从工厂运出；

5）盖板、连接板和其他较小的零件，应放在构件的净空范围内，使在运输时不发生变形和丢失，必要时应装箱运送；

6）用铁路列车或船舶装运结构件时，应依照交通部门的规章办理；

7）成品装车时，尽量考虑构件的吊装方向，以免运抵工地重新翻转；

8）成品装车时应成套，以免遗漏，影响安装进展；

9）装运结构件时，应使下面的构件不受上面构件重量的影响而发生下垂或弯曲现象。因此，下面的构件应垫以足够数量的方木。

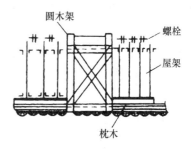

图 3.3.8-1　屋架与桁架结构的放置方法

说明：

1. 枕木垫在屋架两端；

2. 屋架与屋架之间利用其安装孔以螺栓连接。

3.3.9　常用量具与工具要求。

1. 量具要求如下。

量具的种类很多，按其性质可分为直接量具（尺类）和间接量具（卡钳等）。量具在使用前必须经过误差值的检测，并在量具上贴上误差值表，以便在使用时消除误差。钢结构制造中常用的一般量具如下。

图 3.3.9-1　钢尺

1）钢尺：钢尺一般有公制和英制两种尺寸刻度，常用的长度有 150mm（6in）、300mm（12in）、600mm（24in）、1000mm（40in）等，图 3.3.9-1 为长度 150mm 的钢尺。

2）钢卷尺：由一条长而薄的钢（片）带制成，钢（片）带全长都卷入卷筒中。钢带表面标有公制刻度，在一端带有小钩。常用的规格：长度 1m、2m ［图3.3.9-2（a）］，长尺寸为 5m、10m、15m、20m、30m 等多种 ［图 3.3.9-2（b）］。

用尺测量工件时，应把刻度开始的一端或零线与被量的线段或工件的一侧对齐，然后读出工件另一侧所对齐的刻度线（如图 3.3.9-3，尺应放置准确）。用钢卷尺可量到的正确度误差为 0.5mm。在读所量的尺寸时，视线应对准钢卷尺，当视线偏斜时，由于钢卷尺有一定的厚度，读出的尺寸可能不正确。使用 10m 以上钢卷尺时，必须使用弹簧秤并加上 5kg 拉力。

（a）　　　　　　　（b）

图 3.3.9-2　钢卷尺

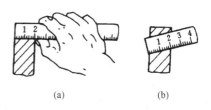

（a）　　　　　　（b）

图 3.3.9-3　用尺量取厚度的示意

（a）正确的；（b）错误的

3）角尺：由长、短两直尺互成直角制作成"┌"形的钢尺［图3.3.9-4（a）］。一般角尺没有刻度，它主要用来测量两个平面是否垂直和划短垂线。检查角尺是否正确（90°直角），可在平台上预先划一条直线，将角尺一边对准直线，沿角尺另一边划一垂线，然后调转方向，同样划线，若两线重合即为正确［图2.3.9-4（b）］，反之则为不正确［图3.3.9-4（c）］。

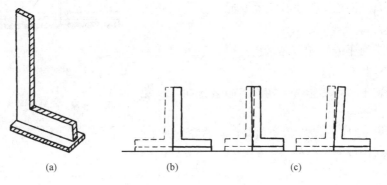

(a)   (b)   (c)

图 3.3.9-4　角尺

4）划线规及地规：划线规［图3.3.9-5（a）］主要用于在钢板上或在样板上画圆弧。制造时，其两只尖脚需要淬火，这样才能保持经久耐用。

地规［图3.3.9-5（b）］由两个地规体和一条规杆组成。地规体［图3.3.9-5（c）］用钢制成，其尖端也要淬火，以保持尖锐。规杆须用坚韧的木材制作，杆的长方形断面应稍小于地规体的穿杆孔，以便穿入又免于摆动。地规主要用于画大圆弧及开90°角尺线之用。

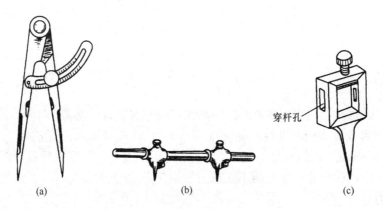

穿杆孔

(a)   (b)   (c)

图 3.3.9-5　划线规和地规
(a) 划线规；(b) 地规；(c) 地规体

5）游标卡尺：如图3.3.9-6（a）所示，能精确地测量出工件的直径、厚度、孔径和孔的深度等，卡尺上带有刻度的称为主尺，每一刻度为1mm。主尺上有两个固定量足2和3，另外两个活动量足1和4与框架6连成一体，能沿主尺滑动，可用螺钉5把它紧固在需要的位置上。量足1和2用来测量工件的外径、厚度等外表面尺寸，量足3和4用来测量工件的内径等内表面间尺寸，框架6的后面与量条8可测量工件的深度。框架6上有一个游标，游标总长为9mm，刻有10个刻度，因此，它上面的每一刻度与主尺上的每一刻度间的距离差 0.1mm［图 3.3.9-6（b）］。测量时从游标上左边第一条刻线在主尺的位置读出工件尺寸的整数值（设为 35），然后，向后从游标上找出与主尺上刻线重合的一条刻线（设刻度线为 5），根据这条刻线读出工件尺寸的尾数（即尾数 5×0.1mm），则主尺上的读数加上游标尺的读数（35+0.5=35.5mm），即为该工件的尺寸大小。

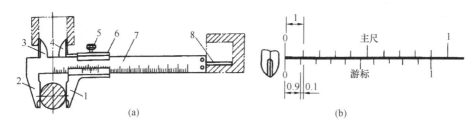

图 3.3.9-6　游标卡尺

(a) 量工件示意；(b) 游标示意

1、4—活动量足；2、3—固定量足；5—螺钉；6—框架；7—主尺；8—量条

6）量具除了上述几种外，还有内、外卡钳，无刻度直尺（约 1m 长）及铁皮三角尺等。各种量具的使用寿命，在很大程度上取决于保养和使用，如果保养不好或使用时不小心，则容易发生撞、压、磨损等情况，致使量具的表面刻度模糊或本身变形。如果用损坏或刻度不清的量具去度量工件时，就不能得到准确的尺寸，甚至影响制作质量。所以工作完后，必须将量具揩擦干净再整齐放好。对于暂时不用的量具，要在其表面涂一层机油，以防锈蚀。

2. 工具要求如下。

目前，虽然钢结构制造已大多用机械设备，但在机械操作前的准备及矫正变形等工作，仍离不开手工工具。因此，熟练地掌握钢结构制造中常用工具的使用方法，仍然很重要。钢结构制造用的工具种类很多，一般常用的有以下几种。

1）锤类有下列几种：

(1) 木锤：除用于热加工外，还经常用于冷加工中矫平薄钢板。用木锤敲击薄钢板，能减少局部变形及锤印，在质量和美观上都比用钢锤矫平好。

(2) 小锤：小锤的重量一般为 0.2～0.75kg 之间，用于矫正小块钢板，进行批铲毛刺，下料时打样冲印和打凿子印等。

(3) 大锤：大锤常用的有 3、4、5、6、8kg 数种，用于矫正较厚的钢板和型钢，在弯曲加工中都需要用大锤来进行。

(4) 平衬锤：平衬锤不是直接敲击的工具，而是将大锤敲击在平衬锤上，并由它将击力传到工件表面的一种间接的加工工具。一般作为矫正、矫平或修饰工件形状之用。

(5) 圆弧衬锤：圆弧衬锤和平衬锤一样，同是一种间接的加工工具。但它的加工面呈圆弧形，一般作为折弯钢板和敲圆钢板等用。

使用各种锤之前，应检查锤头有无飞刺，锤柄有无裂纹和装得是否牢固，若有松动现象，应装好后再用。锤在使用前后要经常浸在水中，以防在使用时松动和脱落。木锤的铁箍应经常箍紧，以免在使用时脱落伤人。各种锤类如图 3.3.9-7 所示。

2）样冲：样冲多用高碳钢制成，形状如一根圆钢，其尖端磨成 60°锐角［图 3.3.9-8 (a)］并须淬火（平端不应淬火）。样冲可用于钢板上做记号，如钻孔时为了容易使钻头对

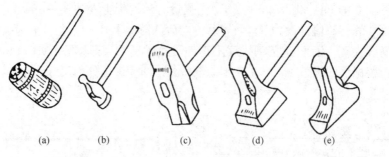

图 3.3.9-7　锤的种类

正、加工时便于检查、在放样和号料时容易辨认以及在构件上找出中心线等，都须样冲打出印记。打样冲时，手的姿势应如图 3.3.9-8（b）所示。

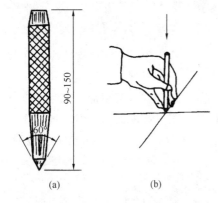

图 3.3.9-8　样冲与打冲姿势

3）凿子：用高碳钢制成，如图 3.3.9-9 所示，其刃部经过淬火，主要用于划切割线记号，如角钢和钢板的切割线均须用凿子打出切割印记，这样才能使切割准确地沿凿子打出的印记进行，否则，若用粉线会很容易被擦掉，以至无法进行切割或切割不准确。

4）划针：用中碳钢锻制成，如图 3.3.9-10（a）所示，号料和放样时用划针代替石笔，精度较高。划点时一般画人字形，"人"字尖端为尺寸的基准点，如图 3.3.9-10（b）。划点、线的姿势如图 3.3.9-10（c）所示。

5）粉线圈：粉线圈是用韧性好的纤维线缠绕在粉色圈上划直线用的一种工具。对大型结构放样、号料时可用来弹出直线。使用粉线时须二人操作，其中一人将线端缠在食指上，另一人左手握持粉线圈，右手上粉，至需要长度时拉紧粉线，用拇指按在尺寸点上，另一手垂直地提起粉线弹线。

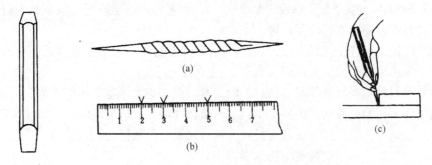

图 3.3.9-9　凿子　　　　图 3.3.9-10　划针与划针的应用

6）钢结构制造中常用的工具除上述几种外，还有下列几种（如图 3.3.9-11 所示）：

（1）撬杠：撬动和移动工件用。

（2）螺栓板：紧松螺栓时夹紧工件用。

（3）钳子：夹持工件用。

（4）弓形夹具：压紧工件用。

（5）铁马、铁桩：固定钢板或型钢于平铁砧上用。

（6）羊角铁砧。

（7）油压千斤顶。

（8）螺杆千斤顶。

（9）夹头（又称胡羊夹头）。

（10）调直器（又称三角螺栓）。

（11）花砧子（又称平砧）。

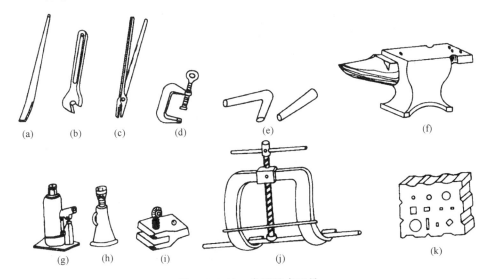

图 3.3.9-11　常用基本工具

（a）撬杠；（b）螺栓板；（c）钳子；（d）弓形夹具；（e）铁马、铁桩；（f）羊角铁砧；（g）油压千斤顶；
（h）螺杆千斤顶；（i）夹头（又称胡羊夹头）；（j）调直器（又称三角螺栓）；（k）花砧子（又称平砧）

参考文献

［1］　钢结构设计标准：GB 50017—2017［S］. 北京：中国建筑工业出版社，2017.

［2］　建筑结构用钢板：GB/T 19879—2015［S］. 北京：中国标准出版社，2015.

［3］　钢结构工程施工质量验收标准：GB 50205—2020［S］. 北京：中国建筑工业出版社，2020.

［4］　碳素结构钢：GB/T 700—2006［S］. 北京：中国标准出版社，2006.

［5］　低合金高强度钢：GB/T 1591—2018［S］. 北京：中国标准出版社，2018.

［6］　桥梁用结构钢：GB/T 714—2015［S］. 北京：中国标准出版社，2015.

［7］　厚度方向性能钢板：GB/T 5313—2010［S］. 北京：中国标准出版社，2010.

［8］　热轧钢板和钢带的尺寸、外形、重量及允许偏差：GB/T 709—2019［S］. 北京：中国标准出版社，2019.

［9］　热轧型钢：GB/T 706—2016［S］. 北京：中国标准出版社，2016.

［10］　结构用无缝钢管：GB/T 8162—2018［S］. 北京：中国标准出版社，2018.

［11］　结构用冷弯空心型钢：GB/T 6728—2017［S］. 北京：中国标准出版社，2017.

［12］　热轧 H 型钢和剖分 T 型钢：GB/T 11263—2017［S］. 北京：中国标准出版社，2017.

［13］　波纹腹板钢结构技术规程：CECS 291：2011［S］. 北京：中国计划出版社，2011.

［14］　涂覆涂料前钢材表面处理　表面清洁度的目视评定　第 1 部分：未涂覆过的钢材表面和全面清除原有涂层后的钢材表面的锈蚀等级和处理等级：GB/T 8923.1—2011［S］. 北京：中国标准出版社，2011.

［15］　钢结构施工规范：GB 50755—2012［S］. 北京：中国建筑工业出版社，2012.

［16］　钢及钢产品　力学性能试验取样位置及试样制备：GB/T 2975—2018［S］. 北京：中国标准出版社，2018.

［17］　金属材料　夏比摆锤冲击试验方法：GB/T 229—2020［S］. 北京：中国标准出版社，2020.

［18］　钢的成品化学成分允许偏差：GB/T 222—2006［S］. 北京：中国标准出版社，2006.

［19］　钢结构工程深化设计标准：T/CECS 606—2019［S］. 北京：中国计划出版社，2019.

［20］　陈禄如，刘万忠，刘学纯，等. 钢结构制造技术规程［M］. 北京：机械工业出版社，2012.

第4章 零部件加工

4.1 放样和号料

4.1.1 放样和号料是整个钢结构制作工艺中的第一道工序，也是至关重要的一道工序，基本要求如下。

1. 放样：即按照技术部门审核过的施工详图，以1:1的比例在样板台上弹出实样，求取实长，根据实长制成样板。

2. 号料：以样板为依据，在原材料上划出实样，并打上各种加工记号。

3. 在钢结构制造厂中从事放样与号料的操作工，不仅应学会看图，还应依照施工详图的要求，把构件的形状按实际尺寸画在样板台上。对需要展开的构件，还应画出各种辅助图，或者通过计算得到实际尺寸来制作样板。

4. 放样工应熟悉整个钢结构加工工艺，了解工艺流程及加工过程，应了解钢结构加工过程中需用机械设备的性能及规格。

5. 在整个钢结构制造中，放样工作是非常重要的一环，因为，所有的零件尺寸和形状都必须先行放样，然后依样进行加工，最后才把各个零件装配成一个整体。因此，放样工作的准确与否将直接影响产品的质量。

目前，计算机的应用已深入到钢结构加工的各个流程中，经过有效的软件连接，施工图中的零件可直接在数控切割机上加工出半成品，可提高工作精度和效率。

4.1.2 数控切割的程序编制。

结构制造中的数控切割，目前常用二维数控切割，包括数控火焰、等离子、激光切割等切割方式。其中数控程序的编制由套料准备、套排料、切割工艺添置、输出NC程序四项组成，基本要求如下。

1. 套料准备要求。

套料准备包括数控零件清单、零件图纸、库存材料清单准备。零件清单和材料清单可以电子表格的形式提供，零件图纸的准备最耗时间，需按一定的规范要求整理，以使后续能快速高效地套料。要求如下：

1) 零件图格式：数控零件图的来源通常有两种，一种是用CAD绘图软件按1:1的比例进行绘制的.dwg、.dxf格式的文件，另一种是从三维设计软件中导出符合DSTV标准的NC1格式的数控零件文件，这两种方式输出的零件文件均可用来进行套排。

2) 零件图绘制规范：不同的零件有不同的加工工艺，如有喷粉打标、切割、钻孔等下料工艺，在绘图时，需将不同下料工艺的轮廓设置为不同的图层、颜色。

多种零件存储在一个文件中时，零件轮廓之间不得交叠，每种零件的零件名称必须标识在图纸中，如图4.1.2-1所示。零件图纸准备好后，就可以进行套排料了。

2. 套排料要求。

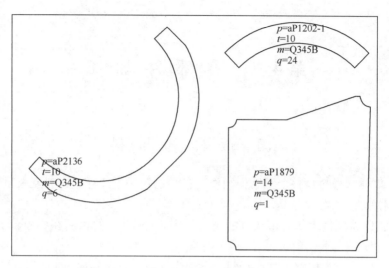

图 4.1.2-1　零件图

随着信息技术的发展，套料软件的套料算法有了飞跃发展，常见的有数控切割设备自带的套料软件和专业软件公司开发的独立套料软件，特点如下。

1）套排料参数设置：在进行套排料前，必须对不同的切割工艺设置不同的排版参数，例如不同的厚度用不同的零件间隙、割缝补偿等，如图 4.1.2-2 所示。

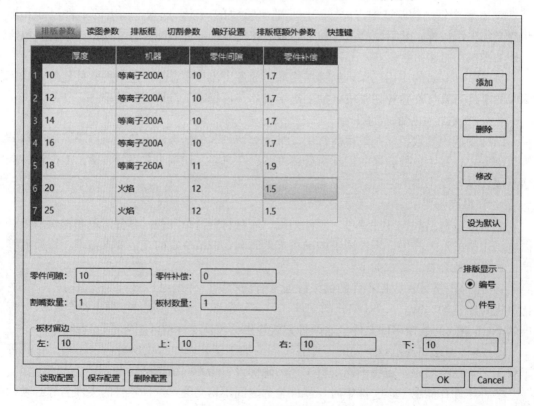

图 4.1.2-2　排版参数设置

2) 智能套排料：先将零件图纸、材料清单准备好，排版工艺参数设置好后，就可利用套料软件进行全自动智能计算套料。如图 4.1.2-3 所示，套料完成后，软件自动出具套料结果，如图 4.1.2-4 所示。

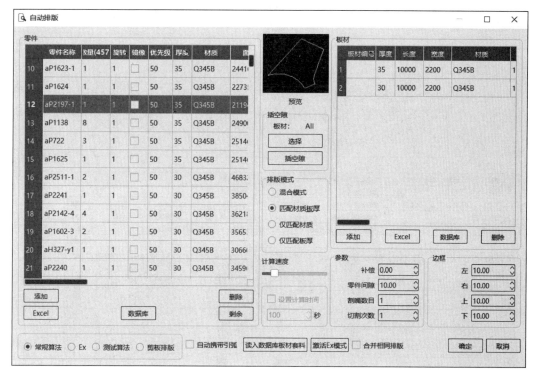

图 4.1.2-3　读取零件和材料进行全自动套料

3) 接料套排：有些零件长度较长，超出原材料的最大长度的零件（称之为"超长件"），可采取断零件或者接钢板的方法进行套排，如图 4.1.2-5 所示。

3. 添加切割工艺要求。

1) 切割时，必须考虑零件的切割效率、切割变形，需根据零件特点和切割类型，添置相应的切割工艺。

2) 切割工艺包括内、外轮廓引入引出线的位置、长度、形状、切割方向、切割先后顺序等一系列切割参数（图 4.1.2-6）。需要注意各种切割方式需采用不同的切割工艺参数，具体要求如下：

（1）等离子切割：为了避免切割凹坑，需设置引入引出过烧值。如果有精细小孔，还需设置精细小孔数据库。

（2）火焰切割：能共边的零件可采用共边切割，可连割的零件进行连割。

（3）激光切割：钢结构制作中应用较多的是微连接防撞枪切割、共边切割。

（4）较小的零件可采用桥接工艺，将小零件桥连在大零件上，防止切割掉落至胎架下方无法拾拣；窄长易变形零件，可每隔一定距离，留一小段不切割，控制零件变形。

3) 根据切割类型设定好相应的切割工艺参数后，可对零件添加切割工艺，通常包括：设置零件共边、自动调切割顺序、自动插入引线等步骤，本节不赘述每个切割工艺步骤，

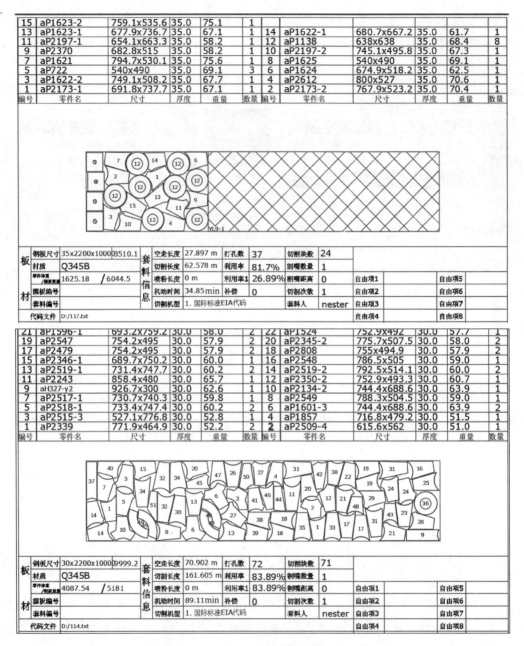

编号	零件名	尺寸	厚度	重量	数量	编号	零件名	尺寸	厚度	重量	数量
15	aP1623-2	759.1x535.6	35.0	75.1	1	14	aP1622-1	680.7x667.2	35.0	61.7	1
13	aP1623-1	677.9x736.7	35.0	67.1	1	12	aP1138	638x638	35.0	68.4	8
11	aP2197-1	654.1x663.3	35.0	58.2	1	10	aP2197-2	745.1x495.8	35.0	67.3	1
9	aP2370	682.8x515	35.0	58.2	1	8	aP1625	540x490	35.0	69.1	1
7	aP1621	794.7x530.1	35.0	75.6	1	6	aP1624	674.9x518.2	35.0	62.5	1
5	aP722	540x490	35.0	69.1	3	4	aP2612	800x527	35.0	70.6	1
3	aP1622-2	749.1x508.2	35.0	67.7	1	2	aP2173-2	767.9x523.2	35.0	70.4	1
1	aP2173-1	691.8x737.7	35.0	67.1	1						

板材			套料信息						
钢板尺寸	35x2200x1000	3510.1	空走长度	27.897 m	打孔数	37	切割块数	24	
材质	Q345B		切割长度	62.578 m	利用率	81.7%	割嘴数量	1	
零件净重/原板重量	1625.18	/6044.5	喷粉长度	0 m	利用率1	26.89%	割嘴距离	0	自由项1　自由项5
源板编号			机动时间	34.85min	补偿	0	切割次数	1	自由项2　自由项6
套料编号			切割机型	1.国际标准EIA代码			套料人	nester	自由项3　自由项7
代码文件	D:/117.txt								自由项4　自由项8

编号	零件名	尺寸	厚度	重量	数量	编号	零件名	尺寸	厚度	重量	数量
21	aP1596-1	693.2x759.2	30.0	58.0	2	22	aP1524	752.9x492	30.0	57.7	1
19	aP2547	754.2x495	30.0	57.9	2	20	aP2345-2	775.7x507.5	30.0	58.0	2
17	aP2479	754.2x495	30.0	57.9	2	18	aP2808	755x494.9	30.0	57.9	2
15	aP2346-1	689.7x750.2	30.0	60.0	1	16	aP2548	786.5x505	30.0	59.0	1
13	aP2519-1	731.4x747.7	30.0	60.2	1	14	aP2519-2	792.5x514.1	30.0	60.0	2
11	aP2243	858.4x480	30.0	65.7	1	12	aP2350-2	752.9x493.3	30.0	60.7	1
9	aH327-y2	926.7x300	30.0	62.6	1	10	aP2134-2	744.4x688.6	30.0	63.9	1
7	aP2517-1	730.7x740.3	30.0	59.8	1	8	aP2549	788.3x504.5	30.0	59.0	1
5	aP2518-1	733.4x747.4	30.0	60.2	2	6	aP1601-3	744.4x688.6	30.0	63.9	2
3	aP2515-3	527.1x776.8	30.0	52.8	1	4	aP1857	716.8x479.2	30.0	51.5	1
1	aP2339	771.9x464.9	30.0	52.2	2	2	aP2509-4	615.6x562	30.0	51.0	1

板材			套料信息						
钢板尺寸	30x2200x1000	9999.2	空走长度	70.902 m	打孔数	72	切割块数	71	
材质	Q345B		切割长度	161.605 m	利用率	83.89%	割嘴数量	1	
零件净重/原板重量	4087.54	/5181	喷粉长度	0 m	利用率1	83.89%	割嘴距离	0	自由项1　自由项5
源板编号			机动时间	89.11min	补偿	0	切割次数	1	自由项2　自由项6
套料编号			切割机型	1.国际标准EIA代码			套料人	nester	自由项3　自由项7
代码文件	D:/114.txt								自由项4　自由项8

图 4.1.2-4　智能排料套料图

图 4.1.2-5　接料套料图

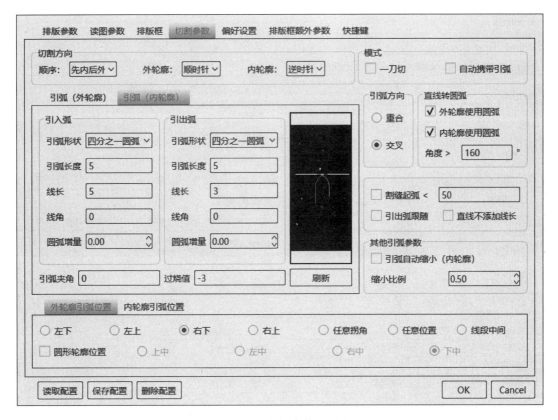

图 4.1.2-6 切割参数选项设置

在不同软件里一般都是一个功能按钮，执行相应的功能后，软件自动对零件添加切割工艺，后续软件会根据设定的切割工艺自动生成相应的数控程序。

4. 输出数控程序要求。

切割工艺添加完成后，就可输出数控切割程序，输出程序时，通常由软件根据选定的适配数控切割机床自动生成，如图 4.1.2-7、图 4.1.2-8 所示。

至此，钢结构制作中的数控切割程序编制工作完成，后续即可将数控程序发送至各切割机台进行切割。

4.1.3 传统手工放样、号料。

1. 放样要求如下。

1）放样应从熟悉图纸开始，首先应仔细阅读技术要求及说明，并逐个核对图纸之间的尺寸和方向等。应特别注意各部件之间的连接点、连接方式和尺寸是否一一对应。发现有疑问之处，应与有关技术部门联系解决。

2）准备好做样板、样杆的材料。一般可采用薄铁皮和小扁钢。可先刷上防锈油漆后再使用。如果利用旧的样板及样杆，则必须铲除原来样板、样杆上的字迹和记号后方能使用，以免产生差错。

3）放样需用的工具包括：尺、石笔、粉线、划针、圆规、铁皮剪刀等，尺子必须经过计量部门的校验复核，合格的方能使用。

4）放样以 1:1 的比例在样板台上弹出大样。当大样尺寸过大时，可分段弹出。对一

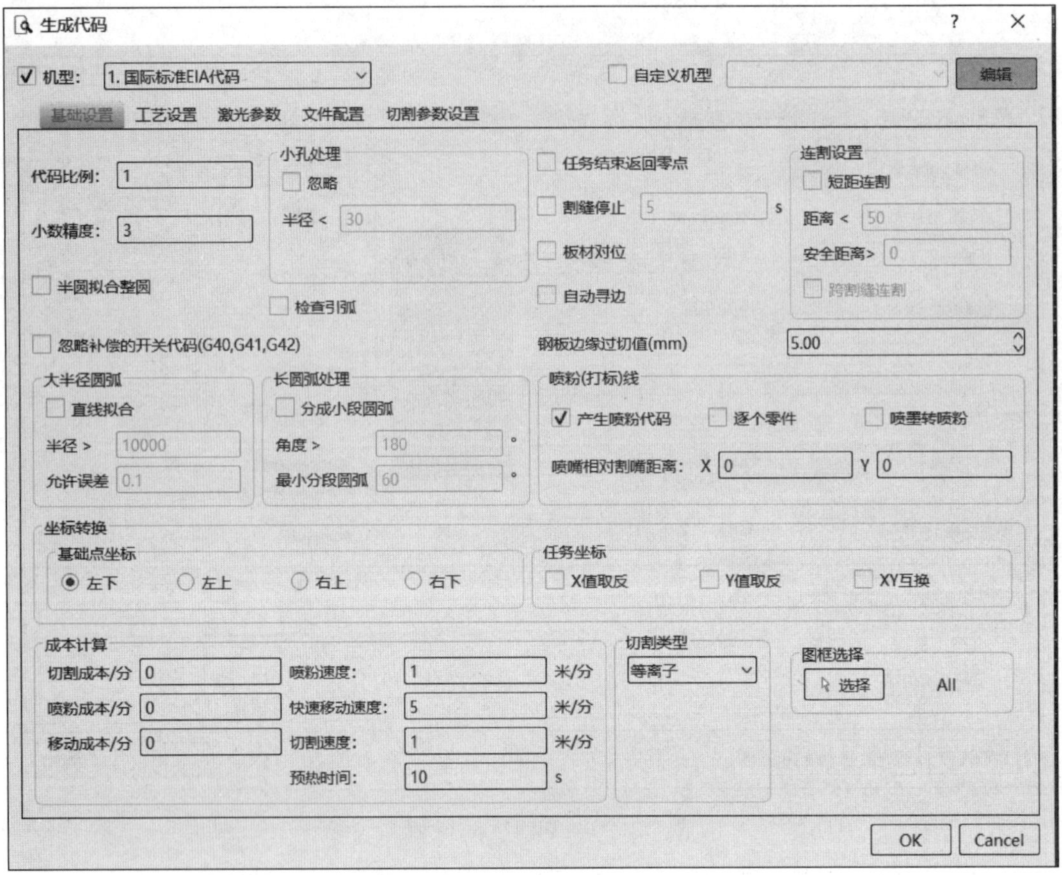

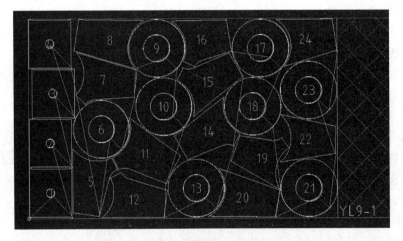

图 4.1.2-7　输出数控程序选项

图 4.1.2-8　输出数控程序显示切割路径

（细线为空走线，粗线为切割线，网格线为余料）

些三角形的构件，如果只对其节点有要求，则可以缩小比例弹出样子，但应注意精度。

　　5）先以构件的某一水平线和垂直线为基准，弹出十字线，两线必须垂直。然后，依据此十字线逐一划出其他各个点及线，并在节点旁注上尺寸，以备复查及自检。

6）交接点处应钉上薄铁皮，用划针划上连接线，并用尖锐的样冲或划针轻轻地将点敲出，并加以保护。

7）复杂的构件、异型钢板结构的展开，需要添加各种辅助线、等分线，这些线及其相交而得到的点，要用字母或数字符号加以区别，以利制作样板。

8）放样过程中碰到技术上的问题，要及时与技术部门联系解决。由于尺寸变更、材料代用而产生与原图不相符处，要及时在图纸上作好更改。

9）放样结束，应对照图纸进行自检。检查样板是否符合图纸要求，核对样板数量，并报专职检验人员检验。

10）根据样板编号编写构件号料明细表。

2. 划线和号料要求如下。

1）划线、号料前，首先应根据料单检查清点样板与样杆，再按号料要求整理好样板。

2）熟悉样板、样杆上标注的符号和文字含意，明确号料数量。

3）准备并检查各种使用的工具，磨好石笔，保持样冲、圆规、划针的尖锐及凿子的锋利。

4）号料前，必须了解原材料的钢号及规格，检查原材料的质量，若有疤痕、裂缝、夹灰、厚度不足等现象，应调换材料，或取得技术部门同意后方可使用。

5）号料的钢材必须摆平放稳，不得弯曲。大型型钢号料，应根据划线的方便来摊料，两根型钢之间要留有 10mm 以上的间距，以便于划线。

6）号料用油漆，其颜色应根据正在施工中的工程项目进行区分，以便于半成品的管理。

7）注意工作地点四周的环境是否安全，避免在人来车往的地方号料。

8）不同规格、不同钢号的零件应分别号料。并依据先大后小的原则依次号料。

9）尽量使相等宽度或长度的零件放在一起号料。在剪切或气割加工方便的情况下，注意套料，节约原材料。

10）对于号料数量较多的型钢和板材，一般采用定位锯切或剪切，以提高构件的正确度。

11）需要拼接的同一构件，必须同时号料，以利拼接。成对的构件划线时，必须把材料摆放成对后再进行划线。

12）号料过程中，发现原材料有质量问题，则需另行调换或和技术部门及时联系。当材料有较大幅度弯陷而影响号料质量时，可先矫正平直，再号料。

13）钢板的剪切线、气割线必须弹直，当钢板有起伏呈波浪状时，应特别注意。弹线时要注意风的影响，粉线要拉紧。弹好的线可用样板进行复量，两端与中间的宽度应一致。

14）矩形样板号料，要检查原材料钢板两边是否垂直，如果不垂直则要划好垂直线后再号料。

15）带圆弧形的料，不论是剪切还是气割，都不应紧靠在一起进行号料，必须留有间隙，以利剪切或气割。

16）钢板长度不够需要电焊接长时，在接缝处必须注明坡口形状及大小，在焊接和矫正后再划线。

17）为了剪切方便，对一些特长的钢板，在号料时，可在中间留有间隙，以便先用气割割开，再进行剪切。

18）钢板或型钢采用气割切割时，要放出手动气割或自动气割的割缝宽度，其宽度可取下列数值：

（1）自动气割割缝宽度为 3mm。

（2）手动气割割缝宽度为 4mm。

19）各种切断线必须打上凿子印。加工线如弯曲线、中线等，应打上样冲印。用颜色粉或油漆标写好加工符号，写上构件的编号，必要时可用凿子敲出构件的编号。

20）角钢划线时，应将样杆与角钢一边靠正，然后用小角尺把样杆上的断线及眼孔线等分别划在角钢上，再用划线尺划出孔的中心线（图 4.1.3-1）。

21）槽钢划线时，样杆应放在腹板上，划出相应长度，再用小角尺划到翼缘上（图 4.1.3-2）

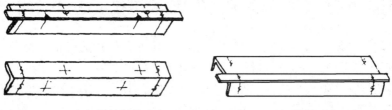

图 4.1.3-1　角钢号料划线示意图　　　　图 4.1.3-2　槽钢画线示意图

22）工字钢和 H 型钢划线时，可用特制的卡板在两端划出工字钢或 H 型钢上下翼缘及腹板的中心点，用粉线弹出中心线，把样杆放在腹板中心线旁划出相应长度，再用样板和卡板划端头［图 4.1.3-3 步骤（a）～（d）］。

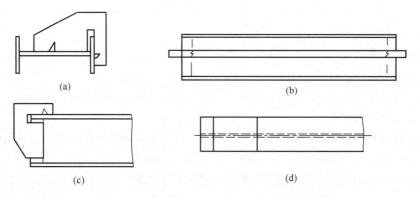

（a）　　　　　　　　　　　　　　　　（b）

（c）　　　　　　　　　　　　　　　　（d）

图 4.1.3-3　工字钢、H 型钢画线示意图
（a）步骤一；（b）步骤二；（c）步骤三；（d）步骤四

23）号料过程中，应随时在样板、样杆上记录下已号料的数量，号料完毕，则应在样板、样杆上记下实际数量，写上"完"或"全"字样和号料日期。并妥善保管好样板及样杆。

3. 样板、样杆的制作要求如下。

1) 样板按其用途可分为：号料样板、划线加孔样板、弯曲样板及检查样板等四种。

2) 用于制作样板的材料必须平整，用于制作样杆的小扁钢必须先行矫直敲平。

3) 样板、样杆的材料不够大或不够长时，可接大接长后使用，但必须进行审核。样杆的长度应根据构件的实际长度或按工作线的长度，再放 50～100mm。

4) 制成的样板、样杆，要用锋利的划针、尖锐的样冲和凿子打上记号，记号应又细又小又清楚。样板应用剪刀或者切割机来切边，务使样板边缘整齐。

5) 样板、样杆上应用油漆写明工作令号、构件编号、大小规格、数量，同时标注上眼孔直径、工作线、弯曲线等各种加工符号。特殊的材料还应注明钢号。所有字母、数字及符号应整洁清楚。

6) 样板、样杆上常用的符号如下（图 4.1.3-4）。

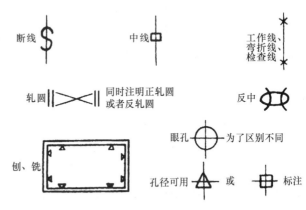

图 4.1.3-4　常用的样板符号

7) 为了便于划线，薄钢板样板上的眼孔线、弯曲线及中线，可在孔眼十字线处用凿子挖去图 ╋ 中黑影部分。在弯曲线、中线处挖去图 ▶ 中的黑影部分。

8) 型钢的号料划线样板，应画上型钢的断面及方向，长度样杆可用小扁钢制作，需要割斜或者挖角弯形的，则必须用薄钢板另做划头、挖角样板。

9) 号料后需进行刨或者铣边加工的零件，应在样板上放出加工余量。剪切后加工的，一般每边放 3～4mm，气割后加工的，则需每边放 4～5mm。

10) 上下弦水平支撑长度若超过 6m 时，其两端眼孔之间的距离应缩短 3～4mm。焊接结构的构件，在制作样板时应考虑预放焊接收缩量。收缩量的多少参阅表 4.1.3-1、表 4.1.3-2、表 4.1.3-3。

工字形构件（梁或柱身）焊接加劲板时的收缩量	表 4.1.3-1

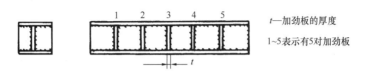

t—加劲板的厚度

1～5表示有5对加劲板

加劲板的厚度 t（mm）	收缩数值（指一对加劲板）（mm）
6	1
8	1
10	0.6
12	0.57
16	0.55

各种钢材焊接接头的收缩量（mm）　　　　表 4.1.3-2

名　　称	接 头 式 样	收缩（一个接头处）		注　　释
		$t=8\sim16$	$t=20\sim40$	
钢板对接	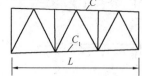	$1\sim1.5$	$1\sim1.5$	
槽钢对接		$1\sim1.5$		大规格型钢的收缩量比较小
工字钢对接		$1\sim1.5$		

焊接屋架、桁架的收缩量（mm）　　　　表 4.1.3-3

L—构件长

C—上弦杆 主件
C_1—下弦杆

C 及 C_1 主杆的角钢规格	主杆夹的连接板厚	焊　肉	收缩（$L-1$m 时收缩的数值）
∠75×75×8	8	6	0.9
∠90×90×8～10	8	6	0.6
∠100×100×10	10	6	0.55
∠120×120×12	12	8	0.5
∠130×130×14	14	10	0.45
∠150×150×16	16	10	0.4
∠200×200×14～24	16	10	0.2
∠75×100×8	8	6	0.65
∠120×80×8～10	10	6	0.5
∠150×100×12	12	8	0.4

11）制作样板、样杆，可直接用尺，按图示尺寸或计算出的尺寸或展开得到的尺寸，划在样板铁皮上或样杆上，也可采用覆盖过样法从大样上划出样子。

12）样板、样杆完成后先应自检，再经检验部门检验合格后方可使用。

4. 展开的计算和例题。

【例1】根据图 4.1.3-5 所示尺寸，求展开长度及弯折角角度。

解：设两直线线段尺寸分别为 l_1、l_2，圆弧长为 l_3，圆弧所对圆心角为 α。

$$\alpha = \sin^{-1}\frac{400}{600} = 41.8°$$

所以弯折角角度

$$= 180° - \alpha = 180° - 41.8° = 138.2°$$

$$l_1 = 1600 - \sqrt{600^2 - 400^2} - (8+8) \times \sin\frac{\alpha}{2}$$

$$= 1600 - 447.2 - 5.7$$

$$= 1147\text{mm}$$

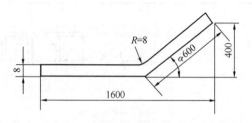

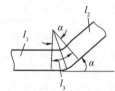

图 4.1.3-5　展开长度及弯折角角度示意图

$$l_2 = 600 - (8 + 8) \times \sin \frac{\alpha}{2}$$

$$= 600 - 5.7$$

$$= 594.3 \text{mm}$$

$$l_3 = (8 + 4) \times \pi \times \frac{\alpha}{180°}$$

$$= 16\pi \times \frac{41.8}{180°}$$

$$= 11.7 \text{mm}$$

所以总长 $= l_1 + l_2 + l_3$

$$= 1147 + 594.3 + 11.7$$

$$= 1753 \text{mm}$$

【**例 2**】根据图 4.1.3-6 所示尺寸，计算半个截头圆锥的展开尺寸。

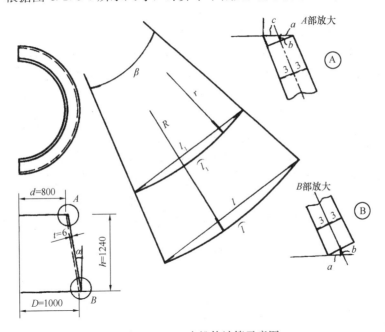

图 4.1.3-6 半锥体计算示意图

解:

已知：$D = 1000 \text{mm}$，$d = 800 \text{mm}$，$h = 1240 \text{mm}$，$t = 6 \text{mm}$。

则：

$$\alpha = \text{tg}^{-1} \frac{D - d}{h} = \text{tg}^{-1} \frac{1000 - 800}{1240} = 9.16°$$

$$a = \frac{t}{2} \cos\alpha = \frac{6}{2} \cos 9.16 = 2.96 \text{mm}$$

$$b = \frac{t}{2} \sin\alpha = \frac{6}{2} \sin 9.16 = 0.48 \text{mm}$$

$$c = \frac{t}{\cos\alpha} - \alpha = \frac{6}{\cos 9.16} - 2.96 = 3.12 \text{mm}$$

$$R = \frac{D+a}{\sin a} = \frac{1000 + 2.96}{\sin 9.16} = 6300.32 \text{mm}$$

$$r = \frac{d+c}{\sin \alpha} = \frac{800 + 3.12}{\sin 9.16} = 5044.97 \text{mm}$$

$$\hat{l} = (D+a) \times \pi = (1000 + 2.96) \times \pi = 3150.89 \text{mm}$$

$$\hat{l_1} = (d+c) \times \pi = (800 + 3.12) \times \pi = 2523.08 \text{mm}$$

$$\beta = \frac{D+a}{R} \times 180° = \frac{1000 + 2.96}{6300.32} \times 180° = 28.65°$$

$$l = 2R\sin \frac{\beta}{2} = 2 \times 6300.32 \times \sin \frac{28.65}{2} = 3117.68 \text{mm}$$

$$l_1 = 2r\sin \frac{\beta}{2} = 2 \times 5044.97 \times \sin \frac{28.65}{2} = 2496.47 \text{mm}$$

5. 异形钢板结构的展开方法。

1) 线段的实长和展开图的画法如下。

(1) 一条空间线段在三视图中的投影，只有当该线段平行于某平面时，则线段在该投影面上的投影才反映实长。如果该线段与三个投影面均成倾斜的直线，那么该直线在三视图中的投影线段均不反映实长，对于这样的线段可通过下面的方法求其实长。

① 直角三角形法求线段的实长。图 4.1.3-7 (a) 为一处于两投影面体系中的倾斜线 AB，过 B 作 $a'b'$ 平行线交 Aa' 连线于 A_1，即 $A_1B // a'b'$，则得一直三角形 BA_1A，斜边 AB 即为实长，再画视图如图 4.1.3-7 (b)，在视图中只要做出直角三角形 BA_1A，就能求出 AB 的实长。作图方法如下：过 a' 做 $a'b'$ 的垂线，截取 $a'A_o = aa_x-bb_x$，连接 A_ob' 即为实长。同理，也可在图 4.1.3-7 (a) 中过 A 做 ab 的平行线交 Bb 连线于 B_1，即 $AB_1 // ab$，则得一直角三角 AB_1B，斜边 AB 即为实长，再画视图如图 4.1.3-7 (c)，同样在视图中作直角三角形 AB_1B，求出 AB 实长。作图方法如下：过 b 作 ab 垂线，截取 $bB_o = b'b_x-a'a_x$，连接 B_oa 即为 AB 实长。

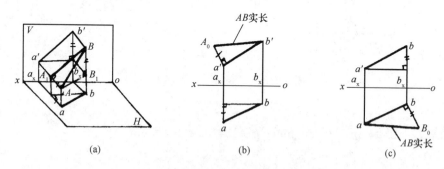

图 4.1.3-7　直角三角形求线段的实长图

② 旋转法求线段实长。图 4.1.3-8 (a) 反映的是空间任意线段 AB 在投影面上的情形。$a'b'$、ab 都不反映实长。根据一直线平行于某平面，则该直线在这平面上的投影反映实长这一原理，可以以 Aa 为轴旋转，将线段 AB 旋转到平行于正投影面的位置 AB_1，则这时 AB_1 在 V 面的投影 $a'b'_1$ 反映实长。将图 4.1.3-8 (a) 画成视图 4.1.3-8 (b)，在视图中只要以 a 为圆心，ab 为半径画弧至平行于 x-o 轴的位置 ab_1，过 b_1 作铅垂线，过 b' 作水

平线，两线相交于 b_1，连接 $a'b'$ 即为实长。同样也可以以 Aa' 为轴旋转，求 AB 实长（方法略）。

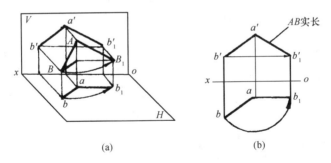

图 4.1.3-8　旋转法求线段实长图

（2）通常画展开图的方法有三种：平行线法、放射线法和三角形法。若构件的表面是由一组相互平行的直线素构成，例如直圆管、棱柱等，可用平行线法展开；若构件的表面是由一组直线素构成，且这组直线汇交于一点，例如圆锥、斜圆锥、棱锥等，可用放射线法展开；若构件的表面既不是由一组相互平行的直线素构成，也不是由一组汇交于一点的直线素构成，例如螺旋叶片等，可用三角形法展开。

2）展开图画法实例。

（1）异径斜交三通管的展开（图 4.1.3-9）。用平行线法展开，作图步骤如下。

① 求两管相贯线。先做出支管断面图，且将断面分成十二等分，在左视图上，过各等分点作垂线，交主管圆周上得 $1''$、$\cdots4''$、$\cdots7''$ 点，过这些点作水平线，与主视图各等分点所引直线对应相交得 $1'$、$\cdots4'\cdots7'$ 各点，并连成曲线，即为两管相贯线。

② 支管展开。在 AB 延长线上取 A_1B_1 等于支管圆周长，且分成十二等分，过各等分点做 A_1B_1 垂线，与过主视图 $1'$、$\cdots4'$、$\cdots7'$ 各点且与 A_1B_1 平行的线对应相交，得 1、$\cdots$7、$\cdots$1 各点，将这些点连成曲线，即得支管的展开图。

③ 主管展开。在 CD、EF 的延长线上做矩形 $C_1D_1F_1E_1$，使 C_1D_1、F_1E_1 等于主管圆周长。在 C_1D_1 的中点做水平线 GH，过 $4'$ 点做铅垂线交 GH 为 O，再在线上截取 $OL=\overset{\frown}{1''2''}$，$LM=\overset{\frown}{2''3''}$，$MN=\overset{\frown}{3''4''}$，过主视图相贯线上各点 $1'$、$\cdots4'$、$\cdots7'$，做铅垂线与过 O、L、M、N 的水平线对应相交得 $1°$、$\cdots4°$、$\cdots7°$ 各点，将这些点连成曲线，即得主管的开孔图，从而完成了整个主管的展开图。

（2）四棱台的展开（图 4.1.3-10）。用放射线法展开，作图步骤如下。

① 在两视图上延长各棱线，得四棱台的锥顶 S'、S_o；

② $C'g'$ 已反映各棱边实长；

③ 以 S' 为圆心，$S'g'$ 为半径画弧，在弧上以 gh 为半径截取四次得 G、H、E、F、G 各点，将这些点与 S' 连成射线；

④ 以 $S'C'$ 为半径、S' 为圆心画弧交射线得 C、D、A、B、C 各点，按顺序连接各点，即得四棱台的展开图。

（3）斜圆锥台的展开（图 4.1.3-11）。用放射线法展开，作图步骤如下。

① 延长 AC、BD，求得 O、S 点。

② 将斜圆锥台底圆分成八等分得 1、$\cdots3$、$\cdots5$ 各点，再将这些点与 S 连接，交上口

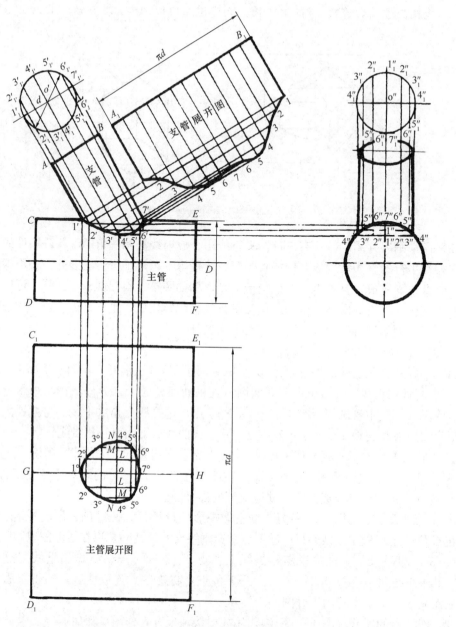

图 4.1.3-9　异径斜交三通管的展开图

小圆得点 1_1、$\cdots 3_1$、$\cdots 5_1$；过这些点向上作铅垂线交 AB，得 $1'$、$\cdots 3'$、$\cdots 5'$ 各点，且将这些点与 O' 相连交 CD 线，得 $1_1'$、$\cdots 3_1'$、$\cdots 5_1'$ 各点。

③用旋转法求出各线的实长（图中以过锥顶的铅垂线为旋转轴）。

④以 S' 为圆心、$S'1'$ 为半径画弧，在弧上取一点为 A_1；以 S' 为圆心、实长 $S'2'$ 为半径画弧，与以 A_1 为圆心、弧长 L 为半径所画弧相交得 A_2 点，$\cdots$；依此类推，直至画完八个 L 为止；然后，将这些点分别与 S' 连成放射线。

⑤以 S' 为圆心、实长 $S'1_1'$、$S'2_1'$、$\cdots S'5_1'$ 为半径，分别画弧与各同名射线对应相交，得 C_1、C_2、$\cdots C_5$、$\cdots$ 各点；最后将各点连成曲线，即得斜圆锥台的展开图。

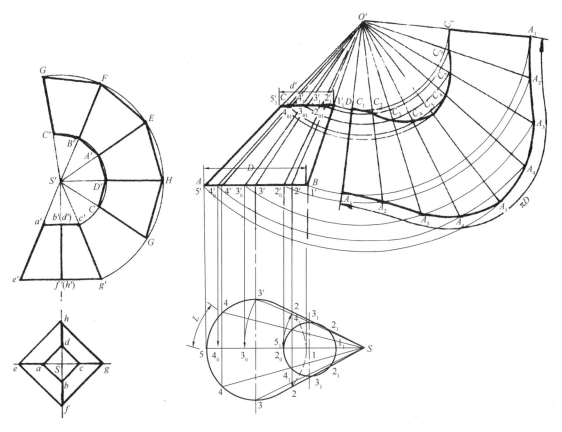

图 4.1.3-10　四棱台的展开图　　　　　　　　图 4.1.3-11　斜圆锥台的展开图

（4）两口互不平行的方口管接头的展开（图 4.1.3-12）。用三角形法展开，作图步骤如下。

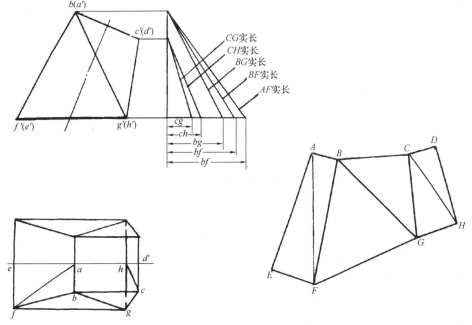

图 4.1.3-12　两口互不平行的方口管接头的展开图

① 该构件前后对称，所以只画对称中心线（ed）一半的图形。连接 af、ch，分别将两个直角梯形 $abfe$ 和 $dcgh$ 分成 $\triangle abf$、$\triangle afe$ 和 $\triangle dch$、$\triangle chg$ 四个平面。

② ab、bc、cd、ef、fg、gh，和 $a'e'$、$d'h'$，分别反映 AB、BC、CD、EF、FG、GH 和 AE、DH 的实长；用直角三角形法求其余各边 CG、CH、BG、BF、AF 的实长（为反映得更清楚些将实长图单独画出）。

③ 作一线段使其长为 AE，以 E 为圆心、EF 为半径画弧，与以 A 为圆心、AF 为半径所画弧相交于 F，…；依此类推，按顺序做出各三角形的实形，即得到该构件的 1/2 展开图。

（5）料斗的展开（图 4.1.3-13）。该构件由一块嘴板、一块体板和两块前后对称且在两条边上带有圆弧的侧板所组成，作图步骤如下。

① 求俯视图侧板圆弧处与嘴板的相贯线。分别在主、俯视图上做侧板圆弧的断面图，并将其三等分；在主视图上过断面图各等分点作水平线交 $e'g'$ 为 $1'$、$2'$、…$4'$点，过这些点向下作铅垂线，与过俯视图上断面图各等分点所引水平线对应相交得 1、2、3、4 点，再将这些点连成曲线，即为相贯线。

② 嘴板的展开。在俯视图上，将嘴口半圆六等分得 $1°$、$2°$、$3°$、$4°$、…点，并过这些点向上做铅垂线交主视图 $c'h'$ 得 $1°'$、$2°'$、$3°'$、$4°'$、过 $1°'$、$2°'$、$3°'$点，并过这些点做 $c'h'$ 的垂线，在垂线上相应截取 $1°$、$2°$、$3°$到 O_1h 线的距离得对应点 $1°°'$、$2°°'$、$3°°'$，且连成曲线，即为嘴口面图；再按此法画出侧板圆弧处和嘴板连接处的断面图（$1^\times 2^\times 3^\times 4^\times$）；连接 $1°'2'$、$2°'3'$、$3°'4'$和 $1°2$、$2°3$、$3°4$，将嘴板曲面分割成一个个三角形来近似展开；用直角三角形求出各线段实长；画展开图时，先画折线 G_1G，使其长等于 g_1g，以 G_1、G 为圆心、实长 L_4 为半径画弧得交点 A_4（即 H 点），以 A_4 为圆心、$4°°'3°°'$长为半径画弧，与以 B_4（即 G_1、G 点）为圆心、实长 L_{34} 为半径所画弧相交得 A_3 点，以 A_3 为圆心、实长 L_3 为半径画弧，与以 B_4 为圆心、$4^\times 3^\times$ 长为半径所画弧相交得 B_3 点，…；依此类推，直至全部画完，然后再将平面 G_1GJJ_1 画上，就得到了嘴板的展开图。

③ 侧板的展开。先求出 BC 实长、CE 实长（即为 L_1），再用平行线法分别画出平面 $IKEB$ 和侧板圆弧处的展开面 $AIKD$、$KEGF$，其中 KF、KD 等于 $\overset{\frown}{d'f'}$ 弧长；$k'd'f'$ 是一个以 R_2 为半径的球体中的一部分，是一个不可展曲面，这部分可进行近似展开，即以 K 为圆心、KF 为半径画弧交于 D、F，KFD 就为球体部分的展开图；再用三角形法画出平面 BCE，这样就完成了侧板的展开图。

④ 体板的展开用平行线法（方法略）。

（6）锥形斜面等宽螺旋叶片的展开（图 4.1.3-14）。该构件表面连续两素线不在同一平面内，是一不可展曲面，此时，可用三角形法将其近似展开，作图步骤如下。

① 在俯视图直径为 D 的半圆上进行六等分得点 0、1、…6，将这些点分别与 O 连接交螺旋叶片为 a_0、a_1、…a_6 和 b_0、b_1、…b_6 点；为更清楚反映叶片上六等分线素 a_0b_0、A_1b_1、…a_6b_6 之间的关系，将六等分线素分别旋转到过 a_0b_0 线且垂直于俯视图的平面内，画出六等分线素的截面图［见图 4.1.3-14（c）］；过 a_0、…a_6 和 b_0、…b_6 各点向上引铅垂线（或过六等分线素截面图上 a_0''、…a_6'' 和 b_0''、…b_6'' 各点向左引水平线），在主视图上得相应交点 a_0''、a_1''、…a_6'' 和 b_0''、b_1''、…b_6''；再在主、俯视图相邻两线素间的曲面画一对角线，把曲面分割成一个个三角形，如 $\triangle a_0b_0a_1$、$\triangle a_1b_0b_1$。

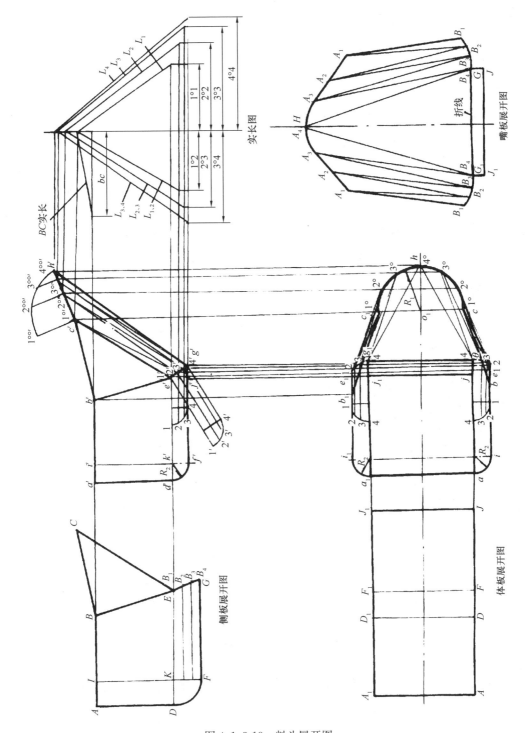

图 4.1.3-13 料斗展开图

② 六等分各线素的实长已在截面图上反映出，用直角三角形法求其余各边实长［图 4.1.3-14（b）实长图］。

③ 做一线段使其长等于 A_0B_0，以 A_0 为圆心、A_0A_1 长为半径画弧，与以 B_0 为圆心、

A_1B_0 长为半径所画弧相交得 A_1 点，以 B_0 为圆心、B_0B_1 长为半径画弧，与以 A_1 为圆心、A_1B_1 长为半径所画弧相交得 B_1 点，…；依此类推，画完全部十二个三角形，并将各点连成曲线，即得到整个展开图。

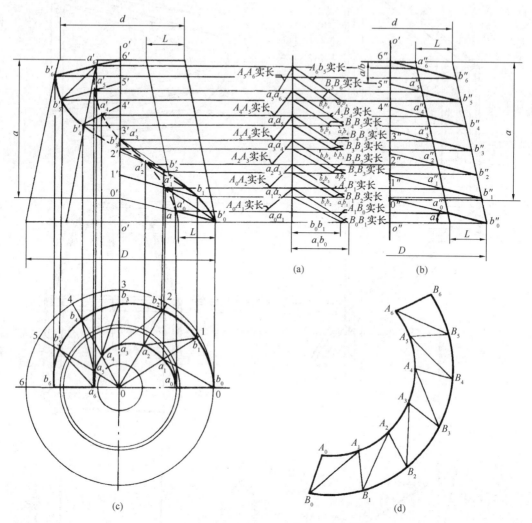

图 4.1.3-14　锥形斜面等宽螺旋叶片的展开图

（a）投影图；（b）实长图；（c）六等分素线截面图；（d）展开图

6. 钢板与型钢弯曲时号料长度的计算。

1）钢材弯曲时的中性层和最小弯曲半径计算方法如下。

（1）钢板和型钢在弯曲时，内层受压、外层受拉，两层的长度都发生变化，在内外层之间，有一层材料的长度未发生变化，称为中性层。钢板和型钢在弯曲时的号料长度，应按中性层计算。

另外，钢材随着弯曲程度的不同，中性层的位置会发生位移。当钢板的弯曲半径 R 与厚度 t 之比大于 5 时，中性层与板厚中心层重合，当 R 与 t 之比小于等于 5 时，中性层会由板厚中心层向里层移位。计算时可将板厚 t 乘上系数 K，K 值可由表 4.1.3-4 查得。型钢弯曲时，在弯曲半径不小于表 4.1.3-4 的规定时，型钢的重心线长度保持不变，长度可按重心线计算。

中性层位移系数　　　　　　　　　　　　表 4.1.3-4

R/t	0.5	0.6	0.8	1	1.5	2	3	4	5	>5
K	0.37	0.38	0.40	0.41	0.44	0.45	0.46	0.47	0.48	0.5

（2）钢材弯曲后，弯曲处会产生冷作硬化。若弯曲半径太小，会产生裂缝或断裂，同时还会产生不易加工成型的问题，因此，对钢材的弯曲半径大小要进行限制。钢板、圆钢、钢管的最小弯曲半径，分别见表 4.1.3-5、表 4.1.3-6。

圆管最小弯曲半径（mm）　　　　　　　　表 4.1.3-5

圆钢直径 d	6	8	10	12	14	16	18	20	25	30
最小弯曲半径 R	4		6		8			10	12	14
备　注	圆钢在冷弯曲时，弯曲半径一般应使 $R \geqslant d$。特殊情况下允许用表中数值									

圆管最小弯曲半径（mm）　　　　　　　　表 4.1.3-6

钢管外径 d		弯曲半径 $R \geqslant$			备　注
焊接钢管	任意值	6d			L 为弯管端最短直管长度 $L \geqslant 2d$，但应 $\geqslant 45$mm
无缝钢管	5～20	壁厚 $\leqslant 2$	4d	壁厚 >2	3d
	>20～35		5d		3d
	>35～60		—		4d
	>60～140		—		5d

2）钢板的号料长度计算方法如下。

（1）折角弯曲件的号料长度计算（图 4.1.3-15）：折角弯曲件可看成圆角很小（$R < 0.5t$）的弯曲件，在计算号料长度时，可近似地用内侧直线相加，再加上 0.5 钢板厚度计算。计算公式为式（4.1.3-1）。

$$L = (A - t) + (B - t) + 0.5t \qquad (4.1.3-1)$$

（2）圆角弯曲件的号料长度计算（图 4.1.3-16）：对圆角弯曲件（$0.5t \leqslant R \leqslant 5t$）的号料长度计算，直线部分按图示尺寸计算，圆弧部分按中性层计算，计算公式为式（4.1.3-2）。

$$L = L_1 + L_2 + \frac{\pi}{180°} \cdot \alpha(R + K \cdot t) \qquad (4.1.3-2)$$

当 $R/t > 5$ 时，K 为 0.5 即中性层在板厚中心层上；当 $R/t \leqslant 5$ 时，K 可查表 4.1.3-4 得到。

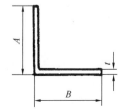

图 4.1.3-15　折角弯曲的长度计算图

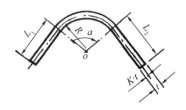

图 4.1.3-16　圆角弯曲长度计算图

（3）圆弧板的号料长度计算（图 4.1.3-17）：圆弧板（$R > 5t$）的号料长度计算，直接按板厚中心层计算，计算公式为式（4.1.3-3）。

$$L = (R + 0.5t) \frac{\pi}{180°} \cdot \alpha \tag{4.1.3-3}$$

3）圆钢、扁钢、钢管的号料长度计算。

（1）圆钢弯成的腰形构件的号料长度计算（图 4.1.3-18）：计算圆钢、扁钢、钢管弯曲时的号料长度，一般都按中心层计算。因圆钢、扁钢、钢管弯曲时，在不超过表 4.1.3-5、表 4.1.3-6 所规定的弯曲半径时，中心层长度基本不变，所以可按中心层计算，计算公式为式（4.1.3-4）。

$$L = 2[A - 2(R + d)] + 2\pi(R + d/2) \tag{4.1.3-4}$$

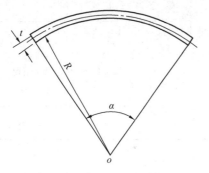 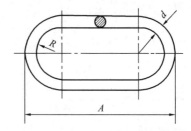

图 4.1.3-17　圆弧板长度计算图　　　图 4.1.3-18　圆钢弯成腰形长度计算图

（2）扁钢弯曲件的号料长度计算（图 4.1.3-19）公式为式（4.1.3-5）。

$$L = A + B + C + \frac{\pi}{180°} \cdot \alpha_1 (R_1 + b/2) + \frac{\pi}{180°} \cdot \alpha_2 (R_2 + b/2) \tag{4.1.3-5}$$

（3）钢管弯曲件的号料长度计算（见图 4.1.3-20）公式为式（4.1.3-6）。

$$L = A - 2(R_1 + d) + 2(B - R_1 - R_2 - 2d) + 2(C - R_2 - d) + \pi(R_1 + R_2)d/2$$

$$\tag{4.1.3-6}$$

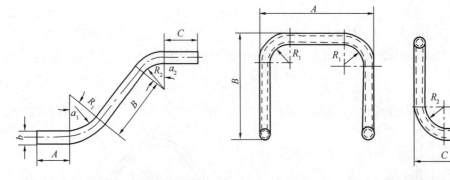

图 4.1.3-19　扁钢弯曲长度计算图　　　图 4.1.3-20　钢管弯曲长度计算图

4）角钢、槽钢、工字钢的号料长度计算。

（1）角钢内弯折直角长方框的号料长度计算，见图 4.1.3-21（a）：角钢内弯直角框架的号料长度，按里皮长度计算，计算公式为式（4.1.3-7）。

$$L = 2(A+B) - 8t \qquad (4.1.3\text{-}7)$$

号料展开切口图见图 4.1.3-21(b)。

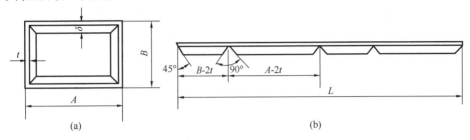

图 4.1.3-21　角钢内弯折直角长方框长度计算图

（2）角钢外弧内角内弯直角的号料长度计算 ［图 4.1.3-22(a)］：对角钢外弧内角内弯直角构件，在计算号料长度时，将直段和圆弧段叠加，但圆弧段长度按角钢厚度的一半处来计算，计算公式式（4.1.3-8）。

$$L = A + B - 2b + \frac{\pi}{2}\left(b - \frac{t}{2}\right) \qquad (4.1.3\text{-}8)$$

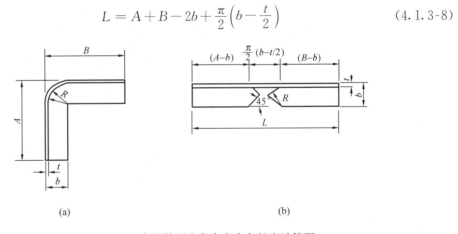

图 4.1.3-22　角钢外弧内角内弯直角长度计算图

号料展开切口图 ［图 4.1.3-22(b)］。

（3）角钢内、外弯法兰的号料长度计算方法如下：

① 角钢内弯法兰的号料长度计算 ［图 4.1.3-23(a)］：计算公式为式（4.1.3-9）。

$$L = \pi(D - 2z_\circ) \qquad (4.1.3\text{-}9)$$

式中，$z_\circ$ 为重心线的位置尺寸。

② 角钢外弯法兰的号料长度计算 ［图 4.1.3-23(b)］：计算公式为式（4.1.3-10）

$$L = \pi(D + 2z_\circ) \qquad (4.1.3\text{-}10)$$

（4）槽钢外弧内角直角弯曲件的号料长度计算 ［图 4.1.3-24(a)］：计算公式为式（4.1.3-11）。

$$L = A + B - 2h + \frac{\pi}{2}\left(h - \frac{t}{2}\right) \qquad (4.1.3\text{-}11)$$

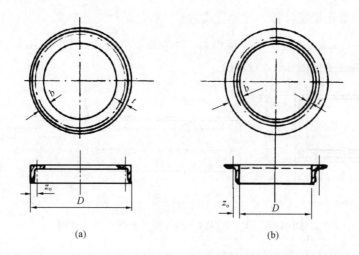

图 4.1.3-23　角钢内、外弯法兰长度计算图

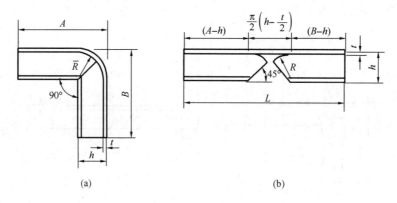

图 4.1.3-24　槽钢外弧内角直角弯曲长度计算图

号料展开切口图 [图 4.1.3-25(b)]。

(5) 槽钢小面内、外弯法兰的号料长度计算方法如下。

① 槽钢小面内弯法兰的号料长度计算 [图 4.1.3-25(a)]：计算公式为式 (4.1.3-12)。

$$L = \pi(D - 2z_0) \tag{4.1.3-12}$$

② 槽钢小面外弯法兰的号料长度计算 [图 4.1.3-25(b)]：计算公式为式 (4.1.3-13)。

$$L = \pi(D + 2z_0) \tag{4.1.3-13}$$

(6) 槽钢大面弯法兰的号料长度计算 (图 4.1.3-26)：计算公式为式 (4.1.3-14)。

$$L = \pi(D - h) \tag{4.1.3-14}$$

(7) 工字钢翼缘面弯法兰的号料长度计算 (图 4.1.3-27)：计算公式为式 (4.1.3-15)。

$$L = \pi(D + b) \tag{4.1.3-15}$$

(8) 工字钢腹板面弯法兰的号料长度计算 (图 4.1.3-28)：计算公式为式 (4.1.3-16)。

$$L = \pi(D - h) \tag{4.1.3-16}$$

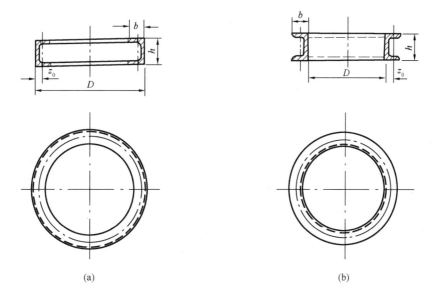

图 4.1.3-25　槽钢小面内、外弯法兰长度计算图

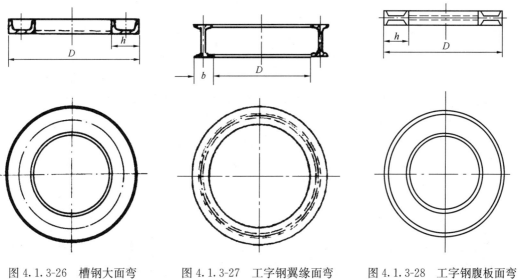

图 4.1.3-26　槽钢大面弯　　　图 4.1.3-27　工字钢翼缘面弯　　　图 4.1.3-28　工字钢腹板面弯
　　法兰长度计算图　　　　　　　法兰长度计算图　　　　　　　　法兰长度计算图

7. 放样和号料验收的技术标准。

1) 放样验收的技术要求如下。

(1) 放样场地应保证光线充足，具有一个明亮的工作环境。

(2) 放样台应平整，且四周应放出四根互成 90°的直线，中间作一根平行线及一根垂直线，供检查和核对样板用。

(3) 放样所画的石笔线条粗细不得超过 0.5mm，粉线在弹线时的粗细不得超过 1mm。

(4) 剪切后的样板不应有锐口，直线与圆弧剪切时，应保持平直和圆顺光滑。

(5) 样板的精度要求，见表 4.1.3-7。

						样板的精度要求								表 4.1.3-7

偏差名称	总长	宽度	两端孔中心距	孔心位移	相邻孔距	两排孔心距	两对角线差
偏差极限（mm）	±1.0	±1.0	±1.0	±0.5	±0.5	±0.5	±0.5

2）号料验收的技术要求如下：

（1）号料所画的石笔线条粗细以及粉线在弹线时的粗细均不得超过 1mm。

（2）号料敲凿子印间距，直线为 40～60mm，圆弧为 20～30mm。

（3）号料时的公差，见表 4.1.3-8。

		号料公差		表 4.1.3-8

序号	项目	公差值（mm）
1	长　　宽	±1.0
2	两端孔心距	±0.5
3	对角线差	1.0
4	相邻孔心距	±0.5
5	两排孔心距	±0.5
6	冲点与孔心距位移	±0.5

4.2　切　　割

4.2.1　下料划线以后的钢材，必须按其所需的形状和尺寸进行下料切割。钢材的切割可通过冲剪、切削、摩擦等机械力来实现，也可利用高温热源来实现。

1. 常用的切割方法有以下几种。

1）机械切割：使用剪切机、锯割机、砂轮切割机等机械设备。

2）气割：利用氧-乙炔、丙烷、液化石油气等热能进行。

3）等离子切割（利用等离子弧焰流实现）。

4）激光切割法。

5）水切割法。

在日常施工中，具体采用哪一种切割方法比较合适，应根据各种切割方法的设备能力、切割精度、切割表面的质量情况，以及经济性等因素来选定。

2. 各类切割方法的原理、主要设备及其特点见表 4.2.1-1。

		各种切割方法的原理和特点		表 4.2.1-1

序号	切割方法	切割的原理	切割机械	特点
1	气割法	利用氧气与可燃气体混合产生的预热火焰加热金属表面到燃烧温度并使金属发生剧烈的氧化，放出大量热量促使下层金属也自行燃烧，同时通以高压氧气射流，将氧化物吹除而引起一条狭小而整齐的割缝，随着割缝嘴的移动，使切割过程连续而切割出所需的形状	手工切割 小车式半自动气割机 特型气割机 数控气割机 多头气割机 相关性气割机	能够气割各种厚度的钢材，设备灵活，费用经济，气割精度也高，是目前使用最广泛的气割方法

序号	切割方法	切割的原理	切割机械	特点
2	机械切割法	利用上下两剪刀的相对运动来切断钢材	剪板机 联合冲剪机 型钢冲剪机	剪切速度快，效率高，能剪切厚度＜30mm 的钢材，缺点是切口略粗糙，下端有毛刺
		利用锯片的切削运动把钢材分离	弓锯床	可以切割角钢、圆钢和各类型钢
			带锯床	用于切割角钢、圆钢和各类型钢，切割速度较快且精度也较好
			圆盘锯床	切割速度较慢，但切割精度高，主要用于柱、梁等型钢的切割，设备的费用比较高
		利用锯片与工件的摩擦发热使金属熔化而被切断	摩擦锯床	切割速度快，应用广，但切口不光洁，而且噪声很大，目前已基本淘汰
			砂轮切割机	能切割不锈钢及各类薄壁小型钢
3	等离子切割法	利用高温高速的等离子焰流将切口处金属及其氧化物熔化并吹掉来完成切割	等离子切割机	由于等离子弧的焰流高温和高速，所以任何高熔点的氧化物都能被熔化和吹走，故能切割任何金属，特别是不锈钢、铝、铜等
4	激光切割法	利用激光高温将切口处金属及其氧化物熔化并用氧气吹掉来完成切割	激光切割机	速度快，切口小，精度高而且变形小，但成本高
5	水切割法	在高压和高速的水流中加入研磨砂，利用研磨砂来完成切割	高压水切割机	速度极慢，成本高，但精度高，切口光滑，可以代替金加工

3. 在钢结构制造厂中，一般情况下，钢板厚度在 $t<12$mm 以下的直线外凸下料，常采用剪切。气割多用于带曲线或凹形的零件或厚钢板的切割。各类型钢以及钢管等的下料通常采用锯割，但是一些中小型的角钢和圆钢等常也采用剪切或气割的方法。等离子切割主要用于曲线薄板、熔点较高的不锈钢材料及有色金属如铜或铝等的切割。

4.2.2 剪切。

剪切机的种类和结构形式很多，按传动方式分为机械传动和液压传动两种，按工作性质分为剪板机、型钢冲剪机以及既能剪切钢板又能剪切型钢和进行冲孔的联合冲剪机。不同剪切机的特点和要求如下：

1. 剪板机。主要用于剪切钢板，按用途可以分为剪直线和剪曲线两种。剪直线的剪板机根据刀刃的形式不同又可分为平口剪板机、斜口剪板机和龙门剪板机。在钢结构制造厂中，龙门剪板机是使用最广的一种剪切机械，龙门剪板机的型号及技术性能参数见表 4.2.2-1。

龙门剪板机的型号及技术性能参数　　　　　　　　　表 4.2.2-1

| 产品名称 | 型号 | 技术参数 | | | | | | 电机功率(kW) | 产量(t) | 外形尺寸(长×宽×高)(mm) |
		剪板尺寸(厚×宽)(mm)	剪切角度(°)	空行程次数(次/min)	喉口深度(mm)	后挡料架调节范围(mm)	材料强度(kgf/mm²)			
剪板机	Q11-1×1000A	1×1000	1°	100		420	≤50	1.1	0.55	1533×1128×1040
	Q11-2.5×1600A	2.5×1600	1°30′	55		500	≤50	3	1.64	2355×1300×1200
	Q11-2.5×2000A	2.5×2000	1°	60		20~500	≤50	3	3.1	2992×2054×1380
	Q11-3×1200	3×1200	2°25′	55		350	≤50	3	1.38	2015×1505×1300
	Q11-3×1800	3×1800	2°	60		600	50	5.5	3.5	2800×1450×1400
	Q11-4×2000	4×2000	1°30′	45		20~500	50	5.5	2.9	3100×1590×1280
	Q11-4×2000	4×2000	1°30′	45		500	50	5.5	2.8	3100×1590×1440
	Q11-6×1200	6×1200	2°	60		500	≤50	7.5	4	2250×1650×1602
	Q11-6×2500	6×2500	2°30′	33		460	≤50	7.5	6.5	3600×2250×2110
	Q11-7×2000A	7×2000	1°30′	20		0~500	50	10	5.3	3160×1813×1535
	Q11-8×2000	8×2000	2°	40		20~500	50	10	5.5	3270×1765×1530
	Q11-10×2500	10×2500	2°30′	16		0~460	50	15	8	3420×1720×2030
	Q11-12×2000	12×2000	2°	40	230	5~800	≤50	17	8.5	2100×3140×2358
	Q11-13×2500	13×2500	3°	28	250	700	≤45	13	13.3	3730×2565×2450
	Q11-13×2500	13×2500	3°	30		460	≤50	15	12.2	3595×2200×2440
剪板机(液压)	Q11-13×2500	13×2500	3°	28	250	460	50	15	13.3	3595×2160×2240
	Q11-20×2000	20×2000	4°15′	18		80~750	47	30	20	4180×2930×3240
	Q11-20×2500	20×2500	3°24′	18		60~750	47	30	21	4180×2930×3240
	Q11-25×3800	25×3800	4°7′	6	16	50		70	85	6790×4920×5110

龙门液压剪板机，见图 4.2.2-1。

图 4.2.2-1　液压龙门剪板机

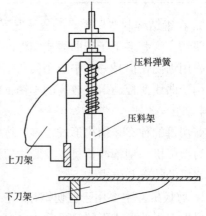

图 4.2.2-2　压料结构图

龙门剪板机的刀刃长度均在 1m 以上，能够剪切较宽的钢板，但是不能像斜口剪板机那样将一条剪缝分段进行剪切，剪板宽度也受刀刃长度的限制。

板料在龙门剪板机上剪切前，必须首先压紧，以防在剪切过程中移动或翘起，因此，剪板机上都设置压料结构，见图 4.2.2-2。当上刀架向下运动时，压料架随着下降，借弹簧压缩时弹力压紧钢板，压紧力也随着上刀架向下而增大。

如果利用液压作为动力，带动上刀架运动的龙门剪切板，称为液压剪板机。图 4.2.2-1 为引进的数控液压龙门剪板机，其主要特点是剪板机上用来控制剪切尺寸之挡板位置由数控自动调节，操作简单而且方便。该机最大剪力为 103.2kN，最大刃倾角 $\beta = 3°8'11''$，最大剪切尺寸（厚×宽）为 19×3600（mm）。

剪曲线的剪板机仅适用于剪切 5mm 以下的薄钢板，类型有滚动斜置式双盘剪板机和振动剪板机等（图 4.2.2-3）。

2. 型钢冲剪机：主要用来剪切中小型的圆钢、方钢、角钢、槽钢和工字钢等，国产型钢冲剪机的型号及技术性能参数见表 4.2.2-3。

国产型钢冲剪机的型号及技术性能　　　　表 4.2.2-2

型号	技术参数								电机功率（kW）	重量（t）	外形尺寸长×宽×高（mm）
	可剪切最大尺寸（mm）					材料强度（N/mm²）	剪切力（t）	行程次数（次/min）			
	圆钢	方钢	角钢	槽钢	工字钢						
Q41-100	Φ60	50×50	120×12	[22号	I 20号	≤450	100	36	5.5	2.5	1965×1530×1710
Q41-100A	Φ60	50×50	125×12	[22号	I 20号	450	100	36	5.5	2.45	1965×795×1710
Q43-63	Φ63	50×50	100×100×12	180×70	180×94	≤500	126	40	13	11	3400×1820×1380

图 4.2.2-4 为引进的自动角钢联合冲剪机，其主要特点是从角钢的传送、测量、冲孔和剪断全部由微机自动控制，机床上有两对垂直的冲头，且不在同一平面上，可对角钢进行两侧分别冲孔，在前端有一剪刀，可以将角钢按需要的长度进行切断。加工角钢的最大规格为 L152×152×12.5(mm)。

3. 联合冲剪机：是一头能剪切、另一头能冲孔、中间能剪切型钢、以同一电动机为动力、一机多用的剪切机，应用比较广。国产联合冲剪机的型号及技术性能参数见表 4.2.2-3。图 4.2.2-5 为 QA34-25 型剪刀板纵放联合冲剪机。

图 4.2.2-3　数控液压剪板机

图 4.2.2-4 自动角钢联合剪板机

图 4.2.2-5 QA34-25 型联合剪冲机

国产联合冲剪机的型号及技术性能

表 4.2.2-3

产品名称	型号	技术参数						最大冲孔力(kN)	冲孔直径(mm)	冲孔板厚(mm)	材料强度(N/mm²)	电机功率(kW)	重量(t)	外形尺寸(长×宽×高)(mm)
		剪板厚度(mm)	行程次数(次/min)	可剪最大尺寸(mm)										
				圆钢	方钢	角钢								
剪板刀纵放联合冲剪机	Q34-10	10	40	35	30	80×10		350	25	10	450	2.2	0.77	1245×464×1496
	Q34-16	16	27	45	40	120×12		55000	26	16	450	5.5	2.3	1645×625×1850
剪板刀纵放带模联合冲剪机	QA34-25	25	25	65	55×55	150×18		1200	25	25	450	7.5	7	2840×1290×2460
	QA35-16	16	32	45	40	120×12		630	28	16	450	4	2.38	1850×700×1945
	QA35-16	16	36 32	45	40×40	125×12		620	28	16	≤450	4	2.83	1877×725×1945
	QA35-20	20	剪冲20	56	50	140×12	100×12	850	30	20	450	7.5	6.5	2180×700×2115
	QA35-25	52	模剪30	65	55	160×12	125×14	1200	34	25	450	13	7.1	2500×1080×2700

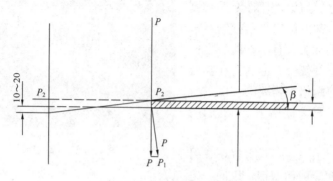

图 4.2.2-6 剪切力示意图

4. 剪切力与剪刀刃的几何形状有关,计算公式如下。

1）平剪刀剪切时　$P = 1.4Ff_u$

2）斜剪刀剪切时　$P = 0.55t^2 f_u / tg\beta$

式中　F——切断材料的断面面积（mm）；

　　　t——钢材厚度（mm）；

　　　f_u——抗拉强度（N/mm^2）；

　　　β——剪刀的倾斜角。

这里不用抗剪强度，主要考虑到材料厚度不均及刃口变钝等因素。另外按图 4.2.2-6，β
角增大，剪切力降低，但材料变形增加，当 β 超过 14°时，P 的分力会将材料推出，从而造成剪切困难。因此，β 角一般以 9°～14°为宜。龙门剪板机的角度是按材料厚度而定，钢板厚度 3～10mm 时，取 $\beta = 1°～3°$，在 12mm 以上时，取 $\beta = 3°～6°$。

5. 剪切时应注意下列工艺要点。

1）剪刀刃口必须锋利，剪刀材料应为碳素工具钢和合金工具钢，发现损坏或者迟钝需及时检修磨砺或调换。

2）上下刀刃的间隙必须调节适当，间隙过大，剪切时材料容易发生翻翘，并造成切口断面粗糙和产生毛刺，因此，应该根据板厚进行调整，剪切板厚与刃口间隙的关系见图 4.2.2-7。

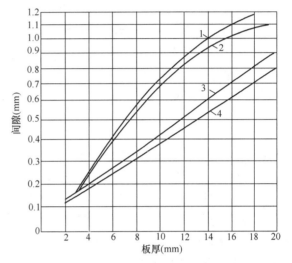

图 4.2.2-7　板厚和刃口间隙的关系
1—Q235；2—Q355；3—65Mn；4—Cr18

3）剪切角钢的刀片，内圆弧应该根据角钢的内圆角半径 R 而变化，当角钢为 L30～L130 时，其 R 为 4～12mm。可把刀片的半径 R 分做成 4～5 级，使用时便于随时调换。见图 4.2.2-8。

4）当一张钢板上排列许多个零件并有几条相交的剪切线时，为不造成剪切困难，应预先安排好合理的剪切程序后再进行剪切，见图 4.2.2-9。

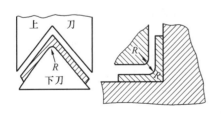

图 4.2.2-8　刀片的内圆弧角与角钢 R 的关系

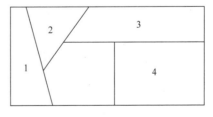

图 4.2.2-9　剪切顺序图

5）剪切时，将剪切线对准下刃口，在普通剪板机上剪切时，初剪的长度不宜过长，第一刀约 3～5mm，以后每刀约 20～30mm，当剪开 200mm 左右，剪缝能足以卡住上下剪刀时，就可推足进行剪切。

6）在龙门剪板机上剪切时，剪切的长度不能超过下刀刃长度，剪切狭料时，压料架若不能有效地压紧板料，可利用垫板压紧并剪切。见图 4.2.2-10，成批剪切相同尺寸的零件时，则利用挡板来定位，可以提高剪切效率，见图 4.2.2-11。

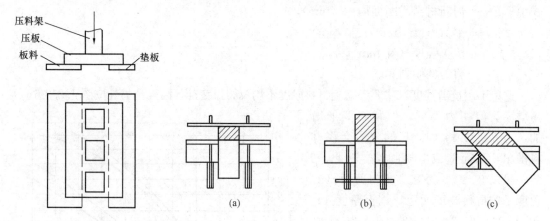

图 4.2.2-10　利用垫板压紧剪切　　　图 4.2.2-11　利用挡板剪切

6. 为了保证零件的剪切质量，还必须注意下列几点。

1）材料剪切后的弯扭变形，必须进行矫正。

2）材料剪切后，发现断面粗糙或带有毛刺，必须修磨光洁。

3）剪切过程中，切口附近的金属，因受剪力而发生挤压和弯曲，从而引起硬度提高、材料变脆的冷作硬化现象，必须重视这一缺点。重要的结构构件和焊缝的接口位置，一定要用铣、刨或者砂轮磨削的方法将硬化表面加以清除。

4.2.3　锯割设备与要求。

1. 在钢结构制造厂中，常用的锯割机械有：弓形锯、带锯、圆盘锯、摩擦锯和砂轮锯等，锯割机械的主要用途是切割各类型钢。特点及要求如下。

1）弓锯床：仅适用于切割中小型的型钢、圆钢和扁钢等。弓锯的工作运动和手锯相似，它的往复运动是由曲柄盘的旋转而产生，锯条行程的长短可以由曲柄调整。弓锯床的型号及技术性能参数见表 4.2.3-1。

弓形锯床型号及技术性能

表 4.2.3-1

产品名称	型　号	最大锯料直径(mm)	加工范围				锯条尺寸(mm)		锯条行程(mm)	切削速度(m/min)	往复速度	
			圆钢(mm)	方钢(mm)	槽钢(号)	工字钢(号)	长度	厚度			级数	范围(次/min)
弓锯床	G7025A	250	250	220	22	22	500	2	152	22,33	2	75～112
弓锯床	G7025	250	250	250	25	25	450 500	2	152	27	1	91
弓锯床	G7116	160	160	160	16	16	350	1.3 1.4	110～170	平均 28	1	92
弓锯床	G7125	250	250	250	25	25	450	2	110	27	2	80,105
弓锯床	G72	220	220	220	22	22	450	2	152	22,29	2	75,97

2）带锯床：有卧式、立式和台式等多种形式，特点是锯条成带状，不仅切割效率高，切割断面的质量也较好，还可转角度切割。图 4.2.3-1 为带锯床。带锯床的型号及技术性能参数见表 4.2.3-2。

图 4.2.3-1　带锯床　　　　　　　图 4.2.3-2　G6014 型卧式圆锯床

带锯床型号及技术性能　　　　　　　　　　表 4.2.3-2

产品名称	型　号	最大切料直径（mm）	技术参数							
			最大锯料厚度（mm）	锯轮直径（mm）	锯齿长度（mm）	锯齿宽度（mm）	切割速度（m/min）	工作台尺寸（mm）	主轴转速（r/min）	切断进给方式
卧式带锯床	G5025	250	250	380	3660	25	20～70		无级 17～60	液动
卧式带锯床	G5030	直割 300 斜割 200	300	400	3660	25	21～60		7 级 16～48	手动
立式带锯床	G5120	200	200	432	3600～3700	3～18	20～300	610×610	无级 15～600	液动
台式带锯床	G5250	200	200	200	3440	3～10	60～120	460×700	小级 50，100	手动

3）圆盘锯：锯片为圆盘形，在盘的周边制有一排锯齿，锯片由电动机带动旋转。进刀运动时，可锯断各种型钢。圆盘锯的特点是能够切割大型的 H 型钢，而且切割精度很高，因此，在钢结构制造厂中，经常用来进行柱、梁等型钢构件的下料切割。圆盘锯有卧式和立式两种。图 4.2.3-2 为卧式圆盘锯床。国产卧式圆盘锯床的型号和技术性能参数列于表 4.2.3-3。

圆盘锯床型号及技术性能　　　　　　　　　表 4.2.3-3

产品名称	型号	规格（mm）	技　术　参　数						切削速度（mm/min）	转　速	
			加工范围				锯片尺寸(mm)			级数	范　围（r/min）
			圆钢（mm）	方钢（mm）	槽钢（号）	工字钢（号）	直　径	厚　度			
卧式圆锯床	G607	710	240	220	40	40	710	6.5	液压无级 25～400	4	4.75，6.75，9.5，13.5

产品名称	型号	规格（mm）	技术参数								
			加工范围				锯片尺寸(mm)		切削速度（mm/min）	转速	
			圆钢（mm）	方钢（mm）	槽钢（号）	工字钢（号）	直径	厚度		级数	范围（r/min）
卧式圆锯床	G6010	1010	350	300	60	60	1010	8	液压无级 12～400	6	2，3.15，5 8.1，12.4，20
卧式圆锯床	G6104	1430	500	350	60	60	1430	10.5	液压无级 12～400	6	1.46，2.37，4.04，5.78，9.31，15.88
卧式圆锯床	G6120A	2010	700	650			2010	14.5	液压无级 5.6～17	无级	0.9～2.7

立式圆盘锯的工作能力比卧式的更大，图 4.2.3-3 为国产 HN-021 型立式圆盘锯，其最大锯切宽度为 850mm，厚度为 250nm。图 4.2.3-4 为引进的双主柱立式圆盘锯，锯片直径为 1250mm，进刀速度为 0～23.3mm/s，可无级调速，锯切最大宽度为 990mm，最大厚度达 432mm。

图 4.2.3-3　HN-021 型立式圆锯床　　图 4.2.3-4　双立柱立式圆锯床

圆盘锯使用的锯片有冷切锯片和镶齿锯片两种，大型圆盘锯一般都采用镶齿锯片，其优点是当个别锯齿损坏时，可以进行局部调换。锯片的型号和规格见表 4.2.3-4。

图 4.2.3-5 为国产镶齿锯片，镶齿与圆盘用铆钉连接，不同直径的锯片所拥有的镶齿块数不同，详见表 4.2.3-5。每块镶齿锯片上的齿数不同，3 齿的为粗齿，4 齿为普通齿，6 齿为中齿，8 齿则为细齿，选用原则为：圆钢、方钢等实体材料，一般选用普通齿的锯片，如果材料强度较高则选用中齿的锯片为宜；管材、工字钢和 H 型钢等型材，通常选用中齿锯片，如果材料强度较高，则以选用细齿的锯片进行加工为宜。

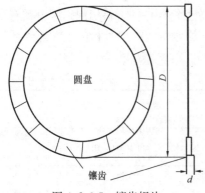

图 4.2.3-5　镶齿锯片

锯片型号及规格 表 4.2.3-4

类 别	型号 规格 （外径）	内 孔
冷切锯片	LJ 200	ϕ30
	LJ 250	ϕ30
	LJ 300	ϕ40
	LJ 350	ϕ35
	LJ 400	ϕ30
	LJ 450	ϕ30
	LJ 500	ϕ65
	LJ 550	ϕ10
	LJ 600	ϕ10
	LJ 650	ϕ110
	LJ 700	ϕ110
	LJ 720	
	LJ 760	
	LJ 800	ϕ110
	LJ 850	ϕ110
	LJ 900	ϕ300
镶齿锯片	XJ 1010	ϕ100
	XJ 1430	ϕ150
	XJ 1610	ϕ150
	XJ 2000	ϕ240

镶齿锯片 表 4.2.3-5

锯片外径 D（mm）	镶齿锯片					
	块数 （块）	厚度 （mm）	齿 数			
			3 齿	4 齿	6 齿	8 齿
710	24	6.5	(72)	96	144	192
1010	30	8	(90)	120	180	240
1430	36	10.5	108	(144)	216	288
2000	44	14.5	132	—	—	—

4）砂轮锯：利用砂轮片高速旋转时与工件摩擦，由摩擦生热并使工件熔化而完成切割，这种切割方法只适用于锯切薄壁型钢及小型钢管等，一般在锯切 1～3mm 厚的材料时效率最高，材料厚度超过 4mm 效率就会降低，而且砂轮片的损耗也很大。常用国产砂轮锯的型号和技术性能见表 4.2.3-6。

砂轮锯型号和技术性能　　　　　　　　　　　　　　　表 4.2.3-6

产品名称	型　号	最大切料直径（mm）	技　术　参　数							
			加工范围（mm）		砂轮尺寸（mm）			砂轮速度（m/s）	主轴转速（r/min）	切断进给方式
			管材直径	棒料直径	外径	内径	厚度			
砂轮切断机	G228	80	80	45	300	32	2.5	50	2380	干切手动
					300	32	3			
					400	32	4			
砂轮切断机	G228B	80	80	45	300	32	3	80	5100	湿切手动
气门砂轮切割机	J6-001	12	3～12	8～12	400	32	3	50	2380	连续
								3130	3180	

砂轮锯切的优点是切口光滑，毛刺较薄且容易清除；缺点是噪声大，粉尘也多。

2. 锯割机械施工中应注意下列事项。

1）型钢应预先经过校直，方可进行锯切。

2）所选用的设备和锯片规格，必须满足构件所要求的加工精度。

3）单件锯切的构件，先划出号料线，然后对线锯切。号料时，需留出锯槽宽度（锯槽宽度为锯片厚度＋0.5～1.0mm）。成批加工的构件，可预先安装定位挡板进行加工。

4）加工精度要求较高的重要构件，应考虑留放适当的精加工余量，以供锯割后进行端面精铣。

3. 锯切设备的工作精度，主要是指锯割后断面相对轴线的不垂直度的误差值，这与机床的性能及锯片的刚度有关。各类锯割机床，实际能够达到的工作精度列于表 4.2.3-7。

各类锯割机床能达到的精度　　　　　　　　　　　　　　表 4.2.3-7

图例	切割断面对轴线的不垂直度 a（mm）			
	弓锯床	带锯床	圆盘锯	砂轮锯
	0.4/100	0.4/100	0.15/100	0.5/100

4.2.4　气割。

气割是以氧气和可燃气体混合燃烧时产生的高温来熔化钢材，并以高压氧气流于以氧化和吹除，形成割缝而达到切割的目的。气割的用途很广，利用气割可以切割各种各样厚度和形状的钢材，而且设备简单，费用低廉，生产率高，使用灵活，因此，在钢结构制造厂中获得广泛的应用。气割特点和要求如下。

1. 气割时氧气的作用是助燃，产生高温并使钢燃烧而进行切割，工业用氧气一般分为两级，对其纯度的具体要求见表 4.2.4-1。

工业气纯度指标　　　　　　　　　　　　　　　　表 4.2.4-1

指　标　名　称	指标	
	一级品	二级品
氧气（O_2）含量（%）	≥99.2	≥98.5
水分（H_2O）含量（mL/瓶）	≤10	≤10

氧气的纯度对氧气的消耗量、切割速度和质量起着决定性的影响，纯度降低将加大工作时需要的压力，因此，氧气的纯度是越高越好，其相互关系见表 4.2.4-2。

氧气纯度与切割速度和消耗量的关系 表 4.2.4-2

氧气纯度（%）	切割速度（%）	切割时的氧气压力（%）	氧气消耗量（%）
99.5	100	100	100
99.0	95	110～115	110～115
98.5	91	122～125	122～125
98.0	87	138～140	138～140
97.5	83	158～160	158～160

2. 供气割用的可燃气体种类很多，常用的有乙炔气、丙烷气和液化石油气等。乙炔又称为电石，是一种碳氢化合物，其质量标准见表 4.2.4-3。

乙炔质量标准 表 4.2.4-3

指标名称	指标			
	一级品	二级品	三级品	四级品
发气量（L/kg）≥	200	285	265	235
乙炔中磷化氢（pH）含量（气体积）≤	0.08	0.08	0.08	0.08
乙炔硫化氢（HS）含量（气体积）≤	0.15	0.15	0.15	0.15

液化石油气是石油工业的副产品，其主要成分是：丙烷、丁烷、丙烷烯、丁烯等。液化石油气与乙炔气比较，火焰温度较低，切割时金属的预热时间稍长，耗氧量较大。但是液化石油气燃点高，操作时不易回火和爆炸，加上 0.8～1.5MPa 的压力即可变成液态，便于装瓶储存和运输，而且割口光洁，不渗碳，切割质量和安全都易于保证，因此，也有一些工厂用它来代替乙炔进行气割。

3. 氧-乙炔气割的主要辅助设备有：乙炔钢瓶、氧气钢瓶、减压器等，图 4.2.4-1 为手工气割时的设备示意图。辅助设备要求如下。

1）乙炔钢瓶：用来贮存乙炔气体，容积一般为 40L，往往采用瓶装的乙炔气来供应气割。为了增加乙炔容量和防止爆炸，乙炔瓶内填满了硅藻土、浮石、石棉纤维、活性炭等多孔性物质，并且这些物质又都浸润了丙酮液体，因为乙炔能够熔解在丙酮内。1 个体积的丙酮可

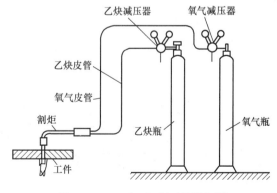

图 4.2.4-1 手工切割时的设备图

以熔解 23 个体积的乙炔，所以，乙炔瓶内填满了浸透丙酮的多孔性物质，才能以 1.5MPa 的压力贮存乙炔供气割使用。乙炔钢瓶的结构见图 4.2.4-2。

2）氧气钢瓶：用来贮存氧气，以便运送到工地使用。氧气瓶常用的容积是 40L，工

作压力为 15MPa，可以贮存 6m³ 氧气。

氧气瓶的构造见图 4.2.4-3，氧气瓶阀是控制氧气进出的阀门，在阀体一侧装有安全膜，当氧气瓶受到撞击、高温等特殊原因，而使瓶内气体的压力超过 18MPa 时，安全膜便自行爆破，泄放出瓶内全部氧气，从而防止氧气瓶爆炸。

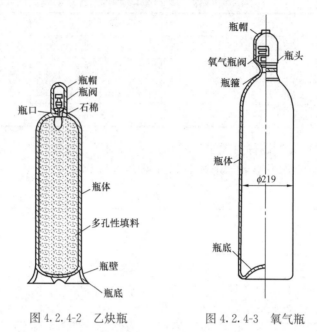

图 4.2.4-2　乙炔瓶　　　　　图 4.2.4-3　氧气瓶

氧气消耗量较大的工厂，一般都设有氧气站，用管道输送氧气，输送压力是 0.5～15MPa。

3）减压器：氧气瓶内的氧气压力为 15MPa，而气割时的工作压力一般为 0.5MPa，乙炔瓶内乙炔气压力为 1.5MPa，而工作压力在 0.05MPa 以下，减压器的作用可将瓶装压力降低到工作压力输送到割炬使用，同时当气瓶内的压力随着气体的消耗而逐渐降低时，减压器可起到稳压作用。

减压器的种类很多，有氧气减压器，乙炔减压器，丙烷减压器等。各类减压器的型号及主要性能见表 4.2.4-4。

减压器的型号及性能　　　　　　　　　　　表 4.2.4-4

型号（代号）	名称	最高输入压力（MPa）	输出压力调节范围（MPa）	公称流量（m³/h）	配套压力表规格（MPa）		重量（kg）	外形尺寸（cm）	安装连接尺寸（mm）		安全阀泄气压力（MPa）
					输入	输出			输入	输出	
YQY-1	单级氧气减压器	15	0.1～2.5	250	0～25	0～4	3	18.5×18.5×21			2.9～3.9
YQY-6		15	0.02～0.25	10	0～25	0～0.4	1.9	17.5×19×17.5	G5/8″	M16×1.5	0.28～0.38
YQY-12		15	0.1～1.6	160	0～25	0～2.5	2	17×16.5×16.5			1.8～2.4

续表

型号（代号）	名称	最高输入压力（MPa）	输出压力调节范围（MPa）	公称流量（m³/h）	配套压力表规格（MPa）		重量（kg）	外形尺寸（cm）	安装连接尺寸（mm）		安全阀泄气压力（MPa）
					输 入	输 出			输 入	输 出	
YQY-11	双级氧气减压器	15	0.1～1.6	100	0～25	0～2.5	5.8	27.5×17.8×20.2	夹环连接 G5/8″-左	G5/8″	1.8～2.4
YQE-222	单级乙炔减压器	3	0.01～0.15	6	0～4	0～0.25	2.6	28×16.5×17		M16×1.5-左	1.08～0.24
YQW-2	单级丙烷减压器	1.6	0.02～0.06	1.5	0～2.5	0～0.16	2	19×17.5×16.5		M16×1.5-左	0.07～0.12

4. 气割有手工气割和机械气割两种，手工气割的设备主要是割炬，而机械气割的设备种类很多，除了通常的小车式半自动气割机外，随着科学技术的发展，电子和自动控制技术进入了气割领域，各种轻便型专用气割机、电磁仿型气割机、光电跟踪气割机、数字程序控制气割机以及多头门式气割机等不断涌现，而且在生产中逐渐推广和应用，大大提高了气割的切割能力，精度和效率。特点及要求如下。

1）手工割炬：常用的割炬有射吸式割炬和等压式割炬两种。射吸式割炬由预热和切割两部分组成，氧气从氧气接头处进入后分成两路，一路通向预热火焰的氧气控制阀进入射吸室，产生射吸作用，与乙炔气混合组成预热火焰。另一路是由切割氧气阀控制，在工件预热到可进行切割状态时，打开气阀，射出切割氧气射流，进行切割。射吸式割炬结构见图 4.2.4-4。

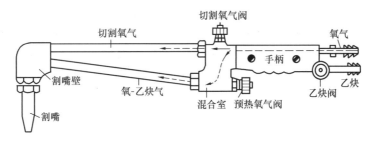

图 4.2.4-4　普通射吸式割炬示意图

射吸式割炬可用中压乙炔，更可用低压乙炔，因此，又称为低压割炬，应用广泛。我国生产的射吸式割炬的规格及性能见表 4.2.4-5。

射吸式割炬规格及性能　　　　表 4.2.4-5

型　号	割嘴号码	割嘴形式	切割范围（mm）	切割氧孔径（mm）	气体压力（MPa）		气体消耗量	
					氧　气	乙　炔	氧气（m³/h）	乙炔（L/h）
G01-30	1	环形	2～10	0.6	0.2	0.001～0.1	0.8	210
	2		10～20	0.6	0.25	0.001～0.1	1.4	240
	3		20～30	1.0	0.3	0.001～0.1	2.2	310

型　号	割嘴号码	割嘴形式	切割范围 (mm)	切割氧孔径 (mm)	气体压力（MPa）		气体消耗量	
					氧　气	乙　炔	氧气（m³/h）	乙炔（L/h）
G01-100	1	梅花形	10～25	1.0	0.3	0.001～0.1	2.2～2.7	350～400
	2		25～50	1.3	0.35	0.001～0.1	3.5～4.3	460～500
	3		50～100	1.8	0.5	0.001～0.1	5.5～7.3	550～600
G01-300	1	梅花形	100～150	1.8	0.5	0.001～0.1	9.0～10.8	530～780
	2		150～200	2.2	0.65	0.001～0.1	11～14	800～1100
	3	环形	200～250	2.0	0.3	0.001～0.1	14.5～18	1150～1200
	4		150～200	3.0	1.0	0.001～0.1	10～26	1250～1600

　　等压式割炬的乙炔、预热火焰的氧气、切割氧气，分别由单独的管子通入割嘴，由于预热氧和乙炔是自由状态，没有射吸作用，在割嘴内混合后再在割嘴外产生预热火焰，所以，等压式割炬有三根管子送气，其结构原理见图 4.2.4-5。

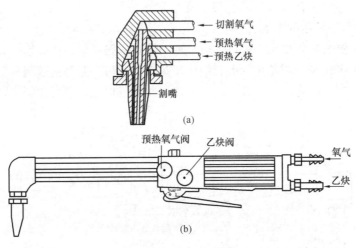

(a)

(b)

图 4.2.4-5　等压式割炬

　　等压式割炬必须使用中压乙炔或高压乙炔，火焰燃烧才能稳定，不易回火，所以，又称为高压割炬，其切割氧气阀大多数是利用杠杆原理的结构，可以快速打开，单独控制，使用方便，国产的等压式割炬其规格和性能见表 4.2.4-6。

等压式割炬规格及性能　　　　　　　　　　　　表 4.2.4-6

型　号 （名称）	割嘴号码	切割氧孔径 (mm)	切割范围 (mm)	气体压力（MPa）		气体消耗量	
				氧　气	乙　炔	氧气（m³/h）	乙炔（L/h）
G02-100 中压式割炬	1	1.0	10～25	0.4	0.05～0.1	2.2～0.7	350～400
	2	1.3	25～50	0.5	0.05～0.1	3.5～4.3	400～500
	3	1.6	50～100	0.6	0.05～0.1	5.5～7.3	500～600

续表

型 号 （名称）	割嘴号码	切割氧孔径 （mm）	切割范围 （mm）	气体压力（MPa）		气体消耗量	
				氧气	乙炔	氧气(m³/h)	乙炔（L/h）
G02-500 中压式割矩	7	3.0	250～300	0.6	0.05～0.1	15～20	1000～1500
	8	3.5	300～400	1.0	0.05～0.1	20～25	1500～2000
	9	4.0	400～500	1.2	0.05～0.1	25～30	1800～2200
G04-12/100 中压式焊割两用炬	1	1.0	5～20	0.25	>0.05	1.5～2.5	250～400
	2	1.3	20～50	0.35		3.5～4.5	400～500
	3	1.6	50～100	0.5		3.0～3.4	500～600

2）半自动气割机：能够移动的小车式气割机，由切割小车、导轨、割炬、气体分配器、自动点火装置及割圆附件等组成。切割小车采用直流电动机驱动，硅闸管控制进行无级调速，调速范围大而稳定。图4.2.4-6为常用的CG1-30型小车式半自动气割机。

(a)

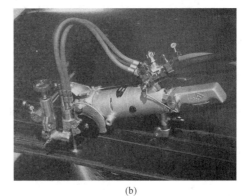
(b)

图4.2.4-6 半自动切割机

气割机沿着轨道可直线运动，依靠半径杆可进行圆周运动，因此，装在小车上的割炬可以进行直线、弧形和圆形的气割，还可进行斜面和V形坡口的气割。气割表面比较光洁，一般的情况下，可不再进行切割表面的精加工。

直线切割时，导轨放在被气割钢板的平面上，使有割炬的一侧面向操作者，可方便的根据钢板厚度选用割嘴、调正气割直度和气割速度。一般产品都带有导轨，使用者也可根据切割长度自行制造。半自动气割机的型号及主要技术数据见表4.2.4-7。

半自动气割机型号及技术数据 表4.2.4-7

名　称			气割机	轻型多用途气割机	轻便直线气割机	气割机	气割机	平面多用途气割机
类　号			CG1-30	CG-7	CG1-18	G1-100	G1-100A	CG1 Q2
切割范围	厚度	mm	5～60	5～50	5～150	10～100	10～100	6～150
	直径		200～2000	65～1200	500～2000	540～2700	50～1500	30～1500
切割速度		mm/min	50～750	75～850	50～1200	190～550	60～650	0～1000
使用割嘴号数		号	1#,2#, 3#	1#,2#, 3#	1#,2#, 3#,4#,5#	1#,2#, 3#	1#,2#, 3#	

续表

名　称			气割机	轻型多用途气割机	轻便直线气割机	气割机	气割机	平面多用途气割机
割炬调节范围	垂直	mm				55	150	
	水平					150	200	400
电动机	型号		S261	M28-432	Z15/60-220	S261	S261	S261
	电压	V	110	转速 3000r/min	转速 6000r/min	110	110	110
	功率	W	24	3	15	22	24	24
电源		V	220	220	220	220	220	220
重量	机重	kg	14	2.8		19.2	17	20
	导轨		10			（不带导轨）	（不带导轨）	3（单条）
	总重		32	4.3	13			
外形尺寸（长×宽×高）		mm	370×230×240	480×105×145	310×200×100	405×370×540	420×440×310	320×340×300
用途			可作直线和直径大于200mm 圆周、斜面、V 形坡口等形状气割	可作直线、圆周、任意曲线、坡口切削	可作直线或圆周、直线坡口割，尤其对 8mm 以下薄钢板切割质量好	可作直线、圆形、倾角 10°以内的切割	可作内线、圆形和 V 形坡口切割	可作直线、圆形、长圆、方形、长方形、三角形等形状切割，机上装有横移架能横向自动行移或旋转

常见半自动气割机的切割参数见表 4.2.4-8。

常用半自动气割机切割参数　　　　　　　　表 4.2.4-8

型　号	割嘴号数	切割厚度（mm）	气体压力（MPa）		切割速度（mm/min）
			氧　气	乙　炔	
CG1-30	1#	5～20	0.25	0.02	500～600
	2#	20～40	0.25	0.025	400～500
	3#	40～60	0.3	0.04	300～400
G1-100 G1-100A	1#	10～40	0.4～0.45		450～600
	2#	40～60	0.5～0.65		300～700
	3#	80～100	0.75～1.0		210～260

3) 电磁仿形气割机：仿形气割机大多是轻便摇臂式仿形自动气割机，适用于大批生产中气割同一种零件。结构主要由机身、仿形机构、形臂、主臂及底座等组成，传动部分采用直流电机，以硅闸管作无级调速。

切割工件的形状，决定于靠模样板，使用时机座平稳地固定在气割材料上，一般使用主臂切割。割机的割炬装在电动机下面的活动摇臂上，并由电动机带动顶端的磁头旋转，当磁头吸住模板后，割炬的摇臂即运转，依靠模板，可重复割出与模板一样的仿形工件，仿形气割机的原理见图 4.2.4-7。仿形气割机能比较精确地割出各种形状的零件，大批量生产形状曲折的零件时，优越性更为显著。常用仿形气割机的型号及主要技术数据见表 4.2.4-9。

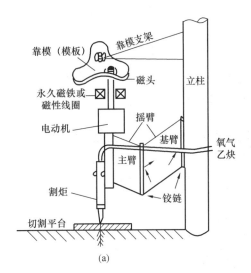

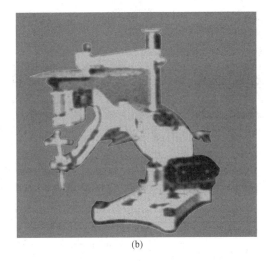

(a)   (b)

图 4.2.4-7 仿形切割机及其原理图

（a）仿形切割机原理图；（b）实物图

仿形气割机型号及技术数据   表 4.2.4-9

名　称			仿形气割机	仿形气割机	摇臂仿形气割机	摇臂仿形气割机	大摇臂仿形气割机
型　号			CG2-150	G2-1000	G2-900	G2-3000	G2-5000
切割范围	厚度	mm	5～50	5～60	10～100	10～100	10～100
	长度		1200	1200			5300
	最大正方形		500×500	1060×1060	900×900	1000×1000	2000×2000
	长方形尺寸		400×900 450×750	750×460, 900×110, 1200×260		3200×350	5000×600
	直径		600	620, 1500	930	1400	20～2300
切割速度		mm/min	50～750	50～750	100～660	108～722	200～1500
气割精度		mm	±0.4	≤±1.75	±0.4	±0.1	±0.4
割嘴号数		号	1,2,3	1,2,3	1,2,3	1,2,3	1,2,3
电动机	型号		S261	S261	S261	S261	S261
	电压	V	110	110	110	110	110
	功率	W	24（3600r/min）	24	24	24	24
电源电压		V	220	220	220	220	220
重量	平衡锤重	kg	9	2.5			
	总重		40	38.5	400	200	500
外形尺寸	（长×宽×高）	mm	1190×335 ×800	1325×325 ×800	1350×1500 ×1800	2200×1000 ×1500	3350×2000 ×1700

图 4.2.4-8　CM-95 成型光电跟踪切割机

4）光电跟踪气割机：用光电平面轮廓仿形，通过自动跟踪系统驱动割嘴进行切割的设备，在工艺上可以省略实尺下料，只需将被切割的零件画成 1∶10 的缩小仿形图即可，不仅提高了工效，减轻了劳动强度，而且还可以实现套料切割，提高钢材的利用率。

光电跟踪气割机由跟踪机和切割机两部分组成，国内制造的光电跟踪气割机跟踪方式大多采用脉冲相位法，跟踪机和切割机为分离式，实行遥控，燃气采用氧-乙炔（或丙烷）。图 4.2.4-8 为引进的 CM-95 成型光电跟踪自动气割机，其主要性能见表 4.2.4-10。

CM-95 型光电跟踪自动切割机性能　　　　　　　　　　　　表 4.2.4-10

切割钢板的长度	16m	切割速度	0～1000mm/min
切割钢板的宽度	3m	切割精度（纵向）	不大于 1mm
切割最大厚度	160mm	切割精度（横向）	不大于 1mm
可装割矩数	8 个		

目前，光电跟踪气割机已被数控切割机替代。

5）数控气割机：数控气割是随着电子计算技术的发展在加工工艺中使用的一项新技术，这种气割机可省去放样、划线、号料等工序而直接切割，具体套料和切割程序编制过程见本章 4.1.2，数控气割机及其组成和工作过程见图 4.2.4-9。

(a)

图 4.2.4-9　数控切割机及基本结构框图（一）

(a) 数控气割机

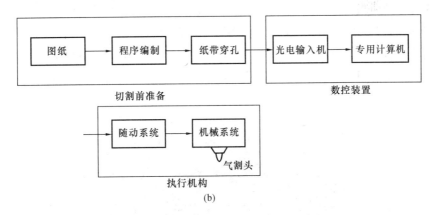

图 4.2.4-9 数控切割机及基本结构框图（二）

（b）数控气割机基本结构框图

国产数控气割机的型号及主要技术性能见表 4.2.4-11。

数控气割机主要技术数据 表 4.2.4-11

型 号			6500$_B^A$	SK-CG-9000	QSQ-1	SK-CK-2500
切割厚度		mm	5～100	5～100	5～100	5～100
切割极限尺寸 （长×宽）		mm	纵向轨长 2800 可同时割两块 宽 2400 钢板	横向 2×3600 或 4×1100 纵向 24000	10000×4000	6000×2600
结构形式			门式结构，轨距 6.5m	门架式，轨距 9020		
速度	切割	mm/min	100～6000	60～2400	0～800	50～900
	空车	mm/min		4000	2000	3110
脉冲当量		mm/脉冲	0.05	0.05	0.025	0.05
割炬组		个（组）	2 组	4 组	2 组	2 个
割炬升降速度		mm/min	350	240	800	230
割炬升降范围		mm	180	180	150	200
割炬回转速度		r/min	25	23.9		
切割精度	综合	mm		±1.5	＜±0.5	
	纵向		＜±1	±1	±0.1	
	横向			±0.5	±0.3	
电机功率	纵向	W		600		230
	横向			92		230
电源电压		V		220	380	220/380
外形尺寸 （长×宽×高）		mm	7756×4345×2112		12240×6800×1700	1180×4586×2195
重量		kg	11172			3370
备注			A 型为三割炬 B 型为单割炬	每组三个割炬	自用	

6）各类专用气割机：气割机械种类繁多，除了以上重点介绍的几种以外，还有其他各类专用的气割机：如专门用于切割直线形零件的高精度门式多头气割机；随着导轨位置的改变，能作垂直、横向、仰面、曲面等多向运动的多向气割机；半自动的圆和椭圆气割机，管道自动气割机和型钢自动气割机等，图4.2.4-10为型钢自动气割机。

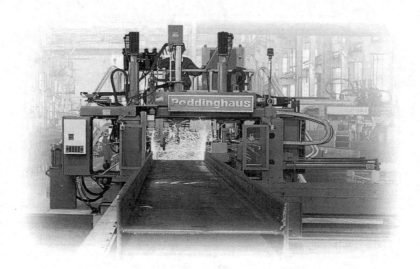

图4.2.4-10　型钢自动气割机

5. 气割操作时需注意的工艺要点如下。

1）气割必须在检查确认整个气割系统的设备和工具全部运转正常，并确保安全的条件下才能进行，而且在气割过程中还应该注意保持：

（1）气压稳定，不漏气。

（2）压力表、速度计等正常无损。

（3）机体行走平稳，使用轨道时要保证平直和无振动。

（4）割嘴气流畅通，无污损。

（5）割炬的角度和位置准确。

2）气割时应该选择正确的工艺参数（如割嘴型号、氧气压力、气割速度和预热火焰的能率等），工艺参数选择的主要依据是气割机械的类型和可切割的钢板厚度。工艺参数对气割的质量影响很大，常见的气割断面的缺陷与工艺参数的关系见表4.2.4-12。

常见气割断面缺陷及其产生原因　　　　　　　表 4.2.4-12

缺陷名称	图　示	产　生　原　因
粗　糙		切割氧压力过高； 割嘴选用不当； 切割速度太快； 预热火焰能率过大

续表

缺陷名称	图　示	产　生　原　因
缺　口	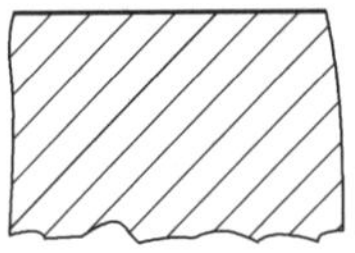	切割过程中断，重新起割衔接不好； 钢板表面有厚的氧化皮、铁锈等，切割坡口时； 预热火焰能率不足； 半自动气割机导轨上有脏物
内　凹	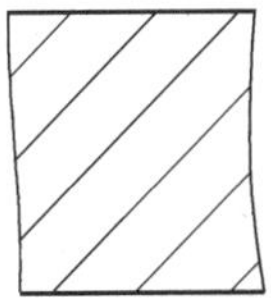	切割氧压力过高； 切割速度过快
倾　斜		割炬与板面不垂直； 风线歪斜； 切割氧压力低或嘴号偏小
上缘熔化	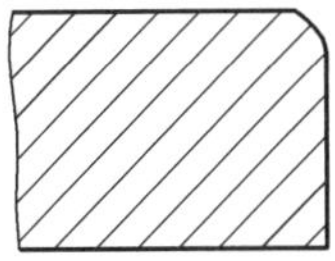	预热火焰太强； 切割速度太慢； 割嘴离割件太近
上缘珠链状	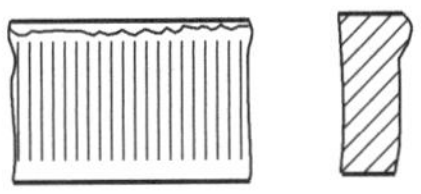	钢板表面有氧化皮、铁锈； 割嘴到钢板的距离太小，火焰太强
下缘粘渣	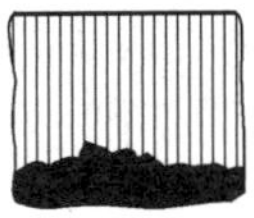	切割速度太快或太慢； 割嘴号太小； 切割氧压力太低

3) 预热火焰根据其形状和性质不同有碳化焰、氧化焰和中性焰三种，见图 4.2.4-11。切割时，通常采用对高温金属没有增碳和氧化作用的中性焰，而且要调节好切割氧气射流（风线）的形状，使其达到并保持轮廓清晰、风线长和射力高。

　　4）气割前，去除钢材表面的污垢、油脂，并在下面留出一定的空间，以利于熔渣的吹出。气割时，割炬的移动应保持匀速，割件表面距离焰心尖端以 2～5mm 为宜，距离太近会使切口边缘熔化，太远，热量不足，易使切割中断。

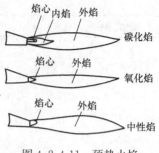

图 4.2.4-11　预热火焰

　　5）气割时，必须防止回火，回火的实质是氧乙炔混合气体从割嘴内流出的速度小于混合气体燃烧速度，造成回火的原因包括：

　　（1）皮管太长，接头太多或皮管被重物压住。

　　（2）割炬连续工作时间过长或割嘴过于靠近钢板，使割嘴温度升高，内部压力增加，影响气体流速，甚至混合气体在割嘴内自燃。

　　（3）割嘴出口通道被溶渣或杂质阻塞，氧气倒流入乙炔管道。

　　（4）皮管或割炬内部管道被杂物堵塞，增加了流动阻力。

　　（5）割嘴的环形孔道间隙太大，当混合气体压力较小时，流速过低也易造成回火。发生回火时，应及时采取措施，将乙炔皮管折拢并捏紧，同时紧急关闭气源，一般先关闭乙炔阀，再关氧气阀，使回火在割炬内迅速熄灭，稍待片刻，再开启氧气阀，以吹掉割炬内残余的燃气和微粒，然后再点火使用。

　　6）为了防止气割变形，操作中应遵循下列程序：

　　（1）大型工件的切割，应先从短边开始。

　　（2）在钢板上切割不同尺寸的工件时，应先割小件，后割大件。

　　（3）在钢板上切割不同形状的工件时，应先割较复杂的，后割较简单的。

　　（4）窄长条形板的切割，长度两端留出 50mm 不割，待割完长边后再割断，或者采用多割炬的对称气割方法。

　　4.2.5　等离子切割设备和要求。

　　1. 等离子切割机，是应用特殊的割炬、在电流、气流及冷却水作用下，产生高达 20000～30000℃ 的等离子弧熔化金属而进行切割的设备。其优点如下。

　　1）能量高度集中，温度高而且具有很高的冲刷力，可以切割任何高熔点金属、有色金属和非金属材料。

　　2）由于弧柱被高度压缩，温度高、直径小、冲击力大，所以切口较窄，切割边的质量好，切速高，热影响区小，变形也小，切割厚度可达 150～200mm。

　　3）成本较低，特别是采用氮气等廉价气体，成本更为降低。

　　目前，等离子弧切割主要用于不锈钢、铝、镍、铜及其合金等，还部分地代替氧炔陷，切割一般碳钢和低合金钢。另外，由于等离子弧切割具有上述优点，在一些尖端技术上也被广泛采用。

　　2. 等离子切割示意及等离子弧的发生装置见图 4.2.5-1。

　　电极接直流电源的负极，割件接正极，在电极和割件间加上一较高的电压，经过高频振荡器的激发，使气体电离形成电弧，然后将氩气或氮气在很高的压力和速度下，围绕电弧吹过电弧放电区域，由于电弧受热压缩、机械压缩和磁压缩的作用，弧柱直径缩小，能量集中，弧柱温度很高，气体电离度很高，这种高度电离的离子流以极高速度喷出，形成明亮的等离子焰流，任何金属在等离子弧的作用下，立即熔化，并将熔化的金属吹掉形成切缝。

3. 等离子切割机有手把式和自动式两种类型，技术性能数据见表 4.2.5-1。

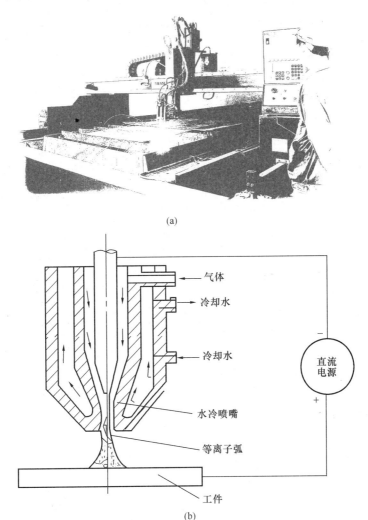

(a)

(b)

图 4.2.5-1　等离子切割机及等离子弧发生装置

（a）等离子切割机；（b）等离子弧发生装置

等离子切割机技术性能　　　　　　　　　　　　　　　表 4.2.5-1

名　称		自动等离子弧切割机	手把式等离子弧切割机	
型　号		LG-400-2	LG3-400	LG3-400-1
额定切割电流	A	400	400	400
引弧电流		30～50	40	
工作电压	V	100～150	60～150	70～150
额定负载持续率	%	60	60	60
镶钨电极直径	mm	5.5	5.5	5.5
自动切割速度	m/h	3～150		

续表

名　称			自动等离子弧切割机	手把式等离子弧切割机	
型　号			LG-400-2	LG3-400	LG3-400-1
切割范围	厚度	碳钢	mm	80		
		不锈钢		80	40	60
		铝		80	60	
		紫铜		50	40	
	圆形直径			>120		
电源	型　号			ZXG2-400	AX8-550	
	台　数			1	2～4	
	切割空载电压		V	300	120～300	125～300
	电流调节范围		A	100～500	125～600	140～400
	电　压		V	3 相，380		3 相，380
	控制箱电压		V	220	220	
气体耗量	主电弧（切割）		m³/h	3	1～3.5	4
	引　弧			0.4	0.7～1	
氮气纯度			%	99.9 以上		99.99
冷却水消耗量			L/min	3	1.5	4
外形尺寸（长×宽×高）	控制箱		mm	440×640×980	482×663×1230	660×910×1229
	切割电源					
	自动小车			500×730×380		
	手　把			345×150×100	φ50×100×300	φ40×53×227
重　量	控制箱		kg	30	126	
	切割电源					
	自动小车			25		
	手　把			1.5	0.65	

4. 等离子切割时应注意的问题如下。

1）切割回路采用直流正接法，即工件接"＋"，钨棒接"－"，以使等离子弧能稳定燃烧，减少电极烧损。

2）电极端部发现烧损时，应及时修磨，要保持电极与喷嘴之间的同心度，以使钨极端部向喷嘴周围呈均匀放电，避免烧损喷嘴和产生双弧。

3）切割过程中，必须注意割轮与工件始终保持垂直，以免产生熔瘤。

4）为保证切割质量，手工切割时，不得在切割线上直接引弧、转弧，切割内圆或内部轮廓时，应先在板材上预先钻出 φ12～φ16mm 的孔，切割由孔开始进行。

5）自动切割时，应事先调节好切割规范和小车速度。

4.2.6　激光切割特点。

1. 激光切割技术原理。

激光束聚焦成很小的光点，其最小直径可小于 0.1mm，使焦点处达到很高的功率密度，可超过 $106W/cm^2$。当采用激光切割时，光束输入（由光能转换）的热量，远远超过被材料反射、传导或扩散部分，材料很快加热至汽化湿度，蒸发形成孔洞，随着光束与材料的相对线性移动，使孔洞连续形成宽度很窄（如 0.1mm 左右）的切缝。切割过程中可添加与被切材料相适合的辅助气体。钢板切割时，需用氧作为辅助气体，与熔融金属产生放热化学反应，氧化钢材，同时帮助吹走割缝内的熔渣。切割聚丙烯一类塑料使用压缩空气，棉、纸等易燃材料切割使用惰性气体。进入喷嘴的辅助气体还能冷却聚焦透镜，防止烟尘进入透镜座内污染镜片并导致镜片过热。

2. 激光切割技术特点。

激光切割切边的热影响很小，基本没有工件变形。大多数有机与无机材料都可以用激光切割。激光切割在工业制造中是占有分量很重的金属加工方法，许多金属材料，不管它具有什么样的硬度，都可进行无变形切割（目前使用最先进的激光切割系统可切割工业用钢的厚度已可接近 20mm）。当然，对高反射率材料，如金、银、铜和铝合金（它们也是好的传热导体），激光切割很困难，甚至不能切割。某些难切割材料可使用脉冲波激光束进行切割，由于极高的脉冲波峰值功率，会使材料对光束的吸收系数瞬间急剧提高。常见的激光切割机如图 4.2.6-1 所示。

激光切割无毛刺、皱折，精度高，优于等离子切割。对许多机电制造行业来说，由于微机程序的现代化，激光切割系统能方便切割不同形状与尺寸的工件（工件图纸也可修改），因此，往往比冲切、模压工艺更优先选用；尽管加工速度慢于模冲，但它没有模具消耗，无需修理模具，还节约更换模具时间，

图 4.2.6-1　常见的激光切割机

从而节省加工费用，降低产品成本，所以从总体上讲，在经济上更为合理。

另一方面，从如何使模具适应工件设计尺寸和形状变化角度看，激光切割也可发挥其精确、重现性好的优势。作为层叠模具的优先制造手段，由于不需要高级模具制作工，激光切割运转费用也并不昂贵，因此，还能显著地降低模具制造费用。激光切割模具还可带来的附加好处是模具切边会产生一个浅硬化层（热影响区），提高模具运行中的耐磨性。激光切割的无接触特点给圆锯片切割成型带来无应力优势，由此提高了使用寿命。

由于激光切割的成本相对于钢结构加工而言实在太高，目前很难推广到钢结构的加工生产，但它的切割精度和切口质量是一般切割设备无法达到的。

4.2.7　综合切割技术和设备要求。

1. 钢板加工中心。

数控多功能钢板加工中心是一种钢板零件的综合加工设备（图 4.2.7-1），突破了现行国内传统的连接板加工方法，集自动套料、钻孔、铣孔、锪孔、攻丝、铣码、划线、等离子切割、热切割等功能为一体，利用数控板材加工中心可以突破钢构制造企业的瓶颈问题，大大减少人工，提高材料利用率、提高加工精度及最大化企业产能。具有以下特点和优势（表 4.2.7-1）。

1) 冷、热加工有机结合，在大幅提升加工效率的同时减少人工成本、减少用地面积、减少设备投入、减少物料搬运、减少错误操作；

2) CNC 控制的全自动初始高度感应系统以及全自动升降功能；

3) 一次可装夹多把刀具的盘式旋转刀库，具备全自动换刀功能；

4) 具有自动测量刀具长度系统；

5) 具有主轴内冷循环系统；

6) 钻孔之后能够自动清洗板面，基本无需人工干预；

7) 配合水床能够有效减少烟尘，不需另配除尘系统，可减少投资成本。

图 4.2.7-1　数控钢板加工中心

数控钢板加工中心主要参数　　　　　　　　　　　　　表 4.2.7-1

项　目	参　数
有效切割宽度	≤5m
有效切割长度	≤48m
刀柄型号	BT40
切割厚度范围	1～80mm
定位精度	±0.2mm
重复定位精度	±0.1mm
最大空行速度	25m/min
切割速度	0～6m/min（根据电源功率及板厚）
割炬升降行程	250mm
断面垂直度	1°～2°
主轴扭矩	60NM
最大钻削功率	10.5kW
最大钻速	4500rpm（主轴内冷）
可编程序进给量	0.05～3mm/rev
压紧力	3000N
最大一次钻孔孔径	35mm
最大攻螺纹直径	20mm（碳钢）
可配割炬项目	等离子、火焰、划线（喷粉/喷墨）、钢针打印、钻孔装置

2. 钢管相贯线切割机。

钢管相贯线切割机（图4.2.7-2）是一种可自动完成对金属圆管、方管或异型管的相贯线端头、相贯线孔类、管道弯头（虾米节）进行切割加工的设备，与该设备配套使用的相贯线切割机辅助设计编程软件也是非常重要的核心配件，具有适用于大批量专业相贯线切割、生产效率高、切割稳定、精度好等特点。钢管相贯线切割机是体育场馆、机场、高铁站房等大跨度钢结构中管桁架的重要切割设备。钢管相贯线切割机具有以下基本功能。

图 4.2.7-2　相贯线切割机

1）能在主管上切割多个不同方向、不同直径的圆柱相贯线孔，满足支管轴线与主管轴线偏心和非偏心的垂直相交的条件；

2）能在支管端部切割圆柱相贯线端头，满足支管轴线与主管轴线偏心和非偏心的垂直相交、倾斜相交的条件；

3）能在圆管端部切割斜截端面；

4）能在圆管上切割焊接弯头，"虾米节"两端斜截断面；

5）能切割与环形主管相交的支管相贯线端头；

6）能切割变角度坡口面；

7）能在圆管上切割方孔、腰形孔；

8）能进行钢管截断。

3. 机器人切割设备。

随着工业机器人技术的发展，机器人被更多地应用到各种异性型钢的切割中。通过分析型钢切割的工艺特点，研制出基于多机器人运动控制、激光误差检测和PLC控制的型钢机器人切割系统（图4.2.7-3）。实际应用证明，采用该切割系统能明显提高型钢切割效率和加工精度。

型钢切割机器人系统采用无限回转机械手操作方式，分别完成H型钢两侧翼板和腹板的切割及开孔、锁口等切割工艺。其切割过程中先由激光扫描型材的变形量，根据套料软件系统优化出切割路线，可以实现总长12m的多型号型钢的自动定位、自动误差检测、多类型端头的自动切割工艺。电气设备主要由运动控制卡、PLC控制器和图像采集卡组成，电气设备集成在工控机中，由工控机负责统一的任务分配和状态监控。

型钢切割机器人系统（如图4.2.7-4所示）具有以下功能与作用。

1）IPC系统根据切割的型钢类型和尺寸大小自动生成数控程序，在切割过程中，实现自动点火，自动送/断燃烧气和高压氧，保证了系统的高度自动化；

图 4.2.7-3　型钢机器人自动切割机

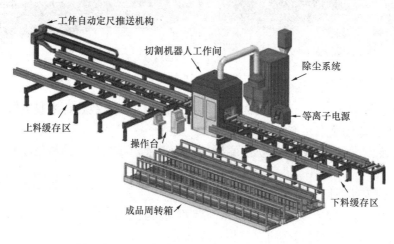

图 4.2.7-4　型钢切割机器人系统（自动生产线）

2）切割完成后，切割废料由废料输出区直接输送出去，成品件由辊道传动装置运输到下料区，完成整个切割过程。整个过程在工控机的统一调配下，不同的工作分别由运动控制卡、PLC 和图像采集卡完成；

3）切割工作主要分为 3 个工作区，上料区、切割区和下料区，通过 PLC 控制实现型钢的自动上料、切割区定位、成品下料工作；

4）型钢到达切割区指定切割位置后，由举升和夹紧气缸实现型钢的精确定位。为切割保证准确的位置精度，气动装置由 PLC 实现控制；

5）结构光检测装置实现型钢的误差检测，以补偿机器人在切割时的位置误差，保证型钢切割机的准确性。

4.3　成　型　加　工

4.3.1　成型加工特点和要求。

1. 成型加工基本要求。

在钢结构制造中，成型加工主要包括弯曲、卷板（滚圆）、边缘加工、折边和模具压制五种加工方法，其中，由于弯曲、卷板（滚圆）和模具压制等工序均涉及热加工和冷加工，因此，在制作时，必须了解热加工与冷加工的基本知识。

2. 热加工的基本知识。

1）热加工的概念：热加工又称热弯、火曲、煨活，是把钢材加热到一定温度后进行的加工方法。常用的热加工加热方法有以下两种：

（1）利用火焰进行局部加热，方法简便，但是加热面积较小。

（2）放在工业炉内加热，虽然没有前一种方法简便，但是加热面积很大，并且可以根据结构构件的大小来砌筑工业炉。

热加工是一个比较复杂的工种，内容包括成型、弯曲和矫正等工序，在常温下不能完成。弯曲和成型的结构构件，例如容器的球冠形封头、钢板的双向弯曲（纵横两个方法）等各种构件的成型和矫正等，均需在热加工中完成。

2）热加工的工作原理：温度能够改变钢材的机械性能，能使钢材变硬，也能变软。为了掌握热加工操作技术，应了解加热温度和加热速度与钢材强度之间的变化关系，熟悉辨别加热温度的方法以及各种热加工方法对加热温度的要求等。加热温度与钢材之间的关系如下。

（1）高温中钢材强度的变化：钢材在常温中有较高的抗拉强度，但加热到 500℃ 以上时，随着温度的增加，钢材的抗拉强度急剧下降（参见表 4.3.1-1），其塑性、延展性大大增加，钢的机械性能逐渐降低而变软。

高温时钢材抗拉强度的变化　　　　　　　　表 4.3.1-1

抗拉强度 σ_b（MPa）	加热温度（℃）							
	600	700	800	900	1000	1100	1200	1300
常温时 σ_b＝400 的钢材	120	85	65	45	30	25	20	15
常温时 σ_b＝600 的钢材	250	150	110	75	55	35	25	20

（2）钢材加热温度的判断：钢材加热的温度可从加热时所呈现的颜色来判断（可参见表 4.3.1-2）。

钢材不同加热温度时呈现的颜色　　　　　　　　表 4.3.1-2

颜　色	温度（℃）	颜　色	温度（℃）
黑色	470℃以下	亮樱红色	800～830
暗褐色	520～580	亮红色	830～880
赤褐色	580～650	黄赤色	880～1050
暗樱红色	650～750	暗黄色	1050～1150
深樱红色	750～780	亮黄色	1150～1250
樱红色	780～800	黄白色	1250～1300

上表所列系在室内白天观察的颜色，在日光下颜色相对较暗，在黑暗中颜色相对较

亮。应严格要求采用热电偶温度计或比色高温计测量，可得到较为准确的数据。

（3）热加工时所要求的加热温度范围：对低碳钢，加热温度一般在 1000～1100℃。热加工终止温度不应低于 700℃。加热温度过高或加热时间过长，都会引起钢材内部组织的变化，破坏原材料材质的机械性能。加热温度在 200～300℃时，钢材产生蓝脆性。在这个温度范围内，严禁锤打和弯曲，否则，容易使钢材断裂。

3）型钢在热加工过程中的变形规律：手工热弯型钢的变形与机械冷弯型钢的变形一样，都是通过外力的作用，使型钢沿中性层内侧发生压缩的塑性变形和沿中性层外侧发生拉伸的塑性变形，这样便产生了钢材的弯曲变形。对不对称的型材构件，加热后在自由冷却过程中，由于截面不对称，使表面散热速度不同，散热快的部分先冷却，散热慢的部分在冷却收缩过程中受到先冷却钢材的阻力，收缩的数值也就不同。因此，将出现向表面积较大的一边弯曲的变形，变形数值可通过经验判断，制造胎模时，要适当增减胎模半径来抵消变形。

4）钢板在热加工过程中的变形规律：钢结构构件中，具有复杂形状的弯板，完全用冷加工的方法很难加工成型，一般可先冷加工出一定的形状，再采用热加工的方法弯曲成型。将一张只有单向曲度的弯板加工成双重曲度弯板，是使钢板的纤维重新排列的过程。如果板边的纤维收缩，便成为同向双曲线板；如果板的中间部分纤维收缩，就成为异向双曲板；如果使其一边纤维收缩，另一边纤维伸长，便成为"喇叭口"式的弯板。

3. 冷加工的基本知识。

1）冷加工的概念：钢材在常温下进行加工制作，通称冷加工。在钢结构制造中冷加工的项目很多，有剪切、铲、刨、辊、压、冲、钻、撑、敲等工序。这些工序绝大多数需利用机械设备和专用工具，其中敲是一种手工操作方法，除了用于矫正钢材和构件形状外，还常用来代替机械设备的辊压和切断等加工。

所有冷加工，对钢材性质来说，只有两种基本现象：第一种是作用于钢材单位面积上的外力超过材料的屈服强度而小于其极限强度，不破坏材料的连续性，但使其产生永久变形，如加工中的辊、压、折、轧、矫正等。第二种是作用于钢材单位面积上的外力超过材料的极限强度，促进钢材产生断裂，如冷加工中的剪、冲、刨、铣、钻等，都是利用机械的作用力超过钢材的剪应力强度，使其部分钢材分离主体的。

凡是超过屈服点而产生变形的钢材，其内部都会发生冷硬现象，从而改变钢材的机械性能，即硬度和脆性增加，而延伸率和塑性则相应降低。局部变化所产生的冷硬现象，比钢材全部变形情况更为突出。在所有冷加工中都要使钢材中的应力超过屈服点，因此，经过冷加工的钢材的机械性能，一定会受到各种不同程度的影响，所以，某些特殊产品如锅炉汽包、高压容器等，因冷加工后产生的不良影响，要使用热处理方法使钢材的机械性能恢复正常状态。对于铁路桥梁和重型吊车梁等因剪切钢材边缘和冲孔等而引起冷硬的不良影响，前者要将边缘刨去 2～4mm，后者要将冲孔用铰刀扩孔以消除其表面冷硬部分。

2）冷加工钢材的晶格变化：根据冷加工要求，使钢材产生弯曲和断裂。从微观角度观察，钢材产生永久变形是以其内部晶格的滑移形式的。当外力作用后，晶格沿着结合力最差的晶结部位滑移，使晶粒与晶面产生弯曲或歪曲，即得弯曲永久变形。图 4.3.1-1 所示为弯曲后的晶粒与晶面继续受力，使滑移面继续滑移，在该面上的晶粒破碎成细小或分离的晶粒，以致产生断裂。

3）冷加工温度：低温中的钢材，其韧性和延伸性均相应减小，极限强度和脆性相应增加，若此时进行冷加工受力，易使钢材产生裂纹。因此，应注意低温时不宜进行冷加工。对于普通碳素结构钢，当工作地点温度低于零下 20℃（即 −20℃）时，或低合金结构钢工作温度低于 −15℃时，都不得剪切和冲孔；当普通碳素结构钢工作地点温度低于 −16℃时，低合金结构钢工作地点温度低于 −12℃时，不得进行冷矫正和冷弯曲加工。

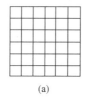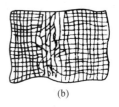

图 4.3.1-1　平面晶格变化示意图
(a) 受力前的晶格；(b) 受力后的晶格

4）冷加工的优点：冷加工与热加工比较，冷加工具有较多的优越性，如使用的设备简单，操作方便，节约材料和燃料；钢材的机械性能改变较小，减薄量其少等。因此，冷加工容易满足设计和施工的要求，从而提高了工作效率。

4.3.2　弯曲。

弯曲加工，是根据构件形状的需要，利用加工设备和一定的工、模具，把板材或型钢弯制成一定形状的工艺方法。

在钢结构的制造过程中，弯曲成型的应用相当广泛，用弯曲方法加工的构件种类非常多，由于所用设备和工具的不同，弯曲的方法也就不同，各有特点。具体选用哪一种弯制方法，应根据构件的技术要求和已有的设备条件决定。不同弯制方法和工艺如下：

1. 弯曲分类和用途。

1）按加工方法分为压弯、滚弯和拉弯，如图 4.3.2-1 所示。

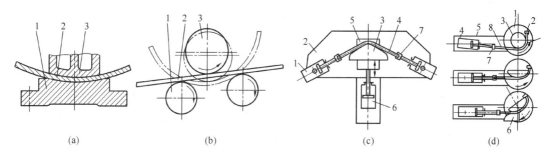

图 4.3.2-1　弯曲加工方法
(a) 压力机上压弯钢板；(b) 滚圆机上滚弯钢板；(c) 转臂拉弯机拉弯钢板；
(d) 转盘拉弯机，拉弯钢板
(a) 1—下模；2—钢板；3—上模
(b) 1—下辊；2—钢板；3—上辊
(c) 1—油缸；2—工作台；3—固定凹模；4—拉弯模；5—钢板；6—油缸；7—夹头
(d) 1—转盘；2—拉弯模；3—固定夹头；4—油缸；5—工作台；6—靠模；7—夹头；8—钢板

（1）压弯：图 4.3.2-1(a) 所示为用压力机压弯钢板，适用于一般直角弯曲（V 形件）、双直角弯曲（U 形件），以及其他适宜弯曲的构件。

（2）滚弯：图 4.3.2-1(b) 所示为用滚圆机滚弯钢板，适用于滚制圆筒形构件及其他弧形构件。

（3）拉弯：图 4.3.2-1(c) 和图 4.3.2-1(d) 所示分别为用转臂拉弯机和转盘拉弯机拉

弯钢板，主要用于将长条板材拉制成不同曲率的弧形构件。

2）按加热程度分冷弯、热弯。

（1）冷弯：是在常温下进行弯制加工，适用于一般薄板、型钢等的加工。

（2）热弯：是将钢材加热至 $950 \sim 1100℃$，在模具上进行弯制加工，适用于厚板及较复杂形状构件、型钢等的加工。

2. 弯曲加工工艺性。

1）最小弯曲半径：弯曲件的圆角半径不宜过大，也不宜过小；过大时因回弹影响，使构件精度不易保证，过小则容易产生裂纹。根据实践经验，在经退火和不经退火时，较合理的钢板最小弯曲半径推荐数值如表 4.3.2-1 所示。型钢最小弯曲半径推荐数值如表 4.3.2-2 所示。

板材最小弯曲半径　　　　　　　　　　　　　　表 4.3.2-1

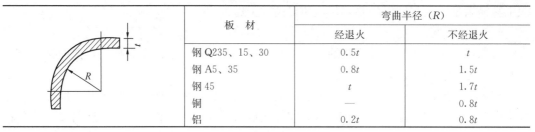

板　材	弯曲半径（R）	
	经退火	不经退火
钢 Q235、15、30	$0.5t$	t
钢 A5、35	$0.8t$	$1.5t$
钢 45	t	$1.7t$
铜	—	$0.8t$
铝	$0.2t$	$0.8t$

型钢最小弯曲半径　　　　　　　　　　　　　　表 4.3.2-2

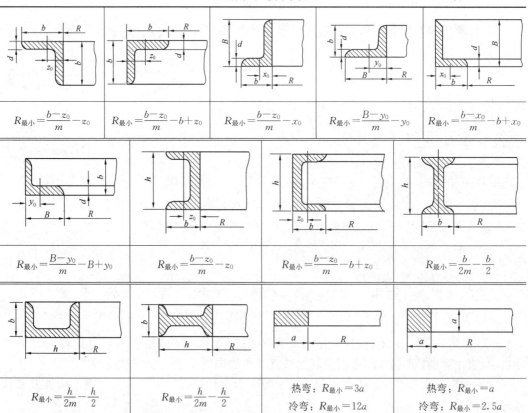

注：热弯时取 $m=0.14$；冷弯时取 $m=0.04$；z_0、y_0 和 x_0 为重心距离。

2）弯曲线和材料纤维方向的关系：当弯曲线和材料纤维方向垂直时，材料具有较大的抗拉强度，不易发生裂纹；当材料纤维方向和弯曲线平行时，材料的抗拉强度较差，容易发生裂纹，甚至断裂；在双向弯曲时，弯曲线应与材料纤维方向成一定的夹角，如图 4.3.2-2 所示。

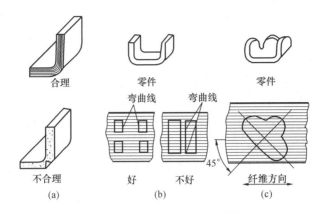

图 4.3.2-2　材料纤维方向与弯曲线关系

3）材料厚度与弯曲角度：一般薄板材料弯曲半径可取较小数值，弯曲半径＝t（t 为板厚）；厚板材料弯曲半径应取较大数值，弯曲半径＝$2t$（t 为板厚）。

弯曲角度是指弯曲件的两翼夹角，和弯曲半径不同，但也会影响构件材料的抗拉强度。随着弯曲角度的缩小，应考虑将弯曲半径适当增大。一般弯曲件长度自由公差的极限偏差和角度的自由公差推荐数值见表 4.3.2-3 和表 4.3.2-4。

弯曲件未注公差的长度尺寸的极限偏差　　　　　　　　　　　　　　　表 4.3.2-3

长度尺寸（mm）		3～6	>6～18	>18～50	>50～120	>120～260	>260～500
材料厚度（mm）	<2	±0.3	±0.4	±0.6	±0.8	±1.0	±1.5
	>2～4	±0.4	±0.6	±0.8	±1.2	±1.5	±2.0
	>4	—	±0.8	±1.0	±1.5	±2.0	±2.5

弯曲件角度的自由公差　　　　　　　　　　　　　　　表 4.3.2-4

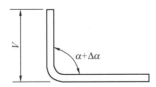

L（mm）	<6	>6～10	>10～18	>18～30	>30～50	>50～80	>80～120	>120～180	>180～260	>260～360
$\Delta\alpha$	±3°	±2°30′	±2°	±1°30′	±1°15′	±1°	±50′	±40′	±30′	±25′

4）材料的机械性能：材料塑性越好，其变形稳定性越强，则均匀延伸率越大，弯曲半径就可减小；反之，塑性差，弯曲半径则大。特殊脆性易裂的材料，弯曲前应进行退火处理或加热弯制。

3. 弯曲变形的回弹特点。

1) 弯曲过程：弯曲过程是在材料弹性变形后，再达到塑性变形的过程。在塑性变形时，外层受拉伸，内层受压缩，拉伸和压缩使材料内部产生应力，应力的产生造成材料变形过程中存在一定的弹性变形，在失去外力作用时，材料就产生一定程度的回弹。

2) 影响回弹的因素：影响回弹大小的因素很多，必须在理论计算条件下结合实验确定，并采取相应的措施。掌握回弹规律，减少或基本消除回弹，或使回弹后恰能达到设计要求，具体因素主要有：

(1) 材料的机械性能。屈服强度越高，其回弹就越大。

(2) 变形程度。弯曲半径（R）和材料厚度（t）之比，R/t 的数值越大，回弹越大。

(3) 变形区域。变形区域越大，回弹越大。

(4) 摩擦情况。材料表面和模具表面之间摩擦，直接影响坯料各部分的应力状态，大多数情况下会增大弯曲变形区的拉应力，则回弹减小。

4. 弯曲加工常见的质量缺陷。

弯曲加工时，由于材料、模具以及工艺操作不合理，就会产生各种质量缺陷。常见的质量缺陷以及消除方法见表 4.3.2-5 所列。

弯曲加工常见质量缺陷

表 4.3.2-5

序号	名称	图　例	产生的原因	消除的方法
1	弯裂	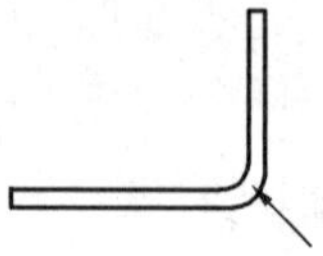	上模弯曲半径过小，板材的塑性较低，下料时毛坯硬化层过大	适当增大上模圆角半径，采用经退火或塑性较好的材料
2	底部不平	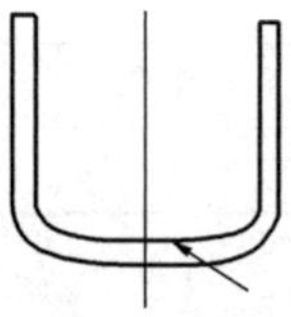	压弯时板料与上模底部没有靠紧坯料	采用带有压料顶板的模具，对毛坯施加足够的压力
3	翘曲	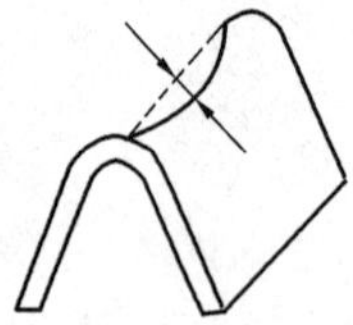	由变形区应变状态引起横向应变（沿弯曲线方向），在外侧为压应变，内侧为拉应变，使横向形成翘曲	采用校正弯曲方法，根据预定的弹性变形量、修正上下模
4	擦伤	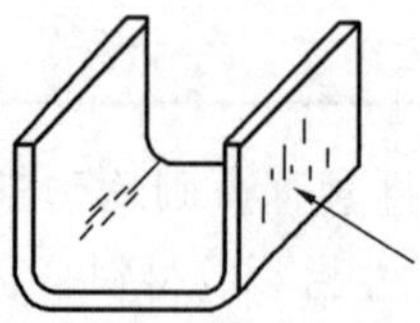	坯料表面未擦刷清理干净，下模的圆角半径过小或间隙过小	适当增大下模圆角半径，采用合理间隙值，消除坯料表面脏物

序号	名称	图例	产生的原因	消除的方法
5	弹性变形	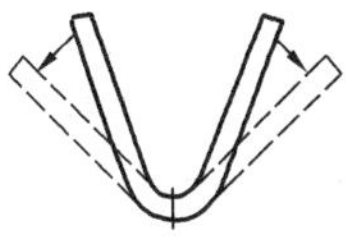	由于模具设计或材质的关系等原因产生变形	以校正弯曲代替自由弯曲，以预定的弹性回复来修正上下模的角度
6	偏移	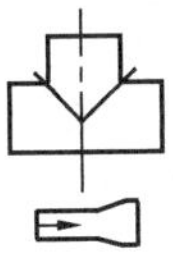	坯料受压时两边摩擦阻力不相等，而发生尺寸偏移；这以不对称形状工作的压变尤为显著	采用压料顶板的模具，坯料定位要准确，尽可能采用对称性弯曲
7	孔的变形	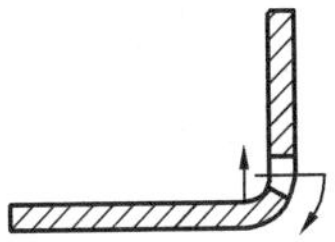	孔边距弯曲线太近，内侧受压缩变形，外侧受拉伸变形，导致孔的变化	保证从孔边到弯曲半径 R 中心的距离大于一定值
8	端部鼓起	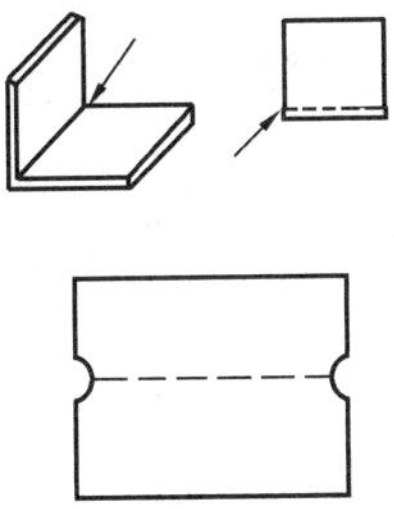	弯曲时，纵向被压缩而缩短，宽度方向则伸长，使宽度方向边缘出现凸起，这以厚板小角度弯曲尤为明显	在弯曲部位两端预先做成圆弧切口，将毛坯毛刺一边放在弯曲内侧

5. 弯曲设备。

弯曲加工设备种类很多，在一般情况下能和模压设备通用，三种常用加工设备的技术参数如表 4.3.2-6、表 4.3.2-7、表 4.3.2-8 所示。

液压弯管机的技术性能 表 4.3.2-6

型号	弯管直径×厚度（mm）		弯曲半径（mm）		弯曲角度	弯曲方向	电动机功率（kW）
	最大	最小	最大	最小			
W27-60	60×3	25	300	75	180°	左或右	4
W27-108（液压）	108×7	38	500	150	180°	左或右	7.5

压力机床的技术性能

表 4.3.2-7

名称	型　号	公称压力 (kN)	工作台尺寸 (mm)	滑块中心 到机身距离 (mm)	滑块行程 (mm)	封闭高度 (mm)	电动机功率 (kW)
开式固定台压力机	JC21-160A	1600	1120×710	380	160	最大 450	13
双盘摩擦压力机	J53-100A	1000	450×500		310	最小 220	7.5

单柱万能液压机的技术性能

表 4.3.2-8

型号	公称压力 (kN)	滑块行程 (mm)	滑块至工作 台最大距离 (mm)	工作台尺寸 (mm)	最大工 作压力 (N/mm²)	最大工 作速度 (mm/s)	喉口深度 (mm)	电动机 功率 (kW)
Y30-2.5	25	125	200	320×200	6.3	38	105	2.2
Y30-4	40	160	250	320×240	10	38	130	3
Y30-6.3	63	200	320	360×380	16	38	170	4
Y30-6.3	63	250	400	360×360	16	20	200	2.2

6. 弯曲操作注意事项如下。

1) 根据工件所需弯曲力，选择适当的压力设备。首先固定好上模，使模具重心与压力头的中心在一条直线上，再固定下模。上下模平面必须吻合且紧密配合，间隙均匀，上模应有足够行程。

2) 开动压力机试压，检查是否有异常情况，润滑是否良好。难于从模中取出的工件，可适当加些润滑剂或润滑油，减小摩擦，以便容易脱模。

3) 正式弯曲前，必须再次检查工件编号、尺寸是否与图纸符合，料坯是否有影响压制质量的毛刺。对批量较大的工件，须加装能调整定位的挡块，发现偏差应及时调整挡块位置。

4) 弯曲后，必须对首次压出的工件进行检查，合格后，再进行连续压制，工作中应注意中间抽验。每一台班中也必须注意抽验。

5) 禁止用手直接在模具上取放工件。对于较大工件，可在模具外部取放；对于小于模具的工件，应借助其他器具取放；安全第一，防止出现人身事故。

6) 多人共同操作时，只能听从一人指挥。

7) 模具用完后，要妥善保存，不能乱放乱扔，还必须涂漆或涂油防止锈蚀。

4.3.3　卷板（滚圆）特点和要求。

1. 卷板的分类如下。

1) 卷圆是滚圆钢板的制作，实际上是在外力的作用下，使钢板的外层纤维伸长，内层纤维缩短而产生弯曲变形（中层纤维不变）。当圆筒半径较大时，可在常温状态下卷圆，如半径较小和钢板较厚时，应将钢板加热后卷圆。在常温状态下进行卷圆钢板的方法，有机械滚圆、胎模压制和手工制作三种。

2) 滚圆在卷板机（又叫滚板机、轧圆机）上进行，主要用于卷圆各种容器、大直径焊接管道、锅炉汽包和高炉等的壁板。由于卷板是在卷板机上进行连续三点滚弯的过程，利用卷板机可将板料弯成单曲率或双曲率的制件，其分类见表 4.3.3-1。

3）根据卷制时板料温度不同，分冷卷、热卷与温卷三种。可根据板料的厚度和设备条件选用。

2. 卷板机的种类及其工作原理如下。

1）卷板机按轴辊数和位置可分为三辊卷板机和四辊卷板机两类。三辊卷板机又分为对称式与不对称式两种。

2）卷板机的工作原理如图 4.3.3-1 所示。图 4.3.3-1(a) 为对称式三辊卷板机的轴辊断面图，轴辊沿轴向具有一定的长度，以使板料的整个宽度受到弯曲。在两个下辊的中间对称位置上有上辊 1，上辊在垂直方向调节，使置于上下轴辊间的板料得到不同的弯曲半径。下辊 2 是主动的，安装在固定的轴承内，由电动机通过齿轮减速器使其同方向同转速转动，上辊是被动的，安装在可作上下移动的轴承内。大型卷板机上辊的调节采用机械或液压进行；小型卷板机常为手动调节。工作时板料置于上下辊间，压下上辊，使板料在支承点间发生弯曲，当两下辊转动由于摩擦力作用使板料移动，从而使整个板料发生均匀的弯曲。

卷板曲率的分类
表 4.3.3-1

分类	名称	简 图	说明	分类	名称	简 图	说明
单曲率卷制	圆柱面		最简便常用	单曲率卷制	任意柱面	$R_1\ R_2\ R_4$ R_3	用仿形或自动控制可以实现
	圆锥面		较简便常用	双曲率卷制	球面		当沿卷板机轴线方向的弯曲不大时可以实现
					双曲面		

根据上述弯曲原理可知，只有当板料与上辊接触到的部分，才会达到所需的弯曲半径，因此，板料的两端边缘各有一段长度没有接触上辊而不发生弯曲，称为剩余直边，剩余直边长度约为两下辊距离的一半。

图 4.3.3-1(b) 是不对称三辊卷板机的卷弯简图。上辊 1 是位于下辊 2 的上面，另一轴辊 3 在侧面，称为侧辊。上下两辊是由同一电动机旋转的。下辊能上下调节，调节的最大距离约等于卷弯钢板的最大厚度，侧辊 3 是被动的，能沿倾斜方向调节。弯曲时将板料 4 送入上下辊，然后调节下辊将板料压紧，产生一定的摩擦力，再调节侧辊的位置，当上下辊由电动机驱动旋转时，使板料发生弯曲。这种不对称三辊卷板机的优点是板的两端边缘也能弯曲。剩余直边的长度比对称式三辊卷板机缩小很多，其值不到板厚的两倍。虽然侧辊与下辊之间板料得不到弯曲，但只要将板料从卷板机上取出后，调头弯曲，就能完成整个弯曲过程。

图 4.3.3-1(c) 为四辊卷板机，与不对称三辊卷板机基本相似，只是增加一只侧轴辊

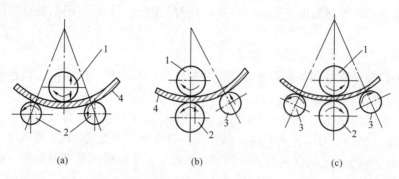

图 4.3.3-1　卷板机的工作原理

（a）对称式三辊卷板机；（b）不对称三辊卷板机；（c）四辊卷板机

1—上辊；2—下辊；3—侧辊；4—板料

3，板料边缘弯曲由两个侧辊分别承担，这样就克服了板料在不对称三轴辊卷板机上进行调头弯曲的麻烦。

3. 卷板机的形式和特点如下。

1）卷板机的形式很多，其分类方法和形式如表 4.3.3-2 所列。

卷板机的分类　　　　　　　　　　　　　　　　表 4.3.3-2

分类方法	卷板机形式与类别	
按辊筒方位	立式	
	卧式	
按上辊受力类型	闭式	（上辊有中部托辊）
	开式	（上辊无中部托辊）
按辊筒数目及布置形式	四辊	
	三辊	对称式
		不对称式
按辊筒位置调节方式	上调式	垂直上调式（机械或液压调节）
		横竖上调式（机械或液压调节）
	下调式	不对称下调式（机械或液压调节）
		对称下调式（液压调节）
		水平下调式（液压调节）

卷板机的特点和应用如表 4.3.3-3 所列。

各种卷板机的特点和应用　　　　　　　　　　　表 4.3.3-3

形式	简　图	主要特点	适用范围与条件
对称三辊		结构简单紧凑、重量轻、易于制造、维修、两侧辊可以做得很近。成型较准确，但剩余直边大。一般对称三辊卷板机减小剩余直边比较麻烦	配预弯设备或不要求弯边的各种卷板工作，用一般对称式；要求弯边的工作可用带弯边垫板的对称式

续表

形式	简　图	主要特点	适用范围与条件
不对称三辊	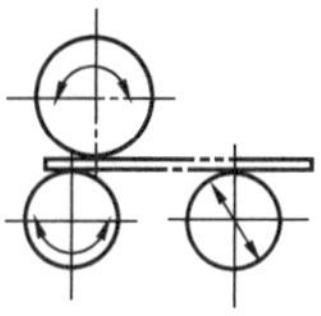	剩余直边小、结构较简单，但板料需调头弯边，操作不方便，辊筒受力较大，弯卷能力较小	卷制薄而短的轻型筒节（一般在 32mm×3000mm 以下）
四辊	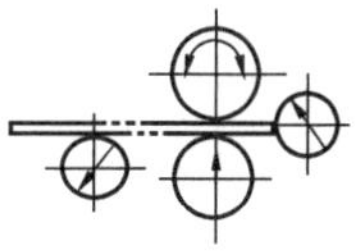	板料对中方便，工艺通用性广，可以矫正扭斜、错边等缺陷，可以即位装配点焊；但辊筒多，重量和体积大，结构复杂；上下辊夹持力使工件受氧化皮压伤严重；两侧辊相距较远，对称卷圆曲率不太准确，操作技术不易掌握。容易造成超负荷率操作	重型工件的卷制以及要求自动化水平和技术水平较高的场合，如自控或仿形卷板等
垂直下调式	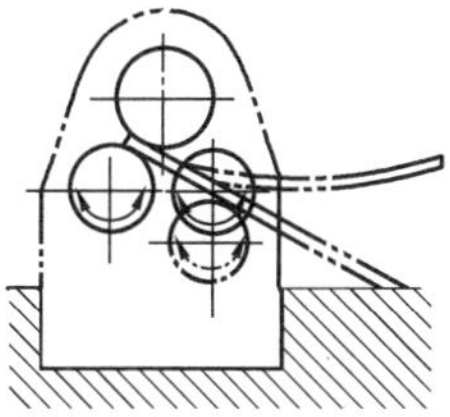	结构较简单、紧凑、剩余直边小。有时设计成上辊可轴向抽出，装卸料很方便，但弯板时，板料有倾斜动作，对热卷及重型工件不安全，长坯料必须先经初弯，否则会碰地	冷卷中型或轻型工件
水平下调式	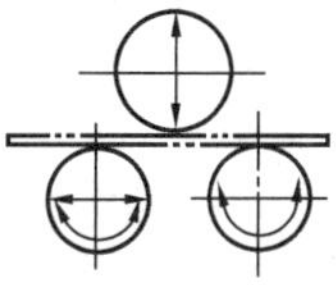	较四辊机的结构紧凑、操作简便，剩余直边小，坯料始终维持在同一水平上，进料安全、方便，上辊轴承间距较大，重量较大，坯料对中不如四辊方便	特重型卷板工作，为较理想的机型
横竖上调式	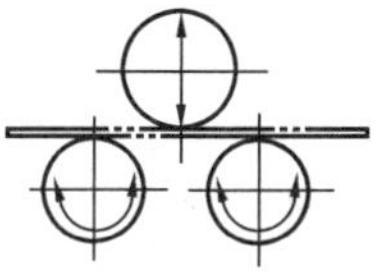	调节辊筒的数目最小，具有各种三辊机的优点，而且剩余直边小，但设计时结构不易处理	中型与重型卷板工作
立式	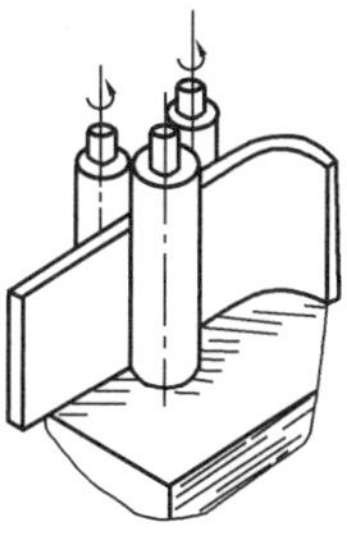	消除了氧化皮压伤；矩形板料可保证垂直进入辊筒，防止了扭斜；卷薄壁大直径，长条料等刚性较差的工件时，没有因自重而下塌的现象；样板形状较准；占地面积小。但短工件只能在辊筒下部卷制；辊筒受力不均，易呈锥形；工件下端面与支承面摩擦影响上下曲率的均匀性，卸料及工件放平很不方便，非矩形坯料支持不稳定	表面精度要求高的工件或大直径薄筒、窄而长的板料等有自重下塌的工件的卷制

　　2）立式卷板机的辊筒成竖直布置。其优点是：占地面积小；在热态卷弯曲时，氧化皮不会被卷入辊筒与钢板间，从而可避免压痕；卷制大直径薄壁圆筒时，还可避免钢板因

自重而下挠变形。立式卷板机的主要缺点是：钢板在卷制过程中会与地面产生摩擦，因此，对于大直径薄壁圆筒就会造成上下两端的曲率不均匀，致使圆度不同；另外，圆筒卷成后，需吊起较高的高度才能卸出，为此要求厂房有较大的高度。

对称式三辊卷板机的剩余直边较长，为克服这个不足，现已研制出可以直接进行预弯工作的三辊卷板机。图 4.3.3-2 所示为横竖上调式三辊卷板机的工作过程，卷板时先将上辊调至左端，卷弯板料的左面部分并滚弯，然后把上辊调至右端，卷弯板料的右面并滚弯，最后将上辊移至中间位置进行滚弯。这样卷板的工作效率较高，但结构较复杂。

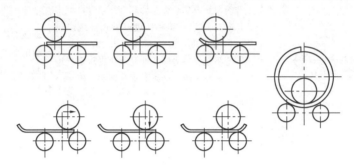

图 4.3.3-2　能预弯的三辊卷板机

4. 卷板机的性能。

常用的卷板机按辊数与位置形式分为两类（见图 4.3.3-3），其技术性能见表 4.3.3-4 和表 4.3.3-5。

（1）三辊卷板机型号见表 4.3.3-4。

（2）四辊卷板机型号见表 4.3.3-5。

图 4.3.3-3　三辊和四辊卷板机

三辊卷板机性能表　　　　　　　　　　　　　　　　　　表 4.3.3-4

产品名称	型　号	卷板最大尺寸（厚度×宽度）（mm）	卷板速度（m/min）	满载弯卷（最小直径）（mm）	主电机功率（kW）	总重量（t）
三辊卷板机	W_{11}-2×1600B	2×1600	11.147	150	3	1.5
	W_{11}-6×1500B	6×1500	6.5	450	7.5	2.8
	W_{11}-6×2000B	6×2000	6.5	450	7.5	3

产品名称	型 号	卷板最大尺寸 （厚度×宽度） （mm）	卷板速度 （m/min）	满载弯卷 （最小直径） （mm）	主电机功率 （kW）	总重量 （t）
三辊卷板机	W$_{11}$-8×2500B	8×2500	5.5	600	11	5.5
	W$_{11}$-12×2000B	12×2000	5.5	600	11	6
	W$_{11}$-12×3000A	12×3000	5.5	750	22	9
	W$_{11}$-16×2500A	16×2500	5.5	750	22	8.5
	W$_{11}$-20×2000A	20×2000	5.5	750	22	8.2
	W$_{11}$-20×2500B	20×2500	5	850	30	15.2
	W$_{11}$-25×2000B	25×2000	5	850	30	14.5
	W$_{11}$-30×3000A	30×3000	5	1200	40	32
	W$_{11}$-30×3200A	30×3200	5	1200	40	33
	W$_{11}$-40×3000	40×3000	4	1600	55	63
	W$_{11}$-50×3000	50×3000	4	2000	63	80
	W$_{11}$-60×3000	60×3000	4	2400	75	120

四辊卷板机性能表 表 4.3.3-5

产品名称	型 号	卷板最大尺寸 （厚度×宽度） （mm）	卷板速度 （m/min）	满载弯卷 （最小直径） （mm）	主电机功率 （kW）	总重量 （t）
四辊卷板机	W$_{12}$-20×2500A	20×2500	5.5	1000	30	38
	W$_{12}$-25×2000A	25×2000	5.5	1000	30	32
	W$_{12}$-35×2000A	35×2000	5	1400	45	50
	W$_{12}$-40×3000A	40×3000	5	1600	60	110
	W$_{12}$-50×3000A	50×3000	4	2000	60	150

5. 卷板工艺。

1）卷板前须熟悉图纸、工艺、精度、材料性能等技术要求，然后选择适当的卷板机，并确定冷卷、温卷还是热卷。

2）检查板料的外形尺寸、坡口加工、剩余直边和卡样板正确与否。

3）检查卷板机的运转是否正常，并向注油孔口注油。

4）清理工作场地，排除不安全因素。

5）卷板前，必须对板料进行预弯（压头），由于板料在卷板机上弯曲时，两端边缘总有剩余直边。理论的剩余直边数值与卷板机的形式有关，如表 4.3.3-6 所列。

理论剩余直边的大小 表 4.3.3-6

设备类别		卷 板 机			压力机
弯曲方式		对称弯曲	不对称弯曲		模具压弯
			三 辊	四 辊	
剩余直边	冷弯时	L	(1.5～2)t	(1～2)t	1.0t
	热弯时	L	(1.0～1.5)t	(0.75～1)t	0.5t

　　表中 L 为侧辊中心距之半，t 为板料厚度。实际上剩余直边要比理论值大，一般对称弯曲时为 $6\sim20t$，不对称弯曲时的剩余直边为对称弯曲时的 $1/10\sim1/6$。由于剩余直边在矫圆时难以完全消除，并造成较大的焊缝应力和设备负荷，容易产生质量事故和设备事故，所以，一般应对板料进行预弯，使剩余直边弯曲到所需的曲率半径后再卷弯。预弯可在三辊卷板机、四辊卷板机或预弯水压机上进行。预弯的方法如下。

　　（1）利用三辊卷板机预弯，如图 4.3.3-4 所示。

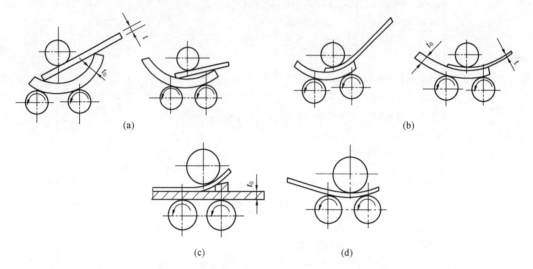

图 4.3.3-4　用三辊卷板机预弯示意图
（a）、（b）、（c）适于 $t_0 \geqslant 2t$、$t \geqslant 24\text{mm}$；（d）适于薄钢板

　　当预弯板的厚度不超过 24mm 时，可用预先弯好的一块钢板作为弯模，其厚度 t_0 应大于板厚的两倍，长度也应比板略长，将弯模放入轴辊中，板料置于弯模上如图 4.3.3-4(a) 所示，压下上辊使弯模来回滚动，直至板料边缘达到所需要弯曲半径为止。

　　在弯模上加一块楔形垫板的方法如图 4.3.3-4(b) 所示，也能进行预弯，压下上辊即可使板边弯曲，然后随同弯模一起滚弯。

　　在无弯模的情况下，可以取一平板，其厚度 t_0 应大于板厚的两倍，在平板上放置一楔形垫块如图 4.3.3-4(c) 所示，板边置于垫板上，压下上轴筒，使边缘弯曲。

　　对于较薄的板可直接在卷板机上用垫板弯曲，如图 4.3.3-4(d) 所示。

　　采用弯模预弯时，必须控制弯曲功率不超过设备能力的 60%，操作时，严格控制上轴辊的压下量，以防过载损坏设备。

　　（2）利用四辊卷板机上预弯时，将板料的边缘置于上、下辊间并压紧，如图 4.3.3-5 所示，然后调节侧辊使板料边缘弯曲。

　　（3）在水压机上用模具预弯的方法，适用于各种板厚，如图 4.3.3-6 所示。通常模具的长度都比板料短，因此，预弯必须逐段进行。

　　6）板料对中。为防止产生歪扭，将预弯的板料置于卷板机上滚弯时，应把板料进行对中，使板料的纵向中心线与轴辊线保持严格平行，对中方法有如图 4.3.3-7 所示四种。在四辊卷板机上对中时，调节侧辊，使板边紧靠侧辊对准如图 4.3.3-7(a) 所示；在三辊卷板机上利用挡板，使板边靠挡板也能对中，如图 4.3.3-7(b) 所示；也可将板料抬起，

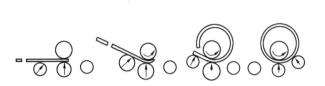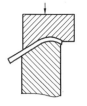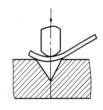

图 4.3.3-5　在四辊卷板机预弯和卷圆　　　　　　图 4.3.3-6　用模具预弯

使板边靠紧侧辊，然后再放平如图 4.3.3-7（c）；把板料对准侧辊的直槽［如图 4.3.3-7（d）］也能进行对中。此外，也可以从轴辊中间位置用视线来观察上辊的外形与板边是否平行来对中。上辊与侧辊是否平行，也可用视线检验，进行调整。

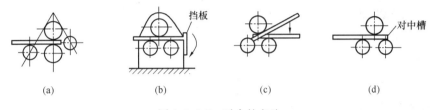

    (a)　　　　　　 (b)　　　　　　 (c)　　　　　　 (d)

图 4.3.3-7　对中的方法

7）圆柱面的卷弯：卷制时，根据板料温度的不同分为冷卷、热卷与温卷三种，特点如下。

（1）冷卷。板料位置对中后，严格采用快速进给法和多次进给法滚弯，调节上辊（在三辊卷板机上）或侧辊（在四辊卷板机上）位置，使板料发生初步弯曲，然后来回滚动而弯曲。当板料移至边缘时，根据板料和所划的线，检验板料位置正确与否。逐步压下上辊并来回滚动，使板料的曲率半径逐渐减小，直至达到规定的要求。冷卷时，由于钢板的回弹，卷圆时必须施加一定的过卷量，在达到所需的过卷量后，还应来回多卷几次。对于高强度钢板，由于回弹较大，最好在最终卷弯前进行退火处理。卷弯过程中，应不断用样板检验弯板两端的半径。卷弯瓦片时，应在卸载后测量其曲率。

如果已知对称式三辊卷板机的轴辊半径和相对位置，弯制板料的曲率半径由上下辊的中心距离确定。因此，为了得到正确的圆筒直径或曲率半径，在卷圆前首先要计算上下辊的中心距离，并在卷圆过程中逐渐调整。设 R 为所需钢板的曲率半径，h 为上下辊的距离如图 4.3.3-8 所示，只要知道这两个中的一个数值，则可用式（4.3.3-1）和式（4.3.3-2）求出另一个数值：

图 4.3.3-8　三辊卷板机弯曲钢板时曲率半径计算简图

$$R = \frac{(r_2+t)^2 - (h-r_1)^2 - a^2}{2[h-(r_1+r_2+t)]} \qquad (4.3.3-1)$$

$$h = \sqrt{(R+t+r_2)^2 - a^2} - (R-r) \qquad (4.3.3-2)$$

式中　R——卷圆板料的弯曲半径；

　　　h——上辊与侧辊的中心距离（高度）；

　　　t——板料的厚度；

r_1——上辊半径；

r_2——侧辊半径；

a——两侧辊中心距离之半。

四辊卷板机与三辊卷板机一样，为了获得正确的圆筒半径和曲率半径，在卷圆之前和卷圆过程中，要经常调整各轴辊之间的距离。设 R 为所需的板料弯曲半径，h 为侧辊与下辊之间的中心距离如图 4.3.3-9 所示，已知这两个中的一个数值，则可用式（4.3.3-3）和式（4.3.3-4）计算另一个数值。

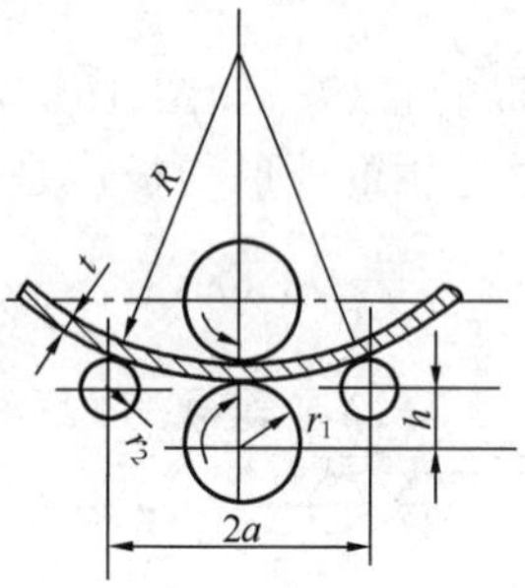

图 4.3.3-9　四辊卷板机
弯曲钢板时曲率半径
计算简图

$$R = \frac{r_2^2 - (r_1 - h)^2 - a^2}{2(r_1 - r_2 - h)} \qquad (4.3.3-3)$$

$$h = r_1 - R' - \sqrt{(r_2 + R')^2 - a^2} \qquad (4.3.3-4)$$

式中　R——卷圆板料的弯曲半径；

h——下辊与侧辊的中心距离（高度）；

$R' = R + t$；

t——板料的厚度；

r_1——上辊半径；

r_2——侧辊半径；

a——两侧辊中心距离之半。

由于钢板的回弹，上述算式中求得 h、R 值，可供初滚时参考。

在卷板机上所能卷弯的最小圆筒直径取决于上辊的直径，考虑到圆筒卷弯后的回弹，能卷弯的最小圆筒直径约为上辊直径的 1.1～1.2 倍。

（2）热卷。由于卷弯过程是板料塑性弯曲变形的过程，冷弯时变形越大，材料所产生的冷加工硬化也越严重，在钢板内产生的应力也越大，这会严重影响制造质量，甚至会产生裂纹而导致报废。所以，冷卷时必须控制变形量。一般认为，当碳素钢板的厚度 t 大于或等于内径 D 的 1/40 时（$t \geqslant D/40$），应该进行热卷。热卷前，通常必须将钢板在室内加热炉均匀加热，加热温度是一般的终锻（终卷）温度，从始锻温度到终锻温度的范围称为锻造温度，锻造（热加工）温度范围视钢材成分而定。常用材料的热加工温度范围，见表 4.3.3-7 所列。

常用材料热加工温度范围　　　　　　　　　　表 4.3.3-7

材　料　牌　号	热加工温度（℃）	
	加热	终止（不低于）
Q235、15、15g、20、20g、22g	900～1050	700
Q355、Q345R、Q390、Q370R	950～1050	750
15MnTi、14MnMoV	950～1050	750
18MnMoNb、15MnVN	950～1050	750
15MnVNRe	950～1050	750
Cr5Mo、12CrMo、15CrMo	900～1000	750
14MnMoVBRe	1050～1100	850
12MnCrNiMoVCu	1050～1100	850
14MnMoNbB	1000～1100	750

续表

材　料　牌　号	热加工温度（℃）	
	加热	终止（不低于）
0Cr13、1Cr13	1000～1100	850
1Cr18Ni9Ti、12CrIMoV	950～1100	850
黄铜 H62、H68	660～700	460
铝及其合金 L2、LF2、LF21	350～450	250
钛	420～560	350
钛合金	600～840	500

　　热卷时，由于钢板表面的氧化皮剥落，氧化皮在钢板与轴辊之间滚轧，使筒身内壁形成凹坑和斑点，影响质量。所以，在卷弯过程中和卷弯后，必须清除氧化皮。然后再进行第二次的加热和卷弯。

　　热卷时，必须考虑 5％～6％ 的板料减薄量和一定的延伸率，以便严格控制板料厚度的选择和筒身圆周长度的精确性。

　　（3）温卷。为了避免冷、热卷板时存在的困难，取冷、热卷板中的优点，研制出了温卷的新工艺。温卷是将钢板加热至 500～600℃，使板料比冷卷时有更好的塑性，同时减少卷板超载的可能，又可减少卷板时氧化皮的危害，操作也比热卷方便。

　　由于温卷的加热温度通常在金属的再结晶温度以下，因此，实质上仍属于冷加工范围。

　　8）矫圆。圆筒卷弯焊接后会发生变形，所以，必须进行矫圆。矫圆分加载、滚圆、卸载三个步骤，使工件在逐渐减少矫正荷载下进行多次滚卷。

　　9）螺旋卷管。各种筒形结构壁板卷圆后的对接不能连续生产，效率较低，且其纵向焊缝比母材强度降低。若采用螺旋卷管，可连续生产，效率较高，同时因斜接，可与母材等强度计算，这种工艺已逐步得到推广。螺旋卷管的加工工艺过程如图 4.3.3-10 所示。加工时将卷板机斜放，其角度根据板料宽度和成型产品的直径进行调整。

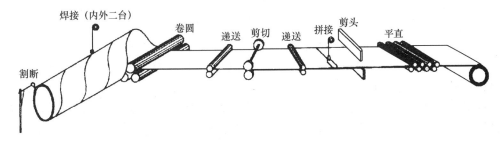

图 4.3.3-10　螺旋卷管加工工艺示意

　　6. 卷板的常见缺陷和质量标准要求如下。

　　1）外形缺陷：卷弯圆柱形筒身时，常见的外形缺陷有过弯、锥形、鼓形、束腰、边缘歪斜和棱角等缺陷，如图 4.3.3-11 所示。产生原因为：

　　（1）过弯。轴辊调节过量［图 4.3.3-11(a)］；

　　（2）锥形。上下辊的中心线不平行［图 4.3.3-11(b)］；

（3）鼓形。轴辊发生弯曲变形 ［图 4.3.3-11(c)］；

（4）束腰。上下辊压力和顶力太大 ［图 4.3.3-11(d)］；

（5）歪斜。板料没有对中 ［图 4.3.3-11(e)］；

（6）棱角。预弯过大或过小 ［图 4.3.3-11(f)］。矫正棱角的方法可采用三辊或四辊卷板机进行，如图 4.3.3-12 所示。

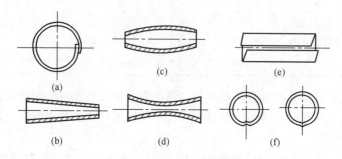

图 4.3.3-11　几种常见的外形缺陷

图 4.3.3-12　矫正棱角的方法

2）表面压伤：卷板时，钢板或轴辊表面的氧化皮及黏附的杂质，会造成板料表面的压伤。尤其在热卷或热矫时，氧化皮与杂质对板料的压伤更为严重。为了防止卷板表面的压伤，应注意以下几点：

（1）在冷卷前必须清除板料表面的氧化皮，并涂上保护涂料。

（2）热卷时宜，采用中性火焰，缩短高温下板料的停留时间，并采用防氧涂料等办法，尽量减少氧化皮的产生。

（3）卷板设备必须保持干净，轴辊表面不得有锈皮、毛刺、棱角或其他硬性颗粒。

（4）卷板时，应不断吹扫内外侧剥落的氧化皮，矫圆时应尽量减少反转次数等。

（5）非铁金属、不锈钢和精密板料卷制时，最好固定专用设备，并将轴辊磨光，消除棱角和毛刺等，必要时用厚纸板或专用涂料保护工作表面。

3）卷裂。板料在卷弯时，由于变形太大、材料的冷作硬化以及应力集中等因素，使材料的塑性降低而造成裂纹。所以，为了防止卷裂，必须注意以下几点：

（1）对变形率大和脆性的板料，需进行正火处理。

（2）对缺口敏感性大的钢种，最好将板料预热到 $150\sim200℃$ 后卷制。

（3）板料的纤维方向，不宜与弯曲线垂直。

（4）对板料的拼接缝，必须修磨至光滑平整。

4）质量标准：应对上述各种缺陷逐一进行质量检验，具体验收标准可根据设计、制造和使用等要求制定。

对圆筒和圆锥筒体经卷圆后，为了保证产品质量，应用样板进行检查。检查时允许误差如表 4.3.3-8 所示。

圆筒和圆锥筒体的允许偏差　　　　　　　　　表 4.3.3-8

钢板厚度 （mm）	钢板宽度 （mm）			
	≤500	500～1000	1000～1500	1500～2000
	容许偏差 *a* （mm）			
≤8	3.0	4.0	5.0	5.0
9～12	2.0	3.0	4.0	4.0
13～20	2.0	2.0	3.0	3.0
21～30	2.0	2.0	2.0	2.0

注：钢板纵向直形凹凸不超过 3mm。

钢板环形方向局部不圆的允许偏差 a，如图 4.3.3-13 所示。加工弯曲成型的构件，其尺寸的允许偏差，如表 4.3.3-9 所示。

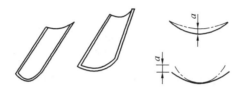

图 4.3.3-13　圆筒和圆锥筒体局部不圆的允许误差 a 示意

弯曲成型零件尺寸的允许偏差　　　　　　　　　表 4.3.3-9

零件弦长 （mm）	样板弦长 （mm）	不接触间隙 （mm）
≤1500	零件弦长	≤2.0
＞1500	≥1500	≤2.0

7. 操作时应注意的事项如下。

使用卷板机和压力机操作时，应注意下列事项。

（1）卷板前，应对设备加注润滑油，开空车检查其传动部分的运转是否正常，并根据需要调整好轴辊之间的距离。

（2）所加工钢板的厚度，不能超过机械设备的最大允许厚度。

（3）卷圆时，若戴手套，手不能靠近轴辊，以免手卷入轴辊内。

（4）卷直径很大的圆筒时，必须有吊车配合，以防止钢板因自重而使已卷过的圆弧部分回直或被压扁。

（5）弧形钢板轧至末端时，操作人员应站在两边，不应站在正面，以防钢板下滑发生事故。

（6）在卷圆过程中，应使用内圆样板检查钢板的弯曲度。

（7）直径大的圆筒体，轧圆时在接缝处应搭接 100mm 左右，并用夹具夹好后，再从卷板机上取下，以减少圆筒体的变形。

（8）如室内温度低于 −20℃ 时，应停止辊轧或压制工作，以免钢板因冷脆而产生开裂。

4.3.4　边缘加工工艺特点和要求。

1. 在钢结构制造中，经过剪切或气割过的钢板边缘，其内部结构会硬化和变态，因而，须将下料后的边缘刨去2～4mm，以保证质量，如桥梁或重型吊车梁的重型构件。此外，为了保证焊缝质量和工艺性焊透以及装配的准确性，前者要将钢板边缘刨成或铲成坡口，后者要将边缘刨直或铣平。常用的边缘加工主要方法有铲边、刨边、铣边和碳弧气刨边四种。一般需要作边缘加工的部位如下。

1）吊车梁翼缘板、支座支承面等具有工艺性要求的加工面。

2）设计图纸中有技术要求的焊接坡口。

3）尺寸精度要求严格的加劲板、隔板、腹板及有孔眼的节点板等。

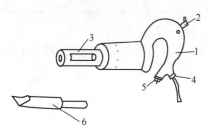

图 4.3.4-1　铲边风锤及铲头示意
1—把手；2—扳机（开关）；3—推杆；
4—风带接头；5—排污孔；6—铲头

2. 铲边特点和要求。

1）对加工质量要求不高，并且工作量不大的边缘加工，可以采用铲边。铲边有手工和机械铲边两种。手工铲边的工具有手锤和手铲等。机械铲边的工具有风动铲锤和铲头等。

2）风动铲锤是用压缩空气作动力的一种风动工具。风动铲锤和铲头的结构如图 4.3.4-1 所示，由进气管扳机（开关）、推杆、阀柜和锤体等主要部分组成。使用时，将输送压缩空气的橡皮管接在进口管 4 上，接前将风管向空中吹一下，以防砂粒等杂物进入风锤内磨损机件，然后，按动扳机 2，即可进行铲削。

3）一般手工铲边和机械铲边的构件，其铲线尺寸与施工图纸尺寸要求不得相差1mm。铲边后的棱角垂直误差不得超过弦长的 1/3000，且不得大于 2mm。

4）风动铲锤的技术性能，见表 4.3.4-1。

风动铲锤的规格性能　　　　　　　　　　　　　　　　表 4.3.4-1

产品型号	全长 (mm)	缸体直径 (mm)	锤体			风管内径 (mm)	使用空气压力 (N/mm²)	冲击次数 (次/min)	冲击功 (J)	耗气量 (m³/min)	重量 (kg)
			直径 (mm)	行程 (mm)	重量 (kg)						
04-5	300	φ28	φ28	61	0.27	φ13	0.5	2400	11	0.5～0.6	5
04-6	377	φ28	φ28	99	0.40	φ13	0.5	1500	16	0.5～0.6	5.6
04-7	447	φ28	φ28	199	0.54	φ13	0.5	1000	25	0.5～0.6	6.5

5）铲边注意事项如下。

（1）空气压缩机开动前，应放出贮风罐内的油、水等混合物。

（2）铲前应检查空气压缩机设备上的螺栓、阀门完整情况、风管是否破裂漏风等。

（3）铲边的对面不许有人和障碍物。高空铲边时，操作者应带好安全带，身体重心不要全部倾向铲力，以防失去平衡，发生坠落事故。

（4）铲边时，为使铲头不致退火，铲头要注机油或冷却液。

（5）铲边结束，应卸掉铲锤妥善保管。冬季工作后，铲锤风带应盘好放于室内，以防带内存水冻结。

3. 刨边特点和要求。

1) 刨边用刨边机。刨边的构件加工有直边和斜边两种，刨边加工的余量随钢材的厚度、钢板的切割方法而不同，一般刨边加工余量为2~4mm。

2) 刨边机的结构如图4.3.4-2所示，由主柱、液压压紧装置、横梁、刀架、走刀箱等主要部分组成。刨边时，将切削的板材固定在作业架台上，然后用安装在可以左右移动的刀架上的刨刀切削板材的边缘。刀架上可以同时固定两把刨刀，以同方向进刀切削，或一把刨刀在前进时切削，另一把刨刀则在反方向行程时切削。

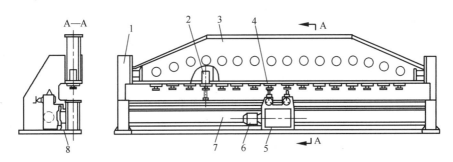

图 4.3.4-2　刨边机的结构示意图

1—立柱；2—液压压紧装置；3—横梁；4—刀架；5—走刀箱；6—电动机；7—底身；8—导轨

3) 较常用的刨边机 B81120A 型的技术性能如表 4.3.4-2 所示。

刨边机的技术性能　　　　　　　　　　　　　　表 4.3.4-2

型号	最大刨削尺寸 长×厚 (mm)	最大牵引力 (kW)	刨削行程速度 (m/min)	刀架		电机功率(kW)		外形尺寸 (长×宽×高) (mm)	重量 (kg)
				数量	回转角(°)	主电机	总容量		
81120A	12000×80	60	10.20	2	±25	17	23.18	16582×4095×3075	35000

4) 刨边机的刨削长度一般为3~15m。当构件长度大于刨削长度时，可用移动构件的方法进行刨边；构件较小时，则可采用多构件同时刨边。对于侧弯曲较大的条形构件，先

要矫直。气割加工的构件边缘，必须除净残渣，以便减少切削量和提高刀具寿命。对于条形构件刨边加工后，松开夹紧装置可能会出现弯曲变形，需在以后的拼接或组装中利用夹具进行处理。

5）刨边所需要预加工的工艺余量，可参照表4.3.4-3所列数值，并结合具体情况处理。

刨边加工的余量 表4.3.4-3

钢板性质	边缘加工形式	钢板厚度（mm）	最小余量（mm）
低碳钢	剪切机剪切	≤16	2
低碳钢	气割	>16	3
各种钢材	气割	各种厚度	4
优质低合金钢	气割	各种厚度	>3

6）一般刨削的进刀量和走刀速度见表4.3.4-4。

刨削时的进刀量和走刀速度 表4.3.4-4

钢板厚度（mm）	进刀量（mm）	切削速度（m/min）
1～2	2.5	15～25
3～12	2.0	15～25
13～18	1.5	10～15
19～30	1.2	10～15

7）边缘加工的质量标准见表4.3.4-5。

边缘加工的质量标准 表4.3.4-5

加工方法	宽度，长度	直线度	坡度	对角差（四边加工）
刨边	±1.0mm	$L/3000$，且不得大于2.0mm	±2.5°	2mm
铣边	±1.0mm	0.30mm		1mm

4. 铣边（端面加工）特点和要求。

1）对于有些构件的端部，可采用铣边（端面加工）的方法以代替刨边。铣边是为了保持构件的精度，如吊车梁、桥梁等接头部分，钢柱或塔架等的金属抵承部位，能使其力由承压面直接传至底板支座，以减少连接焊缝的焊脚尺寸，这种铣削加工，一般是在端面铣床或铣边机上进行的。

2）端面铣床是一种横式铣床，其外形如图4.3.4-3所示。加工时用盘形铣刀，在高

图4.3.4-3 端面铣床

速旋转时，可以上下左右移动对构件进行铣削加工；对于大面积的部位也能高效率地进行铣削。

3）端面铣床常见的四种型号及其技术性能见表4.3.4-6。

端面铣床的技术性能　　　　　　　　表4.3.4-6

产品名称	型号	工作台面积 宽×长 （mm）	行　程 （mm）			主轴转速 （r/min）		工作台进给量 （mm/min）		推荐最大 刀盘直径 （mm）	电机功率 （kW）	
			纵向	横向	垂直向	级数	范围	级数	范围		主电机	总容量
端面铣床	XE755	500×2000	1400	500	600	18	25~1250	无级	14~1250	250	11	14.55
双端面铣床	X364	400×1000	1300	100		6	160~500	18	32~1600	260	5.5	8.9
双端面铣床	X368	800×1600	2000	125		6	40~125	无级	20~1000	547	30	37~495
移动端面铣床	X3810A	3000×1000	3000	200	1000	12	50~630	18	23.8~1180	350	13	16.55

4）端面铣削，亦可在铣边机上进行加工，铣边机的结构与刨边机相似，但加工时，用盘形铣刀代替刨边机走刀箱上的刀架和刨刀，其生产效率较高。

5. 碳弧气刨。

1）碳弧气刨原理：碳弧气刨把碳棒作为电极，与被刨削的金属间产生电弧，此电弧具有6000℃左右高温，足以把金属加热到熔化状态，然后用压缩空气的气流把熔化的金属吹掉，达到刨削或切削金属的目的，如图4.3.4-4所示。图中碳棒1为电极，刨钳2夹住碳棒，通电时，刨钳接正极，构件4接负极，在碳棒与构件4接近处产生电弧并熔化金属，高压空气的气流3随即把熔化金属吹走，完成刨削。图中箭头Ⅰ表示刨削方向，箭头Ⅱ表示碳棒进给方向。

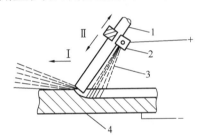

图4.3.4-4　碳弧气刨示意图
1—碳棒；2—刨钳；
3—高压空气流；4—工件

2）碳弧气刨的应用范围：用碳弧气刨挑焊根，比用风凿生产率高且噪声小，并能减轻劳动强度，特别适用于仰位和立位的刨切；采用碳弧气刨返修有焊接缺陷的焊缝时，容易发现焊缝中各种细小的缺陷。碳弧气刨还可用来开坡口、清除铸件上的毛边和浇冒口以及铸件中的缺陷等，同时，还可以切割金属如铸铁、不锈钢、铜、铝等。但碳弧气刨在刨削过程中会产生一些烟雾，若施工现场通风条件差，对操作者的健康有影响。所以，施工现场必须具备良好的通风条件和措施。

3）碳弧气刨的电源设备、工具及碳棒要求如下。

（1）碳弧气刨的电源设备：碳弧气刨一般采用直流电源。由于碳弧气刨的电流较大，需连续工作时间较长，故应选用功率较大的直流电焊机（如AXI-500）。

（2）碳弧气刨的工具：碳弧气刨的主要工具是碳弧气刨枪，如图4.3.4-5。碳弧气刨枪的要求是，导电性良好，吹出的压缩空气集中且准确，碳棒要夹牢固，又要更换方便，外壳绝缘良好，自重轻、操作方便等。

（3）碳棒：碳弧气刨主要通过碳棒与构件间的电弧

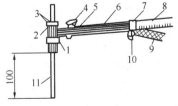

图4.3.4-5　碳弧气刨枪
1—枪头；2—围钳；3—紧固螺帽；
4—空气阀；5—空气导管；6—绝缘手把；
7—导柄套；8—空气软管；9—导线；
10—螺栓；11—碳棒

来熔化金属。因此，对碳棒的要求是耐高温、导电性良好、不易断裂、断面组织细致、成本低、灰粉少等。一般采用镀铜实心碳棒，镀铜的目的是提高碳棒的导电性和防止碳棒表面的氧化。碳棒断面形状分为圆形和矩形两种。矩形碳棒刨槽较宽，适用于大面积的刨槽或刨平面。

4）碳弧气刨工艺如下。

（1）工艺参数及碳棒的影响：碳弧气刨的工艺参数主要指电源极性、电流与碳棒直径、刨削速度和压缩空气的压力等，其工艺参数见表 4.3.4-7。

碳弧气刨的工艺参数（供参考）　　　　　　　　　　　　　　　　表 4.3.4-7

碳棒直径 (mm)	电流 (A)	适合板厚 (mm)	风压 (N/mm²)	碳棒伸出长度 (mm)	角度 (°)	运行速度 (m/h)	刨槽宽度 (mm)	刨槽深度 (mm)
6	180～200	4.5	0.2～0.3	80～120	18～20	55	10	3
7	240～260	10～14	0.4～0.5	80～120	25～30	32	13	5.5
8	300～320	14	0.4～0.5	80～160	25～30	39.5	14	6
10	340～380	16	0.4～0.5	80～160	25～30	25	15	7

（2）采用碳弧气刨时，各种金属的极性选择，见表 4.3.4-8。

碳弧气刨金属极性的选择　　　　　　　　　　　　　　　　表 4.3.4-8

材料	极性	备注	材料	极性	备注
碳钢	反接	正接表面不光	铸铁	正接	反接不如正接
低合金钢	反接	正接表面不光	铜及铜合金	正接	
不锈钢	反接	正接表面不光	铝及铝合金	正接或反接	

（3）碳弧气刨的操作和安全技术如下。

① 操作技术：采用碳弧气刨时，检查电源极性，根据碳棒直径调节好电流，同时调整好碳棒伸出的长度。起刨时，应先送风，随后引弧，以免产生夹碳。在垂直位置刨削时，应由上而下移动，以便于流渣流出。当电弧引燃后，开始刨削时速度稍慢一点；当钢板熔化熔渣被压缩空气吹走时，可适当加快刨削速度。刨削中，碳棒不能横向摆动和前后移动，碳棒中心应与刨槽中心重合，并沿刨槽的方向做直线运动。在刨削时，要握稳手把，眼睛看好准线，将碳棒对正刨槽，碳棒与构件倾角大小基本保持不变。用碳弧气刨过程中，有被烧损现象需调整时，不要停止送风，以使碳棒能得到很好的冷却。刨削结束后，应先断弧，过几秒钟后才关闭风门，使碳棒冷却。

② 安全技术：操作时，应尽可能顺风向操作，防止铁水及熔渣烧坏工作服及烫伤皮肤，并应注意场地防火。在容器或舱室内部操作时，操作部位不能过于狭小，同时要加强抽风及排除烟尘措施。碳弧气刨时使用的电流较大，应注意防止因焊机过载和长时间连续使用出现发热超标而损坏机器。

4.3.5　折边工艺特点和要求。

1. 钢结构制造中，把构件的边缘压弯成倾角或一定形状的操作称为折边。折边广泛用于薄板构件，有较长的弯曲线和很小的弯曲半径。薄板经折边后可以大大提高结构的强度和刚度。这类工件的弯曲折边，常利用折边机进行。

2. 折边设备的结构及其模具。

折边机在结构上具有窄而长的滑块，配合一些狭而长的通用或专用模具和挡料装置，将下模固定在折边机的工作台上，扳料在上、下模之间，利用上模向下时产生的压力，以完成较长的折边加工工作。常用的机械或液压板料折弯压力机的技术参数，见表 4.3.5-1 和表 4.3.5-2。

机械板料折弯压力机技术参数　表 4.3.5-1

| 产品名称 | 型号 | 技术参数 | | | | 电机功率(kW) | 重量(t) | 外形尺寸(长×宽×高)(mm) | 备注 |
		折板尺寸(厚×宽)(mm)	最大厚度时最小折曲长度(mm)	最大厚度时最小折曲半径(mm)	上梁升程(mm)				
折边机	W62 1.5×1000	1.5×1000	5	1	80	2.2	1	2100×850×1300	压手动、折机动、
	W62 2×800	2.0×800	5	1	80		0.022	1015×600×460	手动，
	W62 2.5×1250	2.5×1250	6	(1～1.5)	150	3.0	1.5	2400×850×1300	上梁压紧、有快慢速
	W62 2.5×1500	2.5×1500	6	(1～1.5)	150	3.0	1.55	2500×850×1300	上梁压紧、有快慢速
	W62 2.5×1500	2.5×1500	6	3.75	200	1.1/3	1.5	2500×560×1300	
	W62 2.5×1500	2.5×1500	6	(1～1.5)	150	30	1.55	2500×850×1300	上梁压紧、有快慢速
	W62 4×2000	4×2000	20	6	200	5.5	4.2	2540×1560×420	
	W62 6.3×2500	6.3×2500	45	9	315	17	6.5	3675×1970×1700	

液压板料折弯压力机技术参数　表 4.3.5-2

型号	公称压力(kN)	工作台长度(mm)	主柱间距离(mm)	喉口深度(mm)	滑块行程(mm)	滑块调节量(mm)	最大开启高度(mm)	主电机功率(kW)	外形尺寸长×宽×高(mm)
W67Y-40/2000C	400	2000	1700	200	100	75	360	4	2180×1450×2060
W67Y-63/2500	630	2500	2100	250	100	80	360	5.5	2560×1690×2180
W67Y-100/3200C	1000	3200	2600	320	150	120	450	7.5	3290×1770×2450
W67Y-160/4000C	1600	4000	3300	320	200	160	500	11	4080×1640×2650

板料折弯压力机用于将板料弯曲成各种形状，一般在上模作一次行程后，便能将板料压成一定的几何形状，若采用不同形状模具或通过几次冲压，还可得到较为复杂的各种截面形状。当配备相应的装备时，还可用于剪切和冲孔。

板料折弯压力机，有机械传动和液压传动两种。液压传动的折弯压力机以高压油为动力，利用油缸和活塞使模具产生运动。图 4.3.5-1 为 W67Y-160 型液压传动的板料折弯压力机。机械传动板料折弯压力机构，都是双曲轴式的，滑块的运动和上下位置的调节是两个独立的传动系统，由主电动机通过皮带轮和齿轮带动传动轴转动，再经传动轴两端的齿轮带动曲轴转动，并通过连杆使滑块上下运动。上模安装在上滑块上，下模则置于工作台上。

图 4.3.5-1　W67Y-160 型液压板料折弯压力机

板料折弯压力机的模具有通用和专用两种。通用弯曲模的断面形状如图 4.3.5-2 所示，上模稍带弯曲，端头呈 V 形，并有较小的圆角半径；下端在四个面上分别有适应于弯制构件的几种固定槽口，槽口的形状一般呈 V 形，也有矩形的，都能弯制锐角和钝角的构件，下模的长度一般与工作台面相等。专用模具是根据构件的特殊加工形状和要求而特意设计的模具，不具备通用性。

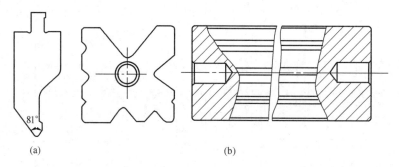

（a）　　　　　　　　　　　　　　　　　（b）

图 4.3.5-2　通用折边弯曲模
（a）上模；（b）通用下模

3. 折边工艺要求。

在通用弯曲模上，将板料折边成数个弯角时，首先应根据弯角的半径和构件的形状，调整挡块的位置（或按所划的线）、选择上下模的形状和折边的合理顺序、确定构件的折弯压力，构件折弯压力应小于或等于滑块的公称压力。折边的技术工艺要求如下。

1）折边前，必须熟悉样板、图纸、工艺规程，并了解技术要求。

2）整理好工作场地，准备好需用的工具、胎具、量具、压模、样板等。

3）检查折边机运转是否正常，并向注油孔注油。

4）专用模具应考虑构件加热后的膨胀系数和冷弯材料的回弹率，对易磨损的模具，应及时更换和修复。

5）严格遵守安全操作规程。

6）在弯制多角的复杂构件时，要事先考虑折弯顺序。折弯顺序一般是由外向内依次弯曲，如果折边顺序不合理，将会造成后面的弯角无法折弯。

7）在弯制大批量构件时，需加强首件结构件的质量控制。

8）钢板进行冷弯加工时，最低室温一般不得低于 0℃；Q355 钢材不得低于 5℃；其他各种低合金钢和合金钢根据其性能酌情而定。

9）折弯时，要经常检查模具的固定螺栓是否松动，以防止模具移位。若发现移位，应立即停止工作，及时调整固定。

10）若构件采用热弯，须加热至 1000～1100℃，低合金钢加热温度为 700～800℃。

11）当热弯工件温度下降至 550℃时，应停止工作。

12）折弯时，应避免一次大力加压成型，而逐次渐增度数，最后用样板检查；千万不能折边角度过大，造成往复反折，损伤构件。

13）折弯过程中，应注意经常用样板校对构件进行检验。

4. 操作注意事项如下。

为了确保安全生产，操作时必须注意以下几点：

1）在机器开动前，要清除机械设备周围的障碍物，上、下模具间不准堆放有任何工具等物件，对机械设备应加注润滑油。

2）检查设备各部分工作是否正常，发现问题应及时修理。

3）开动机器后，待电动机和飞轮的转速正常后，再开始工作。

4）不允许超负荷工作，满负荷时，必须把板料放在两立柱中间，使两边负荷均匀。

5）保证上、下模之间有间隙，间隙的大小，按折板的要求决定，但不得小于被折板料的厚度，以免发生"卡住"现象，造成事故。

6）折板板件的表面不准有焊疤与毛刺。

7）电气绝缘与接地必须良好。

4.3.6　模具压制特点和要求。

1. 模具压制是一个跨行业的基础工作，和工业结构调整与产品结构调整关系非常密切，现代化的工业产品升级换代，模具必须先行。高质量、高速度的产品生产，只有在优质模具得到保证下方能达到。模具压制是在压力设备上利用模具使钢材成型的一种工艺方法，钢材及构件成型的好坏与精度，完全取决于模具的形状尺寸和制造质量。本节介绍钢结构加工模具的分类和用途、压制模具的制作以及其所用设备。

2. 模具分类和用途。

1）按加工工序分如表 4.3.6-1 所示，主要有以下几种：

（1）冲裁模：如表 4.3.6-1 中 a 项所示，在压力机上使板料或型材分离的加工工艺，其主要工序有落料成型、冲切成型等。

（2）弯曲模：如表 4.3.6-1 中 b 项所示，在压力机上使板料或型材弯曲加工工艺，其主要工序有压弯、卷圆等。

（3）拉深模：如表 4.3.6-1 中 c 项所示，压力机上使板料轴对称、非对称或半敞变形拉深加工工艺，其轴对称工序有拉深、变薄拉深等。

（4）压延模：如表 4.3.6-1 中 d 项所示，在压力机上对钢材进行冷挤压或温热挤压加工工艺，其主要工序有压延、起伏压延、胀形压延及旋转压延等。

（5）其他成型模：如表 4.3.6-1 中 e 项所示，在压力机上对板料半成品进行再成型加工工艺，其主要再成型工序如翻边、卷边、扭转、收口、扩口、整形等。

模具分类示意   表 4.3.6-1

编号	工序		图例	图解
a	冲裁	落料		用模具沿封闭线冲切板料，冲下的部分为工件，其余部分为废料
		冲孔		用模具沿封闭线冲切板材，冲下的部分是废料
b	弯曲	压弯		用模具使材料弯曲成一定形状
		卷圆		将板料端部卷圆
c	拉深	拉深		将板料压制成空心工件，壁厚基本不变
		变薄拉深		用减小直径与壁厚增加工件高度的方法来改变空心件的尺寸，以得到要求的底厚、壁薄的工件

编号	工序		图例	图解
d	压延	压延		将拉深或成型后的半成品边缘部分多余材料切掉； 将一块圆形平板料坯压延成一面开口的圆筒
		起伏		在板料或工件上压出筋条、花纹或文字，在起伏处的整个厚度上都有变薄
		胀形		使空心件（或管料）的一部分沿径向扩张，呈凸肚形
		施压		利用擀棒或滚轮板料毛坯擀压成一定形状（分变薄和不变薄两种）
e	其他成型	孔的翻边		将板料或工件上有孔的边缘翻成竖立边缘
		外缘翻边		将工件的外缘翻成圆弧或曲线状的竖立边缘

续表

编号	工序		图例	图解
e	其他成型	卷边		将空心件的边缘卷成一定的形状
		扭转		将平板坯料的一部分相对于另一部分扭转一个角度
		收口		将空心件的口部缩小
		扩口		将空心件的口部扩大，常用于管子
		整形		把形状不太准确的工件矫正成型

2）按加工形式分类如下：

（1）简易模：单件或小批量生产，一般精度时采用。

（2）连续模：中批或大批量生产，中级精度、加工形状复杂和特殊形状的零件时采用。

（3）复合模：中批或大批量生产，中级或高级精度、零件几何形状与尺寸受到模具结构与强度的限制时采用。

3）按安装位置分类如下：

（1）上模：也称凸模，由螺栓安装在压力机压柱上的固定横梁上。

（2）下模：也称凹模，由螺栓固定在压力机的工作台上。

上、下模安装时，上模中心与压柱中心必须重合，使压柱的作用力均匀地分布在压模上。下模的位置要根据上模来确定，上、下模中心应吻合，以保证压制零件形状和精度的准确。图 4.3.6-1 为上、下模安装示意图。

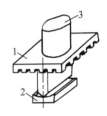

图 4.3.6-1　上下模
装置示意图
1—上模；2—下模；
3—压柱

3. 压制模具的制作要求。

各种压制模具的制作方法基本上相同，本节主要说明封头压制模具。封头模具包括有上下模，封头模具主要包括精确工件多次加工的压延模和非标准件的一次压延模，两种模具作用和压延原理基本一致，但其压延方法和精确度要求不同。模具设计、工艺、模具尺寸的间隙、压延方法以及常见的缺陷如下。

1）封头模具设计要点如下：

（1）上下模直径、高度及圆角半径（R）的确定。

（2）压边圈和压边顶杆的形式及位置。要求顶杆有足够的刚性，以防止受压后弯曲变形影响工件成型和精度。

（3）选择合适的模具材料，以保证达到足够的压延强度。

（4）选用合理的压制设备，了解其技术性能和工作情况。

2）封头模具的工艺要求如下：

（1）上模中应开通气孔，以便于卸下工件。

（2）下模和压边圈的工作表面要光滑，压延标准精度一般应确定为 $\frac{12.5}{}$、$\frac{0.8}{}$ 之间，不允许开孔、开槽，以防止压延时损坏零件表面的光洁度。

（3）压延时，应保证工件与模具的良好润滑，以减少摩擦和模具的磨损，保证工件压制精度。

（4）热压加工，应考虑收缩量及卸料装置问题。

3）封头模具尺寸的间隙要求如下：

（1）上、下模直径尺寸，应根据封头内外尺寸大小确定，以满足上下模凸凹间隙中的成型要求。

（2）板料厚度的误差、加热时产生的氧化皮（Fe_3O_4）、材料热胀冷缩、模具制造公差等，模具尺寸设计时均应考虑。

（3）尺寸间隙过大，封头容易起皱；尺寸间隙过小，坯料不易移动，从而使封头侧壁和转角处造成过度拉伸变薄，增加压制设备的负荷，使模具磨损增大，也使构件成型困难。

（4）一般情况下压延间隙应大于压板的厚度，计算压模工作部分的尺寸公式如表 4.3.6-2 所示。封头压延中，凹凸模间隙采用的数值可参照表 4.3.6-3。合理设计模具的凹模圆角半径尺寸，是压延工作的重要环节，根据压延实践经验，凹模圆角半径尺寸可按表 4.3.6-4 确定。

压模工作部分尺寸的公式　　　　　　　　　　　　　表 4.3.6-2

技术要求	要求外部尺寸准确	要求内部尺寸准确
简图		
凹模制造尺寸	$D_M=(D-\Delta)+\delta_M$	$D_M=(D+\Delta+2z)+\delta_M$
凸模制造尺寸	$D_N=(D-\Delta-2z)-\delta_N$	$D_N=(D+\Delta)-\delta_N$

表中公式　D_M——凹模尺寸（mm，下同）；

　　　　　D_N——凸模尺寸；

　　　　　δ_M——凹模的制造公差；

　　　　　δ_N——凸模的制造公差；

　　　　　Δ——压延件公称尺寸的允许偏差；

　　　　　z——凹模与凸模间的单面间隙。

凹凸模间隙数值表　　　　　　　　　　　　　　　表 4.3.6-3

材料	间隙 z（mm）	
	第一次压延	各次压延
低碳钢	$(1.3\sim1.5)t$	$(1.2\sim1.3)t$
黄铜、铝合金	$(1.3\sim1.4)t$	$(1.15\sim1.2)t$

注：1. 表中 t 为压延件材料厚度。

　　2. 首次压延取大值，以后各次压延取小值。

凹模的圆角半径值（mm）　　　　　　　　　　　　表 4.3.6-4

材料	材料厚度（t）	圆角半径（r）
钢材	<3	$(6\sim10)t$
	3～6	$(4\sim6)t$
	6～20	$(2\sim4)t$
铝、黄铜、紫铜	<3	$(5\sim8)t$
	3～6	$(3\sim5)t$
	6～20	$(1.5\sim3)t$

注：1. 凸模圆角半径的取法是在凹模圆角半径的基础上，减去压件材料厚度和间隙（z）的和（和即零件半径 R），就是凸模圆角半径的尺寸。

　　2. 表内凹模圆角半径，经验值属于首次压延的数值；如果进行多次压延，表内数值可递减。

（5）压延时，压模的上下模制造公差见表 4.3.6-5。

压模的上下模制造公差　　　　　　　　　　　　　表 4.3.6-5

材料厚度（mm）	压延的公称直径（mm）					
	10～50		50～200		200～500	
	$+\delta_M$	$-\delta_N$	$+\delta_M$	$-\delta_N$	$+\delta_M$	$-\delta_N$
0.25	0.02	0.01	0.03	0.015	0.03	0.015
0.35	0.03	0.02	0.04	0.02	0.04	0.025

材料厚度（mm）	压延的公称直径（mm）					
	10～50		50～200		200～500	
	$+\delta_M$	$-\delta_N$	$+\delta_M$	$-\delta_N$	$+\delta_M$	$-\delta_N$
0.5	0.04	0.03	0.05	0.03	0.05	0.035
0.6	0.05	0.035	0.06	0.04	0.06	0.04
0.8	0.07	0.04	0.08	0.05	0.08	0.06
1.0	0.08	0.05	0.09	0.06	0.10	0.07
1.7	0.09	0.06	0.10	0.07	0.12	0.08
1.5	0.11	0.07	0.12	0.08	0.14	0.09
2.0	0.13	0.085	0.15	0.10	0.17	0.12
2.5	0.15	0.10	0.18	0.12	0.20	0.14
3.5	0.16	0.11	0.25	0.135	0.235	0.16

4）常用的封头压延方法如下。

（1）薄壁封头压延方法如图 4.3.6-2 所示，当坯料直径 D 和封头内径 d 之差大于板料厚度的 45 倍（$45t$）时，就属于薄壁封头。t 为板料厚度，其关系式为：$(D-d)>45t$。其特点与适用范围如下：

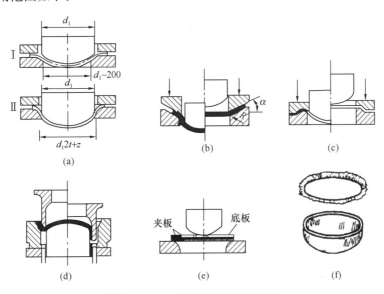

图 4.3.6-2　薄壁封头的压延方法

① 多次压延法 ［图 4.3.6-2(a)］：适用于 $45t<(D-d)<100t$ 的情况。其第一次预成型压延，用比凸模直径小 200mm 左右的下模预压成盆状，第二次可加大尺寸预压，也可直接用配套的压模压制成所需要的尺寸。

② 带锥面边圈压延法 ［图 4.3.6-2(b)］：适用于 $45t<(D-d)<60t$ 锥面斜角 $\alpha=20°\sim30°$ 的情况。为改善压延时的变形，应将上模压边和下模工作面做成圆锥面，可取得较好的锥面边圈。

③ 带槛形筋压延法［图 4.3.6-2(c)］：适用于 $45t<(D-d)<160t$ 的情况。在下模边口制出凸缘槛筋，在上模压边圈上制出与下模吻合的凹槽，利用槛形压延筋增大坯料凸缘边的变形阻力和摩擦力，以增加径向拉应力，避免边缘起皱，提高成型质量。

④ 反压延法［图 4.3.6-2(d)］：在 $60t<(D-d)<120t$ 时可采用。反压延法就是将上模制成凹模，下模制成凸模，这种方法对提高工件质量有保证。

⑤ 夹板压延法［图 4.3.6-2(e)］：适用于 $t<4mm$ 薄板贵重金属材料，以及不宜直接与火焰接触的材料。将坯料夹在两块钢板中间，或将坯料贴附在一块厚钢板上进行加热压延。

⑥ 加大坯料压延法［图 4.3.6-2(f)］：坯料直径按大于工件直径 $10\%\sim15\%$ 左右简略计算，适用于 $60t<(D-d)<160t$ 的情况。可采用一次或多次压延法加工，在成型后将凸缘多余部分切割至工件尺寸。

(2) 中、厚壁封头的压延方法，如图 4.3.6-3 所示。其特点与适用范围如下：

① 当 $6t\leqslant D\leqslant45t$ 时，为中壁封头，一般情况下可采用加热一次压制成型。

② 当 $D-d<6t$ 时，为厚壁封头，应适当增大模具间隙，以便封头能顺利通过，最好分二次或多次压制。

③ 多层封头压延法（图 4.3.6-4），将几块板料叠在一起压成，或多次重叠压延而成。

④ 带孔封头压延法（图 4.3.6-5），为装配或检修容器内部情况，某些封头顶部开有带翻边的人孔，一般情况下人孔翻边和封头压延同时进行。上模开有翻边用孔，下模在压力机工作台上装有顶杆，当上模下压封头成型后，顶杆则用于人孔翻边，封头和人孔翻边在一次行程中完成。

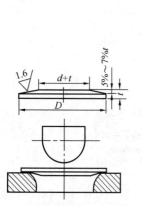

图 4.3.6-3　中、厚壁封头压延方法

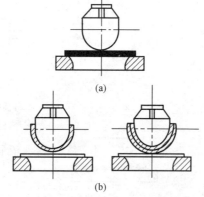

图 4.3.6-4　多层封头压延方法
(a) 重叠压延；(b) 多层压延

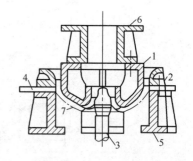

图 4.3.6-5　带孔封头的压延方法

1—空心凸模；2—凹模；
3—人孔翻边顶杆；4—卸件插销；
5—凹模底座板；6—凸模拖板；
7—人孔封头

⑤ 压延封头时常见的缺陷如下。

压延封头时，由于加热不均匀、压延力或压边力大小不合理、模具设计和制造时圆角曲率误差及表面光洁度差、脱模温度过高或方法不适当、坯料材质差或选用不合理、润滑

剂选用和涂抹不当以及选用压制设备负荷量不足等各种原因，封头就会产生一系列缺陷，甚至成为废品，常见的缺陷情况见表 4.3.6-6。

压制封头常见缺陷　　　　　　　　　　　　　　　表 4.3.6-6

序号	名称	图例	产生的原因	消除的方法
1	起皱	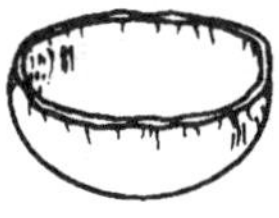	加热不均匀，压边力太小或不均匀，上下模间隙太大，曲率不均	加热要均匀，压力大小和模具间隙要合理
2	起包		加热不均匀，材质差，上下模间隙太大，压边力太小，压边圈未起作用	保证坯料材质合格，加热均匀，模具间隙合理
3	直边拉痕压坑		下模表面粗糙或有拉毛现象，坯料气割后熔渣消除不清	提高下模及压边圈表面光洁度，做好坯料清洁工作
4	表面微细裂纹		加热不合理，下模圆角太小，坯料尺寸过大，冷却速度太快	提高下模表面光洁度，下模圆角设计和坯料尺寸要合理
5	开裂		加热规范不合理，坯料边缘有损坏痕迹或缺口，材质塑性差或有杂质	保证加热均匀，提高坯料边缘光洁度及表面质量
6	偏斜		压延间隙大小不均，定位不准，压边力不均匀，润滑剂涂抹不合理	合理加热保证坯料压边力均匀，润滑剂涂抹均匀
7	椭圆	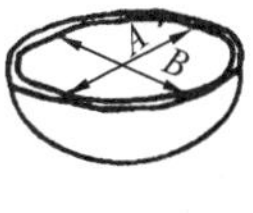	脱模方法不好，封头起吊或搬运时温度太高，模具精度差，配合误差大	改进脱模方法，合理降温后再起吊与搬运，提高模具精度
8	直径大小不均		成形压制时，脱模温度高低不一，冷却情况不相同	保证脱模温度合理一致，冷却方法相同，且合理

4. 封头压制要求。

1) 封头压制时温度的控制：封头一般采用热压，为保证热压质量，必须控制开始压制温度和结束压制温度。开始时压制温度决定于加热温度，其温度高低由材料的成分、板厚决定。对一般厚度（小于 15～50mm）的低碳钢板为 1100～1050℃；对较薄或较厚的低碳钢板为 1100℃。加热温度过高，容易使材料烧坏；温度过低，起不到加热作用。一般碳钢加热到 200～300℃时，将使强度极限和屈服极限升高，而塑性明显下降，这种现象称为蓝脆性，所以在蓝脆性温段时，应避免再压制。碳钢结束压制时温度一般应为 750～

227

850℃，温度过低使钢板发生冷作硬化，会出现裂纹。

2）为了保证热压工件的表面质量，坯料加热后应清除表面杂质和氧化皮。

5. 压制设备要求。

1）选择压制设备的基本原则如下：

①压力机应有足够的压力和功率。

②压力机的闭合高度、工作行程以及工作台面尺寸，应符合模具安装要求。

③压力机应适合压制件的工序要求和特点。

④现有的设备工作负荷应平衡。

2）压制设备的分类：无论冲裁、弯曲、拉深或压延等，都应选择适合的压制设备也即压力机（图4.3.6-6），再配制相应的模具，才能达到加工构件的要求。常用压力机分类见表4.3.6-7。特点合适用性如下：

图4.3.6-6　压力机

压力机的分类　　　表4.3.6-7

分类方法	型式与类别		
按结构机身	闭式		
	开式		
按滑块个数	单头		
	双头		
	多头	三头	
		四头	
按驱动机构	摩擦式		
	肘杆式		
	曲柄式		
按驱动力	机械式		
	液压式	水压	
		油压	
	气压式	直压式	
		杠杆式	

（1）气压机。又叫风压机，是以压缩空气为动力的一种压力机械，按其压力的传递方式可分为单缸直压式和多缸杠杆式两种，其构造原理简述如下。

①单缸直压式：单缸直压式气压机的构造如图4.3.6-7所示，气缸内部装有活塞7（由皮碗、钢板、螺栓组成）及弹簧6。工作时，将下模固定在承压台4上，上模安装在压力顶杆5上，扳起开关3，气缸2与气管相通，压缩空气经三通开关进入缸内推动活塞，压缩弹簧顶杆伸出产生顶压作用。关闭开关，气缸与大气相通，压缩空气由缸内经三通开关排出，这时活塞受弹簧张力作用，带动顶杆向上升起，恢复原来位置。单缸直压式气压机的压力可按下式计算：

$$p = F \cdot q \cdot K$$

式中　F——单缸活塞面积（cm^2）；

q——压缩空气单位压力（MPa）；

K——系数（一般取0.8，考虑弹簧压缩力及摩擦阻力）。

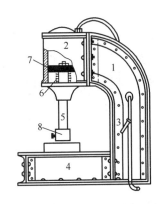

图 4.3.6-7　单缸直压式气压机

1—机体；2—气缸；3—三通开关；4—承压台；

5—顶杆；6—弹簧；7—活塞；8—压力头

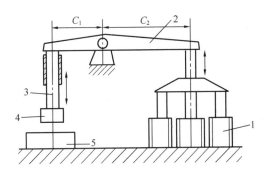

图 4.3.6-8　多缸杠杆式气压机

1—气缸；2—传递杠杆；3—压柱；

4—压力头；5—承压台

②多缸杠杆式：多缸杠杆式气压机其构造如图 4.3.6-8 所示，是在单缸直压式基础上利用杠杆原理产生较大的工作压力改进而成。其计算依式（4.3.6-1）：

$$p = \frac{C_2 \cdot F \cdot q}{C_1} K \tag{4.3.6-1}$$

式中　C_1——支点至压力杆中心距离（mm）；

　　　C_2——支点至气缸总压力中心距离（mm）；

　　　F——各缸活塞总面积（cm²）；

　　　q——压缩空气单位压力（MPa）；

　　　K——系数（一般取 0.8～0.9）。

气压机压制工作时，丝杠顶杆不能转动，若一旦转动，则会使连在一起的压力头和上模转动，从而使上、下模错位，出现废品。气压机的工作压力受压缩空气的压力及活塞面积的限制，适用于中小型工件的压制加工。气压机的保养工作非常重要，要重点注意保持丝杠顶杆的清洁工作和润滑工作，在安装和拆卸模具时，不要磕碰丝杠顶杆。

（2）液压机。其工作原理是用液体作为介质传递功率，按所用介质不同，分油压机和水压机两种。

液压机利用"密闭容器中的液体各部分压强相等"的原理，产生巨大的压力。设有面积大小不等的两液压缸，如图 4.3.6-9 所示，小液压缸活塞 A_1 面积为 S_1，大液压缸活塞 A_2 面积为 S_2；两液压缸用导管连通，则两液压缸构成一封闭的容器，液压缸内置有液体（水或油）。当外力 P_1 作用于小活塞 A_1 上，液体即受到 P_1/S_1 的压强，此压强同时传递到大活塞 A_2 上，使大活塞产生力 P_2，根据压强相等的原理，可建立式（4.3.6-2）：

$$\frac{P_1}{S_1} = \frac{P_2}{S_2} \text{ 即 } P_2 = \frac{S_2}{S_1} P_1 \tag{4.3.6-2}$$

由上式可知，只要使活塞面积 $S_2 > S_1$，则 $P_2 > P_1$，因而，可以用较小的作用力产生较大的工作压力。

在实际结构中，小液压缸即为水泵或油缸，大液压缸是水压机或油压机的本体部分。除此之外，还有一套控制分配操纵机构和蓄能装置。

液压机按其结构形式可分为柱式液压机、龙门式液压机和悬臂式液压机等。液压的压力可达千吨、万吨。故可满足各种模压成型的工作要求。使用液压机时，必须注意液体介质的清洁，应定期更换介质。长时间停机时，应关掉水泵或油泵电源，避免介质过度发热和发生气泡，也起节约能源的作用。液压机导向钢柱的清洁和保养工作也非常重要，在保持清洁的同时，要经常加注润滑油，不能磕碰和划伤钢柱；一经发现有漏水、漏油现象，必须及时修理。常见液压机的特点和适用性如下。

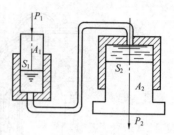

图 4.3.6-9　液压机工作原理

①柱式水压机（图 4.3.6-10），由下面一个坚固的不动横梁 1 通过四根导向钢柱 2 与上横梁 5 相连组成。钢柱末端有螺纹，并用大螺帽将上横梁固定。工作缸 6 装在上横梁 5 中，缸中的活塞 4 固定在可动横梁 3 中，可动横梁通过两个拉杆 8 与上横板 10 相连，在上横板上装有活塞 9，其外面是提升缸 7。工作时，上模装在可动横梁 3 下面，下模便装横梁 1 上。当高压水由管路 13 进入工作缸 6 时，活塞 4 推动横梁 3 下降，就将放在上、下模之间的金属压制成型。要提起上模时，就将高压水由管路 12 进入提升缸 7 中，靠活塞 9 的上升将装有上模的横梁 3 升起。为了防止在工作时高压水由工作缸或提升缸漏出，在缸与活塞之间装有密封垫料 11。

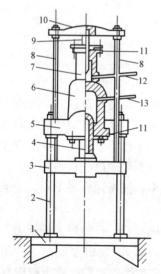

图 4.3.6-10　柱式水压机

1—不动横梁；2—导向钢柱；3—可动横梁；
4—活塞；5—上横梁；6—工作缸；7—提升缸；
8—拉杆；9—活塞；10—上横梁；11—密封垫料；
12，13—管路

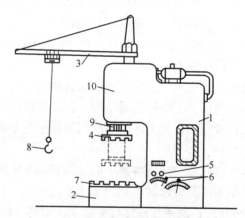

图 4.3.6-11　悬臂式水压机

1—本体部分；2—底座部分；3—悬臂吊杆装置；
4—夹持物；5 压力表；6—操作器；
7—工作台；8—吊钩；9—活塞；
10—工作缸

②悬臂式水压机：如图 4.3.6-11 所示，是由本体部分和底座部分组成。本体部分 1 有工作缸 10 和活塞（压柱）9。活塞上装有夹持物 4，以便固定上模，侧面装有压力表 5 和操作器 6 等。底座部分 2 主要有一个工作台 7，以固定安装下模和放置零件。机体的上面有悬臂吊杆装置 3，便于工作起重。悬臂式水压机工作情况大致与柱式水压机相同。

图 4.3.6-12 所示水压机设备系统简图，高压水由水泵 2 供给，水泵由电动机 2 带动。水由水泵打出后，经管道进入重力蓄力器的水缸 3 中，同时通过活塞 4 带动荷重 5 向上升

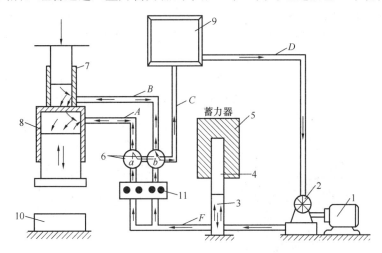

图 4.3.6-12　水压机设备系统图

1—电动机；2—水泵；3—蓄力器的水缸；4—蓄力器的活塞；5—荷重；
6—分水器；7—提升缸；8—工作缸；9—贮水箱；10—承纵台；11—操纵台

起，而水泵还在不断工作时，将多余的水积存下来，当水积蓄到一定限度时，会自动地将水泵的电动机关掉。水通过蓄力器又由管道进入分水器 6，分水器的开与关是由人力来操纵的。如果需要向工作缸 8 进水，打开分水器 a，水就经管道 F 通过分水器 a 和管道 A 进入工作缸内，致使活塞（压柱）下降而进行冲压。与此同时，从上部提升缸 7 挤出的水，经管道 B 通过分水器 b 和管道 C 回到贮水箱 9，同时又可经管道 D 回到水泵中去。如果需要工作缸向上升起，打开分水器 b（则分水器 a 即停止向工作缸供给高压水），水从工作缸经管道 A，通过分水器 a、b 至管道 C，回到贮水箱 9。与此同时，高压水由管道 F 经分水器 b，通水管道 B 进入提升缸 7 中，迫使可动横梁带动工作缸活塞上升。

③ 机械压力机：是通过丝杠、齿轮等机械传动传递功率的一种压力机，具有结构简单，造价低，不易发生超负荷损坏现象等特点。机械压力机的刚度是由床身刚度、传动刚度和导向刚度等主要部分组成，适用于小批量弯曲、成型等工序加工。它有单柱、双柱、四柱、开式、闭式等多种结构形式。

④摩擦压力机（又叫丝杆压力机）：如图 4.3.6-13 所示，是一种常用的机械压力机，床身上有两块挡支架 8，用以支持水平轴 9 和摩擦轮 10、11 等机件，下面有一台面 2，面上有丁字槽，以安装固定下模之用。螺座（螺杆支承座）4 装在横梁 3 内，与螺杆 5 的螺纹相配合，以使螺杆 5 在滑槽内能上下运动。螺杆 5 的上端与传动轮相连，下端与滑块 6 相连，其主要作用是将传动轮的旋转运动变成滑块的上下运动。滑块两侧有 V 形凹槽，正嵌入床身凸出的导轨中，下端有圆孔，前面有一止动螺钉，以便紧固上模之用。传动轮 7 位于左右摩擦轮之间，轮缘包有牛皮或橡皮带，以增加摩擦力及减少轮缘的磨损，摩擦轮的作用是带动传动轮 7 做顺方向或反方向的旋转，使螺杆 5 可做向上或向下的往复运动。摩擦压力机的操纵原理如图 4.3.6-13 所示。具体操作方法如下。

a. 当手柄向下时，经过一系列杠杆系统，使水平轴 9 向右移动，这时左摩擦轮和传动

轮接触，则传动轮顺时针方向转动，带动螺杆5与滑块（上模）一起下降进行冲压工作。

b. 当手柄向上时，右摩擦轮与传动轮接触，使传动轮带动螺杆5向反时针方向旋转，因此，滑块带动上模向上升起。

c. 当手柄在中间水平位置时，则传动轮位于左右摩擦轮之间，互不接触，这时，滑块带动上模停留在某一高度。

由于行程可变，故在冲压构件校平或校形时，不会因为构件板料厚度误差引起设备或模具的超负荷而损坏，而且校平和校形的精度高且稳定；摩擦压力机的行程次数相对于其他压力机的行程次数少，生产率低，不适宜中、大批量的生产，同时，操作也不太方便。

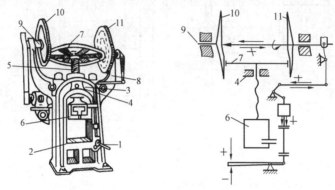

图 4.3.6-13 摩擦压力机及操纵原理图
1—操纵器；2—台面；3—横梁；4—螺座；5—螺杆；6—滑块；
7—传动轮；8—挡支架；9—水平轴；10、11—摩擦轮

3）压力机操作注意事项如下。

（1）使用前应检查电气安全，加注润滑油，检查各运转部分是否正常，并根据需要进行合理的调整。

（2）开动机器压制时，必须再次认真检查压模是否安装牢靠，上、下模中心与压力机的中心是否对准位置。

（3）操作时，手不可靠近压模，以免发生手指带入模具内发生工伤事故。

（4）室温低于−20℃时，应停止压力机工作，以免钢板冷脆而发生裂缝。

4.4 制 孔

4.4.1 制孔的工艺特点和要求。

1. 制孔的应用。

孔包括铆钉孔、普通螺栓孔、高强度螺栓孔、地脚螺栓孔等。在钢结构制造中，孔的加工占一定的比重，尤其是随着高强度螺栓连接的应用，使孔加工不仅在数量上，而且在精度要求上，有着更为重要的地位。

2. 制孔的种类。

制孔通常有钻孔和冲孔两种。钻孔是钢结构制造中普遍采用的方法，能用于几乎任何规格的钢板、型钢的孔加工。钻孔的原理是切削，故孔壁损伤较小，孔的精度高，能达到IT11-12，粗糙度$\overset{12.5}{\bigvee}$～$\overset{25}{\bigvee}$，钻孔在钻床上进行，对于构件因受场地限制，加工部位特

殊，不便用钻床加工，则可用电钻、风钻和磁座钻（吸铁钻）加工。

冲孔在冲孔机（冲床）上进行，一般只能在较薄的钢板和型钢上冲孔，且孔径一般不小于钢材的厚度，可用于不重要的节点板、垫板、加强板、角钢拉撑等小件孔加工，冲孔生产效率高，但由于孔的周围产生冷作硬化，孔壁质量差，有孔口下塌、孔的下方增大的倾向，所以，当孔的质量要求不高时或作为预制孔（非成品孔）时才采用，目前，在钢结构制造中已较少直接采用。

地脚螺栓孔与螺栓间的间隙较大，当孔径超过 50mm 时也可以用火焰割孔。

4.4.2　钻孔的特点和要求。

1. 钻孔的加工方法如下。

1）划线钻孔：钻孔前应先在构件上划出孔的中心和直径，在孔的圆周上（90°位置）打四只冲眼，可用于钻孔后检查用。孔中心的冲眼应大而深，作为钻头定心用，划线工具可采用划针、钢尺，已很少用石笔、粉线等划线。为提高划线效率，可采用涤纶片基的划线模板划线。

为提高钻孔效率，可将数块钢板重叠起来一齐钻孔，但一般重叠板厚度不超过 50mm，重叠板边必须用夹具夹紧或点焊固定。厚板和重叠板钻孔时，应检查平台的水平度，以防止孔的中心倾斜。

2）钻模板钻孔：当孔群中孔的数量较多、位置精度要求较高、批量小时，可采用钻模板钻孔。用作钻模板的钢板，多用硬度较高的低合金钢板如 Q355 钢板等；模板上的孔用较高精度的设备加工。由于模板反复使用，模板的孔会被扩大和精度下降，所以，使用数次后应对模板进行检查，若超出要求，应停止使用。

3）钻模钻孔：当批量大、孔距要求较高时，应用钻模钻孔。钻模有通用型、组合式和专用钻模，图 4.4.2-1、图 4.4.2-2 所示为几种钻模的形式。

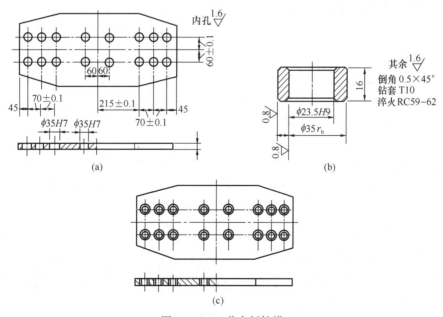

图 4.4.2-1　节点板钻模

（a）钻模板；（b）钻套；（c）放进钻套后的钻模板

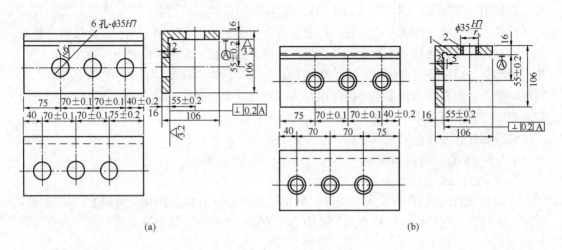

图 4.4.2-2　角钢钻模

（a）模架尺寸；（b）钻套和模架

1—模架；2—钻套

对无镗孔能力的企业，可先在钻模板上钻较大的孔眼，由钳工校正钻套，符合公差要求后紧固螺栓，然后，将模板孔与钻套外圆间的间隙灌铅固定（图 4.4.2-3）。

钻套形式除上述图例外，还可采用图 4.4.2-4 的形式，可以在相同孔距的情况下只调换钻套，就可进行多种不同孔径孔的加工，具体钻套尺寸见表 4.4.2-1。

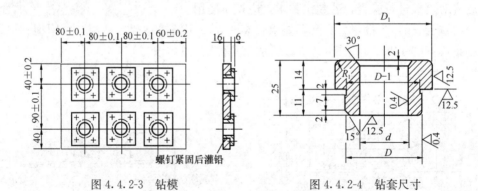

图 4.4.2-3　钻模　　　　　　　图 4.4.2-4　钻套尺寸

钻套尺寸（单位：mm）　　　　　　　　　　　　　　表 4.4.2-1

孔径	21.5	23.5	25.5
d	21.65	23.65	25.65
D	35	35	35
D_1	42	42	42

钻套需经淬火处理。为了提高钻模的利用率，可考虑采用适用于不同孔径、不同孔距的通用钻模。

4）多轴与自动数控钻床钻孔法（NC 法）：这种钻孔的特点是孔距精度直接由加工设备保证，所以，加工精度高，效率也高，但成本昂贵。

2. 钻孔方法的选择要求。

选择何种钻孔方法，应根据图纸精度要求、结构特点及加工费用等因素综合考虑，选择既方便、又保证质量且经济效益好的钻孔方法，一般可遵循如下原则。

1）普通厂房结构和一般对孔距要求不高的构件，可采用划线钻孔，这种方法成本低、加工方便，但精度较差，但是普遍采用的方法。

2）对依靠群孔作为定位的构件或当孔距精度要求较高时，宜采用钻模板或钻模钻孔。

3）框架结构、高层建筑构件，节点两个以上方向有高强螺栓连接的构件或设计上有特殊要求的构件，应用钻模板或钻模钻孔。钻模板和钻模钻孔精度高、速度快，但成本高。

3. 钻孔设备要求。

1）钻床的种类和性能如下。

钢结构制造的主要钻孔设备有：通用性强的摇臂钻床、钻轴可在垂直平面内任意调节角度的万向摇臂钻床、在一定范围内作平动的滑座式摇臂钻床、高精度数控平面钻床及数控三维钻床等。常用钻床的种类和性能见表 4.4.2-2。

常用钻床重量及性能　　　　表 4.4.2-2

设备名称及型号	最大钻孔直径 (mm)	主轴端面到底座距离 (mm)	主轴中心到立柱表面距离 (mm)	最大行程 (mm)	主轴转速	
					级数	范围 (r/min)
Z3050×16 摇臂钻床	50		350～1600	315	16	25～2000
Z3080×25 摇臂钻床	80	550～2000	500～2500	450	16	16～1250
Z30125×40 摇臂钻床	125	—	600～4000	560	22	6.3～800
Z3140×16 万向摇臂钻床	40	25～1250	900～1600	315	16	16～1250
Z3350×16/20 滑座式摇臂钻床	50	750～1650	350～1600	315	16	27～2000
Z535 立式钻床	35	705～1130	300	225	9	68～1100
Z2115 深孔钻床	30	—	中心高 200	—	12	200～2500
ZK3440 座标钻床	40	—	1200	300	16	16～1250

美国的 TDU-1000/6 多功能钻床（图 4.4.2-5），可对型钢上、左、右三个方向各用两只钻头同时进行钻孔，生产效率高，性能见表 4.4.2-3。

TDU-1000/6 多功能钻床性能　　　　表 4.4.2-3

型号	最大钻孔直径 (mm)	孔距 (mm)		位移精度高 (mm)	工件外形尺寸 宽×高 (mm)	最大加工板厚 (mm)	
		左右面	上面			腹板	翼板
TDU-1000/6	40	76～610	76～838	0.4	1016×610	102	178

2）钻床的构造和原理如下。

钻床的主运动是钻轴旋转，进给运动是钻轴的平动，带动钻头进行钻削。普通摇臂钻

图 4.4.2-5　TDU-1000/6 多功能钻床

床有多种规格，靠移动钻床主轴对准工件上孔的中心，操作容易。主轴变速箱能在摇臂上水平移动，摇臂既可绕立柱回转 360°，又可在立柱上升降移动，所以，摇臂钻床能在很大范围内进行孔加工。工件不大时，可压紧在工作台上加工。若工作台上放不下，可把工作台移走，工件直接放在底座上加工，钻床主轴移到所需位置后，摇臂可用电动胀闸锁紧在立柱上，主轴变速箱也可用电动锁紧装置固定在摇臂上。这样加工时主轴位置不会变动，刀具也不易振动，摇臂钻床的主轴转速范围和进给量范围均较广，主轴可自动进给也可手动进给。

图 4.4.2-6　摇臂钻床

摇臂钻床（图 4.4.2-6）主运动和进给运动采用液压预选速，主轴箱中采用液压操纵的摩擦片离合器和制动器，使得主轴正反转、制动、变速、空档等动作仅用一个手柄控制。内外立柱之间的夹紧、摇臂在外立柱上的夹紧、主轴箱在摇臂上的夹紧等动作，均有独立的液压-菱形块系统完成，三个动作既可独立完成，也可同时完成。为防止机床因过载损坏，在主轴箱的液压预选阀上，还装有互锁装置，即不能在选用最大进给量的同时选用最大转速。此外，摇臂升降是由装在立柱顶部的电机独立拖动，在传动链中设有钢球保险离合器，升降螺母上也装有保险装置，以防止摇臂从升降螺杆上突然下落造成事故。

数控平面钻床（图 4.4.2-7）与普通钻床相比，特点是取消了摇臂，增加了机动控制的 X 轴工作台和机动控制的主轴箱 Y 轴移动，采用数控系统，这类钻床由于自动化程度高、使用方便、工作稳定等优点，在钢结构生产中的高精度孔群、钻模板等加工中显示了很高的效率。

图 4.4.2-7　数控平面钻床

图 4.4.2-8　数控三维钻床

数控三维钻床（图 4.4.2-8）主要针对 H 型钢等在平面、立面均需要钻孔的型钢构件加工。钻孔前通过模型或图纸数据进行钻孔的程序编制，然后设备自动完成整根型钢的自动进料、钻孔、出料等动作。

3）电钻：是用手直接握持使用的一种电动钻孔工具，使用灵活，携带方便。电钻的规格即表示其最大钻孔直径。手提式三相电钻性能见表 4.4.2-4。

单相电钻性能　　　　　　　　　　　　表 4.4.2-4

型　　号	J12-6	J12-13	J12-19	J12-23
最大钻孔直径（mm）（45 号中碳钢）	6	13	19	23
额定电压（V）	240/220 110/36	240/220 110/36	240/220	240/220
额定电流（A）	1/1.1 2.2/5.6	2.1/2.2 4.4/11	3.3/3.6	4.7/5.1
额定输入功率（W）	230	440	740	1000
钻轴额定转速（r/min）	1200 720（36V）	500 330（36V）	330	250
频率（Hz）	50～60			
净重（kg）	1.8	4.5	7.5	7.5

4）风钻：风钻利用压缩空气作为动力，经叶片式转子发动机带动转轴旋转使钻头进行钻削，风钻既可以无级调速，又可负荷启动，并且启动、停止迅速，常用的有手枪式风钻和手提式风钻两种。手枪式风钻最大钻孔直径不超过 8mm，适合于薄板钻孔。

5）磁座钻：又称吸铁钻（图 4.4.2-9），是将电钻安装在设有电磁吸盘、进给装置、回转机构的机架上，同时附有断电保护控制装置，其指示讯号用蜂鸣器表示，电磁吸盘是利用电流的电磁效应使铁蕊磁化而产生吸力，将电钻吸附在被加工的钢铁件上。适用于大型结构件的钻孔和侧面、向上钻孔作业，进给范围 0～190mm，钻孔直径 $\phi 3 \sim \phi 23$mm，电磁吸盘的功率 77W，最大吸力 9800N，最大保护吸力 7840N。

目前，市场上还有空心磁力钻，该钻采用自动进刀，只切削圆周部分，中心部分不切削，所以效率高，操作简单，但空心钻头无法磨削，属于一次性钻头，成本高。

图 4.4.2-9　磁座钻及空心钻头

6）选择钻孔设备应注意以下事项。

（1）最大钻孔直径：一般取设备最大钻孔直径的 80% 为常用载荷直径。

（2）摇臂长度：受钻轴箱箱体尺寸限制，钻床的摇臂长度应大于钻轴的水平移动距离，一般用钻轴中心线至立柱的距离来计算钻轴的水平移动距离。

（3）了解钢结构上孔的位置和尺寸，以选择相适应的钻床和其他钻孔设备。

（4）钻床的摇臂能在 360° 范围内自由转动，但不能在任意一个 360° 范围内转动（因立柱导线无滑环装置而缠绕）。

4. 莫氏锥度：钻头的锥度采用莫氏锥度法，具体见表 4.4.2-5。

莫氏锥度表　　　　　　　　　　　　　　　　　　　　表 4. 4. 2-5

编号	大端名义尺寸（mm）	锥度	锥角 α
0	9. 045	1 : 19. 212＝0. 05205	2°53′54″
1	12. 065	1 : 20. 047＝0. 04988	2°51′28″
2	17. 780	1 : 20. 020＝0. 04995	2°51′41″
3	23. 825	1 : 19. 922＝0. 05020	2°52′32″
4	31. 267	1 : 19. 254＝0. 05194	2°58′31″
5	44. 399	1 : 19. 002＝0. 05263	3°00′53″
6	63. 348	1 : 19. 180＝0. 05214	2°59′12″

5. 钻头和刃磨要求。

1）钻头类型与要求。

（1）钻头的分类：钻头按其形状分有左旋和右旋、普通麻花钻、带有双冷却孔的麻花钻、直槽钻、单刃钻、双面切削刃钻等形式，钻头的应用范围可参见表 4.4.2-6。

不同钻头的应用　　　　　　　　　　　　　　　　　　表 4. 4. 2-6

钻头名称	适用尺寸（φ）	应用范围
带有冷却孔的麻花钻	18～40	1. 深孔；2. 快速进给钻床
直槽钻	2～25	1. 韧性材料；2. 薄板
单刃钻	≥4	小直径深孔
双面切削刃钻	30～75	深孔
锥孔钻	3～6	一次成型钻锥孔

（2）钻头材料：钻头是钻孔的切削工具，钻头材料的选择取决于被加工零件的材料及切削用量，常用材料有碳素工具钢（如 T10A）、合金工具钢（如 9SiCr）、高速工具钢（如 W6Mo5Cr4V2）等，并需经淬火和回火处理。另外还有硬质合金钻头。钻头材料的选择见表 4.4.2-7。

钻头材料的选择　　　　　　　　　　　　　　　　　　　表 4.4.2-7

工件材料 刀具名称	钢：HB≤230 f_u≤840N/mm²	铸铁：HB≤220	钢：HB＞230 f_u＞840N/mm²	铸铁：HB＞220
整体麻花钻	W6Mo5Cr4V2， 9SiCr，T10A	W6Mo5Cr4V2， 9SiCr，T10A	W6Mo5Cr4V2	W6Mo5Cr4V2
镶硬质合金刀片钻头	YG8	YG8	—	YG8

（3）麻花钻：麻花钻是一种常用钻头，按夹持方法可分为直柄麻花钻、锥柄麻花钻、锥柄长杆麻花钻、粗柄麻花钻、方斜柄麻花钻等数种，钻头由工作部分、柄部、颈部等部分组成（图 4.4.2-10）。

2）刃磨要求如下。

钻透孔用平钻头，不钻透孔用尖钻头，当板叠较厚、直径较大或材料强度较高时，则磨成群钻钻头，以降低切削力，便于排屑和减少钻头的磨损（图 4.4.2-11）。

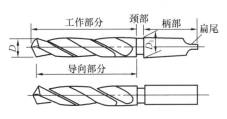

图 4.4.2-10　麻花钻

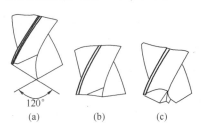

图 4.4.2-11　钻头刃磨

（a）尖钻头；（b）平钻头；（c）群钻钻头

麻花钻切削部分有前刃面、后刃面、主切削刃、副切削刃和横刃（图 4.4.2-12）。切

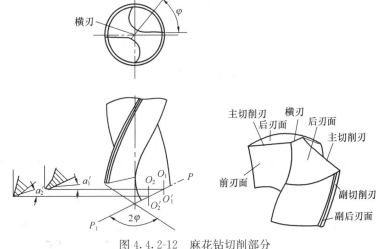

图 4.4.2-12　麻花钻切削部分

削刃用钝后，为了恢复其切削性能及根据不同的切削要求需要改变钻头的切削部分形状时，需进行刃磨。刃磨时，一般只磨两个后刃面，但要求同时保证后角、顶角和横刃斜角都达到正确的角度。钻头的切削角度见表 4.4.2-8。

表 4. 4. 2-8

钻头的切削角度

名称	符号	作　用	参　考　值
顶角	2ψ	钻头两切削刃的夹角。它的大小影响前角、切削厚度、切削宽度、切屑流出的方向、度和孔的扩张量；顶角加大、前角也增大；顶角减小，则切削厚度减薄、切削宽度加长；顶角大，定心差，影响扩张量增大	一般出厂产品 $2\psi=118°\pm2°$ 但一般常用 $2\psi=100°\sim140°$，对软材料取小些，反之取大些
前角	γ_0	切削刃上任一点的基面与前面的夹角，为该点的前角。钻头的前角在外缘处最大，自外径向中心逐渐减少，并且在中心 $D/3$ 范围内为负前角。前角大小与螺旋角有关（横刃除外）；螺旋角越大，前角越大。前角大小决定着切除切屑难易程度和切屑在前面的摩擦情况；前角愈大，切削愈省力，反之切削力大	在最外缘处轴向前角等于螺旋角 $\gamma_{外轴}=\beta$ 接近横刃处前角约为 $\gamma_0=-30°$ 在横刃上的前角约为 $\gamma_{横刃}=-54°\sim-60°$
后角	α_0	切削刃上任一点的切削平面与后面的夹角，在轴线方向测量。切削刃上每一点的后角是不相等的，与前角相反，在外缘处小，接近中心大。在切削过程中，后角的大小，对工件与刀具后面发生摩擦影响很大。后角越大，摩擦越小，但刃口强度减弱	一般麻花钻外缘处（轴心线的圆柱截面内测量）的后角按钻头直径大小分为 $b_0<15mm; \alpha_0=10°\sim14°$ $b_0=15\sim30mm, \alpha_0=9°\sim12°$ $b_0<30mm, \alpha_0=8°\sim11°$
横刃斜角	ψ_r	横刃与主切削刃在垂直于钻头轴线端面投影图中所夹的锐角。当刃磨的后角大时，横刃斜面减少，横刃变长，钻削时轴向力增大	一般横刃斜角 $\psi=50°\sim55°$

图 4.4.2-13　切削角度检验

（a）检验顶角；（b）检验后角；

（c）检验横刃斜角

切削角度可用综合样板检验（图 4.4.2-13）。

3）钻头的修磨要求。

为了获得某种切削性能，钻头需要修磨，麻花钻修磨宜包括下列内容（图 4.4.2-14）：

（1）修磨横刃 [图 4.4.2-14（a）]，把横刃磨短、前角磨大。通常 5mm 以上的钻头都要修磨，修磨后的横刃长度 b 为原长的 $1/5\sim1/3$。修磨横刃后形成内刃，斜角 $\tau=20°\sim30°$，内刃处前角 $\psi_\tau=0°\sim-15°$。横刃修短后轴向阻力减少，可改善切削，定心也更准。

（2）修磨切削刃 [修磨顶角，图 4.4.2-14（b）]，是在主切削刃的外缘磨出第二顶角 2φ，可增加切削刃总长和刀尖角 ε，改善散热条件，增加主切削刃与棱刃交角处的抗磨性，提高钻头耐用度。一般 $2\varphi=70°\sim75°$，$f=0.2D$，修磨后的钻头适宜于铸铁钻孔。

（3）修磨前面 [图 4.4.2-14（c）]，将主切削刃与副切削刃交角处的前刀面磨去一块（阴影部分），以减小此处的前角，使切削刃稍钝些，这样可避免钻黄铜时因过分锋利而引起扎刀现象，钻削硬材料时可提高钻头强度。

（4）修磨分屑槽［图 4.4.2-14（d）］，当麻花钻直径较大时，可在两个后刀面上磨出几条相互错开的分屑槽，使宽切屑变窄，排屑容易。若前刀面上制有分屑槽，不必再开槽，带有分屑槽的钻头适于钻削钢料。

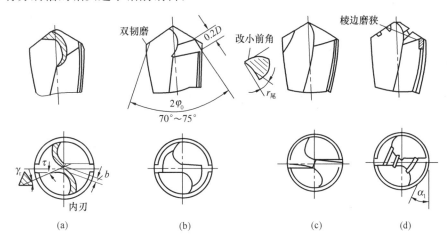

图 4.4.2-14 麻花钻的修磨

（a）修磨横刃；（b）修磨切削刃；（c）修磨前角；（d）修磨分屑槽

4.4.3 冲孔的特点与要求。

1. 冲孔基本原理。

冲孔的基本原理与剪切相同，图 4.4.3-1 为简单冲裁模，由凸模 4、凹模 2、卸料板 3 和下模座 1 等组成。凸模通过模柄安装在冲床的滑块上，随滑块上下运动，凹模利用螺钉与下模底固定，模具的工作部分是凸模和凹模，都具有锋利的刃口，凹模的直径比凸模的直径稍大，两者之间存在一定间隙，冲裁时板料放在下模上，当开动冲床，滑块随即向下运动，凸模便穿过板料 5 进入凹模，使板料互相分离，完成冲裁工作。

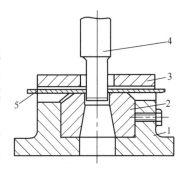

图 4.4.3-1 冲裁模

1—下模座；2—凹模；

3—卸料板；4—凸模；

5—板料

2. 冲床。

常用的为开式双柱可倾冲床，参数见表 4.4.3-1。

开式双柱可倾冲床参数   表 4.4.3-1

型 号	公称压力 （kN）	滑块行程 （mm）	最大闭合高度 （mm）	床身两立柱间距离 （mm）	模柄孔尺寸 直径/深度 （mm）	工作台尺寸 前后/左右 （mm）
J23-63	630	130	360	350	50/80	480/710
J23-100	1000	130	480	450	60/75	710/1080

3. 冲孔冲裁力计算及冲模尺寸要求。

1）冲裁力计算：冲裁力是指冲裁时材料对凸模的最大抵抗力，是选用冲压设备和检验冲模强度的依据。冲裁力可按式（4.4.3-1）计算：

$$p = S\delta f \qquad\qquad (4.4.3\text{-}1)$$

式中　p——冲裁力（N）；

　　　S——孔的周长（mm）；

　　　δ——材料厚度（mm）；

　　　f——材料抗拉强度计算采用值（N/mm²）。

　　考虑到材料厚度不均，刃口变钝等因素，计算冲裁力可不用抗剪强度而用抗拉强度，常用材料的抗拉强度计算采用值 f（N/mm²），见表 4.4.3-2。

常用材料抗拉强度（N/mm²）　　　　　　　　表 4.4.3-2

材料	f	材料	f	材料	f
Q195	315～430	Q295	390～570	黄铜 H68	300～400
Q215	335～450	Q345	470～630	黄铜 H62	300～420
Q235	370～500	Q390	490～650	紫铜	210～300
Q255	410～550	Q420	520～680	铅	70～150
Q275	490～630	Q460	550～720	夹布胶木	130
10	335	45Mn2	885	胶木	75
15	375	50Mn2	930	青铜 HSn90-1	320～480
20	410	20MnV	785	青铜 QSn4-4-2.5	半硬 490
25	450			聚氯乙烯硬板	80
45	600			纸板	70
50	630			夹金属网橡胶石棉	350

图 4.4.3-2　冲头示意图

　　为减小冲裁力，可把冲头制成对称的斜度或弧形（图 4.4.3-2），当 $a = 60°$ 时，冲裁力 $P_1 = 0.5P$。

　　2）冲模尺寸可按式（4.4.3-2a）和式（4.4.3-2b）计算

$$d_凸 = \left[d + (0.4 \sim 0.8)\Delta\right] - \delta_凸 \qquad (4.4.3\text{-}2a)$$

$$d_凹 = (d_凸 + z_{\min}) + \delta_凹 \qquad (4.4.3\text{-}2b)$$

式中　$d_凸$——凸模公称外径（mm）；

　　　$d_凹$——凹模公称内径（mm）；

　　　d——零件孔公称直径（mm）；

　　　Δ——零件孔径公差；

$\delta_凸$、$\delta_凹$——凸凹模制造公差（mm），见表 4.4.3-3；

　　$z_{\min}$——最小合理间隙（双面，mm），见表 4.4.3-4；

　　3）凸凹模公差应满足关系式（4.4.3-3）：

$$\delta_凸 + \delta_凹 \leqslant (z_{\max} - z_{\min}) \qquad (4.4.3\text{-}3)$$

　　凸模和凹模在工作时逐渐磨损，使间隙逐步增大，因此，在制造新模具时，应采用最小的合理间隙，对精度要求不高、间隙大一点又不影响零件使用时，为减少模具的磨损，应采用大一些的间隙。

凸凹模制作公差 表 4.4.3-3

公称尺寸（mm）	凸模偏差 $\delta_凸$（mm）	凹模偏差 $\delta_凹$（mm）	公称尺寸（mm）	凸模偏差 $\delta_凸$（mm）	凹模偏差 $\delta_凹$（mm）
≤18	−0.020	+0.020	>120~180	−0.030	+0.040
>18~30	−0.020	+0.025	>180~260		+0.045
>30~80		+0.030	>260~360	−0.035	+0.050
>80~120	−0.025	+0.035	>360~500	−0.040	+0.060

冲模最小间隙 表 4.4.3-4

材料厚度 t (mm)	紫铜、黄铜、软钢 (0.08%~0.2%C) 最小初始间隙 为t的%	双面(mm)	最大初始间隙 为t的%	双面(mm)	杜拉铝、中等硬度钢 (0.3%~0.4%C) 最小初始间隙 为t的%	双面(mm)	最大初始间隙 为t的%	双面(mm)	硬钢 (0.5%~0.6%C) 最小初始间隙 为t的%	双面(mm)	最大初始间隙 为t的%	双面(mm)
0.2		0.010		0.014		0.012		0.016		0.011		0.018
0.3		0.015		0.021		0.018		0.024		0.021		0.027
0.4		0.020		0.028		0.024		0.032		0.028		0.036
0.5		0.025		0.035		0.030		0.040		0.035		0.045
0.6	5	0.030	7	0.042	6	0.036	8	0.048	7	0.042	9	0.054
0.7		0.035		0.049		0.042		0.056		0.049		0.063
0.8		0.040		0.056		0.048		0.064		0.056		0.072
0.9		0.045		0.063		0.054		0.072		0.063		0.081
1.0		0.050		0.070		0.060		0.080		0.070		0.090
1.2		0.072		0.096		0.084		0.108		0.096		0.120
1.5	6	0.090	8	0.120	7	0.105	9	0.135	8	0.120	10	0.150
1.8		0.108		0.144		0.126		0.162		0.144		0.180
2.0		0.120		0.160		0.140		0.180		0.160		0.200
2.2		0.154		0.198		0.176		0.220		0.198		0.212
2.5	7	0.175	9	0.225	8	0.200	10	0.250	9	0.225	11	0.275
2.8		0.196		0.252		0.224		0.280		0.252		0.308
3.0		0.210		0.270		0.240		0.300		0.270		0.330
3.5		0.280		0.350		0.315		0.385		0.350		0.420
4.0	8	0.320	10	0.400	9	0.360	11	0.440	10	0.400	12	0.480
4.5		0.360		0.450		0.405		0.495		0.450		0.540
5.0		0.400		0.500		0.450		0.550		0.500		0.600
6.0	9	0.540	11	0.660	10	0.600	12	0.720	11	0.660	13	0.780
7.0		0.630		0.770		0.700		0.840		0.770		0.910
8.0		0.800		0.960		0.880		1.010		0.960		1.120
9.0	10	0.909	12	1.080	11	0.990	13	1.170	12	1.080	14	1.260
10.0		1.100		1.200		1.100		1.300		1.200		1.400

4.4.4 铣孔的特点与要求。

对于 C 级螺栓孔，常采用钻孔就可满足技术要求，但 A、B 级螺栓孔就需要用到铣削或镗孔的方式以达到技术要求。

1. 典型铣孔刀具。

1) 立铣刀的形式见图 4.4.4-1，其规格见表 4.4.4-1。

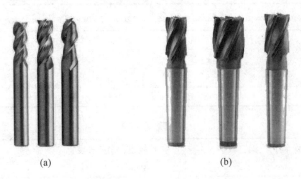

(a)   (b)

图 4.4.4-1 立铣刀

(a) 直柄立铣刀；(b) 锥柄立铣刀

立铣刀的规格   表 4.4.4-1

直柄				锥柄				
直径	齿数		总长	直径	齿数		莫氏锥度号	总长
	细齿	粗齿			细齿	粗齿		
2	—		32	14	5		2	115
2.5				16，18				120
3			36	20	6	3		125
4	4		40	22				150
5			45	25			3	155
6		3	50	28				
8			55	30，32				185
10			60	36			4	190
12	5		65	40	8	4		195
14			70					200
16			80	45			5	230
18	6		90				4	300
20			100	50			5	230

2) 键槽铣刀形式见图 4.4.4-2，其规格见表 4.4.4-2。

键槽铣刀的规格   表 4.4.4-2

直柄	直径	2，3，4，5，6，8，10，12，14，16，18，20，22		
锥柄	直径	14，16，18，20	24，28，32	36，40
	莫氏锥度号	2	3	4

2. 铣孔工艺的特点与要求。

为钻一个大直径孔，传统的加工方式是首先用一个较小直径的钻头钻孔，然后逐次换更大直径的钻头以扩大孔径，所以必须购置所需要的各种钻头，并且花费额外的时间更换

(a) (b)

图 4.4.4-2 键槽铣刀

(a) 直柄键槽铣刀；(b) 锥柄键槽铣刀

钻头。采用螺旋和圆周插补铣削可利用有限的机床功率加工出原普通钻头或可转位钻头无法加工的大直径孔，采用一把铣刀同时在 X、Y、Z 三轴方向进行螺旋斜坡铣削，可直接在无预孔的板件上加工出所需的孔径，具体特点如下。

1）螺旋插补铣削的特点。

大多数现代数控机床都有用于螺旋插补加工的固定循环，在三轴加工机床中，这种固定循环可以完成 $X/Y/Z$ 三个轴的快速编程。螺旋插补铣削具有恒接触，切入切出次数少和圆度好等优点。螺旋插补铣削都到路径如图 4.4.4-3 所示。

2）圆周插补铣削的特点。

当工件上已经钻有预孔，并要将其扩大到某一特定尺寸时，采用圆周插补铣削非常有效。圆周插补铣孔为了保证 Z 值（轴向）恒定，需要利用侧刃切削，切削过程中会存在多次切入切出，因此，合理的切入切出走刀路径至关重要。该加工工艺必须保证刀片在切出工件时切屑最薄，避免厚切屑的形成，在保证铣刀寿命的同时，还能带来更好的工件质量。圆周插补铣孔示意见图 4.4.4-4。

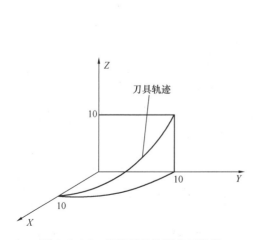 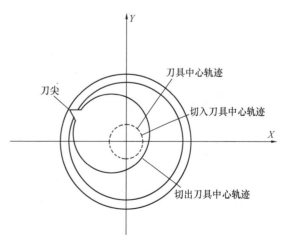

图 4.4.4-3 螺旋插补铣削走刀路径　　　图 4.4.4-4 圆周插补铣削走刀路径

3. 异形孔加工：以腰圆孔为例，常用的加工方法有以下几种：

1）先钻两个圆孔，再用火焰切割切除两孔之间的母材，最后对切割面进行打磨。

2）用铣孔的方式，如孔径较小，可直接用键槽铣刀铣出腰圆孔。如孔径较大，则需要钻两个孔，并用铣刀去除两孔之间母材的方式加工腰圆孔。

3）其他异形孔可采用类似的方法进行加工。

4.5 矫 正

4.5.1 矫正。

钢结构制作过程中，由于材料、设备、工艺、运输等质量影响，将引起钢材原材料变形、气割与剪切变形、钢结构成型后焊接变形、运输变形等。为保证钢结构制作及安装质量，必须对不符合技术标准的材料、构件进行矫正。钢结构矫正，是通过外力或加热作用，使钢材较短部分的纤维伸长，或使较长部分的纤维缩短，最后迫使钢材反变形，以使材料或构件达到平直及一定几何形状要求并符合技术标准的工艺方法，具体工艺方法和要求如下。

1. 矫正的主要形式。

1）矫直：消除材料或构件的弯曲。

2）矫平：消除材料或构件的翘曲或凹凸不平。

3）矫形：对构件的一定几何形状进行整形。

2. 产生变形的原因。

钢结构材料或构件由于受外力或内应力作用会引起拉伸、压缩、弯曲、扭曲或其他复杂变形。了解变形及其原因后，以便采取合理方法对变形进行矫正。刚才产生变形的原因及现象如下。

1）钢材原材料变形：由钢材内部残余应力及存放、运输、吊运等不当引起，主要包括。

（1）原材料残余应力引起的变形。这类变形产生于钢材厂轧制钢过程中。当钢铁厂用坯料经热轧或冷轧方式沿钢材长度方向轧制时，轧辊的弯曲、间隙调整不一致等原因，会导致钢材在宽度方向压缩不均匀而形成钢材内部产生残余应力而引起变形。例如，热轧薄钢板，轧制时钢板冷却速度较快，在轧制结束时，薄钢板温度在 $600\sim650℃$ 左右，此时钢材塑性降低，钢板内部由于延伸纤维间的相互作用，延伸得较多的部分在压缩应力作用下，失去其稳定性而使薄钢板产生曲皱现象。

（2）存放不当引起变形。钢结构用原材料大部分较长、较大，且量多，钢材堆放时钢材的自重会引起钢材的弯曲、扭曲等变形。特别是长期堆放、地基的不平或钢材下面垫块垫得不平会引起钢材产生塑性变形。

对于长期露天堆放，引起锈蚀严重的钢材，不宜进行矫正。

（3）运输、吊运不当引起变形。钢材在运输或吊运过程中，安放不当或吊点、起重工夹具选择不合理，会引起变形。

2）成型加工后变形：钢材在成型加工过程中，工艺和操作方法等选择不当，极易引起成型件变形，主要包括。

（1）剪切变形。钢材剪切，特别是剪切狭长钢板，由于一般采用斜口剪剪切，会引起钢板弯曲、扭曲等变形。采用圆盘剪剪切，会引起钢板扭曲等复杂变形。另外，冲切模具若设计不当，也会使冲切后的钢材产生变形。

（2）气割变形。目前，我国钢材气割大多采用氧-乙炔，在气割过程中，当钢材被氧气和乙炔气产生的混合预热火焰预热至高温时，立即被高纯度的氧气流喷射，使钢燃烧产生大量的化学热而形成液态溶渣（FeO、Fe_2O_3、Fe_3O_4）及少量溶化了的铁，被高速氧气流吹走，从而形成切口。气割时切口处形成高温，气割后逐渐冷却，由于金属热胀冷缩特性，在气割时切口边朝外弯曲，冷却后由于内应力作用切口边向里弯曲。在气割狭长钢板时，若仅一边有割缝，这种变形尤为严重。

（3）弯曲加工后变形。对钢材弯曲加工成一定几何形状时，一般采用冷加工或热加工的方法，并对钢材施加外力使其产生永久性变形。冷加工时外力作用过大或过小、热加工时由于钢材内部产生的热应力作用等，使钢材未能达到所需弧度或角度等几何形状所要求的范围时，即变形过大或过小，即产生钢材弯曲加工后的变形。

3）焊接变形：钢材焊接是一种不均匀的加热过程，焊接通过电弧或火焰热源的高温移动进行。焊接时钢材受热部分膨胀，而周围不受热部分在常温下并不膨胀，相当于刚性固定，将迫使受热部分膨胀受阻而产生压缩塑性变形，冷却后焊缝及其附近钢材因收缩而造成焊件产生应力及变形。

焊接应力分类有多种，按引起应力原因分有：温度应力和组织应力，一般焊件内部都存在这两种应力。

焊接变形因焊接接头形式、材料厚薄、焊缝长短、构件形状、焊缝位置、焊接时电流大小、焊缝焊接顺序等原因，会产生不同形式的变形。焊接变形一般可分：整体变形和局部变形。

焊缝和焊缝附近钢材收缩，主要表现在纵向和横向两方面，因而形成了焊件的压缩、弯曲、角变形等多种形式。

4）其他变形。

在钢结构制作、安装过程中，由于工序较多、工艺繁复、加工时间较长，因此，引起变形的其他原因也很多，如吊运构件时碰撞；钢结构工装模具热处理后产生热应力和组织应力超过工装模具材料的屈服强度；钢结构长期承受荷载等，也会引起变形。

3. 矫正原理。

当变形程度超过技术规定范围时，就必须进行矫正。矫正方法很多，明确变形原因，才能对症下药进行矫正。矫正原理就是利用钢材的塑性、热胀冷缩的特性，以外力或内应力作用迫使钢材反变形，消除钢材的弯曲、翘曲、凹凸不平等缺陷，以达到一定几何形状并符合技术标准范围。

根据金属学，金属材料都是多晶体。金属材料塑性就是在外力作用后变形能够保留永久形变而不发生破裂。金属的塑性变形有两种基本形式：滑移变形方式和孪动变形方式。矫正主要是利用金属晶体的滑移变形，其变形方式如图 4.5.1-1 所示。

如图 4.5.1-1（a）所示，滑移变形的主要原理是：在适当的外力作用下，金属晶粒内部会沿一定的结晶面产生相互滑移，使原子位置由原来的稳定状态移动到新的稳定状态，当外力撤除后原子位置不再复原，但晶粒结构并未被破坏而形成金属的塑性变形。

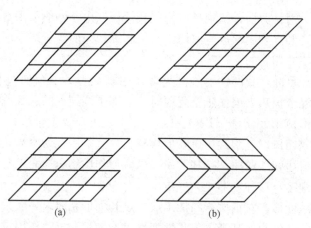

图 4.5.1-1　金属晶体塑性变形的两种基本形式

（a）滑移；（b）孪动

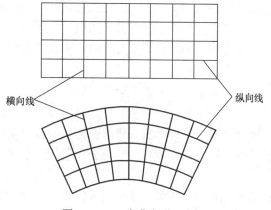

图 4.5.1-2　弯曲变形示意图

　　钢材在钢厂轧制时，往往沿轧辊垂直方向形成很多层的纤维。可以设想，假如钢材内部各纤维长度在任何一段距离内都相等的话，则钢材必然是平直的；若有一部分纤维距离缩短或伸长，则形成了钢材的变形即弯曲。如图 4.5.1-2 所示。

　　钢材弯曲变形后，可清楚地看出所有的纵向线都由直线变成了圆弧线，靠近凸边的纵向线伸长，靠近凹边的纵向线缩短，但在所有的纵向线中间必有一条纵向线既不伸长也不缩短，这一纵向线所处的一层平面称为中性层。横向线变形后，只是互相平行变成了互相倾斜一个角度。因此，钢材变形后由于晶格滑移，各纤维长度（纵向线长度）必然由相等变成了不等。

　　矫正就是假设此纵向线是由无数纤维组成的。钢材凸边纤维的伸长称为"松"，凹处纤维的缩短称为"紧"。矫正就是通过外力或加热调整钢材晶格排列即调整钢材纤维长度，从而使矫正件达到所需要形状。

　　要使弯曲处矫直，一般可用两种方法：一是使凹处纤维伸长，如使用机械矫正、手工矫正等；二是使凸处纤维缩短，如使用火焰矫正、高频热点矫正等。

　　4. 矫正分类。

　　矫正分类方法有多种。一般企业根据钢结构加工工序前后，分为原材料矫正、成型矫正、焊后矫正等；大部分文献都根据矫正时外力的来源分为机械矫正、火焰矫正、高频热点矫正、手工矫正、热矫正等；也有根据钢材矫正时的温度分为冷矫正、热矫正等。

　　4.5.2　机械矫正的特点与要求。

　　1. 机械矫正是通过一定的矫正机械设备对矫正件进行矫正。机械矫正一般适用于批量较大、形状比较一致、有一定规格的钢材及构件。机械矫正由于利用机械动力产生外力大，能矫正采用其他矫正方法不能达到矫正技术要求的刚性大的矫正件。

机械矫正生产率高、质量好，且能降低工人的体力消耗，因此，是矫正工作走向机械化、自动化的有效途径。机械矫正一般在专用机械上矫正，由于不同企业规模、设备、产品品种等不同，机械矫正也有在通用机械设备或自制矫正设备上矫正的。

2. 专用矫正机械的类型和特点。

专用矫正机械种类很多，一般用于原材料或切割后钢材的矫正。为提高钢结构加工质量、加快钢结构制作进度，对不符合质量要求的变形材料，应在号料前就进行矫正。矫正设备及特点如下。

1) 钢板矫平机（轧平机）。

(1) 钢板矫平机矫平原理。钢板矫平机矫平钢板，是使钢板在轴辊中反复弯曲，使钢板内的短纤维拉长，钢板的应力超过其弹性极限发生永久变形，来达到使钢板平整的一种矫正方法。小件板材的矫平时，可把同一厚度的小件板材放在比其厚一些的整张大钢板上，利用轴辊对小件板材的压力反复碾展，使小件板材短纤维伸展而被矫平。

(2) 钢板矫平机类型。钢板矫平机根据轴辊布置形式有以下几种：

① 上下列辊平行矫平机，其轴辊排列结构如图 4.5.2-1 所示。

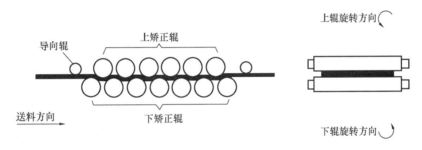

图 4.5.2-1　上下列辊平行矫平机结构示意图

该种矫平机上下列轴辊平行，并呈交叉排列。上面一列轴辊分两种，外面两根为导向辊，对钢板不起弯曲作用，仅引导钢板进入中间轴辊中，一般比中间轴辊细；中间几根为矫正辊，对钢板进行弯曲，由于其受力大直径也较粗。此两种轴辊可上下调节，以利不同厚度的钢板矫平时，能调节上下两列轴辊的距离，下面一列轴辊由电动机带动旋转，一般位置固定。

用矫平机矫平钢板时，应使矫正辊与下辊的间距调整到略小于被矫钢板厚度，使钢板受轴辊的摩擦力带动而进入上下辊之间，强行进行反复弯曲。当钢板弯曲应力超过材料屈服极限时，纤维产生塑性变形而伸长，使钢板趋于平整。有些矫平机的导向辊可单独驱动，其主要作用是使钢板能较快地进入上下轴之间，以利钢板矫平。

矫平机矫正钢板的质量，取决于轴辊数的多少及钢板的厚度。常用轴辊数有 5 至 9根，也有 11 根以上的，轴辊越多矫平质量越好。

② 上列辊倾斜的矫平机：上列辊倾斜的矫平机专用于薄板矫平，其结构大部分与上下列辊平行矫平机相同，不同之处是上列轴辊排列与下辊的轴线形成一个不大的倾斜角，此角能由上辊进行调节。用这种矫平机矫平薄板时，使薄板在上下轴辊间的曲率逐渐减

小。薄板经过前几对轴辊进行基本弯曲，其余各辊对薄板产生附加拉力，在薄板经过最后一对轴辊前已接近弹性弯曲的曲率，因此，大大提高了矫平薄板的质量。

③ 成对导向辊矫平机：成对导向辊矫平机是矫平薄板的另一种矫平机，其结构不同于上下列辊平行矫平机之处在于，导向辊两端不是各一根，而是两端成对布置，主要作用是压紧薄板。导向辊有一端可供驱动，也有可两端供驱动的。

当薄板进入一对进料导向辊时，被压紧并随导向辊旋转送入矫正辊，由于进料导向辊转动的圆周线速度稍低于中间矫正辊，而出料导向辊的转动圆周线速度又稍大于或等于矫正辊，使薄板在矫平机中除发生弯曲外又受拉力作用，薄板在此两种力的作用下趋于平整。

④ 卷料拆卷矫正机：钢结构制作如采用卷筒薄板，必须先拆料并矫平后才能使用。

卷料的拆卷，一般可在卷料拆卷矫正机上进行矫正，如图 4.5.2-2 所示。卷料的拆卷机由拆料和矫平两部分组成，矫平后，可按需要长度用龙门剪板机进行剪切后使用。

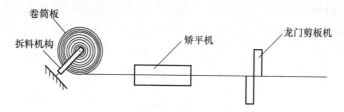

图 4.5.2-2　卷料拆卷示意图

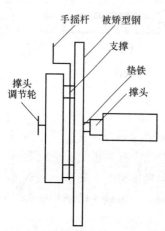

图 4.5.2-3　撑直机原理示意图

对卷筒薄板拆卷时，由电动机驱动托料辊，使卷料因摩擦力作用进行相应的转动，进入矫平机，使拆料和矫平两道工序连续进行。

2) 型钢矫正机：其矫正原理与钢板矫平机相同。型钢矫正机可矫正角钢、槽钢等型钢，其辊轮形状与被矫型钢截面相适应，并呈交叉排列，当型钢通过几组辊轮时，被反复弯曲拉长而矫直。辊轮可调换以适应不同形状或规格的型钢。

3) 撑直机：采用反向弯曲方法来矫直型钢或条头钢板，撑直机工作原理如图 4.5.2-3所示。

撑直机一般为卧式，工作部分呈水平布置。撑直机按撑头数分有单头和双头两种。撑直机撑头由电动机带动偏心轴前后方向水平运动，撑头撑出长度根据矫正件弯曲程度由撑头调节轮调节，支撑间的距离由丝杆来调节。

3. 通用矫正机械的类型和特点。

对于形状较特殊，不能在专用矫正机上矫正的构件，或当企业缺乏专用矫正机时，可在通用矫正机上矫正。通用矫正机械的类型和特点如下：

1) 卷板机：卷板机主要作用是将板材或某种型钢卷曲成圆弧形，但也可用来矫平板材及某些种类的型钢。

槽钢、工字钢小面弯曲和中板及在卷板机负荷能力范围内的厚板可在卷板机上矫平直。矫正时可先将矫正件滚出适当的大圆弧，再翻身，并略加大上下轴辊的距离再滚，如此反复滚压使矫正件原有的弯曲反弯形，从而逐渐趋于平直。

对于薄板或小件同一厚度板材，可利用厚钢板作衬垫，在卷板机内反复滚压从而达到矫平目的，如图 4.5.2-4 所示。

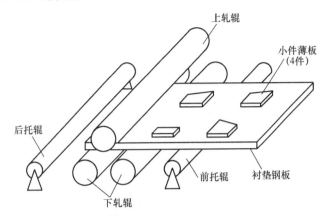

图 4.5.2-4　三辊卷板机矫正小件钢板示意图

2）压力机：钢材具有弹性和塑性，在外力作用下产生变形，当外力去除后能恢复原状的能力称为弹性变形。钢材在弹性范围内，外力与变形成正比关系。当材料在外力作用下超过其弹性限度时，在外力去除后材料不能恢复原状而发生的变形称为塑性变形。如图 4.5.2-5（a），当钢材受外力作用而逐渐由凸变凹，由于所加外力只在一定限度以内，当外力去除后仍能恢复原来的凸形状态，这属弹性变形。如继续加大外力，当外力大于弹性限度后逐渐减少并在去除外力后，钢材不随外力去除而恢复原来的凸形状态，产生塑性变形（由凸变平或用力过大时凸变凹），如图 4.5.2-5（b）所示，这是压力机矫正钢材的原理。

要使钢材发生塑性变形，一要有超过钢材弹性限度的外力，二要有支点。若钢结构矫正件较大，则刚性也大。由于液压机能产生巨大的压力，因此，矫正时常常被用作外力的来源，而支点则用钢材或制作的模具代替。矫平方法如下。

（1）钢板弯曲矫平：钢板矫平，一般需准备两根方钢作为支点，矫正时先找出钢板弯曲最高点及最低点，把两根方钢放在最低点下，一根方钢放在最高点上，如图 4.5.2-6（a）所示。矫正钢板一定要矫枉过正，要估计下压量超过钢板的弹性限度，为防止下压量过多，可在受压点下放置适当厚度钢板。若钢板较大，不易翻身而最低点又在下面，可按 4.5.2-6（b）所示方法矫正。

当钢板既有局部弯曲又有整体弯曲时，一般先矫正局部后矫正整体弯曲。

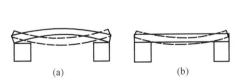

图 4.5.2-5　钢板弹性变形与塑性变形示意图
（a）弹性变形；（b）塑性变形

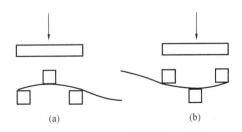

图 4.5.2-6　压力机矫正钢板示意图

用压力机可矫正中板或厚板弯曲，也可矫正部分型钢弯曲。

（2）钢板扭曲矫平：钢板扭曲必有两对角较高。用压力机矫正扭曲钢板时，可分别在较高的两处上放垫铁，再在另外两对角下放垫铁，然后，用压力机施加压力进行扭曲矫正。

当钢板扭曲变形同时还存在弯曲变形时，一般先矫扭曲变形，后矫弯曲变形。

3）H 型钢翼缘矫正机：H 型钢翼缘矫正机专门用于焊接 H 型钢的翼缘平面矫正。利用三点弯曲的原理（图 4.5.2-7），采用滚轮连续矫正，矫正效率高，目前被大多数厂家广泛采用。

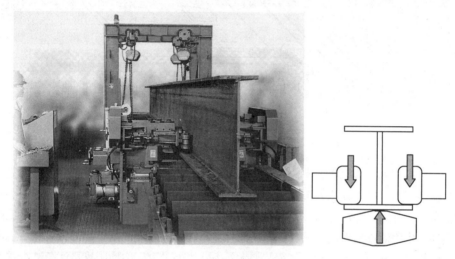

图 4.5.2-7　三点滚轮矫正示意图

4. 手动矫正机的特点。

手动矫正机具有简易、轻型、使用方便等特点，在缺少设备的中小型企业或工地尤为适宜。

手动矫正机压力来源可采用千斤顶、螺旋等，支点可用槽钢、工字钢等型钢焊接而成。手动矫正机因产生的压力较小，速度较慢，不适用于刚性较大的结构件矫正，也不适用于批量较大的钢结构生产。

4.5.3　火焰矫正的特点与要求。

1. 火焰矫正是利用火焰所产生的高温对矫正件变形的局部进行加热，使加热部位的钢材热膨胀受阻，冷却时收缩，从而使被矫正部位纤维收缩，以使矫正件达到平直或一定几何形状并符合技术范围的工艺方法。

2. 火焰矫正原理。

当用火焰对矫正件变形部位加热时，其加热部位和附近钢材随温度升高而膨胀，但周围大部分钢材却处于常温下并不膨胀，相当于刚性固定，阻碍和压抑了受热部位钢材的膨胀，使加热区的钢材遇到径向反作用力，在相当温度时超过金属屈服点而产生挤压形成压缩塑性变形。停止加热后，随着加热区温度降低，高温下产生的局部压缩变形量仍然保留并由于冷却收缩产生巨大的收缩应力，使加热区金属纤维收缩而变短，从而达到矫正目的。

火焰矫正加热温度控制原则为，低碳钢和普通低合金结构钢采用 600℃ 至 800℃ 为宜。温度过高或过低矫正效率都不高，温度过低使钢材内部的应力超过屈服点应力就会达到塑性状态。温度过高钢材的塑性变好，而抗弯和屈服点应力下降，如图 4.5.3-1 所示，Ⅰ、Ⅱ、Ⅲ 为低塑区，A 为高塑区。在 Ⅰ 区相应范围内（200～300℃）变形抗力有所回升，塑性 δ 下降呈现脆性，称为蓝脆区。继续升温 δ 与 f_y 的变化趋势正好相反，δ 增加、f_y 降低。当温度达 980℃ 左右时，会出现热脆性，称为红脆区。在 A 区呈温度较高，但还未产生过烧、过热现象，因此，具有最佳塑性，变形抗力也比较小。在 Ⅲ 区由于过烧和过热钢的塑性急剧下降，变形抗力处于极低值。

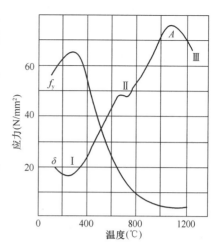

图 4.5.3-1 温度对钢的塑性和
抗弯的影响

以钢结构常用低碳钢为例，常温下屈服点应力 f_y 为 235N/mm²，而在 600～800℃ 屈服点应力趋向于零，这时只要加很小的力就会产生很大的变形。根据虎克定律，得式 (4.5.3-1)。

$$\varepsilon = \frac{f_y}{E} \tag{4.5.3-1}$$

式中　ε——弹性应变；

　　　f_y——屈服应力；

　　　E——弹性模数（低碳钢弹性模数为 2.06×10^5 N/mm²）。

$$\varepsilon = \frac{f_y}{E} = 235 \div (2.06 \times 10^5) \approx 0.001143$$

若加热低碳钢使其温度升高 t℃，低碳钢线膨胀系数 $\alpha = 1.2 \times 10^{-5}$/℃，则热变形与二者关系依式 (4.5.3-2)：

$$\varepsilon_t = \alpha t \tag{4.5.3-2}$$

若令此低碳钢完全刚性固定，不能自由膨胀，当加热 t℃ 时，热应力达到屈服点，则热变形与弹性应变相等，则 $\varepsilon = \varepsilon_t = \alpha t$

$$t = \frac{\varepsilon}{\alpha} = 0.001143 \div (12 \times 10^{-5}) \approx 100℃$$

由此可见，把低碳钢加热到 100℃ 以上时就可达屈服点，继续加热就会产生塑性变形，因此，在低碳钢内部产生了残余应力。了解并认识钢材局部加热所引起的变形规律是掌握火焰矫正的关键。若在同一部位再次加热矫正，效果不如第一次，同一部位多次加热反而会失去矫正效果。

火焰矫正不适用于高碳钢、高合金钢、不锈钢及铸铁等脆性材料的矫正。

3. 常用工具及其应用。

1) 射吸式焊炬（俗称烘枪、烤枪、焊枪）的工作原理：采用火焰矫正时，产生火焰的方法、使用工具和燃料有多种，可以煤、煤气等作为燃料产生火焰，工具则有用等压式焊炬、割炬等，常用的是以乙炔作燃料的射吸式焊炬。射吸式焊炬是气焊用工具，因其发热量大、热量集中、效率高，被广泛应用于火焰矫正。

乙炔，又名电石气，其化学分子式为 C_2H_2。乙炔是由碳化钙（电石）加水进行化学反应生成的，其化学反应方程式为：

$$Ca\,C_2 + 2H_2O = Ca\,(OH)_2 + C_2H_2 \uparrow$$

乙炔在高温或 $2 \times 10^5 Pa$ 以上大气压下有自燃爆炸的危险，火焰矫正可采用瓶装乙炔气。使用乙炔发生器产生乙炔气较为麻烦，使用中会产生的沉淀物 $Ca(OH)_2$ 及电石内含有的多种杂质，如硫化氢、磷化氢、氨等易污染环境。

乙炔与氧气混合点燃后会产生大量的热量（1305.72kJ/mol），其化学反应方程式为：

$$C_2H_2 + 5O_2 \overset{点燃}{\Longrightarrow} 4CO_2 \uparrow + 2H_2O$$

矫正使用氧气纯度一般为 97.5% 以上的高压瓶装氧气。氧气在高压情况下遇到油脂有爆炸危险，故氧气瓶不准放在高温旁、太阳的直射下以及易燃物的附近。

火焰矫正选用射吸式焊炬的型号及气体压力、气体耗量见表 4.5.3-1。

焊炬型号及气体压力耗量表

表 4.5.3-1

型　号	焊嘴号	焊嘴孔直径（mm）	气体压力（N/mm²）		气体耗量	
			氧　气	乙　炔	(m^3/h) 氧　气	(L/h) 乙　炔
H01-12	1 号	1.4	0.4		0.37	430
	2 号	1.6	0.45			580
	3 号	1.8	0.5	0.001~0.1	0.65	786
	4 号	2.0	0.6		0.86	1050
	5 号	2.2	0.7		1.10	1210
H01-20	1 号	2.4	0.6		1.25	1500
	2 号	2.6	0.65		1.45	1700
	3 号	2.8	0.7	0.001~0.1	1.65	2000
	4 号	3.0	0.75		1.95	2300
	5 号	3.2	0.8		2.25	2600
H01-40	1 号	3.0	0.8		1.95	2300
	2 号	3.2	0.85		2.25	2800
	3 号	3.4	0.9	0.075~0.1	2.65	2900
	4 号	2.5	0.95		2.70	3050
	5 号	3.6	1.0		2.90	3250

2) 氧-乙炔火焰种类及温度分析。

射吸式焊炬利用氧与乙炔混合气体点燃后燃烧产生火焰，调节氧和乙炔的混合比例，可以获得三种不同性质的火焰，即如图 4.5.3-2 所示碳化焰、中性焰、氧化焰。三种火焰的氧、乙炔体积比和可达最高温度见表 4.5.3-2。

碳化焰因乙炔没有完全燃烧，易使钢材碳化，特别对溶化的钢材有加入碳质的作用，因此，火焰矫正时应尽量避免采用。

中性焰因乙炔充分燃烧，喷嘴处呈现一个很清晰的内焰芯，色白而明亮，这是部分乙炔在高温下分解而产生的碳在炽热时发生亮度很高的白光。焰芯成分是碳和氧，对溶化钢材有渗碳和氧化作用。内焰呈蓝白色，有呈杏核状的深蓝色线条，来自内焰芯碳、氢与氧气剧烈燃烧部分，离焰芯尖端 2～4mm 处温度最高达 3100℃，是氧化最剧烈之处，此处气体成分包括 60%～66%一氧化碳、34%～40%氢气，对钢材溶池有还原脱氧作用，并能保护溶池免受其他气体侵害。中性焰的外焰和内焰没有明显界限，外焰的颜色由里向外逐渐由淡紫色变成橙黄色。外焰由未燃烧的一氧化碳和氢气与空气中的氧气化合燃烧生成二氧化碳和水蒸气。外焰有来自空气中的多余氧气，具有氧化作用。中性焰的温度分布如图 4.5.3-3 所示。

三种火焰氧乙炔体积比及可达最高温度　　　　　　　　　表 4.5.3-2

焰　别	氧炔比	温度（℃）
碳化焰	0.8～0.9	2700～3100
中性焰	1.0～1.2	3100
氧化焰	1.2～1.5	3100～3300

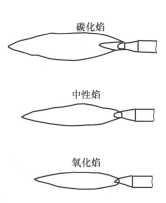

图 4.5.3-2　氧-乙炔火焰示意图

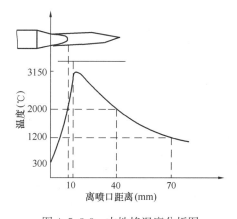

图 4.5.3-3　中性焰温度分析图

氧化焰含氧气量高、乙炔量低，喷嘴处呈现比中性焰尖而小的蓝白色焰芯，外焰短，稍带紫色，火焰挺直，燃烧时发出急促的"嘶嘶"声，其最高温度可达 3300℃，此焰对红热或溶化钢材有氧化作用。

对于变形较大部位的矫正，要求加热深度大于 5mm，需要较慢的加热速度，此时宜用中性焰矫正较为适当。对于变形较小的部位矫正，要求加热深度小于 5mm，需要较快的加热速度，此时宜用氧化焰进行矫正。

3）射吸式焊炬主要用于焊接薄钢板、有色金属、生铁铸件及堆焊硬质合金等，虽在气体焊接工作上有其特殊的用途，但也广泛应用于火焰矫正及加热矫正。使用射吸式焊炬进行火焰矫正除本书 4.5.3 条第 3 款 1）所述外，因使用设备简单、气体便宜易取，故有成本低，能降低工人劳动强度和工作场地清洁等优点。

4）火焰矫正加热位置、加热宽度、加热温度、加热速度对矫正效果的影响如下。

（1）火焰矫正的关键是正确掌握火焰对钢材进行局部加热以后钢材的变形规律。影响

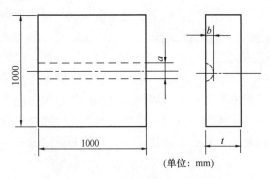

（单位：mm）

图 4.5.3-4　钢板加热示意图

a—加热宽度；b—加热深度；t—钢板厚度

火焰矫正效果的因素很多，主要有火焰加热位置、加热形状、宽度、长度、大小、温度等。当然被矫正件本身的刚度大小、火焰矫正时是否也同时采用其他矫正方法混合进行矫正、被矫正件钢材本身的厚度等，也会影响矫正效果。

（2）加热位置应选择在钢材弯曲处其纤维需缩短的部位，如图 4.5.3-4 所示。一般来说，在弯曲处向外凸一侧加热能使弯曲趋直，反之弯曲处曲率半径反而减小。

（3）加热宽度（包括加热线的宽度、点的直径、三角形的面积大小等）对矫正变形能力的大小有显著影响。图 4.5.3-5 所示，分别以不同的加热宽度（a）对 1000mm×1000mm 几种不同厚度（t）的钢板沿其中心线加热（700℃），其结果见表 4.5.3-3。

加热线宽度对钢板弯曲影响（700℃）　　　　　表 4.5.3-3

变形加热线宽度 钢板厚	弯曲量（mm/m）					加热深度
	20	30	40	60	80	
20	3.8	5.3	6.6	8.0	—	2～3
30	—	3.2	4.1	5.6	6.5	2～3
60	—	2.1	2.5	3.2	3.7	3～5
80	—	—	0.5	0.8	1.2	3～5
135	—	—	—	0.2	0.6	5～7

由表 4.5.3-3 可以看出，同一厚度的钢板加热线越宽，钢板弯曲量越大。根据表 4.5.3-3可做出图 4.5.3-5 所示曲线。从图 4.5.3-5 可以看出，一般来说，加热线宽度与弯曲量成正比关系。以 30mm 钢板为例，加热线宽度（a）对弯曲量（弯曲矢高）的影响程度，可建立函数关系式：

$$\frac{f-6.5}{6.5-3.2}=\frac{a-80}{80-30}$$

得 $f\approx0.066a+1.22$。

此式表示 30mm 的钢板、当加热温度为 700℃、加热深度为 2～3mm 时，加热线宽度（a）在 20～80mm 范围内，每米长度的弯曲量为 f。

由图 4.5.3-5 也可以看出，当加热温度和深度确定后，为了达到同样的弯

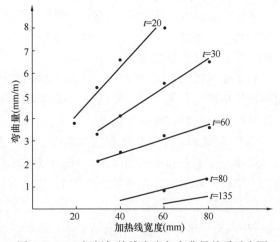

图 4.5.3-5　钢板加热线宽度与弯曲量关系示意图

曲量 f，那么厚板应比薄板加热线宽度大。一般来说加热线宽度为板厚的 $0.5 \sim 2$ 倍左右。

（4）钢材的加热温度，应在火焰矫正所允许的温度范围内。一般来说，温度越高矫正变形能力越大。图 4.5.3-6 所示为对 $\phi 100$ 长 1000mm 的圆钢，在中间以不同温度加热，其加热温度与冷却后圆钢的弯曲量 f 见表 4.5.3-4。由表 4.5.3-4 做图 4.5.3-7，可以看出，加热温度与矫正变形能力成正比关系。温度过低，当低于 200℃ 时，一般不起作用；温度过高，当高于 900℃ 时，会使钢材内部组织发生变化，内部晶粒长大、材质变差。

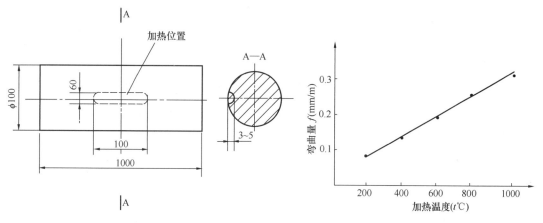

图 4.5.3-6　圆钢加热位置示意图　　　　图 4.5.3-7　加热温度与弯曲量关系图

加热温度与弯曲量关系表　　　　　　　　　表 4.5.3-4

加热温度 t（℃）	200	400	600	800	1000
弯曲量 f（mm/m）	0.08	0.14	0.20	0.26	0.32

在火焰矫正实践中，加热温度一般凭经验看钢材加热后所显示的颜色来判断。钢材的加热温度与表面颜色的辨别可参见表 4.3.1-2。

（5）火焰矫正的加热速度，对变形量 f 也有影响。火焰温度不高，钢的加热时间就会延长，使受热范围扩大，影响变形量。一般来说，要提高矫正能力（增大矫正后变形量）就需热量集中，即加快加热速度。

（6）加热深度是火焰矫正、控制矫正效果的重要一环。不同的加热深度会获得不同的矫正效果。如何确定矫正件的加热深度，从而达到最佳的矫正效果，完全取决于操作者的经验和技术熟练程度。加热深度一般较难测量，大都凭经验判断。

对 10mm 厚 1000mm×1000mm 的钢板，在居中 20mm 宽度直线加热，加热温度700～800℃，在施以不同加热深度后，钢板的弯曲量 f 如表 4.5.3-5 和图 4.5.3-8 所示。从图中可以明显看出，钢板的加热深度与弯曲量成曲线关系，当加热深度为 $1 \sim 4$mm 时呈上升趋势，大于 5mm 后反而呈下降趋势。在加热

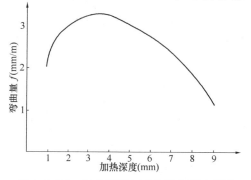

图 4.5.3-8　加热深度与弯曲量关系示意图

深度大于 1/2 厚度时，钢板局部受热越趋于均匀，则刚性逐渐减小，使加热部位压缩变形量也逐渐减小，从而使变形量反而变小，因此，加热深度一般控制在钢材厚度的 40% 以下，如用三角形加热方式，则为构件宽度的 40% 左右。

加热深度与弯曲量关系　　　　表 4.5.3-5

加热深度（mm）	1	2	3	4	5	6	7	8	9
弯曲量 f（mm/m）	2.0	2.8	3.2	3.3	3.2	2.9	2.6	1.9	1.2

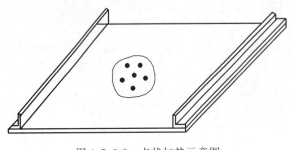

图 4.5.3-9　点状加热示意图

4. 火焰矫正方法。

1）火焰矫正加热方法。

（1）点状加热：加热区域为一个或多个一定直径的圆点称为点状加热。根据矫正时点的分布可分为：一点形、多点直线形、多点展开形及一点为中心多点梅花形等。

点状加热一般用于矫正中板、薄板的中间组织疏松（凸变形）或管子、圆钢的弯曲变形。特别对油箱、框架等薄板焊接件矫正更能显示其优点，图 4.5.3-9 为点状加热示意图。

进行点状加热应注意以下几点：

① 加热温度选择要适当，一般在 300～800℃ 之间。

② 加热圆点的大小（直径）一般为：材料厚圆点大，材料薄圆点小，其直径以选择为板厚 6 倍加 10mm 为宜，用公式表示即：$D=6t+10$。

③ 进行点状加热后采用锤击并浇水冷却，其目的能使钢板纤维收缩加快，锤击时要避免薄板表面留有明显锤印，以保证矫正质量。

④ 加热时动作要迅速，火焰热量要集中，既要使每个点尽量保持圆形，又要不产生过热与过烧现象。

⑤ 加热点之间的距离应尽量均匀一致。

（2）线状加热：加热处呈带状形时称为线状加热。线状加热的特点是宽度方向收缩量大，长度方向收缩量小。主要用于矫正中厚板的圆弧弯曲及构件角变形等。线状加热时焊嘴走向形式有直线形、摆动曲线形、环线形等，如图 4.5.3-10 所示。

采用线状加热要注意加热的温度、宽度、深度之间的关系，根据板厚及变形程度采取适当的方法。一般来说，直线形加热宽度较狭，环线形加热深度较深，摆动曲线形加热宽度较宽，加热深度较环线形为浅。

对于钢板圆弧弯曲（图 4.5.3-11），由于此变形特点是上凸面钢材纤维较下凹面纤维长，矫平时可采用线状加热矫平可将凸面向上，在凸面上等距离划出若干平行线后用焊嘴按线逐条加热，促使凸面纤维收缩而使钢板趋于平整。

对于 T 形梁角度变形、I 形架盖板弯曲可按图 4.5.3-12 所示进行线状加热矫正。

采用线状加热一般加热线长度等于工件长度。若遇特殊情况，加热线长度必须小于工件长度时，特别当加热线长度为工件长度 80% 以下时，线状加热除在宽度上对钢材矫平，还会在长度方向引起工件弯曲，必须注意。

直线形

摆动曲线形

环线形

图 4.5.3-10　线状加热形式示意图

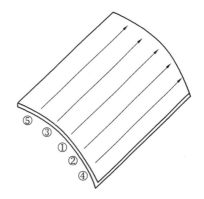

图 4.5.3-11　钢板圆弧弯曲矫平示意图

①~⑤为逐条加热的顺序

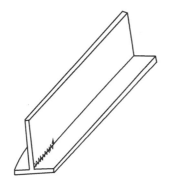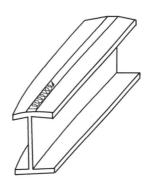

图 4.5.3-12　T 形梁角变形、I 形梁盖板弯曲线状加热矫正示意图

（3）三角形加热：三角形加热时加热区域在工件边缘，一般呈等腰三角形状。其收缩区的收缩量由三角形顶点逐渐向底边增大。加热区的三角形面积越大，收缩量也越大，加热区等腰三角形大小，其边长一般可取材料厚度 2 倍以上，其顶点一般在中心线以上。

三角形加热法常用于刚性较大的型钢、钢构件弯曲变形的矫正。常见型钢弯曲矫正加热位置见图 4.5.3-13。

采用三角形加热法，其三角形位置应确定在钢材需收缩一边。若需矫直三角形底边，应在弯曲凸出的一侧。三角形加热数量，则根据弯曲量大小确定，弯曲量大则三角形数量多，反之则少。三角形加热时，加热温度为 700~800℃。

2）火焰矫正的基本方式是将钢材上"松"的部位收缩趋"紧"，在火焰矫正中，加热后用水冷却，其目的是为了使加热处冷却速度加快，从而缩短矫正时间，以便立即检验矫正效果，但对矫正弯曲量大小不起作用。薄板的散热速度快，在高温下浇水冷却不会引起急剧的温差变化，可以迅速达到温度均匀。而厚板由于表面冷却快，在板厚方向上下将产生很大的温差，易产生裂纹，因此，厚板火焰矫正尽量不要用水冷却，中碳钢等应禁止用水进行冷却。

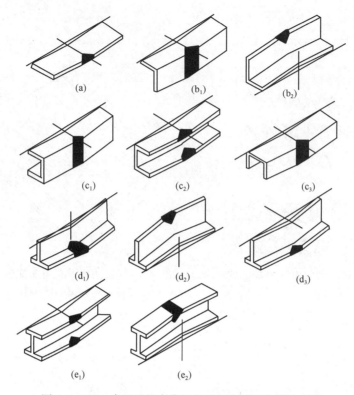

图 4.5.3-13 常见型钢弯曲三角形加热矫正位置示意图

（a）扁钢大面弯；（b_1）角钢内弯；（b_2）角钢外弯；（c_1）槽钢小面内弯；（c_2）槽钢小面外弯；

（c_3）横钢大面弯；（d_1）T 型钢下拱；（d_2）T 型钢上拱；（d_3）T 型钢旁弯；

（e_1）I 型钢旁弯；（e_2）T 型钢上拱

5. 火焰矫正工艺规程。

进行火焰矫正操作，要遵守一定的工艺规程，一般按如下工艺规程进行操作：

1）矫正前准备：检查氧、乙炔、工具、设备；工作地安全条件；选择合适的焊炬、焊嘴。

2）了解工艺要求、找出变形原因：了解矫正件材质、塑性；结构特性、刚性；技术条件及与装配关系等。在此基础上找出变形原因。

3）变形分析与测量要求如下：

（1）分析变形类别：压缩、拉伸、弯曲、扭曲变形；角变形、波浪形；均匀整体变形、不均匀整体变形等。

（2）用目测或直尺、粉线等确定变形大小。

4）确定加热位置、加热顺序如下：

（1）确定加热位置，并考虑是否需加外力等。

（2）确定加热顺序，一般先矫刚性大的方向，然后再矫刚性较小的方向；先矫变形大的局部，然后矫变形小的部位。

5）确定加热范围、加热深度；若加热有多处，可用石笔划出记号。

6）确定加热温度：由于各国的规范标准不同，所以在确定加热温度时，必须遵守项目执行的规范标准，《钢结构工程施工质量验收标准》GB 50205—2020 中规定矫正加热温度不应超过 900℃，美国标准为 650℃，而日本标准规定为 850℃。常用标准如下：

（1）工件小、变形不大：300～400℃；

（2）工件较大、变形较大：400～600℃；

（3）工件大、变形大：600～800℃（不适合美标）；

（4）焊接件：700～800℃（不适合美标）。

7）矫正复查：仔细检查矫正质量，若第一次矫正没达到要求质量范围，可在第一次加热位置附近再次进行火焰矫正；矫正量过大，可在反方向再次进行火焰矫正，直至符合技术要求。

8）退火：一般矫正件矫正后不需进行退火处理，但对有专门技术规定的退火件，可按技术规定进行退火。焊接件一般可用 650℃温度进行退火处理，以消除矫正应力。

4.5.4 手工矫正的特点与要求。

1. 采用锤、板头或自制简单工具等利用人力进行矫正称为手工矫正。手工矫正具有灵活简便、成本低的特点，一般适合在缺乏或不便使用矫正设备、矫正件变形不大或刚性较小、采用其他矫正方法反而麻烦等时采用。

2. 钢板手工矫平的特点。

矫平是消除钢板或钢板构件的翘曲、凹凸不平等缺陷的加工方法。手工矫平钢板的基本方法是用锤击钢材纤维较短的部位并使其伸长，逐渐与其他部位纤维长度趋于相同，从而达到矫平目的。矫正钢板要找准"紧""松"的部位较难，一般规律是"松"的部位凸起，用锤击紧贴平台"紧"的部位。对于薄板的矫平是一项难度较大的矫正工作，若仅用手工矫平较难时，可与火焰矫正相结合进行矫平。手工矫平的主要方法与用途如下：

1）薄板中间凸起矫平：薄板中间凸起，其原因一般为四周紧中间松，即四周钢材纤维较短，中间纤维较长。矫平时把薄板凸处朝上放在平台上，用锤由凸起周围逐渐向边缘进行锤击，如图 4.5.4-1 所示。图中箭头表示锤击位置及方向，锤击时应越往边上锤击力越重，并增加锤击密度，促使四周纤维逐渐伸长而使薄板逐渐趋于平整。若薄板中间有几处凸起，应先锤击凸起交界处，使多处凸起并成一处后，再用以上方法矫平。

2）薄板四周呈波浪形矫平：薄板四周呈波浪形，一般原因为四周松而中间紧，即中间钢材纤维比周围纤维短。矫平把薄板放在平台上，由四周向中间按图 4.5.4-2 箭头方向进行锤击。越往中间锤击力与密度逐渐增大，使中间纤维伸长而矫平。若薄板波浪形严重，可在手工矫正前对四边用三角形法进行火焰矫正后，再来用手工矫平。

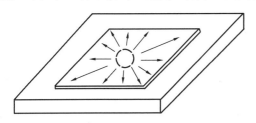

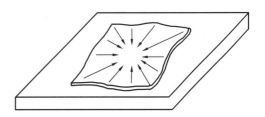

图 4.5.4-1 薄板中间凸起矫平示意图　　图 4.5.4-2 薄板四周波浪形矫平示意图

3）薄板扭曲矫平：薄板扭曲表现为对角起翘，其原因一般为两对角松紧不一。一般可沿没起翘的对角线进行锤击使紧处延伸，矫平扭曲需经多次翻身锤击才能奏效，如图 4.5.4-3 所示。

4）拍打矫平：对于平整度要求不高或初步矫正的薄板，可用拍板拍打法进行矫平。如图 4.5.4-4 用拍板接触薄板凸起部位，拍打时应面积大、受力均匀，使薄板凸起部位纤维受压而缩短，同时影响张紧部位使其纤维拉长。拍打法矫平效率较高，并无锤印，适宜薄板初矫，对平整度要求较高的薄板，用拍打法后还需用手锤作最后矫平工作。

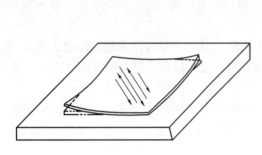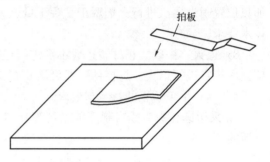

图 4.5.4-3　薄板扭曲矫平示意图　　　　图 4.5.4-4　薄板拍打矫平示意图

5）薄板矫平检查：薄板是否矫平，可用下列方法之一进行检查：

（1）用直尺在薄板平面上找平，如直尺与薄板接触处缝隙小，说明薄板已平整，否则还需继续矫平。

（2）用手按揿薄板各处，如无弹动说明薄板各处已与平台表面贴紧已矫平。

（3）先目测薄板四边，看四边有否弯曲，如无弯曲再以一边为基准目测对边，根据两条平行直线可作一个平面原则，如两边在一平面内表明薄板已平整。

6）中板矫平：手工矫平中板，可直接用大锤锤击凸处，迫使钢板纤维受压而缩短，锤击中板要避免在中板表面留下明显锤痕。

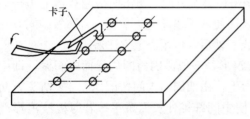

图 4.5.4-5　扁钢扭曲矫正示意图

3. 扁钢矫正的特点。

扁钢变形有大面弯曲、小面弯曲、扭曲等几种，有时还同时具有多种变形，对此一般先矫扭曲、小面弯曲后，再矫大面弯曲。矫正方法如下。

1）扁钢扭曲矫正：可把扁钢一端固定，用卡子卡紧（图 4.5.4-5）或用其他方法（例如台虎钳等）固定，另一端用扳手对扁钢扭曲方向进行反向扭转。

如扁钢扭曲变形不大，若缺乏扳手等，可用锤击法矫正。矫正时把扁钢一端搁置在平台上，用锤击上翘一边，然后把扁钢翻转 180°，同样再次锤击，逐渐使扁钢向扭曲方向的反向扭转。此法利用锤击产生的冲击反扭力矩矫正，因此，锤击点与平台边距离不能过大，否则易振伤手掌。一般锤击点与平台边距离以扁钢厚度 2 倍左右为宜。

2）扁钢弯曲矫正：扁钢弯曲有小面弯曲、大面弯曲两种。扁钢小面弯曲即厚度方向弯曲，一般可锤击放置于平台上扁钢的凸处；扁钢大面弯曲即宽度方向弯曲，可将扁钢竖起，在大面凸处用锤击矫直。

弯曲变形有局部弯曲变形和整体总变形，整体总变形有均匀变形和不均匀变形两种。对于既有整体总变形又有局部变形的弯曲件，一般应先矫总变形再矫局部变形。

4. 角钢矫正的特点。

角钢变形有扭曲、弯曲、角变形等。弯曲有内弯、外弯两种；角变形有开尺、拢尺两种。矫正角钢一般先矫扭曲，然后再矫角变形及弯曲变形。方法如下：

1）角钢扭曲矫正：对于角钢扭曲，小型角钢可用扳手扳扭矫正，较大角钢可放在平台边缘用锤在反扭转方向击角钢翼缘边，扭曲变形量大或大型角钢，可用热矫正等方法矫正。

2）角钢角变形矫正：角钢角变形有两种情况，可采用不同方法矫正。第一种拢尺角变形，即角钢两翼夹角小于 90°，矫正时可将角钢两翼边缘放置在平台上，锤击其拢尺部位脊线处，如图 4.5.4-6（a）所示，也可将角钢拢尺部位脊线处放在平台上，将平锤垫在里面，再用

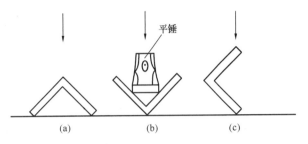

图 4.5.4-6　角钢角变形矫正示意图

锤击平锤劈开角度至直角，如图 4.5.4-6（b）所示。第二种开尺角变形，即角钢两翼夹角大于 90°，矫正时可将此部位其中一翼缘与平台成 45°放置，用锤击上边翼缘如图 4.5.4-6（c）所示。矫正时应注意打锤正确，落锤平稳，否则角钢易发生扭转现象。

3）角钢弯曲矫正：角钢弯曲在角钢矫正时最为常见，角钢弯曲有内弯、外弯等。矫正方法如下：

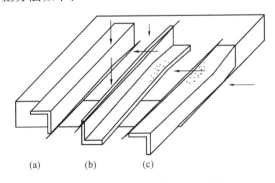

图 4.5.4-7　角钢内弯矫正示意图
(a) 锤击凸处；(b)、(c) 扩展凹面

（1）角钢内弯矫正，有锤击凸处、扩展凹面等方法，如图 4.5.4-7 所示。锤击凸处，把被矫角钢凹处放置在平台上，为预防回弹也可在角钢下面垫上两块钢板作支点，用手在平台外握住角钢并使角钢凸处垂直朝上，锤击点位置应处于两支点中部凸处，进行锤击。若在钢圈上矫正，两支点应放在钢圈边上。锤击凸处打锤时，应使锤击力略向里，在锤击角钢的一瞬间，锤柄端应略低于锤面，使锤击力除向下外还略向里，以免角钢翻转。扩展凹面可将凹面处平放在平台上，用锤击凹处，由里向外扩展锤击点，同时增大锤击力，使凹面纤维伸展从而矫直角钢。

（2）角钢外弯矫正，将凹处放在钢圈上（也可放在平台上）锤击翼缘凸起处，锤击时应根据角钢放置方向，锤柄抬高或放低进行锤击，以防角钢翻转发生工伤事故。如图 4.5.4-8所示，锤①表示往里拉，锤②表示往外推。

5. 槽钢矫正的特点。

槽钢刚性较大，手工矫正一般只矫正规格较小槽钢，或规格较大槽钢的小面弯曲。对

于规格较大槽钢的大面弯曲（腹板方向弯曲）或大规格槽钢矫正，可采用机械矫正等方法。矫正方法如下。

1）槽钢小面弯曲矫正：槽钢小面弯矫正，可按图 4.5.4-9，锤击方位按箭头所示，锤击凸处两边即可。

2）槽钢翼板部分变形矫正：槽钢翼板部分变形有局部凸起与凹陷等。可按图 4.5.4-10所示进行矫正。

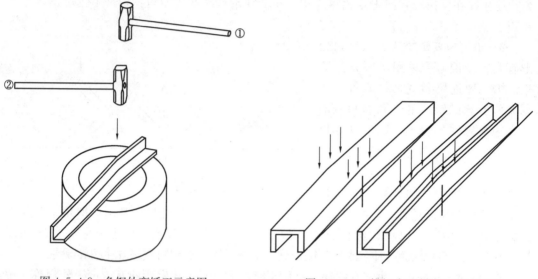

图 4.5.4-8　角钢外弯矫正示意图　　　　图 4.5.4-9　槽钢小面弯曲矫正示意图

翼板局部凸起，可用一大锤抵住凸出翼板内部附近，然后用另一大锤锤击凸处，也可用一大锤横向抵住凸出翼板内部，然后用另一大锤锤击凸处。见图 4.5.4-10（a）。

翼板局部有凹陷矫正，一种方法可按翼板局部凸起相似方法矫正，只不过衬锤与锤击方向相反而已；另一种方法可将槽钢翼板平放在平台边缘处，直接锤击凸处或用平锤作垫衬矫平凹陷，见图 4.5.4-10（b）。

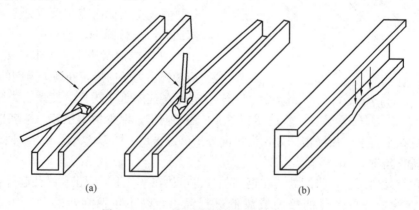

　　　　　（a）　　　　　　　　　　　　　　　　　（b）

图 4.5.4-10　槽钢翼板部分变形矫正示意图

4.5.5　其他矫正方法的特点与要求。

在实践操作中，矫正变形是一项很复杂的工作，对变形所采取的矫正方法很多，但实质上都是设法造成新的变形来补偿或抵消已发生的变形。只要掌握了矫正变形的规律，在实践中仔细分析变形的因素，就能达到矫正目的。其他几种常用矫正方法如下：

1. 高频热点矫正的特点。

高频热点矫正是钢结构矫正的一种新工艺，可用其矫正任何钢材的多种变形，尤其对一些尺寸大、变形复杂的矫正件，显著更为效果。

高频热点矫正是在火焰矫正基础上发展起来的，因此，矫正原理、加热位置等也与火焰矫正相同，其不同点是高频热点矫正的热源是利用高频感应产生的，能源来自交流电。

当交流电通入高频感应圈，即产生交变磁场并由交变磁场作用，当高频感应圈靠近钢材时，使钢材内部产生感应电流，由于钢的电阻热效应而使钢的温度一般在 4～5s 上升到 800℃左右。因此，高频热点矫正具有效果显著、生产率高、操作简单、无污染等优点。但由于高频热点矫正电线要经常移动，在操作时要注意保护电线、电器设备等，以加强电器安全防范。

2. 热矫正的特点。

对变形较大的矫正件，将其加热到一定的高温状态，利用加热后钢的强度降低、塑性提高的特性来矫正，这种矫正方法称加热矫正简称热矫正。

在热矫正时，要注意加热温度及时间，加热温度一般掌握在 800～900℃之间，加热时间不宜过长，要防止钢材在加热过程中可能产生氧化、脱碳、过热、过烧、裂纹等现象。针对矫正件加热区域不同，热矫正分为全部加热矫正和局部加热矫正。

全部加热矫正，是对矫正件全部加热后矫正。一般利用地炉、箱式加热炉、壁炉等热加工加热设备，对于小型矫正件也有用焊炬进行加热的。

局部加热矫正，是对变形的矫正件局部区域进行加热后矫正。

热矫正一般适用于变形严重、冷矫正时可能会产生折断或裂纹、变形量大而设备能力不足、材料塑性差、材质脆或采用其他方法克服不了构件的刚性或无法超过材料屈服强度等矫正件。

3. 喷砂矫正的特点。

喷砂矫正是利用铁丸、砂粒对钢材的巨大冲击力进行矫正。适用于平整度要求不高的薄板结构件、薄板铸件或细长件等。

内凹薄板件可用砂粒直接打在凹处反面使其逐渐外凸。直径或厚度小于 6mm 的淬火、回火高硬度件矫正，可用喷砂冲击凸出部位。为避免喷伤矫正件表面，可选用 16mm 喷嘴，喷砂气压为 0.3～0.4MP6-A，用粒度为 4～5 号石英砂粒，并使砂粒喷射方向与矫正件凸面垂直，为增大喷力，喷嘴与矫正件距离以 120～150mm 为宜。

4. 热处理件矫正的特点。

热处理件在产生应力（热应力、组织应力以及组织不均匀而引起应力）后，当应力超过钢的屈服强度时，会产生几何形状变形，矫正热处理件变形，一般可用冷矫正、热点矫正和热矫正等方法。

热点矫正可用火焰矫正及高频热点矫正。

冷矫正是指在常温下对变形件的一定部位施加某种形式的外力作用，使其变形得到矫正。其常用工艺方法有：冷压法、冷态正击法和冷态反击法。一般可矫正硬度 HRC≤50 的碳钢及合金钢等。

冷压法就是对变形件凸出的最高点施加压力，使凹面在拉应力作用下产生塑性变形（被拉长），从而使变形件得到矫正。此法适用于硬度 HRC≤（35～40）的碳钢及合金钢。

正击法实质同冷压法，所不同的是冷压法用压力来矫正，正击法所使用的工具是锤，利用锤击力来矫正变形。

反击法用锤击变形件凹处，利用锤击凹处从而使钢材产生小面积塑性变形（扩展延伸），达到凹处趋于平直的目的。

热矫正利用钢在一定高温下塑性变形较常温时为佳的能力。对于淬火、回火件，其加热温度一般不应高于回火温度。对于淬火件，例如高铬钢、高速钢，在淬火过程中当冷却到 MS 附近，奥氏体尚未或未完全发生、马氏体转变时，具有较好的塑性，应趁热进行矫正。

5. 焊后矫正的特点。

焊接因对钢材进行局部不均匀的加热，而导致焊接应力的产生，发生焊接变形。焊接件种类很多，钢结构中常见的焊接件变形后的矫正方法如下：

1）T 形梁、H 形梁角变形矫正：角变形矫正，可利用火焰矫正，加热线位置见图 4.5.5-1。若用机械矫正法可制作模具进行，模具一般根据梁的大小规格制作，长度应根据压力机压力等因素确定在 1～3m 左右，上模可用方钢或狭长厚钢板代替，下模由上下二块钢板、中间加撑板成对制成，下模面板应选择比被矫钢板厚，并考虑矫正时的回弹力，撑板上端面应向内略成一角度，下模下底板与压力机底座一般用螺栓连接，如图 4.5.5-2 所示。矫正梁一般较长，可分段进行压力矫正。

2）箱形梁扭曲变形矫正：箱形梁焊接件刚性大，当发生扭曲时矫正工作量很大，因此，在装配焊接时应制定合理的工艺要求，特别规定焊接顺序以防扭曲。

箱形梁扭曲矫正方法有几种，如图 4.5.5-2 利用压力机、行车进行局部热矫正，并辅以火焰矫正是其中的一种。采用此种方法进行矫正，在压力机外配制一平台，将箱形梁搁置后且与压力机底座保持水平，一端用压板压紧下部，另一端用压力机活动横梁压紧。在扭曲反方向用钢丝绳穿上葫芦拉紧，如行车起重量不够可用滑轮组。矫正时在梁中部进行局部加热，若焊炬热量不够，可同时利用木炭、木材加热，待将要加热到樱红色时，在两端腹板处同时进行火焰矫正，其加热线根据扭曲程度需倾斜，与此同时，利用行车逐渐收紧钢丝绳，使梁向反方向扭转。

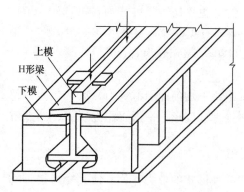

图 4.5.5-1　H 型钢梁压力矫正示意图

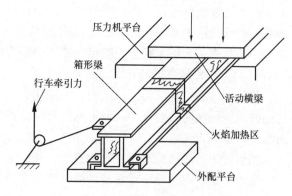

图 4.5.5-2　箱形梁扭曲矫正示意图

3）筒体对接后矫正：筒体轧圆后应用样板检查，待矫圆后才允许焊接。筒体对接焊后会发生变形，若圆弧小于样板或圆弧大于样板，可采用火焰分别在外或内加热矫正，有时还可以辅以手工矫正锤击加热处，如图 4.5.5-3 所示。

封闭筒体、筒径较小或搅拌筒等发生局部凹陷，若只能在筒体外部矫正时，可用局部加热法进行矫正。矫正前先将螺栓焊在凹处，如图 4.5.5-4 所示，放上垫板、压板，旋紧螺母，然后在凹处四周用火焰加热，加热同时逐渐旋紧螺母，把凹处拉出来。矫平后，拆除螺栓批平焊疤。

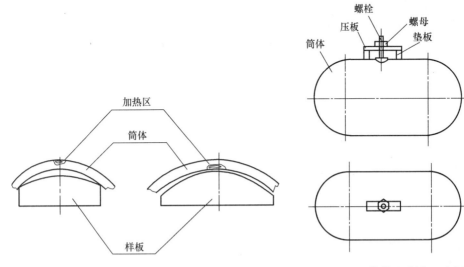

图 4.5.5-3 筒体对接后矫正示意图   图 4.5.5-4 筒体凹陷矫正示意图

4.5.6 矫正工艺制订及验收标准。

矫正工作要求具有丰富的实践经验和灵活实用的操作技巧。矫正的一个典型特点是，作为钢结构制作工序之一但又贯穿于钢结构制作的全过程。无论是原材料还是制作过程中直至钢结构使用后，修复都离不开矫正，矫正工艺目前虽有大量的实践，但还应不断进行总结。必须说明，矫正并不是钢结构制作中的必要工序、工艺，例如原材料加工前平直。在加工过程中，若工艺合理，可减少甚至不需矫正（选择合理模具、采用刚性固定、采用反变形法等）。因此，矫正工艺制定，必须与钢结构制作中的其他工艺一起考虑。矫正，仅在原材料或结构件发生变形且又超过技术标准范围才需要。

1. 矫正工艺的制定，一般有以下几个步骤。

1）找出变形原因，分析影响变形的因素。当影响变形的因素较多时，还应找出主要因素。

2）了解现状，包括以下内容：

（1）变形件变形种类，一般可分为拉伸、压缩、弯曲、扭曲、波浪变形等。

（2）变形程度、材质、结构特点、批量等。

（3）本企业矫正工技术素质、设备、工具等。

（4）矫正件所要达到的技术范围。

3）考虑合理性，包括以下内容：

（1）减轻劳动强度，防止安全及设备事故。

（2）有利于提高质量、降低成本、提高工效、文明生产、改善工作环境等。

（3）尽量做到操作方便、合理。

4）制定合理确实可行的工艺，包括以下内容：

（1）矫正前准备：场地、工具、设备、模具等。

（2）确定矫正方法。

（3）确定检查量具：卷尺、直尺、角尺、样板、样杆等。

（4）明确质量要求、范围。

2. 验收标准。

钢结构构件矫正质量标准及矫正后允许偏差应符合现行国家标准《钢结构工程施工质量验收标准》GB 50205—2020 的规定。特殊情况下，可按设计图纸等技术要求和规范执行。

参考文献

[1]　柳斌杰，邬书林，等. 建筑施工手册[M]. 5 版 . 北京：中国建筑工业出版社，2013.

[2]　但泽义，等. 钢结构设计手册[M]. 4 版 . 北京：中国建筑工业出版社，2019.

[3]　钢结构工程施工质量验收标准：GB 50205—2020[S]. 北京：中国建筑工业出版社，2020.

[4]　陈万里，板金工下料基础知识[M]. 北京：中国建筑工业出版社，1976.

[5]　华东纺织工学院制图教研室. 画法几何及工程制图[M]. 上海：上海科技出版社，1959.

[6]　机工教材培训教材编审领导小组. 铆工工艺学[M]. 北京：机械工业出版社. 1985.

[7]　梁耒莀. 冷作工艺学[M]. 北京：机械工业出版社，1987.

[8]　庄国伟. 中级铆工工艺学[M]. 北京：机械工业出版社. 1988.

第5章 钢结构组装

5.1 钢结构构件组装规定

5.1.1 钢结构构件的组装是按照施工图的要求，把已加工完成的各零件或半成品构件，用装配的手段组合成为独立的成品，这种装配的方法通常称为组装。组装根据装构件的特性以及组装程度，可分为部件组装、组装、预组装，特点如下。

1. 部件组装，是装配的最小单元的组合，将两个或两个以上零件，按施工图的要求装配成为半成品的结构部件。

2. 组装，把零件或半成品按施工图要求，装配成为独立的成品构件。

3. 预组装，根据施工总图把相关的两个以上成品构件，在工厂制作场地上，按其各构件空间位置总装起来。目的是客观地反映出各构件、装配节点，保证构件安装质量。目前，已广泛使用在采用高强度螺栓连接的钢结构构件制造中。

5.1.2 钢结构构件组装的一般规定。

1. 组装前，施工人员必须熟悉构件施工图及有关技术要求，并且根据施工图要求，复核其需组装零件质量。

2. 由于原材料的尺寸不够或技术要求需拼接的零件，一般必须在组装前拼接完成。

3. 在采用胎模装配时，必须遵照下列规定：

1）选择的场地必须平整，还应具有足够的刚度。

2）布置装配胎模时，必须根据其钢结构构件特点，考虑预留焊接收缩余量及其他各种加工余量。

3）组装首批构件后，必须由质量检查部门进行全面检查，经合格认可后方可进行继续组装。

4）构件在组装过程中，必须严格按工艺规定装配，当有隐蔽焊缝时，必须先行预施焊，并经检验合格方可覆盖。当有复杂装配部件不易施焊时，亦可采用边装配边施焊的方法完成装配工作。

5）为了减少变形和装配顺序，宜尽量先组装焊接成小件，并进行矫正，使得尽可能消除施焊产生的内应力后，再将小件组装成整体构件。

6）高层建筑钢结构件和框架钢结构构件，均必须在工厂进行预拼装。

5.2 钢结构构件组装方法

5.2.1 钢结构构件组装方法，必须根据构件的结构特性和技术要求、结合制造厂的加工能力、机械设备等情况选择，应选择能有效控制组装的精度、耗工少、效益高的方法。

5.2.2　常用的组装方法。

通常使用的组装方法如表 5.2.2-1 所示。

钢结构组装方法　　　　　　　　　　　　　　表 5. 2. 2-1

名　称	装　配　方　法	适用范围
地样法	用比例 1∶1 在装配平台上放有构件实样。然后根据零件在实样上的位置，分别组装起来成为构件	桁架、柜架等少批量结构组装
仿形复制装配法	先用地样法组装成单面（单片）的结构，并且必须定位点焊，然后翻身作为复制胎模，在上装配另一单面的结构、往返 2 次组装	横断面互为对称的桁架结构
立装	根据构件的特点，及其零件的稳定位置，选择自上而下或自下而上地装配	用于放置平稳，高度不大的结构或大直径圆筒
卧装	构件放置卧的位置的装配	用于断面不大，但长度较大的细长构件
胎模装配法	把构件的零件用胎模定位在其装配位置上的组装	用于制造构件批量大精度高的产品

注：在布置拼装胎模时必须注意各种加工余量。

5.3　组装的常用夹具

5.3.1　组装用于零件夹紧定位的夹具有夹紧器、拉紧器，不同器具的特点如下。

1. 卡兰或铁楔条夹具（图 5.3.1-1）：利用螺栓压紧或铁楔条塞紧的作用，把两个零件夹紧在一起，起定位作用。

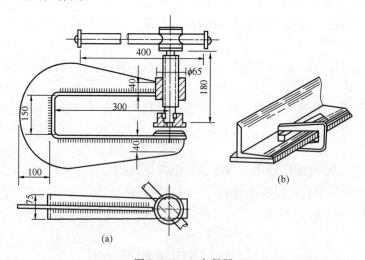

图 5.3.1-1　夹紧器

（a）螺栓夹紧器；（b）铁楔子夹具

2. **槽钢夹紧器**（图 5.3.1-2）：可用于装配钢结构构件对接接头的定位。

3. **钢结构件组装接头矫正夹具**：用于装配钢板结构（图 5.3.1-3），用于拉紧两零件之间的缝隙的拉紧器（图 5.3.1-4）。

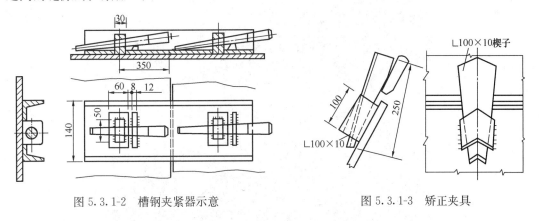

图 5.3.1-2 槽钢夹紧器示意

图 5.3.1-3 矫正夹具

5.3.2 组装用于筒体钢结构件的正反丝扣推撑器如图 5.3.2-1 所示，在装配圆筒体钢结构件时，用于调整接头间隙和矫正筒体圆度。

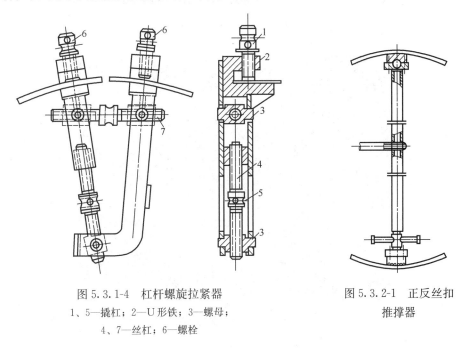

图 5.3.1-4 杠杆螺旋拉紧器

1、5—撬杠；2—U 形铁；3—螺母；

4、7—丝杠；6—螺栓

图 5.3.2-1 正反丝扣
推撑器

5.4 专业组装设备

5.4.1 随着钢结构技术与市场的不断发展，钢结构加工的专用设备越来越多，目前广泛采用的组装设备有以下两种。

1. BH 组装机：如图 5.4.1-1 所示，可实现自动对中、压紧和固定焊，压紧力可根据构件大小进行调节；固定焊的间距和焊缝长度，也可以根据要求进行调节，组装效率大大提高。

2. BOX 组装机：如图 5.4.1-2 所示，BOX 组装机采用三面液压缸顶紧，可大大降低

图 5.4.1-1　BH 组装机

图 5.4.1-2　BOX 组装机

劳动强度。

5.5　典 型 结 构 组 装

5.5.1　组装前的准备工作要求如下。

1. 零件复核：按施工图要求复核其前道工序加工质量，并按要求归类堆放。

2. 选择基准面，作为装配的定位基准。宜按下列要求选择：

1）构件的外形有平面也有曲面时，应以平面作为装配基准面。

2）在零件上有若干个平面的情况下，应选择较大的平面作为装配基准面。

3）根据构件的用途，选择最重要的面作为装配基准面。例如，冷作件中某些技术要求较高的面经过机械加工，一般就以该加工面为装配基准面。

4）选择的装配基准面，要使装配过程中最便于对零件定位和夹紧。

5.5.2　划线法组装，是组装中最简便的装配方法，根据图纸划出各组装零件的装配定位基准线，进行零件相互之间的装配。适用于少批量零件的部件组装。地样法是划线法的典型。

5.5.3　胎模装配法组装，用胎模把各零件固定在其装配位置上，用焊接定位，使组装一次成形。装配质量高、工效快。是目前制作大批构件组装中普遍采用方法之一。

5.5.4　制作组装胎模的一般规定如下。

1. 胎模必须根据施工图构件 1∶1 实样制造，其零件定位靠模加工精度与构件精度应符合或高于构件精度。

2. 胎模必须是一个完整的、不变形的整体结构。

3. 胎模应在离地 800mm 左右架设，或是工人操作的最佳位置。

5.5.5　实腹式 H 形构件组装要求。

1. 实腹式 H 形构件是由上、下翼缘板与腹板组成的 H 形焊接结构件。

2. 组装前，翼缘板与腹板等零件应复验，具有平直度及弯曲度小于 1/1000 且不大于 5mm 的钢板，方可进入下道组装准备阶段。

3. 组装前的准备工作如下。

1）去除钢板表面氧化层：翼缘板、腹板装配区域，应用砂轮打磨去除氧化层，打磨范围为装配接缝两侧 30～50mm 内。

2）H 形构件胎模调整：应根据 H 形断面尺寸，分别调整其纵向腹板定位工字钢水平高差，使其符合施工图要求尺寸。

3）在翼缘板上分别标志出腹板定位基准线，便于组装时核查。

4. H 形钢组装方法为：先把腹板平放在胎模上，然后，分别把翼板竖放在靠模架上，先用夹具固定好一块翼板，再从另一块翼板的水平方向，增加从外向里的推力，直至翼板、腹板紧密贴紧为止（图 5.5.5-1），最后用 90°角尺，测二板组合垂直度，当符合标准即用电焊定位［图 5.5.5-1（a）］。一般装配顺序从中心向两面组装或由一端向另一端组装，这种装配顺序是减少其装配内应力最佳方法之一。当 H 形构件断面高度＞800mm 时或大型 H 形构件组装时，应增加其工艺撑杆，防止产生角变形［图 5.5.5-1（b）］。

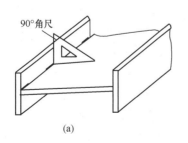
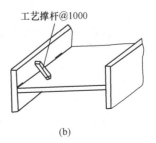

(a)　　　　　　　　　　(b)

图 5.5.5-1　H 组装法中的角度检查与加撑

5. 实腹式 H 形构件的制作可采用组立机进行组装，也可采用常规胎模进行组装，胎模可分为两种：一种是水平胎模，另一种是竖向胎模组装，具体要求如下。

1）H 型钢结构组装水平胎模。

实腹式 H 形构件是由上、下翼缘板与腹板组成 H 形焊接结构件，要求如下。

（1）水平胎模组成：由下部工字钢组成的横梁平台、侧向翼板定位靠板、翼缘板搁置牛腿、纵向腹板定位工字梁、翼缘板夹紧工具等组成，如图 5.5.5-2 所示。

（2）工作原理：利用翼缘板与腹板自身重力，使各零件分别放置在其工作位置上，然后用夹具 5 夹紧一块翼缘板作为定位基准面，从另一个方向增加一个水平推力，亦可用铁楔或千斤顶等工具，横向施加水平推力至翼腹板三板紧密接触，最后，用电焊定位三板翼缘点牢，H 型钢结构即组装完工。

（3）胎模特点：适用于大批量 H 型钢结构组装；组装 H 型钢结构装配质量高、速度快；但装配的场地占用较大。

2）H 型钢结构竖向组装胎模特点与要求。

（1）竖向组装胎模结构组成：由工字钢平台横梁、胎模角钢立柱、腹板定位靠模、上翼缘板定位限位、顶紧用的千斤顶等组成，如图 5.5.5-3 所示。

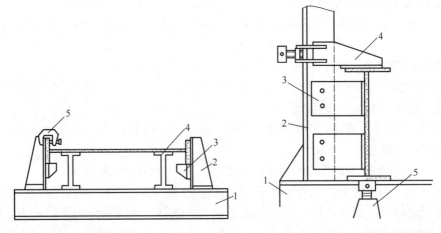

图 5.5.5-2　H 形水平组装胎模　　　　图 5.5.5-3　H 形竖向组装胎模

（2）工作原理：利用各定位限制，使 H 形结构翼缘、腹板初步到位，然后，用千斤顶产生向上顶力，使腹板、翼板顶紧，最后，用电焊定位组装 H 型钢结构。

（3）使用方法：把下翼缘放置在工字钢横梁上，吊上腹板，先进行腹板与下翼缘组装定位点焊，吊出胎模备用。在 I 字钢横梁上铺设好上翼缘板，然后，把装配好的⊥形结构翻为 T 形结构，并装在胎模上夹紧，用千斤顶顶紧上翼缘与腹板间隙，并且用电焊定位，H 形结构即形成。

（4）竖向组装胎具的特点：占场地少，胎模结构简单，组装效率较高；缺点是组装 H 型钢需二次成型，先加工成为⊥形结构，然后再组合成 H 形结构。

5.5.6　十字形构件组装工艺要求。

1. 十字形构件可分解为一个 H 形杆件和两个 T 形杆件，两个 T 形部分可以先制作成一个 H 形杆件，然后对切割形成两个 T 形杆件。H 形杆件制作可以参照实腹式 H 形杆件制作。

2. 将十字形构件的一个 H 形杆件平放在胎架上，在处于水平位置的 H 形钢两翼板下各设置支承点，先安装一侧 T 形杆件，再安装另外一侧 T 形杆件（图 5.5.6-1）。

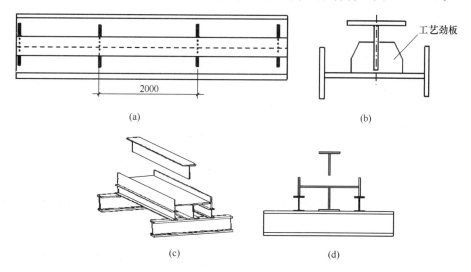

图 5.5.6-1　十字形构件组装

（a）T 形组立俯视图；（b）T 形组立侧视图；（c）十字组立体图；（d）十字组立侧视图

5.5.7　箱形构件组装工艺特点与要求。

1. 箱形构件是由上下盖板、隔板、两侧腹板组成的焊接结构件（图 5.5.7-1）。组装顺序及方法为。

1）以上盖板作为组装基准，在盖板与腹板、隔板的组装面上，按施工图的要求，分别划上隔板组装线（图 5.5.7-2），并且用样冲标志出来。

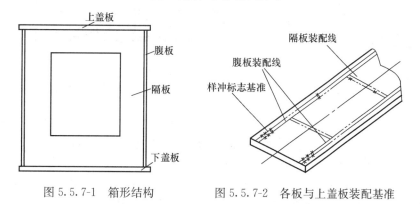

图 5.5.7-1　箱形结构　　　　图 5.5.7-2　各板与上盖板装配基准

2）上盖板与隔板组装在胎模上进行（图 5.5.7-3）。装配好以后，必须在施焊完毕后，方可进行下道组装。

3）U 形组装为，在腹板装配前，必须检查腹板的弯曲是否同步，反之，必须矫正后方可组装。U 形装配方法：通常采用一个方向装配，先定位中部隔板，后定位腹板（图 5.5.7-4）。

4）箱体结构整体组装是在 U 形结构全部完工后进行，先将 U 形结构腹板边缘矫正好，使其不平度<1/1000，然后，在下盖板上划腹板装配线定位线，翻过面与 U 形结构

组装。组装方法：通常采用一个方向装配，定位点焊采用对称方法，这样可以减少装配应力，防止结构变形。

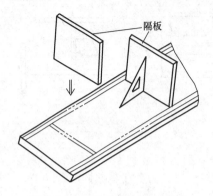

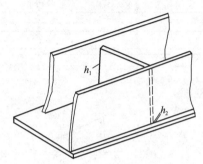

图 5.5.7-3　上盖板与隔板装配　　　图 5.5.7-4　电渣焊定位要求示意图

2. 箱形构件可采用的组装胎模。

1）胎模：由工字钢平台横梁、板活动定位靠模、活动定位靠模夹头、活动横臂腹板定位夹具、腹板固定靠模、活动装配千斤顶等附件组成（图 5.5.7-5）。

2）工作原理：利用腹板活动定位靠模 2 与活动横臂腹板定位夹具的作用固定腹板，然后，用活动装配千斤顶 6 顶紧腹板与底板接缝，并用电焊定位。图 5.5.7-6 是箱形结构组装胎模的另一种形式。

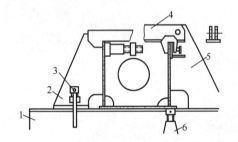
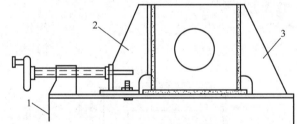

图 5.5.7-5　箱形结构组装胎模（1）　　　图 5.5.7-6　箱形结构组装胎模（2）

利用活动腹板定位靠模 2 产生的横向推力，使腹板紧贴接触其内部肋板；利用腹板重力，使腹板紧贴下翼缘板；最后分别用焊接定位，组装成为箱形结构。

5.5.8　圆管构件组装工艺特点与要求。

1. 圆管构件是由钢板通过三辊或四辊类卷管机卷制而成，组装顺序及方法如下。

1）卷管前，在钢板上划出周长的 1/4 等分线和宽度的中心线，作为后续卷制检验和隔板的组装基准（图 5.5.8-1）。

2）卷管时，根据基准线对卷圆效果进行过程控制，保证钢板的宽度向中心线与辊轴轴线垂直（偏差≤1mm），管柱周长 1/4 等分线与辊轴轴线平行。卷制过程中，上辊应缓慢有序地下压，每次辊完整长后再下压第二次，卷制过程中采用圆弧样板随时检验圆度，直至合拢，调整对口错边，点焊定位。

3）定位焊后，吊运至焊接滚轮架，采用伸臂式焊机完成圆管纵缝的焊接，检验合格后吊运至卷管机进行分段管体的回圆工作（图 5.5.8-2）。

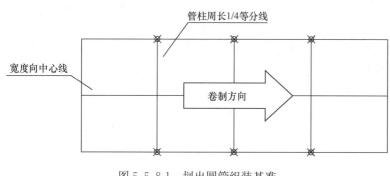

图 5.5.8-1　划出圆管组装基准

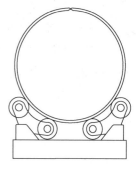

图 5.5.8-2　滚轮架上焊接纵缝

2. 卷圆后需要对接的管段，在完成回圆后，吊运至焊接滚轮架，采用伸臂式焊机完成圆管环缝的焊接，每段管段对接时应注意纵缝相互错开 180°，且管段环缝对口错边量 ≤3mm，然后装配内部隔板。

5.5.9　桁架构件的组装工艺特点与要求。

1. 桁架构件由上下弦杆、竖腹杆和斜腹杆等组成，桁架构件分为平面桁架和立体桁架，平面桁架各杆件位于同一平面（图 5.5.9-1），立体桁架各杆件形成立体状态(图 5.5.9-2)。

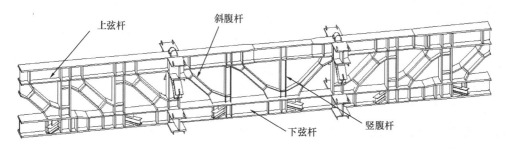

图 5.5.9-1　平面桁架结构

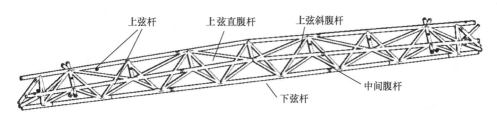

图 5.5.9-2　立体桁架结构

2. 平面桁架的组装顺序及方法为。

1) 各部分杆件本体各自单独制作后待用，制作方法可参照实腹式 H 形构件、箱形构件、圆管构件组装；

2) 划地样线并设置平面搁置胎架：根据图纸尺寸在检验合格的拼装平台上放出桁架的水平投影线。放样时，应考虑设计起拱（如果有起拱要求）及弦杆与腹杆间的焊接收缩余量；

　　3）根据地样线，将上弦杆吊线锤就位，调整弦杆的高度，校正弦杆上关键控制点与地样上关键控制点相重合（吊点差≤2mm），将定位好的弦杆与胎架固定牢固；

　　4）以桁架中心为基准，向两侧装配桁架竖腹杆和斜腹杆，每档竖腹杆间加放 1～2mm 收缩余量，竖腹杆要求垂直本体；

　　5）待腹杆定位后装配上方下弦杆，调整方法同上弦杆，焊接完成后安装牛腿等(图 5.5.9-3)。

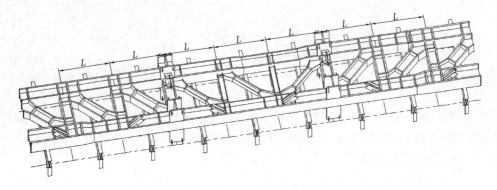

图 5.5.9-3　平面桁架组装

　　3. 立体桁架的组装顺序及方法为。

　　1）各部分杆件本体各自单独制作后待用，制作方法可参照实腹式 H 形构件、箱形构件、圆管构件组装；

　　2）可以采用倒装法，即将上下弦杆颠倒过来安装。划地样线并设置立体搁置胎架：根据图纸尺寸在检验合格的搁置胎架上面放出桁架的水平投影线。放样和胎架设置时同样考虑设计起拱（如果有起拱要求）及弦杆与腹杆间的焊接收缩余量；

　　3）根据地样线，将一根上弦杆用吊线锤就位，调整弦杆的高度，校正弦杆上关键控制点与地样上关键控制点相重合（吊点差≤2mm），将定位好的弦杆与胎架固定牢固；

　　4）以桁架中心为基准，向两侧装配上弦直腹杆和上弦斜腹杆，每档节点加放 1～2mm 收缩余量；

　　5）根据地样线，将另一根上弦杆吊线锤就位，调整弦杆的高度，校正弦杆上关键控制点与地样上关键控制点相重合（吊点差≤2mm），将定位好的弦杆与胎架固定牢固，完成相关焊接；

　　6）再以桁架中心为基准，向两侧装配侧面的中间腹杆；

　　7）待腹杆点焊后装配上方那根下弦杆，调整中间腹杆的位置；

　　8）焊接完成后安装牛腿等（图 5.5.9-4）。

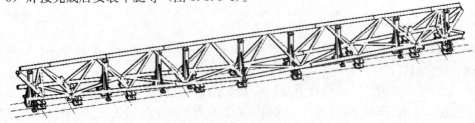

图 5.5.9-4　立体桁架组装

4. 桁架的组装必须严格按照工艺要求进行，通常情况下，其顺序为先组装主要结构零件、从内向外或从里向表、从中心向两侧的装配方法。在装配组装全过程，不允许采用强制的方法来组装构件，避免产生各种内应力，减少其装配变形。

5.5.10　预组装的一般规定。

1. 所有需预组装的构件，必须是经过质量检验部门验证合格的钢结构成品。

2. 预组装工作场地，应配备适当的吊装机械和装配空间。

3. 预组装胎模按工艺要求铺设，应保证其刚度。

4. 构件预组装时，必须在自然状态下进行安装，使其正确装配在相关构件安装位置上。

5. 需在预组装时制孔的构件，必须在所有构件全部预组装完工后，又通过整体检查确认无误后，方可进行预组装制孔。

6. 预组装完毕后，拆除全部定位夹具后，方可拆装配的构件，防止其吊卸产生变形。

7. 预组装常见缺陷及修正方法如下：

1）预装尺寸偏差是由于构件预组装部位以及胎模铺设不正确造成的。修正的办法为：对不到位的构件，一般采用顶、拉方法使其到位；胎模铺设不正确的，则采用重新修正方法。

2）节点部位孔偏差是由于构件制孔不正确造成的。一般处理方法为：孔偏差≤3mm时，用扩孔方法解决；孔偏差＞3mm 时，用电焊补孔打磨平整、重新钻孔方式解决；当补孔工作量大的时候，则采用换节点连接板方法解决。

参考文献

[1]　陈禄如，刘万忠，刘学纯，等. 钢结构制造技术规程[M]. 北京：机械工业出版社，2012.
[2]　钢结构工程施工质量验收标准：GB 50205—2020[S]. 北京：中国建筑工业出版社，2020.

第6章 成品检验与运输

6.1 总 则

6.1.1 本章有关钢结构成品检验与运输的内容，适用于工业厂房钢结构、民用建筑钢结构和一般构筑钢结构的工厂制作检验和验收。对于受压容器及有特殊要求的钢结构工程，还应执行有关专业的相应规定。

6.1.2 本章以现行国家标准《钢结构工程施工质量验收标准》GB 50205—2020 为主要依据，同时参考了上海市地方标准等有关规定。

6.2 钢结构成品入库前检验

6.2.1 钢结构成品，指在工厂采用各种板材、型材、管材等制作而成的钢结构产品，主要包括钢梁、钢柱、桁架、网架、压型钢板、钢楼梯等。钢结构成品形式和检验应符合下列要求。

1. 钢结构成品的交付尺寸应综合起重设备能力、运输工具、道路状况、产品刚度、产品重量、产品外轮廓尺寸等因素综合确定。

2. 钢结构成品检验，应依据产品的国家标准或部颁标准及设计要求等，应对产品的主要项目进行检验。

3. 钢结构成品检验前，应具备的资料包括：有效的施工图纸和技术文件、材料质量保证书、施工组织设计、工艺措施、各道工序的自检记录等。

4. 检验的主要项目包括：产品的外形尺寸、相关连接位置、焊缝质量及变形量等，同时，也应包括各部位的细节。

5. 为确保相关联构件的整体拼装精度，宜在制作厂进行构件预拼装（可采用实体预拼装或计算机仿真模拟预拼装方法）。

6.2.2 钢屋架的形式及检验要点。

1. 钢屋架属于一种屋盖钢结构，在建筑钢结构国家标准中用 GWJ 表示，GWJ-24A1 表示跨度为 24m 的 A1 型钢屋架。钢屋架除 A 型外，还有 B 型和 C 型，区别仅在于端部连接点型式不同。A1 到 A5 分别表示钢屋架 A 型连接方式中的五种不同的屋面荷载。各种型号的标准钢屋架的布置、用料、加工详图，可参见图集《梯形钢屋架》05G511、《轻型屋面梯形钢屋架》05G515。

2. 钢屋架可分为空腹屋架和实腹屋架，前者俗称花格屋架，后者可称屋架梁，两种屋架的检验参数相同。此外，还有轻型钢屋架，目前，现代屋盖常采用大跨度空间结构。不同屋架结构特点及检验要求如下。

1）实腹屋架具有梁的功能，实腹屋架的检验，除应满足空腹屋架的各项指标外，还应满足梁的某些指标，与承受冲击荷载作用且易受疲劳影响的吊车梁相比，要求相对较低，原则上只考虑静力强度，不考虑疲劳强度。

2）空腹屋架是相对实腹屋架而言的，空腹屋架一般由几种不同规格的角钢和连接板组成，是以前国内中小型跨度屋盖中应用最广泛的一种。为了合理使用杆件截面，节省钢材，屋架上、下弦宜采用不等边角钢；在屋架端部支座处的杆件，亦采用不等边角钢。不等边角钢在屋架中的放置方向，根据受力特征确定，一般采用角钢大面（宽边）抵御屋架平面外荷载的构造型式，目前这种屋架应用较少。

3）大跨度钢屋架（跨度超过40m），一般采用H形或T形截面杆件作为上、下弦杆及腹杆，以承受更大的内力，但其加工工艺比较复杂，各道工序的质量控制较为繁琐。以前由于受H型钢和T型钢生产能力的限制，采用这类截面的杆件大部分需用钢板拼装而成，增加了一道原材料或构件的加工程序，对这道工序，应加强检验构件的内在质量和外形尺寸，目前这种屋架应用也较少。

4）轻型钢屋架，区别于上述三种钢屋架（常用于大型混凝土预制板屋面），其屋面通常采用压型金属板、波纹板等。轻型钢屋架的杆件，常采用轻型热轧H型钢、高频焊接H型钢、方管、圆管等薄壁型钢。这种钢屋架的检验，除常规技术指标外，还应重点检验其除锈和防腐要求。因为薄壁型钢一旦锈蚀，可能很快穿孔破坏，将造成钢屋架损坏甚至倒塌，目前这种屋架应用也较少。

5）现代大跨度空间结构屋盖结构，常采用网架、网壳、立体桁架、弦支穹顶、预应力索网、索穹顶等结构，这类结构具有空间受力的特点，结构通常以构件和节点零部件成品的形式出厂，成品检验主要检验构件和节点零部件的规格、尺寸和制作质量。

3. 钢屋架的节点连接，多数采用节点连接板。通常弦杆在节点贯通，而各向腹杆与节点板焊接。由于连于节点板上的各向腹杆的受力方向和大小各不相同，因此，在检验时，应重点检验受力较大杆件的焊缝，其尺寸应满足设计要求；对于受力较小的杆件或零杆，焊缝应满足构造要求。所有杆件的焊缝均应饱满且形状合理。

4. 钢屋架上、下弦连接板上的焊缝，通常大多数施工详图均不予标注，只在技术说明中注明角焊缝高度，通常其强度应能满足要求。但应该指出，钢屋架的上下弦角钢大多是大型角钢，其肢边的圆角半径较大，对于小的角焊缝而言，可能只够填满圆角，因而，这种焊缝的尺寸通常难以测量，且外观形状不合理、不美观；另外，当角钢截面比较大时，其刚性较强，在焊缝收缩应力的作用下，很可能在无外力作用情况下即产生收缩裂纹，且这种裂纹通常不容易被发现，因此，建议钢屋架上、下弦节点板上角焊缝的厚度要大于或等于角钢肢边厚度的二分之一，其构造可参考图6.2.2-1所示。

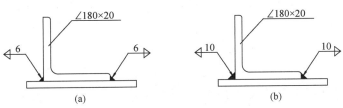

图 6.2.2-1　设计焊缝的改进
（a）原设计焊缝；（b）建议焊缝

上述情况在材料代用后尤为突出，一般情况下材料以大代小、以厚代薄，而很少考虑相应地增加角焊缝厚度，以避免由于刚性增大的原因可能造成的焊缝自裂。

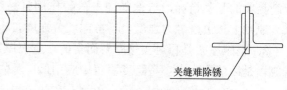

夹缝难除锈

图 6.2.2-2　角钢夹缝中的除锈

5. 对于由角钢组成的钢屋架，检验中还应注意缀板等夹缝中的除锈及油漆状况（图 6.2.2-2），应在装配前按要求除锈且涂漆。

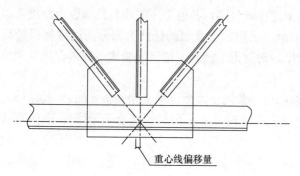

重心线偏移量

图 6.2.2-3　型钢重心线交点不重合

6. 在钢屋架检验中，应检验杆件重心线交点重合状况，如图 6.2.2-3 所示。重心线的偏移，会在杆件中产生局部弯矩，影响钢屋架正常工作，可能在钢结构工程中埋下隐患。产生重心线偏移的原因，可能是拼装胎具的变形或装配时杆件未紧靠模胎所致。若发生重心线偏移，应及时测量数据并提供给设计工程师验算，若验算后不能使用，则应拆除更换。

7. 屋架、屋架梁、桁架及其他空间结构零部件制作的允许偏差应满足《钢结构工程施工质量验收标准》GB 50205—2020 的相关要求，检验方法用钢尺、拉线检验外观尺寸，用着色、磁粉、超声波探伤检验外观与内部缺陷。

6.2.3　钢柱的形式及检验要点。

1. 钢柱在钢结构体系中属于竖向受力构件，一般情况下承受轴心压力，有牛腿的钢柱有局部偏心弯矩。钢柱可分为实腹钢柱和空腹钢柱（也称格构式钢柱），钢柱通常用 GZ 表示，构造特点如下。

1）实腹钢柱，有 H 形截面、箱形截面、圆管截面。在圆管和箱形截面中，可浇灌混凝土形成钢管混凝土柱。实腹钢柱检验要点主要包括：承受吊车梁动荷载的牛腿尺寸及焊缝质量、柱底板尺寸及平整度、底板螺孔尺寸、柱脚栓钉焊接质量、内加劲板定位及焊接质量等。

2）空腹钢柱或格构柱，既省钢材又增大构件截面，刚性和稳定性都较好，其检验要点与实腹钢柱相同。由于截面比较复杂，空腹钢柱在制作时各部分尺寸的配合至关重要，往往不是一次成型，而要分几个单元进行制作、矫正和检验，使其分散部分内应力，再总装到位。格构柱的总体成型尺寸容易控制，但如果出现超差难以矫正复位，因此，在格构钢柱质量控制检验中，要侧重于单件构件的检验，还应注意柱脚的防积尘和排水孔的位置检验。

2. 单层钢柱制作的允许偏差应符合国家标准《钢结构工程施工质量验收标准》GB 50205—2020中的相关要求，检验方法可采用钢尺、拉线、吊线等。

6.2.4　钢梁的形式及检验要点。

1. 钢梁在钢结构体系中属于受弯构件，常用 GL 表示。在现代钢结构建筑中，钢梁已广泛应用于平台梁、楼面梁、屋架梁等。钢梁分为实腹钢梁和空腹钢梁（也称为桁架梁）两大类，其构造特点和检验要点如下。

1）实腹钢梁有 H 形截面梁、箱形截面梁、组合截面梁等。H 形截面钢梁可采用热轧成型的工字形和 H 形钢，也可采用由钢板组合焊接而成的 H 形钢。箱形截面钢梁可采用热轧成型的方管和矩形管，也可采用由钢板组合焊接而成的箱形钢梁。由于受建筑层高要求限制，有些钢梁可采用组合钢梁形式。组合钢梁可由两个并列 H 形钢加钢板、单个 H 形钢加型钢等形式。实腹钢梁在制作过程中各工序的检验要点包括：焊接工艺要求、钢板拼接要求、尺寸控制要求等，可参照本节"吊车梁的形式及检验要点"确定。

2）空腹钢梁可分为管桁架和其他型钢桁架。管桁架梁可采用圆管或方管、矩形管作为上、下弦杆和腹杆组合成桁架。空腹钢梁（桁架梁）的检验要点可参照本节"钢屋架形式及检验要点"确定。除此之外，管桁架特别是圆管类桁架，在制作过程中应重视杆件连接处的相贯线放样、下料，一般大规格圆管焊接连接，都采用坡口焊，多数情况下先采用机械加工相贯线切口后再处理坡口，若采用人工切割下料，在放样处理壁厚时，应充分考虑杆件的倾斜角度与坡口要求之间的关系。其他型钢类桁架梁，可由各类型钢如角钢、槽钢、工字钢和钢板组成。有些大型公共建筑为了满足建筑造型及大跨度构件受力要求，桁架杆件也可采用大规格焊接 H 型钢组成，此类桁架梁节点要求，可参照《多、高层民用建筑钢结构节点构造详图》16G519—2016。

2. 钢梁制作除上述要求外，还应特别注意检验控制成品的挠度。若设计要求起拱的钢梁，必须严格按要求起拱，若设计无要求，制作时可按千分之一进行工艺上的起拱。

6.2.5　吊车梁的形式及检验要点。

1. 工业厂房中的钢吊车梁，主要承受桥式行车的轮压，属于动荷载，由于行车的走动，起重量变化，吊车梁承受冲击和疲劳荷载。

2. 吊车梁的焊缝，大部分虽属连接焊缝，但受冲击和疲劳影响。腹板与上翼板应采用 K 形焊缝，并要求全部焊透。检验时，应重点检验两端的焊缝，长度范围不应小于梁高，中间再抽检 300mm 以上的长度范围。若在这三个部位发现超规范缺陷，则应全部检验。图 6.2.5-1 所示为采用超声波探伤的部位。

3. 吊车梁上翼缘板与腹板的 K 形焊缝除外型尺寸外，要求焊缝增高量不宜太大，成平形即可。国家建筑标准图集《12m 实腹式钢吊车梁（重级工作制、Q345 钢）》05G514-4—2006 要求焊缝为凹形，这样焊缝的趾厚将很难判断，如图 6.2.5-2 中的 k_1、k_2 很难确定，将导致焊脚测量存在争议。刚焊好时，$\delta = k_2 - k_1$ 的光亮部分确实有焊缝金属附着，待涂好油漆后即成 k_1 状态，以致造成在工厂制作检验时合格，而到现场复验不合格。为此，工厂不得不增加焊缝，而使上翼板出现过大的弯曲变形，导致上翼板产生过大的内应力。

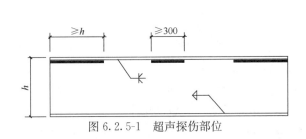

图 6.2.5-1　超声探伤部位

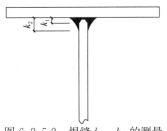

图 6.2.5-2　焊缝 k_1、k_2 的测量

4. 焊缝内部质量常采用超声波检验，检验标准应符合国家标准《钢结构焊接规范》GB 50661—2011 的规定，探伤方法和灵敏度应符合国家标准《焊缝无损检测超声检测技术、检测等级和评定》GB/T 11345—2013 的规定。

5. 吊车梁在制造过程中，由于板材尺寸所限常需拼接钢板，钢板拼接应符合国家建筑标准图集 05G514-1～4—2006 的总说明和具体工程技术的要求，钢板接缝应错开 200mm 以上，上、下翼缘板的接缝可在同一断面上，加劲肋与接缝也应错开 200mm 以上。

6. 对接接头的对接焊缝（图 6.2.5-3）超声波探伤，应符合国家标准《焊缝无损检测超声检测技术、检测等级和评定》GB/T 11345—2013 的规定，发现疑点时应采用 X 射线检验。

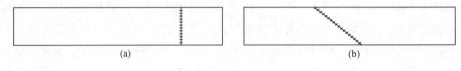

图 6.2.5-3　对接连接的焊缝

(a) 正对接焊缝；(b) 斜对接焊缝

7. 目前，国内对吊车梁的上、下翼缘板和腹板拼接均采用正对接焊焊接，但也有上下翼缘板拼接采用斜对接焊缝焊接的（图 6.2.5-3 (b)）。由于目前焊接材料和焊接水平的提高，正对接完全能满足钢板的等强度要求，可不必采用斜对接。

8. 国外有些吊车钢梁不但采用正对接，甚至上下翼缘板和腹板的接缝可布置在同一个断面上，然而，目前制作钢梁的标准，在很大程度上取决于用户或用户所委托的设计单位。

9. 吊车梁除上翼缘板与腹板连接的 K 形焊缝以及板的对接焊缝要求焊透外，其余多数为角焊缝，为提高抗疲劳能力，手工焊焊条应采用低氢型。角焊缝一般只进行外观检验，必要时，也可以进行着色探伤或磁粉探伤。

10. 吊车梁加劲肋（图 6.2.5-4）的端部应回焊，以免长期使用过程中在端部产生疲劳裂缝。但为了释放端部应力，有的用户要求在端部 20～30mm 处不焊。检验时，要视用户要求而定。

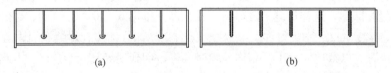

图 6.2.5-4　端头焊接

(a) 端头回焊；(b) 端头不焊

11. 吊车梁外形尺寸的控制原则为：长度负公差；高度正公差；上、下翼缘板边缘整齐，不能有局部凹坑。上翼缘板的边缘状态应重点检验。

12. 上翼缘板与腹板的 K 形焊缝（图 6.2.5-5），根据国家建筑标准图集 05G514-1～4—2006 的要求，腹板开双面坡口、钝边 2mm、与上翼缘板间隙 2mm。实际上，制作时 2mm 间隙要求很难保证，同时采用埋弧焊容易烧穿，采用手工焊不易焊透，因此，通常在腹板厚度小于16mm时，常采用单面坡口过中心线、自动埋弧焊、反面碳弧气刨清根、再埋弧焊的方法制作，既可满足工程要求，工艺也简单。

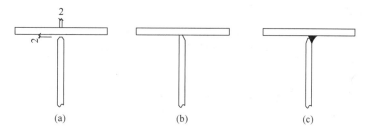

图6.2.5-5　吊车梁上翼缘板与腹板焊缝

(a) 按标准图集05G514—2006；(b) 单面坡口；(c) 反面碳刨清根

13. 腹板厚度大于18mm时，采用双面坡口，钝边大于6mm，反面清根，检验时可检验焊接工艺。

14. 焊接实腹梁允许偏差应满足国家标准《钢结构工程施工质量验收标准》GB 50205—2020中的规定，检验方法用钢尺、直尺、角尺及拉线等方法。

6.2.6　钢网架的形式及检验要点。

1. 钢网架按其节点形式可分为焊接空心球节点网架和螺栓球节点网架。钢网架一般用于大型公共建筑的屋盖系统，在工厂加工零部件，运至现场后拼装成形。两种网架结构的特点和检验要点如下：

1) 焊接球节点网架，采用焊接空心钢球与杆件焊连接而成。钢球由压制成型的两个半圆球焊接而成，为增加钢球承载力和刚度，球内可根据设计要求加肋，两个半圆球对接焊缝要求全熔透。钢球质量检验是焊接球节点网架制作厂检验的重点之一，工厂检验的另一个重点是杆件的放样下料尺寸，放样过程中，既要考虑适当缩短杆件长度以保证现场构件顺利进档就位，又要使管件与钢球连接焊缝处间隙不大，以确保焊接质量。

2) 螺栓球节点网架，采用锻造成型的钢球通过高强度螺栓与管件连接而成。因螺栓球节点网架厂内主要采用机械加工，加工精度要求高，所以，对厂内加工的螺栓球及杆件应严格检验，以保证现场拼装顺利进行。螺栓球检验的主要内容是锻造钢球的材质、外形、几何尺寸、有无裂纹和过烧现象。螺栓球加工应在专用工夹具上进行，成品螺栓球主要检验螺栓孔的角度、深度、孔径及螺纹。螺栓球检验也要用专用胎夹具。杆件加工应在胎模上进行，管材、六角套筒、封板和锥头应符合有关规定要求。钢管与封板或锥头组装成杆件时，钢管两端焊缝应按设计图纸要求的焊缝质量等级施焊，并应采取保证全熔透的焊接工艺，加工时，还应对两端的高强螺栓采取保护措施。对建筑结构安全等级为一级、跨度40m及以上的公共建筑钢网架结构，且设计有要求时，应进行节点承载力试验。

2. 钢网架产品在出厂前，宜进行整体或局部预拼装，以确保施工现场整体拼装质量。

6.2.7　压型金属板的形式及检验要点。

1. 钢结构产品中的压型金属板，从用途上可分为承重结构产品和围护结构产品两大类，从产品形式上可分为单层板和复合板（夹芯板）两种。

2. 用于承重结构的压型金属板也称为钢承板，一般用于组合结构楼板或组合结构屋面板，压型金属板由单层薄板压制而成。

3. 用于围护结构的压型金属板可以是单层板，也可以是双面钢板与各类芯材复合而成的夹芯板，压型金属板多用于屋面或墙面。

4. 根据设计要求，单层板可以由不同厚度的彩色钢板和镀锌钢板等薄板卷材压制而成，夹芯板可以由不同厚度的板材与各类芯材复合而成，常用的夹芯板芯材根据需要可选择聚氨酯或岩棉。

5. 单层板的检验内容主要包括：原材料板的厚度、压制单层板的表面感观质量和长度、宽度、波高等几何尺寸，具体允许偏差要求详见《钢结构工程施工质量验收标准》GB 50205—2020。

6. 夹芯板除上述单层板的检验内容外，还要检验芯材质量和芯材与薄钢板间的粘结力。芯材的密度直接影响产品的保温、防火功能，夹芯板粘结力直接影响产品本身的强度、刚度和安全使用功能。

6.2.8　平台、栏杆、扶梯的检验要点。

1. 钢结构中的平台、栏杆、扶梯是常用的配套产品，相对钢梁、钢柱、钢屋架而言，要求可低一些，材质要求范围也比较宽松，一般采用焊接连接，应主要检验钢材的可焊性，其含碳量宜小于 0.4%。

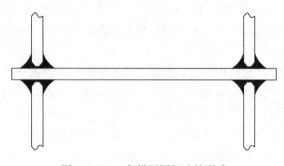

图 6.2.8-1　爬梯用圆钢连接形式

2. 平台、栏杆、扶梯的质量，直接影响操作人员的安全，一般设计安全系数较大，应检验漏焊、栏杆与平台连接的牢固性、踏步牢固性，爬梯用的圆钢要穿过扁钢，如图 6.2.8-1 所示。

3. 有些地方可以免检，如平台花纹板下面的加劲肋之间的距离，只要均布就可以。为减少焊接残余变形，保持平台平整度，有些地方可采用间断焊缝，如花纹板与框架连接、加劲肋等。在间断焊中，转角和端部一定要焊，不得有开口现象，如图 6.2.8-2 所示。

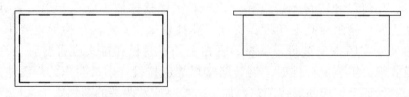

图 6.2.8-2　花纹钢板与框架转角处和端部焊缝

4. 平台、栏杆、扶梯检验应注意：不得有尖角外露、踢脚板置于栏杆内侧、栏杆焊接接头及转角处要磨光。

5. 根据运输和现场条件，平台可以整体出厂，也可以分段出厂，制作时要相互配合，栏杆和扶梯一般分开制作，相互关联的安装孔距要重点检验。

6. 固定式钢直梯、斜梯、防护栏杆及平台制作的允许偏差和检验法，应符合表 6.2.8-1的规定。

固定式钢直梯、斜梯、防护栏杆及平台制作的允许偏差　　　　表 6.2.8-1

项次	项目		允许偏差（mm）	检查方法
1	平台长度、宽度		±4	用钢尺检查
2	平台梁对角线		6	
3	平台支柱高度		±5	
4	平台支柱平直度		$H/1000$	用拉线和钢尺检查
5	平台表面平直度（1m 范围内）		4	用 1m 直尺和塞尺检查
6	梯梁长度		±5	用钢尺检查
7	梯宽度		±3	
8	梯安装孔距		±3	
9	梯梁纵向挠曲矢高		$L/1000$	用拉线和钢尺检查
10	踏步间距		±5	用钢尺检查
11	踏步、直度	梯宽度	$B/1000$ 且≤5	用直尺和塞尺检查
		踏步宽度	$b/100$	
12	栏杆高度		±5	用钢尺检查
13	栏杆立柱间距		±10	

注：H 为柱长度；L 为梯梁长度；B 为梯宽度；b 为踏步宽度。

7. 型钢截面尺寸允许偏差，应符合表 6.2.8-2 和表 6.2.8-3 的规定。

槽钢截面尺寸允许偏差　　　　表 6.2.8-2

型号	高度	腿宽	腰厚		腿厚	外缘斜度	弯腰挠度	钝角	塌角	圆肩角
			普通精度	较高精度						圆棒直径不得通过
	mm					%		mm		
	h	b	t_w	t_w	t	Δ	δ	Δ_1	Δ_2	d_1
[5～[8	±1.5	±1.5	±0.5	$\begin{array}{c}+0.3\\-0.5\end{array}$						
[10～[14	±2.0	±2.0	±0.6	$\begin{array}{c}+0.4\\-0.6\end{array}$	+不限 −0.06t 在车轧辊时检验	(Δ/b) ×100 ≤1.5；经双方协议(Δ/b) ×100 ≤1.25	$\delta \leqslant 0.15t_w$	[5～[16, $\Delta_1 < 0.3t$；[18～[40, $\Delta_1 < 3.0$	[5～[12, $\Delta_2 < 0.5$；[14～[22, $\Delta_2 < 1.0$；[24～[40, $\Delta_2 < 1.5$	[5～[16, $d_1 < 0.5$；[18～[22, $d_1 < 1.0$；[24～[40, $d_1 < 1.5$
[16～[18	±2.5	±2.5	±0.7	$\begin{array}{c}+0.4\\-0.7\end{array}$						
[20～[30	±3.0	±3.0	±0.8	$\begin{array}{c}+0.5\\-0.8\end{array}$						
[33～[40	±3.5	±3.5	±1.0	$\begin{array}{c}+0.7\\-1.0\end{array}$						

注：钝角可用圆棒检验，镇静钢槽钢检验钝角或圆肩角所用圆棒直径等于上述数值加 0.5mm。

工字钢截面尺寸允许偏差　　　　表 6.2.8-3

型号	高度	腿宽	腰厚 普通精度	腰厚 较高精度	腿厚 $b-t_w/4$	外缘斜度 $\pm\Delta$	弯腰挠度 $\pm\delta$	钝角
	mm	mm	mm	mm	mm	%	mm	mm
	h	b	t_w	t_w	t	Δ	δ	Δ_1
I10～I14	±2.0	+1.0 −2.0	±0.6	+0.4 −0.6	+不限 −0.06t 在车轧辊 时检验	$(\Delta/b)\times100$ ≤1.5; 经双方协议 $(\Delta/b)\times100$ ≤1.25	$\delta\leqslant0.15\,t_w$	I10～I24, $\Delta_1<0.3t$ I27～I70, $\Delta_1<3.0$
I16～I18	±2.5	+1.3 −2.5	±0.7	+0.4 −0.7				
I20～I36	±3.0	+1.7 −3.0	±0.8	+0.5 −0.8				
I40～I60	±3.5	+3.2 −3.0	±1.0	+0.7 −1.0				
I65～I70	±4.0	+3.0 −4.0	±1.3	+0.8 −1.3				

注：钝角可用圆棒检验，镇静钢工字钢所用圆棒直径等于上述数值加 0.5mm。

8. X 射线检验质量标准可参见表 6.2.8-4，气孔点数换算可参见表 6.2.8-5。

X 射线检验质量标准　　　　表 6.2.8-4

项次	项目		质量标准	
			一级	二级
1	裂纹		不允许	不允许
2	未熔合		不允许	不允许
3	未焊透	对接焊缝及要求焊透的 K 形焊缝	不允许	不允许
		管件单面焊	不允许	深度≤10%t 且<1.5mm 长度≤条状夹渣总长
4	气孔与点夹渣	母材厚度（mm）	点数	点数
		5.0	4	6
		10.0	6	9
		20.0	8	12
		50.0	12	18
		120.0	18	24

项次	项目		质量标准	
			一级	二级
5	条状夹渣	单个条状夹渣	$1/3t$	$2/3t$
		条状夹渣总长	在 12t 的长度$<t$	在 6t 的长度$<t$
		条状夹渣间距（mm）	L	$3L$

注：t——母材厚度（mm）；

　　L——相邻两夹渣中较长者（mm）；

　　点数——计算指数是指 X 射线底片上任何 10mm×50mm 区域内（宽度小于 10mm 的焊缝长度仍用 50mm）允许的气孔点数；

母材厚度在表中所列厚度之间时，其允许气孔点数用插入法计算取整数，各种不同直径的气孔应按表 6.2.8-5 换算点数。

气孔点数换算　　　　　　　　　　　　　　　　表 6.2.8-5

孔直径（mm）	<0.5	0.6~1.0	1.1~1.5	1.6~2.0	2.1~3.0	3.1~4.0	4.1~5.0	5.1~6.0	6.1~7.0
换算点数	0.5	1	2	3	5	8	12	16	20

6.2.9　桥梁用钢箱梁的形式及检验要点。

1. 钢箱梁多用于城市互通匝道、大跨径位置及涉水位置的桥梁，根据箱梁断面形式可分为单箱单室、单箱多室、多箱单室和多箱多室等多种类型。

2. 钢箱梁主要由顶板单元、底板单元、腹板单元、横隔板单元、挑臂单元组成。板单元则由对应的本体板及其上的横肋、纵肋和其他零部件组成。对于有铺装层的桥面板和压重区域内部，通常设置有圆柱头焊钉。

3. 根据钢箱梁的结构特点及出图特点，通常采用板单元方式加工。根据钢箱梁安装架设方案的需求特点，箱体的分段尺寸一般较大，对应的顶、底板单元和腹板单元的外形轮廓也很大，为了完成对应板单元的加工，首先需要完成本体拼板作业。箱梁本体拼板缝通常采用 V 形或 X 形坡口熔透焊接，并按照国家标准的规定进行超声波检测和射线检测，严控对接焊缝质量。本体板存在弧形且并非规则矩形时，其外轮廓尺寸将是保证桥段成型的基础，故无论是拼板前还是拼板后，都必须按照拼板图中的尺寸要求严格控制。

4. 板单元上的纵肋、横肋与本体板间的焊缝，通常采用部分熔透焊缝或角焊缝，为了控制焊接质量，宜采用自动化或半自动化装配焊接技术。U 形肋与顶、底板的焊缝，必须按照规范要求的比例和部位，进行相应的超声波检测及磁粉检测。板单元尺寸是过程检验及控制的要点，也是保证桥段最终尺寸合格的基础，必须严格把控。

5. 因钢箱梁存在纵坡、横坡及桥面线型，为了保证线型及成品尺寸，通常采用整胎正造法或反造法加工。不论采用哪种制造方式，放样及立体胎架搭设是上胎加工的前提条件。因桥段的线型主要通过立体胎架保证，故胎架的放样及搭设非常重要，必须严格测量各项数据，控制尺寸偏差。

6. 板单元上胎定位时，要结合地样及仪器测量的数据综合进行分析，以保证板单元上胎定位准确。在组成 U 形正式焊接前，应通过测量分析确定本体板间的位置是否定位准确，定位偏差在允许范围内后方可进行焊接作业。最后的底板（或顶板）单元在盖板后焊接前，必须对该板单元的位置进行测量核对，无误后方能进行最后的焊接作业。

7. 板单元上胎焊接结束后，按照标准中规定的无损检测比例及部位，对腹板与顶底板间的本体缝及横隔板与顶底板、腹板间的焊缝进行相应的超声波检测和磁粉检测。结构制造完成后通过数字化测量及数据模拟分析，检验桥段最终尺寸，保证桥段间的现场拼接口尺寸符合要求。

8. 桥段外观、尺寸及焊缝质量检验合格后，进行除锈及涂装作业。涂装质量影响钢箱梁使用年限，所以，必须对除锈的表面清洁度、粗糙度和喷涂膜厚进行严控，按照设计要求的涂装配套及膜厚进行施工。

6.2.10　工业模块的形式及检验要点。

1. 随着工程建造项目竞争的日趋激烈，目前大量的工程建造公司都在充分整合优势资源，以降低工程成本和缩短项目工期，尤其在大型陆地工厂如液化天然气厂、矿石提炼厂、电厂等项目以及海工设备、港口建设设备、环保设备、化学设备、石油化工设备等多个领域，越来越广泛地使用了模块化建造的方法。

2. 模块建造形式则是将整个建造系统分解成一些结构和功能独立的标准单元（在模块建造厂将成套设备、容器、机泵、管道、阀门、仪表、电气等安装在同一钢结构框架内，并调试完成形成标准单元），再整体运输到现场并按照特定的建造需求将这些独立的标准单元进行组合。

3. 模块化项目建造每个环节之间的关联度要远高于传统的项目建造，所以，工程建造过程中的尺寸控制依然是项目执行中的最关键环节，是实现模块化施工的前提条件之一。根据每个环节之间的关联节点形式，常见的模块形式范围可分为全焊接形式和栓接形式。

4. 模块在工厂建造过程中，通常采用预制梁、柱、撑、墙板、框架面等基础钢结构单件以及平台、扶手、栏杆等附属钢结构单件，然后最终形成钢结构形式单元模块的方法。因最终的模块体积庞大，且形成整体模块后尺寸不易调整，所以，在钢结构建造时，通过对单元模块进行精细化的尺寸控制，以确保不再对项目的整体进行预装。验收时，重点检验保证模块的连接形式、连接处的标高尺寸、连接处的位置关系，应区分单元模块的重要尺寸、次要尺寸及非重要尺寸，以形成数据表，这些数据表中的内容，将成为相邻单元模块制作时的重要参考数据。基础钢结构单件的制作偏差要求如表 6.2.10-1 所示。

基础钢结构单件制作允许偏差

表 6.2.10-1

序号	项目	允许偏差（mm）	检验方法
1	立面柱构件长度 L	±2	用钢尺检验
2	立面撑（梁）长度	0～−2	用钢尺检验
3	侧弯矢高	$L/2000$，且不应大于 5.0	用拉线和钢尺检验
4	扭曲	不应大于 5.0	用拉线、吊线和钢尺检验
5	同一组内任意两孔间距离	±1	用钢尺检验
6	相邻两组的端孔间距离	±1.5（<500mm） ±2（501～1200mm） ±2.5（1201～3000mm） ±3（>3000mm）	用钢尺检验

序号	项目	允许偏差（mm）	检验方法
7	柱脚底板平面度	≤2	用直角尺和塞尺检验
8	梁端板法兰平面度	≤2（只允许凹进）	用直角尺和塞尺检验

* 其他检验项可参考国际标准《焊接-焊接结构的通用公差－长度和角度尺寸-形状和位置》ISO 13920 或国家标准《钢结构工程施工质量验收标准》GB 50205—2020。

6.2.11 锅炉框架钢结构叠合式大板梁的形式及检验要求。

1. 大板梁是火电锅炉框架钢结构中的主要受力构件，整个锅炉悬挂在大板梁上，通过大板梁将荷载传递至锅炉框架主体钢柱上。叠合式大板梁由上下两根焊接大截面 H 型钢梁叠合组成，叠合面通常采用高强螺栓连接，连接面上高强螺栓孔可达上千组，制造精度要求非常高。

2. 叠合面大板梁制造的关键在于：超厚板的焊接质量控制，上、下梁同步起拱控制，叠合面高强螺栓孔及上下梁筋板间高强螺栓孔的制造精度控制。

3. 由于钢梁长度较长，本体板需要长度及宽度向拼接，拼接钢板的对接焊缝（无论在何部位）需全焊透，以保证焊缝与母材的等强。本体翼板、腹板的拼接焊缝需错开200mm 以上，并应避开螺栓孔、加劲板 50mm 以上。叠合梁上、下翼板属于超厚板，板厚通常达 100mm 以上，拼接焊后应采用电加热的方式进行局部退火热处理，焊缝的每侧面电加热板的宽度应不小于 3 倍板厚，电加热板外的母材应有保温措施，以防止产生过大的温度梯度。需对被加热件温度进行监测，做好焊后热处理过程记录，所有热电偶、测量仪器和记录装置应验证合格并在有效期内。热处理后的超厚板对接焊缝，应再次进行超声波探伤检验，确保无热裂纹，探伤合格后，切除对接焊缝引熄弧区域后，应对热切割面进行磁粉探伤复验，确保多次受热的热影响区及焊缝表面不再出现热裂纹。

4. 叠合式大板梁一般承受锅炉静载荷，BH 本体焊缝采用 K 形坡口部分熔透焊缝，应注意焊前预热及焊后保温工作。焊后的本体焊缝，应进行外观二级检验及全长磁粉探伤检测。

5. 叠合面本体板采用同步钻孔、同步组装、同步焊接的方式进行制造，确保连接面螺栓孔制造精度。

6. 叠合面式大板梁的侧面竖向加劲板间通过高强螺栓将上下梁之间的纵向加劲板连接为一体，在加工过程中，受大板梁拱度的影响，纵向加劲板需实测长度后下料并铣平端部，以确保加劲板与大板梁顶紧装配。

7. 大板梁尺寸终检时，应模拟现场工作状态，进行立面预拼装。预装过程中，将下梁直接垂直摆放在水平地面上，用支撑进行加固后，再将上梁缓缓降落在下梁叠合面上。利用销钉控制上下梁法兰面间的相对位置，利用临时螺栓将上下梁叠合面使用紧紧锁紧密贴在一起。

8. 叠合面采用孔径－1mm 销钉检验时，通孔率需满足≥85%，叠合面采用螺栓直径＋0.3mm 销钉检验时，通孔率应为 100%。

9. 叠合面翼缘的翘曲需控制在 2mm 以内，采用螺栓锁紧后，密贴间隙应不大于1mm；当高强度螺栓孔需要扩孔时，应征得设计单位同意，扩钻后的孔径不应超过 1.2倍螺栓直径，每组孔群扩孔的数量不应超过 30%，不应使用气割扩孔。高强度螺栓孔位需要补焊重钻时，应经设计单位同意，补焊应用与母材相匹配的焊材，不应用钢块等填塞。每组孔群补焊重新钻孔的数量不应超过 20%，处理后的孔应做好记录。

10. 大板梁不允许出现下挠，拱度宜控制在 $+10 \sim L/1000$mm（L 为总长）。梁的旁弯最大值应为 $L/1\,000$，且应不大于 10mm。

11. 叠梁的总高度偏差为 -5mm $\sim +8$mm，总长偏差可为 -10mm $\sim +10$mm，但叠合式大板梁下梁下翼缘两端支承垫块位置，一般存在与主钢柱顶板连接的腰圆螺栓孔，该孔可在立装检验过程中加工，两端腰圆孔中心距偏差应控制在 4mm 以内。

6.3　钢结构件的预拼装检验

6.3.1　大型钢结构件由于运输条件、现场安装条件限制等因素，不能整件出厂而必须分成若干个单元出厂，运输到施工现场后，再将各单元组成构件整体。构件单元间的连接形式可采用普通螺栓、高强度螺栓、焊接或铆接。构件预拼装及检验要求如下。

1. 钢结构件的预拼装可分为制作产品的实体预拼装或计算机仿真模拟预拼装。

2. 在制造厂内分单元制造时，由于各单元制造误差不尽相同，会造成各单元安装连接上的困难，为确保钢结构总体安装精度，在制造厂内应进行预拼装，以减少工地现场多余的往返，保证工程的进度和精度。在制造厂内的预拼装结束后，应按照国家标准《钢结构工程施工质量验收标准》GB 50205—2020 和相应的设计文件、技术条件进行检验。

3. 钢结构件预拼装完毕后，可组织甲方或业主、设计单位、监理单位、总包单位、安装单位、质量监督站等有关单位共同验收。

6.3.2　实体预拼装的形式及检验要点。

1. 总体制造、拆成单元运输的检验要点。

有些钢结构件，并非由于运输原因，而是由于现场安装条件及/或吊装能力所限需要制作时分段，如混凝土框架结构已预先浇筑好、钢结构料斗等设备无法整体安装进去等原因，只能将其分段、分块运进混凝土框架内，再焊接相拼或用螺栓连接。这样，在工厂整体制作、整体检验合格后，再根据现场实际情况，分段或分块拆开，同时做好相应的接口标记和指向后，运至现场安装。这种情况是钢结构件预拼装的一种特例，检验时，应复核制作胎模的实样尺寸以及接口形式，必须满足现场施工条件要求。接口要设在便于操作的位置，接头尽可能采用高强度螺栓连接，若必须采用等强度焊接的接口，应设置安装定位孔，便于现场拼装定位，同时，必须加强对于各种连接孔的检查，另外，现场焊接应避免仰焊。

2. 分段制造、分段运输的检验要点。

1) 由于大型钢结构件运输和起重能力的原因，某些钢结构件在厂内只能分单元制造后分别运至现场进行总装，如超长、超重的梁、柱或网架等。厂内分单元构件或零部件加工完成后，应在平整的场地上将各单元预拼装成整体或有代表性的局部，以检验钢结构件的加工质量。

2) 钢结构件预拼装时，必须对预拼装用支承点测量找平。预拼装时，不可将单元进行强制组装连接，要在自由状态下连接并拆除全部临时固定和拉紧装置，并应考虑现场安装的可行性和各部件连接孔的互通性，以保证总体钢结构各部分的尺寸。凡错位的连接孔，要在厂内修复好，各单位部件要拆装自如，并应做好安装标记。

3. 为了避免钢构件在运输、装车、卸车和起吊过程中因自重变形而影响安装，即使在工厂预拼装合格，各单元结构件还应设置局部加固的临时支撑，以确保安装顺利。待总体钢结构安装完毕后拆除临时加固支撑。

4. 钢结构件预拼装，除了确保总体安装质量外，还应在工厂总体组装后进行必要的结构加载试验，如高压输变电铁塔、公路轻便贝雷桥等。

5. 并非所有钢结构件都必须在工厂内进行预拼装，在工厂无法实现预拼装时，除靠制作加工精度来保证外，也可采用计算机仿真模拟预拼装进行检验。检验时，尤其应注意连接部位的加工精度。

6. 出口国外的工程以及国防工程等，应进行实体预拼装或计算机模拟预拼装，以保证工地安装顺利。

6.3.3　计算机仿真模拟预拼装检验要点。

1. 计算机仿真模拟预拼装检验应采用正版软件；

2. 模拟构件或单元的外形尺寸应与实物的几何尺寸相同；

3. 当采用计算机仿真模拟预拼装检验的偏差超过国家标准《钢结构工程施工质量验收标准》GB 50205—2020 的规定时，应按实体预拼装要求进行实体预拼装。

6.4　钢结构产品的库存堆放

6.4.1　经过检验合格的钢结构产品，应涂刷防锈底漆，也可再涂中间漆、面漆，涂漆后便可进库堆放。目前，国内钢结构产品主件大部分露天堆放，有些小件、附件可捆扎或装箱后放置于室内。

6.4.2　钢结构的堆放，应注意下列事项。

1. 堆放场地应坚实；

2. 堆放场地应排水良好，不得有积水和杂草等不属于本工程的杂物；

3. 钢结构产品不得直接置于地上，应垫高 200mm 以上；

4. 钢结构产品应平稳放在支承座上，支承座间的距离应以不使钢结构产生残余变形为限；

5. 多层堆放时，钢结构件之间的支承点应放在同一垂直位置上；

6. 不同类型的钢结构件，不应堆放在一起；

7. 钢屋架、桁架、钢梁等，应垂直堆放，以防止构件平面外变形；

8. 钢结构产品堆放位置，应考虑到现场安装顺序，先安装的构件，应堆放在便于装车的前排，避免装车时无序翻动。

6.5　钢结构产品的包装、装夹和运输

6.5.1　钢结构产品包装应符合下列要求。

1. 钢结构产品中的小件、零配件（一般指安装螺栓、垫圈、连接板、接头角钢等重量在 25kg 以下者），可采用箱装或捆扎，且均应有装箱单，箱体上应标明箱号、毛重、净重、体积、构件名称和编号等。

2. 装箱用木箱箱体要牢固、防雨，下方要留有铲车孔及能承受本箱总重的枕木，枕

木两端要切成斜面，如图 6.5.1-1 所示，以便捆吊或滚运，重量一般不大于 1t。

　　3. 铁箱一般用于外地工程，箱体用钢板焊成，不易散箱。在工地上箱体钢板可做安装垫板、临时固定件。箱体外壳应焊上吊耳，如图 6.5.1-2 所示。

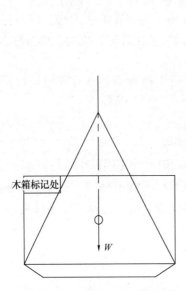 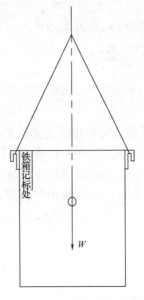

图 6.5.1-1　枕木两端的斜面　　　　图 6.5.1-2　铁箱外壳上的吊耳

　　4. 捆扎一般用于市内钢结构，制造厂与使用地点距离较近。另配小件可用镀锌铁丝捆扎，每捆重量不宜过大，吊具不能直接钩在捆扎铁丝上。拉条等细长杆件适宜于捆扎，如图 6.5.1-3 所示。

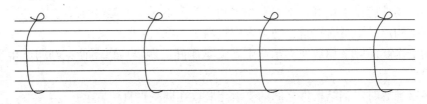

图 6.5.1-3　捆扎构件

　　5. 如果钢结构产品随制作随安装，其中小件和零配件可不装箱，直接捆扎在钢结构主体的需要部位上，但应捆扎牢固，或用螺栓固定，且不影响运输和安装，如图 6.5.1-4 所示。

图 6.5.1-4　钢结构的小件、零件直接捆在一起

6.5.2 钢结构产品装夹应符合下列要求。

1. 钢结构产品如果是平面杆件体系（如工业厂房中的钢屋架、托架、吊车梁等），这类产品如果平运，在运输过程中很容易产生平面外变形，而单件竖运又不稳定，因此，一般将多片单件进行装夹，使其近似形成一个框架而具有较好的整体性能，以便运输，其中，各单件之间互相制约，保持稳定。

2. 由于长度和高度已由单件尺寸决定，因而，在装夹时，应注意控制宽度。

3. 用活络拖斗运输时，装夹宽度要控制在 1.6m 到 2.2m 之间，太窄容易失稳，超宽增加运输成本。用其他车型运输，宽度可根据车型而定。钢结构产品属泡货，应尽量做到满载。

4. 钢结构产品一般是相同规格的一起装夹，如图 6.5.2-1、图 6.5.2-2 所示，尤其应考虑装夹整体性能，不允许产品在装卸和运输过程中产生变形和失稳。

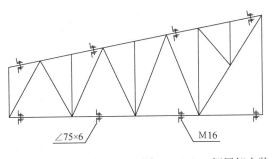

图 6.5.2-1 钢屋架夹装

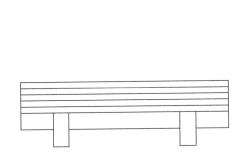
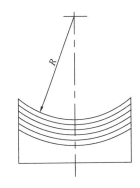

图 6.5.2-2 储罐圆弧板胎模夹具

5. 夹装成格的钢结构产品，应设计好吊点，否则，装卸车吊点处易产生变形。

6. 一般情况下，外伸的连接板应尽量向内搁置，以防勾刮外物，造成事故。在不得不外露时，要做好明显标记。

6.5.3 重心和吊点的标注应符合下列要求。

1. 在钢结构产品中，有时要加工特大构件。通常重量在 50t 以上的复杂构件，应标出重心，重心用鲜红色油漆标注，再加上一个向下的箭头，如图 6.5.3-1 所示。

2. 构件上的吊点，通常情况下在制作厂内安装，吊点的常用形式为吊耳，也称眼板。眼板及其连接焊缝都应进行无损探伤，如图 6.5.3-2 所示，并应附探伤报告交吊装单位。

3. 耳板有 A 型和 C 型，其型号规格可参见表 6.5.3-1 和表 6.5.3-2 所示。A 型见图 6.5.3-3，C 型见图 6.5.3-4。

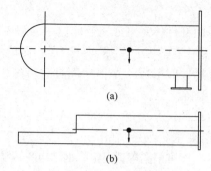

图 6.5.3-1　构件产品重心标志

（a）特大型气管；（b）特大型钢柱

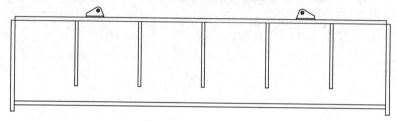

图 6.5.3-2　眼板吊点

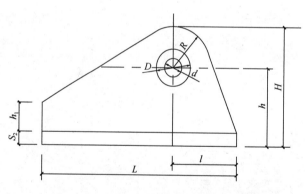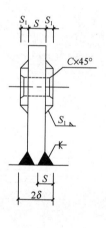

图 6.5.3-3　A 型耳板

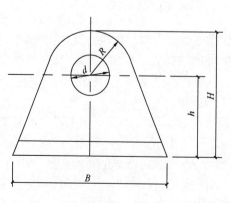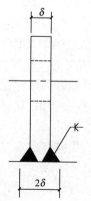

图 6.5.3-4　C 型耳板

A 型耳板规格（单位 mm） 表 6.5.3-1

型号	允许负荷（kg）	最大钢索直径	L	B	H	d	R	t	h	h_1	r	S	S_1	S_2	C	重量 ≈kg
A0.6	6.0	8.5	76	34	46	15	20	24	26	10	5	6	—	5	—	0.22
A0.9	9.0	9.5	90	40	54	19	23	29	31	12	6	8	—	6	—	0.40
A1.2	12.5	11	108	50	65	22	27	34	38	16	8	10	—	8	—	0.72
A1.7	17.5	13	129	58	70	24	28	42	42	17	9	16	—	9	—	0.83
A2.1	21.0	15	138	62	76	26	30	45	46	19	9	18	—	10	—	1.08
A2.7	27.5	17.5	158	70	87	31	35	51	52	20	11	12	4	10	1.5	1.77
A3.5	35.0	19	184	83	100	35	40	60	60	23	12	12	5	12	2	2.55
A4.5	45.0	22	210	95	115	40	46	69	69	26	14	14	6	14	2	3.9
A6	60.0	26	232	105	127	44	50	75	77	30	16	18	6	16	2	6
A7.5	75.0	28	267	120	146	50	58	87	88	32	18	18	8	18	2	7.1
A9.5	95.0	31	292	132	160	55	64	95	96	35	20	20	9	20	2	10.8
A11	110.0	33.5	320	144	175	61	70	105	105	38	22	22	9	22	2.5	14.3
A14	140.0	39	355	160	194	66	76	115	118	45	24	28	10	28	2.5	21.7
A17.5	175.0	43.5	390	175	214	72	84	126	130	49	26	30	12	28	2.5	28.8
A21	210.0	48.5	422	190	231	77	91	137	140	52	28	32	14	30	2.5	35.5

C 型耳板规格（mm） 表 6.5.3-2

型号	允许负荷（kg）	最大钢索直径	B	H	h	S	d	R	重量 ≈kg
C0.6	6.0	8.5	50	50	30	10	15	20	0.15
C0.9	9.0	9.5	60	60	36	12	19	22	0.26
C1.2	12.5	11	70	75	48	14	22	25	0.40
C1.7	17.5	1	85	80	52	16	24	28	0.51
C2.1	21.0	15	90	86	56	18	26	30	0.77
C2.7	27.5	17.5	105	97	62	20	31	35	0.99
C3.5	35.0	19	120	110	70	22	35	40	1.17
C4.5	45.0	22	135	125	80	26	40	46	2.23
C6	60.0	26	150	135	85	30	44	50	3.12

6.5.4 标记应符合下列要求。

1. 对于国内钢结构用户，标记可用标签或用油漆直接写在钢结构产品上；

2. 对于出国的钢结构产品，必须按海运要求和国际通用标准标明标记；

3. 标记一般由承包商到制作厂成品库来装运时标明；

4. 标记通常内容包括：工程名称、构件编号、外廓尺寸（长、宽、高，以米为单位）、净重、毛重（以吨为单位）、始发地点、到达港口、收货单位、制造厂商、发运日期等。

6.5.5　运输应符合下列要求。

1. 车辆运输应符合下列要求。

用于国内的钢结构产品，由于施工现场场地常坑坑洼洼、积水甚多，没有制作条件，因而钢结构产品大多都在制造厂内完成，而在现场的施工绝大多数是露天作业。在制作厂完成的钢结构产品，一般通过陆路车辆运输或者铁路包车运输，为了节省运输费用或受运输条件限制，往往不可避免地需要进行现场拼装。车辆运输要求如下：

1）现场拼装的运输是散件运输，可用一般货运车。车辆的底盘长度可以比构件长度短 1m，散装件运输一般不需装夹，只要能满足在运输过程中不产生过大的残余变形即可。

2）成型大件运输可根据产品不同而选用不同车型，由于制造厂对大件运输能力有限，有些大件则由专业化大件运输公司承担，车型也由该大件公司确定。

3）特大件钢结构产品，在加工制造以前，就应与和运输有关的各方联系，并得到认可，其中包括与公路、桥梁、电力以及地下管道如煤气、自来水、下水道等诸方面。而且还要查看运输路线、转弯道、施工现场等有无障碍物。

4）一般情况下，框架钢结构产品的运输多用活络拖斗车，实腹类或容器类多用大平板车辆。

2. 船舶运输应符合下列要求。

为国外制作的钢结构产品以及国内部份沿海地区的产品，则可利用船运输，船舶运输要求如下：

1）国内船运船只规格参差不齐，一般又不进货仓而放在甲板上，装卸能力较差，钢结构产品有时只能散装或捆扎，多数不用装夹。

2）国外船运要根据离岸码头和到岸港口的装卸能力确定钢结构产品运输的外形尺寸、单件重量即每夹或每箱的总重。如发往埃及亚历山大港的货物要求单体总长度小于 7m，重量小于 3t；发往孟加拉国吉大港则为 6m、2t；发往菲律宾马尼拉港则为 9m、2t。一般情况下发往港口的产品标准长度和重量常受限制，但高宽一般不受限制，因此，长度和重量不可超过有关港口的规定。部分超长构件运输也可协商解决，通常要付超长费。实践证明，海外船运的规格和单价也不是一成不变的，差异很大，有时用集装箱可能比散装便宜。随着世界经济的发展，船运这一领域也必将发生根本性的变化。

附录 6-A　美 国 结 构 钢

1.《碳素结构钢规范》ASTM A36/A36M—19

① 机械性能见表 6-A.1

机械性能^A　　　　　　　　　　　　　　　　　　　　　　　　表 6-A.1

Plates，Shapes，^B and Bars：	
Tensile strength，ksi［MPa］	58-80［400-550］
Yield point，min，ksi［MPa］	36［250］^C
Plates and Bars：^{D,E}	
Elongation in 8 in.［200 mm］，min，%	20
Elongation in 2 in.［50 mm］，min，%	23
Shapes：	
Elongation in 8 in.［200 mm］，min，%	20
Elongation in 2 in.［50 mm］，min，%	21^B

A　See the Orientation subsection in the Tension Tests section of Specification A6/A6M.

B　For wide flange shapes with flange thickness over 3 in.［75 mm］, the 80 ksi［550MPa］maximum tensile strength does not apply and a minimum elongation in 2 in.［50 mm］of 19% applies.

C　Yield point 32 ksi［220 MPa］for plates over 8 in.［200 mm］in thickness.

D　Elongation not required to be determined for floor plate.

E　For plates wider than 24 in.［600 mm］, the elongation requirement is reduced two percentage points. See the Elongation Requirement Adjustments subsection under the Tension Tests section of Specification A6/A6M.

② 化学成分见表 6-A.2。

化学成分　　　　　　　　　　　　　　　　　　　　　　　　表 6-A.2

N_{OTE} 1—Where "···" appears in this table，there is no requirement. The heat analysis for manganese shall be determined and reported as described in the heat analysis section of Specification A6/A6M.

Product	Shapes^A	Plates>15 in.［380 mm］Width^B					Bars；Plates≤15 in.［380 mm］Width^B			
Thickness. in.［mm］	A^{II}	To¾［20］，incl	Over¾ to 1½［20 to 40］，incl	Over 1½ to 2½［40 to 65］，incl	Over 2½ to 4［65 to 100］，incl	Over 4［100］	To ¾［20］，incl	Over¾ to 1½［20 to 40］，incl	Over 1½ to 4［100］，incl	Over 4［100］
Carbon，max，%	0.26	0.25	0.25	0.26	0.27	0.29	0.26	0.27	0.28	0.29
Manganese，%	···	···	0.80~1.20	0.80~1.20	0.85~1.20	0.85~1.20	···	0.60~0.90	0.60~0.90	0.60~0.90
Phosphorus，max，%	0.04	0.030	0.030	0.030	0.030	0.030	0.04	0.04	0.04	0.04
Sulfur. max，%	0.05	0.030	0.030	0.030	0.030	0.030	0.05	0.05	0.05	0.05
Silicon，%	0.40 max	0.40 max	0.40 max	0.15~0.40	0.15~0.40	0.15~0.40	0.40 max	0.40 max	0.40 max	0.40 max
Copper，min，% when copper steel is specified	0.20	0.20	0.20	0.20	0.20	0.20	0.20	0.20	0.20	0.20

A　Manganese content of 0.85~1.35% and silicon content of 0.15~0.40% is required for shapes with flange thickness over 3 in.［75 mm］.

B　For each reduction of 0.01 percentage point below the specified carbon maximum，an increase of 0.06 percentage point manganese above the specified maximum will be permitted，up to the maximum of 1.35%.

2.《高强度碳锰结构钢规范》ASTM A529/A529M—19

① 化学成分见表 6-A. 3

化学成分　　　　　　　　　　　　　　　　　表 6-A. 3

N$_{\text{OTE}}$ 1—A maximum of 1. 50% manganese is permissible, with an associated reduction of the carbon maximum of 0. 01 percentage point for each 0. 05 percentage point increase in manganese.

Element	Composition, % Grades 50 [345] and 55 [380]
Carbon, max	0. 27
Manganese, max	1. 35
Phosphorus, max	0. 04
Sulfur, max	0. 05
Silicon, max	0. 40
Copper, min, when copper is specified	0. 20

② 机械性能见表 6-A. 4

机械性能^A　　　　　　　　　　　　　　　　表 6-A. 4

	Grade 50 [345]		Grade 55 [380]	
	ksi	[MPa]	ksi	[MPa]
Tensile strength, min	65	[450]	70	[485]
Tensile strength, max	100	[690]	100	[690]
Yield strength, min	50	[345]	55	[380]
Elongation in 8 in. [200 mm], min,%	18		17	
Elongation in 2 in. [50 mm], min,%	21		20	

^{A}　See the Orientation subsection in the Tension Tests section of Specification A6/A6M.

3.《结构用高强度低合金铌钒钢规范》ASTM A572/A572M—18

① 最大产品厚度尺寸见表 6-A. 5

最大产品厚度尺寸　　　　　　　　　　　　　表 6-A. 5

Grade	Yield Point. min		Maximum Thickness or Size					Zees and Rolled Tees
	ksi	[MPa]	Plates and Bars		Structure Shape Flange or Leg Thickness		Sheet Piling	
			in.	[mm]	in.	[mm]		
42 [290]^A	42	[290]	6	[150]	all	all	all	all
50 [345]^A	50	[345]	4^B	[100]^B	all	all	all	all
55 [380]	55	[380]	2	[50]	all	all	all	all
60 [415]^A	60	[415]	1¼^C	[32]^C	2	[50]	all	all
65 [450]	65	[450]	1¼	[32]	2	[50]	all	all

^{A}　In the above tabulation, Grades 42, 50, and 60 [290, 345, and 415], are the yield point levels most closely approximating a geometric progression pattern between 36 ksi [250 MPa], min, yield point steels covered by specification A36/A36M and 100 ksi [690 MPa], min, yield strength steels covered by Specification A514/A514M.

^{B}　Round bars up to and including 11 in. [275 min] in diameter are permitted.

^{C}　Round bars up to and including 3½ in. [90 mm] in diameter are permitted.

② 化学成分见表 6-A. 6

化学成分　　　　　　　　　　　　　　　　　　　表 6-A. 6

TABLE 2 Chemical Requirements[A] （Heat Analysis）

Diameter, Thickness, or Distance Between Parallel Faces, in. [mm] Plates and Bars	Structural Shape Flange or Leg Thickness, in. [mm]	Grade	Carbon, max, %	Manganese,[B] max, %	Phosphorus[I] max, %	Sulfur[I], max, %	Silicon	
							Plates to 1½ in. [40 mm] Thick, Shapes with Flange or Leg Thickness to 3in. [75 mm] inclusive, Sheet Piling, Bars, Zees, and Rolled Tees[C]	Plates Over 1½ in. [40 mm] Thick and Shapes with Flange Thickness Over 3 in. [75 mm]
							max, %	range, %
6 [150]	all	42 [290]	0.21	1.35[D]	0.030	0.030	0.40	0.15~0.40
4 [100][E]	all	50 [345]	0.23	1.35[D]	0.030	0.030	0.40	0.15~0.40
2 [50][F]	all	55 [380]	0.25	1.35[D]	0.030	0.030	0.40	0.15~0.40
1¼ [32][F]	≤2 [50]	60 [415]	0.26	1.35[D]	0.030	0.030	0.40	G
>½~1¼ [13~32]	>1~2 [25~50]	65 [450]	0.23	1.65	0.030	0.030	0.40	G
≤½ [13][H]	≤1	65 [450]	0.26	1.35[D]	0.030	0.030	0.40	G

[A]　Copper when specified shall have a minimum content of 0.20% by heat analysis (0.18% by product analysis) .

[B]　Manganese, minimum, by heat analysis of 0.80% (0.75% by product analysis) shall be required for all plates over ⅜ in. [10 mm] in thickness; a minimum of 0.50% (0.45% by product analysis) shall be required for plates ⅜ in. [10 mm] and less in thickness, and for all other products. The manganese to carbon ratio shall not be less than 2 to 1.

[C]　Bars over 1½ in. [40 mm] in diameter, thickness, or distance between parallel faces shall be made by a killed steel practice.

[D]　For each reduction of 0.01 percentage point below the specified carbon maximum, an increase of 0.06 percentage point manganese above the specified maximum is permitted, up to a maximum of 1.60%.

[E]　Round bars up to and including 11 in. [275 mm] in diameter are permitted.

[F]　Round bars up to and including 3⅓ in. [90 mm] in diameter are permitted.

[G]　The size and grade is not described in this specification.

[H]　An alternative chemical requirement with a maximum carbon of 0.21% a maximum manganese of 1.65% is permitted, with balance of the elements as shown in Table 2.

[I]　A maximum phosphorus content of 0.04 % and a maximum sulfur content of 0.05 % are permitted for the following materials:

 • Structural shapes

 • Sheet piling

 • Bars

 • Plates with widths up to and including 15 in. [380 mm]

③ 合金含量要求见表 6-A. 7

合金含量要求　　　　　　　　　　　　　　　表 6-A. 7

TABLE 3 Alloy Content

Type[A]	Elements	Heat Analysis,%
1	Columbium	0. 005~0. 05[B]
2	Vanadium	0. 01~0. 15[C]
3	Columbium	0. 005~0. 05[B]
	Vanadium	0. 01~0. 15[C]
	Columbium plus vanadium	0. 02~0. 15[D]
5	Titanium	0. 006~0. 04
	Nitrogen	0. 003~0. 015
	Vanadium	0. 06 max

[A]　Alloy content shall be in accordance with Type 1，2，3，or 5 and the contents of the applicable elements shall be reported on the test report.

[B]　Product analysis limits＝0. 004 to 0. 06%.

[C]　Product analysis limits＝0. 005 to 0. 17%.

[D]　Product analysis limits＝0. 001 to 0. 16%.

④ 机械性能见表 6-A. 8

机械性能　　　　　　　　　　　　　　　　表 6-A. 8

TABLE 4 Tensile Requirements[A]

Grade	Yield Point, min		Tensile Strength, min		Minimum Elongation,%[B,C,D]	
	ksi	[MPa]	ksi	[MPa]	in 8 in. [200 mm]	in 2 in. [50 mm]
42 [290]	42	[290]	60	[415]	20	24
50 [345]	50	[345]	65	[450]	18	21
55 [380]	55	[380]	70	[485]	17	20
60 [415]	60	[415]	75	[520]	16	18
65 [450]	65	[450]	80	[550]	15	17

[A]　See specimen Orientation under the Tension Tests section of Specification A6/A6M.

[B]　Elongation not required to be determined for floor plate.

[C]　For wide flange shapes over 426 lb/It [634 kg/m]，elongation in 2 in. [50 mm] of 19% minimum applies.

[D]　For plates wider than 24 in. [600 mm]，the elongation requirement is reduced two percentage points for Grades 42，50，and 55 [290，345，and 380]，and three percentage points for Grades 60 and 65 [415 and 450]. See elongation requirement adjustments in the Tension Tests section of Specification A6/A6M.

4. 《高强度低合金结构钢规范》ASTM A242/A242M—13

① 机械性能见表 6-A. 9

机械性能　　　　　　　　　　　　　　　　　　　　　　表 6-A. 9

TABLE 1 Tensile Requirements

	Plates and Bars[A]			Structural Shapes		
	For thicknesses ¾ in. [20 mm], and under	For thicknesses over³ᐟ⁴ to 1¹ᐟ² in. [20 to 40 mm], incl	For thickenesses over 1½ to 4 in. [40 to 100 mm], incl	For flange or leg thicknesses 1.5 in. [40 mm] and under	For flange thicknesses over 1.5 in. [40 mm] to 2in. [50 mm]. incl	For flange thick nesses over 2 in. [50 mm]
Tensile strength, min, ksi [MPa]	70 [480]	67 [460]	63 [435]	70 [485]	67 [460]	63 [435]
Yield point, min, ksi [MPa]	50 [345]	46 [315]	42 [290]	50 [345]	46 [315]	42 [290]
Elongation in 8 in. [200 mm], min,%	18[B,C]	18[B,C]	18[B,C]	18[C]	18	18
Elongation in 2 in. [50 mm], min,%	21[C]	21[C]	21[C]	21	21	21[D]

[A]　See the Orientation subsection in the Tension Tests section of Specification A6/A6M.

[B]　Elongation not required to be determined for floor plate.

[C]　For plates wider than 24 in. [600 mm] the elongation requirement is reduced two percentage points. See the E-longation Requirement Adjustments subsection in the Tension Tests section of Specification A6/A6M.

[D]　For wide flange shapes over 426 Ib/ft [634 kg/m], elongation in 2 in. [50 mm] of 18% minimum applies.

② 化学性能见表 6-A. 10

化学性能　　　　　　　　　　　　　　　　　　　　　　表 6-A. 10

TABLE 2 Chemical Requirements (Heat Analysis)

Element	Composition,%
	Type 1
Carbon, max	0. 15
Manganese, max	1. 00
Phosphorus, max	0. 15
Sulfur, max	0. 05
Copper, min	0. 20

5.《高强度低合金结构耐候钢规范》ASTM A588/A588M—15

① 化学成分见表 6-A. 11

化学成分　　　　　　　　　　　　　　　　表 6-A. 11

TABLE 1 Chemical Requirements（Heat Analysis）

N_{OTE} 1—Where "…" appears in this table，there is no requirement.

Element	Composition,%		
	Grade A	Grade B	Grade K
Carbon[A]	0. 19 max	0. 20 max	0. 17 max
Manganese[A]	0.80～1.25	0.75～1.35	0.50～1.20
Phosphorus[C]	0. 030 max	0. 030 max	0. 030 max
Sulfur[C]	0. 030 max	0. 030 max	0. 030 max
Silicon	0.30～0.65	0.15～0.50	0.25～0.50
Nickel	0. 40 max	0. 50 max	0. 40 max
Chromium	0.40～0.65	0.40～0.70	0.40～0.70
Molybdenum	…	…	0. 10 max
Copper	0.25～0.40	0.20～0.40	0.30～0.50
Vanadium	0.02～0.10	0.01～0.10	…
Columbium	…	…	0.005～0.05[B]

[A]　For each reduction of 0. 01 percentage point below the specified maximum for carbon，an increase of 0. 06 percentage point above the specified maximum for manganese is permitted，up to a maximum of 1. 50%.

[B]　For plates under ½ in. [13 mm] in thickness，the minimum columbium is waived.

[C]　A maximum phosphorus content of 0. 04% and a maximum sulfur content of 0. 05% are permitted for the following materials.

- Structural shapes
- Bars
- Plates with widths up to and including 15 in. [380 mm]

② 机械性能见表 6-A. 12

机械性能　　　　　　　　　　　　　　　　表 6-A. 12

TABLE 2 Tensile Requirements[A]

N_{OTE} 1—Where "…" appears in this table，there is no requirement.

	Plates and Bars			Structural Shapes
	For Thicknesses 4in，[100 mm] and Under	For Thicknesses Over 4in. [100 mm] to 5 in. [125 mm] incl	For Thicknesses OVer 5 in. [125 mm] to 8 in. [200 mm] incl	All
Tensile strength，min，ksi [MPa]	70 [485]	67 [460]	63 [435]	70 [485]
Yield point，min，ksi [MPa]	50 [345]	46 [315]	42 [290]	50 [345]
Elongation in 8 in. [200 mm]，min,%	18[B,C]	…	…	18[C]
Elongation in 2 in. [50 mm]，min,%	21[B,C]	21[B,C]	21[B,C]	21[D]

[A]　See specimen orientation under the Tension Tests section of Specification A6/A6M.

[B]　Elongation not required to be determined for floor plate.

[C]　For plates wider than 24 in. [600 mm]，the elongation requirement is reduced two percentage points. See Elongation Requirement Adjustments in the Tension Tests section of Specification A6/A6M.

[D]　For wide flange shapes with flange thickness over 3 in. [75 mm]，elongation in 2 in. [50 mm] of 18% minimum applies.

6. 《管道、钢材、发黑及热浸、镀锌、焊接及无缝钢材规范》ASTM A53/A53M—20

① 化学成分见表 6-A. 13

化学成分　　　　　　　　　　　　　　　表 6-A. 13

TABLE 1 Chemical Requirements

	Composition，max，%								
	Carbon	Manganese	Phosphorus	Sulfur	Copper[A]	Nickel[A]	Chromium[A]	Molybdenum[A]	Vanadium[A]
	Type S (seamless pipe)								
Grade A	0. 25[B]	0. 95	0. 05	0. 045	0. 40	0. 40	0. 40	0. 15	0. 08
Grade B	0. 30[C]	1. 20	0. 05	0. 045	0. 40	0. 40	0. 40	0. 15	0. 08
	Type E (electric-resistance-welded)								
Grade A	0. 25[B]	0. 95	0. 05	0. 045	0. 40	0. 40	0. 40	0. 15	0. 08
Grade B	0. 30[C]	1. 20	0. 05	0. 045	0. 40	0. 40	0. 40	0. 15	0. 08
	Type F (furnace-welded pipe)								
Grade A	0. 30[B]	1. 20	0. 05	0. 045	0. 40	0. 40	0. 40	0. 15	0. 08

[A] The total composition for these five elements shall not exceed 1. 00%.

[B] For each reduction of 0. 01% below the specified carbon maximum，an increase of 0. 06% manganese above the specified maximum will be permitted up to a maximum of 1. 35%.

[C] For each reduction of 0. 01% below the specified carbon maximum，an increase of 0. 06% manganese above the specified maximum will be permitted up to a maximum of 1. 65%.

② 机械性能见表 6-A. 14

机械性能　　　　　　　　　　　　　　　表 6-A. 14

TABLE 2 Tensile Requirements

	Grade A	Grade B
Tensile strength，min，psi [MPa]	48000 [330]	60000 [415]
Yield strength，min，psi [MPa]	30000 [205]	35000 [240]
Elongation in 2 in. or 50mm	A,B	A,B

[A] The minimum elongation in 2 in. [50 mm] shall be that determined by the following equation.

$$e = 625000 \ [1940] \ A^{0.2}/U^{0.9}$$

where：

e＝minimum elongation in 2 in. or 50 mm in percent，rounded to the nearest percent，

A＝the lesser of 0. 75 in.^{2} [500 mm^2] and the cross-sectional area of the tension test specimen，calculated using the specified outside diameter of the pipe，or the nominal width of the tension test specimen and the specified wall thickness of the pipe，with the calculated value rounded to the nearest 0. 01 in^2 [1 mm^2]，and

U＝specified minimum tensile strength，psi [MPa].

[B] See Table X4. 1 or Table X4. 2，whichever is applicable，for the minimum elongation values that are required for various combinations of tension test specimen size and specified minimum tensile strength.

7. 《圆形与异形冷成型焊接与无缝碳素钢结构管规范》ASTM A500/A500M—18

① 化学成分见表 6-A. 15

化学成分
表 6-A. 15

TABLE 1 Chemical Requirements

Element	Composition, %			
	Grades A，B，and D		Grade C	
	Heat Analysis	Product Analysis	Heat Analysis	Product Analysis
Carbon，max[A]	0. 26	0. 30	0. 23	0. 27
Manganese，max[A]	1. 35	1. 40	1. 35	1. 40
Phosphorus，max	0. 035	0. 045	0. 035	0. 045
Sulfur，max	0. 035	0. 045	0. 035	0. 045
Copper，min[B]	0. 20	0. 18	0. 20	0. 18

[A]　For each reduction of 0. 01 percentage point below the specified maximum for carbon，an increase of 0. 06 percentage point above the specified maximum for manganese is permitted，up a maximum of 1. 5% by heat analysis and 1. 60% by product analysis.

[B]　If copper-containing steel is specified in the purchase order.

② 机械性能见表 6-A. 16

机械性能
表 6-A. 16

TABLE 2 Tensile Requirements

Round Structural Tubing				
	Grade A	Grade B	Grade C	Grade D
Tensile strength，min，psi [MPa]	45000 [310]	58000 [400]	62000 [425]	58000 [400]
Yield strength，min，psi [MPa]	33000 [230]	42000 [290]	46000 [315]	36000 [250]
Elongation in 2 in. [50 mm]，min，%[D]	25[A]	23[B]	21[C]	23[B]
Shaped Structural Tubing				
	Grade A	Grade B	Grade C	Grade D
Tensile strength，min，psi [MPa]	45000 [310]	58000 [400]	62000 [425]	58000 [400]
Yield strength，min，psi [MPa]	39000 [270]	46000 [315]	50000 [345]	36000 [250]
Elongation in 2 in. [50 mm]，min，%[D]	25[A]	23[B]	21[C]	23[B]

[A]　Applies to specified wall thicknesses (t) equal to or greater than 0. 120 in. [3. 05 mm]. For lighter specified wall thicknesses，the minimum elongation values shall be calculated by the formual：percent elongation in 2 in. [50 mm] $=56t+17.5$，rounded to the nearest percent. For A500M use the following formula：2. 2$t+17$. 5，rounded to the nearest percent.

[B]　Applies to specified wall thicknesses (t) equal to or greater than 0. 18 in. [4. 57 mm]. For lighter specified wall thicknesses，the minimum elongation values shall be calculated by the formrula：percent elongation in 2 in. [50 mm] $=61t+12$，rounded to the nearest percent. For A500M use the following formula：2. 4$t+12$，rounded to the nearest percent.

[C]　Applies to specified wall thicknesses (t) equal to or greater than 0. 120 in. [3. 05 mm]. For lighter specified wall thicknesses，the minimum elongation values shall be by agreement with the manufacturer.

[D]　The minimum elongation values specified apply only to tests performed prior to shipment of the tubing.

8.《结构钢型材标准规范》ASTM A992/A992M—15

① 化学成分见表 6-A. 17

化学成分 表 6-A. 17

TABLE 1 Chemical Requirements (Heat Analysis)

Element	Composition,%
Carbon，max	0. 23
Manganese，	0. 50 to 1. 60[A]
Silicon，max	0. 40
Vanadium，max	0. 15[B]
Columbium，max	0. 05[B]
Phosphorus，max	0. 035
Sulfur，max	0. 045
Copper，max	0. 60
Nickel，max	0. 45
Chromium，max	0. 35
Molybdenum，max	0. 15

[A] Provided that the ratio of manganese to sulfur is not less than 20 to 1，the minimum limit for manganese for shapes with flange or leg thickness not exceeding 1 in. [25 mm] shall be 0. 30%.

[B] The sum of columbium and vanadium shall not exceed 0. 15%.

② 机械性能见表 6-A. 18

机械性能 表 6-A. 18

TABLE 2 Tensile Requirements

Tensile strength，min ksi [MPa]	65 [450]
Yield point，ksi [MPa]	50 to 65 [345 to 450][A]
Yield to tensile ratio，max	0. 85[B]
Elongation in 8 in. [200mm]，min,%[C]	18
Elongation in 2 in. [50mm]，min,%[C]	21

[A] A maximum yield strength of 70 ksi [480 MPa] is permitted for structural shapes that are required to be tested from the web location.

[B] A maximum ratio of 0. 87 is permitted for structural shapes that are tested from the web location.

[C] See elongation requirement adjustments under the Tension Tests section of Specification A6/A6M.

9.《桥梁用结构钢规范》ASTM A709/A709M—18

① 机械性能见表 6-A. 19

机械性能 表 6-A. 19

TABLE 1 Tensile and Hardness Requirements[A]

NOTE 1—Where "…" appears in this table，there is no requirement.

Grade	Plate Thickness, in. [mm]	Structural Shape Flange or Leg Thickness,in. [mm]	Yield Point or Yield Strength,[B] ksi [MPa]	Tensile Strength,ksi [MPa]	Minimum Elongation,%				Reduction of Areas[C,D] min,%
					Plates and Bars[C,E]		Shapes[E]		
					8 in. or 200mm	2 in. of 50mm	8 in. or 200mm	2 in. or 50mm	
36[250]	to 4[100], incl	to 3 in. [75 mm], incl over 3 in. [75 mm]	36[250]min 36[250]min	58~80 [400~550] 58[400]min	20 …	23 …	20 20	21 19	… …

续表

Grade	Plate Thickness, in. [mm]	Structural Shape Flange or Leg Thickness, in. [mm]	Yield Point or Yield Strength,[B] ksi [MPa]	Thensile Strength, ksi [MPa]	Minimum Elongation, %				Reduction of Areas[C,D] min, %
					Plates and Bars[C,E]		Shapes[E]		
					8 in. or 200mm	2 in. of 50mm	8 in. or 200mm	2 in. or 50mm	
50[345]	to 4[100], incl	all	50[345]min	65[450]min	18	21	18	21[F]	...
QST 50 [OST 345]	G	all	50[345]min	65[450]min	...	...	18	21[F]	...
50S[345S]	G	all	50~65 [345~450][H,I]	65[450][H] min	...	...	18	21	...
OST 50S [OST 345S]	G	all	50~65 [345~450]	65[450]min	...	...	18	21	...
50W[345W] and HPS 50W [HPS 345W]	to 4[100] incl	all	50[345]min	70[485]min	18	21	18	21[J]	...
50CR[345CR]	to 2[50], incl	G	50[345]min	70[485]min	18	21	...	...	...
OST 65 [OST 450]	G	all	65[450]min	80[550]min	...	...	15	17	...
OST 70 [OST 485]	G	all	70[485]min	90[620]min	...	...	14	16	...
HPS 70W [HPS 485W]	to 4[100], incl	G	70[485]min[B]	85~110 [585~760]	...	19[K]	...	...	...
HPS 100W [HPS 690W]	to 2½[65], incl	G	100[690]min[B]	110~130 [760~895]	...	18[K]	...	...	L
	over 2½ to 4 [65 to 100], incl[M]	G	90[620]min[B]	100~130 [690~895]	...	16[K]	...	...	L

[A]　See specimen orientation and preparation subsection in tie Tension Tests section of Specification A6/A6M.

[B]　Measured at 0.2 % offset or 0.5 % extension under load as described in Section 13 or Test Methods A370.

[C]　Elongation and reduction of area not required to be determined for floor plates.

[D]　For plates wider than 24 in. [600 mm]. the reduction of area requirement. where applicable, is reduced by five percentage points

[E]　For plates wider than 24 in. [600 mm]. the elongation requirement is reduced by two percentage points. See elongation requirement adjustments in the Tension Tests section of Specification A6/A6M.

[F]　Elongation in 2 in. or 50 mm: 19% for shapes with flange thickness over 3 in. [75 mm].

[G]　Not applicable.

[H]　The yield to tensile rate shall be 0.87 or less for shapes that are tested from the web location; for all other shapes, the requirement is 0.85.

[I]　A maximum yield strength of 70 ksi [480MPa] is permitted for structural shapes that are required to be tested from the web location.

[J]　For wide flange shapes with flange thickness over 3 in. [75mm], elongation in 2 in. or 50 mm of 18% minimum applies.

[K]　If measured on the Fig. 3 (Test Methods A370) 1½ in. [40-mm] wide specimen, the elongation is determined in a 2-in. or 50-mm gage length that includes the fracture and shows the greatest elongation.

[L]　40% minimum applies if measured on the Fig 3 (Test Methods A370) 1½ in. [40-mm] wide specimen; 50 % minimum applies if measured on the Fig. 4 (Test Methods A370) ½ in. [12.5-mm] round specimen.

[M]　Not applicable to Fracture Critical Tension Components (see Table 12).

② 36 级钢的化学成分要求(熔炼分析)见表 6-A. 20

36 级钢的化学成分要求(熔炼分析)　　　　　　　表 6-A. 20

TABLE 2 Grade 36 [250] Chemical Requirements (Heat Analysis)

NOTE 1——Where "···"appears in this table there is no requirement. The heat analysis for manganese shall be determined and reported as described in the Heat Analysis section of Specification A6/A6M.

Product Thickness, in. [mm]	Shapes^A All	Plates>15in. [380mm]Width^B				Bars,Plates≤15in. [380mm]Width^B		
		To¾[20], incl	Over¾ to 1½ [20 to 40], incl	Over 1½ to 2½ [40 to 65], incl	Over 2½ to 4 [65 to 100], incl	To¾[20], incl	Over¾ to 1½ [20 to 40], incl	Over 1½ to 4 [40 to 100], incl
Carbon,max,%	0. 26	0. 25	0. 25	0. 26	0. 27	0. 26	0. 27	0. 28
Manganese,%	···	···	0. 80~1. 20	0. 80~1. 20	0. 85~1. 20	···	0. 60~0. 90	0. 60~0. 90
Phosphorus, max,%	0. 04	0. 030	0. 030	0. 030	0. 030	0. 04	0. 04	0. 04
Sulfur,max,%	0. 05	0. 030	0. 030	0. 030	0. 030	0. 05	0. 05	0. 05
Silicon,%	0. 04max	0. 40max	0. 40max	0. 15~0. 40	0. 15~0. 40	0. 40max	0. 40max	0. 40max
Copper,min,% when copper steel is specified	0. 20	0. 20	0. 20	0. 20	0. 20	0. 20	0. 20	0. 20

A　Manganese content of 0. 85 to 1. 35% and silicon content of 0. 15 to 0. 40% is required for shapes with flange thickness over 3 in. [75mm].

B　For each reduction of 0. 01% below the specified carbon maximum, an increase of 0. 06% manganese above the specified maximum will be permitted up to a maximum of 1. 35%.

③ 50 级化学成分要求(熔炼分析)见表 6-A. 21

50 级化学成分要求(熔炼分析)　　　　　　　表 6-A. 21

TABLE 3 Grade 50 [345] Chemical Requirements^A (Heat Analysis)

Maximum Diameter, Thickness, or Distance Between Parallel Faces, in. [mm]	Carbon, max,%	Manganese,^B max,%	Phosphorus,^C max,%	Sulfur,^C max,%	Silicon^D		Columbium (Niobium),^E Vanadium, and Nitrogen
					Plates to 1½-in. [40-mm]Thick, Shapes with flange or leg thickness to 3in. [75mm] inclusive,Sheet Piling,Bars,Zees, and Rolled Tees, max,%	Plates Over 1½-in [40-mm] Thick and Shapes with flange thickness over 3in. [75mm]%	
4[100]	0. 23	1. 35	0. 030	0. 030	0. 40	0. 15~0. 40	See Table 4

A　Copper when specified shall have a minimum content of 0. 20% by heat analysis (0. 18% by product analysis).

B　Manganese,minimum by heat analysis of 0. 80% (0. 75% by product analysis) shall be required for all plates over ⅜ in. [10 mm] in thickness；a minimum of 0. 50% (0. 45% by product analysis)shall be required for plates ⅜ in. [10 mm] and less in thickness,and for all other products. The manganese to carbon ratio shall not be less than 2 to 1. For each reduction of 0. 01 percentage point below the specified carbon maximum,an increase of 0. 06 percentage point manganese above the specified maximum is permitted,up to a maximum of 1. 60%.

C　A maximum phosphorus content of 0. 04% and a maximum sulfur content of 0. 05% are permitted for the following materials：
　• Structural shapes
　• Bars
　• Plates with widths up to and including 15 in. [380 mm]

D　Silicon content in excess of 0. 40% by heat analysis must be negotiated.

E　Columbium and niobium are interchangeable names for the same element.

④ 合金含量应符合下列类型之一的要求见表 6-A. 22

合金含量应符合下列类型之一的要求 表 6-A. 22

TABLE 4 Grade 50 [345] Alloy Content

Type[A]	Elements	Heat Analysis, %
1	Columbium (niobium)[B]	0. 005～0. 05[C]
2	Vanadium	0. 01～0. 15[D]
3	Columbium (niobium)[B]	0. 005～0. 05[C]
	Vanadium	0. 01～0. 15[D]
	Columbium (niobium)[B] plus vanadium	0. 02～0. 15[E]

[A] Alloy content shall be in accordance with Type 1,2,or 3 and the contents of the applicable elements shall be reported on the test report.

[B] Columbium and niobium are interchangeable names for the same element.

[C] Product analysis limits=0. 004 to 0. 06%.

[D] Product analysis limits=0. 005 to 0. 17%.

[E] Product analysis limits=0. 001 to 0. 16%.

⑤ 50CR 级化学成分要求(熔炼分析)见表 6-A. 23

50CR 级化学成分要求(熔炼分析) 表 6-A. 23

TABLE 5 Grade 50CR [345CR] Chemical Requirements (Heat Analysis)

NOTE 1—Where "…"appears in this table there is no requirement.

Element	Composition, %
Carbon	0. 030max
Manganese	1. 50max
Phosphorus	0. 040max
Sulfur	0. 010max
Silicon	1. 00max
Nickel	1. 50max
Chromium	10. 5～12. 5
Molybdenum	…
Nitrogen	0. 030max

⑥ 50W 级化学成分要求(熔炼分析)见表 6-A. 24

50W 级化学成分要求(熔炼分析) 表 6-A. 24

TABLE 6 Grade 50W [345 W] Chemical Requirements (Heat Analysis)

NOTE 1—Types A and B are equivalent to Specification A588/A588M,Grades A and B,respectively.

Element	Composition, %[A]	
	Type A	Type B
Carbon[B]	0. 19max	0. 20max
Manganese[B]	0. 80～1. 25	0. 71～1. 35
Phosphorus[C]	0. 030max	0. 030max
Sulfur[C]	0. 030max	0. 030max
Silicon	0. 30～0. 65	0. 15～0. 50
Nickel	0. 40max	0. 50max
Chromium	0. 40～0. 65	0. 40～0. 70
Copper	0. 25～0. 40	0. 20～0. 40
Vanadium	0. 02～0. 10	0. 01～0. 10

[A] Weldability data for these types have been qualified by FHWA for use in bridge construction.

[B] For each reduction of 0. 01 percentage point below the specified maximum for carbon,an increase of 0. 06 percentage point above the specified maximum for manganese is permitted,up to a maximum of 1. 50%.

[C] A maxmum phosphorus content of 0. 04% and a maximum sulfur content of 0. 05% are permitted for the following materials:

• Structural shapes

• Bars

• Plates with widths up to and including 15 in. [380mm]

⑦ HPS 50W、HPS 70W、HPS 100W 级化学成分要求(熔炼分析)见表 6-A. 25

HPS 50W、HPS 70W、HPS 100W 级化学成分要求(熔炼分析) 表 6-A. 25

TABLE 7 Grades HPS 50W〔HPS 345W〕and HPS 70W

〔HPS 485 W〕, and HPS 100W〔HPS 690W〕Chemical Requirements

(Heat Analysis)

NOTE 1—Where "…"appears in this table there is no requirement.

Element	Composition,%	
	Grades HPS 50W 〔HPS 345W〕, HPS 70W 〔HPS 485W〕	Grade HPS 100W 〔HPS 690W〕
Carbon	0. 11max	0. 08max
Manganese		
2. 5 in.〔65mm〕and under	1. 10~1. 35	0. 95~1. 50
Over 2. 5 in.〔65mm〕	1. 10~1. 50	0. 95~1. 50
Phosphorus	0. 020max	0. 015max
Sulfur[A]	0. 006max	0. 006max
Silicon	0. 30~0. 50	0. 15~0. 35
Copper	0. 25~0. 40	0. 90~1. 20
Nickel	0. 25~0. 40	0. 65~0. 90
Chromium	0. 45~0. 70	0. 40~0. 65
Molybdenum	0. 02~0. 08	0. 40~0. 65
Vanadium	0. 04~0. 08	0. 04~0. 08
Columbium(niobium)[B]	…	0. 01~0. 03
Aluminum	0. 010~0. 040	0. 020~0. 050
Nitrogen	0. 015max	0. 015max

[A] The steel shall be calcium treated for sulfide shape control.

[B] Columbium and niobium are interchangeable names for the same element.

⑧ 50S 级化学成分要求(熔炼分析)见表 6-A. 26

50S 级化学成分要求(熔炼分析) 表 6-A. 26

TABLE 8 Grade 50S〔345S〕Chemical Requirements (Heat Analysis)

Element	Composition,%
Carbon,max	0. 23
Manganese	0. 50 to 1. 60[A]
Silicon,max	0. 40
Vanadium,max	0. 15[B]
Columbium (niobium)[C],max	0. 05[B]
Phosphorus,max	0. 035
Sulfur,max	0. 045
Copper,max	0. 60
Nickel,max	0. 45
Chromium,max	0. 35
Molybdenum,max	0. 15

[A] Provided that the ratio of manganese to sulfur is not less than 20 to 1,the minimum limit for manganese for shapes with flange of leg thickness not exceeding 1 in.〔25mm〕shall be 0. 30%.

[B] The sum of columbium (niobium) and vanadium shall not exceed 0. 15%.

[C] Columbium and niobium are interchangeable names for the same element.

⑨ QST 50、QST 50S、QST 65、QST 70 级化学成分要求(熔炼分析)见表 6-A. 27

QST 50、QST 50S、QST 65、QST 70 级化学成分要求(熔炼分析) 表 6-A. 27

TABLE 9 Grades QST 50〔QST 345〕，QST 50S〔QST 345S〕，QST 65

〔QST 450〕，and QST 70〔QST 485〕Chemical Requirements（Heat Analysis）

N_OTE 1—Boron shall not be intentionally added. See Specification A6/A6M,Section 7. 12,for additional guidance regarding boron.

Element	Maximum Content in %		
	Grade QST 50 and OTS 50S 〔QST 345〕and 〔QST 345S〕	Grade QST 65 〔QST 450〕	Grade QST 70Q 〔QST 485〕
Carbon	0. 12	0. 12	0. 12
Manganese	1. 60	1. 60	1. 60
Phosphorus	0. 030	0. 030	0. 030
Sulfur	0. 030	0. 030	0. 030
Silicon	0. 40	0. 40	0. 40
Copper	0. 45	0. 35	0. 45
Nickel	0. 25	0. 25	0. 25
Chromium	0. 25	0. 25	0. 25
Molybdenum	0. 07	0. 07	0. 07
Columbium (niobium)[A]	0. 05	0. 05	0. 05
Vanadium	0. 06	0. 08	0. 09

[A] Columbium and niobium are interchangeable names for the same element.

⑩ 冲击试验温度区域与最低使用温度之间的关系见表 6-A. 28

冲击试验温度区域与最低使用温度之间的关系 表 6-A. 28

TABLE 10 Relationship Between Impact Testing Temperature

Zones and Minimum Service Temperature

Zone	Minimum Service Temperature,℉〔℃〕
1	0〔−18〕
2	below 0 to −30〔−18 to −34〕
3	below −30 to −60〔−34 to −51〕

⑪ 非断裂临界张力部位冲击试验要求见表 6-A. 29

非断裂临界张力部位冲击试验要求 表 6-A. 29

TABLE 11 Non-Fracture Critical Tension Component Impact Test Requirements

Grade	Thickness, in. 〔mm〕	Minimum Average Energy,ft-lbf〔J〕		
		Zone 1	Zone 2	Zone 3
36T〔250T〕[A]	to 4〔100〕incl	15〔20〕at 70℉〔21℃〕	15〔20〕at 40℉〔4℃〕	15〔20〕at 10℉〔−12℃〕
50T〔345T〕[A,B] 50ST〔345ST〕[A,B] 50WT〔345WT〕[A,B]	to 2〔50〕incl over 2 to 4 〔50 to 100〕incl	15〔20〕at 70℉〔21℃〕 20〔27〕at 70℉〔21℃〕	15〔20〕at 40℉〔4℃〕 20〔27〕at 40℉〔4℃〕	15〔20〕at 10℉〔−12℃〕 20〔27〕at 10℉〔−12℃〕

Grade	Thickness, in. [mm]	Minimum Average Energy, ft-lbf[J]		
		Zone 1	Zone 2	Zone 3
QST 50T [QST 345T][B,D] QST 50ST [QST 345ST][D]	to 2[50]incl over 2 to 4 [50 to 100]incl	15[20]at 70°F[21℃] 20[27]at 70°F[21℃]	15[20]at 40°F[4℃] 20[27]at 40°F[4℃]	15[20]at 10°F[−12℃] 20[27]at 10°F[−12℃]
50CRT[345CRT][A,B]	to 2[50]incl	15[20]at 70°F[21℃]	15[20]at 40°F[4℃]	15[20]at 10°F[−12℃]
HPS 50WT [HPS 345WT][A,B]	to 4 [100] incl	20[27]at 10°F[−12℃]	20[27]at 10°F[−12℃]	20[27]at 10°F[−12℃]
QST 65T [QST 450T][B,D]	to 2 [50]incl over 2 to 4 [50 to 100]incl	20[27]at 50°F[10℃] 25[34]at 50°F[10℃]	20[27]at 20°F[−7℃] 25[34]at 20°F[−7℃]	20[27]at −10°F[−23℃] 25[34]at −10°F[−23℃]
QST 70T [QST 485T][B,D]	to 2 [50]incl over 2 to 4 [50 to 100]incl	20[27]at 50°F[10℃] 25[34]at 50°F[10℃]	20[27]at 20°F[−7℃] 25[34]at 20°F[−7℃]	20[27]at −10°F[−23℃] 25[34]at −10°F[−23℃]
HPS 70WT [HPS 485WT][B,D]	to 4[100]incl	25[34]at −10°F[−23℃]	25[34]at −10°F[−23℃]	25[34]at −10°F[−23℃]
HPS 100WT [HPS 69WT][D]	to 2½ [65]incl over 2½ to 4 [65 to 100]incl	25[34]at −30°F[−34℃] 35[48]at −30°F[−34℃]	25[34]at −30°F[−34℃] 35[48]at −30°F[−34℃]	25[34]at −30°F[−34℃] 35[48]at −30°F[−34℃]

A　The CVN-impact testing shall be at "H" frequency in accordance with Specification A673/A673M.

B　If the yield point of the structural product exceeds the specified minimum value by 15 ksi [105MPa] or more, the testing temperature for the minimum average energy required shall be reduced by 15°F [8℃] for each increment or fraction of 10 ksi [70MPa] above the 15 ksi [105MPa] exceedance of the specified minimum value. The yield point is the value given in the test report. See examples in Table Footnote C[C].

C　If the yield point or yield strength for a 50 ksi [345MPa] minimum yield strength steel is more than 65 ksi [450 MPa] but not more than 75 ksi [520MPa], the test temperature reduction is 15°F [8℃]. If the yield point is more than 75 ksi [520MPa] but not more than 85 ksi [585 MPa], the test temperature reduction is 30°F [17℃]. If the yield point or yield strength for a 65 ksi [450MPa] minimum yield strength steel is more than 80 ksi [550 MPa] but not more than 90 ksi [620MPa], the test temperature reduction is 15°F [8℃]. If the yield point is more than 90 ksi [620MPa] but not more than 100 ksi [690MPa], the test temperature reduction is 30°F [17℃].

If the yield point or yield strength for a 70 ksi [485MPa] minimum yield strength steel is more than 85 ksi [585 MPa] but not more than 95 ksi [655MPa], the test temperature reduction is 15°F [8℃]. If the yield point is more than 95 ksi [655MPa] but not more than 105 ksi [725MPa], the test temperature reduction is 30°F [17℃].

D　The CVN-impact testing shall be at "P" frequency in accordance with Specification A673/A673M.

⑫ 断裂临界张力部位冲击试验要求见表 6-A. 30

断裂临界张力部位冲击试验要求　　　　表 6-A. 30

TABLE 12 Fracture Critical Tension Component Impact Test Requirements

Grade	Thickness, in. [mm]	Minmum Tesi Value Energy,[A] ft-lbf[J]	Minimum Average Energy,[A] ft-lbf[J]		
			Zone 1	Zone 2	Zone 3
36F[250F]	to 4[100], incl	20[27]	25[34]at 70°F[21℃]	25[34]at 40°F[4℃]	25[34]at 10°F[−12℃]
50F[345F][B] 50SF[345SF][B] 50WF[345WF][B]	to 2[50], incl over 2 to 4 [50 to 100], incl	20[27] 24[33]	25[34]at 70°F[21℃] 30[41]at 70°F[21℃]	25[34]at 40°F[4℃] 30[41]at 40°F[4℃]	25[34]at 10°F[−12℃] 30[41]at 10°F[−12℃]
OST 50F [QST 345F][B] QST 50SF [QST 345SF]	to 2[50], incl over 2 to 4 [50 to 100], incl	20[27] 24[33]	25[34]at 70°F[21℃] 30[41]at 70°F[21℃]	25[34]at 40°F[4℃] 30[41]at 40°F[4℃]	25[34]at 10°F[−12℃] 30[41]at 10°F[−12℃]
50CRF[345CRF][B]	to 2[50], incl	20[27]	25[34]at 70°F[21℃]	25[34]at 40°F[4℃]	25[34]at 10°F[−12℃]
HPS 50WF [HPS 345WF][B]	to 4 [100], incl	24[33]	30[41]at 10°F[−12℃]	30[41]at 10°F[−12℃]	30[41]at 10°F[−12℃]
QST 65F [QST 450F][B]	to 2 [50], incl over 2 to 4 [50 to 100], incl	24[33] 28[38]	30[41]at 50°F[10℃] 35[48]at 50°F[10℃]	30[41]at 20°F[−7℃] 35[48]at 20°F[−7℃]	30[41]at −10°F[−23℃] 35[48]at −10°F[−23℃]
QST 70F [QST 485F][B]	to 2 [50], incl over 2 to 3 [50 to 76], incl	24[33] 28[38]	30[41]at 50°F[10℃] 35[48]at 50°F[10℃]	30[41]at 20°F[−7℃] 35[48]at 20°F[−7℃]	30[41]at −10°F[−23℃] 35[48]at −10°F[−23℃]
HPS 70WF [HPS 485WF][B]	to 4[100], incl	28[38]	35[48]at −10°F[−23℃]	35[48]at −10°F[−23℃]	35[48]at −10°F[−23℃]
HPS 100WF [HPS 690WF]	to 2½ [65], incl over 2½ to 4 [65 to 100], incl	28[38] D	35[48]at −30°F[−34℃] Not permitted	35[48]at −30°F[−34℃] Not permitted	35[48]at −30°F[−34℃] Not permitted

[A]　The CVN-impact testing shall be at "P" frequency in accordance with Specification A673/A673M except for plates, for which the sampling shall be as follows:
　　(1) As-rolled (including control-rolled and TMCP) plates shall be sampled at each end of each plate-as-rolled.
　　(2) Normalized plates shall be sampled at one end of each plate, as heat treated.
　　(3) Quenched and tempered plates shall be sampled at each end of each plate, as heat treated.

[B]　If the yield point of the structural product exceeds the specified minimum value by 15 ksi [105MPa] or more, the testing temperature for the minimum average energy required shall be reduced by 15°F [8℃] for each increment or fraction of 10 ksi [70MPa] above the 15 ksi [105MPa] exceedance of the specified minimum value. The yield point is the value given in the test report. See examples in Table Footnote C[C].

[C]　If the yield point or yield strength for a 50 ksi [345MPa] minimum yield strength steel is more than 65 ksi [450 MPa] but not more than 75 ksi [520MPa], the test temperature reduction is 15°F [8℃]. If the yield point is more than 75 ksi [520MPa] but not more than 85 ksi [585 MPa], the test temperature reduction is 30°F [17℃].
　　If the yield point or yield strength for a 65 ksi [450MPa] minimum yield strength steel is more than 80 ksi [550 MPa] but not morethan 90 ksi [620MPa], the test temperature reduction is 15°F [8℃]. If the yield point is more than 90 ksi [620MPa] but not more than 100 ksi [690 MPa], the test temperature reduction is 30°F [17℃].
　　If the yield point or yield strength for a 70 ksi [485MPa] minimum yield strength steel is more than 85 ksi [585 MPa] but not more than 95 ksi [655MPa], the test temperature reduction is 15°F [8℃]. If the yield point is more than 95 ksi [655MPa] but not more than 105 ksi [725 MPa], the test temperature reduction is 30°F [17℃].

[D]　Not applicable.

附录 6-B　日 本 结 构 钢

1.《一般结构用轧制钢材》JIS-G 3101—15)

① 牌号及适用尺寸见表 6-B.1

牌号及适用尺寸　表 6-B.1

牌号	钢材	适用尺寸
SS330	钢板、钢带、扁钢及棒钢	—
SS400	钢板、钢带、型钢、扁钢及棒钢	—
SS490		
SS540	钢板、钢带、型钢及扁钢	厚度≤40mm[a]
	棒钢	直径、边长或对边距离≤40mm

注：棒钢包括盘条。

[a] 型钢的厚度应是 JIS G3192 中表 3 的 t 或 t_2 和表 4 的 t_2。

② 化学成分见表 6-B.2

化学成分　表 6-B.2

种类	化学成分，%			
	C	Mn	P	S
SS330 SS400 SS490	—	—	≤0.050	≤0.050
SS540	≤0.30	≤1.60	≤0.040	≤0.040

注：根据需要可添加上表中以外的合金元素。

③ 机械性能见表 6-B.3

机械性能　表 6-B.3

牌号	屈服点或屈服强度（N/mm²）				抗拉强度（N/mm²）	钢材厚度[a]（mm）	拉伸试样	伸长率（%）	弯曲试验		试样[c]
	钢材厚度[a]（mm）								弯曲角度	内侧半径	
	≤16	>16~40	>40~100	>100							
SS330	≥205	≥195	≥175	≥165	330~430	钢板、钢带、扁钢的厚度≤5	5 号	≥26	180	厚度的0.5倍	1 号
						钢板、钢带、扁钢的厚度>5~16	1A 号	≥21			
						钢板、钢带、扁钢的厚度>16~50	1A 号	≥26			
						钢板、扁钢的厚度>40	4 号	≥28[b]			
						棒钢的直径、边长或对边距离≤25	2 号	≥25	180	直径、边长或对边距离的0.5倍	2 号
						棒钢的直径、边长或对边距离>25	14A 号	≥28			

续表

牌号	屈服点或屈服强度（N/mm²）钢材厚度ᵃ⁾（mm）				抗拉强度（N/mm²）	钢材厚度ᵃ⁾（mm）	拉伸试样	伸长率（%）	弯曲试验		
	≤16	>16～40	>40～100	>100					弯曲角度	内侧半径	试样ᶜ⁾
SS400	≥245	≥235	≥215	≥205	400～510	钢板、钢带、扁钢型钢的厚度≤5	5 号	≥21	180	厚度的1.5 倍	1 号
						钢板、钢带、扁钢型钢的厚度>5～16	1A 号	≥17			
						钢板、钢带、扁钢型钢的厚度>16～50	1A 号	≥21			
						钢板、扁钢、型钢的厚度>40	4 号	≥23ᵇ⁾			
						棒钢的直径、边长或对边距离≤25	2 号	≥20	180	直径、边长或对边距离的1.5倍	2 号
						棒钢的直径、边长或对边距离>25	14A 号	≥22			
SS490	≥285	≥275	≥255	≥245	490～610	钢板、钢带、扁钢、型钢的厚度≤5	5 号	≥19	180°	厚度的2.0 倍	1 号
						钢板、钢带、扁钢、型钢的厚度>5～16	1A 号	≥15			
						钢板、钢带、扁钢、型钢的厚度>16～50	1A 号	≥19			
						钢板、钢带、型钢的厚度>40	4 号	≥21ᵇ⁾			
						棒钢的直径、边长或对边距离≤25	2 号	≥18	180°	直径、边长或对边距离的2.0倍	2 号
						棒钢的直径、边长或对边距离>25	14A 号	≥20			
SS540	≥400	≥390	—	—	≥540	钢板、钢带、扁钢、型钢的厚度≤5	5 号	≥16	180°	厚度的2.0 倍	1 号
						钢板、钢带、扁钢、型钢的厚度>5～16	1A 号	≥13			
						钢板、钢带、扁钢、型钢的厚度>16～40	1A 号	≥17			
						棒钢的直径、边长或对边距离≤25	2 号	≥13			
						棒钢的直径、边长或对边距离>25～40	14A 号	≥16	180°	直径、边长或对边距离的2.0倍	2 号

注：1N/mm²＝1MPa。

ᵃ⁾ 型钢的厚度为试样取样部位的厚度。圆钢的厚度指直径、方钢的厚度指边长、六角钢的厚度指对边距离。

ᵇ⁾ 厚度>90mm 的钢板，其 4 号试样的伸长率，厚度每增加 25.0mm 或不足 25.0mm，表 6-B.3 中的伸长率值允许减少 1%，但最多不超过 3%。

ᶜ⁾ 厚度≤5mm 钢材的弯曲试验也可采用 3 号试样。

2.《焊接结构用轧制钢材》JIS-G 3106—15

① 种类及牌号见表 6-B.4

种类及牌号 表 6-B.4

牌号	适用厚度[a]（mm）
SM400A SM400B	钢板[b]、钢带、型钢及扁钢　$T \leqslant 200$
SM400C	钢板[b]、钢带及型钢　$T \leqslant 100$ 扁钢[c]　$T \leqslant 50$
SM490A SM490B	钢板[b]、钢带、型钢及扁钢　$T \leqslant 200$
SM490C	钢板[b]、钢带及型钢　$T \leqslant 100$ 扁钢[c]　$T \leqslant 50$
SM490YA SM490YB	钢板[b]、钢带、型钢及扁钢　$T \leqslant 100$
SM520B	钢板[b]、钢带、型钢及扁钢　$T \leqslant 100$
SM520C	钢板[b]、钢带、型钢及扁钢　$T \leqslant 100$ 扁钢[c]　$T \leqslant 40$
SM570	钢板[b]、钢带及型钢　$T \leqslant 100$ 扁钢　$T \leqslant 40$

注：[a] 型钢的厚度参见 JIS G3192 的表 3 的厚度 t 或者 t_2，和表 4 的厚度 t_2。

　　[b] 经买方与受让方协商，钢板与薄板的适用厚度如下：

　　SM400A：$\leqslant 450$

　　SM490A：$\leqslant 300$

　　SM400B，SM400C，SM490B 和 SM490C：$\leqslant 250$

　　SM490YA，SM490YB，SM520B，SM520C 和 SM570：$\leqslant 150$

　　[c] 经买方与受让方协商，扁钢的适用厚度如下：

　　SM400C 和 SM490C：$\leqslant 75$

　　SM520C：$\leqslant 50$

② 化学成分见表 6-B.5

化学成分 表 6-B.5

Table 2　Chemical composition [a]

Unit：%

Symbol of grade	Thickness[b]	C	Si	Mn	P	S
SM400A	$\leqslant 50mm$	$\leqslant 0.23$	—	$\geqslant 2.5 \times C^{[c]}$	$\leqslant 0.035$	$\leqslant 0.035$
	$>50mm$ $\leqslant 200mm$	$\leqslant 0.25$				

续表

Symbol of grade	Thickness[b]	C	Si	Mn	P	S
SM400B	≤50mm	≤0.20	≤0.35	0.60 to 1.50	≤0.035	≤0.035
	>50mm ≤200mm	≤0.22				
SM400C	≤100mm	≤0.18	≤0.35	0.60 to 1.50	≤0.035	≤0.035
SM490A	≤50mm	≤0.20	≤0.55	≤1.65	≤0.035	≤0.035
	>50mm ≤200mm	≤0.22				
SM490B	≤50mm	≤0.18	≤0.55	≤1.65	≤0.035	≤0.035
	>50mm ≤200mm	≤0.20				
SM490C	≤100mm	≤0.18	≤0.55	≤1.65	≤0.035	≤0.035
SM490YA	≤100mm	≤0.20	≤0.55	≤1.65	≤0.035	≤0.035
SM490YB						
SM520B	≤100mm	≤0.20	≤0.55	≤1.65	≤0.035	≤0.035
SM520C						
SM570	≤100mm	≤0.18	≤0.55	≤1.70	≤0.035	≤0.035

注：a) 除本表规定的合金元素外可添加其他合金元素。

b) 型钢的厚度参见 JIS G3192 中表 3 的 t 和 t_2 和表 4 的 t_2。

c) 对 C 的值应采用熔炼分析值。

③ SM570 碳当量见表 6-B.6

SM570 碳当量　　　　　　　　　　　　　　　　　表 6-B.6

碳当量			
钢材厚度	≤50 mm	>50～100mm	>100mm
碳当量,%	≤0.44	≤0.47	由供需双方协议规定

SM570 的碳当量及焊接裂纹敏感性组分按下列规定确定：

(1) 碳当量要适合淬火加回火的钢材。碳当量的计算采用熔炼分析值，并按下列公式计算：

$$碳当量（\%）= C + \frac{Mn}{6} + \frac{Si}{24} + \frac{Ni}{40} + \frac{Cr}{5} + \frac{Mo}{4} + \frac{V}{14}$$

(2) 根据供需双方协议，可应用焊接裂纹敏感性组分来代替碳当量。

④ SM570 焊接裂纹敏感性组分见表 6-B.7

SM570 焊接裂纹敏感性组分　　　　　　　　　　　表 6-B.7

焊接裂纹敏感性组分			
钢材厚度（mm）	≤50 mm	>50～100mm	>100mm
焊接裂纹敏感性组分	≤0.28	≤0.30	由供需双方协议规定

注：焊接裂纹敏感性组分的计算采用熔炼分析值，并按下列公式计算：

$$焊接裂纹敏感性组分（\%）= C + \frac{Si}{30} + \frac{Mn}{20} + \frac{Cu}{20} + \frac{Ni}{60} + \frac{Cr}{20} + \frac{Mo}{15} + \frac{V}{10} + 5B$$

⑤ 进行控轧控冷的钢板碳当量见表 6-B.8

进行控轧控冷的钢板碳当量　　　　　　　　表 6-B.8

牌号		SM490A　SM490YA SM490B SM490YB SM490C	SM520B SM520C
适用厚度	≤50mm	≤0.38	≤0.40
	>50~100mm	≤0.40	≤0.42

注：厚度>100mm 的钢板碳当量，由供需双方协议规定。

⑥ 进行控轧控冷的钢板焊接裂纹敏感性组分见表 6-B.9

进行控轧控冷的钢板焊接裂纹敏感性组分　　　　表 6-B.9

牌号		SM490A　SM490YA SM490B SM490YB SM490C	SM520B SM520C
适用厚度	≤50mm	≤0.24	≤0.26
	>50~100mm	≤0.26	≤0.27

注：厚度>100mm 的钢板焊接裂纹敏感性组分，由供需双方协议规定。

⑦ 机械性能见表 6-B.10

机械性能　　　　　　　　表 6-B.10

牌号	屈服点或屈服强度及延伸率										
	屈服点或屈服强度[a]，N/mm²						抗拉强度，N/mm²		延伸率		
	钢材厚度，mm						钢材厚度[a]，mm		钢材厚度[a]（mm）	试样	%
	≤16	>16~40	>40~75	>75~100	>100~160	>160~200	≤100	>100~200			
SM400A SM400B	≥245	≥235	≥215	≥215	≥205	≥195	400~510	400~510	≤5	5 号	≥23
									>5~16	1A 号	≥18
									>16~50	1A 号	≥22
SM400C					—	—			>40[b]	4 号	≥24
SM490A SM490B	≥325	≥315	≥295	≥295	≥285	≥275	490~610	490~610	≤5	5 号	≥22
									>5~16	1A 号	≥17
									>16~50	1A 号	≥21
SM490C					—	—			>40[b]	4 号	≥23
SM490YA SM490YB	≥365	≥355	≥335	≥325	—	—	490~610	—	≤5	5 号	≥19
									>5~16	1A 号	≥15
									>16~50	1A 号	≥19
									>40[b]	4 号	≥21

续表

	屈服点或屈服强度、抗拉强度及延伸率										
牌号	屈服点或屈服强度，N/mm²						抗拉强度，N/mm²		延伸率		
	钢材厚度[a]，mm						钢材厚度[a]，mm		钢材厚度[a]（mm）	试样	%
	≤16	>16~40	>40~75	>75~100	>100~160	>160~200	≤100	>100~200			
SM520B SM520C	≥365	≥355	≥335	≥325	—	—	520~640	—	≤5	5 号	≥19
									>5~16	1A 号	≥15
									>16~50	1A 号	≥19
									>40[b]	4 号	≥21
SM570	≥460	≥450	≥430	≥420	—	—	570~720	—	≤16	5 号	≥19
									>16	5 号	≥26
									>20[b]	4 号	≥20

注：1N/mm²＝1MPa。

a) 对于型钢，钢产品的厚度需为试件所在位置厚度。

b) 对于钢材厚度＞100mm 的 4 号试样的延伸率，厚度每增加 25mm，从上表的延伸率值中减去 1%，但减少限度为 3%。

⑧ 夏比冲击见表 6-B. 11

夏比冲击　　　　　　　　　　　　　　　　表 6-B. 11

夏比冲击试样的吸收能（单位：J）			
序号	试验温度[a]，℃	夏比冲击试验的吸收能	试样
SM400B	0	≥27	
SM400C	0	≥47	
SM490B	0	≥27	
SM490C	0	≥47	
SM490YB	0	≥27	V 形口应沿轧制方向[b]
SM520B	0	≥27	
SM520C	0	≥47	
SM570	−5	≥47	

注：a) 测试温度低于表中规定的温度，可由供需双方协商确定。

　　b) 当在轧制方向和垂直轧制方向进行测试时，经需方同意可以省略轧制方向的测试。

3.《建筑结构用轧制钢》JIS-G 3136—12

① 钢材种类见表 6-B. 12

| 钢材种类 | 表 6-B. 12 |

钢种符号（mm）	
钢种符号	适用厚度
SN400A	钢板、钢带、型钢和扁钢：≥6～≤100
SN400B	钢板、钢带、型钢和扁钢：≥6～≤100
SN400C	钢板、钢带、型钢和扁钢：≥16～≤100
SN490B	钢板、钢带、型钢和扁钢：≥6～≤100
SN490C	钢板、钢带、型钢和扁钢：≥16～≤100

备注：根据供需双方协议，对钢板及扁钢进行超声波检验时，应在上表中的钢种符号之后，附加"—UT"符号表示。

例如：SN400B—UT　　SN490BN—UT

② 化学成分见表 6-B. 13

| 化学成分 | 表 6-B. 13 |

化学成分（%）						
钢种符号	C		Si	Mn	P	S
SN400A	6～100mm	≤0.24	—	—	≤0.050	≤0.050
SN400B	6～50mm	≤0.20	≤0.35	0.60～1.50	≤0.030	≤0.015
	50～100mm	≤0.22				
SN400C	16～50mm	≤0.20	≤0.35	0.60～1.50	≤0.020	≤0.008
	50～100mm	≤0.22				
SN490B	6～50mm	≤0.18	≤0.55	≤1.65	≤0.030	≤0.015
	50～100mm	≤0.20				
SN490C	16～50mm	≤0.18	≤0.55	≤1.65	≤0.020	≤0.008
	50～100mm	≤0.20				

注：根据需要可加入表中未列出的合金元素。

③ 碳当量（进行热加工控制的钢板除外）见表 6-B. 14

| 碳当量（进行热加工控制的钢板除外） | 表 6-B. 14 |

钢种符号	碳当量（%）	
	≤40mm	>40～100mm
SN400B	≤0.36	≤0.36
SN400C		
SN490B	≤0.44	≤0.46
SN490C		

注：1. 根据熔炼分析的成分值，按下列公式计算碳当量：

$$碳当量（\%）= C + \frac{Mn}{6} + \frac{Si}{24} + \frac{Ni}{40} + \frac{Cr}{5} + \frac{Mo}{4} + \frac{V}{14}$$

2. 经供需双方协议，可采用焊接裂纹敏感性组分替代碳当量。

④ 焊接裂纹敏感性系数（进行热加工控制的钢板除外）见表 6-B. 15

焊接裂纹敏感性系数（进行热加工控制的钢板除外）　　　表 6-B.15

钢种符号	焊接裂纹敏感性系数（%）
SN400B	≤0.26
SN400C	
SN490B	≤0.29
SN490C	

⑤ 碳当量（进行热加工控制的钢板）见表 6-B.16

碳当量（进行热加工控制的钢板）　　　表 6-B.16

钢种符号	碳当量（%）	
	≤50mm	>50～100mm
SN490B	≤0.38	≤0.40
SN490C		

⑥ 焊接裂纹敏感性系数（进行热加工控制的钢板）见表 6-B.17

焊接裂纹敏感性系数（进行热加工控制的钢板）　　　表 6-B.17

钢种符号	焊接裂纹敏感性系数（%）	
	≤50mm	>50～100mm
SN490B	≤0.24	≤0.26
SN490C		

⑦ 夏比冲击见表 6-B.18

夏比冲击　　　表 6-B.18

夏比吸收能			
钢种符号	试验温度a）（℃）	夏比吸收能（J）	试样
SN400B	0	≥27	V 形 轧制方向b）
SN400C			
SN490B			
SN490C			

注：a）测试温度低于表中规定的温度，可由供需双方协商确定。

　　b）当在轧制方向和垂直轧制方向进行测试时，经需方同意可以省略轧制方向的测试。

⑧ 机械性能见表 6-B.19

机械性能　　　表 6-B.19

屈服点或屈服强度、抗拉强度					
钢种符号	屈服点或屈服强度（a）（N/mm²）				抗拉强度（N/mm²）
	钢产品厚度（mm）				
	6 至 12 以下	12 至 16 以下	16	16 以上至 40	40 以上至 100
SN400A	235 最小	235 最小	235 最小	235 最小	215 最小
SN400B	235 最小	235～355（b）	235～355（b）	235～355	215～335	400～510
SN400C	不适用	不适用	235～355（b）	235～355	215～335
SN490B	325 最小	325～445（b）	325～445（b）	325～445	295～415	490～610
SN490C	不适用	不适用	325～445（b）	325～445	295～415

续表

屈强比和延伸率								
钢种符号	屈强比%					延伸率%		
						NO.1A 试样	NO.1A 试样	NO.4 试样
	钢产品厚度（a）（mm）					钢产品厚度（mm）		
	6 至 12 以下	12 至 16 以下	16	16 以上至 40	40 以上至 100	6 以上至 16	16 以上至 50	40 以上至 100
SN400A	—	—	—	—	—	≥17	≥21	≥23
SN400B	—	≤80（c）	≤80（c）	≤80	≤80	≥18	≥22	≥24
SN400C	不适用	不适用	≤80（c）	≤80	≤80	≥18	≥22	≥24
SN490B	—	≤80（c）	≤80（c）	≤80	≤80	≥17	≥21	≥23
SN490C	不适用	不适用	≤80（c）	≤80	≤80	≥17	≥21	≥23

注：$1N/mm^2 = 1MPa$。

a）型钢的情况下钢材厚度有以下制定。

1）H 型钢的尺寸见表 14 的 t_2。

2）山型钢、球型钢及 T 型钢的尺寸见表 6-B.13 的 t 或者 t_2。

3）工字钢和槽钢见表 6-B.13 的 t_1。

b）表 6-B.14 中 9mm 以下 H 型钢屈服和抗拉不适用。

c）表 6-B.14 中 9mm 以下 H 型钢屈强比上限是 0.85。

⑨ **厚度方向性能见表 6-B.20**

厚度方向性能　　　　表 6-B.20

钢种符号	钢材产品厚度（mm）	收缩率（%）	
		三个试验值的平均值	单个试验值
SN400C	≥16～100	≥25	≥15
SN490C			

⑩ **超声波检验见表 6-B.21**

超声波检验　　　　表 6-B.21

钢种符号	钢板及扁钢厚度（mm）	验收标准
SN400B	13 及 13 以上至 100	根据 JIS G0901 中规定的验收准则 Y 级
SN400C	16 及 16 以上至 100	
SN490B	13 及 13 以上至 100	
SN490C	16 及 16 以上至 100	

参考文献

[1]　钢结构工程施工质量验收标准：GB 50205—2020[S]. 北京：中国计划出版社，2020.

［2］　梯形钢屋架：05G511—2005［S］. 北京：中国建筑标准设计研究院，2005.

［3］　多、高层民用建筑钢结构节点构造详图：16G519—2016［S］. 北京：中国建筑标准设计研究院，2016.

［4］　轻型屋面梯形钢屋架：05G515—2005［S］. 北京：中国计划出版社，2005.

［5］　12m 实腹式钢吊车梁：05G514-1～4—2006［S］. 北京：中国建筑标准设计研究院，2006.

［6］　焊缝无损检测 超声检测 技术、检测等级和评定：GB/T 11345—2013［S］. 北京：中国标准出版社，2014.

［7］　钢结构焊接规范：GB 50661—2011［S］. 北京：中国建筑工业出版社，2012.

第 3 篇　焊接

第7章 焊 接 准 备

7.1 建筑钢结构焊接的一般规定

7.1.1 焊接的特点与焊接方法选择要求。

1. 焊接方法选择原则如下。

1）凡用于建筑钢结构的焊接方法，制造厂应在开工前进行工艺评定试验，其试验内容和结果均应得到业主及有关部门的认可。

2）选择建筑钢结构焊接方法，应在保证焊接质量的前提下，着重考虑焊接效率、经济性和焊接成本等方面因素。确定焊接方法时，应考虑以下问题：

（1）焊接构件的材质和板厚；

（2）接头的形状和坡口精度；

（3）焊接接头的质量和效率；

（4）焊接位置；

（5）进行焊接的场地和环境条件；

（6）焊接设备的费用和焊接成本。

2. 焊接效率概念与特点。

焊接作业的效率通常以熔敷速度和熔敷效率表示。熔敷速度一般以单位时间内（每分钟或每小时）焊接材料熔化成焊接金属的量（g/min）来表示；熔敷效率是指所用焊条或焊丝的重量与熔化成熔敷金属的重量之比（%），它表示焊接材料的利用率。图7.1.1-1是对各种常用焊接方法熔敷速度的比较。

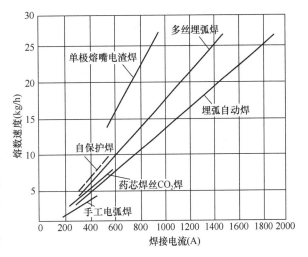

图 7.1.1-1 各种焊接方法的熔敷速度

如果熔敷速度和熔敷效率高，花费于焊接的时间（或称工时）和焊接成本就大为降低。以工时、焊接成本、再加电焊条或焊丝的价格和电费等，计算出焊接1m长焊缝所需的费用，即表示它的经济性。

3. 焊接的经济性及其影响因素。

1）焊接费用主要包括下列各项：

（1）焊接材料费，一般由焊条（焊丝）、保护气体（CO_2、Ar 等）和焊剂的价格构成；

（2）焊接工时费；

（3）电费；

（4）焊接设备的折旧费和利息；

（5）设备保养费。

2）不同焊接方法消耗焊接材料的多少与焊接接头和坡口形状有关，合理选择焊接接头形式和坡口形状，可以有效地节约焊接材料的费用。

4. 焊接质量的稳定性及保证方法。

确保焊接接头的可靠性即质量的稳定性，是保证焊接结构可靠性和安全性的先决条件。在焊接施工中，与焊条电弧焊相比，自动化焊接能够减少焊条电弧焊焊缝中出现的弧坑等缺陷，且出现缺陷的频率较低，其焊接接头的可靠性容易得到保证。同时，自动化焊接能显著提高焊接作业的效率，因而，应尽可能采用自动化焊接。

5. 焊接方法选择实例。

选择焊接方法时，必须综合分析焊接作业的效率、经济性和质量的稳定性。表7.1.1-1～表7.1.1-3分别给出了建筑钢结构中常见的箱形柱、"十"字形柱、"H"形柱在焊接时经常选用的焊接方法示例。

箱形柱的焊接　　　　　　　　　　　　　　　　　　　　　　表 7.1.1-1

名称	适用部位	焊接位置	焊接方法
隔板焊接	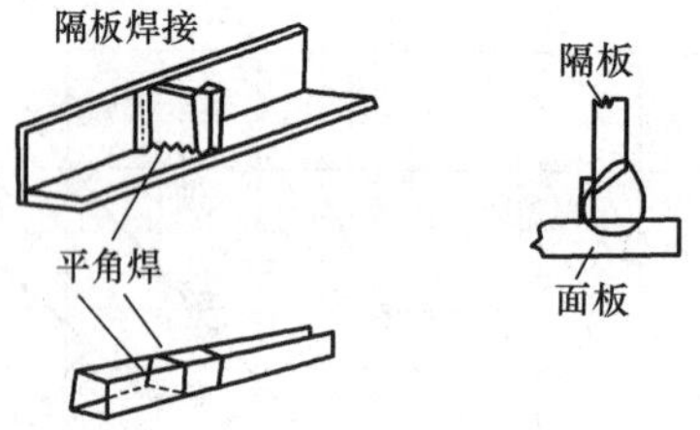	平角焊	实芯焊丝 CO_2 保护焊 药芯焊丝 CO_2 保护焊，焊条电弧焊
		立角焊	电渣焊（熔化嘴或非熔化嘴）
角端焊接	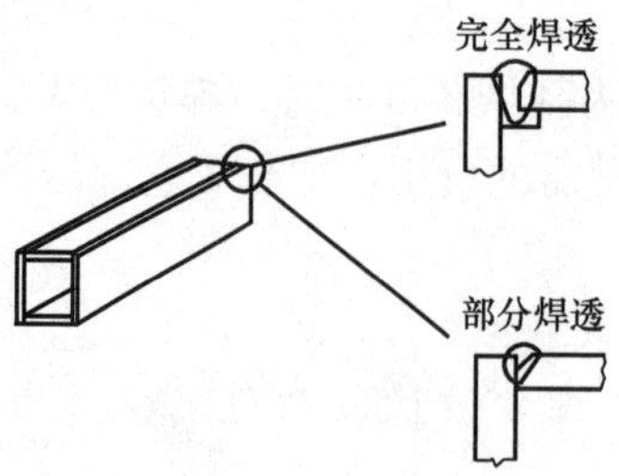	平角端接	实芯焊丝 CO_2 保护焊， 药芯焊丝 CO_2 保护焊， 埋弧自动焊

续表

名称	适用部位	焊接位置	焊接方法
接头和连接板等焊法	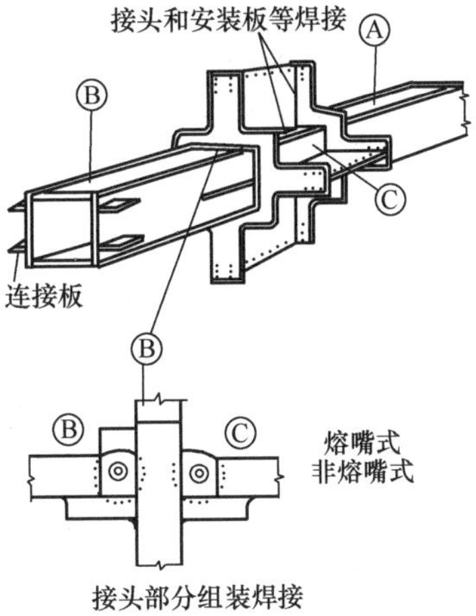 接头和安装板等焊接 连接板 熔嘴式 非熔嘴式 接头部分组装焊接	平角焊和船形角焊	焊条电弧焊，实芯焊丝 CO_2 保护焊，药芯焊丝 CO_2 保护焊
		平对接	焊条电弧焊，实芯焊丝 CO_2 保护焊，药芯焊丝 CO_2 保护焊
		立对接	焊条电弧焊，实芯焊丝 CO_2 保护焊，药芯焊丝 CO_2 保护焊，电渣焊（熔化嘴或非熔化嘴）
现场柱与柱焊接	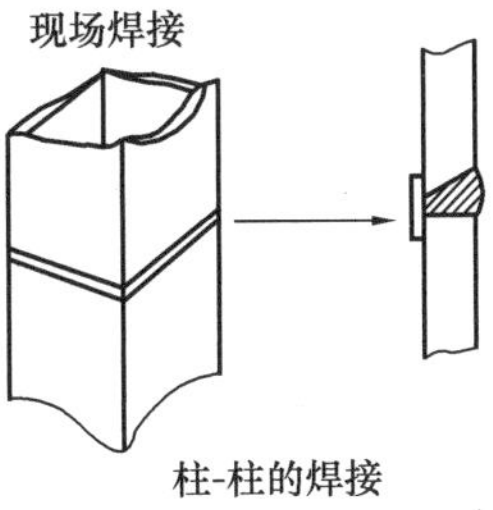 现场焊接 柱-柱的焊接	横对接	实芯焊丝 CO_2 保护焊，药芯焊丝 CO_2 保护焊，自保护半自动焊（药芯焊丝）

"十"字形柱的焊接　　　　表 7.1.1-2

名　称	适用部位	焊接位置	焊接方法
工字型钢组装焊接	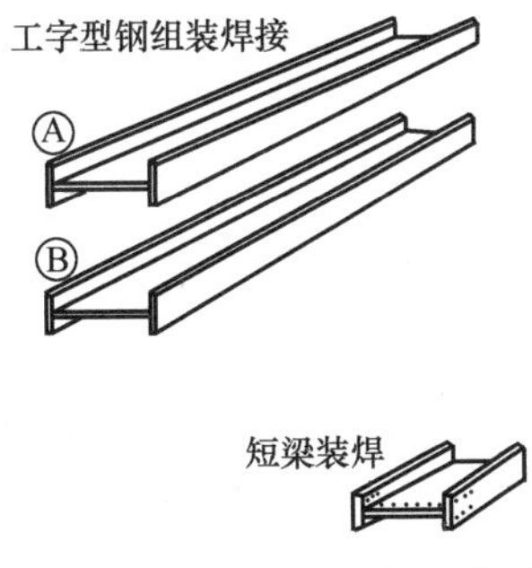 工字型钢组装焊接 短梁装焊	平角焊和船形角焊	埋弧自动焊；实芯焊丝 CO_2 保护焊；药芯焊丝 CO_2 保护焊；重力焊；焊条电弧焊
"十"字形柱组装焊接	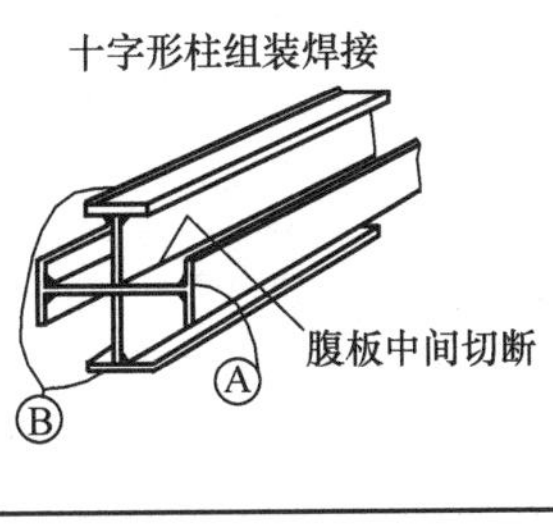 十字形柱组装焊接 腹板中间切断	平角焊和船形角焊	埋弧自动焊；实芯焊丝 CO_2 保护焊；药芯焊丝 CO_2 保护焊；重力焊；焊条电弧焊

续表

名　称	适用部位	焊接位置	焊接方法
工字型钢和牛腿焊接	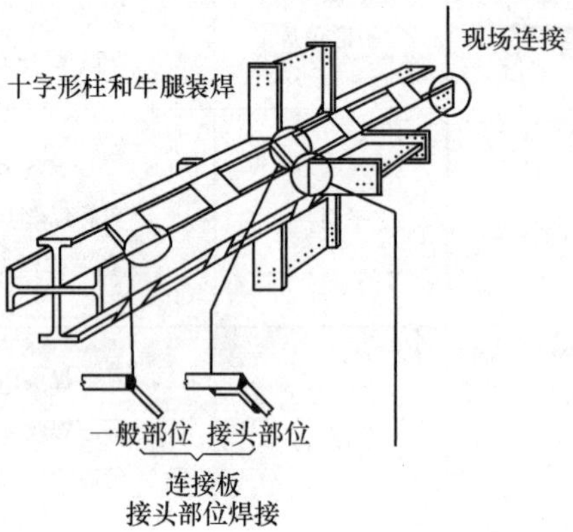 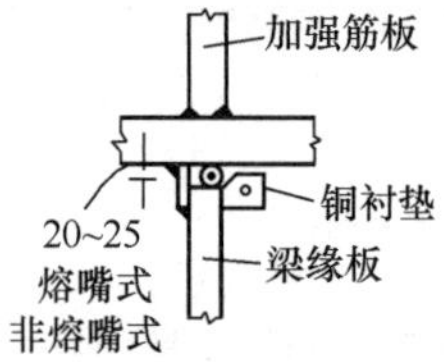 十字形柱和牛腿装焊 现场连接 一般部位　接头部位 连接板 接头部位焊接 加强筋板 铜衬垫 梁缘板 20~25 熔嘴式 非熔嘴式	平角焊和船形角焊	重力焊； 实芯焊丝 CO_2 保护焊； 药芯焊丝 CO_2 保护焊
		平对接	焊条电弧焊； 实芯焊丝 CO_2 保护焊； 药芯焊丝 CO_2 保护焊
		立角焊	焊条电弧焊； 实芯焊丝 CO_2 保护焊； 药芯焊丝 CO_2 保护焊
		立对接	焊条电弧焊； 实芯焊丝 CO_2 保护焊； 药芯焊丝 CO_2 保护焊； 电渣焊（熔化嘴或非熔化嘴）

H 形柱的焊接

表 7.1.1-3

名称	适用部位	焊接位置	焊接方法
H 形柱组装焊接	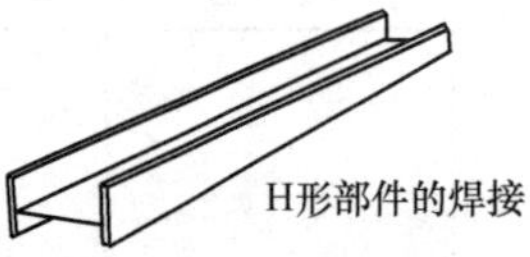 H形部件的焊接	平角焊和船形角焊	埋弧自动焊； 实芯焊丝 CO_2 保护焊； 药芯焊丝 CO_2 保护焊； 重力焊
接头和加劲板及角撑板等的焊接	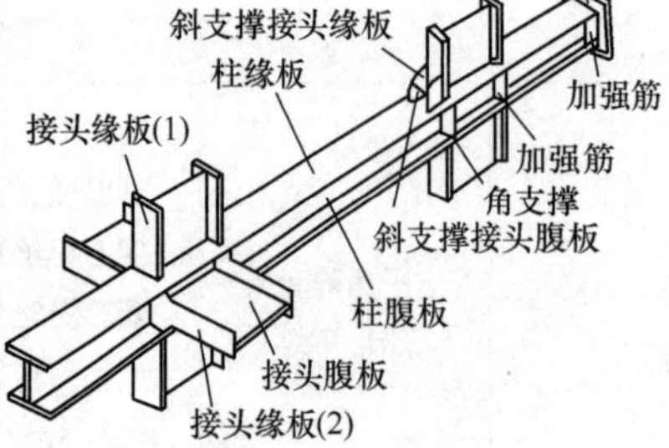 底座板 斜支撑接头缘板 柱缘板 接头缘板(1) 加强筋 加强筋 角支撑 斜支撑接头腹板 柱腹板 接头腹板 接头缘板(2)	平角焊和船形角焊	重力焊； 实芯焊丝 CO_2 保护焊； 药芯焊丝 CO_2 保护焊
		平对接	焊条电弧焊； 实芯焊丝 CO_2 保护焊； 药芯焊丝 CO_2 保护焊
		立角焊	焊条电弧焊； 实芯焊丝 CO_2 保护焊； 药芯焊丝 CO_2 保护焊

7.1.2　常用的焊接性试验方法。

1. 金属材料的焊接性试验分类。

金属材料的焊接性试验方法可分为工艺焊接性试验和使用焊接性试验。工艺焊接性试验主要是评定焊接接头产生工艺缺陷的倾向，一般进行裂纹试验；使用焊接性试验取决于服役条件和设计所提出的技术要求，通常有常规的力学性能（拉伸、弯曲、冲击等）以及根据不同要求进行的各种特殊试验（如高低温性能、抗脆断、抗腐蚀、疲劳等试验）。

每种焊接性试验只能说明焊接性的某一方面的问题。

2. 建筑钢结构中常用的工艺焊接性试验。

建筑钢结构中常用的工艺焊接性试验有：焊接热影响区最高硬度试验、斜 Y 形坡口焊接裂纹试验、刚性固定对接裂纹试验、搭接接头（CTS 可控热拘束）焊接裂纹试验、焊接用插销冷裂纹试验、十字形接头裂纹试验、纵向焊道弯曲试验等，不同试验的特点如下。

1）焊接热影响区最高硬度试验

适用于焊条电弧焊接，是以热影响区最高硬度来相对地评价钢材冷裂倾向的试验方法，试验包括以下内容：

（1）试件准备：试件的形状和尺寸分别见图 7.1.2-1 和表 7.1.2-1。试件的标准厚度为 20mm，若板厚超过 20mm，则须机械切削加工成 20mm 厚，并保留

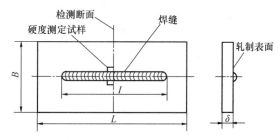

图 7.1.2-1　试件形状

一个轧制表面；若板厚小于 20mm，则无需加工。试件可采用气割下料。

试件尺寸（mm）　　　　　　　　　　　　　　　　表 7.1.2-1

试件名称	L	B	I
1 号试件	200	75	125±10
2 号试件	200	150	125±10

（2）试验条件：焊接前应采取适当的方法去除试件表面有害于焊接的水、油、铁锈及过厚的氧化皮。焊条原则上应适合于所焊的试件，直径为 4mm。焊接时，在试件两端要支承架空，试件下面要留有足够的空间。1 号试件2 号试件分别在室温下、预热温度下进行焊接。如图 7.1.2-1 所示，取平焊位置沿试件轧制表面的中心线焊出长 125±10mm 的焊缝。焊接规范原则上为：焊接电流 170±10A，焊接速度 150±10mm/min。试件焊后在静止的空气中自然冷却，不进行任何热处理。

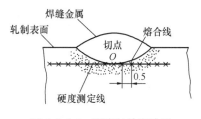

图 7.1.2-2　硬度的检测位置

（3）硬度测定：焊后至少要经过 12h 才能取测量硬度的试样，取后要尽快测试硬度。在室温下，如图 7.1.2-1 所示采用机械加工方法垂直切割焊缝中部，然后在此断面上取硬度的测量试样。切割时必须边冷却边加工，以免焊接热影响区的硬度因断面温度的升高而降低。硬度测量试样的检测面经研磨后，再加以腐蚀。然后如图 7.1.2-2 所示，划一条既切于熔合线底部切点 O，又平行于试板轧制表面的

直线。在此直线上每隔 0.5mm 进行室温下载荷为 100N 的维氏硬度测定，切点 O 及两侧各 7 个以上的点作为硬度的测定点。

（4）记录：记录内容包括试验的日期、时间和环境温度；试件钢号及化学成分、试件状态及其轧制方向；焊前试件温度、焊接电源种类、焊接极性、焊条牌号、焊条直径、焊条的烘干温度和时间、焊接电流、焊接电压和焊接速度；所有测定点的位置及其硬度值。

这种试验为国际焊接协会（IIW）采用，并规定 Hv＜350 作为评定标准。但对一些调质钢、低合金高强度钢，虽然焊接热影响区已超过 IIW 所规定的最高允许硬度值，但热影响区的韧性还是正常的。我国常用的低合金高强度钢所允许的最高硬度值，对 Q355、Q390、Q420 分别为 390、400、410。

2）斜 Y 形坡口焊接裂纹试验。

现行国家标准《金属材料焊缝的破坏性试验 焊件的冷裂纹试验 弧焊方法 第 2 部分：自拘束试验》GB/T 32260.2—2015 适用于（但不限于）碳钢和低合金钢焊接冷裂纹敏感性评定。试验最好用焊条自动送进装置施焊，它能按焊接工艺要求以一定的角度、速度送进焊条，并能控制运条方式和焊接规范，也可用手工焊条施焊，试验包括以下内容：

（1）试件准备：试件的形状和尺寸如图 7.1.2-3 所示，坡口采用机械切削加工。

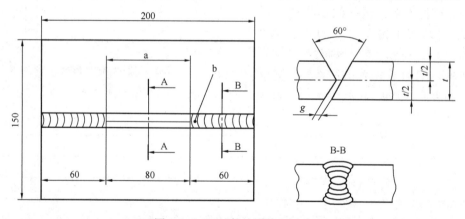

图 7.1.2-3　试件的形状和尺寸

（2）试验条件：试验所用的焊条原则上采用现行国家标准《非合金钢及细晶粒钢焊条》GB/T 5117—2012 和《热强钢焊条》GB/T 5118—2012 所列的、与试验钢材所匹配的焊条。焊条焊前要严格进行烘干。拘束焊缝采用双面焊接，注意不要产生角变形和未焊透。

试件达到试验温度后，原则上以标准的规定（焊条直径 4mm，焊接电流 170±10A，电弧电压 24±2V，焊速 150±10mm/min）进行试验焊缝的焊接。

试验材料的厚度一般不受限制。通过系列试验（板厚从 25mm 到 100mm 之间变动）得出裂纹发生的临界预热温度和拘束度之间的关系。板厚超过 50mm 时，仍可采用上述标准尺寸的试样，因为此时试验焊缝所受的拘束状态已达到饱和状态。

一般认为只要在斜 Y 形坡口对接裂纹试验中的裂纹率小于 20%（但不应有根部裂纹，弧坑裂纹不予计入），在焊接实际结构时就不会产生冷裂纹。

（3）试验步骤：按图 7.1.2-3 组装试件，然后焊接拘束焊缝和试验焊缝。当采用手工焊时，试验焊缝按图 7.1.2-4 所示方式焊接。当采用焊条自动送进装置焊接时，按图 7.1.2-5所示进行。焊完的试件经 48h 以后，才能开始进行裂纹的检测和解剖。

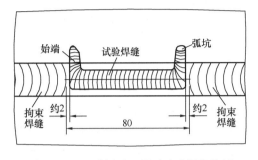

图 7.1.2-4　采用手工焊时试验焊缝位置

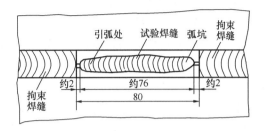

图 7.1.2-5　采用焊条自动送进装置焊接的试验焊缝位置

（4）计算方法：采用肉眼或其他适当的方法检查焊接接头的表面和断面是否有裂纹，并分别计算出表面裂纹率、根部裂纹率和断面裂纹率。

裂纹的长度或高度按图 7.1.2-6 所示进行检测。裂纹长度为曲线形状〔图 7.1.2-6（a）〕，按直线长度检测。裂纹重叠时不必分别计算。可采用公式（7.1.2-1）计算表面裂纹率。

$$C_t = \frac{\sum l_f}{L} \times 100\%\qquad(7.1.2\text{-}1)$$

式中　　C_t——表面裂纹率（%）；

　　　$\sum l_f$——表面裂纹长度之和（mm）；

　　　L——试验焊缝长度（mm）。

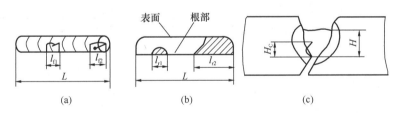

图 7.1.2-6　试样裂纹长度的计算

（a）表面裂纹；（b）根部裂纹；（c）断面裂纹

将试件采用适当的方法着色后拉断或弯断，然后按图 7.1.2-6(b) 检测根部裂纹，并按公式（7.1.2-2）计算根部裂纹率。

$$C_r = \frac{\sum l_r}{L} \times 100\%\qquad(7.1.2\text{-}2)$$

式中　　C_r——根部裂纹率（%）；

　　　$\sum l_r$——根部裂纹长度之和（mm）；

　　　L——试验焊缝长度（mm）。

对试件的 5 个横断面进行断面裂纹检查，按图 7.1.2-6(c) 的要求测出裂纹的高度，

用式（7.1.2-3）对5个横断面分别计算其裂纹率，然后求出其平均值

$$C_s = \frac{H_c}{H} \times 100\%$$ (7.1.2-3)

式中　C_s——断面裂纹率（%）；

H——试样焊缝的最小厚度（mm）；

H_c——断面裂纹高度（mm）。

5个横断面的位置可根据试验焊缝宽度开始均匀处与焊缝弧坑中心之间的距离四等分而确定。

（5）记录：记录内容包括：试验日期、时间、环境温度和湿度；试件钢号及化学成分、试件状态、试件厚度及其轧制方向；焊前试件温度、焊接电源种类、焊接极性、焊条牌号、焊条直径、焊条的烘干温度和时间、焊接电流、焊接电压和焊接速度；试件开始解剖时间和方法；裂纹长度及其裂纹率。

3）搭接接头（CTS可控热拘束）焊接裂纹试验。

现行国家标准《金属材料焊缝的破坏性试验 焊件的冷裂纹试验 弧焊方法 第2部分：自拘束试验》GB/T 32260.2—2015通过热拘束指数的变化来反映冷却速度对焊接接头裂纹敏感性的影响。主要适用于碳素钢和低合金钢焊接热影响区由于马氏体转变引起的冷裂纹敏感性评定。试验包括以下内容：

（1）试件制备：试件的形状和尺寸如图7.1.2-7所示。上板试验焊缝的两个端面须经机械切削加工（气割下料时，机械切削加工的余量为10mm以上），其他端面可采用气割下料。上板和下板的接触面以及下板试验焊缝附近的氧化皮、油、锈等均要打磨清除干净。常用的试板厚度为6～80mm，根据结构情况，上板和下板的厚度可以不同。

（2）试验步骤：按图7.1.2-7进行试件组装。先用螺栓把上板固定在下板上，然后用试验焊条焊接两侧面的拘束焊缝，每侧焊两道。待试件完全空冷至室温后，将试件放在隔热的平台上焊接试验焊缝。试验焊缝的焊接参数为：焊条直径4mm，焊接电流170±10A，电弧电压24±2V，焊速150±10mm/min。按图7.1.2-7先焊试验焊缝1，待试件完全空冷至室温后，更换焊条再焊试验焊缝2。焊后的试件在室温放置48h后，进行解剖。CTS试样的切取按图7.1.2-8虚线所示的尺寸进行机械切割，每条试验焊缝上取3块试样，共计6块。对各试样检测面要进行金相研磨和腐蚀处理，然后放大10～100倍检测有无裂纹，并测量裂纹的长度。

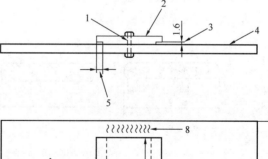

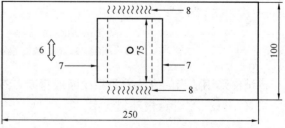

图 7.1.2-7　试件形状和尺寸

1—中孔（直径为13mm）；2—上板；3—根部缺口间隙；

4—下板；5—根部缺口深度；

6—板材的轧制方向；7—试验焊缝；8—拘束焊缝

（3）测量：在焊缝金属中如果发现根部裂纹的总长度越过了焊缝有效厚度的 5%，则试件无效，试验终止。如热影响区裂纹超过焊脚尺寸的 5%，则试验结果可定为开裂，焊脚尺寸的测量参照图 7.1.2-9。如果未发现裂纹．则检查所有的 6 个试面。上、下板材料不同时，如仅在下板出现热影响区裂纹，则试验无效。

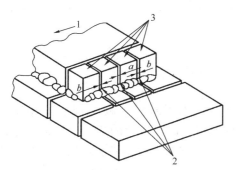

图 7.1.2-8　CTS 试样的切取

1—焊接方向；2—抛光面及裂纹检测面；

3—试样；

a、b—抛光面和裂纹检测面

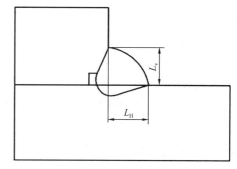

图 7.1.2-9　焊脚尺寸测量

（4）记录：记录内容包括：标准编号；试件种类；试件标识；试板、试件的材料；试件尺寸；焊接及试验条件；裂纹的长度及数量、硬度值及位置（必要时）；硬度（必要时）；扩散氢。

附：热拘束指数（TSN）的确定方法

本试验方法除用裂纹率作为评定指标外，还可采用热拘束指数（Thermal Severity Number，简称 TSN）作为评定指标。TSN 可根据热流方向数和试件厚度确定。由于这种试验方法建立初期采用的是 6.25mm（1/4″）厚钢板，所以，在确定 TSN 数时都以 6.25mm 板厚为基础。图 7.1.2-10（a）表示在厚 6.25mm 的板的端部试验焊缝，其热流方向数为 1，这时的热拘束指数规定为 1，用 $TSN=1$ 来表示。图 7.1.2-10（b）表示在厚 6.25mm 板的对接接头或在板厚为 12.5mm 试件的端部焊接时，前者热流方向数为 2，后者为 1。由于后者的板厚比前者大一倍，故两者的热拘束指数都规定为 2，用 $TSN=2$ 来表示。图 7.1.2-10(c) 和图 7.1.2-10(d) 表示 CTS 试件的热流方向数，第一条试验焊缝的热流方向数为 2，称为二向热流，第二条试验焊缝的热流方向数为 3，称为三向热流。利用式（7.1.2-4）及式（7.1.2-5）可求出不同

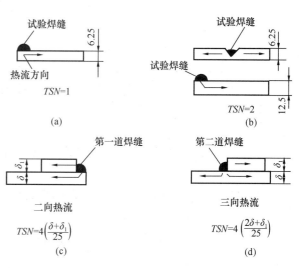

图 7.1.2-10　热拘束指数 TSN 的确定

板厚时的 TSN 值。

第一条试验焊缝　　　　　　　　　　$TSN = \dfrac{4(\delta + \delta_1)}{25}$　　　　　　　　　　(7.1.2-4)

第二条试验焊缝　　　　　　　　　　$TSN = \dfrac{4(2\delta + \delta_1)}{25}$　　　　　　　　　　(7.1.2-5)

式中　δ_1——上板厚度（mm）；

　　　δ——下板厚度（mm）。

4）插销冷裂纹试验。

现行国家标准《金属材料焊缝的破坏性试验 焊件的冷裂纹试验 弧焊方法 第 3 部分：外载荷试验》GB/T 32260.3—2015 用环形或螺形缺口试样进行的插销冷裂纹试验方法，适用于钢材焊接冷裂敏感性的评定。该标准规定了外载荷试验底板和试样的制备、尺寸、试验程序及要求。适用于（但不限于）碳钢和低合金钢焊接冷裂敏感性的评定。试验包括以下内容。

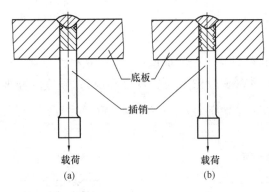

图 7.1.2-11　插销试验示意图

(a) 环形缺口试样；(b) 螺形缺口试样

（1）试验方法：插销冷裂纹试验把被试钢材加工成圆柱形试样，其上端有环形或螺形缺口。试验时把试样插入底板的孔中，并使带缺口一端的端面与底板表面平齐，然后在底板上垂直于底板纵向熔敷一焊道，尽量使焊道中心线通过插销端面中心，该焊道的熔深应保证缺口位于热影响区的粗晶区中。焊后在完全冷却以前，给插销施加一静拉伸载荷，见图 7.1.2-11。试验既可用启裂也可用断裂作为准则，试验测试定量参数包括预热温度、热输入、扩散氢含量及外加应力。试验所得的结果，可用以评定在选用的试验条件下被试验钢材的冷裂敏感性。

（2）试件制备：插销试样和底板应采用机械加工，加工时应注意防止材料过热和变形，试样要求如下：

① 环形缺口插销试样 [图 7.1.2-12(a)]。圆柱直径 $A = 8$mm（也可用 6mm），缺口深度 $t = 0.5 \pm 0.05$mm，缺口角度 $\theta = 40 \pm 2°$，缺口根部半径 $R = 0.1 \pm 0.01$mm。测试部分长度 l：在采用螺纹连接时应大于底板厚度，在采用夹头时则需大于底板与夹头厚度的总长。缺口与插销端面的距离应使焊道熔深与缺口根部所确定的平面相切或相交，但缺口根部圆周被熔透的部分不得超过缺口根部圆周的 20%，见图 7.1.2-13。

② 螺形缺口插销试样如图 7.1.2-12(b) 所示。圆柱直径 $A = 8$mm（也可用 6mm），缺口深度 $h = 0.5 \pm 0.05$mm，缺口角度 $\theta = 40 \pm 2°$，缺口根部半径 $R = 0.1 \pm 0.02$mm。测试部分长度 l：在采用螺纹连接时应大于底板厚度，在采用夹头时则需大于底板与夹头厚度的总长。缺口螺距 $P = 1$mm，螺纹总长度应保证粗晶区被包括在螺纹段内。在测试部分和夹持部分之间要有圆角，夹持部分可用螺纹或其他方式连接。插销在底板孔中的配合尺

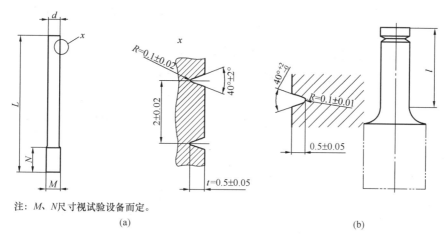

注：M、N尺寸视试验设备而定。

(a)　　　　　　　　　　　　　　(b)

图 7.1.2-12　插销试样形状和尺寸

(a) 环形缺口插销；(b) 螺形缺口插销

寸依式（7.1.2-6）为：

$$\phi A \frac{H10}{d10} \tag{7.1.2-6}$$

③ 底板材料应与被研究材料相同或两者热物理参数基本一致。底板厚20mm，面积200mm×300mm。底板钻孔数≤4，位置处于底板纵向中心线上，孔的间距为33mm，见图7.1.2-14。如果线能量大于20kJ/cm或有特殊需要时，经协商同意，可以增加底板的宽度、长度或厚度。焊后底板的平均温度不得比初始温度高出50℃，并需在报告中记录。

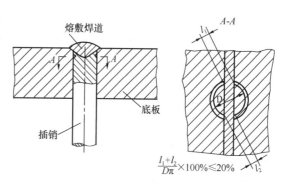

图 7.1.2-13　熔透比的计算

（3）试验程序如下：

① 焊接：按试验要求确定试验条件及有关待测试验参数。试验所用涂料焊条、药芯

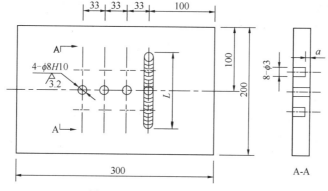

图 7.1.2-14　底板形状和尺寸

焊丝、实芯焊丝、保护气体及焊剂应符合相应标准。对试验性焊接材料应标明其规格、成分等有关技术参数。对于所使用的焊接材料，必须说明扩散氢含量及测氢的试验方法（一般按现行国家标准《熔敷金属中扩散氢测定方法》GB/T 3965—2012进行测氢），并在报告中说明。不预热试验时，试件的初始温度为室温；预热试验时，试件（插销及整个底板）的初始温度为预热温度。应测定 $800\sim500℃$ 的冷却时间，记录 $500\sim100℃$ 的冷却时间或 $T_{max}\sim100℃$ 的冷却时间。热循环应用置于焊缝或焊接热影响区的热电偶测定。测定点的最高温度不得低于 $1100℃$。每次测定值可表征同系列的试验，但需定期检查。插销在底板的位置见图7.1.2-15。

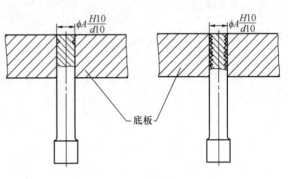

图7.1.2-15　试件装配

按试验所选用的焊接方法严格控制焊接规范，在底板熔敷一焊道，焊道长 $100\sim150mm$（同组试验中焊道长应相等）。焊道的焊接方向垂直于底板的纵向。

② 加载：插销应施加静态拉应力，加载时的温度（T_L）根据预热温度（T_V）决定。当预热温度 $T_V\leqslant100℃$ 时，加载温度应在 $100\sim150℃$ 之间；预热温度 $T_V>100℃$ 时，加载温度应高于预热温度 $50℃$。试件应逐渐加载，规定在 $20\sim60s$ 内上述温度范围内加至规定的载荷。试样加载完成后，至少应保持16h后方可卸载。如果在预热或预热加后热条件下试验时，载荷至少要保持24h。载荷应与环形缺口试样的缺口根部截面积及螺形缺口试样的缺口根部圆柱的垂直截面积有关。

③ 结果评定：插销可能在载荷持续时间内发生断裂，在这种情况下应记录插销承受载荷的时间。若未发生断裂，则将试件取下，可采用下列方法之一检测缺口根部可能存在的裂纹：沿插销焊道纵向截面进行金相检查，逐次检查几个截面，放大 $400\sim600$ 倍，确定是否有裂纹存在；用氧化方法将没有发生断裂的试件进行加热（$250\sim300℃$，保温1h），冷却后给插销施加纵向交变载荷，使插销与底板分离，检查断口表面，确定存在的裂纹；采用能给出等效信息的其他检测方法。

④ 试验报告记录内容包括：标准编号；底板和插销的标识；试件和插销材料（化学成分和力学性能）；插销尺寸（直径）；缺口种类（环形、螺形）；焊接及试验条件（焊接方法、焊接材料、扩散氢、焊接参数、预热、应力水平）；裂纹数量及长度，检测方法；破断时间、破断载荷（或持续时间）。试验准则：开裂或断裂；冷却时间（$t_{8/5}/t_{3/1}$）；硬度值。

5）十字形接头裂纹试验要求。

（1）试件制备：试样板形状和尺寸如图7.1.2-16所示。在可能的情况下，可以三种厚度的试样做试验，但也可使用任何厚度的试样板。试样板各部分

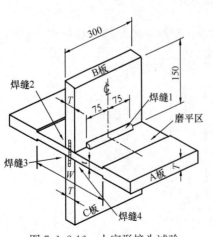

图7.1.2-16　十字形接头试验

尺寸按表7.1.2-2选择。

试板尺寸（mm）

表7.1.2-2

板厚	尺寸	A板的t尺寸最小	尺寸W最小
12A	300（300（12	11	76
12B，C	150（300（12		
25A	200（300（25	24	92
25B，C	100（300（25		
38A	200（300（38	36	107
38B，C	100（300（38		

首先应检查试样材料是否存在裂纹或夹层等缺陷。然后将A、B、C三块板用夹具夹紧，并在两端进行点固焊，点固焊完毕后拆掉夹具。

（2）试验步骤：按焊缝1、2、3、4次序进行焊接。如果在试验过程中发现焊缝金属中产生裂纹，则该焊条在这个试验中不宜使用。每道焊缝长度应为150mm，在平焊或船形位置焊单层填角焊，并要求四道焊缝焊接方向一致。弧坑部分须充分焊满。在试验过程中，要以适当方法检查试样板温度，每道焊缝施焊前试样板温度不得超过30℃。每一套试样的各道焊脚长度应保持一律（不得超过±0.8mm）。焊接规范为：电流210～220A；电弧电压19～20V；焊速130mm/min。试验完毕后须经48h的时效处理（在20℃以上的室温下），然后进行高温回火，以消除内应力。按图7.1.2-17所示方式以机械方法割出试片6块（这时应防止升温现象），磨片试样需以30倍放大检查热影响区的冷裂纹。

（3）裂纹计算公式为：

$$\frac{6个试片断面上的裂纹总长}{焊脚总长} \times 100\%$$

注：当焊脚长6mm时，4道焊缝脚长的总长度为48mm。在这种试验中，几乎经常在焊缝3的热影响区内产生裂纹，这是在焊接焊缝4时由于收缩应力引起的回转移动所造成的（图7.1.2-17）。这个试验用以鉴定防弹钢板（C 0.28%；Mn 1.65%；Si 0.14%；S 0.015%；P 0.014%；V微量；Ni微量；Cr 0.03%；Mo 0.053%）的可焊性。应该着重指出，这种试验的意图在于发现热影响区的冷裂纹，而并不在于检查焊缝金属内形成裂纹的倾向。这个试验方法与CTS试验比较，由于下述原因而认为它对裂纹形成敏感性比CTS试验方法为好：

① 易于受到H2的影响；

② 冷却速度大于CTS试验［图7.1.2-18(a)］；

③ 拘束度比CTS试验为严［图7.1.2-18(b)］。

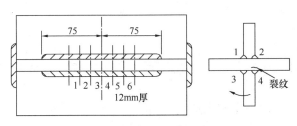

图7.1.2-17 截取磨片试样部位和回转变形作用

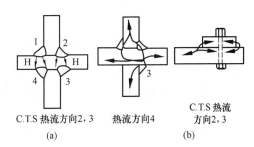

图7.1.2-18

(a) 氢的影响；(b) 冷却速度

（4）记录：试验时，为计算单位热能所需的焊接条件都应记录，主要包括：焊接电流、电弧电压、每道焊缝焊接的实际时间、焊速、焊条尺寸和焊条消耗量等。

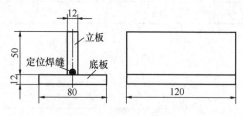

图 7.1.2-19 试件的形状和尺寸

6）T 形接头焊接裂纹试验。

适用于鉴定碳素钢和低合金钢 T 形角焊缝的热裂纹敏感性。也可以测定焊条及工艺参数对热裂纹的影响。试验包括以下内容：

（1）试件制备：试件的形状及尺寸如图 7.1.2-19 所示。

（2）试验材料：试验材料原则上采用符合现行国家标准《碳素结构钢》GB/T 700—2006 规定的 Q235-A 和 Q235-AF 钢。

（3）试验条件：试验用焊条的直径为 4mm。S1、S2 焊缝均采用船形焊位置进行焊接，见图 7.1.2-20。

（4）试验步骤：将试件的底板和立板贴紧，两端点焊固定。焊完一道拘束焊缝 S1 后，立即焊一道比 S1 焊缝厚度小的试验焊缝 S2。S2 的焊接方向与 S1 的方向相反。待试件冷却后，对试验焊缝 S2 采用肉眼或其他适当的方法如用放大镜（约放大 6 倍）观察，也可采用磁粉探伤或渗透探伤检查有无裂纹，并测量裂纹的长度。

（5）计算方法：按下式（7.1.2-7）计算裂纹率。

$$C = \frac{\sum L}{120} \times 100\% \qquad (7.1.2\text{-}7)$$

式中　C——裂纹率（%）；

　　$\sum L$——裂纹长度之和（mm）。

（6）记录内容包括：试验日期、时间、环境温度和湿度；试件钢号及化学成分，试件状态及其轧制方向；焊前试件温度、焊接电源种类、焊接极性、焊条牌号、焊条的烘干温度和时间、焊接电流、焊接电压和焊接速度；试件开始检测时间和方法；裂纹长度及裂纹率。

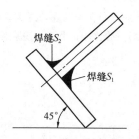

图 7.1.2-20 试验焊缝的焊接位置

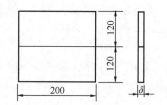

图 7.1.2-21 试件的形状和尺寸

7）压板对接（FISCO）焊接裂纹试验。

适用于评定碳钢、低合金钢、奥氏体不锈钢焊条及焊缝的热裂纹敏感性。试验包括以下内容。

（1）试件制备：试件的形状和尺寸如图 7.1.2-21 所示。试件的坡口形状为 I 形，采用机械切削加工。试验时，为避免焊接部位氧化皮的影响，试件对接坡口附近表面要进行打磨或机械切削加工。试验装置由 C 形拘束框架、齿形底座及紧固螺栓等组成，见

图 7.1.2-22。

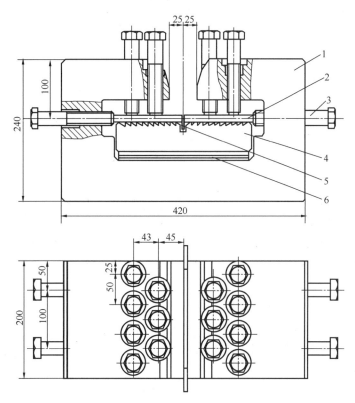

图 7.1.2-22 C 形拘束框架装配图

1—C 形拘束框架；2—试件；3—紧固螺栓；4—齿形底座；5—塞片；6—调整板

（2）试验步骤：将试件安装在图 7.1.2-22 所示的试验装置中，在试件坡口的两端按试验要求装入相应尺寸的塞片，以保证坡口间隙。坡口的间隙可在 0～6mm 范围内变化。将水平方向的螺栓紧固，紧到顶住试件即可。垂直方向的螺栓要用测力扳手，以 12000N・cm 的扭矩紧固好。按图 7.1.2-23 所示顺次焊接 4 条长约 40mm 的试验焊缝，焊缝间距约 10mm，焊缝弧坑原则上不填满。焊接结束后约 10min 将试件从试验装置内取出。试件冷却后，将试件焊缝轴向弯断，观察断面有无裂纹，并测量裂纹长度。

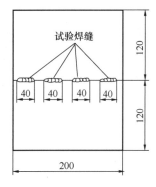

图 7.1.2-23 试验焊缝的位置

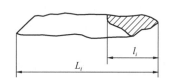

图 7.1.2-24 裂纹长度的计算

（3）计算方法：按图 7.1.2-24 所示对 4 条焊缝断面上所测得的裂纹长度用下列式（7.1.2-8）计算裂纹率。

$$C = \frac{\sum l_i}{\sum L_i} \times 100\%$$
（7.1.2-8）

式中　C ——裂纹率（％）；

　　　$\sum l_i$ ——四条试验焊缝的裂纹长度之和（mm）；

　　　$\sum L_i$ ——四条试验焊缝长度之和（mm）。

（4）记录内容包括：试验日期、时间、环境温度和湿度；试件的钢号及化学成分、试件状态、试件厚度及其轧制方向、塞片厚度；焊前试件温度、焊接电源种类、焊接极性、焊条化学成分或牌号、焊条直径、焊条的烘干温度和时间、焊接电流、焊接电压和焊接速度；试件检测时间和方法；裂纹长度及其裂纹率。

本节上述内容仅仅列出了部分工艺焊接性试验方法，在具体工程中，应根据产品情况和实际焊接接头的形式来选择合适的焊接裂纹试验方法。选择和应用裂纹试验方法时，应考虑以下几点：

① 材料消耗少，并且容易加工；

② 试验结果能够与实际生产联系得起来；

③ 人的因素对试验结果不敏感；

④ 能够有再现性；

⑤ 能够敏感地反映出试验条件的变化结果；

⑥ 试验方法适用于哪些焊接方法。

7.1.3　焊接接头性能及其影响因素。

1. 焊接接头的组成及基本属性。

1）焊接接头的定义和组成。

焊接结构中通过焊接方法将其中各零件连接起来的接头，称为焊接接头。一般的焊接接头包括三部分：母材、焊缝及热影响区，如图 7.1.3-1 所示。

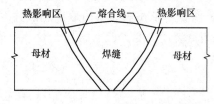

图 7.1.3-1　焊接接头的组成

2）焊接接头的基本属性。

焊缝金属是由焊接填充材料及母材熔化结晶而形成，其成分和组织不同于母材和填充金属。热影响区是焊缝旁的母材经焊接时的高温影响而组织和性能发生变化的部分。由于这部分受热程度不同，热场分布极不均匀，所以形成了不同的组织，因而有不同的性能，见图 7.1.3-2 和图 7.1.3-3。因此，焊接接头是一个成分、组织和性能都不一样的不均匀体，此外，焊接接头因形式和配置不同，又会产生不同程度的应力集中。所以，不均匀性和应力集中是焊接接头的两个基本属性。

3）焊接接头的温度分布及焊接热影响。

焊接热过程贯穿于整个焊接过程，一切焊接的物理化学过程都是在热过程中发生和发展的。图 7.1.3-4 是焊接热过程的示意图。

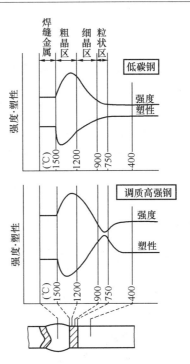

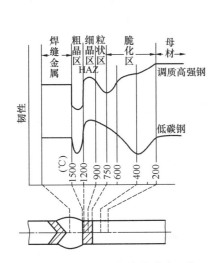

图 7.1.3-2　钢材焊接热影响区的
韧性分布

图 7.1.3-3　钢材焊接区热影响的
强度和塑性分布

焊接过程中的传热问题十分复杂，其特点主要表现在以下几个方面：

① 焊接热过程是局部性的；

② 焊接热过程是瞬时性的；

③ 焊接传热过程中的热源是相对运动的。

在焊接过程中，热源沿焊件移动时，焊件上某点温度随时间由低到高、达到最大值后又由高到低的变化称为焊接热循环。焊接热循环描述焊接过程中热源对母材金属的热作用，在焊缝两侧距焊缝远近不同点所经历的热循环不同，如图 7.1.3-5 所示。距焊缝越近的各点.加热的最高温度越高；距焊缝越远的各点，加热的最高温度越低。

在焊接热循环的作用下，焊缝两侧处于固态的母材发生明显组织和性能的变化区域称为热影响区（HAZ）。

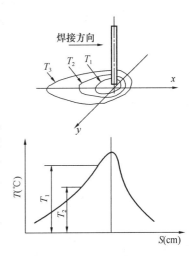

图 7.1.3-4　焊接热过程示意图

热影响区对焊接接头的组织和性能发生强烈的影响，往往给焊接带来不良效果。焊接接头的破坏一般由热影响区引起。对于不同类型的金属，会在热影响区的部位引起不同的组织和性能的变化，以致在局部位置产生硬化、软化或脆化等现象。特别是焊前经过热处理的母材金属，在焊接热影响区局部位置，焊前的强化处理效果总是或多或少要遭受到破坏的。

对于一般的结构钢来说，焊接热影响区大致可分为四个区域（如图 7.1.3-6 中的 1、

2、3、4）：

　　① 粗晶区（$T_s \sim T_{ks}$），又称过热区；

　　② 正常相变区（$T_{ks} \sim A_{c3}$），又称细晶区或正火区；

　　③ 部分相变区（$A_{c3} \sim A_{c1}$），又称不完全正火区；

　　④ 回火区（$A_{c1} \sim T_1$），又称再结晶区。

　　在实际焊接施工中，一般是通过合理地选择焊接工艺参数、严格控制焊缝熔合线处冷却时间值，以达到改善焊接接头热影响区的性能。冷却时间值 $t_{8/5}$ 是指由 800℃ 冷却到 500℃ 的时间值。

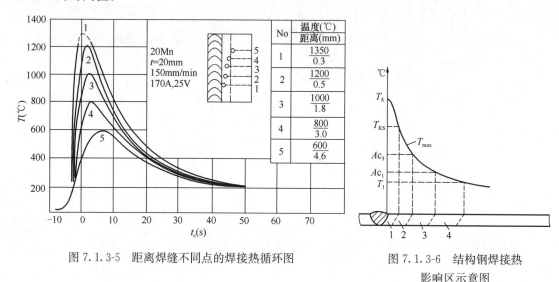

图 7.1.3-5　距离焊缝不同点的焊接热循环图　　　图 7.1.3-6　结构钢焊接热
　　　　　　　　　　　　　　　　　　　　　　　　　　　　　　影响区示意图

　　$t_{8/5}$ 段的曲线如图 7.1.3-7 中 $T = f(t)$ 所示。$t_{8/5}$ 值与熔合线处的临界转变温度及硬度的相互关系如图 7.1.3-8 所示。

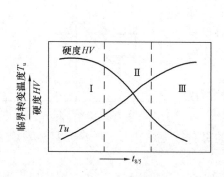
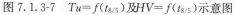
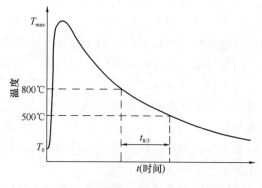

图 7.1.3-7　$Tu = f(t_{8/5})$ 及 $HV = f(t_{8/5})$ 示意图　　　图 7.1.3-8　电弧焊中的 $T = f(t)$ 曲线图

　　由图 7.1.3-8 中可以看出，$t_{8/5}$ 过于短暂，会使熔合线处硬度过高，出现淬硬裂纹；$t_{8/5}$ 过长，熔合线处的临界转变温度会升高。这两种情况均直接影响焊接接头的质量并进而影响整个焊接结构的工作可靠性，都是不利的。这时的 $t_{8/5}$ 值分别属于图 7.1.3-7 中的Ⅰ区及Ⅲ区。为了确保焊接接头的可靠性，必须将 $t_{8/5}$ 严格控制在Ⅱ区。

2. 影响焊接接头性能的因素。

结构件中的焊接接头，由于种种原因，其断裂强度、塑性等性能未必和母材相同，其主要原因是由于焊接区受到了热循环的影响，影响因素大体可分为以下力学和材质上的两类：

1）影响焊接接头性能的力学因素有：焊接缺陷、焊接裂纹、未焊透、接头形状的不连续性、焊缝余高过大、接头错边、焊接残余应力以及焊接残余变形等。焊接裂纹、熔合不良、咬边、夹渣、气孔等焊接缺陷，特别是焊接裂纹类平面缺陷，常常成为焊接接头破坏的起点，在制造钢结构时，应尽力通过材料的适当选择及提高焊接技术、质量管理技术、检查技术来减少这些焊接缺陷的出现。

此外，焊接接头内还存在焊缝增高、未熔合等接头特有的形状不连续性和因施工误差造成的错边等，这些形状的不连续性作为应力、应变集中源成为影响焊接接头性能的力学因素之一。另外，焊接接头必然存在焊接残余应力和焊接变形，这种残余应力和焊接变形的存在，常常造成在焊接区域局部设计时考虑的更大变形状态。所以，焊接残余应力及焊接变形，再加上焊接缺陷，特别是焊接裂纹、未熔合等平面缺陷的存在，对焊接接头的性能影响很大。

2）影响焊接接头性能的材质因素有：因焊接热影响导致的组织变化、热过程和应变过程的影响、焊后热处理及矫正变形等热加工造成的脆化。

焊接接头中的焊缝金属组织本来就不同于母材。此外，由于焊接热循环，使得与焊缝相邻的热影响区的金属组织也与母材不同，而邻接热影响区外侧部分，虽然不一定有组织变化，但在焊接热循环的过程中，由于经受复杂的塑性应变过程，也会造成材料的性质变化。由于焊接热影响的作用，接头各部分的力学性能也就与母材不同。另外，为了消除焊接残余应力和焊接变形的而进行的焊后热处理和线状加热等的矫正变形，也会使焊接接头各部分的材质恶化。以上原因，不管哪一种均会给焊接接头带来不均质性，会影响接头的性能。

上述决定焊接接头性能的力学、材质上的各种原因，在实际焊接接头中复杂的交错在一起，往往会给结构造成致命的破坏。表 7.1.3-1 为两者的相互关系。为确保结构不被破坏的安全性，应对影响焊接接头性能的力学和材质因素进行定量判定，同时也很有必要明确接头性能与设计、材料及加工的关系。

影响焊接接头性能的因素（○表示影响很大）　　　　　表 7.1.3-1

原因		母材性能	焊接材料性能	接头形式	焊接方法焊接规范	加工精度	焊后处理（焊后加热，消除变形）
力学因素	焊接缺陷	○	○	○	○	○	○
	接头形状不连续			○		○	
	残余应力、焊接变形	○	○	○	○	○	○
材质因素	组织变化	○	○		○		○
	热应变过程	○	○		○		○

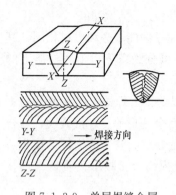

图 7.1.3-9 单层焊缝金属
的凝固组织

3. 焊接接头的力学性能。

1）焊缝金属的力学性能。

焊缝金属相当于把熔化金属浇注到母材金属铸型上，在冷却过程中，从接近母材的部分开始逐渐凝固，形成如图 7.1.3-9 那样生长的结晶。图 7.1.3-9 所示单道焊的组织为典型的柱状结晶。柱状结晶通常是与等温曲线成直角的方向长大（最大温度梯度的方向）。由于在凝固初期是从纯度较高的高熔点物质先开始凝固，所以，在最后凝固部分及柱状晶的间隙处便留下低熔点不纯物质。在多层焊时，对前一道焊缝要重新加热，其加热超过 900℃ 的部分，可消除柱状结晶，并使晶粒细化。因此，多层焊接的焊缝机械性能通常比单层焊时要好。

在实际焊接接头中，由于单层焊和多层焊、焊接方法、焊接热输入等的差别，其焊缝金属机械性能会有所不同，其要点如下：

（1）较低热输入的单道焊缝金属，由于急冷而导致硬化，并使强度上升。例如，采用低碳钢涂料焊条电弧焊时，用小焊脚尺寸的单道角接焊缝，其抗拉强度可达 540～590MPa。

（2）用现有焊接材料的焊缝金属强度等于或大于母材强度，特别是低强钢焊缝金属的屈服强度（0.2%弹性极限）比母材高得多，但延伸率却比母材差。

（3）增加焊接热输入，提高层间预热温度，则会由于冷却速度的降低，致使高强钢焊缝金属强度和韧性下降，强度尤其是屈服强度（0.2%弹性极限）的下降比较显著。从强度、韧性考虑，存在一个焊接热输入小和层间预热温度的上限。另一方面，从防止焊接裂纹考虑，又不需提高层间温度。对于这两个相互矛盾的要求，需要在实际焊接过程中认真调整。

2）热影响区的力学性能。

热影响区的力学性能取决于焊接热过程和应变过程，其一般情况如图 7.1.3-2、图 7.1.3-3所示，主要特点如下。

（1）热影响区的强度和塑性：普通电弧焊时，热影响区的宽度最大只有几毫米。力学性能的变化就发生在这几毫米内。根据试验结果（图 7.1.3-10、图 7.1.3-11），一般可以认为：

① 最高加热温度在 1200℃ 以上的粗晶粒区，其强度和硬度比母材高，而塑性下降。冷却速度越大，这一趋向越明显。由于钢材含碳量和热循环造成的马氏体量越多，塑性降低就越大。但根据试验结果可知，含碳量较低时（C 小于 0.15%），即使由于急冷造成 100% 的马氏体组织，塑性降低也比较小。因此，对于结构用高强钢，应该适当降低其含碳量。

② 最高加热温度在 700～900℃ 的区域，其屈服强度比母材低。这种倾向对调质高强钢特别明显。这是因为调质钢经淬火、回火热处理提高了强度，但因焊接加热的影响，而使板材在加热到高于回火温度而低于相变点温度的区域内，原来的回火马氏体因重结晶而消失。

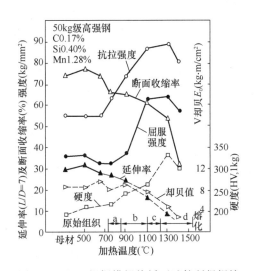

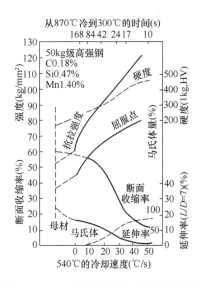

图 7.1.3-10　根据模拟热循环试件所得焊接
热影响区的机械性能

a—粒状区；b—细晶区；c—中间区；d—粗晶区

图 7.1.3-11　根据模拟热循环试件所得
冷却速度对焊接热影响区中粗晶粒区
（峰值温度 1300℃）机械性能的影响

③ 最高加热温度低于 700℃ 的区域，没有组织变化，因此，拉伸性能与母材无大的差异。

（2）热影响区的韧性：由图 7.1.3-2 及图 7.1.3-10 可以看出，焊接区附近的韧性（夏比冲击值）取决于该区域受到的热循环。有两个区域的韧性非常低，一个是最高加热温度 1200℃ 以上的粗晶粒区至熔合区，另一个是稍离焊接区的所谓脆化区，其中熔合区的韧性下降对焊接接头使用性能的影响更大。

受热影响的粗晶粒区内，晶粒粗大程度取决于钢在加热到 A_1 相变点以上的保温时间和 800℃ 降至 500℃ 的冷却时间。一般说来，焊接热输入越大，这些时间也越长，因而晶粒变得越粗，也就越容易使韧性恶化。

在相同热输入（或者同样的冷却条件）情况下，粗晶粒区组织取决于钢的成分，所以，焊接热输入对焊接熔合线处脆化的影响因钢种而异。对于低碳钢、50kg 级高强钢等较低强度的钢材，当进行单面埋弧焊及气电立焊、电渣焊等大热输入焊接时，一般会产生明显的熔合区脆化。80kg 级高强钢在采用大于 50kJ/cm 的热输入时，则熔合区的韧性会急剧恶化。所以，这种钢材在焊接施工时需要限制热输入。另外，为防止在大热输入焊接时的晶粒粗大倾向，须研制不易发生熔合区脆化的钢材。

（3）经受高温预应变钢材的强度、塑性、韧性：在焊接热循环过程中，焊接区由于受到热应力造成的塑性应变过程，也使力学性能发生变化。普通焊接接头，受过一次热循环的塑性应变大小约为 $\alpha(T_m-T_0)$（α 线膨胀系数；T_m 最高加热温度；T_0 初始温度）。对钢来说，该应变并不太大，约为 1‰ 数量级。但是，在多层焊那样的多次加热循环以及有初始裂纹等应力集中源的情况下，焊接接头会经受到很大的塑性应变过程，因此，导致强度、塑性、韧性发生变化。特别是在冷却到 400～200℃ 蓝脆温度时产生的塑性应变，使钢材的塑性和韧性下降。这种情况称为热应变脆化（hot straining embrittlement）。热应变脆化现象与钢材中的 C、N 等溶质原子的作用特性有关，特别是在低碳钢、50kg 级高强钢等的低强度钢材中，当钢中自由 N 原子较多时，就容易产生热应变脆化。

当钢材在 200～300℃ 的温度范围内受到塑性应变后，其在室温时的塑性明显降低，有时产生脆性断裂。

钢材的焊接热影响区，由于急冷和在冷到 400～200℃ 温度区间受到的塑性应变的作用，其屈服强度的上升通常比抗拉强度更为显著。因此，小于 10％ 的塑性应变过程造成的断裂塑性，即使并不很低时，而其均匀延伸率却会显著下降。

7.1.4　焊接应力与变形。

焊接时，焊接区附近因温度升高产生膨胀，继而因冷却产生收缩，这种温度变化通常只发生在焊接区附近的局部区域，在大多数情况下，不能随着温度的变化自由膨胀和收缩。因此，在焊接所引起的温度变化过程中，由于接头附近复杂的拘束而发生应力变化，冷却后部分应力被保留下来，并产生收缩和弯曲变形。

焊接冷却后被保留下来的应力叫焊接残余应力，加热冷却过程中产生的应力叫焊接瞬时应力。这两种应力统称为焊接应力，把焊接时产生的收缩和构件的扭曲变形统称为焊接变形。在框架结构和板结构中，由于每个构件焊接产生的收缩变形会受到周围构件的拘束作用，从而产生应力，这种应力称作拘束应力。

焊接应力与焊接变形对结构的影响及控制方法如下。

1. 焊接残余应力分布及其对结构的影响。

1) 典型焊接接头残余应力分布模式。

（1）两块板对接焊接时的应力图和应力分布状态如图 7.1.4-1～图 7.1.4-3 所示。

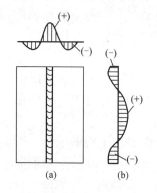

图 7.1.4-1　平板对
接焊应力图
（a）纵向应力；
（b）横向应力

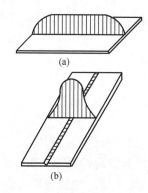

图 7.1.4-2　纵横向应力
分布状态
（a）纵向应力沿焊缝长度分布；
（b）横向应力沿板宽分布

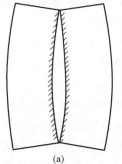
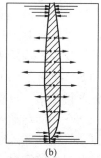

图 7.1.4-3　由板的纵向收缩引起
的横向应力分布
（a）变形趋势；（b）应力分布

（2）两块平板组成的 T 形梁的应力分布如图 7.1.4-4 所示。

（3）箱形结构的应力分布如图 7.1.4-5 所示。

（4）环形封闭焊缝残余应力分布如图 7.1.4-6 所示。

当一块开孔大板焊上一块嵌补圆板而呈环形封闭焊缝时（图 7.1.4-6），由于内板的收缩受到周围外板的约束，将产生高值残余应力，常常导致裂纹。图 7.1.4-7 为环形封闭焊缝内残余应力的典型分布，最大的切向应力 $\sigma_{\theta m}$ 高于最大的径向应力 σ_{vm}，在内板上不管 σ_v 是还是 σ_θ 都是拉应力，而且大体相等。

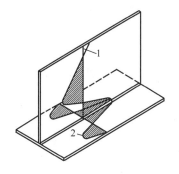

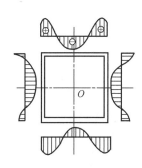

图 7.1.4-4　焊接 T 形梁的纵向应力　　　图 7.1.4-5　箱形结构的应力分布

1—腹板上的纵向应力；2—翼板上的纵向应力

图 7.1.4-8 表示圆形焊缝直径对残余应力的影响，现有工程数据是在厚度为 9mm、15mm 和 20mm 的钢板上采集得到的，图中显示圆板直径为 80～100mm 时产生的残余应力最大。

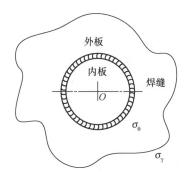

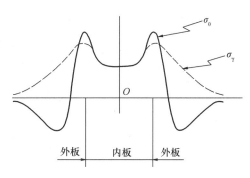

图 7.1.4-6　环形封闭焊缝　　　　　　　图 7.1.4-7　环形封闭焊缝

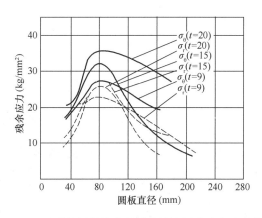

图 7.1.4-8　环形封闭焊缝直径对焊缝金属中残余应力的影响

（5）管子接头残余应力分布复杂，既有焊缝周向收缩产生的剪切力 Q 和弯矩 M，也有对接焊产生的角变形以及由此产生的弯曲。残余应力的分布受下列因素的影响：

① 管子的直径和壁厚；

② 接头设计（不开坡口对接或 V 形、X 形坡口等）；

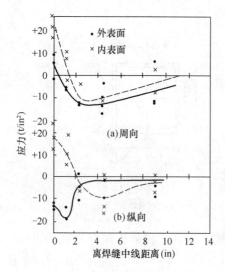

图 7.1.4-9　低碳钢管子环缝焊接后
的残余应力

曲线 1（实线）：正常加载速度；
曲线 2（虚线）：较快加载速度

③ 焊接工艺和顺序（若仅外侧焊或两侧焊以及由此产生的先焊外侧或先焊内侧等不同顺序）。

图 7.1.4-9 为长 762mm（30in）、直径 762mm、厚 11mm（7/16in）的低碳钢管环缝焊接收缩测得的残余应力。

2）焊接变形对结构的影响。

（1）焊接变形对结构强度的影响：如图 7.1.4-10 所示，静负荷时，即使局部已达到屈服，可通过材料的蠕变使应力趋向均匀，应力不再增加。冲击载荷时，随着冲击速度的提高，材料的强度极限和屈服点均有不同程度的提高，而屈服点的提高更为显著，如图 7.1.4-11 所示，这样屈服点接近强度极限，使材料的脆性增加，降低结构强度。

（2）对结构刚度的影响：结构中有残余应力时，如果与外界载荷产生的应力方向一致，应力叠加，则可能使该部分丧失进一步承载的能力，造成结构的有效截面积减小，从而增加了结构的变形，也即降低了结构的刚度，这对于尺寸精度要求较高的构件或对于受压构件的稳定性，应引起足够的重视。

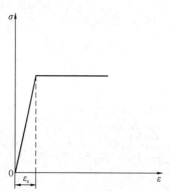

图 7.1.4-10　静负荷时的应力变化情况

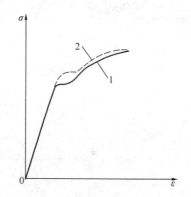

图 7.1.4-11　不同加载速度下的拉伸曲线

（3）对结构尺寸精度的影响：由于内应力总是处于平衡状态（图 7.1.4-12），则在机加工过程中，被切削掉的材料会释放该部分的内应力，破坏了原来的平衡状态，使得焊件产生新的变形，结构的尺寸精度就受到影响。因此，对有一定精度要求的焊件，如机座、齿轮箱等，应在加工前进行消除应力的热处理。

2. 焊接变形的基本形式、种类和影响因素。

焊件在焊后除产生一定的焊接应力外，通常还产生一定的焊接变形。对于低碳钢来说，焊接变形比焊接应力的危害更大。焊接变形的基本形式、种类和影响因素如下。

1）焊接变形的基本形式，表现为以下三种基本尺寸的变化，如图 7.1.4-13 所示：

（1）垂直于焊缝的横向收缩；

（2）平行于焊缝的纵向收缩；

（3）厚度方向的非均匀热分布造成绕焊缝旋转的角变形。

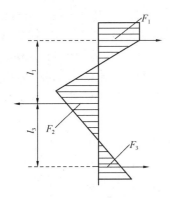

图 7.1.4-12　内应力图

图中：$F_1 + F_3 = F_2$（正负应力面积相等，处于平衡状态）

$F_1 \times l_1 = F_3 \times l_3$（对面积 2 的重心取力矩，$l_1$、$l_2$ 为 F_1、F_2 对面积 F_2 的重心力臂）

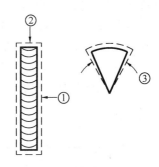

图 7.1.4-13　焊接变形的基本形式

①—横向收缩；②—纵向收缩；③—角变形

2）焊接变形的种类：从对结构的影响焊接变形可分为总体变形和局部变形。总体变形即整个焊件的尺寸或形状发生了变化，通常以纵向、横向收缩、弯曲变形和扭曲变形的形式出现（图 7.1.4-14）。局部变形是焊件因焊接引起的角变形和失稳波浪形变形，如图 7.1.4-15 所示。

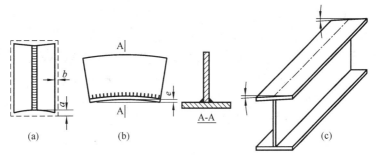

图 7.1.4-14　总体变形

（a）纵、横向收缩；（b）弯曲变形；（c）扭曲变形

a—纵向收缩；b—横向收缩；e—挠度

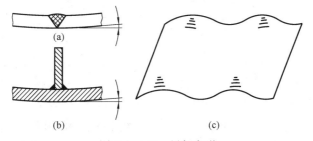

图 7.1.4-15　局部变形

（a）对接焊缝的角变形；（b）角接焊缝的角变形；（c）波浪形变形

3) 影响焊接变形的主要因素如下。

(1) 焊接热输入量的影响。

焊接热输入量越大,在焊接热循环过程中,焊缝附近母材受高温影响的范围也越大,冷却速度也减慢,塑性应变也增大,最终造成纵横向收缩变形加大。收缩变形因母材板厚而不同,但角变形量不一定如此变化。图 7.1.4-16 所示为厚 $\delta=6\sim20\text{mm}$、平面尺寸 200mm×200mm 的低碳钢板气体保护电弧焊试验中得出的结果,当单位体积焊缝热输入量 $Q/h^2>5000$（cal/cm³）时,有图 7.1.4-16 所示关系。据此结果,采用线能量小的焊接方法和焊接规范,可减小焊接变形。

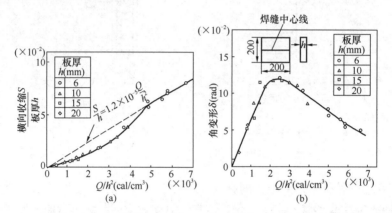

图 7.1.4-16　焊接热输入对低碳钢板的横向收缩和角变形的影响
(a) 横向收缩；(b) 角变形

(2) 金属熔敷量的影响。

坡口开得越大,熔敷量越多,横向收缩和角变形增大,图 7.1.4-17 为开坡口焊接时横向收缩和角变形与熔敷金属量的关系,图中虚线表示当量焊接热输入量 HW 由大减小

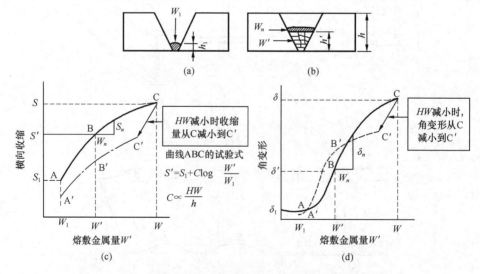

图 7.1.4-17　焊接热输入对低碳钢板的横向收缩和角变形的影响
(a) 第一层焊道；(b) 第 n 层焊道；(c) 横向收缩 S_n 随 W' 的增加而逐渐减小；
(d) 角变形 δ_n 在 W' 达到某值时有最大值

时的变形情况。

（3）坡口形状的影响。

不同形式的坡口对焊接变形的影响很大。一般情况下，熔敷量越多（如坡口、间隙的增大），变形相应增大。但不同的正反坡口形式，会有不同的影响结果。

图 7.1.4-18 表示在相同厚度板上的不同坡口形式的不同角变形。图中显示，在第一面（正面）焊时的中间阶段变形较大，在第二面（反面）焊时发生相反方向的变形。由于在第二面焊接时的角度变化增长较快，所以第一面（正面）焊接采用坡口稍大的试体，实验中（$h_1 + h_2/2$）与 h 之比近似为 0.6 的对接接头的角度变化为最小（图 7.1.4-19）。

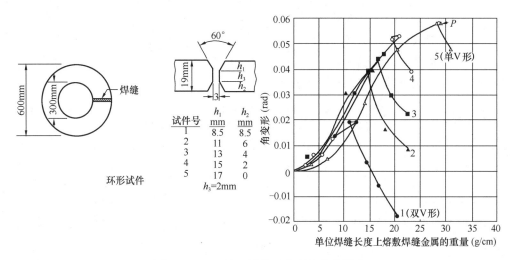

图 7.1.4-18　坡口形状对角度变化的影响

（4）拘束的影响。

采用外拘束来减少焊接变形是焊接结构制造中一个常用的方法。选择合适坚固的衬垫、夹具、夹紧装置和辊子可以减少焊接变形。随着拘束系数的增大，对接焊缝的横向收缩量减少，角焊缝的角度变化也减少。试验表明，采用适当的拘束可使收缩量减少约 30%。在钢结构中采用弹性预应变可以减少角焊缝的角度变化。

（5）其他影响。

影响焊接变形的因素很多，除上述外还有焊接工艺、焊接顺序、焊接层数、焊接条件以及材料的线膨胀系数等。在生产实践中，仔细考虑各种因素及其相互综合的结果，采取适当的措施，使焊接变形减至最小。

3. 焊接变形的估算方法。

1）纵向收缩量的估算方法如下。

（1）对接焊缝的纵向收缩量可按式(7.1.4-1)计算。

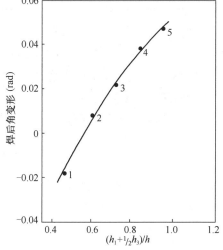

图 7.1.4-19　坡口形状对对接焊缝
角度变化的影响

$$\Delta L = 0.006 \frac{L}{S} \tag{7.1.4-1}$$

式中　ΔL——纵向收缩量（mm）；

L——焊缝长度（mm）；

S——板厚（mm）。

对接焊缝的纵向收缩量比横向收缩量小得多，最粗略的估计，每米最多收缩 1mm。

（2）角焊缝的纵向收缩量（单层焊）可按式（7.1.4-2）计算

$$\Delta L = \frac{K_1 A_w L}{A} \tag{7.1.4-2}$$

式中　ΔL——纵向收缩量（mm）；

A_w——焊缝截面面积（mm^2）；

A——构件截面面积（mm^2）；

K_1——修正系数，见表 7.1.4-1。

不同焊接方法和材料的 K_1 值　　表 7.1.4-1

焊接方法	CO₂焊	埋弧焊	手工焊	
材料	低碳钢	低碳钢	低碳钢	奥氏体钢
K_1	0.043	0.071～0.076	0.048～0.057	0.076

多层焊的纵向收缩量，将上式中 A_w 改为一层焊缝的面积，并将计算所得的纵向收缩量乘以系数 K_2 即可，K_2 按式（7.1.4-3）计算。

$$K_2 = 1 + 85\varepsilon_s n \tag{7.1.4-3}$$

式中　$\varepsilon_s = \sigma_s/E$；

n——焊缝层数。

对于两边有角焊缝的 T 形接头构件，由上述公式计算所得的收缩量再乘以系数 1.15～1.40，即为该构件的纵向收缩量，但式中的 A_w 系指一条角焊缝的截面面积。

必须指出，任意一个估算公式都是在一定条件下得出的，都是在一定范围内使用的，简单的公式往往忽略了许多影响因素，因而，得出的变形量只能是一个大致的数值，具体使用时，最好通过近似的模拟和经验确定。

2）横向收缩量的估算方法如下：

（1）对接焊缝的横向收缩量（单层焊）可按式（7.1.4-4）计算

$$\Delta B = 0.20 \times \frac{A_w}{\delta} + 0.05a \tag{7.1.4-4}$$

式中　ΔB——横向收缩量（mm）；

A_w——焊缝截面面积（mm^2）；

δ——板厚（mm）；

a——间隙（mm）。

当板厚小于 25mm 时，系数 0.2 改为 0.18（板吸收不了这么多的热量）。

当以板厚为主要依据时，可采用式（7.1.4-5a）和式（7.1.4-5b）计算：

$$\Delta B = 0.15\delta + 0.4 \text{（适用于 } \delta = 6 \sim 20\text{mm，V 形坡口）} \qquad (7.1.4\text{-}5\text{a})$$

$$\Delta B = 0.1\delta + 0.2 \text{（适用于 } \delta = 14 \sim 24\text{mm，X 形坡口）} \qquad (7.1.4\text{-}5\text{b})$$

式中　ΔB——横向收缩量（mm）；

　　　δ——板厚（mm）。

图 7.1.4-20 为对接焊缝的横向收缩与板厚的关系。

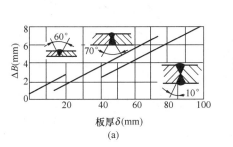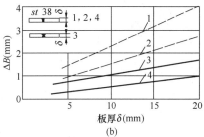

图 7.1.4-20　对接接头的横向收缩

（a）不同坡口不同厚度钢板焊接；（b）不同焊接方法不同厚度钢板焊接

1—气焊，60°V 形坡口；2—焊条电弧焊，60°V 形坡口；

3—埋弧焊，不开坡口；4—CO$_2$ 保护焊，30°V 形坡口

T 形全熔透对接焊缝（图 7.1.4-21）横向收缩变形的估算按式（7.1.4-6）计算。

$$\Delta B = \frac{0.1A}{t} \qquad (7.1.4\text{-}6)$$

在计算各种焊缝收缩时，横向收缩量是最重要的因素。对接焊缝横向收缩的主要部分由钢材收缩引起，焊缝金属本身的收缩大约只有实际收缩的 10%。对接焊缝横向收缩量粗略地估计约为焊缝平均宽度的 10%。

焊缝截面积应理解为接头融化部分的横截面积，而不只是熔敷金属的横截面积。

（2）角焊缝的横向收缩可按式（7.1.4-7）计算。

$$\Delta B = C \times \frac{K^2}{\delta} \quad \text{或 } \Delta B = C_1 \times \frac{K}{\delta} \qquad (7.1.4\text{-}7)$$

式中　ΔB——横向收缩量（mm）；

　　　δ——翼板厚度（mm）；

　　　K——焊脚高度（mm）；

　　　C——系数，单面焊时，$C = 0.075$，双面焊时，$C = 0.083$；

　　　C_1——系数，取 $C_1 = 0.04 \sim 1.02$。

T 形接头横向收缩ΔB，随焊脚 K 的增加而增加，随板厚δ的增加而降低（图 7.1.4-22）。

3）角变形的估算方法如下。

（1）对接焊缝的角变形。

对接焊缝的角变形，主要是由于横向收缩在钢板厚度上的分布不均匀造成的，并随着坡口截面形状的变化和角度的增大而增加，多层焊比单层焊的角变形大，多道焊比单道焊的角变形大，不同的焊缝堆焊方式对焊后的角变形都有影响。试验表明，对接焊缝焊后残留的角变形取决于板件两侧所熔敷的焊缝金属重量之比，可参见图 7.1.4-19。

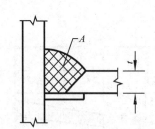
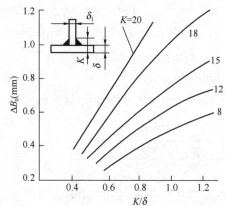

图 7.1.4-21　T 形全熔透对接接头　　图 7.1.4-22　T 形接头横向收缩与 K/δ 的关系

（2）T 形接缝的角变形计算公式。

T 形接缝的焊接试验表明，自由角焊缝上的变形为板厚和每单位焊缝长度上熔敷焊条重量的函数。采用直径 5mm 的涂料焊条焊接时，每单位焊缝长度上的焊条重量 ω（g/cm），可采用式（7.1.4-8）计算（图 7.1.4-23）：

$$\omega = \left(\frac{k^2}{2}\right) \times 10^{-2} \times \left(\frac{\rho}{\eta}\right) \approx 0.059k^2 \tag{7.1.4-8}$$

式中　k——焊脚尺寸（mm）；

　　　ρ——焊缝金属密度；

　　　η——熔敷系数，$\eta \approx 0.657$。

焊接试验得到，当翼板厚度为 9mm 左右时，得到的角度变化最大值。在板厚小于 9mm 时，角变形随板厚减少而降低，这是因为板件在厚度方向受热比较均匀，从而减少了弯矩的缘故。在板厚大于 9mm 时，随板厚的增加，角度变化量减少，原因是刚度增大。

T 形接缝翼板角变形的简单估算式（7.1.4-9）为（图 7.1.4-24）：

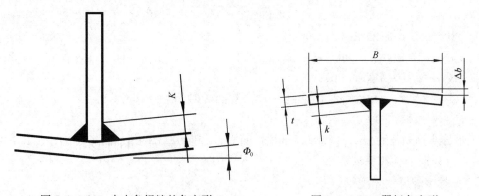

图 7.1.4-23　自由角焊缝的角变形 Φ_0　　　图 7.1.4-24　翼板角变形

$$\Delta b = 0.2 \times \frac{B \times k^{1.3}}{t^2} \text{（mm）} \tag{7.1.4-9}$$

式中　Δb——翼板角变形（mm）；

B——翼板宽度（mm）；

k——焊脚尺寸（mm），$k^{1.3}$ 值见表 7.1.4-2；

t——翼板厚度（mm）。

$k^{1.3}$ 值（mm）

表 7.1.4-2

焊脚高度（mm）	$k^{1.3}$	焊脚高度（mm）	$k^{1.3}$	焊脚高度（mm）	$k^{1.3}$
4	6.06	10	20	22	56
5	8.10	12	25.3	24	62.3
6	10.3	14	30.9	26	69.1
7	12.6	16	36.8	28	76.1
8	14.9	18	42.9	30	83.2
9	17.2	20	49.1		

4）纵向弯曲变形的估算方法如下。

构件的纵向变形是由作用在与构件中性轴有一定距离上的收缩力产生的，变形量受焊接的长度、收缩力矩的大小以及构件截面的惯性矩对弯曲阻力的影响，计算公式为式（7.1.4-10）。

$$\delta = 0.005 \frac{A_{\mathrm{w}} d L^2}{I} \tag{7.1.4-10}$$

式中　A_{w}——焊缝的总横截面面积（mm²）；

　　　d——焊缝金属重心与构件中心轴之间的距离（mm）；

　　　L——构件长度（mm）；

　　　I——构件惯性矩（mm⁴）；

　　　δ——构件弯曲程度，垂直变形量（mm）。

4. 焊接应力与变形的预防和控制。

焊接应力的预防，可从设计和工艺两个方面考虑。若设计上考虑仔细，比用工艺解决问题更便利；如果设计考虑欠缺，会在生产中带来附加工序，既延长了周期，又增加了成本。因此，重视设计措施是首要且根本的。对于不可避免的焊接变形，工艺措施就可起直接的作用。

1）焊接设计原则如下。

（1）选择合理的焊缝形式和尺寸。

在保证结构有足够承载能力的前提下，应尽量采用较小的焊缝尺寸。对于那些仅起联系作用且受力不大和按强度计算尺寸较小的角焊缝，应按板厚选择工艺上可能的最小尺寸。特别是角焊缝的角变形，因为与焊脚尺寸的 1.3 次方成正比，更需注意尽量减少焊脚尺寸。

（2）尽可能减少焊缝的数量。

焊接结构中的加劲板常用来提高结构的刚度和稳定性，若设计时适当增大壁板厚度，可减少加劲板数量，从而减少焊缝数量。对于自重要求不严格的结构，这样设计即使重量增加了，还是比较经济的。合理地选择加劲板的形状和布置，可减少焊缝并能提高加劲板的加劲效果。宜尽量采用大尺寸的板材，用型材或压筋板来代替焊接的梁，力求减少焊接接头的数量。

（3）合理安排焊缝位置。

焊缝对称于构件截面的中性轴，或使焊缝接近中性轴，都可减少弯曲变形。避免焊缝密集或布置在应力集中处，也不要布置在线型曲率较大的部位。

（4）力求力线平滑传递。

（5）不宜选用刚度太大的结构。

（6）在残余应力为拉应力的区域，应避免几何的不连续性。

（7）使用刚性小的接头形式，使焊缝有收缩的可能。

（8）焊接接头应处于同一截面或整条直线上，以免由于收缩不均匀而造成变形。

（9）由于焊缝单位长度上的纵向收缩远小于横向收缩，焊接接头应布置在与要求较小变形的方向平行。

（10）选取合理的焊接方法、接头形式和坡口形式，使焊接接头熔敷金属量尽量少，为此宜尽量采用埋弧焊、气体保护焊，减少手工焊接。

（11）对于有一定强度要求的角焊缝，从等强度出发，采用双面连续焊优于单面连续焊，而单面连续焊优于间断焊。对于无强度要求的角焊缝，从减小变形的角度出发，采用双面间断焊优于单面连续焊，而单面连续焊优于双面连续焊。

2）焊接工艺原则和控制变形措施如下。

（1）板材的原始状态应平整（薄板尤甚），以免强行组合，增大应力和失稳，导致变形。

（2）采用分部件装焊，使结构变形分散于各零件中，在总装时用余量补偿，力求最终的变形最小。易变形的零部件，先行组装，并予以矫正，然后总装。

（3）装配焊接时，使被焊构件能自由收缩。

（4）降低局部刚性，以减少焊接应力。

（5）增加构件的刚性，在夹固状态下焊接。

（6）刚性固定法是在没有反变形的情况下，将构件加以固定来限制焊接变形，用于防止角变形和波浪变形较好。薄板焊接时为了防止波浪变形，在焊缝两侧压紧固定，加压位置应尽量接近焊缝，压力保持高而均匀。

（7）反变形法采用反变形方法来抵偿结构中的焊后变形，如 T 形接头翼板预弯数值可按式（7.1.4-11）选取（图 7.1.4-25）。

$$C = \frac{KB}{30t} \tag{7.1.4-11}$$

式中　C——翼板预弯数值（mm）；

　　　K——焊脚高度（mm）；

　　　B——翼板宽度（mm）；

　　　t——翼板厚度（mm）。

当构件刚度过大（如大型箱形梁等），采用强制反变形有困难时，可先将梁的腹板在下料拼板时制成上挠形状，然后再进行装配焊接（如桥式起重机箱形大梁）。

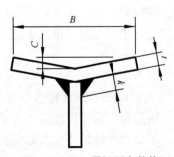

图 7.1.4-25　翼板预弯数值

（8）选用合理的焊接方法和规范，减少热输入量。采用能量密度高的焊接方法，如 CO_2 气体保护焊、等离子焊来代替手工焊和气焊进行薄板焊接，可减少或严格控制变形量。

（9）采用合适的坡口形式，减少坡口间隙，采用窄间隙焊，可减少熔敷金属量，降低热输入量，减少焊接变形。

（10）采用高熔敷率的焊条（如铁粉焊条）。

（11）尽量采用线能量较小的平焊焊接位置，在胎架上施焊。

（12）采用合适的焊条直径。采用小直径的焊条可以减小焊接应力和横向收缩，大直径的焊条可以减少焊缝层数和焊道数，减少角变形。

（13）选择合理的装配焊接次序。先焊不致对其他焊缝形成刚性约束的焊缝。在同一结构中，先焊收缩量较大的焊缝，以便在夹紧状态下焊接后续焊缝时产生的应力最小，一般来说，对接焊缝的焊接优于角焊缝的焊接。

（14）采用预热法，减少焊接温差，以减少焊接应力。

（15）锤击焊缝法，可使焊缝金属展开抵制焊缝冷却时的收缩，可减少 $1/4 \sim 1/2$ 的焊接应力。

5. 焊接残余应力与变形的处理方法。

虽然构件焊接可采取一定措施控制应力与变形，但最后还会存在一定的焊接应力和变形，有时甚至还很严重，超过规范的允许值，因此，需要进行应力消除或变形矫正。

1）焊接残余应力的处理方法。

工程的钢结构多承受静荷载结构，结构材料通常不是塑性较好的低合金结构钢，一般较少考虑焊接应力。但对于一些重要的、焊缝密集的厚板结构，必要时焊接后应进行消除焊接应力的热处理。对一般钢结构工程上常用的碳锰钢材料，消除焊接应力的热处理规范可参见图 7.1.4-26。

热处理保温时间可根据焊接处的材料厚度确定，但确定厚度时应考虑热处理的目的。若为消除焊接残余应力，则厚度应取为最大焊缝厚度；若为保持焊件在后续机加工时的尺寸稳定性，则厚度应取为焊件上的最大板厚。

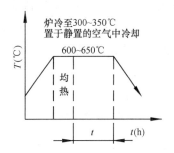

图 7.1.4-26　消除焊接残余应力
的热处理曲线
t—保温时间（h）；
T—加热温度（℃）

通过热处理消除焊接残余应力，其效果可达到减少 $50\% \sim 80\%$。

由于钢结构工程中的构件一般较大，进炉加热处理甚为困难，费用也较高，因此，目前较为现实且采用较多的降低焊接应力方法为用振动时效法，其效果可达到减少 $20\% \sim 50\%$。

2）消除焊接变形的矫正方法，主要为机械矫正和火焰校正以及两者相结合的矫正方法。

机械矫正法，利用机械力将部件缩短的部分通过压延使之伸长，从而补偿焊接时产生的缩短，达到消除变形的目的。火焰矫正法，利用火焰为热源，对较长部分的金属进行局部加热，使之产生压缩塑性变形，冷却时该金属缩短，从而达到校正变形的目的。

工程上广为应用的消除焊接变形的方法是火焰矫正法。此法不需专门的设备，仅使用一般的气焰炬，机动灵活，不受构件尺寸限制。正确选择加热位置、加热温度和加热范围，对火焰矫正的效果至为重要，特别是加热位置的选择，应使它所产生的变形方向最有效地抵消结构中的焊接变形。

加热温度必须控制，对于调质钢材，加热温度不得超过其最后回火温度下 30℃，或不大于 600℃；其他碳钢和低合金钢，加热温度不应超过 850～900℃。现场操作一般以目测加热部分的颜色来判断大致的加热温度（表 7.1.4-3）。

钢材不同加热温度时呈现的颜色　　表 7.1.4-3

颜色	温度（℃）	颜色	温度（℃）
黑色	470 以下	亮樱红色	800～830
暗褐色	520～580	亮红色	830～880
赤褐色	580～650	黄赤色	880～1050
暗樱红色	650～750	暗黄色	1050～1150
深樱红色	750～780	亮黄色	1150～1250
樱红色	780～800	黄白色	1250～1300

加热区的形状主要有点状、条状和三角形三种形式。

点状加热：在金属表面加热成一圆点（一般直径不小于 15mm），加热后可获得以点为圆心的均匀径向收缩效果，适合薄板焊接后的波浪形变形。若为增大效果，可以多点（以梅花状均匀分布）加热（图 7.1.4-27）。

条状加热：火焰沿直线方向移动，连续加热金属表面形成一条加热线。若在移动过程中横向摆动，可形成一定宽度的加热带，则有较大的横向收缩，可用于变形量大、刚性强的结构（图 7.1.4-27）。

三角形加热：加热区为三角形，适用于矫正弯曲变形的构件（图 7.1.4-28）。

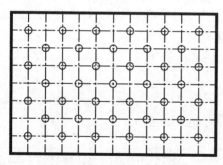

图 7.1.4-27　多点加热分布

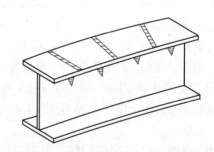

图 7.1.4-28　工字梁上拱弯曲变形的条状和三角形状相结合的火焰加热矫正

7.2　焊接连接的设计和焊缝符号

7.2.1　焊接连接的一般规定和焊接连接细则。

1. 焊接连接的一般规定。

1）由制作单位完成的施工详图须经原设计单位确认，当需要修改设计、施工详图（包括使用材料）时，须经原设计单位书面确认。

2）施工详图或技术文件应对焊接细节做出下列规定：

（1）母材的钢号、规格、厚度与等级；

（2）焊缝的位置、形式、尺寸和范围；

（3）焊材与焊缝级别；

（4）工厂焊还是施工工地焊；

（5）非标准的焊缝细节；

（6）焊接工艺评定标准（或规定使用的焊接标准）；

（7）焊工资格认证标准以及管理规定；

（8）相关设计标准；

（9）检验的方法、范围、评判标准和合格等级，以及任何特殊的检验要求；

（10）焊接接头质量要求；

（11）焊接方法；

（12）其他能影响到焊接接头的特殊要求。

2. 焊接连接细则。

1）通则。

（1）焊接连接设计，必须满足产品结构引用的技术条件关于强度和刚性或柔性的要求。

（2）焊接接头要求冲击韧性时，除填充金属等级满足规定温度的最低冲击值外，评定的焊接工艺规程（WPS）中焊缝金属及热影响区冲击值均需满足韧性要求。

2）允许的焊缝类型：焊接连接是指对接焊缝、角焊缝、塞焊缝、槽焊缝或这些焊缝的两个或更多不同类型的组合焊缝。

3）对接焊缝要求。

（1）焊缝尺寸：完全焊透的对接焊缝尺寸，应取较薄件的厚度；全焊透的 T 形接头或角接接头的对接焊缝的尺寸，应取端部抵靠另一部件表面的部件的厚度。设计计算时，严禁将焊缝余高作为对有效面积的增加。部分熔透对接焊缝的尺寸，应是焊缝从其表面伸展到接头中所达到的最小深度，不包括余高，其坡口焊缝最小尺寸，必须不小于表7.2.1-1 中规定的 E 值。如果接头含两条焊缝，其尺寸应为两条焊缝深度的组合。

部分熔透的最小焊缝尺寸　　　　　　　　　表 7.2.1-1

母材厚度 t（mm）	最小焊缝尺寸 E（mm）	母材厚度 t（mm）	最小焊缝尺寸 E（mm）
3～5	2	20～38	8
5～6	3	38～57	10
6～12	5	57～150	12
12～20	6	＞150	16

注：参考美国《钢结构焊接规范》AWSD1.1—2020，表5.5。

（2）焊喉设计厚度要求。

① 全焊透对接焊缝的焊喉设计厚度，应为较薄部件的厚度。

② 部分焊透坡口焊缝焊喉的设计厚度如下：

α＜60°时，取 S——3mm

$\alpha \geqslant 60°$ 时，取 S

其中，S——坡口深度，α——坡口角度。

（3）有效长度要求。

① 任何坡口焊缝的最大有效长度，不论其取向，必须为垂直于应力方向的被连接件的宽度。对于传递剪力的坡口焊缝，有效长度为规定的长度。

② 对接焊缝的有效长度，是指连续足尺寸焊缝的全长度。

（4）有效面积：对接焊缝的有效面积，是指有效长度与焊喉设计厚度的乘积。

（5）厚度或宽度的过渡：受拉（拉应力大于抗拉设计强度的 1/3 以上）的不等厚（厚度差在 4mm 以上）或不等宽沿轴线对接部件间的对接接头，必须将厚板（或宽度方向）从一侧或两侧削斜，使成过渡不超过 1：2.5 的坡度，见图 7.2.1-1。

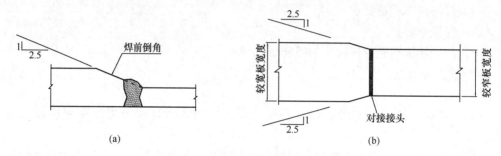

图 7.2.1-1　不同厚度或宽度的过渡
（a）厚度的过渡；（b）宽度的过渡

对于屈服强度大于 620MPa 的钢材，不等宽度零件间的对接接头必须做成最小半径为 600mm、以接头为中心相切于较窄零件的过渡，见图 7.2.1-2。

对承受动载荷且需要进行"疲劳"计算的结构连接，则其过渡坡度应为 1：4。

4）角焊缝要求。

（1）焊缝尺寸：角焊缝的尺寸即为焊脚尺寸。角焊缝应熔合到焊缝根部（即为熔合到直角顶点），但不需超过。如果根部间隙超过 2mm，则角焊缝焊脚尺寸须按根部间隙超差值而增加。

（2）焊喉：焊喉即焊缝的有效焊缝厚度，从接头的根部到焊缝面的最短距离，见图 7.2.1-3。

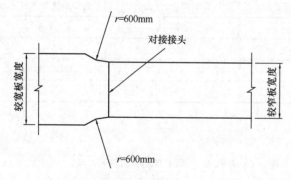

图 7.2.1-2　对屈服强度大于 620MPa 的钢材
不等宽度零件间对接时的过渡方式

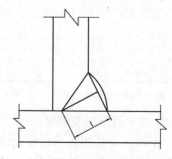

图 7.2.1-3　角焊缝有效焊缝厚度

（3）有效长度要求。

① 直线角焊缝的有效长度，是指正式尺寸角焊缝的全长，包括端部的绕焊，其有效长度不应因焊缝的起讫端有凹陷而减少。

② 弯曲角焊缝的有效长度，应沿有效焊缝厚度的中心处测算。

③ 角焊缝的最小有效长度，必须至少是焊脚尺寸的 4 倍，或焊缝的焊脚尺寸应不超过其有效长度的 25%。

④ 断续角焊缝各段的最小长度不小于 38mm。

⑤ 角焊缝最大有效长度应符合下列规定：

a. 长度不超过 100 倍焊脚尺寸的端部荷载角焊缝，其有效长度等于实际长度。

b. 端部荷载角焊缝长度超过焊缝尺寸 300 倍时，其有效长度等于焊脚尺寸的 180 倍。

c. 角焊缝长度超过焊脚尺寸 100 倍、低于 300 倍时，有效长度按式（7.2.1-1）等于实际长度乘以 β（折减系数）：

$$\beta = 1.2 - 0.2\left[\frac{L}{1000W}\right] \tag{7.2.1-1}$$

式中　L——端部荷载焊缝的实际长度（mm）；

　　　W——焊脚尺寸（mm）。

（4）有效面积：角焊缝的有效面积，应是有效焊缝长度和有效焊缝厚度的乘积。

（5）角焊缝的最小尺寸，严禁小于传递施加荷载所需的尺寸，并满足表 7.2.1-2 的规定。

角焊缝最小焊脚尺寸（mm）　　　　　　　　　　　　　　　　　表 7.2.1-2

母材厚度 t	角焊缝的最小尺寸 h_f	母材厚度 t	角焊缝的最小尺寸 h_f
$t \leqslant 6$	3	$12 < t \leqslant 20$	6
$6 < t \leqslant 12$	5	$t > 20$	8

注：1. 采用不预热的非低氢焊接方法进行焊接时，t 等于焊接接头中较厚件厚度，宜采用单道焊缝；采用预热的非低氢焊接方法或低氢焊接方法进行焊接时，t 等于焊接接头中较薄件厚度；

　　2. 焊缝尺寸不要求超过焊接接头中较薄件厚度的情况除外；

　　3. 承受动荷载的角焊缝最小焊脚尺寸为 5mm；

　　4. 选自《钢结构焊接规范》GB 50661—2011 第 5.4.2 条。

（6）搭接接头中沿边缘的角焊缝最大尺寸要求。

① 对于厚度不大于 6mm 的板材，沿板材边缘的角焊缝最大尺寸应为材料的厚度 [见图 7.2.1-4(a)]。

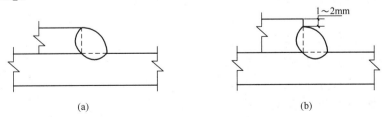

（a）　　　　　　　　　　　　　　　　（b）

图 7.2.1-4　搭接接头中沿边缘的最大角焊缝尺寸

（a）母材厚度小于等于 6mm 时；（b）母材厚度大于 6mm 时

② 对于厚度大于 6mm 的板材，沿板材边缘的角焊缝最大尺寸应为材料的厚度减去 1～2mm［见图 7.2.1-4(b)］。

（7）板材或扁钢部件端部纵向角焊缝：承受静载荷或周期载荷的扁钢或板材部件的端部连接仅采用纵向角焊缝，则两纵向角焊缝的横向距离不得大于较薄连接件厚度的 16 倍，并且每一条角焊缝的长度严禁小于两纵向角焊缝间的横向距离，见图 7.2.1-5。

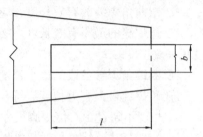

图 7.2.1-5　扁钢或板材端部纵向角焊缝的最小长度

图中 $l \geqslant b$；$b \leqslant 16t$（$t > 12$，t 为较薄件厚度）或 $b < 190mm$（$t \leqslant 12$）。

5）塞焊缝要求。

（1）用于塞焊缝的孔直径宜符合下列要求：

① 不小于开孔件厚度加 8mm；

② 不大于开孔件厚度加 11mm 及开孔件厚度的 2.25 倍。

（2）塞焊缝的中心间距应不小于孔直径的四倍。

（3）塞焊缝的有效面积应为孔在接合面或接触面处的公称荷载面积。

（4）塞焊缝的填焊深度如表 7.2.1-3 所示。

塞焊缝的填焊深度（mm）　　　　表 7.2.1-3

材料厚度（t）	填焊深度
$t \leqslant 16$	t
$16 < t \leqslant 32$	$\geqslant 16$
$t > 32$	$\geqslant 1/2t$

6）槽焊缝要求。

（1）槽焊缝的槽孔长度，严禁超过开孔件厚度的 10 倍，槽孔的宽度宜为：

① 不小于槽孔件厚度加 8mm。

② 不大于槽孔件厚度加 11mm 及槽孔件厚度的 2.25 倍。

（2）槽孔的端部必须为半圆形或其角部必须是半径不小于开孔件厚度的圆弧，槽孔延伸至部件边缘面除外。

（3）在任何直线上，沿纵向槽孔间的最小中心间距应是槽孔长度的 2 倍。

（4）在垂直于槽焊缝长度方向上，槽焊缝最小中心间距应是槽焊缝宽度的 4 倍。

（5）槽焊缝的有效面积应为槽孔在接合面或接触面处的公称荷载面积。

（6）槽焊缝的填焊深度应符合表 7.2.1-3 的规定。

7）禁止采用的接头和焊缝类型。

下列接头和焊缝应严禁采用（除设计规定外）：

（1）在对接接头中采用部分焊透坡口焊缝；

（2）采用未进行评定的无衬垫或未进行评定的非钢衬垫；

（3）断续坡口焊缝和断续角焊缝；

（4）其他受拉应力构件上的塞焊缝和槽焊缝；

（5）焊脚尺寸小于 5mm 的角焊缝；

（6）对承受周期拉伸应力的，有原位置保留衬垫的 T 形和角接全焊透坡口焊缝。

7.2.2 焊接连接的坡口形状和尺寸要求。

1. 国家标准对焊缝坡口形状和尺寸的要求。

1）各种焊接方法及接头坡口形状代号和标记说明。

（1）焊接方法及焊透种类代号见表 7.2.2-1。

焊接方法及焊透种类的代号   表 7.2.2-1

代号	焊接方法	焊透种类
MC	焊条电弧焊接	完全焊透
MP		部分焊透
GC	气体保护电弧焊接	完全焊透
GP	自保护电弧焊接	部分焊透
SC	埋弧焊接	完全焊透
SP		部分焊透
SL	电渣焊	完全焊透

（2）接头形式及坡口形状的代号见表 7.2.2-2。

接头形式及坡口形状的代号   表 7.2.2-2

接头形式		坡口形状	
代号	名称	代号	名称
		I	I 形坡口
B	对接接头	V	V 形坡口
		X	X 形坡口
U	U 形坡口	L	单边 V 形坡口
		K	K 形坡口
T	T 形接头	U①	U 形坡口
		J①	单边 U 形坡口
C	角接接头	注：①—当钢板厚度≥50mm 时，可采用 U 形或 J 形坡口	
F	搭接接头		

（3）焊接面及垫板种类的代号见表 7.2.2-3。

焊接面及垫板种类的代号   表 7.2.2-3

反面垫板种类		焊接面	
代号	使用材料	代号	焊接面规定
BS	钢衬垫	1	单面焊接
BF	其他材料的衬垫	2	双面焊接

（4）焊接位置的代号见表 7.2.2-4。

焊接位置的代号　　　　　　　　　表 7.2.2-4

代号	焊接位置	代号	焊接位置
F	平焊	V	立焊
H	横焊	O	仰焊

（5）坡口各部分的代号见表 7.2.2-5。

坡口各部分的尺寸代号　　　　　　　　表 7.2.2-5

代号	坡口各部分的尺寸	代号	坡口各部分的尺寸
t	接缝部位的板厚（mm）	p	坡口钝边（mm）
b	坡口根部间隙或部件间隙（mm）	α	坡口角度（°）
h	坡口深度（mm）		

（6）焊接接头坡口形状和尺寸标记方式及示例。

① 标记方式如下图所示：

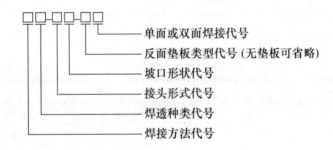

② 标记示例：焊条电弧焊、完全焊透、对接、I 形坡口、背面加钢衬垫的单面焊接接头表示为：$MC-BI-B_S1$。

2）焊缝的坡口形状和尺寸。

现行国家标准《钢结构焊接规范》GB 50661—2011 给出了具体全熔透和部分熔透焊缝的坡口形式和尺寸，详见本书附录 9-A。

2. 美国《钢结构焊接规范》AWS D1.1—2020 对焊接接头坡口形状和尺寸给出的详细要求如下。

1）接头完全熔透（CJP）的坡口焊缝可不进行焊接工艺评定而实施，并须符合 AWS D1.1—2020 第 5 章之限定。

2）各种接头免除评定的接头部分熔透（PJP）坡口焊缝的接头细节。

3）接头尺寸规定的坡口焊缝尺寸，可在设计图或零件图上修改，其公差范围和实际的装配尺寸公差应明确规定。

7.2.3 厚板焊接的坡口形式和层状撕裂要求。

1. 结构设计需考虑厚板的焊接特点及要求如下。

1）一般把厚度 $t \geqslant 40mm$ 的钢板称作厚钢板。厚钢板焊接时，容易出现热裂纹（主要是凝固裂纹）、冷裂纹（包括延迟裂纹），特别是由于焊接整体性的特点，随着板厚的增加，工件拘束度增大，易造成应力集中，致使局部应力很高，裂纹倾向明显增加，焊接不当时即产生裂纹，使结构破坏。

在 T 形、十字形及角接接头中，当钢材含硫量高、低熔点夹杂物较多且钢板厚度方向承受较大拉应力时，往往发生层状撕裂。

2）应根据节点的受力情况设计焊接接头，不应按板厚考虑等强度。

3）厚板接头设计时，要尽量减少板厚方向的应力，要考虑可能产生的层状撕裂。

4）应注意坡口位置，尽量将坡口开在通过厚度承受应力的构件上。

5）焊材应选用低氢型焊材，应控制焊缝金属扩散氢含量，尽量选用低碳、低匹配、高韧性、微合金化焊丝和低硫、磷、高碱度的焊剂。应选用符合强度要求的最低强度焊缝金属的焊材，要有足够的韧性余量。

6）对不重要的焊缝缺陷或母材缺陷，在不危及结构完整性的前提下，可保留或不予返修，因返修可能产生额外的焊缝收缩，增加应力和变形，并且也可能使业已存在的缺陷扩张或引发新的缺陷。

2. 厚板焊接产生裂纹的因素，与中薄板比较，厚板结构件焊接时产生裂纹的主要因素如下。

1）板厚增加，焊接拘束度随之增加。

2）板材中间层的夹杂物和材料缺陷增多，引起厚度方向（Z 向）性能降低。

3）焊缝厚度方向产生收缩应力，材料处于三向应力状态。

4）多层焊引起焊缝中扩散氢含量升高。

5）焊接冷却速度快导致接头淬硬。

6）焊接热输入增加形成角变形增大，出现变形裂纹。

3. 焊接接头设计的基本原则。

钢结构厚板焊接接头设计应遵循以下基本原则。

1）焊缝的布置应有较好的可达性，便于操作和检查。焊接位置应尽量处于平焊和横焊位置，以利于采用高效的自动化、机械化焊接方法。

2）采用拘束度较小的接头形式，应避免焊缝密集和焊缝三向相交，减少焊接残余应力和应力集中。

3）在保证结构强度的前提下，应尽量减少焊缝的数量和尺寸，焊缝长度、厚度和焊脚尺寸应根据计算确定。随意增大焊缝尺寸，不仅增加了焊接工作量，而且还会降低接头的可靠性，加大焊接变形。

4）对于板材厚度方向承受较大载荷的构件，应合理设计 T 形接头、角接接头和十字形接头的坡口形式和尺寸，以防止接头热影响区层状撕裂的形成。

5）结构元件中焊缝应对称布置，减少焊接变形。

4. 板材选择和处理要求如下。

1）对于厚板，由于焊接时冷却速度快，极易产生冷裂纹；同时由于厚板材料的净纯度变差以及焊接时的规范因素不当，也易引发热裂纹。特别是当厚度方向承受拉力时，应选用厚度方向性能较好的钢板（如 Z15、Z25、Z35）或韧性较高的材料。

2）对切割坡口表面所见的由轧制引起的层状缺陷（图 7.2.3-1），应按表 7.2.3-1 的方法处理。

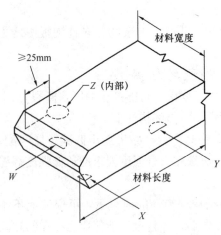

图 7.2.3-1　由轧制引起的层状撕裂缺陷

切割表面轧制引起的层状缺陷处理原则　表 7.2.3-1

缺陷深度（mm）	处理原则
≤3	清除并打磨
>3	清除并焊补（注）

注：返修焊补的合计长度，严禁超过返修钢板表面长度的 20%。

5. 对接焊缝坡口的要求如下。

1）为了减少对接后的角变形，厚钢板适宜采用开双面坡口。若坡口加工由刨边机刨削而成，则选用 U 形或双 U 形坡口；对超厚板可选择窄间隙坡口，可最大限度地减少熔敷金属体积，降低焊接变形和应力，提高焊接效益，节约焊接生产成本。

2）坡口形式如图 7.2.3-2 所示，其中（d）、（e）、（f）为在同一厚度、不同坡口形式的焊接量对比情况：图（d）中 $F \approx 2582\mathrm{mm}^2$，图（e）中 $F \approx 3089\mathrm{mm}^2$；图（f）中 $F \approx 3734\mathrm{mm}^2$（$F$ 为熔敷金属面积）。

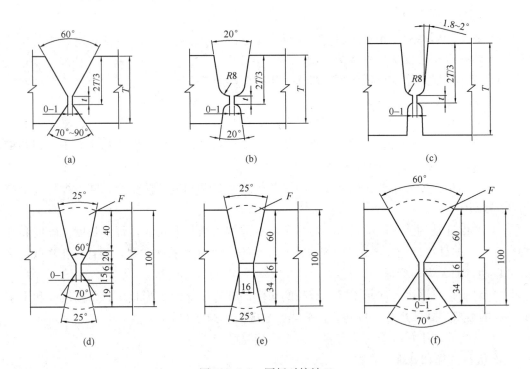

图 7.2.3-2　厚板对接坡口

（a）X 形坡口；（b）双 U 形坡口；（c）窄间隙坡口；（d）UY 形坡口；

（e）宽间隙坡口；（f）X 形坡口

图中 t 为坡口钝边厚度，根据焊接方法不同，钝边随之变化。采用手工焊条或细丝气保焊时，钝边厚度一般为 2mm；当采用埋弧自动焊时，钝边厚度一般为 6mm。

6. 部分焊透角焊缝要求如下。

1）角焊缝可采用图 7.2.3-3(a)、(b) 所示的 V 形坡口时，焊缝有效厚度 δ_e 可按 V 形坡口确定：

$\alpha \geqslant 60°$ 时，$\delta_e = s$

$\alpha < 60°$ 时，$\delta_e = 0.75s$

式中　s——坡口根部至焊缝表面的垂直距离（不计余高）。

2）角焊缝采用图 7.2.3-3(c) 所示的 U 形坡口时，焊缝的有效厚度为 $\delta_e = s$。

3）焊缝余高的允许量为 0～3mm。承受动载荷的焊缝，应选用尽可能小的余高，使其与母材表面平滑过渡。

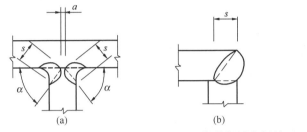

图 7.2.3-3　部分焊透角焊缝

（a）单面 V 形坡口；（b）双面 V 形坡口；（c）单面 U 形坡口

7. 防层状撕裂要求如下。

1）层状撕裂的概念：大型厚壁构件在焊接及承载过程中，当钢板在厚度方向受到较大的拉伸应力时，如果钢中有较多的夹杂，就可能在热影响区附近及板厚中间母材内沿钢板轧制方向出现一种以层状非金属夹杂物所扩展的台阶状裂纹，称之层状撕裂。

2）层状撕裂产生的原因：从层状撕裂发生形态可见，其产生的主要原因是由于轧制钢板内存在着较多的非金属夹杂物，但是也不能忽视焊接区的扩散氢以及作用在钢板厚度方向上的拘束应力、拘束应变的影响。

钢板内的非金属夹杂物，主要由硫引起（如 MnS 等）。图 7.2.3-4 反映了钢板内的含硫量和板厚方向断面收缩率的关系，图中显示，当含硫量 $S \leqslant 0.010\%$ 时，板厚方向的断面收缩率增大。

3）层状撕裂产生的危害：层状撕裂常出现于低合金高强度钢的厚板 T 形接头、角接接头和十字接头中，如图 7.2.3-5 所示。一般对接接头很少出现，但在焊趾和焊根处由于

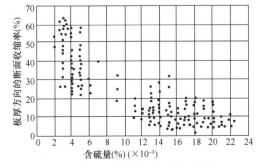

图 7.2.3-4　钢板内含硫量和板厚
方向断面收缩率的关系

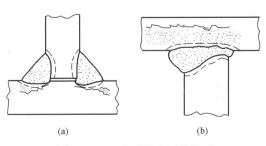

图 7.2.3-5　各种接头层状撕裂

（a）T 形接头；（b）角接接头

冷裂的诱发也会出现层状撕裂。由于层状撕裂在钢材外观上没有任何迹象，虽然有时通过无损检测可以判明结构中的层状撕裂，但在实际工程中难以修复。而更为严重的是，由层状撕裂引起的事故往往是灾难性的，因此，如何在选材、结构设计和工艺上进行考虑并采取措施，运用正确方法，预防层状撕裂，成为当今厚板钢结构焊接的关键。

4）影响层状撕裂的因素如下。

（1）材料因素包括：

① 钢材的含硫量：是产生层状撕裂的最主要因素，含硫量越高，非金属夹杂物就越多，就越容易产生层状撕裂。

② 钢材的碳当量：碳当量是决定热影响区淬硬倾向的主要因素，碳当量越高，钢材淬硬倾向越大，组织易脆化，层状撕裂越敏感。

③ 焊缝中扩散氢含量：焊缝区扩散氢含量会促使层状撕裂的扩展，对于起源于焊趾、焊根或发生于热影响区附近的层状撕裂，扩散氢起重要作用。

（2）结构形式因素包括：

① 接头节点的合理性：接头节点设计的合理与否是产生 Z 向拉伸拘束应力的决定因素。

② 坡口的合理性：坡口的形式、大小对母材厚度方向所承受的拉应力起着决定的作用。

（3）焊接工艺因素包括：

① 焊接方法：不同的焊接方法所输入的焊接线能量不同，对焊缝及热影响区组织的影响也不同，从而对层状撕裂的敏感性也不同。

② 焊接工艺措施：如预热、后热、焊接顺序、焊道布置对层状撕裂的敏感性也起着很大的作用。

5）防止层状撕裂的措施如下。

（1）严格控制材料质量。

① 焊接 T 形、十字形、角接接头时，当其翼缘板厚度等于或大于 40mm 时，宜采用抗层状撕裂的钢板，《厚度方向性能钢板》GB/T 5313—2011，钢材的厚度方向性能级别，应根据工程的结构类型、节点形式及板厚和受力状态的不同情况选择。在有各种拘束状态结构的焊接接头内，为防止产生层状撕裂所必要的钢板板厚方向的临界断面收缩率，列于图 7.2.3-6。

② 控制钢材的含硫量。由于含硫量是产生层状撕裂的主要因素，因此，在定购、复验中须控制硫含量。在 $S \leqslant 0.010\%$ 以下，板厚方向的断面收缩率就开始增大。

③ 对钢板进行网格状 UT 检查。在焊接前，对焊道中心线两侧各 2 倍板厚加 30mm 的区域进行 UT 检查，以杜绝使用有缺陷的钢材。

（2）控制结构形式设计。

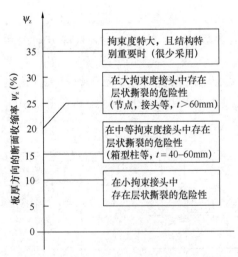

图 7.2.3-6　各种拘束状态的焊接接头内不产生层状撕裂的临界断面收缩率
（适用 $\sigma_s < 400\mathrm{MPa}$ 的钢）

① 从防止层状撕裂的角度出发，在结构形式设计方面，应着重考虑节点、接头布置和合理的坡口形式，避免产生 Z 向应力集中。在 T 形、十字形及角接接头中，为防止翼缘板产生层状撕裂，宜采取下列节点接头形式（表 7.2.3-2），防层状撕裂的坡口形式见表 7.2.3-3。

防层状撕裂的节点形式

表 7.2.3-2

序号	不良的节点形式	较好的节点形式	说明
1			避免构件板厚方向承受拉力，使接头主要受力方向与钢板轧制方向一致，大大提高抗层状撕裂性能
2	或	$L \geqslant t$	在 T 形或角接接头中，将贯通板板厚方向承受焊接拉应力的板材端部延伸一定长度，即端头伸出接头焊缝区，可防止启裂的作用
3			将贯通板缩短，避免板厚方向受焊缝收缩应力的作用
4			在 T 形、十字形接头中，采用过渡段，以对接接头取代 T 形、十字形接头，可避免产生层状撕裂现象
5			在强度允许情况下，以对称角焊缝或部分焊透焊缝代替全焊透焊缝，尽量减少焊缝量以减少板厚方向的收缩应力

防层状撕裂的坡口形式　　　　　　　　　　　　　　表 7.2.3-3

序号	不良的坡口形式	较好的坡口形式	说明
1	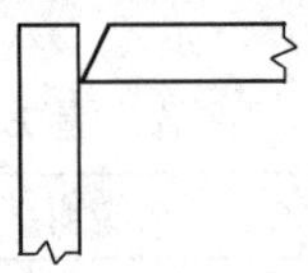	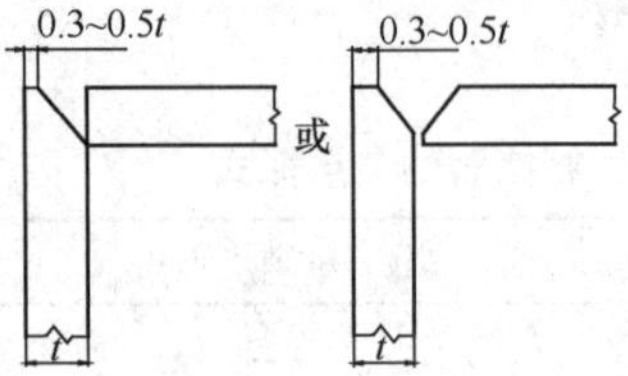 $0.3\sim0.5t$　　或　　$0.3\sim0.5t$	改变坡口位置，在承受厚度方向应力的母材上削斜，开出一定坡口，使收缩产生的拉应力与板厚方向成一角度，可减少层状撕裂倾向。 火焰切割面宜用打磨等方法去除硬化层，以防层状撕裂起源于板端表面硬化组织
2	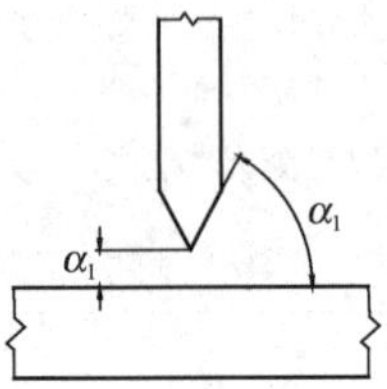 α_1	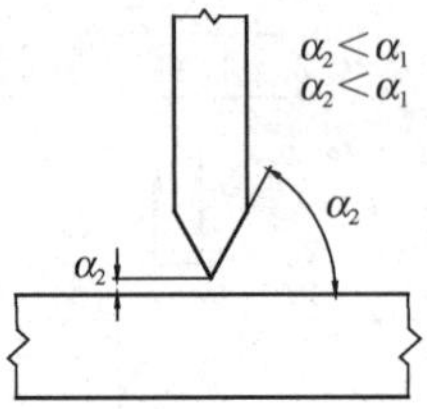 $\alpha_2<\alpha_1$　$\alpha_2<\alpha_1$	在满足焊透深度的前提下，宜采用较小的坡口角度和间隙，以减少焊缝量和母材厚度方向的收缩
3	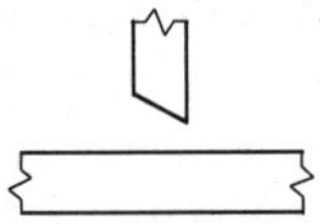	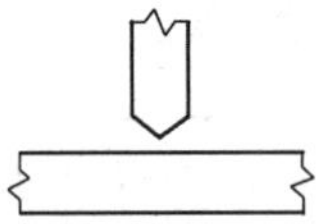	在焊接条件允许的前提下，改单面坡口为双面坡口，减少焊缝金属，从而减少焊缝收缩应变

② 设计时可考虑采用的方法如下：

a. 尽量不选用过厚板材和过大焊脚。

b. 选材时，宜考虑材料层状撕裂敏感性（P_L），即符合式（7.2.3-1）的要求。

$$P_L = P_{CM} + \frac{H}{60} + 6S \tag{7.2.3-1}$$

式中　$P_{CM} = w(C) + \dfrac{w(Si)}{30} + \dfrac{w(Mn)+w(Cu)+w(Cr)}{20} + \dfrac{w(Ni)}{60} + \dfrac{w(Mo)}{15} + \dfrac{w(N)}{10} +$

　　　　　$5wB(\%)$；

　　　H——扩散氢（ml/100g）；

　　　S——钢板的含硫量（%）。

若层状撕裂敏感性（P_L）控制在约 0.35% 时，将很少产生层状撕裂。

c. 对于重要的或特大的以及关键性的 T 形等焊缝，焊前在焊道上先行探伤检查，确保原始状态无层状撕裂隐患。

d. 对较大拘束力处的 T 形等焊缝，宜考虑采用特定的低强填充材料。

e. 对于厚板、T 形件等在探伤中发现的超差缺陷，在确保不发生灾难性事故以及不危及使用性和结构完整性的前提下，可考虑保留而不予修补，以避免在拘束条件下的修补可能导致更为有害的情况。

③ 可考虑采用合理的焊接工艺。为防止层状撕裂现象发生，从工艺措施上应注意以下几点：

a. 降低焊缝中扩散氢含量，采用低氢焊材焊接。

b. 选用低强组配焊接材料，使应变集中于焊缝。

c. 收缩较大的接头应先焊，使之在最低拘束条件下完成。

d. 尽可能采用较小热输入的焊接规范，减少热作用，从而减少收缩应变。

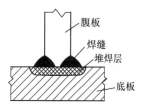

图 7.2.3-7　防止层状撕裂的接头形式示意图

e. T 形接头大厚度底板承受较大 Z 向拉力时，应在连接处板材表面加工出一定深度和宽度的凹槽，并采用等强度、高塑性焊材预堆焊（约 3～5mm 厚），在堆焊焊缝修磨平整后，将腹板与堆焊层相焊，见图 7.2.3-7。

f. 适当提高预热温度，严格控制层间湿度。对防止层状撕裂来说，只能作为次要措施。预热温度高时会使收缩应变增大。

g. 大拘束构件焊接时，可锤击焊缝，以减少焊接应力。

h. 焊后立即进行消氢处理，加速氢的扩散，减少冷裂倾向，提高抗层状撕裂性能。

7.2.4　圆管相贯线焊接要求。

1. 相贯线定义及圆管相贯接头各区分布示意。

两圆管立体相交，其表面产生的交线称为相贯线。圆管相贯接头各区和细节分布，如图 7.2.4-1(a) 和图 7.2.4-1 （b）所示。

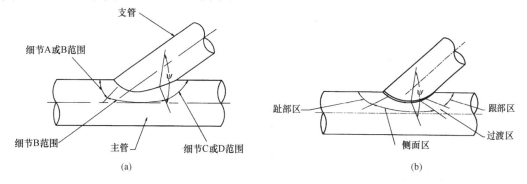

图 7.2.4-1　相贯接头示意图

（a）PJP 坡口；（b）CJP 坡口

图中 ψ 为局部两面角，该角度应在垂直于焊缝线的平面内进行测量，是指焊缝处所连接的管子外表面切线间所夹的角度，其角度大小沿着支管圆周连续变化，如图 7.2.4-2 所示。局部

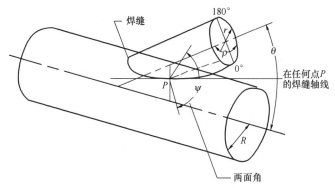

图 7.2.4-2　局部两面角示意图

两面角ψ与接头细节各部位的范围关系见表7.2.4-1。

ψ与相贯接头各部位对应范围

表 7. 2. 4-1

接头部位	对应 ψ 的范围	接头部位	对应 ψ 的范围
细节 A 区域	180°～135°	细节 C 区域	75°～30°
细节 B 区域	150°～50°	细节 D 区域	40°～15°

2. 管材相贯接头全焊透焊缝要求。

1）坡口形状要求。

管材相贯接头全焊透焊缝坡口形状应根据局部两面角 ψ 的大小和相贯接头趾部、侧部、跟部或者局部细节 A、B、C、D 区域不同而变化，其接头各区域的坡口形状如图 7.2.4-3所示。

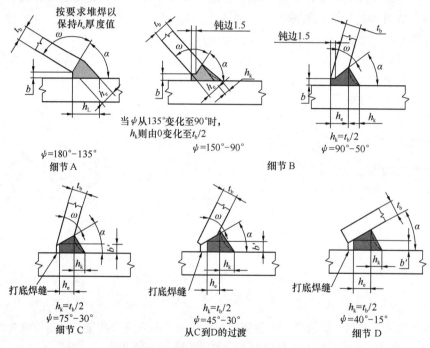

图 7.2.4-3　管材相贯接头完全焊透焊缝的各区坡口形状

注：1. 最小标准平直状焊缝剖面形状如实线所示；

　　2. 焊缝也可采用虚线所示的下凹状剖面形状；

　　3. 适用支管厚度 $t_b<16mm$ 的焊缝尺寸和坡口形状；

　　4. 各代号表示的含义

　　　h_e—焊缝计算厚度；t_b—支管厚度；

　　　h_L—焊脚厚度；h_k—加强焊脚尺寸；

　　　b—根部间隙；b'—打底焊后坡口底部宽度；

　　　ω—支管端部斜削角度；α—坡口角度

2）坡口尺寸及焊缝计算厚度。

管材相贯接头全焊透焊缝坡口尺寸要求及焊缝计算厚度，应符合表7.2.4-2规定。

		趾部 $\psi=180°\sim135°$	侧部 $\psi=150°\sim50°$	过渡部分 $\psi=75°\sim30°$	根部 $\psi=40°\sim15°$
坡口尺寸		趾部 $\psi=180°\sim135°$	侧部 $\psi=150°\sim50°$	过渡部分 $\psi=75°\sim30°$	根部 $\psi=40°\sim15°$

圆管相贯接头全焊透焊缝坡口尺寸及焊缝计算厚度　　　表 7.2.4-2

坡口尺寸		趾部 $\psi=180°\sim135°$	侧部 $\psi=150°\sim50°$	过渡部分 $\psi=75°\sim30°$	根部 $\psi=40°\sim15°$
坡口角度 α	最大	90°	$\psi\leqslant105°$时 60°	40°	
坡口角度 α	最小	45°	37.5° ψ 较小时 $1/2\psi$	ψ 较大时 $1/2\psi$	
支管端部 斜削角度 ω	最大		根据所需的 α 值确定		
支管端部 斜削角度 ω	最小		10°或 $\psi>105°$时 45°	10°	
根部间隙 b	最大	四种焊接方法 均为 5mm	GMAW-S、FCAW-G： $\alpha>45°$时 6mm $\alpha<45°$时 8mm		
根部间隙 b	最小	1.5mm	SMAW、FCAW-S： 6.mm		
打底焊后 坡口底部 宽度 b'	最大			SMAW、FCAW-S： α 为 $25°\sim40°$时 3mm； α 为 $15°\sim25°$时 5mm； GMAW-S、FCAW-G： α 为 $30°\sim40°$时 3mm； α 为 $25°\sim30°$时 6mm； α 为 $20°\sim25°$时 10mm； α 为 $15°\sim20°$时 13mm	
焊缝计算 厚度 h_e		$\geqslant t_b$	$\psi\geqslant90°$时，$\geqslant t_b$； $\psi<90°$时，$\geqslant\dfrac{t_b}{\sin\psi}$	$\geqslant\dfrac{t_b}{\sin\psi}$， 但不超过 $1.75t_b$	$\geqslant2t_b$
h_L		$\geqslant\dfrac{t_b}{\sin\psi}$， 但不超过 $1.75\ t_b$		焊缝可堆焊至满足要求	

注：1. 当坡口角度 $\alpha<30°$时，其坡口尺寸和焊缝计算厚度需进行工艺评定；

　　2. 坡口底部宽度 b' 取决于打底焊道焊层的厚薄；

　　3. 焊接方法代号注释：SMAW：药皮焊条电弧焊；FCAW-S：药芯焊丝自动保护焊；

　　　GMAW-S：气体保护熔化极电弧焊（短路过渡）；FCAW-G：药芯焊丝气保护焊。

3. 管材相贯接头部分焊透焊缝要求。

1）坡口形状与尺寸要求。

管材相贯接头部分焊透焊缝各区坡口形状和尺寸细节，应符合图 7.2.4-4 的要求。

2）焊缝计算厚度及折减尺寸。

管材相贯接头部分焊透焊缝计算厚度 h_e 应大于该处较薄截面厚度。当局部两面角 $30°\leqslant\psi<60°$时（图 7.2.4-5），接头处所要求的焊脚尺寸应是焊缝计算厚度 h_e 加上折减尺寸 z，并按焊缝几何形状计算确定。不同焊接方法的折减尺寸 z，应符合表 7.2.4-3 的规定。

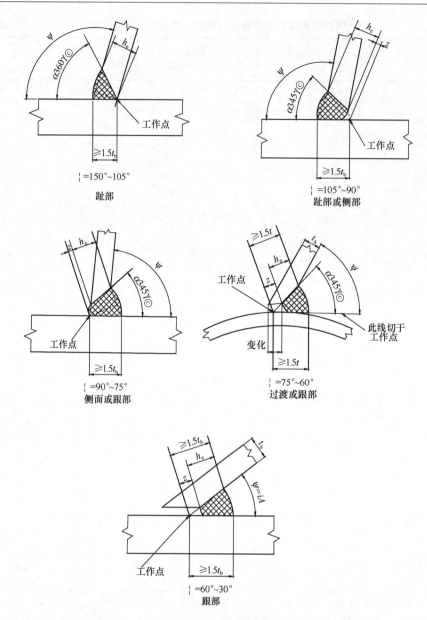

图 7.2.4-4　管材相贯接头完全焊透焊缝的各区坡口形状

注：1. 除过渡区域或跟部区外，其余部位削斜到边缘；

　　2. 根部间隙 0～5mm；

　　3. 坡口角度 $\alpha<30°$ 时，坡口尺寸和焊缝计算厚度需进行工艺评定；$t_b<16mm$ 的焊缝尺寸和坡口形状；

　　4. 焊缝计算厚度 $h_e>t_b$；

　　5. z 表示折减尺寸

当间隙 $b<1.5mm$ 时，　　　　$h_f = (h_e + z) \cdot 2\sin\dfrac{\psi}{2}$　　　　　　　　(7.2.4-1a)

当间隙 $1.5 \leqslant b \leqslant 5mm$ 时，$h_f = (h_e + z) \cdot 2\sin\dfrac{\psi}{2} + b$　　　　　(7.2.4-1b)

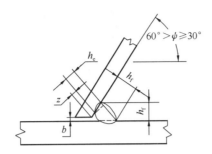

图 7.2.4-5　30°≤ψ<60°角焊缝计算厚度示意图

注：ψ—两面角；h_e—焊缝计算厚度；z—折减尺寸；h_f—焊脚尺寸；b—根部间隙

30°≤ψ(α)<60°时的角焊缝折减尺寸 z　　　　　　表 7.2.4-3

两面夹角ψ	焊接方法	折减值 z（mm）	
		焊接位置 V 或 O	焊接位置 F 或 H
45°ψ(α)<60°	焊条电弧焊	3	3
	药芯焊丝自保护焊	3	0
	药芯焊丝气体保护焊	3	0
	实芯焊丝气体保护焊	—	0
30°ψ(α)<45°	焊条电弧焊	6	6
	药芯焊丝自保护焊	6	3
	药芯焊丝气体保护焊	10	6
	实芯焊丝气体保护焊	—	6

4. 管材相贯接头角焊缝要求。

1）接头各区焊缝形状与尺寸。

管材相贯接头角焊缝各区细节，应符合图 7.2.4-6 的要求。

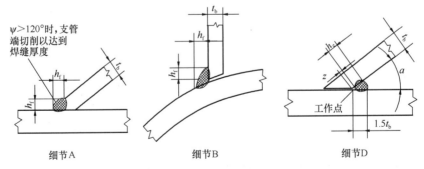

图 7.2.4-6　管材相贯接头角焊缝各区形状与尺寸示意图

注：t_b—为较薄件厚度；h_f—为最小焊脚尺寸；α—最小值为 15°；
　　根部间隙 0～5mm

2）焊缝最小焊脚尺寸与焊缝计算厚度。

图 7.2.4-6 规定的焊缝最小焊脚尺寸与焊缝计算厚度，详见表 7.2.4-4。

管材相贯接头角焊缝的尺寸要求　　　　表 7.2.4-4

ψ		趾部	侧部			根部	焊缝计算厚度
		>120°	110°～120°	100°～110°	≤100°	<60°	(h_e)
最小 h_f	支管端部切斜 t_b	$1.2t_b$	$1.1t_b$	t_b		$1.5t_b$	$0.7t_b$
	支管端部切斜 $1.4t_b$	$1.8t_b$	$1.6t_b$	$1.4t_b$		$1.5t_b$	t_b
	支管端部整个切斜 60°～90°坡口		$2.0t_b$	$1.75t_b$	$1.5t_b$	$1.5t_b$ 或 $1.4t_b+z$ 取较大值	$1.07t_b$

注：1. 低碳钢（$\sigma_s \leqslant 280\text{MPa}$）圆管，要求焊缝与管材超强匹配的弹性工作应力设计时 $h_e=0.7\,t_b$；要求焊缝与管材等强匹配的极限强度设计时 $h_e=1.0\,t_b$；

　　2. 其他各种情况 $h_e=t_c$ 或 $h_e=1.07\,t_b$ 中较小值（t_c 为主管壁厚），t_b 为支管壁厚。

7.2.5 焊缝符号要求。

1. 焊缝表示方法。

在图纸上标注出焊缝形式、焊缝尺寸和焊接方法的符号称为焊缝符号，现行国家标准《焊缝符号表示法》GB/T 324—2008（适用于金属熔焊和电阻焊）和《焊缝及相关工艺方法代号》GB/T 5185—2005 均进行了规定。

焊缝的符号主要由基本符号、辅助符号、补充符号、焊缝尺寸和指引线等组成。基本符号是表示焊缝横截面形状的符号，采用近似于焊缝横截面形状的符号表示。辅助符号是表示对焊缝表面形状特征辅助要求的符号。辅助符号一般与焊缝基本符号配合使用，当对焊缝表面形状有特殊要求时使用。焊缝补充符号是为了补充说明焊缝某些特征的符号。部分焊缝尺寸符号是表示坡口和焊缝各特征尺寸的符号。指引线一般由带箭头的指引线，两条基准线（横线，一条为实线，另一条为虚线）和尾部组成（图 7.2.5-1）。

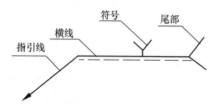

图 7.2.5-1　焊缝指引线组成

2. 标注原则如下。

标注焊缝时，首先将焊缝基本符号标注在指引线横线上边或下边，其他符号按规定标注在相应的位置上，标注位置如下。

在焊缝基本符号左边标注的有：钝边高度 p、坡口高度 H、焊角尺寸 k、焊缝余高 h、焊缝有效厚度 S、根部半径 R、焊缝宽度 C、焊核直径 d。在焊缝基本符号右边标注的有：焊缝长度 L、焊缝间隙 e、相同焊缝的数量 n。在焊缝基本符号上边标注的有：坡口角度 α、根部间隙 b。

为了简化焊接方法的标注和文字说明，可采用现行国家标准《金属焊接及相关工艺方法代号》GB/T 5185—2005 规定的用阿拉伯数字表示的金属焊接及钎焊等各种焊接方法的代号，见表 7.2.5-1。焊接方法标注在指引线的尾部内。

常用的焊接方法代号　　　　表 7.2.5-1

名称	焊接方法	名称	焊接方法
电弧焊	1	埋弧焊	12
焊条电弧焊	111	熔化极惰性气体保护焊（MIG）	131

续表

名称	焊接方法	名称	焊接方法
钨极惰性气体保护焊（TIG）	141	缝焊	22
压焊	4	闪光焊	24
超声波焊	41	气焊	3
摩擦焊	42	氧乙炔焊	311
扩散焊	45	氧丙烷焊	312
爆炸焊	441	其他焊接方法	7
电阻焊	2	激光焊	751
点焊	21	电子束	76

7.3 焊接方法、焊接材料及焊接设备

7.3.1 焊条电弧焊的特点与要求。

1. 焊条电弧焊亦称手弧焊或药皮焊条电弧焊，是一种用手工操作焊条进行焊接的电弧焊方法。焊条电弧焊的原理是利用焊条与工件间产生的电弧热将金属熔化进行焊接。焊接过程中焊条药皮熔化分解，生成气体和熔渣，在气体和熔渣的联合保护下，有效地排除了周围空气的有害影响，通过高温下熔化金属与熔渣间的冶金反应、还原与净化金属，得到优质的焊缝。

焊条电弧焊焊接过程见图 7.3.1-1，其主要工艺参数为焊接电流、焊接电压、焊条直径、电源种类与极性、焊接层次和焊接位置等。

焊条电弧焊是一种适应性很强的焊接方法，在建筑钢结构中得到广泛使用，可在室内、室外及高空中平、横、立、仰的位置进行施焊。其焊接设备简单，使用灵活、方便。大多数情况下焊接接头可实现与母材等强度。适应的焊接钢种范围广，最小可焊接钢板厚度为 1.0～1.5mm。

焊条电弧焊的缺点是生产效率低，劳动强度大，对焊工的操作技能要求较高。

2. 焊条电弧焊焊接材料类型、特点及其要求。

1）焊条组成：焊条是供焊条电弧焊用的熔化电极，由焊芯和药皮两部分组成，如图 7.3.1-2所示。焊条直径是指不包括药皮的焊芯直径。焊条药皮与焊芯（不包括夹持

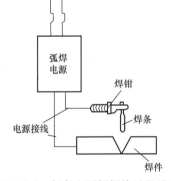

图 7.3.1-1 焊条电弧焊焊接过程示意图

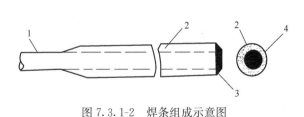

图 7.3.1-2 焊条组成示意图

1—夹持端；2—药皮；3—引弧端；4—焊芯

端）的重量比，称为药皮重量系数。

2）焊条的分类：焊条可按不同方法进行分类，常见分类见图 7.3.1-3 所示。

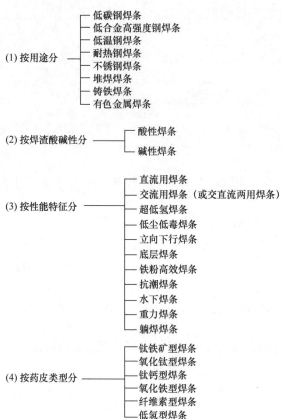

图 7.3.1-3　焊条分类

3）焊条型号的表示方法：现行国家标准《非合金钢及细晶粒钢焊条》GB/T 5117—2012 和《热强钢焊条》GB/T 5118—2012 规定的焊条型号和字母含义如图 7.3.1-4 所示，

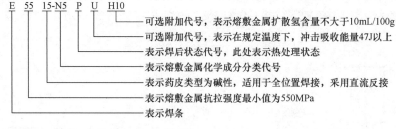

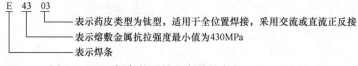

图 7.3.1-4　焊条的型号和字母的含义

其中 GB/T 5117 和 GB/T 5118 分别等效于美国标准《钢结构焊接规范》ANSI/AWS A5.1—2004 和 A5.5—2006 的规定（表 7.3.1-1）。

熔敷金属抗拉强度代号   表 7.3.1-1

抗拉强度代号	最小抗拉强度值（MPa）	抗拉强度代号	最小抗拉强度值（MPa）
43	430	55	550
50	490	57	570

现行国家标准《非合金钢及细晶粒钢焊条》GB/T 5117—2012 和《热强钢焊条》GB/T 5118—2012 规定的药皮类型代号汇总如表 7.3.1-2 所示。

药皮类型代号   表 7.3.1-2

代号	药皮类型	焊接位置[a]	电流类型
03	钛型	全位置[b]	交流和直流正、反接
10	纤维素	全位置	直流反接
11	纤维素	全位置	交流和直流反接
12	金红石	全位置[b]	交流和直流反接
13	金红石	全位置[b]	交流和直流正、反接
14	金红石＋铁粉	全位置[b]	交流和直流正、反接
15	碱性	全位置[b]	直流反接
16	碱性	全位置[b]	交流和直流反接
18	碱性＋铁粉	全位置[b]	交流和直流反接
19	钛铁矿	全位置[b]	交流和直流正、反接
20	氧化铁	PA、PB	交流和直流正接
24	金红石＋铁粉	PA、PB	交流和直流正、反接
27	氧化铁＋铁粉	PA、PB	交流和直流正、反接
28	碱性＋铁粉	PA、PB、PC	交流和直流反接
40	不做规定	由制造商确定	
45	碱性	全位置	直流反接
48	碱性	全位置	交流和直流反接

[a] 焊接位置见现行国家标准《焊缝——工作位置——倾角和转角的定义》GB/T 16672—1996，其中 PA＝平焊、PB＝平角焊、PC＝横焊、PG＝向下立焊；

[b] 此处"全位置"并不一定包含向下立焊，由制造商确定。

4）焊条的选用原则：建筑钢结构常用的焊条有低碳钢焊条和低合金高强度钢焊条两种，选用原则如下。

（1）低碳钢焊条的选用原则：低碳钢含碳量低（$C \leqslant 0.25\%$），产生焊接裂纹的倾向小，焊接性能较好，一般按焊缝金属与母材等强度的原则选择焊条，可选用 E43 系列中各种型号的焊条，常用焊条型号为 E4313 至 E4315，性能特点如表 7.3.1-3 所示，实际工程中，可根据下列具体情况选用焊条。

① 若钢材 S、P 等杂质含量较高，为避免产生结晶裂纹，应优先选用抗裂性能较好的低氢型的 E4316 和 E4315 的焊条以及高氧化铁型 E4320 焊条。

② 一般结构中，对接焊可根据钢板厚度、角接焊可根据焊脚大小按下列规定选用焊条：

a. 当板厚不大于 6mm 或焊脚不大于 4mm 时，应优先选用 E4313 焊条；

b. 当板厚在 8～24mm 或焊脚 4～8mm 时，优先选用 E4303 和 E4301 焊条；

c. 当板厚大于 25mm 时，宜优先选用 E4316、E4315 或 E4328 铁粉低氢型焊条；

d. 当焊脚大于 8mm 时，宜优先选用 E4303 或 E4327 焊条。

常用低碳钢焊条的性能特点　　　　　　　　　　　　　　表 7.3.1-3

		酸性焊条						碱性焊条
药皮类型		高钛钾型	钛钙型	钛铁矿型	高氧化铁型	高纤维钾型	低氢钾型	低氢钠型
焊条牌号		E4313	E4303	E4301	E4320	E4311	E4316	E4315
焊条工艺性能	全位置焊接性能	好	良好	立焊较差其余均好	平焊为主立仰焊困难	好	良好	
	飞溅	少	少	一般	较多	多	一般	
	脱渣性能	好（但深坡口较差）	良好	良好	良好	良好	坡口内较差，一般尚可	
	焊缝成形	易堆高	易堆高		凹型，角焊缝尤其明显，不易堆高	一般	易堆高	
	抗气孔性	一般	好		一般	好	好	
	电弧长度	长弧	长短弧均可		长短弧均可	长短弧均可	宜短弧	
	电弧稳定性	最好	较好		一般	一般	较差	一般
	使用电源	交直流两用						直流
焊缝金属性能	机械性能（一般试验结果） σ_b(MPa)	450～530	430～510	430～490	430～490	430～570	450～530	450～530
	σ_k (J/cm²)	78～118	98～157	98～157	88～147	78～137	225～345	225～345
	主要成分 % Mn	0.3～0.6	0.3～0.6	0.35～0.60	0.50～0.90	0.3～0.6	0.5～0.8	0.5～0.8
	Si	≤0.35	≤0.25	≤0.20	≤0.15	≤0.25	≤0.5	≤0.50
	S（不大于%）	0.035	0.035	0.035	0.035	<0.035	0.035	0.035
	P（不大于%）	0.040	0.040	0.040	0.040	<0.040	0.040	0.040
	[O]（%）	0.06～0.08	0.06～0.1	0.07～0.11	0.10～0.12	0.06～0.1	0.025～0.035	0.025～0.035
	[H]（mL/100g）	25～30	25～30	25～30	25～30	30～40	3～8	3～7
	抗热裂性	较差，适宜于薄板	较好	较好	较好，厚板最佳	较好	好	好

(2) 低合金高强度钢焊条的选用原则如下。

① 建筑钢结构一般均应选用低氢型焊条。

② 为保证结构安全使用，焊缝金属的机械性能应与母材基本相同，焊缝金属应有优良的塑性、韧性和抗裂性，为此，不宜使焊缝金属的实际强度过高，通常不宜比钢材的实

际抗拉强度高出 50MPa 以上。

③ 对厚板和约束度较大的结构，宜优先选用超低氢型焊条。

④ 对屈服强度不大于 440MPa 的低合金钢，在保证焊缝性能相同的条件下，应优先选用工艺性能良好的交流低氢或超低氢型焊条。在通风不良的环境内施焊时，应优先选用低尘低毒焊条。

⑤ 为了提高劳动生产率，对立角焊缝宜选用立向下行焊条；对大口径管接头宜选用全位置的下行焊条；对小口径管接头宜选用低层焊条；对中厚板宜选用铁粉焊条。

表 7.3.1-4 为常见低合金高强度结构钢适用的焊条。

低合金高强度结构钢用焊条选用 表 7.3.1-4

屈服强度 (MPa) σ_s	热处理状态	《低合金高强度结构钢》钢号 GB/T 1591—2018	钢材碳当量 Ceq（%）	选用焊条	备注
295	热轧	Q295A Q295B	0.26~0.36	E4303 E4301 E4316 E4315	一般不预热
355	热轧	Q355A Q355B Q355C Q355D Q355E	0.31~0.39	E5003 E5001 E5016 E5015	1. E5002，E5001 一般用于 ≤10mm 薄板 2. ≤40mm 一般不预热 3. >40mm 板需 100~150℃预热 4. >32mm 板需 600~650℃回火
390	热轧 正火	Q390A Q390B Q390C Q390D Q390E	0.36~0.44	E5016 E5015 E5516-G E5515-G	1. 一般不预热 2. >32mm 板需 100~150℃预热 3. 厚板需 550~590℃或 630~650℃回火
420	正火	Q420A Q420B Q420C Q420D Q420E	0.41~0.43	E5016 E5015 E5515-G E6015-D1	>32mm 板需 ≥100℃预热
460	正火 + 回火	Q460C Q460D Q460E	0.50	E6015-D1 E7015-D2	≥150℃预热 600~650℃回火

注：1. $C_{eq} = C + \dfrac{Mn}{6} + \dfrac{1}{5}(Cr+Mo+V)\ \dfrac{1}{5}(Ni+Cu)$；

2. 产品预热及热处理由试验或遵照有关技术条件确定。

5）焊条的管理和使用要求如下。

（1）焊条的管理和使用，首先应保证焊条不受潮。焊条吸潮后不仅影响焊接质量，甚至造成焊接材料变质，如焊条的焊芯生锈及药皮酥松脱落等，因此，焊条在使用前必须进行烘焙，焊条的烘焙要求见表 7.3.1-5。同时，焊条在使用过程中反复烘焙次数不宜过多，否则将导致药皮酥松和使药皮中的合金元素氧化及有机物烧损，影响使用性能，一般允许反复烘焙次数见表 7.3.1-6 所示。

我国对焊材的使用管理等制定了专门的行业标准《焊接材料质量管理规程》JB/T 3223—2017，以规范焊条的管理和使用。

表 7.3.1-5

酸性和碱性焊条烘焙条件①

焊条类型	烘焙		在烘箱或烤箱中贮存	
	温度（℃）	时间（h）	温度（℃）	时间（d）
酸性焊条	100～150	1～2	50	≤30
碱性焊条	350～400	1～2	100～150	≤30

注：①在使用中焊条的具体烘焙条件，可参照焊条制造厂的要求或技术文件执行。

表 7.3.1-6

一般允许的焊条反复烘焙次数

类别	用途	允许反复烘焙次数
纤维素型焊条	焊接低碳钢和低合金钢	≤3
除纤维素型外的非低氢型焊条	焊接低碳钢和低合金钢	≤5
低氢型焊条	焊接低碳钢和 $\sigma_b=500\sim600$MPa 级低合金钢	≤3
	焊接 $\sigma_b>600$MPa 级低合金钢	≤2

（2）制造厂的焊接车间或工段应有焊接材料管理人员，负责从贮存库中领出焊接材料，进行按规定的烘焙后，然后向焊工发放。对于从低温保温箱中取出向焊工发放的焊条，一般每次发放量不应超过 4h 的使用量。

（3）经烘焙干燥的焊条和焊剂，放置在空气中仍然会受潮，因此，在建筑钢结构的焊接施工中，要求每名焊工必须配备焊条保温筒。国内的焊条保温筒有开盖式和单根自动送条式两种。由于开盖式焊条保温筒每取一根焊条，都需开启一次上盖，这种保温筒的密封性能不良，当空气湿度很大时，多次开盖后焊条仍有可能吸潮。单根自动送条式焊条保温筒，如 YJ-H 系列电焊条保温筒，在取焊条时无需掀开筒盖，防潮效果好。

3. 电弧焊电源类型、特点及要求。

1）分类及特点：电弧焊电源是各种电弧焊必不可少的设备，电弧焊电源主要有直流弧焊电源和交流弧焊电源（亦称弧焊变压器）两种，两种电源根据其原理和结构特点又可分为多种形式，如图 7.3.1-5 所示。

弧焊电源对焊接质量有极其重要的影响。直流弧焊发电机、弧焊整流器和弧焊变压器三种电源在结构、制造、使用等方面各有优缺点，见表 7.3.1-7。在选用电源时，要根据技术要求、经济效益、施工条件以及焊接施工的实际情况等因素全面衡量决定。

表 7.3.1-7

各类弧焊电源的特点比较

项目	直流弧焊发电机	弧焊整流器	弧焊变压器
焊接电流种类	直流	直流	交流
电弧稳定性	好	好	较差
极性可换向	有	有	无

续表

项目	直流弧焊发电机	弧焊整流器	弧焊变压器
磁偏吹	较大	较大	很小
构造与维修	较烦琐	较简单	简单
噪声	较大	很小	较小
供电	三相供电	一般为三相供电	一般为单相供电
功率因素	较高	较高	较低
空载损耗	较大	较小	较小
成本	高	较高	较低
重量	较重	较轻	轻
触电危险性	较小	较小	较大
适用范围	较重要结构的焊条电弧焊	各种埋弧焊、气体保护焊	一般结构的焊条电弧焊、埋弧焊等

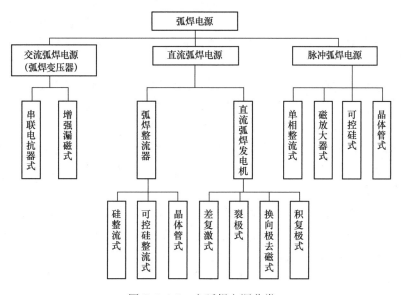

图 7.3.1-5　电弧焊电源分类

2）直流弧焊发电机：是一种特殊形式的发电机，除了能发电外，还具有能满足焊接过程要求的性能。例如，具有下降的外特性、在保证发电机空载电压变化不大的条件下电流能在较大范围内调节以及良好的动特性等。

3）弧焊整流器：是一种将交流电通过变压和整流，变为直流电的弧焊电源，一般为三相供电（个别为交直流两用的单相输入）。根据外特性不同，可分为下降外特性、平外特性及多用外特性等三种类型。

4）弧焊变压器：是一种交流弧焊电源，由初、次级线圈相隔离的主变压器及所需调节和指示装置等组成，可将电网的交流电变成适于弧焊的交流电。这种变压器一般为单相供电，适用于一般结构手弧焊，铝合金的钨极氩弧焊和埋弧焊等。

4. 焊条电弧焊焊接施工要求。

1）焊条电弧焊的主要焊接工艺参数有：焊条直径、焊接电流、电弧电压、焊接层数、电源种类及极性等，焊条电弧焊焊接条件选择要求如下。

(1) 焊条直径的选择：主要取决于焊件的厚度、接头形式、焊缝位置及焊接层次等因素。在建筑钢结构中，由于"T"形接头较多，即"V"形坡口较多，为保证焊条电弧焊坡口根部的焊接质量，要求打底焊时，宜采用小直径焊条，在进行盖面焊时，为了提高效率，可选择较大直径的焊条。

(2) 焊接电流的选择：焊接电流的大小，对焊接质量及生产效率有较大的影响。电流过小，电弧不稳定，易造成夹渣和未焊透等缺陷，而且生产效率低；电流过大，则容易产生咬边、气孔和焊穿等缺陷，同时飞溅增加。因此，焊接电流要选择适当。焊接电流的大小，应根据焊条类型、焊条直径、焊件厚度、接头坡口形式、焊缝空间位置及焊接层次等因素选择。

(3) 电弧电压的选择：根据焊条电弧焊的电源特性，确定了焊接电流，也就相应确定了电弧电压。此外，电弧电压还与弧长有关。电弧长，则电弧电压高；电弧短，则电弧电压低。在焊接过程中，电弧过长，会使电弧燃烧不稳定，飞溅增加，熔深减小，同时外部空气易侵入，易造成气孔等缺陷。一般以电弧长度小于或等于焊条直径为适宜，即短弧焊。使用酸性焊条时，为了预热待焊部位或降低熔池温度，也可将电弧稍微拉长进行焊接，即所谓长弧焊。

(4) 焊接层数的选择：中、厚板采用焊条电弧焊时，往往采用多层焊。层数多对提高焊缝的塑性、韧性有利，可以防止接头过热和扩大热影响区的有害影响。在每一层施焊时，也应采用多道焊方法，以利于保证焊接质量。

(5) 焊接速度的选择：采用焊条电弧焊时，焊接速度一般由焊工的熟练程度而定，要求焊接时尽可能以一定的速度均匀地运条；对于低氢型焊条，若为φ4mm 直径，焊接速度一般约为 150mm/min 较适宜。

(6) 电源种类和极性的选择：直流电源电弧稳定、飞溅少，焊接质量好，一般用于重要的焊接结构或厚板刚度大的结构焊接。在其他情况下，应首先考虑选用交流焊机。因为，交流焊机的构造简单，造价低，使用维护也较直流焊机方便。

极性的选择的目的，是根据焊条的性质和焊接特点不同、利用电弧中阳极温度比阴极温度高的特点，采用不同的极性来焊接各种不同的焊件。一般情况下，使用碱性焊条或焊接薄板时，采用直流反接；而酸性焊条，用正接。

2) 焊条电弧焊常用工具选择要求如下。

(1) 电焊钳：除特殊要求外，一般选用 300A、500A 两种常用规格，见表 7.3.1-8。

常用电弧钳的型号和规格   表 7.3.1-8

型号	能安全通过的最大电流（A）	焊接电缆孔径（mm）	适用的焊条直径（mm）	重量（kg）	外形尺寸：长×宽×高（mm）
G-352	300	14	2～5	0.5	250×40×80
G-582	500	18	4～8	0.7	290×45×100

(2) 电面罩及护目玻璃：面罩的规格见表 7.3.1-9，护目玻璃的规格见表 7.3.1-10。

面罩的规格和用途 表 7.3.1-9

型式	盔式（头戴式）	盾式（手拿式）	有机玻璃面罩	有机玻璃面罩	软盔送风式
规格（mm）	270×480	186×390	2×230×280	3×230×280	
用途	焊接碳弧气刨	焊接	装配、清渣	装配、清渣	特种焊接

护目玻璃的规格 表 7.3.1-10

色号	7～8	9～10	11～12
颜色深浅	较浅	中等	较深
适用焊接电流（A）	≤100	100～350	≥350
尺寸（mm）	2×50×107	2×50×107	2×50×107

7.3.2 CO_2 气体保护焊的特点与要求。

1. CO_2 气体保护焊是熔化极气体保护电弧焊的一种，根据自动化程度分全自动 CO_2 焊和半自动 CO_2 焊两种。在建筑钢结构中的 CO_2 焊，基本上为半自动 CO_2 焊，而且是一种使用率很高的焊接方法。CO_2 气体保护焊的特点如下。

1）CO_2 焊的优点：电弧可见；焊接对中容易；方便实现全位置焊接；电弧在气流的压缩下热量较集中；焊接速度较快；熔池小；热影响区窄；工件的焊接变形较小；易实现生产过程自动化；熔渣较少；电弧气的含氢量较易控制；可减少冷裂纹倾向。半自动 CO_2 焊的成本比焊条电弧焊和埋弧焊低，生产效率高，熔深比焊条电弧焊大，可减少施焊层数和角焊缝的焊脚尺寸，抗锈力强，抗裂性能好。

2）CO_2 焊的缺点：对 CO_2 保护气体的纯度要求较高；焊丝特别是药芯焊丝的制造工艺较复杂；对送丝系统的性能要求较高；另外，在风速较大的环境中施焊需要增加防风措施。

3）半自动 CO_2 气体保护焊在焊接施工中采用的保护气体有纯 CO_2 和 CO_2 加 Ar 混合气体两种类型，Ar+20% CO_2 气体比例能获得最稳定的电弧，多在焊接较重要的结构时使用。

4）半自动 CO_2 气体保护焊，根据使用焊丝种类不同，有实芯焊丝、药芯焊丝和活性焊丝的半自动 CO_2 气体保护焊三种形式。

2. 保护气体的选用要求如下。

目前，国内钢结构制造厂所使用的 CO_2 气体有管道集中供气和钢瓶液态 CO_2 两种方式。管道集中供气相对简单，当使用瓶装 CO_2 时，根据规定瓶装液态 CO_2 充装系数不得大于 0.66kg/L。因此，容量 40L 的标准钢瓶，一般灌装 25kg 的液态 CO_2，在瓶内留有 20%左右容积的气化空间。

一个标准钢瓶的液态 CO_2，如焊接时气体消耗量为 20L/min，则可连续使用 10h 左右。

焊接用 CO_2 气体必须具有较高的纯度，一般要求：$CO_2>99\%$、$O_2<0.1\%$、$H_2O<1.22g/m^3$。对于比较重要的焊接结构，一般要求 $CO_2>99.8\%$以上。

当发现 CO_2 气体的纯度不够时，为减少其中的水分和空气，可采取以下措施。

1）将 CO_2 钢瓶倒立静置 1～2h，使水分下沉，然后打开阀门放水 2～3 次。

2）将 CO_2 钢瓶正立放置 2h，放气 2～3min，去掉瓶内液态 CO_2 上面的杂气。

3）在 CO_2 供气管路中串接几个干燥器，干燥剂可采用硅胶或无水 $CaCl_2$，以进一步

减少 CO_2 中的水分。

此外，当钢瓶中 CO_2 气体的压力降至 $10kgf/cm^2$ 时，不宜再继续使用。

3. CO_2 气体保护焊焊丝要求：主要包括焊丝成分的选择，受所采用的保护气体成分、熔滴过渡类型、焊接位置、使用要求及母材成分的影响等。具体内容如下。

1）实心焊丝要求：CO_2 气体保护焊实心焊丝的性能在不断改进，力求提高熔敷金属性能和改善焊接工艺性能。国内常用的实心焊丝牌号和成分如表 7.3.2-1 所示。

气体保护焊焊丝的熔敷金属力学性能和冲击性能可参见标准《熔化极气体保护电弧焊用非合金钢及细晶粒钢实心焊丝》GB/T 8110—2020。

气体保护焊常用焊丝牌号和成分（%）（GB/T 8110—2020） 表 7.3.2-1

序号	化学成分分类	焊丝成分代号	化学分成（质量分数）[a]（%）										
			C	Mn	Si	P	S	Ni	Cr	Mo	V	Cu[b]	Al	Ti+Zr
1	S2	ER50-2	0.07	0.90～1.40	0.40～0.70	0.025	0.025	0.15	0.15	0.15	0.03	0.50	0.05～0.15	Ti：0.05～0.15 Zr：0.02～0.12
2	S3	ER50-3	0.06～0.15	0.90～1.40	0.45～0.75	0.025	0.025	0.15	0.15	0.15	0.03	0.50	—	—
3	S4	ER50-4	0.06～0.15	1.00～1.50	0.65～0.85	0.025	0.025	0.15	0.15	0.15	0.03	0.50	—	—
4	S6	ER50-6	0.06～0.15	1.40～1.85	0.80～1.15	0.025	0.025	0.15	0.15	0.15	0.03	0.50	—	—
5	S7	ER50-7	0.07～0.15	1.50～2.00	0.50～0.80	0.025	0.025	0.15	0.15	0.15	0.03	0.50	—	—
6	S10	ER49-1	0.11	1.80～2.10	0.65～0.95	0.025	0.025	0.30	0.20	—	—	0.50	—	—
7	S11	—	0.02～0.15	1.40～1.90	0.55～1.10	0.030	0.030	—	—	—	—	0.50	—	0.02～0.30
8	S12	—	0.02～0.15	1.25～1.90	0.55～1.00	0.030	0.030	—	—	—	—	0.50	—	—
9	S13	—	0.02～0.15	1.35～1.90	0.55～1.10	0.030	0.030	—	—	—	—	0.50	0.10～0.50	0.02～0.30
10	S14	—	0.02～0.15	1.30～1.60	1.00～1.35	0.030	0.030	—	—	—	—	0.50	—	—
11	S15	—	0.02～0.15	1.00～1.60	0.40～1.00	0.030	0.030	—	—	—	—	0.50	—	0.02～0.15
12	S16	—	0.02～0.15	0.90～1.60	0.40～1.00	0.030	0.030	—	—	—	—	0.50	—	—
13	S17	—	0.02～0.15	1.50～2.10	0.20～0.55	0.030	0.030	—	—	—	—	0.50	—	0.02～0.30

续表

序号	化学成分分类	焊丝成分代号	化学分成（质量分数）a（%）											
			C	Mn	Si	P	S	Ni	Cr	Mo	V	Cub	Al	Ti+Zr
14	S18	—	0.02~0.15	1.60~2.40	0.50~1.10	0.030	0.030	—	—	—	—	0.50	—	0.02~0.30
15	S1M3	ER49-A1	0.12	1.30	0.30~0.70	0.025	0.025	0.20	—	0.40~0.65	—	0.35	—	—
16	S2M3	—	0.12	0.60~1.40	0.30~0.70	0.025	0.025	—	—	0.40~0.65	—	0.50	—	—
17	S2M31	—	0.12	0.80~1.50	0.30~0.90	0.025	0.025	—	—	0.40~0.65	—	0.50	—	—
18	S3M3T	—	0.12	1.0~1.80	0.40~1.00	0.025	0.025	—	—	0.04~0.65	—	0.50	—	Ti:0.02~0.30
19	S3M1	—	0.05~0.15	1.40~2.10	0.40~1.00	0.025	0.025	—	—	0.10~0.45	—	0.50	—	—
20	S3M1T	—	0.12	1.40~2.10	0.40~1.00	0.025	0.025	—	—	0.10~0.45	—	0.50	—	Ti:0.02~0.30
21	S4M31	ER55-D2	0.07~0.12	1.60~2.10	0.50~0.80	0.025	0.025	0.15	—	0.40~0.60	—	0.50	—	—
22	S4M31T	ER55-D2-Ti	0.12	1.20~1.90	0.40~0.80	0.025	0.025	—	—	0.20~0.50	—	0.50	—	Ti:0.05~0.20
23	S4M3T	—	0.12	1.60~2.20	0.50~0.80	0.025	0.025	—	—	0.40~0.65	—	0.50	—	Ti:0.02~0.30
24	SN1	—	0.12	1.25	0.20~0.50	0.025	0.025	0.60~1.00	—	0.35	—	0.35	—	—
25	SN2	ER55-Ni1	0.12	1.25	0.40~0.80	0.025	0.025	0.80~1.10	0.15	0.35	0.05	0.35	—	—
26	SN3	—	0.12	1.20~1.60	0.30~0.80	0.025	0.025	1.50~1.90	—	0.35	—	0.35	—	—
27	SN5	ER55-Ni2	0.12	1.25	0.40~0.80	0.025	0.025	2.00~2.75	—	—	—	0.35	—	—
28	SN7	—	0.12	1.25	0.20~0.50	0.025	0.025	3.00~3.75	—	0.35	—	0.35	—	—
29	NS71	ER55-Ni3	0.12	1.25	0.40~0.80	0.025	0.025	3.00~3.75	—	—	—	0.35	—	—
30	SN9	—	0.10	1.40	0.50	0.025	0.025	4.00~4.75	—	0.35	—	0.35	—	—
31	SNCC	—	0.12	1.00~1.65	0.60~0.90	0.030	0.030	0.10~0.30	0.50~0.80	—	—	0.20~0.60	—	—

续表

序号	化学成分分类	焊丝成分代号	化学分成（质量分数）a（%）											
			C	Mn	Si	P	S	Ni	Cr	Mo	V	Cub	Al	Ti+Zr
32	SNCC1	ER55-1	0.10	1.20~1.60	0.60	0.025	0.020	0.20~0.60	0.30~0.90	—		0.20~0.50		—
33	SNCC2	—	0.10	0.60~1.20	0.60	0.025	0.020	0.20~0.60	0.30~0.90	—		0.20~0.50		—
34	SNCC21	—	0.10	0.90~1.30	0.35~0.65	0.025	0.025	0.40~0.60	0.10	—		0.20~0.50		—
35	SNCC3	—	0.10	0.90~1.30	0.35~0.65	0.025	0.025	0.20~0.50	0.20~0.50	—		0.20~0.50		—
36	SNCC31	—	0.10	0.90~1.30	0.35~0.65	0.025	0.025	—	0.20~0.50	—		0.20~0.50		—
37	SNCCT	—	0.12	1.10~1.65	0.60~0.90	0.030	0.030	0.10~0.30	0.50~0.80	—		0.20~0.60		Ti：0.02~0.30
38	SNCCT1	—	0.12	1.20~1.80	0.50~0.80	0.030	0.030	0.10~0.40	0.50~0.80	0.02~0.30		0.20~0.60		Ti：0.02~0.30
39	SNCCT2	—	0.12	1.10~1.70	0.50~0.90	0.030	0.030	0.40~0.80	0.50~0.80	—		0.20~0.60		Ti：0.02~0.30
40	SN1M2T	—	0.12	1.70~2.30	0.60~1.00	0.025	0.025	0.40~0.80	—	0.20~0.60		0.50		Ti：0.02~0.30
41	SN2M1T	—	0.12	1.10~1.90	0.30~0.80	0.025	0.025	0.80~1.60	—	0.10~0.45		0.50		Ti：0.02~0.30
42	SN2M2T	—	0.05~0.15	1.10~1.80	0.30~0.90	0.025	0.025	0.70~1.20	—	0.20~0.60		0.50		Ti：0.02~0.30
43	SN2M3T	—	0.05~0.15	1.40~2.10	0.30~0.90	0.025	0.025	0.70~1.20	—	0.40~0.65		0.50		Ti：0.02~0.30
44	SN2M4T	—	0.12	1.70~2.30	0.50~1.00	0.025	0.025	0.80~1.30	—	0.55~0.85		0.50		Ti：0.02~0.30
45	SN2MC	—	0.10	1.60	0.65	0.020	0.010	1.00~2.00	—	0.15~0.50		0.20~0.50		—
46	SN3MC	—	0.10	1.60	0.65	0.020	0.010	2.80~3.80	—	0.05~0.50		0.20~0.70		—
47	ZXc	—	其他协定成分											

注 1. 表中单位均为最大值。

2. 表中列出的"焊丝成分代号"是为便于实际使用对照。

a 化学分析应按表中规定的元素进行分析。如在分析过程中发现其他元素，这些元素的总量（除铁外）不应超过 0.50%。

b Cu 含量包括镀铜层中的含量。

c 表中未列出的分类可用相类似的分类表示，词头加字母"Z"。化学成分范围不进行规定，两种分类之间不可替换。

气体保护焊焊丝的熔敷金属力学性能见表 7.3.2-2。

熔敷金属抗拉强度代号　　　　　　　　表 7.3.2-2

抗拉强度代号[a]	抗拉强度 R_m MPa	屈服强度[b] R_{eL} MPa	断后伸长率 A %
43×	430～600	≥330	≥20
49×	490～670	≥390	≥18
55×	550～740	≥460	≥17
57×	S70～770	≥490	≥17

[a]　×代表 "A" "P" 或者 "AP"，"A" 表示在焊态条件下试验；"P" 表示在焊后热处理条件下试验。"AP" 表示在焊态和焊后热处理条件下试验均可。

[b]　当屈服发生不明显时，应测定规定塑性延伸强度 $R_{p0.2}$。

气体保护焊丝熔敷金属冲击性能见表 7.3.2-3。其冲击试验的要求如下。

（1）夏比 V 形缺口冲击试验温度按表 7.3.2-3 的要求，测定 5 个冲击试样的冲击吸收能量（KV_2）。在计算 5 个冲击吸收能量（KV_2）的平均值时，应去掉一个最大值和一个最小值，余下的 3 个值中有 2 个应不小于 27J，另一个可小于 27J，但不应小于 20J，3 个值的平均值不应小于 27J。

（2）如果型号中附加了可选代号 "U"，夏比 V 形缺口冲击试验温度按表 7.3.2-3 的要求，测定 3 个冲击试样的冲击吸收能量（KV_2）。3 个值中有一个值可小于 47J，但不应小于 32J，3 个值的平均值不应小于 47J。

冲击试验温度代号　　　　　　　　　　表 7.3.2-3

冲击试验 温度代号	冲击吸收能量（KV_2） 不小于 27J 时的试验温度 （℃）	冲击试验 温度代号	冲击吸收能量（KV_2） 不小于 27J 时的试验温度 （℃）
Z	无要求	5	−50
Y	+20	6	−60
0	0	7	−70
2	−20	7H	−75
3	−30	8	−80
4	−40	9	−90
4H	−45	10	−100

2）药芯焊丝要求：CO_2 焊药芯焊丝克服了 CO_2 焊实心焊丝飞溅较多和在大电流下全位置施焊较困难的缺点，具有生产效率高、工艺性能好、焊缝质量优良和适应各类焊接电源等优点。

常用药芯焊丝的截面形状有如图 7.3.2-1 几种类型。

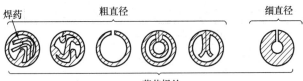

图 7.3.2-1　常用药芯焊丝的截面形状

药芯焊丝的作用如下：

（1）起稳弧作用，减少飞溅，使熔滴呈细熔滴形态过渡；

（2）起保护作用，与外加 CO_2 一起构成对液态金属的气渣联合保护；

（3）改善全位置施焊性能和焊缝成形；

（4）起冶金处理作用，在药芯中一般加有 Mn、Si、Ti 等合金元素，起脱氧作用和掺合金作用。熔渣对液态金属可起精炼作用。

选择 CO_2 焊焊丝时，必须根据各种焊丝的特点选择，采用实心焊丝或药芯焊丝，其焊接工艺性能及特点见表 7.3.2-4。

各种焊丝 CO₂ 气体焊性能特点　　　　　　　　　　表 7.3.2-4

焊接方法种类		使用实心焊丝方法		使用药芯焊丝方法	
焊丝		粗直径焊丝（mm）	细直径焊丝（mm）	粗直径焊丝（mm）	细直径焊丝（mm）
		2.4，3.2	1.2，1.6，2.0	2.4，3.2	1.2，1.6，2.0
最大焊接电流		500A 左右	250A 左右	500A 左右	250A 左右
焊接工艺性	电弧状态	颗粒过渡	短路过渡	颗粒过渡	短路过渡
	飞溅	稍多	少而颗粒小	少	非常少
	焊缝外观	焊波稍粗	美观	光滑美观	非常美观
	熔深	很深	浅	稍浅	很深
	焊接位置	平焊、横焊	全位置	平焊、横焊	全位置
效率	焊接速度	高	低	比实心焊丝低	低
	熔敷效率	90%～95%	95% 左右	70% 左右	95% 左右
电源极性		直流反接	直流反接	直接反接	直接反接
适用板厚		4.5mm 以上（气电自动焊等板厚达 20mm 左右）	以 0.8mm 以上的薄板、中板为主	3.2mm 以上（气电自动焊等、板厚达 20mm 左右）	以 0.8mm 以上的薄板、中板为主

我国 CO_2 焊药芯焊丝经过长期研制已经形成了系列化，目前主要现行国家标准《热强钢药芯焊丝》GB/T 17493—2018，《非合金钢及细晶粒钢药芯焊丝》GB/T 10045—2018。

4. 半自动 CO_2 弧焊机，一般由弧焊电源、送丝机构及焊丝等部分组成，见图 7.3.2-2 所示。

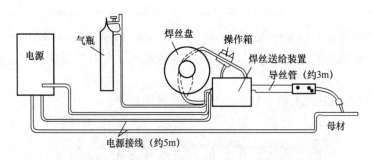

图 7.3.2-2　半自动 CO₂ 弧焊机示意图

5. 半自动 CO_2 焊焊接施焊时应注意的事项如下。

为保证半自动 CO_2 气体保护焊焊接质量，在施工时应注意下述几点：

1）选择适合于母材的焊丝牌号。

2）坡口的加工应保证精度要求。

3）坡口在焊接前清理干净，去除坡口附近的铁锈、油污、水分等其他妨碍焊接的物质。多层焊时，应清除每层焊缝的熔渣及飞溅等。

4）焊丝的干伸长度应适当。

5）选择正确的焊接条件。

6）焊缝起始端应注意填满弧坑。

7）焊嘴的角度要保持正确。

8）气体流量应选择正确。

9）电弧长度应控制好。

10）焊缝的外形尺寸应保证正确。

6. 半自动 CO_2 焊焊接条件的选择要求如下。

1）焊接电流的大小是影响焊接质量的重要因素，电弧电压的大小也将影响焊缝的成型和电弧的稳定性。在焊接时，电流和电压应配合良好。通常根据焊丝直径和所需要的熔滴过渡形式及坡口形状等的要求进行选择。

2）半自动 CO_2 气体保护焊中，主要工艺参数有：焊丝直径、电弧电压、回路电感值、焊接速度、气体流量及焊丝干伸长度等。不同参数的要求如下：

（1）焊丝直径的选择要求：焊丝直径应根据焊件厚度、焊接位置及生产效率要求等因素选择，同时还应考虑实心焊丝和药芯焊丝各自的特点（表 7.3.2-4）。各种直径焊丝的适用范围见表 7.3.2-5 所示。

各种直径焊丝的适用范围   表 7.3.2-5

焊丝种类		焊丝直径（mm）	板厚（mm）	熔滴过渡形式	备注
实心焊丝	细直径	0.8 0.9 1.0 1.2	0.8～6	短路过渡	
	粗直径	≥1.6	>6	颗粒过渡	一般多用于大电流高效率焊接时
药芯焊丝	细直径	1.2 1.6 2.0	0.8～3.2	短路过渡	
	粗直径	2.4～3.2	>3.2	颗粒过渡	一般多用于着重外观质量要求的情况

（2）焊丝干伸长度的选择要求：焊丝干伸长度增加，熔深浅，焊丝熔化加快，可提高生产率；但干伸长度增大，焊丝易熔断，飞溅严重，焊接过程不稳。一般可取焊丝直径的10 倍。

（3）电源极性的选择要求：半自动 CO_2 气体保护焊，一般用直流反接，不同极性接法的应用范围及特点见表 7.3.2-6。

不同极性的应用范围及特点　　　　　　　　表 7.3.2-6

电源接法	应用范围	特点
反接（焊丝接正极）	短路过渡及颗粒过渡的普通焊接过程，一般材料的焊接	飞溅小，电弧稳定，焊缝成型好，熔深大，焊缝金属含 H 量低
正接（焊丝接负极）	高速 CO_2 焊接、堆焊、铸铁补焊	焊丝熔化速率高，熔深浅，熔宽及堆高较大

（4）焊接回路电感值的选择要求：主要用于调节电流的动特性，以获得合适的短路电流增长速度，从而减少飞溅，调节短路频率和燃烧时间，控制电弧热量和熔透深度。焊接回路电感数值可参考表 7.3.2-7 选择。

焊接回路电感值的选择　　　　　　　　表 7.3.2-7

焊丝直径（mm）	焊接电流（A）	电弧电压（V）	电感（mH）
0.8	100	18	0.01～0.08
1.2	130	19	0.02～0.20
1.6	150	20	0.30～0.70

7. 半自动 CO_2 焊焊接缺陷产生的原因及其对策如表 7.3.2-8 所示。

半自动 CO_2 焊接缺陷产生的原因及对策　　　　　　　　表 7.3.2-8

缺陷种类	产生原因	检查部位及措施
气孔	1. 气体不流动。 2. 气体内是否混入空气。 3. 环境风速过大。 4. 焊嘴上沾有飞溅。 5. 气体质量不好。 6. 焊接部位污染。 7. 焊嘴与母材间距过大	1. 流量调整是否适当（20～25L/min），瓶内气体是否充足。 2. 软管上是否有洞，连接处是否扎紧。 3. 风速在 2m/s 以上的地方，要求采取防风措施（如电风扇、门窗外来的风也应考虑）。 4. 除去飞溅（研制飞溅沾着防止剂）。 5. 气体质量是否符合规定要求。 6. 是否沾有油、锈、水、污物、油漆等杂质。 7. 一般为 10～25mm，按使用的电流、焊嘴的直径大小来选择调整
电弧不稳定	1. 焊嘴尺寸规格不适。 2. 焊嘴磨损。 3. 焊丝的进给不稳定。 4. 电源电压的变动。 5. 焊嘴与母材之间的距离是否过大。 6. 焊接电流过低。 7. 接地不稳定	1. 采用适合于焊丝尺寸的焊嘴。 2. 是否焊嘴的穴径大，而使通电作用不准。 3. 焊丝是否纠缠在一起，焊丝滚轴的转动是否平稳，滚筒的尺寸是否合适，加压滚筒是否扎紧，导线管的弯曲是否过大，进给是否不当。 4. 一次输入电压的极端是否保证不变动。 5. 一般为所使用的焊丝直径的 10～15 倍。 6. 是否采用了适合于焊丝直径的电流值。 7. 接地的地方要彻底（母材上的锈、油漆、污物会引起接地不彻底）
焊丝焊着焊嘴	1. 焊嘴与母材之间的距离不合适。 2. 起弧的方法不当。 3. 焊嘴不佳	1. 一般焊嘴与母材之间的距离为使用焊丝直径 10～15 倍者为正确。 2. 是否焊丝碰上母材而引弧。 3. 就焊丝直径而言，焊嘴的尺寸是否正确，焊嘴是否消耗

缺陷种类	产生原因	检查部位及措施
飞溅多	1. 焊接条件不当。 2. 一次电压输入不平衡。 3. 直接电抗器的分流不当。 4. 磁偏吹	1. 条件是否适当，特别是电压是否过高，是否一相断开。 2. 一次电源保险丝的配线是否正确。 3. 大电流（250A 以上）圈数多，小电流圈数少。 4. 变动一下接地位置，缩小焊接部位间隙
焊枪过热	1. 使用额定以上的电容量。 2. 焊枪过分接近母材。 3. 水冷焊枪的水量不足	1. 使用额定内的电流，不准超负荷使用。 2. 使用焊丝 10~15 倍的距离较合适。 3. 应有足够的水量，使用冷却水循环装置时，水的温度不能过高
电弧周期性变化	1. 焊丝进给不顺利。 2. 焊嘴不佳。 3. 一次性输入电压变动大	1. 焊丝滚筒是否固定了，进给滚筒的滑动是否润滑，焊丝是否纠缠在一起。 2. 焊嘴尺寸是否合适，焊嘴是否固定牢。 3. 电量的容量是否十分平整，是否有超负荷电荷或其他网路电压变化
未焊透	1. 焊接条件不恰当。 2. 接头成型不好	1. 是否电流过低，是否实施向下焊接，目标位置是否正确，对板厚条件是否合适。 2. 坡口角度是否正确，采用的焊接方法是否适合于接头形式
焊道成型不佳	1. 焊接条件不合适。 2. 目标位置不佳	1. 电流、电压、焊接速度等条件是否合适，焊接姿势是否不佳。 2. 焊接方向好否，焊枪的倾斜角度是否过大，是否选择了正确的位置

7.3.3　自保护焊的特点与要求。

1. 建筑钢结构中使用的自动保护与半自动 CO_2 保护焊的结构原理基本相同。不同的是，自保护焊不需外加保护气体，而是利用焊丝中所含有的合金元素在焊接冶金过程中起脱氧和脱氮作用，以消除从空气中进入焊接熔池内的氧和氮的不良影响，从而获得合格焊缝的方法。

图 7.3.3-1 为一例自保护焊机，一般可以利用半自动 CO_2 焊机进行自保护焊。

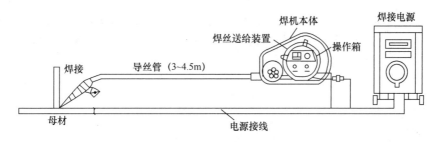

图 7.3.3-1　自保护焊机示意图

自保护焊根据所使用焊丝的不同，分为实芯焊丝自保护焊和药芯焊丝自保护焊两种。在建筑钢结构中药芯焊丝自保护应用较广，尤其在施工现场进行柱与柱之间的焊接大都采用药芯焊丝自保护焊或半自动药芯焊丝 CO_2 焊。

药芯焊丝的截面形状对工艺性能与冶金性能有很大影响。常用药芯焊丝的截面形状有如图7.3.3-2的几种形式。

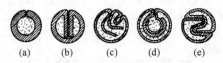

图7.3.3-2　自保护药芯焊丝常用截面形状

自保护焊药芯焊丝的熔敷效率比焊条高2～4倍，野外施焊的灵活性和抗风能力明显优于CO_2焊，一般可在四级风力下施焊，同时还具有焊把轻便（不带气管）、对坡口装配精度要求不高等优点。

表7.3.3-1为自保护焊与其他焊接方法相比的性能特点。

自保护焊的缺点是焊丝的制造工艺比较复杂，焊接时烟尘量大，因此，一般多用于露天施工。目前，自保护药芯焊丝主要用于焊接屈服强度390MPa以下的低碳钢和低合金高强度钢，高于此强度级别的焊丝尚不成熟。

自保护焊接与其他焊接方法的比较　　　　　　　　　　　　　　　表7.3.3-1

焊接方法			自保护焊	焊条电弧焊	CO_2气体保护焊	
					实心焊丝	粗直径药芯焊丝
适应性	适用板厚 焊接姿势 坡口准备		6mm以上向下焊， 填角焊，横向 6mm以下不需要	薄板，厚板均可 全位置 3.2mm以下不需要	薄板，厚板均可 全位置 9mm以下不需要	6mm以上 向下、水平、填角焊 6mm以下不需要
质量	外观成型 X射线检查 熔透深度		扁平，相当好 不是很好 浅（4mm）	好 好 最浅	凸型、不是很好 优秀 最深（8.3ram）	扁平、美观 不是很好 较深（5.2mm）
工艺性能	电弧	稳定性 飞溅	AC高电流和DC良好 相当多	良好 较少	良好 多	AC高电流的DC较好 较少
	熔渣	覆盖性 脱渣性	多，且多孔质 好	可以完全覆盖 好	部分覆盖 不是很好	可以完全覆盖 好
	缺陷敏感性	咬边	不容易出现	不容易出现	稍易出现	不容易出现
		气孔　风 表面 污染	不太敏感 敏感、表现稍易出现	不敏感 不敏感	敏感，表面易出现 敏感，表面易出现	敏感，表面稍易出现 敏感，表面稍易出现
		接头装配 精度不好	不太敏感	最敏感	敏感	不太敏感
效率	熔敷速度(g/min) 熔敷效率（%）		95～120 74～78	— 60～65	135 95	84 73
电源种类			AC、DC	AC、DC	DC	AC、DC
适用钢材			低碳钢 50kg级高强度钢	很广泛	低碳钢 50kg级高强度钢	低碳钢、高强度钢 低合金钢等

2. 自保护焊焊接容易产生缺陷的原因及对策如表 7.3.3-2 所示。

自保护焊焊接缺陷产生的原因及对策

表 7.3.3-2

缺陷种类	产生原因	措施
气孔及焊坑	1. 电弧电压不合适。 2. 焊丝干伸长过短。 3. 焊丝受潮。 4. 钢板上有大量的锈或涂料。 5. 焊枪的倾斜角度不对。 6. 特种横向焊接焊接速度过快	1. 将电弧电压调整到合适值。 2. 保持在 30～50mm。 3. 焊接前在 250～350℃ 温度下烘干 1h。 4. 将待焊区域的锈及其他妨碍焊接的杂质清除干净。 5. 向前进方向倾斜 70°～90°。 6. 调整速度
卷入熔渣	1. 电弧电压过低。 2. 持枪的姿势和方法不正确。 3. 焊丝干伸长过长。 4. 电流过低，焊接速度过慢。 5. 前一道的熔渣没有清除干净。 6. 打底焊道的熔敷金属不足。 7. 坡口过于狭窄。 8. 钢板倾斜（下倾）	1. 电弧电压要适当。 2. 应熟练掌握持枪的姿势和方法。 3. 一般应保持在 30～50mm 范围内。 4. 提高焊接速度。 5. 每道焊缝焊完后，应彻底清除熔渣。 6. 在进行打底焊时，电压要适当，持枪姿势、方法要正确。 7. 应近似于焊条电弧焊的坡口形状。 8. 保持平衡，加快焊接速度
熔合不佳	1. 电流过低。 2. 焊接速度过慢。 3. 电弧电压过高。 4. 持枪姿势不对	1. 特别要提高加工过的焊道一侧的电流。 2. 稍微加快一些。 3. 将电弧电压调至适当处。 4. 熟练掌握持枪姿势和方法。 5. 接近于焊条电弧焊时的坡口形状
焊道成型不佳	1. 持枪不熟练。 2. 坡口面内的融接方法不当。 3. 因焊嘴磨损致使焊丝干伸长度发生变化。 4. 焊丝突出的长度发生了变化	1. 焊接速度要均衡，横向摆动要小，宽度要保持一定。 2. 要熟悉融接要领。 3. 更换新的焊嘴。 4. 焊丝的突出要保持一定
飞溅	1. 电弧电压不稳定。 2. 干伸过长。 3. 焊接电流过低。 4. 焊枪的倾斜角度不当或过大。 5. 焊丝吸潮。 6. 焊枪不佳	1. 将电弧电压调整好。 2. 一般保持在 30～50mm 范围内。 3. 电流调整合适。 4. 尽可能保持接近于垂直的角度状态，避免过大或过小的倾斜。 5. 焊接前在 250°～350°高温下烘干 1h。 6. 调整焊枪内的控制线路、进给机构及导管电缆的内部情况
其他	咬边、焊瘤、裂纹等缺陷，按焊条电弧焊时的同样方法采取相应的措施	

7.3.4　埋弧焊的特点与要求。

1. 埋弧焊焊接时，电弧被覆盖在焊剂层下燃烧，电弧周围的焊剂熔化、蒸发形成气体，排开电弧周围的熔渣形成一封闭空腔，电弧在空腔中稳定燃烧，焊丝或焊带不断送入，以熔滴状落入熔池，与熔化的母材金属混合而形成焊缝。熔化的大量焊剂对熔池金属起还原、净化和合金化的作用，较轻的熔渣浮在熔池表面，可有效地保护熔池金属。

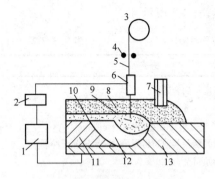

图 7.3.4-1　埋弧焊焊接过程
1—电源；2—电控箱；3—焊丝盘；
4—焊丝送进轮；5—焊丝；6—导
电嘴；7—焊剂输送管；8—焊剂；
9—熔融熔渣；10—凝固熔渣；
11—焊缝金属；12—金属熔池；
13—工件

图 7.3.4-1 为埋弧焊焊接过程示意图。

埋弧焊接的主要规范参数为焊接电流、电弧电压、焊接速度、焊丝直径和伸出长度及与工件间的倾斜角度、焊缝宽度及厚度。决定焊缝质量的重要参数是焊缝形状系数和熔合比。

埋弧焊按自动化程度不同分为埋弧自动焊与埋弧半自动焊，前者电极输送与电弧移动有专门机构控制完成，后者电极输送有专门机构控制完成，而电弧移动依靠手工操纵。按电极形状不同有丝极埋弧焊和多丝焊之分；依焊丝排列不同又有纵列式、横列式和直立式之分。

埋弧焊的优点是：生产效率高、节省材料和电能、熔深大、适用于厚板焊接、金属飞溅少、焊接过程稳定、焊缝质量好，成型美观，保护效果好，无弧光辐射，劳动强度低、劳动条件好。

埋弧焊的缺点是：电弧不可见、对接头装配精度要求较高、焊接短缝、小直径环缝、处于狭窄置焊缝以及焊接薄板时则受一定限制。

2. 埋弧焊焊接材料要求。

1）焊剂的分类、性能及用途。

(1) 焊剂按制造方法可分为熔炼焊剂和非熔炼焊剂。非熔炼焊剂又分为陶质焊剂和烧结焊剂。在建筑钢结构中，主要使用熔炼焊剂和烧结焊剂两种类型。与熔炼焊剂比较，烧结焊剂熔点较高，松装比重较小，故这类焊剂适合于大的线能量焊接，另外，可以通过烧结焊剂向焊缝过渡合金元素，所以，焊接特殊钢时，宜选用烧结焊剂。熔炼焊剂和烧结焊剂的主要优缺点列于表 7.3.4-1，供选用时参考。

熔炼焊剂与烧结焊剂比较　　　　表 7.3.4-1

	项目	熔炼焊剂	烧结焊剂
焊接工艺性能	高速焊接性能	焊道均匀，不易产生气孔和夹渣	焊道无光泽，易产生气孔和夹渣
	大范围焊接性能	焊道凸凹显著，易粘渣	焊道均匀，易脱渣
	吸潮性能	比较小，可不必再烘干	比较大，必须再烘干
	抗锈性能	比较敏感	不敏感
焊缝机械性能	韧性	受焊丝成分和焊剂碱度影响大	比较容易得到高韧性
	成分波动	焊接规范变化时成分波动小，均匀	成分波动大，不容易均匀
	多层焊性能	焊缝金属的成分变动小	焊缝金属的成分变动大
	合金剂添加	几乎不可能	容易
	适用性	适用于单层、多层焊和低碳钢、高强度钢、耐热钢的薄板的高速焊接等	适用于厚钢板的单层焊、单面焊双面成形焊、低碳钢、50kg 级高强度钢

(2) 焊剂按化学成分分类：按焊剂中 Si 含量可分为高硅焊剂、低硅焊剂和无硅焊剂；按 MnO 含量可分为高锰焊剂、中锰焊剂、低锰焊剂和无锰焊剂；也可按 SiO_2 和 MnO 含

量进行组合分类，如表 7.3.4-2 所示。

（3）焊剂按熔渣的碱度分类：碱度是焊剂－熔渣最重要的冶金特性，对焊剂的水解作用和熔渣－金属界面上的冶金反应有很大影响。随着焊剂碱度的变化，其焊接工艺性能和焊缝金属的机械性能都将发生很大的变化。通常酸性焊剂具有良好的焊接工艺性能，焊缝成型美观，但冲击韧性较低。相反，碱性焊剂可以得到高的焊缝冲击值，但焊接工艺性能较差。

国产焊剂的碱度值如表 7.3.4-3 所示。

焊剂的类型、性能及用途   表 7.3.4-2

牌号	焊剂类型	性能	用途
焊剂 130	无锰高硅低氟	工艺性能好，电弧稳定，脱渣容易、焊缝平整美观	用于低碳钢、普通低合金钢的埋弧自动焊
焊剂 150	无锰中硅中氟	工艺性能好，脱渣容易，焊缝平整美观	用于低碳钢和普通低合金钢的埋弧自动焊
焊剂 230	低锰高硅低氟	工艺性能好，成型美观	用于低碳钢及普通低合金钢的焊接
焊剂 250	低锰中硅中氟	工艺性能好	用于低合金钢、低温钢焊接
焊剂 330	中锰高硅低氟	工艺性能好	用于低碳钢、合金钢的焊接
焊剂 350	中锰中硅中氟	工艺性能好	用于锰钼、锰硅及含镍的低合金高强度钢的焊接
焊剂 430	高锰高硅低氟	较好的工艺性能和抗锈性能	用于重要的低碳钢及普通低合金钢的焊接
焊剂 431	高锰高硅低氟	工艺性能好，电弧稳定	用于 A3、20g、18Nb、14MnNb、16Mn 的焊接

国产焊剂的碱度值   表 7.3.4-3

焊剂牌号	130	131	150	172	230	250	251	260	330	350	360	430	431	433
碱度值	0.78	1.46	1.30	2.68	0.80	1.75	1.68	1.11	0.81	1.00	0.94	0.78	0.79	0.67

2）埋弧焊用焊丝要求：埋弧焊所用的焊丝和焊剂应符合现行国家标准《埋弧焊用非合金钢及细晶粒钢实心焊丝、药芯焊丝和焊丝-焊剂组合分类要求》GB/T 5293—2018 和《埋弧焊用热强钢实心焊丝、药芯焊丝和焊丝-焊剂组合分类要求》GB/T 12470—2018 的规定。

埋弧焊实心焊丝分低锰焊丝（含 Mn0.2%～0.8%）、中锰焊丝（含 Mn0.8%～1.5%）、高锰焊丝（含 Mn0.5%～2.2%）及 Mn-Mo 系焊丝（含 Mn1% 以上，Mo0.3%～0.7%）四种类型。常用埋弧焊焊丝的型号和成分示于表 7.3.4-4 所示。

埋弧焊常用焊丝的成分及用途   表 7.3.4-4

焊丝型号	冶金牌号分类	C	Mn	Si	Cr	Ni	Mo	V	S	P	用途
SU08	H08A	≤0.10	0.40～0.65	≤0.03	≤0.20	≤0.30			≤0.030	≤0.030	用于低碳钢及低合金钢
SU08A	H08Mn	≤0.10	0.80～1.10	≤0.07	≤0.20	≤0.30			≤0.030	≤0.030	主要用于低合金钢

焊丝型号	冶金牌号分类	C	Mn	Si	Cr	Ni	Mo	V	S	P	用途
SU43	H13Mn2	≤0.17	1.80~2.20	≤0.05	≤0.20	≤0.30			≤0.030	≤0.030	主要用于低合金钢
SU45	H08Mn2SiA	≤0.11	1.80~2.10—	0.65~0.95	≤0.20	≤0.30			≤0.030	≤0.030	用于低合金钢
SU28	H10MnSi	≤0.14	0.80~1.10	0.60~0.90	≤0.20	≤0.30			≤0.030	≤0.030	用于低合金钢、配合低锰焊剂、用于低碳钢
SU3M3	H08MnMo	≤0.10	1.20~1.60	≤0.25	≤0.20	≤0.30	0.30~0.50		≤0.030	≤0.030	用于强度较高的低合金钢
SUM31	H08Mn2Mo	0.06~0.11	1.60~1.90	≤0.25	≤0.20	≤0.30	0.50~0.70		≤0.030	≤0.030	用于强度较高的低合金钢

3）焊剂与焊丝的组合表示方法。

埋弧焊时，在给定焊接工艺规范的情况下，熔敷金属的机械性能主要取决于焊剂、焊丝及二者的匹配。在选择焊接材料时，必须根据对焊缝性能的要求选择匹配适宜的焊剂和焊丝。为此，我国制定了以焊剂和焊丝组合表示的国家标准《埋弧焊用非合金钢及细晶粒钢实心焊丝、药芯焊丝和焊丝-焊剂组合分类要求》GB/T 5293—2018。其表示方法如图7.3.4-2所示。

4）焊接材料的烘焙、保管和使用要求如下。

（1）埋弧焊用焊剂的烘焙温度如表7.3.4-5所示。

焊剂的烘焙　　　　　　　　　　　　　　　表7.3.4-5

焊剂类型	烘焙温度（℃）	烘焙时间（h）
熔炼焊剂	150~350	约1
烧结焊剂	200~400	约1

（2）经烘焙干燥的焊剂，放置在空气中仍然会受潮，因此，焊接低碳钢的熔炼焊剂在使用中放置时间不应超过24h；焊接低合金钢的熔炼焊剂在使用中放置时间不应超过8h。烧结焊剂经高温烘焙后，应转入100~150℃的低温保温箱中存放，然后从低温保温箱中取出发放给焊工。一般每次发放量不应超过4h的使用量。

（3）埋弧焊时，未熔化的焊剂通常应收集起来再次使用。反复使用次数过多，焊剂会变质，使操作性能和焊缝金属性能下降，特别容易产生气孔。对熔炼型焊剂而言，一般重复使用次数在10次以内不会影响焊接质量。但收集起来的焊剂，必须避免混入氧化铁及熔渣，并应过筛以除去过细的粉末和杂质。

（4）埋弧焊用焊丝应放在干燥通风处库存，避免粘有油污和生锈。

5）焊接材料的选用要求如下。

用熔炼型焊剂焊接低碳钢和强度级别较低的低合金钢时，允许采用两种不同的焊丝和焊剂匹配使用，即选用高锰高硅焊剂配H08A、H08MnA焊丝，或选用低锰及无锰焊剂

示例2:

示例3:

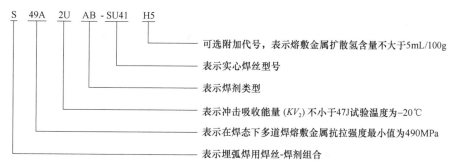

示例4:

图 7.3.4-2　焊丝表示方法

配 H10Mn2 焊丝。前一种配合，焊缝金属抗热裂纹与抗气孔能力较强；后一种配合，焊缝含磷量较低，低温韧性较好。埋弧焊焊丝和焊剂的选用如表 7.3.4-6 所示。

常用埋弧焊焊丝和焊剂的选用　　　　　表 7.3.4-6

母材	焊材标准	焊丝焊剂组合
Q215	GB/T 5293—2018	S43X(S)XX-X
Q235 Q275	GB/T 5293—2018	S43X(S)XX-X
Q355 Q390	GB/T 5293—2018	S49X(S)XX-X
	GB/T 12470—2018	S49XX-X
Q420	GB/T 5293—2018	S55X(S)XX-X S57X(S)XX-X
	GB/T 12470—2018	S55XX-X
Q460	GB/T 5293—2018	S57X(S)XX-X
	GB/T 12470—2018	S62XX-X

3. 埋弧焊焊机要求。

1) 埋弧自动焊机：按用途可分为通用式、专用式两类；按焊丝数目可分为单丝、多丝两类；按焊机行走方式可分为悬挂机头式、软管式和焊车式三类；按送丝方式则可分为等速送丝式和变速送丝式两类。表 7.3.4-7 为常见埋弧自动焊机的型号和特点。

埋弧自动焊机的型号及特点 表 7.3.4-7

形式	型号		特点
	等速送丝	变速送丝	
焊车式	MZ1-1000 MZT-1000	MZ-1000	体积小、重量轻、便于移动；在焊接过程中，焊车可直接在被焊板件上移动；焊机维修保养方便。此类焊机目前被广泛使用
悬挂机头式	MZ2-1500		机头沿导轨移动，应用范围受限制。焊机与工件没有直接联系，调整机构比较复杂，焊接质量易受影响
专用式	25HJ-1 （自编型号）		为双丝自动埋弧焊机；焊机装有速度表，可直接监视主焊丝、副焊丝和焊接小车的速度，其中主焊丝为等速送丝、副焊丝为变速送丝
	MZ6-2X500 MU-2X300	NZA-1000 MUI-1000	此类焊机一般适用于大量生产或焊接工作量大的地方，生产效率高，MZ6-2X500 型主要用于三相双丝焊接

2) 半自动埋弧焊焊机：主要型号为 MB-400 型，亦称软管式半自动埋弧焊机，其特点是送丝机构与机头（导电装置）被一段软管所分离，软管中可通过直径为 1.6～2mm 的焊丝，导电嘴装在焊枪上。

目前，国外品牌的半自动埋弧角焊机主要有美国林肯公司的 LN-9NE、LN-9SE 等型号，其特点是焊剂的输送由压缩空气通过管子输送，不需要焊剂箱装置，结构简单，移动方便。

4. 埋弧焊焊接施工要求。

1) 埋弧焊焊接施工应注意的事项如下。

(1) 正确选用适合与钢材匹配的焊接材料（焊丝和焊剂）。

(2) 正确保管和使用焊接材料。

(3) 选择合适的接头形式和尺寸，装配时应保证坡口的装配精度要求。埋弧焊的特点之一是焊接过程中电弧不可见；其工作是焊前按条件（电流、电压、速度等）调整好焊机后再进行焊接。因此，如果坡口的钝边、根部间隙和坡口角度不准确就会发生烧穿、未焊透，余高太高或太低等缺陷。

(4) 选择合适的焊接条件（电流、电压、速度等）。

(5) 保持良好的坡口表面状态。如果焊接时坡口表面有锈、水分、油污等杂质，则在焊接过程中容易产生气孔等缺陷，因此，焊前应将坡口表面及其附近进行清理。

2) 焊接条件对焊缝形状的影响如下。

(1) 焊丝直径的影响：在焊接电流、电压和速度不变的情况下，焊丝直径将直接影响到焊缝的熔深，随着焊丝直径的减小，熔深将加大，成型系数减小。不同直径的焊丝适用焊接电流的范围如表 7.3.4-8 所示。

埋弧自动焊机的型号及特点 表 7.3.4-8

焊丝直径（mm）	<2.4	3.2	4.0	4.8	6.4
电流范围（A）	<400	300～500	350～800	500～1100	700～1600

（2）焊丝倾斜的影响：焊丝倾斜角度和熔深的关系如表 7.3.4-9 所示，焊丝前倾时，熔深大；焊丝后倾时，熔深浅，熔宽大。

焊丝倾斜的影响　　表 7.3.4-9

焊丝角度	前倾 15°	0°	后倾 15°
焊缝形状	(a)	(b)	(c)
熔深	深	普通	浅
焊缝高度	高	普通	低
焊缝宽度	窄	普通	宽
示意图	(d)	(e)	(f)

（3）焊接电流的影响：对焊缝熔深大小影响最大的因素是焊接电流。图 7.3.4-3 说明了 Y 形对接接头和 I 形对接接头时焊接电流和熔深的关系。一般随焊接电流的增大，熔深将增加。

（4）电弧电压的影响：电弧电压低时，熔深大、焊缝宽度窄；电弧电压高时，熔深浅、焊缝宽度增加；过分增加电压，会使电弧不稳，熔深减少，易造成未焊透，严重时还会造成咬边及气孔等缺陷。

（5）焊接速度的影响：增加焊接速度，焊缝的线能量减少、熔宽减少、熔深增加，若焊接速度过快（大于 40m/h），反而会使熔深减少。另外，焊接速度过快，电弧对焊件加热不足，使熔合比减少，还会造成咬边、未焊透及气孔等缺陷。

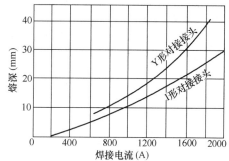

图 7.3.4-3　焊接电流和熔深的关系

（6）焊剂的撒布、回收和粒度的影响：焊剂的撒布高度对焊缝表面成型有很大影响。一般焊剂的撒布高度在 25～40mm 之间较合适。露天作业时，撒布高度应适当降低。

焊剂在回收反复使用时，应避免混入氧化皮和尘土。

焊剂的粒度可按使用电流的范围选用。一般高电流时，粗粒度的焊剂容易引起保护不足，而出现气孔和焊缝表面成型不良等现象；低电流时，细粒度的焊剂气体流出不够，焊缝表面易发生压痕。焊剂粒度和焊接电流的合适关系见表 7.3.4-10。

焊剂粒度和焊接电流范围的关系　　表 7.3.4-10

焊剂粒度	8×48（网眼）	12×65（网眼）	12×150（网眼）	20×200（网眼）	20×D（网眼）
电流（A）	>600	>600	500～800	600～1000	700～800

（7）焊件倾斜的影响：埋弧自动焊有时，根据构件的需要要进行倾斜焊接，上坡焊

时，熔深及焊缝增高量增大，熔宽及成型系数减少，形成窄而高的焊缝，并且易产生气孔、咬边等缺陷；下坡焊时，熔深减少，焊缝增高量降低，表7.3.4-11所示说明了焊件倾斜和焊缝断面形状的关系。

焊件倾斜和焊缝断面形状的关系　　　　　　　表7.3.4-11

上坡焊	$\alpha°<(6°\sim8°)$	$\alpha°>(6°\sim8°)$	示意图
焊缝断面形状		咬边	
下坡焊	$\alpha°<(6°\sim8°)$	$\alpha°>(6°\sim8°)$	示意图
焊缝断面形状			

3）埋弧自动焊的焊接缺陷和防止措施见表7.3.4-12所示。

埋弧自动焊的焊接缺陷和防止措施　　　　　　表7.3.4-12

缺陷	产生原因	防止措施
裂纹	1. 焊丝和焊剂的匹配不当（如果母材含碳量高，则熔敷金属含锰量减少）。 2. 焊接区快速冷却致使热影响区硬化。 3. 由于收缩应力过大产生打底焊道裂纹。 4. 母材的约束过大，焊接程序不当。 5. 焊缝形状不当，与焊缝宽度相比增高过大（由于梨状焊缝产生的裂纹）。 6. 冷却方法不当。 7. 由于沸腾钢产生的硫致裂纹	1. 选择匹配合适的焊丝和焊剂，对含碳量高的母材采取预热措施。 2. 增加焊接电流，降低焊接速度，对母材预热。 3. 增加打底焊道的宽度。 4. 制定合理的焊接工艺和焊接程序。 5. 降低焊接电流和增加电弧电压，使焊缝宽度和增高同步进行。 6. 进行焊后热处理。 7. 选择匹配合适的焊丝和焊剂
咬边	1. 焊接速度过快。 2. 衬垫不当。 3. 电流和电压不当。 4. 焊丝位置不当（在水平填角焊的情况下）	1. 选择适当的焊接速度。 2. 仔细安装衬垫板。 3. 调节电流、电压，使之配合适当。 4. 调节焊丝位置
焊瘤	1. 焊接电流过大。 2. 焊接速度太慢。 3. 焊接电压太低	1. 降低电流。 2. 增大焊接速度。 3. 调节电压
夹渣	1. 母材倾斜于焊接方向致使熔渣超前。 2. 多层焊时焊丝过于靠近坡口侧。 3. 在接头的连接处焊接时易产生夹渣。 4. 多层焊时电流太低，中间焊道的熔渣没有被完全清除。 5. 焊接速度太慢，熔渣超前	1. 采用相反方向的焊接或母材放置水平位置。 2. 焊丝距坡口侧的距离至少要大于焊丝直径。 3. 应使连接处厚度和坡口形状与母材相同。 4. 增大电流，使没有完全清除的熔渣熔化。 5. 增加电流和焊接速度
增高太高	1. 电流太高。 2. 电压太低。 3. 焊接速度太慢。 4. 使用衬垫时、间隙过窄。 5. 焊件未处于水平位置	1. 降低电流至适当值。 2. 增加电压至适当值。 3. 增大焊接速度。 4. 增大间隙。 5. 将工件置于水平位置

缺陷	产生原因	防止措施
增高太低	1. 电流过低。 2. 电压过高。 3. 焊接速度太快。 4. 焊件未处于水平位置	1. 增大电流。 2. 降低电压。 3. 降低焊接速度。 4. 将工件置于水平位置
气孔	1. 接头上粘有油、锈等其他有机物杂质。 2. 焊剂受潮。 3. 焊丝生锈。 4. 焊剂中混有杂质	1. 焊接之前对接头和坡口附近进行清理。 2. 按规定要求烘焙焊剂。 3. 检查焊丝是否有锈蚀。 4. 焊剂的保存和回收时应注意避免混入杂质
焊缝表面粗糙	1. 焊剂散布位置不当。 2. 焊剂粒度选择不当	1. 调整焊剂散布高度。 2. 选择与焊接电流匹配的焊剂粒度
鱼骨状裂纹	1. 坡口表面有油、锈、油漆等杂质。 2. 焊剂受潮	1. 焊接之前进行清理。 2. 按规定要求烘焙焊剂

4）双丝埋弧自动焊焊接条件。

双丝埋弧自动焊生产效率高、焊缝质量好。在建筑钢结构中，适用于规格较长的构件如钢柱，其角接接头常采用这种方法焊接。双丝的排列方式有三种，见图7.3.4-4。其中纵向排列双丝焊分单熔池和双熔池两种，见图7.3.4-5。

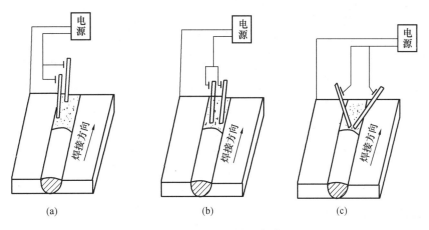

图 7.3.4-4 双丝排列方式

（a）纵列式；（b）横列式；（c）直列式

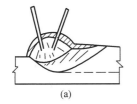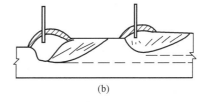

图 7.3.4-5 纵向排列双丝焊

（a）单熔池；（b）双熔池

表 7.3.4-13 为纵向排列单熔池双丝埋弧自动焊焊接条件，供选择时参考。

双丝埋弧自动焊焊接条件　　　　表 7.3.4-13

板厚(mm)	坡口形状	焊接条件								焊缝形状	
		层数	电极	焊丝直径(mm)	双丝之间角度(°)	双丝间距(mm)	电流(A)	电压(V)	速度(cm/min)	增高(mm)	焊缝宽度(mm)
6 9 12		内面	L T	4 4	15 25	20	600 600	34 35	240	1.6	12
		外面	L T	4 4	15 25	20	1000 700	34 36	240	2.0	17
		内面	L T	5 5	15 25	15	950 750	38 45	210	1.9	18
		外面	L T	5 5	15 25	15	1150 1050	37 45	210	2.7	21
		内面	L T	5 5	15 25	15	1100 1000	35 45	200	1.4	19
		外面	L T	5 5	15 25	15	1100 1000	35 45	200	2.7	23
16 19 22		内面	L T	5 5	15 25	15	900 700	36 42	180	1.5	17
		外面	L T	5 5	15 25	15	1400 1000	36 44	180	2.7	19
		内面	L T	5 5	15 25	15	1200 1000	32 50	180	2.2	20
		外面	L T	5 5	15 25	15	1550 1000	33 50	180	2.5	20
		内面	L T	5 5	15 25	15	1600 1100	42 50	170	2.0	18
		外面	L T	5 5	15 25	15	1750 1200	45 50	170	2.7	19

注：1. L—先行电极，T—后行电极。

2. 表中数据是采用焊丝 U336、焊剂 G585（12X150）条件下取得的。

5）单面焊双面成型埋弧焊。

单面焊双面成型埋弧焊，一般用于大型构件车间内翻身比较困难的情况下或其他无法进行双面焊接的厚板。目前，常用的单面焊双面成型法如表 7.3.4-14 所示。

常用单面焊双面成型埋弧焊方法　　　　　　表 7.3.4-14

方法	示意图	适用钢种	常用焊剂	常用焊丝	常用填充金属粉末	常用衬垫焊剂	备注
FAB法	焊剂　填充金属粉末　双面粘接带　玻璃纤维布　热固化焊剂　弹性垫　热收缩薄膜	低碳钢	MF-38　PFI-45　POT-1	US-36　US-43　US-36	RR-2　RR-2　(RR-2)※		FAB-1 型
		50kg级高强度钢	MF-38　PFI-52　POT-1	US-49　US-43　US-49A	RR-2　RR-2　(RR-2)※		
KL法	焊剂　填充金属粉末　焊缝成形焊剂　成形槽　固化焊剂	低碳钢	PFI-47	US-43	RR-0		
		50kg级高强度钢	PFI-60A	US-43	RR-3		
FCB法	焊剂　熔渣　焊剂　铜衬垫　橡皮帆布软管	低碳钢	PFI-45	US-43		PFI-50R　MF-1R	
		50kg级高强度钢	PFI-50	US-43		PFI-50R	
			PFI-53	US-43			
RF法	焊剂　熔渣　衬垫焊剂　垫上焊剂　橡皮帆布软管	低碳钢	MF-38　PFR-47	US-36　US-43	RR-5	RF-1　RF-1	
		50kg级高强度钢	PFI-55	US-43	RR-5	RF-1	

表 7.3.4-15 为纵列式双丝双熔池、单面焊双面成型埋弧焊焊接条件，采用 FCB 衬垫方法，供选择时参考。

FCB 法双丝埋弧焊焊接条件　　　　　　　　　　　表 7.3.4-15

坡口形状	板厚(mm)	坡口角度 θ₁	θ₂	尺寸 r(mm)	d(mm)		焊接条件 电流(A)	电压(V)	速度(cm/min)	电极间距(mm)
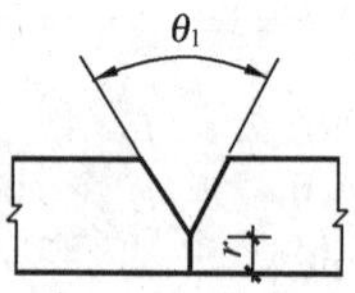	12	60	—	—	0	L T	930 720	38 45	60	120
	16	50	—	—	0	L T	960 750	38 45	55	130
	16	60	—	—	2	L T	930 780	38 43	50	120
	19	50	—	—	2	L T	960 780	38 43	45	130
	25	40	—	—	2	L T	1110 930	35 45	40	140
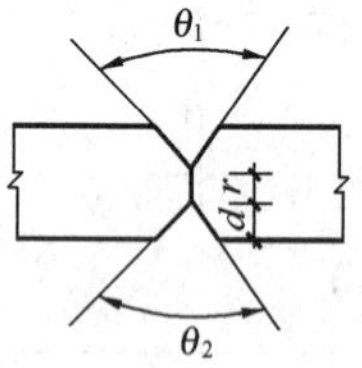	19	60	60	2	6	L T	1200 250	35 45	50	130
	25	50	60	2	6	L T	1230 930	35 48	45	130
	28	45	60	2	6	L T	1290 1050	35 50	42	130
	32	40	60	3	7	L T	1350 1100	35 50	40	150

注：L—先行电极；

　　T—后行电极。

7.3.5 电渣焊的特点与要求。

1. 电渣焊焊接方法、分类及原理如下。

1）电渣焊常用于高层建筑钢结构中箱形柱结构等横隔板部位的焊接。常用电渣焊可分为熔化嘴电渣焊和丝级非熔化嘴电渣焊。

2）电渣焊同其他电弧焊焊接方法不同，是一种以电流通过熔渣所产生的电阻热作为热源的熔化焊方法，其中熔化嘴电渣焊如图 7.3.5-1 所示，用焊丝和固定在工件间隙中并与工件绝缘的熔化嘴共同作为熔化电极，当焊机启动后，焊丝与引弧板接触产生电弧，从而使投入的焊剂熔化而建立渣池，随着熔化嘴和不断送入焊丝的熔化，使渣池逐步上升而形成电渣焊缝；丝级非熔化嘴电渣焊与此类似，但没有管状熔化嘴，仅靠送入焊丝的熔化，使渣池逐步上升而形成电渣焊缝。

2. 焊接接头形状及组装要求如下。

1）熔化嘴电渣焊焊接接头的形状，可根据熔化嘴和结构的具体部位选用如图 7.3.5-2 所示各种形状。丝级非熔化嘴电渣焊一般仅用于对接接头或垂直连接的 T 形接头，工程上一般只用于箱形柱隔板与壁板之间的 T 形焊缝的焊接。

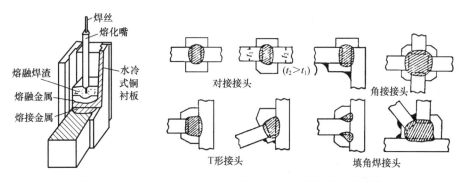

图 7.3.5-1 熔化嘴电渣
焊、焊接原理示意图

图 7.3.5-2 焊接接头的形状

2）由于焊接过程中不易用肉眼进行观察，因此，接头组装时必须严格控制其装配精度，一般接头部位的构件、衬板，需进行机加工或高精度切割，以箱形柱隔板的熔化嘴电渣焊为例，如图 7.3.5-3 所示，要求以箱形柱面板和衬板无间隙为最佳状态，但当间隙继续存在的情况下，允许公差为 0.5mm 以下。

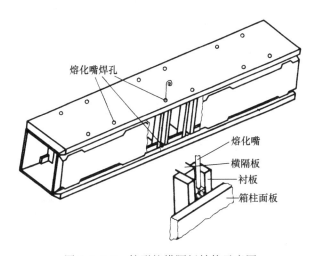

图 7.3.5-3 箱形柱横隔板结构示意图

箱形柱横隔板熔化嘴电渣焊焊接工艺程序见表 7.3.5-1。

3. 焊接施工应注意的事项如下。

1）坡口条件：焊接前应检查坡口的组装是否符合要求，焊前应将坡口内的水分、油污、锈等杂质清除干净。

2）引弧板和引出板：一般应选用铜质引弧板，必要时，引弧板可配置冷却水装置，以便使引弧稳定。引弧板和引出板的孔径必须符合坡口的间隙形状，引弧板和引出板的长度应选择适当。

3）长焊缝焊接：长焊缝焊接特别是板比较薄时，应接长水冷铜板，以防焊穿。

4）焊接材料：焊接前，应对焊剂等按工艺规定要求预热，焊丝不得有腐蚀、油污等杂质。

箱形柱横隔板熔化嘴电渣焊工艺程序
表 7.3.5-1

	工艺过程	示意图	说明
1	安装引弧板和引弧铜帽		先将带圆孔的引弧板，用定位焊固定在焊孔的下部，然后再把紫铜帽固定在引弧板下面
2	被焊孔清理		用带砂皮的木棒擦清被焊孔内污物
3	焊接支架安装		将焊机支架牢固的固定在箱形柱上
4	安装引出铜帽		居中安装，安装前检查通水情况是否良好
5	冷却铜衬板安装		对箱形柱面板较薄时使用
6	安装焊机、熔化嘴		安装牢固后，检查接线和开动是否良好
7	加入切断焊丝、引弧用焊剂		为了引弧容易，加入约 5mm 高的切断焊丝，再加入 30％的额定焊剂量启动时
8	预热		用氧乙炔割炬进行预热到规定温度
9	开始焊接		启动时的电压应稍高出正常电压
10	加焊剂		保持焊接过程稳定进行
11	调整熔化嘴位置		焊接过程中，将熔化嘴适当地向板厚的一侧进行微调
12	焊接结束		必须是焊缝充分填满引出铜帽
13	拆除装置		用碳弧气刨割去引弧板等，然后用砂轮打磨平整
14	焊接检查		根据标准要求进行焊接检验
15	其他		若检查有不合格缺陷时，须经技术主管部门订出工艺措施后方可进行

示意图标注：熔化嘴夹子、引出冷却铜帽、冷却铜衬板、焊剂、切断焊丝、引弧板、引弧铜帽

5）引弧：焊接起动后，必须使电弧充分引燃，起动时焊接电压应比正常焊接时的电压稍高 2～4V。

6）焊接过程中，随着焊接渣柱的形成，应继续加入少量焊剂，待电压略有下降，并使其达到正常的焊接电压。

7）收弧：收弧时可逐步减少焊接电流和电压，并投入少量焊剂，断续通电 2～3 次，断电时，可送入适量的焊丝，以补充熔池金属凝固收缩时所需的金属，防止发生收缩裂纹。

7.3.6　螺柱焊接的特点与要求。

1. 螺柱的材质和规格要求如下。

1）螺柱的材质和规格应符合设计要求和标准的规定。现行国家标准《电弧螺柱焊用圆柱头焊钉》GB/T 10433—2002 规定了直径为 10～25mm 的电弧螺柱焊用圆柱头焊钉的尺寸、材料及性能和试验方法。

2）螺柱应以冷拔棒料制成，采用其他材料和机械性能时，由供需双方协议，焊钉的焊接性能试验应符合现行国家标准《电弧螺柱焊用圆柱头焊钉》GB/T 10433—2002 附录 A 的规定。目前，国内的 ML15 和 ML15Al 已用于螺柱的制造和生产。

3）螺柱的外形尺寸如图 7.3.6-1 所示，其中焊钉头部可由制造者选择做成凹穴式。

2. 焊接方法要求如下。

1）螺柱焊接可以自动定时的螺柱焊机采用电弧焊焊到钢构件上，如图 7.3.6-2 所示。

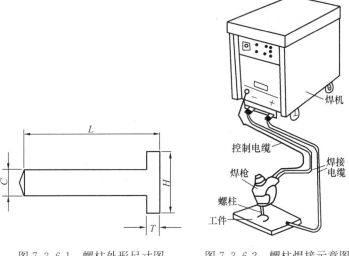

图 7.3.6-1　螺柱外形尺寸图　　　图 7.3.6-2　螺柱焊接示意图

2）焊接时，每个螺柱都应配用耐热的陶瓷电弧保护罩或其他适宜材料的保护罩。

3. 生产前试验应符合下列要求。

1）每日或每班螺柱焊接生产前，应先焊两只螺柱进行试验，试验可在一块与构件厚度和性能相同的材料上进行，也可在构件上进行。

2）对生产前试焊的两只螺柱应进行目检和弯曲 30°的试验。若目检所试焊的螺柱挤出、焊脚未充满四周 360°，或弯曲 30°时其中任何一个螺柱出现断裂，应修改工艺另行试验。如果第二次试焊又有一个螺柱不合格，则应在单独的板上继续试焊，直到有连续两只螺柱经试验确认合格为止，然后才能在构件上焊接其他螺柱。

4. 螺柱焊接要求如下。

1）焊接前应检查成品螺柱规格尺寸是否符合要求，表面应无有害皱皮、毛刺、微观裂纹、裂纹、扭歪、弯曲以及表面不粘油垢、铁锈等有害物质；螺柱头部的径向裂纹或开裂从周边伸向柱体的深度不应超过周边至柱体距离的一半，可以目检确定。

2）钢板螺柱焊接的区域应无氧化皮、铁锈油垢、水分等妨碍焊接的杂质。

3）平焊时，被焊构件的倾斜度不能超过 15°。

4）保护罩或套应保持干燥、不应有开裂现象，若表面受潮，应在使用前置于 120℃ 的烘炉烘 2h 左右。

5）母材温度在 −18℃ 以下，不得焊接，下雨或雪时，不得在露天焊接。

6）母材温度在 0℃ 以下时，每焊 100 只螺柱应增加一只螺柱的目检及弯曲 15°的试验。

5. 焊接修补要求如下。

1）如果从受拉构件上去掉不合格的螺柱，去掉螺柱的部位应打磨光洁和平整，如果去掉不合格的螺柱处的母材受损，应采用手工焊填平凹坑并将焊补表面修平。

2）如果螺柱的挤出焊脚未达到 360°，允许采用手工焊补焊，一般应采用小直径的低氢焊条，补焊的长度要求超出缺陷两边各 9.5mm，补焊的焊脚按表 7.3.6-1 所示。

螺柱补焊的最小焊脚尺寸 表 7.3.6-1

螺柱直径（mm）	最小焊脚尺寸（mm）
6.4～11.1	5
12.7	6
16、19、22.2	8
25.4	10

6. 检查要求如下：

1）目检，要求挤出焊脚达到四周 360°；

2）对焊接质量有疑问的螺柱，可进行弯曲 15°检验，不出现断裂则认为合格，对于焊接后埋入混凝土的螺柱，可处于弯曲状态。

7.4 材 料 准 备

7.4.1 母材准备要求。

1. 钢结构焊接工程用钢材及焊接材料应符合设计文件要求，并应具有钢厂和焊接材料厂出具的产品质量证明书或检验报告，其化学成分、力学性能和其他质量要求应符合国家现行有关标准的规定。

2. 材料进厂后，应按规定要求进行验收，并按国家现行有关标准的规定进行抽样复验。

3. 对于重要结构，为提高装配精度，减少焊接变形，钢板在加工前应进行矫平和预处理。

7.4.2 母材的切割要求。

1. 母材的切割有多种方法，一般用于建筑钢结构的钢材切割主要采用热切割，最常用的方法是氧-燃气火焰切割和等离子弧切割，从设备使用性能上可分为手工切割和自动切割。采用氧-燃气火焰切割时，为了得到良好的切割断面，应注意以下事项。

1）根据板厚选择适当的割嘴孔径、氧气和燃气气体的压力、切割速度等切割规范。

2）清理割嘴氧气小孔和预热焰孔，使切割气体均匀流畅。

3）保持正确的割嘴高度和角度。

4）使用纯度高的气体。

5）彻底清除母材表面的氧化皮和铁锈等。

2. 切割断面的质量因素主要包括：平面度、切割断面的光洁度、上口熔化状况和熔渣的剥离性等。在氧-燃气火焰自动切割中，切割规范对切割断面的质量影响，如表 7.4.2-1 所示。

切割规范对切割断面质量的影响 表 7.4.2-1

断面形状	切割规范对切割断面质量的影响
	切割规范合适时： 切割面的质量好、精度高

续表

断面形状	切割规范对切割断面质量的影响
	切割速度过慢时： 表面过热，上口成圆角，上口会凹凸不平，熔渣附着牢固
	切割速度过快时： 阻距大，上下口成圆角，特别是上口的下面陷入
	氧气压力过高时： 氧气产生紊流，上口下塌，切割沟槽扩大，脱渣性不好
	割嘴位置过高时： 预热焰过宽，上口成圆角、下口成直角
	割嘴位置过低时： 预热过度，上口熔化、下口成直角，切割面的状况与切割速度过慢时相似，相当光滑

3. 对于中薄板建筑钢结构，为了减少热切割时钢板变形和提高切割效率及切口质量，可采用等离子弧切割。按结构特点和所使用的离子气种类，等离子弧切割可分为普通等离子弧切割、空气等离子弧切割；按其切割设备机械化和自动化程度，可分为手工等离子弧切割设备、机械等离子弧设备和数控等离子弧切割设备。与火焰切割相比，等离子弧切割具有以下特点。

1）弧柱温度远高于金属及其氧化物的熔点，除钢材等黑色金属外，还可以切割不锈钢、铜和铝及其合金等有色金属。

2）切割速度快，尤其可高速切割薄板。

3）由于等离子弧能量高度集中，因此切口较窄，光洁整齐无粘渣，切割变形和热影响区小。

7.4.3 坡口加工要求。

1. 坡口加工是焊接前的重要工序，其形状和尺寸精度对焊接质量有很大影响。焊接坡口应尽量采取自动切割或机械加工。手工切割的坡口精度较差，影响焊接质量，应尽量避免使用。坡口机械加工的主要目的如下。

1）根据板厚及焊接方法不同，把焊接工件边缘加工成各种形式和尺寸的坡口，以便于保证焊透。

2）对于重要构件，需要刨去火焰切割所引起的材料组织变化区。

3）焊接工件获得精确的坡口尺寸。

2. 如果切割不当，会产生凹凸不平的切割断面（气割缺口，如图 7.4.3-1 所示），这些部位进行焊接时，易造成夹渣和未焊透等缺陷，所以必须充分注意，应根据切割规范

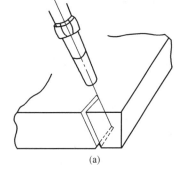

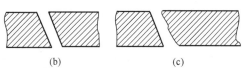

图 7.4.3-1 坡口切割示意图

(a) 坡口切割；(b) 良好的切割面；(c) 不良的切割面

选择合适的切割方法，包括割嘴的选定、气体和氧气流量的调整和切割速度等的选择。

3. 切割面产生深缺口的时候，必须用砂轮机整修平整，或进行堆焊后再用砂轮机整修。

7.4.4　焊接材料要求。

1. 焊接材料选择和匹配，应根据被焊接钢种的化学成分、机械性能、板厚、接头形式和结构的运行条件、施工要求、材料的经济性等因素综合确定。

2. 焊接材料的使用和管理是保证焊接质量的一个十分重要的环节。焊材的质量管理应按照行业标准《焊接材料质量管理规程》JB/T 3223—2017 的规定执行。

3. 需要烘焙的焊接材料，必须严格按照焊接材料制造厂规定的烘焙温度和保温时间进行烘焙。烘焙时，应随炉放入标有所烘焙焊接材料的名称或代号的铁制标记牌，以免烘焙后混号。

7.5　焊　前　准　备

7.5.1　焊接环境要求。

1. 焊接作业区最大风速：焊条电弧焊和自保护药芯焊丝电弧焊不宜超过 8m/s，气体保护电弧焊不宜超过 2m/s，否则应采取有效的防风措施以保护电弧区域不受影响。

2. 焊接作业区处于下列情况，严禁焊接。

1）焊件表面潮湿或暴露于雨、雪中；

2）相对湿度大于 90%；

3）附近环境温度低于−10℃且未进行相应焊接环境下的工艺评定试验的；

4）焊接作业区附近温度低于 0℃时，应采取加热和防护措施，并确保焊缝附近二倍板厚且不小于 100mm 范围的母材温度不低于 20℃的温度，在焊接过程中始终保持不低于这一温度。

7.5.2　焊接坡口要求。

1. 坡口表面出现深度不超过 5mm 的缺口和凹槽，应打磨去除，超过时，则须用低氢焊条进行修整并磨平。

2. 对 Q420、Q460 及调质钢等材料，在碳弧气刨后必须将凹槽处的淬硬层打磨去除。

3. 用角焊缝连接的部件应尽可能贴紧，当间隙超过 2mm 时，角焊缝的焊脚尺寸应按根部间隙值而增加，根部间隙严禁超过 5mm，超过时，应事先在板端堆焊，并修磨平整或堆焊填补后施焊。

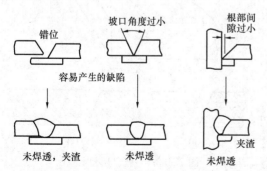

图 7.5.3-1　错位、坡口角度和根部间隙的影响

4. 当坡口间隙超差但不大于薄件厚度的 2 倍或 20mm（取两者中之小值）时，可在部件焊接之前用焊接方法修正，以达到合适的尺寸；当超过上述容许范围，则须经工程师认可，才可用焊接方法修正。

7.5.3　构件装配要求。

构件装配是焊接前的重要工序。构件装配过程中，必须特别注意板的错位、坡口角度和根部间隙等，如图 7.5.3-1 所示。板的错位大，就容易产生裂纹、未焊透和夹渣等现象；坡口角度过小，就容易发生未焊透等焊接缺陷；间隙过小则容易出现夹渣和未焊透等缺陷。因此，构件装配前应认真检查。

　　7.5.4　引弧板、引出板和背面衬垫板要求。

　　对接焊和 T 形角焊的起弧和熄弧端，电弧不易稳定，容易出现焊接缺陷。为了避免这类缺陷，取得质量可靠的焊接金属，在焊接接头的两端，应安装引弧板和引出板进行焊接。另外，为了确保完全焊透，在焊接接头的反面，尽可能垫以与母材相同材料的钢板，这种垫板称作背面衬板，如图 7.5.4-1 所示。引弧板、引出板和衬垫板应满足下列要求。

　　1. 引弧板、引出板和衬垫板的材料，可采用不大于所焊钢材标准强度的钢材。

　　2. 引弧板、引出板在焊接完成并完全冷却后，宜采用火焰切割、碳弧气刨等方法去除，并修磨焊缝端部，严禁锤击去除。

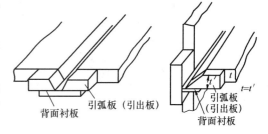

图 7.5.4-1　引弧板、引出板和背面衬板示意图

　　3. 使用钢衬垫的有坡口焊缝，必须使焊缝金属与钢衬垫充分熔合。最低屈服强度为 690MPa 的钢衬垫材料，仅适用于同等级强度的钢材焊接。

　　4. 钢衬垫在整个焊缝长度内应连续，长度不足需拼接时，应完全焊透。

　　5. 承受动荷载作用的结构中，纵向钢衬垫在结构外部焊于母材时，应沿衬垫整个长度连续施焊。

　　6. 承受静载荷作用的结构的焊缝钢衬垫，不需在全长范围内焊接，一般情况下无需去除。

　　7. 引弧板、引出板的坡口，应与母材坡口形状相同，其长度应根据焊接方法和母材厚度确定，表 7.5.4-1 为一般焊接方法采用的引弧板、引出板长度规格。

引弧板、引出板长度　　　　　　　　　　　　　　　　表 7.5.4-1

焊接方法	引弧板、引出板长度（mm）
手工焊条电弧焊	30～50
半自动焊	40～60
埋弧自动焊	80～100
熔化嘴电渣焊	约 100

　　8. 为了防止焊接接头背面衬垫板焊穿，应根据不同焊接方法选用相应厚度的衬垫板，推荐的最小厚度衬垫板见表 7.5.4-2。

背面衬垫板最小厚度　　　　　　　　　　　　　　　　表 7.5.4-2

焊接方法	背面衬垫板最小厚度（mm）
气体保护钨极氩弧焊	3
手工焊条电弧焊	5
气体保护熔化极电弧焊	6
药芯焊丝气保护焊	6
埋弧自动焊	10
电渣焊	20

9. 加劲肋等焊接时，可采用包角焊方式而省略引出板，如图 7.5.4-2 所示。但包角焊接必须完整，不能留有缺口，特别在转角处应连续施焊，不得在转角处引弧或熄弧。

10. 单面焊接时，背面衬板和焊缝金属成为一体，因而安装背面衬板时，应将其与坡口处的母材底面贴紧，如图 7.5.4-3 的位置，否则将影响焊缝质量。

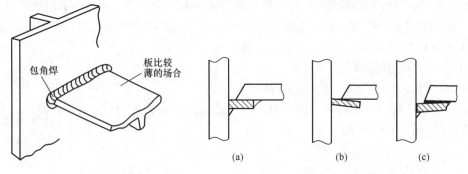

图 7.5.4-2　省略引出板示例　　　　图 7.5.4-3　背面衬板示例

　　　　　　　　　　　　　　　　（a）好；（b）不好；（c）不好

7.5.5　临时焊与定位焊要求。

1. 临时焊缝必须符合与正式焊缝同样的焊接工艺要求，当这些焊缝被清除时，应使该处表面与原表面平齐。构件制作时的临时焊缝布置必须在设计图纸中注明。

2. 定位焊应符合下列要求。

1）定位焊是在焊接前进行零件组装时，为了保证产品的正确尺寸，将零件固定，使之符合胎具形状而先在适当部位进行间断焊接的工序，也叫装配焊接或定位点焊。定位焊缝是正式焊缝的一部分。定位焊缝所用焊接材料的型号，应与正式焊接的材料相同，工艺要求相同；为了避免产生裂纹，正式焊缝有预热要求时，定位焊缝的预热温度应高出正式焊接时的预热温度约 20°～50°。对于重熔并熔入连续埋弧自动焊缝的单道定位焊缝可不要求预热，且定位焊中的咬边、未填满弧坑和气孔之类的缺陷不必清除。

2）多道定位焊缝的端部应呈阶梯状，当埋弧自动角焊的正式焊缝焊脚尺寸不大于10mm 时，定位焊的根部熔深必须满足设计要求，否则，在焊接之前清除或减小其尺寸。不允许熔入正式焊缝的定位焊缝，必须在焊前予以清除，承受静载荷结构的定位焊缝一般不必去除。

3）定位焊缝必须由具有焊工合格证的电焊工操作。定位焊的操作方法应采用回焊引弧、落弧填满弧坑。

4）定位焊缝的长度应不小于 40mm，定位焊缝的焊脚尺寸应不小于 3mm 且不宜超过设计焊缝焊脚尺寸的 2/3。定位焊的间距与接头情况、板厚、结构形式有关，一般在长接缝时，定位焊缝的间距宜为 300～600mm。

5）定位焊的位置必须避免选择在产品的棱角、端部等强度和工艺上容易出现问题的部位。另外，当为 T 形接头时，从两面对称焊接为宜，同时，应尽量避免在坡口内进行定位焊接。图 7.5.5-1 所示为正确和错误的定位焊。

7.5.6　焊接区域清理要求。

1. 组装构件前，所有构件焊接坡口切割面与切割面两侧 30mm 左右的范围以及待焊接的母材表面等，均应清理干净氧化皮、铁锈、油污、水分等妨碍焊接的物质，露出金属

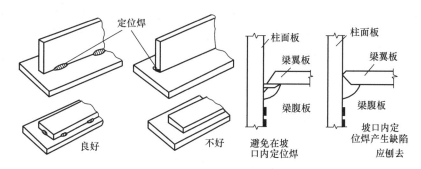

图 7.5.5-1 正确的和错误的定位焊

光泽。

2. 构件组装后，对已清理的区域应注意保护，若在施焊前又出现重新锈蚀现象，或存在水分、灰尘等有害杂质时，应重新清理。清理方法可以采用喷丸除锈、砂轮打磨、钢丝刷清刷等方法。

3. 对于焊接坡口内及其表面区域的水分和油污等，可以用氧乙炔火焰加热的方法清除，但注意在加热过程中，不允许温度过高以免损伤母材。

4. 采用埋弧焊焊接时，应注意对焊剂流出可能接触到的钢材表面，应在焊接前清除浮锈，以免回收焊剂时浮锈混入焊剂内。

7.6 预热及道间（层间）温度

7.6.1 预热温度及道间（层间）温度，应根据钢材的化学成分、接头的约束状态、热输入大小、熔敷金属中含氢量水平及所采用的焊接方法等因素确定或进行焊接试验确定。确定预热温度的目的是为了减慢焊接接头的冷却速度、减少焊接区和母材的温差、降低结构的拘束度以及有利于焊缝金属中扩散氢的逸出，避免出现淬硬组织，降低焊接应力。

7.6.2 预热温度的选择要求。

1. 现行国家标准《钢结构焊接规范》GB 50661—2011 规定，常用钢材采用中等热输入焊接时，最低预热温度宜符合表 7.6.2-1 的要求。

常用钢材最低预热温度要求（℃）　　　　　表 7.6.2-1

钢材类别	接头最厚部件的板厚 t（mm）				
	$t \leqslant 20$	$20 < t \leqslant 40$	$40 < t \leqslant 60$	$60 < t \leqslant 80$	$t > 80$
Ⅰ	—	—	40	50	80
Ⅱ	—	20	60	80	100
Ⅲ	20	60	80	100	120
Ⅳ	20	80	100	120	150

2. 实际工程结构施焊时的预热温度，还应满足下列规定。

1）根据焊接接头的坡口形式和实际尺寸、板厚及构件拘束条件确定预热温度时，焊接坡口角度及间隙增大，则应相应提高预热温度。

2）根据熔敷金属的扩散氢含量确定预热温度时，扩散氢含量高，则应适当提高预热温度。当其他条件不变时，使用非低氢型焊条焊接，预热温度应提高20℃。

3）焊接时热输入约为15～25kJ/cm，热输入增大5kJ/cm，预热温度可比表7.6.2-1中降低20℃。

4）根据接头热传导条件选择预热温度时，如果其他条件不变，则T形接头应比对接接头的预热温度高25～50℃，但当T形接头两侧角焊缝同时施焊时，应按对接接头确定预热温度。

5）根据施焊环境温度确定预热温度时，如果操作地点环境温度低于常温（高于0℃），应提高预热温度15～25℃。

6）电渣焊和气电立焊在环境温度为0℃以上施焊时，可不进行预热，但板厚大于60mm时，宜对引弧区域的母材进行预热，预热温度应不小于50℃。

7）不同板厚、不同材质组成的接头，应按厚板、强度高的材质、较高碳当量的钢材选择预热温度。

8）表7.6.2-1不适用于调质钢；控轧控冷（TMCP）钢的最低预热温度可由试验确定；铸钢的预热温度应提高一级；Ⅳ类钢材中仅限于Q460、Q460GJ。

7.6.3　预热温度的理论计算方法。

1. 对焊接结构进行加热直至达到并保持最低温度的作用是控制焊缝金属及其邻近母材的冷却速度。较高的温度可使氢较快扩散且减少冷裂的倾向，因此，为了降低冷却速度，以得到无裂纹、塑性好的接头，必须保证构件焊前足够高的预热温度，焊接良好的接头主要取决于以下因素。

1）周围环境温度；

2）电弧热；

3）接头的热散失状况；

4）焊缝熔敷金属的扩散氢含量；

5）接头拘束程度。

2. 预测或估算预热温度的方法较多，本节介绍根据线能量和碳当量、接头形式进行最低预热温度确定的方法，该方法主要参照澳大利亚及新西兰标准《结构钢焊接　第五部分：经受高度疲劳负荷的钢结构之焊接》AS/NZS 1554.5 2004，具体方法如下。

1）首先采用下式按熔炼分析成分计算材料碳当量＋0.01所得的值，然后按照表7.6.3-1确定材料可焊性组别。

$$C_E = C + \frac{Mn}{6} + \frac{Cr + Mo + V}{5} + \frac{Ni + Cu}{6} \qquad (7.6.3-1)$$

碳当量对应的材料组别　　　　　　　　　　表7.6.3-1

碳当量 C_E	组别
$C_E < 0.3$	1
$0.30 \leqslant C_E < 0.35$	2
$0.35 \leqslant C_E < 0.40$	3
$0.40 \leqslant C_E < 0.45$	4
$0.45 \leqslant C_E < 0.50$	5
$0.50 \leqslant C_E < 0.55$	6

2）计算被焊件厚度（见图 7.6.3-1）。

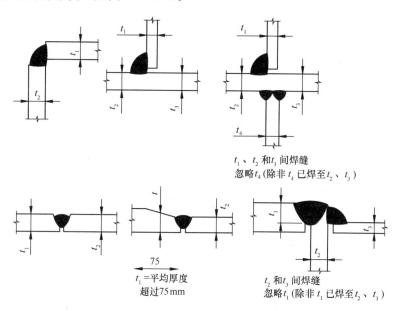

t_1、t_2 和 t_3 间焊缝
忽略 t_4（除非 t_4 已焊至 t_2、t_3）

t_1 ＝平均厚度
超过75mm

t_2 和 t_3 间焊缝
忽略 t_1（除非 t_1 已焊至 t_2、t_3）

图 7.6.3-1　连接件厚度

3）结合材料组别，按所连接的板厚之和，由图 7.6.3-2 查得"接头可焊接性指数"（由 A→L）。

4）由所得的"接头可焊性指数"，按图 7.6.3-3 查得所需的最低预热温度。

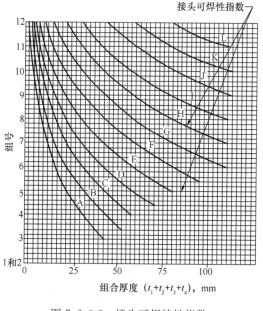

图 7.6.3-2　接头可焊接性指数

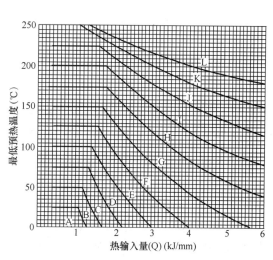

图 7.6.3-3　低氢手工弧焊和半自动、自动过程最低
预热温度的确定

线能量按式（7.6.3-2）计算：

$$Q = \frac{60EI}{1000V} \tag{7.6.3-2}$$

式中 Q——线能量（kJ/mm）；

E——电弧电压（V）；

I——焊接电流（A）；

V——焊接速度（mm/min）。

3. 若不按上述规定确定预热温度，则必须经焊接工艺评定确定。

4. 目前，针对国内外建筑钢结构常用的钢材材料牌号和板厚，相应规定的最低预热温度见表7.6.3-2。

常用材料最低预热温度（℃） 表7.6.3-2

标准	钢种类别/牌号		焊接方法	厚度（mm）					备注
				≤20	20~40	40~60	60~80	>80	
国标：GB 50661	Q235				—	40℃	50℃	80℃	条件：室温；一般厚度；低氢；焊接
	Q295，Q345			—	20℃	60℃	80℃	100℃	
美标：AWS D1.1	A	A709 G36 A516		0℃①	65℃	110℃		150℃	当母材温度低于0℃时，必须预热到20℃
	B	A572 G42, 50, 55 A709 G36，50 A913 G50		0℃①	10℃	65℃		110℃	
	C	A572 G60，65 A913 G60，65		10℃	65℃	110℃		150℃	
日本：铁骨工事技术指针——工场制作编	SS400 SM400 SN400		SMAW（低氢）	—①	50℃①	50℃②		80℃②	① 低氢焊条，在板厚40mm以下可不预热，否则在板厚25mm即需加热50℃；② 仅适用SM400；③ 如为TMCP钢，预热温度可以降低；④ 板厚25mm以上须预热50℃；⑤ 使用FCAW时，预热温度可以降低
			GMAW⑤，SAW	—	—	—②		50℃②	
	SM490 SM490Y SM520		SMAW（低氢）	—	50℃③	80℃③		100℃③	
			GMAW⑤，SAW	—	—	50℃③		80℃③	
	SM570		SMAW（低氢）	50℃	80℃	100℃		120℃	
			GMAW⑤，SAW	—④	50℃	80℃		100℃	

5. 对不同最低预热温度要求的两种钢材构成的接头，其焊接最低预热温度应取两者最大值。按估算方法获得的最低预热温度低于表7.6.3-2中的规定值时，应经焊接工艺评定进行验证，当高于表7.6.3-2规定值时，为减少裂纹危险性的增加，建议施工中选用较高的预热温度。

7.6.4 道间温度（层间温度）要求。

1. 除焊接工艺规程另有要求外，最低道间温度应与预热温度相等。

2. 道间温度必须在每一焊道即将引弧施焊前测定，当温度低于最低预热温度规定值时，应对焊接区域重新加热。

3. 道间温度一般在预热温度以上，对有些材料（如调质钢、不锈钢等）则要控制最高道间温度。

4. 焊接承受静载的结构时，最大道间温度不宜超过 250℃，焊接调质钢和承受动荷载的结构时，最大道间温度不得超过 230℃。

5. 预热温度及层间温度控制方法应符合下列规定：

1）焊前预热及层间温度的保持，宜采用电加热器、火焰加热器等加热，并采用专用的测温仪测量。对于钢材屈服极限强度＞460MPa 的焊接区域进行预热时，宜选用电加热方法，原则上禁用火焰加热。

2）预热的加热区域应在焊接坡口两侧，宽度应各为焊件施焊处厚度的 1.5 倍以上，且不小于 100mm，预热时应尽可能使加热均匀一致。预热温度宜在焊件反面测量，测温点应在离电弧经过前的焊接点各方向不小于 75mm 处；当用火焰加热器预热时，正面测温应在加热停止后进行。

3）道间温度的测量位置在焊缝坡口旁 10mm。

7.7 焊 接 工 艺 评 定

7.7.1 焊接工艺评定的一般规定。

1. 除符合现行国家标准《钢结构焊接规范》GB 50661—2011 第 6.6 节规定的免予评定条件外，施工单位首次采用的钢材、焊接材料、焊接方法、接头形式、焊接位置、焊后热处理制度以及焊接工艺、预热和后热等各种参数的组合条件，应在钢结构构件制作及安装施工之前进行焊接工艺评定。

2. 应由施工单位根据所承担钢结构的设计节点形式、钢材类型与规格、采用的焊接方法、焊接位置等，制订焊接工艺评定方案，拟定相应的焊接工艺评定指导书，按应规定施焊试件、切取试样，并由具有相应资质的检测机构进行检测试验，测定焊接接头是否具有所要求的使用性能，并出具检测报告；同时应由相关机构对施工单位的焊接工艺评定施焊过程进行见证，并根据检测结果及相关规定对拟定的焊接工艺进行评定，出具焊接工艺评定报告。

3. 焊接工艺评定的环境应反映工程施工现场的条件。

4. 焊接工艺评定中的焊接热输入，预热、后热等施焊参数，应根据母材的焊接性制订。

5. 焊接工艺评定所用设备、仪表的性能，应处于正常工作状态；焊接工艺评定所用的母材、栓钉、焊接材料必须能覆盖实际工程所用材料并应符合相关标准要求、并有生产厂出具的质量证明文件。

6. 焊接工艺评定试件应由该工程施工单位中持证的焊接人员施焊。

7. 焊接工艺评定所用的焊接方法和施焊位置的代号应符合表 7.7.1-1 和表 7.7.1-2 及图 7.7.1-1～图 7.7.1-5 的规定，钢材类别和试件焊接接头的形式应符合现行国家标准《钢结构焊接规范》GB 50661—2011 表 4.0.5 和 5.2.1 的规定。

焊接方法分类　　　　　　　　　　表 7.7.1-1

类别号	焊接方法	代号
1	焊条电弧焊	SMAW
2-1	半自动实心焊丝 CO_2 气体保护焊	GMAW-CO_2
2-2	半自动实心焊丝混合气体保护焊	GMAW -MG
3-1	半自动药芯焊丝气体保护焊	FCAW-G
3-2	半自动药芯焊丝自保护焊	FCAW-SS
4	非熔化极气体保护焊	GTAW
5-1	单丝埋弧焊	SAW-S
5-2	多丝埋弧焊	SAW-M
5-3	单电双细丝埋弧焊	SAW-MD
5-4	窄间隙埋弧焊	SAW-NG
6-1	熔嘴电渣焊	ESW-N
6-2	丝极电渣焊	ESW-W
6-3	板极电渣焊	ESW-P
6-4	非熔嘴电渣焊	ESW-T
7-1	单丝气电立焊	EGW-S
7-2	多丝气电立焊	EGW-M
8-1	自动实心焊丝 CO_2 气体保护焊	GMAW-CO_2A
8-2	自动实心焊丝混合气体保护焊	GMAW-MA
8-3	窄间隙自动气体保护焊	GMAW-NG
8-4	自动药芯焊丝气体保护焊	FCAW-GA
8-5	自动药芯焊丝自保护焊	FCAW-SA
9-1	非穿透栓钉焊	SW
9-2	穿透栓钉焊	SW-P
10-1	机器人实心焊丝气体保护焊	RW-GMAW
10-2	机器人药芯焊丝气体保护焊	RW-FCAW
10-3	机器人埋弧焊	RW-SAW

焊接位置代号　　　　　　　　　　表 7.7.1-2

焊接位置		代号	位置定义
平	F	1G（F）	板材对接焊缝（角焊缝）试件平焊位置 管材（管板）水平转动对接焊缝（角焊缝）试件位置
横	H	2G（F）	板材对接焊缝（角焊缝）试件横焊位置 管材（管板）垂直固定对接焊缝（角焊缝）试件位置
立	V	3G（F）	板材对接焊缝（角焊缝）试件立焊位置
仰	O	4G（F）	板材（管板）对接焊缝（角焊缝）试件仰焊位置

焊接位置	代号	位置定义
全位置　F、V、O	5G（F）	管材（管板）水平固定对接焊缝（角焊缝）试件位置
	6G（F）	管材（管板）45°固定对接焊缝（角焊缝）试件位置
	6GR	管材 45°固定加挡板对接焊缝试件位置

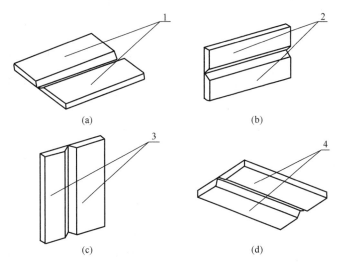

图 7.7.1-1　板对接试件焊接位置

（a）1G-平焊位置 F；（b）2G-横焊位置 H；（c）3G-立焊位置 V；（d）4G-仰焊位置 O
1—板平位放置，焊缝轴水平；2—板横向立位放置，焊缝轴水平；3—板 90°立位放置，
焊缝轴垂直；4—板平位放置，焊缝轴水平

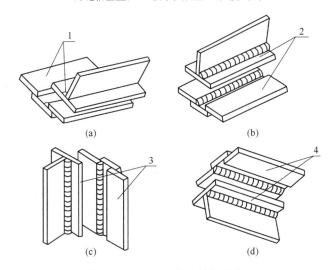

图 7.7.1-2　板角接试件焊接位置

（a）1F-平焊位置 F；（b）2F-横焊位置 H；（c）3F-立焊位置 V；（d）4F-仰焊位置 O
1—板 45°放置，焊缝轴水平；2—板平放位置，焊缝轴水平；3—板 90°立位放置，焊缝轴垂直；
4—板平放位置，焊缝轴水平

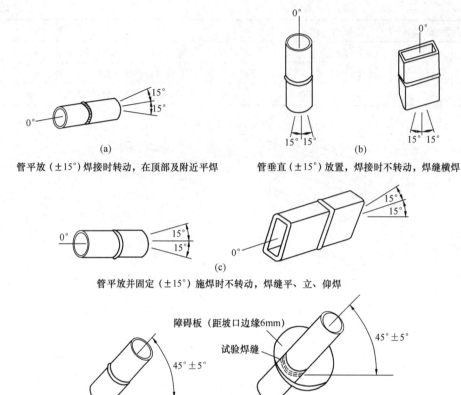

(a)

管平放（±15°）焊接时转动，在顶部及附近平焊

管垂直（±15°）放置，焊接时不转动，焊缝横焊

(b)

(c)

管平放并固定（±15°）施焊时不转动，焊缝平、立、仰焊

障碍板（距坡口边缘6mm）

试验焊缝

管倾斜固定（45°±5°）焊接时不转动

图 7.7.1-3　管对接试件焊接位置

（a）1G-平焊位置 F（转动）；（b）2G-横焊位置 H；（c）5G-管对接全位置焊；（d）6G-管 45°固定
全位置焊；（e）6GR-带障碍的管 45°固定全位置焊

8. 焊接工艺评定结果不合格时，可在原焊件上就不合格项目重新加倍取样进行检验。如还不能达到合格标准，应分析原因，制订新的焊接工艺方案，按原步骤重新评定，直到合格为止。

9. 除符合现行国家标准《钢结构焊接规范》GB 50661—2011 第 6.6 节规定的免予评定条件外，对于焊接难度等级为 A、B、C 级的焊接接头，其焊接工艺评定有效期应为 5 年；对于焊接难度等级为 D 级的焊接接头应按工程项目进行焊接工艺评定。

10. 焊接工艺评定文件包括：焊接工艺评定报告、焊接工艺评定指导书、焊接工艺评定记录表、焊接工艺评定检验结果表及检验报告，应报相关单位审查备案。

7.7.2　焊接工艺评定替代原则。

1. 不同焊接方法的评定结果不得互相替代。不同焊接方法组合焊接可用相应板厚的单种焊接方法评定结果替代，也可用不同焊接方法组合焊接评定，但弯曲及冲击试样切取位置应涵盖不同的焊接方法；同种牌号钢材中，质量等级高的钢材可替代质量等级低的钢材，质量等级低的钢材不可替代质量等级高的钢材。

2. 除栓钉焊外，不同钢材焊接工艺评定的替代规则应符合下列规定。

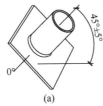

(a)

管倾斜放置（45°±5°），管板垂直，焊接时绕管轴转动，在顶部及附近平焊

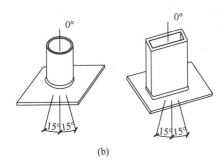

(b)

管垂直，板水平（±15°）放置，焊缝横焊

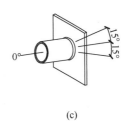

(c)

管平放，板垂直（±15°），焊接时转动，在顶部及附近横焊

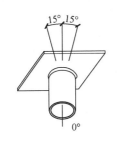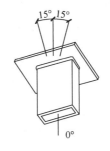

(d)

管垂直，板水平（±15°）放置，焊缝仰焊

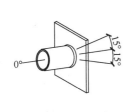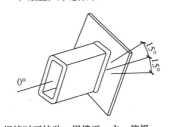

(e)

管平放，板垂直并固定（±15°），焊接时不转动，焊缝平、立、仰焊

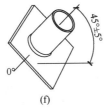

(f)

管板倾斜固定（45°±5°）焊接时不转动

图 7.7.1-4 管板对接（角接）试件焊接位置

（a）1G（1F）-平焊位置 F（转动）；（b）2G（2F）-横焊位置 H；（c）2G（2F）-横焊位置 H（转动）；
（d）4G（4F）-仰焊位置 0；（e）5G（5F）-管板全位置焊；（f）6G（6F）-管板 45°固定全位置焊

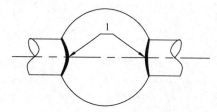

图 7.7.1-5 管-球接头试件

1—焊接位置分类按管材对接接头

1）Ⅰ、Ⅱ类钢材中当强度和质量等级发生变化时，在相同供货状态下，高级别钢材的焊接工艺评定结果可替代低级别钢材；Ⅲ、Ⅳ类钢材中，在相同强度和供货状态下，高级别钢材的焊接工艺评定结果可替代低级别钢材，不同强度级别和供货状态的钢材，焊接工艺评定结果不得相互替代；除Ⅰ、Ⅱ类别钢材外，异种钢材的组合焊接时应重新评定，不得用单类钢材的评定结果替代。

2）同类别钢材中轧制钢材与铸钢、耐候钢与非耐候钢的焊接工艺评定结果不得互相替代。

3）国内与国外钢材的焊接工艺评定结果不得互相替代。

3. 接头形式变化时应重新评定，十字形接头评定结果可替代 T 形接头评定结果，反之不可，全焊透或部分焊透的 T 形或十字形接头对接与角接组合焊缝评定结果可替代角焊缝评定结果。

4. 评定合格的试件厚度在工程中适用的厚度范围应符合表 7.7.2-1 的规定。

评定合格的试件厚度与工程适用厚度范围　　　　表 7.7.2-1

焊接方法类别号	评定合格试件厚度 t （mm）	工程适用厚度范围	
		板厚最小值	板厚最大值
1、2、3、4、5、8、10	≤25	3mm	$2t$
	25<t≤70	0.75t	$2t$
	>70	0.75t	不限
6	≥18	0.75t 最小 18mm	1.1t
7	≥10	0.75t 最小 10mm	1.1t
9	1/3ϕ≤t<12	t	$2t$，且不大于 16mm
	12≤t<25	0.75t	$2t$
	t≥25	0.75t	1.5t

注：ϕ 为栓钉直径。

5. 评定合格的管材接头，壁厚的覆盖范围应符合现行国家标准《钢结构焊接规范》GB 50661—2011 的规定，直径的覆盖原则应符合下列规定。

1）外径小于 600mm 的管材，其直径覆盖范围不应小于工艺评定试验管材的外径；

2）外径不小于 600mm 的管材，其直径覆盖范围不应小于 600mm。

6. 板材对接与外径不小于 600mm 的相应位置管材对接的焊接工艺评定可互相替代。

7. 除栓钉焊外，横焊位置评定结果可替代平焊位置，平焊位置评定结果不可替代横焊位置。立、仰焊位置与其他焊接位置之间不可互相替代。

8. 有衬垫与无衬垫的单面焊全焊透接头不可互相替代；有衬垫单面焊全焊透接头和反面清根的双面焊全焊透接头可互相替代；不同材质的衬垫不可互相替代。

9. 当栓钉材质不变时，栓钉焊被焊钢材应符合下列替代规则。

1）Ⅲ、Ⅳ类钢材的栓钉焊接工艺评定试验可替代Ⅰ、Ⅱ类钢材的焊接工艺评定试验；

2）Ⅰ、Ⅱ类钢材的栓钉焊接工艺评定试验可互相替代；

3）Ⅲ、Ⅳ类钢材的栓钉焊接工艺评定试验不可互相替代。

7.7.3　重新进行工艺评定的规定。

1. 焊条电弧焊，下列条件之一发生变化时，应重新进行工艺评定。

1）焊条熔敷金属抗拉强度级别变化；

2）由低氢型焊条改为非低氢型焊条；

3）焊条规格改变；

4）直流焊条的电流极性改变；

5）多道焊和单道焊的改变；

6）清焊根改为不清焊根；

7）立焊方向改变；

8）焊接实际采用的电流值、电压值的变化超出焊条产品说明书的推荐范围。

2. 熔化极气体保护焊，下列条件之一发生变化时，应重新进行工艺评定。

1）实心焊丝与药芯焊丝的变换；

2）单一保护气体种类的变化；混合保护气体的气体种类和混合比例的变化；

3）保护气体流量增加 25％以上，或减少 10％以上；

4）焊炬摆动幅度超过评定合格值的±20％；

5）焊接实际采用的电流值、电压值和焊接速度的变化分别超过评定合格值的 10％、7％和 10％；

6）实心焊丝气体保护焊时熔滴颗粒过渡与短路过渡的变化；

7）焊丝型号改变；

8）焊丝直径改变；

9）多道焊和单道焊的改变；

10）清焊根改为不清焊根。

3. 非熔化极气体保护焊，下列条件之一发生变化时，应重新进行工艺评定。

1）保护气体种类改变；

2）保护气体流量增加 25％以上，或减少 10％以上；

3）添加焊丝或不添加焊丝的改变；冷态送丝和热态送丝的改变；焊丝类型、强度级别型号改变；

4）焊炬摆动幅度超过评定合格值的±20％；

5）焊接实际采用的电流值和焊接速度的变化分别超过评定合格值的 25％和 50％；

6）焊接电流极性改变。

4. 埋弧焊，下列条件之一发生变化时，应重新进行工艺评定。

1）焊丝规格改变；焊丝与焊剂型号改变；

2）多丝焊与单丝焊的改变；

3）添加与不添加冷丝的改变；

4）焊接电流种类和极性的改变；

5）焊接实际采用的电流值、电压值和焊接速度变化分别超过评定合格值的 10％、7％和 15％；

6）清焊根改为不清焊根。

5. 电渣焊，下列条件之一发生变化时，应重新进行工艺评定。

1）单丝与多丝的改变；板极与丝极的改变；有、无熔嘴的改变；

2）熔嘴截面积变化大于30%，熔嘴牌号改变；焊丝直径改变；单、多熔嘴的改变；焊剂型号改变；

3）单侧坡口与双侧坡口的改变；

4）焊接电流种类和极性的改变；

5）焊接电源伏安特性为恒压或恒流的改变；

6）焊接实际采用的电流值、电压值、送丝速度、垂直提升速度变化分别超过评定合格值的20%、10%、40%、20%；

7）熔嘴轴线偏离垂直位置超过10°；

8）成形水冷滑块与挡板的变换；

9）焊剂装入量变化超过30%。

6.气电立焊，下列条件之一发生变化时，应重新进行工艺评定。

1）焊丝型号和直径的改变；

2）保护气体种类或混合比例的改变；

3）保护气体流量增加25%以上，或减少10%以上；

4）焊接电流极性改变；

5）焊接实际采用的电流值、送丝速度和电压值的变化分别超过评定合格值的15%、30%和10%；

6）焊枪偏离垂直位置变化超过10°；

7）成形水冷滑块与挡板的变换。

7.栓钉焊，下列条件之一发生变化时，应重新进行工艺评定。

1）栓钉材质改变；

2）栓钉标称直径改变；

3）瓷环材料改变；

4）非穿透焊与穿透焊的改变；

5）穿透焊中被穿透板材厚度、镀层厚度增加与种类的改变；

6）栓钉焊接位置偏离平焊位置25°以上的变化或平焊、横焊、仰焊位置的改变；

7）栓钉焊接方法改变；

8）预热温度比评定合格的焊接工艺降低20℃或高出50℃以上；

9）焊接实际采用的提升高度、伸出长度、焊接时间、电流值、电压值的变化超过评定合格值的±5%；

10）采用电弧焊时焊接材料改变。

7.7.4　试件和试样的制备要求。

1.试件制备应符合下列要求。

1）选择试件厚度应符合表7.7.2-1中规定的评定试件厚度在工程构件厚度中的有效适用范围。

2）试件的母材材质、焊接材料、坡口形式、尺寸和焊接必须符合焊接工艺评定指导书的要求。

3）试件的尺寸应满足所制备试样的取样要求。各种接头形式的试件尺寸、试样取样位置应符合图 7.7.4-1～图 7.7.4-8 的要求。

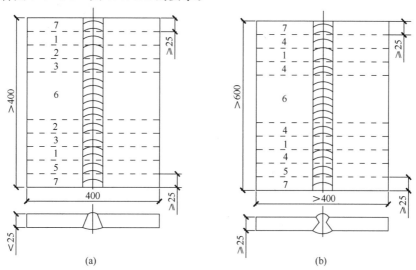

图 7.7.4-1　板材对接接头试件及试样取样

（a）不取侧弯试样时；（b）取侧弯试样时

1—拉伸试样；2—背弯试样；3—面弯试样；4—侧弯试样；5—冲击试样；6—备用；7—舍弃

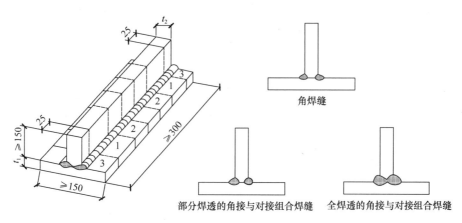

图 7.7.4-2　板材角焊缝和 T 形对接与角接组合焊缝接头试件及宏观试样的取样

1—宏观酸蚀试样；2—备用；3—舍弃

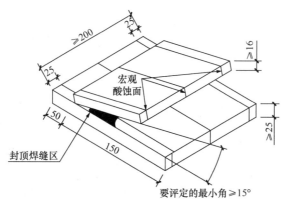

图 7.7.4-3　斜 T 形接头（锐角根部）

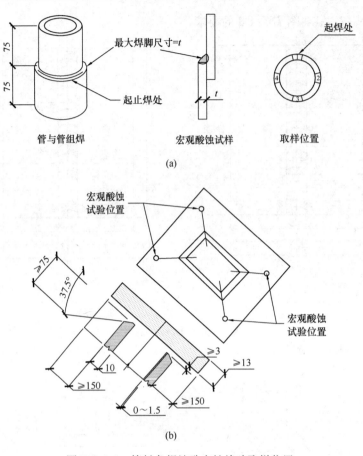

图 7.7.4-4　管材角焊缝致密性检验取样位置

（a）圆管套管接头与宏观试样；（b）矩形管 T 形角接和对接与角接组合焊缝
接头及宏观试样

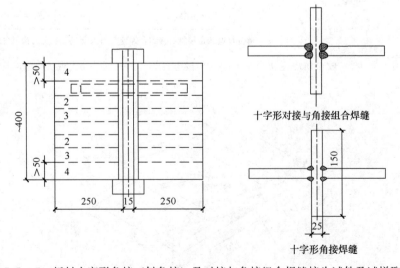

图 7.7.4-5　板材十字形角接（斜角接）及对接与角接组合焊缝接头试件及试样取样

1—宏观酸蚀试样；2—拉伸试样、冲击试样（要求时）；3—备用；4—舍弃

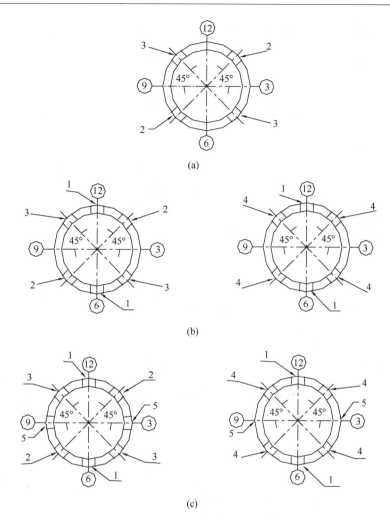

图 7.7.4-6　管材对接接头试件、试样及取样位置
（a）拉力试验为整管时弯曲试样取样位置；（b）不要求冲击试验时；（c）要求冲击试验时
③、⑥、⑨、⑫—钟点记号，为水平固定位置焊接时的定位；
1—拉伸试样；2—面弯试样；3—背弯试样；4—侧弯试样；5—冲击试样

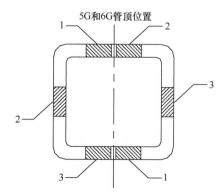

图 7.7.4-7　矩形管材对接接头试样取样位置
1—拉伸试样；2—面弯或侧弯试样、冲击试样（要求时）；
3—背弯或侧弯试样、冲击试样（要求时）

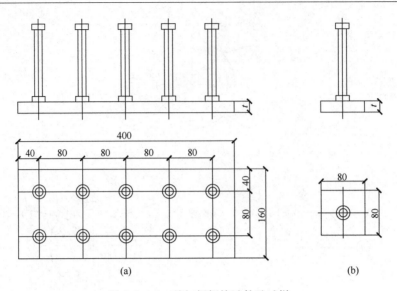

（a）
（b）

图 7.7.4-8　栓钉焊焊接试件及试样
（a）试件的形状及尺寸；（b）试样的形状及尺寸

2. 检验试样种类及加工应符合下列规定。

1）检验试样种类和数量应符合表 7.7.4-1 的规定。

静荷载结构焊接工艺评定试样种类和数量[1]　　　　表 7.7.4-1

母材形式	试件形式	试件厚度 (mm)	无损检测	试 样 数 量						冲击[4]		宏观酸蚀及硬度[5,6]
				全断面拉伸	拉伸	面弯	背弯	侧弯	30°弯曲	焊缝中心	热影响区	
板、管	对接接头	<14	要	管 2[2]	2	2	2	—	—	3	3	—
		≥14	要		2	—	—	4	—	3	3	—
板、管	板 T 形、斜 T 形和管 T、K、Y 形角接接头	任意	要	—	—	—	—	—	—	—	—	板 2[7]、管 4
板	十字形接头	任意	要	—	2	—	—	—	—	3	3	2
管-管	十字形接头	任意	要	2[3]								4
管-球	—											2
板-焊钉	栓钉焊接头	底板 ≥12	—	5					5			

注：1. 当相应标准对母材某项力学性能无要求时，可免做焊接接头的该项力学性能试验；
　　2. 管材对接全截面拉伸试样适用于外径小于或等于 76mm 的圆管对接试件，当管径超过该规定时，应按图
　　　　7.7.4-6 或图 7.7.4-7 截取拉伸试件；
　　3. 管-管、管-球接头全截面拉伸试样适用的管径和壁厚由试验机的能力决定；
　　4. 是否进行冲击试验以及试验条件按设计选用钢材的要求确定；
　　5. 硬度试验根据工程实际情况确定是否需要进行；
　　6. 圆管 T、K、Y 形和十字形相贯接头试件的宏观酸蚀试样应在接头的趾部、侧面及跟部各取一件；矩形管
　　　　接头全焊透 T、K、Y 形接头试件的宏观酸蚀应在接头的角部各取一个，详见图 7.7.4-10；
　　7. 斜 T 形接头（锐角根部）按图 7.7.4-11 进行宏观酸蚀检验。

2）对接接头试样的加工应符合下列要求。

（1）拉伸试样的加工应符合现行国家标准《焊接接头拉伸试验方法》GB/T 2651—2008 的有关规定，根据试验机能力可采用全截面拉伸试样或沿厚度方向分层取样；试样厚度应覆盖焊接试件的全厚度；应按试验机的能力和要求加工试样。

（2）弯曲试样的加工应符合现行国家标准《焊接接头弯曲试验方法》GB/T 2653—2008 的有关规定。焊缝余高或衬垫应采用机械方法去除至与母材齐平，试样受拉面应保留母材原轧制表面。当板厚大于 40mm 时可分片切取，试样厚度应覆盖焊接试件的全厚度。

（3）冲击试样的加工应符合现行国家标准《焊接接头冲击试验方法》GB/T 2650—2008 的有关规定。其取样位置单面焊时应位于焊缝正面，双面焊时应位于后焊面，与母材原表面的距离不应大于 2mm；热影响区冲击试样缺口加工位置应符合图 7.7.4-9 的要求，不同钢材焊接时其接头热影响区冲击试样应取自对冲击性能要求较低的一侧；不同焊接方法组合的焊接接头，冲击试样的取样应能覆盖所有焊接方法焊接的部位（分层取样）。

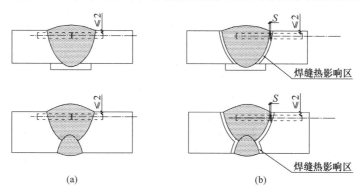

图 7.7.4-9　对接接头冲击试样缺口加工位置

（a）焊缝区缺口位置；（b）热影响区缺口位置

注：热影响区冲击试样根据不同焊接工艺，缺口轴线至试样轴线与熔合线交点的距离 $S=0.5\sim1mm$，并应尽可能使缺口多通过热影响区。

（4）宏观酸蚀试样的加工应符合图 7.7.4-10 的要求。每块试样应取一个面进行检验，不得将同一切口的两个侧面作为两个检验面。

3）T 形、角接接头宏观酸蚀试样的加工应符合图 7.7.4-11 的要求。

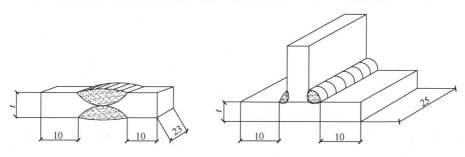

图 7.7.4-10　对接接头宏观酸蚀试样　　　　图 7.7.4-11　T 形、角接接头宏观酸蚀试样

4）十字形接头试样的加工应符合下列要求。

（1）接头拉伸试样的加工应符合图 7.7.4-12 的要求。

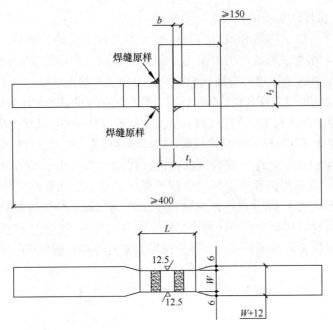

图 7.7.4-12　十字形接头拉伸试样

t_2—试验材料厚度；b—焊脚尺寸；$t_2 < 36\text{mm}$ 时 $W = 35\text{mm}$，$t_2 \geqslant 36$ 时
$W = 25\text{mm}$；平行区长度 $L \geqslant t_1 + 2b + 12\text{mm}$

（2）接头冲击试样的加工应符合图 7.7.4-13 的要求。

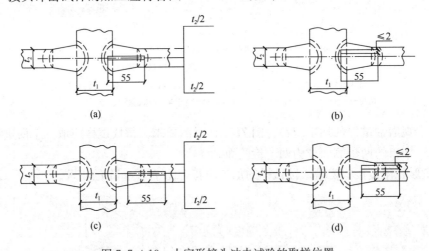

图 7.7.4-13　十字形接头冲击试验的取样位置

（a）焊缝金属区（$t_2 \leqslant 25\text{mm}$）；（b）焊缝金属区（$t_2 > 25\text{mm}$）；
（c）热影响区（$t_2 \leqslant 25\text{mm}$）；（d）热影响区（$t_2 > 25\text{mm}$）

（3）接头宏观酸蚀试样的加工应符合图 7.7.4-14 的要求，检验面的选取应符合现行国家标准《钢结构焊接规范》GB 50661—2011 第 6.4.2 条第 4 款第 4 项的要求。

5）斜 T 形角接接头、管-球接头、管-管相贯接头的宏观酸蚀试样的加工宜符合图 7.7.4-10 的要求，每块试样应取一个面进行检验，不得将同一切口的两个侧面作为两个检验面。

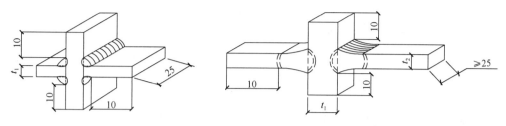

图 7.7.4-14　十字形接头宏观酸蚀试样

6）采用热切割取样时，应根据切割工艺和试件厚度预留加工余量，确保试样性能不受热切割影响。

7.7.5　试件和试样的试验与检验要求。

1. 试件的外观检验应符合下列规定。

1）对接、角接及 T 形等接头，应符合下列规定：

（1）用不小于 5 倍放大镜检查试件表面，试件表面不得有裂纹、未焊满、未熔合、焊瘤、气孔、夹渣等缺陷；

（2）焊缝咬边总长度不得超过焊缝两侧长度之和的 15%，咬边深度不得大于 0.5mm；

（3）焊缝外观尺寸应符合一级焊缝的要求。

2）栓钉焊接头外观检验应符合表 7.7.5-1 的要求。当采用电弧焊方法进行栓钉焊接时，其焊缝最小焊脚尺寸应符合表 7.7.5-2 的要求。

栓钉焊接接头外观检验合格标准

表 7.7.5-1

外观检验项目	合格标准	检验方法
焊缝外形尺寸	拉弧式栓钉焊：360°范围内挤出焊肉饱满；挤出焊肉高 $K_1 \geq 1mm$，宽 $K_2 \geq 0.5mm$ 电弧焊：最小焊脚尺寸应符合表 6.5.1-2 的规定	目测、钢尺、焊缝量规
气孔、夹渣、裂纹	不允许	目测、放大镜（5 倍）
咬边	咬边深度≤0.5mm，且最大长度不得大于 1 倍的栓钉直径	钢尺、焊缝量规
栓钉焊后高度	高度偏差小于等于±2mm	钢尺
栓钉焊后垂直度	倾斜角度偏差 $\theta \leq 5°$	钢尺、量角器

采用电弧焊方法的栓钉焊接接头最小焊脚尺寸

表 7.7.5-2

栓钉直径（mm）	角焊缝最小焊脚尺寸（mm）
10，13	6
16，19，22	8
25	10

2. 试件的无损检测应在外观检验合格后进行，无损检测方法根据设计要求确定。射线检测应符合现行国家标准《焊缝无损检测　射线检测　第 1 部分：X 和伽马射线的胶片计算》GB/T 3323.1—2019 及《焊缝无损检测　射线检测验收等级　第 1 部分：钢、镍、钛及其合金》GB/T 37910.1—2019 的有关规定，焊缝质量不低于 BⅠ 级；超声波检测应符合本标准第 8 章的相关规定，焊缝质量不低于对接焊缝一级的质量要求。

3. 试样的力学性能、硬度及宏观酸蚀试验方法应符合下列规定。

1）拉伸试验方法应符合下列规定：

（1）对接接头拉伸试验应符合现行国家标准《焊接接头拉伸试验方法》GB/T 2651—2008 的有关规定；

（2）栓钉焊接头拉伸试验应符合图 7.7.5-1 的要求。

2）弯曲试验方法应符合下列规定：

（1）对接接头弯曲试验应符合现行国家标准《焊接接头弯曲试验方法》GB/T 2653—2008 的有关规定，弯心直径为 4δ（δ 为弯曲试样厚度），弯曲角度为 $180°$。面弯、背弯时试样厚度应为试件全厚度（$\delta<14\mathrm{mm}$）；侧弯时试样厚度 $\delta=10\mathrm{mm}$，试件厚度小于等于 $40\mathrm{mm}$ 时，试样宽度应为试件的全厚度，试件厚度超过 $40\mathrm{mm}$ 时，可按 $20\sim40\mathrm{mm}$ 分层取样。

（2）栓钉焊接头弯曲试验应符合图 7.7.5-2 的要求。

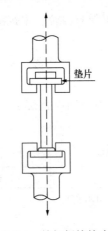

图 7.7.5-1　栓钉焊接接头试样拉伸
试验方法

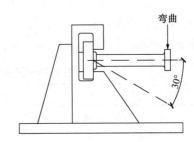

图 7.7.5-2　栓钉焊接接头试样
弯曲试验方法

（3）冲击试验应符合现行国家标准《焊接接头冲击试验方法》GB/T 2650—2008 的有关规定。

（4）宏观酸蚀试验应符合现行国家标准《钢的低倍组织及缺陷酸蚀检验法》GB/T 226—2015 的有关规定。

（5）硬度试验应符合现行国家标准《焊接接头硬度试验方法》GB/T 2654—2008 的有关规定。采用维氏硬度 HV_{10}，硬度测点分布应符合图 7.7.5-3～图 7.7.5-5 的要求，焊接接头各区域硬度测点为 3 点，其中部分焊透对接与角接组合焊缝在焊缝区和热影响区测点可为 2 点，若热影响区狭窄不能并排分布时，该区域测点可平行于焊缝熔合线排列。

4. 试样检验合格标准应符合下列规定。

1）接头拉伸试验应符合下列规定：

（1）接头母材为同一牌号时，每个试样的抗拉强度值不应小于该母材标准中相应规格规定的下限值；接头母材为不同牌号时，每个试样的抗拉强度不应小于两种母材标准中相应规格规定下限值的较低者；

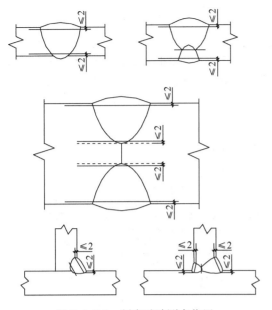

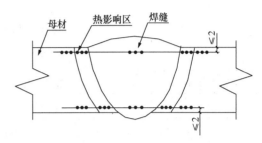

图 7.7.5-3　硬度试验测点位置　　　　图 7.7.5-4　对接焊缝硬度试验测点分布

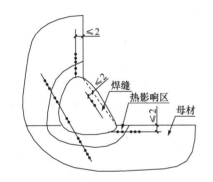

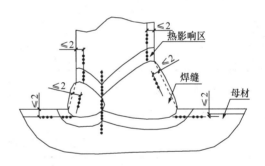

图 7.7.5-5　对接与角接组合焊缝硬度试验测点分布

（2）栓钉焊接头拉伸时，当拉伸试样的抗拉荷载大于或等于栓钉焊接端力学性能规定的最小抗拉荷载时，即为合格。

2）接头弯曲试验应符合下列规定。

（1）对接接头弯曲试验，试样弯至 180° 后应符合下列规定：

① 试样任何方向裂纹及其他缺陷单个长度不应大于 3mm；

② 试样任何方向不大于 3mm 的裂纹及其他缺陷的总长不应大于 7mm；

③ 四个试样各种缺陷总长不应大于 24mm。

（2）栓钉焊接头弯曲试验，试样弯曲至 30° 后焊接部位无裂纹。

3）冲击试验应符合下列规定。

焊缝及热影响区各三个试样的冲击功平均值应达到母材标准规定或设计要求的最低值，并允许一个试样低于以上规定值，但不得低于规定值的 70%。

4）宏观酸蚀试验应符合下列规定。

焊缝及热影响区表面不应有肉眼可见的裂纹、未熔合等缺陷；接头根部焊透情况及焊脚尺寸、两侧焊脚尺寸差、焊缝余高等应符合标准规定或设计要求。

5）硬度试验应符合下列规定。

Ⅰ类钢材焊缝及热影响区维氏硬度值不应超过 HV280，Ⅱ类钢材焊缝及热影响区维氏硬度值不应超过 HV350，Ⅲ、Ⅳ类钢材焊缝及热影响区硬度应根据工程要求进行评定。

7.7.6　免予焊接工艺评定的要求。

1. 免予评定的焊接工艺必须有该施工单位焊接工程师和单位技术负责人签发的"免予评定的焊接工艺"书面文件。并报相关单位审查备案。

2. 免予焊接工艺评定的适用范围应符合下列规定。

1）免予评定的焊接方法及施焊位置应符合表 7.7.6-1 的规定。

免予评定的焊接方法及施焊位置 表 7.7.6-1

焊接方法类别号	焊接方法	代号	施焊位置
1	焊条电弧焊	SMAW	平、横、立
2-1	实心焊丝二氧化碳气体保护焊 （短路过渡除外）	GMAW-CO_2	平、横、立
2-2	实心焊丝 80%氩＋20%二氧化碳气体保护焊	GMAW-Ar	平、横、立
2-3	药芯焊丝二氧化碳气体保护焊	FCAW-G	平、横、立
5-1	埋弧自动焊	SAW（单丝）	平、横
9-2	非穿透栓钉焊	SW	平

2）免予评定的母材和焊接材料组合应符合表 7.7.6-2 的规定，母材厚度不应大于 40mm，质量等级为 A、B 级。

免予评定的母材和焊接材料组合 表 7.7.6-2

钢材类别	母材				符合现行国家标准的焊条（丝）和焊剂-焊丝组合分类等级			
	母材最小标称屈服强度	GB/T 700 和 GB/T 1591 标准钢材	GB/T 19879 标准钢材	GB/T 699 标准钢材	焊条电弧焊 SMAW	实心焊丝气体保护焊 GMAW	药芯焊丝气体保护焊 FCAW-G	埋弧焊 SAW（单丝）
Ⅰ	＜235MPa	Q195 Q215	—	—	GB/T 5117：E43XX	GB/T 8110：ER49-X	GB/T 10045：E43XT-X	GB/T 5293：F4AX-H08A
Ⅰ	≥235MPa 且 ＜300MPa	Q235 Q275	Q235GJ	20	GB/T 5117：E43XX E50XX	GB/T 8110：ER49-X ER50-X	GB/T 10045：E43XT-X E50XT-X	GB/T 5293：F4AX-H08A GB/T 12470：F48AX -H08MnA
Ⅱ	≥300MPa 且 ≤355MPa	Q345	Q345GJ	—	GB/T 5117：E50XX GB/T 5118：E5015 E5016-X	GB/T 8110：ER50-X	GB/T 10045：E50XT-X	GB/T 5293：F5AX-H08MnA GB/T 12470：F48AX- H08MnA F48AX-H10Mn2 F48AX-H10Mn2A

3）免予评定的焊接最低预热温度应符合表 7.7.6-3 的规定。

免予评定的焊接最低预热温度　　　表 7.7.6-3

钢材类别	钢材牌号	设计对焊材要求	接头最厚部件的板厚 t（mm）	
			$t \leqslant 20$	$20 < t \leqslant 40$
Ⅰ	Q195、Q215、Q235、Q235GJ Q275、20	非低氢型	5℃	20℃
		低氢型		5℃
Ⅱ	Q355、Q345GJ	非低氢型		40℃
		低氢型		20℃

注：1. 接头形式为坡口对接，根部焊道，一般拘束度；

2. SMAW、GMAW、FCAW-G 热输入约为 15～25kJ/cm；SAW-S 热输入约为 15～45kJ/cm；

3. 采用低氢型焊材时，熔敷金属扩散氢含量（水银法或气相色谱法）：

　　E4315、4316 不大于 8 mL/100g；

　　E5015、E5016 不大于 6 mL/100g；

　　药芯焊丝不大于 6ml/100g。

4. 焊接接头板厚不同时，应按厚板确定预热温度；焊接接头材质不同时，按高强度、高碳当量的钢材确定预热温度；

5. 环境温度不低于 0℃。

4）焊缝尺寸应符合设计要求，最小焊脚尺寸应符合和最大单道焊焊缝尺寸应符合相关规范的要求。

5）焊接工艺参数应符合下列规定：

（1）免予评定的焊接工艺参数应符合表 7.7.6-4 的规定；

（2）要求完全焊透的焊接接头，单面焊应加衬垫，双面焊时应清根；

（3）表 7.7.6-4 中参数为平、横焊位置。立焊时，焊接电流比平、横焊减小约 10％～15％；SMAW 焊接时，焊道最大宽度不超过焊条标称直径的 4 倍，GMAW、FCAW-G 焊接时焊道最大宽度不超过 20mm；

（4）导电嘴与工件距离：40mm±10mm（SAW）；20mm±7mm（GMAW）；

（5）保护气种类：二氧化碳（GMAW-CO_2、FCAW-G）；氩气 80％＋二氧化碳 20％（GMAW-Ar）；

（6）保护气流量：20～80L/min（GMAW、FCAW-G）；

（7）焊丝直径不符合表 7.7.6-4 的规定时，不得免予评定；

（8）当焊接工艺参数按表 7.7.6-4，表 7.7.6-5 的规定值变化范围超过现行国家标准《钢结构焊接规范》GB 50661—2011 第 6.3 节的规定时，不得免予评定。

各种焊接方法免予评定的焊接工艺参数范围　　　表 7.7.6-4

焊接方法代号	焊条或焊丝型号	焊条或焊丝直径（mm）	电流		电压（V）	焊接速度（cm/min）
			（A）	极性		
SMAW	EXX15 ［EXX16］ （EXX03）	3.2	80～140	直流反接 ［交、直流］ （交流）	18～26	8～18
		4.0	110～210		20～27	10～20
		5.0	160～230		20～27	10～20
GMAW	ER-XX	1.2	180～320 打底 180～260 填充 220～320 盖面 220～280	直流反接	25～38	25～45

续表

焊接方法代号	焊条或焊丝型号	焊条或焊丝直径(mm)	电流		电压(V)	焊接速度(cm/min)
			(A)	极性		
FCAW	EXX1T1	1.2	160～320 打底 160～260 填充 220～320 盖面 220～280	直流反接	25～38	30～55
SAW	HXXX	3.2 4.0 5.0	400～600 450～700 500～800	直流反接或交流	24～40 24～40 34～40	25～65

拉弧式栓钉焊接方法免予评定的焊接工艺参数范围 表 7.7.6-5

焊接方法代号	栓钉直径(mm)	焊条或焊丝直径(mm)	电流		时间(s)	提升高度(mm)	伸出长度(mm)
			(A)	极性			
SW	13 16	—	900～1000 1200～1300	直流正接	0.7～1.0 0.8～1.2	1～3	3～4 4～5

3. 免予焊接工艺评定的钢材表面及坡口处理、焊接材料储存及烘干、引弧板及引出板、焊后处理、焊接环境、焊工资格等应符合相关规范的规定。

7.8 焊接技术人员资质与焊工考试

7.8.1 焊接技术人员、焊工的基本要求。

为确保产品的制造质量，所有从事焊接生产的技术人员、焊工应具有相当的资质，保证产品的制造在相应的焊接技术文件和要求下，依据焊接工艺规程实施对产品的全过程正确施工建造。焊接技术人员、焊工的基本要求如下。

1. 焊接技术人员与焊接责任工程师的基本要求。

1）焊接技术人员应具有钢结构、焊接冶金、焊接试验、焊接施工等方面的专业知识和经验，焊接责任工程师同时应具备焊接施工的计划管理和施工指导的能力。

2）焊接责任工程师应全面负责产品施工全过程的焊接技术，其技术职称须在工程师任职资格以上。

3）对重要结构和特殊焊接工艺的生产执行，需经焊接工程师签字确认，并由焊接工程师监督实施和检查确认。

2. 焊工的基本要求。

1）从事焊接生产的焊工，均应根据设计要求的考核规则进行考试，并经考试合格，持有效证件后方可上岗。

2）焊工宜按照所从事钢结构工程的钢材种类、焊接节点形式、焊接方法、焊接位置等要求进行资格考试，并取得相应的资格证书，其施焊范围不得超越资格证书的规定。

3）焊工需按相应规范要求定期复考或重新取证。

4）焊工考试可由制造厂焊工考委会或其他专门机构负责实施，并做好培训和考试记录。

7.8.2　焊工考试要求。

1. 应试焊工资格要求。

1）应试焊工必须持有社会保障机构或安全生产监督管理部门核发的《特种作业操作证（焊接与热切割作业)》或《建筑施工特种作业操作资格证（建筑焊工)》,具备下列条件之一者,经焊工考试委员会审查同意,方可参加考试：

（1）持有职业技术学校焊接相关专业毕业证书（或相当文化学历),现从事焊接工作者；

（2）能独立担任焊接工作,具有熟悉操作技能,现仍在焊接工作岗位上,经单位推荐的人员；

（3）具有初中或初中以上学历,经过焊接基本知识和操作技能培训,经单位推荐的人员；

（4）持有国家职业技能鉴定初级资格以上证书者。

2）从事定位焊工作、具有一定操作技能的焊接人员,经培训后可参加定位焊考试（可不受上述条款内容限制)。

3）焊工可根据自己从事的实际工作范围及操作熟练程度,申请焊工考试标准中相应的类别考试。企业主管应按企业实际需要审批焊工报考项目。

2. 焊工资格考试和认定应符合下列要求。

1）考试内容应分为基础理论知识考试和操作技能考试。

2）焊工应先进行基础理论知识考试,合格后方可参加操作技能考试。

3）操作技能考试包括熔化焊手工操作基本技能考试、附加项目考试、定位焊操作技能考试和焊接机械操作技能考试。通过熔化焊手工操作基本技能考试和附加项目考试的焊工,同时也具备了相应条件下定位焊的操作资格。

4）操作技能评定的焊接方法包括下列内容：

（1）手工操作技能包括：焊条电弧焊、熔化极气体保护焊、药芯焊丝自保护焊、非熔化极气体保护焊；

（2）焊接机械操作技能包括：埋弧焊、熔化极气体保护焊、药芯焊丝自保护焊、电渣焊、气电立焊、栓钉焊；

（3）机器人电弧焊操作技能包括：实心焊丝气体保护焊、药芯焊丝气体保护焊、埋弧焊。

5）除另有要求外,考试用试件在焊接前后不得进行热处理、锤击、预热、后热等处理。试件坡口及表面应光洁平整且无油污、水分和锈蚀等。

6）焊前试板应打上焊工代码钢印和考试项目标识。水平固定或45°固定的管子试件,应在试件上标注焊接位置的"钟点"标记。

7）考试用的焊条、焊剂应按规定进行烘干,随用随取。焊丝必须清除油污、锈蚀等污物。

8）焊工应独立完成各项焊接操作,并应根据已经评定合格的焊接工艺参数进行焊接。焊接过程应符合下列规定：

（1）焊条电弧焊宜使用直径为 3.2mm 的焊条进行定位焊；水平固定或45°固定的管子试件,定位焊缝不得在"6 点"标记处；

（2）焊接开始后不得随意更换试件，不得改变焊接方向和焊接位置；

（3）向下焊管子试件的焊接，应按钟点标记位置从"12点"处起弧，"6点"处收弧；

（4）除特殊要求外，单面坡口和双面坡口要求全焊透的焊缝，应进行清根和清根后打磨；

（5）不得对道间和表面焊缝进行打磨或修补；

（6）手工操作的试件，作为无损检测的重点，第一层焊缝中至少应有一个停弧再焊的接头，并应标明断弧位置；焊接机械操作的试件，中间不得有停弧再焊接头；

（7）焊后应将焊渣、飞溅等清除干净。

3. 考试内容及分类。

1）理论知识考试应以焊工必须掌握的基础知识及安全知识为主要内容，并应按申报的焊接方法、类别对应出题。理论知识考试的内容范围应符合下列规定。

（1）焊接安全知识；

（2）焊缝符号识别能力；

（3）焊缝外形尺寸要求；

（4）焊接方法表示代号；

（5）钢结构的焊接质量要求；

（6）申报认证的焊接方法的特点、焊接工艺参数、操作方法、焊接顺序及其对焊接质量的影响；

（7）申报认证的钢材类别的型号、牌号和主要合金成分、力学性能及焊接性能；

（8）与钢材相匹配的焊接材料型号、牌号及使用和保管要求；

（9）焊接设备、装备名称、类别、使用及维护要求；

（10）焊接质量保证，焊接缺欠分类及定义、形成原因及防止措施；

（11）焊接热输入的计算方法及热输入对焊接接头性能的影响；

（12）焊接应力、变形产生原因及防止措施；

（13）焊接热处理知识；

（14）栓钉焊的焊接技术和质量要求；

（15）机器人焊接技术，包括系统安装调试、编程、示教、焊接工艺、焊接质量及操作安全；

（16）窄间隙的焊接技术。

2）操作技能考试分类及认可范围应符合表 7.8.2-1 的规定。

操作技能考试分类及认可范围　　　　　　　　　　表 7.8.2-1

评定分类	焊接方法分类	代号	焊接方法类别代号	焊接方法类别号的覆盖范围
焊工手工操作基本技能评定	焊条电弧焊	SMAW	1	1
焊工手工操作技能附加项目评定	实心焊丝 CO_2 气体保护焊	GMAW-CO₂	2-1	2-1, 2-2, 8-1, 8-2
	实心焊丝混合气体保护焊	GMAW -MG	2-2	2-1, 2-2, 8-1, 8-2
	药芯焊丝气体保护焊	FCAW-G	3-1	3-1, 8-3
焊工定位焊操作技能评定	药芯焊丝自保护焊	FCAW-SS	3-2	3-2, 8-4
	非熔化极气体保护焊	GTAW	4	4

续表

评定分类	焊接方法分类	代号	焊接方法类别代号	焊接方法类别号的覆盖范围
焊接机械操作技能评定	单丝埋弧焊	SAW-S	5-1	5-1
	多丝埋弧焊	SAW-M	5-2	5-1，5-2
	单电双细丝焊	SAW-DS	5-3	5-1，5-3
	管状熔嘴电渣焊	ESW-MN	6-1	6-1
	丝极电渣焊	ESW-WE	6-2	6-2
	板极电渣焊	ESW-BE	6-3	6-3
	非熔嘴电渣焊	ESW-N	6-4	6-4
	单丝气电立焊	EGW-S	7-1	7-1
	多丝气电立焊	EGW-M	7-2	7-1，7-2
	实心焊丝 CO_2 气体保护焊	GMAW- CO_2 A	8-1	8-1，8-2
	实心焊丝混合气体保护焊	GMAW-M A	8-2	8-1，8-2
	药芯焊丝气体保护焊	FCAW-G A	8-3	8-3
	药芯焊丝自保护焊	FCAW-SS A	8-4	8-4
	非穿透栓钉焊	SW	9-1	9-1
	穿透栓钉焊	SW-P	9-2	9-2
机器人焊接操作技能评定	实心焊丝气体保护焊	RW-GMAW	10-1	10-1
	药芯焊丝气体保护焊	RW-FCAW	10-2	10-2
	埋弧焊	RW-SAW	10-3	10-3

注：1. GMAW、FCAW 手工操作技能评定合格可代替相应方法焊接机械操作技能的评定，反之不可；

2. 多极焊操作技能评定合格可代替单极焊操作技能评定，反之不可。

3）焊接操作技能考试施焊位置分类及代号，应符合表 7.8.2-2 及图 7.8.2-1～图 7.8.2-5 的规定。

施焊位置和代号 表 7.8.2-2

焊接位置		代号	位置定义
平	F	1G（1F）	板材对接焊缝（角焊缝）试件平焊位置 管材（管板）水平转动对接焊缝（角焊缝）试件位置
横	H	2G（2F）	板材对接焊缝（角焊缝）试件横焊位置 管材（管板）垂直固定对接焊缝（角焊缝）试件位置
立	V	3G（3F）	板材对接焊缝（角焊缝）试件立焊位置
仰	O	4G（4F）	板材（管板）对接焊缝（角焊缝）试件仰焊位置
全位置	F、V、O	5G（5F）	管材（管板）水平固定对接焊缝（角焊缝）试件位置
		6G（6F）	管材（管板）45°固定对接焊缝（角焊缝）试件位置
		6GR	管材45°固定加挡板对接焊缝试件位置

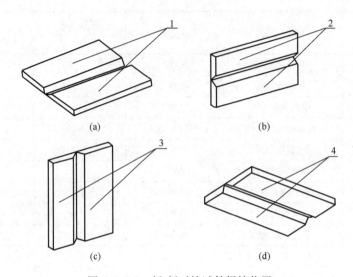

图 7.8.2-1　板-板对接试件焊接位置

（a）1G-平焊位置 F；（b）2G-横焊位置 H；（c）3G-立焊位置 V；（d）4G-仰焊位置 O

1—板平位放置，焊缝轴水平；2—板横向立位放置，焊缝轴水平；3—板 90°立位
放置，焊缝轴垂直；4—板平位放置，焊缝轴水平

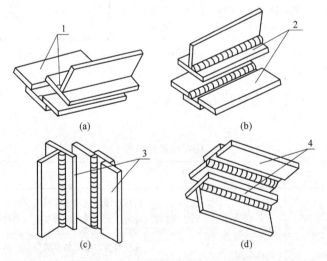

图 7.8.2-2　板-板角接试件焊接位置

（a）1F-平焊位置 F；（b）2F-横焊位置 H；（c）3F-立焊位置 V；

（d）4F-仰焊位置 O

1—板 45°放置，焊缝轴水平；2—板平放位置，焊缝轴水平；3—板 90°立位
放置，焊缝轴垂直；4—板平放位置，焊缝轴水平

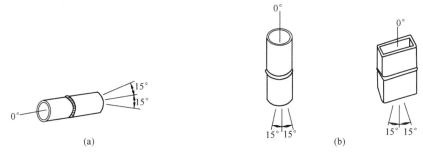

(a)

管平放（±15°）焊接时转动，在顶部及附近平焊　　　管垂直（±15°）放置，焊接时不转动，焊缝横焊

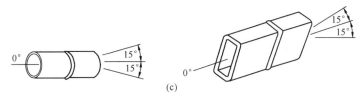

(c)

管平放并固定（±15°）施焊时不转动，焊缝平、立、仰焊

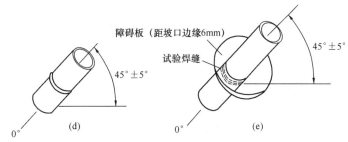

管倾斜固定（45°±5°）焊接时不转动

图 7.8.2-3　管-管对接试件焊接位置

（a）1G-平焊位置 F（转动）；（b）2G-横焊位置 H；（c）5G-管对接全位置焊；（d）6G-管 45°固定全位置焊；
（e）6GR-带障碍的管 45°固定全位置焊

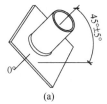

(a)

管倾斜放置（45°±5°），管板垂直，焊接时绕管轴转动，在顶部及附近平焊

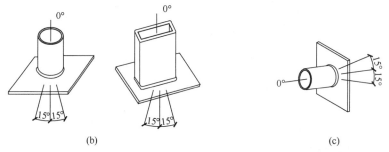

(b)　　　　　　　　　　　　　　　　　　　　　(c)

管垂直，板水平（±15°）放置，焊缝横焊　　　管平放，板垂直（±15°），焊接时转动，在顶部及附近横焊

图 7.8.2-4　管板对接（角接）试件焊接位置（一）

（a）1G（F）-平焊位置 F（转动）；（b）2G（F）-横焊位置 H；（c）2G（F）-横焊位置 H（转动）

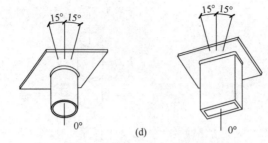

(d)

管垂直，板水平（±15°）放置，焊缝仰焊

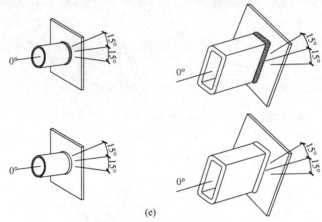

(e)

管平放，板垂直并固定（±15°），焊接时不转动，焊缝平、立、仰焊

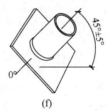

(f)

管板倾斜固定（45°±15°）焊接时不转动

图 7.8.2-4　管板对接（角接）试件焊接位置（二）

(d) 4G（F）-仰焊位置 O；(e) 5G（F）-管板全位置焊；

(f) 6G（F）-管板 45°固定全位置焊

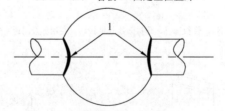

图 7.8.2-5　管-球接头试件

1—焊接位置分类按管材对接接头

4）焊缝类型和焊接位置的分类及认可范围应符合表 7.8.2-3 的规定。

5）钢材类别和覆盖认可范围如下。

（1）碳钢、低合金钢类别应符合表 7.8.2-4 的规定，不锈钢类别应符合表 7.8.2-5 的规定。

焊缝类型和焊接位置认可范围　　　　表 7.8.2-3

评定试验			覆盖的焊缝类型和焊接位置			
焊缝类型		位置[a]	板坡口焊缝[b]	板角焊缝	管或管板坡口焊缝[b]	管或管板角焊缝
板	坡口焊缝[c]	1G	F	F	F[d]	F，H
板	坡口焊缝[c]	2G	F，H	F，H	(F，H)[d]	F，H
板	坡口焊缝[c]	3G	F，H，V	F，H，V	(F，H，V)[d]	F，H，V
板	坡口焊缝[c]	4G	F，O	F，O	(F，O)[d]	F，H、O
板	坡口焊缝[c]	3G+4G	所有位置	所有位置	所有位置[d]以及部分焊透管 T、Y、K 形节点相贯焊缝[e]	所有位置
板	角焊缝	1F	—	F	—	F，H
板	角焊缝	2F	—	F，H	—	F，H
板	角焊缝	3F	—	F，H，V	—	F，H
板	角焊缝	4F	—	F，O	—	F，H，O
板	角焊缝	3F+4F	—	所有位置	—	所有位置
板	塞焊	仅覆盖试验位置的塞焊和槽焊				
管或管板	坡口焊缝[c]	1G	F	F，H	F[f]	F，H
管或管板	坡口焊缝[c]	2G	F，H	F，H	(F，H)[f]	F，H
管或管板	坡口焊缝[c]	5G	F，V，O	F，V，O	(F，V，O)[f]	F，V，O
管或管板	坡口焊缝[c]	2G+5G	所有位置	所有位置	所有位置[f]以及部分焊透管 T、Y、K 形节点相贯焊缝[e]	所有位置
管或管板	坡口焊缝[c]	6G、6GR	所有位置	所有位置	所有位置[f]以及管 T、Y、K 形节点相贯焊缝[e]	所有位置
管或管板	角焊缝	1F	—	F，H	—	F，H
管或管板	角焊缝	2F	—	F，H	—	F，H
管或管板	角焊缝	4F	—	F，H，O	—	F，H，O
管或管板	角焊缝	5F	—	所有位置	—	所有位置

注：1. 自动焊可不进行仰焊位置操作技能考试。

2. 电渣焊、气电立焊应采用立焊位置。

a. 见图 7.8.2-1～图 7.8.2-4；

b. 全焊透坡口焊缝的评定可覆盖部分焊透坡口焊缝的焊接，反之不可；

c. 坡口焊焊缝的评定可覆盖相应位置的塞焊和槽焊的焊接；

d. 仅覆盖直径大于等于 600mm 并带有衬垫或清根的管坡口焊缝的焊接；

e. 不覆盖坡口角度小于 30°的焊缝；

f. 对于矩形管，仅覆盖直径大于等于 600mm 圆管的焊接。

常用国内钢材分类　　　　　　　　　　表 7.8.2-4

类别号	标称屈服强度	钢材牌号举例	对应现行国家及行业标准号
I	≤295MPa	Q195、Q215、Q235、Q275	GB/T 700
		20、25、15Mn、20Mn、25Mn	GB/T 699
		Q235GJ	GB/T 19879
		Q235NH、Q265GNH、Q295NH、Q295GNH	GB/T 4171
		ZG 200-400H、ZG 230-450H、ZG 275-485H	GB/T 7659
		G17Mn5QT、G20Mn5N、G20Mn5QT	CECS 235
II	>295Mpa 且 ≤370MPa	Q355	GB/T 1591
		Q345q、Q370q	GB/T 714
		Q345GJ	GB/T 19879
		Q310GNH、Q355NH、Q355GNH	GB/T 4171
III	>370MPa 且 ≤420MPa	Q390、Q420	GB/T 1591
		Q390GJ 、Q420GJ	GB/T 19879
		Q420q	GB/T 714
		Q415NH	GB/T 4171
IV	>420MPa	Q460、Q500、Q550、Q620、Q690	GB/T 1591
		Q500q	GB/T 714
		Q460GJ	GB/T 19879
		Q460NH、Q500NH、Q550NH	GB/T 4171

注：国内新钢材和国外钢材按其屈服强度级别归入相应类别。

国内常用不锈钢分类　　　　　　　　　　表 7.8.2-5

类别号	类型	钢材统一数字代号（牌号）举例	对应现行国家标准号
V	奥氏体不锈钢、奥氏体-铁素体双相不锈钢	S30153（022Cr17Ni7N）、S30408（06Cr19Ni10）、S30403（022Cr19Ni10）、S30453（022Cr19Ni10N）、S31608（06Cr17Ni12Mo2）、S31603（022Cr17Ni12Mo2）、S34778（06Cr18Ni11Nb）、S22053（022Cr23Ni5Mo3N）、S22553（022Cr25Ni6Mo2N）、S22153（022Cr21Ni3MoN）、S22294（03Cr22Mn5Ni2MoCuN）、S22152（022Cr21Mn5Ni2N）、S22193（022Cr21Mn3Ni3Mo2N）、S22253（022Cr22Mn3Ni2MoN）、S22353（022Cr23Ni2N）、S22493（022Cr24Ni4Mn3Mo2CuN）	GB/T 20878 GB/T 4237 GB/T 3280
VI	铁素体不锈钢	S11213（022Cr12Ni）、S11510（10Cr15）、S11710（10Cr17）、S11763（022Cr17NbTi）、S12182（019Cr21CuTi）、S11973（022Cr18NbTi）、S11863（022Cr18Ti）、S12361（019Cr23Mo2Ti）	
VII	马氏体不锈钢	S41008（06Cr13）、S41010（12Cr13）	

注：未列入表内的其他不锈钢钢材和国外不锈钢钢材按其组织类型归入相应类别。

（2）钢材类别及覆盖认可范围应符合本标准表 7.8.2-6 的规定。

常用试件钢材类别及认可范围　　　　　表 7.8.2-6

钢材类别代号	试件认可覆盖范围
Ⅰ	Ⅰ
Ⅱ	Ⅰ、Ⅱ
Ⅲ	Ⅰ、Ⅱ、Ⅲ
Ⅳ	Ⅰ、Ⅱ、Ⅲ、Ⅳ
Ⅴ	Ⅴ
Ⅵ	Ⅵ
Ⅶ	Ⅶ

6）焊接材料分类及覆盖认可范围如下。

（1）药皮焊条的分类及覆盖范围应符合表 7.8.2-7 和表 7.8.2-8 的规定；

（2）打底焊条、向下立焊等的专用焊条应单独进行评定；

（3）气体保护焊的气体介质及非熔化极气体保护焊的钨极不进行评定分类。

焊条分类组别　　　　　表 7.8.2-7

类型	组别代号	焊条型号
氧化铁型焊条	F1	E××20、E××22、E××27
钛型焊条	F2	E××12、E××13、E××14、E××03、E××01
低氢型焊条	F3	E××15、E××16、E××28、E××48
纤维素型焊条	F4	E××10、E××11
不锈钢焊条	F5	E××××-××

焊条覆盖范围　　　　　表 7.8.2-8

评定用焊条组别代号	覆盖范围（组别代号）				
	F_1	F_2	F_3	F_4	F_5
F_1	√	—	—	—	—
F_2	√	√	—	—	—
F_3	√	√	√	—	—
F_4	—	—	—	√	—
F_5	—	—	—	—	√

注：√为覆盖的焊条组别代号。

7）评定试件板材厚度、管材外径的分类及覆盖认可范围，应符合表 7.8.2-9 和表 7.8.2-10 的规定。

试件板（壁）厚度及覆盖认可范围（mm）　　　　　表 7.8.2-9

试件板（壁）厚度 t（mm）	覆盖认可厚度范围
$3 \leqslant t < 10$	3mm～1.5t
$10 \leqslant t < 25$	3mm～3t
$t \geqslant 25$	≥3mm

试件管外径及覆盖认可范围（mm）　　　　　表 7.8.2-10

试件管外径 D	覆盖认可外径范围
$D \leqslant 60$	不限
$D > 60$	≥D

8）带衬垫的试件可用不带衬垫的坡口全焊透焊缝考试代替，除双面焊外，不带衬垫

的坡口全焊透焊缝考试不可用带衬垫的试件代替。

9）技能考试试件标记应符合下列规定。

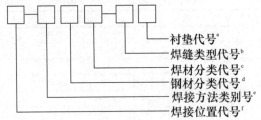

注：a——背面加衬垫为 D，不带衬垫可省略；

b——角焊缝为 C、对接焊缝为 B、对接与角接组合焊缝为 B_C；

c——焊条分类代号为 F1、F2、F3、F4，气体保护焊及埋弧焊可省略；

d——钢材分类代号Ⅰ、Ⅱ、Ⅲ、Ⅳ；

e——焊接方法类别号为 1、2、3、4、5、6、7、8、9、10；

f——焊接位置代号为 1G（F）、2G（F）、3G（F）、4G（F）、5G（F）、6G（F）、6GR。

标记示例：管材水平滚动坡口对接接头、焊条电弧焊、Q235 钢材、E××12 类焊材、不带衬垫的手工操作基本技能评定表示为"$1G-1IF_2-B$"。

7.8.3 考试和程序要求。

1. 考试的一般规定如下。

1）焊工理论知识考试满分为 100 分，不低于 70 分为合格。

2）焊工焊接操作技能考试通过检验试件进行评定，考试试件的检验项目包括：外观检查、射线或超声波探伤、弯曲检验，各项检验均合格时，该考试项目确认为合格。

3）评定结果出来以后，由监考人员填写《焊工考试评定记录》。

4）每一考试项目中仅有一个试样不合格时，可进行复试。复试时，应重新焊接一块试板进行全部试验，试样检验全部合格后该项目确认为合格，否则为不合格。每次考试，同一焊工复试次数不应超过一次。

2. 手工操作基本技能考试要求如下。

1）板材对接试讲坡口形式及尺寸应符合图 7.8.3-1 的要求和表 7.8.3-1 的规定；管材对接试件坡口形式及尺寸应符合图 7.8.3-2 要求和表 7.8.3-2 的规定。

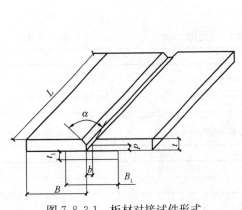

图 7.8.3-1 板材对接试件形式

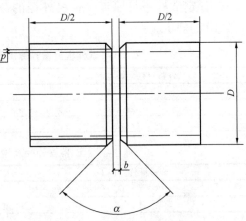

图 7.8.3-2 管材对接试件形式

板材对接试件和坡口尺寸　　　　表 7.8.3-1

试件厚度 t (mm)	试件长度 L (mm)	试件宽度 B (mm)	衬垫尺寸 B₁×t₁ (mm)	坡口尺寸					
				角度 α (°)		间隙 b (mm)		钝边 p (mm)	
				不带衬垫	带衬垫	不带衬垫	带衬垫	不带衬垫	带衬垫
8～25	≥250	≥110	50×6	60±2.5	45±2.5	1～2	6±1	≤2	≤1
≥25	≥250	≥120		60±2.5	45±2.5	1～2	6±1	≤2	≤1

管材对接试件和坡口尺寸（不加衬垫单面焊）　　　　表 7.8.3-2

管径 D (mm)	壁厚 t (mm)	试件长度 L (mm)	V 形坡口角度 α (°)	间隙 b (mm)	钝边 p (mm)
≤60	3～6	≥240	≤70	2～3	≤2
≥108	<10	≥240	≤70	2～3	≤2

2）考试试件的检验项目、取样数量、位置及试样制备应符合下列规定：

（1）考试试件的检验项目、取样数量应符合表 7.8.3-3 的规定；

（2）板材试件、管材试件的取样位置应符合图 7.8.3-3、图 7.8.3-4 的要求。

3）弯曲试样制备应符合现行国家标准《焊接接头拉伸试验方法》GB/T 2651—2008 和《焊接接头弯曲试验方法》GB/T 2653—2008 的有关规定。

板材、管材考试试件检验项目、取样数量　　　　表 7.8.3-3

评定焊缝种类	评定试件位置代号	试件厚度或管材外径（t 或 D）(mm)	评定检验项目				
			外观	射线或超声	面弯	背弯	侧弯
					t≤14	t≤14	t>14
板材坡口焊缝	1G、2G、3G、4G、3G+4G	8≤t<25	要	要	1	1	2
		t≥25	要	要	—	—	2
管材坡口焊缝	1G	D≤60	要	要	1	1	—
		D≥108	要	要	1	1	2
	2G	D≤60	要	要	1	1	—
		D≥108	要	要	1	1	2
	5G	D≤60	要	要	2	2	4
		D≥108	要	要	2	2	4
	6G	D≤60	要	要	2	2	4
		D≥108	要	要	2	2	4
	6GR	D≤60	要	要	2	2	4
		D≥108	要	要	2	2	4
	2G+5G	D≤60	要	要	1（2G）2（5G）	1（2G）2（5G）	1（2G）4（5G）
		D≥108	要	要	1（2G）2（5G）	1（2G）2（5G）	1（2G）4（5G）

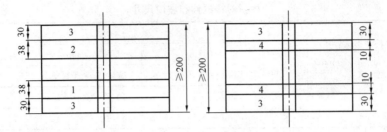

图 7.8.3-3 板材试件取样位置
1—面弯；2—背弯；3—舍弃；4—侧弯

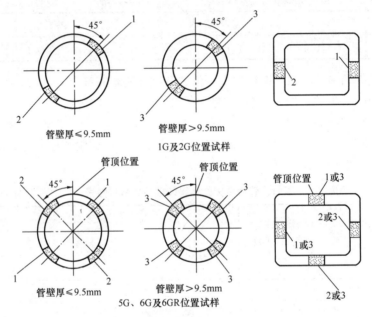

图 7.8.3-4 各种焊接位置管材试件取样位置
1—面弯；2—背弯；3—侧弯

4）检验方法及合格标准应符合下列规定。

（1）焊缝外观检查宜用 5 倍放大镜目测，表面质量合格后方可进行其他项目的检验。表面质量应符合下列要求：

① 焊缝外观尺寸应符合表 7.8.3-4 的规定；

焊缝外观尺寸要求（mm）   表 7.8.3-4

试件形式	焊缝余高		焊缝高低差[a]		焊缝宽度	
	1F、1G 位置	其他位置	1F、1G 位置	其他位置	比坡口增宽	每侧增宽
板材	0～3	0～4	≤2	≤3	2～4	1～2
管材	0～2	0～3	≤1.5	≤2.5	2～3	1～2

注：a——在焊缝 25mm 长度范围内。

② 焊缝边缘应圆滑平缓过渡到母材，焊缝表面不得有裂纹、夹渣、气孔、未熔合、焊瘤等缺陷，咬边和表面凹陷深度不应大于 0.5mm，对接焊缝两侧咬边总长不应大于焊缝全长的 10％且不大于 25mm；

③ 焊后试件的角变形 Q 不应大于 3°（图 7.8.3-5）；

④ 焊缝错边量不应大于 10％板厚且不大于 2mm。

(2) 射线及超声波探伤：射线检测不应低于现行国家标准《焊缝无损检测 射线检测 第 1 部分：X 和伽马射线的胶片

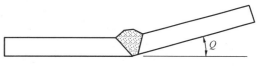

图 7.8.3-5 试件的角变形示意

计算》GB/T 3323.1—2019 及《焊缝无损检测 射线检测验收等级 第 1 部分：钢、镍、钛及其合金》GB/T 37910.1—2019 规定的 BⅡ级要求；超声检测应符合《钢结构焊接规范》GB 50661—2011 规定的 BⅡ级要求。

(3) 弯曲试验应符合下列规定：

① 弯曲试验应符合现行国家标准《焊接接头弯曲试验方法》GB/T 2653—2008 的有关规定，弯心直径应为 4δ（δ 为弯曲试样厚度），弯曲角度应为 180°。面弯、背弯时试样厚度应为试件全厚度（δ＜14mm）；侧弯时试样厚度 δ＝10mm，试件厚度不大于 40mm 时，试样宽度应为试件的全厚度，试件厚度超过 40mm 时，可按 20～40mm 分层取样。

② 对直径不大于 60mm 的管材试件，可进行压扁试验。

③ 弯曲试验的合格要求为：每个试样拉伸面的任意方向上不得有单个长度大于 3mm 的裂纹或其他缺陷，且裂纹及其他缺陷累计总长度不应大于 7mm。

3. 手工操作技能附加项目考试要求。

1）手工操作技能附加项目考试应符合下列规定。

(1) 凡从事高层及其他大型钢结构构件制作及安装焊接的焊工，应根据钢结构的焊接节点形式、采用的焊接方法和焊工所承担的焊接工作范围及操作位置要求，由工程承包企业决定附加项目考试内容，并报监理工程师认可。

(2) 凡申报参加附加项目考试的焊工必须已取得相应的手工操作基本技能资格证书。

2）附加项目考试的焊接方法和内容应符合下列规定。

(1) 焊接方法分类及考试合格后的认可范围应符合表 7.8.2-1 的规定。

(2) 试件形式及尺寸应符合图 7.8.3-6～图 7.8.3-9 的要求。

(3) 焊缝类型、代号及覆盖认可范围应符合表 7.8.3-5 的规定。

焊缝类型、代号及覆盖认可范围　　　　　　　　　　表 7.8.3-5

焊缝类型	焊缝类型代号	认可覆盖范围
角接	C	C
对接	B	B、C
对接与角接组合焊缝	Bc	Bc、B、C

3）检验项目、方法及合格标准应符合下列规定。

(1) 考试试件的检验项目应符合表 7.8.3-6 的规定。

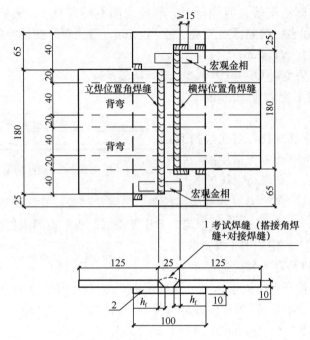

图 7.8.3-6　搭接角焊缝试件形式、尺寸和试样取样位置示意

1—角焊缝中间部分可以任意位置焊接，加工弯曲试样前应将中间
焊缝余高用机械方法加工至与母材平齐，衬垫应刨去但不得低于
母材表面，5.5mm≤h_f≤9mm；2—衬垫应与母材完全贴紧

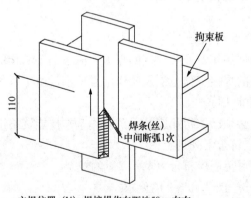

立焊位置（V）：焊接操作在距地50cm左右
的高度处固定焊接

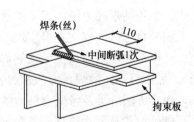

横焊（平角焊）位置（H）：试件的拘束板
可直接放置于地面进行操作

图 7.8.3-7　搭接角焊缝焊接操作位置示意

试件检验项目　　　　　　　　　　　　　　　　　表 7.8.3-6

试件形式	试件厚度（mm）	外观检验	无损探伤	侧弯	背弯
对接焊	≥25	要	射线或超声波	4个	—
搭接角焊	10	要	—	—	2个

注：认可板厚不限。

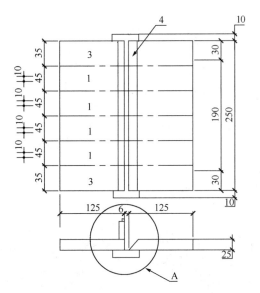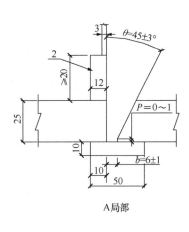

A局部

图 7.8.3-8　对接与角接组合焊缝试件形式、尺寸及试样取样位置示意

1—侧弯试样，板厚大于 40mm 时应分层取样；2—加高板，左侧母材也可用厚度不小于 36mm 的整板
代替，焊前应用机械方法加工成凸台状并且在焊后将凸台机械加工至与右侧母材齐平；3—舍弃；
4—焊接坡口内的定位焊缝焊后应打磨去除有害焊接的缺欠

（2）焊缝外观质量宜用 5 倍放大镜目测检查，并应符合下列规定：

① 焊缝外形尺寸应符合表 7.8.3-7 的规定。

焊缝外形尺寸合格要求（mm）　　　　　　　　　　　　　　　表 7.8.3-7

余高偏差		焊缝宽度比坡口单侧增宽值	角接焊脚尺寸偏差		250mm 长度内焊缝表面凹凸差	150mm 长度内焊缝表面宽度差
对接角	对接与角接组合焊缝		偏差	同一截面两焊脚尺寸差		
0～3	0～3	1～3	0～3	0～1+0.1×焊脚尺寸	≤2.5	≤3

② 焊缝边缘应圆滑平缓过渡到母材，表面不得有裂纹、未焊满、夹渣、气孔、未熔合、焊瘤等缺陷；咬边深度不应大于 0.5mm，两侧咬边累计总长度不应大于焊缝全长的 10%且不大于 25mm；焊缝错边量不应大于 10%板厚且不大于 2mm。

③ 试件的射线及超声波探伤：射线检测不应低于现行国家标准《焊缝无损检测　射线检测　第 1 部分：X 和伽马射线的胶片计算》GB/T 3323.1—2019 及《焊缝无损检测　射线检测验收等级　第 1 部分：钢、镍、钛及其合金》GB/T 37910.1—2019 规定的 BⅡ级要求；超声检测应符合《钢结构焊接规范》GB 50661—2011 规定的 BⅡ级要求。

④ 弯曲试验方法应符合焊接工艺评定对试验方法的规定。弯曲试验的合格要求为：每个试样拉伸面的任意方向上不得有单个长度大于 3mm 的裂纹或其他缺陷，且裂纹及其他缺陷累计总长度不应大于 7mm；4 个试样中所有缺陷累计总长度不应大于 24mm。

4. 定位焊手工操作技能考试要求。

1）定位焊只进行焊条电弧焊操作技能的考试，考试分类与认可范围应符合相关标准对考试内容及分类的有关规定。试件标记应符合下列规定。

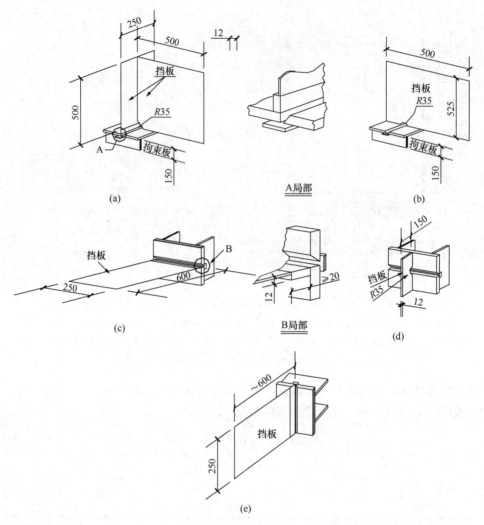

图 7.8.3-9　焊接操作加障碍要求示意（对接焊情况）

（a）平焊位置情况（适应于工地安装柱—梁翼缘焊接或制造厂中柱—牛腿翼缘焊接）；（b）平焊位置情况（适用于或制造厂中梁—梁翼缘焊接）；（c）横焊位置情况（适应于工地或制造厂中柱—牛腿翼缘、腹板的焊接）；（d）横焊位置情况（适应于工地安装柱—柱的焊接）；（e）立焊位置情况（适应于制造厂中柱—牛腿翼缘的焊接）

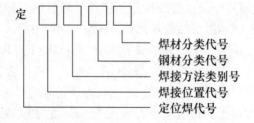

标记示例：横焊位置、Ⅱ类钢材、F_2类焊材定位焊操作技能评定表示为定 2FⅡF_2。

2）试件形式和检验方法应符合下列规定。

（1）试件形式应符合图 7.8.3-10 的要求。

（2）检验方法应符合图 7.8.3-11 的要求，可采用任意的简便方法加载至试件断裂。

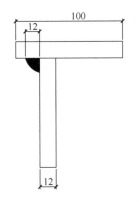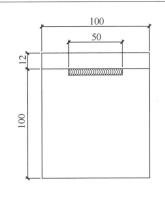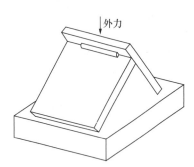

图 7.8.3-10　定位焊操作技能考试试件形式及尺寸示意　　图 7.8.3-11　定位焊操作技能考试
试件断裂试验方法示意

（3）试验结果合格标准应符合下列规定：

① 定位焊焊缝外观检测：表面应均匀，无裂纹、未熔合、气孔、夹渣、焊瘤等缺焰；焊缝咬边深度不应大于 0.5mm，且两侧咬边总长不应超过焊缝长度的 10%；

② 断面检验：焊缝应焊透至根部，不得有未熔合和直径大于 1mm 的气孔、夹渣。

5. 焊接机械操作技能考试要求。

1）焊接机械操作技能考试的分类与认可范围应符合下列规定：

（1）钢材类别及认可范围应符合表 7.8.2-3 和表 7.8.2-6 的规定。

（2）焊接机械操作技能考试所用焊接材料、保护介质应根据被焊钢材种类按焊接工艺文件选配。

（3）焊接方法分类及认可范围应符合表 7.8.2-1 的规定。

（4）板材的厚度、管材的厚度及直径覆盖认可范围应符合表 7.8.3-8 和表 7.8.3-9 的规定。

焊接机械操作技能考试试件厚度及覆盖认可范围　　表 7.8.3-8

试件厚度 t（mm）			认可覆盖范围
对接焊缝焊	埋弧焊	$t \geqslant 25$	厚度不限
	电渣焊、气电立焊	$t \geqslant 38$	厚度不限
角焊缝	$t \geqslant 12$		厚度不限

焊接机械操作技能考试管材直径及覆盖认可范围（mm）　　表 7.8.3-9

考试管材直径[a]ϕ	覆盖认可范围
$\phi \geqslant 108$	$\phi \geqslant 89$

注：a　此处管材直径为外径尺寸。

（5）焊缝类型及认可范围应符合表 7.8.3-10 的规定。

焊接机械操作技能考试焊缝类型分类代号及覆盖认可范围　　表 7.8.3-10

焊缝类型	焊缝类型代号	认可覆盖范围
对接焊缝	B	B、C
角焊缝	C	C

对焊接机械操作工而言，当其通过全焊透焊缝焊接操作技能考试后，应同时认可使用

该方法在相应位置进行部分焊透焊缝和角焊缝焊接的资格；在平焊或横焊位置通过板材全焊透焊缝焊接操作技能考试后，也应同时认可在相应位置进行直径不小于600mm管材焊缝焊接的资格。

2）试件尺寸及坡口形式应符合下列规定。

（1）埋弧焊及熔化极气体保护焊操作技能考试试件尺寸应符合图7.8.3-12的要求；对于管径小于600mm的管材，试件尺寸应根据产品形式和焊接工艺指导书要求由考试单位自行确定。

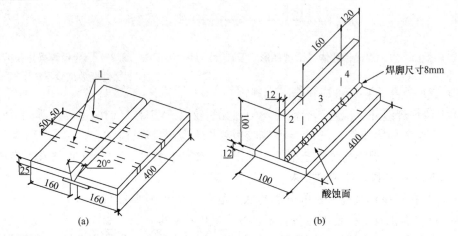

图7.8.3-12　埋弧焊及熔化极气体保护焊操作技能考试试件尺寸及试样取样位置示意

（a）坡口对接焊；（b）角焊

1—侧弯试样；2—宏观酸蚀试样（应腐蚀内侧面）；3—弯曲试样；4—舍去

注：1. 如采用射线探伤，探伤区内不得有定位焊缝；

　　2. 衬垫厚度10～12mm，当不去掉衬垫做射线探伤时，衬垫宽度不应小于80mm，否则可为40mm。

（2）电渣焊、气电立焊操作技能考试试件尺寸及试样取样位置应符合图7.8.3-13的要求。焊接试件应根据焊接工艺要求加引弧板、引出板。

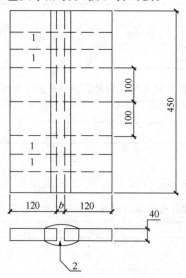

图7.8.3-13　电渣焊、气电立焊操作技能考试试件尺寸及试样取样位置示意

1—侧弯试样；2—间隙b根据工艺要求确定

3）检验项目、检验方法与合格标准应符合下列规定。

（1）考试试件的检验项目及试样数量应符合表 7.8.3-11 的规定。

焊接机械操作技能考试试件的检验项目及试样数量　　表 7.8.3-11

试件形式		试件厚度（管径）（mm）	外观检验	无损探伤	试样数量					
					面弯	背弯	侧弯	宏观	打弯	拉伸
板材对接	埋弧焊	$t \geqslant 25$	要	射线或超声波	—	—	2	—	—	—
	电渣焊、气电立焊	$t \geqslant 38$	要	射线或超声波	—	—	4	—	—	—
	管材对接	管径 $D \geqslant 108$	要	射线或超声波	1	1	或2	—	—	—
	板材角接	$t \geqslant 12$	要	—	—	1	—	1	—	—

（2）外观检验坡口对接焊缝和角接焊缝外形尺寸应符合表 7.8.3-12 的规定。

焊缝外形尺寸允许偏差（mm）　　表 7.8.3-12

对接焊缝余高	焊缝宽度比坡口宽度每侧增宽值	角接焊缝焊脚尺寸（h_f）	
		差值	不对称
0～4	1～3	$\Delta h_f \leqslant 3$	$\leqslant 1 + 0.1 \times h_f$

（3）射线及超声波探伤：射线检测不应低于现行国家标准《焊缝无损检测　射线检测　第 1 部分：X 和伽马射线的胶片计算》GB/T 3323.1—2019 及《焊缝无损检测　射线检测验收等级　第 1 部分：钢、镍、钛及其合金》GB/T 37910.1—2019 规定的 BⅡ级要求；超声检测应符合《钢结构焊接规范》GB 50661—2011 规定的 BⅡ级要求。

（4）弯曲、宏观酸蚀试验应符合下列规定：

① 弯曲试验应符合现行国家标准《焊接接头弯曲试验方法》GB/T 2653—2008 的有关规定，弯心直径应为 4δ（δ 为弯曲试样厚度），弯曲角度应为 180°。面弯、背弯时试样厚度应为试件全厚度（δ＜14mm）；侧弯时试样厚度 δ＝10mm，试件厚度不大于 40mm 时，试样宽度应为试件的全厚度，试件厚度超过 40mm 时，可按 20～40mm 分层取样。

② 对直径不大于 60mm 的管材试件，可进行压扁试验。

③ 弯曲试验的合格要求为：每个试样拉伸面的任意方向上不得有单个长度大于 3mm 的裂纹或其他缺陷，且裂纹及其他缺陷累计总长度不应大于 7mm。

④ 角焊缝试件，以简便的方法持续加载或重复加载，使焊缝根部受力，直至试样断裂或压弯到两板平贴，焊缝断面不得有未熔合和直径大于 1mm 的气孔、夹渣。

⑤ 宏观试验应符合现行国家标准《钢的低倍组织及缺陷酸蚀检验法》GB/T 226—2015 的相关规定，试样接头焊缝及热影响区表面不应有肉眼可见的裂纹、未熔合等缺陷。

6. 机器人焊接操作技能评定要求。

1）参加机器人焊接技能评定的人员应具有相应电弧焊手工操作或焊接机械操作评定合格证书，并拥有至少 1 年的相关工作经验。

2）机器人焊接操作人员的职责和技术能力应符合下列规定。

（1）具备启动机器人外围设备（包括电源、冷却液泵、焊枪清洁等）设施的能力；

（2）具备调节、使用机器人焊枪和送丝机构的能力，包括焊枪、导电嘴、喷嘴、焊丝驱动辊以及焊线安装、更换和调节；

（3）对所用机器人要有基本的了解；

（4）熟悉机器人控制面板的操作，能够熟练操控机器人的各种动作；

（5）熟悉机器人相关外围设备的操作使用并具备基本的维护能力；

（6）具备目视检查试件焊缝的能力，在规范允许的范围内调整焊接工艺；人员应有良好的焊接背景，对机器自动化程序和功能应有全面了解。

3）机器人焊接操作技能评定分类与覆盖范围应符合下列规定。

（1）钢材类别及覆盖范围应符合表 7.8.2-3 和表 7.8.2-6 的规定；

（2）焊接机械操作技能评定所用焊接材料、保护介质应根据被焊钢材种类按焊接工艺文件选配；

（3）焊接方法分类及覆盖范围应符合表 7.8.2-1 的规定。

7. 焊工资格证要求。

1）《焊工资格证》有效期为 3 年。

2）焊工在资格证有效期内，每一年需加盖注册章，在此基础上可以延长焊工资格证书的有效期。准予免试的《钢结构焊工考试委员会焊工资格证书》有效期延长不得超过 3 年，且不得连续。

3）焊工资格证有效期终止前应重新进行认证，重新认证应符合下列规定：

（1）重新认证应进行理论知识及操作技能评定，应对合格证认可范围覆盖最大的操作技能科目进行重新考试；

（2）重新认证合格后应由企业焊工考试委员会审核并持原合格证上报，钢结构焊工考试委员会审核，并核发新的焊工资格证；

（3）重新认证时，焊工可申请覆盖范围更大的考试科目，若考试不合格，则该焊工必须参加原合格证相应科目的重新考试；

（4）持续中断焊接操作时间超过半年（考试项目有效期内）的原合格焊工重新参加焊接工作时，必须进行原认可科目的重新考试。该重考可免去理论知识评定，且可不进行弯曲项目检验。

4）焊工资格证有效期满后需重新考试。

7.9　焊　接　工　装

7.9.1　焊接工装的类型与功能。

焊接工装根据使用功能和形式，可分为下列焊接胎架和焊接工装夹具。

1. 焊接胎架。

常见的焊接胎架包括以下形式。

1）平面胎架：制造投影面积较大的构件或细长构件时，作为组装和焊接作业的基础平台，应使主要焊接工作处于水平位置状态下进行，构件自身重量可较为均匀地分布在胎架上，减小焊接过程中构件的应力和变形，必要时也可以通过构件与胎架的连接实现焊接构件的固定。

2）船型位置胎架：用于细长构件采用自动焊焊接时调整焊缝的角度，提高焊缝的焊接质量和效率。

3）滚动胎架：用于圆筒体的环向焊缝的焊接，可以通过调节滚动速度，使圆筒体的滚动速度与自动焊的焊接速度一致，焊缝始终处于平焊位置。

4）焊接变位胎架（设备）：是通过改变焊件、焊机或焊工空间位置来实现机械化、自动化焊接的各种机械设备胎架。使用焊接变位胎架（设备），可缩短焊接辅助时间，提高劳动生产率，减轻工人劳动强度，保证和改善焊接质量，并可充分发挥各种焊接方法的效能。

焊接变位胎架（设备）分为三大类，见图 7.9.1-1。

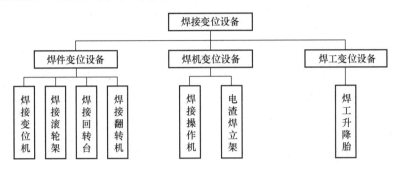

图 7.9.1-1　焊接变位设备的分类

焊接变位胎架与焊机变位设备相互配合使用，可完成纵缝、横缝、环缝、空间曲线焊缝的焊接以及堆焊作业。在以弧焊机器人为中心的柔性加工单元（FMC）和加工系统（FMS）中，焊件变位设备也是组成设备之一。在复杂焊件焊接和施焊位置精度要求较高的焊接作业中，例如窄间隙焊接、空间曲面的带极堆焊等，都将需要焊件变位设备的配合，才能完成其作业。

2. 焊接工装夹具的类型与特点。

1）焊接工装夹具的类型和组成。

焊接工装夹具是将焊件准确定位并夹紧，用于装配和焊接的工艺装备，可分为以下反变形夹具和特殊定位夹具两类：

（1）反变形夹具：当焊接部件的厚度较薄、外形固定、数量较多时，使用强制反变形固定夹具可提高效率。

（2）特殊定位夹具：对于外形固定、数量较多的构件，采用特殊定位夹具可快速精确定位，并采用焊接机器人进行焊接，可提高焊缝的焊接质量和效率。

（3）焊接工装夹具按动力源分为七类：手动夹具、气动夹具、液压夹具、磁力夹具、真空夹具、电动夹具、混合式夹具。

一个完整的夹具，由定位器、夹紧机构、夹具体三部分组成。在装焊作业中，多使用在夹具体上装有多个不同夹紧机构和定位器的复杂夹具（又称为胎具或专用夹具），其中，除夹具体是根据焊件结构形式进行专门设计外，夹紧机构和定位器结构多为通用形式。

定位器大多数固定式的，也有一些为了便于焊件装卸，做成伸缩式或转动式，并采用手动、气动、液压等驱动方式。夹紧机构是夹具的主要组成部分，其结构形式很多，且相对复杂，驱动方式也多种多样。在一些大型复杂夹具上，夹紧机构的结构形式有多种，而且还使用多种动力源，有手动加气动、气动加电磁等。目前广泛采用的一些夹紧机构已经标准化、系列化，工艺设计时选用即可。

2）焊接工装夹具的特点：

（1）焊件一般由多个零件组焊而成，而这些零件的装配和定位焊在焊接工装夹具上按顺序进行，因此，它们的定位和夹紧是一个个单独进行。

（2）在焊接过程中，零件会因焊接加热而伸长或因冷却而缩短，为了减少或消除焊接变形，要求工装夹具能对某些零件给予反变形或者刚性夹固；为了减少焊接应力，又要允许某些零件在某一方向可以自由伸缩。

（3）夹具工作时主要承受焊件的重力、焊接应力和夹紧力，有的还要承受装配时的锤击力。

（4）焊接工装夹具往往是焊接电源二次回路的一个组成部分，因此，绝缘和导电是设计中必须注意的一个问题。

（5）焊接工装夹具一般比较大。装配夹具和装焊夹具上的夹紧点、定位点多，设计难度较大，特别是定位点、夹紧点的数量、选位和两者的对应关系，都会影响夹具的功能和定位夹紧的质量。

7.9.2 焊接工装的设计要求。

1. 平面胎架设计原则。

1）焊接胎架可以与组装胎架共用；

2）胎架应有足够的强度与刚度，以承受构件重量＋施工荷载＋强制变形荷载等；

3）当底部需要贴陶瓷衬垫、打磨或其他作业时，胎架的高度应不小于 800mm；

4）胎架横梁（或胎架板）的布置宜与主要焊缝垂直，横梁间距一般为 1.0～2.0m，对于刚度较大的构件，横梁间距可以适当放大，而刚度较小构件则应适当减小；

5）胎架横梁之间宜设置纵向梁，立柱宜设置斜支撑，以提高胎架的平面刚度。

2. 船型位置胎架设计原则。

1）胎架应有足够的强度与刚度，以承受构件重量＋施工荷载＋强制变形荷载等；

2）胎架的胎架板的间距一般为 1.0～1.5m，对于刚度较大的构件，胎架板间距可以适当放大，而刚度较小构件则应适当减小；

3）胎架的角度应根据焊缝及焊接坡口的形式确定；

4）胎架的形式可参见图 7.9.2-1。

3. 滚动胎架设计原则。

1）应根据构件的重量、外形尺寸选择合适的滚动机构组合件；

2）滚动机构组合件的布置数量一般不少于 4 套，对于较长构件，其数量应适当增加；

3）滚动机构组合件应固定布置在有足够强度与刚度的基础上；

4）圆筒体内部的环焊缝可采用伸臂焊机焊接，外部环焊缝焊接应设计专用的焊接作业平台。

4. 焊接变位（翻转）胎架设计原则。

1）可由胎架本体和变位（翻转）机构组成；

2）胎架本体应有足够的强度与刚度；

3）当被焊构件为箱形或其他本身具有足够强度与刚度的构件时，可由变位（翻转）机构与构件端部的连接（夹紧）装置组成胎架；

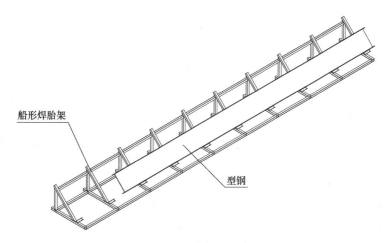

船形焊胎架

型钢

图 7.9.2-1　船型位置焊接胎架

4）变位完成后，应有快速可靠的固定装置。

5. 焊接工装夹具的设计原则。

1）焊接工装夹具的设计要求。

焊接工装夹应满足操作方便、安全、美观、经济性的要求，焊接工装夹具设计的主要要求如下：

（1）焊接工装夹具应操作方便，操作位置应处在工人容易接近、易于操作的部位。特别是手动夹具，其操作力不能过大，操作频率不能过高，操作高度应设在工人最易用力的部位，当夹具处于夹紧状态时，应能自锁。

（2）焊接工装夹具应有足够的装配、焊接空间，不能影响焊接操作和焊工观察，不妨碍焊件的装卸。所有的定位元件和夹紧机构应与焊道保持适当的距离。

（3）夹紧可靠，刚性适当。夹紧时不破坏焊件的定位位置和几何形状，夹紧后既不使焊件松动滑移，又不使焊件的拘束度过大而产生较大的应力。

（4）为保证使用安全，应设置必要的安全连锁保护装置。

（5）夹紧时，不应损坏焊件的表面；接近焊接部位的夹具，应考虑操作手把的隔热和防止焊接飞溅物对夹紧机构和定位器表面的损伤。

（6）夹具的施力点应位于焊件的支承处或者布置在靠近支承的地方，应防止支承反力与夹紧力、支承反力与重力形成力偶。

（7）应充分考虑各种焊接方法在导热、导电、隔磁、绝缘等方面对夹具提出的特殊要求。

（8）用于大型板焊结构的夹具，要有足够的强度和刚度，特别是夹具体的刚度，对结构的形状精度、尺寸精度影响较大，设计时要留有较大的余量。

（9）工装夹具本身应具有较好的制造工艺性和较高的机械效率。

（10）应尽量选用已通用化、标准化的夹紧机构以及标准的零部件来制作焊接工装夹具。

2）焊接工装夹具设计方案的确定。

确定工装夹具方案时，夹具的合理性和经济性是主要考虑因素，具体包括。

（1）焊件的整体尺寸和制造精度以及组成焊件的各个坯件的形状、尺寸和精度。其中，焊件形状和尺寸是确定夹具设计方案、夹紧机构类型和结构形式的主要依据，且直接影响其几何尺寸的大小；制造精度是选择定位器结构形式和定位器配置方案以及确定定位器本身制造精度和安装精度的主要依据。

（2）装焊工艺对夹具的要求。主要包括：与装配工艺有关的定位基面、装配次序、夹紧方向对夹具结构的要求、不同焊接方法对夹具的要求、埋弧焊要求在夹具上设置焊剂垫、电渣焊要求夹具保证能在垂直位置上施焊、电阻焊要求夹具本身就是电极之一等。

（3）装、焊作业可否在同一夹具上完成，或是需要单独设计装配夹具和焊接夹具。需要考虑以下因素的影响：

① 在装焊夹具上，焊件的所有焊缝能否在最有利的施焊位置上焊接。

② 从装配夹具上取下由装配点定好位的部件时，各零件的相互位置不能变动或破坏。若部件刚性不好，则会发生整体变形，甚至定位焊点开裂，使已装配好的零件发生位置变化。

③ 装配时不需要焊件翻转变位，焊接时，需要焊件翻转变位，在这种情况下，采用装焊夹具方案时，不宜使夹具结构复杂化。

④ 装配夹具的定位器和夹紧机构较多，用于焊接时，不应影响焊接机头的焊接可达性；焊接夹具（为了防止焊件变形，具有较大的刚度和强度）用于装配时，应能承受装配时的锤击力。

⑤ 装、焊作业若在同一夹具上进行，应能合理地组织装配工人、焊接工人相互协调作业。

⑥ 夹具结构方案的选择，应与同类焊件的产量和数量相匹配。

3）焊件夹具中的定位器与夹具体的特点与要求。

（1）定位器。

在进行装焊作业时，首先应使焊件在夹具中找到确定的位置，并在装配、焊接过程中一直保持在原来的位置上。把焊件按图样要求找到确定位置的过程称为定位；把焊件在装焊作业中一直保持在确定位置上的过程称为夹紧。

定位器是保证焊件在夹具中获得正确装配位置的零件或部件，又称定位元件和定位机构。

定位器结构主要有挡铁、支承钉、定位销、V 形铁、定位样板五类。挡铁 ［图7.9.2-2（a）］和支承钉 ［图 7.9.2-2（b）］用于平面的定位；定位销 ［图 7.9.2-2（c）］用于焊件依孔的定位；V 形铁 ［图 7.9.2-2（d）］用于圆柱体、圆锥体焊件的定位；定位样板 ［图 7.9.2-2（e）］用于焊件与已定位焊件之间的给定定位。定位器可做成拆卸式的 ［图 7.9.2-2（f）］、进退式的 ［图 7.9.2-2（g）］和翻转式的 ［图 7.9.2-2（h）］。

定位器要有足够的耐磨度、刚度、制造精度和安装精度，在安装基面上的定位器主要承受焊件的重力，定位器与焊件的接触部位易磨损，应有足够的硬度。在导向基面和定程基面上的定位器，常承受焊件因焊接而产生的变形力，应有足够的强度和刚度。

如果夹具承重大、焊件装卸频繁，也可将定位器与焊件接触易磨损的部位做成可拆卸或可调节式的，以便适时更换或调整，保证定位精度。

（2）夹具体。

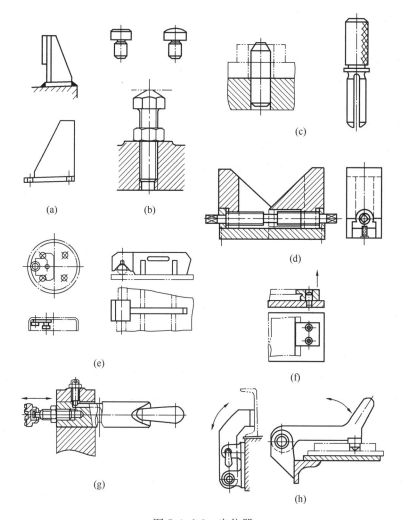

图 7.9.2-2　定位器

（a）挡铁；（b）支钉；（c）定位销；（d）V 形铁；（e）定位样板；（f）拆卸式定位器；
（g）进退式定位器；（h）翻转式定位器

夹具体是在夹具上安装定位器和夹紧机构以及承受焊件重量的部件。

各种焊件变位机械上的工作台以及装焊车间里的各种固定式平台，就是通用的夹具体，在其台面上开有安装槽、孔，用来安放和固定各种定位器和夹紧机构。

对夹具体的要求包括：①有足够的强度和刚度；②便于装配和焊接作业的实施；③能将装焊好的焊件方便地卸下；④满足必要的导电、导热、通水、通气及通风条件；⑤容易清理焊渣、锈皮等污物；⑥有利于定位器、夹紧机构位置的调节与补偿；⑦必要时，还应具有反变形的功能。

通常，作为通用夹具体的装焊平台多为铸造结构，而专用夹具体多为板焊结构。

4）焊件所需夹紧力的确定。

在进行焊接工装夹具设计计算时，首先要确定装配、焊接时焊件所需的夹紧力，然后根据夹紧力的大小、焊件的结构形式、夹紧点的布置、安装空间的大小、焊接机头的焊接可达性等因素选择夹紧机构的类型和数量，最后对所选夹紧机构和夹具体的强度和刚度进行必要的计算或验算。

装配、焊接焊件所需的夹紧力，按性质可分为四类：第一类是在焊接及随后冷却过程中，防止焊件发生焊接残余变形所需的夹紧力；第二类是为了减少或消除焊接残余变形，焊前对焊件施以反变形所需的夹紧力；第三类是在焊件装配时，为了保证安装精度，保证焊件给定间隙和位置所需的夹紧力；第四类是防止焊件翻转变位时在重力作用下不致坠落或移位所需的夹紧力。

如何确定夹紧力是夹具方案设计中的一个重要问题。通常从力的三要素入手，先确定力的作用方向，再选择力的作用点，然后计算所需夹紧力的大小，最后选择或设计能实现该夹紧力的夹紧装置，方法如下。

（1）确定夹紧力的作用方向。

夹紧力应指向定位基准，夹紧力的指向应有利于减小夹紧力；焊接时，夹具常遇到工件重力、控制焊接变形所需的力、工件移动或转动引起的惯性力或离心力等。这些力的方向取决于焊件在夹具上所处的位置、所需控制焊接变形的方向和焊件移动的方向等。通常夹紧力的方向与这些力的方向一致，即能减小夹紧力，否则夹紧力要增大。

（2）选择力的作用点。

夹紧力作用在工件上的位置，应视工件的大小和定位支承情况而定，当定位元件以点与工件接触进行定位时：

① 作用点正对定位元件的支承点或在其附近，以保持工件定为稳定，不致引起工件位移、偏转或发生局部变形。图7.9.2-3（a）所示为因力的作用点不正确而引起如虚线所示的位置变动。

② 力的作用点应落在工件刚性较好的部位，以减小夹紧变形，见图7.9.2-4。被夹紧工件的背面应避免悬空，背面宜有腹板、隔板或加强肋等支撑。遇到背面没有支撑的薄壁件，应减小压强，即夹紧元件与该薄板接触面积适当加大。

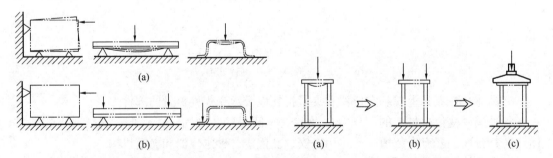

图7.9.2-3　不同夹紧作用点的比较　　　　图7.9.2-4　减少夹紧变形的力作用点
（a）不正确；（b）正确　　　　　　　　（a）不正确；（b）可以；（c）理想

③ 用于控制平板对接角变形时，对于 $\delta \leqslant 2mm$ 的板件，夹紧作用点应靠近焊缝，且沿焊缝长度方向多点均布，板越薄点距应越密；对于 $\delta > 2mm$ 厚板，则因刚性大，力作用点可适当远离焊缝，以减小夹紧力（见图7.9.2-5）。

（3）夹紧力的计算。

计算夹紧力的大小时，常把夹具和工件看成是一个刚性系统，根据工件在装配或焊接过程中产生最不利的瞬时受力状态，按静力平衡原理计算出理论夹紧力，最后为了保证夹紧安全可靠，再乘以一个安全系数作为实际所需夹紧力的数值。夹紧力可按式（7.9.2-1）计算：

$$F_k = K \cdot F \qquad (7.9.2\text{-}1)$$

式中　F_k——实际所需夹紧力；

　　　F——在一定条件下按静力平衡原理计算出理论夹紧力；

　　　K——安全系数，一般 $K=1.5\sim3$，夹紧条件比较好，取低值，否

则取高值，比如手工夹紧、操作不方便、工件表面毛糙等，应取高值。

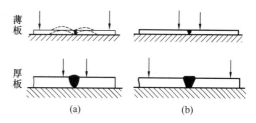

图 7.9.2-5　控制焊接角变形夹紧力的作用点
(a) 不正确；(b) 正确

控制焊接变形夹紧力的计算，实际上就是焊接变形受到限制而引起拘束力的计算。

① 控制焊接角变形夹紧力的计算

两等厚板对接，开 V 形坡口，焊后会产生角变形 α（见图 7.9.2-6）。若在焊缝中心两侧距离均为 l 处用夹紧元件挡住不让工件上翘变形，则

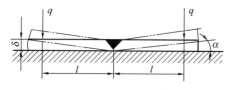

图 7.9.2-6　控制焊接角变形的力作用点

两者之间将产生拘束力，该力应由夹紧元件承受，可按式（7.9.2-2）计算：

$$q = \frac{E\delta^2\tan\alpha}{4l^2} \qquad (7.9.2\text{-}2)$$

式中　q——拘束角变形所需的单位长度（焊缝）夹紧力（N/cm）；

　　　E——焊件材料的弹性模量，钢的 $E=21\times10^6\text{N/cm}^2$；

　　　δ——焊件厚度（cm）；

　　　α——在自由条件下焊件引起的角变形（°），由焊接变形理论计算或实际中测定；

　　　L——夹紧力作用点到焊缝中心线的距离（cm）。

② 控制焊接弯曲变形的夹紧力计算

以 T 形梁为例（见图 7.9.2-7），若在自由状态下焊接角焊缝，会因焊缝与梁断面重心线不重合，焊缝的纵向收缩（假想有一个收缩力 F 作用）引起弯曲变形，使梁的中部上拱 f。为了能控制该变形，假定在梁的中部设一夹紧元件，焊接时该元件阻挡 T 形梁上拱，因而产生拘束力，由该夹紧元件承受，其大小可按式（7.9.2-3）计算：

$$Q = \frac{Fe}{L} \qquad (7.9.2\text{-}3)$$

式中　Q——阻挡弯曲变形所需的夹紧力（N）；

　　　e——焊缝断面重心到梁断面重心线的距离（cm）；

　　　L——梁的长度（cm）；

　　　F——焊缝纵向收缩的假想收缩力（N），$F=mk^2$，k 为角焊缝脚尺寸（cm）；

　　　m——系数，碳钢单道焊可按表 7.9.2-1 选取。

系数 m 的取值　　　　　　　　　　　　　　　　　表 7.9.2-1

焊接方法	一条角焊缝	两条角焊缝
埋弧自动焊	50×10^4	58.7×10^4
手工电弧焊、气体保护焊	68×10^4	78.2×10^4

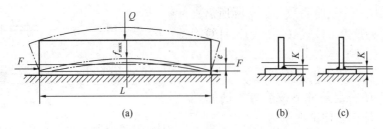

图 7.9.2-7　T 形梁焊接弯曲变形夹紧力计算示意

5）夹紧机构的特点与要求。

（1）夹紧机构的组成与分类。

夹紧装置一般由动力装置、中间传动机构和夹紧元件组成。传动机构与夹紧元件合起来便构成夹紧机构。夹紧装置种类很多，一般分为手动和机动两大类，机动的又分为气压夹紧、液压夹紧、气-液联合夹紧、电力夹紧等。此外，还有用电磁和真空等作动力源的。按夹紧装置位置变动情况，可分为携带式和固定式两类，前者安装在夹具预定的位置上，而夹具体在车间的位置是固定的。按夹紧机构分，有简单夹紧和组合夹紧两大类，简单夹紧装置将原始力转变为夹紧力，组合夹紧装置是由两个或多个简单机构组合而成，按其组合方法不同又分成螺旋-杠杆式、螺旋-斜楔式、偏心-杠杆式、偏心斜楔式、螺旋-斜楔-杠杆式等夹紧装置。

（2）各种夹紧机构的分类及特点。

A. 手动夹紧机构的分类及特点。

手动夹紧机构是以人力为动力源，通过手柄或脚蹬板，靠人工操作用手装焊作业的机构，结构简单，具有自锁和扩力性能，但工作效率较低，劳动强度较大，一般在单件和小批量生产中应较多。手动夹紧机构的分类及性能、使用场合如下：

① 手动螺旋夹紧器：结构简单，形式多样，适应面广，夹紧力大，自锁性能好，但螺旋每转行程较小，动作缓慢，效率较低，多用于单件和小批量生产。

② 手动螺旋拉紧器：通过螺旋的扩力作用，将工件拉拢，在装配和矫形作业中应用较多，直线螺旋拉力器已标准化、系列化，选购可参见《机械设计手册》。

③ 手动螺旋推撑器：用于支撑工件、防止变形和矫正变形的场合。

④ 手动螺旋撑圆器：用于筒形工件的对接及矫正其不圆柱度、防止变形或消除局部变形。

⑤ 手动楔夹紧器：简单易作，主要用于现场的装焊作业，为使楔在夹紧状态下既自锁可靠又便于退出，楔角应在 8°～11°内。

⑥ 手动凸轮（偏心）夹紧器：手柄动作一次，即可将工件夹紧，夹紧速度比螺旋夹紧机构快，但夹紧行程有限，扩力比及通用性不如螺旋夹紧机构大，自锁性能也不如螺旋夹紧机构可靠，多用在夹紧力不大和振动较小的场合。

⑦ 手动弹簧夹紧器：将弹簧力转换成夹紧力传递到工件上的夹紧机构，主要用于薄件的夹紧，所用多为圆柱螺旋弹簧，若需沿周边夹持圆形工件时，多采用膜片式弹簧。

⑧ 手动螺旋-杠杆夹紧器：经螺旋扩力后，再经杠杆扩力或缩力来实现夹紧的机构。其派生结构形式很多，应用范围很广，可设计出适应各种夹紧位置的结构。

⑨ 手动凸轮（偏心）-杠杆夹紧器：经凸轮或偏心轮扩力后再经杠杆扩力来实现夹紧的机构，但自锁可靠性不如螺旋-杠杆夹紧器。

⑩ 手动杠杆-铰链夹紧器：借助杠杆与连接板的组合实现夹紧作用的机构，其夹紧速度快，夹头开度大，派生结构多，机动、灵活，使用方便，常用来夹紧薄板金属构件。在装焊生产线上应用较多。

⑪ 手动弹簧-杠杆夹紧器：弹簧力经杠杆扩力或缩力后实现夹紧作用的机构，适应薄板的夹紧，应用范围不广泛。

⑫ 手动杠杆-杠杆夹紧器：过两级杠杆传力实现夹紧，扩力比大，但实现自锁较困难，应用范围不广泛。

设计手动夹紧机构时，其手柄操作高度以 0.8～1m 为宜，操作力应在 150N 以下，短时功率控制在 120W 以内，夹具处于夹紧状态时，应有可靠的自锁性能。

B. 气动与液压夹紧机构的分类及特点。

气动夹紧机构是以压缩空气为传力介质、推动气缸动作以实现夹紧作用的机构。液压夹紧机构是以压力油为传力介质、推动液压缸动作以实现夹紧作用的机构。两者结构功能相似，主要是传力介质不同。气动与液压夹紧机构主要分为以下几类：

① 气动（液压）夹紧器；

② 气动（液压）杠杆夹紧器；

③ 气动（液压）斜楔夹紧器；

④ 气动（液压）撑圆器；

⑤ 气动（液压）拉紧器；

⑥ 气动（液压）楔-杠杆夹紧器；

⑦ 气动（液压）杠杆-铰链夹紧器；

⑧ 气动（液压）铰链-杠杆夹紧器；

⑨ 气动（液压）凸轮-杠杆夹紧器；

⑩ 气动（液压）杠杆-杠杆夹紧器。

在焊接工装夹具中，气动夹具的应用远比液压夹具广泛。气动夹具具有以下显著优点：

① 空气黏度很小，在管道中压力损失较小，一般压力损失不到油路损失的千分之一，因此，压缩空气便于集中供应和远距离输送。

② 压缩空气工作压力较低，可降低对气动元件材质和制造精度的要求，因而，结构简单，容易制造，成本低廉。

③ 气动动作迅速，反应快，操作控制方便，元件便于标准化，容易集中控制、程序控制和实现工序自动化。

④ 气动介质清洁，管道不堵塞，维护简单，也不存在介质变质、补充、更换等问题。

⑤ 使用安全可靠，可在高温、振动、腐蚀、易爆等恶劣环境下工作，并便于实现过载保护。

但是气动也有如下缺点：

① 由于空气具有可压缩性，使工作速度不易稳定，因而，外载变化对速度影响较大，也难于准确控制与调节工作速度。

② 由于压缩空气压力较低，与液压相比，在相同出力下其结构尺寸大很多。

根据焊接工装夹具的使用要求与特点，上述缺点中的第二项所构成的影响较大。

与气动相比，液压的主要优点是：同一结构尺寸下的出力大，工作平稳，耐冲击，可以准确控制速度，外载的变化对工作速度几乎没有影响。

C. 磁力、真空、电动夹紧机构的分类和特点：

① 磁力夹紧机构分为永磁夹紧器和电磁夹紧器。

永磁夹紧器是用永久磁铁夹紧焊件的一种器具，夹紧力有限，久用后，磁力将减弱，但永磁夹紧器结构简单，不消耗电能，使用经济简便，宜用在夹紧力较小，不受冲击振动的场合。

电磁夹紧器是利用电磁力夹紧焊件的一种器具，夹紧力大，由于供电电源不同，分为直流和交流两种。

② 真空夹紧机构是利用真空泵或以压缩空气为动力的喷嘴所射出的高速气流使夹具内腔形成真空，借助大气压力将焊件压紧的装置。适用于夹紧特薄的或挠性的焊件，以及用其他方法夹紧容易引起变形或无法夹紧的焊件。在仪表、电器等小型器件的装焊作业中应用较多。

③ 电动夹紧机构是以电动机为动力源，经减速、再将回转运动变成直线运动对焊件进行夹紧的装置。其传动链长，体积大，在装焊作业中很少应用。

6）典型夹紧结构分析。

（1）螺旋夹紧机构。

螺旋夹紧机构是以螺旋副扩力直接或间接夹紧焊件的夹紧机构。由于它扩力比大（60～140）、自锁可靠、结构简单、制作容易、派生形式多、适应范围广，已成为手动焊接工装夹具中的主要夹紧机构，约占各类夹紧机构总和的 40%，在单件和小批量生产中得到了广泛的应用，见图 7.9.2-8。

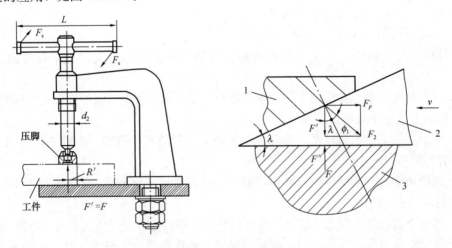

图 7.9.2-8　螺旋夹紧机构

（2）凸轮（偏心）夹紧机构。

偏心指圆形夹紧轮的回转轴心线与几何轴心线不同轴（图 7.9.2-9）。O_1 是偏心圆的几何中心，R 是偏心圆的半径，O_2 是偏心圆的回转中心，两者不重合，距离 e 称偏心距。

当偏心圆绕 O_2 点回转时，圆周上各点到 O_2 的距离不断变化，即到被夹工作表面间的距离是变化的，利用这个值的变化夹紧工件。

（3）杠杆-铰链夹紧机构。

杠杆-铰链夹紧机构，是由杠杆、连接板及支座相互铰接而成的复合夹紧机构。根据三者不同的铰接组合，共有五种基本类型。

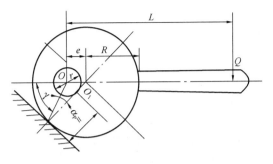

图 7.9.2-9　偏心夹紧原理

第一类结构形式如图 7.9.2-10 所示。两组杠杆（手柄杠杆和夹紧杠杆）通过与连接板的铰接组合在一起。手柄杠杆的施力点 B 与夹紧杠杆的受力点 A 通过连接板的铰链连接在一起，而两组杠杆的支点 O、O_1 都与支座铰接而位置是固定的。

第二类结构形式如图 7.9.2-11 所示，虽然也是两组杠杆与一组连接板的组合，但是手柄杠杆的施力点 B 与夹紧杠杆的受力点 A 铰接，而手柄杠杆在支点 O 处与连接板铰接。因此，手柄杠杆的支点 O 可以绕 C 点回转，连接板的另一端（C 点）和夹紧杠杆的支点 O_1 均与支座铰接且位置固定。同理，也可将夹紧杠杆在支点处与连接板铰接，夹紧杠杆的支点转动，连接板的另一端和手柄杠杆的支点均与支座铰接而且位置固定。

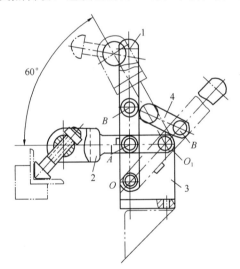

图 7.9.2-10　第一类杠杆-铰链夹紧机构
1—手柄杠杆；2—夹紧杠杆；3—支座；
4—连接板；A—夹紧杠杆的受力点；
B—手柄杠杆的施力点；O—手柄杠
杆的支点；O_1—夹紧杠杆的支点

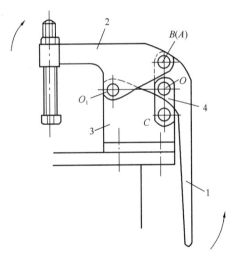

图 7.9.2-11　第二类杠杆-铰链夹紧机构
1—手柄杠杆；2—夹紧杠杆；3—支座；4—连接
板；A—夹紧杠杆的受力点；B—手柄杠杆的施力
点；O—手柄杠杆的支点；O_1—夹紧杠杆的支点

第三类结构形式如图 7.9.2-12 所示，是一组杠杆与一组连接板的组合，手柄杠杆的支点 O 与支座铰接而位置固定。

第四类结构形式如图 7.9.2-13 所示，也是一组杠杆与一组连接板的组合，但是手柄杠杆的支点与连接板铰接，因此，手柄杠杆的支点 O 可以绕连接板的支点 C 回转。

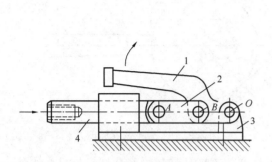

图 7.9.2-12　第三类杠杆-铰链夹紧机构

1—手柄杠杆；2—连接柄；3—支座；4—伸缩夹
头；A—伸缩夹头的受力点；B—手柄杠杆的施力
点；O—手柄杠杆的支点

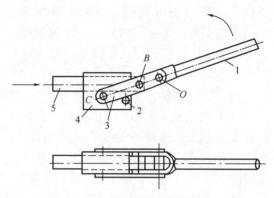

图 7.9.2-13　第四类杠杆-铰链夹紧机构

1—手柄杠杆；2—连接柄；3—支座；4—连接板；
5—伸缩夹头；
B—手柄杠杆的施力点；O—手柄杠杆的支点

第五类结构形式如图 7.9.2-14 所示，是一组杠杆与两组连接板的组合。

分别比较以上第二、第四类与第一、第三类，第二、第四类由于手柄杠杆在支点外与连接板铰接在一起，所以，将手柄杠杆扳动一个很小的角度，夹紧杠杆或压头就会有很大的开度，但其自锁性能不如第一、第三类可靠。

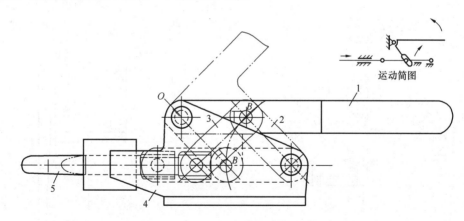

图 7.9.2-14　第五类杠杆-铰链夹紧机构

1—手柄杠杆；2—连接柄；3—连接板；4—支座；5—伸缩夹头；B—手柄杠杆的施力点；
O—手柄杠杆的支点

（4）斜楔夹紧机构。

斜楔夹紧机构利用斜面移动产生的压力夹紧工件，楔的斜面可以直接或间接压紧工件。钢结构生产中，特别在现场组装大型金属结构时，广泛使用斜楔直接夹紧工件（图7.9.2-15）。楔块除单独使用外，常和其他机构联合使用。

（5）组合夹紧装置。

上述各种夹紧机构各有优缺点和适用范围，为了既能充分发挥各自优点又能克服其缺点，按取长补短原则，可把他们合理组合起来使用。由于利用杠杆很容易实现快速增力或

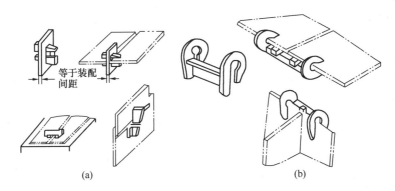

图 7.9.2-15 斜楔夹紧机构

(a) 在装配中使用；(b) 控制焊接角变形时使用

改变作用方向的功能，故多数组合夹紧装置都与杠杆相组合。

7.9.3 焊接工装的制造要求。

1. 基本要求。

1) 使用材料应符合设计图纸和相关规范、标准的要求，应进行检查和验收。

2) 应按产品生产的要求组织生产、质量控制、试验和验收。

3) 工装设备中使用的机电设备宜选择成熟产品，应有出厂合格证等相关质量保证文件。

4) 应编制有针对性的加工工艺，施工人员应持证上岗。

5) 对于复杂设备，应编制操作手册，明确操作要求、注意事项、维修保养要求等。

2. 焊接胎架制造要求。

1) 焊接工装的材料可采用工厂库存材料或预料等，但采用焊接连接的应保证材料的可焊性，需要机加工、热处理的材料，应保证其性能不低于设计要求。

2) 与构件直接接触的部位，宜采用精密切割或机加工，自由边应倒圆角，以免损伤构件表面。

3) 焊接连接时，在保证强度的前提下可以采用单面焊、间断焊等。

4) 采用螺栓连接时，宜采用普通螺栓，当需要精确定位时，宜适当设置定位销等。

5) 胎架的相对标高、平面度、直线度等主要精度控制指标的制造误差不宜大于构件允许偏差的一半，且不大于 2mm。

6) 在胎架上应做出标高、中心线标记，以便于检查核对。

7) 胎架制造完成后，应组织检查验收等。

3. 焊接工装夹具制造要求。

1) 设备中结构件的加工应满足现行国家标准《钢结构工程施工质量验收标准》GB 50205—2020 的相关要求。

2) 对于有机加工要求的结构件，应适当加放机加工余量。

3) 有较高精度要求的结构件，宜考虑在机加工前采取措施，消除焊接内应力。

4) 机械加工零件，应满足设计要求和机械加工行业的相关规范、标准的要求。

5) 焊接工装制造完成后应进行试验，检验其是否达到设计指标，并对其使用安全性、可操作性等进行评估。

7.9.4　典型焊接工装的特点与要求。

1. 焊接滚轮架。

1）焊接滚轮架的功能。

焊接滚轮架是借助主动滚轮与焊件之间的摩擦力，带动焊件旋转的变位机械。

焊接滚轮架主要用于筒形焊件的装配与焊接。若对主、从动滚轮的高度进行适当调整，也可进行锥体、分段不等径回转体的装配与焊接。对于一些非圆长形焊件，若将其装卡在特制的环形卡箍内，也可在焊接滚轮架上进行装焊作业。

2）焊接滚轮架的类型。

焊接滚轮架按结构形式可分为两类。

第一类是长轴式滚轮架。滚轮沿两平行轴排列，与驱动装置相连的一排为主动滚轮，另一排为从动滚轮（见图7.9.4-1），也有两排均为主动滚轮的，主要用于细长薄形焊件的组对与焊接。

第二类是组合式滚轮架（见图7.9.4-2），其主动滚轮架如图7.9.4-2（a）所示，从动滚轮架如图7.9.4-2（b）所示，混合式滚轮架如图7.9.4-2（c）所示，即在一个支架上有一个主动滚轮座和一个从动滚轮座，使用时可根据焊件的重量和长度进行任意组合，对焊件的适应性很强，是目前应用最广泛的结构形式。

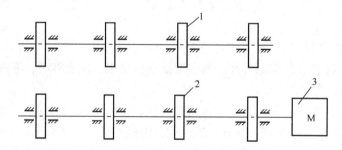

图7.9.4-1　长轴式焊接滚轮架

1—从动滚轮；2—主动滚轮；3—驱动滚轮

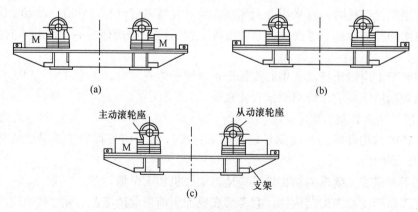

图7.9.4-2　组合式焊接滚轮架

（a）主动滚轮架；（b）从动滚轮架；（c）混合式滚轮架

为了焊接不同直径的焊件，焊接滚轮架的滚轮间距可调节。调节方式有两种：自调式和非自调式。自调式的可根据焊件的直径自动调整滚轮间距（图 7.9.4-3），非自调式的靠移动支架的滚轮座来调节滚轮间距（图 7.9.4-4）。

焊接滚轮架的滚轮结构主要有四种类型，其特点和适用范围见表 7.9.4-1。

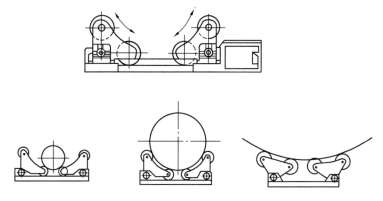

图 7.9.4-3　自调式焊接滚轮架

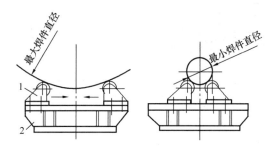

图 7.9.4-4　非自调式焊接滚轮架

滚轮结构的特点和使用范围 　　　　　　　　　表 7.9.4-1

类型	特　点	适用范围
钢轮	承载能力强，制造简单	一般用于重型焊接和需预热处理的焊件以及额定载重量大于 60t 的滚轮架
胶轮	钢轮外包橡胶、摩擦力大、传动平稳但橡胶易压坏	一般多用于 10t 以下的焊件和有色金属容器
组合轮	钢轮与橡胶相结合，承载能力比胶轮高、传动平稳	一般多用于 0~10t 的焊件
履带轮	大面积履带和焊件接触，有利于防止薄壁工件的变形，传动平稳但结构较复杂	用于轻型，薄壁大直径的焊件及有色金属容器

2. 焊件变位机的特点与要求。

1）焊件变位机械的功能及结构形式。

焊接变位机是在焊接作业中将焊件回转并倾斜，使焊件上的焊缝置于有利施焊位置的焊件变位机械。主要用于焊接件的翻转变位。焊接变位机按结构形式可分为以下三种。

（1）伸臂式焊接变位机。

如图 7.9.4-5 所示，其回转工作台绕回转轴旋转并安装在伸臂的一端，伸臂一般相对于一转轴成角度回转，而此转轴的位置多是固定的，但有的也可在小于 100° 的范围内上下倾斜，这两种运动都改变了工作台面回转轴的位置，从而使该变位机变位范围大，作业适应性好。但这种形式的变位机，整体稳定性较差。

该变位机多为电动机驱动，承载能力在0.5t以下，适用于小型焊件的翻转变位。也有液压驱动的，承载能力多在10t左右，适用于结构尺寸不大，但自重较大的焊件。伸臂式的焊接变位机在手工焊接中应用较多。

（2）座式焊接变位机。

如图7.9.4-6所示，其工作台连同回转机构通过倾斜轴支承在机座上，工作台依焊速回转，倾斜轴通过扇形齿轮或液压缸，多在110°～140°的范围内恒速或变速倾斜。该机稳定性好，一般不用固定在地基上，搬移方便，适用于0.5～50t焊件的翻转变件。是目前产量最大、规格最全、应用最广的结构形式。常与伸臂式焊接操作机或弧焊机器人配合使用。

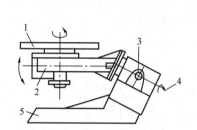

图7.9.4-5　伸臂式焊接变位机
1—回转工作台；2—伸臂；3—倾斜轴；
4—转轴；5—机座

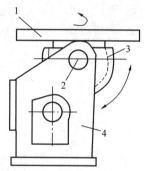

图7.9.4-6　座式焊接变位机
1—回转工作台；2—倾斜轴；
3—扇形齿轮；4—机座

（3）双座式焊接变位机。

如图7.9.4-7所示，托架座在两侧的机座上，多以恒速或所需的焊接速度绕水平轴线转动。该机稳定性好，托架倾斜驱动力矩小。重型焊接变位机一般采用这种结构。

双座式焊接变位机适用于50t以上大尺寸焊件的翻转变位。在焊接作业中，常与大型门式焊接操作机或伸臂式焊接操作机配合使用。

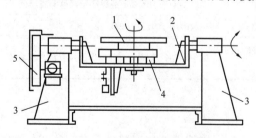

图7.9.4-7　双座式焊接变位机
1—工作台；2—托架；3—机座；4—回转机构；
5—倾斜机构

2）驱动系统。

焊接变位机工作台的回转运动，多采用直流电动机驱动，无级变速或液压马达驱动的全液压变位机。工作台的倾斜运动有两种驱动方式，一种是电动机经减速器减速后，通过扇形齿轮带动工作台倾斜；另一种是采用液缸直接推动工作台倾斜（图7.9.4-8）。在小型变位机上以电动机驱动为多，工作台的倾斜速度多是恒定的，但对应用于空间曲线焊接及空间曲面堆焊的变位机，则是无级调速的。工作台的升降运动，一般采用液压驱动，通过柱塞式或活塞式液压缸驱动。

在电动机驱动的工作台回转、倾斜系统中，常设有一级蜗杆传动，使其具有自锁功能。有的为了精确到位，还设有制动装置。在变位机回转系统中，当工作台在倾斜位置以及焊件重心偏离工作台回转中心时，工作台在转动过程中，重心形成的力矩在数值和性质上是周期变化的（图7.9.4-9），为了避免因齿侧间隙的存在导致力矩性质改变时产生冲击，产生焊接缺陷，在用于堆焊或重要焊缝施焊的大型变位机上，设置了抗齿隙机构或装置。另外，一些供弧焊机器人使用的变位机，为了减少倾斜和回转系统的传动误差，保证焊缝的位置精度，也设置了抗齿隙机构或装置。

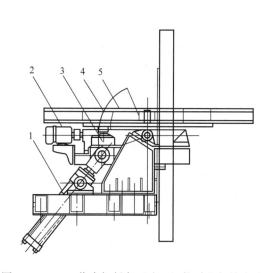

图7.9.4-8　工作台倾斜条用液压缸推动的焊接变位机
1—液压缸；2—电动机；3—减速器；
4—齿轮副；5—工作台

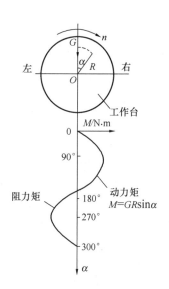

图7.9.4-9　工作台回转力矩的周期变化
G—综合回转重心；α—转角；O—工作台回转
中心；n—转速

在重型座式和双座式焊接变位机中，常采用双扇形齿轮的倾斜机构，扇形齿轮或用一个单独的电动机驱动，或用各自的电动机分别驱动。在分别驱动时，电动机之间设有转速联控装置，以保证转速的同步。

3. 焊接翻转机械。

焊接翻转机是将焊件绕水平轴转动或倾斜，使之处于有利装焊位置的焊件变位设备。焊接翻转机种类较多，常见的有框架式、头尾架式、链式、环式、推举式等翻转机（图7.9.4-10），其使用场合见表7.9.4-2。

常用焊接翻转机的基本特征及使用场合

表7.9.4-2

形式	变位速度	驱动方式	使用场合
框架式	恒定	机电或液压（旋转油缸）	板结构、桁架结构等较长焊件的倾斜变位。工作台上也可进行装配作业
头尾架式	可调	机电	轴类及筒形、椭圆形焊件的环焊缝以及表面堆焊时的旋转变位
链式	恒定	机电	已装配定点，且自身刚度很强的梁柱型构件的翻转变位

续表

形式	变位速度	驱动方式	使用场合
环式	恒定	机电	已装配定点，且自身刚度很强的梁柱型构件的转动变位，多用于大型构件的组对与焊接
推举式	恒定	液压	小车架、机座等非长形板结构、桁架结构焊件的倾斜变位。装配和焊接作业可在同一工作台上进行

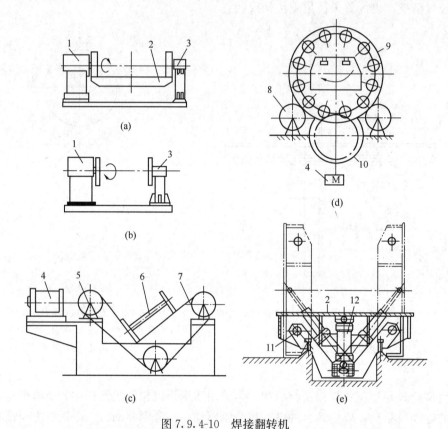

图 7.9.4-10　焊接翻转机

（a）框架式；（b）头尾架式；（c）链条式；（d）转环式；（e）推拉式

1—头架；2—翻转工作台；3—尾架；4—驱动装置；5—主动链轮；6—工件；7—链条；

8—托轮；9—支承环；10—钝齿轮；11—推拉式轴销；12—举升液压缸

　　头尾架式翻转机，其头架可单独使用（图 7.9.4-11），在其头部安装上工作台及相应夹具后，可用于短小焊件的翻转变位。如果将翻转机尾架做成移动式的（图 7.9.4-12），可以适应不同长度焊件的翻转变位。对应用在大型构件上的翻转机，其翻转工作台常做成升降式的，见图 7.9.4-12（b）。

　　国内已有厂家生产头尾架式的翻转机，并成系列，其技术数据见表 7.9.4-3。

　　配合焊接机器人使用的框架式、头尾架式翻转机，都是点位控制式，控制点数根据使用要求确定，但多为 2 点（每隔 180°）、4 点（每隔 90°）、8 点（每隔 45°）控制，翻转速度以恒速为多，但也有变速的，翻转机与机器人联机按程序动作，载重量多为 3000kg 以上。这种设备国内外均有生产。

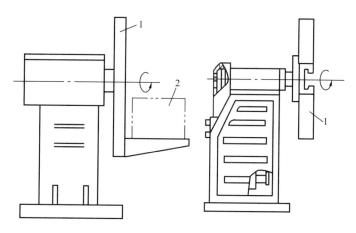

图 7.9.4-11 头架单独使用的翻转机

1—工作台；2—焊件

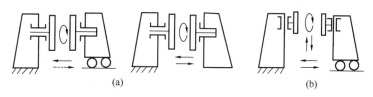

图 7.9.4-12 尾架移动式的翻转机

（a）工作台高度固定；（b）工作台高度可调

国产头尾架式焊接翻转机技术数据 表 7.9.4-3

参数	规格	FZ-2	FZ-4	FZ-6	FZ-10	FZ-16	FZ-20	FZ-30	FZ-50	FZ-100
载重量	kg	2000	4000	6000	1000	16000	20000	30000	50000	100000
工作台转速	r/min	0.1~1.0	0.1~1.0	0.15~1.5	0.1~1.0	0.06~0.6	0.05~5			
回转扭矩	N·m	3450	6210	8280	1380	22080	27600	46000		
允许电流	A	1500	1500	2000			3000			
工作台尺寸	mm	800×800		1200×1200		1500×1500			2500×2500	
中心高度	mm	705	705	915	915	1270			1830	
电机功率	kW	0.6	1.5	2.2	3			5.5	7.5	
自重（头架）	kg	1000	1300	3500	3800	4200	4500	6500	7500	20000
自重（尾架）	kg	900	1100	3450	3750	3950	3950	6300	6900	17000

4. 焊接回转台。

焊接回转台是将焊件绕垂直或倾斜轴回转的焊件变位设备，主要用于回转焊件的焊接、堆焊与切割。图 7.9.4-13 所示为几种常用回转台的具体结构形式。

焊接回转台多采用直流电机驱动，工作台转速均匀可调。对于大型绕垂直轴旋转的焊接回转台，在其工作台面下方均设有支承滚轮，工作台面上也可进行装配作业。有的工作台是中空的，以适应管材与接盘的焊接（图 7.9.4-14）。

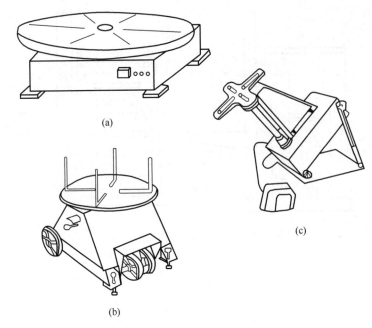

图 7.9.4-13　几种常用的焊接回转台

（a）固定式回转台；（b）移动式回转台；（c）倾角可调式回转台

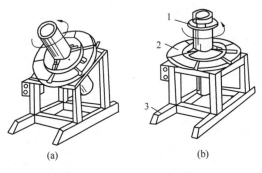

图 7.9.4-14　中空式回转台

（a）工作台倾斜；（b）工作台水平

1—焊件；2—回转台；3—支架

5. 焊接操作机。

焊接操作机能将焊接机头（焊枪）准确送到待焊位置，并保持在该位置或以选定焊速沿设定轨迹移动。焊接操作机主要用于埋弧自动焊、电渣焊等自动焊接的操作。

焊接操作机的结构形式很多，使用范围很广，常与焊件变位机械相配合，完成各种焊接作业。若更换作业机关，还能进行其他的相应作业。

焊接操作机主要结构形式及使用场合。

（1）平台式操作机。

焊件放置在平台上，可在平台上移动，平台安装在立架上，能沿立架升降，立架坐落在台车上，可沿轨道运行。这种操作机的作业范围大，主要应用于外环缝和外纵缝的焊接（图 7.9.4-15）。平台式焊接操作机又分为单轨台车式和双轨台车式两种。单轨台车式的操作机实际上还有一条轨道，不过该轨道一般设置在车间的立柱上，当车间桥式起重机移动时，往往引起平台振动，从而影响焊接过程的正常进行。平台式操作机的机动性、使用范围和用途，均不如伸缩式焊接操作机，在国内应用已逐年减少。

（2）伸缩臂式操作机。

焊接小车或焊接机头和焊枪安装在伸缩的一端，伸缩臂通过滑鞍安装在立柱上，并可

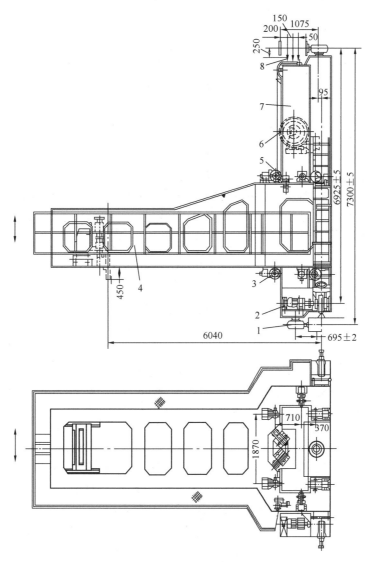

图 7.9.4-15 平台式操作机

1—水平轮导向装置；2—台车驱动机构；3—垂直导向轮装置；4—工作平台；

5—起重绞呈；6—平台升降机构；7—立架；8—集电器

沿滑鞍左右伸缩。滑鞍安装在立柱上，可沿立柱升降。立柱有的直接固接在底座，有的虽然安装在底座上，但可回转，有的则通过底座，安装在可沿轨道行驶的台车上。这种操作机的机动性好，作业范围大，与各种焊接件变位机构配合，可进行回转体焊件的内外环缝、内外纵缝、螺旋焊缝以及回转体焊件内外表面的堆焊，还可进行构件上的横、斜等空间线性焊缝的焊接，是国内外应用最广的一种焊接操作机。此外，若在其伸缩臂前端安上相应的作业机头，还可进行磨修、切割、喷漆、控伤等作业，用途很广泛（图 7.9.4-16）。

为了扩大焊接机器人的作业空间，将焊接机器人安装在重型操作机伸缩臂的前端，用来焊接大型构件。另外，伸缩臂操作机的进一步发展，就成了直角坐标式的工业机器人，它在运动精度、自动化程度等方面比前者具有更优良的性能。

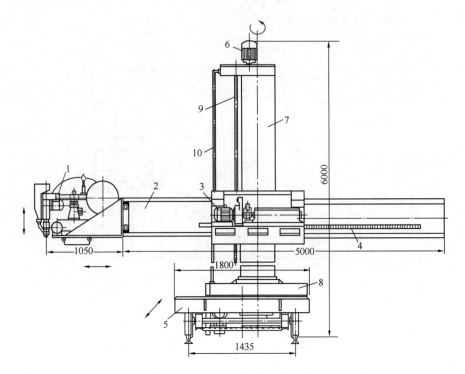

图 7.9.4-16　伸缩臂式焊接操作机

1—焊接小车；2—伸缩臂；3—滑鞍和伸缩进给机构；4—传动齿条；5—行走台车；6—伸缩臂升降机构；
7—立柱；8—底座及立柱回转机构；9—传动丝柱；10—扶梯

（3）门式操作机。

这种操作机有两种结构，一种是焊接小车坐落在沿门架可升降的工作平台上，并可沿平台上轨道横向移行（图 7.9.4-17）；另一种是焊接机头安装在一套升降装置上，该装置又坐落在可沿横梁轨道移行的跑车上。这两种操作机的门架，一般都横跨车间，并沿轨道纵向移动。其工作覆盖面很大，主要用于板材的大面积拼接和筒体外环缝、外纵缝的焊接。

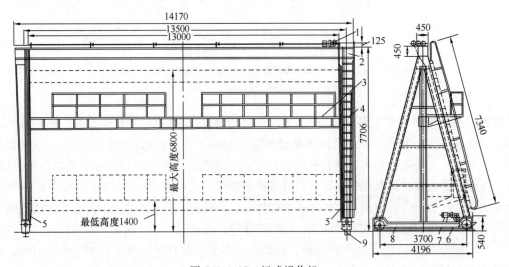

图 7.9.4-17　门式操作机

1—平台升降机构；2—门架；3—工作平台；4—扶梯；5—限位器；6—台车驱动机构；7—电动机；
8—行走台车；9—轨道

有的门式操作机，安装有多个焊接机头，可同时焊接多道相同的直线焊缝，用于板材的大面积拼接或多条立筋的组焊，效率很高。

（4）桥式操作机。

这种操作机与门式操作机的区别是门架高度很低，有的甚至去掉了两端的支腿，貌似桥式起重机。主要用于板材与肋板的 T 形焊接，在造船厂应用较多。

（5）台式操作机。

这种操作机与伸缩臂式操作机的区别是没有立柱，伸缩臂通过鞍座安装在底座或行走台车上。伸缩臂的前端安装有焊枪或焊接机头，能以焊接速度伸缩。多用于小径筒体内环缝和内纵缝的焊接。

参考文献

[1] 金属材料焊缝的破坏性试验 焊件的冷裂纹试验 弧焊方法 第 2 部分：自拘束试验：GB/T 32260.2—2015 [S]. 北京：中国标准出版社，2015.

[2] 金属材料焊缝的破坏性试验 焊件的冷裂纹试验 弧焊方法 第 3 部分：外载荷试验：GB/T 32260.3—2015 [S]. 北京：中国标准出版社，2015.

[3] 钢结构焊接规范：GB 50661—2011 [S]. 北京：中国建筑工业出版社，2011.

[4] 焊缝符号表示法：GB/T 324—2008 [S]. 北京：中国标准出版社，2008.

[5] 焊接及相关工艺方法代号：GB/T 5185—2005 [S]. 北京：中国标准出版社，2005.

[6] 非合金钢及细晶粒钢焊条：GB/T 5117—2012 [S]. 北京：中国标准出版社，2012.

[7] 熔化极气体保护焊用非合金及细晶粒钢实心焊丝：GB/T 8110—2020 [S]. 北京：中国标准出版社，2020.

[8] 埋弧焊用非合金钢及细晶粒钢实心焊丝、药芯焊丝和焊丝-焊剂组合分类要求：GB/T 5293—2018 [S]. 北京：中国标准出版社，2018.

[9] 焊接材料质量管理规程：JB/T 3223—2017 [S]. 北京：机械工业出版社，2017.

[10] 钢的低倍组织及缺陷酸蚀检验法：GB 226—2015 [S]. 北京：中国标准出版社，2015.

[11] 焊接接头冲击试验方法：GB/T 2650—2008 [S]. 北京：中国标准出版社，2008.

[12] 焊接接头拉伸试验方法：GB/T 2651—2008 [S]. 北京：中国标准出版社，2008.

[13] 焊接接头弯曲试验方法：GB/T 2653—2008 [S]. 北京：中国标准出版社，2008.

[14] 焊接接头硬度试验方法：GB/T 2654—2008 [S]. 北京：中国标准出版社，2008.

[15] 焊缝无损检测 射线检测 第 1 部分：X 和伽马射线的胶片计算：GB/T 3323.1—2019 [S]. 北京：中国标准出版社，2019.

[16] 焊缝无损检测 射线检测验收等级 第 1 部分：钢、镍、钛及其合金：GB/T 37910.1—2019 [S]. 北京：中国标准出版社，2019.

[17] 钢结构焊工计算资格考试认定标准：T/SMCA 2001—2020 [S]. 上海：同济大学出版社，2021.

第8章 焊 接 工 艺

8.1 焊接工艺通用要求

8.1.1 焊接连接是工业建筑和民用建筑钢结构采用的主要连接方式之一，钢结构的运行安全直接影响着人民的正常工作生活秩序，因此，钢结构的焊接生产必须遵循相应的法规和标准，制定合理正确的焊接施工工艺规程，确保产品的焊接质量和可靠性。本节说明焊条电弧焊、气保护焊、埋弧自动焊、电渣焊等焊接方法的通用工艺要求。

8.1.2 基本结构和焊接接头形式。

1. 建筑钢结构造型千变万化，但其基本结构单元主要有梁、柱和桁架等。在钢结构零件、部件、构件和整体结构制作中，可采用的接头形式主要有以下几种。

1) 对接接头；

2) 搭接接头；

3) T形接头；

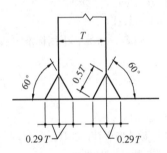

图 8.1.1-1 与全熔透坡口焊缝等强的部分熔透坡口焊缝

4) 角接接头；

5) 槽焊和塞焊接头；

6) 电阻点焊；

7) 电渣焊接头。

2. 对于角焊缝，可依据下列原则进行接头形式设计。

1) 在角部节点中，一般不需要完全熔透的坡口焊缝，因为这些位置的焊缝多垂直受剪。必要时可以部分熔透坡口焊缝来代替。如图 8.1.1-1 所示的部分熔透坡口焊缝可达到完全熔透坡口焊缝的强度。

2) 角焊缝是最经济的焊缝。通常当焊脚尺寸小于15mm，甚至可扩至 25mm 时，一般都可以采取角焊缝，当需要更大的焊脚尺寸时，则采用部分熔透坡口＋角焊缝组合为宜。

8.1.3 焊材选择的主要原则。

1. 不同强度母材的接头，可按较低强度母材来选用焊接材料。

2. 可以选用低强匹配焊接降低预热温度、防止根部裂纹。

3. 除承受垂直于有效面积的拉力和用于疲劳结构的 T 形、Y 形或 K 形节点的接头全焊透焊缝必须使用与母材相匹配的焊接材料外，一般情况下，诸如各种联系焊缝、角焊缝、塞焊缝和槽焊缝等可用低匹配的填充金属，特别适于构件拘束度较大、强度级别较高母材的根焊缝等。

8.1.4 施焊条件。

1. 同强度母材的接头，焊接工艺必须按强度要求较高的材料实施。

2. 施焊前，应复查组装质量和焊接区域的清理情况，若不符合技术要求，应修整合格后方能施焊。

3. 施工前，应了解焊接技术责任人员根据产品生产工序编制的焊接工艺文件，并确认工艺文件规定的内容与实际施工准备条件一致。

4. 施焊环境应符合以下要求。

1）焊接作业区风速，当手工电弧焊超过 8m/s、气体保护电弧焊及药芯焊丝电弧焊超过 2m/s 时，应设防风棚或采取其他防风措施。制作车间内焊接作业区有穿堂风或鼓风机时，也应按以上规定设挡风装置；

2）焊接作业区的相对湿度不得大于 90%；

3）当焊件表面潮湿或有冰雪覆盖时，应采取加热去湿除潮措施；

4）焊接作业区环境温度低于 0℃ 时，应将构件焊接区各方向大于或等于 2 倍钢板厚度且不小于 100mm 范围内的母材，加热到 20℃ 以上后方可施焊，且在焊接过程中均不应低于这一温度。

8.1.5　引弧板与引出板要求。

1. 引弧板与引出板的设置应符合下列要求。

1）T 形接头、十字形接头、角接接头和对接接头主焊缝两端，必须配置引弧板和引出板，其材质应和被焊母材相同，坡口形式应与被焊焊缝相同，禁止使用其他材质的材料充当引弧板和引出板。

2）手工电弧焊和气体保护电弧焊焊缝引出长度应大于 25mm。其引弧板和引出板宽度应大于 50mm，长度宜为板厚的 1.5 倍且不小于 30mm，厚度应不小于 6mm。

非手工电弧焊焊缝引出长度应大于 80mm，其引弧板和引出板宽度应大于 80mm，长度宜为板厚的 2 倍且不小于 100mm，厚度应不小于 10mm。

3）焊接完成后，应用火焰切割去除引弧板和引出板，并修磨平整，不得用锤击落引弧板和引出板。

2. 引弧与熄弧的焊接操作应符合下列要求。

1）不应在焊缝区以外的母材上打火引弧。在坡口内引弧的局部面积应熔焊并与正面焊缝相交一次，不得留下弧坑。

2）严禁在承受动载荷且需经疲劳验算构件焊缝以外的母材上打火引弧或装焊拘束板、刚性固件及夹具。

3）对接和 T 形接头的焊缝引弧和熄弧，应在焊件两端的引入板和引出板开始和终止。引弧和熄弧点距焊缝端部应大于 10mm，弧坑应填满。当采用包角焊时，注意不得在焊缝转角处引弧和熄弧。

4）引弧处不应产生熔合不良和夹渣，熄弧处和焊缝终端为了防止裂纹应充分填满坑口，表 8.1.5-1 是手工电弧焊焊缝连接的几种情况及引弧和熄弧的注意事项。

焊缝连接处的引弧和熄弧 表 8.1.5-1

序号	焊缝连接方式	示意图	引弧和熄弧注意事项
1	后焊缝的引弧处与前焊缝的熄弧处相连接	头 $\xrightarrow{1}$ 尾　头 $\xrightarrow{2}$ 尾	1. 后焊缝的引弧应在前焊缝的弧坑前（约 10mm 处），电弧应比正常焊接时略长些； 2. 电弧的中断时间越短越好

续表

序号	焊缝连接方式	示意图	引弧和熄弧注意事项
2	后焊缝的引弧与前焊缝的引弧处相连接	尾 ←1 头　头 2→ 尾	1. 前焊缝的引弧处要略低些； 2. 在前焊缝的引弧处前一些引弧，并稍微拉长电弧，将电弧移向前焊缝引弧端，焊平后再向焊接方向移动
3	后焊缝的熄弧与前焊缝的熄弧处相连接	头 1→ 尾　尾 ←2 头	后焊缝焊到前焊缝的接尾处时，焊速应略慢些，填满前焊缝的弧坑后，再以较快的速度向前焊一些再熄弧
4	后焊缝的熄弧与前焊缝的引弧处相连接	头 2→ 尾　头 1→ 尾	前焊缝的引弧处焊缝增高量应略低些，当焊到与前焊缝引弧处时，焊速应略慢些，填平焊缝补齐增高后，以较快速度向前焊一些，再熄弧

8.1.6　背面清根要求。

1. 在电弧焊接过程中，当接头有全熔透要求时，对于 V 形、单边 V 形、X 形、K 形坡口的对接和 T 形接头，背面的第一层焊缝施焊前为了防止未焊透、夹渣等缺陷产生，一般采用背面清根。

2. 背面清根常用的方法是碳弧气刨，这种方法以镀铜的碳棒作为电极，采用直流或交流电弧焊机作为电源发生电弧，由电弧把金属熔化，从碳刨夹具孔中喷出压缩空气，吹去熔渣而刨成槽子。

3. 背面清根时，应在彻底清理出无缺陷的焊缝金属后方可施焊。碳弧气刨清根所形成的凹槽应有一定的宽度，不宜太深，以免产生凝固裂纹。如图 8.1.6-1 所示背面清根形状的好坏，对于以后的焊接影响很大，必须注意加强清根后的检查。

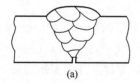 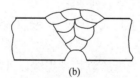 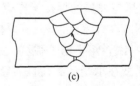

(a)　　　　　　　　　　(b)　　　　　　　　　　(c)

图 8.1.6-1　背面清根情况

(a) 无衬板的对接，坡口侧先焊；(b) 良好的反面清根形状；

(c) 不好的反面清根形状，缺陷不易除去，不易焊透

4. 用碳弧气刨进行背面清根时，碳棒电极的保持角度，一般以 45°为宜。角度应根据手把的结构和压缩空气的压力选择。角度过大，成槽的形状窄而深，熔化金属不易吹去，易残留在槽的底部；角度过小，成槽形状浅，缺陷不易清除。

5. 对于埋弧自动焊或深熔化的气保护焊的全熔透焊接接头，其背面碳刨不必清根，但背面第一道焊接电流应足以保证焊接熔深。

6. 对 Q390、Q420、Q460 及各种调质钢，在碳弧气刨后，均宜用砂轮打磨刨槽表面，去除淬硬层。

8.1.7　焊接顺序制定原则。

1. 对接接头、T形接头和十字接头坡口焊接，在工件放置条件允许或易于翻身的情况下，宜采用双面坡口对称顺序焊接；有对称截面的构件，宜采用对称于构件中和轴的顺序焊接。

2. 对双面非对称坡口焊接，宜采用先焊深坡口侧部分焊缝、后焊浅坡口侧、最后焊完深坡口侧焊缝的顺序。

3. 对长焊缝，宜采用分段退焊法或与多人对称焊接法同时运用。

4. 宜采用跳焊法，避免工件局部加热集中。

5. 在节点形式、焊缝布置、焊接顺序确定的情况下，宜采用熔化极气体保护电弧焊或药芯焊丝气保护电弧焊等能量密度相对较高的焊接方法，并采用较小的热输入。

6. 宜采用反变形法控制角变形。

7. 对一般构件可用定位焊固定，同时限制变形；对大型、厚板构件，宜用刚性固定法增加结构焊接时的刚性。

8. 对于大型结构，宜采取分部组装焊接、分别矫正变形后，再进行总装焊接或连接的施工方法。

9. 平行焊缝，应尽可能地沿同一焊接方向同时进行焊接。

10. 对于大型复杂结构，应采取从结构中心向外扩散的方法进行焊接。

8.1.8　多层焊要求。

1. 厚板多层焊时，应连续施焊，每一焊道焊接完成后，应及时清理焊渣及表面飞溅物，发现影响焊接质量的缺陷时，应清除后方可再焊。在连续焊接过程中，应控制焊接区母材温度，使层间温度的上、下限符合工艺文件要求。遇有中断施焊的情况，应采取适当的后热、保温措施，再次焊接时，重新预热温度应高于初始预热温度。

2. 坡口底层焊道采用焊条手工电弧焊时，宜使用不大于 ϕ4mm 的焊条施焊，底层根部焊道的最小尺寸应适宜，但最大厚度不应超过 6mm。

3. 重要结构的多层焊，必须采用多层多道焊，不允许通过焊条过宽的摆动形成单层宽焊道。

4. 焊接施工中的工艺要求应严格按照产品制作的焊接工艺规程和技术条件执行。

8.1.9　其他焊接方法工艺要求。

1. 栓钉焊施焊环境温度低于0℃时，打弯试验的数量应增加1%；当焊钉采用手工电弧焊和气体保护电弧焊焊接时，其预热温度应符合相应工艺的要求。

2. 塞焊和槽焊可采用手工电弧焊、气体保护电弧焊。平焊时，应分层熔敷焊缝，每层熔渣冷却凝固后，必须清除方可重新焊接；立焊和仰焊时，每道焊缝焊完后，应待熔渣冷却并清除后方可施焊后续焊道。

3. 电渣焊和气电立焊，不得用于焊接调质钢。

8.1.10　焊后清理与自检要求。

1. 焊接结束后，焊缝及其两侧必须彻底清除焊渣、飞溅和焊瘤等。

2. 检查焊缝表面质量，对于不符合工艺文件规定的焊缝，焊工应自行修补和打磨。

3. 焊后发现焊缝出现裂纹时，焊工不得擅自处理，应上报焊接技术人员或管理人员。

8.2　不同施焊位置及操作工艺

8.2.1　施焊位置分类。

根据现行国家标准《焊缝　工作位置　倾角和转角的定义》GB/T 16672—1996 的定义，对接焊缝和角焊缝的主要位置分类见图 8.2.1-1。

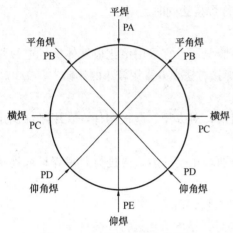

图 8.2.1-1　焊接位置分类简图

8.2.2　平焊特点与要求。

在平焊位置上进行焊接是焊接施工最理想的位置，采用平焊位置焊接时，熔滴靠自重过渡，操作技术容易掌握，生产率高。因此，在焊接施工时，应尽可能利用胎架或翻身工具使焊件处于平焊位置进行焊接，图 8.2.2-1 是平焊的示例。

8.2.3　船形位置焊接特点。

如图 8.2.3-1 所示，船形焊接不容易产生咬边、下垂等缺陷，操作方便，焊缝成形好。一般对角焊缝要求成凹形时，常采用船形焊接姿势施焊。

8.2.4　横焊特点与要求。

横向焊接时，熔化金属由于重力作用容易下淌，而使上侧产生咬边，下侧产生焊瘤以及未焊透等缺陷。因此，横向焊接时宜采用小直径焊条、适当的电流和短弧焊接，并配合适当的焊条角度和运条方法，如图 8.2.4-1 所示。

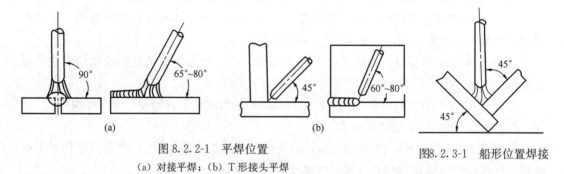

图 8.2.2-1　平焊位置

（a）对接平焊；（b）T 形接头平焊

图8.2.3-1　船形位置焊接

8.2.5　立焊特点与要求。

立焊时，熔化金属由于重力作用容易下淌，而使焊缝成型困难，易产生焊瘤、咬边、夹渣及焊缝成型不良等缺陷。立焊时，为了避免产生这些缺陷，提高焊接质量，往往采用较细直径的焊条（4mm 以下）和较小的电流（比平时小 15%～20%），并采用短弧焊接，同时配合正确焊条角度及运条方法，如图 8.2.5-1 所示。

8.2.6　仰焊特点与要求。

仰焊焊接必须保持最短的弧长，宜选用不超过 4mm 直径的焊条，焊接电流一般应比

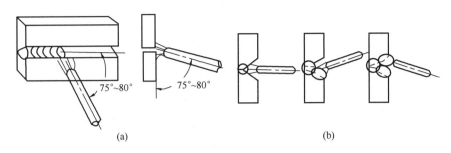

图 8.2.4-1　横焊

（a）不开坡口对接横焊；（b）对接横焊各层焊道的情况

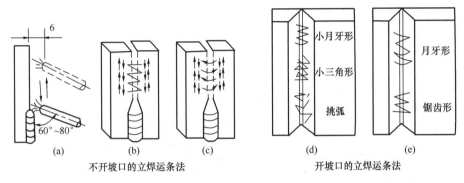

图 8.2.5-1　立焊

（a）直线形；（b）锯齿形；（c）月牙形；（d）底层焊接；（e）外层焊接

平焊时小些，比立焊时大些。如图 8.2.6-1 所示，在焊接过程中，除了保持正确的焊条角度，还应比较均匀地运条。间隙小的焊缝可采用直线型运条，间隙大时用往复直线运条方法。

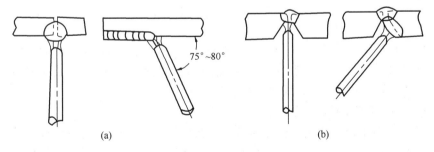

图 8.2.6-1　仰焊

（a）不开坡口对接仰焊；（b）开坡口对接仰焊

8.2.7　全位置焊特点与要求。

钢管的焊接位置比钢板复杂，根据钢管的位置和是否可转动可分为平焊（转动）、横焊、全位置焊接等，见图 8.2.7-1，具体焊接时应根据不同的位置要求选择相应的焊接工艺参数。

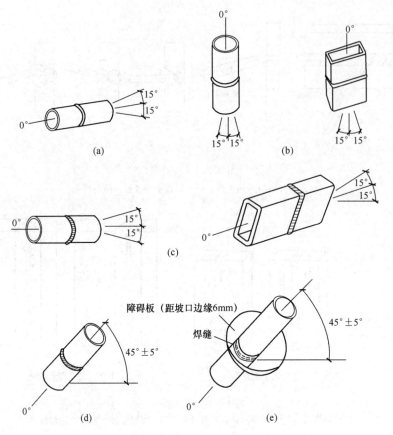

图 8.2.7-1　钢管焊接位置

(a) 平焊（转动）；(b) 横焊　(c) 对接全位置焊；(d) 固定 45°全位置焊；

(e) 带障碍的固定 45°全位置焊

8.3　特殊焊接工艺

8.3.1　建筑钢结构焊接施工由于涉及材料类型多，结构多样化，因此，焊接施工过程中除了遵循通用焊接工艺准则外，必须注意针对产品特点，根据母材焊接特性，应采取专项焊接工艺措施，实现钢结构焊接质量满足使用要求。

8.3.2　焊接线能量控制要求。

1. 对所有的钢来说，焊接过程必须避免过快的冷却，以防产生硬而脆的马氏体组织进而可能产生的裂纹。

2. 对高强钢、调质钢来说，应限制其最大的焊接线能量。避免太慢的冷却，以防止热影响区出现低塑性组织。调质高强钢通过淬火和回火处理所获得的优越断裂韧性值，经焊接后会有所降低，须引起注意。对一般的调质钢，板厚在 12mm 以下，最大线能量最好限制在 18kJ/cm，板厚达 25mm 时，则最大线能量应控制在 22kJ/cm。

3. 在保证焊接接头韧性的前提下，应适当加大焊接热输入，增加冷却时间，减少热影响区的淬硬倾向，有利于焊缝中扩散氢的逸出，防止冷裂产生。

4. 各种焊接材料的线能量控制，应不超过焊材制造商推荐的上限值，以免降低接头焊缝的韧性。

8.3.3　合理焊接工艺实施要求。

1. 不同强度母材的接头，焊接工艺必须按强度要求较高的材料制定。

2. 使用大直径焊条对降低第一层焊缝金属中的反作用应力有利，特别是在焊接高拘束接头时，第一道焊缝金属经常处在高值反作用应力的作用下，因而容易引起开裂。使用大直径焊条收缩量会稍有增加，但由于焊缝金属数量显著增加，因此，其所受的反作用应力较低。

3. 对周期性荷载结构中的受拉构件或区域，严禁设置临时焊缝。

4. 厚板埋弧焊接，每一焊道的焊缝金属截面，无论是深度还是宽度，均不应超过焊缝表面的宽度（图 8.3.3-1）。

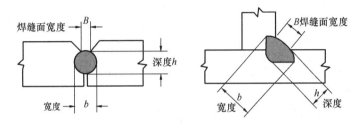

图 8.3.3-1　焊缝截面的宽度和高度

B—焊缝表面宽度；h—焊缝深度；b—焊缝截面上最大宽度

5. 管子 T 形接头，若沿整个圆周连续地熔敷焊层，则在侧部 B 点，将会有较大的拉伸应力，易产生层状撕裂，若先焊侧部 B 处的 1/4 圆周，然后再焊 A、C 部分，使 B 点受压应力，可避免层状撕裂产生（图 8.3.3-2）。

6. 埋弧焊道的成形，应是略微的凸起状，以防纵向裂纹，而且最好能错层分道焊接，易于清渣，如图 8.3.3-3 所示。

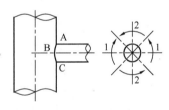

图 8.3.3-2　管子 T 形接头的焊接顺序

7. 柱梁接头中，腹板采用高强度螺栓连接、翼缘板采用焊接的接头，原则上先进行高强度螺栓连接，然后进行焊接。但当梁过高或梁翼缘板过厚时，若仍采用习惯方法，可能在翼缘板焊缝产生裂纹。此时，应考虑高强度螺栓预拧后即焊接、然后进行高强度螺栓终拧的方式。

8. 对于厚板大构件，为了减少焊接变形，通常采取以下防变形措施。

1）给所焊接头以附加拘束度，并在稍后一段时间释放；

2）变更焊接接头中的热源，例如不同的焊接方法，采用强迫冷却等方式。

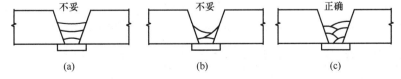

图 8.3.3-3　埋弧焊道的堆焊要求

（a）焊道太宽又呈凹形，不便清渣；（b）焊道太高又呈凹形；（c）略微凸起又是错层分道焊，易于清渣

8.3.4 防止层状撕裂工艺要求。

T 形接头、十字接头、角接接头焊接时，宜采用以下防止板材层状撕裂的焊接工艺措施。

1. 采用双面坡口对称焊接代替单面坡口非对称焊接；

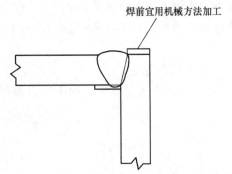

焊前宜用机械方法加工

图 8.3.4-1 厚板角接接头防止层状撕裂的
工艺措施示意

2. 采用低强度焊条在坡口内母材板面上先堆焊塑性过渡层；

3. 低合金高强钢材箱形柱角接接头当板厚大于等于 80mm 时，板边火焰切割面宜用机械方法去除淬硬层（图 8.3.4-1）；

4. 采用低氢型、超低氢型焊条或气体保护电弧焊施焊；

5. 适当提高预热温度施焊。

8.3.5 厚板焊接工艺要求。

1. 厚板构件定位焊长度宜为 60～100mm，间距约 400mm，焊缝两端各 100～150mm 范围内不宜定位焊。焊接预热温度应高出该材料施焊预热温度 20℃以上。

2. 对于厚板、特别是强度级别高的低合金高强度钢板，当厚度达 100mm 时，要防止产生根部裂纹，在焊接过程中，最好进行一次中间热处理，否则可能因变形引起的变形裂纹，用一般的预热不能防止。施焊时，应特别注意焊趾处不得有咬口和焊瘤，先焊侧应有一定的厚度而且要给予一定的拘束。

3. 厚板施焊的层间温度控制是保证接头性能的重要工艺措施之一，过低的层间温度，易出现接头脆化和产生焊接裂纹，而过高的层间温度会使晶粒粗大，降低接头韧性，同时恶化劳动条件。层间温度一般不超过 230℃。

4. 对大厚度板材要控制变形，必要时增加翻转次数以减少变形。重要工件还须增加中间消除应力处理。

5. 对某些特殊部位的大厚度焊接，要采取特殊的焊接工艺，如"预热堆焊""锤击焊缝"或其他方法，将母材厚度方向的收缩、应变减少至最低程度。

8.3.6 后热要求。

1. 后热，也称焊后消氢处理，可以使焊缝中的扩散氢逸出，也能细化热影响区的焊缝组织，并能在一定程度上降低预热温度或代替某些重大焊件的中间热处理。

2. 后热应在焊缝结束后立即进行［即须在热影响区冷却到产生冷裂纹的上限温度之前（一般为 100℃左右）迅速加热］。

3. 一般情况下后热处理规范为：加热温度为 200～350℃，保温时间与焊缝厚度有关，一般不少于 0.5h，常见的为 2h。保温时间也可参照回火最短保温时间的规定：当焊缝厚度 $\delta \leqslant 50$mm 时，为 $\frac{\delta}{25}$h，但最短时间不小于 $\frac{1}{4}$h；当焊缝厚度 $\delta > 50$mm 时，为 $\left(2 + \frac{1}{4} \times \frac{\delta - 50}{25}\right)$h。

4. 对强度级别高、调质钢等有温度控制要求的材料，最低后热温度为

$$T_{PC} = 455.5CE_P - 114 \qquad (8.3.6\text{-}1)$$

式中 T_{PC}——后热温度（℃）；

CE_P——确定后热下限温度的碳当量（%）；

$$CE_P = \omega(C) + 0.2033\omega(Mn) + 0.0473\omega(Cr) + 0.1288\omega(Mo) + 0.0292\omega(Ni)$$
$$- 0.0792\omega(Si) + 0.0359\omega(Cu) - 1.595\omega(P) + 1.692\omega(S) + 0.844\omega(V);$$

$\omega(\ )$——某元素化学成分的质量数。

5. 避免冷裂纹的后热温度及时间如图 8.3.6-1 所示，后热温度越高，所需后热时间就越短。

8.3.7 焊后消应力处理要求。

焊后消应力处理主要有焊后热处理、振动消应力和锤击消应力等方法。设计文件对焊后消除应力有要求时，根据构件的尺寸，可采用加热炉整体退火或电加热器局部退火方法消除焊件应力。仅为稳定结构尺寸时，可采用振动法消除应力；工地安装焊缝宜采用锤击法消除应力。不同方法的特点与要求如下。

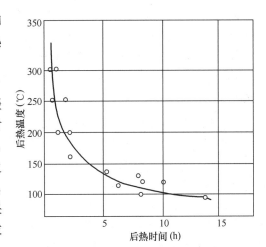

图 8.3.6-1 避免冷裂纹的温度及时间
（焊前预热 130℃）

1. 焊后热处理。整体构件的焊后热处理，应按图样或技术条件的要求进行，其工艺参数应符合以下规定。

1）焊件装炉温度不应超过 315℃。

2）焊件在炉内加热的速度不应大于 220℃/h。

3）加热过程中，加热部件各部位的温差在 5m 范围内不得大于 140℃。

4）调质钢的最高加热温度为 600℃，其他钢种的最高加热温度为 650℃。最短保温时间按构件的最大厚度而定：

（1）厚度≤6mm，保温时间为 15min；

（2）厚度 6～50mm，保温时间为 2.5min/mm；

（3）厚度＞50mm，保温时间为 2h+A，（A 为厚度超过 50mm 后，每增加 10mm，延长 10min）。

5）保温期间，加热焊件各部位的温差不得大于 85℃。

6）保温结束后，焊件随炉冷却，冷却速度不应大于 260℃/h。冷却到 315℃后，焊件在平静空气中冷却。

7）当采用电加热器对焊接构件进行局部消除应力处理时，应符合下列要求：

（1）使用配有温度自动控制仪的加热设备，其加热、测温、控温性能应符合使用要求；

（2）构件焊缝每侧面加热板（带）的宽度至少为钢板厚度的 3 倍，且应不小于 200mm。

2. 锤击法。用锤击法消除中间焊层应力时，应使用圆头手锤或小型振动工具，不应对根部焊缝、盖面焊缝或焊缝坡口边缘的母材进行锤击。

3. 振动法。用振动法消除应力时，应符合现行国家标准《振动时效效果　评定方法》JB/T-5926—2005 的规定。

8.4　焊　缝　返　修

8.4.1　影响焊接质量的因素很多，钢结构制造过程中，焊接缺陷往往发生在产品结构复杂、刚性拘束度大以及较难施焊操作的部位。因此，补焊的施工条件比正常焊缝更为复杂。除了要求焊工掌握更高的操作技术和具有更丰富的实际经验外，焊接缺陷的补焊必须严格按照专用的焊补工艺规程并遵循焊补基本程序，以实现焊接缺陷的焊补一次成功。

8.4.2　焊接缺陷性质判定与返修原则。

1. 按无损探伤结果，同时结合缺陷位置、原焊接工艺及施焊过程，一般可以确定缺陷性质。对已扩展于表面的或经射线探伤发现的缺陷比较容易定性。当缺陷处于接头内部或焊缝根部且由于工件厚难以发现时，目前只能进行超声波探伤确定的缺陷，有时还需进行必要的试验才能分析定性。只有对缺陷的性质及其产生的原因有准确的认识，才能正确地选择补焊方法及制定补焊工艺。

2. 焊接缺陷及不合格焊缝的返修应符合下列准则。

1）钢结构焊缝经检查发现存在超过质量验收标准的焊接缺陷后，应按缺陷数量和长度对焊缝进行返修；

2）焊瘤、过量的凸鼓、过大的余高，可采用适当的方法清除过量焊缝金属；

3）过量的焊缝凹陷、弧坑、焊缝尺寸不足和咬边等，应修整焊缝表面并进行焊补；

4）未熔合、夹渣、过量的焊缝气孔，应清除缺陷并进行焊补；

5）焊缝及其接头部位出现的裂纹，应采用检测手段确定裂纹长度和深度，清除裂纹并加以焊补。

8.4.3　确定补焊方案。

选择补焊方法的主要依据是缺陷的大小和长短、分布的疏密程度、补焊坡口的深浅宽窄、工件的厚薄、补焊中能否将被焊件翻动等一系列因素。除补焊方法外，在补焊方案中还应包括补焊原则、总体安排和工艺要点等。

一般焊接构件，多采用手工电弧焊补焊。手工补焊适用于各种复杂的补焊坡口、各种焊接位置及各种材料，适应性强，配合具体产品补焊用的电焊条较易购置。补焊时应由技术经验丰富、操作熟练的焊工补焊，质量容易得到保证。手工补焊是焊缝返修主要方法之一。

在有多个缺陷的情况下补焊，根据缺陷的分布情况，可选择以下方法。

1. 缺陷尺寸不大，补焊坡口数量不多，各坡口之间距离又较大，则一般是单个坡口逐一分别补焊。

2. 若补焊部位有数处，且间距又较近（小于 30mm），为了不使两坡口中间的金属受到补焊应力-应变过程的不利影响，可将这些缺陷连起来，挖凿成一个坡口进行补焊，见

图 8.4.3-1。

3. 缺陷有好几个，由于其大小不一和分布不均匀，挖成的补焊坡口形状不规则，局部很深或局部很宽。此时的补焊次序应先将深的部位补妥，使此处同其他地方的坡口一样深，或者先在坡口宽处补，使整条补焊坡口宽度均匀，然后再将整条坡口焊妥，见图 8.4.3-2。

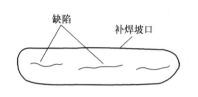

图 8.4.3-1 几个缺陷连起来挖成一个补焊坡口

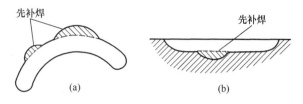

图 8.4.3-2 补焊坡口形状复杂时的补焊次序
（a）先补宽处，然后再整条补妥；（b）先补深处，然后整条补妥

4. 大接管的环形角焊缝中，如果缺陷很多或很长，挖制的补焊坡口已占环缝或环形角焊缝周长的很大部分，为了使补焊时造成较均匀的焊接应力及减小因补焊局部环缝而产生过大的挠曲变形，宜将无缺陷的原焊缝也去除一部分，使之成为全周型的补焊缺口，如图 8.4.3-3 所示。然后，先在坡口较深或较宽的部位补焊，最后再均匀地补焊坡口的剩余部分直至整周焊妥。此时，条件许可下手工焊可改为埋弧焊。

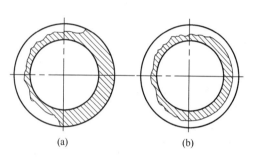

图 8.4.3-3 环焊缝缺陷较长较深时的补焊坡口
（a）按缺陷挖成的补焊坡口；（b）全周型的补焊坡口

8.4.4 编制补焊工艺规程。

焊接责任工程师应按焊件材料的牌号、壁厚和缺陷的性质及尺寸，决定是否编制专用的焊补工艺规程。表面焊接缺陷和浅度较小的缺陷，可按制造厂通用焊补工艺规程进行焊补。专用补焊工艺规程一般包括以下几方面的内容。

1. 缺陷清除方法、补焊区尺寸和坡口准备；

2. 补焊材料的选择和焊条焙烘、使用要求；

3. 补焊前预热温度和实施要求；

4. 补焊工艺参数和焊接顺序；

5. 焊后热处理方法的选择和规范制定；

6. 焊后无损检测方法；

7. 补焊焊缝的修整方法。

8.4.5 缺陷焊缝返修要求。

1. 缺陷清除及补焊坡口准备内容与要求。

1）根据无损检测确定的缺陷位置、深度，用砂轮打磨或碳弧气刨清除缺陷。缺陷为裂纹时，碳弧气刨前，应在裂纹两端钻止裂孔，并清除裂纹及其两端各 50mm 长的焊缝或母材。

2）清除缺陷时，应将刨槽加工成四侧边斜面角大于 10°的坡口，并应修整表面、磨除气刨渗碳层。

3）补焊坡口的尺寸、形状主要取决于缺陷尺寸、性质及其分布特点，坡口应越小越好。对于不同性质的缺陷，宜挖成不同形状和要求的坡口。对夹渣、未焊透、气孔等一类缺陷，补焊坡口的挖制一般无特殊要求。如果缺陷是穿透性裂缝，根据情况有可能进行双面补焊时，则应先在一面挖大半深度，待补焊妥后再挖反面，然后补焊完毕。若不允许双面补焊，就必须将补焊坡口挖穿，但此时坡口根部的间隙不能过大，否则不易保证补焊质量。

4）挖制补焊坡口的方法：对于低合金高强度钢制作的庞大焊接件，常采用风枪批铲或机械（如动力头等）加工，这样可保证获得所要求的坡口形状和尺寸。当缺陷很大，同时工件材料的焊接性较好时，可采用碳弧气刨的方法，此时，必须采用不低于该钢焊接时的预热温度，待去除缺陷后，还必须用砂轮打磨及碳刨表面至露出金属光泽，以去除增碳层及淬硬层。

无论是采用批铲方法，还是采用碳弧气刨方法，将坡口准备妥当之后都必须进行磁粉或渗透探伤检查，确保坡口表面无裂纹等缺陷存在。另外，坡口形状要求尽量规则、过渡圆滑，以便于补焊操作。应将坡口存留的油污、异物等去除干净。

2. 焊材选用要求。

1）补焊材料的选择首先取决于所采用的补焊方法。当采用埋弧焊时，通常采用适宜于产品母材的原焊接工艺中所规定的焊丝和焊剂。如果补焊方法为手工电弧焊，电焊条的选择决定于产品对焊缝的要求。对于重要产品，主要考虑接头的力学性能（如强度、冲击韧性等），同时还考虑焊条的工艺性和抗裂性，大多数场合采用原产品焊接工艺中规定的焊条。遇到补焊处结构复杂、刚性大、坡口深等情况时，为防止发生根部裂纹，常采用强度等级稍低的焊条打底，由于层数少，一般不会降低整个焊接接头的性能。在双面补焊的场合下，打底焊时，低强度焊条可用得更多些，因在反面挑焊根时，宜将该低强度打底层全部挑除，可完全保证性能。

2）与焊接工作一样，补焊用焊条、焊剂要按规定严格烘干。对于某些裂纹敏感性较高的材料，所采用的碱性焊条有时要烘到 400℃，保温不少于 2h，还要避免返潮，随用随取。

3. 最佳补焊工艺确定要求。

补焊时的预热温度、焊接规范、焊接顺序、操作工艺要求直接影响补焊焊缝的质量，因此，如何选定合理的补焊工艺，对防止缺陷的再次产生和减少焊件母材性能的影响至关重要。补焊工艺选择要求如下。

1）补焊在大多数情况下采用低焊接线能量，因为小焊接线能量可以保证低焊接应力及小焊接变形，使原焊缝区塑性储备的消耗降低。另一方面，因为补焊部位往往发生在难以施焊（非平焊）的位置，不得不以立焊、横焊或仰焊的位置操作，不允许采用大的焊接电流。补焊应在坡口内引弧，熄弧时应填满弧坑。多层焊的焊层之间接头应错开，焊缝长度应不小于 100mm；当焊缝长度超过 500mm 时，应采用分段退焊法。补焊时，焊条一般不摆动，有时还应采取层间锤击措施以减小部分应力。返修部位应连续焊成。若中断焊接时，应采取后热、保温措施，防止产生裂纹。再次焊接前，宜用磁粉或渗透探伤方法检查，确认无裂纹后方可继续补焊。

2）低合金高强度钢重要焊接件的返修工作，一般必须在预热条件下进行，预热温度应略高于原焊接时的预热温度，预热宽度视补焊深度及结构复杂程度而定。当坡口大而深时，预热宽度应大一些。为减小热应力，坡口两侧尽量采用较均匀的对称预热。

3）为了避免在母材热影响区产生粗晶组织，底层焊接后，用砂轮将焊层磨去一半再焊第二层。实际上可对第一层焊缝的热影响区进行一次正火处理，改善母材热影响区性能。

4）由于补焊坡口一般不太长，补焊区域相对集中，所以，应注意控制补焊时焊缝的层间温度（道间温度）不宜太高，以免降低该区域母材性能。

4. 焊后处理及检查要求。

1）对于低合金高强钢接头裂纹返修的补焊焊缝，焊后应采取后热消氢处理。低合金高强钢材后热处理应在补焊结束后立即进行。后热处理完毕，应用保温材料仔细包覆工件，令其缓冷。后热时，应注意加热速度和方法，使温度分布尽量均匀，减小温差应力。

2）如果返修补焊焊缝所处区域的构件焊接应力明显增大，需要进行消除应力处理。如果补焊部位有很多处，则每一处补焊后均应进行后热处理。待全部补焊工作结束后，再进炉进行整体热处理。如果只是局部补焊，则补焊后可进行局部热处理。热处理温度通常不高于原来的焊后消除应力处理温度。

3）热处理后，应打磨补焊部位，使表面光洁或呈圆滑过渡，然后进行磁粉和超声波探伤，确认原来的缺陷已完全消除，并且没有新的缺陷产生。

8.4.6　焊缝返修其他要求。

1. 施焊过程中产生的缺陷，应立即进行适当处理；

2. 焊缝正、反面各作为一个部位，同一部位返修不宜超过两次；

3. 对两次返修后仍不合格的部位应重新制订返修方案，经工程技术负责人审批并报监理工程师认可后方可执行；

4. 返修焊接应填报返修施工记录及返修前后的无损检测报告，作为工程验收及存档资料；

5. 由于焊接引起母材上出现裂纹时，经质量检验部门认可后，可进行局部修补处理。

8.5　焊接缺陷分类及预防措施

8.5.1　产品焊接质量控制的主要手段是防止、检测和消除各种焊接缺陷，因此，对各种焊缝缺陷正确定义和分类十分必要。焊缝缺陷分类与定义。

1. 缺陷定义。

现行国家标准《金属熔化焊接头缺欠分类及说明》GB/T 6417.1—2005 对金属熔焊焊接缺欠和焊接缺陷给出了明确定义为：焊接缺欠是指在焊接接头中因焊缝产生的金属不连续、不致密或链接不良的现象，简称缺欠；焊接缺陷是指超过规定值的缺欠。

2. 缺欠分类。

现行国家标准《金属熔化焊接头缺欠分类及说明》GB/T 6417.1—2005 将金属熔焊

焊接缺欠分为6大类，并按缺陷形态和在接头中分布的位置分为以下几类：

1）第1类：裂纹，包括纵向裂纹、横向裂纹、放射状裂纹、弧坑裂纹、间断裂纹、层状裂纹；

2）第2类：孔穴，包括各种气孔及缩孔；

3）第3类：固体夹杂，主要有夹渣、氧化物夹杂和金属夹杂组成；

4）第4类：未熔合及未焊透，其中未熔合按形成部位可分为侧壁未熔合、层间未熔合、焊缝根部未熔合，未焊透主要形成于接头根部；

5）第5类：形状和尺寸不良，主要形式有咬边、余高或凸度过大、下塌、焊缝型面不良、焊瘤、错边、烧穿、未焊满、焊脚不对称等；

6）第6类：其他缺陷，包括电弧擦伤、飞溅、表面撕裂、磨痕、凿痕、打磨过量、定位焊缝缺陷等。

8.5.2 各类焊接缺陷形成机理与预防措施。

1. 焊缝成形不良。

如图8.5.2-1所示，不良的焊缝成形表现在焊喉不足、增高过大、焊脚尺寸不足或过大等，产生原因包括：操作不熟练、焊接电流过大或过小、焊件坡口不正确等。修补措施如下。

1）可以用车削、打磨、铲或碳弧气刨等方法清除多余的焊缝金属或部分母材，清除后所存留的焊缝金属或母材不应有割痕或咬边。清除焊缝不合格部分时，不得过分损伤母材；

2）修补焊接前，应先将待焊接区域清理干净；

3）修补焊接时，所用的焊条直径要略小，一般直径不宜大于4mm；

4）选择合适的焊接规范。

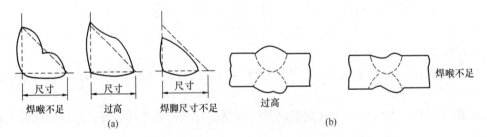

图 8.5.2-1 焊缝剖面形状
（a）不合格角焊缝的剖面形状；（b）不合格对接焊缝的剖面形状

2. 咬边。

咬边如图8.5.2-2所示，产生咬边的原因包括：电流太大、电弧过长或运条角度不当、焊接位置不当。

咬边处会造成应力集中，降低结构承受动荷的能力和降低疲劳强度。为避免产生咬边缺陷，施焊时应正确选择焊接电流和焊接速度，掌握正确的运条方法，采用合适的焊条角度和电弧长度。咬边的修补措施参见上条焊缝不良所述。

3. 焊瘤。

焊瘤是指在焊接过程中，熔化金属流淌到焊缝以外未熔化的母材上所形成的金属瘤。

焊瘤处常伴随产生未焊透或缩孔等缺陷，如图8.5.2-3所示。产生焊瘤的原因包括：焊条质量不好、运条角度不当、焊接位置及焊接规范不当。

图 8.5.2-2　咬边缺陷

焊瘤不但影响成型美观，而且容易引起应力集中，焊瘤处易夹渣、未熔合，导致裂纹的产生。防止办法为尽可能使焊口处于平焊位置进行焊接，正确选择焊接规范，正确掌握运条方法。焊瘤的修补一般采用打磨的方法将其打磨光顺。

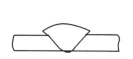

图 8.5.2-3　焊瘤缺陷

4. 夹渣。

夹渣是指残存在焊缝中的熔渣或其他非金属夹杂物。产生原因包括：焊接材料质量不好熔渣太稠、焊件上或坡口内有锈蚀或其他杂质未清理干净、各层熔渣在焊接过程中未彻底清除、电流太小并焊速太快、运条不当。

为防止夹渣，在焊前应选择合理的焊接规范及坡口尺寸，掌握正确操作工艺及使用工艺性能良好的焊条，坡口两侧要清理干净，多道多层焊时，应注意彻底清除每道和每层的熔渣，特别是碱性焊条，清渣时应认真仔细。

修补夹渣缺陷时，一般应用碳弧气刨将其有缺陷的焊缝金属除去，重新补焊。

5. 未焊透。

未焊透是指焊缝与母材金属之间或焊缝层间的局部未熔合，如图8.5.2-4所示。按其在焊缝中的位置，可分为：根部未焊透、坡口边缘未焊透和焊缝层间未焊透。

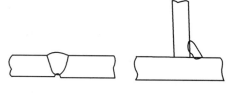

图 8.5.2-4　未焊透缺陷

产生未焊透的原因包括：焊接电流太小并焊接速度太快、坡口角度太小且焊条角度不当、焊条有偏心、焊件上有锈蚀等未清理干净的杂质。

未焊透缺陷降低焊缝强度，易引起应力集中，导致裂纹和结构的破坏。防止措施是选择合理的焊接规范，正确选用坡口形式、尺寸、角度和间隙，采用适当的工艺和正确的操作方法。超过标准的未焊透缺陷应消除，消除方法一般采用碳弧气刨刨去有缺陷的焊缝，用手工焊进行补焊。

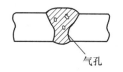
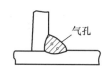

图 8.5.2-5　气孔缺陷

6. 气孔。

如图8.5.2-5所示，焊缝表面和内部存在近似圆球形或洞形的空穴。产生气孔的原因包括：碱性焊条受潮、酸性焊条的烘焙温度太高、焊件不清洁、电流过大使焊条发红电弧太长使电弧保护失效、极性不对、气保护焊时保护气体不纯、焊丝有锈蚀。

焊缝上产生气孔将减小焊缝有效工作截面，降低焊缝机械性能，破坏焊缝的致密性。连续气孔会导致焊接结构的破坏。防止措施为：焊前必须对焊缝坡口表面彻底清除水、油、锈等杂质；合理选择焊接规范和运条方法；焊接材料必须按工艺规定的要求烘焙；在风速大的环境中施焊应使用防风措施。超过规定的气孔必须刨去后，重新补焊。

7. 裂纹：图8.5.2-6所示为焊接接头各部位容易发生的裂纹种类。根据裂纹性质可以分为热裂纹和冷裂纹两大类。不同类型裂纹的特点如下。

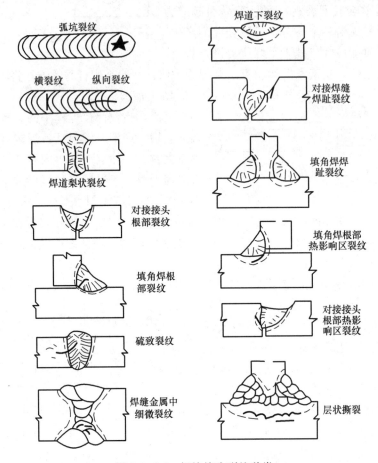

图8.5.2-6　焊接接头裂纹种类

1）冷裂纹的特点及产生原因如下。

（1）根部裂纹是冷裂纹常见的一种形态，其产生原因如下：

① 焊接金属含氢量较高。氢的来源有多种途径，如焊条中的有机物，结晶水，焊接坡口和它的附近粘有水分、油污及来自空气中的水分等；

② 焊接接头的约束力较大，例如厚板焊接时接头固定不牢、焊接顺序不当等均有可能产生较大的约束应力而导致裂纹的发生；

③ 当母材碳当量较高，冷却速度较快，热影响区的硬化从而导致裂纹的发生。

（2）根部裂纹的防止措施如下：

① 选用低氢或超低氢焊条或其他焊接材料；

② 对焊条或焊剂等进行必要的烘焙，使用时注意保管；

③ 焊前，应将焊接坡口及其附近的水分、油污、铁锈等杂质清理干净；

④ 选择正确的焊接顺序和焊接方向，一般长构件焊接时，最好采用由中间向两端对称施焊的方法；

⑤ 进行焊前预热及后热，控制冷却速度，以防止热影响区硬化。

2）热裂纹的特点及产生原因。

（1）焊道下梨状裂纹是常见的热裂纹的一种，主要发生在埋弧焊或二氧化碳气体保护焊中，手工电弧焊则很少发生。焊道下梨状裂纹的产生原因主要是焊接条件不当，如电压过低，电流过高，在焊缝冷却收缩时使焊道的断面形状呈现梨状形。

（2）防止措施如下：

① 选择适当的焊接电压、焊接电流；

② 焊道的成形一般控制在宽度与高度之比为 1 : 1.4 较适宜。

3）弧坑裂纹也是热裂纹的一种，其产生原因主要是弧坑处的冷却速度过快，弧坑处的凹形未充分填满所致。防止措施是安装必要的引弧板和引出板，在焊接因故中断或在焊缝终端应注意填满弧坑。

4）焊接裂纹的修补措施如下。

（1）通过超声波或磁粉探伤，检查出裂纹的部位和界限；

（2）沿焊接裂纹界限各向焊缝两端延长 50mm，将焊缝金属或部分母材用碳弧气刨等刨去；

（3）选择正确的焊接规范、焊接材料，采取预热、控制层间温度和后热等工艺措施进行补焊。

8.6　典型结构焊接工艺

8.6.1　厚板 H 形、箱形和十字形柱主焊缝的焊接工艺特点与要求。

1. 厚板 H 形、箱形和十字形柱的主焊缝宜采用埋弧自动焊进行焊接。在要求全熔透的接头中为了避免焊缝根部因焊漏而破坏焊缝成形，可采用焊条手工电弧焊或气体保护焊打底，然后用埋弧自动焊填充和盖面。

2. 埋弧自动焊焊接厚板 H 型钢和箱形构件主焊缝宜选用表 8.6.1-1 的工艺参数；埋弧自动焊与气体保护焊混合焊接厚板 H 型钢和箱形构件主焊缝宜选用表 8.6.1-2 的工艺参数；十字形柱埋弧自动焊可选用表 8.6.1-3 的工艺参数；箱形构件主焊缝角接接头双丝、三丝埋弧自动焊可选用表 8.6.1-4 的工艺参数。

H 型钢、箱形构件埋弧自动焊工艺参数 表 8.6.1-1

序号	材质	焊接位置	接头形式与坡口	焊材	层次	焊接电流（A）	焊接电压（V）	焊接速度（m/h）	预热（℃）	备注
1	Q355		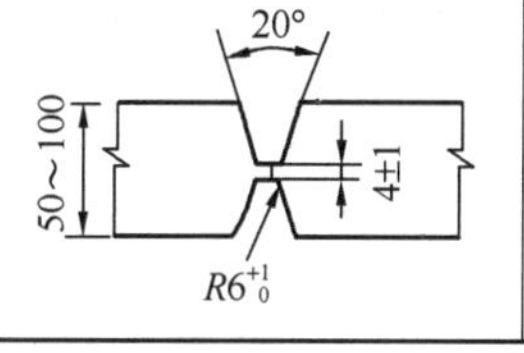	F48AX-H08MnA	打底	480～530	31	30	100～150	清根
					填充	525～575	30～32	28～30		
					盖面	700～750	30～35	20～22		

续表

序号	材质	焊接位置	接头形式与坡口	焊材	层次	焊接电流(A)	焊接电压(V)	焊接速度(m/h)	预热(℃)	备注
2	Q355			F48AX-H08MnA	打底	700~750	32~34	16~18	100~150	清根
					坡口内	525~575	30~32	28~30		
					加强角焊	620~660	35	25		
					盖面	700~750	33~35	20~22		
3	Q355			F48AX-H08MnA	坡口内	525~575	30~32	28~30	100~150	
					盖面	700~750	30~35	20~22		

注：1—拼板全熔透坡口。

2—焊接H型钢主焊缝全熔透坡口。

3—箱形柱主焊缝全熔透坡口。

埋弧自动焊与气体保护焊混合工艺参数 表 8.6.1-2

材质	接头形式与坡口	层次	焊剂	焊丝及直径(mm)	焊接电流(A)	焊接电压(V)	气体流量(L/min)	焊接速度(cm/min)
Q355		打底	—	ER50-6 Φ1.2	250~260	29~30	25	
		填充	F48AX	H10Mn2 Φ5	600~650	30~32	—	30~50
		盖面						50

十字形柱埋弧自动焊工艺参数 表 8.6.1-3

次序	层次	左	右	电流（A）	电压（V）	焊速（cm/min）
1	1	✓		680~700	36~38	28
2			✓	680~700	36~38	28
3	2		✓	700~720	38	30
4		✓		700~720	38	30

次序	层次	左	右	电流（A）	电压（V）	焊速（cm/min）
5	3	✓		680～700	37～39	25
6			✓	680～700	37～39	25
7	4		✓	700	38	30
8			✓	650～760	38	25
9		✓		700	38	30
10		✓		650～760	38	25
11	5	✓		660～680	37～39	23
12		✓		680～700	37～39	35
13			✓	660～680	37～39	23
14			✓	680～700	37～39	35

注：钢材材质 Q355，焊丝牌号 H10Mn2，焊剂 SJ101。

坡口形式见图 8.6.1-1（c）。

箱型构件角接接头双丝、三丝埋弧自动焊工艺参数　　表 8.6.1-4

板厚（mm）	坡口形状	焊接条件			焊接热输入（kJ/cm）
		电流（A）	电压（V）	速度（mm/s）	
50	35° 2	1750 1400	38 35	3.33	410
70	35° 5	2300 1900 1800	40 50 53	4.17	678

3. T 形、H 形及十字形柱宜采用图 8.6.1-1 的焊接顺序并采用对称跳焊法，以减少焊接变形和应力。

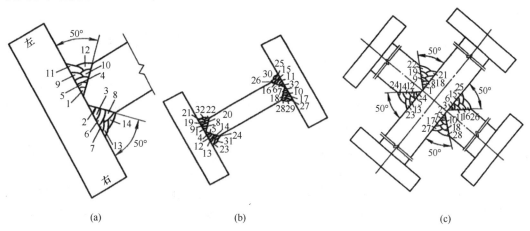

图 8.6.1-1　T 形、H 形、十字形柱焊接顺序

（a）T 形；（b）H 形；（c）十字形

8.6.2　箱形柱隔板电渣焊的焊接工艺特点与要求。

1. 熔嘴电渣焊工艺。在箱形柱组装焊接流程中，每块隔板的三面可以用手工焊或 CO_2 气体保护焊与柱面板焊接（图 8.6.2-1）。在柱截面封闭后，隔板与柱面板至少有一条焊缝必须用电渣焊施焊。为了达到对称焊接控制变形的目的，也可以留两条焊缝用电渣焊方法对称施焊（图 8.6.2-2）。电渣焊要求如下：

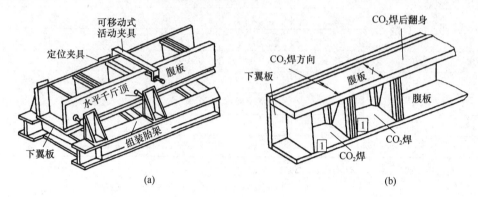

图 8.6.2-1　隔板、翼板、腹板组装

（a）组装胎架和夹具；（b）隔板焊接

1）对于常用的熔嘴电渣焊机，可选用表 8.6.2-1 和图 8.6.2-3 的规范。

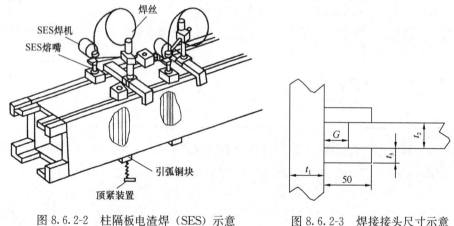

图 8.6.2-2　柱隔板电渣焊（SES）示意　　　图 8.6.2-3　焊接接头尺寸示意

2）操作过程如下。

（1）连接好各部分接线及铜引弧块，然后调整好焊丝。对于较大的箱形柱，同一隔板的两侧电渣焊焊缝应两台焊机同时进行焊接；

（2）调整熔嘴，使之处于焊道的中间位置，然后摆动并调节，使之与焊道边缘距离 $2\sim3mm$；

（3）宜按表 8.6.2-1 设定焊接规范开始焊接，随之加入少量焊剂（约 15g）及焊丝段；

（4）若焊接过程中出现熔池泄漏，则需迅速逐步少量加入焊丝段及焊剂至泄漏停止，若仍泄漏则应停止焊接并提升熔嘴，加入适量焊丝段及焊剂，然后引弧焊接，同时对起弧部位应进行标记，作为检验重点部位；

（5）焊接至距离焊缝顶部 100mm 时应加入少量焊剂，并安装熄弧块，待焊至焊缝顶部时停止摆动，加入少量焊丝段及焊剂，焊至熄弧块顶部时停止焊接，提升熔嘴；

（6）拆除铜引弧块和熄弧块，然后切割掉引弧及熄弧部分，用砂轮机打磨平整。

常用熔嘴电渣焊机焊接规范 表 8.6.2-1

t_1（mm）	t_2（mm）	电流（A）	电压（V）	速度（m/min）	G（mm）	t_3（mm）
	23	380	40	9.5	25	25
19	19	380	42	9.5	25	25
	25	380	42	9.0	25	25
	28	380	44	9.0	25	25
	19	380	43	9.0	25	25
22	22	380	44	9.0	25	25
	25	380	45	9.0	25	25
	32	380	46	9.0	25	25
	22	380	46	8.5	25	25
	25	380	46	8.5	25	25
32	28	380	46	8.5	25	25
	32	380	48	8.5	25	28
	40	380	48	8.5	25	28
	19	380	46	8.5	25	25
36	25	380	48	8.5	25	25
	36	380	48	8.5	25	28
80	60	380	53	8.5	25	28

2. 丝极电渣焊工艺。丝极电渣焊与熔嘴电渣焊在隔板制备及隔板、翼缘板、腹板组装和操作过程基本相同，丝极电渣焊可选用表 8.6.2-2 的焊接工艺参数。

丝极电渣焊的焊接工艺参数 表 8.6.2-2

板厚 t_1（mm）	垫板厚 t_2（mm）	电流（A）	电压（V）	送丝速度（m/min）	坡口间隙 a（mm）	隔板厚度 t_2（mm）
	19	380	42-43	9.5	25	25
19	25	380	42-43	9	25	25
	28	380	44-45	9	25	25
	19	380	43-44	9	25	25
22	22	380	44-45	9	25	25
	25	380	45-46	9	25	25
	32	380	45-46	9	25	25
	22	380	46-47	8.5	25	25
	25	380	46-48	8.5	25	25
32	28	380	46-47	8.5	25	32
	32	380	48-49	8.5	25	32
	40	380	48-49	8.5	25	32

续表

板厚 t_1 (mm)	垫板厚 t_2 (mm)	电流 (A)	电压 (V)	送丝速度 (m/min)	坡口间隙 a (mm)	隔板厚度 t_2 (mm)
	18	380	46-47	8.5	25	25
36	25	380	48-49	8.5	25	25
	36	380	48-49	8.5	25	32

8.6.3　钢管相贯焊缝的焊接工艺。

管桁架相贯焊缝的焊接方法一般采用气体保护焊，可选用表 8.6.3-1 的焊接工艺参数。

钢管相贯焊缝焊接工艺参数　　　　　　表 8.6.3-1

道次	焊接方法	焊丝 型号	焊丝 ϕ (mm)	保护气体	保护气流 (L/min)	电流 (A)	电压 (V)	焊接速度 (cm/min)
第 1 层	FCAW	E501T-1	1.2	100% CO_2	15~20	135~160	20~25	5~15
第 2 层	FCAW	E501T-1	1.2	100% CO_2	15~20	135~160	20~25	5~15

8.6.4　**异形组合构件的装配流程及焊接工艺特点与要求。**

1. 在超高层建筑钢结构中广泛应用的异形目字形组合柱，其装配、焊接流程见图 8.6.4-1。

2. 典型异形目字形组合柱装配、焊接流程如下。

1）下料及反变形。下料时长度方向的加工余量和焊接收缩余量宜取 50mm，翼缘板宽度方向取 4~5mm 的焊接收缩余量，内侧两腹板取 4~5mm 的焊接收缩余量，外侧两腹板取 2~3mm 的焊接收缩余量；组合柱的外侧两翼缘板为非对称施焊，焊后易产生较大的焊接角变形，且难于矫正。组装前，采用大功率油压机进行预设反变形。反变形参数根据工艺试验确定。角变形产生情况和反变形设置如图 8.6.4-2 所示。

2）单箱形组装。

3）单箱形焊前预热。腹板焊接前应进行预热，其预热温度根据工艺试验确定，一般控制在 100~150℃；预热方式采用远红外电加热板进行加热。

4）单箱形焊接。箱形柱腹板的内部施焊空间小，腹板与翼缘板的角焊缝坡口宜采用单面坡口（反面贴衬垫）形式，箱体的四条纵缝焊接方法采用 CO_2 气体保护焊打底 2~3 道，埋弧焊盖面的方法进行。打底焊时，应两两对称，同时、同方向焊接。埋弧自动焊时，箱体两纵缝同向、同规范、同时焊接，中间根

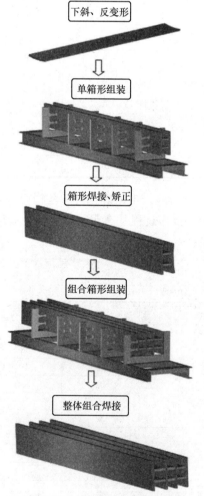

图 8.6.4-1　异形组合构件的装配焊接流程图

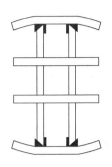
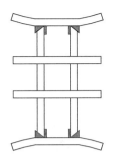

图 8.6.4-2　不对称结构产生的焊接角变形及反变形设置

据变形情况进行必要的翻身。焊接时应采取合理的焊接顺序及较低焊接线能量进行。先对称施焊上侧两角焊缝至 1/3 腹板厚度，再翻身对称焊接下侧两角焊缝至 1/3 腹板厚度，采取轮流施焊直至全部焊完。

5）单箱形焊后矫正。焊后进行箱形矫正，宜采用热矫正，其矫正温度宜控制在 600～800℃。Q420，S460 钢的矫正按钢厂限定的温度进行。

6）Π 形部件应按以下程序组装焊接。

（1）Π 形部件翼板、腹板长度方向宜放 50mm 的加工余量和焊接收缩余量，宽度方向放 2～3mm 的焊接收缩余量；

（2）翼缘板平放后，画出腹板的安装位置线，安装定位的临时工艺隔板；

（3）装焊两侧腹板（腹板开双面坡口，内侧为板厚 T 的 1/3），同时、同方向、同规范焊接内侧两条焊缝，外侧碳刨再焊接，见图 8.6.4-3；

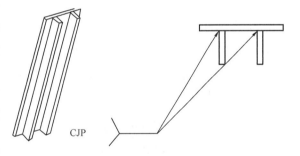

CJP

图 8.6.4-3　焊缝位置

（4）焊接完毕，矫正、UT 探伤。

7）组合异形柱整体组装。

8）组合异形柱焊接。包括单箱形两侧各 4 条主焊缝的焊接，每条焊缝的焊接方法同单箱形的焊接，且采取两侧对称焊缝同向、同规范、同时焊接。

8.6.5　钢箱梁的装配和焊接工艺。

图 8.6.5-1　典型桥梁在胎架上的拼装焊接图（反作法）

桥梁钢结构按加工制作的范围和形式可分为桥面上下的支撑、拉索结构及桥面箱形结构，其中的支撑、拉索部分与常规钢结构的制作焊接形式类似，但桥面箱形结构（图 8.6.5-1）由于其跨度长、宽度大、内部结构复杂、板厚相对较薄等特点，对焊接过程、焊接顺序及焊接变形控制等有特殊要求。制作工艺与顺序如下。

1. 横向加劲拼装焊接程序如下。

1）横向加劲的腹板与翼缘板组拼成 T 形构件，其主焊缝宜采用船形胎架埋弧自动焊或 CO_2 气体保护焊焊接；

2）焊后应进行测量和必要的火工校正；

3）将焊接完成的 T 形构件组拼成整体，并将横隔板的进人孔劲板与横隔板，焊接完成后再参与钢桥的整体拼装。如图 8.6.5-2 所示。

图 8.6.5-2　横向加劲板焊接

2. 顶板、底板的焊接要求。

1）按照吊装能力在地面上拼接最大单元，工厂拼接焊缝应在胎架上用加陶瓷衬垫的方法焊接，上平面对接焊缝应采用埋弧自动焊接；

2）底板有不等厚对接，应按照内口相平的原则。

3. 整体组装点焊要求。

1）钢桥应按下述顺序进行装配电焊：铺设桥顶板→桥面 U 形加劲→纵向腹板→中间横向加劲板→纵向腹板→两侧横向隔板→两外侧纵向腹板→底面球纵向加劲→两侧底板→中间桥底板→整体拼装完成；

图 8.6.5-3　两外侧底板焊接

2）拼装完成后，检查所有形位尺寸，全部合格后再进行整体焊接（图 8.6.5-3）。

4. 整体焊接及要求。

1）整体焊接时，宜采用焊条电弧焊或 CO_2 气体保护焊焊接。由于钢桥整体尺寸较大，不易翻身，不可避免存在较多立焊和仰焊焊接；

2）零件组装时采取点焊，应在中间桥底板组装前进行除球扁钢之外焊缝施焊工作，球扁钢在翻身以后焊接；

3）整体焊接顺序宜先焊接中间箱体内立焊缝，再焊接两侧箱体内的隔板立焊缝，立焊缝长度大于 1m 时，应从中部开始，先焊上端焊缝再焊下端焊缝。整体形成框架结构后再焊接加劲板、横隔板等与桥面板之间的焊缝。焊接时考虑焊接变形等因素，应采取从中间向四周对称小线能量焊接方法；

4）考虑现场安装的需要，现场焊接位置两侧各 300mm 范围，腹板和上翼缘、下底板应不进行焊接；

5）现场拼接焊缝距 300mm 端的焊缝端头形式：多层焊缝的每层（道）端头应错开 15mm 以上，确保现场焊接时可平滑过渡且保证接头的焊接质量。

8.6.6 铸钢节点的焊接要求。

1. 铸钢节点根据节点形式可分为铸钢空心球管节点、铸钢相贯节点、铸钢支座节点三类。

2. 铸钢节点一般与Q355等低合金结构钢进行焊接。常用的焊接方法有焊条电弧焊和CO_2气体保护焊。

3. 铸钢节点焊接除应做好焊材烘烤、坡口清理、逐层清渣等常规焊前准备、焊接过程质量控制工作之外，还应符合以下规定：

1）预热及层间温度的控制。由于铸钢节点大部分较厚，工艺要求进行预热，但铸钢件形状不规则，厚度也不均匀，给预热带来很大难度。为了避免焊缝产生冷裂纹，必须采取有效的预热措施，确保达到预热温度且温度均匀。焊接应连续进行，以保证道间温度不低于预热温度；

2）焊缝返修。铸钢件刚性大，返修会使局部应力增加，返修还可能降低调质状态铸钢的强度，因此应采取切实有效措施降低返修率，避免二次返修；

3）引弧应在焊道处进行，严禁在焊道区以外的母材上起弧；

4）每条焊缝应一次焊接完成，不得中途停顿时间过长；

5）多层焊接宜连续施焊，每一焊道焊完后应及时清理检查，清除缺陷后再焊；

6）焊接完毕，焊工应清理焊缝表面的熔渣及两侧的飞溅物，检查焊缝外观质量。检查合格后应在规定部位打上焊工钢印；

7）焊缝出现裂纹时，焊工不得擅自处理，应查清原因，订出修补工艺后方可处理；

8）焊缝返修采用碳弧气刨清除缺陷。确认彻底清除缺陷后，应用砂轮机或直线磨光机清除渗碳层，然后进行补焊。返修焊缝的焊接工艺同正常焊接。

参考文献

[1] 钢结构工程施工质量验收标准：GB 50205—2020[S]. 北京：中国建筑工业出版社，2020.

[2] 焊缝 工作位置 倾角和转角的定义：GB/T 16672—1996[S]. 北京：中国标准出版社，1996.

[3] 振动时效效果 评定方法：JB/T 5926—2005[S]. 北京：机械工业出版社，2005.

[4] 金属熔化焊接头缺欠分类及说明：GB/T 6417.1—2005[S]. 北京：中国标准出版社，2005.

第 9 章 焊 接 检 验

9.1 焊接检验的一般要求

9.1.1 对检验人员的要求。

1. 从事建筑钢结构焊接检验的人员必须经过培训，并取得有关部门的资格证明。检验员的资格应有文件或证书确认。若规定由业主委派人员进行检验，应在合同文件中声明。检验员可在其监督下，让助理检验员完成具体工作。助理检验员应经过培训和实践、取得资格，方能进行指定的具体检查工作。检验员应定期核查助理检验员的工作，通常每日检查一次。

2. 焊接检验人员的资格认证等级由低到高分为初级、中级和高级三个级别。其中，焊接检验人员中的高级人员应能够策划和编制检测方案，监督指导一个或多个中级、初级焊接检验人员，保证检测记录与相应标准要求一致，保证工程项目的完成；中级人员应能够编制检测方案且完成检测工作，或对检测工作进行核实，保证检测记录与相应标准要求一致；初级人员应能够在焊接检验高级或中级人员的指导监督下，完成以下规定的职责。

1）应能理解并解释图纸和其他相关技术文件的要求。

2）应能确认母材和焊材与技术要求一致。

3）应能确认使用的焊接设备与焊接工艺规程的要求一致，并能够满足焊接过程的要求。

4）应能监督焊接工艺的实施并提出检查记录或报告。

5）应能对焊接作业人员的资格进行核实，确认其具有从事相应焊接作业的能力。

6）实施工程检测，应包括下列内容：

（1）确认使用符合要求的焊接工艺规程；

（2）确认坡口的准备和组装满足焊接工艺规程的要求；

（3）确认焊接材料及其储存条件符合标准要求；

（4）确认焊接作业符合相关标准以及图纸或技术文件的规定；

（5）确认被检测工程满足相关文件的特殊要求。

7）应能从事下列无损检测相关工作：

（1）外观检测；

（2）确认具有合格资质的检测人员使用特定方法进行外观检查和无损检测，并核实检测结果，保证结果完整；

（3）对进一步实施的无损检测方法进行确认，并核实检测人员的资格。

8）应能出具检测报告，并对焊接工艺过程记录、焊接工艺质量记录、焊工资格证书、焊接材料质量证明文件和检测结果存档。

3. 焊接检验人员中的高级人员应具备下列专业知识和职务技术能力。

1）在焊接相关领域，应能使用国内或国际相关标准，从事下列一项或多项工作：

（1）设计：制定焊接计划、绘图，提出检测要求和验收标准以及焊接技术规程；

（2）制造：制定焊接计划、质量控制程序、焊接作业指导书，并对母材和焊接材料的准备与使用进行监督；

（3）施工：制作、安装，或对施工人员进行监督；

（4）质量控制：对焊接缺欠进行检测和测量，或对相关人员进行监督；规定质量控制（QC）方法、焊接工艺和验收标准；对供方或其他机构的质量控制方案进行审核；

（5）质量保证：帮助业主或客户规定质量保证（QA）方法、程序或提出质量保证的标准；对供方或其他机构的质量保证方案进行审核，并对其质量保证工作进行指导或监督；

（6）检验：规定焊接缺欠的检测和测量技术要求，准备外观检测和无损检测或破坏性试验的书面程序文件；对一个或多个参加检测的技术人员进行监督；应用外观检测或其他无损检测方法并形成书面文件；

（7）返修：对有缺陷的焊缝进行返修或监督焊缝返修人员的工作。

2）熟悉、了解并有能力应用焊接相关标准，掌握焊接工艺以及与焊接加工相关的切割工艺。

3）熟悉、了解并有能力应用焊接质量检验相关标准，并监督指导有关人员完成相应的工作。

4）全面了解和有能力完成或指导其他相关人员完成本条第 2 款中规定的职责。

4. 焊接检验人员中的中级人员应具备下列专业知识和职务技术能力。

1）在焊接相关领域，应能使用国内或国际相关标准，从事下列一项或多项工作：

（1）设计：构件焊接计划和图纸的准备；

（2）制造：焊接材料、焊接工艺以及构件焊接的计划和控制；

（3）施工：构件的拼装、建造；

（4）检验：对焊接缺欠的检测和测量；

（5）返修：对有缺陷的焊缝进行返修。

2）熟悉、了解相关焊接工艺以及与焊接加工相关的切割工艺。

3）熟悉、了解相关焊接检测方法。

4）全面了解和有能力完成或指导初级人员完成本条第 2 款中规定的职责。

5. 焊接检验人员中的初级人员应具备下列专业知识和职务技术能力。

1）在焊接相关领域，应能直接参与下列一项或多项工作：

（1）设计：构件焊接计划和图纸的准备；

（2）制造：焊接材料、焊接工艺以及构件焊接的计划和控制；

（3）施工：构件的拼装、建造；

（4）检验：对焊接缺欠的检测和测量；

（5）返修：对有缺陷的焊缝进行返修。

2）熟悉、了解相关焊接工艺以及与焊接加工相关的切割工艺。

3）熟悉和有能力直接或在中级或高级人员提供指导的情况下履行本条第 2 款中规定

的职责。

9.1.2 建筑钢结构对焊接质量检查的一般规定。

1. 检查人员应按国家现行标准及施工图纸的技术文件要求，对焊接质量进行监督和检查。

2. 检查人员的主要职责包括：对所用钢材及焊接材料的规格、型号、材质以及外观进行检查，均应符合图纸和相关规程、标准的要求；监督检查焊工合格证及认可施焊范围；监督检查焊工是否严格按焊接工艺技术文件要求及操作规程施焊；对焊缝质量按照设计图纸、技术文件及现行标准要求进行验收检验。

3. 检查前应根据施工图及说明文件规定的焊缝质量等级要求编制检查方案，由技术负责人批准并报监理工程师备案。检查方案应包括检查批的划分、抽样检查的抽样方法、检查项目、检查方法、检查时机及相应的验收标准等内容。

4. 抽样检查时，应符合下列要求。

1）焊缝处数的计数方法：工厂制作焊缝长度小于等于1000mm时，每条焊缝为1处；长度大于1000mm时，将其划分为每300mm为1处；现场安装焊缝每条焊缝为1处。

2）可按下列方法确定检查批：

（1）按焊接部位或接头形式分别组成批；

（2）工厂制作焊缝，可以同一工区（车间）按一定的焊缝数量组成批；多层框架结构，可以每节柱的所有构件组成批；

（3）现场安装焊缝，可以区段组成批；多层框架结构，可以每层（节）的焊缝组成批。

3）批的大小宜为300～600处。

4）抽样检查除设计指定焊缝外，应采用随机取样方式取样。

5. 抽样检查的焊缝数若不合格率小于2%时，该批验收应定为合格；不合格率大于5%时，该批验收应定为不合格；不合格率在2%～5%时，应加倍抽查，且必须在原不合格部位两侧的焊缝延长线各增加一处，若在所有抽检焊缝中不合格率不大于3%时，该批验收应定为合格，大于3%时，该批验收应定为不合格。当批量验收不合格时，应对该批余下焊缝的全数进行检查。当检查出一处裂纹缺陷时，应加倍抽查。若在加倍抽检焊缝中未检查出其他裂纹缺陷时，该批验收应定为合格，当检查出其他裂纹缺陷或加倍抽查又发现裂纹时，应对该批余下焊缝的全数进行检查。

6. 所有检查出的不合格焊接部位，必须按相关规定予以返修至检查合格。

9.1.3 焊接检验的种类和项目。

焊接检验按施工阶段可分为：焊接施工前检验、焊接施工过程中检验、焊后检验，如表9.1.3-1～表9.1.3-3所示。焊接检验的种类分为破坏性检验、非破坏性检验两大类，如图9.1.3-1所示。

焊接前检验项目 表9.1.3-1

序号	分类		检验项目
1	通用项目	环境	1. 焊接场地的环境； 2. 安全卫生上的注意事项

续表

序号	分类		检验项目
1	通用项目	材料器具	1. 焊接电源的容量及其稳定性； 2. 焊接材料的种类及匹配； 3. 焊接材料的性能； 4. 使用器具的质量、性能
		加工组装	1. 坡口形状； 2. 坡口尺寸（角度，留根尺寸）； 3. 根部间隙； 4. 错边； 5. 空隙； 6. 衬垫板规格尺寸、安装的优劣状况； 7. 引弧板和引出板的规格、安装的优劣状况； 8. 窄位焊质量
		其他	1. 焊接区域清理是否干净； 2. 预热温度和预热范围
2	各种焊接方法特定项目	G E E E A S	1. 使用气体的流量、纯度； 2. 紫铜块（板）的安装状况； 3. 冷却水系统的供给状况； 4. 熔化嘴的放置状况； 5. 自动装置的运行状况； 6. 螺柱焊接施工前的检查

注：G—气体保护焊；E—熔化嘴电渣焊；A—自动焊；S—螺柱焊。

焊接过程中的检查项目　　　　　　　　　　　表 9.1.3-2

序号	分类		检验项目
1	通用项目		1. 焊接顺序； 2. 焊接电流； 3. 电弧电压； 4. 焊接速度； 5. 运条方式、方法； 6. 熔敷顺序、焊道的布置； 7. 多层焊的层间清理； 8. 清根状况； 9. 层间温度； 10. 焊条、焊丝直径的选择
2	各种焊接方法特定项目	A E E E E B	1. 焊剂的补给状况； 2. 熔渣深度调节； 3. 熔化嘴的位置、稳定性； 4. 紫铜的冷却； 5. 衬板的加热状况； 6. 焊丝送给状况

注：A—自动焊；E—熔化嘴电渣焊；B—半自动焊。

焊接后的检查项目 表 9.1.3-3

序号	分类		检验项目
1	通用项目	焊缝表面外观缺陷	1. 焊道是否平整; 2. 有无弧坑; 3. 有无焊瘤; 4. 有无咬边; 5. 焊缝接口处的状况; 6. 对接焊缝表面磨平状况(有疲劳强度要求的场合)
		尺寸	1. 焊缝余高尺寸; 2. 焊缝长度; 3. 角焊缝焊脚高度、补强焊脚尺寸; 4. 不等边焊脚
		内部缺陷	1. 裂纹; 2. 未焊透; 3. 熔接不良; 4. 夹渣; 5. 气孔
		处理	1. 引弧板、引出板的去除状况; 2. 飞溅清理状况; 3. 包角焊是否完整
2	专用焊接方法指定项目	S S S E	1. 螺柱的垂直度情况; 2. 螺柱焊后的长度; 3. 螺柱焊后弯曲试验; 4. 虫状气孔

注:E—熔化嘴电渣焊;S—螺柱焊。

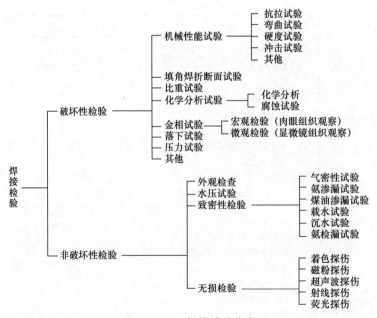

图 9.1.3-1 焊接检验分类

9.2　破　坏　性　检　验

9.2.1　折断面检查。

焊缝的折断面检查具有简单、迅速、易行和不需要特殊仪器和设备的优点，因此，在生产中和安装现场广泛采用，检查装置如图9.2.1-1所示。

检查时，为了保证焊缝在剖面处断开，可预先在焊缝表面沿焊缝方向刻一条沟槽，槽深约为厚度的1/3，然后用拉力机或锤子将试样折断。在折断面上能发现各种内部肉眼可见的焊接缺陷，如气孔、夹渣、未焊透和裂缝等，还可判断断口是韧性破坏还是脆性破坏。

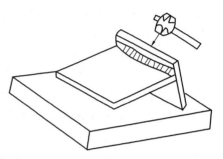

图9.2.1-1　角焊缝折断面检查

9.2.2　钻孔检查。

对焊缝进行局部钻孔检查，是在没有条件进行非破坏性检验条件下采用的方法，一般可检查焊缝内部的气孔、夹渣、未焊透和裂纹等缺陷。

9.2.3　焊接接头和焊缝金属的机械性能试验。

焊接接头和焊缝金属的机械性能试验包括：焊缝金属的抗拉和抗剪试验，焊缝金属和基本金属焊接热影响区冲击试验，扭转和疲劳试验，焊接接头的抗拉、冲击、硬度、弯曲和压扁试验，冷作时效敏感性的测定等。试验均应符合现行国家标准《焊接接头拉伸试验方法》GB/T 2651—2008和《焊接接头弯曲试验方法》GB/T 2653—2008的规定。

9.2.4　焊缝和接头的金相组织检查要求。

1. 金相检查的目的是利用焊缝截面的金相组织特点，确定焊缝内部缺陷的数量和分布、晶粒的大小以及热影响区的组织状况。

2. 金相检查方法：在焊接试板上（工件）截取试样，经过打磨、抛光、浸蚀等步骤，然后在金相显微镜下进行观察。必要时可把典型的金相组织摄制成金相照片，供分析用。利用扫描电子显微镜可直接观察大尺寸、粗糙原始样品的形貌，同时还可进行成分分析和结构分析，进而能从焊缝断口微观形貌特征分析出缺陷产生的原因和机理。

9.2.5　焊缝的化学分析试验。

试验方法，通常用直径为6mm的钻头，从焊缝中钻取试样。常规分析需试样50～60g。碳钢焊缝分析的元素有：碳、锰、硅、硫和磷；合金钢或不锈钢焊缝有时需分析铬、钼、钒、铁、镍、铝、铜等。必要时，还要分析焊缝中氢、氧或氮的含量。

9.2.6　焊接接头腐蚀试验。

焊接接头腐蚀试验一般用于不锈钢焊接试件。焊接接头腐蚀破坏可分为：总体腐蚀、晶间腐蚀、刀状腐蚀、应力腐蚀、点状腐蚀和腐蚀疲劳等。在建筑钢结构中很少进行腐蚀试验。

9.3 外观检查和致密性检查

9.3.1 外观检查要求。

1. 所有焊缝应冷却到环境温度后进行外观检查。Ⅱ、Ⅲ类钢材的焊缝，应以焊接完成 24h 后检查结果作为验收依据；Ⅳ类钢，应以焊接完成 48h 后检查结果作为验收依据。

2. 外观检查一般用目测，裂纹的检查应辅以 5 倍放大镜并在合适的光照条件下进行，必要时可采用磁粉探伤或渗透探伤，尺寸的测量应用量具、卡规。

3. 焊缝外观质量应符合下列规定。

1）一级焊缝不得存在未焊满、根部收缩、咬边和接头不良等缺陷，一级焊缝和二级焊缝不得存在表面气孔、夹渣、裂纹和电弧擦伤等缺陷；

2）二级焊缝的外观质量除应符合本款 1）的要求外，尚应满足表 9.3.1-1 的规定；

3）三级焊缝的外观质量应符合表 9.3.1-1 的规定。

4. 焊缝焊脚尺寸应符合表 9.3.1-2 的规定，焊缝余高和错边应符合表 9.3.1-3 的规定。

5. 栓钉焊后应进行打弯检查，合格标准为：当栓钉打弯至 30°时，焊缝和热影响区不得有肉眼可见的裂纹，检查数量应不小于栓钉总数的 1%。

6. 电渣焊、气电立焊接头的焊缝外观成形应光滑，不得有未熔合、裂纹等缺陷；当板厚小于 30mm 时，压痕、咬边深度不得大于 0.5mm；当板厚大于 30mm 时，压痕、咬边深度不得大于 1.0mm。

焊缝外观质量允许偏差 表 9.3.1-1

检验项目 \ 焊缝质量等级	二级	三级
未焊满	$\leq0.2+0.02t$ 且 ≤1mm，每 100mm 长度焊缝内未焊满累积长度 ≤25mm	$\leq0.2+0.04t$ 且 ≤2mm，每 100mm 长度焊缝内未焊满累积长度 ≤25mm
根部收缩	$\leq0.2+0.02t$ 且 ≤1mm，长度不限	$\leq0.2+0.04t$ 且 ≤2mm，长度不限
咬边	$\leq0.05t$ 且 ≤0.5mm，连续长度 ≤100mm，且焊缝两侧咬边总长 $\leq10\%$焊缝全长	$\leq0.1t$ 且 ≤1mm，长度不限
裂纹	不允许	允许存在长度 ≤5mm 的弧坑裂纹
电弧擦伤	不允许	允许存在个别电弧擦伤
接头不良	缺口深度 $\leq0.05t$ 且 ≤0.5mm，每 1000mm 长度焊缝内不得超过一次	缺口深度 $\leq0.1t$ 且 ≤1mm，每 1000mm 长度焊缝内不得超过一次
表面气孔	不允许	每 50mm 长度焊缝内允许存在直径 $<0.4t$ 且 ≤3mm 的气孔 2 个；距离应 ≥6 倍孔径
表面夹渣	不允许	深 $\leq0.2t$，长 $\leq0.5t$ 且 ≤20mm

焊缝焊脚尺寸允许偏差　　　　　　　　　　　　表 9.3.1-2

序号	项目	示意图	允许偏差（mm）
1	一般全焊透的角焊缝与对接组合焊缝	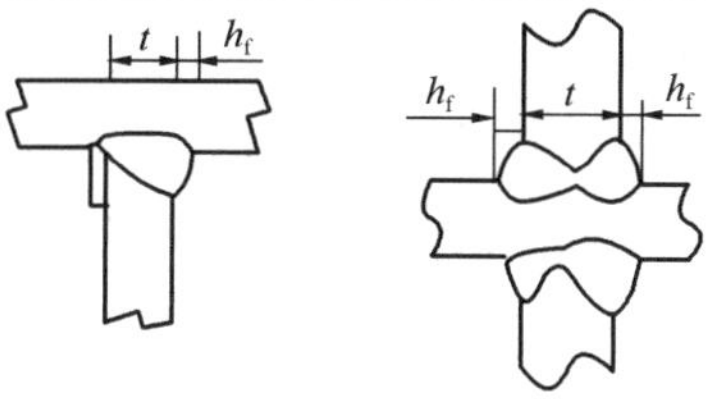	$h_f \geqslant \left(\dfrac{t}{4}\right)_0^{+4}$ 且 $\leqslant 10$
2	须经疲劳验算的全焊透角焊缝与对接组合焊缝	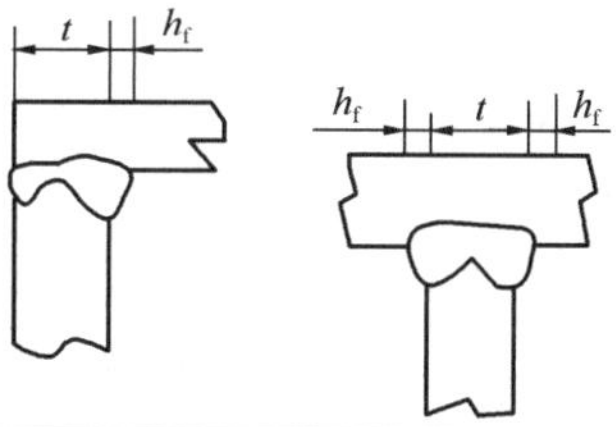	$h_f \geqslant \left(\dfrac{t}{2}\right)_0^{+4}$ 且 $\leqslant 10$
3	角焊缝及部分焊透的角接与对接组合焊缝	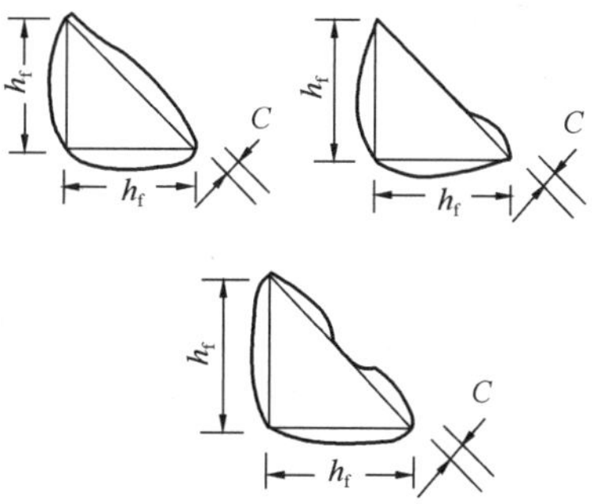	$h_f \leqslant 6$ 时　$0 \sim 1.5$ $h_f > 6$ 时　$0 \sim 3$

注：1. $h_f > 8.0$mm 的角焊缝其局部焊脚尺寸允许低于设计要求值 1.0mm，但总长度不得超过焊缝长度的 10%；
　　2. 焊接 H 形梁腹板与翼缘板的焊缝两端在其两倍翼缘板宽度范围内，焊缝的焊脚尺寸不得低于设计要求值。

焊缝余高和错边允许偏差　　　　　　　　　　　　表 9.3.1-3

序号	项目	示意图	允许偏差（mm）	
			一、二级	三级
1	对接焊缝余高（C）	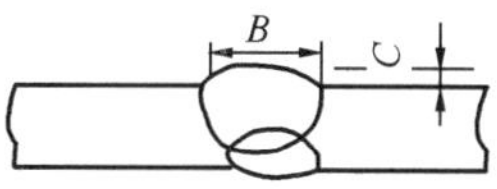	$B < 20$ 时， C 为 $0 \sim 3$； $B \geqslant 20$ 时， C 为 $0 \sim 4$	$B < 20$ 时， C 为 $0 \sim 3.5$； $B \geqslant 20$ 时， C 为 $0 \sim 5$
2	对接焊缝错边（D）	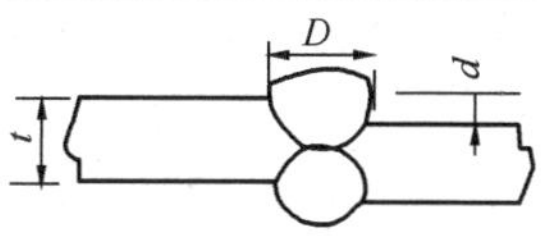	$d < 0.1t$ 且 $\leqslant 2.0$	$d < 0.15t$ 且 $\leqslant 3.0$
3	角焊缝余高（C）	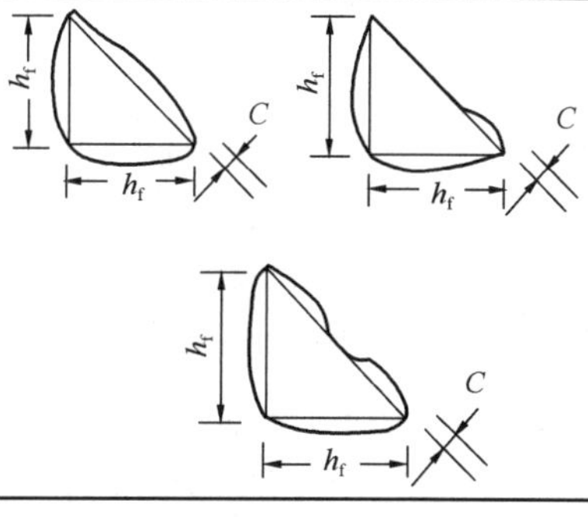	$h_f \leqslant 6$ 时，C 为 $0 \sim 1.5$ $h_f > 6$ 时，C 为 $0 \sim 3.0$	

9.3.2 检查工具。

检查工具主要包括标准样板和量规等，如图 9.3.2-1 所示。

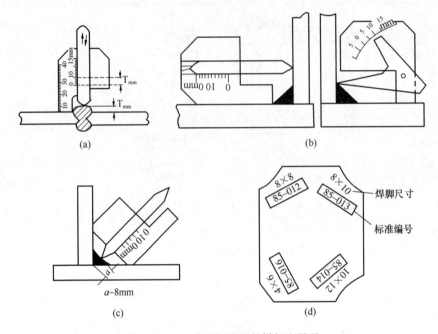

图 9.3.2-1 检查焊缝用的样板和量具

（a）焊缝余高的测量；（b）填角焊缝焊脚尺寸的测量；

（c）角焊缝厚度的测量；（d）多用样板量具

9.3.3 致密性检查。

致密性检查有渗透性试验、水压试验和气压试验。一般针对各种压力容器和管道，在建筑钢结构中很少使用致密性试验。

9.4 无损检测方法的特点及优缺点

9.4.1 无损检测（NDT）方法是在不改变、不损害工件的状态和使用性能的前提下，测定检测媒介的变化量，从而判断材料和零部件是否存在缺陷的技术。常规的无损检测方法有射线检测（RT）、超声波检测（UT）、磁粉检测（MT）、渗透检测（PT）、涡流检测（ET）等。在日常的钢结构制作安装过程中，无损检测是最常用的焊接检测方法。

9.4.2 无损检测方法的特点。

1. 设备非破坏性：指在获得检测结果的同时，不损失零件。

2. 互容性：指检测方法的互容性，即同一零件可同时或依次采用不同的检测方法；而且又可重复地进行同一检测。

3. 动态性：可对使用中的零件进行检测，而且能够适时考察产品运行期的累计影响。

4. 严格性：指无损检测技术的严格性。首先无损检测需要专用仪器、设备；同时也需要专门训练的检验人员，按照严格的规程和标准进行操作。

5. 检验结果的分歧性：不同的检测人员对同一试件的检测结果可能有分歧。

9.4.3 无损检测方法优缺点。

1. 射线无损检测的特点。

1）优点：可直观显示缺陷形状和尺寸，检测结果便于长期保存；对内部体积性缺陷有很高的灵敏度。

2）缺点：射线对人员有损伤作用，必须采取防护措施；检测周期较长，不能实时得到结果，主要适用于部件内部缺陷检测。

2. 超声无损检测的特点。

1）优点：对工件内部面状缺陷有很高的灵敏度；便于现场检测；可及时获得检测结果。

2）缺点：缺陷显示不直观对缺陷定性和定量较困难；对操作人员的技能有较高的要求；主要适用于部件内部缺陷检测。

3. 磁粉无损检测的特点。

1）优点：有很高的检验灵敏度，可检缺陷最小宽度为 $0.1\mu m$；能直观显示缺陷的位置，形状和大小；检测几乎不受工件的大小和形状的限制。

2）缺点：只能检验铁磁性材料表面和近表面的缺陷，通常可检深度仅为 $1\sim2mm$；适用于表面和近表面缺陷检测。

4. 渗透无损检测的特点。

1）优点：不需复杂设备，操作简单，特别适合现场检测；检验灵敏度较高，缺陷显示直观；可一次性检出复杂工件各个方向的表面开口缺陷。

2）缺点：只能用于致密材料的表面开口缺陷检验，对被检表面光洁度有较高要求；对操作人员的操作技能要求较高；会产生环境污染。

9.5 射 线 探 伤

9.5.1 射线穿透物质时，由于物质完好部位和缺陷处对射线的吸收不同，使穿过物质后的射线强度发生变化，将这种强弱变化差异记录在感光胶片上，通过观察处理后的照相底片上不同黑度差，就可了解射线强弱变化情况，从而就能确定被透照物体内部质量情况，这就是射线探伤法。射线检测是常规无损检测方法之一，对金属内部可能产生的缺陷，如气孔、针孔、夹杂、疏松、裂纹、偏析、未焊透和未熔合等，都可以用射线检查。目前一般采用胶片检测技术，未来趋势是使用数字化探测器射线技术。

9.5.2 钢结构焊缝抽查比例要求。

1. 按照现行国家标准《钢结构工程施工质量验收标准》GB 50205—2020 的要求，一级、二级焊缝应进行内部缺陷，具体应符合表 9.5.2-1 的要求。

一级、二级焊缝检测比例 表 9.5.2-1

焊缝质量等级		一级	二级
内部缺陷 射线检测	检验等级	B级	B级
	检测比例	100%	20%

2. 二级焊缝检测比例原则为：工厂制作按长度计算百分比，且检测长度不小于

200mm；当检测长度小于200mm时，应对整条焊缝进行检测；现场安装焊缝应按照同一类型、同一施焊条件的焊缝条数计算百分比，且不少于3条焊缝。

9.5.3 承受静荷载结构焊接质量的检验要求。

1. 对超声波检测结果有疑义时，可采用射线检测验证。

2. 射线检测应符合现行国家标准《焊缝无损检测 射线检测 第1部分：X和伽玛射线的胶片技术》GB/T 3323.1—2019的有关规定，射线照相的质量等级不应低于B级的要求，一级焊缝评定合格等级不应低于Ⅱ级的要求，二级焊缝评定合格等级不应低于Ⅲ级的要求。

9.5.4 需疲劳验算结构的焊缝质量检验要求。

板厚不大于30mm（不等厚对接时，按较薄板计）的对接焊缝除进行超声波检测外，还应采用射线检测抽检其接头数量的10%，且不少于一个焊接接头。

9.5.5 检测范围。

建筑钢结构的射线探伤主要应用于对接焊缝，而角焊缝则以超声波探伤为主。检测焊接坡口形式见图9.5.5-1。

U形坡口　　　　　　　　X形坡口　　　　　　　V形坡口(含背面加垫板)

图9.5.5-1　检测焊接坡口形式图

9.5.6 检测人员的资格要求。

从事射线检测的人员应取得放射工作人员证及相应资格证书。

9.5.7 检测设备和器材要求。

1. 射线源可以选择X射线，也可以选择Ir192、Se75γ源等。

2. C3-C5类胶片。

3. 铅箔增感屏。

4. 黑度计。

5. 线型像质计。

6. 观片灯。

9.5.8 辐射防护要求。

1. 放射卫生防护应符合国家有关标准。

2. 现场进行射线检测时，应按规定划定控制区和管理区，设置警告标志。检测人员应佩带个人计量仪，并携带剂量报警仪。

9.5.9 焊缝射线检测技术要点。

1. 检测表面准备。

焊缝及热影响区的表面质量（包括焊缝余高）应经外观检测合格，表面的不规则状态在底片上的图像应不掩盖焊缝中的缺陷影像或与之相混淆，否则应做适当的修磨。

2. 检测时机。

达到现场检测条件，射线检测应在焊后进行。对有延迟裂纹倾向的材料，至少应在焊接完成 24h 后进行检测。

3. 射线检测技术。

射线检测技术等级分为 A 级：基本技术；B 级：优化技术。

4. 透照方式如下。

1）优先选择单壁透照方式，在单壁透照不能实施时才允许采用双壁透照方式。

2）透照时射线束中心一般应垂直指向透照区中心，也可选用有利于发现缺陷的方向照射。

5. 一次透照长度要求。

应以透照厚度比 K 进行控制，不同级别射线检测技术和不同类型对接焊接接头的透照厚度比应符合表 9.5.9-1 的规定。

<table>
<tr><td colspan="3" align="center">允许的透照厚度比 K　　　　　　　　　　　　　　表 9.5.9-1</td></tr>
<tr><td>射线技术级别</td><td align="center">A 级</td><td align="center">B 级</td></tr>
<tr><td>平板焊接接头</td><td align="center">$K \leqslant 1.2$</td><td align="center">$K \leqslant 1.1$</td></tr>
</table>

6. 射线源至工件表面的最小距离（计算或诺模图）。

1）A 级射线检测技术：$f \geqslant 7.5 d_f \cdot b^{2/3}$；

2）B 级射线检测技术：$f \geqslant 15 d_f \cdot b^{2/3}$；

其中，f 为射线源至工件表面的距离，d_f 为射线源的有效焦点尺寸，b 为工件至胶片的距离。

7. 像质计的使用如下。

1）像质计应放置在工件源侧表面焊接接头的一端（在被检区长度的 1/4 左右位置），金属丝应横跨焊缝，细丝置于外侧。

2）像质计放置原则如下。

（1）单壁透照规定像质计放置在源侧，双壁单影透照规定像质计放置在胶片侧，双壁双影透照规定像质计可放置在源侧，也可放置在胶片侧。

（2）单壁透照中，如果像质计无法放置在源侧，允许放置在胶片侧，应进行对比试验。

3）原则上每张底片上都应有像质计的影像。当一次曝光完成多张胶片照相时，使用的像质计数量允许减少但应符合标准要求。

4）如底片黑度均匀部位（一般是邻近焊缝的母材金属区）能够清晰地看到长度不小于 10mm 的连续金属丝影像时，则认为该丝是可识别的。专用像质计至少应能识别两根金属丝。

8. 曝光量要求如下。

1）X 射线照相，根据标准要求按不同的板厚选择最高管电压。

2）采用 γ 射线源透照时，总的曝光时间应不小于输送源往返时间的 10 倍。

9. 曝光曲线。对每台在用射线设备均应做出经常检测材料的曝光曲线，依据曝光曲线确定曝光参数。

10. 焊缝摄影透照布置如图 9.5.9-1 所示。

11. 胶片处理要求。

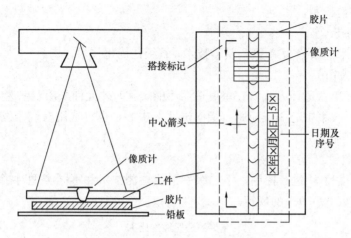

图9.5.9-1 摄影透照布置图

暗盒中的胶片经一定量的射线照射后，由于光化作用，在感光膜中生成人眼不可见的潜像，需经过显影作用才能转变为可见的黑色银像。胶片的处理一般采用手动或自动，可按以下过程进行。

显影——定影——水洗——干燥

显影：通常，温度为21℃时显影5min。

定影：定影时间通常为15~30min以上。

水洗：定影后的底片一定要经过足够时间的水洗，以便将底片上残余定影液和可溶性反应物冲洗干净。水质要求干净且具有流动性。

图9.5.10-1 射线探伤一般程序

干燥：底片经水洗后，应在洁净的空气中自然干燥，也可用烘片机烘干。

12. 底片质量要求如下。

1) 底片上，定位和识别标记影像应显示完整、位置正确。

2) 底片评定范围内的黑度 D 应符合下列规定：

(1) A级：≥2.0；

(2) B级：≥2.3。

3) 底片的像质计灵敏度：像质计的选用与双壁透照、单壁透照技术以及像质计摆放的位置有关，应符合现行国家标准《焊缝无损检测 射线检测 第1部分：X和伽玛射线的胶片技术》GB/T 3323.1—2019中附录B的规定。

13. 射线检测结果的评定和质量等级分类。

检测结果的评定和质量等级分类应符合现行国家标准《焊缝无损检测 射线检测验收等级 第1部分：钢、镍、钛及其合金》GB/T 37910.1—2019的规定。

9.5.10 焊缝射线探伤程序。

焊缝射线探伤一般程序如图9.5.10-1所示。

9.6 超声波探伤

9.6.1 超声波探伤是钢结构焊缝无损检测的主要方法，用于全熔透对接焊缝和内部缺陷的检测，依据设计要求和验收规范对焊接质量进行评级。

9.6.2 超声波探伤的检测依据包括：现行国家标准《钢结构工程施工质量验收标准》GB 50205—2020、《焊缝无损检测超声检测技术、检测等级和评定》GB/T 11345—2013、《钢结构超声波探伤及质量分级法》JG/T 203—2007。

9.6.3 超声波检测仪应符合现行国家标准《无损检测 应用导则》GB/T 5616—2014和现行行业标准《A 型脉冲反射式超声波探伤仪 通用技术条件》JB/T 10061—1999 的规定。超声波检测仪应定期进行性能测试，仪器性能测试应按现行行业标准《无损检测 A 型脉冲反射式超声检测系统工作性能测试方法》JB/T 9712 推荐的方法进行。

9.6.4 超声波检测用探头的检查频率、折射角、晶片尺寸等参数应符合现行国家标准《无损检测 应用导则》GB/T 5616—2014 的要求。

9.6.5 超声波检测用试块应符合现行国家标准《无损检测 超声检测用试块》GB/T 23905—2009 的要求。超声波探伤应使用两种类型试块：标准试块（校准试块）和对比试块（参考试块）。

9.6.6 超声波探伤应选用适当的液体或糊状物作为耦合剂，耦合剂应具有良好透声性和适宜流动性，不应对材料和人体有损伤作用，同时应便于检验后清理。典型的耦合剂为机油、甘油和糨糊，耦合剂中可加入适量的润湿剂或活性剂以便改善耦合性能。在试块上调节仪器和产品检验应采用相同的耦合剂。

9.6.7 超声波探伤的检测步骤如下。

1. 确定超声检验等级：检验等级分为 A、B、C 三级，A 级检验的完善程度最低，B级一般，C 级最高；检验难度系数按 A、B、C 顺序逐级增高。具体要求如下。

1）A 级检验采用一种角度探头在焊缝的单面单侧进行检验，只对允许扫查到的焊缝截面进行探测，一般不要求进行横向缺陷的检测。

2）B 级检验采用一种角度探头在焊缝的单面双侧进行检测，对整个焊缝截面进行扫查。

3）C 级检验至少要采用两种角度探头在焊缝的单面双侧进行检测，对整个焊缝截面进行扫查，同时要进行两个扫查方向和两种探头角度的横向缺陷检测。

2. 确定探伤灵敏度：探伤操作时的距离-波幅曲线灵敏度如表 9.6.7-1 所示。探测横向缺陷时，将各级灵敏度均提高 6dB。

距离-波幅曲线的灵敏度   表 9.6.7-1

	A	B	C
	8～50	8～300	8～300
判废线	DAC	DAC-4dB	DAC-2dB
定量线	DAC-10dB	DAC-10dB	DAC-8dB
评定线	DAC-16dB	DAC-16dB	DAC-14dB

3. 母材的检查：采用 C 级检验时，焊缝附近的母材区域在用斜探头检查合格后，还应用直探头再次检查，以便探测是否有影响斜角探伤结果的分层或其他种类缺陷存在。

4. 焊缝探伤操作：焊缝探伤操作的扫查方式主要包括：转动、环绕、左右、前后、锯齿形等。探伤操作中的缺陷数据记录应符合以下规定：

1）最大反射波幅位于 DAC 曲线 II 区的非危险性缺陷，其指示长度小于 10mm 时，按 5mm 计；

2）在检测范围内，相邻两个缺陷间距不大于 8mm 时，两个缺陷指示长度之和作为单个缺陷的指示长度；相邻两个缺陷间距大于 8mm 时，两个缺陷分别计算各自指示长度。

9.6.8 超声波探伤的检测结果评定如下。

1. 根据现行国家标准《焊缝无损检测 超声检测 技术、检测等级和评定》GB/T 11345—2013，检验结果等级分 A、B、C 三级，缺陷评定等级分 I、II、III、IV 四级。

2. 最大反射波幅位于 II 区的非危险性缺陷，应根据缺陷指示长度 ΔL 按表 9.6.8-1 评级。

缺陷的等级分类（mm）

表 9.6.8-1

评定等级	检验等级 板厚 (mm)	A 8～50	B 8～300	C 8～300
I		$2t/3$，最小 12	$t/3$，最小 10，最大 30	$t/3$，最小 10，最大 20
II		$3t/4$，最小 12	$2/3t$，最小 12，最大 50	$t/2$，最小 10，最大 30
III		$<t$，最小 20	$3/4t$，最小 16，最大 75	$2t/3$，最小 12，最大 50
IV		超过 III 级者		

注：t 为坡口加工侧母材板厚，母材板厚不同时，以较薄侧板厚为准。

3. 最大反射波幅不超过评定线（未达到 I 区）的缺陷均评定为 I 级。

4. 反射波幅位于 I 区的非裂纹类缺陷，均评定为 I 级。

5. 反射波幅位于 III 区的缺陷，无论其只是长度如何，均评定为 IV 级。

6. 最大反射波幅超过评定线的缺陷，检测人员判定为裂纹等危害性缺陷时，无论其波幅和尺寸如何均评定为 IV 级。

9.7　磁　粉　探　伤

9.7.1 磁粉探伤的检测依据包括现行国家标准《钢结构工程施工质量验收标准》GB 50205—2020、《焊缝无损检测 磁粉检测》GB/T 26951—2011、《焊缝无损检测 焊缝磁粉检测 验收等级》GB/T 26952—2011。

9.7.2 磁粉探伤用磁轭装置应适合试件的形状、尺寸、表面状态，并满足对缺陷的检测要求，并应符合现行国家标准《无损检测 磁粉检测》GB/T 15822—2005 的技术要求。

9.7.3　磁悬液中的磁粉浓度：一般非荧光磁粉为 10~25g/L，荧光磁粉为 1~2g/L。磁悬液的配置及检验，应符合现行国家标准《无损检测　磁粉检测第二部分：检测介质》GB/T 15822.2—2005 的规定。

9.7.4　非荧光磁粉检测应采用自然日光或灯光，亮度应大于 500lx；荧光磁粉应使用黑光灯装置，照射距离试件表面在 380mm 时测定紫外线辐照度应大于 $8\mu W/mm^2$，观察面亮度应小于 20lx。

9.7.5　A 型灵敏度试片用 $100\mu m$ 厚的软磁材料制成，型号有 1 号、2 号、3 号三种，其中人工槽深度分别为 $15\mu m$、$30\mu m$ 和 $60\mu m$。A 型灵敏度试片中有圆形和十字形人工槽；几何尺寸如图 9.7.5-1 所示。

当使用 A 型灵敏度试片有困难时，可用 C 型灵敏度试片（直线刻槽试片）来代替。C 型灵敏度试片其材质和 A 型灵敏度试片相同，其试片厚度为 $50\mu m$，人工槽深度为 $8\mu m$，几何尺寸如图 9.7.5-2 所示。

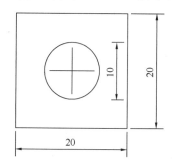

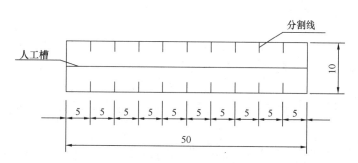

图 9.7.5-1　A 型灵敏度试片　　　　　　　　　图 9.7.5-2　C 型灵敏度试片

9.7.6　磁粉探伤的检测步骤。

1. 磁粉检测步骤包括：预先准备、磁化、施加磁粉、磁痕观察与记录、后处理等。

2. 预先准备应符合下列要求。

1）对试件探伤面应进行处理，清除检测区域内试件上的附着物（油漆、油脂、涂料、焊接飞溅、氧化皮等），处理范围应由焊缝向母材方向延伸 20mm。

2）选用磁悬液时，应根据试件表面的状况和试件使用要求，确定采用油剂载液或水剂载液。

3）根据现场条件、灵敏度要求，确定用荧光磁粉或非荧光磁粉。

4）根据被测试件的形状，尺寸选定磁化方法。

3. 磁化及磁粉施加应符合下列要求。

1）磁化时，磁场方向应尽量与探测的缺陷方向垂直，与探伤面平行。

2）当无法确定缺陷方向或有多个方向的缺陷时，应采用旋转磁场或采用两次不同方向的磁化。采用两次不同方向的磁化时，两次磁化方向之间应垂直。

3）用磁轭检测时，应有重叠覆盖区，磁轭每次移动的重叠覆盖部分应在 10~20mm 之间。

4）用触头法时，每次磁化的长度范围为 75~200mm，检测时，应保持触头端干净，触头与被检表面接触应良好，电极下宜采用衬垫，避免触头烧灼损坏被检表面。

5）探伤装置在被检部位放稳后才能接通电源，移去时应先断开电源。

6）在施加磁悬液时，可先喷洒一遍磁悬液使被测部位表面湿润，在磁化时再次喷洒磁悬液。磁悬液一般应喷洒在行进方向的前方，磁化需一直持续到磁粉施加完成为止，形成的磁痕不能被流动的液体所破坏。

4. 磁痕观察与记录应符合下列要求。

1）磁痕的观察应在磁悬液施加形成磁痕后立即进行。

2）非荧光磁粉的磁痕应在光线明亮处进行观察。采用荧光磁粉时，应使用黑光灯装置，并应在能识别荧光磁痕的亮度下进行观察。

3）在观察时，应对磁痕进行分析判断，区分缺陷磁痕和非缺陷磁痕，当无法确定时，可采用其他探伤方法（如渗透法等）进行验证。

4）可采用照相、绘图等方法记录缺陷的磁痕。

5. 检测完成后，应按下列要求进行后处理。

1）被检测构件因剩磁会影响使用性能时，应及时进行退磁。

2）对被测部位表面进行清理工作，除去磁粉，并清洗干净，必要时应进行防锈处理。

9.7.7 磁粉检测可允许有线形缺陷和圆形缺陷存在，当缺陷磁痕为裂纹缺陷时，应直接评定为不合格。

9.8 渗 透 探 伤

9.8.1 渗透探伤的检测依据包括现行国家标准《钢结构工程施工质量验收标准》GB 50205—2020、《无损检测 渗透检测 第1部分：总则》GB/T18851.1—2005、《无损检测 渗透检测 第2部分：渗透材料的检验》GB/T 18851.2—2008、《焊缝无损检测 焊缝渗透检测 验收等级》GB/T 26953—2011。

9.8.2 渗透检测用渗透液要求为：渗透能力强、截留性能好、易清除、润湿显像剂能力良好、荧光亮度（荧光）足够或颜色（着色）鲜艳。渗透液种类主要包括：着色渗透液、荧光渗透液。

9.8.3 渗透检测用去除剂用来去除工件表面多余渗透液的溶剂。

9.8.4 渗透检测用显像剂的作用是回渗渗透液、形成缺陷显示；显示横向扩展，肉眼可观察；提供较大反差，提高检测灵敏度。显像剂的种类包括：干式显像剂，湿式显像剂。

9.8.5 灵敏度试块主要用来进行灵敏度试验、工艺性试验、渗透系统比较试验等。常用试块有：铝合金淬火裂纹试块（A型试块）、不锈钢镀铬裂纹试块（B型试块）。各种试块使用后必须彻底清洗，清洗干净后将其放入丙酮或乙醇溶液中浸泡30min，晾干或吹干后，将试块放置在干燥处保存。

9.8.6 渗透探伤的检测步骤。

1. 检测表面准备和预清洗：方法有机械清洗、化学清洗、溶剂清洗。

2. 渗透液渗透：方法有浸涂法、喷涂法、刷涂法、浇涂法；渗透温度、时间（接触时间，停留时间）要求：10~50℃、10~30min。

3. 去除表面多余渗透液：方法有：水洗法，直接用水去除；亲水后乳化法，预水洗

→乳化→最终水洗；溶剂清洗法，将渗透液用溶剂擦拭去除。

4. 检测面干燥：去除工件表面水分，使渗透液充分渗进缺陷或回渗到显影剂，可通过用布擦干、压缩空气吹干、热风吹干、热空气循环烘干等方式进行，干燥时间越短越好。

5. 显像：利用毛细作用使渗透液回渗至工件表面，并形成清晰可见的显示图像。

9.8.7 渗透检测可允许有线形缺陷和圆形缺陷存在，当缺陷磁痕为裂纹缺陷时，应直接评定为不合格。

附录 9-A 钢结构焊接接头坡口形状和尺寸

9-A.0.1 焊条电弧焊接头全焊透坡口形状和尺寸，宜符合表 9-A.0.1 的要求。

焊条手工电弧焊全焊透坡口形状和尺寸   表 9-A.0.1

序号	标记	坡口形状示意图	板厚 (mm)	焊接位置	坡口尺寸 (mm)	备注
1	MC-BI-2 MC-TI-2 MC-CI-2	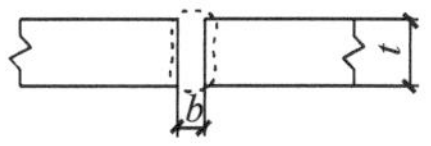 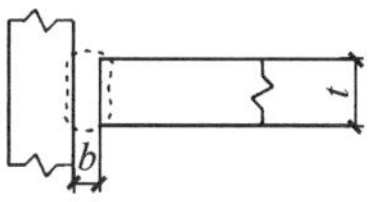 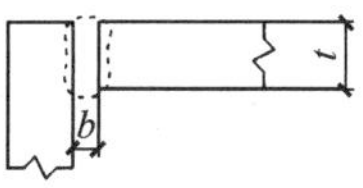	3～6	F H V O	$b=\dfrac{t}{2}$	清根
2	MC-BI-B1 MC-CI-B1	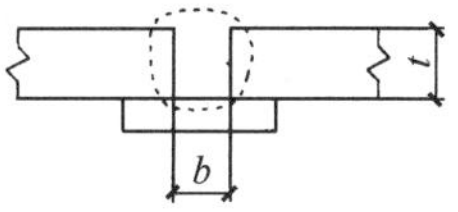 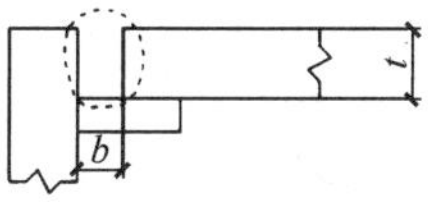	3～6	F H V O	$b=t$	
3	MC-BV-2 MC-CV-2	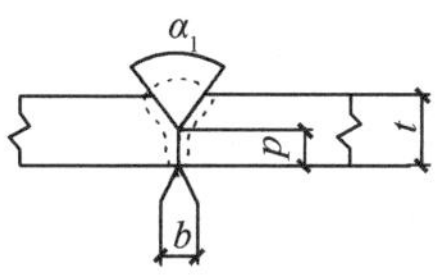 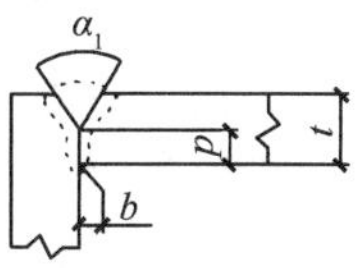	≥6	F H V O	$b=0～3$ $p=0～3$ $\alpha_1=60°$	清根

续表

序号	标记	坡口形状示意图	板厚(mm)	焊接位置	坡口尺寸 (mm)		备注
4	MC-BV-B1	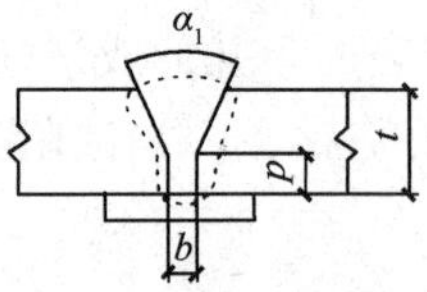	≥6	F，H V，O	b	α_1	
					6	45°	
				F，V O	10	30°	
					13	20°	
					$p=0\sim2$		
	MC-CV-B1	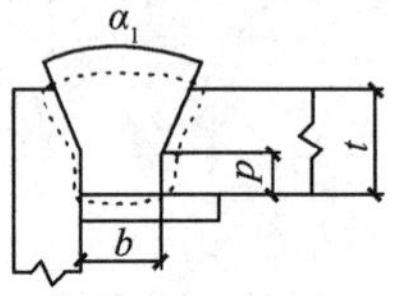	≥12	F，H V，O	b	α_1	
					6	45°	
				F，V O	10	30°	
					13	20°	
					$p=0\sim2$		
5	MC-BL-2	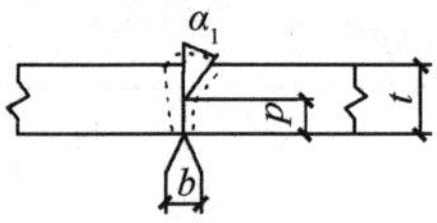	≥6	F H V O	$b=0\sim3$ $p=0\sim3$ $\alpha_1=45°$		清根
	MC-TL-2	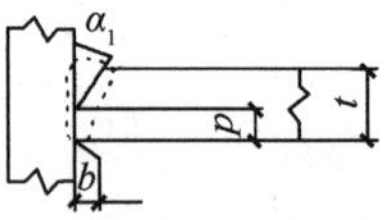					
	MC-CL-2	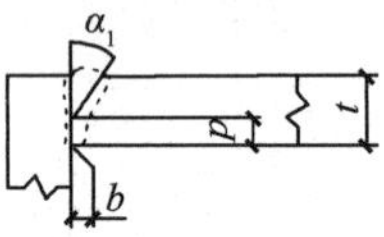					
6	MC-BL-B1	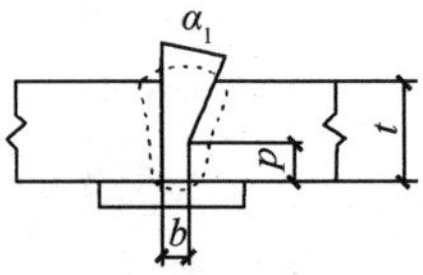	≥6	F，H V，O	b	α_1	
					6	45°	
		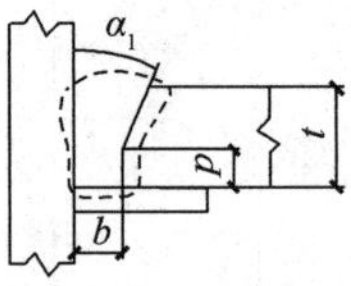		F，H V，O（F，V，O）	(10)	（30°）	
	MC-TL-B1						
	MC-CL-B1	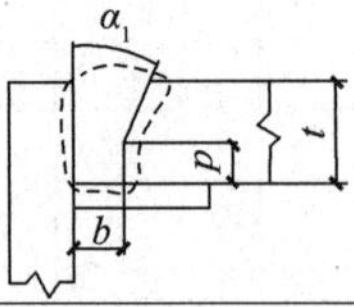		F，H V，O（F，V，O）	$p=0\sim2$		
7	MC-BX-2	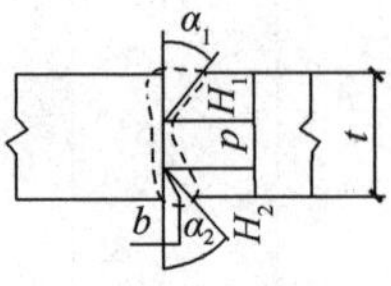	≥16	F H V O	$b=0\sim3$ $H_1=\dfrac{2}{3}(t-p)$ $p=0\sim3$ $H_2=\dfrac{1}{3}(t-p)$ $\alpha_1=45°$ $\alpha_2=60°$		清根

续表

序号	标记	坡口形状示意图	板厚（mm）	焊接位置	坡口尺寸（mm）	备注
8	MC-BK-2 MC-TK-2 MC-CK-2	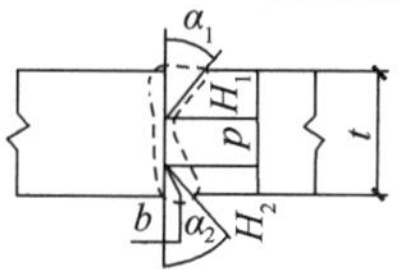	≥16	F H V O	$b=0\sim3$ $H_1=\dfrac{2}{3}(t-p)$ $p=0\sim3$ $H_2=\dfrac{1}{3}(t-p)$ $\alpha_1=45°$ $\alpha_2=60°$	清根

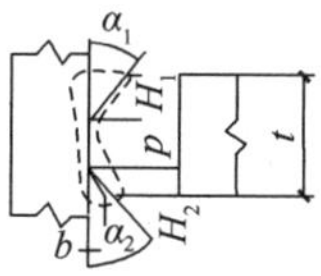

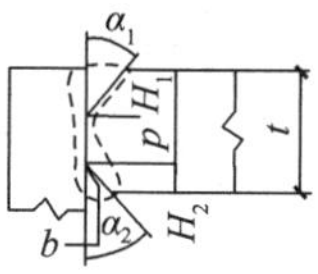

9-A.0.2　气体保护焊、自保护焊接头全焊透坡口形状和尺寸，宜符合表 9-A.0.2 的要求。

气体保护焊、自保护焊全焊透坡口形状和尺寸　　表 9-A.0.2

序号	标记	坡口形状示意图	板厚（mm）	焊接位置	坡口尺寸（mm）	备注
1	GC-BI-2 GC-TI-2 GC-CI-2	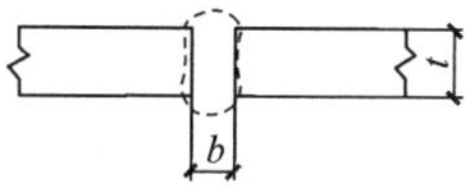	$3\sim8$	F H V O	$b=0\sim3$	清根
2	GC-BI-B1 GC-CI-B1	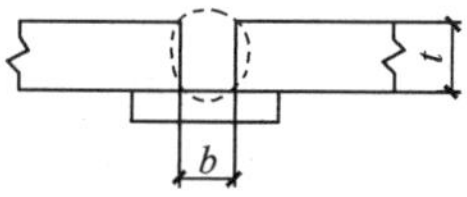	$6\sim10$	F H V O	$b=t$	
3	GC-BV-2 GC-CV-2	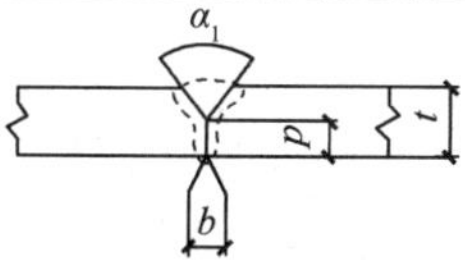	≥6	F H V O	$b=0\sim3$ $p=0\sim3$ $\alpha_1=60°$	清根

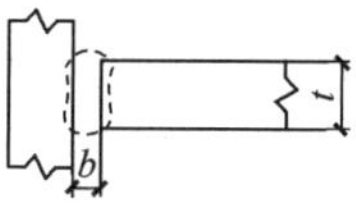

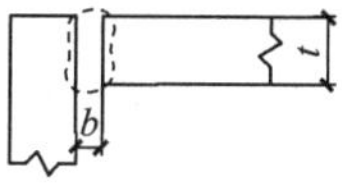

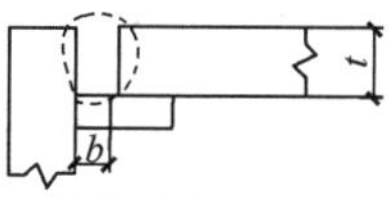

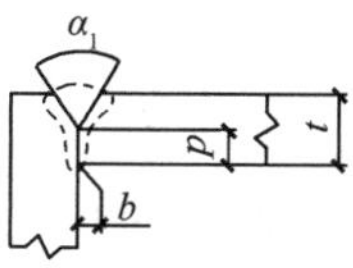

续表

序号	标记	坡口形状示意图	板厚 (mm)	焊接位置	坡口尺寸 (mm)		备注
4	GC-BV-Bl	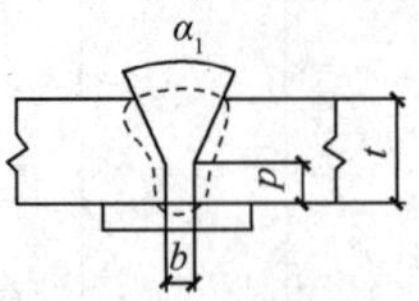	≥6	F V O	b	α_2	
					6	45°	
	GC-CV-Bl	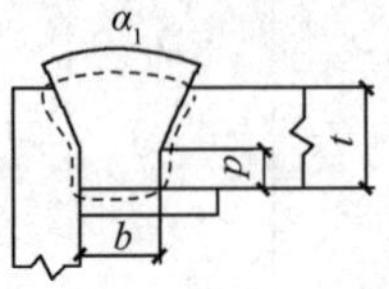	≥12		10	30°	
					$p=0\sim2$		
5	GC-BL-2	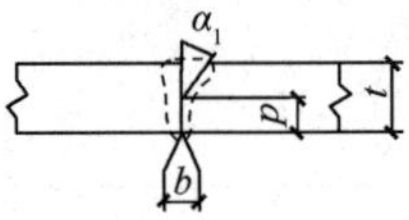	≥6	F H V O	$b=0\sim3$ $p=0\sim3$ $\alpha_1=45°$		清根
	GC-TL-2	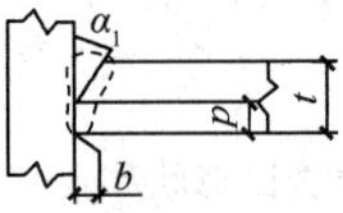					
	GC-CL-2	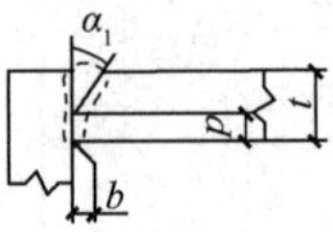					
6	GC-BL-Bl	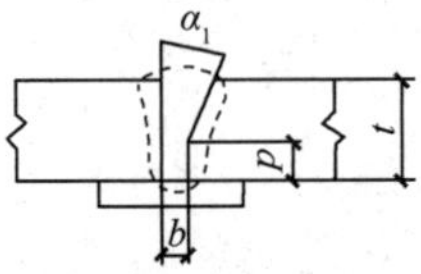	≥6	F, H V, O	b	α_1	
					6	45°	
	GC-TL-Bl	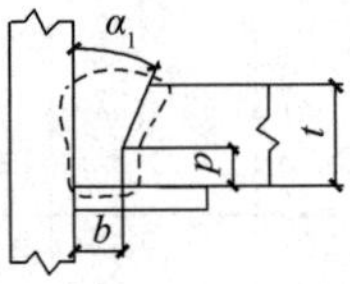		F	10	30°	
	GC-CL-Bl				$p=0\sim2$		
7	GC-BX-2	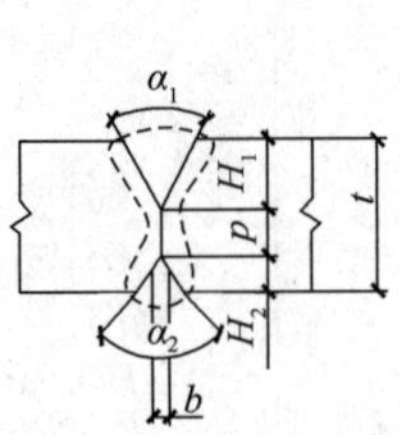	≥16	F H V O	$b=0\sim3$ $H_1=\dfrac{2}{3}(t-p)$ $p=0\sim3$ $H_2=\dfrac{1}{3}(t-p)$ $\alpha_1=60°$ $\alpha_2=60°$		清根

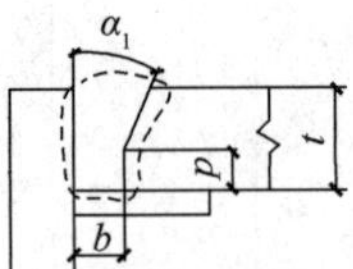

序号	标记	坡口形状示意图	板厚(mm)	焊接位置	坡口尺寸(mm)	备注
8	GC-BK-2 GC-TK-2 GC-CK-2	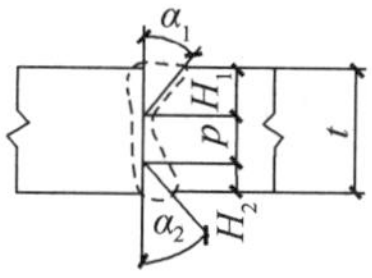	≥16	F H V O	$b=0\sim3$ $H_1=\dfrac{2}{3}(t-p)$ $p=0\sim3$ $H_2=\dfrac{1}{3}(t-p)$ $\alpha_1=45°$ $\alpha_2=60°$	清根

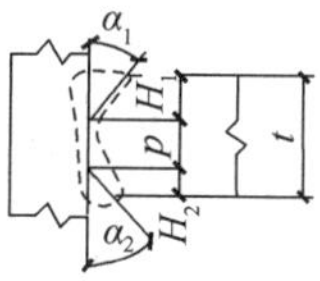

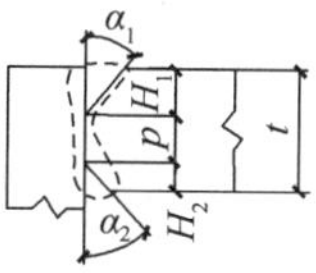

9-A.0.3　埋弧焊接头全焊透坡口形状和尺寸，宜符合表9-A.0.3的要求。

埋弧焊全焊透坡口形状和尺寸　　　　　　　表9-A.0.3

序号	标记	坡口形状示意图	板厚(mm)	焊接位置	坡口尺寸(mm)	备注
1	SC-BI-2 SC-TI-2 SC-CI-2		6~12 6~10	F F F	$b=0$	清根
2	SC-BI-B1 SC-CI-B1	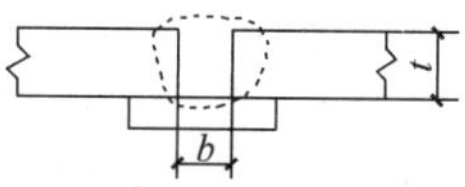	6~10	F	$b=t$	

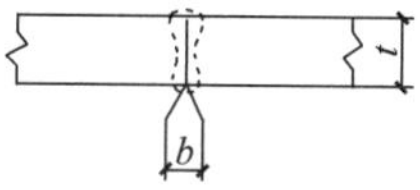

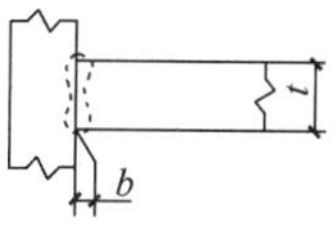

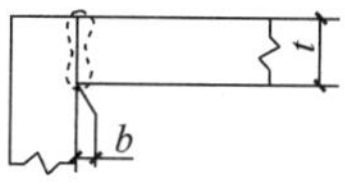

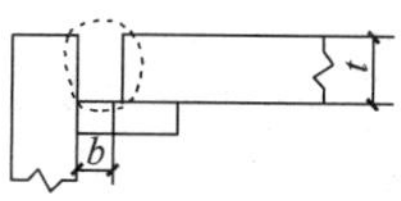

序号	标记	坡口形状示意图	板厚 （mm）	焊接位置	坡口尺寸 （mm）	备注
3	SC-BV-2	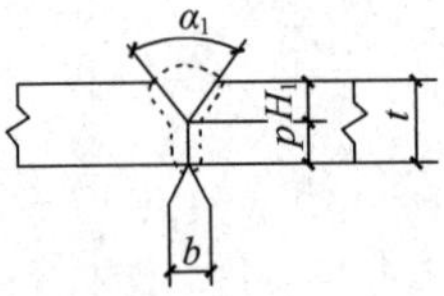	≥12	F	$b=0$ $H_1 = t - p$ $P=6$ $\alpha_1 = 60°$	清根
	SC-CV-2	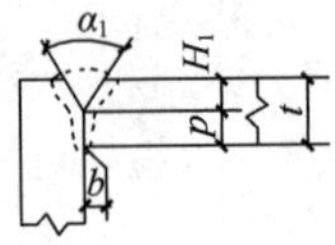	≥10	F	$b=0$ $P=6$ $\alpha_1 = 60°$	清根
4	SC-BV-B1	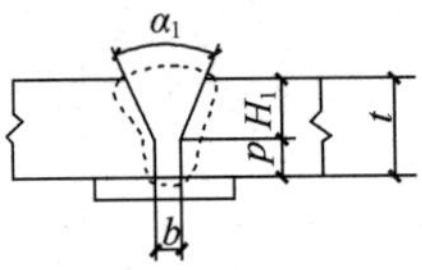	≥10	F	$b=8$ $H_1 = t - p$ $P=2$ $\alpha_1 = 30°$	
	SC-CV-B1	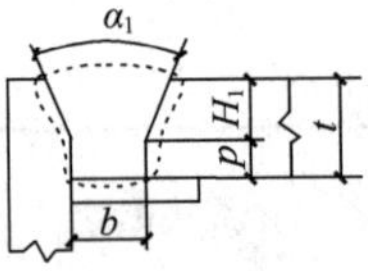				
5	SC-BL-2	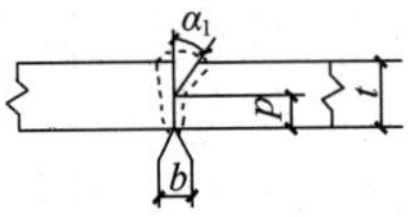	≥12	F	$b=0$ $H_1 = t - p$ $P=6$ $\alpha_1 = 55°$	清根
		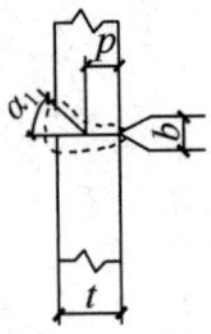	≥10	H		
	SC-TL-2	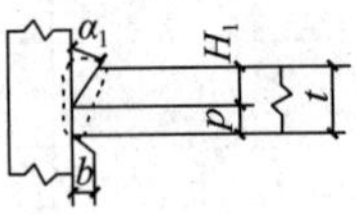	≥8	F	$b=0$ $H_1 = t - p$ $P=6$ $\alpha_1 = 60°$	
	SC-CL-2	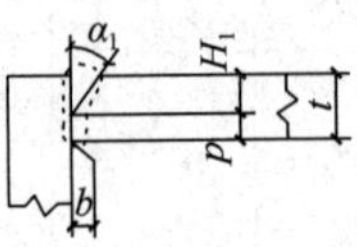	≥8	F	$b=0$ $H_1 = t - p$ $P=6$ $\alpha_1 = 55°$	清根

续表

序号	标记	坡口形状示意图	板厚（mm）	焊接位置	坡口尺寸（mm）		备注
6	SC-BL-B1	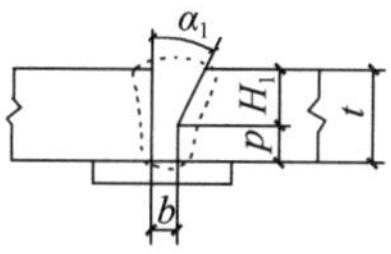	≥10	F	b	α_1	
					6	45°	
	SC-TL-B1	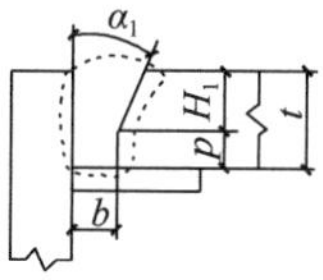			10	30°	
	SC-CL-B1	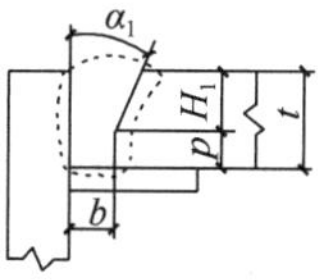			$P=2$		
7	SC-BX-2	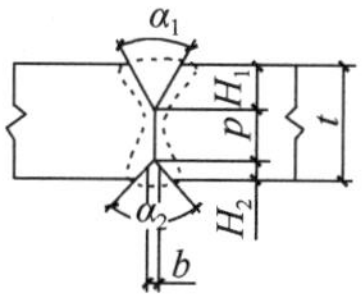	≥20	F	$b=0$ $H_1=\dfrac{2}{3}(t-p)$ $p=6$ $H_2=\dfrac{1}{3}(t-p)$ $\alpha_1=45°$ $\alpha_2=60°$		清根
8	SC-BK-2	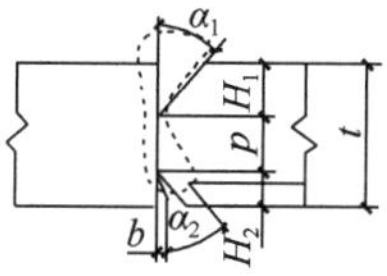	≥20	F	$b=0$ $H_1=\dfrac{2}{3}(t-p)$ $p=5$ $H_2=\dfrac{1}{3}(t-p)$ $\alpha_1=45°$ $\alpha_2=60°$		清根
		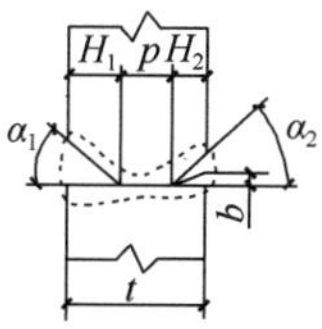	≥12	H			
	SC-TK-2	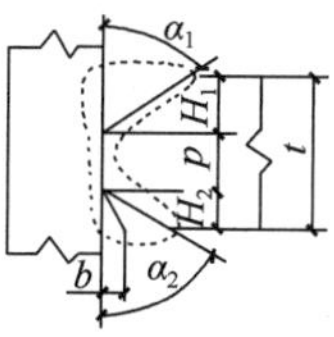	≥20	F	$b=0$ $H_1=\dfrac{2}{3}(t-p)$ $p=5$ $H_2=\dfrac{1}{3}(t-p)$ $\alpha_1=45°$ $\alpha_2=60°$		清根

9-A.0.4　焊条手工电弧焊接头部分焊透坡口形状和尺寸，宜符合表9-A.0.4的要求。

焊条手工电弧焊部分焊透坡口形状和尺寸　　　　　　　　表9-A.0.4

序号	标记	坡口形状示意图	板厚（mm）	焊接位置	坡口尺寸（mm）	备注
1	MP-BI-1	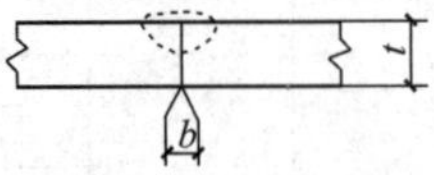	3～6	F H V O	$b=0$	
	MP-CI-1	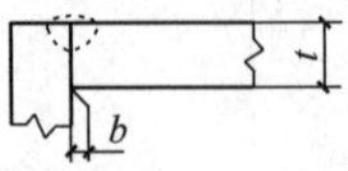				
2	MP-BI-2	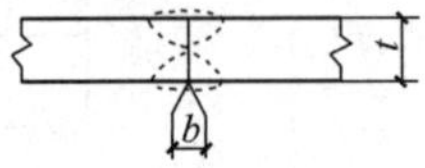	3～6	FH VO	$b=0$	
	MP-CI-2	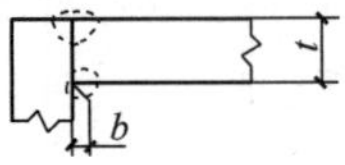	6～10	FH VO	$b=0$	
3	MP-BV-1	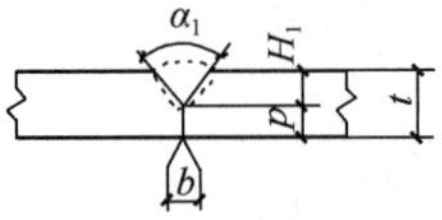	≥6	F H V O	$b=0$ $H_1 \geqslant 2\sqrt{t}$ $p=t-H_1$ $\alpha_1=60°$	
	MP-BV-2	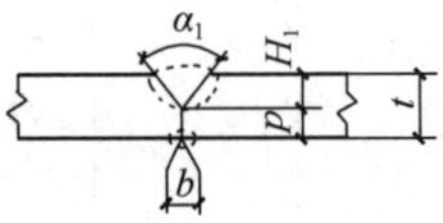				
	MP-CV-1	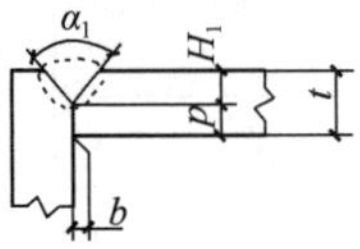				
	MP-CV-2	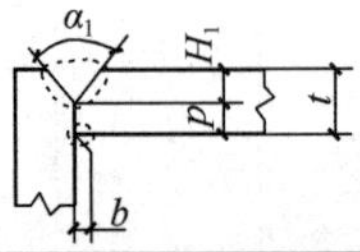				
4	MP-BL-1	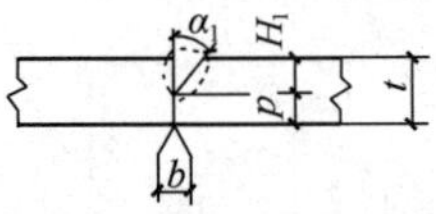	≥6	F H V O	$b=0$ $H_1 \geqslant 2\sqrt{t}$ $p=t-H_1$ $\alpha_1=45°$	
	MP-BL-2	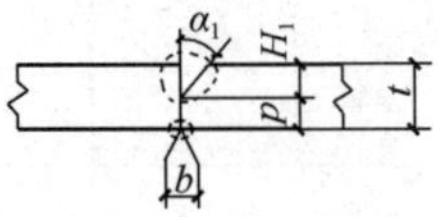				
	MP-CL-1	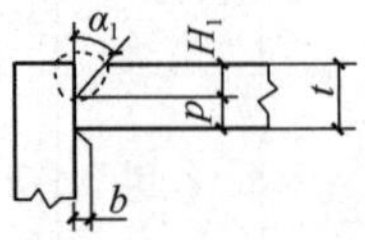				
	MP-CL-2	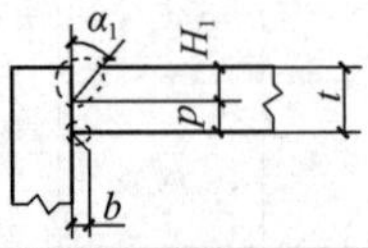				

序号	标记	坡口形状示意图	板厚（mm）	焊接位置	坡口尺寸（mm）	备注
5	MP-TL-1 MP-TL-2	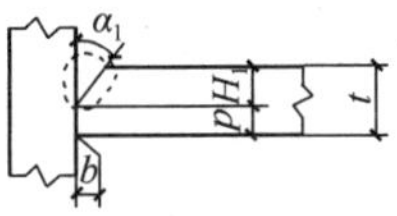	≥10	F H V O	$b=0$ $H_1 \geqslant 2\sqrt{t}$ $p = t - H_1$ $\alpha_1 = 45°$	
6	MP-BX-2	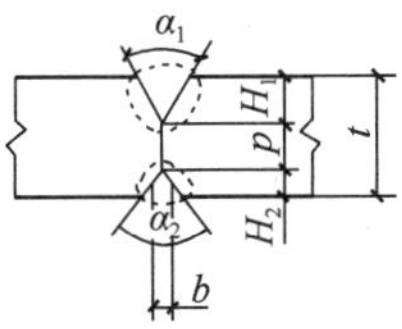	≥25	F H V O	$b=0$ $H_1 \geqslant 2\sqrt{t}$ $p = t - H_1 - H_2$ $H_2 \geqslant 2\sqrt{t}$ $\alpha_1 = 60°$ $\alpha_2 = 60°$	
7	MP-BK-2 MP-TK-2 MP-CK-2	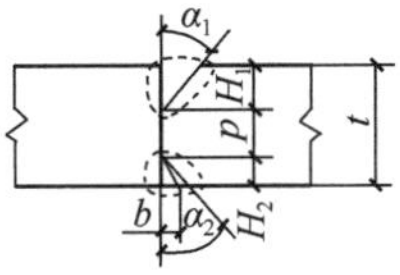	≥25	F H V O	$b=0$ $H_1 \geqslant 2\sqrt{t}$ $p = t - H_1 - H_2$ $H_2 \geqslant 2\sqrt{t}$ $\alpha_1 = 45°$ $\alpha_2 = 45°$	

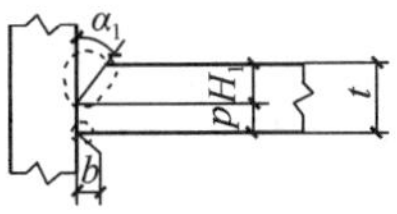

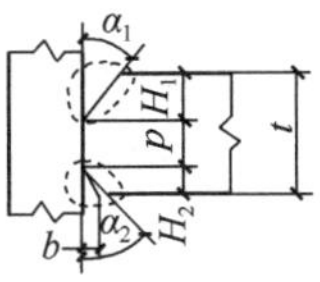

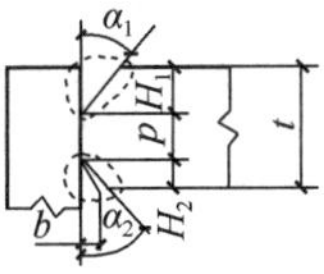

9-A.0.5 气体保护焊、自保护焊接头部分焊透坡口形状和尺寸，宜符合表 9-A.0.5 的要求。

气体保护焊、自保护焊部分焊透坡口形状和尺寸 表 9-A.0.5

序号	标记	坡口形状示意图	板厚（mm）	焊接位置	坡口尺寸（mm）	备注
1	GP-BI-1 GP-CI-1	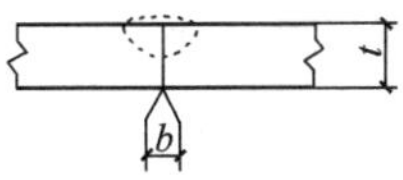	3～10	F H V O	$b=0$	

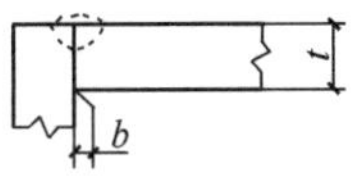

续表

序号	标记	坡口形状示意图	板厚 （mm）	焊接位置	坡口尺寸 （mm）	备注
2	GP-BI-2	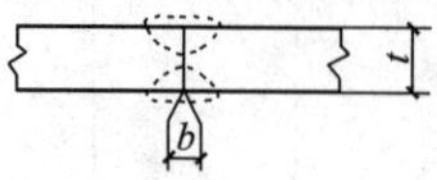	3～10	F H V O	$b=0$	
	GP-CI-2	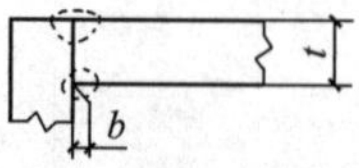	10～12			
3	GP-BV-1	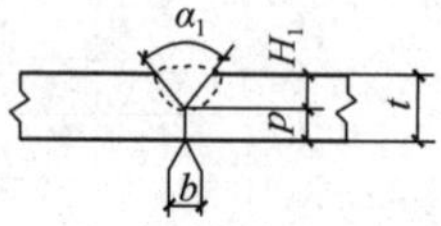	≥6	F H V O	$b=0$ $H_1 \geqslant 2\sqrt{t}$ $p=t-H_1$ $\alpha_1=60°$	
	GP-BV-2	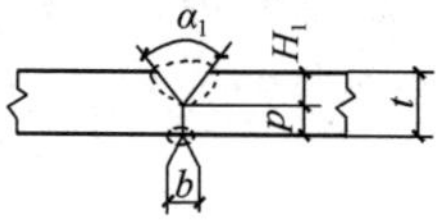				
	GP-CV-1	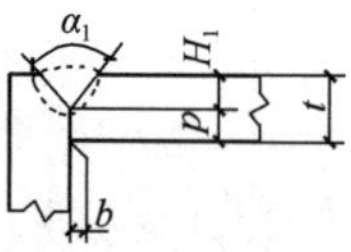				
	GP-CV-2	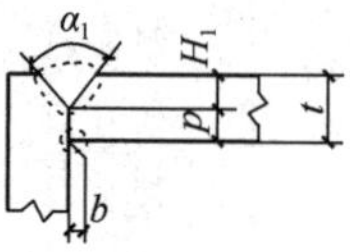				
4	GP-BL-1	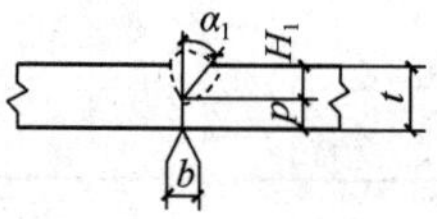	≥6	F H V O	$b=0$ $H_1 \geqslant 2\sqrt{t}$ $p=t-H_1$ $\alpha_1=45°$	
	GP-BL-2	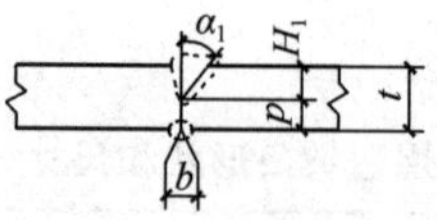				
	GP-CL-1	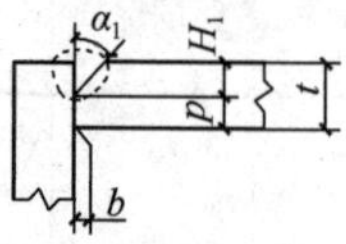				
	GP-CL-2	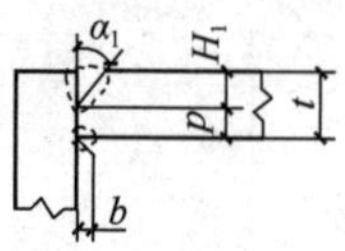				

续表

序号	标记	坡口形状示意图	板厚（mm）	焊接位置	坡口尺寸（mm）	备注
5	GP-TL-1 GP-TL-2	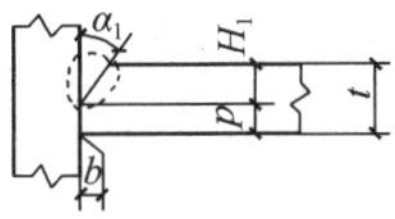 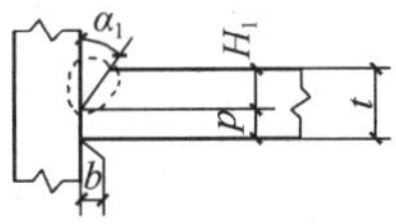	≥10	F H V O	$b=0$ $H_1 \geqslant 2\sqrt{t}$ $p = t - H_1$ $\alpha_1 = 45°$	
6	GP-BX-2	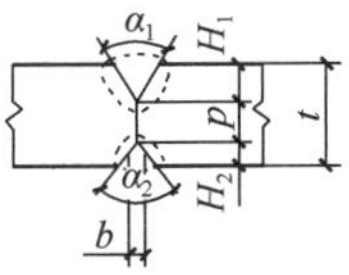	≥25	F H V O	$b=0$ $H_1 \geqslant 2\sqrt{t}$ $p = t - H_1 - H_2$ $H_2 \geqslant 2\sqrt{t}$ $\alpha_1 = 60°$ $\alpha_2 = 60°$	
7	GP-BK-2 GP-TK-2 GP-CL-2	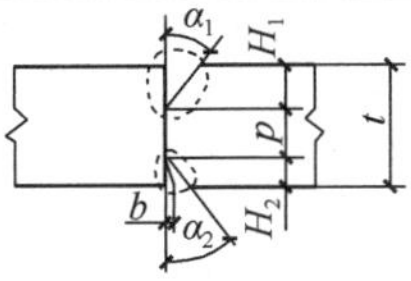 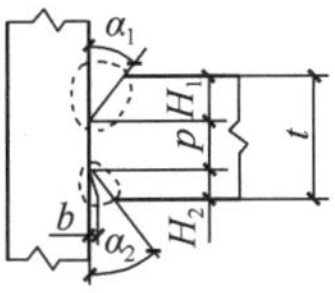 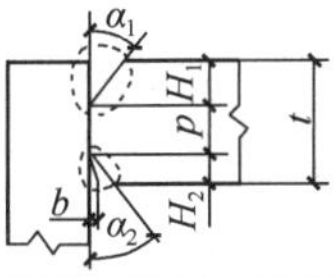	≥25	F H V O	$b=0$ $H_1 \geqslant 2\sqrt{t}$ $p = t - H_1$ $H_2 \geqslant 2\sqrt{t}$ $\alpha_1 = 45°$ $\alpha_2 = 45°$	

9-A.0.6 埋弧焊接头部分焊透坡口形状和尺寸，宜符合表9-A.0.6的要求。

埋弧焊部分焊透坡口形状和尺寸 表9-A.0.6

序号	标记	坡口形状示意图	板厚（mm）	焊接位置	坡口尺寸（mm）	备注
1	SP-BI-1 SP-CI-1	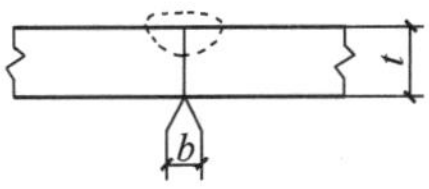 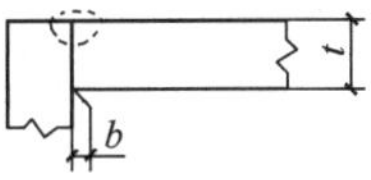	6～12	F	$b=0$	

序号	标记	坡口形状示意图	板厚 （mm）	焊接位置	坡口尺寸 （mm）	备注
2	SP-BI-2		$6\sim20$	F	$b=0$	
	SP-CI-2					
3	SP-BV-1		$\geqslant14$	F	$b=0$ $H_1\geqslant2\sqrt{t}$ $p=t-H_1$ $\alpha_1=60°$	
	SP-BV-2					
	SP-CV-1					
	SP-CV-2					
4	SP-BL-1		$\geqslant14$	F H	$b=0$ $H_1\geqslant2\sqrt{t}$ $p=t-H_1$ $\alpha_1=60°$	
	SP-BL-2					
	SP-CL-1					
	SP-CL-2					

续表

序号	标记	坡口形状示意图	板厚 (mm)	焊接位置	坡口尺寸 (mm)	备注
5	SP-TL-1 SP-TL-2	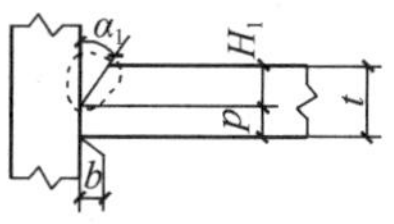	$\geqslant 14$	F H	$b=0$ $H_1 \geqslant 2\sqrt{t}$ $p=t-H_1$ $\alpha_1=60°$	
6	SP-BX-2	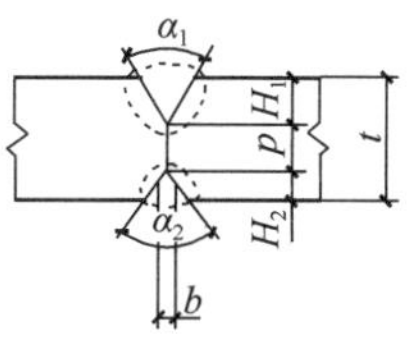	$\geqslant 25$	F	$b=0$ $H_1 \geqslant 2\sqrt{t}$ $p=t-H_1-H_2$ $H_2 \geqslant 2\sqrt{t}$ $\alpha_1=60°$ $\alpha_2=60°$	
7	SP-BK-2 SP-TK-2 SP-CK-2	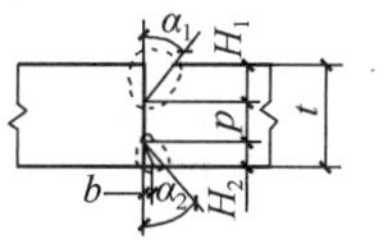	$\geqslant 25$	F H	$b=0$ $H_1 \geqslant 2\sqrt{t}$ $p=t-H_1-H_2$ $H_2 \geqslant 2\sqrt{t}$ $\alpha_1=60°$ $\alpha_2=60°$	

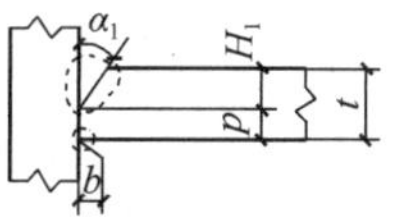

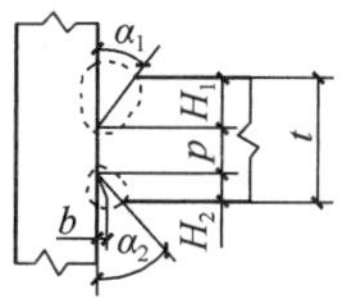

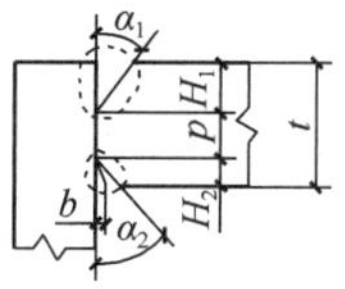

参考文献

[1] 焊接接头拉伸试验方法 GB/T 2651—2008[S]. 北京：中国标准出版社，2008.

[2] 焊接接头弯曲试验方法 GB/T 2653—2008[S]. 北京：中国标准出版社，2008.

[3] 焊缝无损检测　射线检测　第 1 部分：X 和伽马射线的胶片计算 GB/T 3323.1—2019[S]. 北京：中国标准出版社，2019.

[4] 焊缝无损检测　射线检测验收等级　第 1 部分：钢、镍、钛及其合金 GB/T 37910.1—2019[S]. 北京：中国标准出版社，2019.

[5] 焊缝无损检测超声检测技术、检测等级和评定 GB/T 11345—2013[S]. 北京：中国标准出版社 2013.

[6] 钢结构超声波探伤及质量分级法 JG/T 203—2007[S]. 北京：中国标准出版社，2007.

[7] 无损检测 应用导则 GB/T 5616—2014[S]. 北京：中国标准出版社，2014.

[8] A 型脉冲反射式超声波探伤仪 通用技术条件 JB/T 10061—1999[S]. 北京：机械工业出版社，1999.

[9] 无损检测 超声检测用试块 GB/T 23905—2009[S]. 北京：中国标准出版社，2009.

[10] 焊缝无损检测 磁粉检测 GB/T 26951—2011[S]. 北京：中国标准出版社，2011.

[11] 焊缝无损检测 焊缝磁粉检测 验收等级 GB/T 26952—2011[S]. 北京：中国标准出版社，2011.

[12] 无损检测 磁粉检测 第二部分：检测介质 GB/T 15822.2—2005[S]. 北京：中国标准出版社，2005.

[13] 无损检测 渗透检测 第1部分：总则 GB/T 18851.1—2005[S]. 北京：中国标准出版社，2005.

[14] 无损检测 渗透检测 第2部分：渗透材料的检验 GB/T 18851.2—2008[S]. 北京：中国标准出版社，2008.

[15] 焊缝无损检测 焊缝渗透检测 验收等级 GB/T 26953—2011[S]. 北京：中国标准出版社，2011.

第 4 篇　紧固件连接

第10章 铆 钉 连 接

10.1 铆钉连接的一般特性

10.1.1 铆接连接是利用铆钉将两个或两个以上的元件（一般为板材或型材）连接在一起的一种不可拆卸的静连接，简称铆接。是将一端带有预制钉头的金属圆杆，插入被连接构件的圆孔中，利用铆钉机或压铆机铆合而成的连接形式。铆钉连接有强固铆接、紧密铆接和强密铆接三种种类。建筑钢结构主要应用强固铆接。铆钉连接有热铆和冷铆两种方法。热铆是将铆钉加热后用铆钉机铆合的方法。冷铆是在常温下铆合而成的方法。在建筑钢结构工程施工中一般都采用热铆的方法进行。铆接的形式有搭接、对接、角接和相互铆接四种形式。

10.1.2 铆钉连接的优点是工艺简单、连接可靠、抗震、耐冲击且不可拆卸。但缺点也很明显：结构笨重、劳动强度大、噪声大、生产效率低。和焊接相比，铆接的经济性和紧密性不如前者。和螺栓连接相比，铆接不适应于太厚的材料，因其抗拉强度不抗剪强度低很多，也不适应于承受拉力。由于焊接和高强螺栓技术的进步，在建筑钢结构方面铆接的应用已经越来越少。

10.1.3 铆钉有空心和实心两大类。实心铆钉连接多用于受力大的金属零件的连接，空心铆钉连接多用于受力较小的薄板或非金属零件连接。

10.1.4 铆钉有半圆头铆钉、平锥头铆钉、沉头铆钉和半沉头铆钉等多种形式，不同类型铆钉的适用范围如下。

1. 半圆头铆钉，适用于连接钢板厚度等于和小于5倍铆钉直径的连接。

2. 平锥头铆钉，适用于连接钢板总厚度在5~7倍铆钉直径的连接。

3. 沉头铆钉，沉头铆钉的头顶是平的。适用于构件表面要求平整的部位，但沉头铆钉不能用于铆钉受拉的部位。沉头铆钉适用于厚度较小的构件的冷铆连接。

4. 半沉头铆钉，头顶是有圆弧，看起来更美观。适应于厚度较小的构件的冷铆连接。

10.1.5 铆钉的排列方式和螺栓相同，在型钢上布置铆钉和选用铆钉直径时，应考虑型钢尺寸的限制。

10.2 铆 钉 的 规 格

10.2.1 半圆头铆钉、平锥头铆钉、沉头铆钉和半沉头铆钉的规格以及对应的国家标准如下。

1. 半圆头铆钉的现行国家标准为《半圆头铆钉（粗制）》GB 863.1—1986，规格尺寸如表10.2.1-1、表10.2.1-2所示。

半圆头铆钉尺寸

表 10.2.1-1

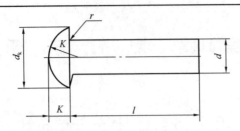

标记示例：

　　直径 12mm、长 50mm、材料为 BL2、不经表面处理的半圆头铆钉：

　　铆钉 GB 863.1—1986　12×50

（mm）

d	公称	12	(14)	16	(18)	20	(22)	21	(27)	30	36
	max	12.3	14.3	16.3	18.3	20.35	22.35	21.35	27.35	30.35	36.1
	min	11.7	13.7	15.7	17.7	19.65	21.65	23.65	26.65	29.65	35.6
d_k	max	22	25	30	33.1	35.1	40.4	44.4	49.4	54.8	63.8
	min	20	23	28	30.6	33.6	37.6	41.6	45.6	51.2	60.2
K	max	8.5	9.5	10.5	13.3	14.8	16.3	17.8	20.2	22.2	26.2
	min	7.5	8.5	9.5	11.7	13.2	14.7	16.2	17.8	19.8	23.8
r	max	0.5	0.5	0.5	0.5	0.8	0.8	0.8	0.8	0.8	0.8
R	～	11	12.5	15.5	16.5	18	20	22	26	27	32

注：尽可能不采用括号内的规格。

半圆头铆钉商品规格范围（mm）

表 10.2.1-2

公称	l min	l max	12	(14)	16	(18)	20	(22)	24	(27)	30	36
20	19.35	20.65										
22	21.35	22.65										
24	23.35	24.65										
26	25.35	26.65										
28	27.35	28.65										
30	29.35	30.65										
32	31.2	32.8										
35	34.2	35.8										
38	37.2	38.8										
40	39.2	40.8										
42	41.2	42.8										
45	44.2	45.8										
48	47.2	48.8			商品							
50	49.2	50.8										
52	51.05	52.95										
55	54.06	55.95										
58	57.06	58.95										

续表

公称	min	max	12	(14)	16	(18)	20	(22)	24	(27)	30	36
		l					*d*					
60	59.05	60.95										
65	64.06	65.95										
70	69.05	70.95										
75	74.05	75.95					规格					
80	79.05	80.95										
85	83.9	86.1										
90	88.9	91.1										
95	93.9	96.1										
100	98.9	101.1								范围		
110	108.9	111.1										
120	118.9	121.1										
130	128.7	131.3										
140	138.7	141.3										
150	148.7	151.3										
160	158.7	161.3										
170	168.7	171.3										
180	178.7	181.3										
190	188.55	191.45										
200	198.55	201.45										

注：尽可能不采用括号内的规格。

2. 平锥头铆钉的现行国家标准为《平锥头铆钉（粗制）》GB/T 864—1986，规格尺寸如表 10.2.1-3、表 10.2.1-4 所示。

平锥头铆钉（粗制）尺寸　　　　　　　　　　　　表 10.2.1-3

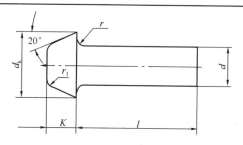

标记示例：

直径 12mm、长 50mm、材料为 BL2、不经表面处理的平锥头铆钉：

铆钉 GB/T 864—1986—12×50

(mm)

	公称	12	(14)	16	(18)	20	(22)	24	(27)	30	36
d	max	12.3	14.3	16.3	18.3	20.35	22.35	24.35	27.35	30.35	36.4
	min	11.7	13.7	15.7	17.7	19.65	21.65	23.65	26.65	29.65	35.6
d_k	max	21	25	29	32.4	35.4	39.9	41.4	46.4	51.4	61.8
	min	19	23	27	29.6	32.6	37.1	38.6	43.6	48.6	58.2

K	max	10.5	12.8	14.8	16.8	17.8	20.2	22.7	24.7	28.2	34.6
	min	9.5	11.2	13.2	15.2	16.2	17.8	20.3	22.3	25.8	31.4
r	max	0.5	0.5	0.5	0.5	0.8	0.8	0.8	0.8	0.8	0.8
r_1	max	2	2	2	2	3	3	3	3	3	3

注：尽可能不采用括号内的规格。

平锥头铆钉（粗制）通用规格范围（mm）　　　　表 10.2.1-4

l 公称	min	max	12	(14)	16	(18)	20	(22)	24	(27)	30	36
20	19.35	20.65										
22	21.35	22.65										
24	23.35	24.65										
26	25.35	26.65										
28	27.35	28.65										
30	29.35	30.65										
32	31.2	32.8										
35	34.2	35.8										
38	37.2	38.8										
40	39.2	40.8										
42	41.2	42.8										
45	44.2	45.8										
48	47.2	48.8										
50	49.2	50.8			通							
52	51.05	52.95										
55	54.06	55.95				用						
58	57.06	58.95										
60	59.05	60.95					规					
65	64.06	65.95										
70	69.05	70.95						格				
75	74.05	75.95										
80	79.05	80.95							范			
85	83.9	86.1										
90	88.9	91.1							围			
95	93.9	96.1										
100	98.9	101.1										
110	108.9	111.1										
120	118.9	121.1										
130	128.7	131.3										
140	138.7	141.3										
150	148.7	151.3										
160	158.7	161.3										
170	168.7	171.3										
180	178.7	181.3										
190	188.55	191.45										
200	198.55	201.45										

注：尽可能不采用括号内的规格。

3. 沉头铆钉的现行国家标准为《沉头铆钉（粗制）》GB 865—1986，尺寸如表 10.2.1-5、表 10.2.1-6 所示。

沉头铆钉（粗制）尺寸　　　　　表 10.2.1-5

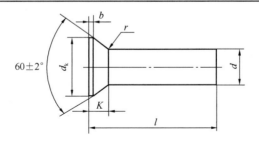

标记示例：

　　直径 12mm、长 50mm、材料为 BL2、不经表面处理的沉头铆钉：

　　铆钉 GB 865—1986—12×50

（mm）

	公称	12	(14)	16	(18)	20	(22)	24	(27)	30	36
d	max	12.3	14.3	16.3	18.3	20.35	22.35	24.35	27.35	30.35	36.4
	min	11.7	13.7	15.7	17.7	19.65	21.65	23.65	26.65	29.65	35.6
d_k	max	19.6	22.5	25.7	29	33.4	37.4	40.4	44.4	51.4	59.8
	min	17.6	20.6	23.7	27	30.6	34.6	37.6	41.6	48.6	56.8
r	max	0.5	0.5	0.5	0.5	0.8	0.8	0.8	0.8	0.8	0.8
b	max	0.6	0.6	0.6	0.8	0.8	0.8	0.8	0.8	0.8	0.8
K	≈	6	7	8	9	11	12	13	14	17	19

注：尽可能不采用括号内的规格。

沉头铆钉（粗制）商品规格范围（mm）　　　　表 10.2.1-6

公称	l min	l max	12	(14)	16	(18)	20	(22)	24	(27)	30	36
20	19.35	20.65										
22	21.35	22.65										
24	23.35	24.65										
25	35.35	26.65										
28	27.35	28.65										
30	29.35	30.65										
32	31.2	32.8										
35	34.2	35.8										
38	37.2	38.8										
40	39.2	40.8										
42	41.2	42.8										
45	44.2	45.8	商									
48	47.2	48.8										
50	49.2	50.8			品							
52	51.05	52.95										

续表

	l						d					
公称	min	max	12	(14)	16	(18)	20	(22)	24	(27)	30	36
55	54.06	55.95				规						
58	57.06	58.95										
60	59.05	60.95				格						
65	64.06	65.95										
70	69.05	70.95					范					
75	74.05	75.95										
80	79.05	80.95						围				
85	83.9	86.1										
90	88.9	91.1										
95	93.9	96.1										
100	98.9	101.1										
110	108.9	111.1										
120	118.9	121.1										
130	128.7	131.3										
140	138.7	141.3										
150	148.7	151.3										
160	158.7	161.3										
170	168.7	171.3										
180	178.7	181.3										
190	188.55	191.45										
200	198.55	201.45										

注：尽可能不采用括号内的规格。

4. 半沉头铆钉的现行国家标准为《半沉头铆钉（粗制）》GB 866—1986，规格尺寸如表 10.2.1-7、表 10.2.1-8 所示。

半沉头铆钉（粗制）尺寸**表 10.2.1-7**

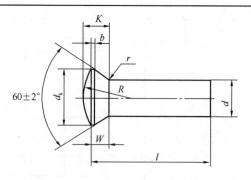

标记示例：

直径 12mm、长 50mm、材料为 BL2、不经表面处理的半沉头铆钉：

铆钉 GB 866—1986—12×50

(mm)

	公称	12	(14)	16	(18)	20	(22)	24	(27)	30	36
d	max	12.3	14.3	16.3	18.3	20.35	22.35	24.35	27.35	30.35	36.4
	min	11.7	13.7	15.7	17.7	19.65	21.65	23.65	26.65	29.65	35.6

续表

d_k	max	19.6	22.5	25.7	29	33.4	37.4	40.4	44.4	51.4	59.8
	min	17.6	20.5	23.7	27	30.6	34.6	37.6	41.6	48.6	56.2
K	≈	8.8	10.4	11.4	12.8	15.3	16.8	18.3	19.5	23	26
W	≈	6	7	8	9	11	12	13	14	17	19
r	max	0.5	0.5	0.5	0.5	0.8	0.8	0.8	0.8	0.8	0.8
b	max	0.6	0.6	0.6	0.8	0.8	0.8	0.8	0.8	0.8	0.8
R	≈	17.5	19.5	24.7	27.7	32	36	38.5	44.5	55	63.6

注：尽可能不采用括号内的规格。

半沉头铆钉（粗制）通用规格范围（mm）　　　表 10.2.1-8

l			d									
公称	min	max	12	(14)	16	(18)	20	(22)	24	(27)	30	36
20	19.35	20.65										
22	21.35	22.65										
24	23.35	24.65										
25	25.35	26.65										
28	27.35	28.65										
30	29.35	30.65										
32	31.2	32.8										
35	34.2	35.8										
38	37.2	38.8										
40	39.2	40.8										
42	41.2	42.8										
45	44.2	45.8		通								
48	47.2	48.8										
50	49.2	50.8										
52	51.05	52.95		用								
55	54.06	55.95			规							
58	57.06	58.95										
60	59.05	60.95			格							
65	64.06	65.95										
70	69.05	70.95					范					
75	74.05	75.95										
80	79.05	80.95							围			
85	83.9	86.1										
90	88.9	91.1										
95	93.9	96.1										
100	98.9	101.1										
110	108.9	111.1										
120	118.9	121.1										
130	128.7	131.3										
140	138.7	141.3										
150	148.7	151.3										

续表

公称	l		d									
	min	max	12	(14)	16	(18)	20	(22)	24	(27)	30	36
160	158.7	161.3										
170	168.7	171.3										
180	178.7	181.3										
190	188.55	191.45										
200	198.55	201.45										

注：尽可能不采用括号内的规格。

5. 冷铆圆锥形、扁平头形的铆钉及其顶头尺寸如表 10.2.1-9 所示。

冷铆圆锥形、扁平形的铆头及其顶头的尺寸表（mm）　　　　　表 10.2.1-9

项次	铆钉杆直径	圆锥形铆头及顶头			扁平形钉头			
					铆头		顶头	
	d	D	h_1	h_2	D	h	D	D_1
1	13	19	4	9	19	4.5	22	19.0
2	16	23	5	10	23	5.5	26	24.5
3	19	27	6	12	27	6.5	30	28.0
4	22	31	7	14	31	7.5	35	32.5
5	25	35	8	16	35	8.5	39	36.5

10.3　铆钉的材料及机械性能

10.3.1　铆钉材料应有良好的塑性和无淬硬性，为避免膨胀系数的不同而影响铆缝的强度或者与腐蚀介质接触时产生电化学反应，一般铆钉材料选用与被铆件材料相同与相近的。通常选用优质碳素结构钢。由于铆钉标准没有更新，还在采用已经作废了的且没有替代的《标准件用碳素钢热轧圆钢及盘条》YB/T 4155—2006 中 BL2 和 BL3 普通碳素钢制造，其化学成分和要求如下。

1. 铆钉用钢的钢号及化学成分应符合标准《标准件用碳素钢热轧圆钢及盘条》YB/T 4155—2006 的规定，具体要求如表 10.3.1-1 所示。

铆钉用钢材化学成分　　　　　表 10.3.1-1

钢号	化 学 成 分（质量分数）（%）				
	C	Si	Mn	P	S
BL2	0.09～0.15	≤0.10	0.25～0.55	≤0.030	≤0.030
BL3	0.14～0.22	≤0.10	0.30～0.60	≤0.030	≤0.030

2. 当各项性能检验合格时，碳、锰元素含量的下限可不作为交货条件，硅含量≤0.15%时也可交货。

3. 钢中残余元素镍、铬、铜的含量应各不大于0.20%。

4. 由供方选择可加入其他合金元素。

10.3.2　铆钉用钢的力学性能应符合标准《标准件用碳素钢热轧圆钢及盘条》YB/T 4155—2006 的规定，具体要求如表10.3.2-1所示。

铆钉用钢材机械性能　　　　　　　　　　　表 10.3.2-1

牌号	下屈服强度 R_{eL}（MPa）	抗拉强度 R_m（MPa）	伸长率 δ_5（%）		冷顶锻试验 $x=h_1/h$	热顶锻试验	热状态下或冷状态下铆钉头锻平试验
			A	$A_{11.3}$			
BL2	≥215	335～410	≥33	≥25	$x=0.4$	达 1/3 高度	顶头直径为圆钢直径的 2.5 倍
BL3	≥235	370～460	≥28	≥21	$x=0.5$	达 1/3 高度	

注：h 为顶锻前试样高度（公称为直径的两倍），h_1 为顶锻后试样高度。

10.4　铆钉机构造及使用

10.4.1　M22 及 M28 型铆钉机由柄体部件、配气部分及冲击机构组成，构造如图 10.4.1-1所示。柄体用于控制机器的起动与停止，工作时，机器的起动与停止用压柄控制，工人可握住柄体操纵机器。工作原理为：压缩空气由接合螺母经过滤网进入起动阀套的外空刀槽中，当压柄压下时，推杆将起动阀推开，此时，压缩空气经过起动阀套上的小孔及起动阀与起动阀套间的空隙，流入柄体的曲折孔道，最后，由柄体的环形槽流入上阀柜，于是机器便开始动作。若将压柄松开则压缩空气被起动阀所阻止，铆钉机便停止工作。

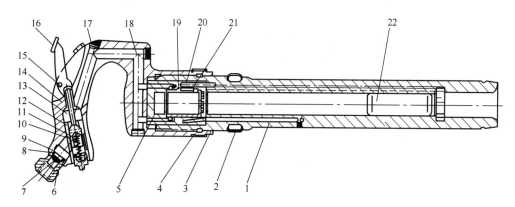

图 10.4.1-1　铆钉机结构图

1—气缸；2—挡圈；3—止动圈；4—固定环；5—上阀柜；6—接合螺母；7—滤网；
8—滤网垫；9—起动阀螺堵；10—起动阀弹簧；11—起动阀；12—起动阀套；
13—推杆；14—推杆套；15—圆柱销；16—压柄；17—填塞；18—柄体；
19—阀；20—圆柱销；21—下阀柜；22—锤体

10.4.2　M22 及 M28 型铆钉机的技术规格见表 10.4.2-1。

M22 和 M28 铆钉机的技术规格　　　　　表 10. 4. 2-1

项目名称	规格	
	M22	M28
铆钉直径（mm）	22	28
全长（mm）	500	550
机重（kg）	9.5	10.5
当工作气压为 0.49MPa（5kg/cm²）时： 1 冲击功（kg·m/N·m）	2.5/24.52	3.8/37.27
2 冲击数（bpm）	1100	900
3 耗气量 m³/min	0.9	0.9

10.4.3　铆钉机的拆卸与装配要求。

新购置的铆钉机在使用前须将其拆卸清洗，以除去防锈油层及污物。长期使用的铆钉机也应进行定期拆卸清洗及检修，其拆卸及装配的顺序如下。

1. 拆卸应遵循下列顺序。

1）用螺丝刀抵住固定环开口的一端，用手按住另一端面，轻轻推动螺丝刀即可使固定环张开，并与柄体脱开；

2）将止动圈推开，使其锯齿牙与柄体牙脱开；

3）用扳手将柄体拧下；

4）从缸体中取出阀柜、阀、下阀柜及圆柱销；

5）拆除柄体部件。

2. 装配的顺序与拆卸相反，装配应注意下列事项。

1）柄体部件装配后连接供气胶管，按动压柄观察气路开闭情况，在松开压柄时应将气路关闭，此时不应有"丝丝"的漏气声；

2）将柄体拧到气缸上时，应拧紧不得松动，止动圈的锯齿牙与柄体的锯齿牙应对正，如果二者牙的位置相差较大，应将止动圈退出，转动一个或几个花键齿，然后再推上去；

3）安装固定环时，应用手扶住止动圈，将固定环从侧面卡入柄体环槽中，然后用力平稳推送，即可安好；

4）拆卸和装配，应在清洁干燥的专门场所进行（工具房、检修站），不得在工作现场拆卸和装配；

5）装配完成后，将机器倒立，若阀处于后部位置，当锤体放入缸中时，锤体应自由落到上阀柜内，并能听到起阀声，然后往气缸内加少量润滑油，安上输气胶管，开始试车。

10.4.4　铆钉枪（机）使用注意事项。

1. 工作前注意事项。

1）检查供气管路气压。气压应在 0.49～0.59MPa（5～6kg/cm²）范围内，不宜过高和过低，过高影响机器使用寿命，过低则降低性能，影响铆接质量。

2）检查胶管接口及滤网是否清洁，防止堵塞。

3）检查气缸与窝头尾部配合间隙，不应过紧和过松。

4）由气缸尾部孔中注入少量润滑油。

5）锤体放入气缸之前，应擦拭干净。

6）将输气胶管内部的赃物吹去以后，再与机器连接。

2．工作中注意事项。

1）铆接过程中应以一定的力量压紧机器，以免锤体飞出发生事故。

2）注意窝头发热情况，过热时放入冷水中冷却，装到机器上时，应在尾部加注少量润滑油。

3）连续工作的铆钉枪（机），每工作班应往机器内加 3～4 次润滑油。

4）注意检查柄体与气缸连接是否坚固，发现松动应立即调整好。

5）发生故障时应送检修部门检修，不得在工作地点拆卸。

3．停止工作时注意事项包括。

1）短时间停止工作，应将锤体取出或关闭气路阀门，以免误触动压柄，使锤体飞出伤人。将机器放在清洁地方，防止污物侵入。

2）长期连续使用的铆钉枪（机），每七天应拆卸清洗一次，应及时更换已磨损零件。

3）若长期停止使用，可将机器浸压油槽中储存，或者涂以防锈油，将外露孔口用木塞堵住，装在木箱中存放。

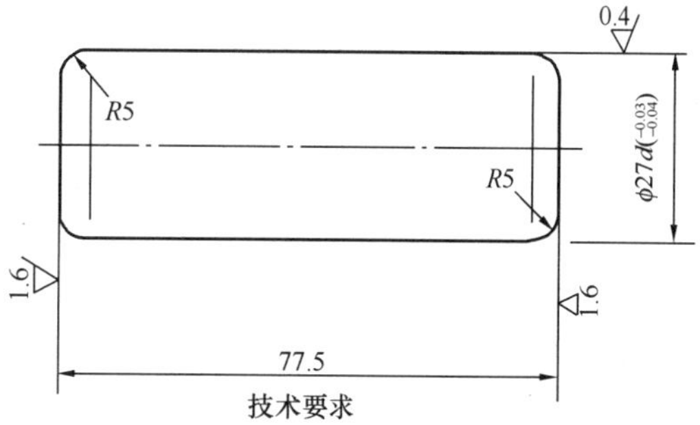

10.4.5 铆钉枪（机）的锤体和窝头

图 10.4.5-1 垂体制造图

注：1. 材料 T8A；2. 淬火 60～65 HRC；3. $\phi27$ 尺寸按
气缸内孔磨损后配制，间隙应为 0.03～0.06mm

易磨损和损坏，需备用一定数量供其使用和更换。锤体和窝头构造及制造要求分别见图 10.4.5-1 和图 10.4.5-2，窝头尺寸见表 10.4.5-1。

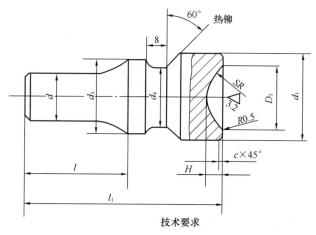

图 10.4.5-2 窝头（行业标准《气动铆钉机用窝头》JB/T 5130—2014）制造图

注：1. 材料 T8A；2. 铆接工作面硬度 50～55HRC，其余部位 40～44HRC

窝头尺寸（mm）				表 10.4.5-1
铆钉直径	$d \times l$	D_1	H	SR
10	17×60	16.6	5.5	9
12	17×60	20.5	7.5	11
16	31×70	28.5	9.2	15.5
18	31×70	31.5	11.5	16.5
20	31×70	34.5	13	18
22	31×70	38.5	14.5	20
24	31×70	42	16	22
30	31×70	52	19.5	27
36	31×70	61.5	23.5	32

10.5 铆钉施工

10.5.1 铆钉施工有热铆和冷铆两种方法，钢结构铆接连接常采用热铆施工。施工时，当采用铆钉枪热铆时，应将铆钉加热到淡黄色（1000～1100℃）；当采用铆钉机热铆时，应将铆钉加热到褐红色（650～670℃），然后将铆钉插入钉孔，背后用气动顶把顶住，再进行铆接施工。

10.5.2 铆钉热铆施工程序如下。

1. 将铆钉枪（机）窝头对准铆钉，沿铆钉轴线打下；

2. 将铆钉头打成蘑菇头形状，此时铆钉茎充满了钉孔；

3. 打成钉头形状；

4. 围绕铆钉中心打击，使铆钉头与板密合；

5. 将铆钉枪（机）稍许提起，边转边打，使铆钉边缘密合情况更好。

10.5.3 冷铆施工在常温下进行。用铆钉枪铆接时，最大直径不得超过 13mm；用铆钉机铆接时最大直径不应超过 25mm。

10.6 铆钉质量检验

10.6.1 铆钉铆接质量检验采用外观检验和敲打测试两种方法。外观检验主要检查铆接外观疵病；敲击法检验用 0.3kg 的小锤敲打铆钉的头部，用以检验铆钉的铆合情况。铆接质量应符合下列要求。

1. 铆钉头不得松动，铆钉铆杆应填满钉孔，钉杆和钉孔的平均直径误差不得超过 0.4mm，同一截面的直径误差不得超过 0.6mm。

2. 对于有缺陷的铆钉应予以更换，不得采用捻塞、焊补或加热再铆等方法进行修整。

3. 铆成的铆钉及其外形偏差超过表 10.6.1-1 的规定时，应予作废，并进行更换，不得采用捻塞、焊补或加热再铆等方法整修有缺陷的铆钉。

铆钉的允许偏差　　　　　　　　　　　　　　　　　　　**表 10.6.1-1**

项次	偏差名称	示意图	允许偏差值	偏差原因	检查方法
1	铆钉头的周围全部与铆板叠不密贴	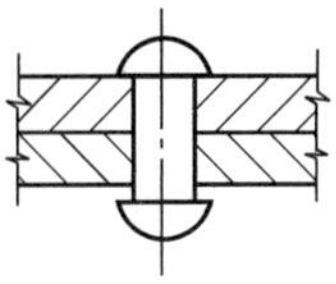	不允许	1. 铆钉头和钉杆在连接处有凸起部分；2. 铆钉头未顶紧	1. 外观检查；2. 用厚度 0.1mm 的塞尺检查
2	铆钉头的周围部分与铆板叠不密贴	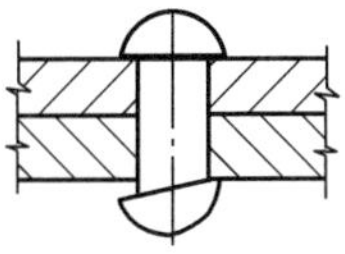	不允许	顶把位置歪斜	1. 外观检查；2. 用厚度 0.1mm 的塞尺检查
3	铆钉头裂纹	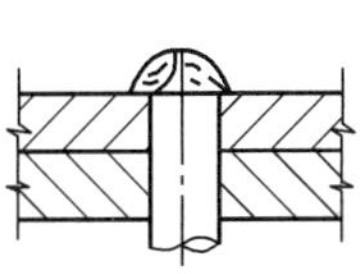	不允许	1. 加热过度；2. 铆钉材料质量不良	外观检查
4	铆钉头刻伤	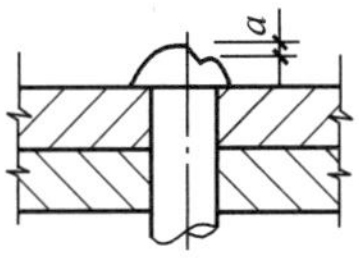	$a \leqslant 2$mm	铆接不良	外观检查
5	铆钉头偏心	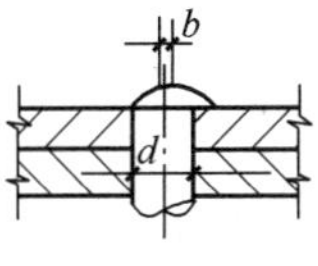	$b \leqslant d/10$	铆接不良	外观检查
6	铆钉头周围不完整	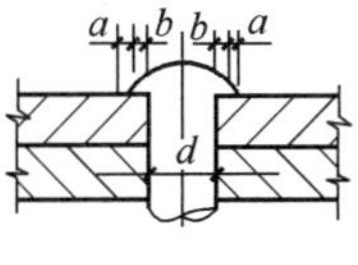	$a+b \leqslant d/10$	1. 钉杆长度不够；2. 铆钉头顶压不正	外观检查并用样板检查
7	铆钉头过小	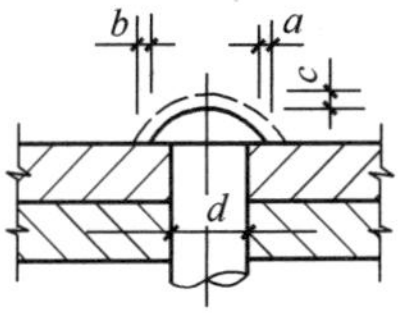	$a+b \leqslant d/10$ $c \leqslant d/20$	铆模过小	外观检查并用样板检查
8	铆钉头周围有正边	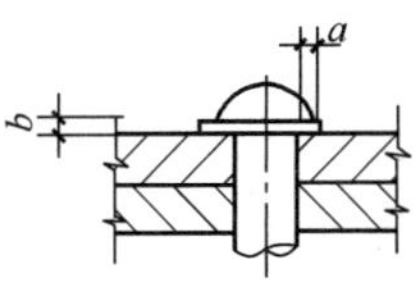	$a \leqslant 3$mm 3mm$\geqslant b \geqslant 0.5$mm	铆杆过长	外观检查

续表

项次	偏差名称	示意图	允许偏差值	偏差原因	检查方法
9	铆模刻伤钢材		$b \leqslant 0.5$mm	铆接不良	外观检查
10	铆钉头表面不平		$a \leqslant 0.3$mm	1. 铆钉钢材质量不良； 2. 加热过度	外观检查
11	铆钉歪斜		板迭厚度的3%但不得大于3mm	扩孔不正确	1. 外观检查； 2. 测量相邻铆钉的中心距离
12	埋头不密贴		$a \leqslant d/10$	1. 划边不正确； 2. 钉杆过短	外观检查
13	埋头凸出		$a \leqslant 0.5$mm	钉杆过长	外观检查
14	埋头凹进		$a \leqslant 0.5$mm	钉杆过短	外观检查
15	埋头钉周围有部分或全部缺边		$a \leqslant d/10$	1. 钉杆过短； 2. 划边不正确	外观检查

10.6.2　铆钉杆长度选择应符合下列规定。

1. 闭合端为半圆头的铆钉的长度可按表 10.6.2-1 选择。

闭合端为半圆头铆钉选择表

表 10.6.2-1

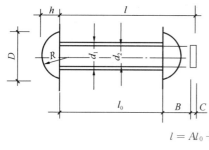 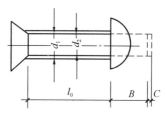

$$l = Al_0 + B + C$$

$$A = d_1^2/d_2^2$$

$$B = \frac{4h^2(3R - h)}{3d_2^2}$$

（mm）

D	24	29	34	39	44	50	55
H	9	10	12	14	16	18	20
R	12.5	15.5	18	20.5	23	26	29
A	1.16	1.13	1.11	1.10	1.09	1.08	1.07
B	17	18	22	26	29	33	27
C	4~7	5~9	5~10	6~11	6~11	7~12	7~12
d_1	14	17	20	23	26	29	32
d_2	13	16	19	22	25	28	31

2. 闭合端为埋头的铆钉的长度可按表 10.6.2-2 选择。

闭合端为埋头铆钉选择

表 10.6.2-2

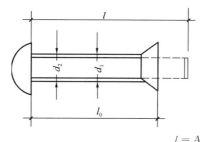 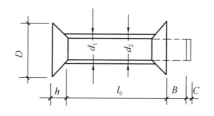

$$l = Al_0 + B + C$$

$$A = d_1^2/d_2^2$$

$$B = \frac{h(D^2 + Dd_1 - 2d_1^2)}{3d_1^2}$$

（mm）

D	21.5	24.5	30	35	39.5	44	48
h	5.4	7.5	9.5	11	12.5	14	15.5
A	1.16	1.13	1.11	1.10	1.09	1.08	1.07
B	4	5	6	7.5	8	9	10
C	4~7	5~9	5~10	6~11	6~11	7~12	7~12
d_1	14	17	20	23	26	29	32
d_2	13	16	19	22	25	28	31

参考文献

[1]　半圆头铆钉(粗制)：GB 863.1—1986[S]. 北京：中国标准出版社，1986 .

[2]　平锥头铆钉(粗制)：GB/T 864—1986[S]. 北京：中国标准出版社，1986.

[3]　半沉头铆钉(粗制)：GB/T 866—1986[S]. 北京：中国标准出版社，1986.

第11章 螺 栓 连 接

11.1 普 通 螺 栓 连 接

11.1.1 普通螺栓是钢结构连接用紧固件，用于钢结构构件间的连接、固定，或将钢结构固定到基础、墙或柱上，使之构成一个整体、固定的空间结构体系。常用的普通螺栓有六角螺栓、双头螺栓和地脚螺栓等，其分类和用途如下。

1. 六角螺栓，按其头部支承面大小及安装位置、尺寸分大六角头与六角头两种；按制造质量和产品等级则分 A、B、C 三种。

A 级螺栓通称精制螺栓，B 级螺栓为半精制螺栓。A 级和 B 级螺栓为钢毛坯在车床上切削加工而成，这种螺栓杆和螺栓孔之间空隙小，组装时不允许螺栓孔有"错孔"现象，适用于拆装式构件连接或连接部位需传递较大剪力的重要结构的安装连接。

C 级螺栓通称粗制螺栓，由未经加工的钢圆杆压制而成。C 级螺栓直径较螺栓孔径小 1.0～2.0mm，二者之间存在较大空隙，受剪能力相对较差，只允许所受剪力在连接钢板间摩擦阻力的限度内使用；或在钢结构安装中作为临时固定之用；对于重要连接，采用粗制螺栓连接时，须另加特殊支托(牛腿或剪力板)以承受剪力。

2. 双头螺栓一般称作螺柱，多用于连接厚板和不便使用六角螺栓连接的地方，如混凝土屋架、屋面梁悬挂单轨梁吊挂件等。

3. 地脚螺栓分一般地脚螺栓、直角地脚螺栓、T 形头地脚螺栓、锚固地脚螺栓等四种。

一般地脚螺栓和直角地脚螺栓，常在浇制混凝土基础时预埋在基础之中，用以固定钢柱。

T 形头地脚螺栓是基础螺栓的一种特殊形式，在混凝土基础浇灌时将特制模箱(锚固板)预埋在基础内，用以固定钢柱。

锚固地脚螺栓是在已成型的混凝土基础上借用钻机制孔后再用浇注剂固定在基础中的一种地脚螺栓。这种螺栓适用于房屋改造工程，不破坏原基础，定位准确，安装快速，省工省时。

11.1.2 螺栓的等级分类及表示方法如下。

1. 钢结构连接用螺栓按照机械或物理性能等级分为 4.6、4.8、5.6、6.8、8.8、9.8、10.9、12.9 八级，其中 8.8 级及以上螺栓材质为低合金钢或中碳钢并经处理(淬火、回火)，通称为高强度螺栓，其余等级螺栓统称为普通螺栓；

2. 螺栓性能等级标号由两部分数字组成，分别表示螺栓材料的公称抗拉强度值和屈强比值。例如，性能等级为 10.9 级的螺栓，其含义为：螺栓材质的公称抗拉强度达 1000MPa 级，螺栓材质屈强比值为 0.9，螺栓材质的公称屈服强度达 1000×0.9 ＝900MPa。

11.1.3　钢结构用螺栓、螺柱的材料一般为低碳钢、中碳钢、低合金钢。国家标准《紧固件机械性能 螺栓、螺钉和螺柱》GB/T 3098.1—2010规定的各类螺栓、螺柱性能等级的适用钢材，见表11.1.3-1。

各类螺栓、螺柱性能等级适用钢材材料表

表11.1.3-1

性能等级	材料和热处理	化学成分(熔炼分析)[①](%)					回火温度 (℃)
		C		P	S	B[②]	
		min	max	max	max	max	min
4.6[③④]	碳钢或添加元素的碳钢	—	0.55	0.05	0.06	未规定	—
4.8[④]		—	0.55	0.05	0.06		
5.6[③]		0.13	0.55	0.05	0.06		
5.8[④]		—	0.55	0.05	0.06		
6.8[④]		0.15	0.55	0.05	0.06		
8.8[⑥]	添加元素的碳钢(如硼或锰或铬)，淬火并回火	0.15[⑤]	0.40	0.035	0.035	0.003	425
	碳钢，淬火并回火	0.25	0.55	0.025	0.025		
	合金钢淬火并回火[⑦]	0.20	0.55	0.025	0.025		
9.8[⑥]	添加元素的碳钢(如硼或锰或镉)淬火并回火	0.15[⑤]	0.40	0.025	0.025	0.003	425
	碳钢淬火并回火	0.25	0.55	0.025	0.025		
	合金钢淬火并回火[⑦]	0.20	0.55	0.025	0.025		
10.9[⑥]	添加元素的碳钢(如硼或锰或镉)淬火并回火	0.20[⑤]	0.55	0.025	0.025	0.003	425
	碳钢淬火并回火	0.25	0.55	0.025	0.025		
	合金钢淬火并回火[⑦]	0.20	0.55	0.025	0.025		
12.9[⑥⑧⑨]	合金钢淬火并回火[⑦]	0.30	0.50	0.025	0.025	0.003	425
12.9[⑥⑧⑨]	添加元素的碳钢(如硼或锰或镉)淬火并回火	0.28	0.50	0.025	0.025	0.003	380

① 有争议时，实施成品分析。

② 硼的含量可达0.005%，非有效硼可由添加钛和(或)铝控制。

③ 对4.6和5.6级冷镦紧固件，为保证达到要求的塑性和韧性，可能需要对其冷镦紧固件产品进行热处理。

④ 这些性能等级允许采用易切钢制造，其硫、磷、铅的最大含量为：硫0.34%；磷0.11%；铅0.35%。

⑤ 对含碳量低于0.25%的添加硼的碳钢，其锰的最低含量分别为：8.8级0.6%；9.8、10.9级0.7%。

⑥ 对这些性能等级用的材料，应有足够的淬透性，以确保紧固件螺纹截面的芯部在"洋硬"状态、回火前获得约90%的马氏体组织。

⑦ 这些合金钢应至少含有以下元素的一种元素，其最小含量为：铬0.30%，镍0.30%，钼0.20%，钒0.10%。当含有二、三或四种复合的合金成分时，合金元素的含量不能少于单个合金元素含量总和的70%。

⑧ 对12.9/12.9级表面不允许有金相能测出的白色磷化物聚集层。去除磷化物聚集层应在热处理中进行。

⑨ 当考虑使用12.9/12.9级，应谨慎从事。紧固件制造者的能力、服役条件和扳拧方法都应仔细考虑。除表面处理外，使用环境也可能造成紧固件的应力腐蚀开裂。

11.1.4　国家标准《紧固件机械性能 螺栓、螺钉和螺柱》GB/T 3098.1—2010 规定的螺栓、螺钉和螺柱的机械和物理性能见表 11.1.4-1。

11.1.5　由于螺栓性能等级不同，其保证荷载不同。常用螺栓粗牙螺纹的保证荷载，应符合国家标准《紧固件机械性能 螺栓、螺钉和螺柱》GB/T 3098.1—2010 的规定，见表 11.1.5-1；粗牙螺纹螺母保证载荷值，应符合《紧固件机械性能 螺母》GB 3098.2—2015 的规定，见表 11.1.5-2。

螺栓、螺钉和螺柱的机械和物理性能　　　　　表 11.1.4-1

机械或物理性能		性能等级									
		4.6	4.8	5.6	5.8	6.8	8.8 $d\leq$16mm[a]	8.8 $d>$16mm[b]	9.8 $d\leq$16mm	10.9	12.9/$\underline{12.9}$
抗拉强度 R_m(MPa)	公称[c]	400		500		600	800		900	1000	1200
	min	400	420	500	520	600	800	830	900	1040	1220
下屈服强度 R_{eL}^d(MPa)	公称[c]	240	—	300	—	—	—	—	—	—	—
	min	240		300							
规定非比例延伸 0.2% 的应力 $R_{P0.2}$(MPa)	公称[c]	—	—	—	—	—	640	640	720	900	1080
	min						640	660	720	940	1100
紧固件实物的规定非比例延伸 0.0048d 的应力 R_{Pf}(MPa)	公称[c]	—	320	—	400	480	—	—	—	—	—
	min	—	340[e]	—	420[e]	480[e]					
保证应力 S_P^f(MPa)	公称	225	310	280	380	440	580	600	650	830	970
保证应力比 $S_{P,公称}/R_{eL,min}$或 $S_{P,公称}/R_{P0.2,min}$或 $S_{P,公称}/R_{Pf,min}$		0.94	0.91	0.93	0.90	0.92	0.91	0.91	0.90	0.88	0.88
机械加工试件的断后伸长率 A(%)	min	22	—	20			12	12	10	9	8
机械加工试件的断面收缩率 Z(%)	min						52		48	48	44
紧固件实物的断后伸长率 A_f	min	—	0.24	—	0.22	0.20	—	—	—	—	—
头部坚固性		不得断裂或出现裂缝									
维氏硬度/HV，$F\geq$98N	min	120	130	155	160	190	250	255	290	320	385
	max	220[g]				250	320	335	360	380	435
布氏硬度/HBW，$F=30D^2$	min	114	124	147	152	181	245	250	286	316	380
	max	209[g]				238	316	331	355	375	429
洛氏硬度(HRB)	min	67	71	79	82	89	—				
	max	95.0[g]				99.5					
洛氏硬度/HRB	min	—					22	23	28	32	39
	max	—					32	34	37	39	44

续表

机械或物理性能		性能等级								
		4.6	4.8	5.6	5.8	6.8	8.8		9.8 $d{\leqslant}16\text{mm}$	10.9	12.9/$\underline{12.9}$
							$d{\leqslant}$ 16mm[a]	$d{>}$ 16mm[b]			
表面硬度(HRC)	max	—					h			h,i	h,i
螺纹未脱碳的高度 E(mm)	min	—					$1/2H_1$			$2/3H_1$	$3/4H_1$
螺纹全脱碳的深度 G(mm)	max	—					0.015				
再回火后硬度的降低值(HV)	max	—					20				
破坏扭矩 M_B(N·m)	min						按《紧固件机械性能　螺栓与螺钉的扭矩试验和破坏扭矩公称直径1～10mm》GB/T 3098.13—1996 的规定				
吸收能量 $K_V^{k,I}$(J)	min	—	27	—			27	27	27	27	m
表面缺陷			《紧固件表面缺陷　螺栓、螺钉和螺柱　一般要求》GB/T 5779.1[n]—2000								《紧固件表面缺陷　螺栓、螺钉和螺柱特殊要求》GB/T 5779.3—2000

a. 数值不适用于栓接结构。

b. 对栓接结构 $d{\geqslant}$M12。

c. 规定公称值，仅为性能等级标记制度的需要。

d. 在不能测定下屈服强度。

e. 对性能等级4.8、5.8和6.8的 R 数值尚在调查研究中。表中数值是按保证荷载比计算给出的，而不是实测值。

f. 表5和表7规定了保证荷载值。

g. 在紧固件的末端测定硬度时，应分别为：250HV、238HB或HRB99.5。

h. 当采用HV0.3测定表面硬度及芯部硬度时，紧固件的表面硬度不应比芯部硬度高出30HV单位。

i. 表面硬度不应超出390HV。

j. 表面硬度不应超出435HV。

k. 实验温度在—20℃测定。

l. 适用于 $d{\geqslant}$16mm。

m. K 值尚在调查研究中。

n. 由供需双方协议，可用《紧固件表面缺陷　螺栓、螺钉和螺柱　一般要求》GB/T 5779.1—2000。

保证荷载（粗牙螺纹）　　　　　　　　　　　　表 11.1.5-1

螺纹规格 d	螺纹公称应力截面积 $A_{s,公称}^a$ (mm²)	性能等级								
		4.6	4.8	5.6	5.8	6.8	8.8	9.8	10.9	12.9/12.9
		保 证 荷 载 F_p ($A_{s,公称} \times S_{p,公称}$) (N)								
M3	5.03	1130	1560	1410	1910	2210	2920	3270	4180	4880
M3.5	6.78	1530	2100	1900	2580	2980	3940	4410	5630	6580
M4	8.78	1980	2720	2460	3340	3860	5100	5710	7290	8520
M5	14.2	3200	4400	3980	5400	6250	8230	9230	11800	13800
M6	20.1	4520	6230	5630	7640	8840	11600	13100	16700	19500
M7	28.9	6500	8960	8090	11000	12700	16800	18800	24000	28000
M8	36.6	8240[b]	11400	10200[b]	13900	16100	21200[b]	23800	30400[b]	35500
M10	58.0	13000[b]	18000	16200[b]	22000	25500	33700[b]	37700	48100[b]	56300
M12	84.3	19000	26100	23600	32000	37100	48900[c*]	54800	70000	81800
M14	115	25900	35600	32200	43700	50600	66700[c*]	74800	95500	112000
M16	157	35300	48700	44000	59700	69100	91000[c*]	10200	130000	152000
M18	192	43200	59500	53800	73000	84500	115000		159000	186000
M20	245	55100	76000	68600	93100	108000	147000		203000	238000
M22	303	68200	93900	84800	115000	133000	182000		252000	294000
M24	353	79400	10900	98800	134000	155000	212000		293000	342000
M27	459	103000	142000	128000	174000	202000	275000		381000	445000
M30	561	126000	174000	157000	213000	247000	337000		466000	544000
M33	694	156000	215000	194000	264000	305000	416000		576000	673000
M36	817	184000	253000	229000	310000	359000	49000		678000	792000
M39	976	220000	303000	273000	371000	429000	586000		810000	947000

a. $A_{s,公称}$ 的计算见《紧固件机械性能　螺栓、螺钉和螺柱》GB/T 3098.1—2010 中 9.1.6.1。

b. 6az 螺纹《热浸镀锌螺纹　在外螺纹上容纳镀锌层》GB/T 22029—2008 的热浸镀锌紧固件，应按《紧固件热浸镀锌层》GB/T 5267.3—2008 中附录 A 的规定。

c. 对栓接结构为：50 700N（M12）、68800N（M14）和 94500N（M16）。

粗牙螺纹螺母保证荷载值　　　　　　　　　　表 11.1.5-2

螺纹规格 d (mm)	螺距 p (mm)	保证荷载[a]（N）						
		性能等级						
		04	05	5	6	8	10	12
M5	0.8	5400	7100	8250	9500	12140	14800	16300
M6	1	7640	10000	11700	13500	17200	20900	23100
M7	1	11000	14500	16800	19400	24700	30100	33200
M8	1.25	13900	18300	21600	24900	31800	38100	42500
M10	1.5	22000	29000	34200	39400	50500	60300	67300
M12	1.75	32000	42200	51400	59000	74200	88500	100300
M14	2	43700	57500	70200	80500	101200	120800	136900
M16	2	59700	78500	95800	109900	138200	164900	186800
M18	2.5	73000	96000	121000	138200	176600	203500	230400
M20	2.5	93100	122500	154400	176400	225400	259700	294000
M22	2.5	115100	151500	190900	218200	278800	321200	363600
M24	3	134100	176500	222400	254200	324800	374200	423600
M27	3	174400	229500	289200	330500	422300	486500	550800
M30	3.5	212200	280500	353400	403900	516100	594700	673200
M33	3.5	263700	347000	437200	499700	638500	735600	832800
M36	4	310500	408500	514700	588200	751600	866000	980400
M39	4	370900	488000	614900	702700	897900	1035000	1171000

a. 使用薄螺母时，应考虑其脱扣载荷低于全承载能力螺母的保证荷载。

11.1.6 地脚螺栓的材料可采用国家标准《碳素结构钢》GB/T 700—2006 中规定的 Q235 钢或《低合金高强度钢》GB/T 1591—2018 中规定的 Q355 钢，具体技术要求应符合《地脚螺栓》GB/T 799—2020 和《紧固件机械性能 螺栓、螺钉和螺柱》GB/T 3098.1—2010 的规定。

11.1.7 国家标准规定的各类钢结构常用螺栓技术规格如下。

1. A 级和 B 级六角头螺栓、A 级和 B 级全螺纹六角头螺栓的技术规格，可分别参见国家标准《六角头螺栓》GB/T 5782—2016、《六角头螺栓 全螺纹》GB/T 5783—2016，具体数据见表 11.1.7-1。

六角头螺栓——A 和 B 级（GB/T 5782—2020） 表 11.1.7-1

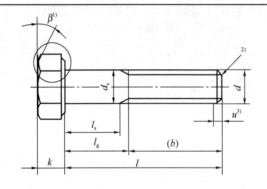
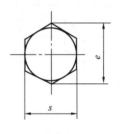

2.5:1

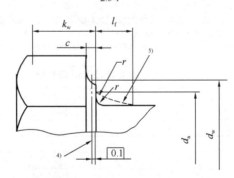

a) $\beta=15°\sim30°$。

b) 末端应倒角，对螺纹规格≤M4 可为辗制末端《紧固件 外螺纹零件末端》GB/T 2—2016。

c) 不完整螺纹的长度 $u\leqslant2p$。

d) d_w 的仲裁基准。

e) 圆滑过渡。

优选的螺纹规格（mm） 表 11.1.7-1（a）

螺纹规格 d		M1.6	M2	M2.5	M3	M4	M5	M6	M8	M10
$p^{1)}$		0.35	0.4	0.45	0.5	0.7	0.8	1	1.25	1.5
$b_{参考}$	2)	9	10	11	12	14	16	18	22	26
	3)	15	16	17	18	20	22	24	28	32
	4)	28	29	30	31	33	35	37	41	45
c	max	0.25	0.25	0.25	0.40	0.40	0.50	0.50	0.60	0.60
	min	0.10	0.10	0.10	0.15	0.15	0.15	0.15	0.15	0.15

续表

螺纹规格 d				M1.6	M2	M2.5	M3	M4	M5	M6	M8	M10
d_a			max	2	2.6	3.1	3.6	4.7	5.7	6.8	9.2	11.2
d_s	公称=max			1.60	2.00	2.50	3.00	4.00	5.00	6.00	8.00	10.00
	产品等级	min	A	1.46	1.86	2.36	2.86	3.82	4.82	5.82	7.78	9.78
			B	1.35	1.75	2.25	2.75	3.70	4.70	5.70	7.64	9.64
d_w min	产品等级		A	2.27	3.07	4.07	4.57	5.88	6.88	8.88	11.63	14.63
			B	2.3	2.95	3.95	4.45	5.74	6.74	8.74	11.47	14.47
e min	产品等级		A	3.41	4.32	5.45	6.01	7.66	8.79	11.05	14.38	17.77
			B	3.28	4.18	5.31	5.88	7.50	8.63	10.89	14.20	17.50
l_f			max	0.6	0.8	1	1	1.2	1.2	1.4	2	2
k	公称			1.1	1.4	1.7	2	2.8	3.5	4	5.3	6.4
	产品等级	A	max	1.225	1.525	1.825	2.125	2.925	3.65	4.15	5.45	6.58
			min	0.975	1.275	1.575	1.875	2.675	3.35	3.85	5.15	6.22
		B	max	1.3	1.6	1.9	2.2	3.0	3.26	4.24	5.54	6.69
			min	0.9	1.2	1.5	1.8	2.6	2.35	3.76	5.06	6.11
$k_w^{5)}$ min	产品等级		A	0.68	0.89	1.10	1.31	1.87	2.35	2.70	3.61	4.35
			B	0.63	0.84	1.05	1.26	1.82	2.28	2.63	3.54	4.28
r			rmin	0.1	0.1	0.1	0.1	0.2	0.2	0.25	0.4	0.4
s	公称			3.20	4.00	5.00	5.50	7.00	8.00	10.00	13.00	16.00
	min	产品等级	A	3.02	3.82	4.82	5.32	6.78	7.78	9.78	12.73	15.73
			B	2.90	3.70	4.70	5.20	6.64	7.64	9.64	12.57	15.57

l_s 和 $l_g^{6)}$

l 公称	A min	A max	B min	B max	M1.6 $l_s$min	M1.6 $l_g$max	M2 $l_s$min	M2 $l_g$max	M2.5 $l_s$min	M2.5 $l_g$max	M3 $l_s$min	M3 $l_g$max	M4 $l_s$min	M4 $l_g$max	M5 $l_s$min	M5 $l_g$max	M6 $l_s$min	M6 $l_g$max	M8 $l_s$min	M8 $l_g$max	M10 $l_s$min	M10 $l_g$max
12	11.65	12.35	—	—	1.2	3																
16	15.65	16.35	—	—	5.2	7	4	6	2.75	5												
20	19.58	20.42	18.95	21.05			8	10	6.25	9	5.5	8										
25	24.58	25.42	23.95	26.05					11.75	14	10.5	13	7.5	11	5	9						
30	29.85	30.42	28.95	31.05							15.5	18	12.5	16	10	14	7	12				
35	34.5	35.5	33.75	36.25									17.5	21	15	19	12	17				
40	39.5	40.5	38.75	41.25									22.5	26	20	24	17	22	11.57	18		
45	44.5	45.5	43.75	46.25											25	29	22	27	16.75	23	11.5	19
50	49.5	50.5	48.75	51.25											30	34	27	32	21.75	28	16.5	24
55	54.4	55.6	53.5	56.5													32	37	26.75	33	21.5	29
60	59.4	60.6	58.5	61.5													37	42	31.75	38	26.5	34
65	64.4	65.6	63.5	66.5															36.75	43	31.5	39
70	69.4	70.6	68.5	71.5															41.75	48	36.5	44
80	79.4	80.6	78.5	81.5															51.75	58	46.5	54
90	89.3	90.7	88.25	91.75																	56.5	64
100	99.3	100.7	98.25	101.75																	66.5	74
110	109.3	110.7	108.25	111.75																		
120	119.3	120.7	118.25	121.75																		

阶梯实线以上的规格推荐采用《六角头螺栓 全螺纹》GB/T 5783—2016

螺纹规格 d			M12	M16	M20	M24	M30	M36	M42	M48	M56	M64
$p^{1)}$			1.75	2	2.5	3	3.5	4	4.5	5	5.5	6
$b_{参考}$	2)		30	38	46	54	66	—	—	—	—	—
	3)		36	44	52	60	72	84	96	108	—	—
	4)		49	57	65	73	85	97	109	121	137	153
c	max		0.60	0.8	0.8	0.8	0.8	0.8	1.0	1.0	1.0	1.0
	min		0.15	0.2	0.2	0.2	0.2	0.2	0.3	0.3	0.3	0.3
d_a	max		13.7	17.7	22.4	26.4	33.4	39.4	45.6	52.6	63	71
d_s	公称＝max		12.00	16.00	20.00	24.00	30.00	36.00	42.00	48.00	56.00	64.00
	min	产品等级 A	11.73	15.73	19.67	23.67	—	—	—	—	—	—
		产品等级 B	11.57	15.57	19.48	23.48	29.48	35.38	41.38	47.38	55.26	63.26
d_w	min	产品等级 A	16.63	22.49	28.19	33.61	—	—	—	—	—	—
		产品等级 B	16.47	22	27.7	33.25	42.75	51.11	59.95	69.45	78.66	88.16
e	min	产品等级 A	20.03	26.75	33.53	39.98	—	—	—	—	—	—
		产品等级 B	19.85	26.17	32.95	39.55	50.85	60.79	71.3	82.6	93.56	104.86
l_f	max		3	3	4	4	6	6	8	10	12	13
k	公称		7.5	10	12.5	15	18.7	22.5	26	30	35	40
	产品等级 A	max	7.68	10.18	12.715	15.215	—	—	—	—	—	—
		min	7.32	9.82	12.285	14.785	—	—	—	—	—	—
	产品等级 B	max	7.79	10.29	12.85	15.35	19.12	22.92	26.42	30.42	35.5	40.5
		min	7.21	9.71	12.15	14.65	18.28	22.08	25.58	29.58	34.5	39.5
$k_w^{5)}$	min	产品等级 A	5.12	6.87	8.6	10.35	—	—	—	—	—	—
		产品等级 B	5.05	6.8	8.51	10.26	12.8	15.46	17.91	20.71	24.15	27.65
p	min		0.6	0.6	0.8	0.8	1	1	1.2	1.6	2	2
s	公称＝max		18.00	24.00	30.00	36.00	46	55.0	65.0	75.0	85.0	95.0
	min	产品等级 A	17.73	23.67	29.67	35.38	—	—	—	—	—	—
		产品等级 B	17.57	23.16	29.16	35.00	45	53.8	63.1	73.1	82.8	82.8

续表

螺纹规格 d	A min	A max	B min	B max	M12 l_s	M12 l_g	M16 l_s	M16 l_g	M20 l_s	M20 l_g	M24 l_s	M24 l_g	M30 l_s	M30 l_g	M36 l_s	M36 l_g	M42 l_s	M42 l_g	M48 l_s	M48 l_g	M56 l_s	M56 l_g	M64 l_s	M64 l_g
l 公称（产品等级 A / B）					l_s 和 $l_g^{6)}$																			
50	49.5	50.5	—	—	11.25	20																		
55	54.4	55.6	53.5	56.5	16.25	25																		
60	59.4	60.6	58.5	61.5	21.25	30																		
65	64.4	65.6	63.5	66.5	26.25	35	17	27																
70	69.4	70.6	68.5	71.5	31.25	40	22	32																
80	79.4	80.6	78.5	81.5	41.25	50	32	42	21.5	34														
90	89.3	90.7	88.25	91.75	51.25	60	42	52	31.5	44	21	36												
100	99.3	100.7	98.25	101.75	61.25	70	52	62	41.5	54	31	46												
110	109.3	110.7	108.25	111.75	71.25	80	62	72	51.5	64	41	56	26.5	44										
120	119.3	120.7	118.25	121.75	81.25	90	72	82	61.5	74	51	66	36.5	54										
130	129.2	130.8	128	132			76	86	65.5	78	55	70	40.5	58										
140	139.2	140.8	138	142			86	96	75.5	88	65	80	50.5	68	36	56								
150	149.2	150.8	148	152			96	106	85.5	98	75	90	60.5	78	46	66								
160	—	—	158	162					106	116	95.5	108	85	100	70.5	88	56	76	41.5	64				
180	—	—	178	182					115.5	128	105	120	90.5	108	76	96	61.5	84	47	72				
200	—	—	197.7	202.3					135.5	148	125	140	110.5	128	96	116	81.5	104	67	92	55	83		
220			217.7	222.3							132	147	117.5	135	103	123	88.5	111	74	99	55.5	83		
240	—	—	237.7	242.3							152	167	137.5	155	123	143	108.5	131	94	119	75.5	103		
260	—	—	257.4	262.6									157.5	175	143	163	128.5	151	114	139	95.5	123	77	107
280	—	—	277.4	282.6									177.5	195	163	183	148.5	171	134	159	115.5	143	97	127
300	—	—	297.4	302.6									197.5	215	183	203	168.5	191	154	179	135.5	163	117	147
320	—	—	317.15	322.85											203	223	188.5	211	174	199	155.5	183	137	167
340	—	—	337.15	342.85											223	243	208.5	231	194	219	175.5	203	157	187
360	—	—	357.15	362.85											243	263	228.5	251	214	239	195.5	223	177	207
380	—	—	377.15	382.85													248.5	271	234	259	215.5	243	197	227
400	—	—	397.15	402.85													268.5	291	254	279	235.5	263	217	247
420	—	—	416.85	423.15													288.5	311	274	299	255.5	283	237	267
440	—	—	436.85	443.15													308.5	331	294	319	275.5	303	257	287
460	—	—	456.85	463.15															314	339	295.5	323	277	307
480	—	—	476.85	483.15															334	359	315.5	343	297	327
500	—	—	496.85	503.15																	335.5	363	317	347

注：1. 商品长度规格由 l_s 和 l_g 确定。

2. 阶梯虚线以上的为 A 级产品；以下的为 B 级产品。

1）P——螺距。

2）$l_{公称} \leqslant 125\text{mm}$。

3）$125\text{mm} < l_{公称} \leqslant 200\text{mm}$。

4）$l_{公称} > 200\text{mm}$。

5）$k_{wmin} = 0.7k_{min}$。

6）$l_{gmax} = l_{公称} - b$。

　　$l_{smin} = l_{gmax} - 5P$。

非优选的螺纹规格（mm） 表 11.1.7-1 (b)

螺纹规格 d				M3.5	M14	M18	M22	M27
$p^{1)}$				0.6	2	2.5	2.5	3
$b_{参考}$			2)	13	34	42	50	60
			3)	19	40	48	56	66
			4)	32	53	61	69	79
c			max	0.40	0.60	0.8	0.8	0.8
			min	0.15	0.15	0.2	0.2	0.2
d_a		max		4.1	15.7	20.2	24.4	30.4
d_s	公称＝max			3.50	14.00	18.00	22.00	27.00
	产品等级	min	A	3.32	13.57	17.73	21.67	—
			B	3.20	13.57	17.57	21.48	26.48
d_w	min	产品等级	A	5.07	19.64	25.34	31.71	—
			B	4.95	19.15	24.85	31.35	38
e	min	产品等级	A	6.58	23.36	30.14	37.72	—
			B	6.44	22.78	29.56	37.29	45.2
l_f	max			1	3	3	4	6
k	公称＝max			2.4	8.8	11.5	14	17
	产品等级	A	max	2.525	8.98	11.715	14.215	—
			min	2.275	8.62	11.285	13.785	—
		B	max	2.6	9.09	11.85	14.35	17.35
			min	2.2	8.51	11.15	13.65	16.65
$k_w^{5)}$	min	产品等级	A	1.59	6.03	7.9	9.65	—
			B	1.54	5.96	7.81	9.56	11.66
r	min			0.1	0.6	0.6	0.8	1
s	公称＝max			6.00	21.00	27.00	34.00	41
	min	产品等级	A	5.82	20.67	26.67	33.38	—
			B	5.70	20.16	26.16	33.00	40

续表

螺纹规格 d					M3.5		M14		M18		M22		M27	
l					$l_{\mathrm s}$ 和 $l_{\mathrm g}^{6)}$									
公称	产品等级				$l_{\mathrm s}$	$l_{\mathrm g}$	$l_{\mathrm s}$	$l_{\mathrm g}$	$l_{\mathrm s}$	$l_{\mathrm g}$	$l_{\mathrm s}$	$l_{\mathrm g}$	$l_{\mathrm s}$	$l_{\mathrm g}$
	A		B		min	max	min	max	min	max	min	max	min	max
	min	max	min	max										
20	19.58	20.42	—	—	4	7								
25	24.58	25.42	—	—	9	12								
30	29.58	30.42	—	—	14	17								
35	34.5	35.5	—	—	19	22	阶梯实线以上的							
40	39.5	40.5	38.75	41.25			规格推荐采用							
45	44.5	45.5	43.75	46.25			《六角头螺栓　全螺纹》							
50	49.5	50.5	48.75	51.25			GB/T 5783—2016							
55	54.4	55.6	53.5	56.5										
60	59.4	60.6	58.5	61.5			16	26						
65	64.4	65.6	63.5	66.5			21	33						
70	69.4	70.6	68.5	71.5			26	36	15.5	28				
80	79.4	80.6	78.5	81.5			36	46	25.5	38				
90	89.3	90.7	88.25	91.7			46	56	35.5	48	27.5	40		
100	99.3	100.7	98.25	101.75			56	66	45.5	58	37.5	50	25	40
110	109.3	110.7	108.25	111.75			66	76	55.5	68	47.5	60	35	50
120	119.3	120.7	118.25	121.75			76	86	65.5	78	57.5	70	45	60
130	129.3	130.8	128	132			80	90	69.5	82	61.5	74	49	64
140	139.3	140.8	138	142			90	100	79.5	92	71.5	84	59	74
150	149.3	150.8	148	152					89.5	102	81.5	94	69	84
160	—	—	158	162					99.5	112	91.5	104	79	94
180	—	—	178	182					119.5	132	111.5	124	99	114
200	—	—	198.7	202.3							131.5	144	119	134
220	—	—	217.7	222.3							138.5	151	126	141
240	—	—	237.7	242.3									146	161
260	—	—	257.4	262.6									166	181

续表

螺纹规格 d				M33	M39	M45	M52	M60
$p^{1)}$				3.5	4	4.5	5	5.5
$b_{参考}$			2)	—	—	—	—	—
			3)	78	90	102	116	—
			4)	91	103	115	129	145
c			max	0.8	1.0	1.0	1.0	1.0
			min	0.2	0.3	0.3	0.3	0.3
d_a			max	36.4	42.4	48.6	56.6	67
d_s		公称=max		33.0	39.00	45.00	52.00	60.00
	min	产品等级	A	—	—	—	—	—
			B	32.38	38.38	44.38	51.26	59.26
d_w	min	产品等级	A	—	—	—	—	—
			B	46.55	55.86	64.7	74.2	83.41
e	min	产品等级	A	—	—	—	—	—
			B	55.37	66.44	76.95	88.25	99.21
l_f			max	6	6	8	10	12
k	产品等级	公称		21	25	28	33	38
		A	max	—	—	—	—	—
			min	—	—	—	—	—
		B	max	21.42	25.42	28.42	33.5	38.5
			min	20.58	24.58	27.58	32.5	37.5
$k_w^{5)}$	min	产品等级	A	—	—	—	—	—
			B	14.41	17.21	19.31	22.75	26.25
r			min	1	1	1.2	1.6	2
s	min	公称=max		50	60.0	70.0	80.0	90.0
		产品等级	A	—	—	—	—	—
			B	49	58.8	68.1	78.1	87.8

螺纹规格 d					M33		M39		M45		M52		M60	
l					l_s 和 $l_g^{6)}$									
	产品等级													
公称	A		B		l_s	l_g	l_s	l_g	l_s	l_g	l_s	l_g	l_s	l_g
	min	max	min	max	min	max	min	max	min	max	min	max	min	max
130	129.2	130.8	128	132	34.5	52			阶梯实线以上的规格推荐采用 《六角头螺栓　全螺纹》 GB/T 5783—2016					
140	139.2	140.8	138	142	44.5	62								
150	149.2	150.8	148	152	54.5	72	40	60						
160	—	—	158	162	64.5	82	50	70						
180	—	—	178	182	84.5	102	70	90	55.5	78				
200	—	—	197.7	202.3	104.5	122	90	110	75.5	98	59	84		
220	—	—	217.7	222.3	111.5	129	97	117	82.5	105	66	91		
240	—	—	237.7	242.3	131.5	149	117	137	102.5	125	86	101	67.5	95
260	—	—	257.4	262.6	151.5	169	137	157	122.5	145	106	131	87.5	115
280	—	—	277.4	282.6	171.5	189	157	177	142.5	165	126	151	107.5	135
300	—	—	297.4	302.6	191.5	209	177	197	162.5	185	146	171	127.5	155
320	—	—	317.15	322.85	211.5	229	197	217	182.5	205	166	191	147.5	175
340	—	—	337.15	342.85			217	237	202.5	225	186	211	167.5	195
360	—	—	357.15	362.85			237	257	222.5	245	206	231	187.5	215
380	—	—	377.15	382.85			257	277	242.5	265	226	351	207.5	235
400	—	—	397.15	402.85					262.5	285	246	271	227.5	255
420	—	—	416.85	423.15					282.5	305	266	291	247.5	275
440	—	—	436.85	443.15					302.5	325	286	311	267.5	295
460	—	—	456.85	463.15							306	331	287.5	315
480	—	—	476.85	483.15							326	351	307.5	335
500	—	—	496.85	503.15									327.5	355

注：1. 商品长度规格由 l_s 和 l_g 确定。

2. 阶梯虚线以上的为 A 级产品；以下的为 B 级产品。

1）P——螺距。

2）$l_{公称} \leqslant 125\text{mm}$。

3）$125\text{mm} < l_{公称} \leqslant 200\text{mm}$。

4）$l_{公称} > 200\text{mm}$。

5）$k_{wmin} = 0.7k_{min}$。

6）$l_{gmax} = l_{公称} - b$；

　$l_{smin} = l_{gmax} - 5P$。

2. B 级细杆六角头螺栓的技术规格，可参见国家标准《六角头螺栓 细杆 B 级》GB/T 5784—1986。

3. A 级和 B 级细牙六角头螺栓、A 级和 B 级全螺纹细牙六角头螺栓的技术规格，可分别参见国家标准《六角头螺栓 细牙》GB/T 5785—2016，《六角头螺栓 细牙 全螺纹》GB/T 5786—2016。

4. C 级六角头螺栓的技术规格可参见国家标准《六角头螺栓-C 级》GB/T 5780—2016。

5. 等长 C 级双头螺柱的技术规格可参见国家标准《等长双头螺柱 C 级》GB/T 953—1988。

6. 手工焊用焊接螺柱的技术规格可参见《手工焊用焊接螺柱》GB 902.1—2008。

7. 地脚螺栓的技术规格可参见国家标准《地脚螺栓》GB/T 799—2020，其规格为 M8-M72、性能等级为 4.6 级和 5.6 级、产品 C 级，包含 A、B、C 三种型号的地脚螺栓。A 型地脚螺栓的形式和尺寸如表 11.1.7-2 所示；B 型地脚螺栓的形式和尺寸如表 11.1.7-3 所示；C 型地脚螺栓的形式和尺寸如表 11.1.7-4 所示；地脚螺栓优选长度尺寸如表 11.1.7-5 所示。

A 型地脚螺栓（GB/T 799—2020）技术规格　　　　表 11.1.7-2

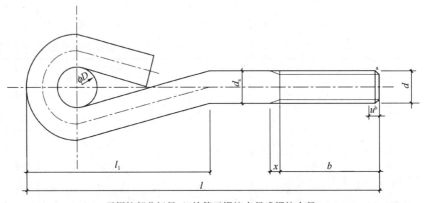

无螺纹部分杆径 d_s 约等于螺纹中径或螺纹大径。

a 末端按《紧固件　外螺纹零件末端》GB/T 2—2016 规定应倒角或倒圆，由制造者选择。

b 不完整螺纹的长度 $u \leqslant 2P$。

A 型　　　　　　　　　　　　　　　　　　　　　　　（mm）

螺纹规格 d	M8	M10	M12	M16	M20	M24	M30	M36	M42	M48	M56	M64	M72
b_0^{+2P}	31	36	40	50	58	68	80	94	106	120	140	160	180
l_1	46	65	82	93	127	139	192	244	261	302	343	385	430
D	10	15	20	20	30	30	45	60	60	70	80	90	100
x　max	3.2	3.8	4.3	5	6.3	7.5	9	10	11	12.5	14	15	15

B 型地脚螺栓（GB/T 799—2020）技术规格　　　表 11.1.7-3

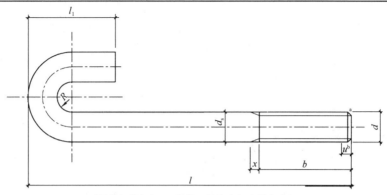

无螺纹部分杆径 d_s 约等于螺纹中径或螺纹大径。

a 未端按（GB/T 2—2016）规定应倒角或倒圆，由制造者选择。

b 不完整螺纹的长度 $u \leqslant 2P$。

B 型　　　　　　　　　　　　　　　　　　　　　　（mm）

螺纹规格 d	M8	M10	M12	M16	M20	M24	M30	M36	M42	M48	M56	M64	M72
b_0^{+2P}	31	36	40	50	58	68	80	94	106	120	140	160	180
l_1	48	60	72	96	120	144	180	216	252	288	336	384	432
R	16	20	24	32	40	48	60	72	84	96	112	128	144
x　max	3.2	3.8	4.3	5	6.3	7.5	9	10	11	12.5	14	15	15

C 型地脚螺栓（GB/T 799—2020）技术规格　　　表 11.1.7-4

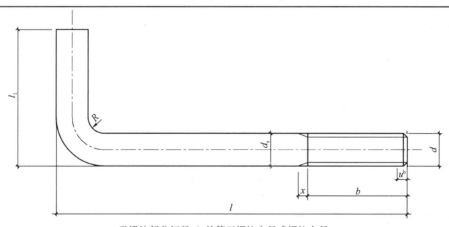

无螺纹部分杆径 d_s 约等于螺纹中径或螺纹大径。

a 未端按（GB/T 2—2016）规定应倒角或倒圆，由制造者选择。

b 不完整螺纹的长度 $u \leqslant 2P$。

C 型　　　　　　　　　　　　　　　　　　　　　　（mm）

螺纹规格 d	M8	M10	M12	M16	M20	M24	M30	M36	M42	M48	M56	M64	M72
b_0^{+2P}	31	36	40	50	58	68	80	94	106	120	140	160	180
l_1	32	40	48	64	80	96	120	144	168	192	224	256	288
R	16	20	24	32	40	48	60	72	84	96	112	128	144
x　max	3.2	3.8	4.3	5	6.3	7.5	9	10	11	12.5	14	15	15

地脚螺栓（GB/T 799—2020）优选长度尺寸技术规格　　　　表 11.1.7-5

(mm)

螺纹规格 d			M8	M10	M12	M16	M20	M24	M30	M36	M42	M48	M56	M64	M72
P			1.25	1.5	1.75	2	2.5	3	3.5	4	4.5	5	5.5	6	6
l															
公称	min	max													
80	72	88													
100	92	108													
120	112	128													
160	152	168													
200	192	208			优										
250	242	258													
300	292	308			选										
400	392	408				长									
500	488	512					度								
600	588	612						范							
800	788	812							围						
1000	988	1012													
1200	1188	1212													
1600	1588	1612													
2000	1983	2017													
2500	2487	2517													
3000	2980	3020													
3500	3480	3520													

注：阶梯实线间为优选长度范围，用户可选择其他公称长度。

P—螺距（初牙螺纹螺距）

8. 锚固地脚螺栓的技术规格可参见表 11.1.7-6。

锚固地脚螺栓的技术规格　　　　表 11.1.7-6

型号	M12	M16	M20	M24	M28	M32
管长（mm）	120	160	210	265	340	380
管径（mm）	12	16	20	24	28	32
配套螺栓直径（mm）	12	16	20	24	28	32
钻孔深（mm）	120~175	140~195	150~260	180~315	200~390	240~450
螺栓紧固力矩（N·m）	30	60	120	200	200	200
钻头直径（mm）	14	18	24	28	32	36

9. T 形头地脚螺栓的技术规格如下。

1)《T 形头地脚螺栓》JB-ZQ 4362—2006，见表 11.1.7-7；

2）《T 形头地脚螺栓用单孔锚板》JB-ZQ 4172—2006，见表 11.1.7-8；

3）《T 形头地脚螺栓用双联锚板》JB-ZQ 4721—2006，见表 11.1.7-9。

T 形头地脚螺栓

表 11.1.7-7

标记示例：d ＝M48、长度 l＝2000mm、产品等级 C 级的 T 形头地脚螺栓的标记：

螺栓　M48×2000　（JB/ZQ 4362—2006）

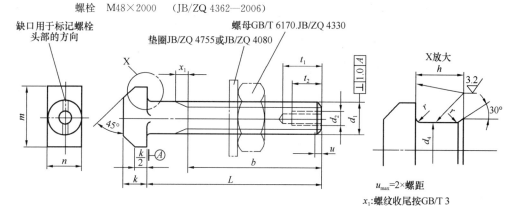

u_{max}＝2×螺距

x_1:螺纹收尾按GB/T 3

（mm）

d_1	M24	M30	M36	M42	M48	M56	M64	M72×6	M80×6	M90×6	M100×6	M110×6	M125×6	M140×6	M160×6
b	100	120	160	180	210	250	280	300	320	360	400	440	500	560	640
d_2	—		M12			M16				M20					
d_4	20	26	31	37	42	49	57	65	73	83	93	103	118	133	153
h_{max}	12	15	18	21	24	28	32	36	36	45	45	55	55	70	70
k	15	19	23	26	30	35	40	45	50	55	62	67	75	85	100
m	43	54	66	80	88	102	115	128	140	155	170	190	215	240	275
n	24	30	36	42	48	56	64	72	80	90	100	110	125	140	160
r	2		3			4				5					
t_1 max	—		40			48				53					
t_2 max	—		23			30				33					
L	质量，kg/件														
1000	3.66	5.77	8.36	11.48	15.09	20.71	27.31	34.87	43.36	55.33	69.07	84.52	111.2	141.2	189.1
每增加 100mm 的质量	0.36	0.55	0.80	1.09	1.42	1.93	2.53	3.20	3.95	4.99	6.17	7.46	9.63	12.08	15.78
基础的锚固力 F_A, kN	37	60	88	123	162	222	284	364	454	587	736	903	1176	1479	1959
强度级为 5.6 级的 螺栓预紧力 F_V, kN	66	111	159	226	291	396	536	697	879	1140	1430	1750	2300	2920	3860
强度级为 8.8 级的 螺栓预紧力 F_V, kN	74	117	171	235	309	426	562	727	912	1174	1470	1798	2352	2982	3927

T 形头地脚螺栓用单孔锚板 表 11.1.7-8

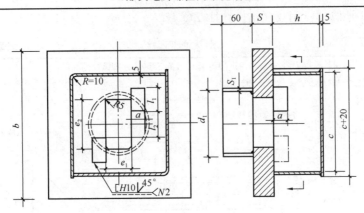

T 形头地脚螺栓用锚板在基础内预埋形式见下图：

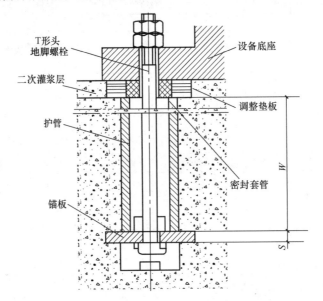

（mm）

型号	S	b	e_{10}^{+2}	e_{20}^{+2}	a	l_1	l_2	c	h	W	T 形头地脚螺栓	锚板围管 $d_1 \times S_1$	每件质量（kg）≈	基础孔护管外径×管厚
24	20	180	27	54			28	130	50	500	M24	$\phi83\times3.5$	7.0	$\phi114\times4$
30	25	210	34	68	20	40	34	140	60	600	M30	$\phi95\times3.5$	11.0	
36	30	240	40	82			40	160	75	700	M36	$\phi121\times4$	17.0	$\phi140\times4.5$
42		270	47	94			46	180	85	800	M42		22	
48	35	300	53	102	30	50	52	200	100	1000	M48	$\phi140\times4.5$	30	$\phi180\times5$
56		330	62	116			60	220	110	1100	M56		36	
64		370	70	128			68	240	130	1300	M64	$\phi68\times4$	50	$\phi194\times5$
72	40	410	78	142	40	80	76	280	145	1400	M72×6	$\phi194\times5$	63	$\phi219\times6$
80		450	87	154			84	300	160	1600	M80×6		75	
90	50	500	97	170			94	320	180	1800	M90×6	$\phi219\times6$	109	$\phi245\times6.5$
100		550	107	185			104	350	200	2000	M100×6	$\phi245\times6.5$	129	$\phi273\times6.5$
110	60	600	118	205	50	100	114	380	220	2200	M110×6	$\phi273\times6.5$	182	$\phi299\times7.5$

表 11.1.7-9

T形头地脚螺栓用双联锚板

尺寸	K_1	K_2	K_3	K_4	S_1	S_2	S_3	d	e_1+2	e_2+2	h	l_1	l_2	L_s K_1	L_s K_2	L_s K_3	L_s K_4	S_1	S_2	适应螺栓	重量 K_1	重量 K_2	重量 K_3	重量 K_4	接近预留孔内径
24	100	125	160	—	180	150	20	76.1	28	54	50	40	28	363	388	423	—	20	2.9	M20…	12	13	14	—	80
30	130	160	200	—	210	160	20	88.9	35	68	60	40	34	413	443	483	—	25	3.2	M30…	18	20	22	—	100
38	150	170	220	—	240	180	20	114.3	40	82	75	40	40	473	493	543	—	30	3.6	M36…	28	30	33	—	125
42	160	210	240	—	270	200	30	114.3	48	94	85	50	46	523	573	603	—	30	3.6	M42…	35	39	42	—	125
48	170	210	250	290	300	220	30	139.7	54	102	100	50	52	573	613	653	693	35	4	M48…	47	51	55	59	150
56	180	220	260	300	330	240	30	139.7	65	116	110	50	60	623	663	703	743	35	4	M56…	55	59	64	68	150
64	200	250	300	350	370	260	30	168.3	74	128	130	50	68	683	733	783	833	40	4.5	M64…	76	83	89	96	175
72	220	270	320	400	410	300	40	193.7	82	142	145	80	76	783	833	883	963	40	4.5	M72…	96	104	111	124	200
80	250	300	360	450	450	320	40	219.1	90	154	160	80	84	853	903	963	1053	40	5.4	M80…	115	124	134	148	225
90	290	340	410	480	500	340	40	244.5	100	170	180	80	94	933	983	1053	1123	50	5.4	M90…	170	181	198	213	250
100	320	390	460	540	550	340	40	273	110	185	200	80	104	963	1033	1103	1183	50	5.9	M100…	204	221	238	258	280
(110)	360	430	520	600	600	400	50	273	120	205	220	100	114	1123	1193	1283	1363	60	6.3	M110…	292	312	342	368	280
120	400	470	570	660	650	420	50	273	130	220	240	100	124	1203	1273	1373	1463	60	6.3	M120…	352	376	410	442	350
(130)	430	510	620	720	700	420	50	323.9	141	240	260	100	134	1233	1313	1423	1523	60	6.3	M130…	507	544	597	642	350
140	460	560	670	780	750	480	60	323.9	155	255	270	120	144	1383	1483	1593	1703	80	7.1	M140…	585	636	692	750	350
150	500	600	720	840	800	480	60	355.6	165	270	290	120	154	1423	1523	1643	1763	80	8	M150…	666	721	786	855	400

11.1.8　螺母与螺栓配合，起连接紧固构件作用。钢结构用螺母一般为六角螺母，其分类如下。

1. 按制作精度和产品质量不同分 A、B、C 级三个等级；

2. 按性能等级分为 4、5、6、8、9、10、12 七个级别；

3. 按构造分小六角螺母和六角螺母两种。

11.1.9　螺母应根据设计要求选用与螺栓相配且性能等级最高者。螺母制造用材料、螺纹基本尺寸、制造公差及其粗细牙的种类基本与螺栓相同。当螺母拧紧到螺栓保证荷载时，不能发生螺纹脱扣现象。一般应符合下列规定。

1. 螺母材料一般采用 Q215a、Q235a、Q215b、Q235b、10、15、35、40Cr、15MnVB、30CrMnS 等材料制作，各性能等级可适用的钢材化学成分应符合表 11.1.9-1 的规定。

螺母性能等级适用钢材的化学成分　　　　　　　　表 11.1.9-1

性能等级		材料与螺母热处理	化学成分极限（熔炼分析,%）[a]			
			C max	Mn min	P max	S max
粗牙螺纹	04[c]	碳钢[d]	0.58	0.25	0.60	0.150
	0.5[e]	碳钢　淬火并回火[e]	0.58	0.30	0.048	0.058
	5[b]	碳钢[d]	0.58	—	0.60	0.150
	6[b]	碳钢[d]	0.58	—	0.60	0.150
	8	高螺母（2型）　碳钢[d]	0.58	0.25	0.60	0.150
	8	标准螺母（I型）$D{\leqslant}M16$　碳钢[d]	0.58	0.25	0.60	0.150
	8[c]	标准螺母（I型）$D{>}M16$　碳钢　淬火并回火[e]	0.58	0.30	0.048	0.058
	10[c]	碳钢　淬火并回火[c]	0.58	0.30	0.048	0.058
	12[c]	碳钢　淬火并回火[e]	0.58	0.45	0.048	0.058
细牙螺纹	04[b]	碳钢[d]	0.58	0.25	0.060	0.150
	05[e]	碳钢　淬火并回火[e]	0.58	0.30	0.048	0.058
	5[b]	碳钢[d]	0.58	—	0.060	0.150
	6[b]	$D{\leqslant}M16$　碳钢[d]	0.58	—	0.060	0.150
细牙螺纹	6[b]	$D{>}M16$　碳钢　淬火并回火[e]	0.58	0.30	0.048	0.058
	8	高螺母（2型）　碳钢[d]	0.58	0.25	0.060	0.150
	8[e]	标准螺母（I型）　碳钢　淬火并回火[e]	0.58	0.30	0.048	0.058
	10[e]	碳钢　淬火并回火[e]	0.58	0.30	0.048	0.058
	12[e]	碳钢　淬火并回火[e]	0.58	0.45	0.048	0.058

"—"未规定极限。

[a]　有争议时，实施成品分析。

[b]　根据供需协议，这些性能等级的螺母可以用易切钢制造。其硫、磷和铅的最大含量为：硫 0.34%；磷 0.11%；铅 0.35。

[c]　为满足对机械性能要求，可能需要添加合金元素。

[d]　由制造者选择，可以淬火并回火。

[e]　对这些性能等级用的材料，应有足够的淬透性，以确保紧固件基体金属在"淬硬"状态、回火前，在螺母螺纹截面中，获得约 90% 的马氏体组织。

2. 螺母等级应与螺栓相配。螺母公称高度（H）在大于或等于 $0.8D$（螺栓的公称直径）时，螺母与螺栓相配应符合《紧固件机械性能 螺母》GB/T 3098.2—2015 的规定，见表 11.1.9-2a。

公称高度≥0.8D 螺母形式和性能等级对应的公称直径范围　　　表 11.1.9-2a

性能等级	公称直径范围 D（mm）		
	标准螺母（1 型）	高螺母（2 型）	薄螺母（0 型）
04	—	—	M5≤D≤M39 M8×1≤D≤M39×3
05	—	—	M5≤D≤M39 M8×1≤D≤M39×3
5	M5≤D≤M39 M8×1≤D≤M39×3		
6	M5≤D≤M39 M8×1≤D≤M39×3		
8	M5≤D≤M39 M8×1≤D≤M39×3	M16≤D≤M39 M8×1≤D≤M16×1.5	
10	M5≤D≤M39 M8×1≤D≤M16×1.5	M5≤D≤M39 M8×1≤D≤M39×3	
12	M5≤D≤M16	M5≤D≤M39 M8×1≤D≤M16×1.5	

标准螺母（1 型）和高螺母（2 型）应按照表 11.1.9-2b 与外螺纹紧固件搭配使用，较高性能等级的螺母可以替代低性能等级的螺母。

标准螺母（1 型）和高螺母（2 型）与外螺纹紧固件性能等级的搭配 表 11.1.9-2b

螺母性能等级	搭配使用的螺栓、螺钉或螺柱的最高性能等级
5	5.8
6	6.8
8	8.8
10	10.9
12	12.9/12.9

3. 螺母的机械性能。粗牙螺纹应符合国家标准《紧固件机械性能 螺母》GB/T 3098.2—2015 的规定，粗牙螺纹螺母的硬度性能见表 11.1.9-3。

粗牙螺纹螺母的硬度性能　　　表 11.1.9-3

螺纹规格 D（mm）	性能等级													
	04		05		5		6		8		10		12	
	维氏硬度 HV													
	min	max	min	max	min	max	min	max	min	max	min	max	min	max
M5≤D≤M16	188	302	272	353	130	302	150	302	200	302	272	353	295[c]	353
M16<D≤M39					146		170		233[a]	353[b]			272	

续表

螺纹规格 D (mm)	性能等级													
	04		05		5		6		8		10		12	
	维氏硬度 HV													
	min	max	min	max	min	max	min	max	min	max	min	max	min	max
布氏硬度 HB														
M5≤D≤M16	179	287	259	336	124	287	143	287	190	287	259	336	280[c]	336
M16<D≤M39	179	287	259	336	139	287	162	287	221[a]	336[b]	259	336	259	336
洛氏硬度 HRC														
M5≤D≤M16	—	30	26	36	—	30	—	30	—	30	26	36	29[c]	36
M16<D≤M39	—	30	26	36	—	30	—	30	—	36[b]	26	36	26	36

表面缺陷按《紧固件表面缺陷螺母》GB/T 5779.2—2000 的规定。

验收检查时，维氏硬度试验为仲裁方法，见标准 9.2.4。

[a] 对高螺母（2 型）的最低硬度值：180HV（171HB）。

[b] 对高螺母（2 型）的最高硬度值：302HV（287HB；30HRC）。

[c] 对高螺母（2 型）的最低硬度值：272HV（259HB；26HRC）。

4. 常用六角螺母规格如下。

1）1 型全金属六角锁紧螺母应符合国家标准《1 型全金属六角锁紧螺母》GB/T 6184—2000 的规定，见表 11.1.9-4。

1 型全金属六角螺母规格　　　　　　　表 11.1.9-4

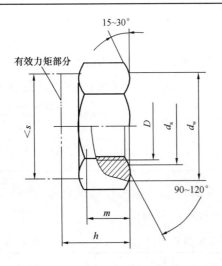
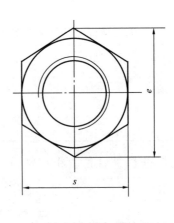

（mm）

螺纹规格 d		M5	M6	M8	M10	M12	(M14)[1]	M16	(M18)[1]	M20	(M22)[1]	M24	M30	M36
P[2]		0.8	1	1.25	1.5	1.75	2	2	2.5	2.5	2.5	3	3.5	4
d_a	max	5.75	6.75	8.75	10.8	13	15.1	17.3	19.5	21.6	23.7	25.9	32.4	38.9
	min	5.00	6.00	8.00	10.0	12	14.0	16.0	18.0	20.0	22.0	24.0	30.0	36.0

续表

螺纹规格 d	M5	M6	M8	M10	M12	(M14)[1]	M16	(M18)[1]	M20	(M22)[1]	M24	M30	M36
d_w min	6.88	8.88	11.63	14.63	16.63	19.64	22.49	24.9	27.7	31.4	33.25	42.75	51.11
e min	8.79	11.05	14.38	17.77	20.03	23.36	26.75	29.56	32.95	37.29	39.55	50.85	60.79
h max	5.3	5.9	7.10	9.00	11.60	13.2	15.2	17.00	19.0	21.0	23.0	26.9	32.5
h min	4.8	5.4	6.44	8.04	10.37	12.1	14.1	15.01	16.9	18.1	20.2	24.3	29.4
m min	3.52	3.92	5.15	6.43	8.3	9.68	11.28	12.08	13.52	14.5	16.16	19.44	23.52
s max	8.00	10.00	13.00	16.00	18.00	21.00	24.00	27.00	30.00	34	36	46	55.0
s min	7.78	9.78	12.73	15.73	17.73	20.67	23.67	26.16	29.16	33	35	45	53.8

注：尽可能不采用括号内的规格。

2）2 型全金属六角锁紧螺母（5、8、10、12 级），应符合《2 型全金属六角锁紧螺母》GB/T 6185.1—2016 的规定，见表 11.1.9-5。

2 型全金属六角锁紧螺母（5、8、10、12 级）　　　　表 11.1.9-5

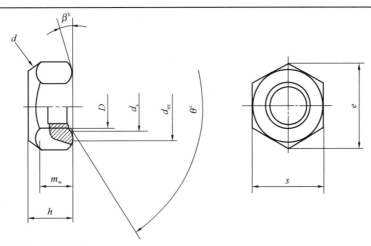

[a] 有效力矩部分形状由制造者自选；

[b] $\beta = 15° \sim 30°$；

[c] $\theta = 90° \sim 120°$。

（mm）

螺纹规格 D	M5	M6	M8	M10	M12	(M14)[a]	M16	M20	M24	M30	M36
P[b]	0.8	1	1.25	1.5	1.75	2	2	2.5	3	3.5	4
d_a max	5.75	6.75	8.75	10.8	13	15.1	17.3	21.6	25.9	32.4	38.9
d_a min	5	6	8	10	12	14	16	20	24	30	36
d_w min	6.9	8.9	11.6	14.6	16.6	19.6	22.5	27.7	33.2	42.7	51.1
e min	8.79	11.05	14.38	17.77	20.03	23.35	26.75	32.95	39.55	50.85	60.79
h max	5.1	6	8	10	12	14.1	16.4	20.3	23.9	30	36
h min	4.8	5.4	7.14	8.94	11.57	13.4	15.7	19.0	22.6	27.3	33.1
m_w min	2.75	3.3	4.4	5.5	6.6	7.7	8.8	11	13.2	16.5	19.8
s max	8	10	13	16	18	21	24	30	36	46	55
s min	7.78	9.78	12.73	15.73	17.73	20.67	23.67	29.16	35	45	53.8

[a] 尽可能不采用括号内的规格。

[b] P—螺距。

11.1.10 钢结构用螺栓垫圈分类方式如下。

1. 按不同用途可分为：一般衬垫用垫圈、防止松动用垫圈、特殊用途垫圈。

2. 按不同形状可分为：一般圆平垫圈、方斜垫圈、弹簧垫圈。不同类型垫圈用途如下。

1）一般圆平垫圈衬垫在紧固螺栓螺母下面，用以增加支承面、遮盖较大的孔眼及防治损伤零件表面；

2）方斜垫圈用来将槽钢、工字钢翼缘之类倾斜面垫平，使螺母支承面垂直于螺杆，避免螺母拧紧时螺杆弯曲受力；

3）弹簧垫圈用于防止紧固件松动，靠其垫圈的弹性功能及斜口摩擦面防止紧固件的松动。广泛用于经常拆卸的连接处。

11.1.11 钢结构用垫圈形式与尺寸如下。

1. A级平垫圈可参见国家标准《平垫圈 A 级》GB/T 97.1—2002，如表 11.1.11-1 所示。

A 级平垫圈规格　　　　　　　　　　　表 11.1.11-1

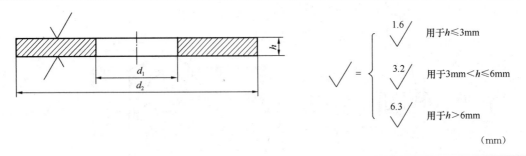

（mm）

公称尺寸	内径 d_1		外径 d_2		厚度 h		
（螺纹规格 d）	公称（min）	max	公称（max）	min	公称	max	min
1.6	1.7	1.84	4	3.7	0.3	0.35	0.25
2	2.2	2.34	5	4.7	0.3	0.35	0.25
2.5	2.7	2.84	6	5.7	0.5	0.55	0.45
3	3.2	3.38	7	6.64	0.5	0.55	0.45
4	4.3	4.48	9	8.64	0.8	0.9	0.7
5	5.3	5.48	10	9.64	1	1.1	0.9
6	6.4	6.62	12	11.57	1.6	1.8	1.4
8	8.4	8.62	16	15.57	1.6	1.8	1.4
10	10.5	10.77	20	19.48	2	2.2	1.8
12	13	13.27	24	23.48	2.5	2.7	2.3
14	15	15.27	28	27.48	2.5	2.7	2.3
16	17	17.27	30	29.48	3	3.3	2.7
20	21	21.33	37	36.38	3	3.3	2.7
24	25	25.33	44	43.38	4	4.3	3.7
30	31	31.39	56	55.26	4	4.3	3.7
36	37	37.62	66	64.8	5	5.6	4.4
42	45	45.62	78	76.8	8	9	7
48	52	52.74	92	90.6	8	9	7
56	62	62.74	105	103.6	10	11	9
64	70	70.74	115	113.6	10	11	9

2. A级倒角型平垫圈可参见国家标准《平垫圈 倒角型 A级》GB/T 97.2—2002，如表 11.1.11-2 所示。

A级平垫圈倒角型　　　　　　　　　　　　表 11.1.11-2

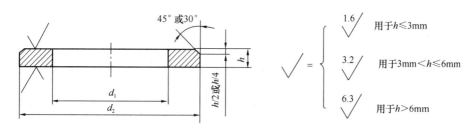

（mm）

公称尺寸	内径 d_1		外径 d_2		厚度 h		
（螺纹规格 d）	公称（min）	max	公称（max）	min	公称	max	min
5	5.3	5.48	10	9.64	1	1.1	0.9
6	6.4	6.62	12	11.57	1.6	1.8	1.4
8	8.4	8.62	16	15.57	1.6	1.8	1.4
10	10.5	10.77	20	19.48	2	2.2	2.3
12	13	13.27	24	23.48	2.5	2.7	2.7
16	17	17.27	30	29.48	3	3.3	2.7
20	21	21.33	37	36.39	3	3.3	2.7
24	25	25.33	44	44.38	4	4.3	3.7
30	31	31.39	56	55.26	4	4.3	3.7
36	37	37.62	66	64.8	5	5.6	4.4
42	45	45.62	78	76.8	8	9	7
48	52	52.74	92	90.6	8	9	7
56	62	62.74	105	103.6	10	11	9
64	70	70.74	115	113.6	10	11	9

3. C级平垫圈可参见国家标准《平垫圈 C级》GB/T 95—2002，如表 11.1.11-3 所示。

C级平垫圈规格　　　　　　　　　　　　表 11.1.11-3

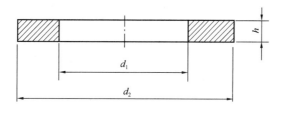

（mm）

公称尺寸	内径 d_1		外径 d_2		厚度 h		
（螺纹规格 d）	公称（min）	max	公称（max）	min	公称	max	min
1.6	1.8	2.05	4	32.5	0.3	0.4	0.2
2	2.4	2.65	5	4.25	0.3	0.4	0.2
2.5	2.9	3.15	6	5.25	0.5	0.6	0.4

续表

公称尺寸	内径 d_1		外径 d_2		厚度 h		
（螺纹规格 d）	公称（min）	max	公称（max）	min	公称	max	min
3	3.4	3.7	7	6.1	0.5	0.6	0.4
4	4.5	4.8	8	8.1	0.8	1.0	0.6
5	5.5	5.8	9	9.1	1	1.2	0.8
6	6.6	6.96	10	10.9	1.6	1.9	1.3
8	9	9.36	12	14.9	1.6	1.9	1.3
10	11	11.43	16	18.7	2	2.3	1.7
12	13.5	13.93	20	227	2.5	2.8	2.2
16	17.5	17.93	24	28.7	3	3.6	2.4
20	22	22.52	30	35.4	3	3.6	2.4
24	26	26.52	37	42.4	4	4.6	3.4
30	33	33.62	44	54.1	4	4.6	3.4
36	39	40	56	64.1	5	6	4
42	45	46	66	76.1	8	9.2	6.8
48	52	53.2	78	89.8	8	9.2	6.8
56	62	63.2	92	102.8	10	11.2	8.8
64	70	71.2	105	112.8	10	11.2	8.8

4. A 级和 C 级大垫圈可分别参见国家标准《大垫圈》GB/T 96.1—2002 和《大垫圈》GB/T 96.2—2002，如表 11.1.11-4 所示。

大垫圈规格（大垫圈——A 级 GB/T 96.1—2002）　　　　表 11.1.11-4

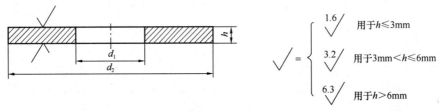

$$\sqrt{} = \begin{cases} 1.6\diagup & \text{用于} h\leqslant 3\text{mm} \\ 3.2\diagup & \text{用于} 3\text{mm}<h\leqslant 6\text{mm} \\ 6.3\diagup & \text{用于} h>6\text{mm} \end{cases}$$

优选尺寸（mm）　　　　表 11.1.11-4（a）

公称尺寸	内径 d_1		外径 d_2		厚度 h		
（螺纹规格 d）	公称（min）	max	公称（max）	min	公称	max	min
3	3.2	3.38	9	8.64	0.8	0.9	6.7
4	4.3	4.48	12	11.57	1	1.1	0.9
5	5.3	5.48	15	14.57	1	1.1	0.9
6	6.4	6.62	18	17.57	1.6	1.8	1.4
8	8.4	8.62	24	23.48	2	2.2	1.8
10	10.5	10.77	30	29.48	2.5	2.7	2.3
12	13	13.27	37	36.38		3.3	2.7
16	17	17.27	50	59.62	3	3.3	2.7
20	21	21.33	60		4	4.3	3.7
24	25	25.52	72	70.8	5	5.6	4.4
30	33	33.62	92	90.6	6	6.6	5.4
36	39	39.62	110	108.6	8	9	7

非优选尺寸（mm） 表 11.1.11-4（b）

公称尺寸	内径 d_1		外径 d_2		厚度 h		
（螺纹规格 d）	公称（min）	max	公称（max）	min	公称	max	min
3.5	3.7	3.88	11	10.57	0.8	0.9	0.7
14	15	15.27	44	43.38	3	3.3	2.7
18	19	19.33	56	55.26	4	4.3	3.7
22	23	23.52	66	64.8	5	5.6	4.4
27	30	30.52	85	83.6	6	6.6	5.4
33	36	36.52	105	103.6	6	6.6	5.4

大垫圈—C 级 GB/T 96.2—2002。

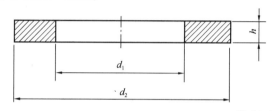

表 11.1.11-4（c）　（mm）

公称尺寸	内径 d_1		外径 d_2		厚度 h		
（螺纹规格 d）	公称（min）	max	公称（max）	min	公称	max	min
5	5.6	5.8	18	16.9	2	2.3	1.7
6	6.6	6.96	22	20.7	2	2.3	1.7
8	9	9.36	28	26.7	3	3.6	2.4
10	11	11.43	34	32.4	3	3.6	2.4
12	13.5	13.93	44	42.4	4	4.6	3.4
14	15.5	15.93	50	48.4	4	4.6	3.4
16	17.5	18.2	56	54.1	5	6	4
20	22	22.84	72	70.1	6	7	5
24	26	26.84	85	82.8	6	7	5
30	33	34	105	102.8	6	7	5
36	39	40	125	122.5	8	9.2	6.8

表 11.1.11-4（d）　（mm）

公称尺寸	内径 d_1		外径 d_2		厚度 h		
（螺纹规格 d）	公称（min）	max	公称（max）	min	公称	max	min
3.5	3.9	4.2	11	9.9	0.8	1.0	0.6
14	15.5	15.93	44	42.4	3	3.6	2.4
18	20	20.43	56	54.9	4	4.6	3.4
22	24	24.84	66	64.9	5	6	4
27	30	30.84	85	82.8	6	7	5
33	36	37	105	102.8	6	7	5

5. C级特大垫圈可参见国家标准《特大垫圈 C 级》GB/T 5287—2002，如表11.1.11-5所示。

特大垫圈规格 (GB/T 5287—2002)　　　　　　　　　　表 11. 1. 11-5

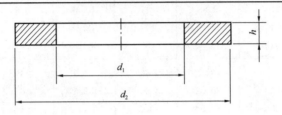

（mm）

公称尺寸	内径 d_1		外径 d_2		厚度 h		
（螺纹规格 d）	公称（min）	max	公称（max）	min	公称	max	min
5	5.6	5.8	18	16.9	2	2.3	1.7
6	6.6	6.96	22	20.7	2	2.3	1.7
8	9	9.36	28	26.7	3	3.6	2.4
10	11	11.43	34	32.4	3	3.6	2.4
12	13.5	13.93	44	42.4	4	4.6	3.4
14	15.5	15.93	50	48.4	4	4.6	3.4
16	17.5	18.2	56	54.1	5	6	4
20	22	22.84	72	70.1	6	7	5
24	26	26.84	85	82.8	6	7	5
30	33	34	105	102.8	6	7	5
36	39	40	125	122.5	8	9.2	6.8

6. 标准型弹簧垫圈可参见国家标准《标准型弹簧垫圈》GB 93—1987，如表11.1.11-6所示。

标准型弹簧垫圈　　　　　　　　　　表 11. 1. 11-6

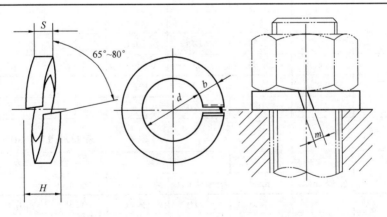

（mm）

规格	d		S （b）			H		$m \leqslant$
（螺纹大径）	min	max	公称	min	max	min	max	
8	8.1	8.68	2.1	2	2.2	4.2	5.25	1.05
10	10.2	10.9	2.6	2.45	2.75	5.2	6.5	1.3

规格 （螺纹大径）	d		S (b)		H			$m\leqslant$
	min	max	公称	min	max	min	max	
12	12.2	12.9	3.1	2.95	3.25	6.2	7.75	1.55
(14)	14.2	14.9	3.6	3.4	3.8	7.2	9	1.8
16	16.2	16.9	4.1	3.9	4.3	8.2	10.25	2.05
(18)	18.2	19.04	4.5	4.3	4.7	9	11.25	2.25
20	20.2	21.04	5	4.8	5.2	10	12.5	2.5
(22)	22.5	23.34	5.5	5.3	5.7	11	13.75	2.75
24	24.5	25.5	6	5.8	6.2	12	15	3
(27)	27.5	28.5	6.8	6.5	7.1	13.6	17	3.4
30	30.5	31.5	7.5	7.2	7.8	15	18.75	3.75
(33)	33.5	34.7	8.5	8.2	8.8	17	21.25	4.25
36	36.5	37.7	9	8.7	9.3	18	22.5	4.5
(39)	39.5	40.7	10	9.7	10.3	20	25	5
42	42.5	43.7	10.5	10.2	10.8	21	26.25	5.25
(45)	42.5	46.7	11	10.7	11.3	22	27.5	5.5
48	48.5	49.7	12	11.7	12.3	24	50	6

注：尽可能不采用括号内的规格。

　　7. 轻型弹簧垫圈可参见国家标准《轻型弹簧垫圈》GB 859—1987，如表 11.1.11-7 所示。

轻型弹簧垫圈　　　　　　　　　　　　　　　表 11.1.11-7

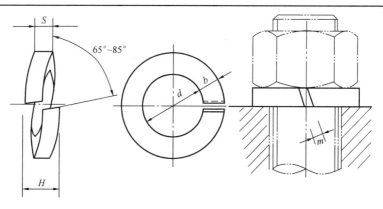

(mm)

规格 （螺纹大径）	d		S			b			H		$m\leqslant$
	min	max	公称	min	max	公称	min	max	min	max	
5	5.1	5.4	1.1	1	1.2	1.5	1.4	1.6	2.2	2.75	0.55
6	6.1	6.68	1.3	1.2	1.4	2	1.9	2.1	2.6	3.25	0.65
8	8.1	8.68	1.6	1.5	1.7	2.5	2.35	2.65	3.2	4	0.8
10	10.2	10.9	2	1.9	2.1	3	2.85	3.15	4	5	1
12	12.2	12.9	2.5	2.35	2.65	3.5	3.3	3.7	5	6.25	1.25
(14)	14.2	14.9	3	2.85	3.15	4	3.8	4.2	6	7.5	1.5

续表

规格 （螺纹大径）	d		S			b			H		$m\leqslant$
	min	max	公称	min	max	公称	min	max	min	max	
16	16.2	16.9	3.2	3	3.4	4.5	4.3	4.7	6.4	8	1.6
(18)	18.2	19.04	3.6	3.4	3.8	5	4.8	5.2	7.2	9	1.8
20	20.2	21.04	4	3.8	4.2	5.5	5.3	5.7	8	10	2
(22)	22.5	23.34	4.5	4.3	4.7	6	5.8	6.2	9	11.25	2.25
24	24.5	25.5	5	4.8	5.2	7	6.7	7.3	10	12.5	2.5
(27)	27.5	28.5	5.5	5.3	5.7	8	7.7	8.3	11	13.75	2.75
30	30.5	31.5	6	5.8	6.2	9	8.7	9.3	12	15	3

注：尽可能不采用括号内的规格。

8. 重型弹簧垫圈可参见国家标准《重型弹簧垫圈》GB 7244—1987，如表 11.1.11-8 所示。

重型弹簧垫圈　　　　　　　　　　　　　　**表 11.1.11-8**

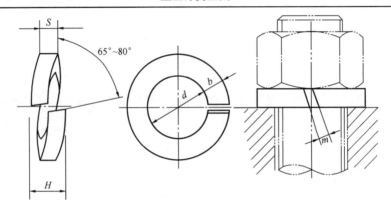

（mm）

规格 （螺纹大径）	d		S			b			H		$m\leqslant$
	min	max	公称	min	max	公称	min	max	min	max	
6	6.1	6.68	1.8	1.65	1.95	2.6	2.45	2.75	3.6	4.5	0.9
8	8.1	8.68	2.4	2.25	2.55	3.2	3	3.4	4.8	6	1.2
10	10.2	10.9	3	2.85	3.15	3.8	3.6	4	6	7.5	1.5
12	12.2	12.9	3.5	3.3	3.7	4.3	4.1	4.5	7	8.75	1.75
(14)	14.2	14.9	4.1	3.9	4.3	4.8	4.6	5	8.2	10.25	2.05
16	16.2	16.9	4.8	4.6	5	5.3	5.1	5.5	9.6	12	2.4
(18)	18.2	19.04	5.3	5.1	5.5	5.8	5.6	6	10.6	13.25	2.65
20	20.2	21.04	6	5.8	6.2	6.4	6.1	6.7	12	15	3
(22)	22.5	23.34	6.6	6.3	6.9	7.2	6.9	7.5	13.2	16.5	3.3
24	24.5	25.5	7.1	6.8	7.4	7.5	7.2	7.8	14.2	17.75	3.55
(27)	27.5	28.5	8	7.7	8.3	8.5	8.2	8.8	16	20	4
30	30.5	31.5	9	8.7	9.3	9.3	9	9.6	18	22.5	4.5
(33)	33.5	34.7	9.9	9.6	10.2	10.2	9.9	10.5	19.8	24.75	4.95
36	36.5	37.7	10.8	10.5	11.1	11	10.7	11.3	21.6	27	5.4

注：尽可能不采用括号内的规格。

9. 工字钢用方斜垫圈可参见国家标准《工字钢用方斜垫圈》GB 852—1988，如表 11.1.11-9所示。

工字钢用方斜垫圈

表 11. 1. 11-9

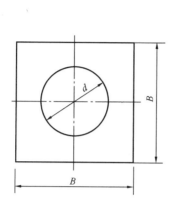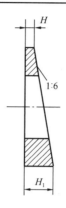

（mm）

规格（螺纹规格）	d		B	H	H_1
	max	min			
6	6.96	6.6	16		4.7
8	9.36	9	18		5.0
10	11.43	11	22	2	5.7
12	13.93	13.5	28		6.7
16	17.93	17.5	35		7.8
(18)	20.52	20			9.7
20	22.52	22	40		9.7
(22)	24.52	24			9.7
24	26.52	26		3	11.3
(27)	30.52	30	50		11.3
30	33.62	33	60		13.0
36	39.62	39	70		14.7

注：尽可能不采用括号内的尺寸。

10. 槽钢用方斜垫圈可参见国家标准《槽钢用方斜垫圈》GB 853—1988，如表 11.1.11-10所示。

槽钢用方斜垫圈

表 11. 1. 11-10

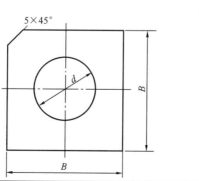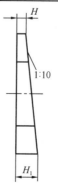

（mm）

规格（螺纹规格）	d		B	H	H_1
	max	min			
6	6.96	6.6	16		3.6
8	9.36	9	18		3.8
10	11.43	11	22	2	4.2
12	13.93	13.5	28		4.8
16	17.93	17.5	35		5.4
(18)	20.52	20			
20	22.52	22	40		7
(22)	24.52	24			
24	26.52	26	50	3	
(27)	30.52	30			3
30	33.62	33	60		9
36	39.62	39	70		10

注：尽可能不采用括号内的尺寸。

11.1.12　普通螺栓连接应符合下列要求。

1. 螺栓头和螺母（包括锚栓）应和结构构件的表面及垫圈密贴；

2. 永久螺栓的螺栓头和螺母的下面应放置平垫圈，平垫圈用以增加支承面，遮盖较大的孔眼；

3. 垫置在螺母下的垫圈不应多于2个，垫置在螺栓头部下的垫圈不应多于一个；

4. 对于槽钢和工字钢翼缘上倾斜平面的螺栓连接，则应放置斜垫片垫平，以使螺母和螺栓头的头部支承面垂直与螺杆，避免螺栓拧紧时螺杆弯曲受力；

5. 永久螺栓及锚固螺栓的螺母应根据施工图的设计规定采用有防松装置的螺母或弹簧垫圈；

6. 对于动荷载或重要部位的螺栓连接，应按设计要求放置弹簧垫圈，防止紧固件的松动，弹簧垫圈必须放置在螺母下面；

7. 各种螺栓连接从螺母一侧伸出的螺栓长度，应保持不少于两个完整螺纹的长度；

8. 螺栓的等级和材质应符合施工图中的规定。

11.1.13　连接螺栓的长度应根据连接螺栓的直径、连接板厚度、连接件的材料和垫圈的种类等确定，连接螺栓长度可按式（11.1.13-1）计算。

$$L = \delta + H + nh + C \qquad (11.1.13\text{-}1)$$

式中　δ——连接板束厚度（mm）；

　　　H——螺母高度（mm）；

　　　h——垫圈厚度（mm）；

　　　n——垫圈数量（个）；

　　　C——螺杆余长（5~10mm）。

11.1.14　普通螺栓施工时，螺栓受力应均匀，应尽量减少连接件变形对紧固轴力的影响，保证节点连接螺栓的质量。螺栓紧固必须从螺栓群中心开始，并对称施拧；30 号正火钢制作的各种直径的螺栓旋拧时，螺栓所承受的轴向允许荷载见表 11.1.14-1。

各种直径螺栓的允许荷载　　　　　　　表 11.1.14-1

螺栓的公称直径（mm）		12	16	20	24	30	36
轴向允许轴力	无预先锁紧（N）	17200	3300	5200	7500	11900	17500
	螺栓在荷载下锁紧（N）	1320	2500	4000	5800	9200	13500
扳手最大允许扭矩（kg/cm²）／（N/cm）		320 / 3138	800 / 7845	1600 / 1569	2800 / 27459	5500 / 53937	9700 / 95125

注：对于 Q235 及 45 号钢，应将表中允许值分别乘以修正系数 0.75 及 1.1。

11.1.15　永久螺栓拧紧的质量检验，可采用锤敲或力矩扳手检验，要求螺栓应不颤头和偏移，同时拧紧的真实性可用塞尺检查，对接表面高度差（不平度）不应超过 0.5mm。对接配件在平面上的差值超过 0.5～3mm 时，应将较高的配件高出部分制成 1:10 的斜坡，斜坡不得用火焰切割。当高度超过 3mm 时，必须设置和该结构相同钢号的钢板制作的垫板，并用连接配件相同的加工方法对垫板的两侧进行加工。

11.1.16　钢板、槽钢、工字钢等构件采用螺栓连接时，可采用的连接形式可参考表 11.1.16-1 选用。

钢板、槽板、工字钢、角钢的螺栓连接形式　　　　　表 11.1.16-1

材料种类	连 接 形 式	说　　明
钢板	拼接连接	用双面拼接板，力的传递不产生偏心作用
		用单面拼接板，力的传递具有偏心作用，受力后连接部发生弯曲
		板件厚度不同的拼接，须设置填板并将填板伸出拼接板以外；用焊件或螺栓固定
	搭接连接	传力偏心只有在受力不大时采用
	T 形连接	
槽钢		应符合等强度原则，拼接板的总面积不能小于被拼接的杆件面积，且各支面积分布与材料面积大致相等

续表

材料种类	连 接 形 式	说 明
工字钢	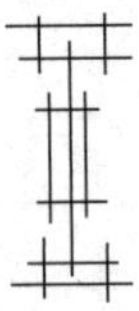	同槽钢
角钢 角钢与 钢板	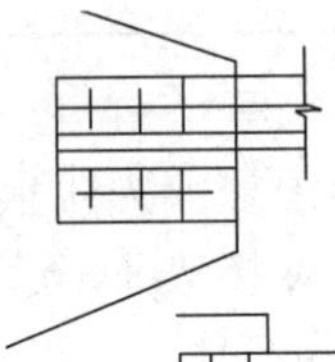	适用角钢与钢板连接受力较大的部位
		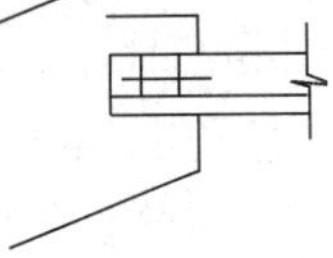 适用一般受力的接长或连接
角钢与 角钢	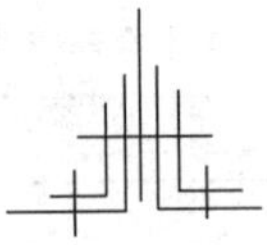	适用于小角钢等同面连接
		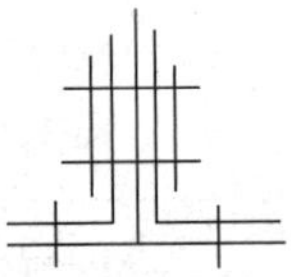 适用于大角钢等同面连接

11.1.17 螺栓直径大小，可根据其连接的板厚确定。各种板厚适用的螺栓直径，可参考表 11.1.17-1 选用。在同一个结构中，宜选用同一种直径的螺栓。

适用的螺栓直径   表 11.1.17-1

最小的螺栓连接厚度（mm）	4～6	5～8	7～11	10～14	13～20
适宜的螺栓直径（mm）	14	16	20	24	27

11.1.18 螺栓连接的螺栓排列有并列和交错排列两种形式。螺栓排列之间的距离，应根据连接板的厚度、选用的螺栓直径、排列的形式等确定。连接螺栓之间的间距不宜过小，否则影响螺栓紧固，过大则影响连接效果。螺栓中心间的距离以及螺栓与构件边缘的距离，应符合图 11.1.18-1 及表 11.1.18-1 的要求。

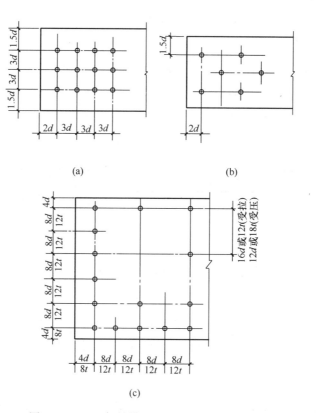

图 11.1.18-1　螺栓排列的最小距离或最大距离

(a), (b) 螺栓排列的最小距离；(c) 螺栓排列的最大距离

螺栓和铆接的允许距离　　　　　　　　　表 11.1.18-1

名称	位置和方向			最大允许距离 （取两者的较小值）	最小允许距离
中心距离	外排			$8d_0$ 或 $12t$	$3d_0$
	任意方向	中间排	杆件受压力	$12d_0$ 或 $18t$	
			杆件受拉力	$16d_0$ 或 $24t$	
中心孔至杆件 边缘距离	顺内力方向			$4d_0$ 或 $8t$	$2d_0$
	垂直内力方向	切割边			$1.5d_0$
		轧制边	高强度螺栓		
			其他螺栓或铆钉		$1.2d_0$

注：1. d_0 为螺栓或铆钉的孔径，t 为外层较薄板件的厚度。

2. 钢板边缘与刚性物件（如角钢、槽钢等）相连的螺栓或铆钉的最大间距，可按中间排的数值采用。

11.1.19　当实腹式梁或柱采用热轧普通型角钢、槽钢、工字钢、H 型钢等时，其并接接头的螺栓连接节点应采用保证等强原则进行节点连接设计，各种型材连接节点的准距离，可参考角钢表 11.1.19-1、工字钢表 11.1.19-2、槽钢表 11.1.19-3 以及图 11.1.19-1、图 11.1.19-2 选择。

角钢开孔 表 11.1.19-1

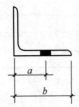 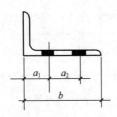

单行（mm）			双行交错排列（mm）				双行并列（mm）			
肢宽 b	线距 a	最大开孔直径	肢宽 b	线距 a_1	线距 a_2	最大开孔直径	肢宽 b	线距 a_1	线距 a_2	最大开孔直径
45	25	13	125	55	35	23.5	140	55	60	20.5
50	30	15	140	60	45	26.5	16	60	70	23.5
56	30	15	160	60	65	26.5	180	65	75	26.5
63	35	17					200	80	80	26.5
70	40	21.5								
75	45	21.5								
80	45	21.5								
90	50	23.5								
100	55	23.5								
110	60	26.5								
125	70	26.5								

工字钢开孔 表 11.1.19-2

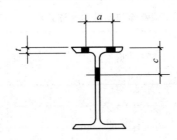

型号	翼缘（mm）			腹板（mm）	
	a	t	最大开孔直径	c	最大开孔直径
10	—	8	—	30	11
12.6	42	9	11	40	13
14	46	9	13	44	17
16	48	10	15	48	19.5
18	52	10.5	15	52	21.5
20b	58	11	17	60	25.5
22b	60	12.5	19.5	62	25.5
25b	64	13	21.5	64	25.5
25c	66	13	21.5	64	25.5
28b	70	14	21.5	66	25.5
28c	72	14	21.5	66	25.5

续表

型号	翼缘（mm）			腹板（mm）	
	a	t	最大开孔直径	c	最大开孔直径
32a	74			68	
32b	76	15	21.5	68	25.5
32c	78				
36a	76				
36b	78	16	23.5	70	25.5
36c	80				
40a	82				
40b	84	16	23.5	72	25.5
40c	86				
45a	86				
45b	88	17.5	25.5	74	25.5
45c	90				
50a	92				
50b	94	20	25.5	78	25.5
50c	96				
56a	98				
56b	100	20.5	25.5	80	25.5
56c	102				
63a	104				
63b	106	21	28.5	90	25.5
63c	108				

槽钢开孔　　　　　　　　　　　　　　　　　　　　　表 11.1.19-3

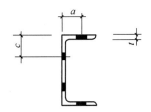

型号	翼缘（mm）			腹板（mm）	
	a	t	最大开孔直径	c	最大开孔直径
5	20	7	11	25	7
6.3	25	7.5	11	31.5	11
8	25	8	13	40	15
10	30	8.5	15	35	11
12.6	30	9	17	40	15
14a，14b	35	9.5	17	45	17
16a，16b	35	10	19.5	50	17

续表

型号	翼缘（mm）			腹板（mm）	
	a	t	最大开孔直径	c	最大开孔直径
18a，18b	40	10.5	21.5	55	21.5
20a	45	11	21.5	60	23.5
22a	45	11.5	23.5	65	25.5
25a，25b，25c	45	12	23.5	65	25.5
		12	25.5		
28a，28b，28c	50	12.5	25.5	67	25.5
32a，32b，32c	50	14	25.5	70	25.5
36a，36b，36c	60	16	25.5	74	25.5
40a，40b，40c	60	18	25.5	78	25.5

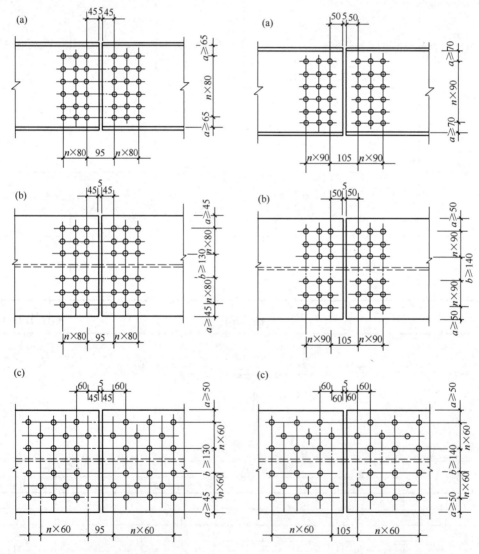

图 11.1.19-1　实腹梁或柱拼接接头示意图
（M20、孔 $\phi 22$，M22、孔 $\phi 24$）
（a）腹板；（b）翼缘板（1）；（c）翼缘板（2）

图 11.1.19-2　实腹梁或柱拼接接头示意图
（M24、孔 $\phi 26$）
（a）腹板；（b）翼缘板（1）；（c）翼缘板（2）

11.2　高强度螺栓连接

11.2.1　高强度螺栓是用优质碳素钢或低合金钢材料制成的一种特殊螺栓，由于螺栓强度高，故称高强度螺栓。高强度螺栓是继铆接连接之后发展应用的一种新型钢结构连接形式，已成为当今钢结构连接的主要手段之一。

11.2.2　高强度螺栓连接副，从受力特征分为高强度螺栓摩擦型连接、高强度螺栓承压型连接和承受拉力的受拉型高强度连接。

摩擦型连接和承压型连接均属抗剪连接。螺栓摩擦型连接通过板件间的抗滑力来传递剪力，以板件之间出现滑动作为其承载能力的极限状态，这种连接称为抗滑型连接或称摩擦连接；承压型高强度螺栓连接种类亦多，有施加预拉力的或任意施加 50% 预拉力的，有紧配式的和打入式的，也有正常孔型的，都以板层间不出现滑动作为正常使用（即荷载为正常使用极限状态）状态，承压型连接中的高强度螺栓承载力计算与普通螺栓连接完全相同；高强度螺栓张拉连接是螺栓杆轴力方向受拉的连接。

网架螺栓球节点是在设有螺纹孔的钢球上，通过专用高强螺栓将交汇于节点处的焊有锥头或封板的圆钢管杆件连接起来的节点（图 11.2.2-1）。

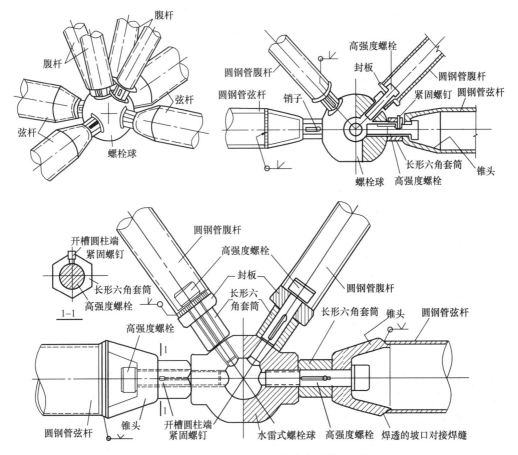

图 11.2.2-1　钢网架螺栓球节点连接示意图

11.2.3　高强度螺栓连接具有安装简便、迅速、能装能拆和承压高、受力性能好、安全可靠等优点，具体特点如下。

1. 可改善结构受力状况。采用摩擦型高强度螺栓连接所受的力，依靠钢板表面的摩擦力传递，传递力的面积大，应力集中现象得到改善，提高了构件的疲劳强度。

2. 螺栓用量少。高强度螺栓承载能力大，一个直径 $d=22$mm 的 40 硼钢高强度螺栓的抗剪承载能力为：

$$S = \frac{m \cdot N \cdot t}{1.7} = \frac{1 \times 20 \times 0.45 \times 9.80665}{1.7} \tag{11.2.3-1}$$
$$= 51.98 \times 10^3 \text{N}$$

而一个 23mm 直径的普通铆钉的抗剪强度为：

$$S = 0.55R \cdot F = 0.55 \times 2.0 \times \frac{\pi \times 2.3}{4} \tag{11.2.3-2}$$
$$= 44.13 \times 10^3 \text{N}$$

由此可见，高强度螺栓的承载能力比铆钉约大 18%，在受力相同的情况下，所用高强度螺栓的数量相对比铆钉数量少，因此，节点拼接板的几何尺寸也小，可以节省钢材。

3. 施工进度快。高强度螺栓施工简便，对于一个不熟悉高强度螺栓施工的工人，只要经过简单培训、就可以上岗操作。

4. 在钢结构运输过程中不易松动，且在使用中维护工作量少。如果发生松动即可个别更换，不影响其周围螺栓的连接。

5. 施工劳动条件好，而且栓孔可在工厂一次成型，省去二次扩孔的工序。

11.2.4　高强度螺栓适用于大跨度房屋钢结构、工业厂房钢结构、桥梁结构、高层房屋钢框结构、网架及网壳结构、重型起重机械及其他重要结构连接。按照连接形式可分为下列三种。

1. 高强度螺栓摩擦型连接，适用于钢框架结构梁、柱连接，实腹梁连接，工业厂房的重型吊车梁连接，制动系统和承受动荷载的重要结构的连接；

2. 高强度螺栓承压型连接，可用于允许产生少量滑动的静载结构或间接承受动力荷载的构件中的抗剪连接；

3. 高强度螺栓受拉型连接，高强度螺栓受拉时，疲劳强度较低，在动载作用下，其承载能力不宜超过 0.6P（P 为螺栓的允许轴力），因此，仅适用于静载作用下使用，如受压杆件的法兰对接、T 形接头等；

4. 网架螺栓球节点（图 11.2.2-1），除具有焊接空心球连接节点对空间交汇的圆钢管杆件适应性强和杆件连接不会产生偏心的优点外，还避免了需要在现场的焊接作业，并具有运输和安装方便的特点。螺栓球节点一般适用于四角锥网架和三角锥网架。

11.2.5　钢结构用高强度大六角螺栓为粗牙普通螺纹，分 8.8S 和 10.9S、12.9S 三种等级，一个连接副为一个螺栓、一个螺母和两个垫圈，具体规格要求如下。

1. 钢结构用高强度大六角头螺栓可参见国家标准《钢结构用高强度大六角头螺栓》GB/T 1228—2006，如表 11.2.5-1 所示，技术条件应符合国家标准《钢结构用高强度大六角头螺栓、大六角头螺母、垫圈技术条件》GB/T 1231—2006 的规定。

高强度大六角头螺栓规格

表 11.2.5-1

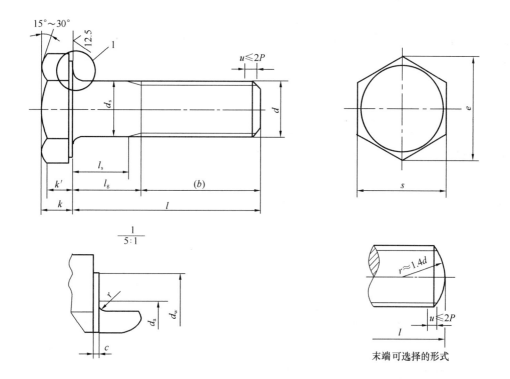

末端可选择的形式

（mm）

螺纹规格 d		M12	M16	M20	(M22)	M24	(M27)	M30
p		1.75	2	2.5	2.5	3	3	3.5
c	max	0.8	0.8	0.8	0.8	0.8	0.8	0.8
	min	0.4	0.4	0.4	0.4	0.4	0.4	0.4
d_a	max	15.23	19.23	24.32	26.32	28.32	32.84	35.84
d_s	max	12.43	16.43	20.52	22.52	24.52	27.84	30.84
	min	11.57	15.57	19.48	21.48	23.48	26.16	29.16
d_w	min	19.2	24.9	31.4	33.3	38.0	42.8	46.5
e	min	22.78	29.56	37.29	39.55	45.2	50.85	55.37
k	公称	7.5	10	12.5	14	15	17	18.7
	max	7.95	10.75	13.40	14.90	15.90	17.90	19.75
	min	7.05	9.25	11.6	13.1	14.1	16.1	17.65
k'	min	4.9	6.5	8.1	9.2	9.9	11.3	12.4
r	min	1.0	1.0	1.5	1.5	1.5	2.0	2.0
s	max	21	27	34	36	41	46	50
	min	20.16	26.16	33	35	40	45	49

注：括号内的规格为第二选择系列。

续表

螺纹规格 d			M12		M16		M20		(M22)		M24		(M27)		M30	
l			无螺纹杆部长度 l_s 和夹紧长度 l_g													
公称	min	max	l_s min	l_g max	l_s min	l_g max	l_s min	l_g max	l_s min	l_g max	l_s min	l_g max	l_s min	l_g max	l_s min	l_g max
35	33.75	36.25	4.8	10												
40	38.75	41.25	9.8	15												
45	43.75	46.25	9.8	15	9	15										
50	48.75	51.25	14.8	20	14	20	7.5	15								
55	53.5	56.5	19.8	25	14	20	12.5	20	7.5	15						
60	58.5	61.5	24.8	30	19	25	17.5	25	12.5	20	6	15				
65	63.5	66.5	29.8	35	24	30	17.5	25	17.5	25	11	20	6	15		
70	68.5	71.5	34.8	40	29	35	22.5	30	17.5	25	16	25	11	20	4.5	15
75	73.5	76.5	39.8	45	34	40	27.5	35	22.5	30	16	25	16	25	9.5	20
80	78.5	81.5			39	45	32.5	40	27.5	35	21	30	16	25	14.5	25
85	83.25	86.5			44	50	37.5	45	32.5	40	26	35	21	30	14.5	25
90	88.25	91.5			49	55	42.5	50	37.5	45	31	40	26	35	19.5	30
95	93.25	96.5			54	60	47.5	55	42.5	50	36	45	31	40	24.5	35
100	98.25	101.5			59	65	52.5	60	47.5	55	41	50	36	45	29.5	40
110	108.25	111.75			69	75	62.5	70	57.5	65	51	60	46	55	39.5	50
120	118.25	121.75			79	85	72.5	80	67.5	75	61	70	56	65	49.5	60
130	128	132			89	95	82.5	90	77.5	85	71	80	66	75	59.5	70
140	138	142					92.5	100	87.5	95	81	90	76	85	69.5	80
150	148	152					102.5	110	97.5	105	91	100	86	95	79.5	90
160	156	164					112.5	120	107.5	115	101	110	96	105	89.5	100
170	166	174							117.5	125	111	120	106	115	99.5	110
180	176	184							127.5	135	121	130	116	125	109.5	120
190	185.4	194.6							137.5	145	131	140	126	135	119.5	130
200	195.4	204.6							147.5	155	141	150	136	145	129.5	140
220	215.4	224.6							167.5	175	161	170	156	165	149.5	180
240	235.4	244.6									181	190	176	185	169.5	180
260	254.8	265.2											196	205	189.5	200

注1. 括号内的规格为第二选择。

2. $l_{g max} = l_{公称} - b_{参考}$；

$l_{s min} = l_{g max} - 3P$。

续表

螺纹规格 d	M12	M16	M20	(M22)	M24	(M27)	M30	M12	M16	M20	(M22)	M24	(M27)	M30
l公称尺寸	(b)							每1000个钢螺栓的理论质量（kg）						
35	25							49.4						
40								54.2						
45		30						57.8	113.0					
50	30							62.5	121.3	207.3				
55			35					67.3	127.9	220.3	269.3			
60				40				72.1	136.2	233.3	284.9	357.2		
65					45			76.8	144.5	243.6	300.5	375.7	503.2	
70						50		81.6	152.8	256.5	313.2	394.2	527.1	658.2
75							55	86.3	161.2	269.5	328.9	409.1	551.0	687.5
80									169.5	282.5	344.5	428.6	570.2	716.8
85	35	35							177.8	295.5	360.1	446.1	594.1	740.3
90									186.4	308.5	375.8	464.7	617.9	769.6
95			40						194.4	321.4	391.4	483.2	641.8	700.0
100									202.8	334.4	407.0	501.7	665.7	828.3
110									219.4	360.4	438.3	538.8	713.5	886.9
120				45					236.1	386.3	469.6	575.9	761.3	945.6
130					50				252.7	412.3	500.8	612.9	809.1	1004.2
140						55				438.3	532.1	650.0	856.9	1062.8
150							60			464.2	563.4	687.1	904.7	1121.5
160										490.2	594.6	724.2	952.4	1180.1
170											625.9	761.2	1000.2	1238.7
180											657.2	798.3	1048.0	1297.4
190											688.4	835.4	1095.8	1356.0
200											719.7	872.4	1143.6	1414.7
220											782.2	946.6	1239.2	1531.9
240												1020.7	1334.7	1649.2
260													1430.3	1766.5

注：括号内的规格为第二选择系列。

2. 钢结构用高强度大六角螺母可参见国家标准《钢结构用高强度大六角螺母》GB/T 1229—2006，如表 11.2.5-2 所示，技术条件应符合国家标准《钢结构用高强度大六角头螺栓、大六角头螺母、垫圈技术条件》GB/T 1231—2006 的规定。

高强度大六角头螺母规格　　　　表 11.2.5-2

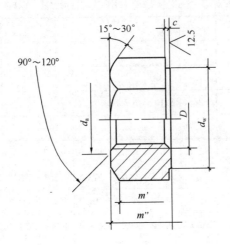

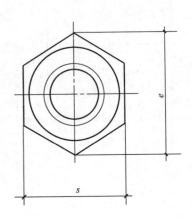

（mm）

螺纹规格 D		M12	M16	M20	(M22)	M24	(M27)	M30
P（螺距）		1.75	2	2.5	2.5	3	3	3.5
d_a	max	13	17.3	21.6	23.8	25.9	29.1	32.4
	min	12	16	20	22	24	27	30
d_w	min	19.2	24.9	31.4	33.3	38.0	42.8	46.5
e	min	22.78	29.56	37.29	39.55	45.20	50.85	55.37
m	max	12.3	17.1	20.7	23.6	24.2	27.6	30.7
	min	11.87	16.4	19.4	22.3	22.9	26.3	29.1
m''	min	8.3	11.5	13.6	15.6	16.0	18.4	20.4
c	max	0.8	0.8	0.8	0.8	0.8	0.8	0.8
	min	0.4	0.4	0.4	0.4	0.4	0.4	0.4
s	max	21	27	34	36	41	46	50
	min	20.16	20.16	33	35	40	45	49
支承面对螺纹轴线的垂直度公差		0.29	0.38	0.47	0.50	0.57	0.64	0.70
每1000个钢螺母的理论质量（kg）		27.68	61.51	118.77	146.59	202.67	288.51	374.01

注：括号内的规格为第二选择系列。

　　3. 钢结构用高强度垫圈可参见国家标准《钢结构用高强度垫圈》GB/T 1230—2006，如表 11.2.5-3 所示，技术条件参照《钢结构用高强度大六角头螺栓、大六角头螺母、垫圈技术条件》GB/T 1231—2006 的规定。

高强度螺栓垫圈 表 11.2.5-3

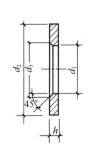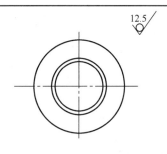

（mm）

公称直径（螺纹直径）		12	16	20	（22）	24	（27）	30
d_1	min	13	17	21	23	25	28	31
	max	13.43	17.43	21.52	23.52	25.52	28.52	31.62
d_2	min	23.7	31.4	38.4	40.4	45.4	50.4	54.1
	max	25	33	40	42	47	52	56
h	公称	3.0	4.0	4.0	5.0	5.0	5.0	5.0
	min	2.5	3.5	3.5	4.5	4.5	4.5	4.5
	max	3.8	4.8	4.8	5.8	5.8	5.8	5.8
d_3	min	15.23	19.23	24.32	26.32	28.32	32.84	35.84
	max	16.03	20.03	25.12	27.12	29.12	33.64	36.64
每 1000 个钢垫圈的理论质量（kg）		10.47	23.40	33.55	43.34	55.76	66.52	75.42

注：不推荐采用括号内的规格。

11.2.6　国家标准《钢结构用高强度大六角头螺栓、大六角头螺母、垫圈技术条件》GB/T 1231—2006 规定了钢结构用大六角头高强度螺栓、螺母及垫圈的性能等级和推荐材料，具体要求如下。

1. 性能等级、材料及使用配合（GB/T 1231—2006），可参见表 11.2.6-1。

高强度螺栓用钢材 表 11.2.6-1

类别	性能等级	推荐材料	材料标准号	适用规格
螺栓	10.9S	20MnTiB ML20MnTiB	《合金结构钢》GB/T 3077—2015 《冷镦和冷挤压用钢》GB/T 6478—2015	≤M24
		35VB		≤M30
	8.8S	45、35	《优质碳素结构钢》GB/T 699—2015	≤M20
		20MnTiB、40Cr ML20MnTiB	《合金结构钢》GB/T 3077—2015 《冷镦和冷挤压用钢》GB/T 6478—2015	≤M24
		35CrMo	《合金结构钢》GB/T 3077—2015	≤M30
		35VB		
螺母	10H	45、35 ML35	《优质碳素结构钢》GB/T 699—2015 《冷镦和冷挤压用钢》GB/T 6478—2015	
	8H			
垫圈	35～45 HRC	45、35	《优质碳素结构钢》GB/T 699—2015	

2. 螺栓、螺母、垫圈的使用配合（GB/T 1231—2006），可参见表 11.2.6-2。

高强度螺栓、螺母、垫圈的组合　　表 11.2.6-2

类别	螺栓	螺母	垫圈
形式尺寸	按 GB/T 1228—2006 规定	按 GB/T 1229—2006 规定	按 GB/T 1230—2006 规定
性能等级	10.9S	10H	35～45HRC
	8.8S	8H	35～45HRC

11.2.7　螺栓机械性能要求如下。

1. 螺栓原材料的机械性能（GB/T 1231—2006），可参见表 11.2.7-1。

高强度螺栓材料机械性能　　表 11.2.7-1

性能等级	抗拉强度 R_m （MPa）	规定非比例延伸强度 $R_{p0.2}$（MPa）	断后伸长率 A （%）	断后收缩率 Z （%）	冲击吸收功 A_{kU2} （J）
			不小于		
10.9S	1040～1240	940	10	42	47
8.8S	830～1030	660	12	45	63

2. 螺栓实物的机械性能（GB/T 1231—2006），可参见表 11.2.7-2。

进行螺栓实物楔负载试验时，拉力载荷应在表 11.2.7-2 规定的范围内，且断裂应发生在螺纹部分或螺纹与螺杆交接处。

高强度螺栓机械性能　　表 11.2.7-2

螺纹规格　d		M12	M16	M20	(M22)	M24	(M27)	M30
公称应力截面积 A_s （mm^2）		84.3	157	245	303	353	459	561
性能 等级	10.9S 拉力 荷载 （N）	87700～ 104500	163000～ 195000	255000～ 304000	315000～ 376000	367000～ 438000	477000～ 569000	583000～ 696000
	8.8S	70000～ 86800	130000～ 162000	203000～ 252000	251000～ 312000	293000～ 364000	381000～ 473000	466000～ 578000

3. 螺栓硬度（GB/T 1231—2006），可参见表 11.2.7-3。

当螺栓 $l/d \leqslant 3$ 时（l 为螺栓长度），如不能做楔负载试验，则应允许进行拉力载荷试验或芯部硬度试验。拉力载荷应符合表 11.2.7-2 的规定，芯部硬度应符合 11.2.7-3 的规定。

高强度螺栓硬度　　表 11.2.7-3

性能等级	维氏硬度		洛氏硬度	
	min	max	min	max
10.9S	312HV30	367HV30	33HRC	39HRC
8.8S	249HV30	296HV30	24HRC	31HRC

11.2.8　螺母机械性能（GB/T 1231—2006），可参见表 11.2.8-1a 及表 11.2.8-1b。
螺母的保证荷载应符合表 11.2.9-1a 的规定。

高强度螺栓螺母机械性能　　　　　　　　表 11.2.8-1a

螺纹规格			M12	M16	M20	(M22)	M24	(M27)	M30
性能等级	10H	保证荷载	87700	163000	255000	315000	367000	477000	583000
	8H	(N)	70000	130000	203000	251000	293000	381000	466000

高强度螺栓螺母硬度　　　　　　　　表 11.2.8-1b

性能等级	洛氏硬度		维氏硬度	
	min	max	min	max
10H	98HRB	32HRC	222HV30	304HV30
8H	95HRB	30HRC	206HV30	289HV30

11.2.9　钢结构用高强度大六角头螺栓连接副供货应保证扭矩系数，同批连接副的扭矩系数平均值为 0.110～0.150，扭矩系数标准偏差应小于 0.0100，每一连接副包括 1 个螺栓、一个螺母、2 个垫圈，并应分属同批制造。扭矩系数可按式（11.2.9-1）计算：

$$K = \frac{T}{Pd} \tag{11.2.9-1}$$

式中　K——扭矩系数；

　　　d——螺栓的螺纹公称直径（mm）；

　　　T——施加扭矩（峰值）（N·m）；

　　　P——螺栓预拉力（峰值）（kN）。

钢结构用高强度大六角头螺栓紧固时预拉应力 P，应控制在表 11.2.9-1b 规定的范围。

高强度螺栓预拉力标准值（kN）　　　　　　　　表 11.2.9-1a

螺栓的性能等级	螺栓的公称直径（mm）					
	M16	M20	M22	M24	M27	M30
8.8 级	80	125	150	175	230	280
10.9 级	100	155	190	225	290	355

高强度螺栓预拉应力 P 控制值（kN）　　　　　　　　表 11.2.9-1b

螺栓螺纹规格				M12	M16	M20	(M22)	M24	(M27)	M30
性能等级	10.9 级	P	max	66	121	187	231	275	352	429
			min	54	99	153	189	225	288	351
	8.8 级		max	55	99	154	182	215	230	341
			min	45	81	126	149	176	215	279

11.2.10　钢结构用扭剪型高强度螺栓一个螺栓连接副包括一个螺栓、一个螺母和一个垫圈。适用于工业与民用建筑、铁路与铁路桥梁、管道支架、起重机及其他钢结构用摩擦型连接的钢结构，国家标准《钢结构用扭剪型高强度螺栓连接副》GB/T 3632—2008 规定了钢结构用扭剪型高强度螺栓连接副的形式尺寸和条件技术，具体要求如下。

1. 钢结构用扭剪型高强度螺栓的尺寸，应符合表 11.2.10-1a～表 11.2.10-1c 的规定。

扭剪型高强度螺栓尺寸（mm）

表 11. 2. 10-1a

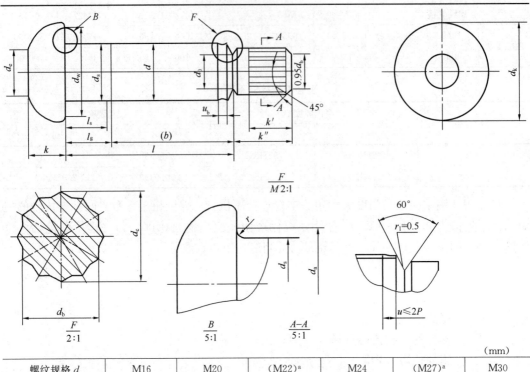

(mm)

螺纹规格 d		M16	M20	(M22)[a]	M24	(M27)[a]	M30
P[b]		2	2.5	2.5	3	3	3.5
d_a	max	18.83	24.4	26.4	28.4	32.84	35.84
d_s	max	16.43	20.52	22.52	24.52	27.84	30.84
	min	15.57	19.48	21.48	23.48	26.16	29.16
d_w	min	27.9	34.5	38.5	41.5	42.8	46.5
d_k	max	30	37	41	44	50	55
k	公称	10	13	14	15	17	19
	max	10.75	13.90	14.90	15.90	17.90	20.05
	min	9.85	12.10	13.10	14.10	16.10	17.95
k'	min	12	14	15	16	17	18
k''	max	17	19	21	23	24	25
r	min	1.2	1.2	1.2	1.6	2.0	2.0
d_0	$\approx$	10.9	13.6	15.1	16.4	18.6	20.6
d_b	公称	11.1	13.9	15.4	16.7	19.0	21.1
	max	11.3	14.1	15.6	16.9	19.3	21.4
	min	11.0	13.8	15.3	18.6	18.7	20.8
d_c	$\approx$	12.8	16.1	17.8	19.3	21.9	24.4
d_e	$\approx$	13	17	18	20	22	24

注：1. a　括号内的规格为第二选择系列，应优先选用第一系列（不带括号）的规格；

　　2. b　P——螺距。

扭剪型高强度螺栓尺寸（mm）

表 11.2.10-1b

螺纹规格 d			M16		M20		(M22)[a]		M24		(M27)[a]		M30	
l			无螺纹杆长度 l_s 和夹紧长度 l_g											
公称	min	max	l_s	l_g	l_s	l_g	l_s	l_g	l_s	l_g	l_s	l_g	l_s	l_g
			min	max	min	max	min	max	min	max	min	max	min	max
40	38.75	41.25	4	10										
45	43.75	46.25	9	15	2.5	10								
50	48.75	51.25	14	20	7.5	15	2.5	10						
55	53.5	56.5	14	20	12.5	20	7.5	15	1	10				
60	58.5	61.5	19	25	17.5	25	12.5	20	6	15				
65	63.5	66.5	24	30	17.5	25	17.5	25	11	20	6	15		
70	68.5	71.5	29	35	22.5	30	17.5	25	16	25	11	20	4.5	15
75	73.5	76.5	34	40	27.5	35	22.5	30	16	25	16	25	9.5	20
80	78.5	81.5	39	45	32.5	40	27.5	35	21	30	16	25	14.5	25
85	83.25	86.75	44	50	37.5	45	32.5	40	26	35	21	30	14.5	25
90	88.25	91.75	49	55	42.5	50	37.5	45	31	40	26	35	19.5	30
95	93.25	96.75	54	60	47.5	55	42.5	50	36	45	31	40	24.5	35
100	98.25	101.75	59	65	52.5	60	47.5	55	41	50	36	45	29.5	40
120	118.25	121.75	79	85	72.5	80	67.5	75	61	70	56	65	49.5	60
130	128	132	89	95	82.5	90	77.5	85	71	80	66	75	59.5	70
140	138	142			92.5	100	87.5	95	81	90	76	85	69.5	80
150	148	152			102.5	110	97.5	105	91	100	86	95	79.5	90
160	156	164			112.5	120	107.5	115	101	110	96	105	89.5	100
170	166	174					117.5	125	111	120	106	115	99.5	110
180	176	184					127.5	135	121	130	116	125	109.5	120
190	185.4	194.6					137.5	145	131	140	126	135	119.5	130
200	195.4	204.6					147.5	155	141	150	136	145	129.5	140
220	215.4	224.6					167.5	175	161	170	156	165	149.5	160

注：a 括号内的规格为第二选择系列，应优先选用第一系列（不带括号）的规格。

扭剪型高强度螺栓尺寸（mm）　　　　　　　　　　　　　表 11.2.10-1c

螺纹规格 d	M16	M20	(M22)ᵃ	M24	(M27)ᵃ	M30	M16	M20	(M22)ᵃ	M24	(M27)ᵃ	M30
l 公称尺寸			(b)				每 1000 件钢螺栓的质量（$\rho=7.85\text{kg/dm}^3$）/≈kg					
40							106.69					
45	30						114.07	194.59				
50		35					121.54	206.28	261.90			
55			40				128.12	217.99	276.12	332.89		
60				45			135.60	229.68	290.34	349.89		
65							143.08	239.98	304.57	366.88	490.64	
70					50		150.54	251.67	317.23	383.88	511.74	651.05
75						55	158.02	263.37	331.45	398.72	532.83	677.26
80							165.49	275.07	345.68	415.78	552.01	703.47
85	35						172.97	286.77	359.90	432.71	573.11	726.96
90				45			180.44	298.46	374.12	449.71	594.21	753.17
95			45				187.91	310.17	388.34	466.71	615.30	779.38
100		40					195.39	321.86	402.57	483.70	636.39	805.59
110							210.33	345.25	431.02	517.69	678.59	858.02
120				50			225.28	368.65	459.46	551.68	720.78	910.44
130			50		55		240.88	392.04	487.91	585.67	762.97	962.87
140						60		415.44	516.35	619.66	805.16	1015.29
150								438.83	544.80	653.65	847.35	1067.71
160								468.28	573.24	687.63	889.54	1120.14
170									601.69	721.62	931.73	1172.56
180									630.13	755.61	973.72	1224.98
190									658.58	789.61	1016.12	1277.40
200									687.07	823.59	1058.31	1329.83
220									743.91	891.57	1142.69	1434.67

注：a 括号内的规格为第二选择系列，应优先选用第一系列（不带括号）的规格。

2. 螺母形式与尺寸《钢结构用扭剪型高强度螺栓连接副》GB/T 3632—2008，可参见表 11.2.10-2。

扭剪型高强度螺栓螺母形式与尺寸（mm）　　表 11.2.10-2

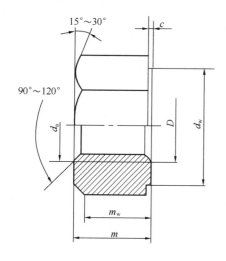 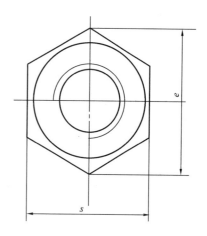

螺纹规格 D		M16	M20	(M12)[a]	M24	(M27)[a]	M30
P		2	2.5	2.5	3	3	3.5
d_a	max	17.3	21.6	23.8	25.9	29.1	32.4
	min	16	20	22	24	27	30
d_w	min	24.9	31.4	33.3	38.0	42.8	46.5
e	min	29.56	37.29	39.55	45.20	50.85	55.37
m	max	17.1	20.7	23.6	24.2	27.6	30.7
	min	16.4	19.4	22.3	22.0	26.3	29.1
m_w	min	11.5	13.6	15.6	16.0	18.4	20.4
c	max	0.8	0.8	0.8	0.8	0.8	0.8
	min	0.4	0.4	0.4	0.4	0.4	0.4
s	max	27	34	36	41	46	50
	min	26.16	33	35	40	45	49
支承面对螺纹轴线的全跳动公差		0.38	0.47	0.50	0.57	0.64	0.70
每1000件钢螺母的质量 ($\rho=7.85\mathrm{kg/dm^3}$)/$\approx$kg		61.51	118.77	146.59	202.67	288.51	374.01

注：a 括号内的规格为第二选择系列，应优先选用第一系列（不带括号）的规格。

3. 垫圈的形式与尺寸（GB/T 3632—2008）可参见表 11.2.10-3

扭剪型高强度螺栓垫圈的形式与尺寸（mm）　　　　表 11.2.10-3

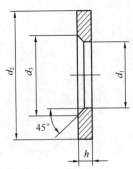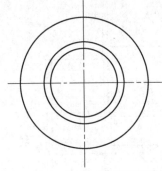

规格（螺纹大径）		16	20	(22)[a]	24	(27)[a]	30
d_1	min	17	21	23	25	28	31
	max	17.43	21.52	23.52	25.52	28.52	31.52
d_2	min	31.4	38.4	40.4	45.4	50.1	54.1
	max	33	40	42	47	52	56
h	公称	4.0	4.0	5.0	5.0	5.0	5.0
	min	3.5	3.5	4.5	4.5	4.5	4.5
	max	4.8	4.8	5.8	5.8	5.8	5.8
d_3	min	19.23	24.32	26.32	28.32	32.84	35.84
	max	20.03	25.12	27.12	29.12	33.64	36.64
每1000件钢垫圈的质量（$\rho=7.85\mathrm{kg/dm^3}$）/≈kg		23.40	33.55	43.34	55.76	66.52	75.42

注：a 括号内的规格为第二选择系列，应优先选用第一系列（不带括号）的规格。

　　11.2.11　国家标准《钢结构用扭剪型高强度螺栓连接副》GB/T 3632—2008 推荐的制造钢结构用扭剪型高强度螺栓连接副的材料和规定的机械性能如下。

　　1. 螺栓、螺母、垫圈的材料（表 11.2.11-1）

扭剪型高强度螺栓、螺母、垫圈材料　　　　表 11.2.11-1

类别	性能等级	推荐材料	标准编号	适用规格
螺栓	10.9S	20MnTiB ML20MnTiB	《合金结构钢》GB/T 3077—2015 《冷镦和冷挤压用钢》GB/T 6478	≤M24
		35VB 35CrMn	《合金结构钢》GB/T 3077—2015	M27、M30
螺母	10H	45、35 ML35	《优质碳素结构钢》GB/T 699—2015 《冷镦和冷挤压用钢》GB/T 6478	≤M30
垫圈	—	45、35	《优质碳素结构钢》GB/T 699—2015	

　　2. 螺栓原材料机械性能见表 11.2.11-2。

螺栓原材料机械性能　　　　表 11.2.11-2

性能等级	抗拉强度 R_m (MPa)	规定非比例延伸强度 $R_{p0.2}$ (MPa)	断后伸长率 A (%)	断后收缩率 Z (%)	冲击吸收功 A_{KVZ} [J（−20℃）]
		不小于			
10.9S	1040～1240	940	10	42	27

3. 螺栓的硬度见表 11.2.11-3。

螺栓硬度 表 11.2.11-3

性能等级	维氏硬度		洛氏硬度	
	min	max	min	max
10.9S	312HV30	367HV30	33HRC	39HRC

4. 螺栓的拉力荷载见表 11.2.11-4。

当螺栓 $l/d \leqslant 3$ 时，如不能做楔负载试验，允许做拉力载荷实验或芯部硬度实验。拉力载荷应符合表 11.2.11-4a 的规定，芯部硬度应符合表 11.2.11-4b 的规定。

扭剪型高强度螺栓拉力荷载 表 11.2.11-4a

螺纹规格 d	M16	M20	M22	M24	M27	M30
公称应力截面积 A_s（mm²）	157	245	303	353	459	561
10.9S　拉力荷载（kN）	163～195	255～304	315～376	367～438	477～569	583～696

扭剪型高强度螺栓芯部硬度 表 11.2.11-4b

性能等级	维氏硬度		洛氏硬度	
	min	max	min	max
10.9S	312HV30	367HV30	33HV30	39HV30

5. 螺母的机械性能（GB/T 3632—2008）见表 11.2.11-5。

螺母的保证荷载 表 11.2.11-5a

螺纹规格 D	M16	M20	M22	M24	M27	M30
公称应力截面积 A_s（mm²）	157	245	303	353	459	561
保证应力 S_p（MPa）	1040					
10H　保证荷载（$A_s \times S_p$）（kN）	163	255	315	367	477	583

螺母硬度 表 11.2.11-5b

性能等级	洛氏硬度		维氏硬度	
	min	max	min	max
10H	98HRB	32HRC	222HV30	304HV30

6. 连接副的紧固轴力（GB/T 3632—2008）见表 11.2.11-6。

扭剪型高强度螺栓连接副紧固轴力 表 11.2.11-6

螺纹规格		M16	M20	M22	M24	M27	M30
每批紧固轴力的平均值（kN）	公称	110	171	209	248	319	391
	min	100	155	190	225	290	355
	max	121	188	230	272	351	430
紧固轴力标准偏差 $\sigma \leqslant$（kN）		10.0	15.5	19.0	22.5	29.0	35.5

注：每批产品数量大于 5000 件。并在同一规格、性能等级、炉号、成型工艺、热处理工艺、表面处理工艺的产品中进行轴力测试。

11.2.12　网架螺栓球连接节点一般是由制有螺纹孔的钢球、钢网架用高强度螺栓、六角套筒、锥头或封板、紧固螺钉等零件组成（图 11.2.12-1）。

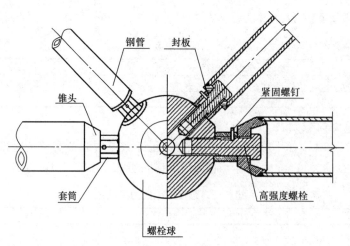

图 11.2.12-1　钢网架螺栓球节点组成

11.2.13　国家标准《钢网架螺栓球节点用高强度螺栓》GB/T 16939—2016 规定了钢网架螺栓球节点用高强度螺栓连接副的形式尺寸和技术条件，具体要求如下。

1. 钢网架螺栓球节点用高强度螺栓（图 11.2.13-1），应符合表 11.2.13-1 的规定。

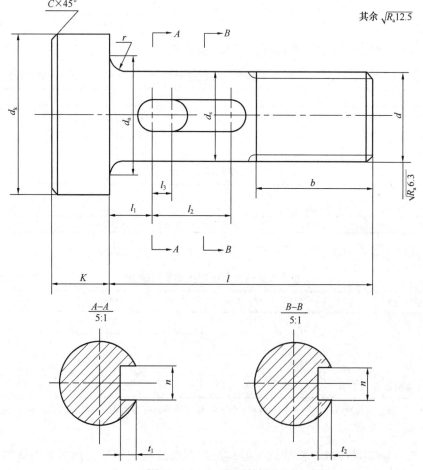

图 11.2.13-1　钢网架螺栓

网架螺栓的尺寸规格（mm）　　　　　　　　　表 11.2.13-1

螺纹规格 d		M12	M14	M16	M20	M24	M27	M30	M36	M39	M42	M45	M48
P		1.75	2	2	2.5	3	3	3.5	4	4	4.5	4.5	5
b	min	15	17	20	25	30	33	37	44	47	50	55	58
	max	18.5	21	24	30	36	39	44	52	55	59	64	68
$c\approx$		1.5	1.5	1.5	1.5	2.0	2.0	2.5	2.5	3.0	3.0	3.0	3.0
d_k	max	18	21	24	30	36	41	46	56	60	65	70	75
	min	17.38	20.38	23.38	29.38	35.38	40.38	45.38	54.26	59.26	64.26	69.26	74.26
d_s	max	12.35	14.35	16.35	20.42	24.42	27.42	30.42	36.50	39.50	42.50	45.50	48.50
	min	11.65	13.65	15.65	19.58	23.58	26.58	29.58	35.50	38.50	41.50	44.50	47.50
K	公称	6.4	7.5	10	12.5	15	17	18.7	22.5	25	26	28	30
	max	7.15	8.25	10.75	13.4	15.9	17.9	19.75	23.55	26.05	27.05	29.05	31.05
	min	5.65	6.75	9.25	11.6	14.1	16.1	17.65	21.45	23.95	24.95	26.95	28.95
r min		0.8	0.8	0.8	0.8	1.0	1.0	1.5	1.5	2.0	2.0	2.0	2.0
d_a max		15.20	17.29	19.20	24.40	28.40	32.40	35.4	42.40	45.4	48.6	52.6	56.6
l	公称	50	54	62	73	82	90	98	125	128	136	145	148
	max	50.80	54.95	62.95	73.95	83.1	91.1	99.1	126.255	129.25	137.25	146.25	149.25
	min	49.20	53.05	61.05	72.05	80.9	88.9	96.9	123.75	126.755	134.75	143.75	146.75
l_1	公称	18	18	22	22	24	24	28	28	43	43	48	48
	max	18.35	18.35	22.42	22.42	24.42	24.42	28.42	28.42	43.50	43.50	48.50	48.50
	min	17.65	17.65	21.58	21.58	23.58	23.58	27.58	27.58	42.5	42.5	47.5	47.5
l_2 参考		10	10	10	13	16	18	20	24	26	26	26	30
l_3		4	4	4	4	4	4	4	4	4	4	4	4
n	max	3.3	3.3	3.3	3.3	5.3	5.3	6.3	6.3	8.36	8.36	8.36	8.36
	min	3	3	3	3	5	5	6	6	8	8	8	8
t_1	max	2.8	2.8	2.8	2.8	3.30	3.30	4.38	4.38	5.38	5.38	5.38	5.38
	min	2.2	2.2	2.2	2.2	2.70	2.70	3.62	3.62	4.62	4.62	4.62	4.62
t_2	max	2.3	2.3	2.3	2.3	2.80	2.80	3.30	3.30	4.38	4.38	4.38	4.38
	min	1.7	1.7	1.7	1.7	2.20	2.20	2.70	2.70	3.62	3.62	3.62	3.62

续表

螺纹规格 d		M56×4	M60×4	M64×4	M68×4	M72×4	M76×4	M80×4	M85×4
P		4	4	4	4	4	4	4	4
b	min	66	70	74	78	83	87	92	98
	max	74	78	82	86	91	95	100	106
$c\approx$		3.0			3.5			4.0	
d_k	max	90	95	100	100	105	110	125	125
	min	89.13	94.13	99.13	99.13	104.13	109.13	124	124
d_s	max	56.60	60.60	64.60	68.68	72.72	76.76	80.80	82.85
	min	55.40	59.40	63.40	67.94	71.98	76.02	80.06	84.98
K	公称	35	38	40	45	45	50	55	55
	max	36.25	39.25	41.25	46.39	46.39	51.55	56.71	56.71
	min	33.75	36.75	38.75	43.56	43.56	48.4	53.24	53.24
r	min	2.5				3.0			
d_a	max	67.00	71.00	75.00	79.00	83.00	87.00	91.00	96.00
l	公称	172	196	205	215	230	240	245	265
	max	173.25	197.45	206.45	217.3	232.3	242.3	247.3	267.6
	min	170.75	194.55	203.55	212.3	227.7	237.7	242.7	262.4
l_1	公称	53		58		63			68
	max	53.60		58.60		63.60			68.60
	min	52.40		57.40		62.40			67.40
l_2	参考	42	57		65	70	75	80	85
l_3		4							
n	max	8.36							
	min	8							
t_1	max	5.38							
	min	4.62							
t_2	max	4.38							
	min	3.62							

2. 六角套筒的形式与尺寸应满足图 11.2.13-2 和表 11.2.13-2 的规定。

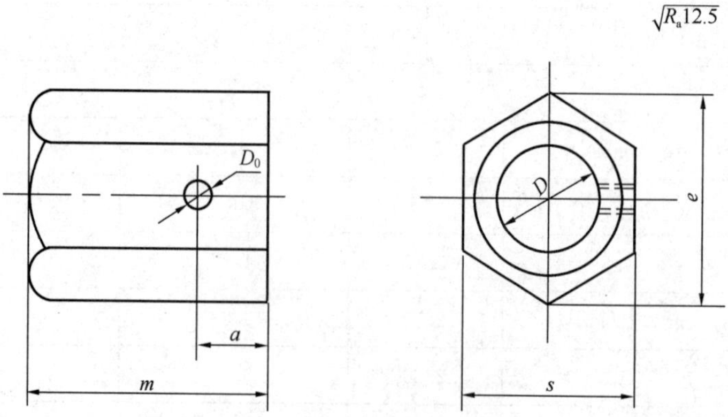

$\sqrt{R_a 12.5}$

图 11.2.13-2 钢网架套筒

网架套筒的尺寸规格（mm） 表 11. 2. 13-2

螺纹规格 d	M12	M14	M16	M20	M24	M27	M30	M36	M39	M42
D	13	15	17	21	25	28	31	37	40	43
D_0	M5			M6		M8		M10		
s	21	24	27	34	41	46	50	60	65	70
e_{min}	22.78	26.17	29.56	37.29	45.2	50.85	55.37	66.44	72.02	76.95
m	25	27	30	35	40		45		55	60
a	8			10						
螺纹规格 d	M45	M48	M56×4	M60×4	M64×4	M68×4	M72×4	M76×4	M80×4	M85×4
D	46	49	57	61	65	69	73	77	81	86
D_0	M10									
s	75	80	90	95	100	110	115	120	130	135
e_{min}	82.60	88.25	99.21	104.86	110.51	121.55	127.08	132.60	143.65	149.18
m	60		70		90		95	100		105	115
a	15									

3. 开槽圆柱端紧固螺钉直径一般可取高强螺栓直径的 0.2~0.3 倍，可按表 11.2.13-3 选取。

网架紧固螺钉的尺寸规格（mm） 表 11. 2. 13-3

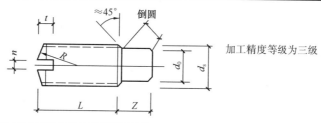

加工精度等级为三级

螺纹规格 d_s	M4	M5	M6	M8	M10
圆柱端直径 d_0	2.8	3.8	4.5	6.0	8.0
开槽宽度 n	0.6	0.8	1.0	1.2	1.6
开槽深度 t	1.4	1.6	2.0	2.5	3.0
开槽端头半径 R≈	4	5	6	8	10

注：L 和 Z 的尺寸，应根据长形六角套筒的厚度和高强度螺栓杆上的滑槽深度、紧固孔的深度及其构造要求确定。

4. 封板或锥头底厚及螺栓旋入球体长度见表 11.2.13-4。

网架封板或锥头的尺寸规格（mm） 表 11. 2. 13-4

螺纹规格 d	M12	M14	M16	M20	M24	M27	M30	M36	M39	M42
封板/锥头底后	12		14	16		20		30		
旋入球体长度	13	15	18	22	26	30	33	40	43	46
螺纹规格 d	M45	M48	M56×4	M60×4	M64×4	M68×4	M72×4	M76×4	M80×4	M85×4
封板/锥头底后	35		40		45			50		55
旋入球体长度	50	53	62	66	70	75	79	84	88	94

11.2.14　国家标准《钢网架螺栓球节点用高强度螺栓》GB/T 16939—2016 推荐的制造钢网架螺栓球节点用高强度螺栓的材料和规定的技术要求及机械性能如下。

1. 高强度螺栓的材料要求见表 11.2.14-1。

螺栓的性能定级和推荐的材料　　　　　　　　表 11.2.14-1

螺纹规格 d	性能等级	推荐材料	材料标准编号
M12～M24	10.9S	20MnTiB、40Cr、35CrMo	《合金结构钢》GB/T 3077—2015
M27～M36		40Cr、35CrMo	《合金结构钢》GB/T 3077—2015
M39～M85×4	9.8S	42CrMo、40Cr	《合金结构钢》GB/T 3077—2015

2. 高强度螺栓的技术要求见表 11.2.14-2。

螺栓的技术要求　　　　　　　　表 11.2.14-2

螺纹	公差	6g
	标准	《普通螺纹基本尺寸》GB/T 196—2003、《普通螺纹公差》GB/T 197—2018
公差	产品等级	除《钢网架螺栓球节点用高强螺栓》GB/T 16939—2016 的表 1 规定外，其余按 B 级
	标准	《紧固件公差　螺栓、螺钉和螺母》GB/T 3103.1—2002
机械性能	等级	M12～M36：10.9S；M39～M85×4：9.8S
	标准	《紧固件机械性能　螺栓、螺钉和螺柱》GB/T 3098.1—2010
表面处理		氧化
表面缺陷		《紧固件表面缺陷　螺栓、螺钉和螺母　一般要求》GB/T 5779.1—2000

注：性能等级中的"S"表示钢结构用螺栓。

3. 螺栓材料经热处理（工艺与螺栓实物相同）后，应按国家标准《金属材料室温拉伸试验方法》GB/T 228.1—2010 的规定制成拉力试件并进行拉力试验，其结果应符合表 11.2.14-3 的规定。

材料试件机械性能　　　　　　　　表 11.2.14-3

性能等级	抗拉强度 σ_b（MPa）	屈服强度 σ_s（MPa）	伸长率 δ_5/%	收缩率 ψ/%
			min	
10.9S	1040～1240	940	10	42
9.8S	900～1100	720		

4. 螺栓应进行拉力荷载试验，其值应符合表 11.2.14-4 的规定。

螺栓实物机械性能　　　　　　　　表 11.2.14-4

螺纹规格 d	M12	M14	M16	M20	M24	M27	M30	M36	M39	M42	M45
性能等级	10.9S								9.8S		
应力截面积 A_s（mm²）	84.3	115	157	245	353	459	561	817	976	1120	1310
拉力荷载（kN）	88～105	120～143	163～195	255～304	367～438	477～569	583～696	850～1013	878～1074	1008～1232	1179～1441

螺纹规格 d	M48	M56×4	M60×4	M64×4	M68×4	M72×4	M76×4	M80×4	M85×4
性能等级	9.8S								
应力截面积 A_s（mm²）	1470	2144	2485	2851	3242	3658	4100	4566	5184
拉力荷载（kN）	1323～1617	1930～2358	2237～2734	2566～3136	2918～3566	3292～4022	3690～4510	4109～5023	4633～5702

5. 螺纹规格为 M39～M64×4 的螺栓，可用硬度试验代替拉力荷载试验。常规硬度值为 32～37HRC，若对试验有争议时，应进行芯部硬度试验，其硬度值应不低于 28HRC。若对硬度试验有争议时，应进行螺栓实物的拉力荷载试验，并以此为仲裁试验。拉力荷载值应符合上表的规定。

11.2.15　六角套筒可由六角钢直接加工，其技术要求满足表 11.2.15-1 的规定。

套筒材料的技术要求　　　　　　　　　　　　　　　　表 11.2.15-1

材料		D13～31：Q235B《碳素结构钢》GB/T 700—2006
		D37～86：Q355B《低合金高强度结构钢》GB/T 1591—2018
		45 号钢《优质碳素结构钢》GB/T 699—2015
公差	产品等级	C 级
	标准	《紧固件公差 螺栓、螺钉、螺柱和螺母》GB/T 3103.1—2002
表面处理		氧化

11.2.16　开槽圆柱端紧固螺钉材料，一般采用 45 号钢、40Cr 钢、40B 钢、20MnTiB 钢，经热处理后硬度相应在 24～38HRC 之间。

11.3　高强度螺栓施工机器具

11.3.1　高强度螺栓施工中以手动紧固时，应使用有示明扭矩值的扳手施拧，且应使达到高强度螺栓连接副规定的扭矩和轴力值。常用的手动扭矩扳手有：指针式、带音响式和扭剪式手动扭矩扳手三种（见图 11.3.1-1），不同扳手特点如下。

1. 指针式手动扭矩扳手，在头部设一个指示盘，配合套筒头紧固六角螺栓，当给扭矩扳手预加扭矩施拧时，指示盘即示出扭矩值。

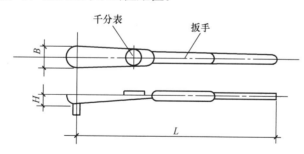

规格	可使用的范围 （kg·m）	尺寸（mm）		
		L	H	B
10000	M16-M24—（1500～8500）	1400	66	85
10000	M16-M24—（2000～10000）	1600	68	90

（a）

图 11.3.1-1　手动扭矩扳手（一）

（a）千分表式手动扭矩扳手

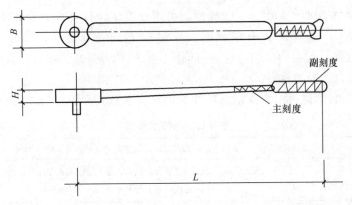

规格	可使用的范围 （kg·m）	尺寸（mm）		
		L	H	B
7000	M16-M24—（2000～7000）	1300	30	70
8500	M16-M24—（2500～8500）	1400	35	90

（b）

（c）

图 11.3.1-1　手动扭矩扳手（二）

（b）带音响式手动扭矩扳手；（c）扭剪型手动扭矩扳手

　　2. 带音响式扭矩扳手，是一种附有棘轮机构预调式的手动扭矩扳手，配合套筒可紧固各种直径的螺栓。带音响扭矩扳手，在手柄的根部带有力矩调整的主副两个刻度，施拧前，操作者按需要调整预定的扭矩值。首先，进行简单的预调，然后，旋转调整片、转动副刻度，可以调整到刻度的十分之一。调好预定扭矩刻度后，用手指轻轻紧固摇杆控制调整片的旋转，可以防止在使用中刻度发生失常。扳手的头部内装有一个 24 齿的棘轮，转动棘轮杆，只要施加扭矩于摇杆便能迅速紧固。调换棘轮杆，尚可进行左旋螺栓的松紧操作。当施拧到预调的扭矩值时，便有明显的音响和手上的感触。这种扳手操作简单，常适用于大规模、高效率的组装作业和检测螺栓紧固的扭矩值。

3. 扭剪式手动扭矩扳手，是一种紧固扭剪型高强度螺栓使用的手动力矩扳手，配合扳手紧固螺栓的套筒，设有内套筒弹簧、内套筒和外套筒。这种扳手靠螺栓尾部的卡头得到紧固反力，使紧固的螺栓不会同时转动。内套筒可根据所紧固的扭剪型高强度螺栓直径更换适应的规格。紧固完毕后，扭剪型高强度螺栓卡头在颈部被剪断。所需扭矩可以目视检查。扭剪型高强度螺栓扳手不需要调整和控制，但采用这种扳手进行紧固时，需要输入较大的功率并转换为紧固有力，才能进行紧固，故多在没有动力的不开发区域或规模较小的工程中使用，目前很少使用。

11.3.2　几种常见用的指针式、带音响式、千分表式等扭剪型手动扭矩扳手的规格如下。

1. PB 型扭矩扳手见表 11.3.2-1。

PB 型扭矩扳手

表 11.3.2-1

规格	力矩范围 （N·m）	精度 （%）	方芯尺寸 （mm）	力臂 （mm）	外形尺寸 （mm）	重量 （kg）
PB0-100N·m	0～100	±5	6.3	260	364×65×44	0.5
PB0-200N·m	0～200	±5	12.5	282	324×65×51	0.6
PB0-300N·m	0～300	±5	12.5	381	492×90×57	1.0
PB0-500N·m	0～500	±5	25	426	549×100×72	1.6

2. 带音响型扭矩扳手见表 11.3.2-2。

带音响型扭矩扳手

表 11.3.2-2

规格	力矩范围 （N·m）	精度 （%）	方芯尺寸 （mm）	力臂 （mm）	外形尺寸（mm）	重量 （kg）
AC0～20N·m	0.1～20	±5	6.3	235	305×38×40	0.5
AC20～100N·m	20～100	±5	12.5	345	456×46×62	1.2
AC80～300N·m	80～300	±5	12.5	488	614×45×61	1.6
AC280～760N·m	280～760	±5	20	668	810×43×77	4.3
AC750～2000N·m	750～2000	±5	25	928×66×76	5.4
AC1800～3000N·m	1800～3000	±5	25		

3. QL 带音响型扭矩扳手见表 11.3.2-3。

QL 带音响型扭矩扳手

表 11.3.2-3

形式	扭矩刻度（kg·m）		尺寸（mm）			最大扭矩的手力 （kg）	净重 （kg）
	最小～最大	刻度	有效长	全长	头部角		
60QL	20～60	1	125	172	6.35(1/4″)	4.8	0.13
120QL	40～120	2	130	184.5	6.35(1/4″)	9.2	0.18
225QL	50～225	2.5	155	217	9.53(3/8″)	14.5	0.22
450QL	100～450	5	180	250.1	9.53(3/8″)	25	0.40

续表

形式	扭矩刻度(kg·m)		尺寸(mm)			最大扭矩的手力	净重
	最小～最大	刻度	有效长	全长	头部角	(kg)	(kg)
900QL	200v900	10	260	330.8	12.7(1/2″)	34.6	0.65
1800QL	400～1800	20	400	475.5	12.7(1/2″)	45	1.5
2800QL	400～2800	20	600	676.5	19.05(3/4″)	46.70	2.4
4200QL	600～4200	30	900	979	19.05(3/4″)	46.70	4.0
5500LE	1000～5500	50	1100	1192	19.05(3/4″)	50	4.9
7500LE	1000～7500	50	1250	1365	19.05(3/4″)	60	6.1
10000LE	1000～10000	50	1400	1587	25.4(1″)	71.4	7.0
14000LE	2000～14000	100	1650	1794	25.4(1″)	84.9	8.0

4. 预置式扭矩扳手见表11.3.2-4。

预置式扭矩扳手 表11.3.2-4

规格	可调的扭矩范围		外形尺寸
	(N/m)	(kg·m)	(mm)
7000kg·m	19613～68647	2000～7000	30×1300×70
8500kg·m	24517～83357	2500～8500	35×1400×90

5. 千分表型手动扭矩扳手见表11.3.2-5。

千分表型手动扭矩扳手 表11.3.2-5

规格	可调的扭矩范围		外形尺寸
	(N/m)	(kg·m)	(mm)
8500	14710～83357	1500～8500	1400×68×85
10000	19613～98067	2000～10000	1600×68×90

6. 日本 TONE（トネ）扭剪型力矩扳手见表11.3.2-6。

TONE（トネ）扭剪型力矩扳手（日本） 表11.3.2-6

		TONE（トネ）S-22H	TONE（トネ）S-24H
规格	最大能力	F11T　M22　70kg·m	F11M24　105kg·m
	中心至侧面距离	30mm	44mm
	全长	157mm	175mm
	本机重量	2.4kg	4.3kg
	总重	4.1kg	6.4kg
	转速比	1∶3	1∶3.85
	手柄全长	70mm	1150mm
备件	外套筒	M16　M20（公制） W5/8　W3/4（英制）	M24（公制） W1（英制）
	内套筒	M16　M20（公制） W5/8　W3/4（英制）	M24（公制） W1（英制）
	塑料扳手	4mm	4mm
	螺丝刀	50mm	50mm
特殊备件	外加长柄	10mm　200mm	100mm　200mm
	内加长柄	10mm　200mm	100mm　200mm

7. 套筒的形状（图 11.3.2-1）及尺寸，见表 11.3.2-7。

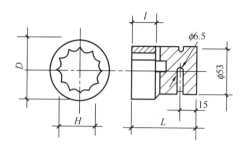

图 11.3.2-1　套筒尺寸

套筒的形状及尺寸（mm）　　　　　　　　　　表 11.3.2-7

规格	口径（H）	全长（L）	口角部外径（D）	口角部深（l）
M16	27	57	45	15
M20	32	62	52	18
M22	35	62	56	19
M24	41	68	63	25

11.3.3　钢结构用高强度大六角头螺栓紧固时用的电动扳手有：NR-9000A、NR-12 和双重绝缘定扭矩、定转角电动扳手等，是拆卸和安装六角高强度螺栓机械化工具，可以自动控制扭矩和转角，适用于钢结构桥梁、厂房建筑、化工、发电设备安装大六角头高强度螺栓施工的初拧、终拧和扭剪型高强度螺栓的初拧，以及对螺栓紧固件的扭矩或轴向力有严格要求的场合。

NR-12 电动扭矩扳手计由电动扳手、控制盒、漏电遮电器三部分组成，扭矩可调范围为 397～1177N·m（40～120kg·m），精度±3％，可以正转、反转的紧固和拆卸高强度大六角头螺栓。

双重绝缘定扭矩、定转角电动扳手，主机为单相串激电动驱动，采用双重绝缘和静扭结构，具有较高的过载能力，无冲击振动、工作平稳、安全、轻便。其控制仪具有定扭矩、定转角连续三种控制功能，采用集成电路的关键线路，整个控制系统无触点，工作可靠，寿命长。

11.3.4　NR-12T 电动扭矩扳手的技术规格及操作要点如下。

1. 技术规格见表 11.3.4-1。

NR-12 电动扭矩扳手技术规格　　　　　　表 11.3.4-1

种类	电源				电源（A）	无负荷运转数（rpm）	紧固扭矩（kg·m/N·m）	机重（kg）
	电压	允许电压变动范围	频率（Hz）	电源保险丝				
单项交流	220V	+10％～—15％	50～60	10A	4.2	17	40～120/392～1177	9.5

2. 操作要点。

1）使用前的准备工作：

（1）将与紧固螺栓相符的套筒对准销孔，插入紧固机套筒轴，再插入销子，用橡皮圈固定。如安装 M24 规格套筒时，则先安反力座，扣动扳机开关，转动套筒轴的销孔对准反力座的小孔位置，插入套筒及上销钉后，用绝缘橡皮圈固定。

（2）将反力座套入紧固机的六角凸出部位，使反力座的位置适于操作，并用紧固螺丝固定。

（3）连接控制装置及接上电源，即分别将紧固机的插头和电源插头接到控制仪上。

2）控制扭矩的设定方法。

NR-12T 电动扳手控制器电表盘上刻度为 0～100，相当于扭矩 392～117N·m（40～120kg·m），使用前必须根据所需扭矩的大小标定后，方可作初拧使用。标定的方法有以下两种：

（1）第一种是用轴力标定法设定。其做法是从工地取样，抽出 M20×75、M22×80、M24×85 各 5 根螺栓，将控制指示针拨到 0、10、20、30、40……对每根螺栓进行施拧，最大拧至标准轴力，然后求出每个刻度盘上紧固轴力平均值，并分别划出每种螺栓刻度和轴力关系图，使用时只要将指针拨到螺栓标准轴力 60％～80％所对应的范围即可。

（2）第二种是用扭矩扳手时的设定。其具体做法同上，是用扭矩扳手测定刻度盘相应刻度的紧固扭矩，最后划出刻度与扭矩的关系曲线，使用时只要拨动刻度盘指针，调整到目标扭矩值。其标定操作顺序如下：

① 用轴力计或扭矩扳手求出螺栓的扭矩系数

$$K = \frac{T}{dN} \tag{11.3.4-1}$$

式中　K——扭矩系数；

T——紧固力矩 N·m（kg·m）；

d——螺栓公称直径（mm）；

N——轴力 N（kg）。

② 由扭矩系数和目标轴力确定目标扭矩

$$T = K \cdot d \cdot N \tag{11.3.4-2}$$

式中符号同式（11.3.4-1）。

③ 调整控制刻度盘到目标扭矩。

④ 用电动扳手直接紧固校正由液压式轴力计固定了的螺栓。

⑤ 用手动扭矩扳手慢慢紧固已由紧固机（即电动扳手）拧紧了的螺栓，螺帽开始转动时读出扭矩值。取 5 根螺栓的平均值和目标值比较。

3. NR-127 型电动扭矩扳手使用注意事项。

1）使用时需要接地线接地，防止发生触电事故；

2）电源线及控制器连接导线不得过长，当采用导线芯线的面积为 2mm² 时，不得超过 150m；

3）经常检查电刷磨损情况，当电刷磨损至 6mm 时，就应及时更换电刷；

4）反力承受器不得以小代大，否则容易损坏；

5）转换正反开关时，应先切断电源。

11.3.5　定扭矩、定转角电动扳手的技术规格及操作要点。

1. 形式构造见图 11.3.5-1。

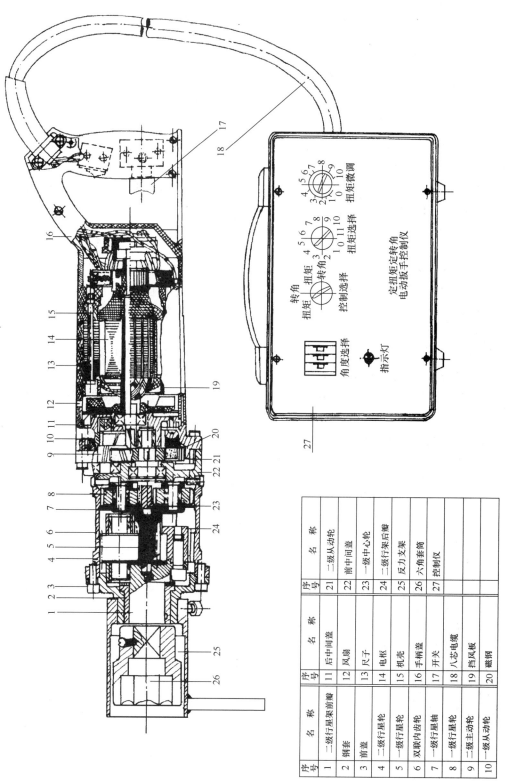

图 11.3.5-1　定扭矩定转角电动扳手形式构造

序号	名 称	序号	名 称	序号	名 称
1	一级行星架前瓣	11	后中间盖	21	二级从动轮
2	钢套	12	风扇	22	前中间盖
3	前盖	13	尺子	23	一级中心轮
4	二级行星轮	14	电枢	24	二级行星架后瓣
5	一级行星轮	15	机壳	25	反力支架
6	双联内齿轮	16	手柄盖	26	六角套筒
7	一级行星轴	17	开关	27	控制仪
8	一级行星轮	18	八芯电缆		
9	二级主动轮	19	挡风板		
10	一级从动轮	20	磁钢		

623

2. 技术规格见表 11.3.5-1。

双重绝缘定扭矩、定转角电动扳手技术规格　　　　表 11.3.5-1

项目	技术参数	项目	技术参数
电源种类	单向交流	控制仪外形尺寸	260×195×160(mm)
电压	220V	工作头空载数	8r/min
频率	50Hz	扭矩可调范围	392～1471N·m(40～50kg·m)
额定电源	4A	转角可调范围	0°～999°
主机外形尺寸	120×590×120(mm)	转角控制精度	±5°
方头尺寸	25×25(mm)	精度保证率	85%

3. 操作要点。

双重绝缘定扭矩、定转角电动扳手，分为主机和控制仪两个部分，用八芯电缆连接，电源开关和反、正转开关均装在主机手柄内，由操作者直接控制，其操作要点如下。

1）定扭矩操作要点：

（1）先将反力支架和适宜的套筒装在主机上并加以固定；

（2）启动主机，使反正开关处于正转位置；

（3）将套筒套在被拧紧螺纹件上，同时，将反力支架上的反力臂，靠在适宜的支点上（可以是邻近另一个被拧紧螺纹件或其他宜作支点的适当位置），停机；

（4）将控制仪上"控制选择"拨动到扭矩为零的位置，将"扭矩选择"拨到定扭矩对应的格数，如"扭矩选择"上的"6"相对应的扭矩值约 980N·m(100kg·m)，"扭矩微调"上的"10"相对应的扭矩值为 147N·m(15kg·m)；

（5）启动主机紧固，当自动停机时，即已达到预定的扭矩值，紧固即先完成。

2）定转角操作要点：

（1）将套筒套在被拧紧的螺纹件上，启动主机，使反力臂紧靠支点后停机；

（2）将控制仪上"控制选择"拨到"转角"位置，把"角度选择"拨动到预定的角度值；

（3）启动主机紧固，自动停机时，即达到预定的角度值。

3）定扭矩转角连续操作要点：

（1）将套筒套在被拧螺纹件上，启动主机，使反力臂靠紧支点后停机；

（2）将控制仪上"控制选择"拨到"扭矩转角"位置，再把"扭矩选择"和"角度选择"分别拨到预定扭矩对应的格数及达到此值后预定的角度值；

（3）启动主机，当扭矩达到预定值时，扭矩控制即自动改为转角控制，当达到预定角度值时，即自动停机。

4. 操作注意事项。

1）使用前进行检查确认，合格后方可使用；

2）接通电源前，先把主机上的三爪插头和接入电源的三爪插头分别插入控制仪背面的插座内，然后检查电源插座接线与三爪插头是否一致，确保接线正确，可靠接地，才可将电源插头插入电源；

3）空转检查转角控制。先在套筒上做一标记，然后启动主机（控制仪上指示灯亮）。如果套筒转到控制仪控制角度值自动停机，指示灯熄灭，说明转角控制正确；

4）选择确定的转角所需的扭矩，不能超过扳手的额定值，以防损坏扳手；

5）负载试机检查扭矩控制。选定一个与 600N·m(60kg·m)左右扭矩对应的格数，开机紧固螺钉，待自动停机后，用测力扳手或其他方法测出螺钉的扭矩值。如果与选定的扭矩值相近，表明扭矩控制正确，否则，根据情况予以重新调整；

6）操作时无需给扳手施加压力，但要扶正，避免扳手在倾斜状态下操作；

7）当电源电压超过额定值的±10％时，则应采取稳压措施，否则影响控制精度，且对扳手不利；

8）交换方向时，必须待工作头停转后进行；严禁在运转中变换方向；

9）控制仪的工作环境温度为－10°～＋40℃，空气相对湿度为90％（25℃）；

10）每班工作前，应开机空转 3～5min。操作中，应注意观察扳手运转情况，发现拉火、环火、声音异常、扭矩不稳、转角不准等情况，应立即停机检修，切勿带病运转；

11）尽可能固定专人使用和维护，定期清洗和更换油脂，电机换向器上的炭粉和脏物必须经常擦拭，以防短路破坏电机；

12）搬运时，应注意轻拿、轻放，防止振动和摔碰。不用时应放在通风干燥处，若发现受潮，应进行干燥处理后再使用。

11.3.6　扭剪型电动扳手，是用于扭剪型高强度螺栓终拧紧固的电动扳手，常用扭剪型电动扳手有 6922 型和 6924 型两种。6922 型电动扳手只适用于紧固 M16、M20、M22 三种规格的扭剪型高强度螺栓，所以很少选用。6924 型扭剪型电动扳手可以紧固 M16、M20、M22 和 M24 四种规格的扭剪型高强度螺栓，是可以紧固各种规格的扭剪型高强度螺栓，所以广泛采用。扭剪型高强度螺栓扳手的特点如下。

1. 紧固螺栓速度快，工作效率高；

2. 有双重绝缘结构，不需要接地，施工方便安全；

3. 电动机输出是静紧固力，没有噪声和冲击紧固声音；

4. 6924 型机重约 12kg，6922 型机重 8.7kg，体积小、容易移动；

5. 不需要调整机具的紧固力；

6. 电动机施加静紧固力，波动性很小，紧固力稳定；

7. 紧固管理容易确认，不需要进行紧固扭矩检查。扭剪型高强度螺栓紧固到规定的轴力时，螺栓尾部的梅花卡头便在剪口处切断，不需要检查便可认为紧固合格。

11.3.7　扭剪型电动扳手由机体、内套筒、外套筒、弹簧四部分组成，具体特点与要求如下。

1. 外形尺寸可参见图 11.3.7-1。

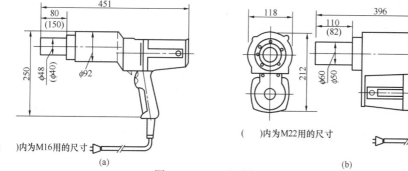

图 11.3.7-1　电动扭矩扳手
(a) 6922 型；(b) 6924 型

2. 技术性能见表 11.3.7-1。

6924 型、6922 型电动扳手性能　　　　　　表 11.3.7-1

	6924	6922
电机	串激整流子电动机	串激整流子电动机
电压	单相 220V	单相 220V
电源	6.5A	5A
周波	50～60Hz	50～60Hz
耗电	1350W	1100W
转数	13r/min	9r/min
重量	约 12kg	约 8.7kg
电源线长	3.5m	3.5m
工作能力	F11T　M24	F11T　M22

3. 操作方法为：将外套筒的花键轴对准机体的花键槽放入槽内，再将外套筒往机体内推进，此时将内套筒转动，使轴心对准，即可插入底部。外套筒放入后，将紧固帽对准机体螺丝，向右拧 4～5 圈，完全紧固后即安装完毕。

4. 套筒尺寸见表 11.3.7-2。

套筒尺寸（mm）　　　　　　表 11.3.7-2

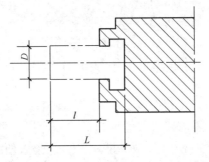

型号	公称口径	L	l	D	备注
6924	M16	184	150	41～50	16～150
	M20	116	82	50	20～80
	M22	116	82	50	22～80
	M24	144	110	60	24～110
6922	M16	73	33.5×4.5	38×50	16～40
	M20	73	38	47	20～40
	M22	73	38	50	22～40

11.3.8　扭剪型高强度螺栓紧固时，应根据螺栓直径更换内外套筒，其更换套筒操作要点如下。

1. 套筒拆除，先拆下紧固螺丝帽处的左螺旋丝，然后拆除内外套筒。拆除时，用一只手握住紧固帽、向左拧，将螺丝拧松，再转 4～5 圈，紧固帽即可取下来。

2. 内外套筒安装程序为：

1）先将内外套筒及弹簧放进外套筒内。

2）将紧固帽套上外套筒。

11.3.9　扭剪型高强度螺栓的紧固方法（图 11.3.9-1）

1. 将扭剪型螺栓尾部的梅花卡头安全嵌入内套筒。

2. 推紧扭剪型螺栓电动扳手，使外套筒完全套在螺帽上。

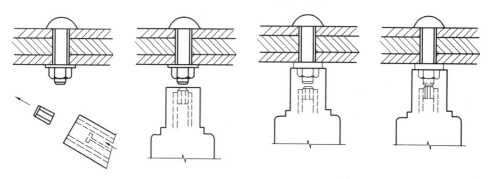

图 11.3.9-1　扭剪型高强度螺栓的紧固方法

3. 当内套筒和梅花卡头、外套筒和螺帽完全套好后，按下电动扳手的开关。

4. 各套筒开始转动，发出声响，卡头被剪断，即紧固完毕。

5. 从螺栓、螺帽上取下扳手，操纵推杆便将内套筒里断了的梅花卡头弹出来。

11.3.10　扭剪型电动扳手使用应注意的事项如下。

1. 按扳手名牌所示要求选用电源，严格避免接错电源、电压。

2. 电源线不得过细、过长，电源线芯及其长度应按表 11.3.10-1 使用。

扭剪型电动扳手电源线

表 11.3.10-1

芯线截面（mm²）	1.25	2.0	3.5
最大长度（mm）	20	30	50

3. 扳手安装正确，螺丝无松动、脱落，空负荷运转无声音、无异常。

4. 内、外套筒无异常，有龟裂、变形的不得使用。

5. 按使用说明书规定的范围使用，不要突然启动。

6. 使用扳手时要轻安设并平稳操作。

7. 碳刷长度磨损到 6mm 左右时，整流火花变大，应及时更换。

8. 要定期维护保养、更换损坏之零件。

9. 扳手长期不使用时，应放在车库内保管。不得放在潮湿的场所。

11.3.11　用于测试高强度螺栓的轴力计有电动式轴力计和液压式轴力计。电动式轴力计能测出拧紧螺帽时产生的实际轴力，电动式轴力计拧紧螺帽时，螺栓轴力通过电力传感器显示出螺栓轴力；用液压式轴力计测试螺栓轴力时，通过液压介质把压力传递到计量传感器，直接用"lb"（磅）表示出来。电动式轴力计比较笨重，使用较少。液压轴力计测量精度高，精确度达到刻度盘读数的 2% 范围以内，体积小、重量轻，携带方便，直接读数，不需另加辅助设备，故应用广泛。

11.3.12 电动式和液压式轴力计规格如下。

1. ETM-40A

电动式轴力计规格　　　　　　　　　表 11.3.12-1

(1) 非直线性	$\pm 0.5\%$E・S
(2) 使用温度范围	$-10\sim50$℃
(3) 电源	200V，50/60Hz
(4) 测试轴力	39.2～392kN（4～40t）
(5) 精度	1.5%　F・S

2. S-W 轴力计（液压式）规格如表11.3.12-2 和图 11.3.12-1 所示。

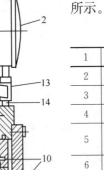

图 11.3.12-1　S-W 轴力计

S-W 轴力计各部位名称　　　　　　表 11.3.12-2

1	机架
2	110000lb（磅）压力表
3	活塞
4	填料
5	螺栓板（按顺序排列规定为 5/8、3/4、7/8、1、$1\frac{1}{8}$、$1\frac{1}{4}$in）
6	螺栓套筒
7	卡环
8	安装螺栓
9	校准器防护板
10	销钉（对套筒）
11	销钉
12	S、A、E40$^\#$油（非洗涤剂）
13	压力表保护装置
14	管接头
15	套筒定位器
16	平板螺栓

11.3.13 S-W 和 ETM-40A（电动式）轴力计测试方法如下。

1. 在梁或柱上固定轴力计。

2. 根据测试螺栓的直径安装适当尺寸的垫板。

3. 安装适当尺寸的套筒。

4. 螺栓由套筒臂插入，垫圈、螺帽由垫板侧插入。

5. 用电动扭矩扳手或用手动扭矩扳手按轴力计读出的数值紧固螺栓。若测试扭剪型高强度螺栓时，则用扭剪型电动扳手紧固螺栓，当梅花卡头剪断，即是轴力的最大实测轴力。

11.4 高强度螺栓施工

11.4.1 钢结构用大六角头和扭剪型高强度螺栓施工顺序如下。

1. 大六角头高强度螺栓施工程序，见流程图 11.4.1-1。

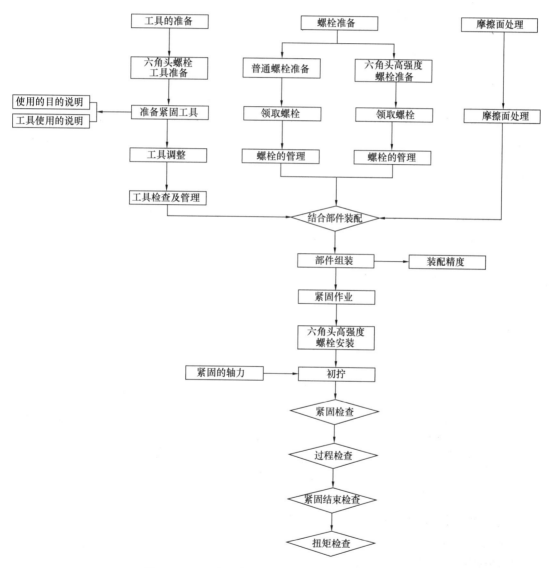

图 11.4.1-1 大六角头高强度螺栓施工工艺流程图

2. 扭剪型高强度螺栓施工程序见流程图 11.4.1-2。

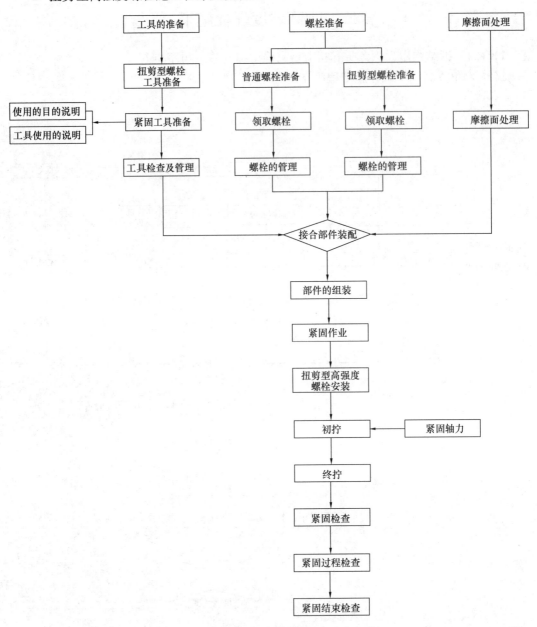

图 11.4.1-2　扭剪型高强度螺栓施工工艺流程图

11.4.2　高强度螺栓应防止在储运过程中生锈和腐蚀。大六角、扭剪型高强度螺栓加强储运和保管的目的主要是防止螺栓、螺母、垫圈组成的连接副的扭矩系数发生变化，这是高强度螺栓连接的一项重要标志。扭矩系数表示加于螺母上的施拧扭矩（T）与紧固轴力（预拉力 P）之间的关系，可用式（11.4.2-1）表示：

$$T = K \cdot d \cdot P \tag{11.4.2-1}$$

式中　T——紧固扭矩；

　　　K——扭矩系数；

　　　　d——螺栓公称直径（mm）；

　　　　P——紧固轴力（预拉力）（kN）。

　　扭矩系数是控制紧固轴力的参数，同批螺栓的扭矩系数可随机取样测定。在高强度螺栓施工过程中，标准轴力是紧固的目标值，且要求不大于标准轴力的±10%，所以要求扭矩系数离散性小，否则施工中无法控制螺栓轴力的大小。扭矩系数与许多因素有关，不仅需要由制造工艺来保证，而且也与储运和保管有关。储运和保管中，由于螺栓、螺母、垫圈生锈，致使螺纹损伤或沾上脏物和润滑油及干燥等，都能使螺栓扭矩系数发生很大变化，影响高强度螺栓和高强度螺栓要求的施拧扭矩的规定扭矩值。所以，要特别注意预防扭矩系数发生变化，这是保证高强度螺栓施工的关键。因此，对螺栓的包装、运输、现场保管等过程都要保持它的出厂状态，直到安装使用前才能开箱检查使用。

　　11.4.3　高强度螺栓连接副，由制造厂按批配套制作供货，有出厂合格证。高强度螺栓连接副的形式、尺寸及技术条件，均应符合国家标准《钢结构用高强度大六角头螺栓》GB/T 1228—2006、《钢结构用高强度大六角头螺栓、大六角螺母、垫圈技术条件》GB/T 1231—2006、《钢结构用扭剪型高强度螺栓连接副》GB/T 3632—2008 和《钢网架螺栓球节点用高强度螺栓》GB/T 16939—2016 的规定。使用组合应符合国家标准规定，高强度螺栓连接副在同批内要配套储运供应。

　　高强度螺栓连接副，在装车、卸车和运输及保管过程中，要轻装、轻放，防止包装箱损坏、损伤螺栓。

　　11.4.4　高强度螺栓连接副应按包装箱注明的规格、批号、编号、供货日期进行整理，分类保管，存放在室内仓库中，堆积不应高于 3 层以上，底层应距离地面≥300mm以上，室内应防潮，长期保持干燥，防止生锈和被脏物沾污，应防止大六角和扭剪型高强螺栓扭矩系数发生变化。

　　工地安装时，应按当天需要高强度螺栓的数量发放，剩余的要妥善保管，不得乱扔、乱放，损伤螺纹，被脏物沾污。

　　经长期存放的高强度螺栓连接副，使用前应再次作全面的质量检验，开箱后发生有异常现象时，也应进行检验，检验标准应符合国家标准 GB/T 1228、GB/T 1231—2006 及 GB/T 3632—2008、GB/T 16939—2016（同 11.4.3）的有关规定，经鉴定合格后再进行使用。

　　11.4.5　高强度螺栓孔应采用钻孔，孔径可按表 11.4.5-1 选用。

高强度螺栓直径与孔径（mm） 表 11.4.5-1

螺栓公称直径			12	16	20	22	24	27	30
孔径	标准孔	直径	13.5	17.5	22.0	24.0	26.0	30.0	33.0
	大圆孔	直径	16	20	24	28	30	35	38
	槽孔	短向	13.5	17.5	22	24	26	30	33
		长向	22	30	37	40	45	50	55

注：承压型连接高强度螺栓孔径可按表中值减少 0.5～1.0mm。

　　11.4.6　高强度螺栓的孔距和边距，应按表 11.4.6-1 的规定选用。

高强度螺栓的孔距、边距和端距容许值　　　　　　　表 11.4.6-1

名称	位置和方向				最大容许间距（取两者的较小值）	最小容许值
中心间距	外排（垂直内力方向或顺内力方向）				$8d_0$ 或 $12t$	$3d_0$
	中间排	垂直内力方向			$16d_0$ 或 $24t$	
		顺内力方向	构件受压力		$12d_0$ 或 $18t$	
			构件受拉力		$16d_0$ 或 $24t$	
	沿对角线方向				—	
中心至构件边缘的距离	顺内力方向				$4d_0$ 或 $8t$	$2d_0$
	垂直内力方向	剪切边或手工切割边				$1.5d_0$
		轧制边、自动气割或锯割边	高强度螺栓			1.5 $2d_0$
			其他螺栓或铆钉			

注：1. d_0 为高强度螺栓的孔径；t 为外层较薄板件的厚度；
　　2. 钢板边缘与刚性构件（如角钢、槽钢等）相连的高强度螺栓的最大间距，可按中间排数值。

11.4.7　高强度螺栓的制孔应符合规范规定。加工后的构件，在高强度螺栓连接孔处的钢板表面应平整，无焊后飞溅，无毛刺，无油污。制作螺栓孔的偏差应符合表 11.4.7-1 的规定。

高强度螺栓孔允许偏差值　　　　　　　表 11.4.7-1

公称直径			M12	M16	M20	M22	M24	M27	M30
孔型	标准圆孔	直径	13.5	17.5	22.0	24.0	26.0	30.0	33.0
		允许偏差	+0.430	+0.430	0.520	0.520	0.520	+0.840	+0.840
		圆度	1.00				1.50		
	大圆孔	直径	16.0	20.0	24.0	28.0	30.0	35.0	38.0
		允许偏差	+0.430	+0.430	0.520	0.520	0.520	+0.840	+0.840
		圆度	1.00				1.50		
	槽孔	长度 短向	13.5	17.5	22.0	24.0	26.0	30.0	33.0
		长度 长向	22.0	30.0	37.0	40.0	45.0	50.0	55.0
		允许偏差 短向	+0.430	+0.430	0.520	0.520	0.520	+0.840	+0.840
		允许偏差 长向	+0.840	+0.840	+1.000	+1.000	+1.000	+1.000	+1.000
中心线倾斜度			应为板厚的3%，且单层板应为2.0mm，多层板叠组合应为3.0mm						

11.4.8　高强度螺栓孔中心的距离允许偏差，不应超过表 11.4.8-1 的规定。

高强度螺栓孔孔距允许偏差值（mm）　　　　　　　表 11.4.8-1

项次	项目	允许偏差值			
		≤500	501～1200	1201～3000	>3000
1	同一组内任意两孔间距离	±1.0	±1.5	—	—
2	相邻两组的端孔间距离	±1.5	±2.0	±2.5	±3.0

注：1. 在节点中连接板与一根杆件相连的所有螺栓孔为一组；
　　2. 对接接头在拼接板一侧的螺栓孔为一组；
　　3. 在两相邻节点或接头间的螺栓孔为一组，但不包括上述两款所规定的螺栓孔；
　　4. 受弯构件翼缘上的连接螺栓孔，每米长度范围内的螺栓孔为一组。

11.4.9　螺栓孔孔距的允许偏差超过规定的允许偏差时，应采用与母材材质相匹配的焊条补焊后重新制孔。

11.4.10 高强度螺栓检验依据的标准。

1.《钢结构用扭剪型高强度螺栓连接副》GB/T 3632—2008。

2.《钢结构用高强度大六角头螺栓》GB/T 1228—2006。

3.《钢结构用高强度大六角螺母》GB/T 1229—2006。

4.《钢结构用高强度垫圈》GB/T 1230—2006。

5.《紧固件验收检查》GB/T 90.1—2002、《紧固件标志与包装》GB/T 90.2—2002。

6.《钢结构用高强度大六角螺栓、大六角螺母、垫圈技术条件》GB/T 1231—2006。

7.《钢结构工程施工质量验收标准》GB 50205—2020。

8.《金属材料拉伸试验　第 1 部分：室温试验方法》GB/T 228.1—2010。

9.《金属材料夏比摆锤冲击试验方法》GB/T 229—2020。

10.《紧固件机械性能　螺栓、螺钉和螺柱》GB/T 3098.1—2010。

11.《紧固件机械性能　螺母》GB/T 3098.2—2015。

12.《紧固件机械性能　紧定螺钉》GB/T 3098.3—2016。

13.《钢结构工程施工规范》GB 50755—2012。

11.4.11 螺栓检验项目。

1. 每批产品的出厂合格证、质量证明书和质量检验报告。

2. 螺栓连接副的形式。

3. 螺栓形式与尺寸。

4. 螺母形式与尺寸。

5. 垫圈形式与尺寸。

6. 螺栓、螺母、垫圈的材料及机械性能。

7. 螺栓连接副的紧固轴力。

8. 螺栓、螺母、垫圈的表面缺陷。

9. 螺栓、螺母、垫圈性能等级的标志。

10. 头杆结构强度。

11. 螺母的拧入性。

12. 螺栓、螺母、垫圈的硬度。

13. 其他技术要求。

11.4.12 钢结构用高强度螺栓检验内容与要求。

1. 钢结构连接用高强度螺栓连接副的品种、规格、性能应符合国家现行标准的规定并满足设计要求。高强度大六角头螺栓连接副应随箱带有扭矩系数检验报告，扭剪型高强度螺栓连接副应随箱带有紧固轴力（预拉力）检验报告。高强度大六角头螺栓连接副和扭剪型高强度螺栓连接副进场时，应按国家现行标准的规定抽取试件且应分别进行扭矩系数和紧固轴力（预拉力）检验，检验结果应符合国家现行标准的规定。检验要求如下：

1）检查数量：质量证明文件全数检查，抽样数量按进场批次和产品抽样检验方案确定。

2）检查方法：检查质量证明文件和抽样检验报告。

2. 高强度大六角头螺栓连接副应复验其扭矩系数，扭剪型高强度螺栓连接副应复验其紧固轴力。检验要求如下：

1）检查数量：复验用的螺栓应在施工现场待安装的螺栓批中随机抽取，每批应抽取

8 套连接副进行复验。

2）检查方法：见证取样送样，检查复验报告。

3. 钢结构制作和安装单位应分别进行高强度螺栓连接摩擦面（含涂层摩擦面）的抗滑移系数试验和复验，现场处理的构件摩擦面应单独进行摩擦面抗滑移系数试验，其结果应满足设计要求。检验要求如下：

1）检查数量：每 5 万个高强度螺栓用量为一批，不足 5 万个高强度螺栓用量视为一批。选用两种及两种以上表面处理（含有涂层摩擦面）工艺时，每种处理工艺均需检验抗滑移系数，每批 3 组试件。

2）检验方法：检查摩擦面抗滑移系数试验报告及复验报告。

4. 高强度大六角头螺栓连接副、扭剪型高强螺栓连接副应按包装箱配套供货。包装箱上应标明批号、规格、数量及生产日期。螺栓、螺母、垫圈表面不应出现生锈和沾染脏物，螺纹不应损伤。检验要求如下：

1）检查数量：按包装箱数抽查 5％，且不应少于 3 箱。

2）检验方法：观察检查。

5. 对建筑结构安全等级为一级或跨度 60m 及以上的螺栓球节点钢网架、网壳结构，其连接高强度螺栓应按现行国家标准《钢网架螺栓球节点用高强度螺栓》GB/T 16939—2016 进行拉力载荷试验。检验要求如下：

1）检查数量：按规格抽取 8 只。

2）检验方法：用拉力试验机测定。

6. 螺栓球节点钢网架、网壳结构用高强度螺栓应进行表面硬度检验，检验结果应满足其产品标准的要求。检验要求如下：

1）检查数量：按规格抽查 8 只。

2）检验方法：用硬度计测定。

7. 检验原则如下：

1）出厂检验按批进行。

2）同批高强度螺栓连接副最大数量为 3000 套。

11.4.13　高强度螺栓检验要求。

1. 产品验收必须有产品合格证，并注有制造厂名称、产品名称、产品的规格标记、件数或净重、制造出厂日期、产品质量标记。

2. 轴力和扭矩系数检验要求如下：

1）扭剪型高强度螺栓和高强度大六角螺栓在施工前，应分别复验扭剪型高强度螺栓的轴力和高强度大六角螺栓的扭矩系数的平均值和标准偏差，其值应符合国家标准《钢结构用高强度大六角头螺栓、大六角螺母、垫圈技术条件》GB/T 1231—2006 和《钢结构用扭剪型高强度螺栓连接副》GB/T 3632—2008 中的有关规定。

2）复验用的螺栓连接副，应在施工现场安装。在安装的螺栓批中随机抽取，每批抽取 8 套连接副进行复验，复验用的计量器具应经过标定，误差不得超过 2％。每套连接副只应做一次试验，不得重复使用。

3. 高强度大六角螺栓和扭剪型高强度螺栓的检验批划分方法如下：

1）同一材料、炉号、螺纹规格、长度（当螺栓长度≤100mm 时，长度相差≤15mm；

螺栓长度>100mm 时，长度相差≤20mm，可视为同一长度）、机械加工、热处理工艺及表面处理工艺的螺栓为同批。

2）同一材料、炉号、螺纹规格、机械加工、热处理工艺及表面处理工艺的螺母为同批。

3）同一材料、炉号、规格、机械加工、热处理工艺及表面处理工艺的垫圈为同批；

4）分别由同批螺栓、螺母及垫圈组成的连接副为同批连接副。

4. 钢网架螺栓球节点用高强度螺栓检验批划分方法如下。

同一性能等级、材料牌号、炉号、规格、机械加工、热处理及表面处理工艺的螺栓为同批，最大批量：对于小于或等于 M36 的为 5000 件，对大于 M36 的为 2000 件。

11.4.14 高强度大六角螺栓连接副扭矩系数的复验方法为：将螺栓穿入轴力计，在测出螺栓紧固轴力（预拉力）的同时，测出施加于螺母上的施拧扭矩 T。每一连接副只能试验一次，不得重复使用。高强度大六角螺栓连接副按式（11.4.14-1）计算扭矩系数 K。

$$K = \frac{T}{Pd} \tag{11.4.14-1}$$

式中　T——施拧扭矩（N·m）；

　　　K——高强度螺栓连接副的扭矩系数平均值；

　　　P——高强度螺栓施工预拉力；

　　　d——高强度螺栓公称直径（mm）。

进行扭矩系数试验时，螺栓的紧固轴力（预拉力 P）应控制在一定的范围内，见表 11.4.14-1。

高强度螺栓施工紧固轴力范围（kN）　　　　　　　　　　表 **11.4.14-1**

螺栓性能等级	螺栓公称直径（mm）						
	M12	M16	M20	M22	M24	M27	M30
8.8S	45～55	81～99	126～154	149～182	176～215	230～281	279～341
10.9S	54～66	99～121	153～187	189～231	225～275	288～352	351～429

11.4.15 扭剪型高强度螺栓连接副紧固轴力试验要求。

1. 连接副的紧固轴力试验在轴力计（或测力环）上进行，每一连接副（一个螺栓、一个螺母、一个垫圈）只能试验一次，不得重复使用。在紧固过程中垫圈发生转动时，应更换连接副，重新试验；

2. 紧固轴力分初拧和终拧，初拧采用扭矩扳手，初拧值应控制在预拉力标准值的 50%左右；终拧采用专用电动扳手，施拧至梅花头拧掉，读出轴力值。

3. 复验螺栓连接副（8 套）的紧固轴力平均值和标准偏差，应符合表 11.4.15-1 的要求。

高强度螺栓施工紧固轴力平均值及偏差值（kN）　　　　表 **11.4.15-1**

	螺栓公称直径（mm）					
	M16	M20	M22	M24	M27	M30
每批紧固轴力的平均值 p	100～121	155～187	190～231	225～270	290～351	355～430
紧固轴力标准偏差 $\sigma \leqslant$	10.0	15.4	19.0	22.5	29.0	35.4

4. 当扭剪型高强螺栓长度 l 小于表 11.4.15-2 中规定数值时，可不进行紧固轴力试验。

不进行紧固试验的扭剪型高强螺栓长度值 l 表 11.4.15-2

螺纹规格	M16	M20	M22	M24	M27	M30
l (mm)	50	55	60	65	70	75

11.4.16 钢网架螺栓球节点用高强度螺栓性能检验要求。

1. 建筑结构安全等级为一级或跨度 60m 及以上的螺栓球节点钢网架、网壳结构，连接用高强度螺栓应按现行国家标准《钢网架螺栓球节点用高强度螺栓》GB/T 16939—2016 进行拉力载荷试验，螺纹规格为 M39~M85×4 的螺栓可以硬度试验代替拉力荷载试验，每种规格抽查 8 只。

2. 螺纹规格为 M12~M36 的高强度螺栓硬度等级为 10.9 时，热处理后其硬度应为 32~37HRC，螺纹规格为 M12~M36 的高强度螺栓常规硬度应为 32~37HRC，该规格可以硬度试验代替拉力荷载试验。对试验有争议时，应进行芯部硬度试验，其硬度值不应低于 28HRC。

11.4.17 螺母硬度试验应在一个支承面上进行，并取间隔 120° 的三点硬度平均值作为该螺母的硬度值。若有争议，应在通过螺母轴心线的纵向截面上、并尽量靠近螺纹大径处进行硬度试验。

11.4.18 硬度性能试验方法按《金属材料　洛氏硬度试验　第 1 部分：试验方法》GB/T 230.1—2018 确定，试验应在 10~35℃ 室温进行，且应符合下列规定。

1. 试验前，应使用与试样硬度值相近的标准洛氏硬度块对硬度计进行校验，硬度计及压头应符合《金属材料　洛氏硬度试验　第 2 部分：硬度计 A、B、C、D、E、F、G、H、K、N、T 标尺的检验与校准》GB/T 230.2—2012 和国家计量部规定的要求。

2. 试样的试验面、支承面、试台表面和压头表面应清洁。

3. 试样应稳固地放置在试台上，以保证在试验过程中不产生位移变形。

4. 在任何情况下，不允许压头与试台及支座触碰。试样支承面、支座和试台工作面上，均不得有压痕。

5. 试验时，必须保证试验力方向与试样的试验面垂直。在试验过程中，试验装置不应受到冲击和振动。施加初始试验力时，指针或指示线不得超过硬度计规定范围，否则，应卸除初始试验力，在试样另一位置试验。调整示值指示器至零点后，应在 2~8s 内施加全部主试验力。应均匀平稳地施加试验力，不得有冲击及振动。施加主试验力后，总试验力的保持时间应以示值指示器指示基本不变为准。总试验力保持时间推荐如下：

1) 对于施加主试验力后不随时间继续变形的试样，保持时间为 1~3s；

2) 对于施加主试验力后随时间缓慢变形的试样，保持时间为 6~8s；

3) 对于施加主试验力后随时间明显变形的试样，保持时间为 20~25s。

6. 达到保持时间后，在 2s 内平稳地卸除主试验力，保持初始试验力，从相应的标尺刻度上读出硬度值。两相邻压痕中心间距离至少应为压痕直径的 4 倍，但不得小于 2mm。任一压痕中心距试样边缘距离至少应为压痕直径的 2.5 倍，但不得小于 1mm。在每个试样上的试验点数应不少于四点（第一点不记）。试验结果按表 11.4.18-1a、表 11.4.18-1b 进行修正。

用金刚石圆锥压头试验（HRA、HRC、HRD） 表 11.4.18-1a

洛氏硬度值	曲面半径（mm）								
	3	5	6.5	8	9.5	11	12.5	16	19
20				2.5	2.0	1.5	1.5	1.0	1.0
25			3.0	2.5	2.0	1.5	1.0	1.0	1.0
30			2.5	2.0	1.5	1.5	1.0	1.0	0.5
35		3.0	2.0	1.5	1.5	1.0	1.0	0.5	0.5
40		2.5	2.0	1.5	1.0	1.0	1.0	0.5	0.5
45	3.0	2.0	1.5	1.0	1.0	1.0	0.5	0.5	0.5
50	2.5	2.0	1.5	1.0	1.0	0.5	0.5	0.5	0.5
55	2.0	1.5	1.0	1.0	0.5	0.5	0.5	0.5	0
60	1.5	1.0	1.0	0.5	0.5	0.5	0.5	0	0
65	1.5	1.0	1.0	0.5	0.5	0.5	0.5	0	0
70	1.0	1.0	0.5	0.5	0.5	0.5	0.5	0	0
75	1.0	0.5	0.5	0.5	0.5	0.5	0	0	0
80	0.5	0.5	0.5	0.5	0.5	0	0	0	0
85	0.5	0.5	0.5	0	0	0	0	0	0
90	0.5	0	0	0	0	0	0	0	0

用 1.5875mm 钢球压头试验（HRB、HRF、HRG） 表 11.4.18-1b

洛氏硬度值	曲面半径（mm）						
	3	5	6.5	8	9.5	11	12.5
20				4.5	4.0	3.5	3.0
30			5.0	4.5	3.5	3.0	2.5
40			4.5	4.0	3.0	2.5	2.5
50			4.0	3.5	3.0	2.5	2.0
60		5.0	3.5	3.0	2.5	2.0	2.0
70		4.0	3.0	2.5	2.0	2.0	1.5
80	5.0	3.5	2.5	2.0	1.5	1.5	1.5
90	4.0	3.0	2.0	1.5	1.5	1.5	1.0
100	3.5	2.5	1.5	1.5	1.0	1.0	0.5

11.4.19 为了保证高强度螺栓安装质量，紧固前，应对高强度螺栓连接副紧固标准件及螺母、垫圈等标准配件进行检查，且应符合下列规定。

1. 其品种、规格、性能等应符合现行国家产品标准和设计要求，螺栓、螺母、垫圈、紧定螺钉等外表面应涂油保护，不应出现生锈和沾染赃物，螺纹不应损伤。

2. 大六角、扭剪型高强螺栓连接副出厂时，应分别随箱带有扭矩系数和紧固轴力（预拉力）的检验报告。

3. 建筑结构安全等级为一级或跨度 60m 及以上的螺栓球节点钢网架、网壳结构，连接高强度螺栓应按现行国家标准《钢网架螺栓球节点用高强度螺栓》GB/T 16939—2016进行拉力载荷试验，且用10倍放大镜或磁粉探伤检查表面不得有裂纹或损伤。

4. 大六角、扭剪型高强螺栓连接，应对高强度螺栓孔进行检查，避免螺纹碰伤，并应检查被连接件的移位、不平度、不垂直度、磨光顶紧的贴合情况以及板叠摩擦面的处理、连接间隙、孔眼的同心度、临时螺栓的布放等。

5. 高强度螺栓安装时应先使用安装螺栓和冲钉，在每个节点上穿入的安装螺栓和冲钉数量，应根据安装过程所承受的荷载计算确定，并应符合下列规定。

1）不应少于安装孔总数的1/3；

2）安装螺栓不应少于2个；

3）冲钉穿入数量不宜多于安装螺栓数量的30%；

4）不得用高强度螺栓兼做安装螺栓。

安装螺栓和冲钉用以防止构件偏移，加大对板叠的挤压力，使其间隙达到最小限度。要保证摩擦面不被玷污，玷污会降低摩擦系数，改变和影响高强度螺栓连接的质量。

6. 涂层摩擦面钢材表面处理应达到Sa21/2，涂层最小厚度应满足设计要求。

7. 钢网架螺栓球节点用螺栓球，其螺纹尺寸应符合国家标准《普通螺纹　基本尺寸》GB/T 196—2003中粗牙螺纹的规定，螺纹公差必须符合现行国家标准《普通螺纹　公差》GB/T 197—2018中6H级精度的规定。螺栓球直径、圆度、相临两螺栓孔中心线夹角等尺寸及允许偏差，应符合《钢结构工程施工质量验收标准》GB/T 50205—2020的规定。封板、锥头和套筒的规格、性能等，应符合现行国家产品标准和设计要求，其外观不得有裂纹、过烧和氧化皮。

11.4.20　高强度螺栓要能自由穿入孔眼，螺栓穿入方向要整齐一致，使操作方便。大六角、扭剪型高强度螺栓紧固时，要分初拧和终拧二次紧固。对于大型节点可分为初拧、复拧和终拧。当天安装的螺栓，要在当天终拧完毕。防止螺纹被玷污和生锈，引起扭矩系数值发生变化。

11.4.21　高强度螺栓紧固完毕的检查应符合下列要求。

1. 高强度螺栓连接副应在终拧完成1h后、48h内进行终拧质量检查。首先，对所有螺栓进行终拧标记检查，终拧标记包括扭矩法和转角法施工两种标记。除了标记检查外，检查人员还宜用0.3kg小锤敲击每一个螺栓螺母，从声音的不同找出漏拧或欠拧的螺栓，再重新拧紧。常用的扭矩法检查方法有以下两种。

1）采用扭矩法检查终拧扭矩的方法：

（1）将螺母退回60°左右，用表盘式定扭矩扳手测定拧回至原来位置的扭矩值，若测定的扭矩值较施工扭矩值低且在10%以内即为合格；

（2）用表盘式定扭矩扳手继续拧紧螺栓，测定螺母开始转动时的扭矩，若测定的扭矩值较施工扭矩值大且在10%以内即为合格。

2）采用转角法检查终拧扭矩的方法：

（1）检查初拧后在螺母与螺尾端头相对位置所划的终拧起始线和终止线所夹的角度是否在规定的范围内。

（2）在螺尾端头和螺母相对位置画线，然后完全卸松螺母，再按规定的初拧扭矩和终拧角度重新拧紧螺栓，观察与原画线是否重合，一般角度误差在±10°为合格。

2. 扭剪型高强度螺栓连接副，除因构造原因无法使用专用扳手拧掉梅花头者外，螺栓尾部梅花头拧断为终拧结束。未在终拧中拧掉梅花头的螺栓数不应大于该节点螺栓数的 5%，对所有梅花头未拧掉的扭剪型高强度螺栓连接副应采用扭矩法或转角法进行终拧并做出标记。检查数量：按节点数抽查 10%，且不应少于 10 个节点，被抽查节点中梅花头未拧掉的扭剪型高强度螺栓连接副全数进行终拧扭矩检查。

3. 高强度螺栓终拧质量检查应按节点数抽查 10%，且不少于 10 个，每个被抽查到的节点，按螺栓数抽查 10%，且不少于 2 个。若发现有不符合规定的（不合格的），应再扩大一倍检查，若仍有不合格的，则整个节点的高强螺栓需重新拧紧。超拧的螺栓必须全部更换。

4. 高强度螺栓连接副终拧后，螺栓丝扣外露应为 2~3 扣，其中允许有 10% 的螺栓丝扣外露 1 扣或 4 扣。对同一个节点，螺栓丝扣外露应力求一致，便于检查。

5. 高强度螺栓应能自由穿入螺栓孔，当不能自由穿入时，应用铰刀修正。修孔数量不应超过该节点螺栓数量的 25%，扩孔后的孔径不应超过 1.2d（d 为螺栓直径）。

6. 螺栓球节点网架、网壳总拼完成后，高强度螺栓与球节点应紧固连接，螺栓拧入螺栓球内的螺纹长度不应小于螺栓直径的 1.1 倍，连接处不应出现有间隙、松动等未拧紧现象。检查数量：按节点数抽查 5%，且不应少于 3 个。

11.4.22 紧固螺栓长度对螺栓紧固轴力有较大影响，使用长度比标准螺栓长度长或短的螺栓，均会使紧固轴力降低。因此，要正确选择螺栓的长度。紧固螺栓长度确定方法如下。

1. 大六角高强度螺栓和扭剪型高强度螺栓长度可按式（11.4.22-1）计算：

$$L = L' + \Delta L \tag{11.4.22-1}$$

$$\Delta L = m + ns + 3p \tag{11.4.22-2}$$

式中　L'——连续板层总厚度（mm）；

　　　ΔL——附加长度；

　　　n——垫圈个数，扭剪型高度螺栓为 1，大六角螺栓为 2；

　　　s——高强度螺栓垫圈公称厚度（mm）；

　　　m——高强度螺母公称厚度；

　　　p——螺纹的螺距，见表 11.4.22-1a 及表 11.4.22-1b。

高强度螺栓螺纹的螺距（mm） 表 11.4.22-1a

螺栓公称直径	12	16	20	(22)	24	(27)	30
螺距	1.75	2	2.5	25	3	3	3.5

高强度螺栓附加长度（mm） 表 11.4.22-1b

高强度螺栓种类	螺栓规格						
	M12	M16	M20	M22	M24	M27	M30M
高强度大六角头螺栓	23	30	35.5	39.5	43	46	50.5
扭剪型高强度螺栓	—	26	31.5	34.5	38	41	45.5

2. 计算得到高强度螺栓长度后，当理论长度 $L \leqslant 100\text{mm}$ 时，按 2 舍 3 入和 7 舍 8 入原则，取 5 的整数倍；当理论长度 $L > 100\text{mm}$ 时，按 4 舍 5 入的原则，取 10 的整数倍。

3. 扭剪型高强度螺栓，可根据螺栓的直径和连接厚度＋标准长度，选择螺栓的长度，见表 11.4.22-2。

扭剪型高强度螺栓长度选择（mm）　　　　表 11.4.22-2

螺栓公称直径	连接厚度＋标准长度	螺栓公称直径	连接厚度＋标准长度
M16	25	M22	35
M20	30	M24	40

4. 螺栓球节点连接螺栓球和圆钢管杆件所采用的高强度螺栓的螺杆长度 L_b，可根据构造要求确定，即 L_b＝拧入螺栓球的长度＋长形六角套筒的长度＋锥头底板（或杆端封板）的厚度。经计算求得的高强度螺栓的长度按 2 舍 3 入的原则取 5 的整数倍。

螺栓球节点长形六角套筒的长度，可按式（11.4.22-3）确定：

$$L_n = a + b_1 + b_2 \tag{11.4.22-3}$$

式中　a——高强螺栓杆上的滑槽长度，按下式计算：

$$a = \xi d - c + d_s + 4\text{mm}$$

b_1——套筒左端部至高强螺栓杆上的滑槽左边缘的距离，通常取 $b_1 = 4\text{mm}$。

b_2——套筒右端部至紧固螺钉边缘（滑槽右边缘）的距离，通常取 $b_2 = 6\text{mm}$。

d_s——紧固螺钉的直径。

ξd——高强螺栓拧入螺栓球的长度，可取 $\xi = 1.1$，d 为高强螺栓公称直径。

c——高强螺栓未紧固时露出套筒的长度，可取 $4 \sim 6\text{mm}$，且不应小于 2 个丝扣（螺距）。

11.4.23 摩擦型高强度螺栓连接的基本原理，是依靠高强度螺栓紧固的夹紧力夹紧板束，通过板束间接触面产生的摩擦力传递与螺杆轴垂直方向的外力。摩擦型连接承载能力可按式（11.4.23-1）计算。

$$N = n \cdot m \cdot f \cdot p \tag{11.4.23-1}$$

式中　N——滑动极限承载能力（kN）；

n——螺栓数量；

m——摩擦面数；

f——摩擦系数；

p——螺栓预拉力（kN）。

从上式可知，摩擦型连接的极限承载能力与板束间摩擦系数成正比，板束间的摩擦系数对其承载能力有直接影响。影响摩擦系数的因素较多，如摩擦面的状态、钢材的强度、表面浮锈、表面涂层、表面油污以及处理方法等。高强度螺栓连接节点处的钢板表面，可进行喷砂、手动或电动工具等除锈，使之接触面处的摩擦系数达到设计要求的额定值，一般要求为 $0.30 \sim 0.50$。

11.4.24 高强度螺栓连接摩擦面加工，可采用喷砂（或喷丸）处理，以达到钢板摩擦面要求的表面粗糙度。摩擦面处理有喷砂（丸）、酸洗、砂轮打磨三种方法，特点如下。

1. 喷砂（丸）。喷砂（丸）的主要设备是抛丸机，以空压机的压缩空气为动力喷砂

（丸），使钢材表面的摩擦面达到一定的粗糙度要求。空压机的工作压力为 $p=8kgf/cm$（0.78MPa），喷砂机的工作压力即喷砂压力为 $6kgf/cm^2$（0.59MPa），石英砂的粒度为 $1.5\sim4mm$，喷砂（丸）时风压为 $4\sim6kgf/cm^2$（$0.39\sim0.59MPa$），喷嘴直径 $8\sim10mm$，喷嘴距钢材表面为 $100\sim150mm$，加工后的钢材表面呈现灰白色，一般表面粗糙度需达到 Sa21/2 级。

2. 酸洗加工。用装满酸液的钢板材料或钢筋混凝土制品槽，加工钢板表面的摩擦面，加工方法及技术参数如下。

1）硫酸浓度 18％（重量比），温度 $70\sim80℃$，停留 $30\sim40min$；

2）将酸洗后的构件放入 60℃ 的石灰水中和，停留 $1\sim2min$ 后提起，再继续放 $1\sim2min$ 出槽；

3）中和后的钢材，用 60℃ 左右的清水清洗 $2\sim3$ 次；

4）最后用 pH 试纸检验中和清洁程度。

3. 砂轮打磨。砂轮打磨是用手动电动砂轮机或手动风动砂轮机打磨钢材的表面。砂轮打磨的方向要与受力方向垂直，打磨范围不应小于 4 倍螺栓直径（$4d$），砂轮片宜为 $40^\#$，打磨时不应在钢材表面磨出有明显的凹坑。

4. 摩擦系数值确定。表 11.4.24-1a 是 Q235 和 Q355 钢材表面采用酸洗、喷砂（丸）、砂轮打磨等三种不同方法生成浮锈的摩擦系数（f）试验值，供施工参考。表 11.4.24-1b 为钢结构设计规范摩擦系数取值。

表面生成浮锈的摩擦系数试验值　　　　　　表 11.4.24-1a

加工方法	钢种	生锈天数	摩擦系数 f 试验值	
			变动范围	平均值
酸洗	Q235	0	—	—
		20	$0.582\sim0.694$	0.643
	Q345	0	$0.252\sim0.396$	0.308
		20	$0.428\sim0.638$	0.576
喷砂	Q235		$0.565\sim0.619$	0.587
	Q345	0	$0.603\sim0.741$	0.666
		20	$0.633\sim0.742$	0.679
砂轮打磨	Q235	0	—	—
		20	$0.587\sim0.728$	0.652
	Q345	0		0.545
		20	$0.594\sim0.882$	0.721

摩擦面的抗滑移系数 μ　　　　　　表 11.4.24-1b

在连接处构件接触面的处理方法	构件的钢号		
	Q235 钢	Q355 钢或 Q390 钢	Q420 钢或 Q460 钢
喷硬质石英砂或铸钢棱角砂	0.45	0.45	0.45
抛丸（喷砂）	0.40	0.40	0.40
钢丝刷清除浮锈或未经处理的干净轧制表面	0.30	0.35	—

11.4.25　高强度螺栓连接钢结构在施工前，应对钢结构摩擦面的抗滑移系数进行复验，这是保证高强度螺栓施工质量的一项重要手段。制造厂和安装单位，应分别以钢结构制造批为单位进行抗滑移系数试验，检验要求如下。

1. 检验批可按分部工程（子分部工程）所含高强度螺栓用量划分：每5万个高强度螺栓用量为一批，不足5万个高强度螺栓用量则视为一批；

2. 选用两种及两种以上表面处理（含有涂层摩擦面）工艺时，每种处理工艺均需检验抗滑移系数，每批3组试验，作为工地复验用；

3. 抗滑系数试验用的试件，应与所代表的钢结构为同一材质、同一摩擦面处理方法、同批制造、相同运输条件、相同存放条件、同一性能等级的高强度螺栓；

4. 抗滑移系数的试件，应根据连接螺栓的规格确定，宜采用图11.4.25-1的形式和表11.4.25-1所示的尺寸，试件长度则根据所采用试验机的夹具确定。

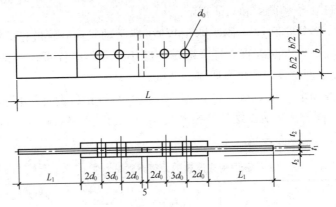

图 11.4.25-1　抗滑移系数试件

抗滑移系数试件试验板宽度尺寸（mm）　　　　　　　表 11.4.25-1

螺栓直径 d	16	20	22	24	27	30
板宽 b	100	100	105	110	120	120

11.4.26　抗滑移面的试验、试件和高强度螺栓的安装，应符合国家标准《钢结构工程施工质量验收标准》GB 50205—2020 的规定。试件发运过程中，抗滑移面上或孔的位置上所有用油漆写的标志或沾土机油或泥土等杂物，安装时必须进行清理。处理好的抗滑移面出厂状态，应防止变形和碰伤，对因久存产生浮锈的，应用钢丝刷清除，不得随便处理。

抗滑移试验时，高强度螺栓预拉力值应准确控制在 $0.95\sim1.05P$ 范围内，然后在试验机上进行拉力试验。试验时，试件的轴线与试验机的夹具中心应严格对准，试验后，按式（11.4.26-1）计算抗滑移系数值。

$$\mu = \frac{N_{\mathrm{v}}}{n_{\mathrm{f}}\sum_{i=1}^{m}P_i}$$

（11.4.26-1）

式中　N_{v}——由试验测得的滑移荷载（kN）；

n_{f}——摩擦面数，取 $n_{\mathrm{f}}=2$；

$\displaystyle\sum_{i=1}^{m} P_i$——试件滑移一侧高强度螺栓预拉力实测值（或同批螺栓连接副的预拉力平均

值）之和（取三位有效数字）（kN）；

m——试件一侧螺栓数量取 $m=2$。

11.4.27　高强度螺栓连接应在结构安装调整完毕后进行，且应符合下列要求。

1. 首先对接合件进行矫正，消除接合件的变形、错位和错孔，使板束结合处摩擦面贴紧，然后安装高强度螺栓。为了使接合部位板束间摩擦面结合良好，通常先用手动扳手将临时普通螺栓紧固，使板达到贴紧。在每个节点上穿入临时螺栓的数量应由计算决定，一般不得少于高强度螺栓总数的 1/3，最少不得少于 2 个。冲打穿入螺栓的数量不宜多于临时螺栓总数的 3%。不允许用高强度螺栓兼临时螺栓，以防止损伤螺纹，引起扭矩系数的变化。

2. 对因板厚公差、制造偏差或安装偏差产生的接合面间隙，宜按表 11.4.27-1 规定的加工方法进行处理。

接触面间隙加工

表 11.4.27-1

项次	示意图	加工方法
1		$a \leqslant 1.0\mathrm{mm}$，不予处理
2		$1.0 < a \leqslant 3.0\mathrm{mm}$，将厚板一侧磨成 1：10 的缓坡，使间隙小于 1.00mm
3		$a > 3.0\mathrm{mm}$，加垫板，垫板厚度不小于 3mm，最多不超过 3 层，垫板的材质和摩擦面的处理与构件相同

11.4.28　高强度螺栓安装应在节点全部处理好后进行，且应符合下列规定。

1. 高强度螺栓穿入方向要一致，一般应以施工便利为宜。对于箱形截面构件的接合部，宜全部从内向外插入螺栓，在外侧进行紧固。若操作不便，可将螺栓从反方向插入。扭剪型高强度螺栓连接副的螺母带台面的一侧，应朝向垫圈有倒角的一侧，并应朝向螺栓尾部。大六角高强度螺栓连接副在安装时，根部垫圈有倒角的一侧，应朝向螺栓头，安装尾部的螺母垫圈，则与扭剪型高强度螺栓的螺母和垫圈安装相同。

2. 严禁强行穿入螺栓，若不能穿入时，螺孔应用绞刀进行修整。修孔前，应将其四周的螺栓全部拧紧，使板叠密贴后进行。修孔数量不应超过该节点螺栓数量的 25%，修整后孔的最大直径应小于 1.2 倍螺栓直径。修整时，应防止铁屑落入板叠缝中。修孔完成后，用砂轮除去螺栓孔周围的毛刺，同时，扫清铁屑。

3. 安装在一个构件连接点上的高强度螺栓，要按设计规定选用同一批量的高强度螺栓、螺母和垫圈的连接副。一种批量的螺栓、螺母和垫圈，不能同其他批量的螺栓混合使用。

11.4.29　高强度螺栓紧固时，应分为初拧、终拧。对于大型节点可分为初拧、复拧和终拧。应符合下列规定。

1. 初拧。钢结构由于制作、安装等原因存在翘曲、板层间不密贴等现象。当连接点螺栓较多时，先紧固的螺栓就有一部分轴力消耗在克服钢板的变形上，在其周围螺栓紧固以后，该螺栓轴力就会降低。为了尽量减小螺栓在紧固过程中由于钢板变形的影响，可采取缩小互相影响的措施，因此，高强度螺栓紧固时，至少分二次紧固。第一次紧固称之为初拧。高强度大六角螺栓连接副的初拧扭矩值 T_0，可取为终拧扭矩的一半；而扭剪型高强螺栓的初拧扭矩 T_0，可按式（11.4.29-1）计算。

$$T_0 = 0.065 P_c d \qquad (11.4.29\text{-}1)$$

式中　T_0——初拧扭矩值（Nm）；

　　　P_c——施工预拉力标准值（kN），见表 11.4.29-1；

　　　d——螺纹公称直径（mm）。

高强度螺栓连接副施工预应力标准值（kN）　　　　表 11.4.29-1

螺栓的性能等级	螺栓公称直径（mm）						
	M12	M16	M20	M22	M24	M27	M30
8.8s	50	90	140	165	195	255	310
10.9s	60	110	170	210	250	320	390

2. 复拧。对于大型节点，高强度螺栓初拧完成后，在初拧的基础上，再重复紧固一次，称之为复拧。复拧扭矩值等于初拧扭矩值。

3. 终拧。对安装的高强度螺栓的最后紧固，称之为终拧。终拧的轴力值以标准轴力为目标，并应符合设计要求。终拧扭矩按式（11.4.29-2）计算。

$$T_c = K P_c d \qquad (11.4.29\text{-}2)$$

式中　T_c——终拧扭矩值（N·m）；

　　　P_c——施工预拉力标准值（kN），见表 11.4.29；

　　　d——螺纹公称直径（mm）；

　　　K——扭矩系数。

11.4.30　每组高强度螺栓拧紧顺序应从节点中心向边缘一次施拧，使所有螺栓都能有效起作用，可参见表 11.4.30-1。

高强度螺栓拧紧顺序　　　　表 11.4.30-1

节点形式	图示	说明
板式节点结合部	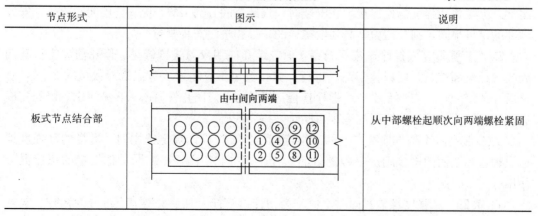	从中部螺栓起顺次向两端螺栓紧固

续表

节点形式	图示	说明
箱式部件节点结合部	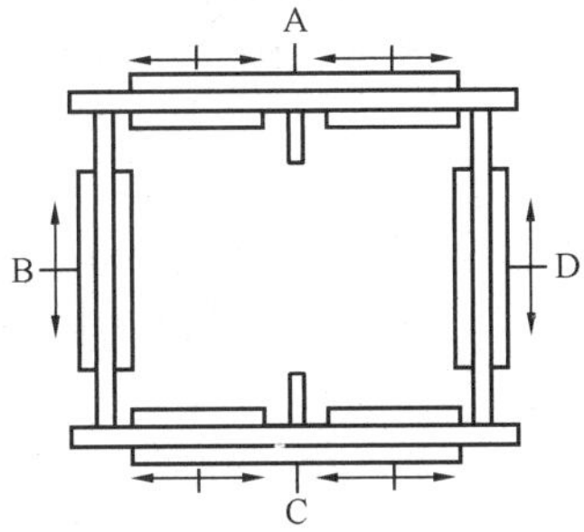	按 A、B、C、D 的顺序，沿箭头方向进行紧固
H 型钢紧固顺序	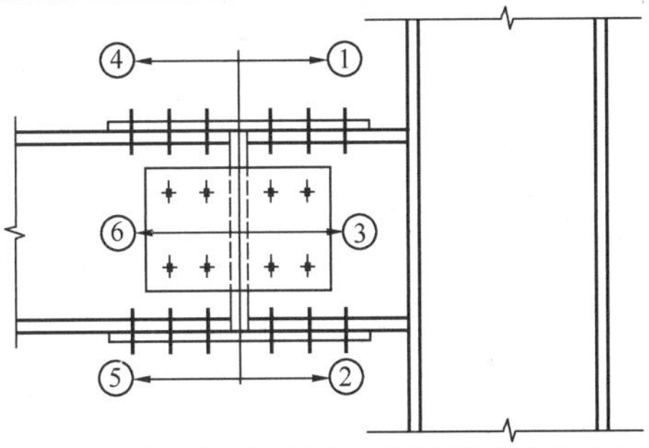	按照①～⑥的顺序进行紧固

11.4.31　高强度螺栓的拧紧，根据螺栓构造型式有以下两种不同的方法。

1. 对大六角高强度螺栓，通常采用扭矩法和转角法，特点如下：

1）扭矩法：用能控制紧固扭矩的带响扳手、指针式扳手或电动扭矩扳手施加扭矩，使螺栓产生预定的预拉力。

2）转角法：分初拧和终拧两个步骤，第一次用示功扳手或风动扳手，拧紧到预定的初拧值；终拧用风动机或其他方法将初拧后的螺栓再转一个角度，以达到螺栓预拉力的要求。其角度大小与螺栓性能等级、螺栓类型、连接板层数及连接板厚度有关，可通过试验确定。

2. 扭剪型高强度螺栓的紧固也分初拧和终拧。初拧一般使用能够控制紧固扭矩的紧固机来紧固；终拧紧固使用 6922 型或 6924 型专用电动扳手紧固，直至尾部的梅花卡头剪断，即认为终拧紧固完毕。其紧固顺序如下：

1）在螺栓尾部卡头上插入扳手套筒，一面摇动机体，一面嵌入。嵌入后，在螺栓上嵌入外套筒，嵌入完毕后，轻轻地推动扳机，与连接件垂直。

2）在螺栓嵌入后，按动开关，内、外套筒按两个方向同时旋转，切断切口。

3）切口切断后，关闭开关，将扳手提起，紧固完毕。

4）再按扳手顶部的吐口开关，尾部从内套筒内推出。

参考文献

［1］　紧固件机械性能　螺栓、螺钉和螺柱：GB/T 3098.1—2010［S］. 北京：中国标准出版社，2010.

［2］　紧固件机械性能　螺母：GB 3098.2—2015［S］. 北京：中国标准出版社，2015.

[3]　碳素结构钢：GB/T 700—2006［S］. 北京：中国标准出版社，2006.

[4]　低合金高强度钢：GB/T 1591—2018［S］. 北京：中国标准出版社，2018.

[5]　地脚螺栓：GB/T 799—2020［S］. 北京：中国标准出版社，2020.

[6]　六角头螺栓：GB/T 5782—2000［S］. 北京：中国标准出版社，2020.

[7]　六角头螺栓　全螺纹：GB/T 5783—2000［S］. 北京：中国标准出版社，2020.

[8]　六角头螺栓　细杆 B 级：GB/T 5784—1986［S］. 北京：中国标准出版社，1986.

[9]　六角头螺栓　细牙　全螺纹：GB/T 5786—2016［S］. 北京：中国标准出版社，2016.

[10]　六角头螺栓-C 级：GB/T 5780—2016［S］. 北京：中国标准出版社，2016.

[11]　等长双头螺柱　C 级：GB/T 953—1988［S］. 北京：中国标准出版社，1988.

[12]　手工焊用焊接螺柱：GB 902.1—2008［S］. 北京：中国标准出版社，2008.

[13]　T 形头地脚螺栓：JB-ZQ 4362—2006［S］. 黑龙江：中国第一重型机械集团公司，2006.

[14]　T 形头地脚螺栓用单孔锚板：JB-ZQ 4172—2006［S］. 黑龙江：中国第一重型机械集团公司，2006.

[15]　T 形头地脚螺栓用双联锚板：JB-ZQ 4721—2006［S］. 黑龙江：中国第一重型机械集团公司，2006.

[16]　紧固件机械性能　螺母：GB/T 3098.2—2015［S］. 北京：中国标准出版社，2015.

[17]　1 型全金属六角锁紧螺母：GB/T 6184—2000［S］. 北京：中国标准出版社，2000.

[18]　2 型全金属六角锁紧螺母：GB/T 6185.1—2016［S］. 北京：中国标准出版社，2016.

[19]　平垫圈　倒角型 A 级：GB/T 97.2—2002［S］. 北京：中国标准出版社，2002.

[20]　平垫圈 C 级：GB/T 95—2002［S］. 北京：中国标准出版社，2002.

[21]　大垫圈：GB/T 96.1～2—2002［S］. 北京：中国标准出版社，2002.

[22]　特大垫圈 C 级：GB/T 5287—2002［S］. 北京：中国标准出版社，2002.

[23]　标准型弹簧垫圈：GB 93—1987［S］. 北京：中国标准出版社，1987.

[24]　轻型弹簧垫圈：GB 859—1987［S］. 北京：中国标准出版社，1987.

[25]　重型弹簧垫圈：GB 7244—1987［S］. 北京：中国标准出版社，1987.

[26]　槽钢用方斜垫圈：GB 853—19887［S］. 北京：中国标准出版社，1987.

[27]　钢结构用高强度垫圈：GB/T 1230—2006［S］. 北京：中国标准出版社，2006.

[28]　钢结构用高强度大六角头螺栓、大六角头螺母、垫圈技术条件：GB/T 1231—2006［S］. 北京：中国标准出版社，2006.

[29]　结构用高强度大六角头螺栓：GB/T 1228—2006［S］. 北京：中国标准出版社，2006.

[30]　钢结构用高强度大六角螺母：GB/T 1229—2006［S］. 北京：中国标准出版社，2006.

[31]　钢结构用扭剪型高强度螺栓连接副：GB/T 3632—2008［S］. 北京：中国标准出版社，2008.

[32]　钢网架螺栓球节点用高强度螺栓：GB/T 16939—2016［S］. 北京：中国标准出版社，2016.

[33]　金属材料室温拉伸试验方法：GB/T 228.1—2010［S］. 北京：中国标准出版社，2010.

第12章 自攻螺钉、钢拉铆钉及射钉连接

12.1 自攻螺钉及自攻自钻螺钉连接

12.1.1 自攻螺钉是用于薄金属（铝、铜、低碳钢等）制件与较厚金属制件（主体）之间的螺纹连接件。在钢结构工程中，主要用于将建筑物的围护板与承重结构连接成整体（图 12.1.1-1），用以抵抗重力、风力、地震力等，也可以用作构造连接件，将各种用途的彩板件连成整体，用以防水、密封和美观。

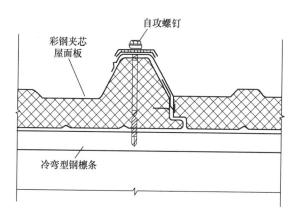

图 12.1.1-1 自攻螺钉连接件

自攻螺钉本身具有较高的硬度。攻入前，预先用钻头在主体制件（如钢檩条）上钻一相应小孔，然后将螺钉旋入主体构件中，形成螺纹连接。

常用自攻螺钉的直径为 4～6mm，长度规格有多种，其丝扣形式有通体的、仅端部有丝扣的、螺杆根部和端部都有丝扣的几种。自攻螺钉丝扣间距有多种，如 1mm、1.5mm、2mm 等，可视紧固钢板的厚度选用。一般紧固钢板的厚度最大不超过 4mm。

12.1.2 自攻自钻螺钉与自攻螺钉不同之处在于：普通自攻螺钉在连接时，须经过对被连接钻孔（另用钻头钻螺纹底孔）和攻丝（包括紧固连接）两道工序；而自钻自攻螺钉在连接时，将钻孔和攻丝两道工序合并成一次完成，先用螺钉前面的钻头进行钻孔，接着就用螺钉进行攻丝（包括紧固连接），节省施工时间，提高了施工效率。因其螺孔和螺杆匹配，紧固质量更好。自攻自钻螺钉的连接施工，需用电动或气动螺钉旋具进行。

12.1.3 六角头自攻螺钉、开槽盘头自攻螺钉、十字槽盘头自攻螺钉规格，可分别见国家标准《六角头自攻螺钉》GB/T 5285—2017、《开槽盘头自攻螺钉》GB/T 5282—2016、《十字槽盘头自攻螺钉》GB/T 845—2017，如表 12.1.3-1a～表 12.1.3-1c 所示。

六角头自攻螺钉尺寸（GB/T 5285—2017）　　　　表 12.1.3-1a

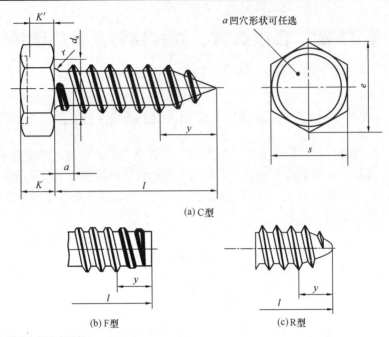

(a) C型

(b) F型　　　　　　　　　　　　　　　(c) R型

注：1. 凹穴形式由制造者选择。

　　2. 尺寸 a 应在第一扣完整螺纹的小径处测量。

标记示例：

　　螺纹规格 ST3.5、公称长度 l＝16mm、表面镀锌钝化的 C 型六角头自攻螺钉：

　　自攻螺钉 GB/T 5285—ST3.5×16-C

（mm）

螺纹规格			ST2.2	ST2.9	ST3.5	ST4.2	ST4.8	ST5.5	ST6.3	ST8.0	ST9.5
P			0.8	1.1	1.3	1.4	1.6	1.8	1.8	2.1	2.1
a		max	0.8	1.1	1.3	1.4	1.6	1.8	1.8	2.1	2.1
d_a		max	2.8	3.5	4.1	4.9	5.5	6.3	7.1	9.2	10.7
S		max	3.2	5	5.5	7	8	8	10	13	16
		min	3.02	4.82	5.32	6.78	7.78	7.78	9.78	12.73	15.73
e		max	3.38	5.4	5.96	7.59	8.71	8.71	10.95	14.26	10.7
K		max	1.6	2.3	2.6	3	3.8	4.1	4.7	6	7.5
		min	1.3	2	2.3	2.6	3.3	3.6	4.1	5.2	6.5
K'		min	0.9	1.4	1.6	1.8	2.3	2.5	2.9	3.6	4.5
r		min	0.1	0.1	0.1	0.2	0.2	0.25	0.25	0.4	0.4
y（参考）		C 型	2	2.6	3.2	3.7	4.3	5	6	7.5	8
		F 型	1.6	2.1	2.5	2.8	3.2	3.6	3.6	4.2	4.2

l													
公称	C 型		F 型										
	min	max	min	max									
4.5	3.7	5.3	3.7	4.5	—	—	—	—	—	—	—	—	—
6.5	5.7	7.3	5.7	6.5									
9.5	8.7	10.3	8.7	9.5					—	—	—	—	—
13	12.2	13.8	12.2	13									
16	15.2	16.8	15.2	16	通用								
19	18.2	19.8	18.2	19			规格						

续表

螺纹规格					ST2.2	ST2.9	ST3.5	ST4.2	ST4.8	ST5.5	ST6.3	ST8.0	ST9.5
	l												
公称	C 型		F 型										
	min	max	min	max									
22	21.2	22.8	20.7	22									
25	24.2	25.8	23.7	25	特殊						范围		
32	30.7	33.3	30.7	32									
38	36.7	39.3	36.7	38			规格						
45	43.7	46.3	43.5	45						范围			
50	48.7	51.3	48.5	50									

注：1. P＝螺距;

　　2. 表中带"—"标记的规格，不予制造。

开槽盘头自攻螺钉尺寸（GB/T 5282—2016）　　　　表 12.1.3-1b

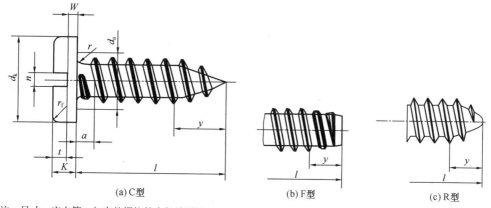

(a) C 型　　　　　　　　　　(b) F 型　　　　　　　　(c) R 型

注：尺寸 a 应在第一扣完整螺纹的小径处测量。

标记示例：

螺纹规格 ST3.5、公称长度 l＝16mm、表面镀锌钝化的 C 型开槽盘头自攻螺钉：

自攻螺钉 GB/T 5282-ST3.5×16-C

（mm）

螺纹规格			ST2.2	ST2.9	ST3.5	ST4.2	ST4.8	ST5.5	ST6.3	ST8.0	ST9.5
P			0.8	1.1	1.3	1.4	1.6	1.8	1.8	2.1	2.1
a	max		0.8	1.1	1.3	1.4	1.6	1.8	1.8	2.1	2.1
d_a	max		2.8	3.5	4.1	4.9	5.5	6.3	7.1	9.2	10.7
d_k		max	4	5.6	7	8	9.5	11	12	16	20
		min	3.7	5.3	6.6	7.6	9.1	10.6	11.6	15.6	19.5
K		max	1.3	1.8	2.1	2.4	3	3.2	3.6	4.8	6
		min	1.1	1.6	1.9	2.2	2.7	2.9	3.3	4.5	5.7
n		公称	0.5	0.8	1	1.2	1.2	1.6	1.6	2	2.5
		min	0.56	0.86	1.06	1.26	1.26	1.66	1.66	2.06	2.56
		max	0.7	1	1.2	1.51	1.51	1.91	1.91	2.31	2.81
r	min		0.1	0.1	0.1	0.2	0.2	0.25	0.25	0.4	0.4
r_f	参考		0.6	0.8	1	1.2	1.5	1.6	1.8	2.4	3
t	min		0.5	0.7	0.8	1	1.2	1.3	1.4	1.9	2.4
W	min		0.5	0.7	0.8	0.9	1.2	1.3	1.4	1.9	2.4

续表

螺纹规格				ST2.2	ST2.9	ST3.5	ST4.2	ST4.8	ST5.5	ST6.3	ST8.0	ST9.5
Y		C 型		2	2.6	3.2	3.7	4.3	5	6	7.5	8
(参考)		F 型		1.6	2.1	2.5	2.8	3.2	3.6	3.6	4.2	4.2
l												
公称	C 型		F 型									
	min	max	min	max								
4.5	3.7	5.3	3.7	4.5		—	—	—	—	—	—	—	—
6.5	5.7	7.3	5.7	6.5			—	—	—	—	—	—	—
9.5	8.7	10.3	8.7	9.5								—	—
13	12.2	13.8	12.2	13									
16	15.2	16.8	15.2	16		商品							
19	18.2	19.8	18.2	19									
22	21.2	22.8	20.7	22					规格				
25	24.2	25.8	24.2	25							范围		
32	30.7	33.3	30.7	32									
38	36.7	39.3	36.7	38									
45	43.7	46.3	43.5	45									
50	48.7	51.3	48.5	50									

注：1. *P*＝螺距；
　　2. 表中带"—"标记的规格，不予制造。

《十字槽盘头自攻螺钉》尺寸（GB/T 845—2017）　　　　表 12.1.3-1c

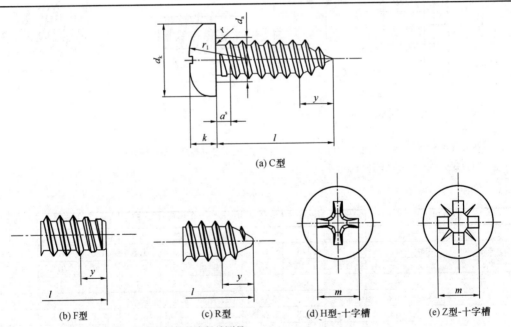

(a) C型

(b) F型　　　　(c) R型　　　　(d) H型-十字槽　　　　(e) Z型-十字槽

注：尺寸 a 应在第一扣完整螺纹的小径处测量。

标记示例：

螺纹规格 ST3.5、公称长度 *l*＝16mm、H 形槽、镀锌钝化的 C 型十字槽盘头自攻螺钉：

自攻螺钉 GB/T 845-ST3.5×16-C-H

（mm）

螺纹规格	ST2.2	ST2.9	ST3.5	ST4.2	ST4.8	ST5.5	ST6.3	ST8	ST9.5
P	0.8	1.1	1.3	1.4	1.6	1.8	1.8	2.1	2.1

续表

螺纹规格			ST2.2	ST2.9	ST3.5	ST4.2	ST4.8	ST5.5	ST6.3	ST8	ST9.5
a			0.8	1.1	1.3	1.4	1.6	1.8	1.8	2.1	2.1
d_a　max			2.8	3.5	4.1	4.9	5.6	6.3	7.3	9.2	10.7
d_k	max		4	5.6	7	8	9.5	11	12	16	20
	min		3.7	5.3	6.64	7.64	9.14	10.57	11.57	15.57	19.48
k	max		1.6	2.4	2.6	3.1	3.7	4	4.6	6	7.5
	min		1.4	2.15	2.35	2.8	3.4	3.7	4.3	5.6	7.1
r　min			0.1	0.1	0.1	0.2	0.2	0.25	0.25	0.4	0.4
r_f　≈			3.2	5	6	6.5	8	9	10	13	16
槽号 No				1	1	2	2	3	3	4	4
十字槽	H 型插入深度	m 参考	1.9	3	3.9	4.4	4.9	6.4	6.9	9	10.1
		min	0.85	1.4	1.4	1.9	2.4	2.6	3.1	4.15	5.2
		max	1.2	1.8	1.9	2.4	2.9	3.1	3.6	4.7	5.8
	Z 型插入深度	m 参考	2	3	4	4.4	4.8	6.2	6.8	8.9	10.1
		min	0.95	1.45	1.5	1.95	2.3	2.55	3.05	4.05	5.25
		max	1.2	1.75	1.9	2.35	2.75	3	3.5	4.5	5.7
y（参考）	C 型		2	2.6	3.2	3.7	4.3	5	6	7.5	8
	F 型		1.6	2.1	2.5	2.8	3.2	3.6	3.6	4.2	4.2

l 公称	C 型 min	C 型 max	F 型 min	F 型 max	ST2.2	ST2.9	ST3.5	ST4.2	ST4.8	ST5.5	ST6.3	ST8	ST9.5
4.5	3.7	5.3	3.7	4.5		—	—	—	—	—	—	—	—
6.5	5.7	7.3	5.7	6.5			—	—	—	—	—	—	—
9.5	8.7	10.3	8.7	9.5				—	—	—	—	—	—
13	12.2	13.8	12.2	13					—	—	—	—	—
16	15.2	16.8	15.2	16			商品						
19	18.2	19.8	18.2	19				规					
22	21.2	22.8	21.2	22					格				
25	24.2	25.8	24.2	25						范围			
32	30.7	33.3	30.7	32									
38	36.7	39.3	36.7	38									
45	43.7	46.3	43.7	45									
50	48.7	51.3	48.7	50									

注：1. $P=$ 螺距；

2. 表中带"—"标记的规格，不予制造。

12.1.4　自钻自攻螺钉的规格，可分别见国家标准《六角凸缘自钻自攻螺钉》GB/T 15856.5—2002、《六角法兰面自钻自攻螺钉》GB/T 15856.4—2002、《十字槽盘头自钻自攻螺钉》GB/T 15856.1—2002，如表 12.1.4-1a～表 12.1.4-1c 所示。

六角凸缘自钻自攻螺钉尺寸（GB/T 15856.5—2002）　　表 12.1.4-1a

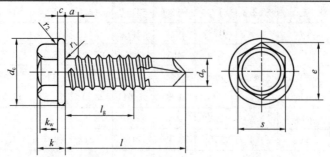

注：钻头部分（直径 d_p）的工作性能按 GB/T 3098.11 规定。

标记示例：

　　螺纹规格 ST3.5、公称长度 l＝16mm、镀锌钝化的六角凸缘自钻自攻螺钉：

　　自攻螺钉 GB/T 15856.5 ST3.5×6

（mm）

螺纹规格			ST2.9	ST3.5	ST4.2	ST4.8	ST5.5	ST6.3
$P^{1)}$			1.1	1.3	1.4	1.6	1.8	1.8
$a^{2)}$		max	1.1	1.3	1.4	1.6	1.8	1.8
d_c		max	6.3	8.3	8.8	10.5	11	13.5
		min	5.8	7.6	8.1	9.8	10	12.2
c		min	0.4	0.6	0.8	0.9	1	1
s		公称＝max	$4.00^{3)}$	5.50	7.00	8.00	8.00	10.0
		min	3.82	5.32	6.78	7.78	7.78	9.78
e		min	4.28	5.96	7.59	8.71	8.71	10.95
k		公称＝max	2.8	3.4	4.1	4.3	5.4	5.9
		min	2.5	3.0	3.6	3.8	4.8	5.3
$k_w^{4)}$		min	1.3	1.5	1.8	2.2	2.7	3.1
r_1		max	0.4	0.5	0.6	0.7	0.8	0.9
r_2		max	0.2	0.25	0.3	0.3	0.4	0.5
钻削范围板厚$^{5)}$		≥	0.7	0.7	1.75	1.75	1.75	2
		≤	1.9	2.25	3	4.4	5.25	6

l			$l_g^{6)}$					
公称	min	max	min					
9.5	8.75	10.25	3.25	2.85				
13	12.1	13.9	6.6	6.2	4.3	3.7		
16	15.1	16.9	9.6	9.2	7.3	5.8	5	
19	18	20	12.5	12.1	10.3	8.7	8	7
22	21	23		15.1	13.3	11.7	11	10
25	24	26		18.1	16.3	14.7	14	13
32	30.75	33.25			23	21.5	21	20
38	36.75	39.25			29	27.5	27	26
45	43.75	46.25				34.5	34	33
50	48.75	51.25				39.5	39	38

注：产品通过了附录 A（GB/T 15856.5—2002 的附录）的检验，则应视为满足了尺寸 e、c 和 k_w 的要求。

1) P——螺距。

2) a——最末一扣完整螺纹至支承面的距离。

3) 该尺寸与（GB/T 5285—2017）对六角头自攻螺钉规定的 s＝5mm 不一致。（GB/T 16824.1—2016）对六角凸缘自攻螺钉规定的 s＝4mm 在世界范围内业已采用，因此也适用于本标准。

4) k_w——扳拧高度。

5) 为确定公称长度 l，需对每个板的厚度加上间隙或夹层厚度。

6) l_g——第一扣完整螺纹至支承面的距离。

注：表面处理为不经表面处理或电镀，见《紧固件 电镀层》GB/T 5267.1—2002。

六角法兰面自钻自攻螺钉尺寸（GB/T 15856.4—2002）　表 12.1.4-1b

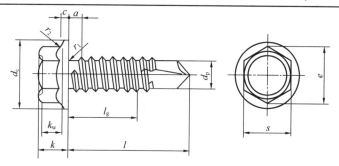

注：钻头部分（直径 d_p）的工作性能按《紧固件机械性能　自钻自攻螺钉》GB/T 3098.11—2002 规定。

标记示例：

螺纹规格 ST3.5、公称长度 l＝16mm、镀锌钝化的六角法兰面自钻自攻螺钉：

自攻螺钉 GB/T 15856.4 ST 3.5 ×16

(mm)

螺纹规格			ST2.9	ST3.5	ST4.2	ST4.8	ST5.5	ST6.3
$P^{1)}$			1.1	1.3	1.4	1.6	1.8	1.8
$a^{2)}$		max	1.1	1.3	1.4	1.6	1.8	1.8
d_c		max	6.3	8.3	8.8	10.5	11	13.5
		min	5.8	7.6	8.1	9.8	10	12.2
c		min	0.4	0.6	0.8	0.9	1	1
s		公称＝max	4.00	5.50	7.00	8.00	8.00	10.0
		min	3.82	5.32	6.78	7.78	7.78	9.78
e		min	4.28	5.96	7.59	8.71	8.71	10.95
k		公称＝max	2.8	3.4	4.1	4.3	5.4	5.9
		min	2.5	3.0	3.6	3.8	4.8	5.3
$k_w^{3)}$		min	1.3	1.5	1.8	2.2	2.7	3.1
r_1		max	0.4	0.5	0.6	0.7	0.8	0.9
r_2		max	0.2	0.25	0.3	0.3	0.4	0.5
钻削范围 板厚$^{4)}$		≥	0.7	0.7	1.75	1.75	1.75	2
		≤	1.9	2.25	3	4.4	5.25	6
$L^{5)}$					$l_g^{6)}$ min			
公称	min	max						
9.5	8.75	10.25	3.25	2.85				
13	12.1	13.9	6.6	6.2	4.3	3.7		
16	15.1	16.9	9.6	9.2	7.3	5.8	5	
19	18	20	12.5	12.1	10.3	8.7	8	7
22	21	23		15.1	13.3	11.7	11	10
25	24	26		18.1	16.3	14.7	14	13
32	30.75	33.25			23	21.5	21	20
38	36.75	39.25			29	27.5	27	26
45	43.75	46.25				34.5	34	33
50	48.75	51.25				39.5	39	38

注：产品通过了附录 A（标准 GB/T 15856.4—2002 的附录）的检验，则应视为满足了尺寸 e、c 和 k_w 的要求。

1) P——螺距。

2) a——最末一扣完整螺纹至支承面的距离。

3) k_w——扳拧高度。

4) 为确定公称长度 l，需对每个板的厚度加上间隙或夹层厚度。

5) l＞50mm 的长度规格，由供需双方协议。但其长度规格应符合 l＝55、60、65、70、75、80、85、90、95、100、110、120、130、140、150、160、170、180、190、200mm。

6) l_g——第一扣完整螺纹至支承面的距离。

注：表面处理为不经表面处理或电镀《紧固件　电镀层》GB/T 5267.1—2002。

《十字槽盘头自钻自攻螺钉尺寸》GB/T 15856.1—2002　　表 12.1.4-1c

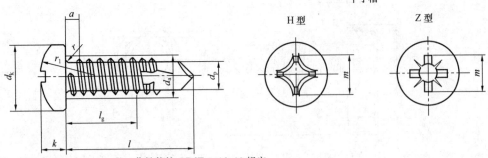

十字槽

注：钻头部分（直径 d_p）的工作性能按 GB/T 3098.11 规定。

标记示例：

螺纹规格 ST3.5、公称长度 $l=16$mm、H 形槽、镀锌钝化的十字槽盘头自钻自攻螺钉：

自攻螺钉 GB/T 15856.1ST3.5×16

（mm）

螺纹规格			ST2.9	ST3.5	ST4.2	ST4.8	ST5.5	ST6.3
$P^{1)}$			1.1	1.3	1.4	1.6	1.8	1.8
$a^{2)}$		max	1.1	1.3	1.4	1.6	1.8	1.8
d_a		max	3.5	4.1	4.9	5.6	6.3	7.3
d_k		max	5.6	7.0	8.0	9.50	11.0	12.0
		min	5.3	6.64	7.64	9.14	10.57	11.57
k		max	2.4	2.6	3.1	3.7	4.0	4.6
		min	2.15	2.35	2.8	3.4	3.7	4.3
r		min	0.1	0.1	0.2	0.2	0.25	0.25
r_1		$\approx$	5	6	6.5	8	9	10
十字槽	槽号 No.		1	2			3	
	H 形	m 参考	3	3.9	4.4	4.9	6.4	6.9
		插入深度 max	1.8	1.9	2.4	2.9	3.1	3.6
		插入深度 min	1.4	1.4	1.9	2.4	2.6	3.1
	Z 形	m 参考	3	4	4.4	4.8	6.2	6.8
		插入深度 max	1.75	1.9	2.35	2.75	3.00	3.50
		插入深度 min	1.45	1.5	1.95	2.3	2.55	3.05
钻削范围板厚[3)]		$\geqslant$	0.7	0.7	1.75	1.75	1.75	2
		$\leqslant$	1.9	2.25	3	4.4	5.25	6

l				$l_g^{4)}$ min				
公称	min	max						
9.5	8.75	10.25	3.25	2.85				
13	12.1	13.9	6.6	6.2	4.3	3.7		
16	15.1	16.9	9.6	9.2	7.3	5.8	6	
19	18	20	12.5	12.1	10.3	8.7	8	7
22	21	23		15.1	13.3	11.7	11	10
25	24	26		18.1	16.3	14.7	14	13
32	30.75	33.25			23	21.5	21	20
38	36.75	39.25			29	27.5	27	26
45	43.75	46.25				34.5	34	33
50	48.75	51.25				39.5	39	38

1) P——螺距。

2) a——最末一扣完整螺纹至支承面的距离。

3) 为确定公称长度 l，需对每个板的厚度加上间隙或夹层厚度。

4) l_g——第一扣完整螺纹至支承面的距离。

注：表面处理为不经表面处理或电镀（GB/T 5267.1）。

12.1.5 自攻螺钉、自钻自攻螺钉的材料、技术要求及机械性能，应分别符合国家标准《紧固件机械性能 自攻螺钉》GB/T 3098.5—2016、《紧固件机械性能 自钻自攻螺钉》GB/T 3098.11—2002 的规定，具体要求如下。

1. 自攻螺钉采用冷镦或渗碳钢制造，自钻自攻螺钉采用渗碳钢或热处理钢制造，可不规定材料的化学成分或材料牌号。

2. 自攻螺钉热处理后的表面硬度应≥450HV0.3；芯部硬度，当螺纹规格≤ST3.9 时，为 270～390HV5，当螺纹规格≥ST4.2 时，为 270～390HV10。

自钻自攻螺钉热处理后的表面硬度应≥530HV0.3；芯部硬度，当螺纹规格≤ST3.5 时，为 320～400HV5，当螺纹规格≥ST4.2 时，为 320～400HV10。

3. 自攻螺钉、自钻自攻螺钉渗碳层深度，可参见表 12.1.5-1a～表 12.1.5-1b。

自攻螺钉渗碳层深度（mm）　　　　　　　表 12.1.5-1a

螺纹规格	渗碳层深度	
	min	max
ST2.2，ST2.6	0.04	0.10
ST2.9，ST3.3，ST3.5	0.05	0.18
ST3.9，ST4.2，ST4.8，ST5.5	0.10	0.23
ST6.3，ST8，ST9.5	0.15	0.28

自钻自攻螺钉渗碳层深度（mm）　　　　　　　表 12.1.5-1b

螺纹规格	渗碳层深度	
	min	max
ST2.9 和 ST3.5	0.05	0.18
ST4.2～ST5.5	0.10	0.23
ST6.3	0.15	0.28

4. 自攻螺钉需保证拧入性能，拧入性能试验应符合国家标准《紧固件机械性能 自攻螺钉》GB/T 3098.5—2016 的规定。当拧入表 12.1.5-2 所示厚度的试验钢板（钢板由含碳量≤0.23％的低碳钢制成，硬度应为 130～170HV）上制的孔时，应能攻出与其匹配的内螺纹，且螺钉的螺纹不应损坏。

自攻螺钉拧入性能　　　　　　　表 12.1.5-2

螺纹规格	板厚（mm）		孔径（mm）	
	min	max	min	max
ST2.2	1.17	1.30	1.905	1.955
ST2.6	1.17	1.30	2.185	2.235
ST2.9	1.17	1.30	2.415	2.465
ST3.3	1.17	1.30	2.68	2.73
ST3.5	1.85	2.06	2.92	2.97
ST3.9	1.85	2.06	3.24	3.29

续表

螺纹规格	板厚（mm）		孔径（mm）	
	min	max	min	max
ST4.2	1.85	2.06	3.43	3.48
ST4.8	3.10	3.23	4.015	4.065
ST5.5	3.10	3.23	4.735	4.785
ST6.3	4.67	5.05	5.475	5.525
ST8	4.67	5.05	6.885	6.935
ST9.5	4.67	5.05	8.270	8.330

5. 自攻螺钉需保证破坏扭矩性能，应按国家标准《紧固件机械性能 自攻螺钉》GB/T 3098.5—2015 的规定进行试验，对螺钉施加扭矩直至断裂，螺钉破坏扭矩（N·m）应满足表 12.1.5-3 的规定。

自攻螺钉扭矩性能 表 12.1.5-3

螺纹规格	破坏扭矩（min）	螺纹规格	破坏扭矩（min）
ST2.2	0.45	ST4.2	4.4
ST2.6	0.9	ST4.8	6.3
ST2.9	1.5	ST5.5	10
ST3.3	2	ST6.3	13.6
ST3.5	2.7	ST8	30.5
ST3.9	3.4	ST9.5	68.0

6. 自钻自攻螺钉需保证钻孔性能，钻孔试验应符合国家标准《紧固件机械性能 自钻自攻螺钉》GB/T 3098.11—2002 的规定。螺钉钻削部分应能钻出为挤压与螺钉配合的内螺纹所需要的预制孔。螺钉穿透厚度如表 12.1.5-4 所示，试验板由含碳量≤0.23% 的低碳钢制成，硬度应为 110～165HV30。

螺钉穿透厚度 表 12.1.5-4

螺纹规格	试验板厚度 D（mm）	轴向力（N）	拧入时间（s）max	载荷下螺钉转速（min⁻¹）
ST2.9	0.7+0.7=1.4	150	3	1800～2500
ST3.5	1+1=2	150	4	1800～2500
ST4.2	1.5+1.5=3	250	5	1800～2500
ST4.8	2+2=4	250	7	1800～2500
ST5.5	2+3=5	350	11	1000～1800
ST6.3	2+3=5	350	13	1000～1800

注：试验板厚度可以由两块钢板组成。这些数值仅适用于验收检查。

螺钉钻透试验板后，钻孔的最大尺寸（mm），应不超过表 12.1.5-5 所示。

钻孔的最大尺寸（mm）　　　　　　　　　　　　表 12.1.5-5

螺纹规格	板的厚度	孔径	
		min	max
ST2.9	1	2.2	2.5
ST3.5	1	2.7	3.0
ST4.2	2	3.2	3.6
ST4.8	2	3.7	4.2
ST5.5	2	4.2	4.8
ST6.3	2	4.8	5.4

7. 自钻自攻螺钉需保证螺纹成形性能，在按上述钻孔试验钻出的预制孔中，自钻自攻螺钉应能挤压出与其配合的内螺纹，且螺钉螺纹无变形。

8. 自钻自攻螺钉需保证破坏扭矩性能，应按国家标准《紧固件机械性能 自攻螺钉》GB/T 3098.11—2002 的规定进行试验，对螺钉施加扭矩直至断裂，螺钉破坏扭矩（N·m）应满足表 12.1.5-6 的规定。

自钻自攻螺钉破坏扭矩（Nm）　　　　　　　　表 12.1.5-6

螺纹规格	破坏扭矩　min	螺纹规格	破坏扭矩　min
ST2.9	1.5	ST4.8	6.9
ST3.5	2.8	ST5.5	10.4
ST4.2	4.7	ST6.3	16.9

12.1.6　自攻螺钉和自攻自钻螺钉用于围护板与承重结构的连接时，应按国家标准《冷弯薄壁型钢结构技术规范》GB 50018—2002 等设计规范进行承力验算设计，且应符合下列规定。

1. 使用自攻螺钉和自攻自钻螺钉时，螺钉在基材中的钻入深度应大于 0.9mm，螺钉钉头应在较薄板件一侧。螺钉的中距和端距，不得小于螺钉直径的 3 倍，边距不得小于螺钉直径的 1.5 倍。受力连接中不宜少于 2 个。螺钉的适用直径为 3.0～8.0mm，在受力蒙皮结构中宜选用直径不小于 5mm 的螺钉。

2. 自攻螺钉连接板件上的预制孔径 d_0，应符合式（12.1.6-1）的要求：

$$d_0 = 0.7d + 0.2t_t \quad 且 \quad d_0 \leqslant 0.9d \quad\quad\quad (12.1.6-1)$$

式中　d——自攻螺钉的公称直径（mm）；

　　　t_t——被连接板的总厚度（mm）。

3. 在抗拉连接中，自攻螺钉、自攻自钻螺钉的钉头或垫圈直径，不得小于 14mm，且应通过试验保证螺钉由基材中的拔出强度不小于螺钉抗拉承载力设计值。

4. 螺钉的使用寿命应与彩板的使用寿命匹配，因此，应对钢螺钉进行表面处理。目前，自攻（自钻）螺钉有表面镀锌、镀铝锌以及镀层后再进行有机涂层等多种。镀层和涂层厚度各异，订货时，应按建筑物的重要程度选用，并应由供应厂家提供标准的技术数据。

5. 连接薄钢板采用的自攻螺钉、自攻自钻螺钉的规格尺寸，应与被连接钢板匹配，其间距、边距等应符合设计要求。检验时，抽检连接节点数量的 1% 且不少于 3 个。

12.1.7　自攻螺钉、自攻自钻螺钉与连接钢板的连接应紧固密贴、外观排列整齐。检验时，抽查节点总数的 10% 且不少于 3 个。紧固与否可采用观察或小锤敲击检查。

12.1.8　密封垫圈是连接件的重要组成部分，起阻止雨水从板材的孔洞中渗入的作用。因此，选择自攻螺钉、自攻自钻螺钉时，应对密封垫圈提出使用寿命要求和密封要求，使用寿命应与彩板构件的使用寿命匹配，应有良好的密封性能和抗老化性能。在紧固螺钉时，应掌握紧固程度，不可过度，过度会使密封垫圈上翻，甚至板面下凹而易积水；紧固不够，会使密封不到位而出现漏雨。我国生产的新一代自攻螺钉，在接近紧固完毕时可发出一响声，可根据声响控制紧固程度。

12.1.9 用于装拆十字槽自攻螺钉的电动自攻螺丝刀（行业标准《电动自攻螺丝刀》JB/T 5343—2013）的规格见表12.1.9-1，其特点包括。

1. 带有螺钉旋入深度调节装置，当螺钉旋入到预定深度时，离合器能自动脱开而不传递扭矩；

2. 带有螺钉的自动定位装置，使螺钉可靠地吸附在螺丝刀头上，保证螺丝刀在任意方向使用时均不产生螺钉脱落现象。

电动自攻螺丝刀规格   表 12.1.9-1

规格代号	适用自攻螺钉范围	输出功率（W）	负载转速（v/min）
5	ST2.9～ST4.8	≥140	≥1600
6	ST3.9～ST6.3	≥200	≥1500

注：单相串励电动驱动，电源电压为220V，频率为50Hz，软电缆长度为2.5m。

12.2 钢拉铆钉（抽芯铆钉）连接

12.2.1 钢拉铆钉（图12.2.1-1）也称为抽芯铆钉，用于铆接两个零件、使之成为一件整体的一种特殊铆钉，其特点是单面进行铆接操作，但须使用专用工具——拉铆枪（手动、电动、气动），特别适用于不便采用普通铆钉（须从两面进行铆接）的零件。在钢结构行业中广泛用于围护板材与承重结构的连接，也可以用于构造连接件，将各种用途的

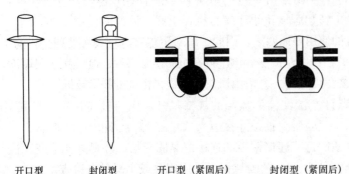

开口型   封闭型   开口型（紧固后）   封闭型（紧固后）

图 12.2.1-1 钢拉铆钉连接件

彩板件连成整体，用以防水、密封和美观。

钢拉铆钉直径多为 $\phi4$、$\phi5$ 两种，长度种类较多。

钢拉铆钉分为开口型和封闭型两种，开口型钢拉铆钉，多用于室内装修；封闭型钢拉铆钉，应用于要求较高强度和一定密封性能的室外工程中。

12.2.2　封闭型平圆头抽芯铆钉、开口型平圆头抽芯铆钉的尺寸，可分别见国家标准《封闭型平圆头抽芯铆钉 11 级》GB/T 12615.1—2004、《封闭型平圆头抽芯铆钉 30 级》GB/T 12615.2—2004、《封闭型平圆头抽芯铆钉 06 级》GB/T 12615.3—2004、《封闭型平圆头轴芯铆钉 51 级》GB/T 12615.4—2004、《开口型平圆头抽芯铆钉 10、11 级》GB/T 12618.1—2006、《开口型平圆头抽芯铆钉 30 级》GB/T 12618.2—2006、《开口型平圆头抽芯铆钉 12 级》GB/T 12618.3—2006、《开口型平圆头抽芯铆钉 40、41 级》GB/T 12618.6—2006、《开口型平圆头抽芯铆钉 51 级》GB/T 12618.4—2006、《开口型平圆头抽芯铆钉 20、21、22 级》GB/T 12618.5—2006，具体数据如表 12.2.2-1～表 12.2.2-10 所示。

封闭型平圆头抽芯铆钉 11 级尺寸（GB/T 12615.1—2004）　表 12.2.2-1

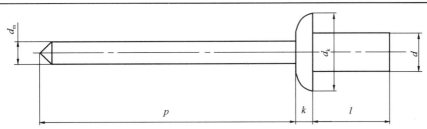

标记示例：公称直径 $d=4\text{mm}$、公称长度 $l=12.5\text{mm}$、钉体由铝合金（AlA）制造、钉芯由钢（St）制造的、性能等级为 11 级的封闭型平圆头抽芯铆钉：

抽芯铆钉 GB/T 12615.1—2004 4×12.5

（mm）

			3.2	4	4.8	5[a]	6.4
钉体	d	公称	3.2	4	4.8	5[a]	6.4
		max	3.28	4.08	4.88	5.08	6.48
		min	3.05	3.85	4.65	4.85	6.25
	d_k	max	6.7	8.4	10.1	10.5	13.4
		min	5.8	6.9	8.3	8.7	11.6
	k	max	1.3	1.7	2	2.1	2.7
钉芯	d_m	max	2.15	2.75	3.2	3.25	3.71
	p	min	25			27	

铆钉长度 l		推荐的铆接范围[b]			
公称＝min	max				
6.5	7.5	0.5～2.0			
8	9	2.0～3.5	0.5～3.5		
8.5	9.5	—	—	0.5～3.5	
9.5	10.5	3.5～5.0	3.5～5.0	3.5～5.0	
11	12	5.0～6.5	5.0～6.5	5.0～6.5	
12.5	13.5	6.5～8.0	6.5～8.0	—	1.5～6.5
13	14		—	6.5～8.0	—

续表

铆钉长度 l		推荐的铆接范围[b]		
公称＝min	max			
14.5	15.5	8.0～10.0	8.0～9.5	—
15.5	16.5		—	6.5～9.5
16	17		9.5～11.0	—
18	19		11.0～13.0	—
21	22		13.0～16.0	—

a 《带断点牵引心轴和凸出头的密铆和沉头铆钉》ISO 15973 无此规格。

b 铆钉的铆接范围用最小和最大铆接长度表示。最小铆接长度仅为推荐值。某些场合可能使用更小的长度。

注：抽芯铆钉的钉体和钉芯表面不经处理，即是本色的。

封闭型平圆头抽芯铆钉30级尺寸（GB/T 12615.2—2004）　　表 12.2.2-2

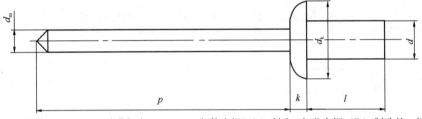

标记示例：公称直径 $d=4$mm、公称长度 $l=12$mm、钉体由钢（St）制造、钉芯由钢（St）制造的、性能等级为 30 级的封闭型平圆头抽芯铆钉：

抽芯铆钉 GB/T 12615.2—2004 4×12

(mm)

钉体	d	公称	3.2	4	4.8	6.4
		max	3.28	4.08	4.88	6.48
		min	3.05	3.85	4.65	6.25
	d_k	max	6.7	8.4	10.1	13.4
		min	5.8	6.9	8.3	11.6
	k	max	1.3	1.7	2	2.7
钉芯	d_m	max	2	2.35	2.95	3.9
	p	min	25		27	

铆钉长度 l		推荐的铆接范围[a]			
公称＝min	max				
6	7	0.5～1.5	0.5～1.5		
8	9	1.5～3.0	1.5～3.0	0.5～3.0	
10	11	3.0～5.0	3.0～5.0	3.0～5.0	
12	13	5.0～6.5	5.0～6.5	5.0～6.5	
15	16		6.5～10.5	6.5～10.5	3.0～6.5
16	17				6.5～8.0
21	22				8.0～12.5

a 铆钉的铆接范围用最小和最大铆接长度表示。最小铆接长度仅为推荐值。某些场合可能使用更小的长度。

注：铆钉的钉体表面应进行电镀锌处理，其最小镀层厚度应为 5μm（GB/T 5267.1—2002）。铬酸盐转化膜为 c2C（《电镀锌和电镀镉层的铬酸盐转化膜》GB/T 9800—1988）。表面处理的完整标记为 Fe/Zn5c2C。镀层厚度应在铆钉头部进行测量。钉芯表面处理由制造者确定，可以涂油、磷化涂油或镀锌。

封闭型平圆头抽芯铆钉 06 级尺寸（GB/T 12615.3—2004）　　　　表 12.2.2-3

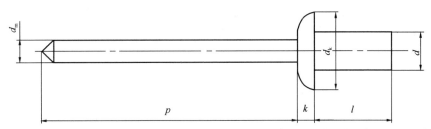

标记示例：公称直径 $d=4.8$mm、公称长度 $l=11$mm、钉体由铝（Al）制造、钉芯由铝合金（AlA）制造的、性能等级为 06 级的封闭型平圆头抽芯铆钉：

抽芯铆钉 GB/T 12615.3—2004 4.8×11

（mm）

钉体	d	公称	3.2	4	4.8	6.4[a]
		max	3.28	4.08	4.88	6.48
		min	3.05	3.85	4.65	6.25
	d_k	max	6.7	8.4	10.1	13.4
		min	5.8	6.9	8.3	11.6
	k　max		1.3	1.7	2	2.7
钉芯	d_m　max		1.85	2.35	2.77	3.75
	p　min		25		27	

铆钉长度 l		推荐的铆接范围[b]			
公称=min	max				
8.0	9.0	0.5～3.5	—	1.0～3.5	
9.5	10.5	3.5～5.0	1.0～5.0	—	
11.0	12.0	5.0～6.5		3.5～6.5	
11.5	12.5	—	5.0～6.5		
12.5	13.5	—	6.5～10.5	—	1.5～7.0
14.5	15.5	—	—	6.5～9.5	7.0～8.5
18	19	—	—	9.5～13.5	8.5～10.0

a　《封闭型盘头抽芯盲铆钉》ISO 15975—2002 无此规格。

b　铆钉的铆接范围用最小和最大铆接长度表示。最小铆接长度仅为推荐值。某些场合可能使用更小的长度。

注：铆钉的钉体和钉芯表面不经处理，即本色的。

封闭型平圆头抽芯铆钉 51 级尺寸（GB/T 12615.4—2004）　　表 12.2.2-4

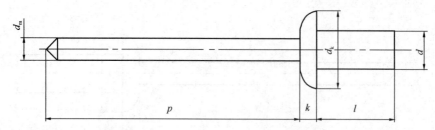

标记示例：公称直径 d＝4mm、公称长度 l＝12mm、钉体由奥氏体不锈钢制造、钉芯由不锈钢制造的、性能等级为 51 级的封闭型平圆头抽芯铆钉：

抽芯铆钉 GB/T 12615.4—2004 4×12

（mm）

钉体	d	公称	3.2	4	4.8	6.4
		max	3.28	4.08	4.88	6.48
		min	3.05	3.85	4.65	6.25
	d_k	max	6.7	8.4	10.1	13.4
		min	5.8	6.9	8.3	11.6
	k	max	1.3	1.7	2	2.7
钉芯	d_m	max	2.15	2.75	3.2	3.9
	p	min	25		27	

铆钉长度 l		推荐的铆接范围[a]			
公称＝min	max				
6	7	0.5～1.5	0.5～1.5		
8	9	1.5～3.0	1.5～3.0	0.5～3.0	
10	11	3.0～5.0	3.0～5.0	3.0～5.0	
12	13	5.0～6.5	5.0～6.5	5.0～6.5	1.5～6.5
14	15	6.5～8.0	6.5～8.0	—	—
16	17		8.0～11	6.5～9.0	6.5～8.0
21	22			9.0～12.0	8.0～12.0

a　铆钉的铆接范围用最小和最大铆接长度表示。最小铆接长度仅为推荐值。某些场合可能使用更小的长度。

注：铆钉的钉体和钉芯表面不经处理，即本色的。

开口型平圆头抽芯铆钉 10、11 级尺寸（GB/T 12618.1—2006）　　表 12.2.2-5

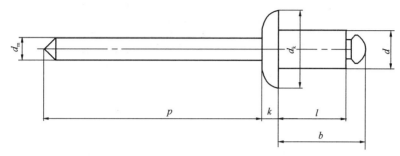

标记示例：公称直径 $d=4$mm、公称长度 $l=12$mm、钉体由铝合金（AlA）制造、钉芯由钢（St）制造、性能等级为 10 级的开口型平圆头抽芯铆钉：

抽芯铆钉 GB/T 12618.1—2006 4×12

（mm）

			2.4	3	3.2	4	4.8	5	6	6.4
钉体	d	公称	2.4	3	3.2	4	4.8	5	6	6.4
		max	2.48	3.08	3.28	4.08	4.88	5.08	6.08	6.48
		min	2.25	2.85	3.05	3.85	4.65	4.85	5.85	6.25
	d_k	max	5.0	6.3	6.7	8.4	10.1	10.5	12.6	13.4
		min	4.2	5.4	5.8	6.9	8.3	8.7	10.8	11.6
	k	max	1	1.3	1.3	1.7	2	2.1	2.5	2.7
钉芯	d_m	max	1.5	2	2	2.45	2.95	2.95	3.4	3.9
	p	min	25			27				
盲区长度 l^a	b	max	$l_{max}+3.5$	$l_{max}+3.5$	$l_{max}+4$	$l_{max}+4$	$l_{max}+4.5$	$l_{max}+4.5$	$l_{max}+5$	$l_{max}+5.5$

铆钉长度 l^a		推荐的铆接范围[b]						
公称=min	max							
4	5	0.5～3.5	0.5～1.5	—	—	—	—
6	7	3.5～5.5	1.5～3.5	1.0～3.0	1.5～2.5	—	—
8	9		3.5～5.0	3.0～5.0	2.5～4.0	2.0～3.0	—
10	11	5.5～9.5	5.0～7.0	5.0～6.5	4.0～6.0	3.0～5.0	—
12	13	8.0～9.5	7.0～9.0	6.5～8.5	6.0～8.0	5.0～7.0	3.0～6.0
16	17	—	9.0～13.0	8.5～12.5	8.0～12.0	7.0～11.0	6.0～10.0
20	21	—	13.0～17.0	12.5～16.5	12.0～15.0	11.0～15.0	10.0～14.0
25	26	—	17.0～22.0	16.0～25.0	15.0～20.0	15.0～20.0	14.0～18.0
30	31	—	—	—	20.0～25.0	20.0～25.0	18.0～23.0

a　公称直径大于 30mm 时，应按 5mm 递增。为确认其可行性以及铆接范围可向制造者咨询。

b　铆钉的铆接范围用最小和最大铆接长度表示。最小铆接长度仅为推荐值。某些场合可能使用更小的长度。

注：铆钉的钉体表面不处理，即本色的。钉芯表面处理由制造者确定，可以涂油、磷化涂油或镀锌。

开口型平圆头抽芯铆钉 30 级尺寸（GB/T 12618.2—2006）　　表 12.2.2-6

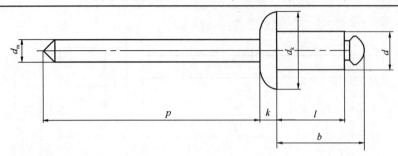

标记示例：公称直径 d＝4mm、公称长度 l＝12mm、钉体由钢（St）制造、钉芯由钢（St）制造、性能等级为 30 级的开口型平圆头抽芯铆钉：

抽芯铆钉 GB/T 12618.2—2006 4×12

(mm)

		公称	2.4	3	3.2	4	4.8	5	6	6.4
钉体	d	max	2.48	3.08	3.28	4.08	4.88	5.08	6.08	6.48
		min	2.25	2.85	3.05	3.85	4.65	4.85	5.85	6.25
	d_k	max	5.0	6.3	6.7	8.4	10.1	10.5	12.6	13.4
		min	4.2	5.4	5.8	6.9	8.3	8.7	10.8	11.5
	k	max	1	1.3	1.3	1.7	2	2.1	2.5	2.7
钉芯	d_m	max	1.5	2.15	2.15	2.8	3.5	3.5	3.4	4
	p	min	25			27				
盲区长度	b	max	l_{max}＋3.5	l_{max}＋3.5	l_{max}＋4	l_{max}＋4	l_{max}＋4.5	l_{max}＋4.5	l_{max}＋5	l_{max}＋5.5

铆钉长度 l[a]		推荐的铆接范围[b]							
公称＝min	max								
6	7	0.5～3.5	0.5～3.0	1.0～3.0	—	—	—
8	9	3.5～5.5	3.0～5.0	3.0～5.0	2.5～4.0	—	—
10	11	—	5.0～6.5	5.0～6.5	4.0～6.0	3.0～4.0	3.0～4.0
12	13	5.5～9.5	6.5～8.0	6.5～9.0	6.0～8.0	4.0～6.0	4.0～6.0
16	17	—	8.0～12.0	9.0～12.0	8.0～11.0	6.0～10.0	6.0～9.0
20	21	—	12.0～16.0	12.0～16.0	11.0～15.0	10.0～14.0	9.0～13.0
25	26				15.0～19.0	14.0～19.0	13.0～19.0
30	31			16.0～25.0	19.5～25.0	19.0～24.0	19.0～24.0

a　公称直径大于 30mm 时，应按 5mm 递增。为确认其可行性以及铆接范围可向制造者咨询。

b　铆钉的铆接范围用最小和最大铆接长度表示。最小铆接长度仅为推荐值。某些场合可能使用更小的长度。

注：铆钉的钉体表面应进行电镀锌处理，其最小镀层厚度应为 $5\mu m$（GB/T 5267.1—2002）。铬酸盐转化膜为 c2C
（GB/T 9800）。钉芯表面处理由制造者确定，可以涂油、磷化涂油或镀锌。

开口型平圆头抽芯铆钉 12 级尺寸（GB/T 12618.3—2006） 表 12.2.2-7

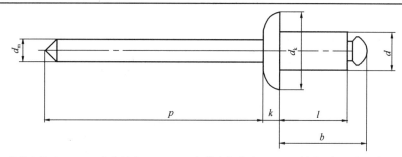

标记示例：公称直径 $d=4mm$、公称长度 $l=12mm$、钉体由铝合金（AlA）制造、钉芯由铝合金（AlA）制造、性能等级为 12 级的开口型平圆头抽芯铆钉：

抽芯铆钉 GB/T 12618.3—2006 4×12

(mm)

		公称	3	3.2	4	4.8	6.4
钉体	d	max	2.48	3.28	4.08	4.88	6.48
		min	2.25	3.05	3.85	4.65	6.25
	d_k	max	5.0	6.7	8.4	10.1	13.4
		min	4.2	5.8	6.9	8.3	11.6
	k	max	1	1.3	1.7	2	2.7
钉芯	d_m	max	1.6	2.1	2.55	3.05	4
	p	min	25			27	
盲区长度	b	max	$l_{max}+3$	$l_{max}+3$	$l_{max}+3.5$	$l_{max}+4$	$l_{max}+5.5$

铆钉长度 l		推荐的铆接范围[a]				
公称=min	max					
5	6	—	0.5～1.5	—	—	—
6	7	0.5～3.0	1.5～3.5	1.0～3.0	1.5～2.5	—
8	9	—	3.5～5.0	3.0～5.0	2.5～4.0	—
9	10	3.0～6.0	—	—	—	—
10	11	—	5.0～7.0	5.0～6.5	4.0～6.0	—
12	13	6.0～9.0	7.0～9.0	6.5～8.5	6.0～8.0	3.0～6.0
16	17	—	9.0～13.0	8.5～12.5	8.0～12.0	6.0～10.0
20	21	—	13.0～17.0	12.5～16.5	12.0～15.0	10.0～14.0
25	26	—	17.0～22.0	16.5～21.5	15.0～20.0	14.0～18.0
30	31	—	—	—	20.0～25.0	18.0～23.0

a 铆钉的铆接范围用最小和最大铆接长度表示。最小铆接长度仅为推荐值。某些场合可能使用更小的长度。

注：铆钉的钉体及钉芯表面不经处理，即本色。

开口型平圆头抽芯铆钉 40、41 级尺寸（GB/T 12618.6—2006）　　表 12.2.2-8

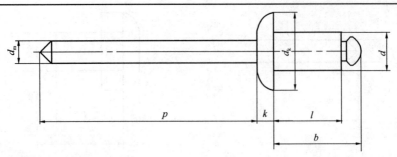

标记示例：公称直径 $d=4mm$、公称长度 $l=12mm$、钉体由锯铜合金（NiCu）制造、钉芯由钢（St）制造、性能等级为 40 级的开口型平圆头抽芯铆钉：

抽芯铆钉 GB/T 12618.6—2006 4×12

（mm）

			3.2	4	4.8	6.4
钉体	d	公称	3.2	4	4.8	6.4
		max	3.28	4.08	4.88	6.48
		min	3.05	3.85	4.65	6.25
	d_k	max	6.7	8.4	10.1	13.4
		min	5.8	6.9	8.3	11.6
	k	max	1.3	1.7	2	2.7
钉芯	d_m	max	2.15	2.75	3.2	3.9
	p	min	25		27	
盲区长度	b	max	$l_{max}+4$	$l_{max}+4$	$l_{max}+4.5$	$l_{max}+5.5$

铆钉长度 l		推荐的铆接范围[a]			
公称=min	max				
5	6	1.0～3.0	1.0～3.0	—	
6	7			2.0～4.0	
8	9	3.0～5.0	3.0～5.0	—	
10	11	5.0～7.0	5.0～7.0	4.0～6.0	—
12	13	7.0～9.0	7.0～9.0	6.0～8.0	3.0～6.0
14	15	—	9.0～10.5	8.0～10.0	—
16	17	—	10.5～12.5	10.0～12.0	—
18	19	—	12.5～14.5	12.0～14.0	6.0～12.0
20	21	—	14.5～16.5	14.0～16.0	—

a　铆钉的铆接范围用最小和最大铆接长度表示。最小铆接长度仅为推荐值。某些场合可能使用更小的长度。

注：铆钉的钉体表面不经处理，即本色。钢钉芯表面处理由制造者确定，可以磷化涂油或镀锌。不锈钢钉芯表面不经处理，即是本色的。

开口型平圆头抽芯铆钉 51 级尺寸（GB/T 12618.4—2006）　　表 12.2.2-9

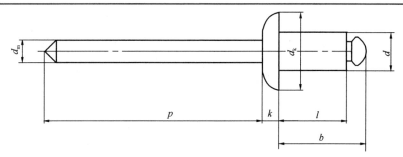

标记示例：公称直径 $d=4$mm、公称长度 $l=12$mm、钉体由奥氏体不锈钢（A2）制造、钉芯由奥氏体不锈钢（A2）制造、性能等级为 51 级的开口型平圆头抽芯铆钉：

抽芯铆钉 GB/T 12618.4—2006 4×12

（mm）

		公称	3	3.2	4	4.8	5
钉体	d	max	3.08	3.28	4.08	4.88	5.08
		min	2.85	3.05	3.85	4.65	4.85
	d_k	max	6.3	6.7	8.4	10.1	10.5
		min	5.4	5.8	6.9	8.3	8.7
	k	max	1.3	1.3	1.7	2	2.1
钉芯	d_m	max	2.05	2.15	2.75	3.2	3.25
	p	min	25			27	
盲区长度	b	max	$l_{max}+4$	$l_{max}+4$	$l_{max}+4.5$	$l_{max}+5$	$l_{max}+5$

铆钉长度 l[a]		推荐的铆接范围[b]		
公称＝min	max			
6	7	0.5～3.0	1.0～2.5	1.5～2.0
8	9	3.0～5.0	2.5～4.5	2.0～4.0
10	11	5.0～6.5	4.5～6.5	4.0～6.0
12	13	6.5～8.5	6.5～8.5	6.0～8.0
14	15	8.5～10.5	8.5～10.0	—
16	17	10.5～12.5	10.0～12.0	8.0～11.0
18	19	—	12.0～14.0	11.0～13.0
20	21	—	14.0～16.0	13.0～16.0
25	26	—	15.0～21.0	16.0～19.0

a　公称直径大于 25mm 时，应按 5mm 递增，为确认其可行性以及铆接范围可向制造者咨询。

b　铆钉的铆接范围用最小和最大铆接长度表示。最小铆接长度仅为推荐值。某些场合可能使用更小的长度。

注：铆钉的钉体及钉芯表面不经处理，即本色。

开口型平圆头抽芯铆钉20、21、22级尺寸（GB/T 12618.5—2006）　表12.2.2-10

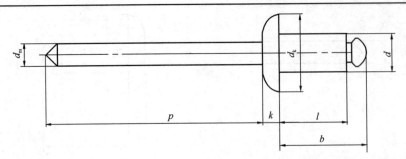

标记示例：公称直径 $d=4$mm、公称长度 $l=12$mm、钉体由铜（Cu）制造、钉芯由钢（St）制造、性能等级为20级的开口型平圆头抽芯铆钉：

抽芯铆钉 GB/T 12618.5—2006 4×12

（mm）

钉体	d	公称	3	3.2	4	4.8
		max	3.08	3.28	4.08	4.88
		min	2.85	3.05	3.85	4.65
	d_k	max	6.3	6.7	8.4	10.1
		min	5.4	5.8	6.9	8.3
	k	max	1.3	1.3	1.7	2
钉芯	d_m	max	2	2	2.45	2.95
	p	min	25			27
盲区长度	b	max	$l_{max}+3.5$	$l_{max}+4$	$l_{max}+4$	$l_{max}+4.5$

铆钉长度 l		推荐的铆接范围[a]		
公称＝min	max			
5	6	0.5～2.0	1.0～2.5	—
6	7	2.0～3.0	2.5～3.5	—
8	9	3.0～5.0	3.5～5.0	2.5～4.0
10	11	5.0～7.0	5.0～7.0	4.0～6.0
12	13	7.0～9.0	7.0～8.5	6.0～8.0
14	15	9.0～11.0	8.5～10.0	8.0～10.0
16	17	—	10.0～12.5	10.0～12.0
18	19	—	—	12.0～14.0
20	21	—	—	14.0～16.0

　a　铆钉的铆接范围用最小和最大铆接长度表示。最小铆接长度仅为推荐值。某些场合可能使用更小的长度。

　注：铆钉的钉体及钉芯表面不经处理，即本色。钢钉芯表面处理由制造者确定，可以磷化涂油或镀锌。青铜钉芯、不锈钢钉芯表面不经处理，即是本色的。

12.2.3　抽芯铆钉的机械性能等级由二位数字组成，表示不同的钉体与钉芯材料组合或机械性能，可参见国家标准《紧固件机械性能　抽芯铆钉》GB/T 3098.19—2004。同一机械性能等级，不同的抽芯铆钉形式，其机械性能不同。机械性能等级与材料组合按表12.2.3-1的规定。其中，材料牌号及技术条件仅系推荐采用，铆钉制造者可根据实际条件与经验选用其他材料牌号及技术条件。

机械性能等级与材料组合　　　　　　　　　　　　表 12.2.3-1

性能等级	钉体材料			钉芯材料	
	种类	材料牌号	标准牌号	材料牌号	材料编号
06	铝	1035	《变形铝及铝合金化学成分》GB/T 3190—2020	7A03 5183	GB/T 3190—2020
08	铝合金	5005，5A05		10、15 35、45	GB/T 699—2015 GB/T 3206—2016
10		5052，5A02			
11		5056，5A05			
12		5052，5A02		7A03 5183	GB/T 3190—2020
15		5056，5A05		0Cr18Ni9 1Cr18Ni9	GB/T 4232—2019
20	铜	T1 T2 T3	《铜及铜合金线》GB/T 21652—2008	10、15 35、45	
21				青铜	a
22				0Cr18Ni9 1Cr18Ni9	
23	黄铜	a	a	a	a
30	碳素钢	08F，10	《优质碳素结构钢》GB/T 699—2015 《优质碳素结构钢丝》GB/T 3206—2016	10、15 35、45	GB/T 699—2015 GB/T 3206—2016
40	镍铜合金	28-2，5-1，5 镍铜合金 (NiCu28-2, 5-1, 5)	《加工镍及镍合金　化学成分和产品形状》GB/T 5235—2007		
41				0Cr18Ni9 1Cr18Ni9	GB/T 4232—2019
50	不锈钢	0Cr18Ni9 1Cr18Ni9	《不锈钢棒》GB/T 1220—2007	10、15 35、45	GB/T 699—2015 GB/T 3206—2016
51				0Cr18Ni9 1Cr18Ni9	GB/T 4232—2019

a　数据待生产验证（含选用材料牌号）。

12.2.4　抽芯铆钉的最小剪切载荷与最小拉力载荷，见表12.2.4-1～表12.2.4-4。

最小剪切荷载（开口型）　　　　　　　　　　　　　表 12.2.4-1

钉体直径 d （mm）	性能等级							
	0.6	0.8	10 12	11 15	20 21	30	40 41	50 51
	最小剪切载荷（N）							
2.4	—	172	250	350	—	650	—	—
3.0	240	300	400	550	760	950	—	1800[a]
3.2	285	360	500	750	800	1100[a]	1400	1900[a]
4.0	450	540	850	1250	1500[a]	1700	2200	2700
4.8	660	935	1200	1850	2000	2900[a]	3300	4000
5.0	710	990	1400	2150	—	3100	—	4700
6.0	940	1170	2100	3200	—	4300	—	—
6.4	1070	1460	2200	3400	—	4900	5500	—

a 数据待生产验证（含选用材料牌号）。

最小拉力荷载（开口型）　　　　　　　　　　　　表 12.2.4-2

钉体直径 d （mm）	性能等级							
	0.6	0.8	10 12	11 15	20 21	30	40 41	50 51
	最小拉力载荷（N）							
2.4	—	258	350	550	—	700	—	—
3.0	310	380	550	850	950	1100	—	2200[a]
3.2	370	450	700	1100	1000	1200	1900	2500[a]
4.0	590	750	1200	1800	1800	2200	3000	3500
4.8	860	1050	1700	2600	2500	3100	3700	5000
5.0	920	1150	2000	3100	—	4000	—	5800
6.0	1250	1560	3000	4600	—	4800	—	—
6.4	1430	2050	3150	4850	—	5700	6800	—

a 数据待生产验证（含选用材料牌号）。

最小剪切荷载（封闭型）　　　　　　　　　　　　表 12.2.4-3

钉体直径 d （mm）	性能等级				
	0.6	11 15	20 21	30	50 51
	最小剪切载荷（N）				
3.0	—	930	—	—	—
3.2	460	1110	850	1150	2000
4.0	720	1600	1350	1700	3000
4.8	1000[a]	2200	1950	2400	4000
5.0	—	2420	—	—	—
6.0	—	3350	—	—	—
6.4	1220	3600[a]	—	3600	8000

a 数据待生产验证（含选用材料牌号）。

最小拉力荷载（封闭型）　　　　表 12.2.4-4

钉体直径 d （mm）	性能等级				
	0.6	11 15	20 21	30	50 51
	最小拉力载荷（N）				
3.0	—	1080	—	—	—
3.2	540	1450	1300	1300	2200
4.0	760	2200	2000	1550	3500
4.8	1400a	3100	2800	2800	4400
5.0	—	3500	—	—	—
6.0	—	4285	—	—	—
6.4	1580	4900a	—	4000	8000

a　数据待生产验证（含选用材料牌号）。

12.2.5　抽芯铆钉需满足钉头保持能力的要求和断裂荷载，可参见表 12.2.5-1～表 12.2.5-3。

开口型抽芯铆钉需满足的钉头保持能力　　　　表 12.2.5-1

钉体直径 d （mm）	性能等级		钉体直径 d （mm）	性能等级	
	06，08，10，11，12， 15，20，21，40，41	30，50，51		06，08，10，11，12， 15，20，21，40，41	30，50，51
	钉头保持能力（N）			钉头保持能力（N）	
2.4	10	30	4.8	25	45
3.0	15	35	5.0	25	45
3.2	15	35	6.0	30	50
4.0	20	40	6.4	30	50

开口型抽芯铆钉钉芯断裂载荷　　　　表 12.2.5-2

钉体材料	铝	铝	铜	钢	镍铜合金	不锈钢
钉芯材料	铝	钢、不锈钢	钢、不锈钢	钢	钢、不锈钢	钢、不锈钢
钉体直径 d （mm）	钉芯断裂载荷（N）					
	max					
2.4	1100	2000	—	2000	—	—
3.0	—	3000	3000	3200	—	4100
3.2	1800	3500	3000	4000	4500	4500
4.0	2700	5000	4500	5800	6500	6500
4.8	3700	6500	5000	7500	8500	8500
5.0	—	6500	—	8000	—	9000
6.0	—	9000	—	12500	—	—
6.4	6300	11000	—	13000	14700	—

闭口型抽芯铆钉钉芯断裂载荷 表 12.2.5-3

钉体材料	铝	铝	钢	不锈钢
钉芯材料	铝	钢、不锈钢	钢	钢、不锈钢
钉体直径 d (mm)	钉芯断裂载荷（N） max			
3.2	1780	3500	4000	4500
4.0	2670	5000	5700	6500
4.8	3560	7000	7500	8500
5.0	4200	8000	8500	—
6.0	—	—	—	—
6.4	8000	10230	10500	16000

12.2.6 开口型抽芯铆钉需满足拆卸力的要求，拆卸力应大于 10N。

12.2.7 抽芯铆钉用于围护板与承重结构连接时，应按国家标准《冷弯薄壁型钢结构技术规范》GB 50018—2002 等设计规范进行承力验算设计。

12.2.8 用抽芯铆钉进行连接时，钉头部分应靠在较薄板件的一侧。铆钉的中距和端距不得小于铆钉直径的 3 倍，边距不得小于铆钉件直径的 1.5 倍。受力连接中的连接数不宜少于 2 个。抽芯铆钉的适用直径为 2.6～6.4mm，在受力蒙皮结构中，宜选用直径不小于 4mm 的抽芯铆钉。

12.2.9 抽芯铆钉用铆钉孔直径，按式（12.2.9-1）及式（12.2.9-2）计算。

$$d_{\text{h1max}} = d_{公称} + 0.2\text{mm} \tag{12.2.9-1}$$

$$d_{\text{h2min}} = d_{公称} + 0.1\text{mm} \tag{12.2.9-2}$$

式中 d_{h1max}——铆钉孔的最大直径（mm）；

       d_{h2min}——铆钉孔的最小直径（mm）；

       $d_{公称}$——抽芯铆钉的公称直径（mm）。

12.2.10 抽芯铆钉的选用应符合下列要求。

1. 选用时，应注意铆钉使用寿命与彩板使用寿命匹配。订货时，应按建筑物的重要程度不同，由供应厂家提供标准的技术数据，进行选择。

2. 选用铝抽芯铆钉时，应选用铝合金铆钉，不可选用纯铝铆钉。室外使用时，应选用封闭式抽芯铆钉。

3. 铝合金抽芯铆钉用于屋面彩板构件时，应注意密封问题，施工时，应用密封胶封头，并保证封头良好。宜在铝合金铆钉上配置使用抗老化性能好的密封垫圈，以克服施工条件和人为因素带来的负面影响。

4. 连接薄钢板的抽芯铆钉的规格尺寸，应与被连接钢板匹配，其间距、边距等应符合设计要求。检验时，抽检连接节点数量的 1% 且不少于 3 个。

5. 抽芯铆钉与连接钢板的连接应紧固密贴，外观排列整齐。检验时，抽检连接节点总数的 10% 且不少于 3 个进行。紧固与否，可采用观察或小锤敲击检查。

6. 抽芯铆钉使用前，需检查铆钉表面，应无毛刺和有害缺陷，并有完整的头、杆形状。铆接后，当放大 5 倍目测检查时，铆钉不应有可见的开裂痕迹。

12.2.11 手动拉铆枪（《手动拉铆枪》QB/T 2292—1997），为专供单面铆接（拉铆）抽芯铆钉用的手动工具（表 12.2.11-1）。单手操作式可用单手操作，适用于拉铆力不大的场合；双手操作式需用双手进行操作，适用于拉铆力较大的场合。

手动拉铆枪规格　　　　　　　　　　　表 12. 2. 11-1

单手操作式　　　　　　　双手操作式

型号	适用抽芯铆钉规格（mm）	输入功率（W）	输出功率（W）	最大拉力（N）	重量（kg）
P1M-5	≤5	400	220	8000	2.5

12.2.12　电动拉铆枪（表 12.2.12-1）用于单面铆接（拉铆）各种结构构件上的抽芯铆钉，尤其适用于对封闭构造型结构构件进行单面铆接。劳动强度低，施工效率高。

电动拉铆枪规格　　　　　　　　　　　表 12. 2. 12-1

型号	适用抽芯铆钉规格（mm）	输入功率（W）	输出功率（W）	最大拉力（N）	重量（kg）
P1M-5	≤5	400	220	8000	2.5

注：单相串励电动驱动，电源电压为220V，频率为50Hz。

12.3　射　钉　连　接

12.3.1　射钉（图 12.3.1-1）是一种特殊紧固件，须与（火药）射钉器的射钉弹配

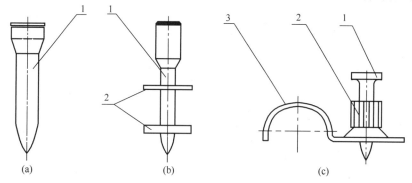

图 12.3.1-1　射钉构造图

（a）仅由钉体构成的射钉；（b）由钉体和定位件构成的射钉；（c）由钉体、定位件和附件构成的射钉

1—钉体；2—定位件；3—附件

合射入被紧固零件和基体中（也可用气动射钉枪直接射入）。被紧固零件（图 12.3.1-2）可以是各种零件、部件，也可以是混凝土（或砌砖体、岩石），也可以是钢板。每只射钉可配一个定位件（如塑料或金属圈），在射钉器枪管中起导向和定位作用。当射钉被射入零件和基体中后，塑料圈即自行消失，金属圈则留在射钉钉头和零件表面之间，起保护零件表面作用。普通射钉适用于混凝土基体，（表面）压花射钉适用于钢板基体，螺纹射钉可在其外螺纹钉头上旋入其他带内螺纹的零件，眼孔射钉可在孔中系吊其他物体。

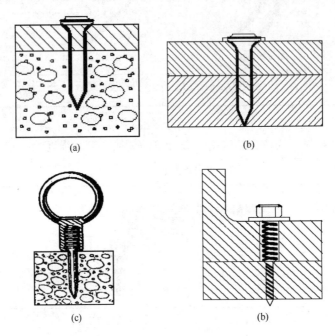

图 12.3.1-2　射钉连接应用示意图

(a) 钢板与混凝土用普通射钉紧固；(b) 钢板与钢板用压花普通射钉紧固；
(c) 环圈与混凝土用螺纹射钉紧固；(d) 角钢与钢板用压花螺纹射钉、螺母、垫圈紧固

射钉分为仅由钉体构成的射钉、由钉体和定位件构成的射钉和由钉体、定位件及附件构成的射钉。射钉钉体、定位件和附件有多种类型。

12.3.2　在钢结构中，射钉一般用于连接薄板与支撑构件（即基材如檩条），施工效率比自攻（自钻）螺钉更加高且方便。钢结构中用于连接薄板与支撑构件的射钉适用直径为 $\phi(3.7\sim6.0)$mm。

12.3.3　射钉的品种很多，有圆头钉(YD)、大圆头钉(DD)、小圆头钉(PS)、平头钉(PD)、球头钉(QD)、眼孔钉(KD6、KD6.3 等)、螺纹钉(M6、M8 等)、专用钉(ZD)、GD 钉(GD)等。另外，按射钉钉杆表面状况可分为光杆射钉(无)和压花射钉(代号加字母"H")两类。上述射钉均属于光杆射钉，如其钉杆表面有压花结构，即属于压花射钉，例如，压花圆头钉(HYD)、压花大圆头钉(HDD)、压花球头钉(HQD)、压花螺纹钉(HM6、HM8、HM10)。具体规格见国家标准《射钉》GB/T 18981—2008，如表 12.3.3-1～表 12.3.3-5 所示。

射钉钉体的类型代号、名称、形状、主要参数　　　　表 12.3.3-1

类型代号	名称	形状	主要参数/mm	钉体代号
YD	圆头钉	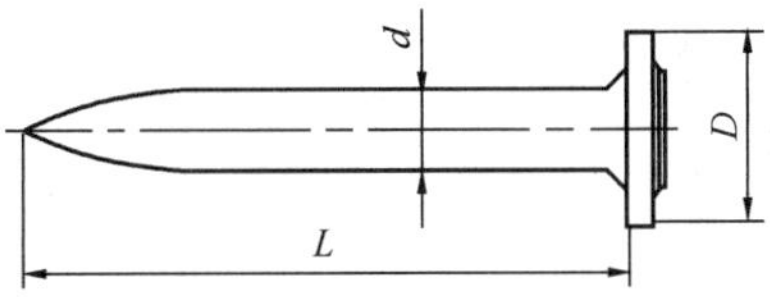	$D=8.4$ $d=3.7$ $L=19,22,27,32,37,42,$ $47,52,57,62,72$	类型代号加钉杆长度。 示例：YD32
DD	大圆头钉	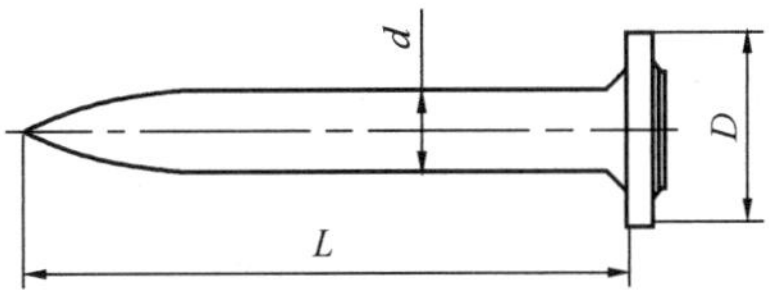	$D=10$ $d=4.5$ $L=27,32,37,42,47,52,$ $57,62,72,82,97,117$	类型代号加钉杆长度。 示例：DD37
HYD	压花圆头钉	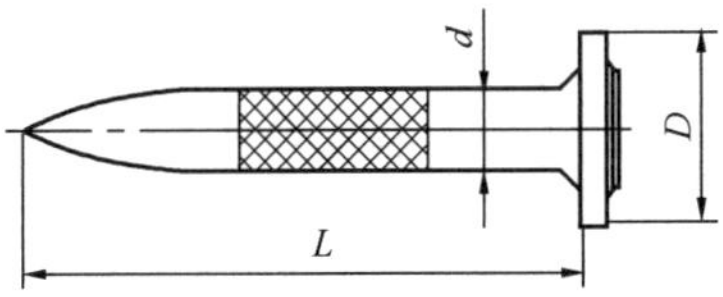	$D=8.4$ $d=3.7$ $L=13,16,19,22$	类型代号加钉杆长度。 示例：HYD22
HDD	压花大圆头钉	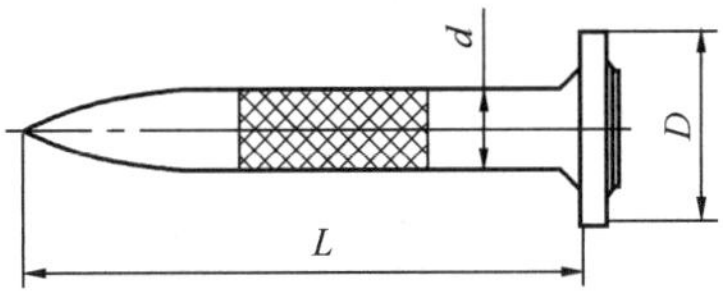	$D=10$ $d=4.5$ $L=19,22$	类型代号加钉杆长度。 示例：HDD22
PD	平头钉	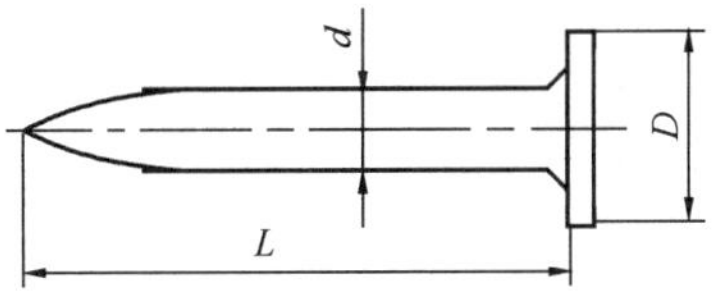	$D=7.6$ $d=3.7$ $L=19,25,32,38,51,63,76$	类型代号加钉杆长度。 示例：PD32
PS	小圆头钉	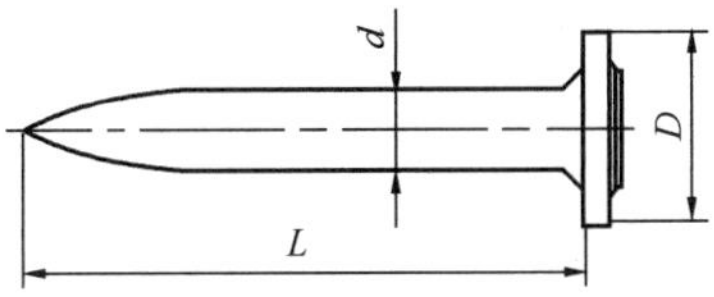	$D=8$ $d=3.5$ $L=22,27,32,37,42,47,52$	类型代号加钉杆长度。 示例：PS27
DPD	大平头钉	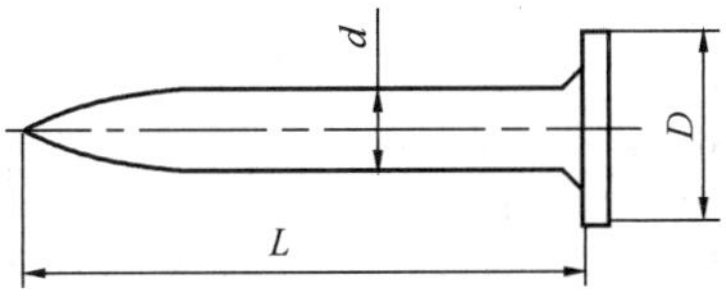	$D=10$ $d=4.5$ $L=27,32,37,42,47,52,$ $57,62,72,82,97,117$	类型代号加钉杆长度。 示例：DPD72

续表

类型代号	名称	形状	主要参数/mm	钉体代号
HPD	压花平头钉	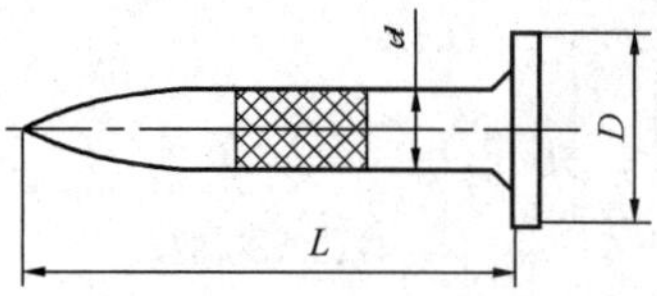	$D=7.6$ $d=3.7$ $L=13,16,19$	类型代号加钉杆长度。 示例:HPD13
QD	球头钉	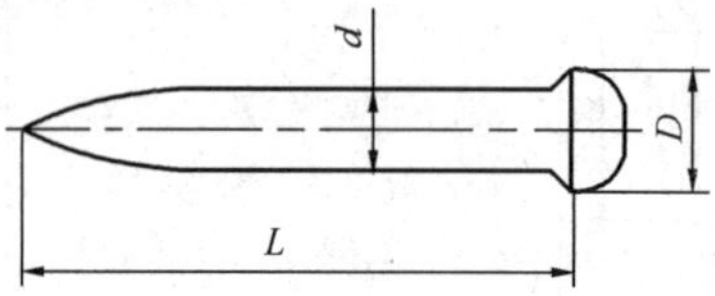	$D=5.6$ $d=3.7$ $L=22,27,32,37,42,47,$ $52,62,72,82,97$	类型代号加钉杆长度。 示例:QD37
HQD	压花球头钉	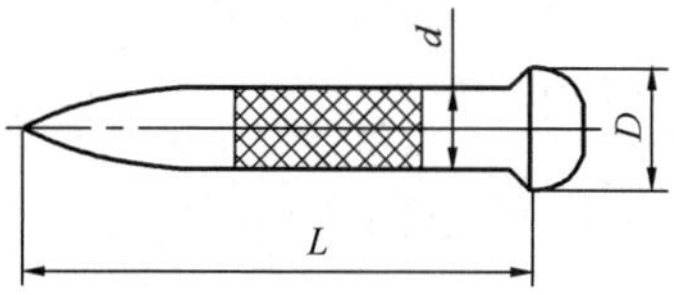	$D=5.6$ $d=3.7$ $L=16,19,22$	类型代号加钉杆长度。 示例:HQD19
ZP	6mm平头钉	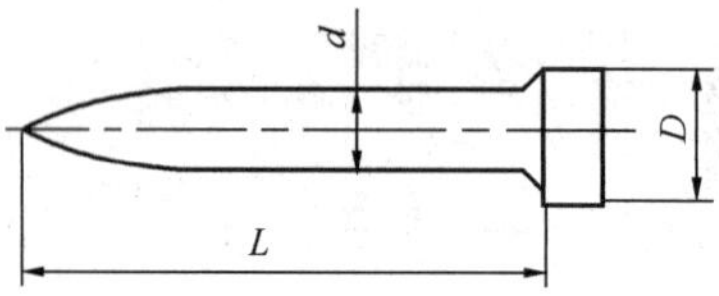	$D=6$ $d=3.7$ $L=25,30,35,40,50,60,75$	类型代号加钉杆长度。 示例:ZP40
DZP	6.3mm平头钉	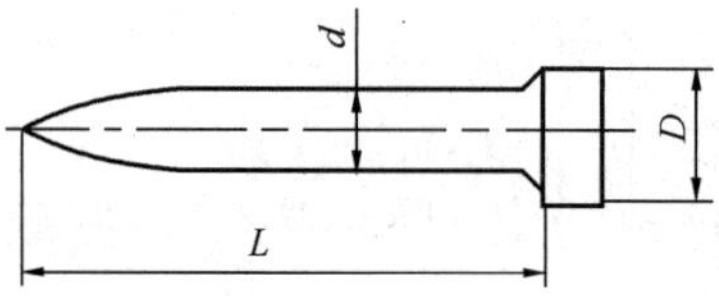	$D=6.3$ $d=4.2$ $L=25,30,35,40,50,60,75$	类型代号加钉杆长度。 示例:DZP50
ZD	专用	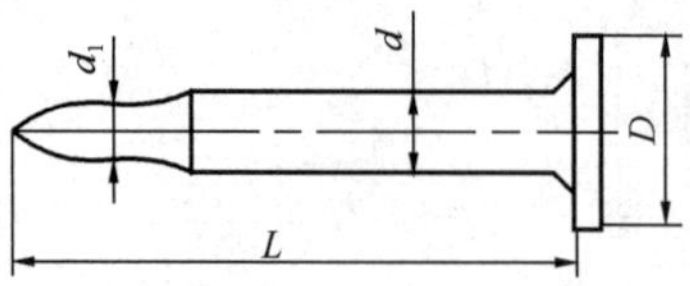	$D=8.4$ $d=3.7$ $L=42,47,52,57,62$	类型代号加钉杆长度。 示例:ZD52
GD	GD钉	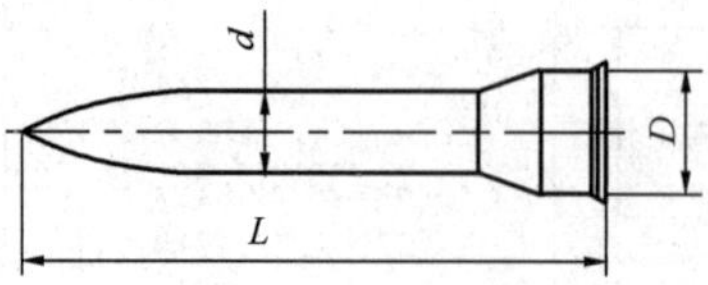	$D=8$ $d=5.5$ $L=45,50$	类型代号加钉杆长度。 示例:GD45

类型代号	名称	形状	主要参数/mm	钉体代号
KD6	6mm 眼孔钉	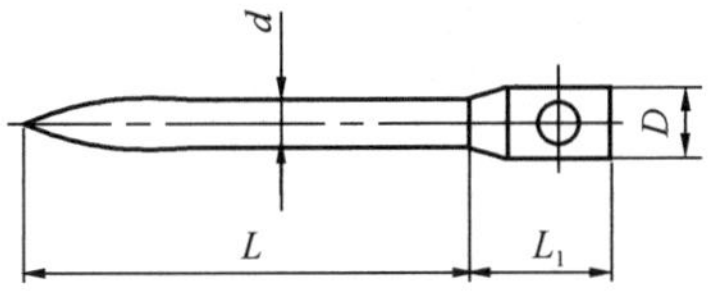	$D=6$ $d=3.7$ $L_1=11$ $L=25,30,35,40,45,50,60$	类型代号-钉头长度-钉杆长度。 示例:KD6-11-40
KD6.3	6.3mm 眼孔钉	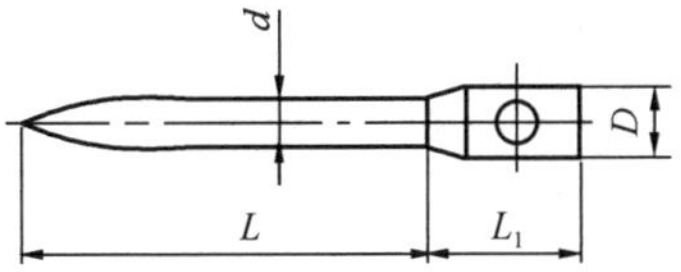	$D=6.3$ $d=4.2$ $L_1=13$ $L=25,30,35,40,50,60$	类型代号-钉头长度-钉杆长度。 示例: KD6.3-13-50
KD8	8mm 眼孔钉	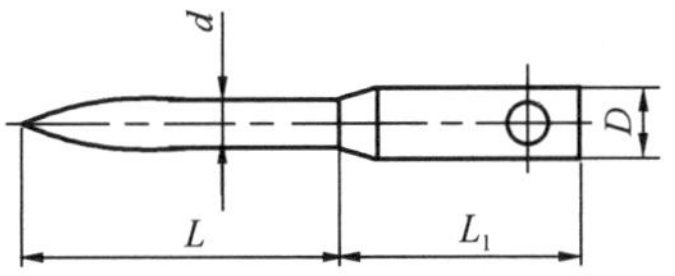	$D=8$ $d=4.5$ $L_1=20,25,30,35$ $L=22,32,42,52$	类型代号-钉头长度-钉杆长度。 示例: KD8-20-32
KD10	10mm 腹孔钉	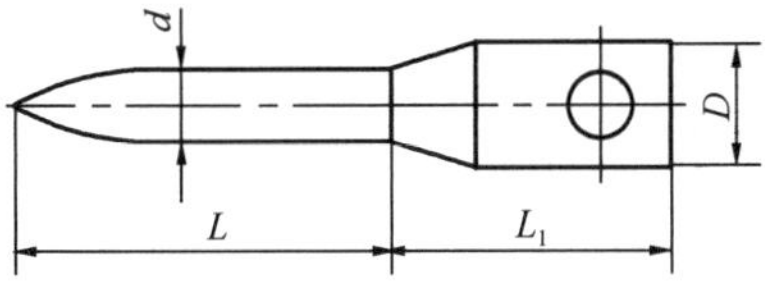	$D=10$ $d=5.2$ $L_1=24,30$ $L=32,42,52$	类型代号-钉头长度-钉杆长度 示例: KD10-24-52
M6	M6 螺纹钉	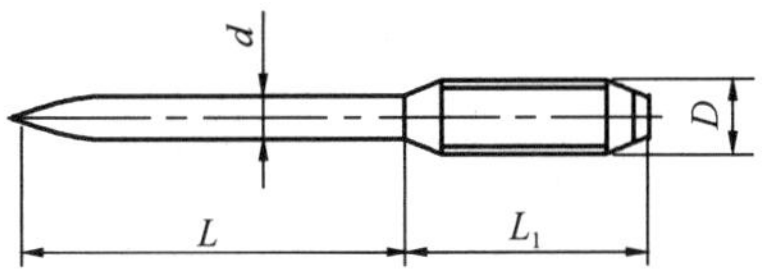	$D=6$ $d=3.7$ $L_1=11,20,25,32,38$ $L=22,27,32,42,52$	类型代号-钉头长度-钉杆长度 示例: M6-20-32
M8	M8 螺纹钉	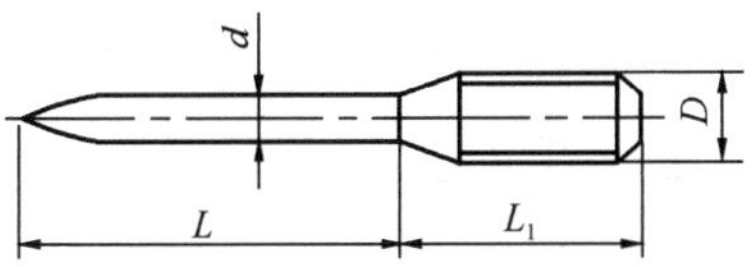	$D=8$ $d=4.5$ $L_1=15,20,25,30,35$ $L=27,32,42,52$	类型代号-钉头长度-钉杆长度 示例: M8-15-32
M10	M10 螺纹钉	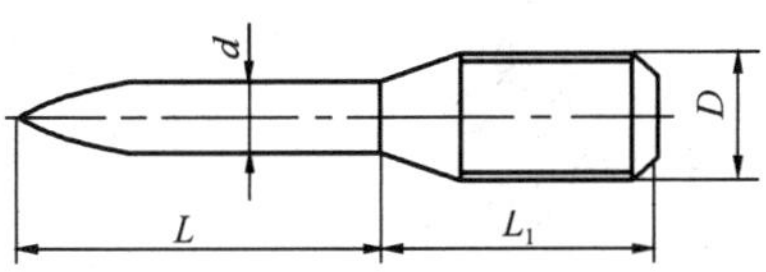	$D=10$ $d=5.2$ $L_1=24,30$ $L=27,32,42$	类型代号-钉头长度-钉杆长度 示例: M10-30-42

类型代号	名称	形状	主要参数/mm	钉体代号
HM6	HM6 压花 螺纹钉	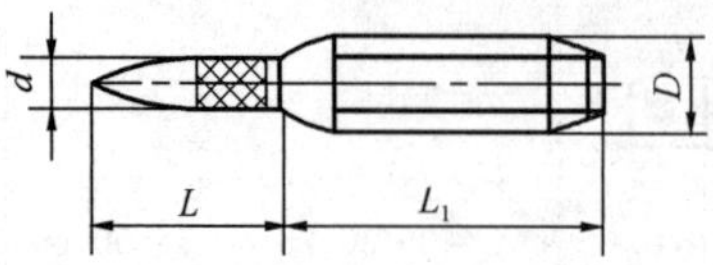	$D=6$ $d=3.7$ $L_1=11,20,25,32$ $L=9,12$	类型代号-钉头长度-钉杆长度 示例: HM6-11-12
HM8	HM8 压花 螺纹钉	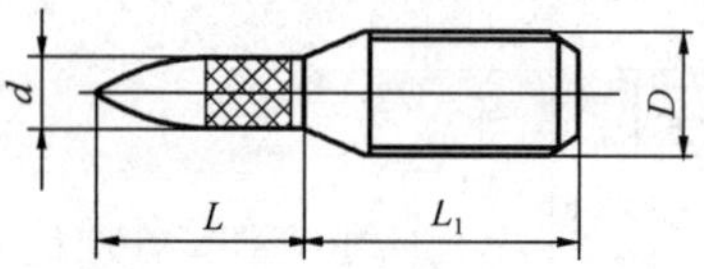	$D=8$ $d=4.5$ $L_1=15,20,25,30,35$ $L=15$	类型代号-钉头长度-钉杆长度 示例: HM8-20-15
HM10	HM10 压花 螺纹钉	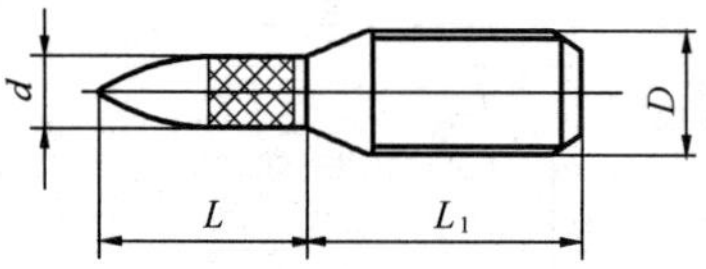	$D=10$ $d=5.2$ $L_1=24,30$ $L=15$	类型代号-钉头长度-钉杆长度。 示例: HM10-30-15
HTD	压花 特种钉	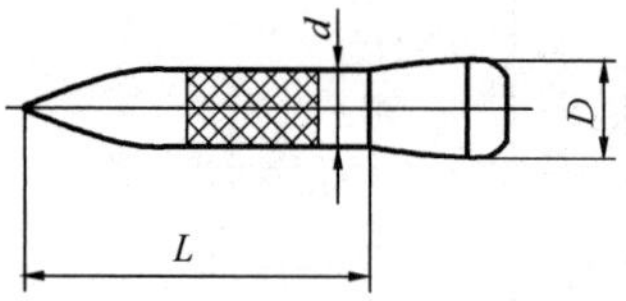	$D=5.6$ $d=4.5$ $L=21$	类型代号加钉杆长度 示例: HTD21

射钉定位件的类型代号、名称、形状、主要参数 表 12.3.3-2

类型代号	名称	形状	主要参数（mm）	附件代号
S	塑料圈	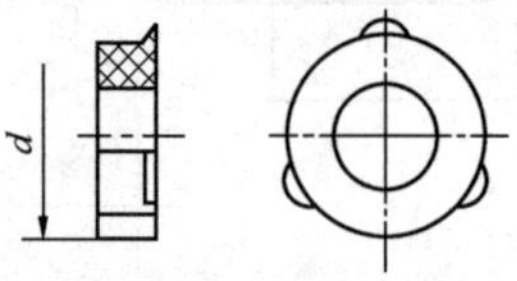	$d=8$	S8
			$d=10$	S10
		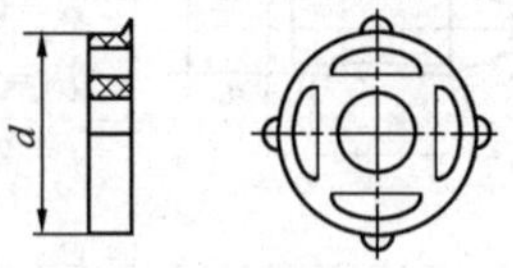	$d=12$	S12
C	齿形圈	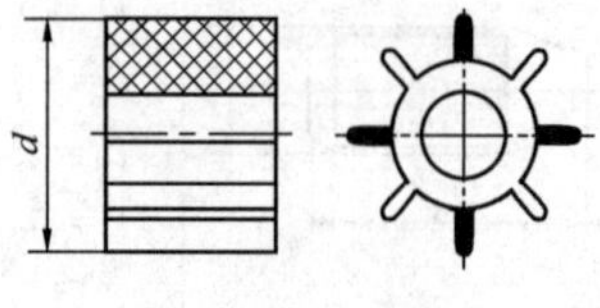	$d=5$	C6
			$d=6.3$	C6.3
			$d=8$	C8
			$d=10$	C10
			$d=12$	C12

续表

类型代号	名称	形状	主要参数（mm）	附件代号
J	金属圈	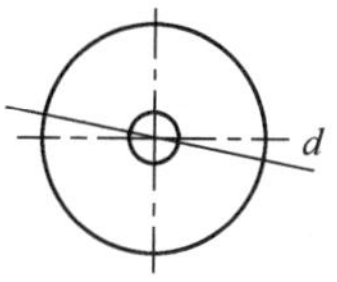	$d=8$	J8
			$d=10$	J10
			$d=12$	J12
M	钉尖帽	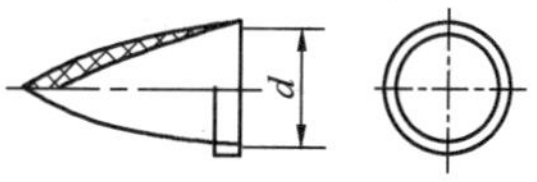	$d=6$	M6
			$d=6.3$	M6.3
			$d=8$	M8
			$d=10$	M10
T	钉头帽	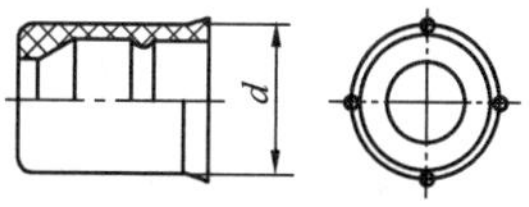	$d=6$	T6
			$d=6.3$	T6.3
			$d=8$	T8
			$d=10$	T10
G	钢套	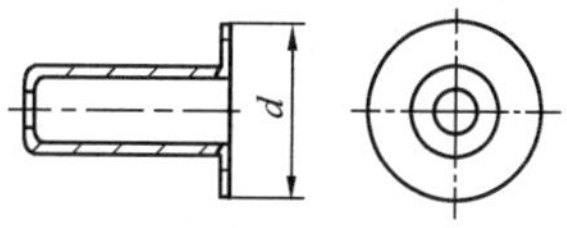	$d=10$	G10
LS	连发塑料圈	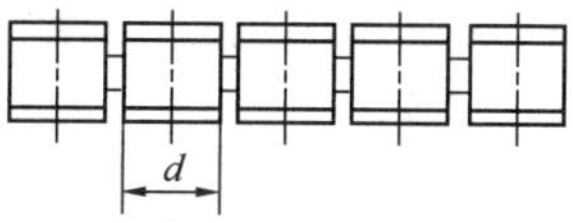	$d=6$	LS6
			$d=8$	LS8
			$d=10$	LS10

射钉附件的类型代号、名称、形状、主要参数　　表 12.3.3-3

类型代号	名称	形状	主要参数（mm）	附件代号
D	圆垫片	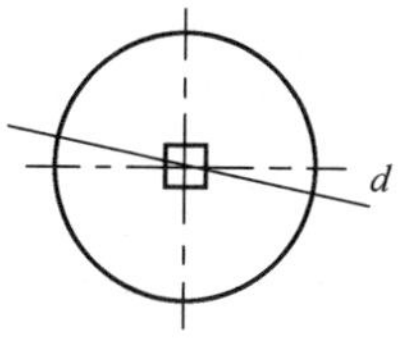	$d=20$	D20
			$d=25$	D25
			$d=28$	D28
			$d=36$	D36
FD	方垫片	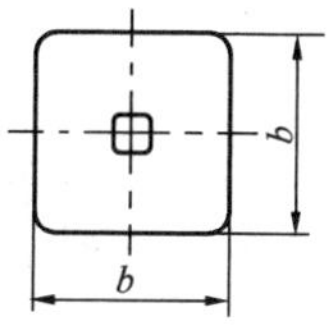	$b=20$	FD20
			$b=25$	FD25

续表

类型代号	名称	形状	主要参数（mm）	附件代号
P	直角片		—	P
XP	斜角片		—	XP
K	管卡		$d=18$	K18
			$d=24$	K24
			$d=30$	K30
T	钉筒		$d=12$	T12

由钉体和定位件构成的射钉简图和代号　　　　　表 12.3.3-4

说明	简图	射钉代号
由钉体和一个定位件（塑料圈）构成的射钉		钉体代号（如 YD32）加定位件（塑料圈）代号（如 S8）。 示例：YD32S8
由钉体和一个定位件（齿形圈）构成的射钉		钉体代号（如 PD38）加定位件（齿形圈）代号（如 C8）。 示例：PD38C8
由钉体和一个定位件（金属圈）构成的射钉		钉体代号（如 HQD19）加定位件（金属圈）代号（如 J12）。 示例：HQD19J12
由钉体和一个定位件（钉尖帽）构成的射钉		钉体代号（如 KD6-11-40）加定位件（钉尖帽）代号（如 M6）。 示例：KD6-11-40M6

说明	简图	射钉代号
由钉体和定位件（连发塑料圈）构成的射钉	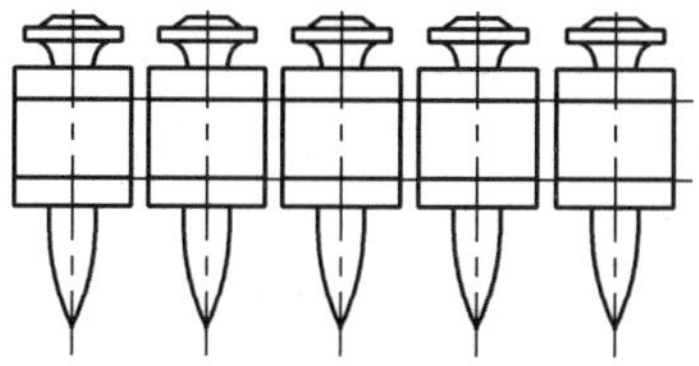	钉体代号（如 YD22）加定位件（连发塑料圈）代号（如 LS8）。 示例：YD22LS8
由钉体和两个定位件（塑料圈和金属圈）构成的射钉	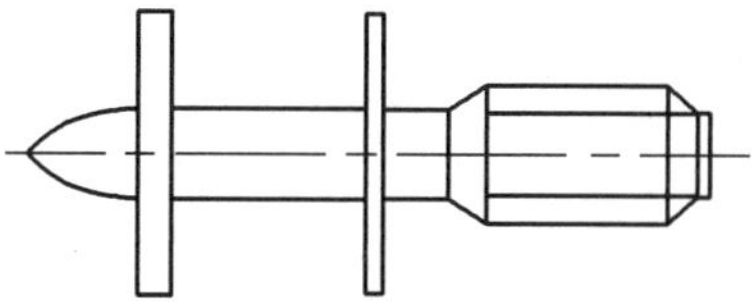	钉体代号（如 M6-20-32）加定位件（金属圈）代号（如 J12）再加定位件（塑料圈）代号（如 S12），因两个定位件直径参数相同，故省略代号 J12 后面的参数。 示例：M6-20-32JS12
由钉体和两个定位件（钉头帽和齿形圈）构成的射钉	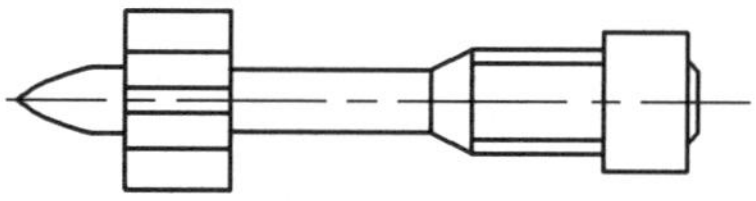	钉体代号（如 M6-20-27）加定位件（钉头帽）代号（如 T8）再加定位件（齿形圈）代号（如 C8），因两个定位件直径参数相同，故省略代号 T8 后面的参数。 示例：M6-20-27TC8
由钉体和两个定位件（齿形圈和钢套）构成的射钉	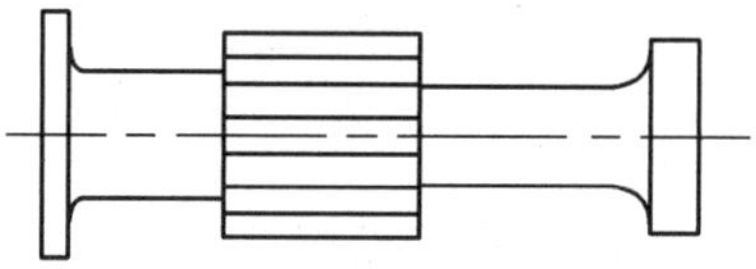	钉体代号（如 M6-20-27）加定位件（齿形圈）代号（如 C8）再加定位件（钢套）代号（如 G10）。 示例：PD25C8G10

由钉体、定位件和附件构成的射钉简图和代号　　　　　　　　表 12.3.3-5

说明	简图	射钉代号
由钉体和一个定位件（齿形圈）和附件（圆垫片）构成的射钉	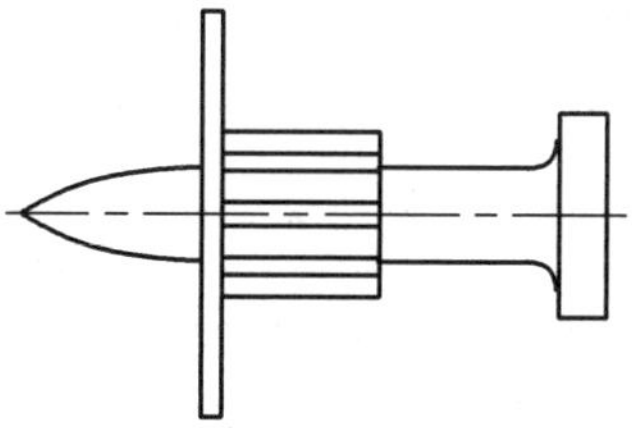	钉体代号（如 DPD72）加定位件（齿形圈）代号（如 C8）加斜杠（/）加附件（圆垫片）代号（D36）。 示例：DPD72C8/D36
由钉体和一个定位件（塑料圈）和附件（方垫片）构成的射钉	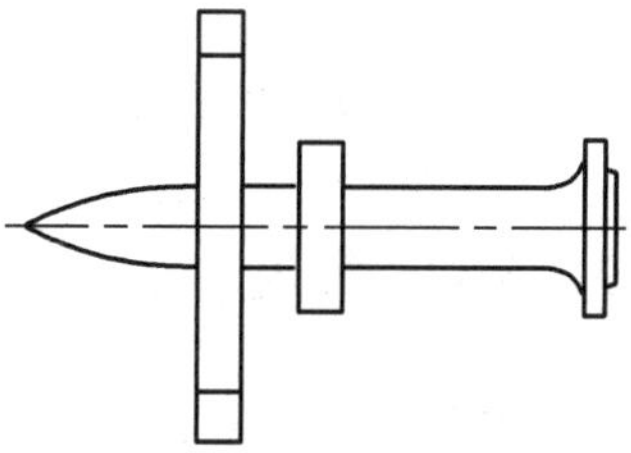	钉体代号（如 YD62）加定位件（塑料圈）代号（如 S8）加斜杠（/）加附件（方垫片）代号（FD20）。 示例：YD62S8/FD20

续表

说明	简图	射钉代号
由钉体、两个定位件（齿形圈和钢套）和附件（直角片）构成的射钉	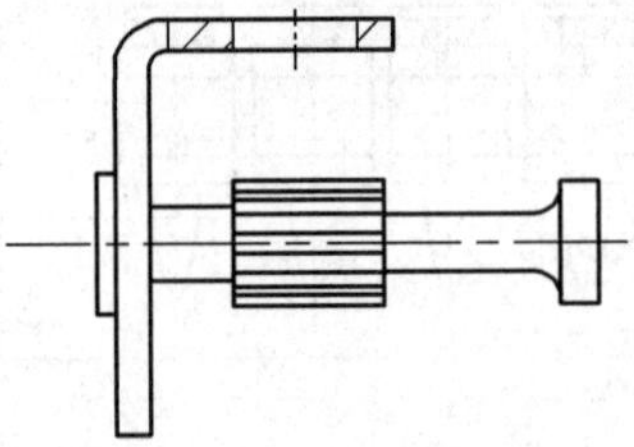	钉体代号（如 PD32）加定位件（齿形圈）代号（如 C8）加斜杠（/）加附件（直角片）代号（P）。 示例：PD32C8G10/P
由钉体、一个定位件（齿形圈）和附件（斜角片）构成的射钉	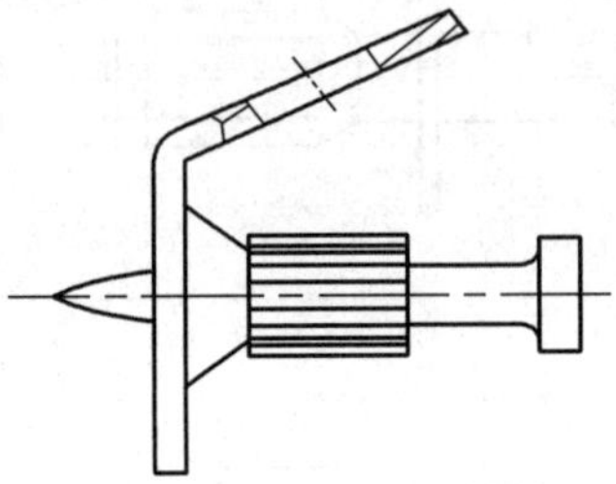	钉体代号（如 PD32）加定位件（齿形圈）代号（如 C8）加斜杠（/）加附件（斜角片）代号（XP）。 示例：PD32C8/XP
由钉体、一个定位件（齿形圈）和附件（管卡）构成的射钉	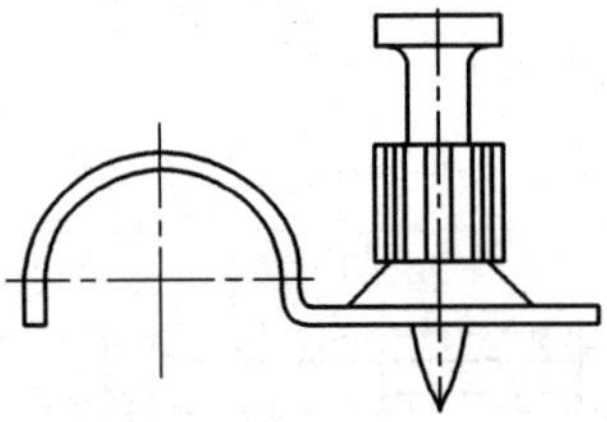	钉体代号（如 PD32）加定位件（齿形圈）代号（如 C8）加斜杠（/）加附件（管卡）代号（K24）。 示例：PD32C8/K24
由钉体、一个定位件（塑料圈）和附件（钉筒）构成的射钉		钉体代号（如 YD72）加定位件（塑料圈）代号（如 S12）加斜杠（/）加附件（钉筒）代号（T12）。 示例：YD37S12/T12

12.3.4 射钉钉头的基本尺寸一般为 5.6mm、6.3mm、7.6mm、8mm、8.4mm、10mm、12mm，与其对应的钉头直径及需进入射钉器钉管的定位件硬质实体直径的最大极限尺寸应分别为 5.56mm、5.98mm、6.26mm、7.5mm、7.9mm、8.36mm、9.92mm、11.9mm。钉体钉杆直径的基本尺寸一般为 3.5mm、3.7mm、4.2mm、4.5mm、5.2mm、5.5mm、6mm。

12.3.5 射钉钉体一般用国家标准《优质碳素结构纲》GB/T 699—2015 规定的优质碳素结构钢制造，其中材料化学成分应符合规定：$C \geqslant 0.42\%$、$P \leqslant 0.035\%$、$S \leqslant 0.035\%$；特殊情况下，也可用合金钢制造。射钉钉体芯部硬度应为 50HRC～57HRC。

12.3.6 射钉质量应符合下列要求。

1. 射钉金属表面应镀锌，镀层不应有起泡、掉皮、脱落和大的麻点、黑点、露钢、露铜及变色等缺陷。

2. 射钉不应有裂纹及大的飞边、缺口、钝尖、刀痕、毛刺、拉丝、损伤、凹痕等缺陷。

3. 带有定位件和附件构成的射钉，其钉体所配的定位件或附件等应齐全，装配应可靠，位置正确。

4. 射钉钉杆公差应符合国家标准《极限与配合 标准公差等级和孔、轴的极限偏差表》GB/T 1800.4—1999 中 js11 的规定。射钉钉体的长度尺寸公差应符合 GB/T 1800.4—1999 中 js14 的规定。射钉钉杆在圆柱部上任意 25mm 长度范围内的直径公差为 ϕ0.2mm。

5. 射钉钉体镀锌层厚度应不小于 0.005mm，金属定位件和金属附件的镀锌层厚度应不小于 0.004mm。

6. 射钉钉体应对氢脆不敏感，不敏感性可按国家标准《射钉》GB/T 18981—2008 所规定的方法确定。

7. 射钉杆体表面半脱碳层深度应不大于 0.1mm，脱碳层深度测量应按国家标准《钢的脱碳层深度测定法》GB/T 224—2019 的规定。

12.3.7　射钉光钉杆弯曲至 60°不应断裂，压花钉杆弯曲至 30°不应断裂。应按以下方式进行弯曲角度试验。

将射钉钉杆夹在两钳口之间，敲击钉杆一端，使之弯曲，如图 12.3.7-1 所示，直至钉杆弯曲角度（α）分别不小于 60°（对于光钉杆）、30°（对于压花钉杆）或钉杆断裂为止。如果钉杆断裂，应将断裂的钉杆正确拼接后，测量弯曲角度。下图中钳口圆角（R）约等于钉杆直径。

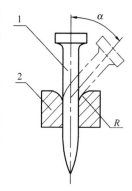

图 12.3.7-1　射钉弯曲角度试验
1—钉杆；2—钳口

12.3.8　射钉应装钉顺利，射钉在射钉器管中不应滑脱，定位件应可靠。射击时应能击穿国家标准《碳素结构钢》GB/T 700—2006 中规定的 Q215-AF 钢板，且钉尖至少穿出钢板 3mm 以上。钉杆直径和长度的取值，可按表 12.3.8-1 规定选择。

钉杆直径与钢板厚度关系（mm） 表 12.3.8-1

钉杆直径 d	钉杆长度 L		
	<30	30～50	>50
<5	10	8	6
≥5	12	10	8

12.3.9　射钉在运输、装卸和临时堆码过程中，应防雨和防潮，应存储于无腐蚀气体、干燥通风的场所，堆垛下面应有防潮措施。

12.3.10　射钉用于围护板与支承构件（即基材）连接时，应按国家标准《冷弯薄壁型钢结构技术规范》GB 50018—2002 等设计规范，进行承力验算设计。

12.3.11　连接技术要求如下。

1. 用射钉连接薄板与支承构件时，钉头部分应靠在较薄板一侧。射钉间距不得小于射钉直径的 4.5 倍，且中距不得小于 20mm，到基材的端部和边缘的距离不得小于 15mm。射钉的穿透深度（即射钉尖端到基材表面的深度）应不小于 10mm。基材的屈服强度应不小于 150N/mm²，被连钢板的最大屈服强度应不大于 360N/mm²。基材和被连钢板的厚度应满足表 12.3.11-1、表 12.3.11-2 的要求。

被连钢板的最大厚度（mm）			表 12.3.11-1
射钉直径（mm）	≥3.7	≥4.5	≥5.2
单一方向			
单层被固定钢板最大厚度	1.0	2.0	3.0
多层被固定钢板最大厚度	1.4	2.5	3.5
相反方向			
所有被固定钢板最大厚度	2.8	5.0	7.0

基材的最小厚度（mm）			表 12.3.11-2
射钉直径（mm）	≥3.7	≥4.5	≥5.2
最小厚度（mm）	4.0	6.0	8.0

2. 在抗拉连接中，射钉的钉头或垫圈直径不得小于 14mm，且应通过试验保证射钉由基材中的拔出强度不小于射钉的抗拉承载力设计值。

3. 选用射钉时，注意其使用寿命应与彩板的使用寿命匹配。订货时，应按建筑物的重要程度不同，由供应厂家提供标准的技术数据，进行选择。

4. 连接薄钢板采用的射钉规格尺寸应与被连接钢板匹配，其间距、边距等应符合设计要求。检验时，抽检节点数量的 1％且不少于 3 个。

5. 射钉与连接钢板的连接应紧固密贴，外观排列整齐。检验时，抽检节点数量的 10％，且不少于 3 个。紧固与否可采用观察或小锤敲击检查。

6. 射钉射击连接后，射钉钉体不应有断裂、破碎和严重弯曲等现象。

12.3.12 射钉用射钉器射入被紧固零件和基体，可参见国家标准《射钉器》GB/T 18763—2002。射钉器按作用原理，可分为间接作用射钉器和直接作用射钉器，特点如下：

1. 间接作用射钉器内为活塞结构，火药燃烧产生高压气体作用于活塞，活塞再推动射钉运动。其作用原理如图 12.3.12-1 所示。

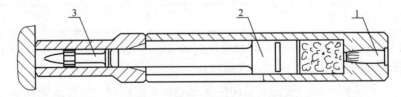

图 12.3.12-1 间接作用式射钉器
1—射钉弹；2—活塞；3—射钉

2. 直接作用射钉器内无活塞结构，火药气体直接作用于射钉，推动射钉运动。其作用原理如图 12.3.12-2 所示。

12.3.13 射钉器的分类与特点。

1. 按射钉飞行速度的大小，分为低速、中速和高速射钉器。

低速射钉器射击时，射钉最大飞行速度（V_z）的单发值不大于 108m/s，10 发平均值

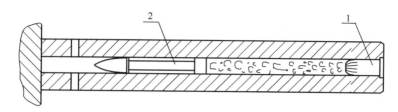

图 12.3.12-2　直接作用式射钉器
1—射钉弹；2—射钉

不大于 100m/s；中速射钉器射击时，射钉最大飞行速度（V_z）的单发值不大于 160m/s，30 发平均值大于 100m/s 但不大于 150m/s；高速射钉器射击时，射钉最大飞行速度（V_z）的 10 发平均值大于 150m/s。

2. 射钉器按用途，分为通用射钉器和专用射钉器。

通用射钉器能发射两种及两种以上型射钉，适用于多种行业；专用射钉器只能发射某一种形式射钉，适用于某一行业。

12.3.14　射钉器的代号用 5～6 位字母和数字组成，其中，前两位为生产或经营单位规定的汉语拼音字母，如代表厂名、商标等的字母；第三位为阿拉伯数字，其中"1"表示直接作用射钉器，"3"表示间接作用低速射钉器，"6"表示间接作用中速射钉器，"8"表示间接作用高速射钉器；第四、五位为阿拉伯数字，表示顺序号；第六位为拉丁字母，表示该射钉器的变型号，用 A、B、C……表示，如射钉器无变型号，该位字母空缺。产品标记示例如下。

NS 商标（厂家）的间接作用中速第 03 号 N 型射钉器，标记为：射钉器（GB/T 18763）NS603N。

12.3.15　射钉器用射钉弹装在射钉器中，提供发射射钉的动力。射钉弹如图 12.3.15-1 所示。

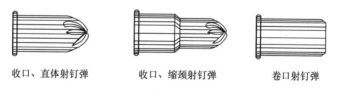

收口、直体射钉弹　　　　收口、缩颈射钉弹　　　　卷口射钉弹

图 12.3.15-1　射钉弹示意图

12.3.16　射钉弹的分类和规格表示方法，按国家标准《射钉弹》GB 19914—2005 确定。类型及规格表示方法如下。

1. 射钉弹按击发位置分为边缘击发（无）和中心击发（Z）。

2. 射钉弹按封口形式分为收口（无）和卷口（K），其中，收口射钉弹又按体部形状分为直体（无）和缩颈（S）。

3. 射钉弹口径分为 5.5mm、5.6mm、6.3mm、6.8mm、8.6mm、10mm，全长分为 10mm、11mm、12mm、16mm、25mm。

4. 射钉弹按威力等级从小到大分为 1、2、3、4、5、6、7、8、9、10、11、12 级。

5. 射钉弹按射钉器上的供弹形式分为：散弹、带弹夹弹和带弹鼓弹。

6. 按色标分：白、灰、棕、绿、黄、红、紫、黑等（威力从小到大）。

7. 射钉弹的规格表示方法为：用"击发位置代号""封口形式代号""口径×全长""体部缩颈代号""威力等级""供弹形式代号""色标"（只在必要时标注）等项内容表示。

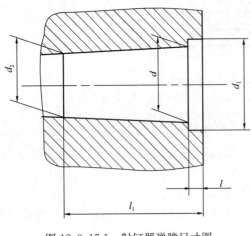

图 12.3.17-1　射钉器弹膛尺寸图

例如，射钉弹 6.8×11.5-5 表示口径为 6.8mm、全长为 11mm、威力等级为 5 级、收口、直体、散弹的射钉弹。

12.3.17　射钉器钉管口径一般为 6mm、6.3mm、8.6mm、10mm、12mm 几种，其钉管内径最小尺寸分别为 6mm、6.3mm、8.6mm、10mm、12mm。不使用弹夹和弹鼓的射钉器的弹膛尺寸，一般应符合图 12.3.17-1 和表 12.3.17-1 的规定。

弹膛尺寸表与配用射钉弹　　　　　　　　　　　　　表 12.3.17-1

配用射钉弹		d 最小	d_1 最小	d_2 最小	l 最小	l_1
直径	长度					
5.6	16	5.8	7.1	5.75	1.1	16.33
5.6	16[a]	5.8	7.1	5.75	1.1	9.1
6.3	10	6.35	7.7	6.35	1.25	11
6.3	12	6.35	7.7	6.35	1.25	13
6.3	16	6.35	7.7	6.35	1.25	17
6.8	11	6.9	8.55	6.9	1.45	12
6.8	18	6.9	8.55	6.9	1.45	19
10	18	10.05	10.95	10.05	1.15	19

[a] 为缩颈弹。

12.3.18　常用射钉器的品种及特点。

1. NS603 型射钉器[图 12.3.18-1(a)]。间接作用中速通用型射钉器，具有威力大、操作方便、应用广泛等特点。适用射钉弹为 6.8×11 和 6.8×18 两种形式，通过配用各种附件，适用钉头（或垫圈）直径为 8mm、10mm、12mm、长度≤77mm 的 YD、HYD、DD、HDD、M6、HM6、M8、HM8、M10、HM10、KD 等多种形式射钉。全长 385mm，重 3.5kg。

2. NS603N 型射钉器。NS603 的改进型，具有经济、美观等特点。全长 385mm，重 3.5kg。

3. NS307 型射钉器。间接作用低速通用型射钉器，见图 12.3.18-1（b）。具有结构简单、

(a)　　　　　　　　　(b)

图 12.3.18-1　常用射钉器

(a) NS603 型射钉器；(b) NS307 型射钉器

重量轻、操作方便、灵活等特点。适用 J5.6×16 射钉弹，适用钉头（或螺纹）直径为 6mm、8mm、长度≤77mm 的 PD、PJ、YD、HYD、M8、HM8 等形式射钉，全长 335mm，重 1.85kg。

4. NS301 型射钉器。间接作用低速通用型射钉器，具有重量轻、操作灵活、能 10 发连续供弹、应用广泛等特点。适用 H6.8×11 型射钉弹，适用钉头（或螺纹）直径为 6mm、8mm、长度≤62mm 的 PD、HPD、YD、HYD、M8、HM8 等形式射钉。全长 340mm，重 2.4kg。

5. NS608 型射钉器。一种新型间接作用中速通用型射钉器。具有重量轻、操作维修方便、造型美观、安全可靠、应用广泛等特点，适用射钉弹和射钉形式同 NS603 型。

12.3.19　射钉器使用时，应检查注意以下几点。

1. 射钉器各紧固件应紧固可靠、不松动；

2. 射钉器的所有零部件均正确装配；

3. 射钉器的重要弹簧（如击发簧等）工作状态良好；

4. 射击中，射钉器零部件动作灵活、作用可靠，且不应有破裂损坏、松动和明显的变形；

5. 击发射钉弹应全部发火；

6. 射钉器应能顺利装钉、供弹和退壳；

7. 经射击后的射钉弹壳距底平面 5mm 以内不应破裂、脱落、击穿、漏烟，底火不应脱落；

8. 可调威力射钉器，威力调整最大幅度不小于射钉弹的二个威力等级。如 5 级高威力的射钉弹，能调出的最低威力不大于 3 级等；

9. 射钉器应有良好的安全性能。射钉器应用超过自身重力 22N 的力压缩钉管才能击发射钉弹。射钉器都应配有防护罩，不便使用防护罩的场合可使用固定器，防护罩或固定器均应能明显指示出射钉器钉管轴心线的位置。对于中速射钉器，其防护罩直径不应小于 66mm；对于高速射钉器，其防护罩直径不应小于 88mm。不安装防护罩或固定器，不能击发射钉弹。

参考文献

[1]　紧固件性能　螺栓、螺钉和螺柱：GB/T 3098.1—2010[S]. 北京：中国标准出版社，2010.

[2]　紧固件性能　螺母：GB/T 3098.2—2015[S]. 北京：中国标准出版社，2015.

[3]　紧固件性能　紧定螺钉：GB/T 3098.3—2016[S]. 北京：中国标准出版社，2016.

[4]　钢结构用扭剪型高强度螺栓连接副：GB/T 3632—2008[S]. 北京：中国标准出版社，2008.

[5]　钢结构用高强度大六角头螺栓：GB/T 1228—2006[S]. 北京：中国标准出版社，2006.

[6]　钢结构用高强度大六角螺母：GB/T 1229—2006[S]. 北京：中国标准出版社，2006.

[7]　钢结构用高强度垫圈：GB/T 1230—2006[S]，北京：中国标准出版社，2006.

[8]　钢结构用高强度大六角头螺栓　大六角头螺母　垫圈技术条件：GB/T 1231—2006[S]. 北京：中国标准出版社，2006.

[9]　紧固件机械性能　抽芯铆钉：GB/T 3098.19—2004[S]. 北京：中国标准出版社，2016.

[10]　钢网架螺栓球节点用高强度螺栓：GB/T 16939—2016[S]. 北京：中国标准出版社，2016.

［11］　射钉：GB/T 18981—2003［S］. 北京：中国标准出版社，2003.

［12］　射钉器：GB/T 18763—2002［S］. 北京：中国标准出版社，2002.

［13］　封闭型平圆头抽芯铆钉：GB/T 12615.1～4—2004［S］. 北京：中国标准出版社，2002.

［14］　开口型平圆头抽芯铆钉：GB/T 12618.1～6—2006［S］. 北京：中国标准出版社，2006.

［15］　钢结构施工质量验收规范：GB 50205—2020［S］. 北京：中国标准出版社，2020.

第 5 篇　铸钢节点

第13章 铸 钢 节 点

13.1 铸钢的分类与特点

13.1.1 铸钢具有强度高、韧性好的特点，适于制造承受重荷载及经受冲击和振动的零件，可用于铸钢的材料包括普通碳钢、低合金钢和高合金钢。由于采用铸造方法成形，铸钢零件的尺寸、重量和结构复杂程度等不受限制，特别是对于形状复杂和中空截面的零件，铸钢件可采用组芯的工艺制造，故铸钢件应用十分广泛。近年来，国内外铸钢生产技术水平不断提高，主要表现在以下几方面。

1. 铸钢材料的性能不断提高，品种日益齐全。过去铸钢以铸造碳钢为主，近年来，合金钢在铸造领域应用日益增多，特别是铸造低合金高强度钢和具有专门用途的铸造高合金钢均已应用于实际工程中。

2. 采用炼钢新技术，提高了钢液质量。用电弧炉或感应炉炼钢，钢液的质量虽能满足一般铸钢件的要求，但钢液中仍存在气体和非金属夹杂物，影响钢的性能。炉外精炼技术的发展，大大提高了钢液的纯净度，使铸钢的力学性能特别是韧性大大提高，为高强度铸钢和超高强度铸钢的生产创造了条件。

3. 控制铸钢结晶过程，改善铸态组织，提高了铸钢的性能。例如，除通过热处理方法改善铸钢的组织形态外，同时还采用微量元素合金化等途径来改善钢液结晶过程，以达到细化晶粒和消除不良形态的铸态组织。

13.1.2 铸钢可按其化学成分分为：碳钢和合金钢；也可按其质量等级、性能及其使用特性分为：工程与结构用钢、合金钢、特殊钢、工具钢和专业用钢等。铸钢的两种分类见表13.1.2-1。

铸钢分类 表 13.1.2-1

按化学成分分类	铸造碳钢	低碳钢（C≤0.25%） 中碳钢（C：0.25%～0.60%） 高碳钢（C：0.60%～2.00%）
	铸造合金钢	低合金钢（合金元素总量≤5%） 中合金钢（合金元素总量5%～10%） 高合金钢（合金元素总量≥10%）
按主要质量等级 和主要性能及使用特性分类	工程与结构用钢	碳素结构钢 合金结构钢
	铸造特殊钢	不锈钢 耐热钢 耐磨钢 耐候钢 其他
	铸造工具钢	刃具钢 模具钢
	专业用钢	

13.1.3 一般工程与结构用铸钢的特点如下。

1. 铸造碳钢。铸造碳钢是铸钢件的主要铸钢材料，具有强度高、韧性好的综合力学性能，常被用于承受重载荷、动载荷的结构铸钢件，应用广泛，目前，铸造碳钢件约占铸钢件的70%以上。

1）铸造碳钢的牌号和化学成分如下。

在现行国家标准中，铸造碳钢的牌号由铸钢拼音字母的首字母 ZG、屈服强度指标（MPa）与抗拉强度指标（MPa）三部分组成。如，ZG275-485。

铸造碳钢的化学成分中，碳、硅、锰、磷、硫五种元素是基本元素，其中碳可提高碳钢中的珠光体含量，使碳钢的强度提高；硅和锰也在一定程度上对钢起固溶强化的作用；磷和硫会降低钢的性能，磷会形成脆性的 Fe_3P 化合物，导致钢的塑韧性急剧下降，且使钢的脆性转变温度升高，这种现象通常也叫"冷脆"；硫易在晶界形成低熔点物质 FeS（其熔点只有985℃），高温状态受力时，材料会沿晶界形成裂纹，这种现象通常也叫"热脆"，所以磷、硫都是有害元素。

铸造碳钢的牌号与化学成分，现行国家标准《一般工程用铸造碳钢件》GB/T 11352—2009 的规定可参见表 13.1.3-1，现行国际标准《一般工程用铸造碳钢（Cast carbon steels for general engineering purposes）》ISO 3755：1991 的规定可参见表 13.1.3-2。应该指出，对于碳、硅和锰三种元素，表 13.1.3-1 中只给出上限值而未给出下限值，这是为了给生产留有较大的化学成分调整范围，各生产厂家可在保证达到规定力学性能的前提下，根据自己的经验来规定各元素含量的上、下限数值。目前，世界各国工程用铸造碳钢大体上按强度分类，并制定相应的牌号。对于化学成分，除 P、S 外，一般不限定或只规定上限，在保证力学性能要求的条件下，由铸造厂确定化学成分。

中国标准-铸造碳钢的牌号与化学成分（GB/T 11352—2009） 表 13.1.3-1

牌号	质量分数（%）≤										
	C	Si	Mn	S	P	残余元素					
						Ni	Cr	Cu	Mo	V	残余元素总量
ZG 200-400	0.20	0.60	0.80	0.035	0.035	0.40	0.35	0.40	0.20	0.05	1.00
ZG 230-450	0.30		0.90								
ZG 270-500	0.40										
ZG 310-570	0.50										
ZG 340-640	0.60										

注：1. 上限减少碳0.01%，允许锰增加0.04%。对 ZG 200-400，锰最高至1.00%。其余四个牌号锰最高至1.20%。

2. 除另有规定外，残余元素不作为验收依据。

国际标准-铸造碳钢的牌号与化学成分（ISO 3755—1991） 表 13.1.3-2

铸钢牌号	质量分数（%）≤	
	P	S
200-400	0.035	0.035
230-450	0.035	0.035
270-480	0.035	0.035
340-550	0.035	0.035

注：1. 各牌号的化学成分将由制造商决定，均为质量分数。

2. 残余元素总质量分数不超过1.00%。

2) 铸造碳钢的力学性能，现行国家标准《一般工程用铸造碳钢件》GB/T 11352—2009 的规定可参见表 13.1.3-3，现行国际标准《一般工程用铸造碳钢（Cast carbon steels for general engineering purposes）》ISO 3755：1991 的规定可参见表 13.1.3-4。

中国标准-铸造碳钢的性能（GB/T 11352—2009）　　　　表 13.1.3-3

牌号	屈服强度 $R_{eH}/R_{p0.2} \geqslant$ （MPa）	抗拉强度 $R_m \geqslant$ （MPa）	断后伸长率 $A \geqslant$ （%）	根据订货合同选取		
				断面收缩率 Z （%） $\geqslant$	冲击吸收能量 KV_2 （J） $\geqslant$	冲击吸收能量 KU_2 （J） $\geqslant$
ZG200-400	200	400	25	40	30	47
ZG230-450	230	450	22	32	25	35
ZG270-500	270	500	18	25	22	27
ZG310-570	310	570	15	21	15	24
ZG340-640	340	640	10	18	10	16

国际标准-铸造碳钢的性能（ISO 3755—1991）　　　　表 13.1.3-4

铸钢牌号	屈服强度 $R_{eH}/R_{p0.2} \geqslant$ （MPa）	抗拉强度 R_m （MPa）	断后伸长率 $A \geqslant$ （%）	根据订货合同选取	
				断面收缩率 $Z \geqslant$ （%）	冲击吸收能量 $KV_2 \geqslant$ （J）
200-400	200	400～550	25	40	30
230-450	230	450～600	22	31	25
270-480	270	480～630	18	25	22
340-550	340	550～700	15	21	20

2. 铸造低合金钢和铸造高强度钢。铸造碳钢虽然应用很广，但在性能上有许多不足之处，如淬透性差、厚断面铸件不能采用淬火－回火处理进行强化、抗磨性及耐腐蚀性较差等，不能满足现代工业对铸钢件的需要，因而，合金钢铸件日益得到发展。采用中、低合金铸钢可得到良好的综合力学性能，合金铸钢碳的质量分数一般在 0.45% 以下，加入合金元素总的质量分数不超过 8%，通常具有较高的强度、良好的韧性和淬透性能。

1) 常用合金元素对铸钢组织性能的影响特点如下。

碳钢进行合金化的目的在于提高力学性能和改善某些物理化学性能（如耐高温、耐低温、抗磨及耐蚀等）。铸造低合金钢利用合金元素提高其淬透性、细化晶粒及固溶强化铁素体等，进而提高铸钢的力学性能。

合金钢中常用的合金元素是 Mn、Si、Cr、Mo、Cu 及 Ni，而 B、V、Nb 和 RE（稀土）为微量元素，常用合金元素往往是合金铸钢中的主加元素，其加入量较大，对铸钢各方面的性能起着主导作用。而微量元素往往是起着辅助作用，以达到进一步强化和获得一些特殊使用性能（如耐热、抗磨）的目的。

2) 关于铸造低合金钢的牌号、化学成分和机械性能，现行国家标准《一般工程与结构用低合金铸钢件》GB/T 14408—2014 的规定可参见表 13.1.3-5、表 13.1.3-6。表 13.1.3-7、表 13.1.3-8 节选自国家现行标准《大型低合金钢铸件 技术条件》JB/T 6402—2018。

中国标准-铸造低合金钢牌号和化学成分（质量分数%）

（GB/T 14408—2014）

表 13. 1. 3-5

牌号	S≤	P≤
ZGD270-480		
ZGD290-510		
ZGD345-570		
ZGD410-620	0.040	0.040
ZGD535-720		
ZGD650-830		
ZGD730-910	0.035	0.035
ZGD840-1030		
ZGD1030-1240	0.020	0.020
ZGD1240-1450		

除非供需双方另有规定，各牌号化学成分由供方决定，并且除 P、S 外，其他元素不作为验收依据。

中国标准-铸造低合金钢机械性能（GB/T 14408—2014）

表 13. 1. 3-6

牌号	屈服强 $R_{p0.2}$ (MPa) ≥	抗拉强 R_m (MPa) ≥	断后伸长 A_5 (%) ≥	断面收缩 Z (%) ≥	冲击吸收能量 KV_2 (J) ≥
ZGD270-480	270	480	18	38	25
ZGD290-510	290	510	16	35	25
ZGD345-570	345	570	14	35	20
ZGD410-620	410	620	13	35	20
ZGD535-720	535	720	12	30	18
ZGD650-830	650	830	10	25	18
ZGD730-910	730	910	8	22	15
ZGD840-1030	840	1030	6	20	15
ZGD1030-1240	1030	1240	5	20	22
ZGD1240-1450	1240	1450	4	15	18

常用铸造锰系低合金钢化学成分（质量分数%）（JB/T 6402—2018）

表 13. 1. 3-7

牌号	C	Si	Mn	P	S	Cr	Ni	Mo	V	Cu
ZG20Mn	0.17~0.23	≤0.80	1.00~1.30	≤0.030	≤0.030	—	≤0.80	—	—	—
ZG30Mn	0.27~0.34	0.30~0.50	1.20~1.50	≤0.030	≤0.030	—	—	—	—	—
ZG35Mn	0.30~0.40	≤0.80	1.10~1.40	≤0.030	≤0.030	—	—	—	—	—
ZG40Mn	0.35~0.45	0.30~0.45	1.20~1.50	≤0.030	≤0.030	—	—	—	—	—
ZG40Mn2	0.35~0.45	0.20~0.40	1.60~1.80	≤0.030	≤0.030	—	—	—	—	—
ZG45Mn2	0.42~0.49	0.20~0.40	1.60~1.80	≤0.030	≤0.030	—	—	—	—	—
ZG50Mn2	0.45~0.55	0.20~0.40	1.50~1.80	≤0.030	≤0.030	—	—	—	—	—

续表

牌号	C	Si	Mn	P	S	Cr	Ni	Mo	V	Cu
ZG35SiMnMo	0.32～0.40	1.10～1.40	1.10～1.40	≤0.030	≤0.030	—	—	0.20～0.30	—	≤0.30
ZG35CrMnSi	0.30～0.40	0.50～0.75	0.90～1.20	≤0.030	≤0.030	0.50～0.80	—			
ZG40Cr1	0.35～0.45	0.20～0.40	0.50～0.80	≤0.030	≤0.030	0.80～1.10	—			
ZG35Cr1Mo	030～0.37	0.30～0.50	0.50～0.80	≤0.030	≤0.030	0.80～1.20	—	0.20～0.30		
ZG42 Cr1Mo	0.38～0.45	0.30～0.60	0.60～1.00	≤0.030	≤0.030	0.80～1.20	—	0.20～0.30		

常用铸造锰系低合金钢力学性能 (JB/T 6402—2018)　　表 13.1.3-8

牌号	热处理状态	屈服强度 R_{eH} ≥（MPa）	抗拉强度 R_m （MPa）	断后伸长率 A≥（%）	断面收缩率 Z≥（%）	冲击吸收能量 KU_2≥（J）	冲击吸收能量 KV_2≥（J）
ZG20Mn	正火＋回火	285	≥495	18	30	39	—
	调质	300	500～650	22	—	—	45
ZG30Mn	正火＋回火	300	≥550	18	30		
ZG35Mn	正火＋回火	345	≥570	12	20	24	
	调质	415	≥640	12	25	27	
ZG40Mn	正火＋回火	350	≥640	12	30		
ZG40Mn2	正火＋回火	395	≥590	20	35	30	
	调质	635	≥790	13	40	35	
ZG45Mn2	正火＋回火	392	≥637	15	30	—	
ZG50Mn2	正火＋回火	445	≥785	18	37		
ZG35SiMnMo	正火＋回火	395	≥640	12	20	24	
	调质	490	≥690	12	25	27	
ZG35CrMnSi	正火＋回火	345	≥690	14	30	—	
ZG40Cr1	正火＋回火	345	≥630	18	26		
ZG35Cr1Mo	正火＋回火	392	≥588	12	20	23.5	
	调质	490	≥686	12	25	31	
ZG42 Cr1Mo	正火＋回火	410	≥569	12	20	—	12
	调质	510	690～830	11	—		15

一般工程与结构用铸钢侧重于材料强度、韧性等综合性能指标，碳含量比较高，焊接性差，故一般不适用于焊接结构，选材时应特别注意。

13.1.4　焊接结构用铸钢的特点如下。

为了确保施焊方便和结构件的可焊性，焊接结构用铸钢的要求与一般工程用铸钢稍有不同。焊接结构用铸钢含 C 量较低，对残余元素的含量限制也较严，必要时还可限定钢的碳当量，购买方可在订货时提出碳当量要求。关于焊接结构用铸钢，现行国家标准为《焊接结构用铸钢件》GB/T 7659—2010，现行国际标准为《一般工程用铸造碳钢（Cast carbon steels for general engineering purposes)》ISO 3755：1991，现行日本标准为《焊接结构用铸钢件》JISG 5102—1991，现行德国标准为《一般工程用铸钢件》DIN EN

10293—2005。焊接结构用铸钢是铸钢材料的发展方向之一。

在建筑工程中，为避免多杆汇交节点焊接时产生较大残余应力，且考虑到节点设计自由度大、外形美观，铸钢节点已得到愈来愈多的应用。为规范铸钢节点的设计与制作，我国制定了《铸钢节点应用技术规程》CECS 235：2008，适用于工业与民用建筑和一般构筑物。对焊接结构铸钢，优先推荐选用按中国与德国标准生产的铸钢材料。

现行国家标准《焊接结构用铸钢件》GB/T 7659—2010 规定的碳当量计算公式为

$$CE(\%) = C + Mn/6 + (Cr + Mo + V)/5 + (Ni + Cu)/15 \qquad (13.1.4\text{-}1)$$

各牌号的碳当量规定见表 13.1.4-1。

碳当量 （GB/T 7659—2010）　　　　　　　　　　　　　表 13.1.4-1

牌号	CE（%）≤	牌号	CE（%）≤
ZG200-400H	0.38	ZG300-500H	0.46
ZG230-450H	0.42	ZG340-550H	0.48
ZG 270-480H	0.46		

1. 焊接结构用铸钢件牌号和化学成分，可参见表 13.1.4-2～表 13.1.4-5。

中国标准 （GB/T 7659—2010）　　　　　　　　　　　　表 13.1.4-2

牌号	质量分数（%）										
	C	Si≤	Mn	S≤	P≤	残余元素≤					
						Ni	Cr	Cu	Mo	V	总和
ZG200-400H	≤0.20		≤0.80								
ZG230-450H	≤0.20		≤1.20								
ZG270-480H	0.17～0.25	0.60	0.80～1.20	0.025	0.025	0.40	0.35	0.40	0.15	0.05	1.0
ZG300-500H	0.17～0.25		1.00～1.60								
ZG340-550H	0.17～0.25	0.80	1.00～1.60								

注：1. 实际碳含量比表中碳上限每减少 0.01%，允许实际锰含量超出表中锰上限 0.04%，但总超出量不得大于 0.2%。

2. 残余元素一般不进行分析，如需方有要求时，残余元素进行分析。

国际标准 （ISO 3755—1991）　　　　　　　　　　　　表 13.1.4-3

铸钢牌号	质量分数（%）≤									
	C	Si	Mn	P	S	Ni	Cr	Cu	Mo	V
200-400W	0.25	0.60	1.00	0.035	0.035	0.40	0.35	0.40	0.15	0.05
230-450W	0.25	0.60	1.20	0.035	0.035	0.40	0.35	0.40	0.15	0.05
270-480W	0.25	0.60	1.20	0.035	0.035	0.40	0.35	0.40	0.15	0.05
340-550W	0.25	0.60	1.50	0.035	0.035	0.40	0.35	0.40	0.15	0.05

注：Ni、Cr、Cu、Mo、V 质量分数总和≤1.0%。

日本标准 （JIS 5102—1991）　　　　　　　　　　　　表 13.1.4-4

牌号	质量分数（%）≤								
	C	Si	Mn	P	S	Ni	Cr	Mo	V	CE(<)
SCW410	0.22	0.80	1.50	0.040	0.040	—	—	—	—	0.40

续表

牌号	质量分数（%）≤									
	C	Si	Mn	P	S	Ni	Cr	Mo	V	CE(<)
SCW450	0.22	0.80	1.50	0.040	0.040	—	—	—	—	0.43
SCW480	0.22	0.80	1.50	0.040	0.040	0.50	0.50	—	—	0.45
SCW550	0.22	0.80	1.50	0.040	0.040	2.50	0.50	0.30	0.20	0.48
SCW620	0.22	0.80	1.50	0.040	0.040	2.50	0.50	0.30	0.20	0.50

德国标准（DIN EN 10293—2005）　　　　　　　　　　　　表 13.1.4-5

牌号	质量分数（%）					
	C	Si（≤）	Mn	P（≤）	S（≤）	Ni（≤）
G17Mn5	0.15～0.20	0.60	1.00～1.60	0.020	0.020	—
G20Mn5	0.17～0.23	0.60	1.00～1.60	0.020	0.020	0.80

2. 焊接结构用铸钢件性能可参见表 13.1.4-6～表 13.1.4-8。

中国标准（GB/T 7659—2010）　　　　　　　　　　　　表 13.1.4-6

牌号	拉伸性能			根据合同选择	
	上屈服强度 R_{eH}（MPa）≥	抗拉强度 R_m（MPa）≥	断后伸长率 A（%）≥	断面收缩率 Z（%）≥	冲击吸收能量 KV_2（J）≥
ZG200-400H	200	400	25	40	45
ZG230-450H	230	450	22	35	45
ZG270-480H	270	480	20	35	40
ZG300-500H	300	500	20	21	40
ZG340-550H	340	550	15	21	35

注：当无明显屈服时，测定规定非比例延伸强度 $R_{P0.2}$。

国际标准（ISO 3755—1991）　　　　　　　　　　　　表 13.1.4-7

铸钢牌号	拉伸性能			根据订货合同选取	
	$R_{eH}/R_{P0.2}$（≥）	R_m	A（≥）	Z（≥）	KV_2（≥）
	（MPa）		（%）	（%）	（J）
200-400W	200	400～550	25	40	45
230-450W	230	450～600	22	31	45
270-480W	270	480～630	18	25	22
340-550W	340	550～700	15	21	20

德国标准（DIN EN 10293—2005）　　　　　　　　　　　　表 13.1.4-8

牌号	状态	厚度	拉伸性能			冲击吸收能量	
			$R_{p0.2}$（≥）	R_m	A（≥）	KV_2（≥）（J）	温度（℃）
			（MPa）		（%）		
G17Mn5	调质	$t≤50$	240	450～600	24	70	室温
						27	-40

续表

牌号	状态	厚度	拉伸性能			冲击吸收能量	
			$R_{p0.2}(\geqslant)$	R_m	$A(\geqslant)$	$KV_2(\geqslant)$(J)	温度(℃)
			(MPa)		(%)		
G20Mn5	正火	$t\leqslant30$	300	480～620	20	50 27	室温 −30
	调质	$t\leqslant100$	300	500～650	22	60 27	室温 −40

13.1.5　工程结构用中、高强度不锈钢铸件的特点如下。

不锈钢主要用于制造受液体或气体腐蚀的铸件，除此以外，在石油工业、化学工业以及食品医药工业中也应用较多。Cr、Ni、Mn、Mo、N 等元素溶于铁的晶格中形成固溶体，在钢的表面形成一层致密的氧化膜，这种氧化膜在氧化性酸类（如硝酸）中具有高的化学稳定性，称为钝化膜，这层钝化膜的作用在于保护晶粒内部免受腐蚀。不锈钢抗大气腐蚀优于碳钢。关于工程结构用中、高强度不锈钢铸件的规定，详见现行国家标准《工程结构用中、高强度不锈钢铸件》GB/T 6967—2009，化学成分可参见表 13.1.5-1，力学性能见表 13.1.5-2。

工程结构用中、高强度不锈钢铸件的牌号和化学成分
（GB/T 6967—2009）　　　　　　　表 13.1.5-1

牌号	C ≤	Si ≤	Mn ≤	Cr	Ni	Mo	P ≤	S ≤	残余元素≤			
									Cu	V	W	总量
ZG20Cr13	0.16～0.24	0.80	0.80	11.5～13.5	—	—	0.035	0.025	0.50	0.05	0.10	0.50
ZG15Cr13	≤0.15	0.80	0.80	11.5～13.5	—	—	0.035	0.025				
ZG15Cr13Ni1	≤0.15	0.80	0.80	11.5～13.5	≤1.00	≤0.50	0.035	0.025				
ZG10Cr13Ni1Mo	≤0.10	0.80	0.80	11.5～13.5	0.8～1.80	0.20～0.50	0.035	0.025				
ZG06Cr13Ni4Mo	≤0.06	0.80	1.00	11.5～13.5	3.5～5.0	0.40～1.00	0.035	0.025				
ZG06Cr13Ni5Mo	≤0.06	0.80	1.00	11.5～13.5	4.5～6.0	0.40～1.00	0.035	0.025				
ZG06Cr16Ni5Mo	≤0.06	0.80	1.00	15.5～17.0	4.5～6.0	0.40～1.00	0.035	0.025				
ZG04Cr13Ni4Mo	≤0.04	0.80	1.50	11.5～13.5	3.5～5.0	0.40～1.00	0.030	0.010				
ZG04Cr13Ni5Mo	≤0.04	0.80	1.50	11.5～13.5	4.5～6.0	0.40～1.00	0.030	0.010				

注：1. 表中数值除给出范围外，均为最大值。2. 铸焊结构工程使用时C≤0.06%。

工程结构用中、高强度不锈钢铸件力学性能（GB/T 6967—2009）　　表 13.1.5-2

牌号	屈服强度 $R_{P0.2}$ (MPa) ≥	抗拉强度 R_m (MPa) ≥	断后伸长率 A_5 (%) ≥	断面收缩率 Z (%) ≥	冲击吸收能量 KV_2 (J) ≥	硬度 HBW
ZG15Cr13	345	540	18	40	—	163～229
ZG20Cr13	390	590	16	35	—	170～235

续表

牌号		屈服强度 $R_{P0.2}$ （MPa）≥	抗拉强度 R_m （MPa）≥	断后伸长率 A_5 （%）≥	断面收缩率 Z （%）≥	冲击吸收能量 KV_2 （J）≥	硬度 HBW
ZG15Cr13Ni1		450	590	16	35	20	170～241
ZG10Cr13Ni1Mo		450	620	16	35	27	170～241
ZG06Cr13Ni4Mo		550	750	15	35	50	221～294
ZG06Cr13Ni5Mo		550	750	15	35	50	221～294
ZG06Cr16Ni5Mo		550	750	15	35	50	221～294
ZG04Cr13Ni4Mo	HT1[a]	580	780	18	50	80	221～294
	HT2[b]	830	900	12	35	35	294～350
ZG04Cr13Ni5Mo	HT1[a]	580	780	18	50	80	221～294
	HT2[b]	830	900	12	35	35	294～350

[a]　回火温度应在 600～650℃。

[b]　回火温度应在 500～550℃。

13.2　建筑用铸钢节点的特点、类型与应用范围

13.2.1　随着空间结构的发展，特别是新型结构体系不断出现，结构的跨度愈来愈大，结构形式也越来越复杂，结构构件之间节点的连接方式日趋复杂，传统的钢结构节点已难以满足工程的需要，在这种情况下，铸钢节点得到了发展与广泛应用。铸钢节点整体浇铸成型，具有以下特点。

1. 相对于焊接节点，构件无需相贯线切割，节点处不存在因重叠焊缝焊接引起的应力集中；

2. 铸钢材料各向同性，铸钢节点具有较强的整体结构性；

3. 采用铸钢节点，设计自由度大，可根据建筑需要和结构受力设计、生产出具有复杂外形和内腔的节点，可根据节点受力特点采用最合理的截面形状和壁厚，改善铸钢节点的应力分布；

4. 铸钢节点应用范围广，不受位置、形状、尺寸的限制，既可用于结构中部节点，也可用于支座节点。

随着铸造工艺的提高，铸钢节点以其合理性与实用性，在建筑工程中得到越来越多的应用。

13.2.2　铸钢节点与钢结构构件间的常用连接方式有：焊缝连接（图 13.2.2-1）、螺纹连接（图 13.2.2-2）和销轴连接（图 13.2.2-3）。

13.2.3　建筑用铸钢节点一般应用于大跨度空间结构，如大跨度空间桁架汇交节点、张弦桁架端部与索的连接节点、索与桁架杆件相交节点、复杂支座节点、多钢管相贯节

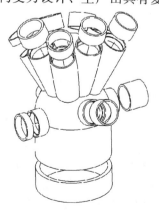

图 13.2.2-1　铸钢节点与钢结构构件的焊缝连接

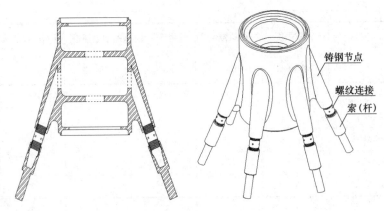

图 13.2.2-2　铸钢节点与钢结构构件的螺纹连接

图 13.2.2-3　铸钢节点与钢结构构件的销轴连接

点、箱形构件连接节点和截面形状复杂的异形构件等。

13.2.4　建筑用铸钢节点可按其内部构造和节点形式进行下列分类。

1. 根据节点的内部构造分为：实心铸钢节点、半空心半实心铸钢节点、空心铸钢节点。

三类节点的材料用量依次减少，但承载力也相应降低，工程中应根据受力要求确定其内部构造。实心铸钢节点承载力大，但节点用钢量大，不仅浪费材料，导致节点自重大、工程造价高，同时也对整个结构受力产生不利影响。因此，实心铸钢节点在建筑工程中很少采用。

2. 根据节点形式分为：铸钢空心球管节点、铸钢相贯节点、铸钢支座节点三类。

铸钢空心球管节点与我国普遍采用的焊接空心球节点相似，由于钢管根部与球整体浇铸在一起，焊缝位于铸钢管上。

铸钢相贯节点根据节点外形将多根杆件的汇交处在厂内浇铸而成，内腔可空心，也可半空心、半实心。空心铸钢相贯节点与钢管相贯节点相似，但两者之间存在根本区别，钢管相贯节点主管直通，而铸钢相贯节点可根据各汇交杆件的空间位置铸造成各种形状，不受主管直通限制。该类节点无论是空心还是半空心半实心，焊缝均位于铸钢管上，在管与管相交处存在过渡圆角。为了提高节点的强度与刚度，空心节点内部可设置铸钢加劲肋。

铸钢支座是一种特殊形式节点，是将上部荷载传递给下部结构的重要传力构件，其设计是否合理，关系到整个结构的安全。铸钢支座主要应用在网架或网壳与下部结构的结合处、张弦桁架端部、梁柱结合处等，其形式差别较大，应根据具体结构要求进行设计。

13.2.5　建筑用铸钢节点设计应遵循以下主要原则。

1. 铸钢节点设计必须满足铸造工艺的要求；

2. 焊接铸钢节点应选用具有良好可焊性的材料；

3. 节点中各肢杆、拉索套管、筒身等各自的中心线，宜相交于节点的理论几何中心点，避免产生偏心扭矩；

4. 为了保证钢液均匀平稳地进入型腔，应确保钢液凝固速度，同时铸钢节点的壁厚不宜过薄，对于空心铸钢管来说，其壁厚为与之相连钢管壁厚的 1.5～3 倍；

5. 为避免节点上出现尖角，铸钢节点各杆件之间的内、外壁应圆滑过渡，即应设计过渡圆角，在不影响结构功能的条件下，可适当加大圆角半径。通常内腔圆角半径宜为 20～30mm，外腔圆角半径宜为 40～50mm；

6. 在内力较大部位，可设置不影响浇注的短加劲肋；

7. 铸钢节点常需与钢管进行焊接，由于铸钢节点铸钢管段壁厚通常比相连的对接钢管壁厚大，将钢管与铸钢件直接焊接时，将在焊缝处产生较大的焊接应力，因此，设计节点时应考虑节点与钢管的焊接接口形式。铸钢节点与钢管的焊接应为对接焊，焊接处应做焊接槽口，即在焊口部位，铸钢管壁厚度应平滑过渡到与钢管相当的壁厚，焊接槽口尺寸根据铸钢管壁厚和与之相连的钢管壁厚确定。

13.2.6　建筑用铸钢节点受力复杂，传统计算方法难以进行准确计算，在设计铸钢节点时，可采用有限元法对节点进行详细的受力分析。同时，对于重要节点，宜进行足尺或缩尺模型试验，以保证设计的可靠性。

13.2.7　建筑用铸钢节点材料选用，应综合考虑结构的重要性、荷载特性、连接形式、应力状态、铸件厚度、工作环境及铸造工艺等多种因素。铸钢材料应具备必要的力学性能，即材料的屈服强度、抗拉强度、断后伸长率、冲击吸收能量以及屈强比等。

采用焊缝连接的铸钢节点，应采用焊接结构铸钢，并应严格控制 C、S、P 含量，使铸钢节点具有良好的塑性与韧性，且确保铸钢节点的可焊性，以满足铸钢节点与钢管两种不同材质的焊接要求。

采用螺纹连接和销轴连接的铸钢节点，材料可采用焊接结构铸钢、碳素铸钢和低合金铸钢，大型铸钢节点主要采用低合金铸钢。虽然采用螺纹连接和销轴连接的铸钢节点无需焊接，但考虑铸件补焊的要求，也应尽量选用焊接性好的材料。

对于一些特殊用途的铸钢节点，如为美观表面不能涂漆的，则可采用不锈钢。

13.2.8　铸钢节点的生产及安装过程中，需要进行以下几方面的检验。

1. 化学成分检验：每熔炼炉次进行化学成分分析，并提供相应的化学成分检验报告；

2. 力学性能检验：每批铸件均需进行检验，并提供检验报告；

3. 无损探伤检测：检测铸钢节点的裂纹损伤。铸件无损检测的方法主要有磁粉检测、超声波检测、渗透检测和射线检测；

4. 几何尺寸及空间位置检测：用相应精度的仪器、量具、样板等，检测铸钢节点的几何尺寸及空间位置，必要时，在铸钢件上标出定位线，以利于节点安装；

5. 铸钢件外观质量检测。

13.3　铸钢节点铸造工艺

13.3.1　铸钢节点的生产过程主要包括：节点图设计、模样制作、造型、制芯、合型、合金熔炼、浇注、落砂清理、热处理、表面处理、探伤检验、涂装等。

13.3.2　铸钢节点铸造工艺设计依据包括。

1. 铸钢节点设计图纸。铸造前应仔细审查铸钢节点的结构是否符合铸造工艺要求。

2. 铸钢节点的技术要求。应检查铸件的材质牌号、力学性能、铸件的质（重）量及尺寸允许偏差、表面质量、探伤检查的方式及等级要求、铸钢节点的工作条件等，以便在工艺设计中采取合理的工艺措施，使其满足技术要求。

3. 铸钢节点生产数量类型。具体分类如下：

1）大量生产，年产量5000件以上相同产品，工艺设计中尽量采用优化工艺，使用专用设备和装备；

2）成批生产，年产量500~5000件相同产品，工艺设计中尽量采用优化工艺，使用通用设备和装备；

3）单件小批生产，工艺设计中应采用可靠、易掌握、合理的工艺，尽量减少工艺装备的制造量。

建筑用铸钢节点生产，大多是单件小批生产。

4. 铸钢节点生产车间的条件主要包括。

1）车间的设备，如车间的起重运输设备的能力（最大起吊重量和起吊高度）、电弧炉或其他电炉的吨位和台数、地坑大小、厂房高度、大门尺寸、热处理炉的大小（包含装炉量和最大装炉尺寸）等；

2）车间现有原材料的应用情况和供应情况，主要包括熔炼的原料、合金配料、造型用的砂子；

3）车间生产工人的技术水平及经验；

4）模样的制作能力及生产经验。

13.3.3　铸钢节点的铸造方法，根据铸钢节点重量大小及表面质量要求可分为熔模铸造和普通砂型铸造，具体特点如下。

1. 熔模铸造适合重量一般不大于100kg、对表面质量要求高的铸钢节点的制作生产。熔模铸造又可分为水玻璃壳熔模铸造和硅溶胶壳熔模铸造，硅溶胶壳熔模铸造的表面质量比水玻璃壳熔模铸造好，但相应铸造成本高。熔模铸造比普通砂型铸造成本高。

2. 普通砂型铸造适合几十公斤以上的铸钢节点的制作生产，又可分为水玻璃砂和树脂砂铸造。树脂砂铸造的表面质量比水玻璃砂铸造好，但由于树脂砂的退让性较差，复杂铸钢节点铸造不宜采用，否则易引起铸钢节点局部应力集中，最终导致铸钢节点可能出现裂纹缺陷。

13.3.4　铸钢节点铸造时的凝固和收缩特点。

1. 铸钢节点铸造时，合金从液态转变为固态的状态变化称为凝固。凝固过程中易产生浇不足、气孔、缩孔、缩松、裂纹、夹杂物等铸造缺陷，需特别注意。

2. 铸钢节点铸造时，铸件从液态到固态的冷却凝固过程中所发生的体积减小的现象称为收缩。收缩是铸造合金本身的物理性质，也是铸钢节点产生缩松、缩孔、应力、裂纹、变形的根本原因。防止铸钢节点产生缩松、缩孔缺陷的基本原则是确保铸钢节点实现顺序凝固，并在铸钢节点的最后凝固位置设置一定尺寸的工艺措施（即冒口），使铸钢节点的最后凝固区域出现在冒口部位。

13.3.5　铸钢节点凝固过程应进行数值模拟。在工艺设计时，应由铸钢节点制作方根据铸件的几何造型，进行工艺过程数值模拟，在实际制作前，确定工艺流程中的各项控制参数。凝固过程模拟以铸件充型过程、凝固过程数值模拟技术为核心，对铸件进行铸造工艺分析。进行铸件的凝固分析、流动分析以及流动和传热耦合计算分析，以确定铸钢件的浇注温度、浇注速度、浇注时间、钢液需求量、凝固补缩措施（冒口、冷铁等）、砂型中冷却时间等工艺参数，同时，预测铸件缩孔和缩松的倾向，对改进和优化铸造工艺、提高铸件质量、降低废品率、保证工艺设计水平稳定等，起到积极的作用。

13.3.6　铸钢节点的结构形式应符合下列规定。

1. 铸钢节点的壁厚宜按表 13.3.6-1 取用，并不应小于表 13.3.6-2 所列的最小壁厚。

铸钢节点的合理壁厚（mm）　　　　　表 13.3.6-1

铸钢节点最大轮廓尺寸（mm）	铸钢节点次大轮廓尺寸（mm）			
	≤350	351～700	701～1500	1501～3500
≤1500	15～20	20～25	25～30	—
1500～3500	20～25	25～30	30～35	35～40
3500～5500	25～30	30～35	35～40	40～45
5500～7000	—	35～40	40～45	45～50

铸钢节点的最小壁厚（mm）　　　　　表 13.3.6-2

铸钢种类		铸钢节点的最大轮廓尺寸（mm）					
		≤200	200～400	400～800	800～1250	1250～2000	2000～3000
碳素钢		8	9	11	14	16～18	20
低合金结构钢	低锰	8	9～10	12	16	20	25
	其他	8～9					

2. 铸钢节点的内圆角可按表 13.3.6-3 设计，外圆角可按表 13.3.6-4 设计。

铸钢节点内圆角（mm）　　　　　表 13.3.6-3

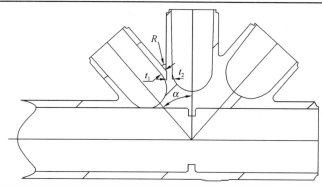

$\dfrac{t_1+t_2}{2}$	R 值					
	内夹角 α					
	<50°	51°～75°	76°～105°	106°～135°	136°～165°	>165°
≤8	4	4	6	8	16	20

续表

$\dfrac{t_1+t_2}{2}$	R值					
	内夹角 α					
	<50°	51°~75°	76°~105°	106°~135°	136°~165°	>165°
9~12	4	4	6	10	16	25
13~16	4	6	8	12	20	30
17~20	6	8	10	16	25	40
21~27	6	10	12	20	30	50
28~35	8	12	16	25	40	60
36~45	10	16	20	30	50	80
46~60	12	20	25	35	60	100
61~80	16	25	30	40	80	120
81~110	20	25	35	50	100	160
111~150	20	30	40	60	100	160
151~200	25	40	50	80	120	200
201~250	30	50	60	100	160	250
251~300	40	60	80	120	200	300
>300	50	80	100	160	250	400

铸钢节点外圆角（mm）　　　　　　　　　　　表 13.3.6-4

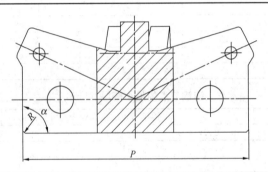

表面的最小边尺寸 P	R值					
	内夹角 α					
	<50°	51°~75°	76°~105°	106°~135°	136°~165°	>165°
≤25	2	2	2	4	6	8
25~60	2	4	4	6	10	16
60~160	4	4	6	8	16	25
160~250	4	6	8	12	20	30
250~400	6	8	10	16	25	40
400~600	6	8	12	20	30	50
600~1000	8	12	16	25	40	60
1000~1600	10	16	20	30	50	80
1600~2500	12	20	25	40	60	100
>2500	16	25	30	50	80	120

　　3. 为便于铸造工艺达到铸钢节点内部致密的质量要求，铸钢节点不同壁厚间宜采用图 13.3.6-1 的渐变结构形式，不宜采用图 13.3.6-2 的等壁厚结构形式。

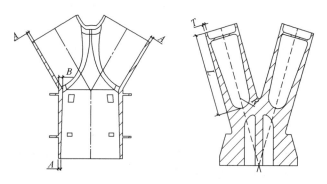

图 13.3.6-1　渐变结构形式

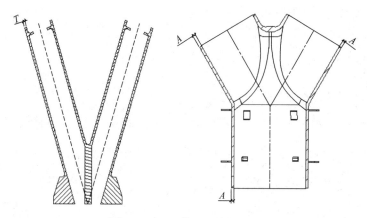

图 13.3.6-2　等壁厚结构形式

4. 铸钢节点焊接面之间的距离 L（图 13.3.6-3），应不小于表 13.3.6-5 中的规定。

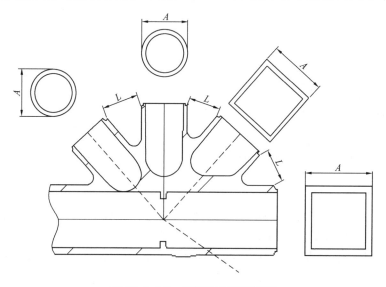

图 13.3.6-3　焊接面之间的距离

焊接面之间的距离　　　　　　　　　　　　　　　　表 13. 3. 6-5

焊接面之间的距离	L(mm)	
	$A<200$mm	$A\geqslant200$mm
两个焊接面均为方管	250	$250+(A-200)\times350/800$
两个焊接面一圆管一方管	200	$200+(A-200)\times250/800$
两个焊接面均为圆管	150	$150+(A-200)\times200/800$

13. 3. 7　铸钢节点模样应符合下列要求。

1. 铸钢节点模样材料应根据铸钢节点的结构形式、相同件的数量、工期等条件选择，宜选用木模、消失模、木模与消失模结合的形式等，如图 13.3.7-1 所示，其中（a）、（b）为木模，（c）、（d）为消失模。

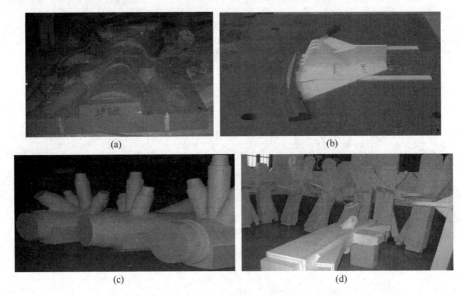

（a）　　　　　　　　　　　　　　　　（b）

（c）　　　　　　　　　　　　　　　　（d）

图 13.3.7-1　铸钢节点的模样材料

木模适合于铸钢节点的结构形式便于铸造砂型制作后模样起模，相同件的数量以十几件为宜，模样制作周期相对较长。消失模适合于铸钢节点的结构形式不便于铸造砂型制作后模样的起模，相同件的数量为单件或几件，模样制作周期相对较短。

2. 铸钢节点模样制作完毕后，应进行模样尺寸检测。模样尺寸检测合格后，方可进行砂型制作。铸钢节点制作方应向购买方提供模样尺寸检测数据表。

13. 3. 8　铸钢节点钢液熔炼包括以下内容。

1. 熔炼过程即炼钢，包括钢液内、炉渣内、钢液与炉渣间、钢液与炉内气氛间、炉渣与炉内气氛间以及炉渣与炉衬间发生的一系列氧化和还原反应，是在高温下、多相间进行的复杂的物理的、化学的和物理化学的作用过程。

2. 铸钢节点钢液熔炼设备主要包括碱性电弧炉和感应炉。宜采用碱性电弧炉，并使用氧化还原法使化学成分达到规定的要求；当采用感应炉设备时，应控制原材料和熔炼工艺，确保化学成分达到规定要求。不同冶炼炉的特点如下。

1）电弧炉熔炼的特点主要有：优点为对熔炼用原料无严格要求（但好的原料可大大

缩短熔炼时间，降低熔炼成本），钢液中各种化学成分可通过熔炼期、氧化期、还原期添加合金进行调整，钢液化学成分易于调控；缺点为由于电弧炉熔炼过程存在氧化期、还原期，需要进行氧化还原反应，将产生大量的有害气体，对环境污染大。电弧炉熔炼过程通过碳棒对钢液进行加温，效益相对较低，成本高。钢液温度相对不均匀。

2）感应电炉熔炼的特点主要有：优点为钢液有搅拌作用，温度均匀且易于调整，电效益高，金属和合金烧损少，便于实施在真空下和设定的有利气体气氛下熔炼；缺点为感应电炉熔炼基本上是熔化过程，对炉料要求很高，为保证漏磁少、电效率高，炉衬通常较薄，炉衬的寿命较短。

3. 铸钢节点钢液出炉条件包括。

1）钢液的化学成分符合控制的目标值，并应作好纪录；

2）温度符合要求；

3）脱氧良好。

13.3.9 铸钢节点铸造工艺参数。

1. 铸钢节点铸造收缩率。铸钢节点材质多采用低合金结构钢，铸造收缩率宜选用 2%，可根据具体铸钢节点的结构形式调整局部尺寸及收缩量。

2. 铸钢节点尺寸和重量偏差。铸钢节点的尺寸偏差控制见表 13.3.9-1，重量偏差控制见表 13.3.9-2，若有其他特殊要求，应在铸钢节点合同中的技术条款中明示。

铸钢节点的尺寸偏差（mm） 表 13.3.9-1

最大外形尺寸	公称尺寸								
	≤50	50～120	120～260	260～500	500～800	800～1250	1250～2000	2000～3150	3150～5000
≤120	±0.5	±1.0							
120～260	±1.0	±1.5	±2.0						
260～500	±1.5	±2.0	±2.5	±3.0					
500～1250	±2.0	±2.5	±3.0	±3.5	±4.0	±4.5			
1250～2000	±2.5	±3.0	±3.5	±4.0	±4.5	±5.5	±6.5		
2000～3150	±3.0	±3.5	±4.0	±4.5	±5.0	±6.0	±7.0	±8.0	
3150～5000	±3.5	±4.0	±4.5	±5.0	±5.5	±6.5	±7.5	±9.0	±11.0

铸钢节点的重量偏差（kg） 表 13.3.9-2

铸钢节点公称重量	精度等级	
	I	II
	偏差（%）	
≤100	8	10
100～1000	7	10
>1000	6	8

3. 铸钢节点浇注系统、冒口、冷铁。铸钢节点的浇注系统是引导液态合金流入型腔的通道，浇注系统设计不合理，易造成砂眼、夹砂、粘砂、气孔、浇不足、变形、裂纹等缺陷，浇注系统的尺寸大小、放置位置、浇注时间等工艺参数，宜通过数值模拟获得。

铸钢节点浇注温度应根据铸件大小、熔炼容量、钢包大小及烘烤情况来确定。形状简单的铸钢节点宜取较低的浇注温度，形状复杂或壁厚较薄的铸钢节点宜取较高的浇注温度。薄壁铸钢节点宜采用快速浇注法，厚壁铸钢节点宜采用慢-快-慢的浇注法，并应保持一定的充型压力。大型铸钢节点建议低温快速浇注。

冒口的作用，是在铸钢节点凝固期间，用以不断补充液体金属，以补偿铸钢节点凝固时的体积收缩，进而消除铸钢节点内部缩松、缩孔等缺陷。冒口设置应符合顺序凝固的原则，具体设置位置、尺寸大小、数量等参数，宜通过数值模拟获得。节点浇注后，冒口宜采用锯割、氧气切割和电弧切割的方法去除。

冷铁的作用可以减小冒口尺寸，提高工艺出品率。在不便放置冒口的部位，可放置冷铁，以控制铸钢节点的顺序凝固，增加冒口的补缩距离，防止缩松、缩孔等缺陷，消除局部应力、防止裂纹。具体的放置位置、尺寸大小、数量等参数，宜通过数值模拟获得，如图 13.3.9-1 所示。

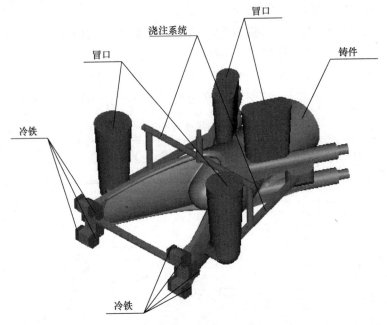

图 13.3.9-1　铸钢节点的浇注

13.4　铸钢节点热处理

13.4.1　铸钢件热处理的目的与主要工艺要求。

1. 铸钢件的铸态组织取决于化学成分和凝固结晶过程，常存在偏析、晶粒粗大和魏氏组织等问题。此外，由于铸钢件通常形状复杂、壁厚不均，同一铸件各部位可能具有不同的组织状态，存在较大的残余应力，因此，铸钢件一般都需进行热处理，通过热处理消除或减轻组织不均匀性和去除残余应力，改善铸钢件的力学性能。

2. 铸钢件热处理的目的是细化晶粒、消除魏氏体（或网状组织）和消除铸造应力。热处理方法有退火、正火、正火加回火、淬火、回火、固溶处理等。

3. 热处理具体工艺参数的选取，取决于铸件的材质、结构以及技术要求。

4. 铸钢件加热，应选择适当的加热速率、加热方式及装料方式，具体要求如下：

1）加热速率：一般铸钢件可采用炉子的最大功率快速加热。热炉装料能有效地提高生产效率，缩短加热时间，但对于结构形状复杂、壁厚差大、在加热中易产生较大的热应力而导致变形或开裂的铸钢件，则应控制加热速率，一般在 600℃ 以下，采用较低的加热速率（10～30℃/h），或在中、低温阶段停留一次或两次进行预热，然后快速升至要求温度。

2）加热方式：主要有辐射加热、盐浴加热和感应加热等。加热方式的选定，以保证铸件加热均匀、便于控制温度和高的热效率为原则，由铸件大小和材质、生产条件确定。

3）装料方式：装料原则是充分利用加热炉的容积，防止铸件变形，创造较好的均匀受热条件，对于需要快速冷却（如水冷淬火）的铸件，装料时还需考虑其入水方向。

5. 铸钢件奥氏体化保温温度，应根据铸钢的化学成分和要求的性能确定。确定保温时间应考虑两个方面因素：即使铸件表面与心部温度均匀一致以及组织均匀化，因此，保温时间主要取决于铸件的导热性能、断面壁厚及合金元素等因素。一般合金钢铸件比碳钢铸件需要更长的保温时间，回火及时效处理因低温下扩散较慢，保温时间要比奥氏体化保温时间长。

铸钢件保温后，可用不同的速率冷却，以获得不同的金相组织，并达到规定的性能指标。冷却速率高，有利于细化晶粒，提高钢的力学性能，但也容易产生较大的应力，导致铸件变形甚至开裂。对有回火脆性的低合金铸钢，回火保温后的冷却特别重要，宜采用快冷方式，快速冷却通过回火脆性区，以免降低钢的韧性。热处理冷却方式有随炉冷却、油冷、水冷、空气中冷却、气流冷却和水雾冷却等。

13.4.2 铸钢件热处理的要求。

1. 碳钢铸件的热处理。碳钢铸件通常采用的热处理方式为退火、正火或正火＋回火（表 13.4.2-1）。这三种热处理方式对铸造碳钢力学性能的影响见图 13.4.2-1。经正火处理的铸钢，其力学性能较退火的略高些，由于组织转变时的过冷度较大，硬度也略高些，因而切削性能也较好，目前，生产中对铸钢件多采用正火方式处理。

含碳量较高且形状较复杂的碳钢铸件，为消除残余应力和改善韧性，可在正火后进行回火处理。回火温度以 550～650℃ 为宜，然后在空气中冷却。碳的质量分数在 0.35% 以上的铸造碳钢件，也可采用调质（淬火＋高温回火）处理，以改善其综合力学性能。小型碳钢铸件，可由铸态直接进行调质处理，大型或形状复杂的碳钢铸件，则宜在正火处理后再进行调质处理。

碳钢铸件的退火、正火、正火＋回火、调质工艺　　表 13.4.2-1

含碳量	退火	正火、正火＋回火		调质	
	温度（℃）	正火温度（℃）	回火温度（℃）	淬火温度（℃）	回火温度（℃）
0.20～0.30	880～900	900～920	550～620	860～880	450～650
0.30～0.40	820～850	840～870	550～650	830～850	450～650
0.40～0.50	800～820	820～840	550～650	820～840	450～650
0.50～0.60	780～800	800～820	550～650	810～830	450～650

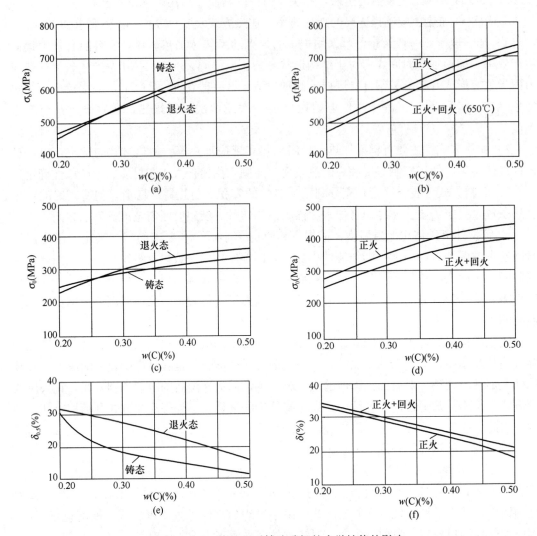

图 13.4.2-1　热处理对铸造碳钢的力学性能的影响

（a）铸态及退火状态下不同含碳量的抗拉强度；（b）正火及正火＋回火状态下不同含碳量的抗拉强度；
（c）铸态及退火状态下不同含碳量的屈服强度；（d）正火及正火＋回火状态下不同含碳量的屈服强度；
（e）铸态及退火状态下不同含碳量的断后伸长率；（f）正火及正火＋回火状态下不同含碳量的断后伸长率

2. 中、低合金铸钢件的热处理。中、低合金铸钢含有少量的硅、锰、铬、钼、镍、铜和钒等合金元素（合金元素总的质量分数 5%～10%），具有较好的淬透性，经适当的热处理后，可获得良好的综合力学性能。

低合金铸钢件大多用于要求有良好强度和韧性的重要部件。一般来说，对于抗拉强度要求小于 650MPa 者，进行正火＋回火处理，而对于抗拉强度要求大于 650MPa 者，则采用淬火＋回火处理，热处理后组织为回火索氏体，比正火或退火所得珠光体＋铁素体组织具有更高的强度和韧性，这种热处理通常称之为调质处理。当铸件形状及尺寸不宜淬火时，则宜采用正火＋回火取代调质处理，而相应的力学性能也较之淬火钢略低，常用的热处理规范见表 13.4.2-2。

中、低合金铸钢的正火、正火十回火、调质工艺　表 13.4.2-2

铸钢牌号	正火、正火＋回火		调质	
	正火温度（℃）	回火温度（℃）	淬火温度（℃）	回火温度（℃）
ZG20Mn	900～920	580～620	860～880	450～650
ZG35Mn	850～870	560～600	830～860	450～650
ZG40Mn2	850～870	550～600	830～850	450～650
ZG20SiMn	900～920	580～620	860～880	450～650
ZG35SiMn	860～880	600～620	830～860	500～650

13.5　铸钢节点缺陷修补

13.5.1　铸钢节点可用局部加热和整体加热矫正，矫正后铸钢节点的表面不应有明显的凹面或损伤。

13.5.2　铸钢节点不应有飞边、毛刺、氧化皮、粘砂、热处理锈斑、表面裂纹等缺陷，表面缺陷宜用喷砂（丸）、打磨的方法去除，但打磨深度不应大于允许的负偏差。

13.5.3　当铸钢节点的缺陷较深时，宜先用风铲、砂轮等机械或火焰切割或碳弧气刨等方法去除缺陷后进行焊补。若采用碳弧气刨，应对焊接修补部位进行打磨，以清除渗碳层与熔渣等杂物。

13.5.4　铸钢节点有气孔、缩孔、裂纹等内部缺陷时，对于缺陷深度在铸件壁厚的 20％ 以内且小于 25mm 或需修补的单个缺陷面积小于 $65cm^2$ 时，允许进行焊接修补；当缺陷大于或等于以上尺寸时，相应的焊接修补为重大焊补，必须经设计同意，且应编写详细的焊接修补方案，并进行焊接修补的工艺评定。

13.5.5　铸钢节点焊接修补应在最终热处理前进行。铸钢节点焊补后，应对其焊接修补部位进行机械加工或打磨，其表面质量应符合设计要求。焊接修补的部位、区域大小、修补过程和修补质量等，应进行记录并存档。

13.5.6　铸钢节点的缺陷焊补应符合下列要求。

1. 应将缺陷处的粘砂、氧化皮、铁锈等杂物清除干净，直至露出金属光泽，并加工成坡口；

2. 形状复杂、壁厚较大、在热应力下易导致变形或开裂的铸钢节点，当采用火焰切割或碳刨等方法清除缩松、裂纹等缺陷时，应将铸钢件整体加热至 150～250℃ 后，方可进行焊补；

3. 缺陷为裂纹时，碳弧气刨前应在裂纹两端钻止裂孔，然后去除裂缝并开坡口；

4. 坡口形状根据铸件缺陷的形状、大小、深浅等具体情况决定。

13.5.7　焊补后，焊补部位需进行 100％ 外观检查，并按规定进行无损检测。

13.6　铸钢节点焊接

13.6.1　铸钢节点焊接应符合下列规定。

1. 焊接材料应与铸钢节点材质相匹配，当铸钢与不同强度级别的钢材焊接时，则应与较低级别的材质相匹配，建议采用低氢焊材。

2. 焊工须经考试合格并取得主管部门颁发的焊工考试合格证。

3. 凡符合下列情况之一者，应参照现行国家标准《钢结构焊接规范》GB 50661—2011 的技术要求进行焊接工艺评定：

1）首次采用的铸钢材料，包括：材料牌号与标准相当但微合金强化元素的类别不同、供货状态不同或国外钢号国内生产等；

2）首次应用于铸钢节点的焊接材料；

3）设计规定的铸钢类别、焊接材料、焊接方法、接头形状、焊接位置、焊后热处理制度，以及施工单位所采用的焊接工艺参数、预热后措施、焊后热处理等各种参数的组合条件为施工单位首次采用；

4）超过评定厚度覆盖范围的铸钢节点的焊补。

13.6.2 焊接工艺应符合下列规定。

1. 铸钢节点的焊接，应符合现行国家标准《钢结构焊接规范》GB 50661—2011 的技术要求，预热温度、热输入、层间温度控制，应严格按照焊接工艺评定执行。当环境温度低于 0℃时，应辅以预热后再行焊接。

2. 焊接前，应清除铸钢节点焊接坡口处待处理表面的水、氧化皮、锈、油污等杂物，并露出金属光泽。

3. 焊接坡口可用火焰切割或机械方法加工。当采用火焰切割时，切割面质量应符合现行国家标准《热切割 质量和几何技术规范》JB/T 10045—2017 的相关规定。缺棱为 1～3mm 时，应修磨平整；超过 3mm 时，应用直径不超过 3.2mm 的低氢型焊条补焊，并修磨平整。当采用机加工方法加工坡口时，加工表面不应有台阶。

4. 定位焊接，必须由持有合格证的焊工施焊，所用焊接材料应与正式施焊相当，定位焊与正式施焊要求应一致。正式焊时，若发现定位焊缺陷，应去除后再进行焊接。

5. 多层多道焊接时，宜连续施焊。每一焊道焊接完成，应及时清理焊渣及表面飞溅物。当发现有影响焊接质量的缺陷时，应清除缺陷后再焊。在连续焊接过程中，应控制焊接层间温度，使其符合工艺文件要求。当有中断施焊的情况时，应采取适当的后热、保温措施。再次焊接时，重新预热温度应高于初始预热温度。

13.6.3 焊接缺陷的返修应符合下列规定。

1. 焊缝表面缺陷超过相应的质量验收标准时，对气孔、夹渣、焊瘤、余高过大等缺陷应采用砂轮打磨、铲凿、铣等方法去除，必要时，进行焊补；对焊缝不足、咬边、弧坑等缺陷应进行焊补。

2. 经无损检测确定焊缝内部存在超标缺陷时，应进行返修，返修应符合现行国家标准《钢结构焊接规范》GB 50661—2011 的规定。

13.7 铸钢节点的检查与验收

13.7.1 铸钢节点验收应符合下列规则。

1. 铸钢件实物质量主要包括外部质量和内部质量，外部质量包括表面粗糙度、表面缺陷及清理状态、尺寸公差，内部质量包括化学成分、力学性能以及内部缺陷，除此以外的项目，还可根据有关技术要求增加；

2. 铸钢节点质量检查和验收，应由供方技术质量监督部门进行；

3. 铸钢节点应成批提交验收。

13.7.2 铸钢节点外部质量检验应符合下列规定。

1. 铸钢节点表面粗糙度比较样块，应按现行国家标准《表面粗糙度比较样块 第 1 部分：铸造表面》GB/T 6060.1—2018 的要求选定；

2. 铸钢节点表面粗糙度应按现行国家标准《铸造表面粗糙度 评定方法》GB/T 15056—2017 的规定评定；

3. 铸钢节点表面粗糙度 Ra 应达到 $25 \sim 50\mu m$，并在图样、订货合同中注明；铸钢节点与其他构件连接的焊接端口表面粗糙度，应满足 $Ra \leqslant 25\mu m$，有超声波探伤要求的表面，粗糙度应达到探伤工艺的要求；

4. 铸钢节点表面应清理干净，修正飞边、毛刺，去除补贴、粘砂、氧化铁皮、热处理锈斑及可去除的内腔残余物等，不允许有裂纹、未熔合和超过允许标准的气孔、冷隔、缩松、缩孔、夹砂及明显凹坑等缺陷；

5. 铸钢节点的几何形状与尺寸，应符合订货时图样、模样或合同中的要求；

6. 铸钢节点的表面粗糙度和表面缺陷，应逐个目视检查；

7. 单件生产时，需逐件检查几何形状和尺寸；批量生产时，可按尺寸检验批抽检，首件必须检验。尺寸检验批量划分的具体要求，由供需双方商定；

8. 对于精度要求较高的铸钢节点，尺寸应逐件检验，其验收指标应符合订货时图样、模样或合同中的要求。

13.7.3 铸钢节点化学成分与力学性能检验应符合下列规定。

1. 铸钢节点应按熔炼炉次进行化学成分分析。

2. 化学分析用试块，应在单独铸出的试块上或铸件多余部位处制取。砂型铸造的铸件，其屑状试样应取自铸造表面 6mm 以下。化学分析和试样的取样方法按现行国家标准《钢的成品化学成分允许偏差》GB/T 222—2006、《钢和铁 化学成分测定用试样的取样和制样方法》GB/T 20066—2006 的规定执行。

3. 当铸钢节点形体类型相似、壁厚及重量相近且由同一冶炼炉次浇注并在同一炉做相同热处理时，可作为一个力学性能检验批次。

4. 力学性能试验用试块，可在浇注中途单独铸出，亦可从铸件上取样。单铸试块的形状尺寸和试样的切取位置，应符合现行国家标准《一般工程用铸造碳钢件》GB/T 11352—2009 中的要求。单铸试块与其所代表的铸件，应同炉进行热处理，并做标记。

5. 拉伸试验应按现行国家标准《金属材料 拉伸试验 第 1 部分：室温试验方法》GB/T 228.1—2010 的规定执行，冲击试验应按现行国家标准《金属材料 金属夏比摆锤冲击试验方法》GB/T 229—2020 的规定执行。

6. 力学性能试验，每一批量取一个拉伸试样，试验结果应符合技术条件的要求。冲击试验时，每一批量取三个冲击试样进行试验，三个试样的平均值，应符合技术条件或合同中的规定，其中一个试样的值可低于规定值，但不得低于规定值的 70%。

7. 属于下列情况时，试验结果无效，应重新检验。

1）试样安装不当或试验机功能不正常；

2）拉伸试样断在标距之外；

3）试样加工不当；

4）试样中存在铸造缺陷；

5）取样位置不当。

8. 当力学性能试验结果不符合要求，供方可以复验。复验时从同一批铸件里取两个备用拉力试样进行试验，若两个试验结果均符合技术条件的规定要求，则该批铸件的拉力性能仍为合格；夏比（Ｖ形缺口）冲击试验结果不符合规定时，应从同一批铸件里再取一组三个试样进行试验，前后六个试验的平均值不得低于技术条件的规定要求，允许其中两个试样低于规定值，但低于规定值 70％ 的试样只允许一个。若复验结果不合格，则供方可进行重新热处理，然后重新检验。重复热处理次数不得超过两次。

13.7.4　铸钢节点无损检测应符合下列规定。

1. 铸钢节点不允许存在裂纹、冷隔、缩孔等缺陷。对目视检查以及形状和尺寸检查符合要求的铸钢节点，应逐个进行无损检测。铸钢节点的无损检测应在最终热处理后进行。进行无损检测时，根据检测数据对铸钢节点的表面质量和内部质量进行质量等级评定，并依照使用方和供货方确定的质量合格等级确定缺陷是否超标，对于超标缺陷应进行返修。当出现下列情况时，铸钢节点为报废件，不得进行修复处理。

1）铸造裂纹深度超过厚度的 70％；

2）二次返修后达不到指标要求。

2. 超声波探伤时，铸钢节点与其他构件连接的部位，即支管管口的焊接坡口周围 150mm 区域以及耳板上销轴连接孔四周 150mm 区域，需要进行 100％ 超声波探伤检测。铸钢节点本体的其他部位，若具备超声波探伤条件，也应进行 100％ 的超声波检测。

3. 铸钢节点质量超声波检测，应按现行国家标准《铸钢件 超声检测 第 1 部分：一般用途铸钢件》GB/T 7233.1—2009 的规定执行。

4. 铸钢节点超声波探伤的合格级别应按下列规定确定。

1）当检测部位为 13.7.4 第 2 条中规定的节点连接部位时，应为 Ⅱ 级；

2）当检测部位为铸钢节点本体其他检测部位时应为 Ⅲ 级。

5. 铸钢节点的支管和主管相贯处、界面改变处为超声波探伤盲区，应尽可能改进节点构造，避免或减少超声波探伤的盲区；对于不可避免的超声波探伤盲区或目视检查有疑义时，可采用磁粉探伤或渗透探伤进行检测。

6. 铸钢节点质量磁粉探伤检测，应按现行国家标准《铸钢铸铁件 磁粉检测》GB/T 9444—2019 的规定执行。

7. 铸钢节点质量渗透探伤及缺陷显示痕迹检测，应按现行国家标准《铸钢铸铁件 渗透检测》GB/T 9443—2019 的规定执行。

8. 铸钢节点磁粉探伤或渗透探伤质量合格级别，在铸钢节点与其他构件连接的部位为 Ⅱ 级，其他部位为 Ⅲ 级。

9. 铸钢节点内部缺陷在返修前后的检测应符合下列规定。

1）缺陷清除可采用碳弧气刨或机械方法进行，若采用碳弧气刨，必须对焊接修补的坡口进行打磨，以消除渗碳层；

2）对焊接修补的坡口进行磁粉或着色探伤，以证明已将缺陷彻底清除；

3）对焊接修补部位修补后的表面质量进行检查，质量应达到铸钢节点的表面质量要求；

　　4）在热处理后对焊接修补部位进行与铸钢节点同一标准的无损检测。

13.8　铸钢节点的涂装

　　13.8.1　铸钢节点涂装，应在加工质量验收合格后进行。

　　13.8.2　在设计文件中，应注明铸钢节点表面除锈等级和所要求的涂料种类及涂层厚度。当采用喷射或抛射除锈时，铸钢节点表面除锈质量等级应不低于现行国家标准《涂覆涂料前钢材表面处理　表面清洁度的目视评定　第 1 部分：未涂覆过的钢材表面和全面清除原有涂层后的钢材表面的锈蚀等级和处理等级》GB/T 8923.1—2011 的 Sa2$\frac{1}{2}$级的规定。当采用手工除锈时，铸钢节点表面除锈等级应不低于 St3 级。表面处理后到涂底漆的时间间隔，不宜超过 4h，在此期间表面应保持洁净，严禁沾水、油污等。

　　13.8.3　涂装时的环境温度和相对湿度，应符合涂料产品说明书要求，当产品说明书无要求时，环境温度宜在 5～38℃之间，相对湿度不宜大于 85%。涂装构件表面温度应高于露点温度 3℃以上；涂装后 4h 内应保护免受雨淋和玷污。

　　13.8.4　涂装环境应通风良好。在雨、雾和灰尘条件下不应进行涂装施工。

　　13.8.5　涂料种类、涂装遍数、涂层厚度均应符合设计要求。涂层应均匀、无明显皱皮、流坠、针眼和气泡等，不应误涂、漏涂、脱皮和返锈。涂层干漆膜总厚度的允许偏差为 $-25\mu m$，每遍涂层干漆膜厚度的允许偏差为 $-5\mu m$。

　　13.8.6　涂层附着力测试应符合现行国家标准《漆膜划圈试验》GB/T 1720—2020 或《色漆和清漆　划格试验》GB/T 9286—2021 的规定。

　　13.8.7　涂装完成后，构件的标志、标记和编号应清晰完整。

　　13.8.8　涂层修补应按涂装工艺分层进行，修补后的涂层应完整一致，色泽均匀，附着力良好。

参考文献

［1］　中国机械工程学会铸造分会．铸造手册：第 2 卷　铸钢［M］．3 版．北京：机械工业出版社，2011.

［2］　中国机械工程学会，中国材料研究学会，中国材料工程大典编委会．中国材料工程大典：第 18 卷　材料铸造形成工程［M］．1 版．北京：化学工业出版社，2006.

［3］　刘锡良，林彦．铸钢节点的工程应用与研究［J］．建筑钢结构进展，2004，6(1)：12-19.

［4］　铸造工程师手册编写组．铸造工程师手册［M］．2 版．北京：机械工业出版社，2003.

［5］　铸钢节点应用技术规程：CECS 235：2008［S］．北京：中国计划出版社，2008.

第6篇 索和膜结构

第14章 索 结 构

14.1 概　　述

14.1.1　索结构是由拉索作为主要受力构件形成的预应力柔性空间结构体系。索结构轻质高效,简洁美观,广泛应用于大跨度空间结构领域,如体育场馆、展览馆、综合设施等。随着拉索或拉杆材料技术的进步,索结构设计、制作和安装技术也不断进步,索结构在最近 10 年得到快速发展。

14.1.2　索结构形式丰富,可适应不同建筑形态和跨度。典型索结构包括:单索结构、平面索桁架、索网、双向索桁架、轮辐式索结构、索穹顶、张弦结构、悬挂索、斜拉索、体内预应力索结构等。索杆张力结构是近期发展起来的典型索结构的代表形式,如图 14.1.2-1 轮辐式索结构、图 14.1.2-2 索穹顶。索结构是轻质结构体系,常与膜材、玻璃、轻质金属屋面结合应用。索结构是柔性张力结构,其对制造和施工要求较高,精细设计、精密制造、精确施工是索结构的重要技术特征。

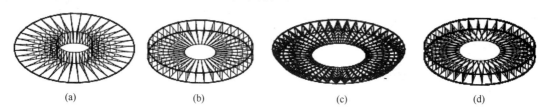

(a) (b) (c) (d)

图 14.1.2-1　轮辐式索结构
(a) 外凸形轮辐式;(b) 内凹形轮辐式;(c) 错列形轮辐式;(d) X 形轮辐式

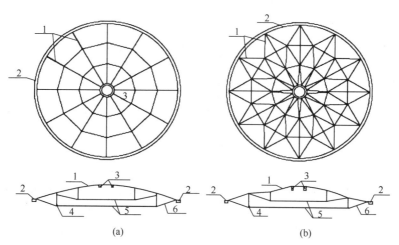

(a) (b)

图 14.1.2-2　索穹顶
(a) Geiger 形;(b) Levy 形

14.2　索

14.2.1　索的分类。

索是工程结构中施加预张力并仅承受拉力的构件，索包含拉索和拉杆。拉索由索体（包括护层）、锚具和调节端等零部件组成，索体是由冷拉钢丝通过不同方式绞合组成的半平行钢丝束、钢绞线和不锈钢绞线、钢丝绳；拉杆由杆身、调节套筒和锚具等组成，拉杆杆身按材质可分为钢拉杆和不锈钢拉杆。拉索可概括分类如下：

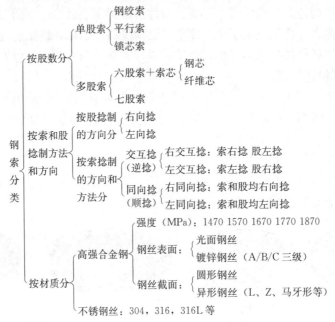

14.2.2　索的形式。

钢索具体形式与构造较多，可适合不同工作环境和结构特性。本节主要介绍常用钢丝索和钢丝绳构造与特点，另外简要介绍其他钢索，如锁芯索等。钢索主要类型如下。

1. 钢丝绳。

钢丝绳（钢绞索）是应用最广泛的钢索形式，由索芯、索股构成，常用两个数 $N_1 \times N_2$ 表示钢丝绳结构，其中 N_1 代表索股数，N_2 代表每股索钢丝数，如 6×37 表示 6 股、37 根钢丝的钢丝绳。索芯、索股及钢丝绳的构成与特点如下：

1）索芯。

钢丝绳索芯主要有三类：纤维芯（FC）、独立钢丝绳芯（IWRC）、钢丝索（WSC），如图 14.2.2-1 所示。索芯笔直位于钢丝绳中心，支承、垫护外层捻绕索股，便于外层索股捻绕，避免或减小索股间钢丝摩擦、磨损、挤压、刻痕，另外，还用于抗热变形。IWRC 可挤塑柔性好，与耐磨性强的 PVC 密封套，能更好保护索股钢丝，标记为 S-IWRC。

纤维芯，有天然纤维（如大麻、剑麻、木棉等）芯、合成纤维（如石棉、塑胶（PVC）、聚酯等）芯或 PVC 封套亚麻芯等。IWRC 钢丝绳比 FC 钢丝绳强度高约 7.5%，柔韧性接近。WSC 钢丝绳比 FC 钢丝绳强度高 7.5%～15%，但柔韧性、抗弯较差。FC 截面、长度变化较

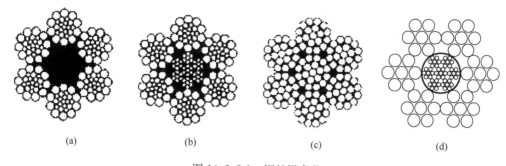

图 14.2.2-1　钢丝绳索芯

(a) FC；(b) IWRC；(c) WSC；(d) S-IWRC

大，弹性模量低，常用于牵引、起吊等，偶尔用于结构工程。IWRC、WSC 钢丝绳常用于建筑结构工程。IWRC 较柔，强度、模量较高，更适合膜内拉索。WSC 强度、模量高，截面与长度变形较小，柔性较低，适合膜外结构性拉索、索网结构等。

2）索股。

索股是直径较小的钢丝索，分螺旋形索和平行钢丝索两种。WSC 索芯为平行钢丝索，IWRC 为螺旋形钢丝索，索芯外捻绕索股都为螺旋形钢丝索索股。

标准索股每股钢丝数常为 1×7（1+6）、1×19（1+6+12）、1×37（1+6+12+18）三种，钢丝直径相同，如图 14.2.2-2。为了增加截面系数，提高填充率，可采用不同级配钢丝组合，根据这三种基本组合构造更多截面形式，如 1×13、1×21、1×25、1×41、1×61、1×91、1×120 等，如图 14.2.2-2。索股钢丝名义标称非确指，仅表分类级别，如 1×37，钢丝数可多至 27～49。钢丝愈细，柔韧性愈好、疲劳性好，但耐磨损性较差。

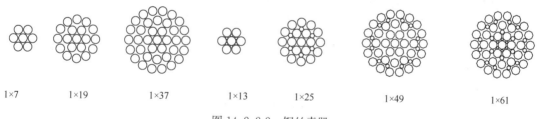

| 1×7 | 1×19 | 1×37 | 1×13 | 1×25 | 1×49 | 1×61 |

图 14.2.2-2　钢丝索股

3）钢丝绳。

钢丝绳技术要点为：索芯、索股，两者关系以及捻法。钢丝绳索股数一般 3～9，常为 6、7、8，常见规格为：6×7-FC、6×19-FC、6×37-FC，6×7-IWRC、6×19-IWRC、6×37-IWRC、7×7-WSC、7×19-WSC、7×37-WSC、8×19-IWRC、8×37-IWRC，如图 6.2.9 所示。6×7-IWRC 表示 6 股，不包括索芯，每股 7 丝，独立钢丝绳索芯。7×7WSC 表示 7 股，包括索芯，每股 7 丝，钢丝索芯。钢丝绳索股基本捻法如图 14.2.2-3，

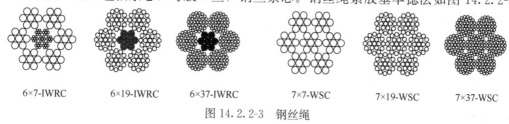

| 6×7-IWRC | 6×19-IWRC | 6×37-IWRC | 7×7-WSC | 7×19-WSC | 7×37-WSC |

图 14.2.2-3　钢丝绳

不同捻法对钢丝绳特性有一定影响，如表面粗糙度、扭转变形等。

索股愈多，钢丝愈细，钢丝绳愈柔。6×7 钢丝绳较硬，6×19 较柔，6×37 柔性好。膜结构设计中，膜内索可采用 6×19-IWRC、6×37-IWRC，膜外结构拉索可采用其他形式。索网结构可采用 7×7-WSC 、7×19-WSC，强度高、变形小、刚度较大。

为减小钢丝绳在载荷作用下扭转与拉伸变形、提高抗拉强度、增加截面系数以及提高耐磨损、腐蚀能力，适应一些特殊要求，常主要采用增加索股（如 19、34、36）、改变钢丝与索股形状、增加塑料垫层、索股近似平行排列等方法，研制出特殊钢丝绳。

现行国家标准《公路悬索桥设计规范》JTG/T D65-05—2015 规定，钢丝绳吊索宏观弹性模量应采用预张拉后的实测值，其值宜不小于 1.1×10^5 MPa。钢丝绳宜采用线接触钢丝绳，其捻距不小于网丝绳直径的 8 倍。钢丝绳直径在预张拉后的正误差应不大于6％，负误差为 0。

2. 钢绞线索（Spiral Strand，HSWS）。

螺旋钢丝索是目前建筑结构应用最为广泛的钢索（俗称钢绞线），单根索股，如图14.2.2-2，常为 1×7（七线索）、1×19、1×37，以及较大直径的 1×61、1×91、1×120。强度等级可按极限抗拉强度分为：1270、1370、1470、1570、1670、1770、1870、1960MPa 等级别。钢绞线索类型与要求如下。

1）螺旋钢丝索类型有：锌-5％铝-混合稀土合金镀层钢丝、镀锌钢绞线、高强度低松弛热镀锌钢绞线、铝包钢绞线、涂塑钢绞线、无黏结钢绞线、PE 钢绞线等。

2）钢绞线索体所用钢绞线的质量、性能应符合国家现行标准《预应力混凝土用钢绞线》GB/T 5224—2014、《高强度低松弛预应力热镀锌钢绞线》YB/T 152—1999 的规定。钢绞线内的钢丝应符合现行国家标准《镀锌钢绞线》YB/T 5004—2001 的规定（钢丝捻距不大于 14d）以及《锌-5％铝-混合稀土合金镀层钢丝、钢绞线》GB/T 20492—2019 的规定。

3）不锈钢丝索应符合现行国家标准《不锈钢丝》GB/T 4240—2019、《不锈钢丝绳》GB/T 9944—2015 的规定。

4）螺旋钢丝索弹性模量为：A 级镀锌钢丝，一般为 145~170kN/m²；$\phi12$~$\phi65$ 钢丝约 169.7kN/mm²；$\phi66$~$\phi75$ 钢丝约 157.9kN/mm²；$\phi86.4$~$\phi137$ 钢丝约 147.2kN/mm²。

5）螺旋钢丝索截面有效率约 75％，$\phi12.7$~$\phi101.6$ 钢丝为 76.4~76.9％。钢索弯曲强度折减系数如表 14.2.2-1 所示。$\phi51$ 以下钢丝索卷绕半径需大于 25 倍直径，$\phi51$ 以上应大于 28 倍直径。

钢丝绳、钢丝索弯曲强度折减系数 ζ_d　　　　　　　　表 14.2.2-1

R_s/d_s（钢丝索）	R_s/d_r（钢丝绳）	折减系数 ζ_d（％）	R_s/d_s（钢丝索）	R_s/d_r（钢丝绳）	折减系数 ζ_d（％）
≥20	≥15	100	17	12	85
19	14	95	16	11	80
18	13	90	≤15	≤10	75

6）国家现行标准《锌-5％铝-混合稀土合金镀层钢丝、钢绞线》GB/T 20492—2019 的规定如下：

（1）材料要求如下：

① 生产钢绞线的锌-5％铝-混合稀土合金镀层钢丝用盘条，应符合现行国家标准《低碳钢热轧圆盘条》GB/T 701—2008 或《优质碳素钢热轧盘条》GB/T 4354—2008 的规定，当拉拔至规定尺寸并镀锌-5％铝混合稀土合金后，成品钢绞线及单根钢丝质量应均匀，性能符合标准的规定。

② 热镀用锌-5％铝-稀土合金锭的化学成分，应符合表 14.2.2-2 的规定。

锌-5％铝-混合稀土合金锭的化学成分质量分数　　　　　　　　　　表 14.2.2-2

Al	Ce+La	Fe 不大于	Si 不大于	Pb 不大于	Cd 不大于	Sn 不大于	其他元素每种 不大于	其他元素总量 不大于	Zn
4.7～6.2	0.03～0.1	0.075	0.015	0.005	0.005	0.002	0.02	0.04	余量

③ 对于一步镀法，合金镀槽内熔体中的铝含量应控制在 4.2％～6.2％；对于两步镀法，应先镀锌（热镀锌或电镀锌），然后镀锌-5％铝-混合稀土合金，合金镀槽内熔体中的铝含量允许达到 7.2％，以防止镀液中铝含量贫化。

④ 钢绞线中钢丝镀层中的铝含量应不小于 4.2％。

（2）捻制要求如下。

① 除非另有规定，钢绞线最外层捻向应为右向，相邻层捻向相反。所有钢丝应在均匀张力下捻制，钢绞线捻制应足够紧密，以保证在 10％最小破断拉力张力作用下直径没有明显减小。整条钢绞线无跳线、蛇形等缺陷。

② 除非另有规定，钢绞线的捻距倍数，应符合表 14.2.2-3 的规定。

钢绞线捻距倍数　　　　　　　　　　表 14.2.2-3

结构	捻距倍数		
	内	中	外
1×3	—	—	14～20
1×7	—	—	≤14
1×19	≤14	—	≤14
1×37	≤14	≤14	≤14

③ 钢绞线切断后应不松散。

④ 当需方有要求时，可采用预成形工艺生产钢绞线。

（3）接头要求如下。

① 钢丝冷拉前，允许电阻对焊或闪光焊。

② 钢绞线用钢丝接头应符合规定：1×3 结构钢绞线，其单根钢丝不得有任何接头；其他结构钢绞线内钢丝接头，应用电阻焊或闪光焊对接，任意两接头间距不得小于 50m。

③ 钢绞线内钢丝焊接时，应尽量减少损坏钢丝镀层，所有接头应接合完好并镀锌或锌合金，使接头处有一定的防腐性能。

④ 除非需方特许，成品钢绞线任何长度上不得焊接。

⑤ 架空地线用钢绞线，捻制绞线的镀层钢丝应无任何接头。

（4）钢绞线最小破断拉力要求如下：

① 钢绞线最小破断拉力，应符合表 14.2.2-4 的规定。

钢绞线的公称直径和最小破断拉力　　　　　　表 14.2.2-4

结构	钢绞线用钢丝公称直径 (mm)	钢绞线公称直径 (mm)	钢绞线横截面积 (mm²)	公称抗拉强度 (MPa)								参考重量 (kg/km)
				420	670	750	1170	1270	1370	1470	1570	
				钢绞线最小破断拉力 (kN) 不小于								
1×3	2.9	6.2	19.82	7.66	12.22	13.68	21.33	23.16	24.98	26.80	28.63	160
	3.2	6.4	24.13	9.32	14.87	16.65	25.97	28.19	30.14	32.63	34.85	195
	3.5	7.5	28.86	11.15	17.79	19.91	31.06	33.72	36.38	39.03	41.69	233
	4	8.6	37.70	14.57	23.24	26.01	40.58	44.05	47.52	50.99	54.45	304
1×7	1	3	5.50	2.13	3.39	3.80	5.92	6.43	6.93	7.44	7.94	43.7
	1.2	3.6	7.92	3.06	4.88	5.46	8.53	9.25	9.98	10.71	11.44	62.9
	1.4	4.2	10.78	4.17	6.64	7.44	11.60	12.60	13.59	14.58	15.57	85.6
	1.6	4.8	14.07	5.44	8.67	9.71	15.14	16.44	17.73	19.03	20.32	112
	1.8	5.4	17.81	6.88	10.98	12.29	19.17	20.81	22.45	24.09	25.72	141
	2	6	21.99	8.5	13.55	15.17	23.67	25.69	27.72	29.74	31.76	175
	2.2	6.6	26.61	10.28	16.4	18.36	28.65	31.10	33.55	36.00	38.45	210
	2.6	7.8	37.17	14.36	22.91	25.65	40.01	43.43	46.85	50.27	53.69	295
	3	9	49.50	19.14	30.53	34.17	53.31	57.86	62.42	66.98	71.54	390
	3.2	9.6	56.3	21.75	34.70	38.85	60.60	65.78	70.96	76.14	81.32	447
	3.5	10.5	67.35	26.02	41.51	46.47	72.50	78.69	84.89	91.08	97.28	535
	3.8	11.4	79.39	30.68	48.94	54.78	85.46	92.76	100.1	107.4	114.7	630
	4	12	87.96	33.99	54.22	60.69	94.68	102.8	110.9	119.0	127.0	698
1×19	1.6	8	38.20	14.44	23.03	25.78	40.22	43.66	47.10	50.54	53.98	304
	1.8	9	48.35	18.28	29.16	32.64	50.91	55.26	59.62	63.97	68.32	385
	2	10	59.69	22.55	35.99	40.29	62.85	68.23	73.60	78.97	84.34	475
	2.2	11	72.20	27.31	43.57	48.77	76.08	82.58	89.00	95.58	102.09	569
	2.3	11.5	78.94	29.84	47.60	53.28	83.12	90.23	97.33	104.4	111.5	628
	2.6	13	100.9	38.14	60.84	68.11	106.2	115.3	124.4	133.5	142.6	803
	2.9	14.5	125.5	47.44	75.68	84.71	132.2	143.4	154.7	166.0	177.3	999
	3.2	16	152.8	57.76	92.14	103.1	160.9	174.7	188.4	202.2	215.9	1220
	3.5	17.5	182.8	69.1	110.2	123.4	192.5	208.9	225.4	241.8	258.3	1460
	4	20	238.8	90.27	144.0	161.2	251.5	272.9	294.4	315.9	337.4	1900
1×37	1.6	11.2	74.39	26.56	42.37	47.42	73.98	80.30	86.63	92.95	99.27	595
	1.8	12.6	94.15	33.61	53.62	60.02	93.63	101.6	109.6	117.6	125.6	753
	2	14	116.2	41.48	66.18	74.08	115.6	125.4	135.3	145.2	155.1	930

续表

结构	钢绞线用钢丝公称直径（mm）	钢绞线公称直径（mm）	钢绞线横截面积（mm²）	公称抗拉强度（MPa）								参考重量（kg/km）
				420	670	750	1170	1270	1370	1470	1570	
				钢绞线最小破断拉力（kN）不小于								
1×37	2.3	16.1	153.7	54.87	87.53	97.98	152.9	165.9	179.0	192.0	205.1	1230
	2.6	18.2	196.4	70.11	111.8	125.2	195.3	212.0	228.7	245.4	262.1	1570
	2.9	20.3	244.4	87.25	139.2	155.8	243.1	263.8	284.6	305.4	326.2	1950
	3.2	22.4	297.6	106.2	169.5	189.7	296.0	321.3	346.6	371.9	397.1	2380
	3.5	24.5	356.0	127.1	202.7	227.0	354.0	384.3	414.6	444.8	475.1	2050
	4	28	465.0	166.0	264.8	296.4	462.4	502.0	541.5	581.0	620.5	3720

注：根据用户需要，可生产表 14.2.2-4 中未列入的中间规格钢绞线，技术要求可在相邻规格的基础上由供需双方商定。

② 经供需双方协商，可通过测试钢绞线内钢丝的破断拉力总和来计算钢绞线最小破断拉力，即

钢绞线最小破断拉力＝钢绞线内钢丝的破断拉力总和×换算系数

其中，换算系数：1×3、1×7 结构为 0.92；1×19 结构为 0.90；1×37 结构为 0.85。

（5）钢绞线断裂总伸长率要求如下：

① 标距为 610mm 钢绞线的断裂总伸长率，应不小于表 14.2.2-5 的规定。

各级别钢绞线断裂总伸长率 表 14.2.2-5

钢绞线公称抗拉强度（MPa）	610mm 断裂总伸长率（%）
420	10
670	8
750、1170、1270、1370	5
1470、1570	4

② 钢绞线伸长率试验，应在没有钢丝对焊接头的钢绞线段上进行。

（6）镀层要求如下：

① 钢绞线用钢丝镀层重量应符合表 14.2.2-6 的规定。

钢绞线用钢丝镀层重量 表 14.2.2-6

钢绞线用钢丝公称直径（mm）	镀层重量（g/m²）不小于			
	A 级	B 级	C 级	D 级
1	46	122	244	366
1.2	46	122	244	366
1.4	46	122	244	366
1.6	46	153	305	458
1.8	46	153	305	458
2	92	183	366	549

钢绞线用钢丝公称直径（mm）	镀层重量（g/m²）不小于			
	A级	B级	C级	D级
2.2	92	183	366	549
2.3	92	214	427	641
2.6	92	244	488	732
2.9	92	244	488	732
3	92	244	488	732
3.2	92	259	519	778
3.5	122	275	549	824
3.8	122	275	549	824
4	122	275	549	824

注：1. A级镀层仅适用于420MPa强度等级的钢绞线。

2. 根据用户需要，可生产表中未列入的中间规格钢绞线，技术要求可在相邻规格的基础上由供需双方商定。

② 镀层附着性要求为：将钢绞线用合金镀层钢丝以不超过15r/min的速度，在等于3倍钢丝公称直径的芯棒上紧密螺旋缠绕至少6圈，镀层不得开裂或起层到能用手指擦掉的程度。

（7）钢绞线用钢丝韧性要求如下。

将钢绞线用钢丝以不超过15r/min的速度，在一规定尺寸的芯棒上紧密螺旋缠绕至少8圈应不断裂。420MPa、670MPa级钢绞线用钢丝的芯棒直径等于钢丝公称直径；750MPa、1170MPa、1270MPa、1370MPa、1470MPa、1570MPa级钢绞线用钢丝的芯棒直径等于钢丝公称直径的3倍。

（8）表面质量要求为：钢绞线用钢丝镀层应连续、均匀、平滑，不应有漏镀或其他影响使用的表面缺陷，其色泽在空气中暴露后可呈青灰色。

3. 平行钢丝束（PWS）。

1）钢丝索索体可分平行和半平行钢丝索，平行钢丝索截面如图14.2.2-4（a）所示，1—钢丝、2—复合包带、3—黑色PE、4—彩色PE，常采用等直径钢丝排列成六边形或圆形，其护套可为单层和双层。钢丝直径为5mm、7mm，其质量和性能应符合现行国家标准《桥梁缆索用热镀锌钢丝》GB/T 17101—2008规定。

2）钢丝索外应包高强度复合包带，包带单层重叠宽度不应小于带宽的1/3，绕包层应齐整致密、无破损。钢丝束复合包带外，应有热挤高密度聚乙烯（HDPE）防护层，防护层可采用黑色或彩色高密度聚乙烯塑料，其技术性能符合现行国家标准《建筑缆索用高密度聚乙烯塑料》CJ/T 3078—1998、《热挤聚乙烯高强钢丝拉索技术条件》GB/T 18365—2018的规定。在高温、高腐蚀环境下，宜选用带双层护层的钢丝索，护层应紧密包覆，在生产、运输、吊装过程中不得松脱。防护层外观应光滑平整，无破损，防护层厚度偏差值不应超过+2、−1mm。

3）平行钢丝索最小弹性模量约为189.7～196.6kN/mm²，也有的接近钢丝弹性模量205kN/mm²。平行钢丝索有效截面率约为75%～83%。

4）现行国家标准《公路悬索桥吊索》JT/T 449—2021 规定如下。

（1）平行钢丝束吊索宏观弹性模量 E 应不小于 $1.9 \times 10^5 \mathrm{MPa}$。

（2）吊索静力破断荷载 F 应不小于吊索公称破断荷载 F_u 的 95%。

（3）疲劳性能要求为：用脉动荷载加载，上限荷载为 $0.35F_u$，应力幅为 150MPa，经 2×10^6 次脉冲循环加载试验后，吊索断丝率不大于 5%，吊索护层不应有明显损伤，锚头无损坏。

（4）吊索应能弯曲盘绕，最小盘绕直径应不小于 $20D$（D 为索体外径），盘绕弯曲后，外形不应有明显变形。吊索侧面应设置沿轴向的标志线，以监测安装时索体不发生扭转。

4. 封闭型钢绞线。

封闭型钢绞线（又称锁芯钢索），内部为圆钢丝，外层钢丝为 Z、I 异形钢丝，如图 14.2.2-4（b），可提高有效截面率、模量、疲劳强度等，其指标应符合现行国家标准《密封钢丝绳》GB/T 352—2002 的规定，有效截面率高约 85%～90%，弹性模量通常约 $158.4 \mathrm{kN/mm^2}$（$\phi 24 \sim \phi 116$），可达 $180.0 \mathrm{kN/mm^2}$（$\phi 116 \sim \phi 180$）。因外层钢丝连锁，防腐性好。但外层钢丝为 Z、I 等异形，没有普通冷拉圆钢丝强度高，常为 $1370 \sim 1570 \mathrm{MPa}$，且对挤压、缺陷敏感，疲劳强度较低，约 $120 \sim 150 \mathrm{MPa}$（最大应力 $0.45F_u$，200 万次）。锁芯钢索在大型体育场环索等受拉力大、模量高、变形小时采用，制作难度高、造价高。

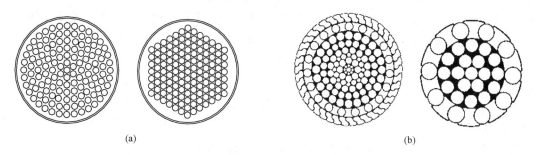

图 14.2.2-4 钢索截面
（a）平行钢丝束；（b）封闭型索

14.2.3 拉索的组成和构造。

1. 拉索一般组成如图 14.2.3-1 所示，主要包括：1—锚具、2—索体、3—连接件、4—护层，索体、锚具、连接件具有不同形式和特点，适应特定工作环境。

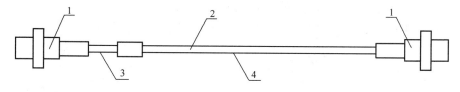

图 14.2.3-1 拉索组成

2. 锚具与外部构件的连接可采用叉耳、单耳、螺杆等形式，锚具与索体的锚固可采用压接锚、冷铸锚、热铸锚等形式。压接锚锚具宜应用于直径不大于 44mm 的索体，索体直径超过规定数值时，应进行试验验证。按是否设置调节端，拉索分为可调节索和定长索。

14.2.4　锚具材料要求。

1. 锚具材料应符合国家现行标准《预应力筋用锚具、夹具和连接器》GB/T 14370—2015、《预应力筋用锚具、夹具和连接器应用技术规程》JGJ 85—2010 的规定。

热铸锚的铸体材料应采用锌铜合金，锌、铜原材料，且应符合现行国家标准《阴极铜》GB/T 467—2010、《锌锭》GB/T470—2008 的要求。冷铸锚的铸体填料应采用环氧树脂和钢丸，铸体试件强度不应小于 147MPa。

压接锚、夹片锚、挤压锚、螺母锚和镦头锚的锚具组件宜采用低合金结构钢或合金结构钢，其技术性能应符合现行国家标准《低合金高强度结构钢》GB/T 1591—2018 或《合金结构钢》GB/T 3077—2015 的规定。

2. 锚具组件材料应符合下列要求。

1）冷铸锚锚杯坯宜采用锻件，热铸锚锚杯坯可采用锻件或铸件。锻件材料应采用优质碳素结构钢或合金结构钢，其技术性能应分别符合国家现行标准《优质碳素结构钢》GB/T 699—2015 和《合金结构钢》GB/T 3077—2015 的规定。采用铸件时，其技术性能应符合现行国家标准《一般工程用铸造碳钢件》GB/T 11352—2009、《铸钢节点应用技术规程》CECS 235—2008 的规定。

2）锚具组件的毛坯锻件应符合现行国家标准《冶金设备制造通用技术条件　锻件》YB/T 0367.7—1992 的规定，锻件须进行超声波探伤和磁粉探伤，并符合国家现行标准《锻轧钢棒超声波检验方法》GB/T 4162—2008 中 A 级或 B 级和《承压设备无损检测　第 4 部分：磁粉检测》JB/T 4730.4—2005 中的 II 级要求。所用铸钢锚具，其组件经超声波探伤应符合现行国家标准《铸钢件超声探伤及质量评级方法》GB/T 7233—2009 中三级的有关规定。

3）销轴和螺杆的坯件应为锻件，其材料应选用优质碳素结构钢或合金结构钢，其性能应分别符合现行国家标准《优质碳素结构钢》GB/T 699—2015、《合金结构钢》GB/T 3077—2015 的有关规定，当采用优质碳素结构钢时，宜采用 45 号钢。

14.2.5　锚具形式与特点如下。

1. 图 14.2.5-1 所示为三种基本压接索头形式，包括开口叉耳（C）、单板闭口眼（D）、螺杆丝杠（L）。基本索头可与调节器组合，满足索精度、施工、预力调整需要。根据三种索头、调节器，可构造组合出 5 种索体，常见的四种索体有：两端螺杆、一端螺杆一端开口叉耳、两端开口叉耳加调节螺杆、螺杆加叉耳，如图 14.2.5-1 所示，四种索体均至少有一个调节螺母，保证一定的可调范围。图 14.2.5-2（d）为可两端螺杆接叉耳、一端螺杆接叉耳一端固定叉耳的索体，玻璃结构的拉索、膜的外索常可用此形式索头，索

图 14.2.5-1　压接索头基本形式
（a）开口叉耳；（b）螺杆丝杠；（c）闭口眼

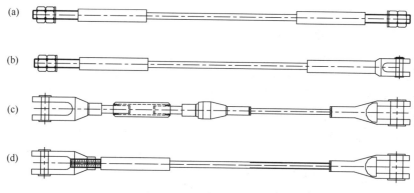

图 14.2.5-2　压接索头四种典型索体

体简洁，调节量较小。

　　根据索体结构，索体设计长度通常为：对索头为螺杆丝杠的索体，应在理想模型计算长度上增加 2～3 倍螺母厚度作为实际设计制作长度；对开口叉耳、闭口眼可直接以轴线定位，调节器置于平均（半调节量）位置，作为计算状态。根据设计，可改变调节器初始态、调节量、螺杆长度，以满足施工、预张力调整。调节器可为受力较小的封闭套筒或受力较大的回形开口双螺杆，压接索头较小、形式简洁、美观，制作容易，造价较低。

　　2. 图 14.2.5-3 所示为浇铸锚具典型索头，基本形式为开口叉耳（C）、单板闭口眼（D）、螺杆丝杠（L），螺杆丝杠可为内螺纹和外螺纹。根据这四种典型索头，可实现多种结构索体，与各种外部构造连接以及索段连接。浇铸锚具可锚固受力较大钢索，当钢索较小（如 $\phi40$ 以下），其调节机制仍可采用图 14.2.5-2 所示调节器，当钢索较大、拉力大时，其调节机制常为桥式锚具，分开口和闭口形式，如图 14.2.5-4 所示，可用于大型工程。

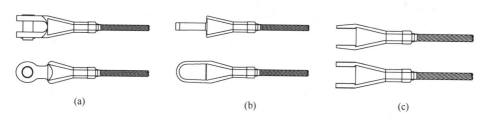

(a)　　　　　　　　　　(b)　　　　　　　　　　(c)

图 14.2.5-3　浇铸锚具索头

（a）开口叉耳；（b）闭口眼；（c）内（上）、外（下）丝杠螺杆

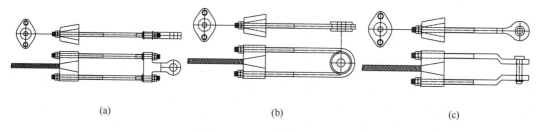

(a)　　　　　　　　　　(b)　　　　　　　　　　(c)

图 14.2.5-4　浇铸桥式锚具

（a）闭口桥式锚具-A；（b）闭口桥式锚具-B；（c）开口桥式锚具

14.2.6 锚固方法与特性。

索头锚固方法主要有：压接、浇铸、机械楔锚、环形扣接等，浇铸又分热铸和冷铸等。

1. 压接锚（YJM）的特点与要求。

压接锚采用液压机挤压索头，使其咬紧索体，挤压时宜控制液压力和挤压过程，不能损伤套筒胚件、钢丝。压接段长通常约为 8～10 倍索直径，套筒直径约索直径 1.5～2 倍。压接适合于较小螺旋钢丝索和钢丝绳（钢绞索），钢丝索直径 $\phi12～\phi35$，钢丝绳直径为 $\phi10～\phi50$。索头与索体锚固应等强度，锚固力应不小于 95%F_u，且疲劳性能较好。

2. 热铸锚（RM）的特点与要求。

1）热铸锚成形的主要步骤为：首先将索伸入锚杯足够长，并散开钢丝为钢刷状；将钢丝清洗干净，浸黏结溶剂；散开钢丝使每根钢丝能被锌包裹，注入高纯度熔态锌，冷却凝固。

热铸锚接存在复杂热力平衡过程，熔态锌和锚杯温度及冷却过程控制是关键。热铸过程存在所谓热沉现象，锚杯吸热比钢丝多，外部锌冷却快，钢丝锚固裹紧力比内部钢丝小。同时，热铸过程存在锚固滑移，因锌冷却后锌锚锥体积小于锚杯。浇铸温度影响钢丝疲劳强度，450℃ 比 480℃ 浇铸钢丝疲劳强度高，但是，热铸锚疲劳强度较低，约 80～100MPa，最大应力 0.45F_u，200 万次。

2）锚具常采用铸造、锻造或锚杯铸造、耳板锻造后焊接方法制作，材质为低合金钢或合金钢，锚杯深度约 5～6 倍钢索直径，锚杯口径约 2～3 倍钢索直径。热铸可锚固较大钢索，钢丝索直径约 $\phi12～\phi101$，钢丝绳直径约 $\phi10～\phi101$，适宜静力较大、动力较小且幅度小的受力状态。因芯锚锥与钢丝表面摩擦系数较小（约 0.2），锚杯倾斜角大、杯口较厚，因此，锚具尺寸较大。锚具防腐以镀锌为主（如彩镀、抛光等），使外表美观光洁。

3）现行国家标准《公路悬索桥设计规范》JTG/T D65-05—2015 的规定如下：

(1) 热铸锚应选用低熔点锌铜合金，其中锌含量应符合现行国家标准《锌锭》GB/T 470—2008 的规定（为（98±0.2）%）；铜含量应符合国家现行标准《阴极铜》GB/T 467—2010 的规定（为（2±0.2）%）。

(2) 浇铸合金前，应将锚杯预热，预热温度应根据当地气温条件经试验后确定，以保证合金浇铸温度不低于规定值。热铸合金的浇铸温度应控制在（460±10）℃ 范围。

(3) 锚杯内浇铸材料的实际浇铸量，应为理论计算铸入量的 92% 以上。

(4) 锚头浇铸完毕冷却至常温后，以设计荷载的 1.25 倍顶压力进行顶压检验，持荷 5min，索体外移量小于 5mm 为合格。

3. 冷铸锚（LM）的特点与要求。

1）在常温环境下浇铸，锚固材料常为细钢珠、锌粉、环氧树脂黏合剂，称之为巴氏合金。冷铸锚又称 HiAm 锚，即高幅应力锚固。因在常温浇铸，且维修温度仅 100℃，因此，钢丝无热铸锚高温影响，钢索疲劳强度与单索相近，约 250～300MPa，最大应力可达 0.45F_u，可循环 200 万次。钢锚杯与 HiAm 锚锥表面摩擦系数约 0.45，为热铸锚（0.2）2 倍以上，可使锚杯锥角减小、锚具显著变小。通常锚杯深（4～5）d_s，杯口（2.5～3）d_s，倾角正切 1/8～1/12。浇铸料硬，无温度变化影响，黏结滑移与徐变均小。

2）冷铸锚适用于大型结构钢索，适于受拉力大、动载幅度与频率高的受力状况。螺旋钢丝索、平行钢丝索、钢绞索均采用冷铸锚。大型桥梁中应用的 HiAm 锚主要有：适合平行钢丝索的 BBRV-HiAm，最大可用于 $\phi 7 \times 313$（$\phi 245$）钢索，疲劳强度 >300MPa，最大应力可达 $0.44F_u$，可循环 200 万次；适合钢丝索的 VSL 系统，最大可用于 91×7（$\phi 245$）钢索。

3）国家现行标准《公路悬索桥设计规范》JTG/T D65-05—2015 的规定如下：

（1）冷铸锚的冷铸料由环氧树脂、铁砂、矿粉、固化剂、增韧剂等组成，各种物料均应符合相关技术标准的要求。

（2）锚杯内浇铸材料应密实、无气孔。

（3）锚头浇铸完毕后，以设计荷载的 1.25 倍进行预张拉，预拉后，冷铸锚中锚板回缩值小于 5mm 为合格。

（4）冷铸体的试件强度常温下应不小于 147MPa。

4. 机械楔锚（JM）的特点与要求。

1）机械楔锚（夹片锚具）利用楔形铁件挤压钢丝绳索股，挤压力产生钢索与锚杯、钢丝间摩擦力，产生锚固力，如图 14.2.6-1（a）所示。索头常为内螺纹丝杠，可接螺杆、开口叉耳、闭口眼杆，如图 14.2.6-1（b）所示，具有灵活的索体形式。

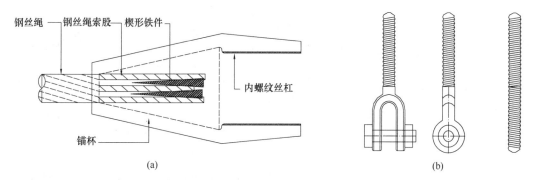

图 14.2.6-1　机械楔锚与连接件

（a）机械楔锚原理构造；（b）索头连接件

2）机械楔锚由于局部挤压钢丝，产生应力集中和磨损，锚固力较小，疲劳强度低（通常约普通钢索的 60%～70%），且钢丝滑移徐变大。因此，机械楔锚不适合较大拉力索。

3）机械楔锚可现场制作，构造简单，造价低，形式灵活，可用于拉力较小时或临时性拉索。

5. 扣接锚（KM）的特点与要求。

1）图 14.2.6-2 所示为扣接锚固法，直接将钢索在 U 形卡中绕回，再采用手工、机

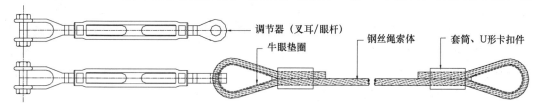

图 14.2.6-2　环形扣接锚

械夹持、液压将套筒、U形卡等扣件压接。

2）扣件锚固可用于柔韧性好的钢丝绳，不宜用于较硬钢丝索。扣件锚固形式简洁，可现场连接，制作简单，造价低，可用于较小、临时性、建筑要求较低膜结构工程。

3）锚固完钢索索头后，尚应按不小于 $50\%F_u$ 的张力进行预张拉，检查纲索弹性、强度、非线性特性，另外，还应对同类索进行极限破断拉伸试验。

14.2.7　连接件的特点与要求。

1. 结构中索连接主要为索段连接、悬挂索节点连接等。索段接长常用螺杆或套筒，压接螺杆、钢棒较细，常用套筒接，浇铸大索头用螺杆，如图14.2.7-1所示。图14.2.5-1（a）、（c）、图14.2.5-2（a）、（b）叉耳与眼杆配合常用螺栓连接，节点尺寸大。索交叉节点与索网结构一致，可采用图14.2.7-2（a）的夹板节点，图14.2.7-2（b）为紧固U形螺栓，用于单索交叉。夹板节点板可铸造，可适应不同材料面板，如玻璃、金属板、复合板，U形螺栓简洁。图14.2.7-3所示为双索交叉节点，（a）双夹板，（b）四夹板，双索锁紧再与相交索连接，钢索间互不接触，无钢丝磨损，（c）为边缘索节点。膜结构中常在主索上悬吊结构索或悬挂装饰，受力较小可采用U形紧固螺栓，如图14.2.7-2（b）所示，较大受力时可采用节点夹板，如图14.2.7-3c所示。

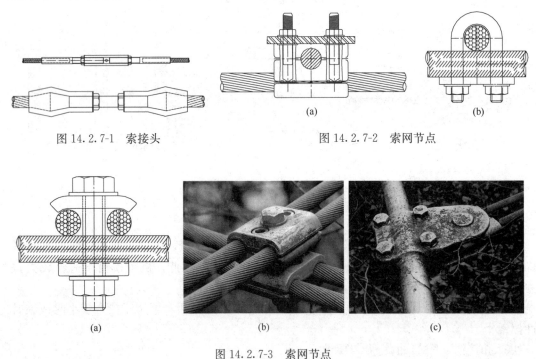

图 14.2.7-1　索接头　　　　　　图 14.2.7-2　索网节点

（a）　　　　　　（b）　　　　　　（c）

图 14.2.7-3　索网节点

2. 节点设计除满足纲索、螺栓构造外，还应分析验算钢索承压强度、摩擦力滑移。螺旋钢索（裸索）与钢节点板间摩擦系数、钢索容许强度，德国曾做过大量试验研究，且AISI规定，摩擦系数为 7%，容许压应力为 $27.6\text{MPa}(\geqslant\phi76)\sim41.4\text{MPa}(\leqslant\phi25)$。钢索间摩擦系数离散大，且与钢丝直径大小、捻法有关，可保守按钢、钢索间摩擦系数设计。HDPE索套摩擦系数、承压强度应根据具体试验决定设计。

3. 连接件的材料、工艺要求、性能指标，可参考锚头、锚具的要求。

14.2.8　拉杆的组成与材料。

1. 拉杆由锚具、杆身和调节端三部分组成，其中锚具形式可为叉耳的 U 形或单耳的 O 形。拉杆构造图 14.2.8-1 所示，1—O 形接头、2—短护套、3—杆体、4—长护套、5—张紧器、6—U 形接头、7—销轴、8—端盖、9—螺钉。杆体单根标准长度≤6m，工程用量大时可以直接订购 7~9m 的定尺长度。拉杆的表示方法可按现行国家标准《钢拉杆》GB/T 20934—2016 或现行行业标准《建筑用钢质拉杆构件》JG-T 389—2012 的规定执行。

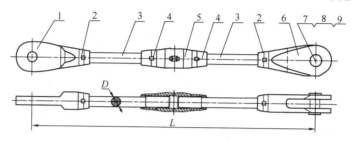

图 14.2.8-1　钢拉杆构造示意图

2. 钢拉杆杆体及组件可选用碳素结构钢、优质碳素结构钢、低合金高强度结构钢、合金结构钢、大型低合金铸钢和铸造碳钢等材料，其牌号及化学成分应分别符合现行国家标准《碳素结构钢》GB/T 700—2006、《优质碳素结构钢》GB/T 699—2015、《低合金高强度结构钢》GB/T 1591—2018、《合金结构钢》GB/T 3077—2015、《一般工程用铸造碳钢件》GB/T 11352—2009 和现行行业标准《大型低合金钢铸件》JB/T 6402—2018 等的规定，杆体材料力学性能应符合现行国家标准《钢拉杆》GB/T 20934—2016 的规定。

3. 不锈钢拉杆材料应符合现行国家标准《不锈钢棒》GB/T 1220—2007 的规定，杆体力学性能应符合现行行业标准《建筑用钢质拉杆构件》JG/T 389—2012 的规定。

14.3　拉　索　制　作

14.3.1　拉索制作流程如图 14.3.1-1 所示。

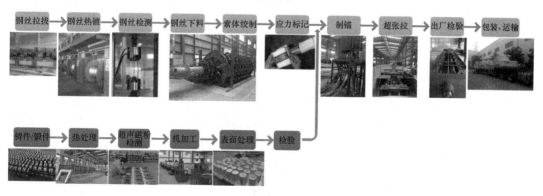

图 14.3.1-1　拉索制作流程

14.3.2　钢丝生产及检验要求。

1. 钢丝拉拔制作过程及要求如下。

1）钢丝通常由热轧钢棒（钢筋，直径<12mm）冷拉成圆形细钢丝、封闭型索用异形截面钢丝（Z、I形等），经过热处理、淬火、表面处理等主要工艺后制成，再经酸浸洗、浸润滑剂后制成卷。热轧、冷拉、热处理、淬火工艺可改变钢材的化学成分、金相结构，提高强度、硬度。

2）钢丝绳索体的质量和性能应符合现行国家标准《重要用途钢丝绳》GB 8918—2006、《一般用途钢丝绳》GB/T 20118—2006、《粗直径钢丝绳》GB/T 20067—2017 中的规定。建筑结构用钢丝绳宜采用镀锌无油钢芯钢丝绳。

3）半平行钢丝束索体用高强度钢丝的直径一般为 5mm 和 7mm，其质量和性能应符合现行国家标准《桥梁缆索用热镀锌或锌铝合金钢丝》GB/T 17101—2019 中的规定。

4）钢绞线的质量和性能应符合现行行业标准《镀锌钢绞线》YB/T 5004—2012 的规定。高钒索索体的质量和性能应符合现行行业标准《建筑工程用锌-5%铝-混合稀土合金镀层钢绞线》YB/T 4542—2016 的规定。封闭索的质量和性能要求应符合现行行业标准《密封钢丝绳》YB/T 5295—2010 的规定。

5）不锈钢绞线质量和性能应符合现行国家标准《不锈钢钢绞线》GB/T 25821—2010 中的规定，索体用钢丝的质量和性能应符合现行国家标准《不锈钢丝》GB/T 4240—2019 的规定。

2. 钢丝防腐处理方法与要求如下。

1）普通钢丝表面处理方法一般为镀锌、镀铝、镀锌铝合金。

2）镀锌防腐。镀锌分热浸镀锌和电化学镀锌。镀锌分为三级：A级，锌纯度≥99.95%，镀锌层均匀，厚度为 25～40μm，平均重量为 122.0～305.0g/m²；B级，镀锌层重为 A 级的两倍，即 244.0～610.0g/m²；C级，镀锌层重为 A 级的三倍，即 366.0～915.0g/m²。镀锌层质量检验应符合现行国家标准《钢产品镀锌层质量试验方法》GB/T 1839—2008 的规定。

3）锌-5%铝-混合稀土合金镀层防腐。根据现行国家标准《锌-5%铝-混合稀土合金镀层钢丝、钢绞线》GB/T 20492—2019，热镀用锌-5%铝-混合稀土合金锭的化学成分，应符合表 14.3.2-1 的规定。

锌-5%铝-混合稀土合金锭的化学成分质量分数　　　　表 14.3.2-1

Al	Ce+La	Fe 不大于	Si 不大于	Pb 不大于	Cd 不大于	Sn 不大于	其他元素 每种不大于	其他元素 总量不大于	Zn
4.7～6.2	0.03～0.1	0.075	0.015	0.005	0.005	0.002	0.02	0.04	余量

4）镀锌方法与要求为：采用一步镀法时，合金镀槽内熔体中的铝含量应控制在 4.2%～6.2%；采用两步镀法时，先镀锌（热镀锌或电镀锌），然后，镀锌-5%铝-混合稀土合金，合金镀槽内熔体中的铝含量允许达到 7.2%，以防止镀液中铝含量贫化。钢丝镀层中的铝含量应不小于 4.2%。钢丝镀层重量应符合表 14.3.2-2 的规定。

钢丝镀层重量　　　　表 14.3.2-2

钢丝公称直径 (mm)	镀层重量（g/m²）不小于		
	A 级	B 级	C 级
>1.24～1.5	185	370	555

续表

钢丝公称直径 （mm）	镀层重量（g/m²）不小于		
	A 级	B 级	C 级
>1.5～1.75	200	400	600
>1.75～2.25	215	430	645
>2.25～3	230	460	690
>3～3.5	245	490	735
>3.5～4.25	260	520	780
>4.25～4.75	275	550	825
>4.75～5.5	290	580	870

5）普通强度级钢丝镀层重量分为 A、B 二级；高强度级钢丝镀层重量分为 A、B、C 三级，特高强度级钢丝镀层重量只有 A 级。

6）钢丝镀层的附着性试验方法为：钢丝以不超过 15r/min 的速度，在表 14.3.2-3 规定直径的芯棒上紧密螺旋缠绕至少 8 圈，镀层不得开裂或起层到能用光裸手指擦掉的程度。

钢丝镀层附着性试验芯棒直径　　　　　　　　　　　　表 14.3.2-3

钢丝公称直径（mm）	芯棒直径与钢丝公称直径之比
>1.24～2.25	3
>2.25～3.5	4
>3.5～5.5	5

7）表面质量要求：钢丝镀层应连续、均匀，不应有影响使用的表面缺陷，其色泽在空气中暴露后可呈青灰色。

8）根据现行国家标准《金属材料 线材 反复弯曲试验方法》GB/T 238—2013 的规定进行反复弯曲试验，根据现行国家标准《金属材料 线材 第 1 部分：单向扭转试验方法》GB/T 239.1—2012 的规定进行单向扭转试验，根据现行国家标准《钢丝绳破断拉伸试验方法》GB/T 8358—2006 的规定进行拉伸强度试验，性能应符合相关标准要求。

14.3.3　锚具生产及检测要求。

1. 锚具作为拉索受力核心部件，其性能决定拉索安全性。锚具可选用合金结构钢铸件，其性能应符合国家现行标准《大型低合金铸件》JB/T 6402—2018 的规定。

2. 锚具应进行探伤，磁粉探伤应符合现行国家标准《铸钢件磁粉检测》GB/T 9444—2019 中 2 级的规定，超声波探伤应符合现行国家标准《铸钢件 超声检测 第 1 部分：一般用途铸钢件》GB/T 7233.1—2009 中 2 级的规定，应确保每一个锚具的质量 100%合格。

3. 锚具生产过程。

1）锚具铸造：采用精密铸造，在浇铸前需做随炉试棒，并用光谱仪对试棒材质进行成分分析，合格后方可浇铸。

2）热处理：浇铸好的锚具需热处理且试棒必须随炉热处理。

3）材料性能与型式试验：采用浇铸锚具试件、试棒及材料进行试验，包括拉伸试验、硬度检测、金相检测、冲击功试验、化学成分试验、磁粉探伤检测，在检测达标之后，方可批量生产锚具。

　　4）粗车：对检验合格的锚具进行粗加工，如图 14.3.3-1 所示。

　　5）精车：对探伤合格的锚具进行精加工，以满足设计图纸及相关标准要求，如图 14.3.3-2 所示。

图 14.3.3-1　粗车

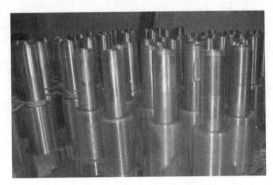

图 14.3.3-2　精车

　　6）表面处理：对锚具表面进行相应的防腐处理，并随机抽样进行快速腐蚀试验。

　　7）检验：对锚具的加工尺寸进行检验，合格后方可入库。

14.3.4　拉索捻制要求。

1. 根据工程用索规格进行索截面设计，然后索捻制。ϕ95 封闭索如图 14.3.4-1 所示。

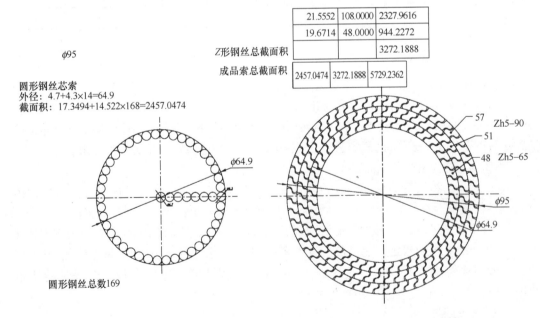

	21.5552	108.0000	2327.9616
	19.6714	48.0000	944.2272
Z形钢丝总截面积			3272.1888
成品索总截面积	2457.0474	3272.1888	5729.2362

ϕ95

圆形钢丝芯索
外径：4.7+4.3×14=64.9
截面积：17.3494+14.522×168=2457.0474

ϕ64.9

圆形钢丝总数169

57　Zh5-90
51
48　Zh5-65
ϕ95
ϕ64.9

图 14.3.4-1　ϕ95 封闭索

　　2. 索体捻制如图 14.3.4-2 所示，采用无轴传动智能系统对捻制进行控制。捻制过程中需保护镀层，以降低捻制时镀层的损失。

图 14.3.4-2　索体捻制

14.3.5　索体预张拉特点与要求。

1. 钢索捻制完成后，应对拉索进行预张拉。预张拉有以下两种方法。

1）方法一：取破断拉力的 50%～55% 作为预张力进行张拉，张拉持续时间可取 2h，如图 14.3.5-1（a）所示；

2）方法二：取破断拉力的 40%～60% 作为预张力进行反复张拉，如图 14.3.5-1（b）所示。

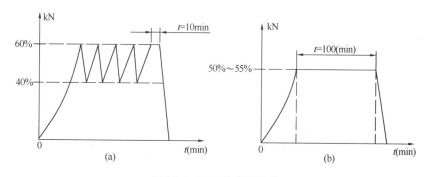

图 14.3.5-1　拉索预张拉

2. 预张拉优点如下。

1）消除拉索受力伸长时的非线性因素；

2）避免在工地预张拉后出现快速松弛现象；

3）可减短索调节部件的长度，节约成本；

4）使索体结合紧密，受力均匀。

14.3.6　应力下料要求。

1. 根据设计索力在张拉台上进行应力下料，如图 14.3.6-1 所示。测量工具可采用经过实验室标定的激光测距仪或钢拉尺。采用钢拉尺时，需在拉尺的一端施加 50N 的拉力，以保证拉索下料长度精确，并应用测距仪和拉尺相互复核。

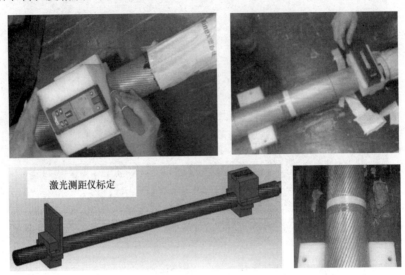

图 14.3.6-1　应力下料及测量

2. 索长误差要求为：长度为 10～50m 的索，长度误差应为 ±0.015％～0.025％，且 ＜±10mm；长度为 50～100m 的索，误差应小于 ±20mm；长度大于 100m 的索，误差应小于 0.02％。

14.3.7　拉索浇铸及超张拉要求。

1. 根据钢索浇铸技术要求进行拉索浇铸，其步骤分为：锚具加热→浇铸锌合金→冷却→超张拉→检验→包装→入库。

2. 拉索浇铸过程及要求如下。

1）将下料钢索固定在锚具上，如图 14.3.7-1 所示，并用相机拍照标识存档以便可追溯。

2）锚具加热，并用测温仪及温控系统控制锚具加热温度，如图 14.3.7-2 所示。

图 14.3.7-1　拉索锚具连接

图 14.3.7-2　锚具加热

3）浇铸锌合金并自然冷却，如图 14.3.7-3 所示。

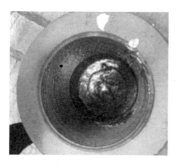

图 14.3.7-3 浇铸锌合金

3. 锚具冷却后组装配件进行超张拉，如图 14.3.7-4 所示，超张拉力不小于拉索破断力的 45%，检验锚具和索体滑移量，并记录数据，索体滑移量小于 5mm 为合格。

图 14.3.7-4 拉索超张拉

4. 如客户需要，可用现场拉索制作一组试验索进行静载试验，如图 14.3.7-5 所示。按照现行国家标准《钢丝绳破断拉伸试验方法》GB/T 8358—2006 的规定，验证成品拉索最小破断力是否达到要求。

图 14.3.7-5 拉索最小破断力试验

5. 拉索组装与表面处理。应根据设计索形式和锚件锚固方法，连接索头锚件，并完成索体端部防腐密封处理以及锚件局部防腐处理。

6. 标志、包装、贮存要求如下。

索盘卷应符合现行国家标准《钢丝绳包装、标志及质量证明书的一般规定》GB/T

2104—2008 索体包装、标志及质量证明书的规定，盘卷半径需大于 20 倍钢丝绳直径。索体标识符合现行国家标准《钢丝绳术语、标记和分类》GB/T 8706—2017 索体术语、标记和分类的规定，主要应包括：钢索类型（钢绞线、钢丝绳、平行钢索等）、钢索公称直径、钢索结构、材质、锚具、执行规程等，镀锌级、捻法也根据情况标识。具体应符合下列要求。

1）标志要求：

（1）每根索的两端锚头上，必须用红色油漆注明索编号和规格。每根索均应挂有合格标牌，并应牢固地系于索两端锚头处。

（2）标牌上应清楚写明工程名称、吊索编号、长度、质量、制造厂名及制作日期。

2）包装要求：

（1）成品索采用成盘包装，如图 14.3.7-6（a）所示。索盘直径不应小于索直径的 20 倍。索两端锚头要牢固地固定在索盘上。

（2）背骑式钢丝绳成品索上盘时，应将索在中央对弯，由中央向两侧绕，中央对弯部分的弯曲半径要大于钢丝绳直径的 8 倍以上。

（3）成品索索盘应采用不损伤索表面质量的防水及防腐蚀材料进行包装，具体要求可由委托方提出。

3）贮存要求：

（1）成品索索盘宜存放于仓库内，露天存放时，应采取防雨措施进行遮盖。

（2）成品索索盘应水平堆放在离地面 30～50cm 的支架上，如图 14.3.7-6（b）所示。有叠置时，层间应加垫木。应保持场地的干燥、通风、不污染，以保证吊索不发生锈蚀及损伤。

(a)   (b)

图 14.3.7-6 拉索包装、贮存

7. 出货时，采用吊车将拉索成品吊至卡车，如图 14.3.7-7 所示，并采用支架等固定。

图 14.3.7-7 拉索出厂

14.3.8 索的防腐要求。

根据钢索形式、结构用途,从钢丝、索股、钢索到最后结构索,可采用不同方法分层次防腐。钢丝防腐是基础,可采用镀锌法。普通室内、室外可采用 A 级镀锌,潮湿环境可采用 B 级镀锌,强腐蚀、盐、酸性环境可采用 C 级镀锌。主要防腐方法如下:

1. 镀锌。

钢丝索、索股镀锌方法有:①全部钢丝 A 级镀锌;②内部钢丝 A 级镀锌,外部钢丝 B 级镀锌;③内部钢丝 A 级镀锌,外部钢丝 C 级镀锌。安装运输过程导致镀锌损伤可采用富含锌油漆修补。

2. 锌-5%铝-混合稀土合金镀层。

高钒索钢丝防腐材料为锌-5%铝-混合稀土合金,钢丝的力学性能及镀层质量应符合现行行业标准《建筑工程用锌-5%铝-混合稀土合金镀层钢丝》YB/T 4541—2016 的规定。

3. 挤塑索套。

防腐挤塑成形为高密度 HDPE 索套,适合钢丝绳、钢丝索。如果不是完全密封的挤塑成形套管而是穿入套管,尚应高压灌入塑胶、防锈剂、水泥浆等。HDPE 应满足:屈服点变形>16%,屈服点>20.7MPa,破断延伸率>100%,径向变形<2%,高密度、含碳黑量足以抗紫外线老化,适温区间−35℃~80℃。HDPE 套管径厚比应不小于 18/1,且厚度应不小于 5~7mm。

4. 喷塑。

可采用环氧树脂喷涂,可对单索股、钢棒喷塑进行防腐。喷塑涂层>60~80μm,表面光滑,常哑光,表面附着力、弯曲、柔韧需满足特定规范或设计指标。喷塑是耐湿热、盐雾、酸性环境的较好防腐方法。

5. 油漆。

油漆之前,需要对钢棒、锚具等除锈,除锈等级达到 Sa21/2,使表面粗糙度、清洁。

室外油漆厚应>200μm,采用水性无机富锌底漆则厚度应为 100μm、环氧云铁密封漆则厚度应为 60μm、绿化橡胶面漆则厚度应为 60μm。室内油漆厚应>150μm,如水性无机富锌底漆则厚度应为 70μm、环氧云铁密封漆则厚度应为 40μm、聚氨酯面则厚度应为漆 2×35μm,可再加环氧树脂中涂漆厚 50~70μm。

14.4 拉 杆 制 作

14.4.1 目前,大直径、高强度合金拉杆在我国钢结构建筑中应用越来越广,如建筑、桥梁、船坞码头等建设领域,应用直径涵盖 φ16mm 到 φ200mm 等。工程中拉杆杆体常采用现行国家标准《合金结构钢》GB/T 3077—2015 规定的材料。

14.4.2 钢拉杆生产工艺流程。

钢拉杆生产工艺流程如图 14.4.2-1 所示。

14.4.3 钢拉杆特殊生产工艺与要求。

1. 热处理工艺。

对开炉热处理生产线如图 14.4.3-1 所示。首先将热扎合金棒材加温达到奥氏体临界温度,然后恒温保持一定时间,经过 PAG 淬火液(聚烷撑乙二醇聚合物+水溶剂)速冷

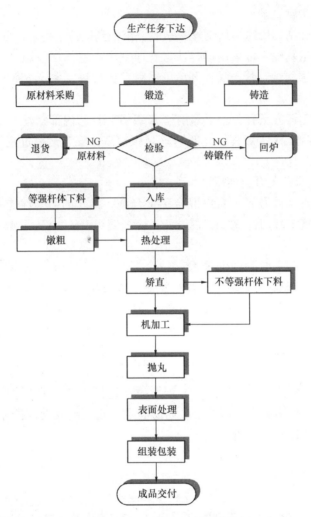

图 14.4.2-1　钢拉杆工艺流程

图 14.4.3-1　对开炉热处理生产线

却得到马氏体，再经高温回火得到索氏体组织，该组织既可达到高强度，又具有良好塑性和韧性。

2. 锻造工艺。

首先用中频炉对棒材端部加热，然后用平锻机模锻对端头加热部位进行端部镦粗。图 14.4.3-2 所示为 400t 平锻锻造生产线，平锻主机为 400t 液压油缸，可镦粗最大直径为 ϕ80mm 的圆棒；加热方式为中频加热；模具采用精密闭式模腔，一次成型。

(a)   (b)

图 14.4.3-2 锻造工艺

(a) 液压式 400t 平锻锻造生产线；(b) 加热镦粗

3. 抛丸处理工艺。

热处理后工件表面将有氧化皮，必须清除氧化皮。工程中通常采用大型通过式抛丸机除锈，可彻底去掉工件表面氧化层。

4. 表面防腐处理工艺。

合金钢拉杆表面处理形式现已多样化，根据目前国内外环境大气影响不同，其表面处理方法也不同。工程上可根据使用地气候选择适当的处理方法，以满足防腐要求。目前主要表面防腐处理方法如下。

1）冷镀锌防腐体系：采用喷砂+表面电镀锌（此工艺处理属于轻度防腐）方法；

2）热浸锌防腐体系：采用喷砂+表面热浸镀锌（此工艺处理属于重度防腐）方法；

3）聚氨酯面漆防腐体系：采用喷砂+环氧富锌底漆+环氧云铁中间漆+聚氨酯面漆方法；

4）氟碳面漆防腐体系：采用喷砂+环氧富锌底漆+环氧云铁中间漆+氟碳面漆方法；

5）环氧富锌底漆防腐体系：作为临时防腐，采用喷砂+表面喷涂环氧富锌底漆方法。

14.4.4 质量控制要求。

1. 原材料化学成分检验要求。

对抽取的样件进行加工，然后放置于光谱化学成分分析仪上进行测试分析，测试结果应符合现行国家标准《合金结构钢》GB/T 3077—2015 及《钢的化学分析用试样取样法及成品化学成分允许偏差》GB/T 222—1984 的要求。

2. 原材料机械性能检验要求。

1）原材进厂后，应先根据现行国家标准《钢及钢产品力学性能试验取样位置及试样制备》GB/T 2975—2018 制作试样，具体制作样棒要求应符合现行国家标准《钢及钢产品力学性能试验取样位置及试样制备》GB/T 2975—2018 的规定。试样制备完成后，应按照现行国家标准《金属材料室温拉伸试验方法》GB/T 228—2002 进行力学性能检测，检测结果应符合现行国家标准《钢拉杆》GB/T 20934—2016 所规定的力学性能参数要求。

2）每检测批次的抽样比例应根据来料量确定，重量小于等于 20t 且为同一规格直径小于等于 50mm 的抽样数量为 3 根；重量小于等于 20t 且为同一规格直径大于 50mm 的抽样数量为 4 根。

3．超声波探伤检测要求如下。

1）应对当批次拉杆钢棒进行全数超声波探伤检测。

2）超声波探伤检测应符合现行国家标准《钢锻件超声波检验方法》GB/T 6402—2008 的规定，检验结果满足超声波质量等级 2 级标准，则为合格。

4．冲击吸收功检测要求如下。

1）原材料经调质后需进行冲击吸收功检测，冲击试验检测应符合现行国家标准《金属材料夏比摆锤试验方法》GB/T 229—2020 的规定，检测结果应符合现行国家标准《钢拉杆》GB/T 20934—2016 所规定的冲击吸收功参数要求。

2）可根据实际工程使用要求，对材料的吸收功分为常温或低温要求分别进行要求判定。

5．低倍金相组织分析要求如下。

采用显微评定方法评定轧制钢及锻制钢材中的非金属夹杂物，进而评定钢材的适应性。判定评级标准应符合现行国家标准《钢中非金属夹杂物含量测定标准评级图显微检验方法》GB/T 10561—2005 的规定。

14.5　施工安装张拉模拟

14.5.1　建筑索结构体系复杂，相对于刚性或半刚性预张力结构，索结构的预张力主要用于索结构内力调峰和刚度调整。柔性预张力索结构，其预张力具有维持索结构整体形态和刚度的作用，预应力索结构施工方案多样、复杂，但基本均采用地面组装、整体同步提升的安装工艺，涉及不同的设备和技术准备，因此，预张力索结构应先进行施工安装张拉模拟，确定施工方案、主要步骤、最大张力、张拉设备以及辅助设施。

14.5.2　安装张拉模拟内容。

安装张拉模拟是索结构施工方案中极其重要的环节，不同的施工方法会使索结构经历不同的初始几何态和预应力态，因此，实际施工方法必须和结构设计初衷吻合，且同时应确定相应的加载方式、加载次序及加载量级，并在实际施工中严格遵守。索结构施工安装张拉模拟应包括以下内容。

1．验证张拉方案可行性，确保张拉过程安全；

2．给出每步张拉时钢索张拉力大小，为实际张拉时张拉力值确定提供理论依据；

3．给出每步张拉的结构变形及应力分布，为张拉过程中变形及应力监测提供理论依据；

4．根据计算张拉力的大小，选择合适的张拉机具，并设计合理的张拉工装；

5．确定合理分级分批张拉顺序。

14.5.3　安装张拉模拟方法。

索结构在预张力施加之前为机构体系，没有结构刚度，不能承载。索结构安装、张拉过程具有拓扑和几何变化、刚体位移以及弹性变形的特征，模拟难度相对较大。理论上，可将索杆张力结构施工成形分析视为已知原长的构件在特定外荷载（如自重）作用下达到平衡形态的求解过程，可采用的计算方法主要包括逆序分析法和正序分析法，其中逆序分析方法与实际张拉顺序相反，属于反向思维的方法；而正序分析方法与实际张拉顺序相同，主要计算方法包括非线性有限元法、动力松弛法、力密度法、非线性力法等。逆序分析法的具体步骤如下。

1. 首先基于设计，通过找形、预应力优化等，确定索结构目标平衡态（预应力＋结构自重）。

2. 基于设计要求的索结构初始状态，采用通用非线性有限元软件，通过设定应变或温度变化模拟主动索及辅助牵引索长度变化，按张拉和安装工艺逆向释放各主动索的预张力，计算结构零状态时对应的各索放样长度和连接节点位置。

3. 按照张拉方案进行主动索逐批次逐级张拉的正向计算与分析，进行索结构自零状态至初始状态的施工过程的数值模拟，以验证张拉方案的可行性。

4. 计算宜考虑索长制作误差、支承结构安装误差、温度变化等对索结构初始状态几何和预张力分布的影响，并进行索结构初始状态的误差分析与计算。

14.5.4 施工深化设计内容与要求。

施工深化设计是施工方案的重要内容，基于施工模拟结果，并考虑施工措施等因素，对索结构进行专项深化设计，主要内容包括：

1. 索夹和拉索端连接板设计：包括索夹和连接板受力、几何尺寸和连接设计。节点组装如图 14.5.4-1 所示。

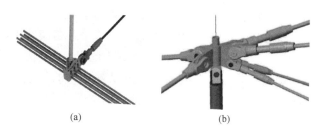

(a)　　　　　　　　(b)

图 14.5.4-1　典型索夹节点

（a）轮辐式下环索节点；（b）Levy 型撑杆顶端节点

2. 拉索下料：基于设计分析和细部设计，针对定长索和非定长索，建立三维设计模型，确定精确下料长度，误差应小于 0.02％。

3. 工装设计：针对不同索结构及施工方案，设计施工张拉工装，图 14.5.4-2 所示为

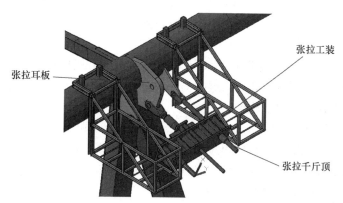

图 14.5.4-2　轮辐式径向拉索外环张拉工装

轮辐式径向拉索外环张拉工装。

14.6　索结构施工张拉

14.6.1　拉索（拉杆）的张拉方法应根据受拉力大小、拉索形式以及结构体系等综合决定，可采用以下方法。

1. 张力较小的索可采用手扳葫芦张拉，也可采用电动葫芦。手扳葫芦张拉可在 0.5t 至 5.0t 范围内。

2. 当索张力较大时，可采用千斤顶张拉。可根据设计索张力大小、具体构造等选择千斤顶型号、形式以及特定反力架、张拉工装等张拉工艺过程。千斤顶分螺旋千斤顶、普通液压千斤顶、分离式千斤顶、穿芯式千斤顶等，可依要求选择。

3. 索张拉过程应根据工程结构特性进行索力、结构位形监测控制。

14.6.2　索结构施工一般规定。

1. 钢拉索安装应编制施工组织设计文件，并应符合有关结构工程施工质量验收规范和施工图的要求。

2. 现场安装用的焊接材料、紧固件和涂料等，应具有产品质量证明书，并符合相关现行国家标准。

3. 拉索/拉杆安装前应进行检验，不合格的构件不得安装。

4. 试验和张拉用设备和仪器应进行计量标定。施加索力和其他预应力必须采用专用设备，其负荷标定值应大于施力值的 2 倍。施加预应力的误差不应超过设计值的 ±5%。

5. 钢拉索安装过程中应有相应的监测措施，以反馈结构的信息，调整施工质量，监控施工进程等，监测方案应经设计和监理单位认可。

14.6.3　拉索安装规定。

1. 拉索安装前，应根据定位轴线和标高基准点复核预埋件和连接点的空间位置和相关配合尺寸。应根据拉索受力特点、空间状态以及施工技术条件，在满足工程质量的前提下综合确定拉索的安装方法。安装方法确定后，施工单位应会同设计单位和其他相关单位，依据施工方案对拉索张拉时支撑结构的内力和位移进行验算，必要时采取加固措施。

2. 为确保拼装精度和满足质量要求，安装台架必须具有足够的支承刚度，特别当预应力钢拉索张拉后结构支座反力可能有变化时，支座处的台架在设计、制作和吊装，应采取针对性的措施。

3. 当风力大于三级、气温低于 4℃ 时，不宜进行拉索和膜面单元的安装。拉索安装过程中应注意保护已做好防锈、防火涂层的构件，避免涂层损坏。若构件涂层和拉索护层被损坏，必须及时修补或采取措施保护。

4. 室外存放拉索时，应置于遮篷中且防潮、防雨。成卷的产品应水平堆放；重叠堆放时应逐层加垫木，以避免锚具压损拉索的护层。应特别注意保护拉索的护层和锚具的连接部位，防止雨水浸入。当除拉索外，当其他金属材料需要焊接和切削时，其施工点与拉索应保持一定距离或采取保护措施。

14.6.4 拉索张拉工艺。

1. 预应力索的张拉顺序必须严格按照设计要求进行。对复杂索结构，应进行施工安装张拉模拟专项仿真，确定预应力索的张拉顺序和张拉力控制。当设计无规定时，应考虑结构受力特点、施工方便、操作安全等因素，且以对称张拉为原则，由施工单位编制张拉方案，经设计单位同意后执行。

2. 张拉前，应设置支承结构，将拉索就位并调整到规定的初始位置。安装锚具并初步固定，然后按设计规定的顺序进行预应力张拉。拉索一般宜设置预应力调节装置。张拉预应力宜采用油压千斤顶。张拉过程中应监测索系的位置变化，并对索力、结构关键节点的位移进行监控。

3. 直线索可一端张拉，折线索宜两端张拉。几个千斤顶同时工作时，应同步加载。索段张拉后应保持顺直状态。

4. 拉索应按相关技术文件和规定分级张拉，且在张拉过程中复核张拉力。

5. 张拉过程索力应进行检测，主要检测方法有：油压表法、压力传感器法、振动频率法、磁通量法。前两者一般适宜施工过程，后两者更可用于结构使用阶段。

14.6.5 工程验收。

1. 应根据国家现行标准《建筑工程施工质量验收统一标准》GB 50300—2013、《钢结构工程施工质量验收标准》GB 50205—2020、《预应力钢结构技术规程》CECS 212—2006、《索结构技术规程》JGJ 257—2012、《膜结构工程施工质量验收规程》CECS/T 664—2020 等的规定，进行预应力钢拉索工程的施工质量验收。

2. 施工质量验收应由建设单位组织，工程参与单位参加。在钢拉索安装完成后，对索体及其连接部分以及预应力结构其他部分，进行统一验收。

3. 验收应具备下列文件和资料。

1）设计文件、安装图、竣工图、图纸会审记录，设计变更文件，使用软件名称。

2）制作和张拉工艺设计，施工组织设计，技术交底记录。

3）材料出厂质量证明文件和进场检验报告，包括：原材料检验、索材检验、锚具和连接件检验等。

4）施工检验记录、隐蔽工程验收记录、加工安装自检记录、张拉行程和索体张力记录、施工现场质量检查记录、不合格项目处理记录及其他相关文件。

4. 竣工前，应对主要承重拉索进行索力测量，偏差值应控制在±10％以内。当超标难以调整时，必须与设计单位协商处理。拉索表面质量和索与锚具的连接构造，应满足设计要求。

14.6.6 索的检测。

1. 平行钢丝束钢索、钢丝绳索、钢绞线索具有不同的检测项目和标准，原则上检测项目与检验项目相同。现行国家标准《锌-5％铝-混合稀土合金镀层钢丝、钢绞线》GB/T 20492—2019 规定检测项目如下。

1）组批规则：钢绞线应按批验收，每批应由同一结构、同一公称抗拉强度级、同一镀层重量级别的钢绞线组成。

2）取样数量：取样规定如表 14.6.6-1 所示，从钢绞线盘（轴）的一端取样，当取样数大于盘（轴）数时，按盘（轴）数取样。

取样数量　　　　　　　　　　　　　　　　　　　　　　　　表 14.6.6-1

钢绞线总长度（交货批）	取样数量	钢绞线总长度（交货批）	取样数量
1500m 或以下	1	>9000～45000m	3
>1500～9000m	2	>45000m	4

3）所取样品均应按现行国家标准《锌-5％铝-混合稀土合金镀层钢丝、钢绞线》GB/T 20492—2019 的规定进行捻制、钢绞线最小破断力、钢绞线断裂总伸长率等试验。

4）钢绞线除进行第 3）款规定的试验外，还应进行拆股钢丝试验，以确定是否符合现行国家标准《锌-5％铝-混合稀土合金镀层钢丝、钢绞线》GB/T 20492—2019 标准规定的钢绞线用钢丝公称直径容许偏差、钢绞线最小破断力、镀层、钢绞线用钢丝韧性和表面质量的要求，每根钢绞线钢丝的试验数量如下：

1×3 结构钢绞线　　　　　3 根钢丝

1×7 结构钢绞线　　　　　4 根钢丝（外层 3 根，中心 1 根）

1×19 结构钢绞线　　　　 7 根钢丝（每层 3 根，中心 1 根）

1×37 结构钢绞线　　　　 10 根钢丝（每层 3 根，中心 1 根）

5）钢绞线内钢丝镀层中的铝含量试验取样数量要求如下：

钢绞线总长度（交货批）	取样数量	取样部位
≤45000m	1	一端
>45000m	2	一端

6）除非需方另有规定，制造厂可以用捻绞线前的钢丝，按照现行国家标准《锌-5％铝-混合稀土合金镀层钢丝、钢绞线》GB/T 20492—2019 的规定进行钢丝公称直径容许偏差、镀层、钢绞线用钢丝韧性等项目试验，确认其符合本标准，以代替第 4）款规定的拆股钢丝试验。即使如此，需方仍有权从成品钢绞线中拆取钢丝进行验证试验。

2. 现行国家标准《锌-5％铝-混合稀土合金镀层钢丝、钢绞线》GB/T 20492—2019 规定钢绞线试验方法如下。

1）合金锭和镀槽内合金熔体化学成分应按照国家现行标准《热镀用锌合金锭》YS/T 310—2008 的附录 A、附录 B、附录 C 和《锌及锌合金化学分析方法　铝量的测定　铬天青 S-聚乙二醇辛基苯基醚-溴化十六烷基吡啶分光光度法、CAS 分光光》GB/T 12689.1—2010 的规定进行测定，钢丝镀层中铝含量的化学分析方法，应符合该标准附录 A 的规定。

2）钢绞线表面检查可用目测。

3）钢丝直径可采用精度为 0.01mm 的量具进行测量。

4）钢丝拉伸试验应符合现行国家标准《金属材料＿拉伸试验＿室温试验方法》GB/T 228—2010 的规定。

5）钢丝镀层重量试验应符合现行国家标准《镀锌钢丝锌层质量试验方法》GB/T 2973—2004 的规定。

6）钢丝的缠绕试验应符合现行国家标准《金属材料　线材　缠绕试验方法》GB/T 2976—2020 的规定。

7）钢绞线最小破断拉力试验按应符合现行国家标准《钢丝绳实际破断拉力测定方法》GB/T 8358—2014 的规定。

8）钢绞线的捻距测量，可采用划印法。

9）钢绞线不松散性试验方法为：切断钢绞线，当切断钢绞线时，其端部钢丝应保持原位或容易用手复原，手放开后保持在原位，则为合格。

10）钢绞线断裂总伸长率的试验方法及要求如下。

断裂总伸长率为试样从开始施加负荷到破断瞬时试验机两夹头间试样标距增长的百分比。当给钢绞线施加 10% 的最小破断拉力负荷时，试验机两夹头间的距离约为 610mm，此距离作为试件标距。只有试样破断部位与试验机夹头距离大于 25mm 时，拉伸断裂试验才有效；当断裂部位有效，且结果符合标准规定时视为有效。当试验无效时，应从盘卷或线轴上另取试样试验。

14.6.7　索结构监测。

索结构的监测可分为施工阶段的监测、使用阶段的监测、施工和使用阶段全过程的监测三类。不同类型监测要求如下。

1. 满足下列条件之一的索结构应进行施工阶段监测。

1）设计文件或其他规定要求；

2）结构跨度大于 100m；

3）结构悬挑长度大于 30m；

4）施工阶段结构受力状态或构件内力与结构初始状态内力存在显著差异。

2. 满足下列条件之一的索结构宜进行使用阶段健康监测。

1）设计文件或其他规定要求；

2）结构跨度大于 120m；

3）结构悬挑长度大于 40m。

3. 结构监测应按照监测方案实施，监测方案应包括：监测阶段、监测项目、测点布置、传感器选用、监测系统架构、监测频次、监测数据处理方法和预期结果、预警方案等内容，监测方案应经设计单位认可。

4. 索结构在施工阶段和使用阶段的监测项目可根据结构特点按表 14.6.7-1 选用。

索结构施工阶段和使用阶段的监测项目　表 14.6.7-1

时间阶段	基础沉降	变形	构件应变、索力、膜面应力	风作用和效应（风压、风速、振动）	支座位移
施工阶段	△	★	★	⊙	⊙
使用阶段	△	★	★	△	⊙

注：★应监测；△宜监测；⊙可监测。

5. 应针对受力较大、对结构体系安全性影响较大的构件布置应变和索力测点，针对有代表性的位置布置位移或变形测点，针对作用或效应较大的区域布置风的测点。

6. 监测传感器应具备可更换性。施工阶段索力的监测可采用压力表测定千斤顶油压法、压力传感器测定法、三点位移法、振动频率法、EM 法等；使用阶段索力的监测可采用三点位移法、振动频率法、EM 法等。施工阶段变形可采用全站仪、激光测距仪器、激光扫描仪、GNSS、三维摄像等。使用阶段可采用激光扫描仪、GNSS、三维摄影等。应根据各类方法的适用范围、监测精度要求、监测自动化要求等选用合适的方法。

7. 监测系统应满足监测项目的集成性、监测数据的实时性、监测预警的及时性等要求。应按设计或其他规定要求定期形成健康监测的书面报告和文件。索结构监测除满足本手册的规定外，也可按现行国家标准《建筑与桥梁结构监测技术规范》GB 50982—2014的规定实施。

14.7　典型索穹顶施工安装张拉

14.7.1　施工工艺流程。

索穹顶是目前最具代表性的索结构，其施工安装可反映索结构主要相关技术，作为参考，本节以天泉体育馆索穹顶结构作为典型案例介绍索穹顶施工安装张拉。天泉体育馆索穹顶结构屋盖建筑平面呈圆形，设计直径为77.3m，屋盖矢高约6.5m。由外环梁、内环梁、环索、斜索、脊索及三圈撑杆组成，表面覆盖由檩条、屋面梁等组成的刚性结构。索穹顶结构三维图、建筑剖面、索穹顶剖面、索结构，如图14.7.1-1所示。

索穹顶施工工艺流程如图14.7.1-2所示，总体施工顺序为：先将所有外脊索安装到位，后将所有外斜索安装到位，再根据提升高度安装中间撑杆、环索、斜索及脊索等，安装完成后提升整体结构，最后完成结构张拉成形。

14.7.2　安装及张拉过程。

第1步：连接、安装全部索杆体系。

1) 测量放线：使用全站仪，钢卷尺等测量设备，测量定出中心拉力环、内外圈环索、索夹及撑杆等位置，按索系在场馆内由提升到张拉的转换状态进行测量放线，确定索系组装的定位位置；

2) 测量确定场地中心，即内环放置点，在地面上搭设支撑胎架，用于组装周圈索杆体系；

3) 将内拉环放置到支撑胎架上，并组装内撑杆、内环索、稳定索等；

4) 根据定位，采用吊车将中、外圈环索放置于脚手架平台上对应标高位置，通过吊车牵引和工人辅助旋转放索盘旋转动，逐渐展开环索，图14.7.2-1、图14.7.2-2所示为放索盘；

5) 依据平面定位点，使用倒链、吊装带、卷扬机等辅助工具将脊索、斜索在脚手架平台上铺放开，保证钢索不受损伤；将撑杆放置在定位点上；

6) 将各圈拉索、撑杆、节点连接组装成整体；

7) 再四周环梁下的脊索、斜索安装节点搭设独立张拉操作平台，平台应具备3t承载能力，以满足设计标高、操作要求。

第2步：张拉斜索。

外脊索就位后，将外脊索锚固，张拉外斜索，使外脊索受力逐渐变小，当外脊索接近水平状态时，用倒链等将外脊索与外环梁耳板连接，如图14.7.2-3所示。张拉千斤顶载荷根据计算确定。

第3步：张拉外斜索，外脊索就位。

根据施工模拟计算结果，继续张拉外斜索，外脊索就位。外斜索距成形状态位置差约为112cm（外撑杆脱离胎架），构形如图14.7.2-4所示；

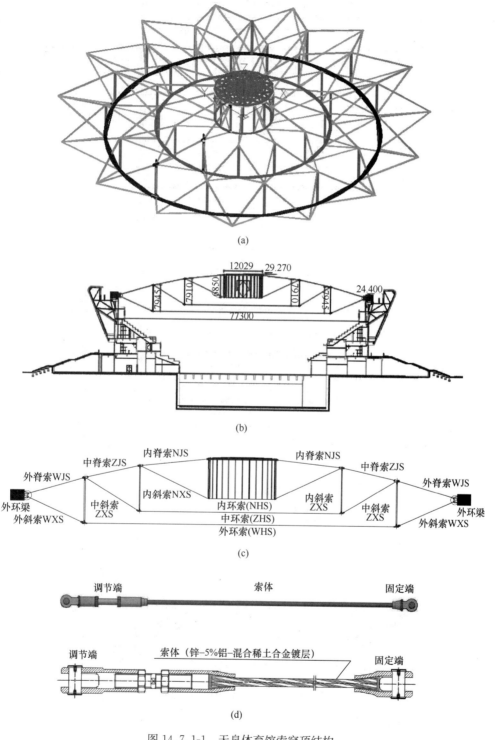

(a)

(b)

(c)

(d)

图 14.7.1-1　天泉体育馆索穹顶结构

（a）索穹顶三维模型；（b）建筑剖面图；

（c）索穹顶剖面；（d）斜索、脊索

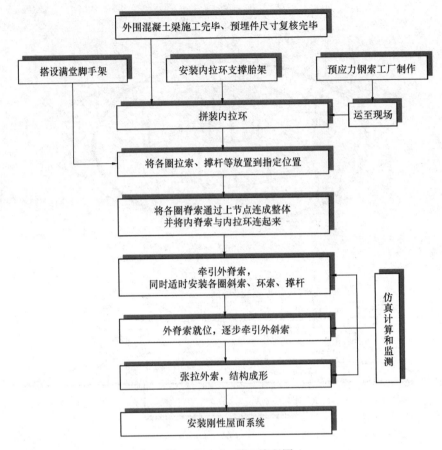

图 14.7.1-2　施工流程图

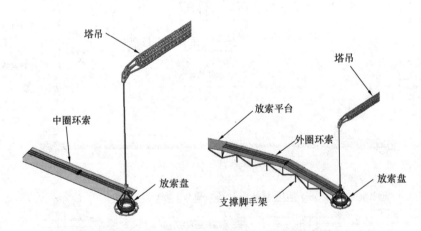

图 14.7.2-1　中、外圈环索放置、展开示意图

第4步：继续同步张拉外斜索。

外脊索就位，外斜索高度尚差 80cm（外撑杆、中撑杆均已脱离胎架），采用 60 个 60t 千斤顶继续同步张拉外斜索；外圈脊索内力为 33kN，外圈斜索张拉力为 87kN。

第5步：继续同步张拉外斜索。

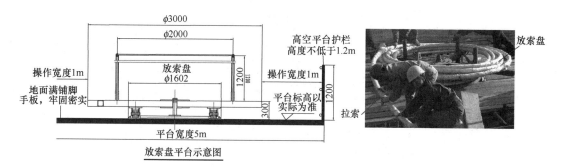

图 14.7.2-2　放索盘示意图

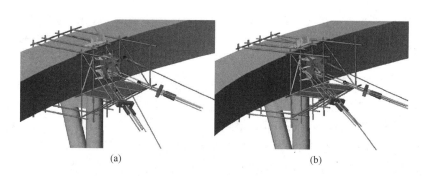

(a)　　　　　　　　　　　　　(b)

图 14.7.2-3　张拉斜索

(a) 锚固外脊索、张拉外斜索；(b) 张拉外斜索、牵引外脊索就位

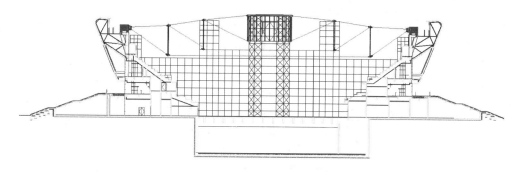

图 14.7.2-4　结构几何形状

外脊索就位，外斜索高度尚差 48cm（所有索穿顶结构均已脱离胎架），使用 60 个 60t 千斤顶继续同步张拉斜索。此时，结构几何形状如图 14.7.2-5 所示，此状态下外圈脊索内力为 85kN，外圈斜索张拉力为 138kN。

第 6 步：继续同步张拉外斜索。

外脊索就位，外斜索高度尚差 32cm（内拉环距成形位置差 1.1m），使用 60 个 60t 千斤顶继续同步张拉斜索，此时，外圈脊索内力为 91kN，外圈斜索张拉力为 154kN。

第 7 步：继续同步张拉外斜索。

外脊索就位，外斜索高度尚差 16cm（内拉环距成形位置差 0.3m），使用 60 个 60t 千斤顶继续同步张拉斜索，此时，外圈脊索内力为 222kN，外圈斜索张拉力为 247kN。

第 8 步：继续同步张拉外斜索。

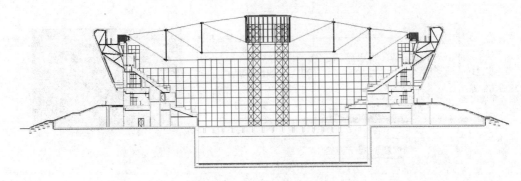

图 14.7.2-5　结构几何形状

外脊索就位，外斜索高度尚差 8cm（内拉环距成形位置差 0.16m），使用 60 个 60t 千斤顶继续同步张拉斜索，此时，外圈脊索内力为 781kN，外圈斜索张拉力为 610kN。

第 9 步：继续同步张拉外斜索。

外脊索就位，外斜索高度尚差 4cm（内拉环距成形位置差 0.09m），使用 60 个 60t 千斤顶继续同步张拉斜索此时，外圈脊索内力为 1065kN，外圈斜索张拉力为 814kN。

第 10 步：张拉外斜索，完成穹顶结构。

张拉外斜索，最终完成穹顶结构由机构向结构的转化。利用 60 个 60t 千斤顶对外圈斜索进行张拉，张拉工装使用 60 根 ϕ22mm 钢绞线，其张拉过程如图 14.7.2-6 所示。结构成形后，中心钢环底部距离楼面约 21.475m，外圈斜索张拉力为 1030kN，此时外圈脊索的索力为 1351kN。

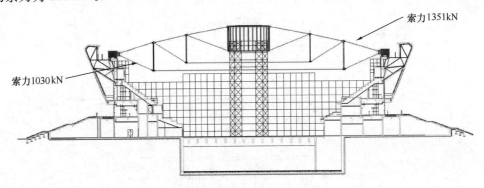

图 14.7.2-6　结构几何形状

14.7.3　预应力钢索吊装与放索。

1. 根据索盘内径、外径、高度、重量等参数，提前加工放索盘并运到现场。

2. 为了现场施工方便，在制作索时，每根索体都单独成盘，在加工厂内将索体缠绕成盘，到现场后吊装到事先加工好的放索盘上。

3. 预应力环索拉索最长达 60m，重达 4.0t 左右（包括索头），因此，要在马道上进行放索，采用将索头放置于平板小车上，用 4～8 个导链牵引已放索体，将钢索慢慢放开置于搭设完成的放索马道上。为防止索体在移动过程中与地面接触，索头可用布包住，在沿放索方向铺设滚子，以保证索体不与平台接触，最后将钢索慢慢放置放索马道上，放索之前要将放索马道搭设完成，以保证放索顺利进行。

14.7.4 预应力索张拉工艺。

1. 张拉设备选用。经过计算，张拉过程中外圈斜索最大张拉力约 103t，每根外圈斜索需要两个 60t 千斤顶张拉，并且 30 根钢索同时张拉，故选用 60 台 60t 千斤顶，如图 14.7.4-1 所示。

2. 张拉设备标定。张拉设备采用预应力钢结构专用千斤顶和配套油泵、油压传感器、读数仪。根据设计和预应力工艺要求的实际张拉力，对油压传感器及读书仪进行标定。标定书可在张拉资料中给出。

3. 张拉技术参数及控制原则。张

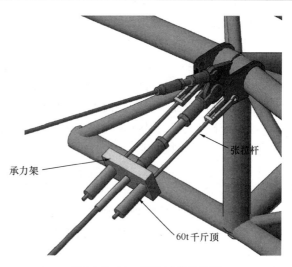

图 14.7.4-1 张拉工装示意图

拉时采取双控原则：索力控制为主，监测结构变形为辅助。

4. 张拉操作要点。

1) 安装张拉设备时，必须小心安放，使张拉设备形心与钢索重合，以保证预应力钢索在张拉时不偏心；

2) 油泵启动供油正常后，开始加压张拉，当压力达到钢索设计拉力时，超张拉 5%，然后停止加压，完成预应力钢索张拉。张拉时，要控制给油速度，给油时间不应低于 0.5min。

5. 同步张拉控制措施。

1) 30 根拉索同时提升或张拉时，共有 60 个千斤顶同时工作，因此，控制张拉同步是控制结构受力均匀的重要方法。控制张拉同步有两个步骤。首先，在张拉前调整拉索连接处的螺母，使螺杆露出的长度相同，即初始张拉位置相同。第二，在张拉过程中将每级的张拉力在张拉过程中再次细分为 4～10 小级，同时将索体的伸长值以 20mm 为标准划分张拉步，进行张拉力和拉索伸长值的双控，以张拉力控制为主，在每小级中应使千斤顶给油速度同步，在每小级张拉完成后，所有千斤顶停止给油，测量索体的伸长值。

2) 如果不同索体的伸长值不同，则在下一级张拉时，将伸长值小的一侧首先张拉出这个差值，然后另一端再给油。如此通过每一个小级停顿调整的方法来达到整体同步的效果。

6. 预应力钢索张拉测量记录包括：油压传感器拉力记录、张拉期间变形监测和应力监测记录。

7. 张拉质量控制方法和要求。

1) 张拉时按标定的数值进行张拉，用伸长值和油压传感器数值进行校核；

2) 检查张拉设备和与张拉设备相接的钢索，以保证张拉安全、有效；

3) 张拉严格按照操作规程进行，控制给油速度，给油时间不应低于 0.5min；

4) 张拉设备形心应与预应力钢索在同一轴线上；

5) 监测得到的应力、变形与理论计算值偏差超过允许误差时，应停止张拉，待查明原因并采取措施后，再继续张拉。

14.7.5　预应力张拉应急预案。

1. 张拉前的准备要求。

1）检查支座约束，考虑张拉时结构状态是否与计算模型一致，以免引起安全事故；

2）张拉前需全面检查张拉设备，以保证张拉过程中设备可靠；

3）准备工作完成、经过系统、全面检查无误且现场安装总指挥检查并发令后，才能正式进行预应力索张拉作业；

4）结构提升和张拉前，应严格检查临时通道以及安全维护设施是否到位，保证张拉操作人员的安全；

5）最后张拉前，应清理场地，禁止无关人员进入，保证索张拉过程中人员安全；

6）张拉过程应根据设计张拉应力值张拉，防止张拉过程中出现预应力过大引起竖向起拱过大；

7）在预应力索张拉过程中，测量人员应通过测量仪器配合测量各监测点位移的准确数值。

2. 张拉过程中可能出现的问题。

1）张拉设备故障，包括油管漏油，设备故障；

2）现场突然停电；

3）张拉过程不同步；

4）张拉后结构变形、应力与设计计算不符。

3. 张拉设备故障。

包括张拉过程中油缸发生漏油、损坏等故障，可在现场配备三名专门修理张拉设备的维修工，在现场备好密封圈、油管，随时修理，同时在现场配置 2 套备用设备，如果不能修理立即更换千斤顶。

4. 张拉过程断电防护要求。

1）张拉过程中，如果突然停电，则停止索张拉施工，关闭总电源，查明停电原因，防止来电时张拉设备突然启动，对结构产生不利影响。再张拉时把锁紧螺母拧紧，保证索力变化跟张拉过程同步；

2）突然停电状态下，在短时间内，千斤顶仍处于持力状态，并且油泵回油需要一段时间，不会出现安全事故。为了避免这种情况，在现场的二级箱应专用，三级箱应按照要求安装到位。

5. 张拉过程不同步处理要求。

由于张拉没有达到同步，可能造成结构变形，此时可通过控制给泵油压的速度，使索力小的加快给油速度，索力比较大的减慢给油速度，这样可到达同步控制目的。

6. 张拉时结构变形、应力与设计不符处理要求如下：

如果结构变形及钢结构应力与设计计算不符，在超过 20% 以后，应立即停止张拉，同时找出原因并采取有效措施后，再重新进行预应力张拉。

14.8　典型轮辐式索结构施工安装张拉

14.8.1　施工准备内容与要求。

1. 施工仿真计算内容。

超大跨度轮辐式索结构施工，宜进行详尽的全过程施工仿真模拟，通过施工仿真计算，可得出需要对每根索施加的预应力，以选择合适的施工机具并进行千斤顶的配备和张拉工装的设计。本节以枣庄体育场索结构为例介绍主要施工方案，体育场屋盖体系如图14.8.1-1 所示，中部上、下内环索通过上下径向索与外围压环形成张拉整体结构，上下内环索之间设置受压飞柱，为了最大限度保证马鞍形高差，飞柱之间设置斜拉索，上层径向索形成双向交叉轮辐式索网体系，下径向索由 48 根径向索组成。通过仿真计算得到：

1）在提升上径向索过程中，上径向索索力逐渐增加，最大达到 3710kN。

2）在提升下径向索过程中，下径向索索力逐渐增加，最大达到 2890kN；上径向索索力先减小后增加，最终达到 3080kN。

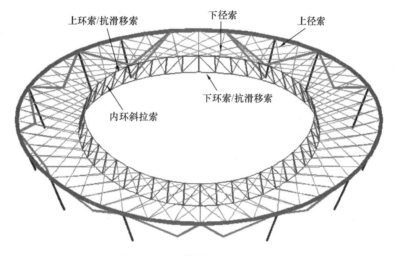

图 14.8.1-1　体育场轮辐式索结构

2. 拉索铺放平台搭设。

成型以后的环索和看台的平面位置：在长轴方向，环索的水平投影在场地内，距离看台边缘约 15m；在短轴方向，环索的水平投影与看台边基本重合。为减少搭设环索马道的工作量，将环索全部放在场地内展开铺放，环索铺放马道距离看台边缘 3m。马道采用钢管脚手架搭设，模块化拼装，如图 14.8.1-2（a）所示，应满足承载和操作要求。

环索分为上环索和下环索，下环索靠近看台，上环索靠近场地中央。在提升时，也先提升上环索，随上环索提升安装飞柱，待飞柱离开地面时将飞柱和下环索连接。因此，为保证在提升上环索时不和下环索发生位置冲突，在搭设环索马道时，需要将上环索马道的高度抬高 1.5m。

由于径向拉索需在看台铺放，为了保护看台，需在看台上铺放径向索铺放马道，采用胶合板搭设，如图 14.8.1-2（b）所示。

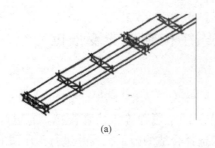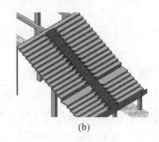

图14.8.1-2　拉索铺放平台

(a) 环索马道；(b) 径向索放索马道

3. 施工吊架及马道搭设。

采用整体同步提升将拉索安装就位，在施工过程中，需要在吊索和边环梁相交的地方进行操作，因此，在正式提升以前需要在操作点搭设临时操作平台。根据提升张拉设备重量、工装重量、作业人员数量以及设备和工装的几何尺寸，吊索作业平台需悬挑 4.5～5.5m、宽度 5.0m，采用脚手管搭设操作平台，底面铺竹胶板，周围搭设拉杆，承重1000kg。另外，便于高空行走，需沿环梁搭设行走马道，在长轴方向各搭设一个上下人爬梯。

4. 张拉工装设计要求。

1) 设计原则。

径向索安装为一次提升到位，根据施工方案的施工工序进行施工仿真计算，列取每一施工步骤中每根提升径向索的索力，每根径向索选择提升安装过程中最大的索力作为该拉索的工装设计和千斤顶比选的参考张拉力，保险系数 2.0 以上。

2) 提升工装设计。

张拉工装的设计思路：利用钢结构耳板两侧焊接的耳板作为着力点，每根拉索利用 2个提升千斤顶进行拉索安装。

14.8.2　施工安装张拉。

1. 施工总体原则为先安装上索，再安装下索，具体方法如下。

1) 内环斜拉索在提升过程中安装；

2) 索系组装过程中提升 96 根上索；

3) 下索组装完毕以后，同时提升 36 根下径向索；

4) 在提升下索的过程中将 96 根上索安装到位；

5) 同时提升 36 根下索就位；

6) 将工装转换到另外 12 根下索并张拉到位。

2. 施工流程如下。

图 14.8.2-1 所示为体育场索结构施工流程。

3. 实施方案。具体施工方案分为拉索铺放、径向索提升和安装、抗滑移索和内环斜索安装张拉等工序。具体内容与要求如下。

1) 拉索铺放包括环索铺放、径向索铺放、索夹安装等工序。由于上环索在下径向索上方铺放，因此，先铺放下环索和下径向索，然后，再铺放上环索和上径向索。

(1) 环索铺放步骤如下。

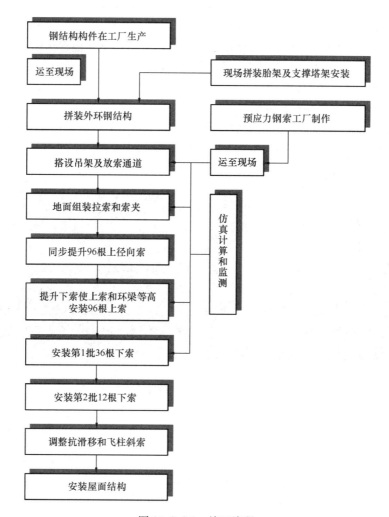

图 14.8.2-1　施工流程

第 1 步：用吊车将拉索放置于板车上的放索盘上，如图 14.8.2-2（a）所示。

第 2 步：利用吊车将一端索头放置在地面上，另一端索头固定，如图 14.8.2-2（b）所示。

第 3 步：随着平板车前行和放索盘的转动，拉索平顺地在地面放开。

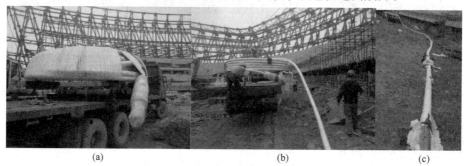

| (a) | (b) | (c) |

图 14.8.2-2　环索铺放

第4步：在放松最后一圈时，利用吊车将索头吊到地面上，如图14.8.2-2（c）所示。

（2）将环索铺放到环索马道上步骤如下。

利用3台吊车一起铺放环索，每个吊钩下设置一个扁担梁，在扁担梁上设置4个吊点起吊环索，如图14.8.2-3（a）所示，步骤如下。

第1步：铺放最内侧环索。

第2步：依次铺放其他位置环索。

铺放过程中，需要将4根环索的标记点对齐，如图14.8.2-3（b）所示。对齐方法为：在用吊车进行环索铺放时，每铺放10m，用一个倒链对拉索的位置进行调整，直到标记点对齐以后进行加固。

(a)　　　　　　　　　　　　(b)

图14.8.2-3　环索铺放到马道
(a) 环索起吊；(b) 环索对齐标识

2）利用吊车吊装索夹。

3）将下层环索与索夹相连，利用倒链和横担将拉索提升至索槽，然后拧紧盖板螺母。

4）铺放上层环索，按照铺放下索的方法铺放上索，将标记点对齐并拧紧盖板螺母。

5）连接环索接头，如图14.8.2-4所示。

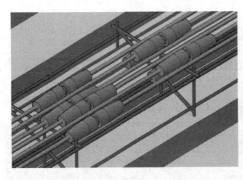

图14.8.2-4　环索接头

6）下径向索铺放步骤如下。

第1步：用放索盘和吊车将上索展开。

第2步：将固定端和索夹耳板连接。

第3步：将上索均匀地铺放在看台上并用钢丝绳加固。

7）上径向索铺放。上径向索铺放工艺和下径向索相同，由于上径向索为网状布置，如图 14.8.2-5 所示，每一根上径向索会和另外 5 根上径向索交叉，因此，需注意上径向索铺放顺序。

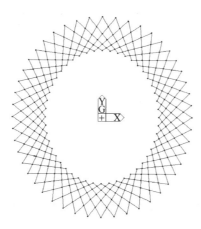

图 14.8.2-5　上径向索布置

8）径向索提升安装。提升过程如图 14.8.2-6 所示，提上索过程中，下索索头可利用钢丝绳或者吊装带固定在看台板上，这样安装工装时可在看台上操作。

9）抗滑移索和内环斜索张拉调整。下索就位以后，主索系组装完成，即开始对索夹抗滑移索和飞柱斜拉索进行张拉调整。由于环索有 4 排，通过搭设猫道需到达环索位置，然后在张拉点搭设操作平台进行操作。

10）施工过程对看台的保护要求如下。

（1）拉索下方为混凝土看台，施工过程中拉索需要在看台上展开，另外在提升过程中，油泵需要放在看台顶端，油泵在工作过程中难免出现漏油，且工人在看台上施工，所以在施工之前需要对看台进行保护。

（2）除了放索通道和人行通道，可在看台上满铺工业板对看台进行保护，以防止硬物从高空坠落对看台造成损坏。另外可在油泵下方铺塑料布并放置海绵，油泵漏油不会弄脏看台板。

11）上径向拉索提升安装设备配备要求如下。

（1）上索就位时：处于松弛的拉索 28 根，拉索力 70t 以下 28 根，拉索力 70t～135t 40 根。

（2）上索索力范围为：96 根上索的索力最小 30t，最大 135t。

（3）环梁反力点设计：环梁耳板作为工装反力点，根据最大力设计，即考虑不确定因素后按承载力不小于 200t 统一设计。

（4）工装及提升工艺设计如下：

① 安装时处于松弛状态的 28 根拉索，工装按 50t 设计，采用 2 台 25t 千斤顶爬升；

② 安装时索力小于 70t 的拉索，工装按 100t 设计，采用 2 台 60t 千斤顶爬升；

③ 安装时索力小于 135t 的拉索，工装按 200t 设计，采用 2 台 100t 千斤顶爬升。

12）下径向索提升安装时的设备配备要求如下。

（1）下径向索分两批提升，每批次的位置如图 14.8.2-7 所示。

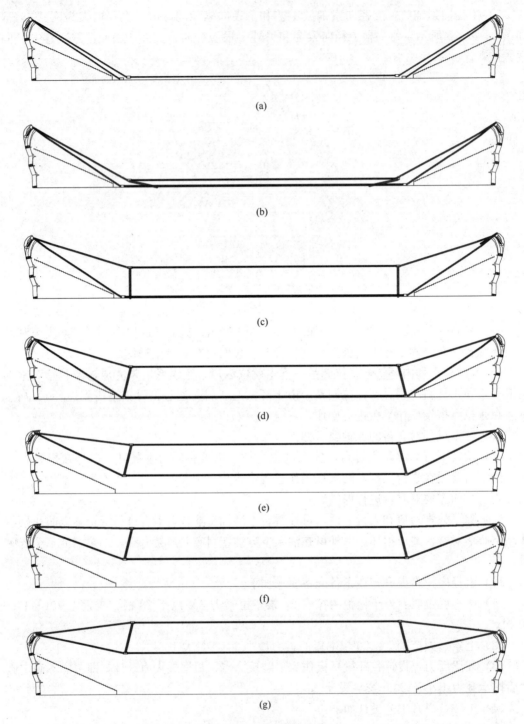

图 14.8.2-6　提升过程

（a）地面组装；（b）提升上索，提升 2m，安装飞柱上端；（c）上环索离地 15m；（d）上环索离地 15.1m；
（e）上径向索就位；（f）下环索离地 15m；（g）下径向索就位

（2）工装配备要求。

第 1 批提升并安装的 36 根，索力 193～338t；

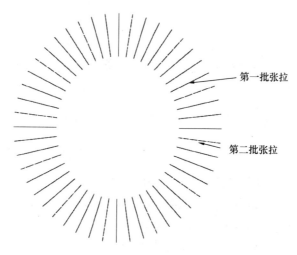

图 14.8.2-7　下径向索分批

第 2 批提升并安装的 12 根，索力 228～260t；

下径向索的提升和张拉采用 2 台 250t 千斤顶，下径向索的张拉工装及环梁处的反力点设计按照承载力不小于 500t 设计。

参考文献

[1]　索结构技术规程：JGJ 257—2012[S]. 北京：中国建筑工业出版社，2012.

[2]　建筑索结构技术标准：DG/TJ 08—019—2018[S]. 上海：同济大学出版社，2019.

[3]　陈务军. 膜结构工程设计[M]. 北京：中国建筑工业出版社，2006.

[4]　沈祖炎，罗永峰，等. 钢结构制作安装手册[M]. 2 版. 北京：中国建筑工业出版社，2011.

[5]　张毅刚，陈志华，等. 建筑索结构节点设计[M]. 北京：中国建筑工业出版社，2019.

[6]　陈务军，张丽梅，李亚明. 索杆张力结构设计分析理论方法与工程应用[M]. 北京：科学出版社，2021.

第15章 膜 结 构

15.1 概　　述

15.1.1　膜结构广泛应用于工业与民用建筑，如体育场馆、机场航站楼、展览馆等，是国内最近迅速发展的现代新型空间结构，从主体材料、设计、制作、施工等技术都取得了显著的进步，但也产生了新的技术和问题。

15.1.2　膜结构形式众多，按照现行国家标准《膜结构技术规程》CECS 158—2015的分类，膜结构的主要类型有：整体张拉式、骨架支承式、索系支承式、空气支承式，或由以上形式混合组成的膜结构。整体张拉式膜结构由桅杆等提供支承点，通过简单索系张拉形成稳定体系。骨架支承式膜结构由钢结构、铝结构、木结构等刚性结构作为支承龙骨，在其上设置预张力薄膜。索系支承式膜结构由空间索系作为主要支承结构，典型体系有索穹顶、轮辐式等索杆张力结构，在索系上面设置张力膜。空气支承式膜结构主要由充气与压力控制系统，维持封闭膜面空间内压，支承膜面，常有气承式、气肋式、气枕式。

15.1.3　膜结构主要由膜材和其他材料组成，其他材料结构体系制作和安装总体可以参考相应的专业标准，并结合膜结构的特殊性和要求，采取针对性的方案，因此，本章主要围绕膜结构阐述。

15.2　膜材类型与性能

15.2.1　膜材是膜结构的主体材料，是区别于其他结构体系的根源，膜材是新型建筑材料，膜材决定膜结构制作和安装工艺以及工程造价等，因此，对膜材及其性能的准确认识是制定科学有效的膜结构制作和安装工艺的基础。

15.2.2　膜材产品众多，分类复杂。按照组成可分为织物膜、非织物膜，按照织物材料可分为 G 类、P 类织物、ePTFE 类织物膜等，按照织物形式可分为平纹织物、斜纹织物、经编织物、经纬编织物等，按照表面涂层可分为 PTFE、PVF、PVDF、FEP、TiO2、PVC 等，按照膜材表面形式可分为网格膜、实体膜材，按照复合工艺可分为刀刮布涂层、层合黏合，按涂层工艺控制可分为双向预张力、经向预张力。不同材料具有不同的物理化学特性，进而具有不同的建筑物理、结构力学性能。按照国家现行标准《膜结构技术规程》CECS 158—2015，主要膜材类型及用途如下：

1. P 类膜，在聚酯纤维基材表面涂覆聚合物连续层并附加面层的涂层织物，如图15.2.2-1，P 类膜应用于各类张拉式膜结构、空气支承式膜结构等。

2. G 类膜，在玻璃纤维基材表面涂覆聚合物连续功能层的涂层织物，如图 15.2.2-1，G 类膜广泛应用于大型张拉膜结构，使用寿命大于 25 年。

3. E 类膜，由乙烯和四氟乙烯共聚物制成的 ETFE 薄膜，E 类膜主要应用于气枕。

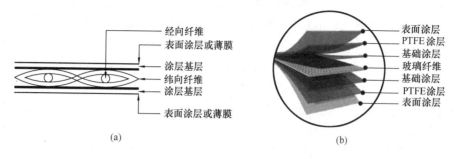

图 15.2.2-1　织物膜构成
(a) P 类膜材；(b) G 类膜材

4.《膜结构技术标准》DG/TJ 08—97—2019 扩展了 P 类膜定义，并增加了 eP 类膜。P 类膜，在聚酯纤维织物基材表面涂覆聚合物连续层并附加面层的涂层织物或功能层复合织物。eP 类膜，在膨体聚四氟乙烯纤维织物基材表面涂覆氟聚合物连续层的涂层织物，eP 类膜多用于柔性开合膜结构。

5. 网格膜近来大量应用于体育场等建筑立面帷幕。

15.2.3　膜材性能等级要求。

1. G 类和 P 类膜材的产品名称和理化性能应符合现行国家标准《膜结构用涂层织物》GB/T 30161—2013 的规定。G 类、P 类和 E 类膜材的力学性能应符合现行行业标准《膜结构技术规程》CECS 158—2015 的规定。

2. G 类膜材可根据其经纬向极限抗拉强度标准值、纤维丝径、厚度、重量分级按表 15.2.3-1 选用，P 类膜可根据其经纬向极限抗拉强度标准值、厚度、重量分级按表 15.2.3-2 选用。

常用 G 类膜材等级

表 15.2.3-1

代号	经/纬向极限抗拉强度标准值（N/5cm）	丝径（μm）	厚度（mm）	重量（g/m²）
G3	3200/2500	3、4 或 6	0.25～0.45	≥400
G4	4200/4000	3、4 或 6	0.40～0.60	≥800
G5	6000/5000	3、4 或 6	0.50～0.95	≥1000
G6	6800/6000	3、4	0.65～1.0	≥1100
G7	8000/7000	3、4	0.75～1.15	≥1200
G8	9000/8000	3、4	0.85～1.25	≥1300

常用 P 类膜材等级

表 15.2.3-2

代号	经/纬向极限抗拉强度标准值（N/5cm）	厚度（mm）	重量（g/m²）
P2	2200/2000	0.45～0.65	≥500
P3	3200/3000	0.55～0.85	≥750
P4	4200/4000	0.65～0.95	≥900
P5	5300/5000	0.75～1.05	≥1000
P6	6400/6000	1.0～1.15	≥1100
P7	7500/7000	1.05～1.25	≥1300
P8	8500/8000	1.05～1.25	≥1500

3. G 类、P 类、eP 类膜材潮湿时的抗拉强度标准值应达到正常时的 80%，G 类膜材

高温时的抗拉强度标准值应达到正常时的 80%，P 类膜材高温时的抗拉强度标准值应达到正常时的 70%，eP 类膜材高温时的抗拉强度标准值应达到正常时的 60%，G 类、P 类、eP 类膜材经向纤维方向与纬向纤维方向的抗拉强度差异应小于 20%。

由于 6μm 玻璃纤维基材的膜材柔性较差，在膜加工、运输、安装过程中发生不可避免的折叠时，会出现较多的玻璃纤维丝断裂现象，导致膜材有效强度的降低，因此，对于大型或复杂膜结构不应采用 6μm 玻璃纤维基材的 G 类膜材。

膜材选用除考虑抗拉强度、撕裂强度等强度指标外，还要重点考虑膜材弹性模量及耐折性能。膜材经纬向布置除考虑热合缝的建筑美观之外，还要考虑膜材经纬向弹性模量的差异对支承结构施工偏差的适应性。大型、复杂的膜结构工程尚需进行施工偏差敏感性分析，确定支承结构及膜结构安装的施工偏差要求。相同强度等级的膜材厚度越薄、重量越轻，则膜材的质量越优越。

15.3　膜　面　制　作

15.3.1　膜面制作的基本要求。

1. 制作场地要求。

1) 膜加工场地宜干燥通风，车间内不宜堆放金属构件，严禁堆放易褪色、易挥发、易燃的固体材料或液体；

2) 膜加工车间需与金属结构车间物理隔开，避免金属碎屑、焊接烟尘、油漆颗粒等对膜的损坏或污染；

3) 加工车间的空间需相对封闭，不易产生积灰；场地需平整，地坪表面光滑、耐磨、不易起灰及产生静电；加工车间清洁方便，建立班前班后清洁管理制度；

4) 加工场地宜采用大跨度空间，平面尺寸可满足成品膜单元的摊铺展平，避免加工过程中对膜片进行反复折叠；

5) 加工场地宜配置行车，方便加工过程中对膜单元翻面或打包。

2. 裁剪设备要求。

1) 膜片下料裁剪宜采用数控裁剪设备；膜单元面积小于 30m² 以下的 P 类膜材，可采用手工下料；

2) 对于 E 类膜材或者要求考虑膜材温度效应的膜结构项目，裁剪下料车间需配置恒温设备（15~30℃），以保证膜材在设计基准温度下进行下料；

3) 设备裁床的有效裁剪尺寸不宜小于膜片尺寸，以避免裁剪过程中多次定位误差引起的膜片下料偏差；

4) 裁剪设备宜配置负压等膜材固定装置，防止裁剪过程中膜片滑动引起的膜片下料偏差；对于网孔膜材，宜铺设塑料薄膜等辅助材料进行负压固定；

5) 裁床表面宜光滑、耐磨，裁刀痕迹及时进行打磨处理，避免膜材在裁床上拖拉展开时划伤。对于 E 类膜材，严禁采用拖拉的方式展开，应采用膜卷滚动方式展开，防止 E 类表面出现划痕，如图 15.3.1-1 所示；

6) 裁剪设备宜具有画线、打孔等辅助功能，以提高膜加工质量。

3. 热合设备要求。

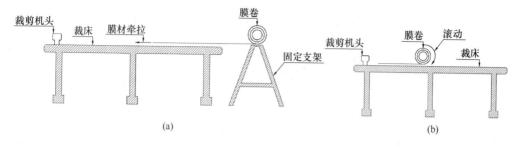

图 15.3.1-1 膜展开方式

（a）托拉展开示意图；（b）滚动展开示意图

1）E 类、P 类和 G 类膜材，由于材料特性不同，需采用不同工作方式的热合设备，P 类膜常为高频焊接，G 类膜和 E 类膜为高温焊接；

2）热合设备上电压、电流、压力、温度、时间等传感器、仪表应性能稳定，应定期进行校验标定；

3）设备电缆、气管需定期检查，避免漏电漏气；

4）设备热合操作台面应光滑，移动脚轮宜采用橡胶轮；

5）设备储料空间需尽可能宽大，以减少膜材折叠尺寸次数；对于膜单元面积大的 G 类膜材，宜采用轨道式热合设备；

6）热合设备宜具有激光导向、热合参数自动记录、热合部位拍照等辅助功能，以提高热合质量。

15.3.2 膜面制作工艺流程。

1. 对于 E 类、P 类和 G 类膜材，从膜材料到制作成为膜单元的工艺过程基本一致，但具体工艺参数常有所不同，因此，一般膜面单元制作工艺过程可概括为如图 15.3.2-1 的流程。

2. 充气膜制作工艺流程如图 15.3.2-2。

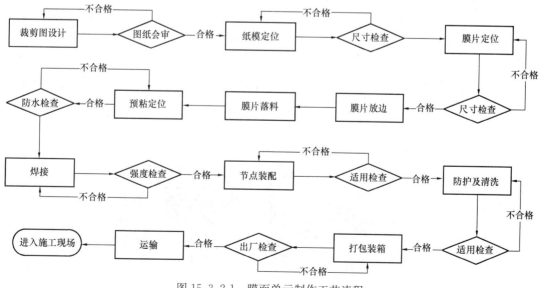

图 15.3.2-1 膜面单元制作工艺流程

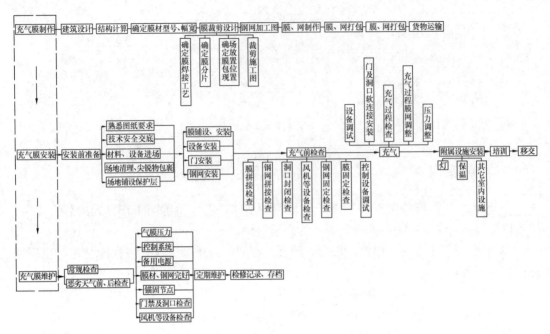

图 15.3.2-2 典型充气膜制作、安装、维护流程

15.3.3 加工质量控制要点。

1. 原材料检测要求如表 15.3.3-1 所示。

膜材原材料检测要求 表 15.3.3-1

施工阶段	膜单元加工		施工工序	材料检测
控制项	膜材外观、抗拉强度、撕裂强度、双轴向测试			
质量要求	1. 膜材表面应无孔眼，无明显褶皱和污渍，不应出现断丝、裂缝和破损，按现行国家标准《膜结构用涂层织物》GB/T 30161—2013 测定； 2. 经纬向抗拉强度应不小于设计技术参数要求，按现行国家标准《纺织品 织物拉伸性能 第1部分 断裂强力和断裂伸长率的测定（条样法）》GB/T 3923.1—2013 测定； 3. 经纬向撕裂强度应不小于设计技术参数要求，按现行国家标准《纺织品 织物撕破性能 第3部分：梯形试样撕破力的测定》GB/T 3917.3—2009 测定； 4. 双轴向测试需要专业双轴测试设备，以得出精确的经纬向应力应变数据，按国家现行标准《膜结构技术规程》CECS 158—2015 测定			
外观				

施工阶段	膜单元加工	施工工序	材料检测
抗拉强度	 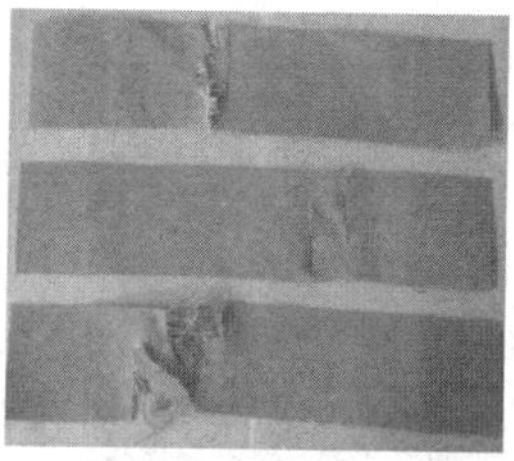		
撕裂强度	 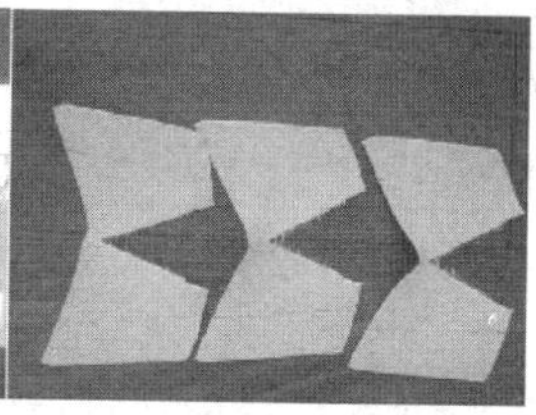		
双轴拉伸	 		

2. 裁剪下料要求如表 15.3.3-2 所示。

膜材裁剪下料要求　　　　　　　　　　　　　表 15.3.3-2

施工阶段	膜单元加工	施工工序	裁剪下料
控制项	设备调试，膜片复测，膜片标识		
质量要求	1. 裁切机的裁刀方向（裁刀重叠验证）、裁剪尺寸（三角形尺寸验证）、裁刀及画笔一致性在开裁下料前需要经过调试，确认符合要求； 2. 每桌膜片下料，需要复测其中任意一块膜片，膜片各向尺寸误差不得超过 2mm； 3. 气承式膜结构膜偏尺寸大，膜片尺寸不小于 10m 时，误差应控制在 ±6mm 内；当膜片尺寸小于等于 10m 时，尺寸误差应控制在 ±3mm 内； 4. 膜片质量符合国家现行标准《膜结构工程施工质量验收规程》T/CECS 664—2020 的规定； 5. 膜片及各角点编号完整、清晰无遗漏，并按单体及类别堆放		
裁刀方向调试	 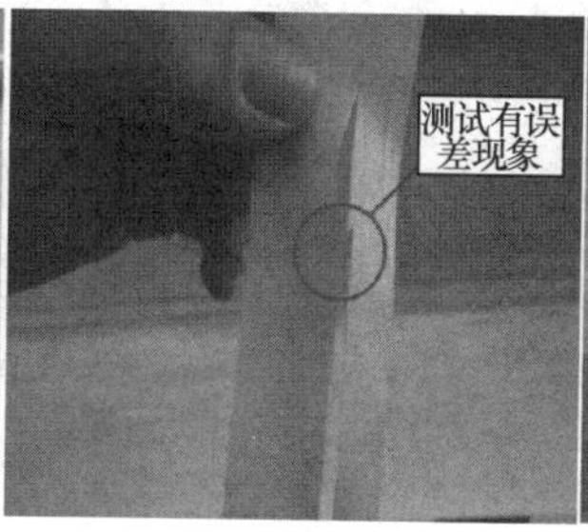 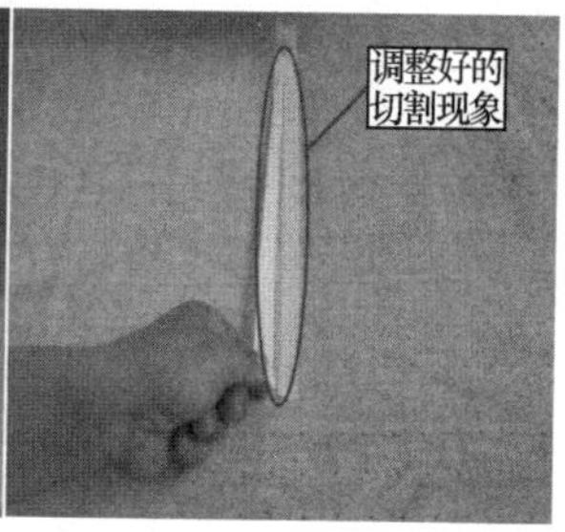		

施工阶段	膜单元加工		施工工序	裁剪下料
裁剪尺寸调试				
裁刀及画笔一致性调试				
膜片复测				
膜片标识				

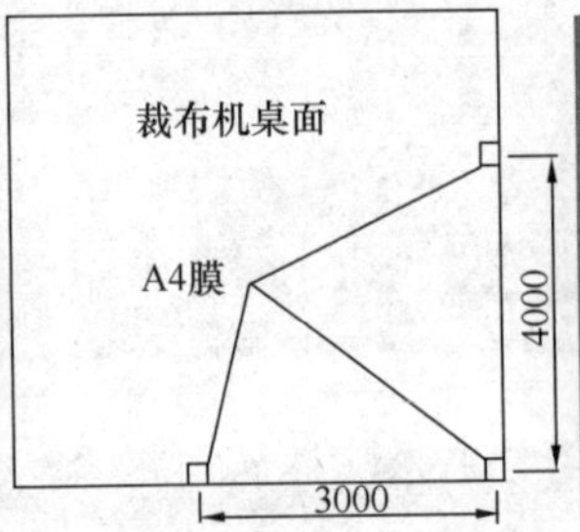

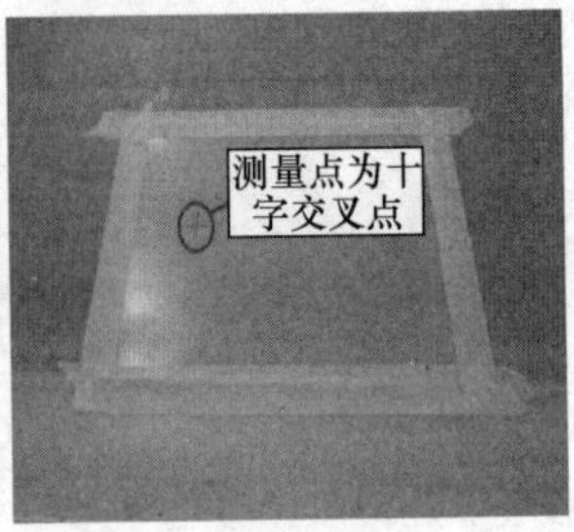

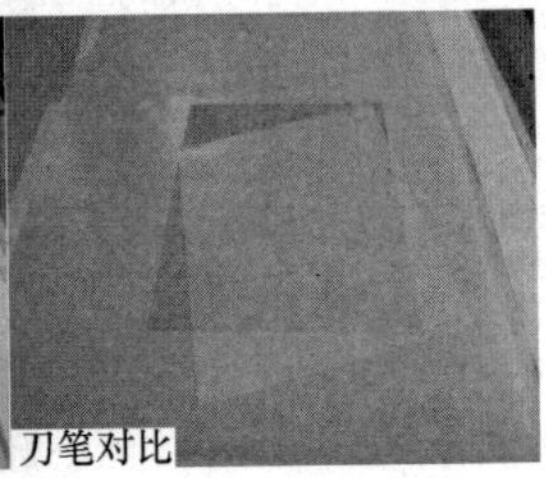

3. 焊接工艺评定要求如表 15.3.3-3 所示。

膜材原材料检测要求　　　　　　　　　　表 15.3.3-3

施工阶段	膜单元加工		施工工序	焊接工艺评定
重点控制内容	试样制备；试样检测；评定记录			
质量技术要求	1. 试样的膜材种类、节点连接形式、焊接带厚度等应与项目设计使用的要求一致；试样的焊接必须符合焊接工艺评定指导书的要求； 2. 试验检验包括外观、无损及强度检测，外观检测焊缝无破损及明显色差；无损检测将焊接的膜材沿焊缝方向剥离，在有效焊缝面积范围内，观察涂层与基布完全分离；强度检测试样单轴抗拉强度检测，焊缝强度大于母材强度 80%；符合国家现行标准《膜结构工程施工质量验收规程》T/CECS 664—2020 规定； 3. 评定记录确保及时、准确，并经过审核合格			
试样制备				
试样检测				

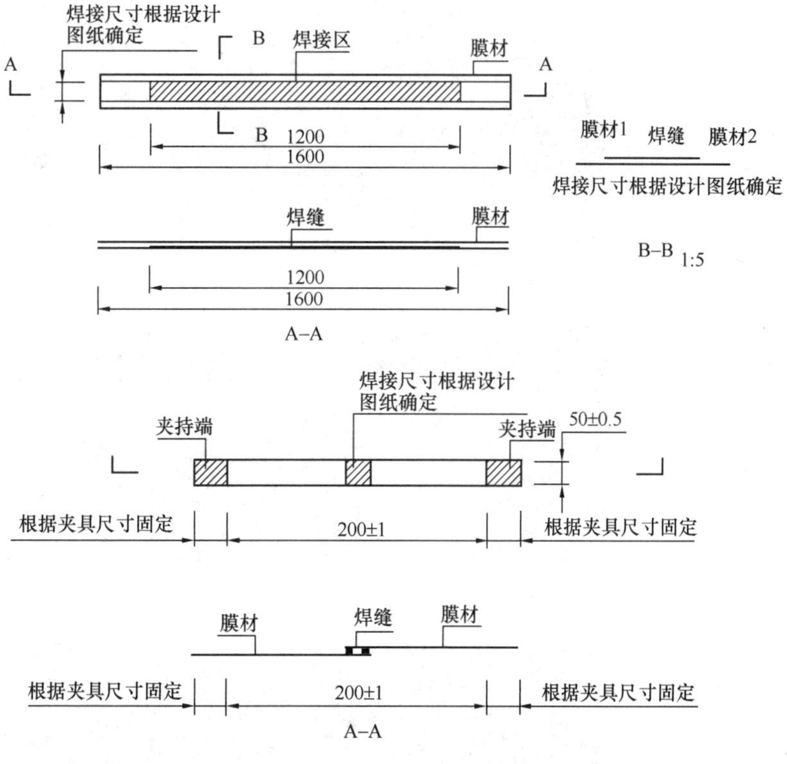

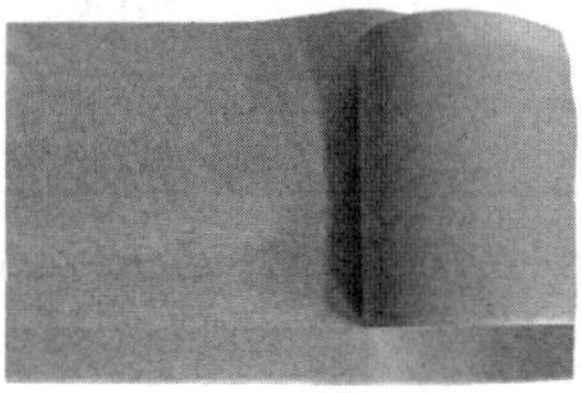

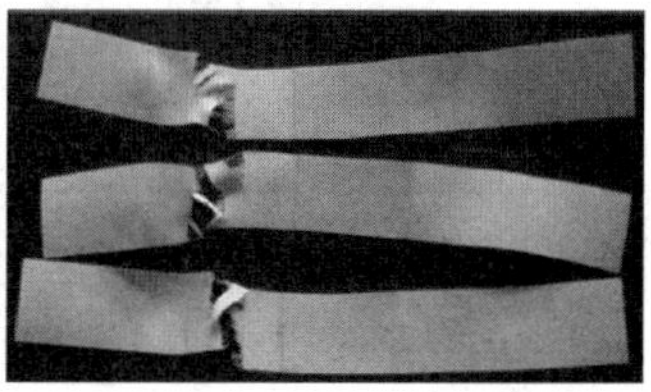

4. 膜片焊接要求如表 15.3.3-4 所示。

膜片焊接要求 表 15.3.3-4

施工阶段	膜体加工		施工工序	膜片焊接
重点控制内容	膜片定位；设备调试；膜片焊接			
质量技术要求	1. 膜片焊接前需要进行预定位，膜片与膜片搭接位置必须与搭接线一致，且不得有褶皱等产生，两个膜片首尾长度需要保持一致； 2. 设备焊接调试必须确保以下几项与实际焊接工艺评定结果相同： 　a) 膜材、FEP 熔接条、焊接地点（室内、室外相同地点）、焊接设备、焊缝宽度、焊缝形式等； 　b) 焊接前一刀与后一刀必须注意使用焊机的有效焊接位置进行焊接，且重叠 5cm 左右，以确保焊缝被完全有效焊接； 　c) 焊缝必须确保被焊刀完全覆盖，确保宽度范围内有效焊接； 　d) 符合国家现行标准《膜结构工程施工质量验收规程》T/CECS 664—2020 的规定			
膜片定位				
设备调试				
膜片焊接				

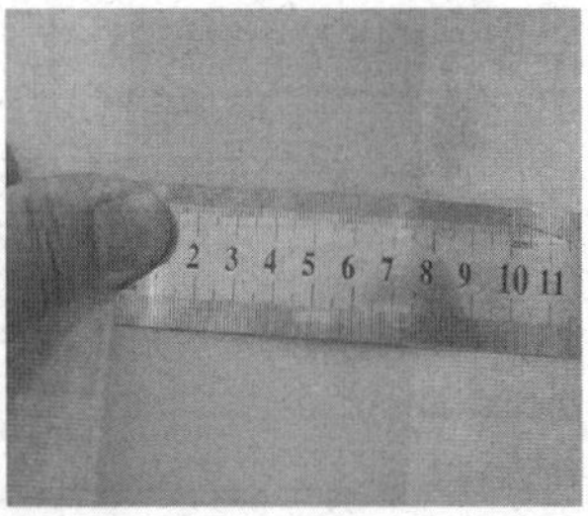

5. 气承式膜尺寸较大，膜设计加工时一般进行分片处理（图 15.3.3-1），运输至现场采用拼接板进行拼接。因此，各膜单元加工好后，应对各膜单元拼接缝处安装拼接板预留孔进行试拼，确保尺寸无误、现场可拼装。

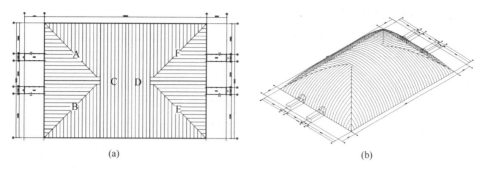

图 15.3.3-1　膜分片示意图

（a）分片平面示意图；（b）分片三维示意图

15.3.4　膜结构蠕变预防措施。

P类、G类和E类膜材均存在塑性非线性特性，在反复载荷和长期载荷作用下，膜材会出现不可恢复的变形。在膜结构安装之后，经历数次外部荷载之后，膜结构将产生松弛、应力降低现象，抵抗外部载荷与作用的能力下降，结构安全度减小。为减小膜面应力松弛现象，需采取相应以下预防措施。

1. 原材料预张拉。在裁剪下料之前，根据膜面设计的最大应力，在厂内采用专用设备对膜材进行预张拉。预张拉应力不低于膜面设计最大应力，张拉到最大应力时持荷时间不小于2h，反复循环张拉三次。预张拉之后再次进行膜面双轴向应力应变性能测试，确定预应力补偿值，再对膜片进行预应力补偿设计。

2. 膜单元预张拉。对于平面膜单元，在膜单元边界上安装施力夹具，对膜单元进行张拉，张拉的最大应力达到膜面设计最大应力，持荷时间不小于2h，反复循环张拉三次；对于空间曲面膜单元宜安装在1∶1支承结构之上，在膜单元表面模拟施加设计荷载，使膜面应力达到设计最大应力，反复三次。

3. 使用年限内二次张拉。在节点构造设计时需预留二次张拉空间，膜面经过两至三年的荷载反复作用后膜面出现预应力松弛，通过再次张拉提高膜面应力。该措施的缺点是节点构造复杂、增加成本，再次施工影响正常使用，二次张拉过程中可能会产生漏水现象。

4. 提高初始膜面预应力。膜面预应力的提高值，需要根据膜材双轴向应力应变性能确定，提高之后需对支承结构进行分析验算，确保初始预应力的增加不影响支承结构的安全。

15.4　膜结构安装

15.4.1　成品膜单元包装要求。

1. 包装基本要求。

1）包装之前，需对膜单元表面进行清洁、检查，要求无损坏，膜单元标记、节点标记等完善；

2）膜单元与五金配件宜分开包装，如确需厂内装配时，装配后应对五金配件先进行单独包裹，防止五金配件运输过程中碰撞损伤膜体；

3）膜单元打包折叠顺序需根据现场展开顺序确定，方便现场展开；

4）G 类膜打包折弯处需放置直径不小 50mm 泡沫棒，避免折叠损伤膜材基布；

5）膜包装材料宜采用防火、防雨材料，长时堆放时需考虑防止鼠虫等咬坏膜体；

6）膜单元包装上应有工程名称、膜单元标记，并配打包示意图；

7）采用集装箱出口时，膜单元包装需方便海关检查；

8）膜单元运输时，膜单元之间需采用单独的支承层，尤其是 G 类膜单元，防止膜单元堆积自重压伤膜体；

9）膜单元现场堆放时，包装框架需采用金属框架防止碰撞损伤膜单元，且周围划出安全标志或警示牌。

2. 打包方法可参照表 15.4.1-1。

膜单元打包方法与要求 表 15.4.1-1

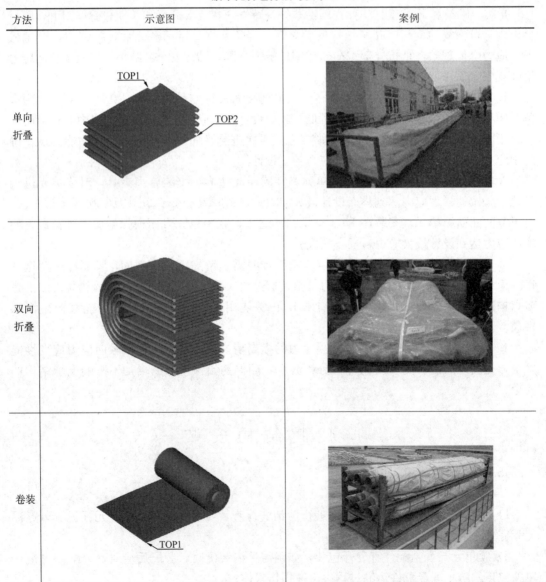

方法	示意图	案例
单向折叠		
双向折叠		
卷装		

方法	示意图	案例
气膜 打包	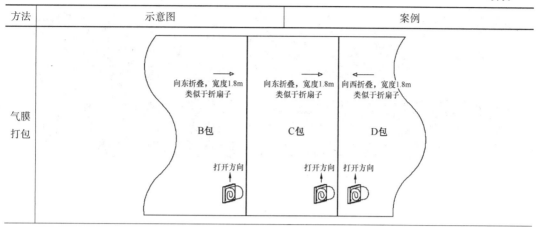	

打包方法应用说明：

1. 由于 P 类膜材耐折性能好，打包方法选取主要根据工程特点选用即可。

2. 由于 G 类膜材为玻璃纤维基布，耐折性能差，折叠后抗拉强度大幅度降低，因此打包方法主要考虑对膜材损伤最小的方法，三种打包方法中首选单向折叠方法。对于近平面的 G 类膜可选卷装方法。当采用集装运输时，不可避免的采用双向折叠时，多层折叠处采用直径不小于单向折叠厚度的圆筒进行垫衬。必要时需进行打包模拟试验，判断分析打包对膜材的损坏的方式，进行相关的折叠测试，确保折叠后膜材强度仍能达到设计要求。

3. E 类膜单元一般较平整、近平面形状，单元面积小，可根据工程特点选用单向折叠或卷装方法。

4. 膜单元分片按照项目大小进行合理划分，单包重量应便于运输、安装，一般一包膜重量在 2~4t。

3. 膜包装案例示意。

1）膜单元打包实物模拟如图 15.4.1-1 所示。

图 15.4.1-1　膜单元打包

2）膜材折叠损伤测试如图 15.4.1-2 所示。

图 15.4.1-2　膜材折叠损伤测试

3）不可采取的包装方式如图 15.4.1-3 所示。

图 15.4.1-3　不允许的膜材包装方式

15.4.2　膜结构安装基本要求。

1. 按《危险性较大的分部分项工程安全管理规定》建办质〔2018〕31 号文，索膜结构安装属于危险性较大的分部分项工程，膜单元安装前，应编制安装专项方案并获得批准。膜安装专项方案内容应符合管理办法的相关要求。对于跨度大于 60m 以上的索膜结构工程，应按管理办法的要求对专项方案进行专家评审。

2. 膜结构安装前，应制定翔实的膜面应力导入张拉方案，对于大跨度索膜结构的体育场馆、公共设施等项目需进行安装过程施工仿真分析，张拉方案需经设计单位、监理单位等相关单位或独立第三方咨询单位的审批，确保安装后膜面应力达到设计要求。

3. 膜结构安装前，前道工序施工内容（支承结构、次钢结构、索结构等）应进行验收，施工偏差应在规定范围以内，不影响膜结构的安装质量，确保膜结构安装后膜面应力能够达到设计状态。

4. 安装单位应按安装专项方案及张拉方案的编制安装工艺卡，对安装步骤详细分解，提出每步的具体要求，并对施工班组进行技术交底。

5. 膜单元安装前，应对支承结构进行检查，排查安装过程可能伤及膜材的物件并采取防护措施。

6. 在现场打开膜面单元包装前，应先检查包装在运输过程中有无损坏。打开包装后，膜面单元成品应经安装单位验收合格。

7. 吊装膜面单元前，应先确定膜面单元的准确安装位置。

8. 膜单元吊装宜采用专用吊架，方便膜单元在高空展开；严禁在结构上托拉未展开膜单元。

9. 膜面单元展开前，应采取必要的措施防止膜材受到污染和损伤。展开和吊装膜面单元时，可使用临时夹板，但安装过程中，应避免膜面单元与临时夹板连接处产生撕裂。

10. 膜单元宜连接安装就位，否则应采取可靠的临时固定措施。

11. 当风力大于三级或气温低于 4℃时，不宜进行膜单元安装；对于特殊环境或工程项目，为保工期确需安装时，应编制膜安装抗风、低温施工的专项防护措施方案及应急预案，与专项安装方案一并报批或单独报批。

12. 膜材在防雨盖口等现场热合部位应无漏水、渗水现象，且表面应平整美观。

13. 膜结构安装完毕后，应对膜体内、外表面进行清洁。

15.4.3　张拉膜结构安装工艺应符合下列要求。

1. 膜单元吊装，可根据现场实际情况，选择吊车从内场进行吊装，将膜单元吊至安装区域上空（15.4.3-1）。吊装膜体后，按照展开方向，将膜体摆放到位，吊装摆放必须按照膜体展开方向，且确保膜体正面朝上。

2. 膜单元展开要求，膜体就位后，利用紧绳器等工具按图 15.4.3-2 所示从一侧牵引向另外一侧缓缓展开，待完全展开后进行临时固定。

图 15.4.3-1　膜单元吊装

图 15.4.3-2　膜单元展开

3. 膜面张拉（图 15.4.3-3），一般采用位移控制法，分两级（60%～100%）逐边循环张拉膜面，每级张拉需间隔 24h 以上。为防止膜二次连接件受力不均匀，主索邻近的膜体完成了一级张拉后，方可将该膜体进行二级张拉。

图 15.4.3-3　膜面张拉

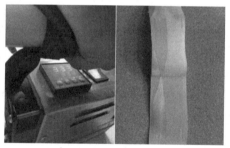

图 15.4.3-4　二次防水膜面焊接

4. 二次防水膜现场焊接（图 15.4.3-4）。防水膜施工前，在现场进行膜材热合焊接工艺评定，确定热合压力、热合温度及热合时间，当施工气温比工艺评定时温度低于 5 摄氏度或以上时，应当重新进行热合焊接工艺评定。施工时先热合焊接横向防水膜，后焊接纵向防水膜，热合焊接后对焊接质量进行检查，防止漏焊、假焊等现象。防水施工完成后进行淋水检验，复核防水施工质量。

15.4.4　ETFE 气枕安装工艺及要求。

ETFE 膜结构主要施工工序为：原钢结构验收→尺寸复核→铝型材和支撑结构安装→尺寸符合→胶条安装→穿插铝芯→ETFE 气枕安装→防水密封上盖安装→充气系统安装及调试→验收。主要工艺内容和要求如下。

1. 施工方案主要包括以下内容。

1）底座型材和支撑结构安装要求。

（1）框架尺寸、钢结构转折件尺寸检查。检查有两种方法，第一种方法是直接在"T"形转接件位置直接进行测量，并与图纸尺寸进行对比；第二种方法是底座型材安装在"T"形转接件上后，对底座铝型材进行尺寸测量，然后与三维模型进行对比。

（2）铝型材和转接件的安装要求。底座型材必须与相邻型材在同一直线上，两相邻型材最大容许公差为±2mm；铝型材安装水平要求为：相邻型材之间的水平高度必须相同或相近，相邻型材水平高差应控制在±2mm；相邻型材安装伸缩缝的控制要求为：相邻铝型材安装时预留 6～14mm 的间隙，或每隔 3m 至少有 6～14mm 间隙；铝型材固定要求为：必须将铝型材在转接件上拧紧，使用正确的"T"形螺栓。

（3）排水口预留。

2）防水胶片的安装工艺与要求。

（1）准备工作。在使用防水胶片和密封剂前，检查并确认防水胶片和密封剂类型，型材和防水胶片表面必须无灰尘无油脂。对表面有灰尘和油污的构件，使用丙酮清洁剂清洗，如表面过脏，首先用温和的肥皂水进行清洗；检查铝型材的对准和校平。

（2）防水胶片的安装及检查。在防水胶片安装前，在铝型材上画出涂抹密封胶区域，目的是加强防水胶片与型材之间密封；使用棉布和清洁剂轻轻擦去防水胶片和铝型材表面油污、灰尘；在红色区域内涂抹密封胶，再将防水胶片嵌入到两型材拼接位置。按紧防水胶片，确保密封胶铺开到所有角落，并用密封胶填满所有角落；使用泡沫绝缘材料固定防水胶片。

3）密封胶条安装工艺与要求。

（1）胶条的储存要求。正确储存密封胶条非常重要，发生严重扭结或严重受污的密封胶条将很难安装，所以，胶条储存时一定要注意周围环境。

（2）胶条的准备工作。材料到场后，首先检查密封胶条是否正确，对不确定的胶条在现场试装，如不能满足要求，及时更换。

（3）密封胶条的安装时，所有铝型材框架边缘都必须有连续的底座密封胶条，ETFE不得在任何位置接触铝型材。气枕安装过程中，安装牢固的密封胶条应保持在适当位置。

4）铝芯安装工艺与要求。

（1）材料准备。铝芯进场时，根据深化图纸将其和每个气枕配套包装，然后按照图纸对铝芯进行单独编号；曲面底座型材区域的铝芯长度为整个曲线长度，在加工完成后，根据曲面曲线将单根铝芯切割为多个小段，以方便运输和现场安装；将准备好的铝芯放在气枕架周围容易接近的位置。

（2）铝芯安装工艺方法如下：

① 安装铝芯是一项团队合作工作，在施工前，应先做好技术交底和班前交底；

② 检查气枕端宽度和形状，以保证轻松从铝芯滑过；

③ 拉紧黑色 PE 边缘，使铝芯膜材变平滑，消除边绳扭结；

④ 在首先滑动到气枕的铝芯端涂抹润滑剂，只能使用水基润滑剂，可使用少量肥皂水；

⑤ 向下滑动铝芯，如气枕过长，可从两端同时装铝芯；

⑥ 装配过程中塑料尾端件会掉出来，此时停止装配，并将松动或对准不齐的插入件

安装好，以将避免在装配气枕时出现膜材刮破；安装过程中，观察铝芯膜材滑动情况，确保铝芯端部或其他妨碍物上无刮划。如膜材被卡住，应停止安装并"取出"膜材。安装完铝芯后，气枕变重，增加的重量可能会损害气枕边缘，因此，一应做好保护，必要时，在气枕下面做临时支撑。

2. 气枕安装工艺与要求。

1) 气枕安装现场规划要求。

气枕安装周围需设置允许使用气枕拉伸工具的通道，气枕通常"由高往低"安装，底部框架边缘需要留出气枕拉具和其他操作空间，因此，膜结构安装需在铝板包边及不锈钢天沟施工前安装。

2) 气枕安装基本指导方针和气枕保护要求如下。

(1) 不能抛掷气枕；

(2) 不能坐在或站在包装气枕上；

(3) 气枕不能堆积到 3 倍高度，否则，压力过大，膜材可能在折线处断裂；

(4) 应防止锋利或粗糙边缘损害气枕；

(5) 安装过程中不能过度拉动膜材，可允许膜材缓慢拉伸 1～2h 或按照需要缓慢拉伸，宜根据安装时温度条件确定拉伸速度；

(6) 应防止气枕受潮，气枕内受潮可能损害表面遮阳印刷铝箔；

(7) 气枕表面非常光滑，安装时容易滑动，因此，安装过程中应确保气枕牢固；

(8) 当天施工结束前，必须完全固定气枕；

(9) 风力和气枕自重会损害 ETFE（四氟乙烯），气枕未完成安装，必须进行保护。

3) 气枕安装前准备工作要求如下。

(1) 空气管应完善并就绪；

(2) 供气管应 24h 提供通风空气，宜使用清洁气源，通常由 VF 充气泵提供；

(3) 管道充气口应位于正确位置，并准备好与气枕连接；

(4) 安装并检查底座型材接缝防水胶片；

(5) 底座密封胶条应安装到位，保持良好状态；

(6) 应拧紧固定螺栓，不松动；

(7) 测量气枕框架，确保气枕合适；

(8) 对于大型气枕而言，需要在框架区域内安装临时气枕支架系统，通过支架抬高气枕，达到其最终安装位置。

4) 安装用工具和设备，可根据施工要求确定类型和数量，每块气枕安装时主要需要以下设备。

(1) 8 组气枕拉具，并涂抹润滑油，带有拉头和安全短绳；

(2) 5 组 G 型夹钳，延伸部分覆盖整个型材深度；

(3) 3 组大号平头螺丝刀；

(4) 铝芯润滑水混合洗涤液瓶；

(5) 铝芯修整手锯；

(6) 小号钢锉和砂纸；

(7) 驱动器套筒工具，用于安装软管夹；

（8）铝芯包装，检查铝芯是否适于安装框架；

（9）橡胶、锤或填沙锤；

（10）气枕图纸、三维模型和详细气枕几何图纸。

5）气枕安装工艺与要求如下。

（1）打开气枕包装并放置到指定位置。气枕包装位于框架高度时，用脚手架支撑。首先打开和放置气枕，使之与框架匹配，通常气枕阀门将指示所需方向，阀门应与供气系统排气口相配，同时检查总体布置图。

（2）安装铝芯。当气枕打开后，可安装铝芯。通常因单体气枕较长，根据施工经验，可只在最先需要安装铝芯的边缘上安装铝芯。安装前，首先使用肥皂水湿润铝芯。将铝芯从打开的气枕边缘插入，在安装时将气枕边缘黑色边绳拉紧拉平并穿过铝芯，如图15.4.4-1所示。

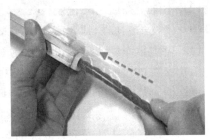

图 15.4.4-1　铝芯安装示意

（3）气枕拉伸与铝芯的安装方法如下：

① 把穿好铝芯气枕的第一个角安装到底座型材中，在安装的过程中必须同时考虑到其他几个边。

② 拉伸气枕到正确位置，将铝芯放在底座型材上。前几个拐角和边缘均很容易放置到正确位置，但膜材产生的张力越多，铝芯就需要更大拉力及压力放进底座型材槽中，这种情况下可使用橡皮锤将其敲击到正确位置。

③ 不同形状的气枕安装顺序不同。安装时整个框架上的膜材应拉伸均匀，不能出现过紧和过松的区域。图 15.4.4-2 为三角形、锐角、铝芯安装顺序，图 15.4.4-3 为矩形气枕安装顺序，图 15.4.4-4 为非对称气枕安装顺序（按照字母顺序）。

④ 气枕安装过程中，可用小块压盖型材将其固定，避免铝芯从型材槽中跳出。型材临时压盖还可防止膜材移动，是施工中必不可少的一道工序，如图 15.4.4-5 所示，直到气枕安装完毕。图中箭头所指位置为临时固定点。

6）压盖和胶条的安装关系如图 15.4.4-6 所示，具体安装工艺与要求如下。

（1）压盖生产要求。

因膜结构多为三维扭曲面形状，运送到现场的压盖可能不一定符合实际情况，为保证安装质量，必要时需要在现场进行压盖加工，再进行安装。

压盖有两种形式，如图 15.4.4-7 所示，在有角度的连接处，压盖可采用焊接方式（在现场空地进行焊接，焊接完成后进行安装，不允许在已安装好的膜材上进行焊接）连接，焊缝应防水且应完整；压盖在工厂生产时，可预先加工成一定尺寸，并完成端部倒

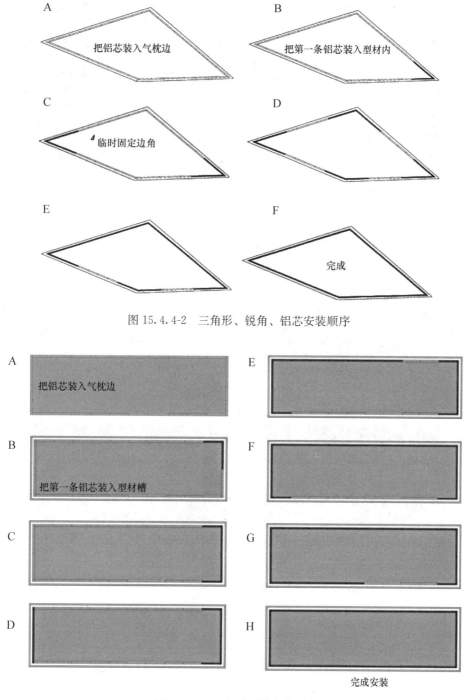

图 15.4.4-2　三角形、锐角、铝芯安装顺序

图.15.4.4-3　矩形气枕安装顺序

角，如图 15.4.4-7（b）所示，现场安装时如需切割，则必须重新加工端部。

（2）压盖安装及密封处理工艺要求。

施工段胶条与压盖安装后，应用螺钉固定压盖，同时，两相邻压盖间应预留 5mm 间隙以便防水密封，如图 15.4.4-8 所示。固定压盖的螺钉应完全拧紧到压盖中，且不得损

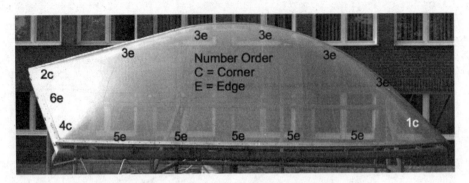

图 15.4.4-4 不对称气枕铝芯安装顺序

图 15.4.4-5 临时压盖固定

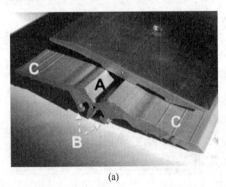 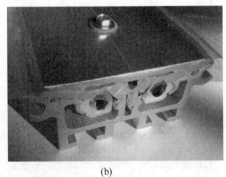

(a) (b)

图 15.4.4-6 压盖和胶条安装
(a) 压盖与胶条的关系；(b) 施工完成后

害橡胶垫圈，不得损坏橡胶密封。如因螺钉上的负载过高导致橡胶垫圈损坏时，则应进行
更换。一个施工段胶条与压盖施工完成后，应对压盖进行密封，施工方法如下：

① 先用胶带遮蔽气枕边缘相邻接缝两侧；

② 将喷涂器喷嘴开口宽度调整正确，喷涂正确数量的密封胶，确保抹平时浪费最少，
并确保覆盖压盖端的所有斜切接触面；

③ 抹平密封剂，抹平时用一定比例的水和液体肥皂作为润滑剂，水和液体肥皂水比
例为 50：50；

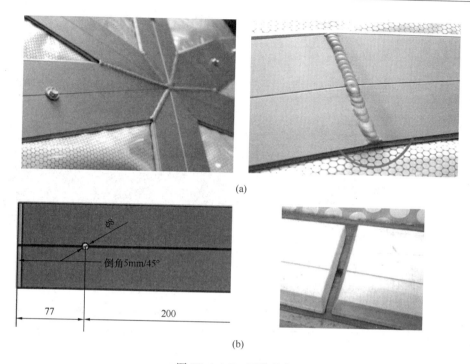

图 15.4.4-7 压盖节点

（a）节点 1；（b）节点 2

④ 密封剂干燥后揭掉遮蔽胶带。

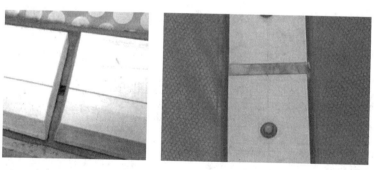

图 15.4.4-8 压盖密封处理

（a）压盖密封间隙（5mm）；（b）压盖密封剂处理完成

（3）压盖和胶条安装注意事项如下：

① 底座型材上所有区域都应安装密封胶条和压盖；

② 应将固定边压到中央槽中进行固定；

③ 在密封胶条接缝位置，用密封胶进行密封，达到防水要求；

④ 压盖安装时，螺钉应完全拧紧到压盖中，但不得损害橡胶垫圈，不得损坏橡胶密封；

⑤ 相邻压盖胶条间防水密封剂边缘应平直整洁，密封剂表面外观应平坦均匀。

7）充气系统的安装及调试要求。

（1）充气管道的安装要求如下：

① 充气管道应按照深化图纸要求安装到位，如图 15.4.4-9 所示。

② 充气管道接口应采用硅胶进行密封，再用夹具进行紧固，防止漏气，如图 15.4.4-10 所示。

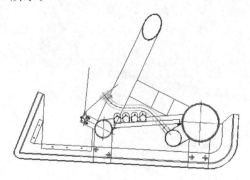

图 15.4.4-9 充气管道安装示意图

图 15.4.4-10 充气管道连接示意

（2）充气管道的调试要求如下：

① 充气泵应按照深化图纸位置要求安装到位，在充气泵安装位置现场应设置离地 10cm 的钢架基础，以上防止设备积水浸泡。充气设备周边 20cm 以上应无遮挡，应保持设备周围空气流动通畅。充气泵现场调试如图 15.4.4-11 所示。

② 充气泵出厂已按照要求进行设置，安装完毕后，应检查充气泵内气压设置是否达到设计气压。通电前，应检查各个开关是否准确复位，通电后观察指示灯是否正常指示。充气设备运行正常后，连接充气管，将一端封堵，检查接头是否漏气。

③ 充气泵安装正常后，连接主充气管道，对管道进行 24h 清洁预冲，去除充气管道内部灰尘。

④ 充气管道清洁完毕后，连接充气软管，对气枕进行充气，如图 15.4.4-12 所示。

图 15.4.4-11 充气泵调试

图 15.4.4-12 主充气管连接充气软管

15.4.5 气承式膜结构安装工艺与要求。

充气膜结构在安装前，应制定合理的施工方案，应确保在现场具备安装条件、天气良好条件下进行安装。施工方案主要内容包括：安装前准备、安装、充气前检查、充气、附属设施安装、培训及移交等。主要工艺与要求如下：

1. 基础锚固系统安装要求。

1）充气膜安装前，应对基础及预埋件进行检查。混凝土表面应无裂缝、空洞、露筋等现象，并达到设计强度；钢结构表面应无焊渣、防腐涂层完整；基础面整体尺寸及预留螺栓、孔槽位置符合要求。

2）基础定位轴线、基础上拉索锚座的定位轴线和标高的允许偏差应符合表 15.4.5-1 的规定。检查数量：基础的定位轴线数量抽查 100%，其他数量抽查 10%，且不应少于 3 处。检查方法：用经纬仪、水准仪、全站仪和钢尺现场测量。

基础允许偏差（mm）　　　　　　　表 15.4.5-1

项目	允许偏差
基础定位轴线	$L/2000$ 且不应大于 20
基础上拉索锚座的定位轴线	10.0
基部上拉索锚座的标高	±10.0

3）基础顶面直接作为膜结构的支承面时，支承面上预埋铝槽、预埋锚栓位置的允许偏差应符合表 15.4.5-2 的规定。检查数量：按支承面长度或支座数量抽查 10%，且不应少于 3 件。检查方法：用经纬仪、水准仪、全站仪、水平尺和钢尺测量。

支承面上预埋铝槽、预埋锚栓位置的允许偏差（mm）　　　表 15.4.5-2

项目	允许偏差
顶面标高	±5.0
轴线偏移	±5.0
预埋锚栓中心偏移	5.0
相邻锚栓间距	±2.5

4）基础顶面预埋钢板作为膜连接构件的支承面时，预埋钢板及地脚螺栓位置的允许偏差应符合表 15.4.5-3 的规定。检查数量：按柱基和锚座数量抽查 10%，且不应少于 3 处，检查方法：用经纬仪、水准仪、全站仪、水平尺和钢尺测量。

预埋钢板及地脚螺栓位置的允许偏差（mm）　　　表 15.4.5-3

项目		允许偏差
支承面	标高	±5.0
	相邻高差	5.0
	水平度	$L/2000$
地脚螺栓	螺栓中心偏移	5.0

5）预制铝槽或预埋型钢接口处错位允许偏差应符合表 15.4.5-4 的规定。检查数量：按铝槽或预埋型钢数量抽查 10%，且不应少于 3 处。检查方法：用钢尺现场测量。

预制铝槽或预埋型钢接口处错位允许偏差（mm）　　　表 15.4.5-4

项目	允许偏差
铝槽或预埋型钢接口水平错位	±1.0
铝槽或预埋型钢接口竖向	±1.0

6）预埋锚栓外露长度和螺纹丝扣长度偏差应符合表15.4.5-5的规定。预埋锚栓的螺纹应进行保护。检查数量：按锚栓数量抽查10%，且不应少于3处。检查方法：用钢尺现场测量。

预埋锚栓外露长度和螺纹丝扣长度允许偏差（mm）　　　　表15.4.5-5

项目	允许偏差
锚栓外露长度	+30 0.0
锚栓螺纹丝扣长度	+30 0.0

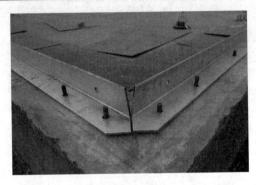

图15.4.5-1　角钢加工

2. 角钢加工要求。

1）根据实际放线图进行角钢开孔、切割、切角加工，每条角钢都应有对应的编号；

2）角钢加工完成后，应将角钢表面的铁屑、铁粉清理干净，并做好防腐处理，角钢切角及与膜接触部位应顺直、平滑，如图15.4.5-1所示；

3）完成角钢加工后，应将角钢摆放到相对应的位置，进行尺寸检验，然后进行膜外边放线。

3. 设备施工安装要求。

1）设备包括机械单元、空调机组、备用发电机，安装前，应核对设备基座、风道等尺寸是否与施工图一致，若误差超过允许范围，则应需按图纸尺寸要求进行整改。

2）设备运输到现场卸车后，必须对设备外观、名称、规格型号等参数进行核对，确认与设计的型号一致，有必要时可进行开箱检查。根据供货合同和设备装箱单清点数量，根据施工图纸核对设备的名称、型号、机型、电机、传动连接方式等，还应检查外表是否有明显变形或锈蚀、碰伤等。检查核对数据并填写记录单，检查资料的记录单可作为竣工资料备用并保存好。若设备无问题且现场具备安装条件，可将设备直接搬运吊装到设备底座上，并安装固定好设备，后续接线通电后可进行设备的相关调试。不同设备的安装要求如下。

（1）门禁系统施工安装要求：

① 应先核对洞口处预埋件。若有预埋件漏埋时，可现场进行植筋补埋，植筋的抗拉强度应满足设计要求。

② 旋转门安装前，不应撕掉或损坏门上的保护膜。旋转门在洞口就位后，应调整门的垂直度、水平度，然后将门固定在墙上。旋转门固定后，应对旋转门与墙体之间的缝隙进行填缝，并进行表面密封。

③ 旋转门安装后，应检查安装精度，洞口的尺寸允许偏差为：高度和宽度允许误差±5mm；旋转门通道洞口底部须与室内外地面标高相同或低5mm；垂直度偏差不超过5mm；洞口的中心线与建筑物基准线偏差±10mm。

（2）应急门的安装要求：

① 应急门安装前，应先按施工图要求核对门洞口宽度及室外门沿平台标高和平整度，洞口宽度允许误差为±5mm。

② 洞口尺寸核对无误后，方可将应急门安装就位。先将应急门外框架底部及基础高度处的两个侧面与混凝土结构固定，然后再进行软门帘与门体外框的连接。

③ 应急门在施工过程中可作为临时通道使用，但气膜充气后严禁当作进出通道使用，非紧急情况下亦不可使用。

（3）风柜及空调的安装要求：

① 安装工艺流程为：设备基础验收→风柜设备开箱检查→现场运输→分段式组对就位（整体式安装就位）→找平找正→质量检验。

② 安装方法为：风柜安装前，先按设计图的尺寸放纵横安装基准线和基础中心线；如安装基准线与基础中心线偏差符合要求，则按基础几何中心线进行设备就位，设备就位后，安装橡胶减震垫，减震垫安装牢固后，用加减薄钢片的方法精调水平度和垂直度，要求偏差符合设计要求。

③ 成品保护要求为：风柜安装就位后，在系统连通前应保护其外部不受损坏，并应防止杂物落入机组内；未正式移交使用单位前，设备机房应上锁保护，防止损坏丢失零部件。

4. 膜的展开和安装要求。

1）事先包裹好对膜片铺设、拼接有影响的障碍物，并进行固定和保护，防止膜展开时对膜表面造成刮痕和损坏。

2）安装膜的施工场地应采用塑料薄膜进行覆盖，塑料薄膜拼接处需用粘结带固定牢固，防止开裂和滑移，防止地面对膜材表面造成磨损或污染。

3）将打包的膜单元吊装放置于设计位置，并按照膜单元展开示意图 15.4.5-2 所示方向摆放。

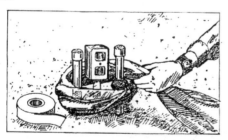

图 15.4.5-2　膜单元现场摆放

4）将膜单元沿场地进行拉展，并展开到基础四周，如图 15.4.5-3 所示，展开过程中应防止对膜表面的污染。

5）各膜单元间可用拼接板连接，膜单元拼接完毕后，可直接将拼接处的防雨盖密封好，如图 15.4.5-4 所示，各膜单元拼接完毕后应形成一个完整的膜体。

6）将膜上各门的软连接与相对应的门框采用密封件连接固定，在膜底部压膜绳边与基础尺寸一一对应后，每隔 2~3m 分别在膜底边和基础上做出标记，并按此标记在膜绳边打孔以保证压膜的平整度。

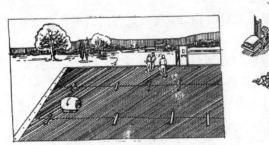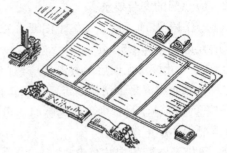

图 15.4.5-3　膜单元展开

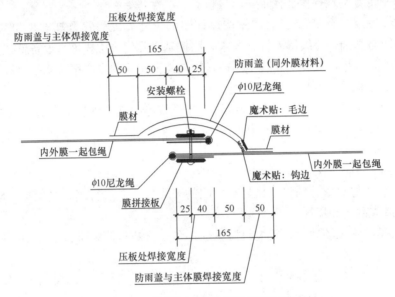

图 15.4.5-4　膜单元现场连接防雨盖粘贴密封

7）最后用密封压件对膜底部绳边进行锚固。充气前，检查整个膜的固定和密封，确保安装完整，如图 15.4.5-5。

图 15.4.5-5　膜安装完毕

5. 钢网展开和安装要求。

1）首先，在膜上方设置钢网单元的对应位置放置放保护垫，以防止钢网木托损坏膜体。

2）将钢网单元吊装到要求位置，调整好钢网，并展开到对应的方位。钢网单元展开后应进行检查，钢网应无缠绕、无打结。

3）采用钢网连接板对钢网单元进行拼接，如图 15.4.5-6 所示。拼接完毕后，需对钢网连接逐个进行检查，防止出现漏连接和错误连接。

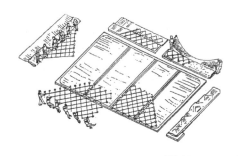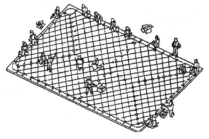

图 15.4.5-6　钢索网拼接

4）最后，固定基础四周密封锚固处的钢网滑轮，确保滑轮处的钢网都卡在滑轮挡板内侧，连接并固定好滑轮螺母，如图 15.4.5-7 所示。

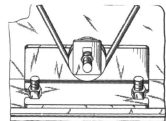

图 15.4.5-7　钢网滑轮固定

6. 充气要求。

充气必须在前面五项工作都已完成且检查合格后才能开始。充气前应注意的事项如下。

1）充气前检查膜和钢网单元的拼接、门体外框架与膜体的连接。

2）确认设备已安装调试完毕，并再次检查确认运行情况。

3）充气时要求当日天气无雨雪，风速三级以下，并且充气时持续 8h 内风速无较大变化。

4）充气宜在一天的早上开始，以更好地控制气膜充气过程。若在充气过程中发现问题，应及时进行调整。

5）将风机置于"ON 开启"位置，仔细观察气膜内部压力变化，及时巡视周边，确保膜体在充气过程中各个部位的均匀性，并及时进行调整。

6）当气膜内部压力达到 80Pa 时，停止充气，保持现有状态，如图 15.4.5-8 所示。此时需对锚固系统、钢缆系统、门体软连接等进行再次检查和调整，若发现有漏气现象，

图 15.4.5-8　80Pa 起膜检查

应立即采取密封措施，确保膜体充气过程顺利进行。

7）调整好钢网和膜体外形后，可将气膜内部压力调整到 150～200Pa，并维持这一压力值 2～3d，最后根据气膜压力设计要求将压力按要求调整相对应的压力值范围。

15.4.6　预应力施加工艺与要求。

1. 预应力施加基本要求。

1）对于通过集中施力点施加预应力的膜结构，在施加预张力前，应将支座连接板和所有可调部件调节到位；

2）施力位置、位移量、施力值应符合设计规定；

3）施加预张力应采用专用施力机具，每一施力位置使用的施力机具的施力标定值不宜小于设计施力值的 2 倍；

4）施力机具的测力仪表均应事先标定，测力仪表的测力误差不得大于 5%；

5）施加预张力应分步进行，各步的间隔时间宜大于 24h，工程竣工两年后，宜第二次施加预张力；

6）施加预张力时，应以施力点位移达到设计值为控制标准，位移允许偏差为 ±10%。对有代表性的施力点，还应进行张力值抽检，抽检施力点应由设计单位与施工单位共同选定，张力值允许偏差为 ±10%。

2. 张力导入典型案例说明。

1）锥形膜面张力导入说明如下。

锥形膜面张力导入机制与膜成形方法相关，分拉索张拉膜锥和自由膜面张拉膜锥。

对拉索张拉的锥形膜面，主要由拉索及相应节点调节机制导入膜张力。

对自由膜面张拉锥形曲面，如图 15.4.6-1（a）所示，膜锥底角点或边索张拉于固定柱，膜只能由节点机制实现膜张力导入，可采用锥顶点顶升或下降、锥底角点径向张拉或两者结合的方法。锥顶升降或锥底角点径向张拉是最直接有效的膜张力导入方法，可总体均匀拉伸膜面经向和纬向（径向环向）。另外，调整边缘索长度，可适当拉伸膜面，导入张力，但调节能力较小，经纬向张力不协调。

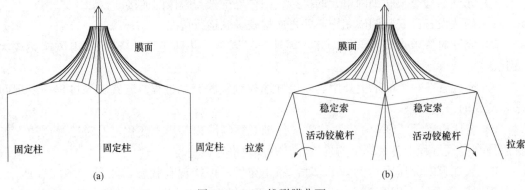

图 15.4.6-1　锥形膜曲面

图 15.4.6-1b 所示膜锥底角点由活动桅杆支承，膜顶可固定、铰接于桅杆或张弦膜悬浮桅杆支承，此时，以结构体系层次导入膜张力为主。若膜顶为固定桅杆支承，膜顶可无升降机构，膜锥底节点本身无张拉延伸能力，由平衡拉索张拉活动桅杆，桅杆径向转动导入张拉膜面，膜面均匀导入经纬向张力。如果膜锥面为张弦膜体系，可仅由稳定索张紧，悬浮桅杆顶升膜面，导入膜张力。在结构体系层次设计膜张力导入时，可适当结合节点导入机制，若边缘索、膜锥角点等具有适当调节机制，需要综合考虑安装方法、节点复杂程度、加工制作与造价等。

2）马鞍双曲面膜张力导入说明如下。

典型马鞍形双曲抛物面膜，如图 15.4.6-2（a）所示，可由高低相间支承点张拉。膜张力导入同样可分为两个层次，结构体系导入和节点导入。

当支承点为活动桅杆、平衡拉索时，膜角隅节点无张力导入机制，由拉索张拉桅杆，并拉伸膜面导入张力。导入张力点可仅为高点、低点或高低点并用。为避免膜面扭曲变形，导入张力点宜对称，膜面主曲率方向是最有效膜张力导入方向。

当支承点为不可动桅杆或柱时，采用膜角隅节点张力导入机制，可高点、低点或高低点并用导入，直接沿膜主曲率方向导入最有效。

若膜角隅点位置不变，或沿主曲率张拉到最大值，可通过辅助边缘索张拉膜面。边缘索实际常为较复杂的空间曲线，如图 15.4.6-2（b）所示，但可近似为抛物线。当边缘索跨度不变，可通过改变索长度张拉膜面，即改变改变索体线形、垂度、索张力、作用于索的横向载荷即膜张力，这是一个较复杂的非线性关系。垂度增量（$\mathrm{d}f$）与索长度增量（$\mathrm{d}s$）为矢跨比倒数（l/f）的倍数，而边缘索矢跨比（f/l）常较小，如 $1/(8\sim12)$，则较小的边缘索调整量（$\mathrm{d}s$）将对边缘索线形、垂度、索张力影响较大。反而言之，边缘索长度变化对膜张力很敏感，对膜张力有较大影响，在安装过程中，宜准确控制其张力与线形。边缘索调节机制可消除膜松弛，当膜在长期载荷下发生松弛后，由边缘索调整张拉，重新导入膜张力。

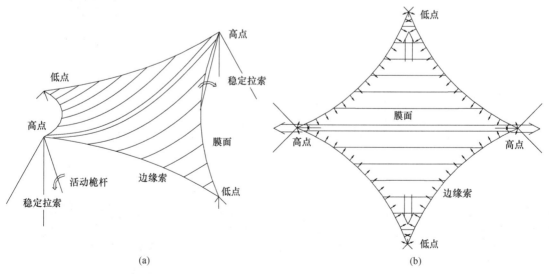

(a)　　　　　　　　　(b)

图 15.4.6-2　马鞍形双曲抛物面
(a) 3D 透视图；(b) 俯视图

3）其他膜面张力导入说明如下。

对拱支承体系膜面，可采用周边节点、可动桅杆张拉导入膜张力。对脊、谷形，可采用脊线、谷线结构体系和节点张拉机制导入膜张力。对骨架式膜，多采用边缘或内部固定边界节点张力导入机制。

气囊膜、气承式膜、整体张拉、索网支承膜结构，均采用结构体系层次的膜张力导入机制。对张拉膜体系，膜张力导入机制应以体系为主，节点导入机制为辅。

大型复杂膜结构工程，应分析构成膜面单元的基本形式、结构整体体系，从结构体系层次和节点设计层次解剖、分析，然后采取相应膜张力导入方法，并进行合理细部节点设计。大部分膜结构可分解为锥形膜面和马鞍双曲面，进而参照相应基本单元的膜张力导入方法。

15.4.7 质量控制要点（表 15.4.7-1）。

膜结构安装控制要点　　　　　　　　　　　　　　　表 15.4.7-1

序号	项目	施工质量控制措施	图例
1	膜安装准备	（1）场地清理：安装地点及需要堆放膜体的地面杂物需清理干净，将带有锐角硬物突出地面的钢筋头、管子头等物剔除； （2）膜单元自检：拆除包装后核查膜体编号、角点编号、打包方向等与安装固定位置和吊装位置相对应； （3）为确保膜的安装精确度，首先要对钢结构的尺寸进行复核；同时检查清理膜单元与钢结构接触的表面，将残留的飞溅物、尖角清除并打磨光滑	
2	辅助绳网安装	（1）在膜面铺设展开前需先安装绳网，膜面安装时作为临时软支撑，确保膜面不会因掉落或下滑而损坏； （2）在安装过程中，通过紧线机对绳网进行紧固，需注意对紧线器的隔离，确保膜面因不会碰到紧线器的尖锐部位而受到损伤。	
3	膜单元吊装	膜单元吊架在设计时需综合考虑膜单元、包装材料及五金配件的重量，进行吊架构件的强度及稳定性的分析	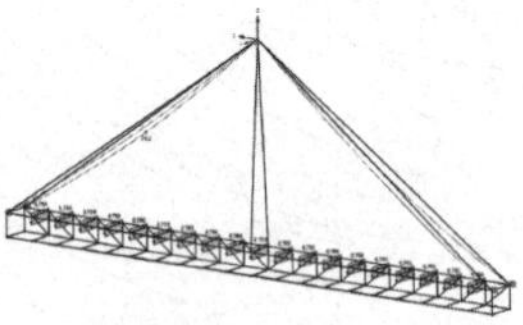
4	膜的展开	膜安装时需要在高空进行膜体展开作业，膜面展开作业时当天风力不得大于4级且非雨天；所有膜面展开前应在4个角点先安装紧固的夹板，夹板的螺栓、螺母必须拧紧到位	

续表

序号	项目	施工质量控制措施	图例
5	膜临时固定	膜展开后需要进行临时固定，固定时将膜体按长度方向两侧展开，膜体四个角点展开到位置后用钢丝绳连接夹板临时固定在钢结构上，防止因风力或自重影响导致膜体跑位等意外发生；膜面牵引时注意膜布不与钢结构产生硬摩擦	
6	张拉固定	膜面的张拉应力控制，以张拉行程和张拉力数值为控制标准。采用膜面专用应力测试仪器，准确地反映膜面经向、纬向的应力值，与理论数据对比，严格控制张拉的预应力	
7	防水施工	(1) 防水膜中部设支撑，且支撑采用可调装置，以便能更好地张紧防水膜，避免出现积水，褶皱的现象。 　　(2) 在现场进行焊接工艺参数评定，调整手提焊机温度使焊接强度满足要求。焊接时应保证手工焊接设备的温度达到评定的熔接温度，保证封口处膜面无烫焦痕迹；焊接完成待膜面温度降至常温后，立即对焊缝进行检查，对漏焊处补焊	
8	膜单元安装	(1) 膜单元吊装前，应进行吊装工况验算，分析框架构件内力是否满足吊装要求。同时进行吊装点个数设计，对重心位置进行计算，确保吊装时构件不变形。 　　(2) 安装时设置专门的吊具和对框架周边使用软组织包裹，保证吊装过程中膜单元不受磨损	
9	安装后检查	(1) 膜面安装完成，采用膜面预张力测试仪等设备对膜安装质量进行检测。 　　(2) 由于膜面与天沟、膜单元间的结合部位较易发生漏水，雨天时及时排查，发现有无渗漏点，配合设计对渗漏部位提出整改方案	

15.5　膜结构检测

15.5.1　膜结构检测的分类、内容与要求。

1. 膜结构检测的一般规定。

1) 膜结构检测的类型可分为：膜结构工程质量检测和既有膜结构性能检测。

2）膜结构工程质量检测包括：材料性能、连接与节点、预张力、尺寸与偏差以及外观质量等项目，具体检测项目应根据工程规模和用途等确定。

3）既有膜结构性能检测包括：预张力、尺寸与偏差以及外观质量等项目。既有膜结构宜有正常的检查制度，并宜在设计使用年限内进行常规检测。当遇到下列情况之一时，则应对既有膜结构性能进行检测：

（1）膜结构安全性鉴定；

（2）膜结构大修前的可靠性鉴定；

（3）膜结构改扩建前的鉴定；

（4）膜结构达到设计使用年限要继续使用的鉴定；

（5）膜结构受到灾害、环境侵蚀等影响的鉴定；

（6）对既有膜结构的工程质量有怀疑或争议。

2. 检测方案的要求与内容。

1）膜结构检测应有完备的检测方案，检测方案应征求委托方的意见，并应经过审定。

2）膜结构检测方案宜包括下列主要内容：

（1）膜结构概况；

（2）检测目的或委托方的检测要求；

（3）检测依据，主要包括检测所依据的标准及有关的技术资料等；

（4）检测项目和选用的检测方法以及检测的数量；

（5）检测人员和仪器设备情况；

（6）检测工作进度计划和所需要的配合工作；

（7）检测中的安全措施和环保措施。

3. 检测报告的内容与要求。

1）膜结构工程质量检测报告应给出所检测项目是否符合现行膜结构技术规程规定的评定要求。既有膜结构性能的检测报告应给出所检测项目的评定结论，并能为膜结构的鉴定提供可靠依据。

2）检测报告应结论准确、用词规范、文字简练。

3）检测报告宜包含以下内容：

（1）委托单位名称；

（2）膜结构工程概括工程名称、结构类型、规模、施工日期及现状等；

（3）设计单位、施工单位及监理单位名称；

（4）检测目的、检测项目、检测依据及检测数量等；

（5）检测日期及报告完成日期；

（6）检测结果及与检测内容相应的检测结论。

15.5.2　膜材性能检测内容与要求。

1. 膜材性能检测一般规定。

1）膜材性能检测可分为基本性能、力学性能、建筑物理性能和防火性能等项目。

2）膜材性能各项目的检测结果，应按国家现行标准《膜结构用涂层织物》GB/T 30161—2013、《膜结构技术规程》CECS 158—2015、《膜结构工程施工质量验收规程》T/CECS 664—2020、《膜结构检测标准》DG/TJ 08—2019 的规定进行判定。

3）膜材性能检测时，应将同一厂家生产的同一型号、规格、批号的材料作为一个检验批。

2. 膜材基本性能检测包括膜材厚度、膜材面密度、织物类膜材经纬密度检测，检测应符合下列要求。

1）膜材厚度应按下列规定进行检测：

（1）涂层织物类膜材的厚度检测分为总厚度检测和涂层厚度检测，检测方法和检测规则应符合国家现行标准《涂层织物厚度试验方法》FZ/T 01003—1991 和《涂层织物 涂层厚度试验方法》FZ/T 01006—2008 的规定；

（2）ETFE 膜材厚度的检测方法和检测规则，应符合现行国家标准《塑料薄膜和薄片厚度测定　机械测量法》GB/T 6672—2001 的规定。

2）膜材面密度应按现行国家标准《纺织品、机织物、单位长度质量和单位面积质量的测定》GB/T 4669—2008 的规定进行下列检测：

（1）取正方形试样 100mm×100mm，试样取法应符合现行国家标准《膜结构用涂层织物》GB/T 30161—2013 的规定，每个检测批抽样数不应少于 5 个。

（2）检测仪器采用分度值为 0.5mm 的钢尺和 0.01g 的称量天平。

（3）试验环境要求为：涂层织物类膜材，试验温度应为 $20\pm2℃$，相对湿度应为 $65\%\pm3\%$，可按照现行国家标准《纺织品的调湿核试验用标准大气》GB 6529—2008 对试样进行预调湿、调湿和试验；ETFE 膜材，试验用温度应为 $23\pm2℃$，相对湿度应为 $50\%\pm5\%$，可按照现行国家标准《塑料试样状态调节和试验的标准环境》GB/T 2918—2018 规定对试样进行预调湿、调湿和试验。

（4）试验方法为：在试样无褶皱、无预张力的状态下，用钢尺测量正方向试样两相邻边的边长，精确至 0.5mm；计算试样面积。在天平上称量试样质量，结果精确至 0.01g，分别计算各块试样的面密度，单位为 g/m^2。

（5）试验结果确定：取 5 块试样面密度的均值作为检测结果，修约至 $1g/m^2$。

3）涂层织物类膜材经纬密度的检测方法和检测规则，应按现行国家标准《增强材料机织物试验方法　第 2 部分：经、纬密度的测定》GB/T 7689.2—2013 的执行。

3. 力学性能检测包括：抗拉强度及断裂延伸率、撕裂强度、涂层黏附强度、弹性常数（弹性模量、剪切模量、泊松比）、徐变、反复弯折、耐磨性、耐寒性等，具体检测应符合下列要求。

1）膜材抗拉强度及断裂延伸率应按现行国家标准《纺织品织物拉伸性能　第 1 部分断裂强力和断裂伸长率的测定条样法》GB/T 39231.1—2013 的规定检测。

2）膜材撕裂强度应按现行国家标准《纺织品 织物撕破性能　第 3 部分：梯形试样撕破强力的测定》GB/T 3917.3—2009 的规定检测。

3）涂层织物类膜材的涂层黏附强度应按国家现行标准《涂层织物涂层黏附强度测定方法》HFZ/T 01010—2012 的规定检测。

4）膜材弹性模量及泊松比应按现行国家标准《膜结构技术规程》CECS 158—2015 附录 C 的规定进行检测。

5）膜材剪切模量应按国家现行标准《膜结构检测标准》DG/TJ 08—2019 附录 E 的规定进行检测。

6）膜材耐徐变性能宜按国家现行标准《膜结构检测标准》DG/TJ 08—2019 附录 F 的规定进行检测。

7）膜材的反复弯折性能宜按现行国家标准《纸和纸板耐折度的测定（MIT 耐折度的测定）》GB/T 2679.5—1995 的规定及以下的规定进行检测：

（1）对于涂层织物类膜材沿经向和纬向、ETFE 类膜材沿 MD 和 TD 方向，分别剪取不少于 5 块试样，试样宽度为 15mm；

（2）对涂层织物类膜材，折口的圆弧半径为 3.00 ± 0.03mm；对 ETFE 类膜材，折口的圆弧半径为 1.00 ± 0.02mm；

（3）试样的预张力，涂层织物类膜材为 15N，ETFE 类膜材为 ION/mm^2；

（4）对于涂层织物类膜材，试样进行 1000 次往复双折试验后，应按照现行国家标准《纸和纸板耐折度的测定（MIT 耐折度的测定）》GB/T 2679.5—1995 附录 B.1 节的规定进行抗拉强度检测，计算以抗拉强度平均值；

（5）对于 ETFE 膜材，进行往复折叠至试样折断，记录折断次数。

8）膜材的耐磨性能宜按现行国家标准《塑料滚动磨损试验方法》GB 5478—2008 的规定进行检测。

9）涂层织物类膜材的耐寒性能宜按现行国家标准《橡胶或塑料涂覆织物低温弯曲试验》GB/T 18426—2001 的规定进行检测，试验温度为 25℃，放置时间为 2h 以上。

4. 建筑物理性能包括：耐候、声学、光学、热学等，检测应符合下列要求。

1）膜材耐低温性能宜按《涂层织物 耐低温性的测定》FZ/T 01007—2008 检测，膜材耐热空气老化性能，宜按《涂层织物 耐热空气老化性的测定》FZ/T 01008—2008 检测；

2）膜材声学性能检测分为隔声性能和吸声性能等检测项目，检测方法和检测规则，宜符合现行国家标准《声学 建筑和建筑构件隔声测量 第 1 部分：侧向传声受抑制的实验室测试设施要求》GB/T 198891.1—2005 的规定；

3）膜材光学性能检测可分为可见光透光率以及太阳光的投射比、反射比和吸收率等项目，检测方法和检测规则宜符合现行国家标准《建筑玻璃 可见光投射比、太阳光直接投射比、太阳能总投射比、紫外线投射比及有关窗玻璃参数的测定》GB/T 2680—1994 的规定；

4）膜材热学性能检测项目为膜材的导热系数，检测方法和检测规则，宜符合现行国家标准《塑料导热系数试验方法 护热平板法》GB/T 3399—1982 的规定。

5. 防火性能检测应符合下列要求。

1）应按现行国家标准《建筑材料难燃性试验方法》GB/T 8625—1997 或《建筑材料不燃性试验方法》GB/T 5464—1999 的规定，进行膜材难燃性和不燃性试验；

2）应按现行国家标准《建筑材料难燃性能分级方法》GB 8624—2012，评定膜材的防火等级。

15.5.3　连接与节点检测内容与要求。

1. 连接与节点检测的一般规定。

1）膜结构的连接节点可分为：膜片与膜片的连接节点、膜面与刚性边界的连接节点、膜面与柔性边界的连接节点以及膜顶、膜角连接节点等。

2）连接与节点质量与性能的检测可分为膜面连接强度、膜面水密性和膜面气密性等项目，各项目的检测结果，应按现行膜结构技术规程的规定进行判定。

3）连接节点质量检测的抽样，应符合下列规定：

（1）除膜顶、膜角以外，其余膜面连接强度的检测，应按该类连接总长度每 50m 取 1 个试样，且每类连接方式的试样总数不应少于 3 个；

（2）应选取重要节点进行膜顶和膜角连接强度检测，且每类连接形式应选取至少 3 个试样；

（3）膜面水密性、气密性的检测，应选取有设计要求的典型节点进行检测，且每类连接形式应选取至少 3 个试样。

2．膜面连接强度检测应符合下列要求。

1）膜片与膜片连接强度，宜按国家现行标准《膜结构检测标准》DG/TJ 08—2019 附录 H 的规定进行检测；

2）膜面与刚性边界连接强度，宜按国家现行标准《膜结构检测标准》DG/TJ 08—2019 附录 J 的规定进行检测；

3）膜面与柔性边界连接强度，宜按国家现行标准《膜结构检测标准》DG/TJ 08—2019 附录 K 的规定进行检测；

4）膜面、膜角连接强度，宜按国家现行标准《膜结构检测标准》DG/TJ 08—2019 附录 L 的规定进行检测。

3．膜面水密性检测应符合下列要求。

1）膜面连接的水密性检测，应按现行国家标准《建筑外门窗气密、水密、抗风压性能检测方法》GB/T 7106—2019 的规定执行；

2）对每种典型的膜面连接形式，应至少取一个试样，试样形状取正方形框，尺寸不应小于 1.5m×1.5m，外框应牢固固定膜面；

3）必要时，应对膜面水密性进行现场淋水试验，膜面现场淋水试验，可按国家现行标准《膜结构检测标准》DG/TJ 08—2019 的规定确定。

4．膜面气密性检测应符合下列要求。

1）膜面连接的气密性检测，应按现行国家标准《建筑外门窗气密、水密、抗风压性能检测方法》GB/T 7106—2019 的规定执行；

2）对每种典型的膜面连接形式，应至少取一个试样，试样形状取正方形框，尺寸不应小于 1.5m×1.5m，外框应牢固固定膜面。

15.5.4　预张力检测内容与要求。

1．预张力检测一般规定如下。

1）膜结构预张力检测，可分为膜面预张力以及钢索和钢拉杆预张力等项目。

2）膜结构预张力检测的抽样，应符合下列规定：

（1）膜面预张力的检测，应选择设计中应力较大和较小或分布较复杂的部位，且每 100m² 或每个膜面单元不少于 1 处；

（2）钢索和钢拉杆预张力检测，应选择设计中拉力较大和较小的钢索和钢拉杆，且总数不少于 6 个。

2．膜面预张力检测应符合下列规定。

1）膜面预张力的实测值与设计值的相对误差应在 0～＋100% 之间，超出这一范围的测点数量不应超过总测点数量的 10%，且最大相对误差不应超过－50%～＋150%。

2）膜面预张力检测，应采用下列方法：

（1）用专用检测仪器分别测试膜材经向和纬向两个方向的预应力；

（2）在膜材经向和纬向分别测试 3 次，取平均值作为测试值。

3. 钢索和钢拉杆预张力检测应符合下列规定。

1）钢索和钢拉杆预张力的实测值与设计值的相对误差应在－10%～＋30%之间。

2）钢索与钢拉杆预张力的检测，应采用下列方法：

（1）采用专用检测仪器测试，如索力动测仪、磁通量索力测量仪；

（2）应分别测试 3 次，取平均值作为测试值。

15.5.5　尺寸与偏差检测内容与要求。

1. 膜结构尺寸与偏差检测的一般规定如下。

1）膜结构尺寸与偏差的检测可分为金属构件尺寸偏差和膜面控制点等项目。

2）膜结构尺寸与偏差检测的抽样，应符合下列规定：

（1）金属构件尺寸偏差检测的抽样数量，应按现行国家标准《建筑结构检测技术标准》GB/T 50344—2019 的规定执行；

（2）膜面控制点几何偏差检测，应选择膜顶点、膜角点等固定点。

2. 金属构件尺寸偏差检测应符合下列规定。

1）金属构件的尺寸检测范围为所抽样构件的全部尺寸，每个尺寸在构件的 3 个部位量测，取 3 处测试值的平均值作为该尺寸的代表值；

2）金属构件尺寸测量的方法以及尺寸偏差的评定指标，应符合相应的产品标准以及现行国家标准《钢结构工程施工质量验收规范》GB 50205—2020 的规定；

3）钢索交货长度应为零应力长度，长度偏差应符合：索长 $L{\leqslant}100$m，偏差 $\Delta L{\leqslant}$ 20mm；索长 $L{>}100$m，$\Delta L{\leqslant}0.0002L$。对于长度有严格要求的拉索，设计方和加工方应该约定索长偏差。

3. 膜面控制点几何偏差检测应符合下列规定。

1）膜面控制点的高度偏差不应大于该点膜结构矢高的 1/600，且不应大于 20mm；水平向偏差不应大于该点膜结构矢高的 1/300，且不应大于 40mm。

2）膜面控制点几何偏差检测，应采用下列方法：

（1）与设计图纸核对；

（2）用水准仪、经纬仪等测量标高及位置。

3）膜面几何应符合设计要求，安装完毕后，膜面不得形成下兜形状；

4）在膜面上较为平坦部位应浇水观察是否会形成积水。

15.5.6　外观质量检测内容与要求。

1. 外观质量检测一般规定如下。

1）膜结构外观质量的检测，可分为缺陷与损伤以及连接构造等项目。

2）膜结构外观质量检测的抽样，应符合下列规定：

（1）缺陷与损伤的检测，宜选用全数监测方案；

（2）连接构造检测，应按连接方式总数的 5%抽样检测，且每类连接方式不少于 5 个。

2. 缺陷与损伤检测应符合下列规定。

1）膜材料的品种、规格与色彩应符合设计要求，膜面颜色应基本均匀，色差不应大于 5CIELAB 色差单位；膜面不应有发霉、污秽、涂层脱落现象和裂口，膜内外表面质量，应符合表 15.5.6-1 的规定。

膜表面质量要求

表 15.5.6-1

项目	质量要求	检测方法
0.1～0.5mm 宽划痕	长度小于 100mm，每 100m² 或每个膜单元不超过 8 条	观察检查，用卡尺测量
擦伤	尺寸不大于 20mm，每 100m² 或每个膜单元不超过 2 个	观察检查，用卡尺测量

2）膜与膜连接拼缝质量应符合表 15.5.6-2 的规定。

膜拼缝质量要求

表 15.5.6-2

项目	质量要求	检测方法
拼缝外观	缝宽均匀、顺滑	观察检查
拼缝宽度偏差（与设计值比）	≤3mm	用卡尺测量

3）钢拉杆、钢索索体及其护套表面应无破损、无难于清除的污垢，表面应圆整、光洁、无损伤和脱落。钢索锚具、销轴及其他连接表面应无损伤，表面处理不应存在破损、起皱等，外观均匀有一定光泽。钢索和钢拉杆外观质量的现场检查，应在自然散射条件下目测检查。

4）纤维绳应无破损、抽丝，无难于清除污垢。纤维绳外观质量的现场检测，应采用目测检查的方法。

5）金属连接件外观应平整，不得有裂纹、毛刺、凹坑、变形等缺陷。金属连接件外观质量的现场检测，应采用目测检查的方法。

6）胶结材料和密封材料表面应光滑，不得有裂缝现象，接口处厚度和颜色应一致。注胶应饱满、平整、无缝隙。胶结材料和密封材料外观质量的现场检测，应采用目测检查的方法。

3. 连接构造检测应符合下列规定。

1）膜面连接构造的现场检测指标，应符合下列规定：

（1）膜面连接的方式和覆盖膜片、连接件、紧固件的规格、品种数量应符合设计要求；

（2）应采用有弹性、耐老化的胶结材料和密封材料，胶结材料和密封材料的宽度，应符合设计要求；

（3）与铝合金型材接触的金属连接件，应采用不锈钢材或镀锌件，否则应加设绝缘垫片；

（4）金属连接件应安装牢固，螺栓应有防松脱措施，金属连接件的可调节构造，应用螺栓牢固连接，并有防滑动措施；

（5）金属连接件的壁厚不得有负偏差，金属连接件开孔时，孔边距不应小于开孔直径或宽度的 1.5 倍。

2）膜面连接构造的现场检测，应观察膜面连接处，触摸检查，并采用分度值为 1mm 的钢直尺和分辨率为 0.05mm 的游标卡尺测量。

3）预埋件连接构造的现场检测，应符合下列规定：

（1）预埋件的数量、埋设方式应符合设计要求；

（2）预埋件标高允许偏差为 ±10mm，预埋件位置与设计位置的允许水平偏差为 ±20mm。

4）预埋件连接构造的现场检测应采用下列方法：

（1）与设计图纸核对；

（2）打开连接部位进行检测，在抽检部位，用水准仪测量标高及水平位置，用分度值为 1mm 的钢直尺或钢卷尺测量埋件。

15.6　膜结构工程管理

15.6.1　膜结构施工规定。

1. 一般规定如下。

1）膜结构工程作为一项专业性要求非常高的专项工程，其设计、加工、安装等工序在技术上相互渗透、相互关联，因此，宜由具有相关资质的膜结构专业厂家按 EPC 模式进行专业承包；

2）膜结构单位承包之后，禁止再次肢解分包。

2. 膜结构安装过程中应形成下列施工记录文件。

1）技术交底记录；

2）与膜结构相连接部位的检查记录；

3）前道工序质量验收记录；

4）钢构件现场焊缝的检验记录；

5）施加预张力记录；

6）施工过程检验记录；

7）膜结构安装完工检验记录。

15.6.2　工程验收要求。

1. 膜结构制作、安装分项工程应按照具体情况划分为一个或若干个检验批，并应按国家现行标准《膜结构工程施工质量验收规程》T/CECS 664—2020 的规定进行工程质量验收。与膜结构制作、安装相关的钢结构分项工程的验收，应按现行国家标准《钢结构工程施工质量验收标准》GB 50205—2020 的规定执行。

2. 膜面排水、防水应全数检查。膜面排水坡度、排水槽、天沟、檐口等做法应符合设计要求。膜表面应无积水凹坑，可采用自然或人工淋水试验检查排水是否顺畅。

3. 膜面外观应全面进行检查。膜面应无明显污渍、串色现象，无破损、划伤、无明显褶皱。

4. 工程完工后，宜检查膜面的张力值是否符合设计的预张力。

5. 膜结构工程验收时，应具备下列文件和记录，并经检查规定的质量要求。

1）膜结构（含钢、索结构）施工图、竣工图、设计变更文件；

2）技术交底记录、施工组织设计；

3）膜材、钢材、索及其他材料的产品质量保证书和检验报告；

4）膜面单元、钢结构、索和其他部件制作过程的质量检验记录；

5）膜面单元安装和施加预张力过程的质量检验记录；

6）专业操作人员上岗证书；

7）其他有关文件和记录。

6. 空气支承膜结构在验收前应进行充气系统测试，测试后应确认：气流损失不大于设计值；最大静内压不大于最大工作内压设计值；压力控制系统按设计运行。有条件时，尚可进行除雪系统和紧急后备系统的测试。

7. 空气支承膜结构工程验收时，除本条第 5 款所规定的文件外，尚应提供设计条件说明、充气设备的合格证明、结构在常规和紧急情况下的操作和维护手册等文件。

8. 膜结构工程检验批的施工质量验收，当符合下列各项规定时，应判定为合格：

1）有关分项工程的施工质量，按本条第 1 款的规定检验合格；

2）膜结构的支承结构和连接构造符合本条第 2 款的规定检验合格；

3）工程排水、防水功能的检查结果符合本条第 3 款的规定；

4）工程观感质量的检查结果符合本条第 4 款的规定；

5）工程质量控制资料和文件的检查结果符合本条第 5 款的规定。

9. 膜结构制作、安装分项工程所含检验批的质量，经验收均判定为合格时，该分项工程应判定为合格。

10. 当膜结构制作、安装工程检验批的质量验收不合格时，应按下列规定进行处理：

1）查清原因并返工，返修不合格的连接构造和排水、防水措施，更换不合格的构件、部件等，该检验批应重新进行验收；

2）对不合格的观感质量进行修补处理并达到设计要求后，检验批可重新进行验收；

3）当膜材性能、连接构造、制作安装达不到设计要求，但经设计单位核算并确认仍可满足结构的安全和使用功能时，该检验批可予以验收；

4）对不合格的检验批进行结构加固处理后，如果满足安全使用要求，可按技术处理方案和协商文件进行验收。

11. 膜结构制作、安装检验批和分项工程应由监理工程师（建设单位项目负责人）组织设计单位和施工单位项目专业质量（技术）负责人等进行验收和处理。

12. 膜结构制作、安装检验批和分项工程的质量验收记录，应采用现行国家标准《建筑工程施工质量验收统一标准》GB 50300—2013 中附录 D、附录 E 的格式。

15.6.3 常规膜结构维护和保养要求。

1. 膜结构的维护和保养，应按制作安装单位提供的维护和保养手册，由专业人员或经过培训的专职人员实施。

2. 在工程竣工后一年内，制作安装单位应对膜结构进行 1～2 次常规检查和维护，必要时应采取预张力补强或其他措施。连接件若有松动，应重新拧紧或予以加固。

3. 膜结构应定期清洗，清洗时，应采用专用清洗剂。

4. 每年雨季、冬季前，应对膜面进行检查、清理，保持膜面排水系统畅通，雪荷载较大地区应有必要的融雪、排雪应急措施。

5. 应定期检查膜结构是否处于正常工作状态，主要检查项目包括：膜面有无较大变形，膜面是否因预张力损失而松弛，膜面是否局部撕裂，膜材涂层是否剥离等。膜结构的具体检查项目，可按表15.6.3-1确定。

膜结构日常检查维护项目　　　　　　　　　　　　　　表15.6.3-1

检修部位 内容	钢索	钢索护套	五金件和索具	可调接头	预张力施加装置	螺栓螺母	膜盖口	密封橡胶	膜面及涂层
霉变		●					●		●
松弛	●		●	●	●	●			●
损伤	●		●	●	●			●	●
磨损	●		●	●	●				●
变形	●			●	●				●
污垢		●				●			●
破断	●		●	●	●			●	●
剥离								●	●
老化		●						●	●
渗漏							●	●	●
锈蚀	●		●	●	●	●			

6. 在强风、冰雹、暴雨和大雪等恶劣天气过程中及其后，应及时检查膜结构建筑物有无异常现象，并采取必要的措施。

15.6.4　空气支承式膜结构的维护要求。

对气承式膜结构的膜材、锚固系统、钢网系统、机械单元和其他系统，须制定维护和维修计划，并应由经过专门培训的人员执行，并建立气膜建筑的维护记录。对气枕式膜结构、气肋式膜结构，可参考气承式膜结构维护。具体内容和要求如下。

1. 充气压力要求为：充气膜结构运行时，压力设置以具体项目计算为依据，应确保结构安全，并兼顾人员舒适性。

2. 材料或设备的存放净距离要求如下。

1）由于充气膜建筑在大风等情况下会发生大变形偏移，通常膜建筑内外物体的放置位置距离膜体应不小于预计变形偏移值的2倍。

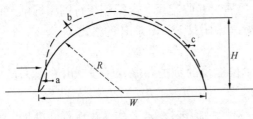

图15.6.4-1　充气膜偏移系数

表15.6.4-1为气膜建筑的位移估算值，图15.6.4-1所示为偏移系数示意图（这些系数综合了风洞试验数据、经验数据和实际使用值），由于偏移通常不均匀，且可能超过这些极限值，因此，设备存放净空宜为预计偏移值的2倍。另外，用户也可根据设计单位规定的最大位移值或实际情况确定该距离。

2）如果没有其他数据作参考，则气膜内存放材料或设备的安全距离不应小于1.5m。

充气膜偏移系数估算值

表 15.6.4-1

a、b、c 处偏移量＝$R \times \gamma$　R——气膜建筑横截面半径　γ——偏移系数

高宽比	圆柱形气膜			球形气膜		
H/W	a	b	c	a	b	c
0.3	0.051	0.017	0.025	0.043	0.032	0.024
0.4	0.074	0.028	0.041	0.068	0.022	0.033
0.5	0.100	0.040	0.060	0.090	0.032	0.050

3. 尖锐物体隔离保护要求。

膜结构附近所有突起物包括立柱、管道、支架、托盘等，均应避开膜体，即使远离膜体时也应用护垫围护。紧急情况下，特别是有强风或暴雪时，膜外壳将会发生偏移，膜材碰到尖锐物体就会被扎破。

4. 门的使用与维护要求。

1) 应急门的使用要求。

(1) 对门的开启应定期进行测试，当开启不顺畅时，需在门轴铰链、导轨等位置添加润滑油，保证门体开启顺畅；

(2) 逃生锁应定期进行检查测试，确认是否可顺利开启应急门，如不能开启应立即维修；

(3) 滑轮导轨应定期清理，保持导轨内干净、无杂物和积水；

(4) 玻璃观察窗应干净且严禁遮挡，如有污物应及时清洁，有遮挡物则应立即清除；

(5) 门密封胶皮若老化应及时更换。

2) 旋转门/互锁门的使用要求。

(1) 旋转门和互锁门为人员进出气膜的出入口，旋转门每半年需对门轴注入润滑油，门翼密封毛刷磨损漏风量较大时需及时进行更换；

(2) 旋转门体弧壁需保持干爽洁净，清洁门体弧壁时，需采用柔软抹布沾试肥皂水、弱洗涤剂或温水进行清洗。

(3) 互锁门不可人为强行开启和关闭，需由门机或强力闭门器自行控制，防止对控制造成损坏。

5. 密封锚固系统中的角钢宜每年进行防锈处理；螺栓需定期（每季度一次）检查，并保证处于紧固状态。

6. 膜材的任何损坏均应尽快修复，膜材损坏的定义为外膜的撕裂长度大于 10cm。每个气膜建筑业主都应配有一套膜材撕裂修复工具，并自行修复。如果发生膜材大面积的撕裂，可通知厂家到现场维修。

7. 紧急备用系统指柴油发电机组，需每周定期检测，且每次运行 30min 以上，以保证其需要时有效工作。同时，应定期更换长久没有使用过的燃油，保证新添加的燃油没有任何杂质和沉淀，以确保系统良好启动。为柴油发电机组启动马达配置的蓄电池会随着时间衰变，应定期检查，需要时应予以充电或者更换。在寒冷地区和严寒地区冬季运行时，柴油发电机组应使用适合当地冬季气温标号的柴油。

8. 设备系统（风机、电动对开多叶阀、自动泄压口）维护要求如下。

1）应定期检查设备系统，设备系统定期维护与保养内容详见表15.6.4-2。

2）风机防雨罩处的防鸟网需根据使用情况及时进行清洁和清除，防止树叶、飞絮、积雪等异物将网格封堵。

3）电动对开多叶阀室外百叶需定期检查和清洁，防止异物封堵和卡住，应定期检查多叶阀执行器的接线情况，以保证正常供电。

4）当气膜内压超过控制系统设定的压力值范围时，自动泄压口会自己打开，释放气膜压力。应定期检查泄压口周边是否有异物，防止影响使用。禁止人为强行打开自动泄压口。

设备系统定期维护与保养内容　　　　　　　　　　表 15.6.4-2

检查周期	检查项目	检查要点
每周一次	新风口	检查新风口防鸟网处的洁净状况，必要时进行清洁和清除异物
每月一次	电气设备	检查照明与电气设备的安全，排除隐患
	风机	检查风机轴承润滑情况
	检修门	检查检修门铰链是否正常
每半年一次	风机	检查风机轴承有无异常响声
	电机	检查电机轴承有无异常响声
		检查冷却风扇运转是否正常，有无异常响动
		检查风机和电机是否会振动过度
每年一次	多叶阀	检查多叶阀的运转情况
	检修门	检查门铰有无破损
		检查门锁、手柄有无破损
		检查密封条有无破损
	电机	检查电机机壳是否覆盖有大量的灰尘妨碍散热

9. 充气膜建筑必须定期检查，以确保其保持良好的工作状态。充气膜结构的具体检查项目可按表15.6.4-3确定。

充气膜结构日常检查维护项目　　　　　　　　　　表 15.6.4-3

内容＼部位	钢索	钢索护套	五金件和锁具	可调接头	螺栓螺母	膜盖口	密封橡胶	膜面及涂层
霉变		★				★		★
松弛	★		★	★	★			
损伤	★	★		★	★	★	★	★
磨损	★	★		★	★	★	★	★
变形	★	★	★	★				
污垢		★				★		★
破断	★	★	★	★	★	★	★	★
剥离						★		★
老化		★				★	★	★
渗漏						★	★	★
锈蚀	★		★	★	★			

注：表中★表示必须检查的项目。

参考文献

［1］ 膜结构技术规程：CECS 158—2015[S]．北京：中国计划出版社，2015.

［2］ 陈务军．膜结构工程设计[M]．北京：中国建筑工业出版社，2006.

［3］ 沈祖炎，罗永峰，等．钢结构制作安装手册[M]．2 版．北京：中国建筑工业出版社，2011.

［4］ 膜结构技术标准：DG/TJ 08-97—2019[S]．上海：同济大学出版社，2020.

［5］ 膜结构用涂层织物：GB/T 30161—2013[S]．北京：中国标准出版社，2014.

［6］ 膜结构检测标准：DG/TJ 08-2019—2019，J11015-2020[S]．上海：同济大学出版社，2020.

［7］ 膜结构工程施工质量验收规程：T/CECS 664—2020[S]．北京：中国计划出版社，2020.

［8］ 薛素铎，等．充气膜结构设计与施工技术指南[M]．北京：中国建筑工业出版社，2019.

第7篇　钢结构的腐蚀与防护

第16章　腐蚀等级与防护方法

16.1　钢结构的腐蚀

16.1.1　钢材腐蚀与防腐原理。

1. 钢材表面与周围介质发生作用而引起破坏的现象称作腐蚀（或锈蚀）。钢材腐蚀的现象普遍存在，如在大气中生锈，特别是当环境中有各种侵蚀性介质或湿度较大时，腐蚀就更为严重。腐蚀不仅使钢材有效截面积可能均匀减小，还可能会产生局部锈坑，引起应力集中，腐蚀会显著降低钢的强度、塑性、韧性等力学性能。根据钢材与环境介质的作用原理，腐蚀可分为化学腐蚀和电化学腐蚀两类。

1) 化学腐蚀：钢材与周围的介质（如氧气、二氧化碳、二氧化硫和水等）直接发生化学作用、生成疏松的氧化物而引起的腐蚀。在干燥环境中化学腐蚀的速度缓慢，但在温度高和湿度较大时，腐蚀速度大大加快。

2) 电化学腐蚀：钢材由不同的晶体组织构成，并含有杂质，由于这些成分的电极电位不同，当有电解质溶液（如水）存在时，就会在钢材表面形成许多微小的局部原电池引起腐蚀。水是弱电解质溶液，而溶有 CO_2 的水则成为有效的电解质溶液，从而加速电化学腐蚀的过程。钢材在大气中的腐蚀，实际上是化学腐蚀和电化学腐蚀共同作用所致，但以电化学腐蚀为主。

2. 大气环境下的腐蚀主要表现为锈蚀。影响锈蚀速度的因素有：环境的温度、湿度、大气中的酸性污染物浓度、电解质微粒漂浮物等，不同因素的影响特点如下。

1) 湿度的影响：金属发生电化学反应与氧和水的作用关系很大。在大气环境中，受空气相对湿度的影响，当空气中相对湿度超过60%时，钢铁的腐蚀速率呈指数曲线上升。空气相对湿度低于50%，腐蚀速率很低。在防腐涂料的施工中，应注意被涂钢结构的表面温度必须高出环境的露点温度3℃以上。否则，会在钢材表面产生冷凝水。因为涂料在成膜过程中，溶剂挥发吸收热量，使钢铁表面温度下降，接近露点温度，水汽开始冷凝，此时涂漆，会影响油漆与基材之间的结合，涂层结合不牢，甚至部分脱落，使水、气容易穿过涂层，腐蚀到底层金属。因此，在雨季施工时，可采取局部环境除湿措施，降低露点温度，使涂装质量得到保障。

2) 温度的影响：温度与湿度相互间的协同效应，影响钢铁的腐蚀速率，在高温高湿环境下，金属的电化学反应加速，使钢铁的腐蚀加快。另外，环境温度升高，使空气中饱和蒸汽的含水率大大增加，一旦温度降低，即形成冷凝水。例如夏季白天高温，水汽蒸发量很大，当相对湿度超过60%，夜幕降临后，气温下降，清晨会发现金属表面有结露现象，如不采取处理措施就进行涂漆，将影响附着力和防腐性。

3) 电解质的影响：所处环境空气中含有较多的盐、碱类电解质污染物时，会提高冷凝露水的导电率，增大钢铁的腐蚀速度。对钢材表面进行除油、除锈处理过程中，如果冲洗不彻底，微量电解质残留在钢材表面，将影响防腐性。总之，电解质加上水和氧，就会促进电化学腐蚀反应的发生。

4）酸性气体的影响：在某些地理环境，受地质条件、工业污染等影响，导致大气中酸性气体浓度较高，例如，SO_2、CO_2、NO_x、HCl 等，容易形成酸雨腐蚀，或使冷凝水的 pH 值偏酸性，容易将氢氧化铁溶解，使腐蚀加剧。

钢材的腐蚀既有内因（材质）作用，又有外因（环境介质）作用，因此，防止或减少钢材的腐蚀，应从改变钢材本身的易腐蚀性、隔离环境中的侵蚀性介质或改变钢材表面的电化学过程三方面入手。防腐方法有改变钢材冶金成分、施加保护层两大类，特点如下。

1）改变钢材冶金成分：是在冶炼时加入提高抗腐蚀能力的铜、铬、镍等合金元素，形成耐候钢或不锈钢，这种方法防腐效果显著，但价格昂贵。

2）施加保护层：是在钢材表面覆盖一层防止侵蚀作用的保护层。防护层有电镀、热镀的金属保护层，有磷化、钝化的化学保护层，还有涂料、塑料的非金属保护层，其中油漆类涂料保护层是目前钢结构防腐中最经济实用的方法。涂料防腐，一般通过底漆、中涂漆、面漆的协同作用来完成，涂装一定的膜厚，来达到要求的防腐年限。

3）油漆类防腐涂料的配方组成主要包括基料、防锈颜料和溶剂。基料是成膜物质，是涂料中的主要成分，决定着涂料的主要性能；防锈颜料用来辅助隔离腐蚀因素的材料；溶剂用来溶解基料树脂，便于成膜。

4）常用的油漆防腐涂料分为沥青涂料、醇酸树脂涂料、酚醛树脂涂料、环氧树脂涂料、氯磺化聚乙烯涂料、氯化橡胶涂料、聚氨酯涂料、富锌涂料等类型。

5）防腐涂料在金属表面成膜后，通过以下作用来防止金属腐蚀：

（1）屏蔽作用，隔离水、氧、电解质直接与金属接触；

（2）缓蚀作用，涂层中释放出缓蚀离子，延缓钢铁腐蚀；

（3）阴极保护作用，涂料中含有高 PVC 的锌粉，类似于电镀锌的作用，作为牺牲阳极，钢材成为阴极，得到保护，从而延长了钢铁的使用寿命。

16.1.2　腐蚀的临界湿度。

1. 钢结构在大气环境中，由于受大气中水分、氧和其他污染物的作用而易被腐蚀。

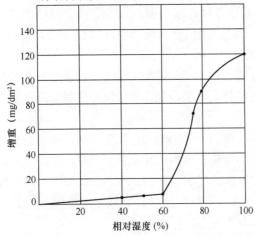

图 16.1.2-1　铁在空气（含 0.01%SO_2）中经
55 天的腐蚀速度与相对湿度的关系

大气中的水分吸附在钢材表面上形成水膜，是造成钢材腐蚀的决定性因素，而大气的相对湿度和污染物的含量，也是影响大气腐蚀程度的重要因素。

2. 实验和经验证明：在一定的温度下，大气相对湿度如保持在 60% 以下时，钢铁的大气腐蚀轻微；但当相对湿度增加到某一数值时，铁的腐蚀速度会突然升高，这一数值称为临界湿度。在常温下，一般钢材的腐蚀临界湿度为 70% 左右。图 16.1.2-1 所示为钢铁的腐蚀速度与大气的相对湿度的关系。

16.1.3　大气分类。

1. 按照大气的湿度，根据临界湿度的概念，大气可分为以下几类。

1) 干的大气：指其相对湿度低于大气腐蚀临界湿度的大气，一般在金属表面上不形成水膜。

2) 潮的大气：指其相对湿度高于大气腐蚀临界湿度的大气，一般在金属表面上可能形成肉眼看不见的水液膜。

3) 湿的大气：指能在金属表面上形成凝结水膜的大气。

上述后两类大气，是造成金属腐蚀的基本因素。

2. 按地域（环境），根据地域大气中所含污染物的成分和量的不同，大气可分为以下几类。

1) 乡村大气：指农村和城镇地区，在大气中没有明显的二氧化硫和其他腐蚀性的物质。

2) 城市大气：指工业不密集的地区，在大气中有一定的二氧化硫或其他腐蚀性物质。

3) 工业大气：指工业密集地区，在大气中有严重的二氧化硫或其他腐蚀性物质。

4) 海洋大气：指海洋面上和狭窄的海岸地带，在大气中主要含有氯化物的物质；海岸边上的工业密集区，则受工业大气和海洋大气双重污染物的腐蚀。

3. 由于各地域大气中含腐蚀物质成分和量的不同，大气对钢铁的腐蚀程度和速度也不相同，表 16.1.3-1 和表 16.1.3-2 给出了不同大气的腐蚀速度。

各类大气对钢铁的腐蚀程度　　　　　　　　　　　　　　表 16.1.3-1

按地域分类	相对腐蚀程度
农村大气	1～10
城市大气	30～35
海洋大气	38～52
工业大气	55～80
污染严重的工业大气	100

各种金属在不同大气的腐蚀速度　　　　　　　　　　　　表 16.1.3-2

金属名称	腐蚀速度（$\mu m/a$）		
	农村大气	沿海大气	工业大气
铅	0.9～1.4	1.8～3.7	1.8
镉	—	15～30	—
铜	1.9	3.2～4.0	3.8
镍	1.1	4～58	2.8
锌	1.0～3.4	3.8～19	2.4～15
钢	4～60	40～160	65～230

4. 按照地域对大气的分类，可以估测出各地域大气对金属的腐蚀情况，可作为制订防腐蚀措施或防腐方案的依据。

5. 现行国家标准《色漆和清漆　防护涂料体系对钢结构的防腐蚀保护　第 2 部分：环境分类》GB/T 30790.2—2014 将大气环境分成六种大气腐蚀性等级，分别是 C1、C2、C3、C4、C5-I、C5-M，这些分类在钢结构防腐蚀设计中很常见，其典型环境示例可参见表 16.1.3-3。

大气环境腐蚀性分类和典型环境示例　　　　表 16.1.3-3

腐蚀级别	单位面积上质量和厚度损失(经第1年暴露后)				温性气候下的典型环境案例（仅供参考）	
	低碳钢		锌		外部	内部
	质量损失 (g·m^{-2})	厚度损失 (μm)	质量损失 (g·m^{-2})	厚度损失 (μm)		
C1 很低	≤10	≤1.3	≤0.7	≤0.1	—	加热的建筑物内部，空气洁净，如办公室、商店、学校和宾馆等
C2 低	100～200	1.3～25	0.7～5	0.1～0.7	低污染水平的大气，大部分是乡村地带	冷凝有可能发生的未加热的建筑（如库房、体育馆）
C3 中	200～300	25～50	5～15	0.7～2.1	城市和工业大气，中等二氧化硫污染以及低盐度沿海区域	高温度和有些空气污染的生产厂房内，如食品加工厂、洗衣场、酒厂、乳制品工厂等
C4 高	400～650	50～80	15～30	2.1～4.2	中等含盐度的工业区和沿海区域	化工厂、游泳池、沿海船舶和造船厂等
C5-I 很高 （工业）	650～1500	80～200	30～60	4.2～8.4	高湿度和恶劣大气的工业区域	冷凝和高污染持续发生和存在的建筑和区域
C5-M 很高 （海洋）	650～1500	80～200	30～60	4.2～8.4	高含盐度的沿海和海上区域	冷凝和高污染持续发生和存在的建筑和区域

16.1.4　大气腐蚀特征。

1. 城市大气腐蚀特征。

1）城市大气中含有一定的 SO_2 和其他腐蚀性物质，由于气候的不同各地区的大气相对湿度有差异，因此，各地的城市大气对金属腐蚀的程度不同。

2）气候干燥地区，大气能使金属表面产生很薄的一层氧化膜，该膜可阻碍水和氧等物质的渗透，对金属具有一定的保护作用，随着膜厚度的增加，腐蚀速度则逐渐减慢。在干燥的大气条件下，即使大气中含有少量的腐蚀性物质，也不会对金属的腐蚀速度产生多大的影响，钢铁在大气中腐蚀与大气相对湿度和含 SO_2 的关系如图 16.1.4-1 所示。

3）潮湿的大气是对金属腐蚀的基本条件。纯净的潮湿大气，对金属腐蚀的影响并不严重，也无速度突变现象；当潮湿的大气中含有腐蚀性物质，即使含量很低，如 0.01％ 的 SO_2，也会严重影响对金属腐蚀的速度，并且速度有明显的突变，如图 16.1.4-1 和图 16.1.4-2 所示。

2. 工业大气腐蚀特征。

1）在一般工业密集区的大气中，主

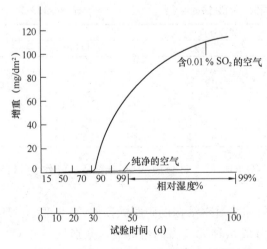

图 16.1.4-1　钢铁在大气中腐蚀与大气的
相对湿度和含 SO_2 的关系

要腐蚀性物质是 SO_2 和灰尘。在化工工业区的大气中，除含有 SO_2 外，还含有如 SO_3、H_2S、Cl_2、HCl、NH_3 和 NO_x 等气体类腐蚀性物质。在干燥的大气中，这些腐蚀性物质的存在，对金属腐蚀的影响并不严重，但会降低大气的腐蚀临界湿度，从而提供了加速腐蚀的机会。在潮湿大气中，这些腐蚀性物质被金属表面的水膜溶解后，形成导电性能良好的电解质溶液，将严重影响腐蚀速度和程度（图 16.1.4-3）。

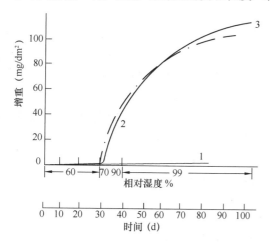

图 16.1.4-2　达到临界相对湿度后铁试样转移到
无 SO_2 杂质的大气中时对腐蚀速度的影响

1—在纯净大气中的试验；2—在含有 0.01% SO_2 大气中
的试验；3—从 P 点开始在不含 SO_2 大气中进行试验

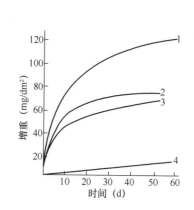

图 16.1.4-3　二氧化硫气体和空气的相对
湿度对铁腐蚀的影响

1，2，3—含 0.01% SO_2；4—纯净大气（1-RH=
99%；2-RH=75%；3-RH=70%；4-RH=99%）

2）大气中常见的几种腐蚀性气体物质对金属腐蚀的影响如下：

（1）二氧化硫（SO_2）：工业大气中普遍含有 SO_2，对金属腐蚀的影响最大，也是造成金属腐蚀的主要原因。SO_2 在金属表面催化成 SO_3，并在金属表面的溶液中生成硫酸而腐蚀金属，其反应如式（16.1.4-1）～式（16.1.4-3）所示。

$$SO_2 + 1/2O_2 \longrightarrow SO_3 \tag{16.1.4-1}$$

$$SO_3 + H_2O \longrightarrow H_2SO_4 \tag{16.1.4-2}$$

$$Fe + H_2SO_4 \longrightarrow FeSO_4 + H_2 \uparrow \tag{16.1.4-3}$$

（2）硫化氢（H_2S）：在干燥的大气条件下，对金属的腐蚀影响并不大，一般只能引起金属表面变色，即生成硫化膜。在潮湿的大气中，H_2S 溶于金属表面的液膜后，使液膜酸化，导电度上升，形成了导电性能良好的电解质溶液，对铁和镁腐蚀性较大，对锌、锡等由于形成硫化膜，腐蚀性并不大。

（3）氨气（HN_3）：易溶于水，在潮湿的大气中，会使金属表面的液膜变成碱性，对铁可起到缓蚀作用，对铜、锌、镉等金属腐蚀较重。

（4）氯气和氯化氢（Cl_2 和 HCl）：在潮湿的大气中，会使金属表面的液膜生成腐蚀性强的盐酸，对铁的腐蚀非常严重。

3. 海洋大气腐蚀特征。

1）海水中有约 3.4% 的盐，$pH \cong 8$，呈微碱性，是天然良好的电解质溶液，能引起

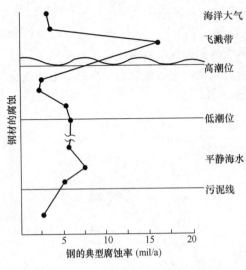

图 16.1.4-4　普通钢在海水中的腐蚀

电偶腐蚀和缝隙腐蚀。建造在海洋中的工程，水下部分受海水浸蚀，水上部分受海洋大气腐蚀。钢材在海水中，所处部位环境不同，腐蚀程度和状态也不同。一般海洋腐蚀分为：海洋大气区、飞溅区、高潮区、低潮区（平静海水区）和污泥区等，图 16.1.4-4 所示为普通钢在海水中的典型腐蚀率，其中飞溅区，因处于干湿交替的条件，并有氧气作用，所以腐蚀最严重。

2）在海面上和近海离岸工程，主要受海洋大气腐蚀，腐蚀程度主要决定于积聚在钢材表面上的盐粒或盐雾的数量。盐的沉聚量与海洋气候环境、距离海面的高度、远近和暴露时间有关。沿海地带大气中含氯离子和钠离子量与离海远近有关，如表 16.1.4-1。

离海的远近不同时大气中离子的含量　　　　　　　　　　表 16.1.4-1

离海的远近	离子含量（mg/L）	
（km）	Cl⁻	Na⁺
0.4	16	8
2.3	9	4
7.6	7	2
48.0	4	—
86.0	3	—

3）在海洋大气的盐雾中，氯化钙和氯化镁是吸潮剂，易在钢材表面上形成液膜，特别是在空气达到露点时尤为明显。一般认为，在无强烈风暴时，距离海边 1.6km 以外处，海洋大气对金属腐蚀影响不大。

4）海洋大气与工业大气，虽然环境与条件不同，但对金属的腐蚀都较为严重。近海工业区的建筑，因同时受海洋大气和工业大气的腐蚀，其腐蚀程度要比上述任何一种单独大气腐蚀严重得多。

16.2　金属腐蚀程度表示方法及腐蚀等级标准

16.2.1　金属腐蚀程度表示方法。

金属的腐蚀程度，一般用平均腐蚀重量变化和平均腐蚀深度表示，具体表示方法如下。

1. 以腐蚀重量变化表示方法：指在单位时间内和单位面积上金属腐蚀重量的变化，即每小时 1m² 面积上金属腐蚀损失或增加（失重）的克数，通常以 g/(m²·h) 为单位，按式（16.2.1-1）计算。

$$K = \frac{W}{S \times T} \tag{16.2.1-1}$$

式中　K——按失重表示的金属腐蚀速度 $[g/(m^2 \cdot h)]$；

　　　W——金属腐蚀损失或增加的质量（g）；

　　　S——金属的表面积（m^2）；

　　　T——金属腐蚀的时间（h）。

2. 以腐蚀深度表示方法：以单位时间内金属腐蚀的深度（或厚度）表示，通常以 mm/年为单位。在设计和生产上，以腐蚀深度表示金属的腐蚀程度更为方便和更实用。可利用上述失重的腐蚀速度 K 进行换算，即

$$K' = \frac{K \times 24 \times 365}{1000 \times d} = \frac{8.76K}{d} \tag{16.2.1-2}$$

式中　K'——按深度表示的腐蚀速度（mm/年）；

　　　K——按失重表示的腐蚀速度 $[g/(m^2 \cdot h)]$；

　　　d——金属密度（g/cm^3）。

例如，钢铁的密度为 $7.87 g/cm^3$，如果失重腐蚀速度值为 $K = 1.0 g/m^2 \cdot h$，则年腐蚀深度为

$$K' = 8.76 \times 1/7.87 = 1.1 mm/ 年$$

3. 从上述两种表示铁腐蚀速度的方法可以看出，其绝对值相差不大，所以对于腐蚀速度为 $1.0 g/(m^2 \cdot h)$ 的铁，一般可以近似的认为每年腐蚀深度为 1mm。腐蚀速度单位的换算系数见表 16.2.1-1。

腐蚀速度单位的换算系数　　　　　　　　表 16.2.1-1

A＼B	g/(m²·h)	g/(m²·d)	mg/(dm²·d)	mm/年	mm/月	in/年	密耳/年
g/(m²·h)	1	24	240	8.76/d	0.73/d	0.3449/d	344.9/d
g/(m²·d)	0.04167	1	10	0.365/d	0.304/d	0.01437/d	34.37/d
mg/(dm²·d)	0.004167	0.10	1	0.0365/d	0.304/d	0.001437/d	1.437/d
mm/年	0.1142×d	274×d	27.4×d	1	0.0834	0.0394	39.4
mm/月	1.37×d	32.9×d	329×d	12	1	0.473	473
in/年	2.899×d	69.589×d	697.89×d	27.4	0.12	1	1000
mil/年	0.002899×d	0.69589×d	0.69589×d	0.0254	0.00212	0.001	1

注：A×换算系数＝B；d－金属密度(g/cm^3)。

　　1 密耳(mil)＝1/1000 英寸＝$25.4 \mu m$

16.2.2　金属腐蚀等级标准用均匀腐蚀深度表示，可分为以下三级标准和十级标准。

1. 均匀腐蚀三级标准的分类法，见表 16.2.2-1。

均匀腐蚀三级标准　　　　　　　　表 16.2.2-1

类别	等级	腐蚀深度(mm/a)
耐蚀	1	<0.1
可用	2	0.1～1.0
不可用	3	>1.0

2. 均匀腐蚀十级标准的分类法，见表 16.2.2-2。

均匀腐蚀十级标准　　　　　　　　　　　　　　　　　　　　　　表 16.2.2-2

类别	等级	腐蚀深度(mm/年)
Ⅰ 完全耐蚀	1	<0.001
Ⅱ 很耐蚀	2	0.001~0.005
	3	0.005~0.01
Ⅲ 耐蚀	4	0.01~0.05
	5	0.05~0.10
Ⅳ 尚耐蚀	6	0.10~0.50
	7	0.50~1.00
Ⅴ 欠耐蚀	8	1.00~7.00
	9	7.00~10.00
Ⅵ 不耐蚀	10	>10.00

注：十级标准系原苏联标准，该分级太细，在实用上对某种金属材料在某种介质条件下往往可能跨越几个等级。
三级标准比较简单、容易记忆，较为实用。

16.2.3　金属均匀腐蚀等级标准的应用。

进行钢结构构件设计时，宜考虑材料的均匀腐蚀深度，即结构构件的厚度等于理论计算厚度加上腐蚀裕量(材料的年腐蚀深度乘上设计使用年限)。利用均匀腐蚀深度值，也可估算出结构构件的使用寿命，例如厚度为 10mm 的结构构件，由结构计算得知需厚 5mm，如果均匀腐蚀深度为 0.1mm/年，则使用寿命可在 50 年以上。但实际上腐蚀一般不是均匀的，所以，设计结构构件时，还要考虑一定的安全系数。

16.3　钢结构腐蚀的防护方法

16.3.1　钢结构在各种大气环境条件下产生腐蚀，是一种自然现象。为了防止或减少钢结构的腐蚀，并延长其使用寿命，可采取的保护措施叫作防护。从金属腐蚀的原理可知，金属腐蚀，是当金属在大气中与腐蚀介质接触时，由于形成了腐蚀原电池所造成的。如果能消除产生腐蚀原电池的条件，便可防止腐蚀。显然，要消除金属表面的电化学不均匀非常困难，但如果使用绝缘性的保护层把金属与腐蚀介质隔离开，腐蚀原电池便不能产生，从而达到防腐蚀的目的。

16.3.2　采用防护层的方法防止金属腐蚀，是目前应用得最多的方法，常用的保护层有以下几种。

1. 金属保护层：用具有阴极或阳极保护作用的金属或合金，通过电镀、喷镀、化学镀、热镀和渗镀等方法，在需要防护的金属表面上形成金属保护层(膜)，以隔离金属与腐蚀介质的接触，或利用电化学的保护作用使金属得到保护，防止腐蚀。如镀锌钢材，因锌在腐蚀介质中电位较低，可作为腐蚀的阳极而牺牲，而铁则作为阴极得到了保护。金属镀层多用在轻工、仪表等制造行业，钢管和薄钢板也常用镀锌的方法。

2. 化学保护层：用化学或电化学方法，使金属表面上生成一种具有耐腐蚀性能的化合物薄膜，以隔离腐蚀介质与金属接触，防止对金属的腐蚀。如钢铁的氧化(或叫发蓝)、铝的电化学氧化以及钢铁的磷化或钝化等。

3. 非金属保护层：用涂料、塑料和搪瓷等材料，通过涂刷和喷涂等方法，在金属表面形成保护膜，使金属与腐蚀介质隔离，从而防止金属的腐蚀。如房屋、设备、桥梁、交通工具和管道等钢结构的涂装，都是利用涂层防止腐蚀。涂料是应用最广泛的防护措施之一，本文重点介绍防护涂料产品的技术指标与施工要求等。

参考文献

[1]　色漆和清漆　防护涂料体系对钢结构的防腐蚀保护　第 2 部分：环境分类：GB/T 30790.2—2014 [S]. 北京：中国标准出版社，2014.

第17章 涂 料

17.1 涂料的组成和作用

17.1.1 由于钢材具有易腐蚀和不耐火的缺点，因此，必须在钢结构构件与节点的表面采用防腐、防火涂料进行涂装，以隔绝侵蚀或热源。钢结构用涂料对被涂建筑物不仅具有防火、防腐、保温、隔热的独特功能，而且也具有装饰性能。

17.1.2 涂料是一种涂覆或喷涂在物体（被保护或被装饰物）表面上并能形成致密、牢固附着的连续膜的工程材料，通常是黏稠液体，以树脂等成膜物质为主，并添加颜料、填料、功能性助剂等，用有机溶剂或水作为分散介质。随着涂料科学技术的进步和发展，也出现了固体形态的涂料，如粉末涂料。

17.1.3 涂料主要由以下基本成分组成。

1. 成膜基料：主要由树脂或油脂组成，能够使涂料涂层牢固附着于被涂物表面上，并形成致密、连续膜。成膜基料是构成涂料的基础，决定着涂料的基本特性。在涂料的命名上，普遍采用成膜物质的名称。

2. 分散介质：指有机溶剂或水，主要作用是使成膜基料、颜料、填料、功能性助剂等均匀分散而形成黏稠液体，方便涂料生产与涂装施工。通常将成膜基料和分散介质的混合物称为漆料。有机溶剂类型的分散介质是涂料 VOC（挥发性有机物）的主要来源。

3. 颜料和填料：主要是着色颜料、防锈颜料和体质填料。它们本身通常不能成膜，成膜物质将它们润湿、包覆之后，均匀分布在漆膜中，可改善涂层的性能，如增强涂层的防腐蚀功能、增加涂层致密性或强度、耐磨性能、提供颜色等装饰性，亦可降低涂料的成本。

4. 助剂：指催干剂、流平剂、防结皮剂、乳化剂、稳定剂、湿润剂、附着力促进剂等功能性化学物质。这些助剂在涂料中添加量很少，但对涂料的施工性能、储存性能以及漆膜的物理性能有着明显的改善作用。

5. 固化剂：多组分包装的涂料，在施工使用时才将多组分混合。混合后涂料中的成膜基料与固化剂发生化学反应，形成更高分子量的大分子，提高漆膜的机械性能、耐水性能、耐溶剂性能、耐久性能等等。固化剂独立包装，其中也会含有分散介质、助剂等成分。

6. 稀释剂：指独立包装的有机溶剂分散介质。涂装施工时少量添加，可降低油漆液体的黏度，提高刷涂、滚涂、喷涂的便利性。稀释剂也是涂料 VOC（挥发性有机物）的主要来源，施工时应尽可能少添加或不添加。

17.1.4 钢结构涂料的作用。

1. 防腐蚀保护作用：涂料经涂装施工，在被涂物表面形成涂层，可使被涂物表面与各种腐蚀介质（如大气中的盐分和水分，工业大气中的 SO_2、CO_2、NO_x 等，以及各种化学品）隔离或对基底进行化学保护，延缓被涂物的腐蚀，进而延长其使用寿命。

2. 装饰作用：涂层的颜色与光泽可满足用户对装饰外观的要求，经涂装的钢结构可呈现各种美观的外观。高性能面漆形成的漆膜的颜色光泽耐久性更好，装饰效果更持久，钢结构历久常新。

3. 标志作用：利用涂料的颜色进行标志，表示警告、危险、安全、前进、转弯、停止等信号。如：危险品、各种气体管道、安全扶手和道路的标志等。

4. 防火隔热：涂装钢结构防火涂料，使钢结构表面覆盖隔热层，可延缓钢结构在火灾场合中的升温速度，从而让钢结构在设计要求的耐火极限时间之内维持足够的承载力。

5. 其他功能性特殊作用：各种专用涂料，由于具有特殊性能而起特殊作用。如：海工钢结构涂装防污漆可以杀死或驱散海生物，延缓涂层与钢结构被海生物侵蚀的速度；电机、电器工业用的各种绝缘漆可起绝缘作用；储罐内壁涂装衬里涂料可以保护延长储罐使用寿命，同时不污染存储物质；还有如吸收雷达波的涂料、导电涂料、示温涂料等，均能起到各自的特殊作用。

17.2　涂料产品的分类、命名和型号

17.2.1　根据用途不同，涂料主要分为防腐涂料和防火涂料两大类。

17.2.2　我国涂料产品类型，现行国家标准《涂料产品分类、命名和型号》GB/T 2705—2003 规定了分类和命名，该标准以涂料基料中的主要成膜物质为基础进行分类，若成膜物质为混合树脂，则按漆膜中起主要作用的一种树脂为基础进行分类。与钢结构涂装相关的涂料分类如下。

1. 按功能类型分为：底漆、中间漆、面漆、防火涂料、衬里涂料、高温漆、防污漆；
2. 按分散介质分为：油性（溶剂型）漆、水性漆；
3. 按组分数量分为：单组分、双组分、三组分；
4. 按树脂类型分为：环氧、聚氨酯、丙烯酸、氟碳、聚硅氧烷、硅酮、环氧酚醛、有机硅、无机硅酸盐、醇酸、聚乙烯、氯化橡胶、沥青等。

17.2.3　钢结构涂料命名的基本原则为：组分数＋成膜物质名称＋主要颜填料＋功能。涂料名称中的成膜物质名称可适当简化，组分数也常常省略，在成膜物质和基本名称之间可标明专业用途或特性等，凡是烘烤干燥固化的漆，名称中间都有"烘干"或"烤"字样。钢结构防火涂料的命名规则可参照现行国家标准《钢结构防火涂料》GB 14907—2018。常用涂料名称示例如下。

双组分环氧富锌底漆、双组分无机富锌底漆、双组分环氧石墨烯锌粉底漆、单组分醇酸底漆、双组分环氧云铁中间漆、单组分丙烯酸面漆、双组分丙烯酸聚氨酯面漆、双组分丙烯酸聚硅氧烷面漆、双组分氟碳面漆。

单组分水性丙烯酸室内膨胀型钢结构防火涂料、单组分溶剂型丙烯酸室内膨胀型钢结构防火涂料、双组分无溶剂环氧室外膨胀型钢结构防火涂料、石膏基室内非膨胀型钢结构防火涂料、水泥基室外非膨胀型钢结构防火涂料。

双组分环氧酚醛储罐涂料、单组分硅酮高温漆、双组分环氧酚醛高温漆、双组分环氧通用底漆、水性无机富锌底漆、水性环氧底漆、水性丙烯酸面漆、水性聚氨酯面漆等。

17.2.4　涂料的型号。为了区别同一类型的各种涂料，对涂料进行命名的同时还需要有型号。目前的涂料型号通常由汉语拼音字母、英文字母、阿拉伯数字、符号等组成。除了现行国家标准《钢结构防火涂料》GB 14907—2018 对认证证书上的认证单元型号有要求之外，目前国家尚无其他强制性规范对厂家的型号提出要求。各个厂家的型号名称差异较大。涂料用户应结合厂家的产品技术说明书进行使用、区分。常见的涂料型号示例如表17.2.4-1 所示。

常见的涂料型号举例

表 17.2.4-1

涂料名称	涂料型号举例		
	上海华谊精细化工光明牌	上海平海涂料平海牌	阿克苏诺贝尔国际牌
双组分环氧富锌底漆	H06-4	—	Interzinc 52E
双组分无机富锌底漆	E06-2	—	Interzinc 22
双组分环氧云铁中间漆	842	—	Intergard 475HS
双组分丙烯酸聚氨酯面漆	S43-31	—	Interthane 990E
室内膨胀型钢结构防火涂料	—	GT-NRP-Fp2.00-PH6	Interchar 1120
室外膨胀型钢结构防火涂料	—	GT-WSP-Fp2.00-PH5	Interchar 2090
室内非膨胀型钢结构防火涂料	—	GT-NSF-Fp3.00-SGJ	
室外非膨胀型钢结构防火涂料	—	GT-WSF-Ft3.00-SW	

17.3　常用涂料性能简介

17.3.1　基于防腐蚀机理的涂料特性与防护机制。

1. 涂层特性。钢结构腐蚀是一个电化学反应过程，此反应过程必须同时满足四个要素（阳极、阴极、电路通路、电解质）钢铁才能发生电化学腐蚀。电化学腐蚀发生时，铁作为阳极参与氧化反应被腐蚀，氧气在阴极被还原，钢铁本体与外界液态水形成电路通路，而液态水中含有的电解质（盐分）让电路通路能够导电，将电路联通。电解质（盐分）含量越高，电路通路导电性更强，电化学腐蚀速率就更快，钢铁就更容易、更快被腐蚀。因此，任何形式的阻隔作用都有可阻止腐蚀发生，如通过防止氧或水的进入，或者阻隔腐蚀性物质接触活泼基材等。为了有效保护钢材免受腐蚀，涂层必须拥有下列特性。

1) 必须与基材之间有良好的附着力；

2) 必须防止腐蚀；

3) 必须对腐蚀性物质有阻隔作用；

4) 必须为下道涂层提供良好的基底。

防止腐蚀的最后"防线"是底漆。涂层体系的性能最终取决于底漆抵抗周围环境中腐蚀性物质的能力。在大气暴露的条件下，底漆是防腐蚀涂层系统中最重要的部分，因为所有的涂层系统都会被水和氧渗入，腐蚀性电解质从而穿透漆膜。底漆需要能够在这些腐蚀性物质到达钢铁表面之前消耗它们，否则腐蚀就会继续发生。

2. 腐蚀防护机制有三种，即电化学牺牲保护、化学钝化保护和物理屏蔽保护。三种保护单独存在或者同时作用，均可提供延缓腐蚀所需的保护。三种保护机制原理如下。

1）电化学牺牲保护（金属层或合金层、富锌底漆层）。

锌、铝、镁等比铁活泼的金属的化学电位比铁低，当发生电化学腐蚀时，这些活泼金属首先参与氧化反应（阳极反应），先于铁发生腐蚀，从而保护钢材不被腐蚀（图17.3.1-1）。当有效的活泼金属被消耗之后，钢铁才开始发生腐蚀，这就是所谓的"牺牲阳极、保护阴极"。

阴极反应：$O_2 + 2H_2O + 4e^- \rightarrow 4OH^-$　　　　阳极反应：$Zn \rightarrow Zn^{2+} + 2e^-$

锌粉漆与电解质反应，产生白色的锌盐腐蚀产物

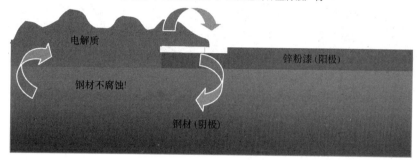

图 17.3.1-1　电化学牺牲保护示意图

如图 17.3.1-1 所示，以锌金属为例：当钢材被涂覆一层富锌底漆后，如果钢材接触到水和电介质，阳极区发生的化学反应则变为式（17.3.1-1）：

$$阳极反应：Zn \rightarrow Zn^{2+} + 2e^- \tag{17.3.1-1}$$

可以看出，锌牺牲自身，代替钢材失去电子，生成锌离子，与阴极区产生的氢氧根反应，生成常见的锌盐（锌白）。在富锌底漆提供有效保护的使用寿命期间内，随着电化学反应的进行，涂层的锌粉会被逐渐消耗，因此，涂层中锌含量越高，该涂层能提供的防腐保护越优异，防护期限越长久（图 17.3.1-2）。同时，涂层中含锌量越高，锌粉和锌粉之间，锌粉和钢材之间的电路通路越畅通，传导电子越容易，防腐性能更优。

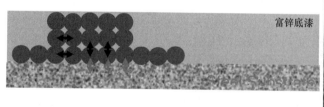

富锌底漆

图 17.3.1-2　涂层中锌粉状态示意图

虽然锌含量越高，牺牲阳极保护阴极的性能就越好，但前提是锌层必须在钢铁表面直接且牢固地附着。热浸锌或热喷锌通过合金形式附着在钢铁表面，若表面有污染物，附着力就易受影响，容易造成合金层较早的脱落，导致防腐失效。无机富锌通过硅酸锌乙酯等胶粘剂成分附着在钢铁表面，若表面有污染物，附着力也易受影响。环氧富锌以环氧树脂作为胶粘剂，黏附在钢铁表面，对表面污染物的容忍性相对较高。这就是为什么环氧富锌底漆比无机富锌底漆施工更容易的主要原因。

通常，表面清洁度是影响热喷锌或热浸锌质量的关键因素。锌含量和表面清洁度对无机富

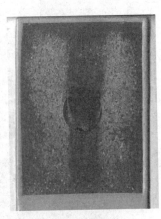

无机富锌 (85%)　　　　　环氧富锌 (80%)　　　　　环氧富锌 (50%)

图 17.3.1-3　不同锌粉含量涂层的防腐保护性能

锌底漆的质量影响均显著。锌含量高低是影响环氧富锌底漆质量的关键因素（图 17.3.1-3）。

2）化学钝化保护（磷酸锌底漆）。

具有缓蚀、钝化作用的颜料，如磷酸锌、氧化铁红、磷酸氢钙、钼酸氢钙等，当与钢材接触后，与钢材表面发生化学反应，在钢结构表面形成一层致密的氧化膜保护层，通过减缓水汽到达钢材表面来延缓钢材腐蚀。

值得注意的是，一些典型的缓蚀材料，如红丹（含铅化合物）、铬酸盐化合物（铬酸锌、四氧化铬酸锌等）、含镉化合物等，虽然防腐蚀效果很好，但因其具有剧毒性，对环境污染严重，也会对人体健康造成危害，目前，国家已经禁止使用此类油漆。

3）物理屏蔽保护（中间漆、面漆，某些合金层）。

钢材腐蚀速率取决于在钢铁表面的供氧量和供水量。在涂料中添加一些延缓氧、水和盐分穿透漆膜的致密性片状颜料，就可单纯通过其阻隔作用控制腐蚀的发生。

物理屏蔽保护主要通过油漆中致密的片状颜料，如云母氧化铁（MIO）片状颜料、玻璃鳞片、铝片、玻璃纤维布等，其施工后可呈平行于基材表面的形态分布在漆膜中，由于这些片状颜料的密度比树脂、漆膜更高，穿透漆膜的水汽并不能穿透此致密性颜料，因此，在实际腐蚀过程中，水汽穿透漆膜接触到钢材的路径将大大延长，从而有效地延缓乃至阻碍水汽与盐分穿透漆膜到达底漆表面或钢板表面，保护钢材免受腐蚀的影响（图 17.3.1-4）。

3. 涂层的寿命与大修期。

高性能防护涂料，通常包括底漆、中间漆、面漆三道漆系统。在这种高性能防护涂料体系中，可同时利用上述的三大防腐原理，使整个配套体系更为合理，性能更为优异。使用高性能的面漆，可使得钢结构外观满足各种美学设计要求。

通常底漆根据防腐蚀要求不同，分为富锌底漆、磷酸锌底漆、纯环氧底漆等类型；中间漆通常为高固体分的环氧云铁类，提供物理屏蔽作用；面漆根据耐候性要求不同，分为丙烯酸聚氨酯、环氧聚硅氧烷、氟碳、丙烯酸聚硅氧烷等类型。整个涂层体系的设计使用寿命可达 25 年以上。

涂层的使用寿命，更为准确的说法是"耐久性"或"预期寿命"，类似于工程设计中的"设计寿命"，最佳描述是：涂层第一次大修之前的使用时间。如何确定涂层是否达到

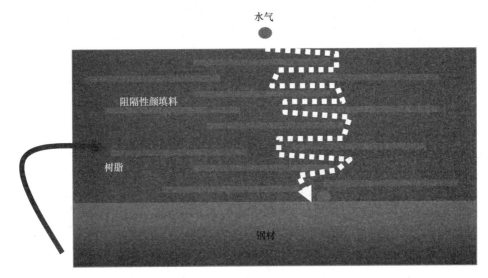

图 17.3.1-4　涂层屏蔽保护效应示意图

需要大修（涂层失效或损坏）的程度，防腐行业通常参考国际标准《ISO 4628-3：2016 Paint and varnishes-Evaluation of degradation of coatings-Designation of quantity and size of defects，and of intensity of uniform changes in appearance-Part 3：Assessment of degree of rusting》确定，该标准中定义的 Ri 3 级可作为涂层失效的理论判据，即涂层单位面积中锈蚀比例约为 1％时，认为达到大修程度。各个等级可参见表 17.3.1-1 和图 17.3.1-5。

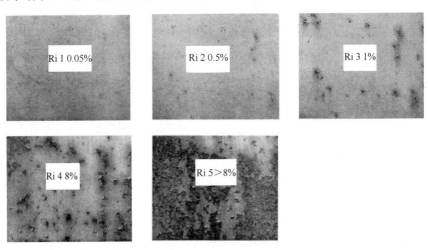

图 17.3.1-5　涂层失效示意图

锈蚀等级对应的锈蚀面积（ISO 4628-3）　　　　　　　表 17.3.1-1

锈蚀等级	锈蚀面积％
Ri 0	0
Ri 1	0.05
Ri 2	0.5
Ri 3	1
Ri 4	8
Ri 5	＞8

17.3.2　热浸锌、热喷锌与环氧富锌底漆的性能比较。

热浸锌、热喷锌与环氧富锌底漆的特性对比可参见表 17.3.2-1。

热浸锌、热喷锌与环氧富锌底漆的特性对比

表 17.3.2-1

对比项目	热浸锌	热喷锌	环氧富锌底漆	备注
防腐原理	热浸锌是将除锈后的钢构件浸入 440～480℃ 左右高温熔化的锌液中，使钢构件表面附着锌层或锌合金层，通过锌的电化学牺牲保护作用，起到防腐蚀目的	热喷锌技术是利用热源对金属锌粒、丝材料进行加热，将熔融的粒子雾化、喷射并沉积到基材表面上形成特殊表面涂层的方法。利用锌的电化学牺牲保护作用起到防腐蚀保护效果	采用环氧树脂作为胶粘剂，加入足量锌粉作为牺牲阳极，采用喷涂和刷涂的方法施工在钢铁结构表面。依靠致密环氧树脂涂层的屏蔽作用和金属锌的牺牲阳极作用保护钢铁	锌的电势电位比铁低，与铁接触时，若接触到水和电解质，会先于铁发生腐蚀，从而保证钢铁结构不被腐蚀。当锌消耗完之后，钢铁开始发生腐蚀
施工方法	需要将钢结构（钢构件）加工成型之后送到专门的热浸锌工厂进行涂装。 热浸锌需要专业的热浸镀设备（锌锅与加热源），工艺复杂，并受钢结构（钢构件）尺寸限制，锌池尺寸通常长 9.0～12.0m，宽 1.2～1.6m，深 0.8～1.8m。 除施工工人技术外，施工质量还受钢基体化学成分、锌液成分影响，锌层的厚度并不均匀一致	可在钢构厂车间或现场施工。 喷锌需要特殊设备，且成本昂贵，限制其广泛应用。喷涂使用的热源主要有两种：一是电弧热源，二是燃气热源。 施工质量受工人熟练程度的制约	可在钢构厂车间或现场施工。 可采用高压无气喷涂、空气喷涂，局部区域采用刷涂、滚涂等。设备成本不高，普及面广，应用广泛。 损耗和质量受工人熟练程度影响	热喷涂设备价格高、体积大、操作移动不便，需有专人操作、工艺复杂，需高温高压装置，潜在一定的施工安全隐患。 普通喷涂设备操作方便，移动灵活
表面处理	酸洗、水洗等	喷砂处理到 Sa3 级清洁度	喷砂处理到 $Sa2\frac{1}{2}$ 级清洁度，局部小范围内可放宽到 SSPC SP11	除清洁度要求外，还要求合适的表面粗糙度
损坏与修补	当采用施工现场焊接连接时，焊接处的热浸锌层被破坏，需现场喷锌处理。由于焊渣等不易彻底清除，焊缝处即使进行喷锌防腐处理后也往往成为腐蚀薄弱环节。 自身修补困难，需要采用热喷锌或环氧富锌底漆修补	若喷锌后还有焊接作业，也会破坏锌层。 自身修补困难，通常采用环氧富锌底漆修补	各涂层间附着力强，可多次覆涂和自身修补。 焊接部位通常留出空隙不涂装油漆，待焊接完成之后修补	环氧富锌底漆是很好的锌层修补材料
膜面外观	热浸锌表面会形成锌花，有可能产生锌花晶间腐蚀，需进行光整和封闭处理，否则后续发生的腐蚀不可预计	热喷锌层有较多针孔，易产生白色锌盐（俗称锌白），需采用封闭漆进行封闭涂装，否则后续发生的腐蚀不可预计	环氧富锌漆膜外观平滑致密。需进一步施工中间漆、面漆，否则其中的金属锌也会逐渐消耗，防腐蚀性能下降	锌层表面因腐蚀形成的外观是不稳定的，锌白会不规则的蔓延

续表

对比项目	热浸锌	热喷锌	环氧富锌底漆	备注
常用配套体系	热浸锌 65～85μm； 封闭漆 30～40μm； 环氧云铁中间漆 100～200μm； 面漆 50～75μm； 总干膜厚度 245～340μm	热喷锌 120～150μm； 封闭漆 30～40m； 环氧云铁中间漆 100～200μm； 面漆 50～75μm； 总干膜厚度 300～465μm	环氧富锌底漆 50～75μm； 环氧云铁中间漆 100～200μm； 面漆 50～75μm； 总干膜厚度 200～350μm	从配套体系的施工道数看，环氧富锌体系可以省去一道封闭漆
应用场合	通常用于腐蚀非常恶劣的室外钢结构工程，民用建筑室内钢结构工程应用的案例很少	桥梁、交通、通信、电力、海港等	民用建筑物、桥梁、电力、交通、海港、通讯等，是目前钢结构防腐应用最广泛的方法	环氧富锌底漆即使是在桥梁行业和海上钢结构项目中都拥有很多成功案例
成本	热浸锌成本较高	喷锌成本较高	富锌底漆性价比较好	富锌底漆方案的性价比最高

17.3.3　钢结构面漆的耐候性。

太阳光中的紫外光是一种破坏性很强的射线，有害射线的波长约为 290～400nm，对树脂、颜料、染料等的颜色和光泽具有破坏性，可使面漆色彩退化、泛黄、表面失去光泽等。它通过加速氧化作用，导致高分子树脂连续固化或分解，使这些聚合物的颜色发生变化并导致结构破坏。不同类型树脂面漆抗紫外线的加速氧化作用（抗老化作用）不同，一般排序为：

聚硅氧烷＞氟碳＞聚氨酯＞丙烯酸＞醇酸＞氯化橡胶＞环氧

不同类型面漆的光泽保持特性如图 17.3.3-1 所示。若要求钢结构外观颜色历久常新，应重视室外面漆类型的选择。目前，钢结构行业常用的面漆有丙烯酸聚氨酯、氟碳、环氧聚硅氧烷和丙烯酸聚硅氧烷等。

丙烯酸聚氨酯面漆：保光保色可长达 3～5 年，优于逐渐退出市场的环氧聚氨酯面漆。市场上主流产品的体积固体分通常在 57％左右，100μm 干膜厚度条件下 1L 理论上（不计损耗）可以施工 5.7m² 以上。

丙烯酸聚硅氧烷面漆：保光保色可长达 8～10 年，优于环氧聚硅氧烷面漆。市场上主流产品的体积固体分通常在 70％左右，100μm 干膜厚度条件下 1L 理论上（不计损耗）可

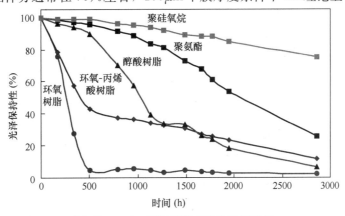

图 17.3.3-1　不同树脂面漆光泽保持率

以施工 $7m^2$ 以上。

氟碳面漆：纯色系（不添加金属粉，无金属光泽）的氟碳面漆保光保色可长达 8 ~ 10 年，但金属粉（通常是铝粉）的变色、耐候性通常不能达到同样长的时间。高固含产品的体积固体分可达 65％，$100\mu m$ 干膜厚度条件下 1L 理论上（不计损耗）能施工 6.5 m^2。

金属粉（通常是铝粉）的变色、耐候性性能有限，即使是丙烯酸聚硅氧烷面漆，添加铝粉之后，其实际的保光保色性能也会下降。丙烯酸聚氨酯树脂与铝粉的耐候性能相当，实际的保光保色性能影响不大。

目前，还没有面漆材料在 20 年以后依然提供令人满意的保光保色性能，但只要漆膜不脱落、开裂等，面漆的变色、失光不影响防腐蚀性能。若追求长效的新颖外观效果，可在防腐设计年限内重涂一次面漆，但通常无须重涂底漆、中间漆、防火涂料等。

综合考虑，室外面漆常采用丙烯酸聚硅氧烷或氟碳类型，室内面漆常采用丙烯酸聚氨酯类型。

重型承重钢结构构件通常尺寸大，建设大型烘房能耗太浪费，同时钢铁的降温速度比铝型材慢，因此，钢结构涂料基本不采用高温固化类型，通常采用常温固化涂料。这一点，特别是对于氟碳面漆而言，应与铝型材使用的氟碳面漆区分。

17.3.4　钢结构防火涂料机理及其特性。

防火涂料涂层在高温火场中延缓钢结构升温，使钢结构在设计要求的耐火极限时间内保持足够的承载力。防火涂料分为非膨胀型和膨胀型两种。非膨胀型钢结构防火涂料涂层热传导系数低，可用以隔热、保温。膨胀型钢结构防火涂料涂层在高温中迅速膨胀，形成蜂窝状膨胀层，该膨胀层具有较高的热阻，以此隔热、保温。防火涂料的耐火性能应按照现行国家标准《钢结构防火涂料》GB 14907—2018 进行测试，测试结果应满足设计要求。钢结构防火涂料的施工特性、涂层特性，可参考表 17.3.4-1。

钢结构防火涂料分类与对比　　　　　　　　　　表 17.3.4-1

按机理分类	按组分分类	产品示例	产品适用性				
			施工便利性	耐水性	机械性能（运输与安装破损）	涂层外观	耐久性
膨胀型（反应型）	单组分水性	Interchar 1120	非露天环境施工；可喷涂、刷涂、辊涂；通常需要多道施工以达到要求的干膜厚度，5mm 厚度大约需要 10 天	对水很敏感，施工过程中，涂层未干硬时，严禁淋水；涂装面漆对耐水性的提高有限	机械强度低，尤其是遇水后涂层更容易发生起泡、起皮、开裂等现象。涂层本身的机械性能差，抗冲击能力差	喷涂外观较好，但是损耗大；刷涂或滚涂的外观效果一般	维保合理的条件下，可达 15 年以上的使用年限。室外环境使用年限急剧降低
	单组分溶剂型	Interchar 2090	可车间施工也可现场施工；可喷涂、刷涂、辊涂；通常需要多道施工以达到要求的干膜厚度，5mm 厚度大约需要 4~10 天	对水敏感，施工过程中，涂层未硬干时，严禁淋水；涂装面漆可以适当提高耐水性			

按机理分类	按组分分类	产品示例	产品适用性				
			施工便利性	耐水性	机械性能（运输与安装破损）	涂层外观	耐久性
膨胀型（反应型）	双组分环氧基	Chartek 1709	可车间施工或也可现场施工；可喷涂、抹涂、刮涂；通常只要1或2道施工即可达到要求的干膜厚度，5mm厚度仅需1天	不需面漆就有很好的耐水性	粘结强度很高，涂层本身的机械性能高，抗冲击能力很强。有一定的延展率	喷涂施工涂层表面平整度好，涂层可打磨，可获得优良的装饰效果	涂层致密，耐久性极好，施工正常的情况下，可达40年以上的使用年限
非膨胀型（隔热型）	水泥基或石膏基	Interkote 1460	只能现场非露天环境施工；可喷涂、抹涂、刮涂；通常需2道或以上达到要求的厚度	对水敏感；表面粗糙，通常不涂装面漆	机械强度很低，无法运输与吊装	外观效果差，需要刮腻子才能达到平整的外观	合理维保的情况下，可达15年以上的使用年限。室外环境使用年限急剧降低

17.3.5 其他涂料的机理及其特性。

1. 防污漆。有些防污漆含有生物杀灭剂，可以杀死或驱散海生物，并在使用寿命之内逐步抛光，随同海生物一起脱落，延缓涂层与钢结构被海生物侵蚀的速度。有些防污漆涂层表面光滑，虽然本身并不会抛光脱落，但是海生物难以附着在其光滑的表面上，水流的冲刷也会让海生物脱离，能够有效延缓涂层与钢结构被海生物侵蚀的速度。

2. 水下钢结构防腐漆。海洋工程或码头工程钢结构长期浸泡在水中，锌粉底漆消耗快且产生的气体会破坏涂层，因此，水下钢结构通常采用高膜厚改性环氧树脂漆，其漆膜交联密度高，能够长期浸泡在水中，并提供优异的物理隔水性能，对水下钢结构提供长期的防腐蚀保护。

3. 衬里涂料。用于储罐内壁涂装，一方面保护钢结构延缓腐蚀，另一方面因为具有很高的交联密度与化学耐受性，可以避免被特定范围的化学物质破坏，从而在储罐内壁稳定存在，延长储罐使用寿命，同时不污染存储物质。需要注意的是，衬里涂料的化学品耐受性通常有化学品种类与类型范围限制，并不能耐受所有化学品介质。常见的衬里涂料类型有环氧酚醛、乙烯基树脂等。

4. 高温漆。在高温工况或冷热循环工况下能够维持漆膜的完整性，避免漆膜因高温而发脆、开裂、脱落，在检修期间又能够为钢结构设备或管道提供足够的防腐蚀保护。不同类型的高温漆，能够耐受的高温温度段不同。常见的高温漆类型有：环氧酚醛、硅酮、改性有机硅树脂等等。很多高温工况的设备或管道外部包覆有保温层，而保温层下很容易产生并集聚冷凝水，这将导致保温层下钢结构面临严峻的腐蚀危害，在选用高温漆的时候，还必须考虑高温漆对保温层下冷凝水的长期耐受性。

5. 水性涂料。配方设计与生产过程中，采用亲水的原材料，并将分散介质溶剂全部或部分替换成水和（或）水溶性溶剂，即开发与生产出了水性涂料。水性涂料是对涂料产品的环保与安全进行变革的产品，不过产品功能与使用目的，并未发生本质的变化。钢结构水性涂料已经逐步在防火涂料、面漆、中间漆、底漆等推广。有机溶剂被全部或部分替换成水和（或）水溶性溶剂，降低了VOC（挥发性有机物），提高了环保性能。不过，大多数水性涂料的防腐蚀性能或其他漆膜性能，尚低于相应的溶剂型（油性）涂料，应注意使用场合，应在环保与性能上找到平衡点或突破点。水性涂料的水溶性溶剂也是VOC（挥发性有机物），选用时应注意。水性涂料生产与使用环节产生的废水不能直接排放，应进行环保处理。

以上涂料产品的特性，可查阅厂家的产品技术说明书或介绍册。因种类繁多，功能各异，且在钢结构涂装作业中占比较低，本文不再展开详述。

17.4　涂料性能测定

17.4.1　防腐涂料的检测要求。

1. 钢结构防腐涂料的品种和质量，是影响钢结构防腐蚀工程质量的重要因素之一。涂装前，应在现场对产品进行复验。复验时，可根据不同要求和涂料产品的具体情况，按现行国家标准规定的标准检测方法，抽样检测某几项或全部项目。取样数量应按照现行国家标准《色漆、清漆和色漆与清漆用原材料取样》GB/T 3186—2006 的规定确定，随机对同一规格、同一生产厂抽样，取样数应不低于 $(n/2)1/2$（n 为桶数）。

2. 主要检测项目及检测方法如下。

1）外观和透明度：表明漆料及稀释剂是否含有机械杂质和浑浊物。具体测定方法按现行国家标准《漆膜颜色及外观测定法》GB 1729—1979 执行，在制成实干的涂膜后，在天然散色光线下观察，应达到平整、光滑、无斑点、针孔、皱纹。

2）粘度：是流体内部阻碍其相对流动的一种特性。在涂装过程中，一般采用粘度计测定涂料的条件粘度，具体测定方法应符合现行国家标准《涂料粘度测定法》GB/T 1723—1993 及《色漆和清漆 用流出杯测定流出时间》GB/T 6753.4—1998 的规定。

3）细度：是检查色漆中颜料颗粒大小和分散的程度，即在规定的条件下，在标准细度计上所得到的读数，该读数表示细度计某处槽的深度，一般以微米（μm）表示。具体测定方法详见《色漆、清漆和印刷油墨研磨细度的测定》GB 1724—2019。

4）比重：是20℃时所测试样的重量与4℃时同体积水的重量之比。常用单位为千克/每立方米（kg/m³），克/每立方厘米（g/cm³）。具体测定方法应符合现行国家标准《色漆和清漆 密度的测定比重瓶法》GB/T 6750—2007 的规定。

5）遮盖率：是色漆消除底材上的颜色或颜色差异的能力。将色漆均匀地涂刷在 $1.0m^2$ 的物体表面上，最小用漆量为使其底色（具有一定尺寸、黑白相间的格）不再显露。具体测定方法应符合现行国家标准《涂料遮盖力测定法》GB 1726—1979 的规定。

6）干燥时间：一定厚度的黏稠涂膜，在规定的干燥条件下，形成薄膜的时间为表干时间，其全部形成固体涂膜的时间，为实干时间。具体测定方法应符合现行国家标准《涂膜、腻子膜干燥时间测定法》GB/T 1728—2020 的规定。

7）固体含量：是涂料所含有的不挥发物质的量。一般用不挥发物的质量的百分数表示，也可以用体积百分数表示。具体测定方法应符合现行国家标准《色漆、清漆和塑料不挥发物含量的测定》GB/T 1725—2007 的规定。

17.4.2 防火涂料的检测要求。

1. 钢结构防火涂料是保证钢结构耐火的最重要的保护层，钢结构防火涂料的品种和技术性能应满足设计要求，并应经法定的检测机构检测，检测结果应符合现行国家标准的规定。复验时，抽样、检查和试验所需样品的采取，除应符合现行国家标准《钢结构防火涂料》GB 14907—2018 规定外，还应符合现行国家标准《色漆、清漆和色漆与清漆用原材料 取样》GB/T3186—2006 的规定。

2. 钢结构防火涂料必须有国家质量监督检测机构对产品的耐火极限和理化力学性能的检测报告，还应有防火监督部门核发的生产许可证和生产厂家的产品合格证。

3. 防火涂料的主要技术性能指标包括：耐火极限、粘接强度、抗压强度、热导率、干密度、耐水性、耐冻融性、隔热效率偏差，应按照现行国家标准《钢结构防火涂料》GB 14907—2018 规定的试验方法进行试验检测。具体检测内容和要求如下。

1）在容器中状态：用搅拌器搅拌容器内的试样或按照规定的比例调配多组分调料的试样，观察涂料是否均匀、有无结块。

2）干燥时间：一定厚度的黏稠涂膜，在规定的干燥条件下，形成薄膜的时间为表干时间，其全部形成固体涂膜的时间，为实干时间。应按照现行国家标准《漆膜、腻子膜干燥时间测定法》GB/T 1728—2020 规定的指触法进行测试。

3）初期干燥抗裂性：在恒向恒速气流进行表面快速脱水的情况下，涂料薄膜表面抵抗裂纹出现的能力。应按照现行国家标准《复层建筑涂料》GB/T 9779—2015 第 6.10 节要求进行试验，目测检查有无裂纹出现，当有裂纹时，应采用适当的器具测量裂纹宽度。

4）粘结强度：粘结强度是衡量涂料性能好坏的重要指标之一，涂层具有一定的粘结强度，才能正常发挥涂料所具有的装饰性和保护作用。试验时，以均匀速度在试样胶结面上施加垂直且速度为 1500～2000N/min 的拉力载荷，测得涂层破坏是的最大拉伸载荷即为粘结强度。应按照现行国家标准《钢结构防火涂料》GB 14907—2018 中第 6.4.4 条的要求进行试验。

5）抗压强度：在无约束状态下，选择采用非膨胀型钢结构防火涂料试件的某一侧面为受压面，在选定的受压面向上垂直施加速度为 150～200N/min 的荷载至试件涂层破坏，得到的最大压力载荷即为抗压强度。应按照现行国家标准《钢结构防火涂料》GB 14907—2018 中第 6.4.5 条的要求进行试验。

6）干密度：非膨胀型钢结构防火涂料涂层的孔隙中完全没有水时的密度即为其干密度，可采用卡尺和电子天平测量试件的体积和质量，应按照现行国家标准《钢结构防火涂料》GB 14907—2018 中第 6.4.6 条的要求进行试验。

7）隔热效率偏差：分别用"基准隔热效率测定"和"标准隔热效率测定"用试件进行隔热效率试验，测得钢结构防火涂料的基准隔热效率和标准隔热效率。隔热效率偏差应按照现行国家标准《钢结构防火涂料》GB 14907—2018 附录 A 的规定进行计算。

8）耐水性：将试件全部浸泡在盛有自来水的容器中，观察并记录试件表面的防火涂层外观情况，直至达到规定时间。应按照现行国家标准《钢结构防火涂料》GB 14907—2018 附录 A 的规定测试其隔热效率并计算。

9）耐冻融循环性：应按照现行国家标准《钢结构防火涂料》GB 14907—2018 中第

6.4.13 中条规定的冻融循环进行试验。隔热效率偏差应按照现行国家标准《钢结构防火涂料》GB 14907—2018 附录 A 的规定进行计算。

10）耐火性能：钢结构防火涂料的耐火性能是衡量该类涂料质量的重要特征参数。钢结构防火涂料的耐火性能试验结果应包括：升温条件、试件基材类型、试件加载信息、截面系数、涂层厚度、耐火试验时间或耐火极限等信息。

4. 在同一工程中，每使用 100t 或不足 100t 膨胀型防火涂料，应抽样检测一次粘结强度；每使用 500t 或不足 500t 非膨胀型防火涂料，应抽样检测一次粘结强度和抗压强度。钢结构防火涂料的粘结强度、抗压强度应符合现行国家标准的规定。

17.5　涂料的质量通病和防治

17.5.1　涂料在贮存中发生的质量通病及相应的防治方法。

1. 涂料浑浊。

1）产生的原因如下：

（1）溶剂（或其他材料）中含有水分。来源于容器内未倾倒干净的水，或者桶未盖紧，放置室外，淋入雨水等。

（2）清油和清漆加入催干剂（尤其是铅催干剂）后，在有水分或低温的地方放置，催干剂析出。

（3）稀释剂使用不当，清漆呈胶状；若稀释剂溶解性差，部分成膜物质不溶解。

（4）性质不同的两种清漆混合。

2）对应的防治方法如下：

（1）溶剂桶应盖严密，不应放在室外，防止水分进入桶内。若溶剂含有水分，苯类、汽油、松节油可用分层法分离，丙酮、酒精则用分馏法分离。

（2）用水浴加热方法（65℃）消除，储存室内温度要保持在 20℃左右。

（3）轻度浑浊可加一些松节油或苯类环烃溶剂进行改善，根据成膜物质的不同，用合适的稀释剂。

（4）尽量避免。

2. 涂料沉淀。

1）产生的原因如下：

（1）颜料相对密度大，颗粒较粗或填充料较多，漆液黏度小以及研磨分散得不够均匀等。

（2）加入稀释剂太多，过于降低了涂料的黏度以及贮存时间过久。

2）对应的防治方法如下：

（1）定期将涂料桶横放或倒置；先入库的先使用。

（2）对已成为干硬无油的，必须取出硬块碾轧或揉碎后，再放回原桶，充分搅拌均匀，过滤后仍可使用。

3. 涂料变稠（变厚）。

1）产生的原因如下：

（1）用 200 号溶剂汽油稀释沥青漆。

（2）快干氨基漆（烘干）在贮存中也容易变稠。

（3）醇酸清漆使用后桶盖未盖紧。

（4）漆桶漏气、漏液，溶剂挥发，贮存温度过高或过低。

2）对应的防治方法如下：

（1）可改用松节油或二甲苯稀释。

（2）在溶剂中至少用 25％的丁醇。

（3）桶盖要盖紧密，同时漆内可以加一些丁醇来防治。

（4）更换漆桶，贮存环境防止曝晒，室温保持在 20℃左右。

4. 涂料结皮。

1）产生的原因如下：

（1）装桶不满或桶盖不严密，使桶内有空气，涂料含过渡聚合桐油较多。

（2）色漆过稠，颜料含量较多，钴锰催干剂过多者易结皮。置放时间越长，皮膜越厚。

2）对应的防治方法如下：

（1）盖紧桶盖，使之严密。如漆桶漏气，要更换新桶。黏度大的漆应尽量先用。如用后剩余的漆不多，不要用原桶盛放，并在漆面上盖上一层牛皮纸，然后盖紧容器口。

（2）使用时取掉皮膜，用后在表面倒上一层同类型稀料，盖紧桶盖。

5. 涂料变色。

1）产生的原因如下：

（1）虫胶清漆在马口铁桶中颜色会变深，贮存越久色越深，且带黑，干性也不好。

（2）金粉、银粉与清漆会发生作用（即酸蚀作用），以致失去鲜艳光泽，色彩变绿、变暗。

（3）清漆所用溶剂，有些极易水解（如酯类溶剂），与铁容器反应，使色变深。

（4）复色漆中颜料比重不同，比重大的颜料下沉，轻的浮在上面。

2）对应的防治方法如下：

（1）虫胶清漆忌用金属容器，要用非金属容器（陶瓷、玻璃等）溶解和贮存。

（2）把金属颜料金粉、银粉与涂料分开包装，使用时用多少调多少，随调随用。

（3）清漆和溶剂应用木桶、瓷罐、玻璃瓶等存放。

（4）搅拌均匀。

6. 涂料发胀。

1）产生的原因如下：

（1）酐化：氧化物（如红丹）与酸价高的天然树脂漆料相遇而产生酐化。

（2）胶凝：是油料聚合过度，其中含有聚合胶体，黏度增大或结成冻胶。如着色颜料（铁蓝等）碰到聚合度很高的漆料，会凝聚成固体。

（3）假厚：亦称触变，外表看来稠厚，但一经机械搅拌，立即流动自如，停止搅拌又会复厚。主要出现在含颜料成分较高的漆中，而以滑石粉、氧化锌，锌钡白、红丹粉等最为明显，涂刷时，刷痕不易消失。

2）防治方法如下：

（1）用清油与红丹粉自行调配，当天配当天用。

（2）这种现象是一种物理变化，属暂时性的现象，经过机械作用可以重新散去，加入少许有机酸（苯甲酸）就能恢复正常。

（3）这种现象实际上不是涂料的病态（除呈现刷痕外），相反倒是一种优点，因为它可以防止涂料在涂刷后发生流挂，造成漆膜厚薄不匀，同时颜料不易沉淀。

17.5.2　涂料质量不良引起的质量通病及相应的防治方法。

1. 涂料太稠。

1）产生的原因：漆膜过厚，使用会起皱。

2）防治方法：新开桶的涂料，一般很少不加稀释剂使用，而应加稀释剂调至适当的黏度。

2. 涂料流挂。

1）产生的原因：新开桶的涂料太稀，色漆颜料太少，涂漆稍厚就流挂。

2）防治方法：可用同品种同颜色的涂料掺兑搅拌均匀，再使用。

3. 涂料不干、返黏。

1）产生的原因：涂料中使用油料不当，热炼不当或溶剂不当；干燥剂不足或配制比例不当，干性不好。

2）防治方法：漆质不良应该调换，干燥较慢可适当加催干剂调整。

4. 涂料颗粒突起。

1）产生的原因：涂料生产控制不严格，颜料过粗，容器不干净，细碎漆皮带入等所致。

2）防治方法：使用时搅拌均匀，经细筛过滤。

5. 涂料"橘皮"与皱纹。

1）产生的原因：涂料中油料聚合不当，溶剂选用不合理，涂料黏度过大等。

2）防治方法：漆质不良，应予调换，或施工前先做涂膜试验。

6. 涂料失光。

1）产生的原因：涂料中溶剂质量不良，或稀料、催干剂过多等，导致涂膜表面干燥太快而失光。

2）防治方法：可用同类涂料掺兑调至适当黏度，或加入部分清漆提高光泽。

7. 涂料变白。

1）产生的原因：天气潮湿，或硝基漆中溶剂与稀释剂配合不当，稀释剂使用不当。

2）防治方法：用 X-20 硝基漆稀释剂调稀，先低温预热工件或加入相应的防潮剂 $10\% \sim 20\%$。

8. 涂料不盖底。

1）产生的原因：涂料中颜料含量不足，装桶时稀释剂太多。

2）防治方法：多开一桶品种颜色相同的涂料，互相搭配，调整好黏度或加细施工过程。

9. 涂料颜色不符。

1）产生的原因：涂料颜色与标准不符，有时颜色深浅悬殊，即使充分搅拌均匀也不解决问题。

2）防治方法：可用同类涂料调配。

参考文献

［1］　涂料产品分类和命名：GB/T 2705—2003［S］. 北京：中国标准出版社，2004.

［2］　钢结构防火涂料：GB 14907—2018［S］. 北京：中国标准出版社，2018.

［3］　涂料和清漆-涂层老化评估-缺陷数量和大小以及外观均匀变化程度命名-第 3 部分：锈蚀程度评定 Paints and varnishes-Evaluation of degradation of coatings-Designation of quantity and size of defects，and of intensity of uniform changes in appearance-Part 3：Assessment of degree of rusting：ISO 4628-3：2016［S］. 瑞士日内瓦：国际标准化组织 International Organization for Standardization，2016.

［4］　色漆、清漆和色漆与清漆用原材料取样：GB/T 3186—2006［S］. 北京：中国标准出版社，2004.

［5］　涂料粘度测定法：GB 1723—1993［S］. 北京：中国标准出版社，2004.

［6］　色漆和清漆 用流出杯测定流出时间：GB/T 6753.4—1998［S］. 北京：中国标准出版社，2004.

［7］　色漆、清漆和印刷油墨 研磨细度的测定：GB 1724—2019［S］. 北京：中国标准出版社，2019.

［8］　色漆和清漆 密度的测定比重瓶法：GB/T 6750—2007［S］. 北京：中国标准出版社，2007.

［9］　涂料遮盖力测定法：GB 1726—1979［S］. 北京：中国标准出版社，2004.

［10］　漆膜 腻子膜干燥时间测定法：GB/T 1728—2020［S］. 北京：中国标准出版社，2020.

［11］　复层建筑涂料：GB/T 9779—2015［S］. 北京：中国标准出版社，2016.

第18章 涂 装 设 计

18.1 概 述

18.1.1 钢结构涂装的目的，在于利用涂层的防护作用，防止钢结构的腐蚀，并延长其使用寿命。而涂层的防护作用程度和防护时间取决于涂层的质量，涂层质量又取决于涂装设计、涂装施工和涂装管理。在日本《防蚀技术》中，描述影响涂层质量的诸因素所占比例如表18.1.1-1所示，这是典型例子，实际上，忽视任一项因素，都可能造成影响涂层质量的严重后果。

涂装各因素对涂层质量的影响 表 18.1.1-1

因素	影响程度%
表面处理	49.5
涂层厚度（涂装道数）	19.1
涂料品种	4.9
其他（施工与管理等）	26.5

18.1.2 涂装设计的内容主要包括：钢材表面处理除锈方法的选择和除锈质量等级的确定、涂料品种的选择、涂层结构和涂层厚度的设计。

18.1.3 涂装设计是涂装施工和涂装管理的依据和基础，是决定涂层质量的主要因素。因此，做好涂装设计，是保证涂层质量的前提。

18.2 除锈方法选择和除锈等级确定

18.2.1 从表18.1.1-1中明显可见，钢材基层表面处理质量，是影响涂装质量的主要因素。欧美一些国家甚至认为，除锈质量影响达60％以上。我国以前对钢结构涂装的表面处理质量要求不高，再加除锈技术和设备较为落后，因此，造成涂装防护效果不高、防护时间短。

18.2.2 除锈方法的选择。

1. 钢材表面处理的除锈方法主要有：手工工具除锈、手工机械除锈、喷射清理、酸洗（化学）除锈和火焰除锈等，各种除锈方法的特点，见表18.2.2-1。

2. 选择除锈方法时，除应考虑不同方法的特点和防护效果外，还要根据涂装的对象、目的、钢材表面的原始状态、要求的除锈等级、现有的施工设备和条件以及施工费用等，进行综合考虑和比较后确定。

各种除锈方法的特点 表 18.2.2-1

除锈方法	设备工具	优点	缺点
手工、机械	砂布、钢丝刷、铲刀、尖锤、平面砂磨机、动力钢丝刷等	工具简单、操作方便、费用低	劳动强度大、效率低、质量差，只能满足一般涂装要求

续表

除锈方法	设备工具	优点	缺点
喷射	空气压缩机、喷射机、油水分离器等	能控制质量，获得不同要求的表面粗糙度	设备复杂，需要一定操作技术，劳动强度较高，费用高，污染环境
酸洗	酸洗槽、化学药品、厂房等	效率高，适用大批量，质量较高，费用低	只适用于小尺寸件，污染环境废液不易处理，工艺要求较严
火焰	火焰枪	去除旧涂层或带有油浸过的金属表面	效率低、效果不佳

18.2.3 确定除锈等级应考虑的因素。

1. 钢材表面除锈等级的确定，是涂装设计的重要内容。由于钢材表面处理是影响涂层质量的主要因素，所以合理正确地确定除锈等级，对保证涂层质量具有非常重要的作用。确定的除锈等级过高，会造成人力和费用的浪费，过低会降低涂层质量，起不到应有的防护作用，反而是更大的浪费。

2. 从除锈等级标准来看，Sa3 级标准质量最高，但需要的施工条件和费用也最高，达到 Sa3 级的除锈质量，只能在相对湿度不大于 55% 的条件下才能实现。瑞典除锈标准说明书中指出，钢材除锈质量达到 Sa3 级时，表面清洁度为 100%，达到 Sa2½ 级时约为 95%，按工时消耗计算，若以 Sa2 级为 100%，Sa2½ 级则为 130% 和 Sa3 级为 200%。因此，不能盲目要求过高的标准，而应根据实际需要来确定除锈等级。

18.2.4 一般应根据以下因素确定除锈等级。

1. 钢材表面原始状态；

2. 可能适用的底漆；

3. 可能采用的除锈方法；

4. 工程价值与要求的涂装维护周期；

5. 经济上的权衡。

18.2.5 由于各种涂料的性能不同，涂料对钢材的附着力也不同。确定除锈等级时，应与选用的底漆相适应。各种底漆与相适应的除锈等级关系，见表 18.2.5-1。

各种底漆与相适应的除锈等级   表 18.2.5-1

各种底漆	喷射清理			手工和动力工具清理		酸洗清理
	Sa3	Sa2½	Sa2	St3	St2	SP 8
油基漆	不推荐	1	1	2	3	1
酚醛漆	不推荐	1	1	2	3	1
醇酸洗	不推荐	1	1	2	3	1
磷化底漆	不推荐	1	1	2	4	1
沥青漆	不推荐	1	1	2	3	1
聚氨酯漆	不推荐	1	2	3	4	2
氯化橡胶漆	不推荐	1	2	3	4	2

各种底漆	喷射清理			手工和动力工具清理		酸洗清理
	Sa3	Sa2½	Sa2	St3	St2	SP 8
氯磺化聚乙烯漆	不推荐	1	2	3	4	2
环氧漆	不推荐	1	1	2	3	1
环氧煤焦油	不推荐	1	1	2	3	1
有机富锌漆	不推荐	1	2	3	4	3
无机富锌漆	1	1	2	4	4	4
有机硅漆	1	1	3	4	4	2

注：1—好；2—较好；3—可用；4—不可用。

18.3　涂料品种的选择

18.3.1　涂料施工后，在钢材表面上形成涂层，对钢材进行防腐蚀保护。防腐蚀保护的重要机理之一是物理隔离，而涂层的隔离效果，因选用涂料品种的不同而不同。有些涂层具有较强的隔离效果以及较长期的耐久性、耐老化性能，适合用于设计年限较长的钢结构以及腐蚀性较强的使用环境；有些涂层隔离效果一般，耐久性、耐老化性能普通，但可能无毒环保、安全卫生，适合用于室内干燥环境以及设计年限相对不高的钢结构。因此，选择涂料前，应了解涂料性能，预测环境对钢结构及其涂层的腐蚀情况，并考虑经济因素。

18.3.2　常见防腐蚀涂料的涂层性能。

涂料种类很多，性能各异，进行涂装设计时，首先应了解和掌握各类涂料的基本特性和适用条件，以便确定选用涂料的类型。另外，每一类涂料又分为很多品种，而每一品种涂料的性能又各不相同，性能不同的涂料，耐大气腐蚀的程度也不同，因此，选择涂料时既要考虑使用环境，也要考虑涂料类型和品种。选择涂料时可参考现行国家标准《色漆和清漆　防护涂料体系对钢结构的防腐蚀保护　第 5 部分：防护涂料体系》GB/T 30790.5—2014 附录 B 和附录 C。目前各类常用涂料对于各类腐蚀性大气的适用性见表 18.3.2-1，涂料特性见表 18.3.2-2。

防护涂料体系配套底漆在各种环境条件下的适用性　　　　　　　　表 18.3.2-1

底漆类型		在各种环境条件下的适用性						
树脂类型	防锈颜料	C2	C3	C4	C5-I	C5-M	浸渍环境	
							无阴极保护	有阴极保护
醇酸	复合	√	√	√	NS	NS	NS	NS
聚乙烯	复合	√	√	√	NS	NS	NS	NS
环氧	复合	√	√	√	√	√	√	NS
环氧	锌粉	√	√	√	√	√	√	NS
硅酸酯	锌粉	√	√	√	√	√	√	√
丙烯酸（水性）	复合	√	√	√	NS	NS	NS	NS

备注：涂料配方多种多样，建议与涂料生产商确认相容性。

　　　　√—适用；NS—不适用。

不同类型涂料的基本性能　　　　　　　　　　表 18.3.2-2

性能	聚氯乙烯(PVC)	氯化橡胶(CR)	丙烯酸(AY)	醇酸(AK)	聚氨酯、芳香族(PUR)	聚氨酯、脂肪族(PUR)	硅酸乙醇(ESI)	环氧(EP)	环氧组合物(EPC)
保光性	▲	▲	▲	▲	●	■	—	●	●
保色性	▲	▲	■	▲	●	■	—	●	●
耐化学品性:									
水浸泡	▲	■	▲	●	▲	●	▲	■	■
雨/凝露	■	■	■	▲	■	▲	■	■	■
溶剂	●	●	●	▲	■	▲	●	■	■
溶剂(飞溅)	●	●	●	▲	■	▲	●	■	■
酸	▲	■	▲	●	■	■	●	▲	▲
酸(飞溅)	▲	■	▲	●	▲	▲	●	■	■
碱	▲	■	▲	▲	▲	▲	●	■	■
碱(飞溅)	■	■	▲	▲	▲	▲	●	■	■
耐干热湿度:									
70℃以下	●	●	▲	■	▲	▲	■	▲	▲
70~120℃	—	—	▲	▲	■	■	■	▲	▲
120~150℃	—	—	▲	●	▲	●	■	▲	▲
>150℃，≤400℃	—	—	—	—	—	—	■	—	—
物理性能:									
耐磨性	●	●	●	▲	▲	▲	▲	▲	▲
耐冲击性	▲	▲	▲	●	●	▲	▲	▲	▲
柔韧性	■	■	■	▲	●	●	●	▲	▲
硬度	▲	▲	▲	■	■	▲	■	■	■

注：■—好；▲—一般；●—差；—不相关。

需要注意的是，涂料特性表给出的信息是对大量数据的统计结果，旨在尽可能对常见涂料类型的性能提供一般性指导，但是树脂基团存在多种变化，有些产品是专门为耐受某种条件而设计开发的，当为特定条件选择某种涂料时，建议参照具体产品的技术说明书。另外，为了按时、足量、方便的购买到涂料产品，还应尽早与涂料供应商沟通联系，以免缺货、断料，导致涂料产品供应不足而影响工程进度。

18.3.3　其他功能性涂料。

1. 高温漆。基本说明详见表 18.3.3-1。实际施工中，应始终对照产品技术说明书描述的温度适用性与实际工况的符合性，并严格参照产品技术说明书进行施工。高温漆的施工切忌不能过厚，超过产品技术说明书推荐的厚度，在管道设备温度上升后，涂层容易开裂、脱落。

不同类型高温漆的基本性能　　　　　　　　　　表 18.3.3-1

最高运行温度(℃)	涂料类型	产品举例	说明
120	普通常温漆	Interseal 670HS	−20~120℃是防护涂料的常温温度范围
150	环氧富锌	Interzinc 52	环氧富锌底漆的耐高温不及无机富锌底漆
230	改性环氧	Interbond® 2340UPC	新产品，并可适用于保温层下的防腐蚀保护
	环氧酚醛	Intertherm® 228HS	应用范围广

最高运行温度（℃）	涂料类型	产品举例	说明
260	丙烯酸硅酮	Intertherm® 875	有一些颜色可选择，常用于高温管道警示色
315	油性树脂	Intertherm® 891	成本低，但是性能一般
400	无机硅酸锌	Interzinc® 22	可单道漆体系，也可配合硅酮铝粉漆使用
400	硅改性无机共聚物	Intertherm® 751CSA	适用于保温层下，以及温度波动大的场合
540	硅酮铝粉	Intertherm® 50	可配合无机硅酸锌使用，但耐温温度减低
650	钛改性无机共聚物	Interbond® 1202UPC	高性能产品，集合了各种高温漆的优点

2. 防火涂料。根据钢结构所处的部位及结构特点，涂料选用可参见表 18.3.3-2。关于防火涂料隔热性能与对钢结构的防火保护性能，可参见本书第 20 章，本条仅讨论防火涂料涂层在非火灾场合下的涂层性能。

防火涂料类型选用指南　　　　　　　　表 18.3.3-2

环境	外观要求	湿度与淋雨	防火涂料类型选用指南	说明
室内	隐蔽钢结构	干燥	非膨胀型（石膏基）	材质轻，用量省，隔热性能好
室内	隐蔽钢结构	潮湿	非膨胀型（水泥基）	耐水性相对好一些
室内	外露钢结构	干燥	膨胀型（水性）	安全环保，VOC 很低，甚至可以是零
室内	外露钢结构	潮湿	膨胀型（油性）	耐水性相对好一些
室内	外露钢结构	很潮湿	膨胀型（双组分环氧）	耐水、耐久、机械性能都很好
室外 C2～C4	隐蔽钢结构	有雨棚	非膨胀型（水泥基）	需选用室外型产品
室外 C2～C4	隐蔽钢结构	没有雨棚	非膨胀型（水泥基）	需选用室外型产品
室外 C2～C4	外露钢结构	有雨棚	膨胀型（油性）	需再涂装 2 层面漆
室外 C2～C4	外露钢结构	没有雨棚	膨胀型（双组分环氧）	耐水、耐久、机械性能都很好
室外 C5	—	—	膨胀型（双组分环氧）	耐水、耐久、机械性能都很好 其他防火涂料在沿海环境的长期性能不好

其他功能性涂料，如抗滑移涂料、衬里涂料、防污漆等，其特性与生产厂家的配方有关。使用时，应检查厂家的产品技术说明书，比对技术参数与工程设计要求的符合性。

18.4　涂层结构和涂层厚度

18.4.1　涂层的配套性要求。

1. 不同种类的涂料具有不同的功能，高性能防护涂料体系往往搭配几种涂料产品配套使用，配套体系中通常包括底漆、中间漆、面漆三大类，如图 18.4.1-1 所示。

对于腐蚀性较低的环境，底漆与面漆的防腐蚀性能可以满足 15 年甚至 25 年以上的涂层设计寿命，这种情况下可以不设计中间漆，上述三道漆体系可以精简为二道漆体系，节省施工成本，缩短施工周期。

某些涂料品种既具备底漆的优秀防腐蚀性能，又能满足面漆的外观装饰性要求，对于腐蚀性较低的环境场合，一道漆即可达到上述三道漆的性能，更节省施工成本，缩短施工

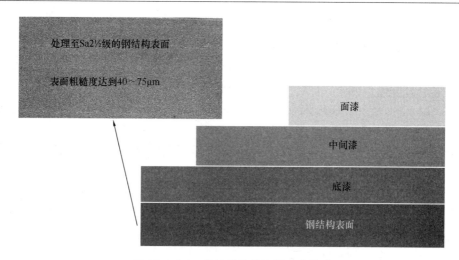

图 18.4.1-1　高性能防护涂料配套体系

周期。

2. 对于海水或淡水浸泡环境或土壤掩埋环境中的钢结构，防腐蚀要求高，这些部位往往没有外观装饰性需求，可采用那些施工一遍或两遍即可达到 $400\sim1000\mu m$ 的涂料产品，一道漆体系即可满足防腐蚀要求。

3. 对于多道漆体系，需要考虑后续涂料施工对前道漆涂层的相容性问题，主要包括：

1) 由于各种涂料的溶剂可能不相同，如配套不当，就容易发生互溶或"咬底"现象。如选用单组分醇酸底漆，配用含有强溶剂的中间漆或面漆，就可能产生渗色或咬起底漆现象。

2) 面漆的硬度应与底漆基本一致或略低，如硬度较高的短油度合成树脂面漆涂在硬度较低的油性底漆上，则容易引起面漆的早期裂开。

3) 对于采用适度烘烤固化的场合，应注意各层烘干方式的配套，在涂装烘干型涂料时，底漆的烘干温度（或耐温性）应高于或接近面漆的烘干温度，反之易产生涂层过烘现象。

18.4.2　涂层的厚度要求。

钢结构涂装设计的重要内容之一，是确定涂层厚度，涂层厚度设计应考虑以下因素。

1. 钢材表面原始状态。

2. 钢材除锈后的表面粗糙度。

3. 选用的涂料品种。

4. 钢结构使用环境对涂料的腐蚀程度。

5. 预想的维护周期和涂装维护的条件。

6. 涂层厚度一般应考虑基本涂层厚度、防护涂层厚度和附加涂层厚度，含义如下。

1) 基本涂层厚度，是指涂料在钢材表面上形成均匀、致密、连续漆膜所需的最薄厚度，包括填平粗糙度波峰所需的厚度。

2) 防护涂层厚度，是指因在使用环境中，在维护周期内受到腐蚀、粉化、磨损等所需的厚度。

3) 附加涂层厚度，是指因以后涂装维修困难和留有安全系数所需的厚度。

涂层厚度应根据需要确定。过厚虽然可增强防腐力，但附着力和机械性能降低；过薄易产生肉眼看不到的针孔和其他缺陷，起不到隔离环境的作用。

18.4.3　涂层配套方案要求。

1. 选择了涂料品种，规定了涂层厚度，即基本确定了涂层体系的设计方案。建设工程始终希望涂层体系有据可依，且经过测试验证或有实际工程使用案例，因此，设计人员往往参照某些标准进行涂层设计，而不是自行选择搭配。

2. 目前，行业上参考的主要标准是《色漆和清漆　防护涂料体系对钢结构的防腐蚀保护　第5部分：防护涂料体系》GB/T 30790.5—2014，根据各类工程条件推荐了一系列涂层体系，可详见其附录A（节选如表18.4.3-1）。基于该标准，可以完成各种腐蚀性环境中室内、室外钢结构防腐蚀涂装设计，举例可参见表18.4.3-2。

低合金碳钢在腐蚀性等级 C3 环境下使用的涂料体系（指南）　　　　表 18.4.3-1

基材：低合金碳钢

表面处理：锈蚀等级为 A、B、C 级的基材，表面清洁度达到 Sa2½ 级（见 GB/T 8923.1）

体系编号	底涂层				后道涂层			预期耐久性		
	基料	底漆[a]	道数	NDFT[b]（μm）	基料	道数	NDFT[b]（μm）	L	M	H
A3.01	AK	Misc.	1-2	80	AK	2-3	120			
A3.02	AK	Misc.	1-2	80	AK	2-4	160			
A3.03	AK	Misc.	1-2	80	AK	3-5	200			
A3.04	AK	Misc.	1-2	80	AY、PVC、CR[c]	3-5	200			
A3.05	AY、PVC、CR[c]	Misc.	1-2	80	AY、PVC、CR[c]	2-4	160			
A3.06	AY、PVC、CR[c]	Misc.	1-2	80	AY、PVC、CR[c]	3-5	200			
A3.07	EP	Misc.	1	80	EP、PUR	2-3	120			
A3.08	EP	Misc.	1	80	EP、PUR	2-4	160			
A3.09	EP	Misc.	1	80	EP、PUR	3-5	200			
A3.10	EP、PUR、ESI[d]	Zn（R）	1	60[e]	—	1	60			
A3.11	EP、PUR、ESI[d]	Zn（R）	1	60[e]	EP、PUR	2	160			
A3.12	EP、PUR、ESI[d]	Zn（R）	1	60[e]	AY、PVC、CR[c]	2-3	160			
A3.13	EP、PUR	Zn（R）	1	60[e]	AY、PVC、CR[c]	3	200			

底涂层基料	类型	可水性化	后道涂层基料	类型	可水性化
AK＝醇酸	单组分	×	AK＝醇酸	单组分	×
CR＝氯化橡胶	单组分		CR＝氯化橡胶	单组分	
AY＝丙烯酸	单组分	×	AY＝丙烯酸	单组分	×
PVC＝聚氯乙烯	单组分		PVC＝聚氯乙烯	单组分	
EP＝环氧	单组分	×	EP＝环氧	双组分	×
ESI＝硅酸乙酯	单组分或双组分	×	PUR＝聚氨酯、脂肪族	单组分或双组分	×
PUR＝聚氨酯、脂肪族或芳香族	单组分或双组分	×			

注：a—Zn（R）＝富锌底漆。Misc.＝采用其他类型防锈颜料的底漆；

　　b—NDFT＝额定干膜厚度；

　　c—建议与涂料生产商共同进行相容性确认；

　　d—建议在硅酸乙酯底漆（ESI）上涂覆一道后续涂层作为过渡涂层；

　　e—如果选择的富锌底漆合适，额定干膜厚度范围可为 40～80μm；

　　×—适用。

低合金碳钢在腐蚀性等级 C4 环境下使用的涂料体系（举例）　表 18.4.3-2

环境	高盐度的工业或沿海地区		
腐蚀性分类	C4		
涂层设计年限	高等级设计年限 15 年以上		
表面处理	原始锈蚀等级 A、B 或 C 的碳钢，喷砂处理至 Sa2½（GB/T 8923.1）清洁度等级		
油漆系统	材料名称	国际油漆产品	干膜厚度
底漆	环氧磷酸锌底漆	Intergard 251HS	$80\mu m$
中间漆	环氧云铁中间漆	Intergard 475HS	$100\mu m$
面漆	聚氨酯 或聚硅氧烷面漆	Interthane 990E 或 Interfine 878	内部：$50\mu m \times 2$ 层 外部：$50\mu m \times 2$ 层
		总干膜厚度	$200 \sim 280\mu m$

更多设计参考，可参见现行国家标准《色漆和清漆 防护涂料体系对钢结构的防腐蚀保护 第 5 部分：防护涂料体系》GB/T 30790.5—2014。需要注意的是该标准并没有考虑防火涂料体系。

结合底漆、面漆与防火涂料的功能，通常防火保护涂层体系的涂层结构为：底漆＋防火涂料＋面漆。

3. 受防火涂料本身对环境条件的耐受局限性，对于腐蚀性较弱的室内环境，满足《色漆和清漆 防护涂料体系对钢结构的防腐蚀保护 第 5 部分：防护涂料体系》GB/T 30790.5—2014 要求的底漆、面漆，也基本可满足这类环境中防火体系的底漆、面漆要求。对于腐蚀性较高的沿海、海洋环境，当采用双组分环氧类防火涂料时，这类防火涂料本身即有优异的防腐蚀性能，且施工厚度厚，能满足 GB/T 30790.5—2014 要求的底漆、面漆，也基本可满足这类环境中防火体系的底漆、面漆要求。

4. 其他功能性涂料，如高温漆、衬里涂料、防污漆等等，往往自成体系，涂装施工的涂层结构与厚度，需要参照厂家的产品技术说明书。

18.5 涂装工程色彩

18.5.1 色彩是组成环境的最基本因素之一，一般情况下，人们在观察环境和物体时，首先引起反应的就是色彩，色彩比形体更容易首先为人所注意。色彩给人视觉的不同反映，使人获得不同感知，这些反映和感知是由人在自然界和社会实践中形成的习惯、概念联想出来的，也就是联想起某些事物的品格和属性。

18.5.2 钢结构的涂装，不仅可使建（构）筑物达到防护的目的，还可达到装饰的目的。当人们看到涂装的颜色时，便会产生愉快感（好看）或不愉快感（不好看）的感觉，还会产生明暗、轻重、坚硬和柔和等感觉。利用颜色对人心理和生理的作用，不仅可以改善人们精神上对生产、生活、消费环境的感觉，反过来会促使产品质量、劳动生产率的提高和保证安全生产，提升生活幸福指数，促进消费等。所以，在进行钢结构涂装的色彩设计时，正确积极地运用色彩效应，会在精神上和物资上获得良好的效果。

18.5.3 色彩设计能否取得满意的效果，在于正确处理各种色彩之间的关系，其中关键是解决色彩和谐的问题。色彩和谐是指两个以上被组合的颜色作用于人的视觉，在心理上引起的愉悦反应。设计中色彩和谐的原则是指色彩中既有对比又有调和的统一关系；既有对比性、秩序性，又有联系性和主从性。当考虑对比性时，要注意色相对比、明度对比、彩度对比与面积的相与关系。

在进行色彩设计时，还要注意相邻区域不同颜色在人眼睛感觉上的互相影响。明度不同的两色并列，明者愈明，暗者愈暗。两个彩度不同的颜色并列，彩度大的颜色显得更鲜艳，彩度小的更灰浊。两个不同色相的颜色并列时，各向着色环向相反的方向转移，如红绿相邻，红色显得更红，绿色显得更绿。

18.5.4　涂料的颜色要求。

1. 专为装饰性而开发的涂料面漆，其颜色的调配应符合建筑设计师或业主方的要求，而底漆、中间漆、防火涂料、衬里涂料等非面漆产品，涂料生产厂家通常不会对涂料进行额外的配色，其颜色是配方中各种原材料混合后的结果。某些高温漆出于警示色的需要，也可以调色。

图 18.5.4-1　(GSB 05-1426—2001)标准色卡

2. 建筑师构思了建筑物的色彩，体现在钢结构上，就要借助面漆来实现。建筑师的色彩语言，需要与涂料生产厂家的色彩语言匹配，只有这样，涂装人员才能采购到正确颜色的面漆，实现钢结构的颜色外观设计要求。涂料行业的色彩语言，是通过漆膜颜色标准色卡实现的，常用的标准色卡如下。

1) 全国涂料和颜料标准化技术委员会《漆膜颜色标准样卡》GSB 05-1426—2001，如图18.5.4-1 和表 18.5.4-1 所示；

GSB 05-1426—2001 标准颜色列表　　　　　　　表 18.5.4-1

PB01 深（铁）蓝	PB02 深（酞）蓝	PB03 中（铁）蓝	PB04 中（酞）蓝
PB11 孔雀蓝	PB05 海蓝	PB06 淡（酞）蓝	PB07 淡（铁）蓝
PB08 蓝灰	PB09 天（酞）蓝	PB10 天（酞）蓝	B06 淡天（酞）蓝
B07 蛋青	B08 稚蓝	B09 宝石蓝	B10 鲜蓝
B11 淡海（铁）蓝	B12 中海（铁）蓝	B13 深海（铁）蓝	B14 景蓝
B15 艳蓝	BG04 鲜绿	BG03 宝绿	BG02 湖绿
BG05 淡湖蓝	G07 蛋壳绿	G08 淡苹果绿	G01 苹果绿
G09 深豆绿	G02 淡绿	G03 艳绿	G04 中绿
G05 深绿	G06 橄榄绿	GY03 褐绿	GY04 草绿
GY06 军车绿	GY02 纺绿	GY07 豆蔻绿	GY01 豆绿
GY08 国（酞）绿	Y11 乳白	Y02 珍珠	Y12 米黄
Y03 奶油	Y04 象牙	Y05 柠黄	Y06 淡黄
Y07 中黄	Y08 深黄	Y09 铁黄	Y10 军黄
YR06 棕黄	YR01 淡棕	YR07 深棕黄	YR02 赭黄

续表

YR05 棕	TR03 紫棕	YR04 橘黄	R05 橘红
R02 朱红	R03 大红	R04 紫红	R01 铁红
RP03 玫瑰红	RP04 淡玫瑰	RP01 粉红	RP02 淡粉红
P01 淡紫	P02 紫	B01 深灰	B02 中灰
B03 深灰	B04 银灰	B05 海灰	G10 飞机灰
GY09 冰灰	BG01 中绿灰	GY10 机床灰	GY03 橄榄灰
Y01 驼灰	Y13 淡黄灰	GY11 玉灰	

2）劳尔色卡：RALclassic（有多个版本，如 RAL K7、RAL Design 等，颜色种类繁多，本文不再全部列出），如图 18.5.4-2 所示。

颜色千变万化，标准色卡无法涵盖所有颜色。如果设计师不能满足于标准色卡中的颜色，可以提供颜色色板或颜色描述，交由涂料厂家进行配色。厂家将调配好的颜色色卡交给设计师，待设计师或业主满意并确认之后，该颜色就成为该项目的供货颜色标准。

某些时候，建筑师喜欢带有闪银效果的金属色，期望钢结构展现钢铁本来的金属色泽，也有业主希望钢结构看起来像黄金一样闪闪发光，金碧辉煌。涂料厂家通过配方调配，或能

图 18.5.4-2　德国 RAL 劳尔色卡

满足此类颜色需求，但并不是所有的金属色都可以通过防护涂料面漆产品得以实现。而且，金属色是通过添加有色铝粉或云母粉实现的，铝粉或云母粉颗粒的大小、在涂层中的分布，会影响外观效果，对施工是一大挑战。基本上，金属色需要在钢结构安装完成之后，漆膜修补完善之后，多次喷涂，才能得到均匀的外观，材料用量与人工费用都会增加不少。

18.5.5　涂料的光泽。

面漆的外观，除了颜色，还与光泽度相关。按照现行国家标准《色漆和清漆　不含金属颜料的色漆漆膜的 20°、60°和 85°镜面光泽的测定》GB/T 9754—2007 的 60°测定结果要求，漆膜光泽度的定义如表 18.5.5-1 所示。

<table>
<tr><td align="center">漆膜光泽度定义</td><td align="right">表 18.5.5-1</td></tr>
</table>

光泽度的定义	60°镜面光泽
哑光 Matt	0-15
鸡蛋光 Eggshell	16-30
半光 Semi Gloss	31-60
釉光 Gloss	61-85
高光 High Gloss	>85

18.5.6　涂料的颜色与光泽度差异及其控制方法。

受涂料原材料、生产工厂、生产工艺、生产批次、机器误差等因素影响，涂料生产厂家并不能保证不同批次供货的面漆产品的颜色、光泽完全一样，行业内的控制范围通常是色差 $\Delta E < 2$，而某些对颜色敏锐的人的肉眼，可以观察到 $\Delta E > 1$ 的色差。

从建筑师设计或业主要求的颜色，到最终涂装在钢结构表面，需要经过多个环节（表18.5.6-1），这些环节都应严格管理，以便将色差控制在最小范围内。涂料厂家的颜色色差控制能力，也是其实力的体现。

涂装色彩的流程及其注意事项 表 18.5.6-1

流程环节	行为	注意事项
建筑师设计颜色	确定标准色号或颜色样板	宜尽早与涂料厂家沟通，了解颜色的可获得性、便利性、价格等信息
厂家确认颜色	调配方，确认颜色	调配好的颜色，宜制作多片色板，请设计签字确认后，分别分发给业主、总包、钢结构公司
承包商下定首批面漆	根据设计要求，确定面漆数量	宜计算工程项目所需面漆的总用量，与厂家商议一次性生产的可能性，避免多次生产造成色差。大型工程无法一次性生产的，应将同批次的面漆涂装在临近、易于被观察的钢结构上
厂家生产面漆	根据配方生产	宜采用大生产的方式一次性生产该工程所需的颜色面漆。厂家应具有完整的颜色色差控制体系。面漆发货前，应与之前经建筑师签字确认的色卡进行对比，确保色差细微甚至不可见
修补用的面漆	重新下单，或取用存货	宜取用相同批次的面漆用于修补。金属色面漆可能需要多次修补，也可能需要整个独立面进行重新面漆涂装
工程收尾用的面漆	重新下单，或取用存货	宜取用相同批次的面漆用于修补。某些工程的建设周期很长，某些颜色光泽持久性差的面漆漆膜，可能在工程建设周期1年内褪色，对此，首先应在工程开始前就选用高性能面漆，否则需要根据情况重新涂装面漆

18.5.7　漆膜颜色与光泽的耐久性。

漆膜受紫外线等外界环境影响，会老化而褪色、失去光色，因此，除了考虑新建钢结构的外观装饰性，还应考虑面漆颜色光泽的耐久性。若要建筑物历久常新，且避免经常性面漆重涂，就应采用高性能面漆。面漆颜色光泽的耐久性，可参阅本文第17章第17.3.3条。

18.6　建筑外露钢结构（AESS）的类型

18.6.1　建筑外露钢结构（AESS）的定义与要求。

建筑外露钢结构（英文全称 Architecturally Exposed Steel Structure，简称 AESS）是指无外包裹防护直接暴露在使用环境中的建筑钢结构。这类钢结构在满足建筑结构力学性能的条件下，需进一步提高钢结构制作安装精度要求和外观质量要求，使钢结构构件及其连接部位达到外露可视的美观要求。

AESS 不仅需要更合理的涂装要求，还需要对涂装前钢结构本身的表面处理、焊缝处理、螺栓螺帽处理等提出更高的要求。

18.6.2 建筑外露钢结构（AESS）的分类。

根据外观要求的不同，建筑外露钢结构的外观等级可分为以下 6 种。

1. SSS（Standard Steel Structure）：一般钢结构。无需对外观进行处理。

2. AESS 1：建筑外露钢结构 1 级处理。非常初级处理的外露钢结构。

3. AESS 2：建筑外露钢结构 2 级处理。适用于 6m 以外远观的外露钢结构。

4. AESS 3：建筑外露钢结构 3 级处理。适用于 1.5m 以内可视或可触碰到的外露钢结构。

5. AESS 4：建筑外露钢结构 4 级处理。适用于视觉外观展示的外露钢结构。

6. AESS C：建筑外露钢结构定制处理。根据合同双方自行约定的外观要求进行处理。

前 5 种建筑外露钢结构外观等级的示意图及其描述，可参见图 18.6.2-1 建筑外露钢结构外观等级示意图。对外露钢结构有建筑外观要求时，AESS 等级通常会要求达到 AESS 3 级或 AESS 4 级。相应的处理工艺与涂装工艺，可参阅本书第 19.4.3 节。

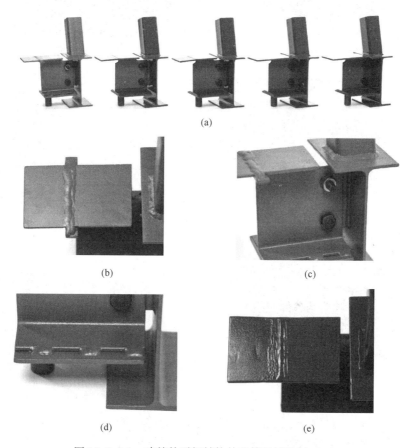

图 18.6.2-1 建筑外露钢结构外观等级示意图（一）

（a）从左到右：SSS、AESS 1、AESS 2、AESS 3、AESS 4；（b）SSS：一般钢结构：焊缝不均匀且不处理；（c）SSS：一般钢结构：螺栓头不处理；（d）SSS：一般钢结构：下翼缘与盖板间的焊缝不连续，点焊；（e）AESS 1：建筑外露钢结构 1 级处理：焊缝均匀、平滑，去除背面焊痕；

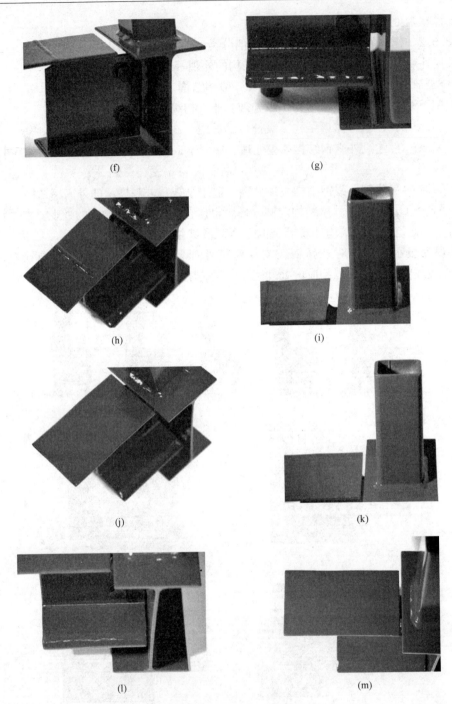

图 18.6.2-1　建筑外露钢结构外观等级示意图（二）

（f）AESS 1：建筑外露钢结构 1 级处理：螺栓头要求处理，去除背面焊痕；（g）AESS 1：建筑外露钢结构 1 级处理：连续焊缝；（h）AESS 2：建筑外露钢结构 2 级处理：普通链接接缝公差；（i）AESS 2：建筑外露钢结构 2 级处理：方管焊缝不处理；（j）AESS 3：建筑外露钢结构 3 级处理：连接缝公差最小化，焊缝磨平，光滑找平；（k）AESS 3：建筑外露钢结构 3 级处理：处理方管焊缝，减弱能见度；（l）AESS 3：建筑外露钢结构 3 级处理：焊缝圆润；（m）AESS 3：建筑外露钢结构 3 级处理：连接缝公差最小化，焊缝磨平，光滑找平；

(n)　　　　　　　　　　　　　　　　　(o)

图 18.6.2-1　建筑外露钢结构外观等级示意图（三）

（n）AESS 4：建筑外露钢结构 4 级处理：焊缝及焊缝边缘圆润光滑；（o）AESS 4：建筑外露钢结构 4 级处理：
表面打磨找平，达到非常光滑平整的效果

参考文献

［1］　色漆和清漆 防护涂料体系对钢结构的防腐蚀保护 第 5 部分：防护涂料体系：GB/T 30790.5—2014［S］. 北京：中国标准出版社，2014.

［2］　漆膜颜色标准样卡：GSB 05-1426—2001［S］. 全国涂料和颜料标准化技术委员会，2006.

［3］　色漆和清漆 不含金属颜料的色漆 漆膜的 20°、60°和 85°镜面光泽的测定：GB/T 9754—2007［S］. 北京：中国标准出版社，2007.

［4］　美国钢结构学会 American Institute of Steel Construction. AESS 综述 All about AESS［J］. Modern Steel Construction，November 2017.

第 19 章 涂 装 施 工

19.1 涂装前钢材表面锈蚀等级和清理等级标准

19.1.1 中国标准规定与要求。

1. 标准与适用范围。

1）现行国家标准《涂覆涂料前钢材表面处理 表面清洁度的目视评定 第 1 部分 未涂覆过的钢材表面和全面清除原有涂层后的钢材表面的锈蚀等级和处理等级》GB/T 8923.1—2011 规定了涂装前钢材表面锈蚀程度和质量的目视评定等级。

2）该标准适用于四种不同锈蚀程度、并经采用喷射清理、手工和动力工具除锈以及火焰除锈方式处理过的热轧钢材表面。冷轧钢材表面锈蚀等级和除锈等级评定也可参照使用。

2. 锈蚀等级如下。

1）钢材表面锈蚀等级分 A、B、C、D 四级，除文字叙述外，还有四张锈蚀等级的典型照片（照片参考该标准中的第 5 部分），以共同确定锈蚀等级。

2）钢材表面锈蚀等级文字表述如下：

（1）A 级 全面覆盖着氧化皮而几乎没有铁锈的钢材表面。

（2）B 级 已发生锈蚀，并且部分氧化皮已剥落的钢材表面。

（3）C 级 氧化皮已因锈蚀而剥落或可以刮除，并有少量点蚀的钢材表面。

（4）D 级 氧化皮已因锈蚀而全面剥离，并且已普遍发生点蚀的钢材表面。

3. 喷射清理等级与要求。

1）喷射清理分四个等级，除文字叙述外，还有除锈等级标准照片（照片参考标准中的第 5 部分），以共同确定除锈等级，除锈等级以字母"Sa"表示。

2）钢材表面除锈前，应清除厚的锈层、油脂和污垢，除锈后应清除钢材表面的浮灰和碎屑。

3）喷射清理等级的文字表述如下：

（1）Sa1：轻度的喷射清理。钢材表面应无可见的油脂或污垢，并且没有附着不牢的氧化皮、铁锈和油漆涂层等附着物。

（2）Sa2：彻底的喷射清理。钢材表面无可见的油脂和污垢，并且氧化皮、铁锈等附着物已基本清除，其残留物应是牢固附着的。

（3）Sa2 1/2：非常彻底的喷射清理。钢材表面无可见的油脂、污垢、氧化皮、铁锈和油漆层等附着物，任何残留的痕迹应仅是点状或条纹状的轻微色斑。

（4）Sa3：使钢材表面洁净的喷射清理。钢材表面应无可见的油脂、污垢、氧化皮、铁锈和油漆层等附着物，该表面应显示均匀的金属光泽（照片参考标准中的第 5 部分）。

注：（1）"附着物"是指焊渣、焊接飞溅物和可溶性盐等。（2）"附着不牢"是指氧化皮、铁锈和油

漆涂层等能以金属腻子刀从钢材表面剥离掉，即可视为附着不牢。

4. 手工和动力工具除锈等级与要求。

1）手工和动力工具除锈，可以采用铲刀、手锤或动力钢丝刷、动力砂纸盘或砂轮等工具除锈，以字母"St"表示。

2）钢材表面除锈前，应清除厚的锈层、油脂和污垢。除锈后应清除钢材表面上的浮灰和碎屑。

3）手工和动力工具除锈等级，除文字叙述外，还有除锈等级标准照片（照片参考标准中的第 5 部分），文字说明如下：

（1）St2：彻底的手工和动力工具清理。钢材表面应无可见的油脂和污垢，并且没有附着不牢的氧化皮、铁锈和油漆涂层等附着物。

（2）St3：非常彻底的手工和动力工具清理。钢材表面应无可见的油脂和污垢，并且没有附着不牢的氧化皮、铁锈和油漆涂层等附着物。除锈应比 St2 更为彻底，底材显露部分的表面，应具有金属光泽。

5. 火焰清理除锈等级与要求。

1）火焰清理表面处理，用字母"F1"表示。

2）火焰清理前，应铲除全部厚锈层。

3）火焰清理后，表面应以动力钢丝刷清理。火焰清理包括最后的动力钢丝刷清理程序，由于手工钢丝刷处理的表面达不到涂覆涂料的要求。

4）清理等级除文字叙述外，还有除锈等级标准照片（照片参考标准中的第 5 部分），其文字表述如下：

F1：火焰清理。在不放大的情况下观察时，表面应无氧化皮、铁锈、涂层和外来杂质。任何残留的痕迹应仅为表面变色。

6. 钢材表面锈蚀等级和除锈等级目视评定要求。

1）评定钢材表面锈蚀等级和除锈等级，应在良好的散射日光下或在照度相当的人工照明条件下进行观察，检查人员应具有正常的视力。

2）评定锈蚀等级时，应以相应锈蚀较严重的等级照片所示的锈蚀等级作为评定结果；评定除锈等级时，应以与钢材表面外观最接近的照片所示的除锈等级作为评定结果。

19.1.2　国际标准规定与要求。

1. 标准与适用范围。

1）国际标准《ISO 8501-1—2007：Preparation of steel substrates before application of paints and related products-Visual assessment of surface cleanliness-Part 1：Rust grades and preparation grades of uncoated steel substrates and of steel substrates after o-verall removal of previous coatings》规定了涂装前钢材表面锈蚀程度和质量的目视评定等级。

2）该标准适用于四种不同锈蚀程度、并经采用喷射清理、手工和动力工具除锈以及火焰除锈方式处理过的热轧钢材表面。冷轧钢材表面锈蚀等级和除锈等级评定也可参照使用。

2. 除锈等级、喷射清理等级、手工和动力工具除锈等级、火焰清理除锈等级、钢材表面锈蚀等级和除锈等级目视评定要求，可参阅第 19.1.1 条。

19.1.3　美国标准规定与要求。

1. 标准与适用范围。

1)《联合表面处理标准》SSPC/NACE 最初是由美国钢结构涂装委员会于 1952 年制定的，在 1963 年和 1975 年进行了修改。它是世界上最早的一份金属表面预处理的质量标准，同时也是在世界各国使用范围较广的除锈标准。

2)《联合表面处理标准》SSPC/NACE 规定了未涂装过及已涂装过的钢材的锈蚀等级和预处理等级。

3)《联合表面处理标准》SSPC/NACE 规定了一系列的钢材表面锈蚀等级和预处理等级。各等级由文字叙述以及照片共同定义，照片附有文字叙述要求的典型实例。

2. 锈蚀等级。

该标准有四个未涂覆钢材的锈蚀等级，分别以 A、B、C、D 表示，以及一个已涂覆涂层钢材的锈蚀风化等级，还包括三个补充等级，等级以文字叙述以及典型样板照片共同定义。

1) A：钢材表面完全覆盖了粘附的氧化皮，很少或没有可见的锈蚀。

2) B：钢材表面覆盖了氧化皮和锈蚀。

3) C：钢材表面完全覆盖了锈蚀，很少或没有可见的麻点。

4) D：钢材表面完全覆盖了锈蚀，有可见的麻点。

5) G：涂层系统涂装在有氧化皮的钢材上，系统完全风化、完全起疱或充满污记。

6) C_{11}：在该系列图片中，存在广泛的针尖锈蚀。

7) C_{12}：在该系列图片中，存在适度的点状锈蚀。

8) C_{13}：在该系列图片中，存在严重的麻点蚀坑。

3. 钢材表面除锈等级，SSPC/NACE《联合表面处理标准》的除锈等级标准规定如下。

1) SSPC-SP 2：手工工具除锈。用手工铲刀铲、刮，用砂布打磨和用钢丝刷子刷，除去疏松的氧化皮、锈和涂层。

2) SSPC-SP 3：动力工具除锈。用动力铲刀、钢丝刷和砂轮等工具进行铲、刷和打磨，除去松动的氧化皮、疏松的锈和涂层。

3) SSPC-SP 4：新钢材火焰除锈。先用火焰喷射，而后用钢丝刷清理，除去锈、松动的氧化皮及某些牢固的氧化皮。

4) SSPC-SP 5/NACE NO. 1：出白级喷射除锈。除锈后表面应没有任何油脂、灰尘、氧化皮、锈、涂层和其他污物，并应呈灰白色、均匀一致的金属光泽，形成适合涂层固着的微小波纹。

5) SSPC-SP 10/NACE NO. 2：近出白级喷射除锈。钢材除锈后，其表面除了由于锈斑、氧化皮、氧化物或微小而牢固的涂层或保护层的残余而引起非常淡的阴影、非常轻微的条纹或轻微的变色允许存在外，该表面上的油脂、灰尘、氧化皮、锈腐蚀产物、氧化物、涂层或其他污物都已完全除去，每平方英寸表面上至少有 95% 的面积应没有任何可见的残留物，并且其余部分应限于上面提到的轻微变色程度。

6) SSPC-SP 6/NACE NO. 3：工业级喷射除锈。钢材除锈后，其表面上任何油脂、灰尘、锈垢和其他污物都已完全除去，并且除了由锈斑、氧化皮、氧化物或极少量而又牢固的涂层或保护层残余而引起的轻微的阴影、条纹或变色允许存在外，所有的锈、氧化皮和旧涂层也都已完全除去，如果表面有蚀坑，蚀坑底部允许有极少量的锈或涂层残渣存在。在每一平方英寸的表面上，至少有三分之二的面积应没有任何可见的残留物，并且其余部分应限于上面提到的轻微变化色或极少量的锈和残渣。

7) SSPC-SP 7/NACE NO.4：清扫级喷射除锈。钢材除锈后，其表面上任何油脂、灰尘、锈垢、松动的氧化皮、疏松的锈和涂层或保护层应完成除去，但是，只要所有的氧化皮和锈都要充分地受到过磨料的喷射，并露出大量均匀地散布于整个表面的基底金属的斑点，那么，牢固附着的氧化皮、锈、涂层和保护层则允许留下。

8) SSPC-SP 8：酸洗除锈。钢材酸洗后，其表面完全除去锈和氧化皮。

9) SSPC-SP 9：风蚀继以喷射除锈。利用风蚀除去所有的或部分的氧化皮，继以喷射除锈达到上述标准的某一等级。

4．钢材表面锈蚀等级及除锈等级照片。

可参考标准：SSPC—VIS1 钢结构表面干喷砂处理指导和照片，SSPC—VIS3 钢结构表面电动和手工喷砂处理照片。

19.1.4　各国除锈等级对应关系。

由于各国制订钢材表面除锈等级时，基本上均以美国和瑞典的除锈标准作为蓝本。因此，各国的除锈等级大体可以对应采用，其对应关系见表 19.1.4-1。

常用各国除锈等级相应关系表

表 19.1.4-1

清理级别/方式	SISO 55900 瑞典	GB/T 8923.1 中国	ISO 8501-1 国际	SSPC 美国	NACE 美国
彻底的手工和动力工具清理	St2	St2	St2	SP 2①	不适用
非常彻底的手工和动力工具清理	St3	St3	St3	SP 3②	不适用
轻度的喷射清理	Sa1	Sa1	Sa1	SP 7	NO.4
彻底的喷射清理	Sa2③	Sa2③	Sa2③	SP 6③	NO.3③
非常彻底的喷射清理	Sa21/2④	Sa21/2④	Sa21/2④	SP 10④	NO.2④
使钢材表面洁净的喷射清理	Sa3	Sa3	Sa3	SP 5	NO.1
酸洗清理	不适用	不适用	不适用	SP-8	不适用

注：SSPC 表面处理标准中，SP 2 和 SP 3 级别的说明如下：

① 虽然 SP 2 与 St2 级别近似，但 SP 2 仅指手工工具清理。

② 虽然 SP 3 与 St3 级别近似，但 SP 3 仅指动力工具清理。

③ 美标 SSPC/NACE 联合标准中的 SP 6/ NO.3 级别与其他对应级别的描述近似，但并不完全一致。

④ 美标 SSPC/NACE 联合标准中的 SP 10/ NO.2 级别与其他对应级别的描述近似，但并不完全一致。

19.2　钢材涂装前的表面处理

19.2.1　对未涂装表面的评估方法。

1．在确认表面处理方法和制定具体的表面处理方案之前，应参照现行国家标准《涂覆涂料前钢材表面处理　表面清洁度的目视评定　第 1 部分：未涂覆过的钢材表面和全面清除原有涂层后的钢材表面的锈蚀等级和处理等级》GB/T 8923.1—2011 中的典型照片作为参照，确定钢材的锈蚀等级。

2. 处理前，应收集以下未涂装的表面信息。

1）从生产厂家获取的钢材信息：包括钢材的材质、等级、形状、厚度、表面处理工艺等；

2）有关表面化学污染物的相关信息；

3）根据现行国家标准《涂覆涂料前钢材表面处理　表面清洁度的目视评定　第 1 部分：未涂覆过的钢材表面和全面清除原有涂层后的钢材表面的锈蚀等级和处理等级》GB/T 8923.1—2011 评估锈蚀等级以及相关细节。

19.2.2　已涂装表面的评估方法。

处理前，应收集以下已涂装的表面信息。

1）从生产厂家获取的钢材信息：包括钢材的材质、等级、形状、厚度、表面处理工艺等；

2）涂料体系的类型（例如底漆，中间漆，面漆所属类型），各层漆膜厚度，漆膜状态以及已使用年限；

3）根据国家标准《色漆和清漆 涂层老化的评级方法》GB/T 1766—2008 评定已覆盖涂层的老化补充细节，并评定其起泡等级、开裂等级、脱落等级；

4）有关表面漆膜附着力、化学及其他污染物的相关信息。

19.2.3　选择表面处理方法及等级的因素。

1. 待处理表面的状态；

2. 选择表面处理的方法（局部还是整体）；

3. 拟采用的涂料配套体系；

4. 可行性及经济性；

5. 涂装后所处的使用环境；

6. 要求达到的表面处理等级和效果。

19.2.4　表面处理方法。

1. 清洗前，应将钢材表面多余的可见油脂、灰土等用钢丝刷去除。

2. 清洗方法：

1）擦洗钢材表面，在清洗最后一步时，应使用干净的溶剂或者抹布擦拭清洗。

2）喷洗钢材表面，在清洗最后一步时，应使用干净的溶剂进行喷洗。

3）浸泡钢材表面，在清洗最后一遍时，所用浸泡溶液不应对钢材及涂装表面产生不良影响。

4）使用乳化剂或者洗涤剂作为清洗溶液的，应在上述处理工序完成后，使用蒸汽或淡水去除附在钢材上的表面有害残留物。

19.2.5　清洗过程中的注意事项可参见表 19.2.5-1。

各类清洗方法中的适用范围和注意事项　　　　　　　　　　表 19.2.5-1

清洗方法	适用范围	注意事项
溶剂清洗 （如工业汽油）	去除油、油脂、可溶物污物和可溶性涂层	如需保留旧涂层，应使用对旧涂层无伤的溶剂；溶剂和抹布应该经常更换，在最后一步时，使用干净的溶剂或者抹布擦拭清洗

清洗方法	适用范围	注意事项
碱清洗剂清洗（如磷酸三钠）	去除皂化涂层、油及油脂	清洗后，应用水冲洗，最好用加压的热水冲洗；冲洗后，钢材表面的 pH 值应不大于冲洗用水的 pH 值；钢材表面应做钝化处理，如需保留旧涂层，应使用对旧涂层无伤的溶剂
乳剂清洗	去除油、油脂和其他污物	清洗后，应将残留物从钢材表面上冲洗干净
蒸汽清洗（可与洗涤剂及碱清洗剂一同使用）	去除油、油脂和其他污物，当压力和温度也达到一定程度时，也可去除涂层。	清洗时可能将原涂层侵蚀或破坏，清洗后应将残留物从钢材表面上冲洗干净

19.2.6 表面处理方法。

1. 酸洗前处理要求。

1）酸洗前，应除去掉钢材表面上绝大部分油、油脂、润滑剂及其他污物（不包括氧化皮和氧化物）。

2）必要时使用工具除锈或者喷（抛）除锈的方法除掉表面上大部分氧化皮、锈和旧涂层，以缩短酸洗时间。

2. 酸洗方法如下。

1）常温酸洗：

（1）将钢材表面侵入常温的硫酸、盐酸、磷酸或者混合酸中，直至氧化皮和表面锈迹全部去除。酸洗液中应加入适量的缓冲剂，以减少对钢材本身的腐蚀。

（2）使用淡水冲洗掉酸溶液。

（3）分别依次侵入或者喷淋钝化液进行钝化处理。

（4）盐酸槽内所溶铁含量不应超过 10%。

2）加温酸洗：

（1）将钢材表面侵入 60℃以上、浓度为 5%～10%（质量分数）的硫酸溶液中，直至氧化皮和锈迹全部去除。酸洗液中应加入适量的缓冲剂。

（2）使用淡水冲洗掉酸溶液。

（3）将钢材表面放在 80℃左右，含 0.3%～0.5% 的磷酸铁，浓度为 1%～2%（质量分数）的磷酸溶液中浸泡 1～5min。

（4）硫酸槽中的铁溶液含量不应该超过溶液 6%（质量分数）。

19.2.7 酸洗后的注意事项。

1. 酸洗后的钢材应用干净的高压空气将钢材表面的水分吹干，钢材表面在未完全干燥前，不应该将钢材堆放，使表面之间互相接触。

2. 酸洗后钢材表面应没有肉眼可见的氧化皮、锈迹和旧涂层。

3. 钢材酸洗处理后的表面状态应满足涂装要求，必须在可见锈迹出现前进行涂装。

4. 酸洗后的钢材表面颜色应该均匀。值得注意的是，因钢材材质、牌号、原始锈蚀程度、原加工痕迹（如轧制等）而造成的不均匀是允许的。

5. 盐酸处理后的钢材表面应呈均匀银色，硫酸处理后的钢材表面应呈均匀淡灰色，磷酸处理后的钢材表面应呈均匀浅灰色，基本无挂灰现象出现。

19.3　涂料的施工方法

19.3.1　随着涂料工业和涂装技术的发展，新的涂料施工方法和施工工具将不断出现。每一种方法，都有各自的特点、适用的涂料和适用的范围，所以，正确选用施工方法是涂装施工管理工作的重要组成部分。合理的施工方法，对保证涂装质量、施工进度、节省材料和降低成本有很大的影响。常用涂料施工方法的特点和选择要求如下。

1. 涂料施工方法的选择，应根据被涂物的材质、形状、尺寸、表面状态、涂料品种、施工现场的环境和现有的施工工具（或设备）等因素综合考虑确定。

2. 常用的涂料施工方法比较，可参见表 19.3.1-1。

各种涂料施工方法的比较　　　　　　　　　　　　　表 **19.3.1-1**

施工方法	适用的涂料			被涂物	使用工具或设备	优缺点
	干燥速度	黏度	品种			
刷涂法	干性较慢	塑性小	油性漆、酚醛漆、醇酸漆等	一般构件及建筑物、各种设备及管道	各种毛刷	投资少、施工方法简单、适于形状及大、小面积的涂装。缺点是装饰性较差、施工效率低
手工滚涂法	干性较慢	塑性小	油性漆、酚醛漆、醇酸漆等	一般大型平面的构件和管道等	滚子	投资少、施工方法简单、适用于大面积物的涂装。缺点同刷涂法
浸涂法	干性适当、流平性好、干燥速度适中	触变性小	各种合成树脂涂料	小型零件、设备和机械部件	浸漆槽、离心及真空设备	设备投资较少、施工方法简单、涂料损失少、适于构造复杂的构件。缺点是流平性不太好，有流坠现象，溶剂易挥发
空气喷涂法	挥发快和干燥适宜	黏度小	各种硝基漆、橡胶漆、过氯乙烯漆、聚氨酯漆等	各种大型构件、设备和管道	喷枪、空气压缩机、油水分享器等	设备投资较多，施工方法较复杂、施工效率较刷涂法高。缺点是损耗涂料和溶剂量大，污染现场，易引起火灾
无气喷涂	具有高沸点溶剂的涂料	高不挥发分，有触变性	厚浆型涂料和高不挥发分涂料	高压无气喷枪、空气压缩机等	高压无气喷枪、空气压缩机等	设备投资较多，施工方法较复杂，效率比空气喷涂法高，能获得厚涂层。缺点是损失部分涂料，装饰性较差

3. 各种涂料与相适应的施工方法，可参见表 19.3.1-2。

各种涂料与相适应的施工方法　　　　　表 19.3.1-2

涂料各类 施工方法	酯胶漆	油性调和漆	醇酸调和漆	酚醛漆	醇酸漆	沥青漆	硝基漆	聚氨酯漆	丙烯酸漆	环氧乙烯漆	过氯乙烯漆	氯化橡胶漆	氯磺化聚乙烯漆	聚酯漆	乳胶漆	有机硅漆
刷涂	1	1	1	1	2	2	4	4	4	3	4	3	2	2	1	3
滚涂	2	1	1	2	2	3	5	3	3	3	5	3	3	2	2	3
浸涂	3	4	3	2	3	3	3	3	3	3	3	3	3	1	2	3
空气喷涂	2	3	2	2	2	1	2	1	1	1	2	1	1	2	2	1
无气喷涂	2	3	2	2	2	3	1	1	1	2	2	1	1	2	2	1

注：1—优；2—良；3—中；4—差；5—劣。

19.3.2 刷涂法的特点与要求。

1. 刷涂法：用漆刷进行涂装施工的一种方法。这种方法虽然古老，但至今仍被普遍采用，是其他喷涂方法的补充，尤其是在修补时应用广泛。刷涂法的优点是：工具简单、施工方便、容易掌握、适应性强、节省漆料和溶剂，并可用于多种涂料的施工。缺点是：劳动强度大、生产效率低、施工的质量在很大程度上取决于工人的操作技术，对于一些快干和分散性差的涂料不太适用。

2. 漆刷的种类很多，按形状可分为圆形、扁形和歪脖形三种；按制作材料可分为硬毛刷和软毛刷两种。硬毛刷主要用猪鬃制作，软毛刷主要用狼毫、羊毛等制作。

漆刷的选择，一般要求漆刷前端整齐，手感柔软，无断毛和倒毛，使用时不掉毛，沾溶剂后甩动漆刷，其前端刷毛不应分开。

3. 漆刷与适用的涂料。

1）刷涂底漆、调和漆和磁漆时，应选用扁形或歪脖形、弹性大的硬毛刷，因这几类漆的黏度较大。

2）刷涂油性清漆时，应选用刷毛较薄、弹性较好的猪鬃刷或羊毛等混合制作的板刷和圆刷。

3）刷涂树脂清漆或其他清漆时，由于这些漆类的黏度较小、干燥快，而且在刷涂第二遍时，容易使前一道漆膜溶解，因此，应选用弹性好、刷毛前端柔软的软毛板刷或歪脖形刷。

4. 刷涂操作方法基本要点：刷涂质量好坏，主要取决于操作者的实际经验和熟练程度。刷涂时，应注意以下基本操作要点。

1）使用漆刷时，因涂刷速度慢，应尽量使用小容量且能够密闭的器具，防止油漆固化而浪费；毛刷一般应采用直握方法，用手将漆刷握紧，主要以腕力进行漆刷操作。

2）涂漆时，漆刷应蘸少许涂料，刷毛浸入漆的部分，应为毛长的二分之一到三分之一。蘸漆后，要将漆刷在漆桶内的边上视情况轻抹除去流滴的漆料，防止滴落或在构件表面产生大量流挂，提高附着力。

3）刷涂时，应根据钢构件的部位选择合适尺寸的毛刷，大面积刷涂采用大尺寸毛刷，对于修补和点涂，须使用尺寸较小的毛刷，保证刷涂质量，减少油漆损耗。

4）对干燥较慢的涂料，应按涂敷、抹平和修饰三道工序进行操作：

（1）涂敷：将涂料大致地涂布在被涂物表面上，使涂料分开；

（2）抹平：用漆刷将涂料纵、横反复地抹平至均匀；

（3）修饰：用漆刷按一定方向轻轻地涂刷，消除刷痕及堆积现象；

（4）进行涂敷和抹平时，应尽量使漆刷垂直，用漆刷的腹部刷涂。进行修饰时，则应将漆刷放平些，用漆刷的前端轻轻地涂刷；

5）对干燥较快的涂料，应从被涂物的一边按一定的顺序快速、连续地刷平和修饰，不宜反复刷涂；

6）刷涂的顺序：一般应按自上而下、从左到右、先里后外、先斜后直、先难后易的原则，最后用漆刷轻轻地抹理边缘和棱角，使漆膜均匀、致密、光亮和平滑；

7）刷涂的走向：刷涂垂直表面时，最后一道应由上向下进行；刷涂水平表面时，最后一道应按光线照射方向进行；

8）在修补时，应先用砂纸打磨原有油漆表面，并使表面光滑过渡，油漆不易过浓，应从中间向四周涂刷，最后一道整体涂刷一遍。

19.3.3　滚涂法的特点与要求。

1. 滚涂法：用羊毛或合成纤维做成多孔吸附材料，贴附在空心圆筒制成的滚子上，进行涂料施工的一种方法，是其他喷涂方法的补充，尤其是在修补时应用广泛。该法施工用具简单，操作方便，施工效率比刷涂法高 1～2 倍，用漆量和刷涂法基本相同，缺点是：劳动强度大，生产效率比喷涂法低，而且该法只适用于较大面积的物体。主要用于水性漆、油性漆、酚醛漆和醇酸漆类的涂装。

2. 滚涂法施工操作基本要点如下。

1）滚涂时，因涂刷速度慢，应尽量使用小容量且能够密闭的器具，防止油漆固化而浪费；涂料应倒入装有滚涂板的容器中，将滚子的一半浸入涂料，然后提起，在滚涂板上来回滚涂几次，使滚子全部均匀地浸透涂料，并把多余的涂料滚压掉，提起涂料滚时不流滴为好。

2）把滚子按 W 形轻轻地滚动，将涂料大致地涂布于被涂物表面上，接着把滚子做上下密集滚动，将涂料均匀地分布开，最后使滚子按一定的方向滚动，滚平表面并修饰。

3）在滚动时，初始用力要轻，以防流淌，随后逐渐用力，致使涂层均匀。

4）滚子用后，应尽量挤压掉残存的涂料，或用涂料的溶剂清洗干净，晾干后保管起来，或悬挂着将滚子部分全部浸泡在溶剂中，以备使用。

19.3.4　浸涂法的特点与要求。

1. 浸涂法：将被涂物放入漆槽中浸渍，经一定时间取出后吊起，让多余的涂料尽量滴净，并自然晾干或烘干。浸涂法的特点是生产的率高，操作简单，涂料损失少。适用于形状复杂的、骨架状的被涂物，可使被涂物的里外同时得到涂装。

2. 浸涂法主要适用烘烤型涂料的涂装，但也用于自干型涂料的涂装，一般不适用于挥发型快干的涂料。该法用的涂料应具备以下性能。

1）涂料在低黏度时，颜料应不沉淀；

2）涂料在浸涂槽中和物件吊起后的干燥过程中不结皮；

3）涂料在槽中长期贮存和使用过程中，应不变质、性能稳定、不产生胶化。

3. 浸涂法施工操作基本要点如下。

1）为防止溶剂在厂房内扩散和灰尘落入槽内，应隔离浸涂装备。在作业以外的时间，小的浸涂槽应加盖，大槽浸涂应将涂料存放于地下漆库。

2）浸涂槽敞口面应尽可能小些，以减少稀料挥发和加盖方便。

3）在浸涂厂房内应装置排风设备，及时地将挥发的溶剂排放出去，以保证人身健康和避免火灾。

4）涂料的黏度对浸涂漆膜质量有很大的影响，在施工过程中，应保持涂料黏度的稳定性，每班应测定 1~2 次黏度，如果黏度增稠，应及时加入稀释剂调黏度。

5）对被涂物应检查是否设置流漆空，保证被涂物在平面内油漆能自由流动，并在提起时能够排出流动的油漆。

6）对被涂物采用装挂的，应预先通过试浸来设计挂具及装挂方式，确保工件在浸涂时处于最佳位置，使被涂物的最大面接近垂直，其他平面与水平呈 10°~40°，使漆料能在被涂物面上能较流畅地流尽，力求不产生堆漆或气泡现象。

7）浸涂过程中，由于溶剂的挥发，易发生火灾，除及时排风外，在槽的四周和上方应设置有二氧化碳或蒸汽喷嘴的自动灭火装置，以备在发生火灾时使用。

19.3.5　空气喷涂法的特点与要求。

1. 空气喷涂法：利用压缩空气的气流将涂料带入喷枪，经喷嘴吹散成雾状，并喷涂到物体表面上的一种涂装方法。优点是：可以获得均匀、光滑平整的漆膜；工效比刷涂高 3~5 倍，一般每小时可喷涂 100~150m^2；主要适用于喷涂快干漆，但也可用于一般合成树脂漆的喷涂。缺点是：喷涂时漆料需加入大量的稀释剂，喷涂后形成的漆膜较薄；涂料损失较大，涂料利用率一般只有 50%~60%；飞散在空气中的漆雾对操作人员身体有害，同时污染了环境。

2. 喷枪的种类：按涂料供给方式可分为吸上式、重力式和压送式三种，特点如下。

1）吸上式喷枪：如图 19.3.5-1 所示。涂料罐安装在喷枪下方，靠环绕喷嘴四周喷出的气流在喷嘴部位产生的低压而吸引涂料，并同时雾化。该喷枪的涂料喷出量受涂料黏度和比重影响，而且与喷嘴的口径大小有关。吸上式的优点是操作稳定性好，更换涂料方便，主要适用于小面积物体的喷涂，以及对构件的修补或点补。其缺点是：由于涂料罐小，使用过程中要不断地卸下加涂料。

2）重力式喷枪：如图 19.3.5-2 所示。这种喷枪的涂料罐安装在喷枪的上方，涂料靠自身的重力流到喷嘴；并和空气流混合雾化而喷出。这种喷枪的优点是：杯的位置自由，涂料容易流出，使用方便。缺点是稳定性差，不易作仰面喷涂，使用过程也要卸下涂料罐加料。

3）压送式喷枪：如图 19.3.5-3 所示。涂料从增压箱供给，以过喷枪喷出。加大增压箱的压力，可同时供

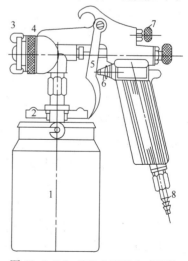

图 19.3.5-1　PQ. 2 型吸上式喷枪

1—漆壶；2—螺丝；3—空气喷嘴旋钮；
4—螺帽；5—扳机；6—空气阀杆；
7—控制阀；8—空气接头

给几支喷枪喷涂。这类喷枪主要用于涂料使用量大的工业涂装。

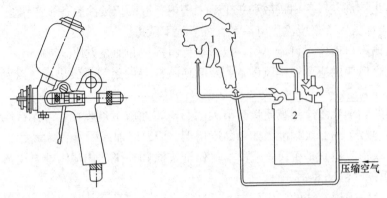

图 19.3.5-2　重力式喷枪

图 19.3.5-3　压送式喷枪

1—喷枪；2—油漆增压箱

3. 常用喷枪规格。

1）PQ. 1 型对嘴式喷枪：为吸上式喷枪，结构较简单。一般工作压力为 0.28～0.5MPa，喷嘴口径为 2～3mm。适用于小面积物体的施工。

2）PQ. 2 型喷枪：亦称扁嘴喷枪，也属吸上式类型。工作压力为 0.3～0.5MPa，喷嘴口径为 1.8mm，喷涂有效距离为 250～260mm。喷涂时可用控制阀调节风量、漆雾的方向和形状。

3）GH. 4 型喷枪：也为吸上式类型。工作压力为 0.4～0.5 MPa，喷嘴口径为 2～2.5mm，漆雾形状可调节。

4）KP. 10 型、KP. 20 型和 KP. 30 型喷枪：是三种不同方式供漆的喷枪。KP. 10 为重力式、KP. 20 为压送式、KP. 30 为吸上式。这三种喷枪工作压力为 0.3～0.4MPa，喷嘴在 1.2～2.5mm 之间。

4. 喷枪的选择：选择喷枪时，除作业条件外，还应从喷枪本身的大小和质量、涂料使用量和供给的方式以及涂料喷嘴的口径等方面考虑，要求如下。

1）喷枪本身的大小和重量：从减轻操作者的强度来说，希望小型体轻为好。但是枪体小也有不利之处，如涂料的喷出量和空气量较小，而使喷枪运行速度慢，作业效率下降。选择大型喷枪，可以提高效率，但要与被喷物体的大小相适应，喷涂小物件时，要造成漆料很大的损失。

2）涂料的使用量和供给方式：涂料用量小、颜色更换次数多，喷平面物件时，可选用重力式小喷枪，但不适用仰面喷涂；涂料用量稍大、颜色更换次数多，特别是喷涂侧面时，宜选用容量为 1L 以下的吸上式喷枪。如果喷涂量大，颜色基本不变的连续作业时，可选用压送式喷枪，用容量为 10～100L 的涂料增压箱。若喷涂量更大时，可采用泵和涂料循环管道压送涂料。压送式喷枪重量轻，上下左右喷涂都很方便，但清洗工作较复杂，施工时要有一定技术和熟练程度。

3）喷嘴口径：喷嘴口径越大，喷出涂料量越大。对使用高黏度的涂料，可选用喷嘴口径大一些的喷枪，或选用可以提高压力的略小口径的压送式喷枪；对喷涂漆膜外观要求不高，又要求较厚的涂料时，可选用喷嘴口径较大的喷枪，如喷涂底漆或厚浆型涂料；

喷涂面漆时，因要求漆膜均匀、光滑平整，则应选用喷嘴口径较小的喷枪。

5. 施工操作基本要点。

1) 喷枪的调整：喷枪是空气喷涂的主要工具。在进行喷涂时，必须将喷枪控制空气压力、喷出量和喷雾幅度的系统调整到适当的程度，才能保证喷涂质量。

（1）空气压力的控制：应根据各种喷枪产品说明的规定调整。空气压力大，可增强涂料的雾化能力，但涂料飞散大，损失也大。空气压力过低，漆雾变粗，漆膜容易产生橘皮、针孔等缺陷。

（2）涂料喷出量的控制：吸上式和重力式喷枪的针阀可以控制喷出量，但很有限，只能作适当的调节；压送式喷枪的喷出量，可用调节涂料增压箱的压力来控制喷出量，再用喷枪的调节装置略加调整到喷出量适宜为止。

（3）喷雾形状和幅度的控制：一般喷出量大，喷雾幅度也大，所以喷雾幅度可调节喷枪的压力装置来控制。喷雾形状可调节喷枪的幅度调节装置来控制，该装置可将形状设成圆形或椭圆形。由于椭圆形涂装效率高，而常被采用于大的物件和涂装量大的工程。

2) 喷枪的操作：在喷涂操作过程中，喷枪的距离、运行方式和喷幅的搭接是喷涂的基本技术。

（1）喷涂距离：是指喷枪嘴到被涂物表面的距离。喷距过远，漆雾易散落，造成漆膜过薄而无光；喷距过近，漆膜容易产生流淌和橘皮等现象。喷涂的距离，应根据涂压力和喷嘴的大小来确定，一般使用大口径喷枪时为 200～300mm，使用小口径喷枪时为 150～250mm。

（2）喷枪的运行方式：包括喷涂角度和喷涂速度。在喷涂过程中，应保持喷枪与被涂物表面呈直角状态和平行运行；喷枪的运行速度为 30～60cm/s，并应稳定。喷枪角度倾斜，漆膜易产生条纹和斑痕。运行速度过快，漆膜易粗糙而薄；运行速度过慢，漆膜易流淌而厚。

（3）喷幅搭接的宽度：一般为有效喷幅宽度的 1/4～1/3，并应保持一致。搭接宽度过多和过少，或者不定，都会造成漆膜厚度不匀等现象。

6. 喷涂时，喷幅缺陷产生的原因及防治方法，见表 19.3.5-1。

空气喷涂时喷雾图样不完整的原因及防治方法　　　　　　　　表 19.3.5-1

现象	原因	防治方法
1. 涂料时有时无	1. 空气进入涂料通道中； 2. 涂料容器中涂料不足； 3. 涂料接头松弛和破损； 4. 涂料通道堵塞； 5. 喷嘴损伤或紧固不好； 6. 针阀密封垫圈破损、松弛； 7. 涂料黏度过高； 8. 吸上式和重力式喷枪的涂料容器盖上的空气孔堵塞	1. 防止空气进入涂料通道； 2. 补加涂料； 3. 紧固更换； 4. 除去干固附着的涂料； 5. 更换、紧固； 6. 更换、紧固； 7. 稀释； 8. 除去堵塞物

续表

现象	原因	防治方法
2. 喷雾图样不完整（呈拱形）	空气帽的角孔堵塞； 涂料喷嘴一侧有污物； 空气帽中心孔和涂料喷嘴之间受堵或空气帽的辅助喷射孔堵塞； 空气帽和涂料喷嘴的接触面有污物附着； 空气帽和喷嘴的其中之一面损伤	先喷一下，然后转动空气帽180°，取两者的喷雾图样比较，如果喷雾图样相同，是喷嘴不良；如果喷雾图样不同，则是空气帽不良； 除去堵塞物； 除掉污物； 除掉堵塞物； 除去污物； 更换
3. 一方过浓	1. 空气帽和喷嘴的间隙部分有污物或干涂料附着； 2. 空气帽松弛； 3. 空气帽或喷嘴变形	1. 除去污物或干料； 2. 紧固； 3. 更换
4. 中部稀薄两边浓	1. 喷涂气压过高； 2. 涂料黏度过低； 3. 角孔空气量过多； 4. 在空气帽和喷嘴的间隙中有污物或涂料； 5. 喷出量小	1. 调节喷涂气压； 2. 提高涂料黏度； 3. 减少角孔空气量； 4. 除去污物或干固的涂料； 5. 加大喷出量
5. 喷雾图样小	1. 喷涂压力过低； 2. 喷嘴的口径磨损过大； 3. 空气帽和喷嘴间隙过大	1. 调节喷涂气压； 2. 更换喷嘴； 3. 更换空气帽
6. 雾化不良	1. 涂料黏度过高； 2. 涂料的喷出量过大	1. 稀释； 2. 使喷出量适当
7. 中部浓两端过薄	1. 空气调节螺栓帽拧得太紧； 2. 喷涂气压过低； 3. 涂料黏度过高； 4. 压送涂料压力过高； 5. 涂料喷嘴过大	1. 放松； 2. 提高； 3. 调稀； 4. 降低； 5. 更换

19.3.6　无气喷涂法的特点与要求。

1. 无气喷涂法：利用特殊形式的气动、电动或其他动力驱动的液压泵，将涂料增至高压（当涂料通过喷枪喷嘴喷出时，速度约 100m/s）喷出，随着冲击空气和高压的急速下降及涂料溶剂的急剧挥发，喷出的涂料体积骤然膨胀雾化，高速地分散在被涂物表面上，形成漆膜。因为涂料的雾化和涂料的附着不是用压缩空气，所以称为无气喷涂，又因利用高液压，故又称为高压无气喷涂。其特点如下。

1）无气喷涂法的优点。

（1）喷涂效率高。每小时可喷涂 300~400m²，比手工刷涂约高 10 倍多，比空气喷涂高 3 倍以上。

（2）对涂料的适应性强。由于无气喷枪产品已系列化，可以满足各种涂料施工的不同要求，特别是对厚浆型的高黏度涂料，更为适应。

（3）涂膜厚。选用适当的喷涂设备和喷嘴，喷涂一道漆膜厚度可达 $15\sim350\ \mu m$，可缩短工期。

（4）喷涂漆雾比空气喷涂法小，涂料利用率较高。

（5）稀释剂用量比空气喷涂法少，可以节省稀释剂，减少环境的污染。

（6）一般拐角及间隙处都可喷涂。

2）无气喷涂的缺点。

（1）喷枪的喷雾幅度和喷出量不能调节，若要改变时，须更换喷嘴。

（2）无气喷涂法虽较空气喷涂法的漆料利用率高，但比刷涂法损失大，同时对环境也有一定程度的污染。

（3）不适宜喷涂面积较小的物件。

（4）对操作技术要求较高。

2. 无气喷涂装置：如图 19.3.6-1 所示，主要由无气喷涂机、喷枪、高压输漆管等组成。组成部件特点如下。

1）无气喷涂机：按动力源可分为：气动型、电动型和油压型三种类型。

（1）气动型无气喷涂机：安全，容易操作。在易燃的溶剂蒸气环境中使用无任何危险，机械构造较为简单，因而使用期长。缺点是动力消耗大和产生噪声。

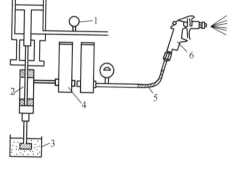

图 19.3.6-1　无空气喷涂装置图
1—动力源；2—柱塞泵；3—涂料容器；
4—蓄压器；5—输漆管；6—喷枪

（2）电动型无气喷涂机：移动方便，不需要特殊的动力源，如空气压缩机等；电机不经常起动，可连续运转。缺点是不如气动型和油压型的喷涂机安全。

（3）油压型无气喷涂机：动力利用率高（约为气动的 5 倍），因无排气装置而噪音低，与气动型同样安全，整机也容易维护。其缺点是需用油压源，有可能混入涂料中，影响喷涂质量。

（4）常用的几种气动无气喷涂机规格，可参见表 19.3.6-1。

常用的气动无气喷涂规格　　　　　　　表 19.3.6-1

	GPQ12 型	GPQ12C 型	GPQ13C 型	GPQ13CB 型	GPQ14C 型	GPQ14CB 型
压力比	65：1	65：1	46：1	46：1	32：1	32：1
涂料喷出量（L/min）	13	13	18	18	27	27
进气压力（MPa）	0.3～0.6	0.3～0.6	0.3～0.6	0.3～0.6	0.3～0.6	0.3～0.6
最大喷嘴号	026～40	026～40	034～40	034～40	050～45	050～45
空气消耗量（L/min）	300～1600	300～1600	300～600	300～600	300～1600	300～1600
重量（kg）	28.5	33	29	33.5	30	34.5
外形尺寸（mm）	400×340×600	416×380×60	400×340×60	416×380×600	400×340×600	416×380×600

注：GPQ12C、GPQ13C 和 GPQ14C 为手提轻便型，GPQ12、GPQ13CB 和 GPQ14CB 为小车移动型。

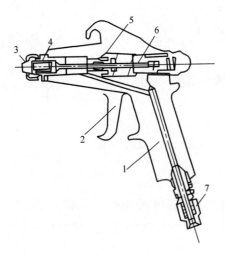

图 19.3.6-2　无气喷枪

1—枪身；2—扳机；3—喷嘴；4—过滤网；

5—衬垫；6—顶针；7—自由接头

2）无气喷枪：无气喷枪如图 19.3.6-2 所示。根据用途不同，无气喷枪分为手提式、长柄式和自动式三种。手提式无气喷枪由枪身、喷嘴、过滤网和连接件组成。常用喷枪型号、名称和规格包括：SPQ：手提式无气喷枪；CPQ05：0.5m 长柄式无气喷枪；CPQ10：1.0m 长柄式无气喷枪；CPQ15：1.5m 长柄式无气喷枪；ZPQ：自动式无气喷枪。选择无气喷枪的要求如下。

（1）密封性好，不泄漏高压涂料。

（2）枪机灵活，喷出或切断漆流可瞬时完成。

（3）重量轻。

3）喷嘴：喷嘴是无气喷枪的重要部件之一，直接影响涂料雾化优劣、喷流幅度和喷出量的大小。因此，要求喷嘴孔的光洁度高和几何形状精确。喷嘴一般用耐磨性能好的硬质合金加工制造，但由于受高速压漆流的作用，易磨损。磨损的喷嘴，涂料的喷出量增大，喷流幅度也扩大，易使漆膜产生流淌等缺陷。

（1）喷嘴的类型、规格很多。可与上述喷枪配套的有以下四种类型，即 C 型、P 型、W 型和 Z 型。每一类型喷嘴又有许多型号或品种，每一品种，都有一定的使用范围和相适用的涂料。每种类型喷嘴与相适用的涂料和型号举例如表 19.3.6-2 所示喷嘴类型，可按表 19.3.6-2 选用。

喷嘴的类型与相适应的涂料　　　　　　　　　　　　　　　　表 19.3.6-2

类型	适用的涂料	型号列举	
		最小型号	最大型号
C 型喷嘴	黏度较低、外观要求较高的涂料	03C10	38C60
P 型喷嘴	外观要求一般、厚浆型涂料	002P10	050P45
W 型喷嘴	乳胶和水性涂料	03W10	38W60
Z 型喷嘴	无机和有机富锌涂料	06Z15	38Z55

（2）型号的表示示例如下：

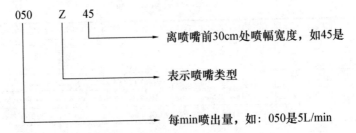

离喷嘴前30cm处喷幅宽度，如45是

表示喷嘴类型

每min喷出量，如：050是5L/min

（3）喷嘴的型号，可根据所需的喷出量和喷幅宽度来选用，要求如下：

① 考虑喷出量要求：泵流量大，可选用较大的喷嘴；要求一次漆膜较厚时，可选较

大的喷嘴，反之，则可选较小的喷嘴；要求面漆质量高时，可选较小的喷嘴；喷底漆时，可选较大的喷嘴。

② 考虑喷幅宽度要求：被涂物面积较大，可选较大喷嘴；被涂物面积较小或较窄，则应选较小的喷嘴。

4）高压输漆管：是无气喷涂装置的重要部件之一。一般要求耐高压（25MPa 以上）、耐磨、耐腐蚀和耐溶剂，轻便柔软。目前生产的高压输漆管为钢丝编织合成树脂管。常用的品种有：内径为 6mm、8mm 和 10mm 三种，工作压力分别为 48MPa、48MPa 和 33MPa。一般每根长为 10m，可用中间接头连接所需的长度。对喷涂常规涂料，输漆管可接长些，约 150m；对喷涂厚浆型涂料，输漆管可接短些，约 30m。

3. 无气喷涂施工操作要点如下。

1）喷距：喷枪嘴与被喷物表面的距离，一般应控制在 300～380mm 为宜。

2）喷幅宽度：较大的物件以 300～500mm 为宜，较小的物件 100～300mm 为宜，一般以 300mm 左右为宜。

3）喷枪与物面的喷射角度为 30°～80°。

4）喷幅的搭接应为幅宽的 1/6～1/4，视喷幅的宽度而定。

5）喷枪运行速度为 60～100cm/s。

6）因喷涂效率高，要随时采用湿膜测厚仪进行测量，根据不同油漆的品种和厚度确定喷涂的遍数。

7）喷涂顺序应先难后易，应用刷涂或滚涂的方式对构件的小空洞比如螺栓孔、应力孔等进行预涂，同时对构件边角位置进行预喷涂，再进行大面积喷涂。

8）喷涂前，应测试喷幅、喷射角度以及喷嘴的通畅性，试枪应对准盛装油漆的容器。

4. 施工注意事项如下。

1）喷涂装置使用前，应首先检查高压系统各固定螺母以及管路接头是否拧紧，若松动，则应拧紧。

2）涂料应经过滤后才能使用，否则容易堵塞喷嘴。

3）喷涂过程中，不得将吸入管拿离涂料液面，以免吸空，造成漆膜流淌。涂料容器内的涂料不应太少，应经常注意加入涂料。

4）发生喷嘴堵塞时，应关枪，将自锁挡片置于横向，取下喷嘴，先用刀片在喷嘴口切割数下（不得用刀尖凿），用刷子在溶剂中清洗，然后再用压缩空气吹通或用木钎捅通，不可用金属丝或铁钉捅喷嘴，以防损伤内面。

5）喷涂过程中，如果停机时间不长，可不排出机内涂料，把枪头置于溶剂中即可，但对于双组分涂料（干燥较快的），则应排出机内涂料，并应清洗整机。

6）喷涂结束后，将吸入管从涂料桶中提起，使泵空载运行，将泵内、过滤器、高压软管和喷枪内剩余涂料排出。然后，再用溶剂循环将上述各器件清洗干净。清洗时，应将进气阀门开小些。清洗工作，应在结束后及时进行。

7）高压软管弯曲半径不得大于 50mm，不允许将重物压在软管上，以防损坏。

8）施工过程中，高压喷枪不许对准操作者或他人，停喷时应自锁挡片，横向放置。

9）喷涂过程涂料会自然发生静电，因此，要将机体和输漆管接地，防止意外事故。

5. 喷涂时产生故障的处理方法，可参见表 19.4.6-3。

喷涂故障的处理方法　　　　表 19.3.6-3

故障现象	原因	处理方法
回流管不回流不能建立起压力	1. 桶内涂料用完； 2. 吸漆管堵塞； 3. 吸入阀钢球或柱塞阀钢球被漆皮或其他杂物垫上； 4. 过滤器内过滤网完全堵塞； 5. 涂料黏度太高，不能吸入	1. 添加涂料； 2. 排除吸管内堵物； 3. 拆开高压缸排除杂质； 4. 清洗过滤器内滤网； 5. 添加溶剂或加热涂料
涂料压力波动大，回流管不能连续回流	1. 喷漆管不完全堵塞； 2. 过滤器内滤网不完全堵塞； 3. 高压缸内吸入阀或柱塞阀泄漏或部分堵塞； 4. 喷嘴过大或喷嘴磨损，流量大； 5. 放泄阀失灵，不能关闭或泄漏； 6. 吸入管接头松动，吸入了部分空气； 7. 柱塞泵内 V 形密封圈严重磨损； 8. 涂料黏度过高； 9. 整个传动系统间隙变大	1. 排堵； 2. 清洗滤网； 3. 更换密封圈或将阀座调整严密； 4. 更换喷嘴； 5. 更换或检修； 6. 紧固； 7. 更换密封圈； 8. 加稀释剂； 9. 大修
喷枪泄漏	1. 阀芯或阀座损坏（前部漏）； 2. 弹簧折断或未调整好； 3. 枪前部密封圈损坏	1. 更换； 2. 更换或调整后部螺母； 3. 更换
喷涂雾化不好	1. 压力波动太大； 2. 喷嘴过大或磨损； 3. 调压过低； 4. 涂料黏度过高； 5. 喷嘴部分堵塞； 6. 压力调不上去，调压阀内阀芯磨损	1. 按前述处理； 2. 更换； 3. 调高压力； 4. 加稀释剂； 5. 排堵； 6. 更换
在喷涂中涂料中断	1. 喷嘴堵塞； 2. 过滤器堵塞； 3. 涂料管堵塞	1. 过滤涂料； 2. 用溶剂清洗过滤器； 3. 用溶剂清洗涂料管

19.4　涂　装　施　工

19.4.1　涂装前的准备要求。

1. 涂装施工前作好施工的各项准备工作是保证施工质量的重要措施。施工准备工作内容主要包括：设计资料准备以及进行设计交底；施工设备工具准备；组织工人学习有关技术和安全规章制度。

2. 涂装前应严格检查钢材表面处理质量是否达到设计规定的除锈质量等级，若未达到标准，则应重新除锈，直至达到标准为止。除锈后施工前，由于某种原因而造成钢材表面返锈，应根据返锈的程度，进行不同程度的再除锈，并经检查合格后，方能进行涂漆施工。

3. 涂装施工应在规定的施工环境条件下进行。施工环境温度过高，溶剂挥发快，漆膜流平性不好；温度过低，漆膜干燥慢，影响质量；施工环境湿度过大，漆膜易起鼓、附着不好，严重的会大面积剥落。施工环境条件要求如下。

1）施工环境温度要求。

现行国家标准《钢结构工程施工质量验收标准》GB 50205—2020 关于施工环境温度规定为 5～38℃之间。从涂料性能看，目前有很多种类涂料，可在上述规定范围外的条件下进行施工，如：环氧树脂漆（非胺固化剂）、氯化橡胶漆、乙烯树脂漆、丙烯酸漆、氯磺化聚乙烯漆等，只要环境湿度允许，均可在零度以上施工。我国南方气温较高，在夏季温度超过 30℃ 的天气较多，实际施工有很多天是在温度超过 30℃ 条件下进行的。所以，对涂装施工环境温度的规定，一般宜按产品说明书的规定执行。

2）施工环境湿度要求。

涂装施工环境的湿度，一般应在相对湿度以不大于 85％ 的条件下施工为宜。但由于不同类型涂料的性能不同，所要求的施工环境湿度也不同（如醇酸树脂漆、沥青类漆、硅酸锌漆等，可在较高的相对湿度条件下施工，而乙烯树脂漆、聚氨酯漆、硝基漆等，则要求在较低的相对湿度条件下施工），因此，应根据涂料类型确定相应的施工环境湿度。

3）控制钢材表面温度和露点温度要求。

控制空气的相对湿度，并不表示能控制钢材表面的干湿程度，因此，现行的规范或规程规定：钢材表面的温度应高于空气露点温度 3℃ 以上，方能进行施工。

露点温度可根据空气温度和相对湿度从表 19.4.1-1 中查得。例如，空气温度为 20℃，空气相对湿度为 85％，在表中纵横交叉处数字为 17.4，即露点温度是 17.4℃，钢材的表面温度应在 17.4℃＋3℃＝20.4℃ 以上时，才能施工。

露点值查对表

表 19.4.1-1

相对湿度 （％）	环境温度（℃）									
	−5	0	5	10	15	20	25	30	35	40
95	−6.5	−1.3	3.5	8.2	10.3	18.3	23.2	28.0	33.0	38.2
85	−7.2	−2.0	2.6	7.5	12.5	17.4	22.1	27.0	32.0	37.1
80	−7.7	−2.8	1.9	6.5	11.5	16.5	21	25.9	31.0	36.2
75	−8.4	−3.6	0.9	5.6	0.4	15.4	19.9	24.7	29.6	35.0
70	−9.2	−4.5	−0.2	4.59	9.1	14.2	18.5	23.3	28.1	33.5
65	−10.0	−5.4	−1.0	3.3	8.0	13.0	17.4	22.0	26.8	32.0
60	−10.8	−6.0	−2.1	2.3	6.7	11.9	16.2	20.6	25.3	30.5
55	−11.5	−7.4	−3.2	1.0	5.6	10.4	14.8	19.1	23.0	28.0
50	−12.5	−8.4	−4.4	−0.3	4.1	8.6	13.3	17.5	22.2	27.1
45	−14.3	−9.6	−5.7	−1.5	2.6	7.0	11.7	16.0	20.2	25.2
40	−13.9	−10.3	−7.3	−3.1	0.9	5.4	9.5	14.0	18.2	23.0
35	−17.5	−12.1	−8.6	−4.0	−0.3	3.4	7.4	12.0	16.1	20.6
30	−19.9	−14.3	−10.2	−6.9	−2.9	1.3	5.2	9.2	13.7	18.0

4. 除第 3 款环境条件要求外，在下列情况下，一般也不得施工，若要进行施工，应有防护措施。

1）在雨、雾、雪天气和有较大灰尘的环境下，禁止户外施工；

2）涂层可能受到尘埃、油污、盐分和腐蚀性介质污染的环境；

3）施工作业环境光线严重不足时；

4）没有安全措施和防火、防爆工器具的情况下。

5. 涂料验收要求。

1）涂料及辅助材料（溶剂或稀释剂等材料）进厂后，应检查有无产品合格证和质量检验报告单，若没有，则不应验收入库；

2）对入库的原材料，应按国家标准或部颁标准进行检验，若无上述标准，也可按企业标准进行检验。

6. 涂料确认。

施工前应对涂料型号、名称和颜色进行检查，确定是否与设计规定的相符。同时，检查制造日期，确认是否超过贮存期，若超过贮存期，应进行检验，检验质量合格者仍可使用，否则禁止使用。若新进场的涂料超过贮存期，则应退货。

7. 涂料及辅助材料的贮运。

涂料和溶剂一般都属化学易燃危险品，贮存时间过长会发生变质现象；贮存环境条件不适当，易爆炸燃烧。因此，贮运工作必须符合下列要求：

1）涂料不允许露天存放，严禁用敞口容器贮存和运输；

2）涂料及辅助材料应贮存在通风良好、温度 5～35℃、干燥、防止日光直照和远离火源的仓库内；

3）产品在运输时，应防止雨淋、日光曝晒，并应符合交通运输部有关规定。

8. 涂料开桶。

涂料经确认后，在开桶前应将桶盖上的灰尘或污物清除干净，以防开桶时掉入桶内。开桶后检查桶中原漆的状态，不应有结皮、结块和凝胶等现象，有沉淀应能搅起，有漆皮则应除掉。如有结块、凝胶和沉淀搅不起现象，表明原漆已变质。

9. 调整施工黏度。

涂装施工时，不管温度如何变化，均要求涂料黏度在一定范围内，这样才能保证漆膜的流平性和不流淌等，并保持一定的厚度。涂料产品出厂时的黏度是在标准条件下（温度为 25℃）测定的，受到温度变化时，会随温度上升而变稀，随温度下降而变稠；另外由于施工方法不同，要求的施工黏度也不一样，因此，在施工前必须调整黏度，即所谓施工黏度，以满足施工方法和环境温度变化的要求。

调整涂料黏度时，应用专用稀释剂。若代用时，应经过试验确定能否代用。

19.4.2　涂装施工要求。

1. 施工方法的选用。

目前，涂装施工方法很多，每一种方法都有各自的特点和适用范围。正确选用涂装施工方法，是涂装管理的重要内容，直接影响涂装质量、施工进度、材料用量和成本。一般情况下，可根据施工方法及其特点，并考虑以下因素进行选用：

1）被涂物的材质、表面状态、形状和尺寸；

2）选用的涂料品种；

3）施工现场环境与安全条件；

4）现有的施工设备及施工技术力量。

各种施工方法的特点及其与涂料的适应性，见表 19.3.1-1 和表 19.3.1-2。各种施工方法的操作要求见第 3 节涂料的施工方法。

2. 涂装间隔时间，对涂层质量有很大影响，间隔时间控制适当，可增强涂层间的附着力和涂层的综合性防护性能，否则，可能造成"咬底"或大面积脱落和返锈等现象。由于不同涂料性能不同，所以，涂装的间隔时间也不同。常用涂料的涂装间隔时间，可参见表 19.4.2-1。

常用涂料的涂漆间隔时间 表 19.4.2-1

涂料型号及名称	涂漆间隔时间	
	最短时间（h）	最长时间（周）
X06-1 乙烯磷化底漆	2	8 h
Y53-31 红丹油性防锈漆	48	2
C53-31 红丹醇酸防锈漆	24	2
C06-1 铁红醇酸底漆	24	1
C06-10 云铁醇酸底漆	24	1
J52-8 云铁氯磺化聚乙烯底漆	24	1
G06-4 锌黄、铁红过氯乙烯底漆	2～4	0.5
H06-4 环氧富锌底漆	24	1
H06-13 环氧沥青底漆	48	1
C04-42 各色醇酸磁漆	48	4
G52-31 各色过氯乙烯防腐漆	2～4	0.5
G52-2 过氯乙烯防腐漆	2～4	0.5
J52 厚浆型氯磺化聚乙烯中间漆	24	3
J52-61 氯磺化聚乙烯防腐漆	24	3
X53 高氯化聚乙烯磁漆	24	2

3. 在使用同一品种的涂料进行施工时，每一层都应选用不同颜色的涂料，以防漏涂和便于识别层次，从而保证涂层质量和总厚度。

4. 禁止涂漆部位。

1）地脚螺栓和底板；

2）高强度螺栓摩擦接合面；

3）与混凝土紧贴或埋入混凝土的部位；

4）机械安装所需的加工面；

5）密封的内表面；

6）现场待焊接的部位、相邻两侧各 100mm 的热影响区以及超声波探伤区域；

7）通过组装紧密接合的表面；

8）设计上注明不涂漆的部位。

5. 涂装前的遮蔽：对施工时可能影响到的禁止涂漆的部位，施工前应进行遮蔽保护，可采用的方法如下。

1）面积较大的部位，可贴纸并用胶带贴牢；

2）面积较小的部位，可全部用胶带贴封。

6. 保护组装符号：组装符号要表示明显，涂漆时可用橡皮带等保护组装符号。

7. 漆膜干燥可以采用以下方法。

1）自然干燥（或称自干或气干），指在常温下呈自然状态的干燥方法，一般温度应在 10℃ 以上；

2）加热干燥，指用热风或烘干进行干燥，加热时温度应控制在规定的范围内；

3）照射干燥，一般指采用红外线进行干燥，漆膜在干燥的过程中，应保持周围环境的清洁，防止灰尘、雨、水、雪等物的污染。

8. 二次涂装的表面处理。

二次涂装，是指物件在加工厂加工，并按设计作业分工涂装完后，运至现场进行的涂装，或者涂装间隔时间超过一个月以上，再进行涂装时，都应视为二次涂装。对二次涂装的表面，应进行以下处理后，才可进行涂漆施工：

1）经海上运输的涂装件，运到港岸后，应立即用水冲洗，将盐分彻底清除干净；

2）涂装前应彻底清除涂料件表面上的油污、泥土和灰尘等污物，泥土、灰尘可用水冲、布擦，油污可用溶剂清洗；

3）表面清理干净后，应用钢丝绒等工具将漆膜打毛，同时对组装符号进行保护；

4）最后用干净的压缩空气吹净表面，以便涂漆施工；

5）在进行二次涂装前，对已涂的漆膜进行检查，若有损伤部位，应按前几道涂层施工要求进行修补。

9. 修补漆和补涂。

涂装结束后，安装前经自检或检查员检查发现涂层有缺陷时，应找出产生缺陷的原因并及时修补，修补方法和要求与完好涂层部分一致。整个工程安装完后，除需要进行修补漆外，还应对以下部位进行补涂：

1）接合部的外露部位和紧固件等；

2）安装时焊接及烧损的部位；

3）组装符号和漏涂的部位；

4）运输和组装时损伤的部位。

19.4.3　建筑外露钢结构涂装施工要求。

1. 涂装施工要求。

1）除锈等级高：要求达到 SSPC-SP10 或 Sa2½ 即近白金属级喷砂清理，粗糙度为 40～50μm。

2）环境清洁无尘：要求构件表面、施工环境、施工设备均清洁，并贯穿所有工序。

3）构件完好无损：在整个制作、涂装、吊运过程中，构件无损伤或变形。

4）涂装表面光滑无瑕疵：要求连接焊缝与其他部位形成光滑整体，涂装后的构件光滑平整，色漆和清漆无瑕疵，同时应与色板一致。

5）涂装施工指标参数更精准：要求严格控制喷砂清洁后到开始涂漆的时间、油漆混配比例和使用时间、喷涂压力、喷涂道数、喷涂距离、喷涂时环境温度、油漆的干燥时间等参数数值。

2. 典型油漆配套要求，如表19.4.3-1所示。

典型的油漆系统

表19.4.3-1

体系	系统1		系统2	
	油漆名称	厚度（μm）	油漆名称	厚度（μm）
底漆	环氧富锌底漆	60	环氧封闭底漆	75
防火涂料	超薄型防火涂料	490～2490	—	
封闭层	环氧封闭底漆	50	—	
填充层	专用腻子		专用腻子	
封闭层	环氧封闭底漆	50	环氧封闭底漆	75
色漆	聚氨酯面漆	50	聚氨酯面漆	50
清漆	聚氨酯面漆	50	聚氨酯面漆	50
小计		750～2750		250

注：涂料涂层厚度，具体按设计要求。

3. 施工工艺流程，如图19.4.3-1所示。

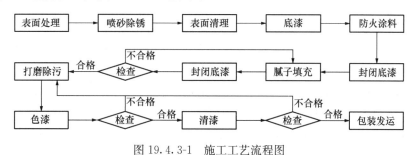

图19.4.3-1 施工工艺流程图

4. 涂装表面粗糙度要求与控制方法。

1）常规钢结构除锈等级要求为SP-10（Sa2½），粗糙度控制在40～75μm，一般情况下，采用抛丸喷射方法可达到要求。而建筑外露钢结构（AESS）要求的粗糙度为40～50μm，应采用非金属磨料进行喷砂处理。

2）采用非金属磨料喷砂处理时，应合理选择磨料的粒径、配比、喷枪空气压力、喷砂距离和停留时间等工艺参数，喷射压力不应超过0.65MPa，喷砂过程中距离构件表面不应小于30cm，且应匀速前进不宜停留。

5. 涂装表面清洁控制要求。

1）喷砂前：用除油剂清洁构件表面。需要用铲刀清除时，清除后需再用除油剂清洁。

2）涂装前：每道油漆施工前，工件表面均需用压缩空气吹灰后再用无纺布或干净的棉布蘸清洁剂擦拭，并立即用黏尘布除尘。

3）涂装环境：构件须在喷涂房内进行涂装。喷涂期间必须有持续的干净空气循环，并要求地面无灰尘或浮渣、构件漆雾不污染。喷涂房应为负压式，油漆胎架应用彩条布包裹，地面需用高压水冲洗，且应增加真空吸尘器、自吸高压水泵等日常清扫工具。

4）喷漆操作程序：先清洗地面后再关门，然后启动负压风机进行环境除尘；构件表面除尘后进行喷涂，喷涂完毕后需保持风机门关闭，防止外部灰尘污染；油漆表面干燥后方可关闭风机。

6. 涂层表面防止破损要求。

1）构件号标识方法：钢管构件可采用将打上钢印标识的扁钢点焊在钢管内壁进行标识；有孔构件可采用悬挂吊牌进行标识；有底板柱且底板为非外露部位时，可直接将标识打在柱底板厚度方向。

2）构件涂装胎架设置：涂装胎架分为支撑胎架和悬挂胎架。小型构件可采用串架或用钩子悬挂在胎架上，大型构件或弧形构件放置于胎架上时应支撑稳固，并应减少构件与胎架接触面积。

3）构件包装：可采用三层包裹，第一层采用薄膜塑料包裹防止雨水渗透，第二层采用 ERP 膜包裹防止碰伤，第三层采用毛毡包裹防止构件破损。构件与运输车辆车板接触部位的包裹需加厚。构件包裹应捆扎牢固，确保在吊运过程中不脱落。

7. 涂装外观和触感控制要求。

1）AESS 要求构件浑然一体，构件目测表面无任何瑕疵，构件手感光滑，连接位置过渡圆滑，整体视觉效果良好。

2）检查方式：触摸法和目测法。

3）观感缺陷检测及控制：构件表面应有良好的基底，包括构件表面外观"缺陷"的修补、焊缝位置的光滑过渡。构件表面打磨后视觉上出现的"坑坑洼洼"现象，可通过更换工具（包括气动手掌式干磨机、平板打磨机、自制腻子刮板等）和砂纸型号等方法解决。对于构件表面存在的不超标"缺陷"，在感观质量不好时，可采用调整漆膜厚度或使用专用腻子进行修补。增加的涂层，可先用碳粉辅助检验表面感观，对不平整部位打磨后再触摸检查，合格后雾喷一道封闭漆。

4）颜色色差控制：建筑外露钢结构的面漆通常比较特殊，这类油漆对施工温度、喷涂层次、喷涂时间间隔控制及喷涂方法要求苛刻，方法不当就会产生"喷花"或颜色变暗。涂装施工时可采用以下方法控制色差：

（1）面层油漆一般分为底色层和面色层，底色层需均匀喷 3 道，时间间隔约 5～10min；面色层需均匀喷 7 道，时间间隔 5～10min。

（2）对于金属漆，可采用"两干一湿"三道成型喷涂方法，每道时间间隔约 15～20min；施工前应采用清洁剂将基层擦拭干净，环境温度不应高于 30℃，喷涂压力需稳定在 0.4MPa，枪嘴出气量可开至 2 圈。

8. 除上述 7 条特殊要求外，AESS 的涂装设备（包括喷枪）选择、检查检验方法等，均可参照现行国家标准。

19.5　涂装工程质量检查及工程验收

19.5.1　涂装前检查要求。

1. 钢材表面除锈必须达到设计规定的除锈等级，经过处理的钢结构基面应及时涂刷底层涂料，间隔时间不应超过 5h。

2. 处理后的钢材表面不应有焊渣、焊疤、灰尘、油污、水和毛刺等。

3. 进厂的涂料应有产品合格证，并应按涂料产品的验收规则进行复验，不符合涂料产品质量标准的不得使用。

4. 涂装施工的环境条件，应符合规定的要求。

5. 当设计要求或施工单位首次采用某涂料和涂装工艺时，应按国家现行标准《钢结构工程施工质量验收标准》GB 50205—2020 附录 D 的规定进行涂装工艺评定。

19.5.2　涂装过程中检查要求。

1. 涂漆过程中，应用湿膜厚度计测定湿膜厚度，以控制干膜厚度和漆膜质量；待漆膜干后，用漆膜厚度仪测定干膜厚度。

2. 每道漆膜都不允许有咬底、剥落、漏涂、分层和起泡等缺陷。

3. 在施工过程中涂料的施工黏度变稠时，操作者不能擅自调整，应由指定人员进行调整。

19.5.3　涂装后检查要求。

1. 涂层的外观标准。

涂层外观应均匀、平整、丰满和有光泽；其颜色应与设计规定的颜色一致；不允许有咬底、裂纹、剥落、针孔和气泡等缺陷。钢结构涂装的涂层允许有不影响防护性能的轻微流挂、刷痕、起皱和少量颗粒灰尘。

2. 涂层厚度的标准。

涂层厚度可采用漆膜测厚仪测定，总厚度必须达到设计规定的标准。测量要求如下：

1) 测定厚度抽查量：桁架、梁等主要构件处抽检 20%，次要构件抽检 10%，每件构件应检测 3 处；板、梁及箱形梁等构件，每 10m² 检测 3 处。

2) 检测点的规定：宽度在 150mm 以下的梁或构件，每处测 3 点，点位垂直于边长，点距为结构构件宽度的 1/4；宽度在 150mm 以上的梁或构件，每处测 5 点，取点中心位置不限，但边点应距构件边缘 20mm 以上，5 个检测点应分别为 100mm 见方正方形的四个角和正方形对角线的交点。

3. 涂层检测的总平均厚度，达到规定厚度的 90% 为合格。计算平均值时，超过规定厚度 20% 的测点，按规定厚度的 120% 计算。

4. 当钢结构处于有腐蚀介质环境、外露或设计有要求时，应进行涂层附着力测试。再检测范围内，当涂层完整程度达到 70% 以上时，涂层附着力可认定为质量合格。

5. 涂装完成后，构件的标志、标记和编号应清晰完整。

19.5.4　验收要求。

1. 涂装工程的验收，应包括中间检查和竣工验收。工程未经竣工验收，不得交付使用。

2. 采用防火防腐一体化体系（含防火防腐双功能涂料）时，防腐涂装和防火涂料可以合并验收。

3. 验收时应具备下列资料。

1）设计文件及设计变更通知书；

2）磨料、涂料、热喷涂材料的产地与材质证明书；

3）基层检查交接记录；

4）隐蔽工程记录；

5）施工检查、检测记录；

6）竣工图纸；

7）修补或返工记录；

8）交工验收记录。

4. 凡施工质量不符设计和有关规范、规程的要求时，必须进行返工或修补，待达到要求后方予验收。验收时，返工或修补记录应一并放入竣工验收文件中。

19.6　涂装健康、安全与环境保护

19.6.1　概述。

钢结构防护涂料作为精细化工产品，其化学原材料成分对人的健康与安全、对环境的影响不容忽视。如果防护不当，人易吸入油漆中挥发的有机溶剂而危害健康，皮肤接触胺类固化剂则易引起过敏。过量添加稀释剂会增加 VOC 排放而污染环境，水性涂料直接排放将严重污染土壤与水体。

钢结构防护涂装过程涉及多项危险工种，作业过程中的安全、健康与环境保护问题，应引起重视。如果防护不当，工人听力会因表面处理喷砂过程的噪音而受损，粉尘的吸入极易引起肺部疾病，高速喷射的磨料或油漆会损伤人体，密闭空间有爆炸的危险，高空作业跌落的风险很高。

为此，本节旨在帮助读者树立严肃的健康、安全与环保意识，了解个人防护设备 PPE 的使用，能够阅读材料安全数据手册 MSDS，掌握健康、安全与环境保护的学习要点，并能够应用到日常涂装作业工作中。

需要注意的是，虽然本节内容已经尽可能全面、正确，但本文编制单位或任何成员都不会因编制此参考资料而承担任何健康、安全与环保的具体责任。健康、安全与环保的责任依然是相关法定主体本身。读者在参阅本资料的基础上，应始终检查确认法律法规等文件的最新版本。

19.6.2　涂装材料的健康、安全与环境影响。

涂装材料包括油漆、稀释剂、清洁剂、除油剂、脱漆剂和表面处理磨料等产品，每一种材料所含有的化学物质对健康、安全与环境危害，都可在其材料安全数据手册（MSDS）中查询。接触或暴露于其中的部分物质可能会导致短期和/或长期的健康影响，这些影响的简要概述可参见表 19.6.2-1。不同化学物质的特点如下：

暴露于其中的部分物质可能会导致短期和/或长期的健康影响　　表 19.6.2-1

短期	长期
• 刺激性皮炎 • 皮肤和眼睛烧灼感 • 呼吸道刺激，鼻子、喉咙及肺部 • 呕吐 • 头痛、头昏、眼花、疲劳	• 过敏性皮炎 • 职业哮喘、矽肺 • 免疫系统损害 • 肾和肝损害 • 中枢神经系统损害 • 癌症、白血病

1. 溶剂的特点与危害。

溶剂存在于大多数油漆、稀释剂、清洁剂中，在施工后从涂层中逐渐释放出来。溶剂通常有毒，暴露于火源会引起燃烧或爆炸。溶剂进入大气，还会消耗臭氧层，破坏大气保护层。即便是那些配方中不加溶剂的涂料，例如"100％固体分"产品或粉末涂料，比常规溶剂型涂料对大气环境污染少，但工人还是必须穿戴合适的个人防护设备（PPE）。水性涂料虽然以水作为分散介质，但是某些水性涂料中也含有大量水溶性溶剂，如醇类、醚类等有机物，也不能忽视挥发性有机溶剂的危害。溶剂的危害现象如下：

1）溶剂的毒害性：现行国家标准《涂装作业安全规程　涂装工艺安全及其通风净化》GB 6514—2008 第 5.1.2.1 条规定了涂漆作业场所空气中有害物质的容许浓度。毫无疑问，长时间暴露于溶剂蒸汽中会损害健康，特别是浓度超标的时候。涂装作业与管理人员，都应佩戴有效的呼吸保护用具（面罩等）并频繁测量溶剂浓度。防毒面具应适当保养，并按建议的间隔时间更换滤芯。

2）溶剂的火灾与爆炸危害：爆炸很可能会发生在爆炸气体浓度超过其爆炸下限（LEL）的时刻与地方。挥发性有机溶剂是典型的爆炸气体。爆炸危害在密闭空间涂装作业的时候务必需要特别重视，并进行防患，加强通风是降低气体浓度的有效措施。检查人员或安全专职人员应在签发当日工作许可证之前测试所有密闭场地的爆炸气体浓度。

爆炸风险之外，溶剂还有火灾危险，工人应知道灭火器的位置并接受灭火设备的培训。

3）溶剂对环境的危害。挥发性有机溶剂（VOC）大气，消耗臭氧层，破坏大气保护层。涂装作业选用的涂料应符合国家、地方或行业标准的 VOC 限制要求，并尽可能选用更低 VOC 含量的涂料产品，如高固体分涂料、不含或少含有机溶剂的水性涂料等产品。涂装过程应尽量不加或少加稀释剂，合理利用并回收清洗剂。

2. 磨料的特点与危害。

磨料在高速喷射清理钢结构表面进行除锈处理的过程中，会产生大量粉尘。吸入任何细粉尘都会刺激鼻腔、喉咙和肺部，极其严重的情况会出现不能治愈的长期影响。

某些磨料，特别是细砂，在喷砂过程中破碎而产生有毒物质结晶硅，人体吸入结晶硅，会引起肺部组织结疤，继而发展成矽肺，因此要严禁使用砂子作为喷射清理的磨料。

3. 重金属的特点与危害。

大量技术研究已经证明大多数重金属（例如：铬，铅和镉）对健康有潜在危险，并要求限制其使用。在油漆工业中，某些常用配料，特别是颜料，含有大量重金属成分。主要包括：

1）锑：氧化锑用于阻燃涂料。吸入氧化锑粉尘会致癌。但在油漆中使用，危险性相对较低，吸入的风险较小。

2）石棉：石棉过去一直广泛用于油漆中以提供额外的物理强度。当以干纤维材料吸入时，会引起肺部疾病。

3）镉：在黄色色系的颜料中常见，在耐热高温涂料中也常见。镉的粉尘主要影响肾脏和肺部。一些卫生组织已经完全禁止在塑料和油漆中使用镉颜料。

4）炭黑：炭黑常用作颜料，有时被认为会致癌。

5）铬：在红色、橙色、黄色色系的颜料中常见，通常与铅化合在一起，例如铬酸铅，铬黄等。目前已不再使用。

6）铅：铅是最佳防锈颜料之一。但多年来一直广泛被认为对健康有害，会影响儿童智力发展、中枢神经系统、消化道、肾脏和生殖器官。由于法规要求和油漆制造商的自发行动，油漆中的可溶性铅已在稳步减少。一些权威机构也十分关注锌颜料中的微量铅元素，在某些情况下，低纯度锌的铅含量可高达 2%。美国标准 ASTM D520 对锌粉中的铅含量进行了规定。

以上含有重金属的多数原材料已经禁止使用或限制使用，但在去除钢结构表面旧油漆涂层的维修工程上，可能还会遇到，应加强防护。必须穿戴合适的个人防护设备（PPE）。

还有一些其他安全问题可能也与使用重金属有关，例如装有汞的玻璃温度计常用于手摇式干湿表，可能会因为损坏而释放汞。

4. 异氰酸酯的特点与危害。

聚氨酯涂料、氟碳涂料含有异氰酸酯，是一种能与氢氧根离子发生剧烈反应的高活性化学物质。异氰酸酯具有刺激性和激敏性，许多工人都对其有反应，特别是当喷涂聚氨酯涂料时。典型症状为皮肤过敏、流泪、呼吸困难，还可能有癌变风险。

皮肤应避免与之接触。吸收一般有机蒸汽的过滤芯型防毒面具通常对异氰酸酯无效。涂装聚氨酯涂料、氟碳涂料时，应配套专门的头罩式防护装备。

5. 过敏源的特点。

环氧涂料的胺类固化剂、某些溶剂、喷射处理产生的粉尘，都可能引起过敏反应。始终佩戴手套及合适的个人防护设备（PPE）对预防过敏危害非常重要。

不同人体对吸入或接触气体、液体、粉尘、烟雾等物质引起过敏反应激烈程度不同。有些人以前对某物质不会过敏，也可能在某个场合对此发生过敏，并在以后持续过敏。因此，每个人都应重视过敏反应，涂装场所应提前准备好应对人员过敏反应的预案，备有抗过敏药物，并熟悉送医线路。

19.6.3　材料安全数据手册 MSDS。

材料安全数据手册（Material Safety Data Sheet）涵盖以下 16 部分，提供该材料所有安全、健康与环境保护相关的各项信息，以及生产企业的紧急联系电话。

第 1 部分　化学品及企业标识

第 2 部分　成分与组成信息

第 3 部分　危险性概述

第 4 部分　急救措施

第 5 部分　消防措施

　　第 6 部分　泄漏应急处理

　　第 7 部分　操作处置与储存

　　第 8 部分　接触控制与个体防护

　　第 9 部分　理化特性

　　第 10 部分　稳定性和反应活性

　　第 11 部分　毒理学资料

　　第 12 部分　生态学资料

　　第 13 部分　废弃处置

　　第 14 部分　运输信息

　　第 15 部分　法规信息

　　第 16 部分　其他信息

用户在使用材料之前，务必向供应商索取材料安全数据手册，并仔细阅读。

19.6.4　涂装作业的健康、安全与环境影响。

钢结构防护涂料的涂装过程涉及多项危险工种，除了涂料材料本身含有的危害物质之外，以下涂装施工中可能出现的危害风险，更应加强管理，重视防护：

1. 吸入。

油漆、稀释剂、清洁剂及其挥发的有机溶剂，磨料喷射产生的粉尘，涂料喷涂产生的漆雾，涂层打磨产生的粉尘，都是潜在的吸入风险危害物，暴露于有害物质中可能会造成影响健康的急性的或长期的慢性疾病。短期影响包括呼吸道感染、呼吸短缺、头昏眼花、胸部紧蹙、恶心头痛等；长期影响包括肺部功能减退、呼吸系统疾病、哮喘、肺气肿症状、中枢神经系统损害以及可能导致癌症。

涂装作业全程，都应佩戴合适的呼吸系统保护设备。各种吸入物适用的口罩或头罩并不完全相同，应查询材料安全数据手册获得推荐的设备或措施。

2. 直接接触。

油漆喷涂作业时，可能会造成皮肤和眼睛直接接触有害化学物质。对眼睛的影响可表现为剧烈的烧灼感。皮肤接触油漆和溶剂可能导致剧烈的刺激性皮炎，慢性的过敏性皮炎或皮肤脱脂等症状。务必重视并佩戴合适的手套与护目镜。

3. 噪声。

喷射处理、打磨、电焊、切割、油漆喷涂都会产生很大的噪声，有可能导致耳聋。噪声也会影响注意力的集中和交流，导致工人降低安全防范的能力。压缩机等设备设施的选用应遵循当地法规，无气喷涂泵需装配消声器，工人应佩戴耳塞或耳罩。

4. 火灾与爆炸。

有机溶剂与粉尘是火灾与爆炸的危险源，遇到火源如火星、静电、火焰、热金属，就可能会导致火灾和/或爆炸。在喷涂区域应特别留意并消除以下隐患：

1）有机溶剂与粉尘的浓度超过爆炸极限；

2）接地不好的设备释放静电，产生的电火花和电弧；

3）电线短路；

4）明火，如火炉，电焊，气割，火柴，加热器；

5）抽烟，如雪茄、烟斗等；

6）非防爆式电子电器设备，如相机、手电、手机等；

7）高温的表面，高温的电线，炽热的金属，运作的机械；

8）能产生火花的设备，如打磨砂轮（机）等；

9）放热的化学反应，如在"罐"内混合的双组分油漆等。

5. 喷涂穿透伤害。

油漆穿透伤害来源于无气喷涂过程中的巨大压力。油漆穿透进入身体非常危险。油漆中溶剂会溶解脂肪组织和肌肉表皮神经，不适当的处理会导致坏疽和截肢。所有穿透伤害必须立即医治并提醒医生重视，以免漏诊。为避免伤害，当使用无气喷涂设备喷涂油漆时，应严格遵循以下指导方针：

1）当设备处于充压状态时，不要直对喷嘴察看，也不要让枪嘴靠近身体的任何部位；

2）不要让喷枪直对着任何人；

3）特别不要让手指置于枪嘴前方；

4）未经专门安全培训，任何人不得进行无气喷涂；

5）喷涂操作开始前，检查空气软管的安全可靠性；

6）当把喷枪传递给他人时，必须锁上枪栓；

7）当设备不用时，需释放压力。

6. 用电安全。

油漆喷涂会涉及电气设备（如照明，静电喷涂设备），接地不好或保养不善会导致电击。

任何喷涂操作都可能产生静电，包括稀释和清洁。静电电荷有点燃易燃物质的可能。

任何电气设备在油漆喷涂区、油漆搅拌区和储藏区都是危险的。在这些区域使用的电气设备应是特别设计的，具有防爆功能，并遵循当地法规要求。

7. 搅拌和倾倒。

油漆的搅拌、倾倒和稀释须在通风良好的环境下进行，且必须穿戴合适的防护设备，并立即清洁所有的溢流和飞溅。

如果正在处理的任何原料（油漆、稀释剂、清洁剂、除油剂等）飞溅到身体的任何部位，须立即用肥皂和水清洗皮肤。被污染的衣物须尽早更换。

未使用的油漆需装回原容器，不要搅拌。"空桶"内残留有油漆和溶剂蒸汽，也是危险的。

8. 油漆的存储。

油漆、稀释剂、清洁剂的存储须遵循当地相关法规。作为惯例，须遵循以下原则：

1）易燃材料需存储于密封紧固、标签清晰的容器中；

2）如材料使用后仍放回原处存储，须正确封盖；

3）大型溶剂（稀释剂）容器在液体运输过程中需接地；

4）油漆不应存储于喷涂区域，喷涂区域只能存放涂装作业所需的数量；

5）始终按危险化学品管理方式对油漆存储进行管理。

9. 应急程序。

任何车间或工地都应制订完整的应急程序预案，对可能发生的危险与伤害事故制订针对性的预防措施、补救措施与应对程序，并制订成册。所有人员都应接受应急程序的适当培训。

应急程序还应包含泄漏、流溢、危险物质释泄的处理方案，也应包含最近的医疗设施与医院的地址、医院与应急管理局的联系方式、送医路线与急救线路、撤离路径、交通方式等。

10. 个人卫生。

涂装车间与现场应提供洗手设施和其他个人卫生便利设施。涂装设备与材料不能带入休息与饮食场所，保持生活区的安全卫生。食物和饮料不得带入喷砂区、喷涂区、存储区、搅拌区等工作区域。

11. 高空工作。

油漆涂装作业中，高达 70% 的人身伤害事故是由于坠落引起的。从距离地面 3m 以上的高空坠落就极易受重伤，而这样的高度却不能引起人们的足够重视。

涂装作业中，只要涉及离开地面的作业，都应始终使用安全束缚装置，例如穿戴双挂钩全身式（五点式）安全带。安全带挂钩的最佳连接方式是将其连接在牢固的支撑系统上，而不是连接在接近措施或设备上，合理配置与搭设生命线也有助于提高安全系数。安全带应符合国家标准的规定，并应定期进行检查，以保证未擦破、没有切口、没有磨损。远离油漆、稀释剂、酸碱等腐蚀性化学品，避免安全带织物或金属受损。

根据作业高度的不同，选用合适的接近措施，如固定式脚手架、移动式脚手架、剪式登高车、直臂式登高车、曲臂式登高车、机械吊篮等。所有接近措施的操作工，都应具备相应的操作资格证书，熟悉设备的操作规程，并配备安全观察员。油漆工若没有设备操作资格证书，严禁开动或操作接近措施设备，严禁擅自搭设脚手架。持证操作员有责任检查接近措施或设备的可靠性，并进行日常维保。油漆工或涂装检查人员在使用接近措施或设备时，如对其安全可靠性有任何怀疑，有权拒绝使用该设备，直至问题得到解决。

上岗前，通过必要的培训，获得登高证。

进入高空作业前，应对自己当时的健康状况做出评估，如有身体不适，切忌进行高空作业。某些药物与酒精类似，会影响人体神经系统，降低平衡能力与反应速度，服用或饮用之后，严禁进行高空作业。

12. 密闭空间工作。

密闭空间是油漆作业中危险性最高的场合之一，容易发生严重的群体性安全事故，应特别引起重视。密闭空间内涂装作业前，必须确保已经制订详细可靠的安全程序，且应注意一下环节：

1）应经常评估空气含量，保证在整个施工过程中有足够的氧气，以便维持工人正常呼吸。密闭舱室内的空气随着油漆漆膜中有机溶剂的蒸发而被排挤出密闭舱室，当其中的氧气含量可能降至危险程度时，可能会导致工人窒息。

2）有机溶剂的蒸汽含量应始终被控制在最低爆炸极限以下，避免爆炸。可采用强制通风或抽风的方法进行控制，同时也有助于维持舱室内氧气含量。

3）喷砂处理产生的粉尘，当其浓度超过最低爆炸极限，也会引起爆炸，可采用强制抽风的方法将粉尘排出。

4）当舱室内含有有机溶剂气体或粉尘时，严禁穿着化纤织物的服饰，严禁穿着带钉的鞋子，避免金属与金属碰撞产生电火花，舱室内严禁使用冲击钻、砂磨机等会产生电火花的设备，严禁带入手机等非防爆式电子设备。所有产生电火花风险的因素都应避免。

5）建议在棉质连体服外再套穿一件带头罩的一次性连体服。建议佩戴带视窗的全遮面面罩。持续供应洁净空气的送风头罩能提供油漆喷涂工最好的呼吸保护。

6）涂装含有异氰酸酯的聚氨酯油漆、氟碳油漆时，应重视并贯彻执行这些安全要求。

7）密闭舱室外应张贴标示以表明正在施工，未经授权人员不得入内。室外应有人看守。关于密闭舱室内施工的其他安全程序和建议也应严格遵循。

8）上岗前，通过必要的培训，获得密闭空间工作许可证。每天工作前应对自己当时的健康状况做出评估，如有身体不适，切忌进入密闭空间作业。

13. 有害废弃物。

涂装剩余的废油漆、油漆桶、表面处理产物与耗材等废弃物都可能是有害的。对于既有建筑物的涂料翻新工程，旧涂层处理下来的产物，危害性可能更大，许多旧涂料含有有害的化合物，如铅，石棉，铬酸盐，镉化合物等。涂装管理人员、检查人员、工人除了注意自身健康与安全保护之外，还应熟悉工作现场管理有害废弃物的规定，并保证废弃产品的标签、搬运和临时储存符合国家与地方法规。

14. 安全培训。

所有工人都有"知情权"，以了解他们在日常工作中可能面临的危险，这是国家安全法规的重要内容，不仅必须告知工人所面临的具体危险，还必须培训工人如何应对这些危险。这类培训可聘请专业公司提供，也可由雇主自行组织培训。培训记录往往是必需的，以便记录哪些工人在何时参加了哪些安全培训。

19.6.5　个人防护设备（PPE）。

在表面处理与油漆喷涂等涂装作业的任何时刻，任何人员都应始终穿戴适当的个人防护设备（Personal Protective Equipment）作为附加的危险控制方法，主要要求如下：

1. 基本着装。

牢固的长袖棉质连体服适合大多数工种。尼龙和聚丙烯连体服因其高度易燃并可能产生静电导致火星，所以并不推荐使用。污染严重的连体服必须立即更换。参与在短期内可能遭受严重污染的项目时，可考虑穿戴带头罩的一次性连体服。

2. 手套。

合适的手套能防止皮肤暴露于溶剂等有害物质中，也能帮助减少割伤和擦伤等外伤。不同工种需要佩戴不同类型的手套，可咨询手套制造商获得更多信息。

3. 安全鞋。

所有的鞋子和靴子须配有钢头，以保护脚部免受重压的伤害。任何情况下不允许穿着露出脚趾的便鞋。在油漆施工时，推荐使用能防静电、带有防滑鞋底的皮质鞋面的安全鞋。

访客参观安全系数较高的涂料实验室的时候，应在普通鞋子外佩戴防静电系带，以免产生静电。防静电系带须与人体脚部皮肤直接接触，通常的做法是塞入袜子里面。

4. 呼吸保护。

任何可能接触喷雾、有机溶剂蒸汽、粉尘的人都必须佩戴呼吸保护设备。

接触喷雾、有机溶剂蒸汽时，呼吸器应装有滤芯，滤芯内填入吸附物质，如活性炭。这会帮助防止呼吸道暴露于挥发性的、有刺激气味的、有毒有害的蒸汽。应确保呼吸设备状态良好并定期更换滤芯。滤芯应根据制造商的推荐和当地法规相关要求进行更换。需要注意的是，当空气中的氧气含量低于 20% 时，空气中缺乏足够的氧气，滤芯式呼吸器不能使用，须使用供气式头罩。持续供应洁净空气的供气式头罩能提供油漆喷涂工最好的呼吸保护。当喷涂聚氨酯油漆、氟碳油漆时，应予以使用，尤其是在密闭空间工作的时候。

如果危险来自于粉尘等细小颗粒物，则应根据尘埃颗粒的大小佩戴合适的防尘面具，如 N95 口罩。

5. 眼睛保护。

在所有表面处理与喷漆等涂装操作中，都必须保护眼睛。应佩戴护目镜或面罩以防油漆飞溅、磨料飞溅、火星飞溅等伤害眼睛。护目镜或面罩的材质须能抵抗可能接触到的溶剂腐蚀，并有足够的强度。

6. 听力保护。

弹性耳塞是常用的听力保护用具，当声音在 80 至 90dB 时，推荐使用耳朵保护，超过 85 分贝则必须给予保护。所使用的护耳器须适合周边声音的频率。

7. 安全帽。

安全帽是最基本的个人防护设备，应始终佩戴。安全帽应定期检查其完整性、强度，以及使用期限。安全帽内部的吸汗衬里宜每日清洗。安全帽外部需采用柔和的清洁剂和水清洗，以去除脏物和漆雾污染，不建议采用溶剂清洗。

8. 安全带。

高空作业应始终佩戴可靠的安全带，推荐使用双挂钩全身式（五点式）安全带。安全带挂钩的最佳连接方式是将其连接在牢固的支撑系统上，而不是连接在接近措施或设备上，合理配置与搭设生命线也有助于提高安全系数。

安全带应符合国家标准的规定，并应定期进行检查，以保证未擦破、没有切口，没有磨损。远离油漆、稀释剂、酸碱等腐蚀性化学品，避免安全带织物或金属受损。

19.6.6　涂装环境保护要求。

1. 涂装车间要求。

1）油漆车间或油漆房必须封闭，应确保喷涂作业、晾晒过程均在油漆车间或喷涂房内。

2）油漆车间或油漆房内的永久性结构或装置的材料必须是难燃或以上等级材料，开关、灯具、风机等必须可防爆，有烘干功能喷涂房内的灯具需要耐高温。

3）油漆车间地坪需防渗漏，或者在喷涂过程中需设有防渗漏托盘。

2. 涂装污染因子的筛选。

涂装的主要污染因子包括：SO_2、NO_2、PM_{10}、$PM_{2.5}$、二甲苯、非甲烷总烃、噪声等，如表 19.6.6-1 所示。

3. 抛丸机粉尘防治与注意事项。

1）除尘方法。

抛丸机工作时产生粉尘，按目前环保要求，一般采用"沉降室＋旋风除尘器＋滤筒除尘器"的三级方式除尘，总除尘效率约为 98.5%，部分地区须设置高 20m 的排气筒，排气筒粉尘排放浓度不应大于 $30mg/m^3$。

环境要素及污染因子	环境要素				污染因子										
					废气					废水					
	环境空气	地表水	地下水	环境噪声	烟粉尘	非甲烷总烃	二甲苯	SO₂	NOₓ	SS	COD	氨氮	噪声	固体废物
生产车间														
喷砂除锈车间	2	1	1	1	1					1	1	1	2	1
涂装车间	2	1	1	1	1	2	2	1	1	1	1	1	2	1

注：表中数字表示影响程度：1 表示影响小，2 表示影响中等。

该除尘方法中，"沉降室"的工作原理为：当有粉尘气体由进风管进入沉降室时，由于沉降室横断面扩大而使气体流速显著降低，气体在通过沉降室的过程中，较重的颗粒在重力作用下缓慢向灰斗沉降而从气流中分离，实现除尘作用。为了提高除尘效率，可在气流方向上设置折流板，使气流通过时的方向和速度发生变化，使粉尘不但受重力影响而沉降，而且还由于惯性力的作用和折流板相撞而分离，最后落入集灰斗，该步除尘效率约为 50%；旋风除尘器是一种利用旋转气流所产生的离心力使粉尘颗粒从气流中分离出来的除尘装置，适用于净化大于 5~10μm 的非黏性、非纤维的干燥粉尘，在净化设备中应用的较为广泛，除尘效率约为 70%；滤筒除尘器工作原理为：含尘气体从除尘器进气管道进入尘气箱时，在经过除尘元件（采用 PTFE 覆膜滤材）时吸附在滤材的外表面上，过滤后的干净气体经净气室汇集后排出除尘器，除尘器净化效率约为 90%。滤筒除尘器设备具有体积小、节约占地、净化效率高、使用寿命长等优点，处理同类工艺废气技术成熟、应用广泛。

上述三级除尘系统总的净化效率约为 98.5%，颗粒物经处理后排放浓度及排放速率均满足现行国家标准《大气污染物综合排放标准》的要求。

2）除尘注意事项。

（1）抛丸机粉尘过滤系统的材料必须是难燃材料，并应每 6 个月进行检查更换；

（2）过滤器及周边严禁动火，且需要防止烟火，以免引起燃烧或爆炸；

（3）抛丸机停机前，应进行脉冲清灰，时间一般可控制在 20min 左右。

4. 涂装废气污染防治要求。

1）涂装施工要求：按照环保要求，涂装施工及晾晒过程均须在密闭的喷涂房中进行，且必须加装 VOCs 处理设备。

工件通过电动平车运输进入喷涂房后，关闭前后两侧的卷帘门，使喷涂房在生产作业时为封闭的独立空间，然后开启送排风风机进行喷漆作业。喷漆作业为工件在喷涂房内采用人工干式无气喷涂，采用上送风下抽风的送排风系统。喷涂房内吸风带设置在地下，排风口位于底部两侧，与地面用格栅隔离。地面格栅网下铺设玻璃纤维过滤毡黏附漆雾颗粒物。为进一步过滤漆雾、减小细小颗粒物对活性炭的影响，在引风机座下和活性炭吸附装置前分别设置漆雾过滤装置。喷涂房配置一套或多套活性炭吸附净化装置。喷漆产生的含漆雾有机废气经各喷涂房设置的"玻璃纤维过滤毡、两级漆雾过滤装置"除漆雾及活性炭吸附装置净化处理后，由排风系统及管道引至涂装车间设置的 20m 高排气筒排放。喷涂房漆雾过滤系统净化效率为 95%，活性炭吸附效率为 90%。

2) 烘干处理要求：喷漆作业结束待流平后，工件在喷涂房内即可进行烘干。

烘干作业时，喷涂房采用热风循环系统，循环风机从喷涂房内抽气，经加热装置（燃气燃烧器）加热后，再送回喷涂房内，烘干温度为 80℃。排风机从喷涂房内排出烘干过程产生的有机废气。烘干废气通过各喷涂房配套排风机直接送至涂装车间设置的催化燃烧装置进行焚烧，然后由涂装车间 20m 高的排气筒排放，燃烧效率可达 97% 以上，满足环保要求。

3) 有机废气排放：配套活性炭吸附装置吸附有机废气饱和后，需对活性炭吸附的有机废气进行脱附。涂装车间必须设脱附催化燃烧装置，与各喷涂房活性炭吸附装置相连，采用热空气将吸附的有机废气从活性炭上吹脱下来，将有机废气引入催化燃烧装置进行焚烧，然后由涂装车间 20m 高的排气筒排放，焚烧效率可达 99%。脱附及催化燃烧热源均为电加热。

4) 喷烘一体喷涂房内喷涂、烘干工序交替作业，各喷涂房均配备有喷漆、烘干工序相对应的送排风和循环风两套系统；在进行活性炭脱附处理时，不进行喷涂、烘干等作业。

涂装车间废气处理系统如图 19.6.6-1 所示。

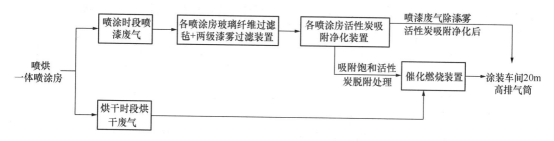

图 19.6.6-1　涂装车间废气处理系统示意图

5. 使用及维护要求。

1) 喷涂车间或喷涂房设置可燃气体浓度报警器，当室内有机溶剂浓度达到报警极限时及时嗡鸣报警，防止发生爆炸事故。

2) 喷涂时，气流以层流方式自上而下流动，经过过滤后的空气含尘量≤1.5mg/m³，最大颗粒直径≤4μm，喷涂操作区断面风速为 0.5m/s，其气流均匀地将工件环绕包围住，过喷漆雾不致飞溅，从而改善喷涂操作时的劳动卫生条件，并可提高涂层的质量。

3) 全部喷漆结束后，静置工件 5~6min 使涂层流平。

4) 烘干时，应将废气处理装置切换到自动状态和烘干脱附状态。根据油漆具体种类及性能设定烘干温度（一般 80℃ 左右）和烘干时间（一般 30~60min）。

5) 针对不同的 VOCs 处理设备，需根据设备使用说明书进行设备相关易损易耗件的检查和更换。一般情况下，每 6 个月检查并清洁阻火器；按设备运行达到 8000h 左右更换催化剂；房内漆雾过滤棉使用 2 个月左右，应进行吸尘、清理或更换；房顶的过滤棉使用上下压力差达到 200Pa 以上需及时更换处理；喷漆房内格栅下的玻璃纤维过滤毡不允许撤除或不按规定更换，更换周期为 2~3 周；油漆房周围、室内应每天打扫一次，保持清洁。进气过滤网一般使用 1 个月左右，或沉积尘埃较多时，应进行吸尘清理或更换。

6. 使用喷涂房过程中产生的涂膜缺陷及防治方法。

涂装过程中产生的涂膜缺陷，一般与被涂物的状态、选用的涂料、涂装方法及操作、涂装工艺及设备和涂装环境等因素有关，在使用喷涂房过程中产生涂膜缺陷的原因如下：

1) 产生流挂：是由于环境温度过低或周围空气的溶剂蒸气含量过高所致，此时，应对涂料进行加热，对施工场所加强换气并进行提温，一般施工场所的环境温度应保持在 15℃以上。

2) 产生颗粒：是由于涂装环境的空气清洁度差、喷涂室内有灰尘所致，此时，应确保换风设备的除尘进风充分，确保涂装环境洁净。

3) 出现白化、发白现象：是由于施工场所空气湿度太高、被涂工件温度低于室温所致，此时，应提高环境温度，对室内空气进行换风，降低湿度，宜保证涂装的环境温度在 15~25℃，相对湿度不高于 80%；也可在涂装前先将被涂物加热，使其比环境温度高 10℃左右。

4) 产生缩孔、抽缩现象：是由于涂装环境空气不清洁、有灰尘、漆雾、硅硐、蜡雾等所致，此时，应开启换风系统，确保涂装环境清洁，空气中应无尘埃、气雾和漆雾等漂浮物。

5) 出现起皱现象：在干燥过程中涂膜表面出现皱纹、凹凸不平且平行的线状或无规则线状等现象，是由于涂膜烘干升温过急、表面干燥过快所致，此时。应调节烘干温度，严格执行晾干和烘干的工艺规范。

6) 产生橘皮现象：在喷涂时不能形成平滑的涂膜面，而出现类似橘皮状的皱纹表层。皱纹的凹凸度约为 $3\mu m$ 左右，是由于被涂物和空气的温度偏高、喷涂室内风速过大、溶剂挥发过快所致，此时，应开启换风系统，降低被涂物温度，一般控制在 40℃以下，喷涂室内气温应维持在 20℃左右为宜。

7) 烘干不良、未干透：涂膜干燥（自干或烘干）后未达到完全干固，手摸涂膜有发湿之感，涂膜发软，未达到规定硬度或存在表干里不干等现象。是由于烘干的温度和时间未达到工艺规范、烘干室的技术状态不良、温度偏低或烘干时间不足、烘干室内的被烘干物过多、热容量不同的工件同时在一个烘干室烘干等原因之一所致，此时，应严格执行干燥工艺规范，烘干室的技术状态应达到工艺要求。

8) 落上漆雾：喷涂过程中漆雾飞溅或落在被涂面或涂膜上（成虚雾状），影响涂膜的光泽和外观装饰性的现象，是由于喷涂房气流混乱、风速太低（小于 0.3m/s）所致，此时，应调剂喷涂房的气流，且应有一定方向，在喷涂场合风速不小于 0.3m/s，一般控制在 0.5m/s。

9) 过烘干：涂层在烘干过程中因烘干温度过高或烘干时间过长，产生失光、变色、变脆、开裂和剥落等现象，是由于烘干设备失控，造成烘干温度过高，烘干时间过长，被涂物停留在烘干室中或过夜，涂层配套和烘干规范选择不当等原因易产生过烘干现象，此时，应确保烘干设备的技术状态良好，防止烘干温度失控，烘干时间应符合工艺规定，如被涂物因故在烘干室中停留时间过长，应设法紧急降温，在高温烘干场合，被涂物不宜放在烘干室内过夜，涂层配套应合适，面涂层的烘干温度不应高于底涂层的烘干温度。

19.6.7 健康、安全与环保法规。

国家与地方政府、行业协会制订有一系列健康、安全与环境保护相关的法规，涂装工程的参与者，均应严格遵守。部分重要的法规与标准，可参见以下列表，其中《涂装作业安全规程》对涂装作业的几个重要工种与场所制订了详细的规定，应认真查阅。

［1］《中华人民共和国环境保护法》

［2］《中华人民共和国大气污染防治法》

［3］《中华人民共和国水污染防治法》

［4］《中华人民共和国安全生产法》

［5］《中华人民共和国消防法》

［6］《中华人民共和国职业病防治法》

［7］《危险化学品安全管理条例》

［8］《涂装作业安全规程 - 涂漆工艺安全及其通风净化》GB 6514—2008

［9］《涂装作业安全规程 - 劳动安全和劳动卫生管理》GB 7691—2003

［10］《涂装作业安全规程 - 涂漆前处理工艺安全及其通风净化》GB 7692—2012

［11］《涂装作业安全规程 - 静电喷漆工艺安全》GB 12367—2006

［12］《涂装作业安全规程 - 有限空间作业安全技术要求》GB 12942—2006

［13］《涂装作业安全规程 - 术语》GB 14441—2008

［14］《涂装作业安全规程 - 涂层烘干室安全技术规定》GB 14443—2007

［15］《涂装作业安全规程 - 喷漆室安全技术规定》GB 14444—2006

［16］《涂装作业安全规程 - 静电喷枪及其辅助装置安全技术条件》GB 14773—2007

［17］《涂装作业安全规程 - 浸涂工艺安全》GB 17750—2012

［18］《涂装作业安全规程 - 有机废气净化装置安全技术规定》GB 20101—2006

［19］《高处作业分级》GB/T 3608—2008

［20］《粉尘作业场所危害程度分级》GB/T 5817—2009

［21］《安全带》GB 6095—2009

［22］《防止静电事故通用导则》GB 12158—2006

［23］《呼吸防护用品的选择、使用与维护》GB 18664—2002

19.7 漆膜和涂层性能的测定

19.7.1 钢结构防腐涂层主要检测项目及检测方法。

1. 光泽：涂层表面的一种光学特性，以其反射光的能力表示。应按现行国家标准《色漆和清漆 不含金属颜料的色漆漆膜的 20°、60°和 85°镜面光泽的测定》GB/T 9754—2007 的要求进行检测评定。

2. 硬度：漆膜抵抗诸如碰撞、压陷、擦划等机械力作用的能力。应按现行国家标准《色漆和清漆 摆杆阻尼试验》GB 1730—2007 或《色漆和清漆 铅笔法测定漆膜硬度》GB/T 6739—2006 的要求进行检测评定。

3. 柔韧性：漆膜随其底材一起度形而不发生损坏的能力。应按现行国家标准《漆膜柔、腻子膜柔韧性测定法》GB/T 1731—2020 的要求进行检测评定。

4. 附着力：漆膜与被涂面之间（通过物理和化学作用）结合的牢固程度。被涂面可以是裸底材也可以是涂漆底材。应按按现行国家标准《色漆和清漆 划格试验》GB/T 9286—2021 的要求进行检测评定。

5. 冲击强度：应按按现行国家标准《漆膜耐冲击测定法》GB/T 1732—2020 的要求进行检测评定。

6. 耐水性：应按按现行国家标准《漆膜耐水性测定法》GB/T 1733—1993 的要求进行检测评定。

7. 耐热性：应按按现行国家标准《色漆和清漆 耐热性的测定》GB 1735—2009 的要求进行检测评定。

8. 耐盐雾性：应按按现行国家标准《色漆和清漆 耐中性盐雾性能的测定》GB/T 1771—2007 的要求进行检测评定。

9. 耐老化性：应按按现行国家标准《色漆和清漆 人工气候老化和人工辐射暴露 滤过的氙弧辐射》GB/T 1865—2009 及《色漆和清漆 涂层老化的评级方法》GB 1766—2008 的要求进行检测，与标准样板相比较评定其粉化、失色、霉变、开裂等多项的级别。

19.7.2　涂装过程中，应用湿膜厚度仪测定湿膜厚度，以控制干膜厚度和漆膜质量；待漆膜干后，用漆膜厚度仪测定干膜厚度。并且每道漆膜不允许有咬底、剥落、漏涂、分层和起泡等缺陷。

19.7.3　涂装后涂层外观和厚度检测标准。

1. 涂层外观均匀、平整、丰满、有光泽；

2. 颜色应与设计规定的一致；

3. 不允许有咬底、裂纹、剥落、针孔等缺陷，但允许有不影响防护性能的轻微流挂、刷痕、起皱和少量灰尘颗粒；

4. 涂层厚度采用漆膜厚度仪测定，总厚度必须达到设计规定标准。

19.7.4　涂层厚度测量的抽样比例要求。

1. 桁架、梁等主要构件抽检 20%，次要构件抽检 10%，每件构件应检测 3 处；

2. 板、梁及箱形梁等构件，每 $10m^2$ 检测 3 处；

3. 检测点位置与数量：宽度在 150mm 以下的梁或构件，每处测 5 点，取点中心位置不限，但边点应距构件边缘 20mm 以上，5 个检测点应分别为 100mm 见方的正方形的四个角和正方形对角线的交点；

4. 涂层检测的总平均厚度，达到规定厚度的 90% 为合格。计算平均值时，超过规定厚度的 20% 的测点，按规定厚度的 120% 计算。

19.8　涂料施工的病态和防治

19.8.1　涂料在施工中发生的质量通病及防治方法。

1. 析出。

1）产生的原因：

（1）硝基漆类使用过量的苯类溶剂解释。

（2）环氧酯漆类用汽油稀释。

2）防治方法：

（1）添加酯类溶剂挽救。

（2）用苯、甲苯、二甲苯或丁醇与二甲苯稀释。

2. 起粒（粗粒）。

1）产生的原因：

（1）施工环境不清洁，尘埃落于漆面。

（2）涂漆工具不清洁，漆刷内含有灰尘颗粒，干燥碎漆皮等杂质，涂刷时杂质随漆带出。

（3）漆皮混入漆内，造成漆膜呈现颗粒。

（4）喷枪不清洁，用喷过油性漆的喷枪喷硝基漆时，溶剂将漆皮咬起成渣带入漆中。

2）防治方法：

（1）施工前打扫场地，将工件揩抹干净。

（2）涂漆前检查刷子，如有杂质，用刮子铲除毛刷内脏物。

（3）细心用刮子去掉漆皮，并将漆过滤。

（4）喷硝基漆最好用专用喷枪，如用油性漆喷枪喷硝基漆，事前要清洗干净。

3. 流挂。

1）产生原因：

（1）刷漆时，漆刷蘸漆过多又未涂刷均匀，刷毛太软、漆液稠涂不开，或刷毛短漆液又稀。

（2）喷涂时漆液的黏度太稀，喷枪的出漆嘴直径过大，气压过小，勉强喷涂，距离物面太近，喷枪运动速度过慢，油性漆、烘干漆干燥慢，喷涂过多重叠。

（3）浸涂时，黏度过大、涂层厚会流挂，有沟、槽形的零件易于存漆也会溢流，甚至涂件下端形成珠状不易干透。

（4）涂件表面凹凸不平，几何形状复杂。

（5）施工环境湿度高，涂料干燥太慢。

2）防治方法：

（1）漆刷蘸漆一次不宜太多，漆液稀时刷毛宜软，漆液稠时刷毛宜短，刷涂厚薄宜适中，涂刷应均匀。

（2）漆液黏度应适中，喷硝基漆喷嘴直径宜略大一点，气压 $0.4 \sim 0.5 N/mm^2$，距离工件约 200mm，喷油性漆喷嘴直径略小一点，距离工件 200～300mm，油性漆或烘干漆不能过于重叠喷涂。

（3）浸涂黏度以 18～20s 为宜，浸漆后用滤网放置 20min，再用离心设备及时除去涂件下端及沟槽处的余漆。

（4）可选用刷毛长、软硬适中的漆刷。

（5）根据施工环境条件，应先作涂膜干燥试验。

4. 慢干和返黏。

1）产生的原因：

（1）底漆未干透，过早涂面漆；甚至面漆干燥不正常，影响内层干燥；不但延长干燥时间，而且期末发黏。

（2）被涂物面不清洁，物面或底漆上有蜡质、油脂、盐类、碱类等。

（3）漆膜太厚，氧化作用限于表面，使内层长期没有干燥的机会，如厚的亚麻仁油制的漆涂在黑暗处要发黏数年之久。

（4）旧漆膜附着大气污染物（硫化物、氮化物），使得能正常干燥的涂料，涂在旧漆膜上干燥很慢，甚至不干。预涂底漆放置时间长有慢干现象。

（5）天气太冷或空气不流通，使氧化速度降低，漆膜的干燥时间延长。如果干燥时间过长，必定导致返黏。

2）防治方法：

（1）底漆干透，才能涂面漆。

（2）涂漆前将涂件表面处理干净。

（3）涂料黏度宜适中，漆膜宜薄，底漆未干透不加面漆，第一层面漆未干透，不加第二层面漆，根据使用环境，选用相适应的涂料。

（4）旧漆膜应进行打磨及清洁处理，对大气污染的旧漆膜用石灰水清洗（50kg 水加消石灰 3～4kg），有垢污的部分还要用刷子刷一刷，油垢太多时，可用汽油抹洗。

（5）天气骤冷时，不应急于涂漆，应先在漆内加入适量催干剂并充分搅拌均匀待用，再做涂膜干燥试验，若不准确再进行调整，待干燥可靠后再涂漆。

5. 针孔。

1）产生的原因：

（1）涂漆后在挥发剂挥发到初期结膜阶段，由于溶剂的急剧挥发，特别受高温烘烤时，漆膜本身来不及补足空档，而形成一系列小穴即针孔。

（2）溶剂使用不当或温度过高，如沥青烘漆用汽油稀释就会产生针孔，若经烘烤则更严重。

（3）施工不妥，腻子层不光滑。未涂底漆或二道底漆，急于喷面漆。硝基漆比其他漆尤为突出。

（4）施工环境湿度过高，喷涂设备油水分离器失灵，空气未过滤。喷涂时水分随空气管带入漆内经由喷枪嘴喷出，造成漆膜表面针孔，甚至起水泡。

2）防治方法：

（1）烘干型漆黏度宜适中，涂漆后在室温下静置 15min，烘烤时先以低温预热，按规定控制温度和时间，让溶剂能正常挥发。

（2）沥青烘漆用松节油稀释，涂漆后静置 15min，烘烤时先以低温预热，按规定控制温度和时间。

（3）腻子涂层要刮光滑，喷面漆前，涂好底漆或二道底漆，再喷面漆，若要求不高，底漆刷涂比喷涂好，刷涂可以填针孔。

（4）喷涂时，施工环境相对湿度不大于 80%，检查油水分离器的可靠性，压缩空气需过滤，杜绝油和水及其他杂质。

6. 渗色。

1）产生的原因：

（1）喷涂硝基漆时，由于溶剂的溶解力强，下层底漆有时透过面漆，使上层原来的颜色染污。

（2）涂漆时，遇到钢材上有染色或含有染料颜色。

（3）在红色底漆上涂颜色浅的面漆时，有时红色浮渗，白色漆变粉红，黄色漆变橘红。

2）防治方法：

（1）喷涂时，若发现渗色现象应立即停止施工，已喷上的漆膜经干燥后打磨抹净灰尘，涂虫胶清漆加以隔离。

（2）事先涂虫胶清漆一层以隔离染色剂，或灵活运用更换相适应的颜色漆。

（3）可用相近的浅色底漆，已涂上底漆的能更换红色漆更好，否则，也只有涂虫胶清漆隔离来解决。

7. 泛白。

1）产生的原因：

（1）湿度过高。空气中相对湿度超过80％时，由于涂装后挥发性漆膜中的挥发，使湿度降低，水分向漆膜上积聚形成白雾。

（2）水分影响。喷涂设备中有大量水分凝聚，喷涂时水分进入漆中。

（3）薄钢板比厚钢板和铸件热容量少，冬季在薄件板上涂漆易泛白。

（4）溶剂不当，低沸点稀料用量较多或稀料内含有水分。

2）防治方法：

（1）喷涂挥发性漆时，应在规定的湿度条件下施工。

（2）喷涂设备中的凝聚水分必须彻底清除干净，检查油水分离器的可靠性。

（3）将活动钢板制件经低温加热喷涂，固定装配的薄钢板制件可喷火焰解决。

（4）低沸点稀料内可加防潮剂，稀料内含有水分应更换。

8. 起泡。

1）产生的原因：

（1）除油未尽、黏附在金属表面的油污未彻底清洗就涂底漆，或底漆上附有油污就刮腻子。

（2）环境潮湿，急于涂漆施工，涂漆后水分向外扩散，顶起漆膜，严重时漆膜可撕裂。

（3）底层未干。若腻子层未干透又加涂腻子，将内层腻子稀料或水分封闭，表干里未干。

（4）皱纹漆涂层太厚，溶剂大部分没有挥发，入烘后温度太高。

（5）物体除锈不干净，经高温烘烤扩散部分气体。

（6）铸铝件和有边缘的铝件，除油污不彻底。

（7）空气压缩机及管道带有水分。

2）防治方法：

（1）金属表面上或腻子底层上的油污、蜡质等要仔细除干净。

（2）构件表面，必须彻底干燥，然后涂漆。

（3）对涂料底层，上工序无干透，下工序不施工。已起泡涂层要彻底清除，补好腻子，重新施工。

（4）喷涂厚薄应适中，待溶剂初步挥发后再入烘，要逐步升温。

（5）物体除锈必须彻底。

（6）可先经高温（200℃）烘烤。

（7）用油水分离器分离。

9. 收缩。

1）产生的原因：

（1）在光滑的漆膜表面，加涂较稀的漆液。

（2）蜡质附于表面，蜡质上涂漆不但收缩，而且漆膜不干燥。

（3）金属件有油污未清除尽，渗入腻子层，涂上底漆后油污又与底漆溶合。

（4）溶剂挥发与烘烤温度不相适应，烘干漆的所有溶剂沸点太低、挥发太慢或溶解太差。

2）防治方法：

（1）加漆前将光滑表面用水砂纸仔细打磨至无光，漆液稀稠适中。

（2）表面蜡质用铲铲除后，用丁醇清洗干净。

（3）腻子层有油渍可用二甲苯清洗，再用熟石膏粉吸去内层油液，或铲除油渍部位，重新补好腻子。

（4）合理选择溶剂，溶解力要适应。烘烤时先低温，不使溶剂过早或过慢挥发，又能使漆液有流平的机会，然后升温。按漆的品种技术条件控制温度和时间。

10. 发花。

1）产生的原因：

（1）中蓝醇酸磁漆加白酚醛磁漆拼色混合，及时搅拌均匀，有时也会产生花斑，涂刷时更为明显。

（2）灰色、绿色或其他复色漆，颜料比重大的沉底，轻的浮在上面，搅拌不彻底以致色漆有深有浅。

（3）漆刷涂深色漆后未清洗，涂刷浅色漆时，刷毛内深色渗出。

2）防治方法：

（1）用中蓝醇酸磁漆和白醇酸磁漆混合，而且应将桶内色漆兜底搅拌均匀。

（2）对颜料比重大小不同的色漆尤要注意，应彻底搅拌均匀。

（3）涂过深色漆的漆刷，应清洗干净。

11. 发汗。

1）产生的原因：

（1）树脂含量少的亚麻仁油或清油，漆膜容易发汗，一般潮湿、黑暗，尤其通风不良的场所更易发汗。

（2）硝基漆表面加漆时，由于旧漆膜的残存石蜡、矿物油等，被新漆和溶剂接触，透入漆膜，使漆膜重新软化一直发汗。

2）防治方法：

（1）使用涂料时，考虑涂料的特性，湿润性好的清油适宜用于户外和阳光充足的环境。

（2）涂新漆前，将旧漆膜上的蜡质、油污用汽油仔细揩抹干净，再用新棉纱边检查边揩抹。

12. 咬底。

1）产生的原因：

（1）不同漆种的咬底：醇酸漆或油脂漆，加涂硝基漆时，强溶剂对油性漆膜的渗透和溶胀。

（2）相同漆种的咬底：环氧清漆或环氧绝缘漆（气干）干燥较快，再涂第二层漆时，也有咬底现象。

（3）不同天然树脂的咬底：含松香的树脂漆，成膜后加涂大漆会咬底。

（4）酚醛防锈漆属长油度，涂在物件上如再加硝基漆或过氯乙烯磁漆，因强溶剂的作用而容易咬底。

（5）过氯乙烯磁漆或清漆未干透，加涂第二次漆。

2）防治方法：

（1）各类型磁漆，宜用同类型的漆配套，也可经打磨清理后涂一层铁红醇酸底漆（油度短）以隔离。

（2）环氧清漆或环氧绝缘漆需涂两层时，涂刷完第一层待未干时随即加涂一层。

（3）在松香树脂漆膜上加大漆不合适，要加漆时，必须先经打磨处理，刷涂豆浆底层，再加大漆。

（4）将酚醛防锈漆铲除干净，涂铁红醇酸底漆一层，再涂硝基漆或过氯乙烯磁漆。

（5）使过氯乙烯漆膜干燥，内无烯料残存，再加漆，可以防止咬底，增强附着力。

13. 失光。

1）产生的原因：

（1）涂件表面粗糙，光漆涂上似无光，再加一层漆也难以增强光泽。

（2）天气影响。冬季寒冷，温度太低，油性漆膜往往受冷风袭击，既干燥缓慢又失光，有时背风向部位又有光可见。

（3）环境影响。煤烟熏对油性漆有影响，清漆或色漆未干有光，干后无光。

（4）湿度太大。相对湿度在 80％以上，挥发性漆膜吸收水分发白失光。

（5）稀释剂加入太多，冲淡了有光漆的功能（有颜料的较突出），各种漆都会失去应有的光泽。

2）防治方法：

（1）加强涂层表面光滑处理，主要用腻子刮光，才能发挥有光漆的作用。

（2）冬季施工场地，必须堵塞冷风袭击或选择适合的施工场地，加入适量催干剂，先做涂膜干燥试验。

（3）排除施工环境的煤烟。

（4）挥发性漆施工时，相对湿度应在 60％～70％，或给工件加热（暖气烘房），或加相适应的防潮剂 10％～20％。

（5）稀释剂的加入，应保持正常的黏度（刷涂为 30s，喷涂为 20s 左右）。

14. 刷痕和脱毛。

1）产生原因：

（1）因底漆颜料含量多，稀释不足，涂刷时和干燥后都有刷痕，涂完面漆也有刷痕。

（2）涂料黏度太稀，刷毛不齐，较硬。

（3）涂刷保养不善，刷毛不清洁，刷毛干硬折断脱毛，或毛刷过旧。

（4）漆刷本身质量不良，刷毛未粘牢固，有时毛层太薄太短，有时短毛残藏毛刷内，毛口厚薄不匀，刷毛歪歪斜斜。

2）防治方法：

（1）涂刷底漆宜稀，干后用细砂纸打平刷痕，底漆平滑，面漆就光滑。

（2）黏度不宜过稀，改用刷毛整齐的软毛刷。

（3）刷毛内有脏物要铲除干净，不让其干硬，漆刷太旧应更换。

（4）若刷毛粘在漆面，应用毛刷角轻轻理出用手拈掉，刷痕用砂纸磨平。刷子脱毛较重的不能使用。要选购刷毛粘接牢固、毛口厚薄均匀、刷毛垂直整齐的刷子。

15. 不起花纹。

1）产生的原因：

（1）皱纹漆喷得薄或漆液太稀，未用皱纹漆稀释剂，未达到应喷的厚度。

（2）皱纹漆稀释剂使用不当或烘干温度太低。

（3）锤纹漆喷第二层时，如气压过大，花纹就小或不见花纹。

（4）锤纹漆喷完第一层后，静置时间过长，喷第二层时花纹过小或不现花纹。

（5）喷锤纹漆的喷枪的出漆口径较小，花纹较小或不现花纹。

2）防治方法：

（1）喷第一层薄一些，隔 20～30min 喷第二层稍厚些，但不得流溢，漆液黏度为 30s。

（2）皱纹漆有专用稀释剂，烘干温度在 80℃以上，经 30min 应起花，深色漆烘干温度可达 110±5℃。

（3）加喷第三层锤纹漆时，中小型物件空气压力以 0.25～0.3N/mm² 为宜。

（4）喷完第一层后，静置时间：夏季 10min，冬季 20min，再喷第二层。

（5）中小型物件喷枪的出漆嘴的口径以 2.5mm 为宜。

19.8.2　涂装后发生的质量通病及防治方法。

1. 倒光。

1）产生的原因：

（1）稀释剂用量过多或使用不当，油性调和漆内含有煤油。

（2）一般室内用漆耐光性差，或颜料含量多的涂料，若用于室外，短期内也会倒光。

2）防治办法：

（1）稀释剂应配套且不宜过多，油性调和漆用松节油稀释，涂刷的漆膜耐久性好。

（2）室内用漆不宜用于室外，已涂上的应加涂用于室外同类品种的面漆或再加涂清漆，耐光性较好。

2. 粉化。

1）产生的原因：

（1）强烈的日光曝晒、暴雨、霜露、冰雪的长期侵蚀。

（2）清漆黏度小或膜层太薄。

（3）白色颜料的涂料及磁性调和漆（尤其是室外），极易粉化。

2）防治方法：

（1）选择耐候性好的涂料，如长油度醇酸漆或丙烯酸漆，漆膜较稳定可延长使用期。

（2）漆液黏度要适中；可室内涂两层，室外涂外用三层。

（3）室外最好不用或少用白色漆，若需要用白色漆，应选用耐光性好的金红石型钛粉作白色颜料的涂料。

3. 龟裂（开裂）。

1）产生的原因：

（1）面漆使用不当，在长油度漆膜上罩油度短的面漆，或底漆未干透，勉强涂上面漆。

（2）若第一层面漆较厚，未干透又加上面漆，两层漆膜内外伸缩不一致。

（3）室内用漆用于室外，漆内含天然树脂（松香）较多，涂层容易龟裂。室外涂料涂层太厚，不但易龟裂，还会产生脱落。

2）防治方法：

（1）面漆与面漆用长油度配套，漆膜柔韧性一致不易龟裂。底漆要干透，再涂面漆。

（2）第一层宜稀、宜薄，干透后再涂第二层漆。

（3）选漆要合理，尤其室外要选用耐候性好的外用漆。

4. 脱落。

1）产生的原因：

（1）被涂物面过分光滑，涂漆前未经表面处理，或残存水分、油污、氧化皮等。

（2）烘烤时，温度太高或时间过长，涂层有时太厚。

2）防治方法：

（1）过分光滑的物面要用砂纸打磨成平光，对水分、油污、氧化皮等要处理好。

（2）温度和时间应按涂料品种技术条件，控制温度和时间。

5. 生锈。

1）产生的原因：

（1）物件表面铁锈、污物等未彻底清除，日久锈蚀蔓延。

（2）漆膜总厚度不够，水分或腐蚀气体透过漆层而腐蚀金属。

（3）涂漆不均匀，有漏涂或漆膜有针孔。

2）防治方法：

（1）表面处理时彻底清除铁锈，污物等。

（2）漆膜总厚度要按技术要求，达到规定的厚度。

（3）涂漆要均匀一致，注意不漏涂，并避免漆膜产生针孔。

参考文献

［1］ 涂覆涂料前钢材表面处理 表面清洁度的目视评定 第 1 部分：未涂覆过的钢材表面和全面清除原有涂层后的钢材表面的锈蚀等级和处理等级：GB/T 8923.1—2011［S］. 北京：中国标准出版社，2012.

［2］ Preparation of steel substrates before application of paints and related products-Visual assessment of surface cleanliness-Part 1：Rust grades and preparation grades of uncoated steel substrates and of steel substrates after overall removal of previous coatings：ISO8501-1：2007(E/F)[S]. 瑞士日内瓦：国际标准化组织 International Organization for Standardization，2007.

[3]　色漆和清漆 涂层老化的评级方法：GB/T 1766—2008[S]. 北京：中国标准出版社，2008.

[4]　钢结构工程施工质量验收标准：GB 50205—2020[S]. 北京：中国计划出版社，2020.

[5]　色漆和清漆 摆杆阻尼试验：GB 1730—2007[S]. 北京：中国标准出版社，2007.

[6]　色漆和清漆 铅笔法测定漆膜硬度：GB/T 6739—2006[S]. 北京：中国标准出版社，2006.

[7]　漆膜、腻子膜柔韧性测定法：GB/T 1731—2020[S]. 北京：中国标准出版社，2020.

[8]　色漆和清漆 划格试验：GB/T 9286—2021[S]. 北京：中国标准出版社，2021.

[9]　漆膜耐冲击测定法：GB/T 1732—2020[S]. 北京：中国标准出版社，2020

[10]　漆膜耐水性测定法：GB/T 1733—1993[S]. 北京：中国标准出版社，2004.

[11]　色漆和清漆 耐热性的测定：GB/T 1735—2009[S]. 北京：中国标准出版社，2010.

[12]　色漆和清漆 耐中性盐雾性能的测定：GB/T 1771—2007[S]. 北京：中国标准出版社，2007

[13]　色漆和清漆 人工气候老化和人工辐射暴露 滤过的氙弧辐射：GB/T 1865—2009[S]. 北京：中国标准出版社，2009.

[14]　色漆和清漆 涂层老化的评级方法：GB 1766—2008[S]. 北京：中国标准出版社，2008.

第 20 章　钢结构防火保护措施

20.1　提高钢结构抗火性能的主要方法

20.1.1　无防护钢构件的耐火极限仅为 10～20min，为提高钢结构的抗火性能，常需采取防火保护措施，使钢构件达到规定的耐火极限。

20.1.2　提高钢结构抗火性能的主要方法。

1. 水冷却法。在空心截面钢柱内充水，与水箱相连形成封闭冷却系统，以水的循环将火灾产生的热量带走，以保证钢柱不会升温过高的冷却方法。

美国匹兹堡 64 层的美国钢铁公司大厦在呈空心截面的钢柱内充水，并与设于顶部的水箱相连，形成封闭冷却系统，如图 20.1.2-1 所示。如发生火灾，钢柱内的水被加热而上升，水箱冷水流下而产生循环，以水的循环将火灾产生的热量带走，以保证钢柱不会升温过高而丧失承载能力。为了防止钢结构生锈，须在水中掺入专门的防锈外加剂，冬天如需防冻，还要加入防冻剂。这种方法由于对结构设计有专门要求，目前实际很少应用。

2. 单面屏蔽法。在钢构件的迎火面设置阻火屏障，将构件与火焰隔开（图 20.1.2-2）的方法。如钢梁下面吊装防火平顶以及钢外柱内侧设置有一定宽度的防火板等，当建筑内部发生火灾时，火焰烧不到钢构件。这种在特殊部位设置防火屏障措施是一种较经济的钢构件防火方法。

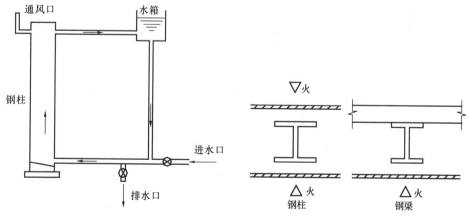

图 20.1.2-1　钢柱水冷却法示意图　　　　图 20.1.2-2　防火屏障保护法示意图

3. 浇筑混凝土或砌筑耐火砖法。采用混凝土或耐火砖完全封闭钢构件（图 20.1.2-3）的方法。

美国的纽约宾馆、英国的伦敦保险公司办公楼、上海浦东世界金融大厦的钢柱均采用这种方法。国内石化工业钢结构厂房以前也大多采用砌砖方法进行保护。这种方法强度

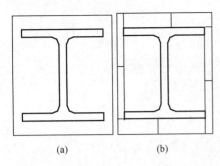

图 20.1.2-3　浇筑混凝土或砌筑耐火砖

(a) 浇筑混凝土；(b) 砌筑耐火砖

高，耐冲击，但占用空间较大，例如，用 200 号混凝土保护钢柱，其厚度为 5～10cm 才能达到 1.5～3h 的耐火极限。另外，施工也较麻烦，特别在钢梁、斜撑上，施工十分困难。

4. 采用耐火轻质板材为防火外包层法。采用纤维增强水泥板（如 TK 板、FC 板）、石膏板、硅酸钙板、蛭石板将钢构件包覆的方法。防火板由工厂加工、表面平整、装饰性好，施工为干作业，用于钢柱防火具有占用空间少、综合造价低的优点。据报道，日本无石棉硅酸钙板（KB 板）作为高层钢结构建筑的防火包覆材已被广泛应用，总用量已达到钢结构防护面积的 10% 左右。

5. 涂敷防火涂料法。将防火涂料涂覆于钢构件表面的方法。这种方法施工简便、重量轻、耐火时间长，而且不受钢构件几何形状限制，具有较好的经济性和实用性。

20.1.3　应用最多的钢结构防火方法为包覆法，按照构造形式分为以下三种方法：

1. 紧贴包裹法［图 20.1.2.4（a）］。一般采用防火涂料，紧贴钢构件的外露表面，将钢构件包裹起来。

2. 空心包裹法［图 20.1.2.4（b）］。一般采用防火板或耐火砖，沿钢构件的外围边界，将钢构件包裹起来。

3. 实心包裹法［图 20.1.2.4（c）］。一般采用混凝土，将钢构件浇筑在其中。

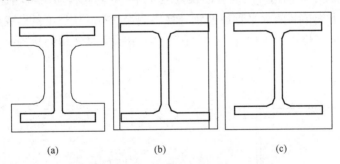

图 20.1.2-4　钢构件的防火保护方法

(a) 紧贴包裹法；(b) 空心包裹法；(c) 实心包裹法

20.2　钢结构防火涂料性能与施工

20.2.1　早在 20 世纪 50 年代，欧美、日本等国就广泛采用防火涂料保护钢结构。20 世纪 80 年代初期，国内在一些重要钢结构建筑，如北京长城饭店、昆仑饭店、京广中心、深圳发展中心、上海新锦江饭店、上海希尔顿宾馆、上海国贸中心等，曾用国外防火涂料并由国外指定代理商进行施工。1985 年以后，国内加强了防火涂料研制，四川、北京、上海先后研制成功多种钢结构防火涂料，并在国内不少重要工程中取代进口涂料，满足了工程建设的需求，进入 21 世纪后，性能更加优异的新型防火涂料不断出现，包括石膏基非膨胀型防火涂料和膨胀型防火涂料在钢结构防火保护工程中大量应用。

20.2.2　钢结构防火涂料类型较多，通常根据高温下涂层变化情况分膨胀和非膨胀型两大系列，各自的特点如下。

1. 膨胀型防火涂料，又称薄型防火涂料，涂层厚度一般为 2～7mm，其基料为有机树脂，配方中还含有发泡剂、碳化剂等成分，遇火后自身会发泡膨胀，形成比原涂层厚度大十几倍到数十倍的多孔碳质层附着在被保护构件表面。多孔碳质层可阻挡外部热源对基材的传热，如同绝热屏障。用于钢结构防火，耐火极限基本能达到 0.5～1.5h，少数高性能材料可达 2.0h 甚至 3.0h。

2. 非膨胀型防火涂料，主要成分为无机绝热材料，遇火不膨胀，自身具有良好的隔热性，故又称隔热型防火涂料。涂层厚度为 7～50mm，对应耐火极限可达到 0.5～4.0h 以上。因其涂层比非膨胀型涂料厚，因此又称之为厚型防火涂料。

按涂层成分/性能特征不同可进一步分为不同类别，如图 20.2.2-1 所示。

图 20.2.2-1　钢结构防火涂料分类

20.2.3　膨胀型防火涂料，涂层薄、重量轻、抗震性好，有较好的装饰性，缺点是施工时气味较大，涂层易老化，若处于吸湿受潮状态会失去膨胀性。英国 Nullifire 公司、英国 International Paint 国际油漆公司、德国 Herberts 公司均为生产膨胀型防火涂料的公司。其中，英国 International Paint 国际油漆公司的 Interbond FP 膨胀型防火涂料用于上海金茂大厦，美国 FCC 公司的 50 号膨胀型防火涂料曾用于北京昆仑饭店，英国 Nullifire 公司超薄型膨胀涂料用于广东大亚湾核电站裸露厂房屋架上已达几十年之久。1987 年后，国内也先后研制成功多种这类涂料，其中四川 LB 型膨胀型防火涂料最早用于北京亚运会各体育馆钢屋架上，上海平海涂料的膨胀型防火涂料广泛用于上海世博会各个场馆工程。目前，上海、江苏、浙江、山东已有数十家生产这类涂料工厂，在厂房、体育馆等裸露钢结构中被广泛应用。

20.2.4　非膨胀型防火涂料的防火机理是利用涂层固有的良好绝热性以及高温下部分成分的蒸发和分解等烧蚀反应而产生的吸热作用，来阻隔和消耗火灾热量向基材的传递，从而延缓钢构件达到临界温度的时间。非膨胀型防火涂料一般不燃、无毒、耐老化，耐久性较好，构件的耐火极限可达 3.0h 以上，适用于永久性建筑中。

20.2.5　非膨胀型防火涂料按施工方法分为两类，一类以矿物纤维为骨料采用干法喷涂施工；另一类是以膨胀蛭石、膨胀珍珠岩等颗粒材料为主的骨料，采用湿法喷涂施工。采用干法喷涂纤维材料与湿法喷涂颗粒材料相比，涂层重度轻，但施工时容易散发细微纤维粉尘，给施工环境和人员的保护带来一定问题，另外表面疏松，只适合于完全封闭的隐蔽工程。非膨胀型防火涂料两种类型的性能比较见表 20.2.5-1。

两种类型厚型涂料性能和应用比较　表 20..2.5-1

涂料类型	颗粒型（蛭石）	纤维型（矿棉）
主要原料	蛭石、珍珠岩、微珠等	石棉、矿棉、硅酸铝纤维

续表

涂料类型	颗粒型（蛭石）	纤维型（矿棉）
重度（kg/m³）	350～450	250～350
抗震性	一般	良
吸声系数（0.5～2k）	≤0.5	≥0.7
导热系数（W/m·K）	0.1左右	≤0.06
施工工艺	湿法机喷或手抹	干法机喷
一次喷涂厚度（cm）	0.5～1.2	2～3
外观	光滑平整	粗糙
劳动条件	基本无粉尘	粉尘多
修补难易程度	易	难

早在 20 世纪 50 年代，日本采用石棉干喷涂用于船舶防火隔堵，到了 20 世纪 60 年代又大量用于钢结构建筑。后因担心石棉致癌原因而停止使用，而代之以于矿棉喷涂。日本采用矿棉喷涂施工单位约有十家之多，其中日本 Nichias 公司的矿棉防火喷涂材料曾在我国深圳发展中心、上海国贸中心大厦钢结构中大面积采用。目前，国内也开始引进这种干法矿棉喷涂工艺在国内应用。但是由于担心矿棉粉尘对施工人员和建筑物内工作人员可能造成健康影响，国内外对这种材料和施工工艺是否推广均持有不同意见，实际工程中已很少采用。

在国内永久性钢结构建筑中大量推广应用的非膨胀型防火涂料主要为湿法喷涂工艺。采用湿法喷涂的非膨胀型防火涂料目前国内有两种：一是以珍珠岩为骨料，水玻璃（或硅溶胶）为胶粘剂，属双组分包装涂料，采用喷涂施工。另一类是以膨胀蛭石、珍珠岩为骨料、水泥或石膏为胶粘剂的单组分包装涂料，到现场只需加水拌匀即可使用，能喷也能抹。因可手工涂抹，涂层表面能达到光滑平整。在水泥基防火涂料中，其密度较高的品种具有优良的耐水性和抗冻融性。

20.2.6　钢结构防火涂料一般要求。

1. 用于制造防火涂料的原料，不得使用石棉材料和苯类溶剂。

2. 防火涂料可用喷涂、抹涂、辊涂或刷涂等方法，也可多种方法共同施工，并能在通常的自然环境条件下干燥固化。

3. 防火涂料应呈碱性或偏碱性，复层涂料应相互配套。底层涂料应能同防锈漆或钢板相协调。

4. 涂层干后不应有刺激性气味，受火时不产生浓烟和有害人体健康的气体。

20.2.7　室外型钢结构防火涂料：主要用于石化企业的露天生产装置、储液罐支架、其他他业设备的框架、塔形支座、石油钻井平台等室外或半室外的钢结构建（构）筑物，这类钢结构上所使用的防火涂料，除与室内防火涂料具有相同耐火极限要求外，还应具有优良的耐候性和耐水性。

国内尚无用于室外钢结构防火涂料技术指标的规定。根据国内工程使用经验和国外生产厂家均认为，水泥基非膨胀防火涂料密度较高、强度较好，具有优良的耐水性和抗冻性，适合于露天钢结构工程使用。例如英国 Mandoval 公司的 Mandoseal、MⅡ产品，美国 W. R. GRACE（基利士）公司的 Monokote Z-146 产品。近年来，Chartek 系列膨胀型双组分环氧类防火涂料越来越多应用在室外钢结构上，这类涂料室外耐久性好，耐火极限可达 3.0h 以上，还能适应石油化工烃类火与喷射火的耐火要求，也可在北极、南极等极寒地带使用，在天然气工程、海洋工程上得到普遍应用。

早在 1986 年，国内就已研制出以蛭石为主要骨料、以水泥为胶粘剂的钢结构用非膨胀型防火涂料，其中上海生产的 SJ-1 型防火涂料，最早在室外及潮湿环境中大面积使用，在公路隧道和石油化工企业中，从 1987 年使用至今防火涂层仍然完好。经过室外长期考验，被证明耐候性可靠，耐火性优良。SJ-1 型防火涂料的一些性能，可作为室外型防火涂料参考。SJ-1 型防火涂料主要技术性能如下。

1. 涂层密度：$580 \sim 650 kg/m^3$。

2. 软化系数：$\geqslant 0.60$。

3. 耐水性：浸水 3 个月强度无损失，无酥松脱落现象。

4. 抗冻性：湿冻融（$-40℃ \sim +40℃$）20 次，循环强度损失$\leqslant 10\%$，重量损失$\leqslant 1\%$。

20.2.8　钢结构防火涂料的选用，应考虑结构类型、耐火极限要求、工作环境等，选用原则如下。

1. 高层建筑钢结构，单、多层钢结构的室内隐蔽构件，当规定其耐火极限在 1.5h 以上时，应选用非膨胀型钢结构防火涂料；

2. 室内裸露钢结构、轻型屋盖钢结构及有装饰要求的钢结构，当规定其耐火极限在 1.5h 及以下时，可选用膨胀型钢结构防火涂料；

3. 钢结构耐火极限要求在 1.5h 以上，不宜选用膨胀型防火涂料；

4. 装饰要求较高的室内裸露钢结构、特别是钢结构住宅、设备的承重钢框架、支架、支座等易被碰撞的部位，规定耐火极限要求在 1.5h 以上时，宜选用钢结构防火板材；

5. 露天钢结构，应选用适合室外环境的钢结构防火涂料，且至少应有一年以上室外钢结构工程应用验证，且涂层性能无明显变化；

6. 复层涂料应相互配套，底层涂料应能同普通的防锈漆配合使用，或者底层涂料自身具有防锈性能；

7. 特殊性能的防火涂料在选用时，必须有一年以上的工程应用，其耐火性能必须符合要求；

8. 非膨胀型防火涂料的保护层厚度，必须根据检测得到的等效热传导系数，根据《建筑钢结构防火技术规范》GB 51249—2017 的规定设计计算确定；

9. 膨胀型防火涂料的保护层厚度，必须以实际构件的耐火试验测得的等效热阻，根据《建筑钢结构防火技术规范》GB 51249—2017 的规定设计计算确定；

10. 石膏基非膨胀型防火涂料不能用于潮湿环境或室外环境。

20.2.9　选用钢结构防火涂料应注意的问题。

1. 技术性能仅满足室内的涂料不得用于室外钢结构。

室外使用环境要比室内严酷得多，涂料在室外要经受日晒雨淋、风吹冰冻，应选用耐水、耐冻融、耐老化、强度高的防火涂料。南京扬子石化公司芳烃工程中曾选用某家室内防火涂料用于数万平方米的钢结构建筑上，由于是室外环境，结果不到一年时间，涂层就风化变黄，出现脱落，失去保护作用。现在实际处于室外环境的钢结构工程中，因没有正确选用适应室外环境的钢结构防火保护涂料而出现质量问题的现象比较普遍。

一般说来，非膨胀型比膨胀型防火涂料耐候性好。而非膨胀型涂料中蛭石、珍珠岩等颗粒型的非膨胀型涂料，采用水泥为胶粘剂的要比水玻璃为胶粘剂的好。特别是水泥用量较多，密度较大的更适宜用于室外。

2. 饰面型防火涂料不得用于保护钢结构。

饰面型防火涂料用于木结构和可燃基材，一般厚度小于1mm，薄的涂膜对于可燃材料能起到有效阻燃和防止火焰蔓延的作用。但其隔热性能一般，达不到大幅度提高钢结构耐火极限的目的。

据了解，国内曾有防火涂料厂家宣传其饰面型无机涂料可用于钢结构，并在一些工程中使用。后来抽样到有关检测单位进行标准梁耐火试验检验，结果钢梁耐火极限全部在30min以内，涂料几乎没有起到应有的防火作用。

20.2.10　钢结构防火涂层构造或保护方式宜按图20.2.10-1选用。对于采用非膨胀型防火涂料的，在下列情况下，应在涂层内设置与钢构件相连接的镀锌铁丝网或玻璃纤维布作为加固措施。

1. 构件承受冲击、振动荷载；
2. 防火涂料的粘结强度不大于0.05MPa；
3. 构件的腹板高度大于500mm且涂层厚度不小于30mm；
4. 构件的腹板高度大于500mm且涂层长期暴露在室外。

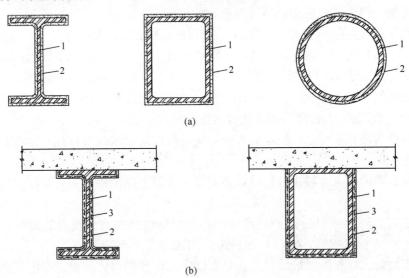

图20.2.10-1　钢结构防火涂料构造方式

(a) 不加镀锌铁丝网；(b) 加镀锌铁丝网

1—钢构件；2—防火涂料；3—锌铁丝网

20.2.11　钢结构防火涂料的理化检验要求如下。

1. 钢结构防火涂料必须有国家质量监督检测机构对产品的耐火极限和理化力学性能的检测报告，有防火监督部门核发的生产许可证和生产厂家的产品合格证。

2. 防火涂料的主要技术性能指标包括：耐火极限、粘接强度、抗压强度、热导率、干密度、耐水性、耐冻融性、隔热效率偏差，应按照国家现行标准《钢结构防火涂料》GB 14907—2018 的试验方法进行试验检测。

3. 在同一工程中，每使用 100t 膨胀型钢结构防火涂料，应抽样检测一次粘结强度；每使用 500t 非膨胀型钢结构防火涂料，应抽样检测一次粘结强度和抗压强度。钢结构防火涂料的粘结强度、抗压强度应符合国家现行标准的规定。

20.2.12　室内钢结构防火涂料的主要技术指标，应符合表 20.2.12-1 的规定。

室内钢结构防火涂料技术性能　　　　表 20.2.12-1

序号	理化性能项目	技术指标		缺陷类别
		膨胀型	非膨胀型	
1	在容器中的状态	经搅拌后呈均匀液态或稠厚流体状态，无结块	经搅拌后呈均匀稠厚流体状态，无结块	C
2	干燥时间（表干）（h）	≤12	≤24	C
3	初期干燥抗裂性	不应出现裂纹	允许出现 1～3 条裂纹，其宽度应≤0.5mm	C
4	黏性强度（MPa）	≥0.15	≥0.04	A
5	抗压强度（MPa）	—	≥0.3	C
6	干密度（kg/m³）	—	≤500	C
7	隔热效率偏差	±15%	±15%	—
8	pH 值	≥7	≥7	C
9	耐水性	24h 试验后，涂层应无起层、发泡、脱落现象，且隔热效率衰减量应≤35%	24h 试验后，涂层应无起层、发泡、脱落现象，且隔热效率衰减量应≤35%	A
10	耐冷热循环性	15 次试验后，涂层应无开裂、剥落、起泡现象，且隔热效率衰减量应≤35%	15 次试验后，涂层应无开裂、剥落、起泡现象，且隔热效率衰减量应≤35%	B

注　1. A 为致命缺陷，B 为严重缺陷，C 为轻缺陷；"—"表示无要求。

　　2. 隔热效率偏差只作为出厂检验项目。

　　3. pH 值只适用于水基性钢结构防火涂料。

20.2.13　室外钢结构防火涂料的主要技术指标，应符合表 20.2.13-1 的规定。

室外钢结构防火涂料技术性能　　　　表 20.2.13-1

序号	检测项目	技术指标		缺陷类别
		膨胀型	非膨胀型	
1	在容器中的状态	经搅拌后呈均匀液态或稠厚流体状态，无结块	经搅拌后呈均匀稠厚流体状态，无结块	C
2	干燥时间（表干）/h	≤12	≤24	C
3	初期干燥抗裂性	不应出现裂纹	允许出现 1～3 条裂纹，其宽度应≤0.5mm	C

续表

序号	检测项目	技术指标		缺陷类别
		膨胀型	非膨胀型	
4	黏性强度（MPa）	$\geqslant 0.15$	$\geqslant 0.04$	A
5	抗压强度（MPa）	—	$\geqslant 0.3$	C
6	干密度（kg/m³）	—	$\leqslant 650$	C
7	隔热效率偏差	$\pm 15\%$	$\pm 15\%$	—
8	pH 值	$\geqslant 7$	$\geqslant 7$	C
9	耐曝热性	720h 试验后，涂层应无起层、脱落、空鼓、开裂现象，且隔热效率衰减量应$\leqslant 35\%$	720h 试验后，涂层应无起层、脱落、空鼓、开裂现象，且隔热效率衰减量应$\leqslant 35\%$	B
10	耐湿热性	504h 试验后，涂层应无起层、脱落现象，且隔热效率衰减量应$\leqslant 35\%$	504h 试验后，涂层应无起层、脱落现象，且隔热效率衰减量应$\leqslant 35\%$	B
11	耐冻融循环性	15 次试验后，涂层应无开裂、剥落、起泡现象，且隔热效率衰减量应$\leqslant 35\%$	15 次试验后，涂层应无开裂、剥落、起泡现象，且隔热效率衰减量应$\leqslant 35\%$	B
12	耐酸性	360h 试验后，涂层应无起层、脱落、开裂现象，且隔热效率衰减量应$\leqslant 35\%$	360h 试验后，涂层应无起层、脱落、开裂现象，且隔热效率衰减量应$\leqslant 35\%$	B
13	耐碱性	360h 试验后，涂层应无起层、脱落、开裂现象，且隔热效率衰减量应$\leqslant 35\%$	360h 试验后，涂层应无起层、脱落、开裂现象，且隔热效率衰减量应$\leqslant 35\%$	B
14	耐盐雾腐蚀性	30 次试验后，涂层应无起泡、明显的变质、软化现象，且隔热效率衰减量应$\leqslant 35\%$	30 次试验后，涂层应无起泡、明显的变质、软化现象，且隔热效率衰减量应$\leqslant 35\%$	B
15	耐紫外线辐照性	60 次试验后，涂层应无起层、脱落、开裂现象，且隔热效率衰减量应$\leqslant 35\%$	60 次试验后，涂层应无起层、脱落、开裂现象，且隔热效率衰减量应$\leqslant 35\%$	B

注　1. A 为致命缺陷，B 为严重缺陷，C 为轻缺陷；"—"表示无要求。

　　2. 隔热效率偏差只作为出厂检验项目。

　　3. pH 值只适用于水基性钢结构防火涂料。

20.2.14　钢结构防火涂料的耐火性能应符合表 20.2.14-1 的规定。

钢结构防火涂料的耐火性能　　　　　　　　表 20.2.14-1

产品分类	耐火性能											缺陷类别
	膨胀型				非膨胀型							
普通钢结构防火涂料	$F_p0.50$	$F_p1.00$	$F_p1.50$	$F_p2.00$	$F_p0.50$	$F_p1.00$	$F_p1.50$	$F_p2.00$	$F_p2.50$	$F_p3.00$		A
特种钢结构防火涂料	$F_t0.50$	$F_t1.00$	$F_t1.50$	$F_t2.00$	$F_t0.50$	$F_t1.00$	$F_t1.50$	$F_t2.00$	$F_t2.50$	$F_t3.00$		

注：耐火性能试验结果适用于同种类型且截面系数更小的基材。

20.2.15　钢结构防火涂料施工应符合下列规定。

1. 钢结构表面，应根据要求进行除锈、防锈处理；

2. 无防锈涂料的钢材表面，防火涂料或底料层应对钢表面无腐蚀作用；涂防锈漆的钢材表面，防锈漆应与防火涂料相容，不应产生皂化等不良反应；

3. 应严格按配合比加料和稀释剂（包括水），使浆料稠度合宜；

4. 施工过程中和涂层干燥固化前，除水泥系防火涂料外，环境温度宜保持在 5～38℃，施工时环境相对湿度不宜大于 90%，空气应流通，当构件表面有结露时，不宜作业。

20.2.16　钢结构防火涂料施工要点。

1. 膨胀型防火涂料，可按装饰要求和涂料性质选择喷涂、刷涂或滚涂等施工方式；

2. 膨胀型防火涂料，每次喷涂厚度不应超过 2.5mm，超薄型涂料每次涂层不宜超过 0.5mm，须在前一遍干燥后方可进行后一遍施工；

3. 非膨胀型防火涂料，可选用喷涂或手工涂抹施工；

4. 非膨胀型防火涂料，宜用低速搅拌机，搅拌时间不宜过长，以搅拌均匀即可，以免涂料中轻质骨料被过度粉碎影响涂层质量；

5. 非膨胀型防火涂料，每遍涂抹厚度宜为 5～10mm，必须在前一道涂层基本干燥或固化后方可进行后一道施工；

6. 水泥基非膨胀型防火涂料，在天气极度干燥和阳光直射环境下，应采取必要养护措施；

7. 防火涂料搅拌好后应及时用完，超过其规定使用期不得使用；

8. 防火涂层的厚度应符合设计要求，施工时应随时检测涂层厚度。

20.3　防火板材性能、检测与施工

20.3.1　建筑板材种类繁多，按其燃烧性能可分四类，即不燃材料（A 级）、难燃材料（B1 级）、可燃材料（B2 级）和易燃材料（B3 级）。防火用板材基本应为不燃材料。应按现行国家标准《建筑材料不燃性试验方法》GB/T 5464—2010 进行不燃性试验。

20.3.2　一些无机板材（如氯氧镁水泥板），虽然本身不会燃烧，但在火灾高温作用下，极易分解、炸裂失去结构强度，有的还会释放有毒气体。因此，这类板材不得用于防火板材。

20.3.3　对结构能起防火保护作用的板材，除了应具有常温状态下的各种良好物理力学性能外，高温下在要求的时间内还应具有如下性能。

1. 在高温下应保持一定强度和尺寸稳定，不产生较大收缩变形；

2. 受火时，不炸裂、不产生裂纹，否则将影响板材的完整性；

3. 应具有优异的隔热性，使被保护基材不致温升过快而受到损害。

20.3.4　钢结构防火用板材分为两类，一类是密度大、强度高的薄板；一类是密度较小的厚板，两类防火板材的性能、品种特点如下。

1. 防火薄板：密度大（800～1800kg/m³），强度高（抗折强度 10～50MPa），导热系数大（0.2～0.4W/m·K），厚度在 6～15mm。主要用于轻钢龙骨隔墙的面板、吊顶板

901

（又称为罩面板）以及钢梁、钢柱经非膨胀型防火涂料涂覆后的装饰面板（或称罩面板）。

这类板有短纤维增强的各种水泥压力板（包括 TK 板，FC 板等）、纤维增强普通硅酸钙板、纸面石膏板以及各种玻璃布增强的无机板（俗称无机玻璃钢）。多为机械化流水线生产板，配合比和生产工艺较成熟，产品质量较稳定，俗称无机玻璃钢制品，20 世纪 90 年代初开始出现，因其投资小，成本低，易于加工而得到迅速发展。目前，全国该类产品生产厂家不少于 500 家，市场已基本饱和。生产厂绝大多数采用手工操作，板材厚薄不均，物理力学性能不够稳定。特别是其中有相当数量厂家采用氯氧镁水泥为原料，其产品质量各家良莠不齐，有的存在吸潮变形大，遇火易爆裂等问题。

2. 防火厚板：密度小（小于 500kg/m³），导热系数低（0.08W/m·K 以下），厚度可按耐火极限需要确定，大致在 20～50mm 间。由于本身具有优良的耐火隔热性，可直接用于钢结构防火，提高结构耐火极限。

这类板主要有轻质（或超轻质）硅酸钙防火板及膨胀蛭石防火板两种。轻质硅酸钙防火板是以 CaO 和 SiO₂ 为主要原料，经高温、高压化学反应生成硬硅钙晶体为主体，再配以少量增强纤维等辅助材料经压制、干燥而成的一种耐高温、隔热性优良的板材。这种板材在英、美、日等国早已大量生产应用。膨胀蛭石防火板，是以特种膨胀蛭石和无机胶粘剂为主要原料，经充分混合压制烘干成型的另一种具有防火隔热性能的板材，英美等国均有生产和应用，英国称之 Vicuclad 板。用防火厚板作为钢结构防火材料有如下特点：

1）重量轻。重度在 400～500kg/m³ 左右，仅为一般建筑薄板的 1/4～1/2。

2）强度较高。抗折强度为 0.8～2.5MPa。

3）隔热性好。导热系数≤0.08W/(m·K)，隔热性能优于同等密度的隔热型非膨胀型防火涂料。

4）耐高温。使用温度 1000℃以上，1000℃加热 3h，线收缩≤2%，用于保护钢梁钢柱，耐火极限可达 3.0h 以上。

5）尺寸稳定。在潮湿环境下可长期使用、不变形。

6）耐久性好。理化性能稳定，不会老化，可长期使用。

7）易加工。可任意锯、钉、刨、削。

8）无毒无害。不含石棉，在高温或发生火灾时，不产生有害气体。

9）装饰性好。表面平整光滑，可直接在板材上进行涂装、裱糊等内装饰作业。

20.3.5　国内近年来轻质硅酸钙防火板产品有上海建筑科学研究院和上海七宝绝热材料厂共同开发的 XT 系列防火装饰板，应急管理部四川消防研究所和山东莱州明发隔热材料有限公司共同开发的 GF 板，金特建材实业有限责任公司的火力克防火板。各种防火板主要技术性能指标见表 20.3.5-1。

各种防火板主要技术性能 表 20.3.5-1

项目	外形尺寸 mm（长×宽×厚）	密度（kg/m³）	最高使用温度（℃）	导热系数（W/m·K）
纸面石膏板	1800～3600×1200×9～12	800	600	0.194
TK 板	1200×3000×800～1200×4～8	1700	600	0.35
FC 板	3000×1200×4～6	1800	600	0.35

续表

项目	外形尺寸 mm （长×宽×厚）	密度 （kg/m³）	最高使用温度 （℃）	导热系数 （W/m·K）
纤维增强硅酸钙板	1800×900×6～10	1000	600	0.28
无机玻璃钢板	1000×2000×2～12	1500～1700	600	0.24～0.45
蛭石板 （英国 Vicuclad）	1000×610×20～65	430	1000	0.113 （250℃时）
超轻硅酸钙板 （日本 KB板）	1000×610×25～50	400	1000	0.06
超轻硅酸钙板 （山东莱州 GF板）	1000×500×20～30	400	1000	0.075

20.3.6　防火板的包敷构造设计，必须根据构件形状、构件所处部位，在满足耐火性能的条件下，充分考虑牢固稳定。同时，固定和稳定防火板的龙骨及胶粘剂应为不燃材料，龙骨材料应便于和构件、防火板连接，胶粘剂应能在高温下保持一定的强度，保证结构的稳定和完整。采用防火板保护钢结构的防火保护构造如图 20.3.6-1，图 20.3.6-2，图 20.3.6-3 所示。

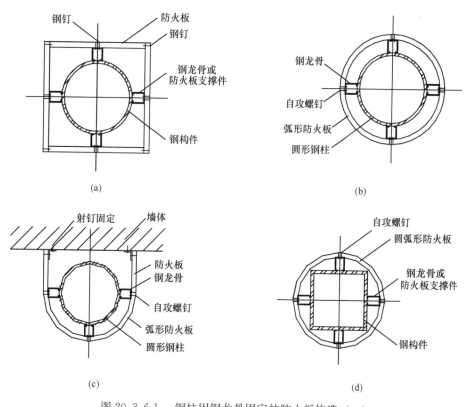

图 20.3.6-1　钢柱用钢龙骨固定的防火板构造（一）
（a）圆柱包矩形防火板；（b）圆柱包圆弧形防火板；
（c）靠墙圆柱包弧形防火板；（d）矩形柱包圆弧形防火板

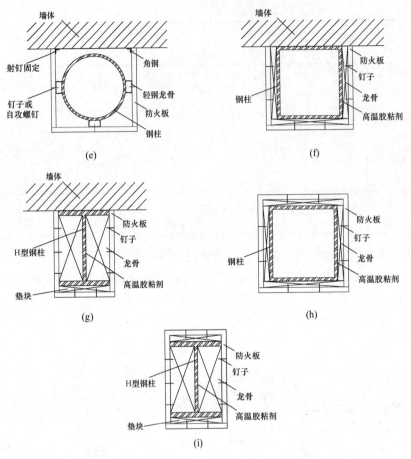

图 20.3.6-1　钢柱用钢龙骨固定的防火板构造（二）

（e）靠墙圆柱包矩形防火板；（f）靠墙矩形柱包矩形防火板；（g）靠墙 H 型钢柱包矩形防火板；

（h）独立矩形柱包矩形防火板；（i）独立矩形柱包矩形防火板

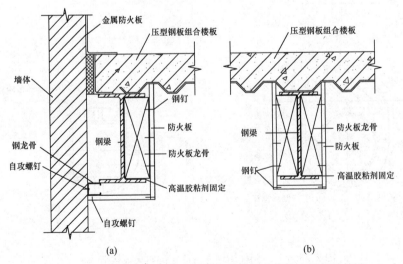

图 20.3.6-2　钢梁用防火板龙骨及钢龙骨固定的防火板保护构造

（a）靠墙的钢梁；（b）一般位置的钢梁

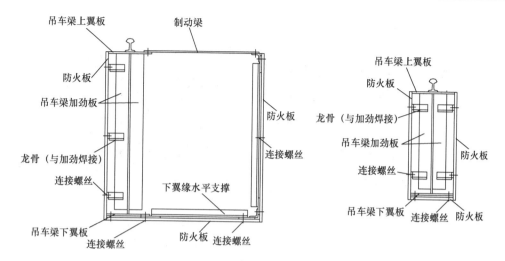

图 20.3.6-3　吊车梁防火板保护

20.3.7　对于同时采用防火涂料或防火毡与防火板进行复合防火保护的构造，应充分考虑外层包敷施工时，不应对内层的防火构造造成结构破坏损伤，具体的构造措施可以按图 20.3.7-1、图 20.3.7-2、图 20.3.7-3 选用。

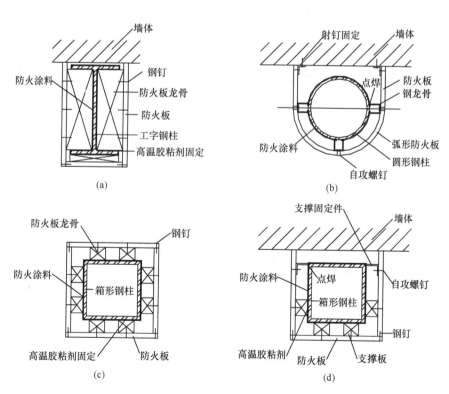

图 20.3.7-1　采用复合防火保护的钢柱构造图（一）
（a）侧靠墙工字形截面柱；（b）侧靠墙圆形截面柱；（c）箱形截面柱；
（d）侧靠墙箱形截面柱

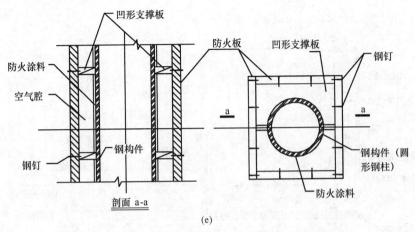

(e)

图 20.3.7-1　采用复合防火保护的钢柱构造图（二）

（e）圆形截面柱

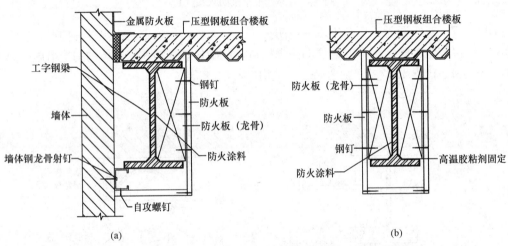

(a)

(b)

图 20.3.7-2　采用复合防火保护钢梁构造

（a）靠墙的梁；（b）梁

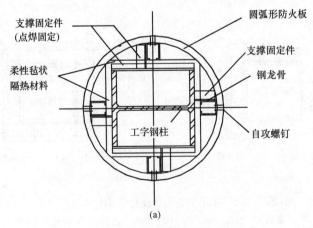

(a)

图 20.3.7-3　采用复合防火保护构造（一）

（a）工字钢柱

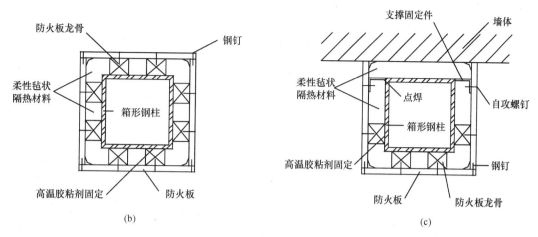

图 20.3.7-3 采用复合防火保护构造（二）

(b) 箱形柱；(c) 靠墙箱形柱

目前，防火板在钢结构建筑的防火保护中应用较少。

20.3.8 防火薄板可用于隔墙和吊顶的罩面板。一般采用防火薄板为罩面板，以轻钢龙骨（或铝合金龙骨、木龙骨）为骨架，在民用和工业建筑中作为隔断工程和吊顶工程被广泛应用。施工方法可参见现行国家标准《建筑装饰装修工程质量验收标准》GB 50210—2018 及《石膏板隔墙板及吊顶构造图集》（中国新型建材公司编）等有关资料。

20.3.9 防火薄板可用于钢结构上非膨胀型防火涂料的护面板。大多应用于钢柱防火，采用防火薄板作护面板，其施工方法可参照隔墙板和吊顶板施工。

20.3.10 防火厚板可用于钢构件防火。采用轻质防火厚板，可将防火材料与护面板合二而一。与传统的做法（厚质防火涂料＋龙骨＋护面板）相比，具有如下优点。

1. 不需再用防火涂料喷涂，完全干作业，有利于现场交叉作业；

2. 高效施工：防火板可直接在工厂或现场锯裁、拼接和组装，可和其他工序（管道设置、送排风系统和电线配置安装等）交叉进行，可缩减工期和工程施工费。根据日本 JIC 公司报道，工程费用可节省 20%，施工时间节省 30%。

3. 节省空间。用于钢柱保护，占地少，即使楼层有效面积增加。

20.3.11 防火厚板用于钢结构保护的施工方法。

1. 采用龙骨安装。即用龙骨为骨架，防火厚板为罩面板，施工方法可参照一般薄板用于轻质隔墙和吊顶有关规程和图集施工。

2. 不用龙骨时，可采用自身材料为固定块（底材），辅助以无机胶（如硅溶胶）、铁钉安装。图 20.3.11-1 为防火厚板用于钢梁防火保护的施工过程示意图。

20.3.12 各种防火板表面的装修要求。

防火板安装完毕后，表面均需进一步修饰。防火板表面装修可分涂料装修和裱糊装修两种，要求如下。

1. 涂料装修主要工序有：表面处理（局部刮腻子、修补、磨平）、贴接缝带、打底、磨光、涂刷底漆、涂刷面漆。

2. 裱糊装修主要工序有：表面处理（局部刮腻子、磨平）、打底磨光、刷胶粘剂、粘

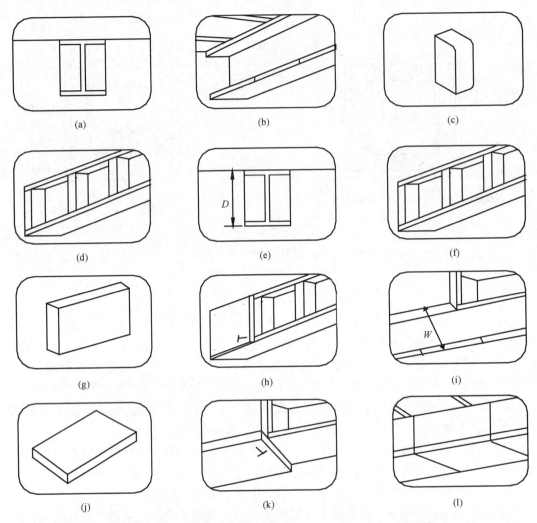

图 20.3.11-1　隔热厚板（Vicuclad）用于钢梁防火施工过程图

（a）在 H 型钢梁凹处将隔热板按实际尺寸切割作为衬板，厚度至少 25mm；（b）放样；（c）衬板与钢梁接合面涂以防火胶，防火胶厚度至少 25mm；（d）在衬板原放样处与钢梁胶合；（e）量取侧板实际尺寸；（f）在衬板的正面涂以防火胶；（g）在侧板与另两接触面上涂防火胶；（h）直接将侧板装订于原放样之衬板基座上；（i）量取底板之尺寸侧板上涂防火胶，紧密粘合于墙面及天花板上；（j）在裁切后的底板接合面上涂以防火胶；（k）将底板与侧板底端接合，并以钉子加强，钉子可斜钉以增强；（l）以刮刀将渗出之防火胶清除，以保持外观清洁

贴墙布或墙纸（包括墙布拼缝、对花、赶气泡、抹平等）。

3. 涂料装修、裱糊装修施工及验收方法，可参照现行国家标准《建筑装饰装修工程质量验收标准》GB 50210—2018 的规定执行。

20.4　柔性毡状隔热材料防火保护构造

20.4.1　柔性毡状隔热材料隔热性好、施工简便、造价低，适用于室内、不易受机械损伤和免受水湿部位的防火。

20.4.2　采用柔性毡状隔热材料作为防火保护材料时，防火保护的构造宜按图20.4.2-1选用，且应符合下列要求。

1. 本方法仅适用于平时不受机械伤害和不易被人为破坏，而且应免受水湿的部位；

2. 包覆构造的外层应设金属保护壳；

3. 包覆构造应满足在材料自重下，不应使毡状材料发生体积压缩不均的现象。金属保护壳应固定在支撑构件上，支撑构件应固定在钢构件上，支撑构件为不燃材料。

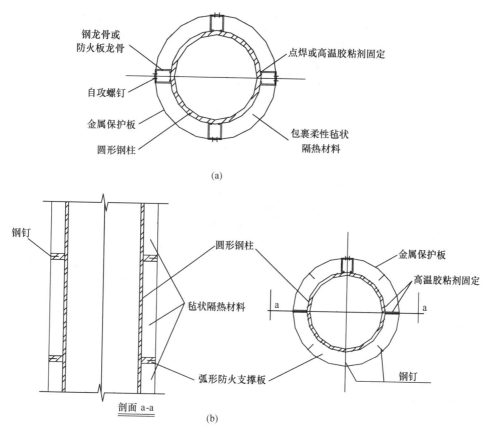

图 20.4.2-1　柔性毡状隔热材料防火构造图
（a）用钢龙骨支撑；（b）用圆弧形防火板支撑

20.5　钢结构防火保护工程施工质量控制

20.5.1　钢构件表面基层的处理及质量控制要求。

钢材在加工、储运等过程中，表面易被侵蚀或产生锈蚀，这些锈蚀产生的氧化皮及油污会影响钢结构防火涂层的附着性能和保护性能，因此，不宜对钢材直接进行涂装，必须进行适应的表面处理。涂装前，基层的表面处理质量直接影响整个涂层的质量，良好的表面质量可增加涂层的附着力，提高涂层对钢材的保护性能，对钢结构防火保护工程的质量起重要作用。因此，必须认真做好基层的表面处理。基层处理要求如下。

1. 基层处理的工序。

1) 基层检查：基层的状况与施工后涂层的性能直接相关，因而在进行防火涂料涂装之前，应对基层进行全面检查。防火涂料品种很多，可根据基层的状况选用适合的防火涂料，亦可根据选用的涂料检查基层是否符合要求。通常应重点检查钢材的强度、平整度、干燥度，钢材表面的酸碱度、清洁情况、裂缝、孔洞及污染物等。

2) 基层清洁及处理：对粉末状黏附物应采用毛刷或电吸尘器去除；对焊接时产生喷溅物、飞溅物应用刮刀、钢丝刷或打磨机去除；对油脂类的黏附物应用有机溶剂或化学洗涤剂去除；对钢材表面应进行除锈。钢材除锈一般有两种方法：一是在钢材表面电镀一层难以锈蚀的有色金属，成本较高，工程中一般不予采用；二是在钢材表面涂刷防锈涂料。

3) 基层修补：在基层清理及除锈工作完成后，应及时修补基层缺陷。如对基层的裂缝、表面凸凹不平、脆弱点等缺陷进行修补使其达到防火涂料的一般要求。

4) 基层复查：为保证防火涂料施工后涂层的质量，在通过基层的检查、除锈、清理、修补工序后，在涂装工程施工前还必须进行复查，以符合防火涂料的施工要求。

2. 基层处理的质量控制要求。

为了保证钢结构防火涂料的施工质量，在涂料施工前，基层处理应达到如下要求：

1) 基层表面不能附着灰尘、油脂、锈点及喷溅物，基层的除锈工作已完成。

2) 基层表面的强度与刚性应比涂刷的涂料高。

3) 基层表面的破损、裂缝等已经修补，修补部位与其余部位相同，如二者不同则应加涂封底材料；经修补后，基层的不平整度、接合部的错位应在允许范围之内。

4) 基层的 pH 值应根据所涂涂料的种类进行调整，使其在允许范围之内。

20.5.2　钢结构防火材料与施工质量控制的基本规定。

1. 钢结构防火保护材料产品，均应通过国家检测机构检测合格，其中钢结构防火涂料还须获得国家授权部门核发的有效形式认可证书，方可使用。

2. 用于保护钢结构的防火材料，除满足耐火极限的要求外，必须符合现行国家产品标准和设计要求。

3. 钢结构防火保护工程的施工单位，应具备相应的施工资质。施工现场质量管理应有相应的施工技术标准，质量管理体系，质量控制及检验制度。

4. 钢结构防火保护工程的设计修改，必须由设计单位出具设计变更通知单，改变防火保护材料或构造时，还必须报经当地消防监督机构批准。

5. 钢结构防火保护分项工程可分成一个或若干个检验批。相同材料、工艺、施工条件的防火保护工程，应按防火分区或按楼层划分为一个检验批。

6. 钢结构防火保护工程的材料应按下列规定进行施工质量控制。

1) 防火涂料、防火板、毡状防火材料等防火保护材料的质量，应符合现行国家产品标准的规定和设计要求，并应具备产品合格证、国家权威质量监督检验机构出具的检验合格报告和型式认可证书。检验要求如下：

(1) 检查数量：全数检查。

(2) 检验方法：查验产品合格证、检验合格报告和型式认可证书。

2) 预应力钢结构、跨度不小于 60m 的大跨度钢结构、高度不小于 100m 的高层建筑钢结构所采用的防火涂料、防火板、毡状防火材料等防火保护材料，在材料进场后，应对其隔热性能进行见证检验。非膨胀型防火涂料和防火板、毡状防火材料等实测的等效热传导系数不应大于等效热传导系数的设计取值，其允许偏差为＋10％；膨胀型防火涂料实测的等效热阻不应小于等效热阻的设计取值，其允许偏差为－10％。检验要求如下：

（1）检查数量：按施工进货的生产批次确定，每一批次应抽检一次。

（2）检查方法：按现行国家标准《建筑构件耐火试验方法　第 1 部分：通用要求》GB/T 9978.1—2008 规定的耐火性能试验方法测试，试件采用 I36b 工字钢，长度 500mm，数量 3 个，试件应四面受火且不加载。对于非膨胀型防火涂料，试件的防火保护层厚度取 20mm，并应按现行国家标准《钢结构防火技术规范》GB 51249—2017 中式 (5.3.1) 计算等效热传导系数；对于防火板、毡状防火材料，试件的防火保护层厚度取防火板、毡状防火材料的厚度，并应按现行国家标准《钢结构防火技术规范》GB 51249—2017 中式 (5.3.1) 计算等效热传导系数；对于膨胀型防火涂料，试件的防火保护厚度取涂料的最小使用厚度、最大使用厚度的平均值，并应按现行国家标准《钢结构防火技术规范》GB 51249—2017 中式 (5.3.2) 计算等效热阻。

3) 防火涂料的粘结强度应符合现行国家标准的规定，其允许偏差为－10％。检验要求如下：

（1）检查数量：按施工进货的生产批次确定，每一进货批次应抽检一次。

（2）检查方法：应符合现行国家标准《钢结构防火涂料》GB 14907—2018 的规定。

4) 防火板的抗折强度应符合产品标准的规定和设计要求，其允许偏差为－10％。检验要求如下：

（1）检查数量：按施工进货的生产批次确定，每一进货批次应抽检一次。

（2）检查方法：按产品标准进行抗折试验。

5) 混凝土、砂浆、砌块的抗压强度应符合国家相关标准的规定，其允许偏差为－10％。检验要求如下：

（1）检查数量：混凝土按现行国家标准《混凝土结构工程施工质量验收规范》GB 50204—2005 的规定，砂浆和砌块按现行国家标准《砌体结构工程施工质量验收规范》GB 50203—2011 的规定。

（2）检查方法：混凝土，应符合现行国家标准《混凝土结构工程施工质量验收规范》GB 50204—2015 的规定；砂浆和砌块，应符合现行国家标准《砌体结构工程施工质量验收规范》GB 50203—2011 的规定。

7. 钢结构防火保护工程，应在钢结构安装工程和钢结构普通涂料涂装的施工质量验收合格后进行检验。采用复合构造的钢结构防火保护工程，其防火饰面板的施工应在包裹柔性毡状隔热材料或涂敷防火涂料的施工质量验收合格后进行检验。

8. 钢结构防火保护工程，应不被后继工程破坏，若有损坏，应进行修补。

9. 钢结构防火保护工程施工前，钢材表面除锈及防锈底漆涂装应符合设计要求和现行国家有关标准的规定。检验要求如下。

1) 检查数量：按构件数抽查 10％，且同类构件不应少于 3 件。

2) 检验方法：表面除锈用铲刀检查和用现行国家标准《涂覆涂料前钢材表面处理表面清洁度的目视评定　第 1 部分：未涂覆过的钢材表面和全面清除原有涂层后的钢材表面的锈蚀等级和处理等级》GB/T 8923.1—2011 规定的图片对照观察检查。底漆涂装用干漆膜测厚仪检查，每个构件检测 5 处，每处的数值为 3 个相距 50mm 测点涂层干漆膜厚度的平均值。

20.5.3　钢结构防火涂料涂装质量控制要求。

1. 涂装时的环境温度和相对湿度，应符合涂料产品说明书的要求，当产品说明书无要求时，环境温度宜在 5～38℃ 之间，除水泥基材料外，相对湿度一般不应大于 85%。涂装时构件表面不应有结露；涂装后在实干之前，应避免雨淋，并应防止机械撞击。

2. 钢结构防火涂料的粘结强度、抗压强度，应符合国家现行标准《钢结构防火涂料应用技术规程》T/CECS 24—2020 的规定。检验要求如下：

（1）检查数量：每检验批应抽检一次粘结强度。

（2）检验方法：应符合现行国家标准《钢结构防火涂料》GB 14907—2018 的规定。

3. 防火涂层各测点平均厚度应不小于设计要求，单测点最小厚度不应小于设计要求的 85%。检验要求如下：

1）检查数量：按同类构件数抽查 10%，且均不应少于 3 件。

2）检验方法：用涂层厚度测量仪、测针和钢尺检查。测量方法应符合国家现行标准《钢结构防火涂料应用技术规程》T/CECS 24—2020 规定及《钢结构工程施工质量验收标准》GB 50205—2020 附录 F 的方法要求。

4. 膨胀型防火涂料涂层表面裂纹宽度不应大于 0.5mm，且 1m 长度内不得多于 1 条。厚涂型防火涂料涂层表面裂纹宽度不应大于 1mm，且 1m 长度内不得多于 3 条。检验要求如下。

1）检查数量：按同类构件数抽查 10%，且均不应少于 3 件。

2）检验方法：观察和用尺量检查。

5. 应对膨胀型防火涂料的涂层遇火发泡膨胀状况进行检查。防火涂料取样在工程现场进行，在已涂覆防涂料的构件或材料表面刮取约 10g 左右的防火涂料粉末，送专业实验室进行膨胀性能检查。每一检验批检查数量为总构件数的 10% 且不少于 3 件。

6. 若防火涂层同时充当防锈涂层，则还应满足有关防腐、防锈标准的规定。

7. 防火涂料涂装基层，不应有油污、灰尘和泥沙等污垢。检验要求如下。

1）检查数量：全数检查。

2）检验方法：观察检查。

8. 防火涂料不应有误涂、漏涂，涂层应闭合无脱层、空鼓、明显凹陷、粉化松散和浮浆等外观缺陷，乳突已剔除。检验要求如下。

1）检查数量：全数检查。

2）检验方法：观察检查。

20.5.4　钢结构防火板保护工程质量控制要求。

1. 支撑固定件应固定牢固，现场拉拔强度应符合设计要求。检验要求如下。

1）检查数量：按同类构件数抽查 10%，且均不应少于 3 件。

2）检查方法：现场手掰检查；查验进场验收记录，现场拉拔检测报告。

2 防火板安装必须牢固稳定，封闭良好。检验要求如下。

1）检查数量：按同类构件数抽查 10%，且均不应少于 3 件。

2）检查方法：观察检查；现场手掰；查验隐蔽工程记录；查验施工记录。

3. 防火板表面应平整、无裂痕、缺损及泛出物。有装饰要求的防火板表面应洁净、色泽一致、无明显划痕。检验要求如下。

1）检查数量：全数检查。

2）检查方法：观察检查。

4. 防火板接缝应严密、顺直，接缝边缘整齐。检验要求如下。

1）检查数量：全数检查。

2）检查方法：观察和用尺量检查。

5. 防火板安装时，表面不应有孔洞和凸出物。检验要求如下。

1）检查数量：全数检查。

2）检查方法：观察检查。

6. 防火板安装允许偏差和检查方法如下。

1）立面垂直度，用 2m 垂直检测尺检查，其误差不大于 4mm。

2）表面平整度，用 2m 靠尺和塞尺检查，其误差不大于 2mm。

3）阴阳角正方，用直角检测尺检查，其误差不应大于 3mm。

4）接缝高低差，用钢直尺和塞尺检查，其误差不应大于 1mm。

5）接缝宽厚，用钢直尺检查，其误差不应大于 2mm。

7. 分层包裹时，防火板应分层固定，相互压缝。检验要求如下。

1）检查数量：全数检查。

2）检查方法：查验隐蔽工程记录和施工记录。

20.5.5　柔性毡状隔热材料防火保护工程质量控制要求。

1. 柔性毡状材料的防火保护层厚度大于 100mm 时，必须分层施工。检验要求如下。

1）检查数量：按同类构件数抽查 10%，且均不应少于 3 件。

2）检查方法：观察和用尺量检查、查验施工记录。

2. 防火保护层拼缝严实，拼缝规则：同层错缝，上下层压缝，表面进行严缝处理，错缝整齐，表面平整。检验要求如下。

1）检查数量：按同类构件数抽查 10%，且均不应少于 3 件。

2）检查方法：观察和用尺量检查、查验施工记录。

3 支撑件的安装间距符合要求，位置正确，安装牢固无松动。间距均匀，并应垂直于钢构件表面。检验要求如下。

1）检查数量：按同类构件数抽查 10%，且均不应少于 3 件。

2）检查方法：观察和用尺量检查、手掰检查。

4. 金属保护壳的环向、纵向及水平接缝，必须上搭下成顺水方向，搭接处应进行密封，膨胀缝留设正确，搭接尺寸符合规定。检验要求如下。

1）检查数量：按同类构件数抽查 10%，且均不应少于 3 件。

2）检查方法：观察和用尺量检查。

5. 防火保护层厚度及安装容重应符合设计要求。毡状隔热材料的厚度偏差不大于 10%，但不得大于 +10mm 或小于 −10mm。毡状隔热材料重度偏差不大于 +15%。检验要求如下。

1）检查数量：按同类构件数抽查 10%，且均不应少于 3 件。

2）检查方法：厚度采用针刺、尺量，重度采用称量检查。

6.毡状隔热材料的捆扎应牢固、平整，间距符合设计，捆扎间距均匀。检验要求如下。

1）检查数量：按同类构件数抽查 10%，且均不应少于 3 件。

2）检查方法：观察和用尺量检查。

7.金属保护壳无翻边、翘缝和明显凹坑，外观整齐。金属保护壳圆度公差不应大于 10mm。金属保护壳表面平整度允许偏差不大于 4mm。金属保护壳包柱时，垂直度每米不大于 2mm，全长不大于 5mm。检验要求如下。

1）检查数量：按同类构件数抽查 10%，且均不应少于 3 件。

2）检查方法：观察检查，圆度公差用外卡尺、钢尺检查；表面平整度用 1m 直尺和楔形塞尺检查；垂直度用线坠，直尺检查。

20.5.6　混凝土、砂浆和砌体材料防火保护工程质量控制要求。

1.混凝土保护层、砂浆保护层和砌体保护层的厚度不应小于设计厚度。混凝土保护层、砌体保护层的允许偏差为 ±10%，且不应大于 ±5mm。砂浆保护层的允许偏差为 ±10%，且不应大于 ±2mm。检验要求如下。

1）检查数量：按同类构件基数抽查 10%，且均不应少于 3 件。

2）检查方法：每一构件选取至少 5 个不同的部位，用尺量检查。

2.混凝土保护层的表面应平整，无明显的孔洞、缺损、裂痕等缺陷。检验要求如下。

1）检查数量：全数检查。

2）检验方法：直观检查。

3.砂浆保护层表面的裂纹宽度不应大于 1mm，且 1m 长度内不得多于 3 条。检验要求如下。

1）检查数量：按同类构件基数抽查 10%，且均不应少于 3 件。

2）检验方法：直观和用尺量检查。

4.砌体保护层应同层错缝、上下层压缝，边缘应整齐。检验要求如下。

1）检查数量：按同类构件基数抽查 10%，且均不应少于 3 件。

2）检查方法：直观和用尺量检查。

20.5.7　复合防火保护工程质量控制要求。

1.采用复合防火保护时，后一种防火保护的施工应在前一种防火保护检验批的施工质量检验合格后进行。检验要求如下。

1）检查数量：全数检查。

2）检查方法：查验施工记录和验收记录。

2.采用复合防火保护时，单一防火保护主控项目的施工质量检查应符合现行国家标准《建筑钢结构防火技术规范》GB 51249—2017 的规定。

3.用复合防火保护时，单一防火保护一般项目的施工质量检查应符合现行国家标准《建筑钢结构防火技术规范》GB 51249—2017 的规定。

20.6　钢结构防火保护工程的验收

20.6.1　钢结构防火保护工程施工质量验收，应提供下列文件和记录。

1. 工程竣工图纸和相关设计文件、设计变更文件；

2. 施工现场质量管理检查记录；

3. 原材料出厂合格证与检验报告，材料进场复验报告；

4. 防火保护施工、安装记录；

5. 防火保护层厚度检查记录；

6. 观感质量检验项目检查记录；

7. 分项工程所含各检验批质量验收记录；

8. 强制性条文检验项目检查记录及证明文件；

9. 隐蔽工程检验项目检查验收记录；

10. 分项工程验收记录；

11. 不合格项的处理记录及验收记录；

12. 重大质量、技术问题处理及验收记录；

13. 其他必要的文件和记录。

20.6.2　隐蔽工程验收项目应包括的内容。

1. 吊顶内、夹层内、井道内等隐蔽部位的防火保护；

2. 防火板保护中龙骨、连接固定件的安装；

3. 多层防火板、多层柔性毡状隔热材料保护中面层以下各层的安装；

4. 复合防火保护中的基层防火保护。

20.6.3　钢结构防火保护分项工程质量验收记录可按下列规定填写。

1. 施工现场的质量管理检查记录可按国家现行标准《建筑钢结构防火技术规范》GB 51249—2017 附录 E 的规定填写；

2. 检验批质量验收记录可按国家现行标准《建筑钢结构防火技术规范》GB 51249—2017 附录 F 的规定填写，填写时应具有现场验收检查原始记录；

3. 分项工程质量验收记录可按国家现行标准《建筑钢结构防火技术规范》GB 51249—2017 附录 G 的规定填写。

20.6.4　当钢结构防火保护分项工程施工质量不符合规定时，应按下列规定进行处理。

1. 经返工重做的检验批，应重新进行验收；通过返修或重做仍不能满足结构防火要求的钢结构防火保护分项工程，严禁验收；

2. 经有资质的检测单位检测鉴定能够达到设计要求的检验批，可视为合格；

3. 经有资质的检测单位检测鉴定达不到设计要求，但经原设计单位核算认可能够满足结构防火要求的检验批，可视为合格。

20.6.5　钢结构防火保护分项工程施工质量验收合格后，应将所有验收文件存档备案。

20.6.6　钢结构防火涂料涂装检验主控项目应符合表 20.6.6-1 的规定。

主控项目检验

表 20.6.6-1

序号	项目	合格质量标准	检验方法	检查数量
1	涂料性能	钢结构防火涂料的品种和技术性能应符合设计要求，并应经过具有资质的检测机构检测符合国家现行有关标准的规定	检查产品的质量合格证明文件、中文标志及检验报告等	全数检查
2	涂装基层验收	防火涂料装前刚才表面除锈及防锈底漆涂装应符合设计要求和现行国家有关标准的规定	表面除锈用铲刀检验和用现行国家标准《涂覆涂料前钢材表面处理 表面清洁度的目视评定 第1部分：未涂覆过的钢材表面和全面清除原有涂层后的钢材表面的锈蚀等级和处理等级》GB/T 8923.1—2011规定的图片对照观察检查。底漆涂装用于漆膜测厚仪检查，每个构件检测 5 处，每处的数值为 3 个相距 50mm 测点涂层干漆膜厚度的平均值	按构件数抽在 10%，且同类构件不应少于 3 件
3	强度试验	钢结构防火涂料的粘结强度、抗压强度应符合国家标准《钢结构防火涂料》GB 14907—2018 的规定	检查复检报告	每使用≤100t 和膨胀型防火涂料应抽检一次粘结强度；每使用 500t 或不足 500t 非膨胀型防火涂料应抽检一次粘结强度和抗压强度
4	涂层厚度	薄型防火涂料的涂层厚度应符合有关耐火极限的设计要求。厚型防火涂料涂层的厚度 80% 及以上应符合有关耐火极限的设计要求，且最薄处厚度不应低于设计要求 85%	测量方法应符合现行国家标准《钢结构防火涂料》GB 14907—2018 的规定	按同类构件，抽查 10%，且均不应少于 3 件
5	表面裂纹	超薄型涂料涂层应无裂纹；膨胀型防火涂料涂层表面裂纹宽度不应大于 0.5mm；非膨胀型防火涂料涂层表面裂纹宽度不应大于 1.0mm	观察和用尺量检查	按同类构件，抽查 10%，且均不应少于 3 件

20.6.7 钢结构防火涂料涂装施工一般项目应符合表 20.6.7-1 的规定。

一般项目检验

表 20.6.7-1

序号	项目	合格质量标准	检验方法	检查数量
1	产品质量	防腐涂料和防火涂料的型号、名称、颜色及有效期应与其质量证明文件相符。开启后，不应存在结皮、结块、凝胶等现象	观察检查	按桶数抽查5%，且不应少于3桶

续表

序号	项目	合格质量标准	检验方法	检查数量
2	基层表面	防火涂料涂装基层不应有油污、灰尘和泥沙等污垢	观察检查	全数检查
3	涂层表面质量	防火涂料不应有误涂、漏涂，涂层硬闭合无脱层、空鼓、明显凹陷、粉化松散和浮浆等外观缺陷，乳突已剔除	观察检查	全数检查

参考文献

［1］　建筑钢结构防火技术规范：GB 51249—2017［S］. 北京：中国计划出版社，2018.

［2］　钢结构防火涂料：GB 14907—2018［S］. 北京：中国标准出版社，2018.

［3］　建筑材料不燃性试验方法：GB/T 5464—2010［S］. 北京：中国标准出版社，2010.

［4］　建筑装饰装修工程质量验收标准：GB 50210—2018［S］. 北京：中国建筑工业出版社，2018.

［5］　混凝土结构工程施工质量验收规范：GB 50204—2015［S］. 北京：中国建筑工业出版社，2015.

［6］　砌体结构工程施工质量验收规范：GB 50203—2011［S］. 北京：中国建筑工业出版社，2012.

［7］　钢结构防火涂料应用技术规程：T/CECS 24—2020［S］. 北京：中国计划出版社，2021.

［8］　钢结构工程施工质量验收标准：GB 50205—2020［S］. 北京：中国计划出版社，2020.

［9］　涂覆涂料前钢材表面处理 表面清洁度的目视评定 第 1 部分 未涂覆过的钢材表面和全面清除原有涂层后的钢材表面的锈蚀等级和处理等级：GB/T 8923.1—2011［S］. 北京：中国标准出版社，2012.

第8篇　工地安装

第21章 安装施工准备

21.1 起重机械、机具及吊索具

21.1.1 起重机械的基本参数。

1. 额定起重量 Q。起重机在正常工作时，允许起吊的物品重量和可以从起重机上取下的取物装置重量之和称为额定起重量。臂架式起重机的额定起重量，因幅度不同而不同。一般地，当提升高度大于 50m 时，提升钢丝绳的重量应计入额定起重量中。额定起重量常用单位为 t。

2. 起升高度 H。起升高度是指起重机运行轨道顶面或地面到取物装置上极限位置的高度（如为吊钩，计算到吊钩钩环中心）；当取物装置可以放到地面或轨道顶面以下时，其下放距离称为下放深度。起升高度和下放深度之和称为总起升高度。提升高度常用单位为 m。

3. 幅度 R。旋转臂架式起重机的幅度，是指旋转中心与取物装置铅垂线之间的距离。幅度常用单位为 m。

4. 轨距 l。地面有轨运行臂架式起重机的运行轨道中心之间的距离，称为该起重机的轨距。轨距常用单位为 m。

5. 额定工作速度 v。额定工作速度包括：额定起升速度、额定运行速度、额定旋转速度和变幅速度。

额定起升速度，是指起升机构的动力装置在额定转速下取物装置的上升速度。常用单位为 m/min。

额定运行速度，是指运行机构的动力装置在额定转速下起重机或小车的运行速度，常用单位为 m/min，无轨运行起重机的运行速度常用 km/h 表示。

额定旋转速度，是指旋转机构的动力装置在额定转速下起重机绕其旋转中心的旋转速度，常用单位为 r/min。

变幅速度，是指臂架式的取物装置从最大幅度到最小幅度的平均线速度，常用的单位是 m/min。

6. 外形尺寸。外形尺寸是指起重机整体或某个部分的长度、宽度和高度三个方向的尺寸。对于经常流动的起重机来说，外形尺寸在一定程度上反映了它的经济性能和通过性能。

7. 工作级别。按照起重机的荷载状态和利用等级，起重机的工作级别分为 A1～A8 八级。安装用起重机的工作级别通常是 A2～A4。

21.1.2 常用起重机械的种类。

1. 履带式起重机。履带式起重机由回转台和履带行驶机构两部分组成，在回转台上装有起重臂、动力装置、绞车和操纵室，尾部装有平衡重，回转台能 360°回转。履带式起重机可以负载行驶,可在一般平整坚实的路面上工作与行驶。履带式起重机的起重量一般较大,行驶速度慢,自重大。履带式起重机是目前结构安装工程中比较常用的起重机械。W25型履带式起重机最大起重量为25t,其工作性能见表21.1.2-1。W2001型履带式起重机最大起重量为50t,其工作性能见表21.1.2-2。其他型号的履带式起重机的性能表可查随机性能表。

W25 履带式起重机工作性能　　　　　　　　　　　　　　　表 21.1.2-1

起重臂长度(m)	主要性能	起重臂仰角(°)				
		76	69	61	45	30
13	起重量(t)	25	16	10	6.5	5
	幅度(m)	4.5	5.7	7.8	10.5	12.5
	提升高度(m)	11.5	11	10	8.1	5.4
16	起重量(t)	19	13	8	5	3.4
	幅度(m)	5.3	6.8	9.3	12.5	15.1
	提升高度(m)	14.4	13.9	12.7	10.2	6.9
20	起重量(t)	15	9.4	6	3.2	2.2
	幅度(m)	6.3	8.1	11.3	15.4	18.6
	提升高度(m)	18.3	17.6	16.2	13	8.9
28	起重量(t)	9	5	2.3	1	
	幅度(m)	8.1	10.6	15.3	21.1	

W2001 履带式起重机工作性能　　　　　　　　　　　　　　表 21.1.2-2

起重臂长度(m)	主要性能	起重臂仰角(°)					
		78	75	65	60	55	50
15	起重量(t)	50	36.3	26.6	21.1	14.6	12.7
	幅度(m)	4.5	5.48	6.73	7.94	10.2	11.25
	提升高度(m)	11.8	11.6	11.2	10.7	9.4	8.6
20	起重量(t)	33	26	19	14.8	10.3	8.8
	幅度(m)	5.77	6.78	8.44	10	13	14.46
	提升高度(m)	16.7	16.4	15.9	15.2	13.5	12.4
25	起重量(t)	25.7	20	14.3	11.2	7.5	6.4
	幅度(m)	6.8	8.07	10.15	12.15	15.95	17.7
	提升高度(m)	21.5	21.2	20.5	19.7	17.6	16.2
30	起重量(t)	20	15.8	11.5	8.7	5.7	4.8
	幅度(m)	8	9.35	11.85	14.3	18.8	20.9
	提升高度(m)	28	27.6	26.8	25.8	23.2	21.6
35	起重量(t)	16.4	12.7	8.8	6.6	4.2	3.45
	幅度(m)	8.9	10.65	13.6	16.4	21.7	24.1
	提升高度(m)	32.9	32.4	31.5	30.3	27.3	25.4
40	起重量(t)	8	6.7	5.1	3.9	2.3	1.9
	幅度(m)	10	12	15.3	18.5	24.6	27.3

2. 塔式起重机。塔式起重机有行走式、固定式、附着式与内爬式等几种类型。塔式起重机由起升、行走、变幅、回转等机构及金属结构两大部分组成，其中金属结构部分的重量占起重机总重量的很大比例。塔式起重机起升高度高，工作半径大，动作平稳，但转移、安装和拆除比较麻烦，对于行走式还需铺设轨道。塔式起重机也是目前结构安装工程中比较常用的起重机械。TQ60/80 塔式起重机为有轨行走，最大起重量为 10t，工作性能见表 21.1.2-3。88HC 塔式起重机可作有轨运行式、固定式、附着式及内爬式几种使用，其最大起重量为 6t，工作性能见表 21.1.2-4。其他型号的塔式起重机的性能表可查随机性能表。

TQ60/80 塔式起重机工作性能　　　　表 21.1.2-3

起重臂长度 l (m)	起重臂仰角	10°12′~20°42′			28°12′~34°22′			39°~48°12′			52°42′~62°42′			62°42′		
	塔型	高塔	中塔	低塔	高塔	中塔	低塔	高塔	中塔	低塔	高塔	中塔	低塔	高塔	中塔	低塔
30	起重量（t）	2			2.2			2.5			3.2			4.1		
	幅度（m）	30			27.3			24			18.7			14.6		
	提升高度（m）	48	38	28	57	47	37	61	51	41	66	56	46	68	58	48
25	起重量（t）	2.4	2.8	3.2	2.6	3	3.5	3	3.6	4	3.8	4.5	5	4.9	5.7	6.6
	幅度（m）	25			23.1			20			15.8					
	提升高度（m）	47	37	27	53	43	33	58	48	38	62			64	54	44
20	起重量（t）	3	3.5	4	3.3	3.8	4.4	3.8	4.4	5	4.7			6.0	7.0	8.0
	幅度（m）	20			18.2			15.8			12.8			10.0		
	提升高度（m）	46	36	26	52	42	32	55	45	35	58			60	50	40
15	起重量（t）	4	4.7	5.4	4.3	5	5.8	4.9	5.8	6.6	6.2			7.8	9.1	10.3
	幅度（m）	15			14			12.3			9.7			7.7		
	提升高度（m）	45	35	25	50	40	30	52	42	32	53			55	45	35

88HC 塔式起重机工作性能　　　　表 21.1.2-4

起重臂长度 l (m)	最大起重量为 6t 时的幅度值（m）	幅度（m）											
		19.0	20.0	22.5	25.0	27.5	30.0	32.5	35.0	37.5	40.0	42.5	45.0
		起重量（t）											
45	2.15~17.3	5.4	5.09	4.44	3.93	3.50	3.15	2.85	2.60	2.38	2.19	2.02	1.90
40	2.15~18.0	5.65	5.34	4.65	4.11	3.67	3.31	3.00	2.74	2.51	2.30		
35	2.15~18.7	5.87	5.54	4.84	4.29	3.83	3.45	3.14	2.90				
30	2.15~19.5	6.0	5.81	5.08	4.50	4.03	3.65						
25	2.15~19.8	6.0	5.90	5.16	4.60								

3. 汽车式起重机。汽车式起重机（汽车吊）的起重机构和回转台安装在载重汽车底盘或专用的汽车底盘上，底盘两侧设有四个支腿，以增加起重机的稳定性。箱形结构可伸缩吊臂，能迅速方便地调节臂架长度。汽车式起重机机动性能好，运行速度高，可与汽车

编队行驶，但不能负荷行驶，对工作场地的要求较高。TG452 汽车式起重机最大起重量为 45t，其工作性能见表 21.1.2-5 和表 21.1.2-6，工作范围见图 21.1.2-1。NK-800 汽车式起重机最大起重量为 80t，其工作性能见表 21.1.2-7 和表 21.1.2-8，工作范围见图 21.1.2-2。

TG-452 汽车式起重机主臂工作性能　　　　　　表 21.1.2-5

幅度（m）	主臂长度（m）			
	10.4	17.6	24.8	32
	起重量（t）			
3	45			
4	36	25	18	
6	25	21	18	12
8	16.3	15.2	13.6	11.3
10		10.2	10.3	9.2
12		7.2	7.5	7.6
14		5.4	5.6	6
18			3.2	3.7
20			2.5	2.9
24				1.8
28				0.9
30				0.6

注：表列起重量包括吊钩重：45t 吊钩重 0.4t，20t 吊钩重 0.28t。

TG-452 汽车式起重机副臂工作性能　　　　　　表 21.1.2-6

主臂仰角（°）	副臂长度（m）	
	8.7	14.2
	起重量（t）	
80	4	2.5
75	3.6	2.2
70	3	1.85
65	2.5	1.6
60	2.1	1.4
55	1.6	1.2
50	1.1	0.8
45	0.7	0.5
40	0.3	

注：表列起重量包括吊钩重，如带有主钩工作，应同时减去主副钩重量，5t 副钩重 0.20t。

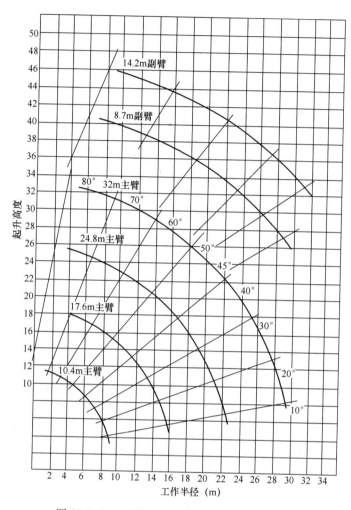

图 21.1.2-1 TG-452 汽车式起重机工作范围

主臂工作性能

表 21.1.2-7

幅度	主臂长度（m）						
（m）	12	18	24	30	36	40	44
	起重量（t）						
3.5	80	45	35				
4.0	70	45	35	27			
5.0	56	40	32	27			
6.0	45	34.3	27.2	25	22		
7.0	35.6	29.1	23.7	21.5	20.3	18.0	
8.0	27.8	25.4	21.0	18.8	17.7	15.7	12.0
10.0	19.2	19.2	17.0	15.0	13.8	12.6	11.4
12.0		14.2	14.2	12.4	11.2	10.4	9.5
15.0		9.4	9.4	9.4	8.7	8.2	7.6
17.8			6.2	6.2	6.2	6.8	6.3
20.0			4.5	4.5	4.5	5.1	5.6
23.0				3.0	3.0	3.5	3.9
26.0				1.7	2.2 *	2.6
28.0					1.6	1.9
31.0							1.1

注：表列起重量包括吊钩重。起重量80t吊钩重1t；起重量26t吊钩重0.5t。

副臂工作性能

表 21.1.2-8

主臂仰角（°）	44m 主臂＋9.5m 副臂（二者轴线夹角5°）		44m 主臂＋15m 副臂（二者轴线夹角5°）	
	幅度（m）	起重量（t）	幅度（m）	起重量（t）
80.4	11.0	6.0	12.6	4.0
78.6	13.0	5.2	14.6	3.75
75.2	16.0	4.4	18.2	3.05
70.8	20.0	3.6	22.5	2.55
66.0	24.0	3.0	27.2	2.1
63.8	26.0	2.75	29.1	2.05
58.0	30.3	1.5	34.0	1.2
55.4	32.0	1.2		

注：表列起重量包括吊钩重。起重量 6t 吊钩重 0.25t。

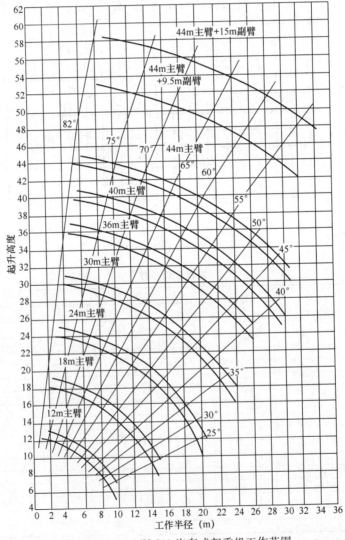

图 21.1.2-2　NK-800 汽车式起重机工作范围

21.1.3　常用起重机具及其参数要求。

1. 电动卷扬机的规格及参数要求如下。

1）常用 10～200kN 电动卷扬机主要技术规格见表 21.1.3-1。

10～200kN 电动卷扬机技术规格　　　　表 21.1.3-1

种类	型号	钢丝绳额定拉力（kN）	钢丝绳额定速度（m/min）	卷筒容绳量（m）	钢丝绳直径 d（不小于）（mm）	卷筒的节径 D（不小于）（mm）	电动机功率（kW）	整机重量 G（不大于）（t）
快速单卷筒	JK1	10	30～50	100～200	9.3		7.5	0.51
	JK2	20	30～45	150～250	13		15	1.02
	JK3.2	32	30～40	250～350	17	19d	22	1.96
	JK5	50	30～40	250～350	21.5		45	3.06
快速双卷筒	2JK2	20	30～45	150～250	13		15	1.84
	2JK3.2	32	30～40	250～350	17	19d	22	2.94
	2JK5	50	30～40	250～350	21.5		37	4.59
慢速单卷筒	JM3.2	32	9～12	150	17		7.5	1.14
	JM5	50	9～12	250	21.5		11	1.79
	JM8	80	9～12	400	26	19d	22	2.86
	JM12	12	8～11	600	32.5		28	7.34
	JM20	200	8～11	700	430		55	12.24

注：1. 整机重量不包括钢丝绳重量。

2. 钢丝绳应符合《钢丝绳通用技术条件》GB/T 20118—2017、《起重机用钢丝绳》GB/T 34198—2017 中的相关规定，其安全系数不小于 5。

3. 卷筒边缘外周至最外层钢丝绳的距离应不小于钢丝绳直径的 1.5 倍。

2）钢丝绳允许偏角要求。在有螺旋槽的卷筒上，钢丝绳绕进或绕出卷筒时，钢丝绳偏离螺旋槽两侧的角度不宜大于 3.5°。对于光卷筒和多层绕卷筒，钢丝绳偏离与卷筒轴垂直的平面的角度不宜大于 2°。

2. 卷扬机固定要求。卷扬机宜采用地锚固定，地锚的构造可采用如图 21.1.3-1 所示。

1）地锚验算方法如下：

设 Q 为卷扬机钢丝绳的水平拉力，则

地锚合力为

$$P_x = \frac{Q}{\cos\alpha} \tag{21.1.3-1}$$

地锚垂直分力为

$$P_v = P_x \cdot \sin\alpha \tag{21.1.3-2}$$

地锚水平分力为

$$P_H = P_x \cdot \cos\alpha = Q \tag{21.1.3-3}$$

（1）10～32kN 地锚验算

设土的垂直压力和水平抗力分别为 V_p 和 H_p，则：

$$V_p = \frac{\frac{1}{2}(A+B)HLY + f_1 H_p}{K_1} \geqslant P_v \tag{21.1.3-4}$$

$$H_p = CL[\sigma_P]\varphi \geqslant P_H \tag{21.1.3-5}$$

（2）50～100kN 地锚验算

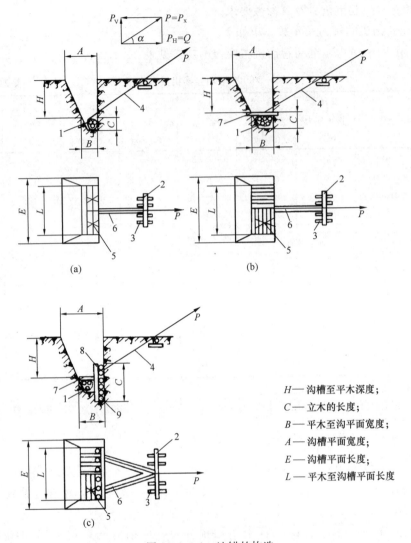

图 21.1.3-1　地锚的构造

（a）无护板加固地锚；（b）压板加固地锚；（c）压板挡木加固地锚

1—横木；2—枕木；3—垫木；4—钢丝绳；5—铅丝；

6—U 形钢垫板；7—平木；8—立木；9—排木

$$V_{\mathrm{p}} = \frac{BHLY + f_1 H_{\mathrm{P}}}{K_1} \geqslant P_{\mathrm{V}} \qquad (21.1.3\text{-}6)$$

$$H_{\mathrm{P}} = CL[\sigma_{\mathrm{P}}]\varphi \geqslant P_{\mathrm{H}} \qquad (21.1.3\text{-}7)$$

（3）120～200kN 地锚验算

$$V_{\mathrm{p}} = \frac{BHLY + f_2 H_{\mathrm{P}}}{K_2} \geqslant P_{\mathrm{V}} \qquad (21.1.3\text{-}8)$$

$$H_{\mathrm{P}} = CL[\sigma_{\mathrm{P}}]\varphi \geqslant P_{\mathrm{H}} \qquad (21.1.3\text{-}9)$$

以上各式中　α——钢丝绳与地平面的夹角；

Y——土密度，可取 $1.2\sim1.5\mathrm{t/m^3}$；

$[\sigma_{\mathrm{P}}]$——土耐压强度，可取 $20\sim25\mathrm{N/cm^2}$；

φ——土折减系数，可取 0.25；

f_1——土与木料的摩擦系数，可取 0.5；

f_2——木料与木料的摩擦系数，可取 0.4；

K_1——10～100kN，地锚安全系数，可取 4；

K_2——120～200kN，地锚安全系数，可取 2。

2) 地锚埋设方法。地锚的沟槽应按计算尺寸挖掘，锚件应绑扎牢固，牵引钢丝绳与地面的夹角应符合计算角度，回填土应分层夯实。

3) 地锚抗拉试验要求。地锚埋设后应进行抗拉试验，试验时，应采用环链手拉葫芦，通过拉力表按钢丝绳牵引力的 1.5 倍的安全系数进行试验。经过试验检查无裂痕现象后，方可按计算荷载使用。

3. 千斤顶的规格及参数要求如下。

1) 常用 LQ 型螺旋千斤顶技术规格见表 21.1.3-2。

LQ 型螺旋千斤顶技术规格　　　　　　　　　　表 21.1.3-2

型号	起重量 (t)	试验负荷 (t)	最低高度 (m)	提升高度 (m)	手柄长度 (m)	手柄操作力 (N)	操作人数 (人)	底座尺寸 (m)	重量 (kg)
LQ-5	5	7.5	250	130	600	130	1	Φ127	7.5
LQ-10	10	15	280	150	600	320	1	Φ137	11
LQ-15	15	22.5	320	180	700	430	1～2	Φ155	15
LQ-30	30	39	395	200	1000	850	2	Φ180	27
LQ-50	50		700	400	1385	1260	3	Φ317	109

注：LQ-50 型具有自落能力（需 3t 以上的荷载），可通过制动螺丝经调速齿轮来控制自落速度。当重物升高以后，需要停止时，另设有制动装置，能保证自锁作用。

2) 常用 QY 型油压千斤顶技术规格见表 21.1.3-3。

QY 型油压千斤顶技术规格　　　　　　　　　　表 21.1.3-3

型号	起重量 (t)	提升高度 (m)	最低高度 (m)	调整高度 (m)	手柄长度 (m)	手柄操作力 (N)	底座尺寸 (m)	净重 (kg)
QY1.5	1.5	90	165	60	450		105×88	2.5
QY3	3	130	200	80	550		115×98	3.5
QY5G	5	160	235	100	620		120×108	5.0
QY5D	5	125	200	80	620		120×108	4.5
QY8	8	160	240	100	700	314	130×120	6.5
QY10	10	160	250	100	700		135×125	7.5
QY16	16	160	250	100	850		160×152	11
QY20	20	180	285		1000		172×129	18
QY32	32	180	290		1000		200×160	24
QY50	50	180	305		1000		230×188	40
QY100	100	180	350		1000		320×260	97
QY50	50	180	305		1000		230×188	40
QY100	100	180	350		1000		320×260	97

注：1. 表中 G 表示高式，D 表示低式；

2. 净重不包括手柄重量，但包括油的重量。

4. 滑轮及滑轮组的规格及参数要求。

1）滑轮的类型见图 21.1.3-2。

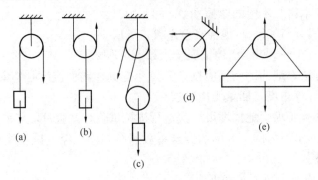

图 21.1.3-2　滑轮的类型
(a) 定滑轮；(b) 动滑轮；(c) 滑轮组；(d) 导向滑轮；(e) 平衡滑轮

2）滑轮与滑轮组的绳索张力见表 21.1.3-4。

<table>
<tr><td colspan="4" style="text-align:center">滑轮与滑轮组的绳索张力　　　　　　　　　　　　表 21.1.3-4</td></tr>
</table>

类型	简　图	张　力	效　率
定滑轮	S　Q	$S=\dfrac{Q}{\eta}$	当滑轮采用滚动轴承时 $\eta=0.98$ 当滑轮采用青铜衬套时 $\eta=0.96$ 对于滑轮组
动滑轮	S_1　S_2　Q	$S_1=\dfrac{Q}{1+\eta}$ $S_2=\eta S_1$	$\eta_{组}=\dfrac{1-\eta^m}{m(1-\eta)}$ 式中　m——倍率
滑轮组	S_2 S_4 S_5 S_3 S_1 S_6 Q	$S_{max}=\dfrac{Q}{\eta_{组}}$ 当绳索从定滑轮绕出时 $S_{max}=\dfrac{Q}{m\eta_{组}\eta}$	当滑轮采用滚动轴承时 $\eta=0.98$ 当滑轮采用青铜衬套时 $\eta=0.96$ 对于滑轮组 $\eta_{组}=\dfrac{1-\eta^m}{m(1-\eta)}$ 式中　m——倍率

3）滑轮组的绳索穿绕方法如下。

(1) 顺穿法见图 21.1.3-3，可分为单跑头顺穿法和双跑头顺穿法两种：

① 单跑头顺穿法：用于门数较少（通常在五门以下）的滑轮组，每个绳索分支的受力不等，即 $S_0>S_1>S_2>S_3>S_4>S_5>S_6>S_7>S_8$。滑轮架常会出现偏斜现象。

② 双跑头顺穿法：一般定滑轮数为奇数，并以中间的转轮为平衡轮。对应的绳索分支受力相同，即 $S_0=S'_0$，$S_1=S'_1$，$S_2=S'_2$，$S_3=S'_3$，$S_4=S'_4$。滑轮架不会出现偏斜现象，但要求两端跑绳速度一致。

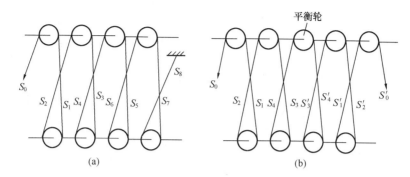

图 21.1.3-3　滑轮顺穿法示意图
(a) 单跑头顺穿法；(b) 双跑头顺穿法

(2) 花穿法见图 21.1.3-4。

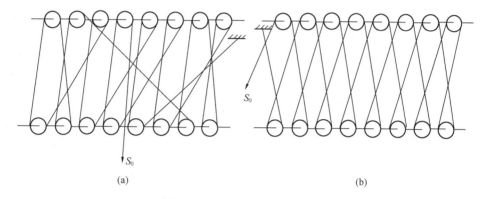

图 21.1.3-4　滑轮花穿法示意图

花穿法滑轮组受力比较均匀，工作时较平稳。按图 21.1.3-4(a) 的穿法，相邻两个滑轮的旋转方向相同；按图 21.1.3-4(b) 的穿法，相邻两个滑轮的旋转方向相反。花穿法的动、定滑轮之间要求的最小距离比顺穿法大，以防钢丝绳在轮槽内的偏角过大。

4) 钢丝绳进出滑轮时的允许偏角要求。钢丝绳绕进或绕出滑轮槽时偏斜的最大角度（即钢丝绳中心线与滑轮轴相垂直的平面之间的角度）宜不大于 $5°$。

5) 常用 H 系列通用起重滑车，见表 21.1.3-5。

通用系列通用起重滑车数据　　　　　　　　　表 21.1.3-5

轮槽底径 (mm)	起重量 (t)														使用钢丝绳直径 (mm)	
	0.5	1	2	3	5	8	10	16	20	32	50	80	100	140	适用	最大
	滑轮数															
70	一	二													5.7	7.7
85		一	二	三											7.7	11
115			一	二	三	四									11	14
135				一	二	三	四								12.5	15.5
165					一	二	三	四	五						15.5	18.5

续表

轮槽底径 （mm）	起重量（t）													使用钢丝绳直径（mm）	
	0.5	1	2	3	5	8	10	16	20	32	50	80	100	140	适用	最大
	滑轮数															
185						一	二	三	四	六					17	20
210									三	五					20	23.5
245							一	二		四	六				23.5	25
280								二	三	五	七				26.5	28
320										四	六	八			30.5	32.5
360								一	二	三	五	六	八		32.5	35

注：起重滑车的选用应符合《起重滑车》JB/T 9007—2018 的有关要求。

21.1.4　钢丝绳及绳具及其参数要求。

1. 钢丝绳的规格及参数要求如下。

1）常用钢丝绳的分类、特点及用途见表 21.1.4-1。

钢丝绳分类

表 21.1.4-1

分类		特点	用途
按钢丝绳绕制方法分	同向捻	钢丝绕成股的方向和股捻成绳的方向相同。如绳股右捻称为右同向捻；绳股左捻称左同向捻。 这种钢丝绳中钢丝之间接触好，表面比较光滑，挠性好，磨损小，使用寿命长，但易松散和扭转	在自由悬吊的起重机中不宜使用。在不怕松散的情况下有导轨时可以采用
	交互捻	钢丝绕成股的方向和股捻成绳的方向相反。如绳右捻，股左捻，称右交互捻；绳左捻，股右捻，称左交互捻。这种钢丝绳的缺点是僵性较大，使用寿命较低，但不易松散和扭转	在起重机中广泛应用
	混合捻	钢丝绕成股的方向和股捻成绳的方向一部分相同，一部分相反 混合捻具有同向捻和交互捻的特点，但制造困难	应用较少
按钢丝绳中丝与丝的接触状态分	点接触	这是普通钢丝绳，股内钢丝直径相等，各层之间钢丝与钢丝相互交叉，呈点状接触钢丝间接触应力很高，使用寿命较低	一般应用
	线接触	由不同直径钢丝捻制而成，股内各层之间钢丝全长上下平行捻制，每层钢丝螺距相等，钢丝之间呈线接触这种钢丝绳消除了点状接触的二次弯曲应力，能降低工作时总的弯曲应力，耐疲劳性能好，结构紧密，金属断面利用系数高，使用寿命长	广泛应用
	面接触	股内钢丝形状特殊，呈面状接触，密封式面接触钢丝绳表面光滑，抗蚀性能和耐磨性能皆好，能承受大的横向力	用作索道的承载索

2）钢丝绳标记代号如下。

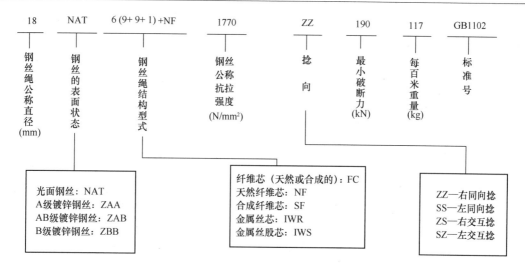

结构形式中 6(12+6+1)、6(18+12+6+1)和 6(24+18+12+6+1)等，可简写成 6×19、6×37 和 6×61。常用的 6×19、6×37 和 6×61 钢丝绳的主要数据见表 21.1.4-11。

3）钢丝绳直径的选择要求如下。

应按钢丝绳所要求的安全系数选择钢丝绳直径，所选钢丝绳的破断拉力应满足：

$$S_p \geqslant S_{max} \cdot n \qquad (21.1.4-1)$$

式中　S_p——整根钢丝绳的破断拉力，kN；

S_{max}——钢丝绳最大静拉力，kN；

n——钢丝绳最小安全系数，见表 21.1.4-2。

钢丝绳最小安全系数

表 21.1.4-2

类型	特性和使用范围		最小安全系数
臂架式起重机	机构的工作级别	M1～M3	4
		M4	4.5
		M5	5
各种用途的钢丝绳	拖拉绳（缆风绳）		4
	捆绑构件		8～9
	绳索（千斤绳）		6～8

4）钢丝绳的报废标准及合用程度如下。

钢丝绳报废标准，以一个节距内断丝数计算，见表 21.1.4-3。

钢丝绳报废标准

表 21.1.4-3

安全系数	钢丝绳种类					
	6×19		6×37		6×61	
	交互捻	同向捻	交互捻	同向捻	交互捻	同向捻
<6	12	6	22	11	36	18
6～7	14	7	26	13	38	19
>7	16	8	30	15	40	20

从表 21.1.4-3 可以看出，钢丝绳断丝根数的报废标准为：交互捻时约为钢丝总数的 10%；同向捻时约为 5%。

此外，当钢丝绳中有一整股折断时，应立即报废。当整根钢丝绳纤维芯被挤出时，也应予报废。当钢丝绳表面磨损或受腐蚀时，应按表 21.1.4-4 判断报废与否。当钢丝绳受到损坏后，应按表 21.1.4-5 判断其合用程度。

钢丝绳报废标准的降低率   表 21.1.4-4

钢丝绳表面腐蚀或磨损程度 （以钢丝绳每根钢丝直径计）（%）	在一个节距内断丝数按 表 21.1.4-3 所列标准乘以下列数值
10	0.85
15	0.75
20	0.70
25	0.60
30	0.50
40	报废

钢丝绳合用程度判断   表 21.1.4-5

类别	钢丝绳表面现象	合用程度	使用场合
1	各股钢丝位置未动，磨损轻微，无绳股凸出现象	100%	重要场合
2	1. 各股钢丝已有变位、压扁及凸出现象，但未露出绳芯； 2. 个别部分有轻微锈痕； 3. 有断头钢丝，每米钢丝长度内断头数目不多于钢丝总数的 3%	75%	重要场合
3	1. 每米钢丝绳长度内断头数目超过钢丝总数的 3%，但少于 10%； 2. 有明显锈痕	50%	次要场合
4	1. 绳股有明显的扭曲、凸出现象； 2. 钢丝绳全部均有锈痕，将锈痕刮去后钢丝上留有凹痕； 3. 每米钢丝绳长度内断头数超过 10%，但少于 25%	40%	不重要场合或 辅助工作

2. 绳具的规格及参数要求如下。

1) 钢丝绳夹见图 21.1.4-1，规格见表 21.1.4-7。

钢丝绳夹是一种连接力最强的标准钢丝绳夹。使用时，应把绳夹的夹座扣在钢丝绳的工作段上，U 形螺栓扣在钢丝绳的尾段上。钢丝绳夹不得在钢丝绳上交替布置。每一连接处所需钢丝绳夹的最少数量，推荐如表 21.1.4-6 所示。钢丝绳夹之间的距离 A 等于 6～7 倍钢丝绳直径，如图 21.1.4-2 所示。紧固绳夹时，须考虑每个绳夹的合理受力，离套环最近处的绳夹（第一个绳夹）应尽可能地靠紧套环，但仍须保证绳夹的正确拧紧，不得损坏钢丝绳的外层钢丝。离套环最远处的绳夹，不得首先单独紧固。

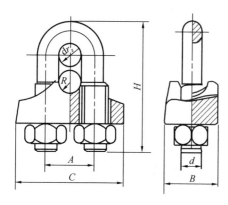

图 21.1.4-1 钢丝绳夹

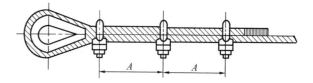

图 21.1.4-2 钢丝绳夹的正确布置方法

一连接处所需绳夹数量 表 21.1.4-6

钢丝绳公称直径（mm）	钢丝绳夹的最少数量（组）
≤19	3
>19～32	4
>32～38	5
>38～44	6
>44～60	7

钢丝绳夹的规格 表 21.1.4-7

绳夹公称尺寸（钢丝绳公称直径 d_z）（mm）	尺寸（mm）					螺母 d	单组重量（kg）
	A	B	C	R	H		
6	13.0	14	27	3.5	31	M6	0.034
8	17.0	19	36	4.5	41	M8	0.073
10	21.0	23	44	5.5	51	M10	0.140
12	25.0	28	53	6.5	62	M12	0.243
14	29.0	32	61	7.5	72	M14	0.372
16	31.0	32	63	8.5	77	M14	0.402
18	35.0	37	72	9.5	87	M16	0.601
20	37.0	37	74	10.5	92	M16	0.624
22	43.0	46	89	12.5	108	M20	1.122
24	45.5	46	91	13.0	113	M20	1.205
26	47.5	46	93	14.0	117	M20	1.244
28	51.5	51	102	15.0	127	M20	1.605
32	55.5	51	106	17.0	136	M22	1.727
36	61.5	55	116	19.5	151	M24	2.286
40	69.0	62	131	21.5	168	M27	3.133
44	73.0	62	135	23.5	178	M27	3.470
48	80.0	69	149	25.5	196	M30	4.701

续表

绳夹公称尺寸（钢丝绳公称直径 d_z）（mm）	尺寸（mm）					螺母 d	单组重量（kg）
	A	B	C	R	H		
52	84.5	69	153	28.0	205	M30	4.897
56	88.5	69	157	30.0	214	M30	5.075
60	98.5	83	181	32.0	237	M36	7.921

注：钢丝绳绳夹选用应符合《钢丝绳夹》GB/T 5976——2006 的有关规定。

2）索具卸扣常用 D 形卸扣如图 21.1.4-3 所示，规格见表 21.1.4-8。

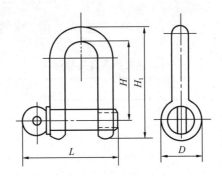

图 21.1.4-3　索具卸扣

索具卸扣规格　　　　　表 21.1.4-8

卸扣号码	最大钢索直径（mm）	许用负荷（N）	尺寸				理论重量（kg）
			D	H_1	H	L	
0.2	4.7	2000	15	49	35	35	0.039
0.3	6.5	3300	19	63	45	44	0.089
0.5	8.5	5000	23	72	50	55	0.162
0.9	9.5	9300	29	87	60	65	0.304
1.4	13	14500	38	115	80	86	0.661
2.1	15	21000	46	133	90	101	1.145
2.7	17.5	27000	48	146	100	111	1.560
3.3	19.5	33000	58	163	110	123	2.210
4.1	22	41000	66	180	120	137	3.115
4.9	26	49000	72	196	130	153	4.050
6.8	28	68000	77	225	150	176	6.270
9.0	31	90000	87	256	170	197	9.280
10.7	34	107000	97	284	190	218	12.400
16.0	43.5	160000	117	346	235	262	20.900

注：索具卸扣选用应符合《一般起重用 D 形和弓形锻造卸扣》GB/T 25854—2010 的有关规定。

3）螺旋扣（花篮螺丝）见图21.1.4-4，规格见表21.1.4-9、表21.1.4-10。

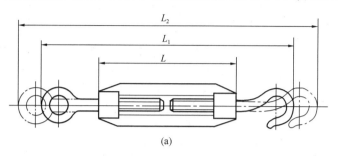

(a)

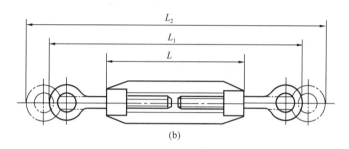

(b)

图 21.1.4-4　螺旋扣

(a) CO 型；(b) OO 型

CO 型螺旋扣（《开式索具螺旋扣》沪 Q/JB 43—66）　　　　表 21.1.4-9

螺旋扣号码	许用负荷（kN）	最大钢索直径（mm）	左右螺纹外径	L（mm）	L_1（mm）	L_2（mm）	重量（kg）
0.07	0.7	2.2	M6	100	175	250	0.113
0.1	1.7	3.3	M8	125	210	304	0.248
0.2	2.3	4.5	M10	150	260	370	0.386
0.3	3.2	5.5	M12	200	320	468	0.766
0.6	6.3	8.5	M16	250	420	610	1.489
0.9	9.8	9.5	M20	300	500	720	2.520

OO 型螺旋扣（《开式索具螺旋扣》沪 Q/JB 43—66）　　　　表 21.1.4-10

螺旋扣号码	许用负荷（kN）	最大钢索直径（mm）	左右螺纹外径	L（mm）	L_1（mm）	L_2（mm）	重量（kg）
0.1	1	6.5	M6	100	164	242	0.115
0.2	2	8	M8	125	199	291	0.242
0.3	3	9.5	M10	150	250	318	0.377
0.4	4.3	11.5	M12	200	310	416	0.737
0.8	8	15	M16	250	390	582	1.373
1.3	13	19	M20	300	470	690	2.330
1.7	17	21.5	M22	350	540	806	3.420

续表

螺旋扣号码	许用负荷（kN）	最大钢索直径（mm）	左右螺纹外径	L（mm）	L_1（mm）	L_2（mm）	重量（kg）
1.9	19	22.5	M24	400	610	923	4.760
2.4	24	28	M27	450	680	1035	7.23
3.0	30	31	M30	450	700	1055	8.096
3.8	33	34	M33	500	770	1158	11.11
4.5	45	37	M36	550	840	1270	14.67

注：螺旋扣选用应符合《索具螺旋扣》GB/T 3818—2013 的有关规定。

4）钢丝绳选用见表 21.1.4-11a～表 21.1.4-11c。

6×19 钢丝绳主要数据　　　　　　　　　　表 21.1.4-11a

直径（mm）		钢丝总断面积（mm²）	参考重量（kg/100m）	钢丝绳公称抗拉强度（N/mm²）				
				1400	1550	1700	1850	2000
钢绳丝	钢丝			钢丝绳破断拉力总和∑S（N）≥				
6.2	0.4	14.32	13.53	20000	22100	24300	26400	28600
7.7	0.5	22.37	21.14	31300	34600	38000	41300	44700
9.3	0.6	32.22	30.45	45100	49900	54700	59600	64400
11.0	0.7	43.85	41.44	61300	67900	74500	81100	87700
12.5	0.8	57.27	54.12	80100	88700	97300	105500	114500
14.0	0.9	72.49	68.50	101000	112000	123000	134000	144500
15.5	1.0	89.49	84.57	125000	138500	152000	165500	178500
17.0	1.1	108.28	102.3	151500	167500	184000	200000	216500
18.5	1.2	128.87	121.8	180000	199500	219000	238000	257500
20.0	1.3	151.24	142.9	211500	234000	257000	279500	302000
21.5	1.4	175.40	165.8	245500	271500	298000	324000	350500
23.0	1.5	201.35	190.3	281500	312000	342000	372000	402500
24.5	1.6	229.09	216.5	320500	355000	389000	423500	458000
26.0	1.7	258.63	224.4	362000	400500	439500	478000	517000
28.0	1.8	289.95	274.0	405500	449000	492500	536000	579500
31.0	2.0	357.96	338.3	501000	554500	608500	662000	715500
34.0	2.2	433.13	409.3	606000	671000	736000	801000	
37.0	2.4	515.46	487.1	721500	798500	876000	953500	
40.0	2.6	604.95	571.7	846500	937500	1025000	1115000	
43.0	2.8	701.60	663.0	982000	1085000	1190000	1295000	
46.0	3.0	805.41	761.1	1125000	1245000	1365000	1490000	

6×37 钢丝绳主要数据

表 21.1.4-11b

直径（mm）		钢丝总断面积	参考重量	钢丝绳公称抗拉强度（N/mm²）				
		（mm²）	（kg/100m）	1400	1550	1700	1850	2000
钢绳丝	钢丝			钢丝绳破断拉力总和∑S（N）≥				
8.7	0.4	27.88	26.21	39000	43200	47300	51500	55700
11.0	0.5	43.57	40.96	60900	67500	74000	80600	87100
13.0	0.6	62.74	58.98	87800	97200	106500	116000	125000
15.0	0.7	85.39	80.27	119500	132000	145000	157500	170500
17.5	0.8	111.53	104.8	156000	172500	189500	206000	223000
19.5	0.9	141.16	132.7	197500	218500	239500	261000	282000
21.5	1.0	174.27	163.8	243500	270000	296000	322000	348500
24.0	1.1	210.87	198.2	295000	326500	358000	390000	421500
26.0	1.2	250.95	235.9	351000	388500	426500	464000	501500
28.0	1.3	294.52	276.8	412000	456500	500500	544500	589000
30.0	1.4	341.57	321.1	478000	529000	580500	631500	683000
32.5	1.5	392.11	368.6	548500	607500	666500	725000	784000
34.5	1.6	446.13	419.4	624500	691500	758000	825000	892000
36.5	1.7	503.64	473.4	705000	780500	856000	931500	1005000
39.0	1.8	564.63	530.8	790000	875000	959500	1040000	1125000
43.0	2.0	697.08	655.3	975500	1080000	1185000	1285000	1390000
47.5	2.2	843.47	792.9	1180000	1305000	1430000	1560000	
52.0	2.4	1003.80	943.6	1405000	1555000	1705000	1855000	
56.0	2.6	1178.07	1107.4	1645000	1825000	2000000	2175000	
60.0	2.8	1366.28	1284.3	1910000	2115000	2320000	2525000	
65.0	3.0	1568.43	1474.3	2195000	2430000	2665000	2900000	

6×61 钢丝绳主要数据

表 21.1.4-11c

直径（mm）		钢丝总断面积	参考重量	钢丝绳公称抗拉强度（N/mm²）				
		（mm²）	（kg/100m）	1400	1550	1700	1850	2000
钢丝绳	钢丝			钢丝绳破断拉力总和∑S（N）≥				
11.0	0.4	45.97	43.21	64300	71200	78100	85000	91900
14.0	0.5	71.83	67.52	100500	111000	122000	132500	143500
16.0	0.6	103.43	97.22	144500	160000	175500	191000	206500
19.5	0.7	140.78	132.3	197000	218000	239000	260000	281500
22.0	0.8	183.88	172.8	257000	285000	312500	340000	367500
25.0	0.9	232.72	218.8	325500	360500	395500	430500	465000
27.5	1.0	287.31	270.1	402000	445000	488000	531500	574500
30.5	1.1	347.65	326.8	486500	538500	591000	643000	695000

续表

直径（mm）		钢丝总断面积	参考重量	钢丝绳公称抗拉强度（N/mm²）				
		（mm²）	（kg/100m）	1400	1550	1700	1850	2000
钢丝绳	钢丝			钢丝绳破断拉力和∑S（N）≥				
33.5	1.2	413.73	388.9	579000	641000	703000	765000	827000
36.0	1.3	485.55	456.4	679500	752500	825000	898000	971000
38.5	1.4	563.13	529.3	788000	872500	957000	1040000	1125000
41.5	1.5	646.45	607.7	905000	1000000	1095000	1195000	1290000
44.0	1.6	735.51	691.4	1025000	1140000	1250000	1360000	1470000
47.0	1.7	830.33	780.5	1160000	1285000	1410000	1535000	1660000
50.0	1.8	930.88	875.0	1300000	140000	1580000	1720000	1860000
55.0	2.0	1149.24	1080.3	1605000	1780000	1950000	2125000	2295000
61.0	2.2	1390.58	1307.1	1945000	2155000	2360000	2510000	
66.5	2.4	1654.91	1555.6	2315000	2565000	2810000	3060000	
72.0	2.6	1942.22	1825.7	2715000	3010000	3300000	3590000	
77.5	2.8	2252.51	2117.4	3150000	3490000	3825000	4165000	
83.0	3.0	2585.79	2430.6	3620000	4005000	4395000	4780000	

注：$\varphi=0.85$，$S_p=\varphi \cdot \sum S$。

　　$\varphi=0.82$，$S_p=\varphi \cdot \sum S$。

　　$\varphi=0.80$，$S_p=\varphi \cdot \sum S$。

1. 钢丝绳选用应符合《起重机用钢丝绳》GB/T 34198—2017 中的相关规定。

2. φ—钢丝绳破断拉力总和与钢丝绳破断拉力的换算系数（或称不均截系数）。普通点接触钢丝绳 6×19、6×24，$\varphi=0.85$；6×37，$\varphi=0.82$；6×61，$\varphi=0.80$。钢丝绳破断拉力＝换算系数×钢丝破断拉力总和。

5）吊索（千斤绳）见图 21.1.4-5。

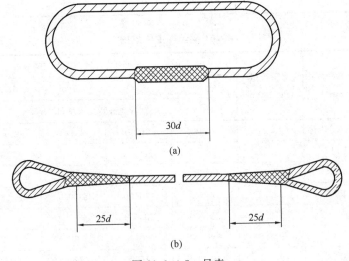

（a）

（b）

图 21.1.4-5　吊索

（a）封闭式；（b）开口式

对于封闭式吊索，采用编结固接时，编结长度不小于钢丝绳直径的 30 倍。对于开口式吊索，采用编结固接时，编结长度不小于钢丝绳直径的 25 倍。

21.2 施工组织设计及内容

21.2.1 施工组织设计用于指导施工，是一个关于科学管理方法的文件。施工组织设计的内容必须突出重点，抓住主要技术难点，贯彻执行时，必须紧密结合本单位的施工条件和施工现场的实际，才能起到它应有的施工指导作用。在编制和贯彻施工组织设计的过程中，应做到"三结合"，进行广泛深入的调查研究，向施工人员交底，做到人人把关。

21.2.2 施工组织设计应包括的内容。

1. 工程概况。描述工程概貌，主要内容包括：工程名称、工程地址，建设单位、设计单位、总包单位、分包单位，工程性质及结构情况，有关的结构参数（轴线、跨度、间距、间数、跨数、层数、屋脊标高、主要构件标高、自然地坪标高、建筑面积、主要构件重量等），机械选用概况和其他概况。

2. 工程量一览表。反映整个工程所承担的安装物件的全貌，主要内容包括：构件名称及编号，构件截面尺寸、长度、重量、数量，构件吊点位置及备注等。

3. 构件平面、立面布置图。是施工组织设计的一项重要的综合部分，主要内容包括：柱网和跨度的布置，钢构件的现场堆放位置，吊装的主要施工流水，施工机械进出场路线、停机位置及开行路线，现场施工场地和道路位置，施工便道的处理要求，现场临时设施布置位置和面积，水、电用量及布置，现场排水等。

4. 施工机械。说明施工的手段，可分为主要和辅助施工机械，主要内容包括：机械种类和型号、数量，起重臂选用长度、角度、起重半径、起吊的有效高度及相对应的起重量，机械的用途等。

5. 吊装的主要施工顺序。叙述主要的施工方法，主要内容包括：总体施工顺序，主要和重要构件的吊装顺序和流水，次要构件的吊装顺序的搭接，框架形成的条件和方法。对于高层钢结构施工的内爬式塔式起重机，还须考虑爬升区框架的合理选择和形成刚架的位置。

6. 施工的主要技术措施。是整个施工组织设计的技术关键，根据单位工程的特点，运用先进的技术和成熟的施工经验，制定行之有效的技术措施。主要内容包括：构件吊装时的吊点位置，构件的重心计算，施工过程中日照、焊接温差对构件垂直度的影响及其防止或矫正措施，控制物件的轴线位移和标高的措施，构件扩大地面组装的方法，专用吊装工具、索具的设计等。对于高层钢结构的施工，须认真选择和制定校正标准柱、标准框架、内爬式塔式起重机爬升区的特殊措施。

7. 工程质量标准。是衡量工程质量的水平，主要内容包括：设计对工程质量标准的要求，有关国标和地方的施工验收标准。

8. 安全施工注意事项。用于保证有关劳动保护条例的实施，其主要内容包括：垂直和水平通道，立体交叉施工的安全隔离，防火、防毒、防爆、防污染措施，易倾倒构件的临时稳定措施，工索具和施工机械的安全使用，安全用电，防风、防台、防汛和冬夏期施工的特殊安全措施，高空通信和指挥手段等。

9. 工程材料和设备申请计划表。提出完成施工的物质保证，主要内容包括：工具和设备（交直流电焊机、栓钉螺栓焊机、隔离变压器、碳弧气刨机、送丝机、焊缝探伤仪器、焊条烘箱、高强度螺栓初终拧电动工具、焊条保温筒、电焊防风棚和防雨罩、高空设备平台、特殊构件的工夹具等），料具和易耗材料（千斤、卸扣、铁扁担、焊条或焊丝、氧气、乙炔、引弧板、垫板、衬板、临时安装螺栓和高强度螺栓、碳棒、油漆、测温计和测温笔等），安全防护设施（登高爬梯、水平通道板、操作平台、安全网、扶手杆或扶手绳、漏电保护开关、现场照明等）。

10. 劳动力申请计划表，是劳动力和工种的综合申请文件之一，主要内容包括：工种配备，工程数量。

11. 工程进度及成本计划表。集中体现施工组织设计的经济指标，主要内容包括：项目内容、劳动组织、劳动定额、用工数、机械台班数、工程进度计划等。

21.2.3 编制施工组织设计应注意的事项。

1. 确保施工质量；

2. 确保施工安全；

3. 合理安排施工顺序，缩短工期，加快进度；

4. 努力提高机械化施工程度和装配程度，尽可能减少高空作业，采用流水施工组织方法，提高劳动生产率，降低工程成本；

5. 减少现场临时性设施，减少构件的就位和运输，合理安排施工平面图，节约现场施工用地；

6. 比较均衡地投入劳动力，尽量避免劳动力使用量出现突变的高峰和低谷。

21.3 施工阶段计算分析

21.3.1 在结构施工成形过程中，采用不同的施工方法或不同的施工顺序，会导致结构在各施工阶段的刚度和边界条件发生变化，有时甚至与结构设计状态差异很大。因此，当钢结构工程施工方法或施工顺序对结构的内力和变形产生较大影响时，应进行施工阶段结构分析。并应对关键施工阶段的永久结构和临时结构的安全性和刚度进行验算，验算结果应满足施工安全与质量控制要求。

21.3.2 施工阶段分析荷载的选取方法。

施工阶段荷载包括永久荷载、活荷载以及风荷载等。结构在各阶段的荷载值及作用位置应根据现场实际情况结合施工进度确定，以确保与现场实际情况一致。

永久荷载包括结构自重、楼（屋）面附加恒载（地面铺装层重量、吊顶重量、屋面构造重量等）、幕墙自重、土压力以及预应力等。

活荷载主要指施工活荷载，包括施工人员重量、模板支撑架重量、构件堆载、起重设备自重以及机房设备重量等。对于施工人员、模板及支撑以及临时少量堆载引起的楼面施工活荷载，当无准确数据时，可参照表21.3.2-1取值。

工作面上施工活荷载标准值　　　　　表 21.3.2-1

序号	工作状态描述	均布荷载（kN/m²）
1	很少量人员，手动工具，零星建筑堆材，无脚手架	0.5～0.6
2	少量人员，手动操作的小型设备，少量建筑堆材	1.0～1.2
3	人员较集中，有中型施工用建筑堆材	2.2～2.5
4	人员很集中，有较大型设备或大量建筑堆材	3.5～4.0

当结构对风荷载比较敏感时，应考虑风荷载的影响。施工阶段的基本风压宜按照《建筑结构荷载规范》GB 50009—2012 规定的 10 年重现期的风压来取值。确定风荷载迎风面时，宜考虑建筑物主体实际建造进度、外围护结构安装进度等因素。在有可能发生极端风速的条件下，应进行处于待施工状态的非完整结构、构件和临时支承结构的分析验算，确定结构的受力状态、变形状态以及可能的薄弱区域，并制定合理的结构加固方案、临时固定措施和应急预案。

施工阶段分析的荷载效应组合和荷载分项系数取值，应符合现行国家标准《建筑结构荷载规范》GB 50009—2012 等的有关规定。

21.3.3　施工阶段结构的作用包括温度作用和不均匀沉降等，温度应力及不均匀沉降影响分析应符合下列规定。

1. 当结构内力和变形受环境温度影响较大时，应计入结构均匀温度变化作用的影响。如大跨度屋盖滑动支座的临时固定和大跨度结构合龙温度的确定等。有特殊需要时，还宜计入日照引起的结构不均匀温度作用。

2. 高层建筑中，用于连接塔楼和裙楼的连体结构往往对不均匀沉降比较敏感，施工连体结构时，应分析不均匀沉降对结构内力的影响。在大跨度钢结构中，当采用分段支承施工时，应分析各支承基础间的不均匀沉降对支撑反力的影响。

21.3.4　起重设备对基础、结构的影响分析应符合下列规定。

1. 当轮胎式、履带式、轨道式起重设备在楼面上施工时，应按开行工况和吊装工况分别验算楼面结构的承载能力、刚度和裂缝宽度等；

2. 自立式塔式起重机的基础应具有足够的强度和刚度，当设置附墙杆时，应验算附墙杆对应的框架结构或剪力墙结构的承载能力；当起重机布置在楼面上时，还应验算楼面结构的承载能力、刚度和裂缝宽度等；

3. 当塔式起重机采用内爬施工工艺时，应验算爬升梁的承载能力和刚度，并验算剪力墙结构的承载能力；

4. 当支承起重设备的结构不能满足安全要求时，应对结构采取加固措施，加固方式应通过计算分析来确定。

21.3.5　临时支承结构分析及卸载工况分析应符合下列规定。

1. 空间结构施工安装时，应根据结构特点设置合理的临时支承体系。施工阶段的临时支承结构和措施应按施工阶段的荷载作用状况，对结构进行安全性和刚度验算，对连接节点应进行强度和稳定验算。

2. 应通过计算分析确定卸载方案和合理的拆除临时支撑的顺序和步骤。其目的是为了使主体结构变形协调、荷载平稳转移、支承结构的受力不超过预定要求和结构成形相对平稳。

3. 临时支承结构卸载工况分析需确定的内容包括：卸载步数、每个卸载步同步卸载点的数量和范围、每个卸载步中需要控制的位移量。

4. 确定临时支承卸载顺序和步骤时应考虑以下控制原则。

1）在临时支承卸载过程中，结构体系转换引起的内力变化应是缓慢的；

2）在卸载过程中，结构各杆件的应力应在弹性范围内并逐渐趋近设计状态；

3）在卸载过程中，各临时支承点的卸载变形应协调；

4）卸载过程应避开不适宜的环境状况，如大风、雨雪天气；

5）卸载过程应易于调整控制、安全可靠。

5. 临时支承卸载工况分析，应考虑临时支承的轴向刚度，宜考虑千斤顶只压不拉机理、千斤顶与主结构暂时脱离与再接触现象、临时支承由于卸载产生的回弹等。

6. 为了有效控制临时支承结构的拆除过程，对施工结构和临时支承可进行拆除过程的内力和变形监测。

21.3.6　超高层钢结构和刚性大跨度空间钢结构施工模拟分析应符合下列规定。

1. 施工模拟分析时，可根据施工方法和施工顺序将整个过程划分为不同施工阶段，建立各施工阶段非完整结构分析模型，且模型中应包含临时支承结构体系；

2. 施工模拟分析时，应考虑不同施工阶段结构几何形态、支座条件和荷载模式及大小的变化；

3. 在进行各阶段施工模型分析时，应考虑已施工结构的变形对当前阶段结构几何形状的影响；

4. 当施工过程中结构几何非线性影响不可忽略时，可采用非线性有限单元法进行结构施工过程模拟分析，如生死单元法、改进的分步建模法等；

5. 对刚度较大的超高层和刚性大跨度空间结构，可近似采用线性计算方法进行模拟分析，如状态变量叠加法；

6. 当施工过程中边界条件变化时，可采用变边界约束结构有限单元法进行模拟计算。

21.3.7　索结构安装及张拉施工模拟分析应符合下列规定。

1. 索结构应根据设计图纸和结构的受力特点，以结构初始状态的几何位置和预拉力分布为目标，经计算与分析确定结构的安装和张拉工艺。

2. 基于设计要求的索结构初始状态，可按安装和张拉工艺逆向释放各主动索的预拉力、计算结构零状态时对应的各主动索和被动索放样长度和连接节点位置。同时，可按安装和张拉工艺进行主动索逐批次分级张拉的正向分析，进行索结构自零状态至初始状态的施工过程的数值模拟，以验证张拉方案的可行性。

3. 半刚性和柔性索结构施工过程的计算和分析，应考虑几何非线性的影响。

4. 应考虑索长制作误差、支承结构安装误差、温度变化等对索结构初始状态几何位置和预拉力分布的影响，进行索结构初始状态的误差分析与计算。

5. 张拉分析应考虑张拉过程对相关支承构件或结构的影响，进行强度和稳定性分析。

21.3.8 吊装验算应符合下列规定。

1. 吊装状态的构件和结构单元未形成空间刚度单元，极易产生平面外失稳和较大变形，为保证结构安全，需要进行安全性和变形验算；若验算结果不满足要求，需采取针对性加强措施。

2. 吊装阶段结构的动力系数可根据选用起重设备而取不同值。当正常施工条件下，吊装阶段结构的动力系数可按下列数值选取：

1）液压千斤顶提升或顶升取 1.1；

2）穿心式液压千斤顶钢绞线提升取 1.2；

3）塔式起重机、拔杆吊装取 1.3；

4）履带式、汽车式起重机吊装取 1.4。

3. 当构件为单根跨度较大的钢梁或钢桁架，尚应对构件在就位松钩时的整体稳定性进行分析，以明确构件松钩的条件。

21.3.9 当结构采用整体提升施工工艺时，整体安装验算应符合下列规定。

1. 应验算被提升的结构在提升过程中的承载能力、刚度以及整体稳定性；

2. 当结构为超静定体系时，应计算不同步提升对提升反力以及被提升结构的内力的影响，并设定整体提升不同步限值；

3. 应验算提升支架的承载能力和刚度以及支承提升支架的结构的承载能力和刚度。

21.3.10 当结构采用整体或累积滑移施工工艺时，应选取若干关键施工阶段，对被滑移结构以及临时支承结构的承载能力、刚度以及整体稳定性进行验算，尚应进行不同步滑移验算，并设定滑移不同步限值。

21.3.11 结构预变形分析应符合下列规定。

1. 当在正常使用或施工阶段因自重及其他荷载作用，发生超过设计文件或国家现行有关标准规定的变形限值，或设计文件对主体结构提出预变形要求时，应在施工期间对结构采取预变形。

2. 结构预变形计算时，荷载应取标准值，荷载效应组合应符合现行国家标准《建筑结构荷载规范》GB 50009—2012 的有关规定。

3. 结构预变形值通过分析计算确定，可采用正装法、倒拆法等方法计算。实际预变形的取值大小一般由施工单位和设计单位共同协商确定。

正装法是对实际结构的施工过程进行正序分析，即跟踪模拟施工过程，分析结构的内力和变形。正装法计算预变形值的基本思路为：设计位形作为安装的初始位形，按照实际施工顺序对结构进行全过程正序跟踪分析，得到施工成形时的变形，把该变形反号叠加到设计位形上，即为初始位形。若结构施工过程分析非线性较强，基于该初始位形施工成形的位形将不满足设计要求，需要经过多次正装分析反复设置变形预调值才能得到精确的初始位形和各分步位形。

倒拆法与正装法不同，是对施工过程的逆序分析，主要是分析所拆除的构件对剩余结构变形和内力的影响。倒拆法计算预变形值的基本思路为：根据设计位形，计算最后一施工步所安装的构件对剩余结构变形的影响，根据该变形确定最后一施工步构件的安装位形。如此类推，依次倒退分析各施工步的构件对剩余结构变形的影响，从而确定各构件的安装位形。

21.4 建筑信息模型技术应用

21.4.1 建筑信息模型的精度与建模深度直接相关。钢结构建模宜采用 Tekla 或同类建模软件，与其他专业协同时，输出格式可为 IFC 或 DWG。钢结构模型深度应达施工图深化后的精度要求（即 LOD350），该精度要求下应实现如下的几何信息和非几何信息的建模深度。

1. 几何信息：主要指柱、梁、板、拉杆、支座、构件节点、螺栓几何体量模型信息，包括并不限于：钢结构连接节点、加工分段及连接板、加劲板的位置和尺寸、螺栓和焊缝位置和预留孔洞的位置和尺寸。

2. 非几何信息：钢构件的编号信息、钢构件及零件与螺栓的型号、规格及其材料属性、钢结构表面处理方法等。

21.4.2 建筑信息模型的应用，主要体现在以下方面。

1. 结构深化设计。深化设计应基于信息化设计施工图，且主要进行结构连接节点的深化设计，包括普通钢结构的连接节点，如柱脚节点、空间结构连接节点（如钢管空间相贯节点）、预应力钢结构节点（如拉索张拉节点）等，形成各类的节点深化施工图。同时，深化设计应根据施工图的设计原则，对图纸中未明确设计的节点进行基于模型的焊接连接验算、螺栓群连接验算、现场拼接节点连接计算、节点设计的施工可行性复核和复杂节点空间放样等。

2. 采用建筑信息模型，可对工程全专业模型进行综合碰撞检测与分析，优化钢结构与幕墙、机电、装饰等专业之间的空间关系及连接件设置和预留洞位置，进而避免施工时的意外返工。

3. 结合施工组织设计，可进行钢结构模型的构件分段与拆分，实现钢构件的体积和重量的精确统计，并基于模型生成用于指导现场安装定位和连接的构件安装图以及作为钢结构工厂加工与验收依据的构件加工图。

4. 采用建筑信息模型，可更高效地得到构件大样图和零件图，为数字化加工生产线实现无纸化全自动的套材下料与加工提供技术基础。

21.4.3 采用建筑信息模型，可进行施工全过程信息化模拟。钢结构施工全过程信息化模拟主要包括施工场地规划、施工方案模拟、钢构件现物料管理、质量与安全管理、竣工模型移交等项目，各项的具体内容如下。

1. 施工场地规划：由于钢构件具有工厂预制、现场安装的天然属性，因此，必须对构件进场及安装的移动路径、仓储位置等进行综合分析，即通过基于建筑信息模型的场布模拟，实现对施工各阶段的场地地形、既有建筑设施、周边环境、施工区域、临时道路、临时设施、加工区域、材料堆场、临水临电、施工机械、安全文明施工设施等的科学合理的规划布置和分析优化。

2. 施工方案模拟：在钢结构深化设计模型的基础上，附加吊装、施工顺序、施工工艺等等建造过程信息，可进行施工过程的可视化模拟，并充分利用建筑信息模型对施工方案进行分析和优化，可提高方案审核的准确性，同时实现施工方案的可视化交底。

3. 钢构件物料管理：建筑信息模型是加工厂与施工现场连接的互联互通的数据源，

基于信息化管理平台可实现钢构件物流状态的管理，包括加工厂内的生产状态、运输过程的物流状态以及现场是否已完成安装的施工状态。通过二维码技术或射频识别技术可更高效地提高物流的管理效率。

4. 质量与安全管理：基于建筑信息模型技术的质量与安全管理，通过现场施工情况与模型的比对（即利用现场的图像与视频等方式）或通过和模型的关联，记录问题出现的部位或工序，进而分析原因并制定解决措施，以此提高质量检查的效率与准确性，并有效控制危险源，进而实现项目质量、安全可控的目标。

5. 竣工模型移交：在建筑项目竣工验收时，将竣工验收信息添加到施工过程模型，并根据项目实际情况进行修正，以保证模型与工程实体的一致性，进而形成竣工模型，为建设方的基于建筑信息模型的运维管理提供数字基础。

21.4.4　采用建筑信息模型技术可实现对工程工期的管控。相较于传统施工的混凝土现场现浇作业，钢结构的制作安装具备较高的工业属性，采用建筑信息模型技术，可对工期进行精准的管理。将已完成的深化设计模型，采用合适的施工管理软件进行集成，在模型可视化的条件下，可实现方案进度计划和实际进度计划的比对，进而找出差异并分析原因，实现对项目进度的合理控制与优化。

21.5　施工前的检查

21.5.1　钢构件制作完成后，检查和监理部门应根据施工图的要求和国家现行标准《钢结构工程施工质量验收标准》GB 50205—2020 的规定，对成品进行检查验收。钢构件成品出厂时，制造单位应提交产品、质量证明书和下列技术文件。

1. 设计变更或修改文件、钢结构施工图，并在图中注明修改部位；
2. 制作中对各种问题处理的协议文件；
3. 所用钢材和其他材料的质量证明书和试验报告；
4. 高强度螺栓摩擦系数的实测资料；
5. 发运构件的清单。

钢构件进入施工现场后，除了检查构件规格、型号、数量外，还需对运输过程中易产生变形的构件和易损部位进行专门检查，发现问题应及时通知有关单位做好签证手续以便备案，对已变形构件应予矫正，并重新检验。

21.5.2　测量仪器和丈量器具是保证钢结构安装精度的检验工具，土建、钢结构制作、结构安装和监理单位，均应按规范要求，统一标准。主要器具的要求如下。

1. 经纬仪。一般钢结构工程采用精度宜为 2s 级的光学经纬仪，对于高层钢结构工程，宜采用激光经纬仪，其精度宜在 1/200000 之内。

2. 水准仪。按国家三、四等水准测量及工程水准测量用途要求，其精度宜为 $\pm 3mm/km$。

3. 钢卷尺。参与同一单位工程施工的各有关单位，须使用同一牌号、同一规格的钢卷尺，并应通过标准计量校准钢尺。一般钢卷尺长度为 30m 和 50m 二种，使用钢卷尺应注意以下几点。

1）标准温度：我国标准使用温度为 20℃（英国的标准温度为 15℃），在实际使用时，应将实际温度与标准温度进行温差换算，其换算公式为：

$$温度改正数 = 0.000011(t - t_0)L \qquad (21.5.2\text{-}1)$$

式中　L——测量长度；

$\quad t$——测量时温度℃；

$\quad t_0$——标定长度时的温度 20℃。

2）标准拉力：我国常用的标准拉力为 5kg 和 10kg 两种，但使用前还应注意钢卷尺制造厂的拉力标准，检测空间距离超过 10m 以上者，应使用夹具和拉力计数器配合钢卷尺使用。

3）尺的垂度改正：用钢卷尺量测距离时，尺的中央产生垂度，从而影响测距的精度，因此，测量的读数减去垂度改正数，则是实测的距离。尺的中央垂度改正数为：

$$垂度改正数 = \frac{W^2 L^3}{24 T^2} \qquad (21.5.2\text{-}2)$$

式中　W——钢卷尺每米重量（kg）；

$\quad L$——钢卷尺长度（m）；

$\quad T$——量距时的拉力（kg）。

4）钢卷尺的数量：钢结构安装单位应备钢卷尺两盒，一盒放在施工现场，另一盒放在钢结构中转堆场。

21.5.3　基础复测的规定。

1. 基础施工单位应至少在钢结构吊装前七天提供基础验收的合格资料。

2. 基础施工单位应提供轴线、标高的轴线基准点和标高水准点。

3. 基础施工单位在基础上应划出有关轴线和记号。

4. 支座和地脚螺栓的允许偏差应符合现行国家标准《钢结构工程施工质量验收标准》GB 50205—2020 中表 10.2.6 的规定。支座和地脚螺栓的检查应分两次进行，首次检查在基础混凝土浇灌前，钢结构吊装单位与基础施工单位一起对地脚螺栓位置和固定措施进行检查，第二次为钢结构安装前的最终验收。

5. 提供基础复测报告。对复测中出现的问题，应通知有关单位，提出修改措施。

6. 为防止地脚螺栓的螺纹在安装前或安装中受到损伤，宜采用锥形防护套保护螺纹。

21.5.4　构件预检的规定。

1. 检查构件型号、数量。

2. 检查构件有无变形，发生变形则应予矫正和修复。

3. 检查构件外形和安装孔间的相关尺寸，划出构件轴线的准线。

4. 检查连接板、夹板、安装螺栓、高强度螺栓是否齐备，检查摩擦面是否生锈。

5. 不对称的主要构件（如柱、梁、门架等），应标出其重心位置。

6. 清除构件上污垢、积灰、泥土等，油漆损坏处应及时补漆。

21.5.5　构件运输的规定。

1. 构件场外运输要求如下。

1）装卸、运输过程中，均不得损坏构件和使构件产生变形；

2）运输的构件，应按吊装要求的程序进行布置，并考虑配套供应；

3）对大型和异形构件，应结合运输客观条件（如装卸车设备、起重量、运输道路宽度及转弯半径，通过市区交通的许可情况——桥梁、低空架线、隧道、立交桥等），制定运输方案；

4）构件应对称放置在运输车辆上，装卸车应注意对称操作，确保车身和车上构件的稳定；

5）使用活络平板挂车运输长构件时，应在主车上设有转向装置；

6）构件运输过程中，堆放时应用垫木，且用紧绳器固定。防止构件在运输过程中松动和滑移，对于重心不稳的构件，应采用支架使其稳定。

2. 构件场内运输要求如下：

1）运输便道路面应平整、路基坚实、并有排水要求，道路的转弯半径应适合场内运输构件的需要，并应设置回车道。单行便道的宽度：汽车为 3.5m，平板车为 4.5m；双行便道的宽度：汽车 6～6.5m，平板车 9m；

2）对于扩大拼装构件的运输，应验算构件的刚度，必要时应增加搁置点和支架数量。

21.5.6　构件堆放的规定。

1. 构件应按规格和型号分类堆放。

2. 构件堆放应使用垫木，垫木必须上下对齐。每堆构件堆放的高度应视构件具体情况分别确定，一般和次要构件（支撑、桁条、连系梁等），不宜超过 2m；重型和大型构件（柱、行车梁等），一般为单层堆放；平面刚度差的构件（屋架、桁架等），一般宜竖直堆放，每堆一般为五榀组合，每榀间用角钢夹住，每堆桁架的外侧应用支架（或支撑）支撑，使其稳定；螺栓、高强度螺栓和栓钉应堆放在室内，其底层应架空防潮；对于金属压型板，应以箱装堆放为主。

3. 每个构件堆间，应留有一定的距离（一般为 2m），供构件预检及装卸操作用；每隔一定堆数，还应留出装卸机械翻堆用空地。

4. 构件编号宜放置在构件两端醒目处。

21.5.7　构件堆场的规定。

1. 堆场要求如下。

1）场地应平整，应设置通道网，便于运输；

2）场址选择应靠近施工现场，给排水、供电较为方便，避免设在化学腐蚀较强的地区；

3）堆场内应设置装卸机械开行道路、运输道路（考虑回车道）、防火设施和器具、零星材料的仓库、办公用房和构件矫正维修用的车间和照明等；

4）对易爆、易燃的物品，应设置危险品仓库，其设置位置应符合防爆、防燃的要求；

5）堆场选址在空旷的地区时，应设置避雷装置；

6）堆场选址在河岸地区，应特别考虑防汛和排水的要求；

7）堆场面积选取，既要保证施工现场吊装进度，又要留有一定的储备量；既须考虑构件堆放，又须保证必要的构件配套、预检和拼装场地的空间。根据经验，堆场的面积申请为 6～10m^2/t 之间，可按不同类型的工程结构状况确定。例如，日本为 6m^2/t，我国冶金建筑 7m^2/t，宝钢炼钢主厂房 8.44m^2/t，上海"七二八"工程 10m^2/t，上海锦江分馆和希尔顿饭店 6m^2/t。

2. 堆场的装卸施工机械（根据宝钢炼钢主厂房堆场使用情况分析）要求如下。

1）龙门式起重机：装卸方便，便于水平带载就位，吊车开行路线占地面积小（占4%左右），运输道路占地面积小（占19%），堆场面积可利用率达61%左右，一般适用于场外集中堆放场的各种构件装卸。

2）塔式起重机：装卸方便，便于水平带载就位，但受到起重半径限制，吊车开行路线占地面积小（占4%左右）、运输道路占地面积较小（占27%），堆场面积可利用率达40%左右，一般适用于场外集中堆场、现场临时堆场的装卸中、小型构件。

3）履带式起重机：起重量大，构件装卸受起重半径限制，水平带载就位不如龙门式和塔式起重机方便，吊车开行路线占地面积大（占13%左右），运输道路占地面积大（占44%左右），堆场面积可利用率只达38%左右，一般适用于重型构件的堆放场。

4）汽车式起重机：装卸构件时，吊车无法进行水平带载就位，但空车转移方便、灵活，一般作为临时性的增加起重设备用。

5）叉车：起重量小，适用堆场仓库内的小件货物的装卸。

上述几种堆场使用机械，应根据构件装卸要求、单位现有的起重设备和堆场的具体条件结合统一考虑，一般情况下，首先应选用龙门式和塔式起重机，同时配合叉车结合使用为佳。

3. 堆场管理要求如下。

1）运进和运出的构件应做好记录台账；

2）堆场的构件应绘制实际的构件堆放平面布置图，分别编好相应区、块、堆、层，便于日常寻找；

3）根据吊装流水需要，至少提前两天做好构件配套供应计划和有关工作；

4）运输过程中已发生变形、失落的构件和其他零星小件，应及时矫正和联系。对于编号不清的构件，应重新描清，构件的编号宜设置在构件的两端，以便于查找；

5）应做好堆场的防汛、防台、防火、防爆、防腐蚀工作，合理安排堆场的供水、排水、供电和夜间照明。

参考文献

[1] 建筑施工起重吊装工程安全技术规范：JGJ 276—2012 [S]. 北京：中国建筑工业出版社，2012.

[2] 钢丝绳通用技术条件：GB/T 20118—2017[S]. 北京：中国标准出版社，2017.

[3] 起重机用钢丝绳：GB/T 34198—2017[S]. 北京：中国标准出版社，2017.

[4] 建筑结构荷载规范：GB5 0009—2012[S]. 北京：中国建筑工业出版社，2012.

[5] 钢结构工程施工质量验收标准：GB 50205—2020[S]. 北京：中国计划出版社，2020.

[6] 建筑施工组织设计规范：GB/T 50502—2009[S]. 北京：中国计划出版社，2009.

[7] 钢结构设计标准：50017—2017[S]. 北京：中国建筑工业出版社，2017.

[8] 罗永峰，王春江，陈晓明. 建筑钢结构施工力学原理[M]. 北京：中国建筑工业出版社，2009.

[9] 罗尧治，胡宁等. 网壳结构"折叠展开式"计算机同步控制整体提升施工技术[J]. 建筑钢结构进展，2005(7)：27-32.

[10] 范重，刘先明等. 大跨度空间结构卸载过程仿真计算方法[J]. 建筑科学与工程学报，2011(28)：19-25.

［11］　叶智武，罗永峰等. 施工模拟中分步建模法的改进实现方法及应用［J］. 同济大学学报（自然科学版），2016(44)：73-80.

［12］　卓新. 球面网壳逆作法施工内力特性分析［J］. 建筑结构，1998(6)：50-52.

［13］　卓新. 空间结构施工方法研究与施工全过程力学分析［D］. 浙江大学博士学位论文，2001.

［14］　罗永峰，杨薇，遇瑞. 变边界约束空间结构分析方法研究［J］. 同济大学学报（自然科学版），2008(36)：444-448.

第22章 施 工 安 装

22.1 安装设备的选用

22.1.1 起重设备的选择宜符合下列要求。

1. 单层结构、空间结构吊装宜选用履带式、轮胎式、自立式塔吊或行走式自立塔吊等起重设备；多层、高层和高耸钢结构的吊装宜选用附着式、内爬式或外挂式等自升塔式起重设备。

2. 起重设备的起重性能，应根据起重设备的能力、构件重量、高度确定，还应考虑塔式起重设备高空抗风性能、滚筒容绳量等因素。

3. 选择附着式塔式起重设备时，应了解塔身的最高可用高度。选择内爬式塔式起重设备时，应了解爬升所需最小洞口尺寸。

4. 应了解塔式起重机吊钩的升降速度，通过计算或测定，选择符合进度要求的吊机数量。

5. 若受到场地条件及起重量等因素的制约，可根据现场实际情况，通过计算选择桅杆起重装置、千斤顶、卷扬机、手提葫芦等简易吊装工具进行吊装。

22.1.2 起重设备布置宜符合下列要求。

1. 应根据钢结构安装要求，结合现场施工环境，确定起重设备的布置。

2. 起重设备作业范围，应满足所有钢结构构件的起吊和安装。

3. 当两台或多台起重设备同时作业时，应防止相互干涉。

4. 当施工设备的荷载作用于主体结构时，应考虑对上道工序的要求，如混凝土强度或钢构件的施焊情况等。

5. 起重设备的布置，应考虑安装和拆除的需要。

22.1.3 起重设备的地基和基础应符合下列要求。

1. 当选用行走式起重设备时，应对其开行和作业范围内的地基进行相应处理，确保施工路基的平整度和地耐力；

2. 当选用固定式起重设备时，应根据其特定的技术要求和现场地基条件，设计设备基础，并在使用过程中定期检查；

3. 当起重设备开行或附着于主体结构时，应对相关的主体结构进行验算，包括结构的强度、刚度和稳定性以及局部应力。必要时，应采取相应的加固技术措施，该措施应经结构设计方审核确认。

22.2 安 装 方 法

22.2.1 构件安装方法及要求应符合下列规定。

1. 锚栓及预埋件安装要求如下。

1）布设锚栓和预埋件的控制轴线及标高基准，并应经复核验收；

2）宜采用锚栓定位支架、定位板等，提高锚栓群的安装精度；

3）锚栓和预埋件安装到位后，应可靠固定，防止混凝土浇捣时偏位，安装完成经验收无误后，方可浇筑混凝土；

4）为保证锚栓埋设精度，可采用预留孔洞、二次埋设等工艺，消除混凝土结构施工造成的偏差；

5）锚栓应采取防止损坏和锈蚀的保护措施。

2. 钢柱安装要求如下。

1）单层钢结构框架柱安装要求。

（1）基础标高调整要求。基础标高的调整，必须建立在对应钢柱的预检工作上，根据钢柱的长度、钢牛腿和柱脚距离，确定基础标高的调整数值。基础标高调整时，双肢柱设两个点，单肢柱设一个点，其调整方法有以下两种：

① 钢楔调整法：根据标高调整数值，用一组相对钢楔进行调整，操作方法见图22.2.1-1所示。

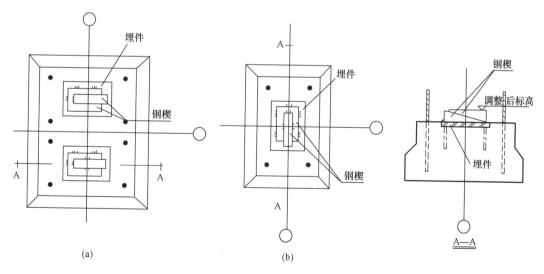

图22.2.1-1　钢楔调整示意图
（a）双肢柱；（b）单肢柱

采用钢楔调整法，钢楔和基础预埋件用钢量大，钢楔加工精度要求较高，标高调整的精度稍差，但调整施工进度较快。

② 无收缩水泥砂浆块调整法：根据标高调整数值，用承压强度为55MPa的无收缩水泥砂浆制成无收缩水泥砂浆标高控制块（以下简称砂浆标高控制块），进行调整，如示意图22.2.1-2所示。

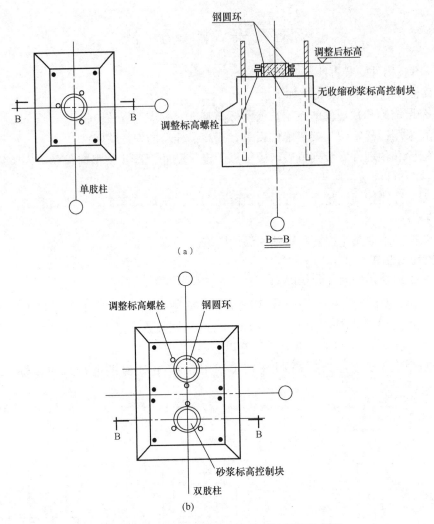

图 22.2.1-2　无收缩砂浆标高控制块调整示意图
(a) 单肢柱；(b) 双肢柱

用砂浆标高控制块进行调整标高调整的精度较高（可达±3mm 之内），砂浆强度发展快，用钢量少，但操作要求比较高。

(2) 钢柱吊装要求：

① 钢柱吊装前，基础地脚螺栓应采用锥形防护套保护，防止螺纹损伤，构造可参见图 22.2.1-3 所示。

② 为了防止柱子根部在吊装过程中变形，钢柱吊装可采用的方法有两种：第一种是双机抬吊法，主机吊柱子上部，辅机吊柱子根部，待柱子根部离地一定距离（约 2m 左右）后，辅机停止起钩，主机继续起钩和回转，直至柱子吊直，然后将辅机松钩；第二种是单机吊装法，首先把柱子根部用垫木垫高，然后用一台起重机吊装，在起吊过程中，起重机边起钩边回转起重臂，直至把柱子吊直为止。

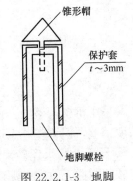

图 22.2.1-3　地脚螺栓保护套

③ 为了保证吊装时索具的安全，吊装钢柱时，应设置吊耳，吊耳应位于通过柱子重心的铅垂线上。吊耳有两种：一种是可装拆的工具式吊耳，其优点是可以反复使用，用钢量少，省费用；另一种是永久性吊耳，其缺点是钢材消耗量大，不可反复使用，柱子吊装完毕后，若影响构件使用，尚须用气割割除。具体构造可参见图 22.2.1-4 所示。

④ 钢柱吊装前，应设置登高挂梯和柱顶操作台夹箍。

（3）钢柱校正要求：

① 钢柱吊到位置后，可利用起重机起重臂回转进行初校。一般钢柱垂直度可控制在 $H/1000$（H 为柱高），且不小于 10mm。拧紧柱底地脚螺栓后，起重机方可松钩。

② 钢柱底部的位移校正，可采用螺旋千斤顶加链索、套环和托座的方法，按水平方向顶校钢柱，校正后的位移精度可控制在 1mm 之内，详见示意图 22.2.1-5。

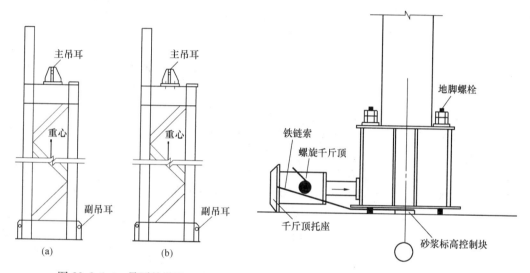

图 22.2.1-4 吊耳的设置
（a）永久式吊耳；（b）工具式吊耳

图 22.2.1-5 用螺旋千斤顶按水平方向位置校正

③ 采用螺旋千斤顶或油压千斤顶校正柱子垂直度时，在校正过程中须不断观察柱底和砂浆标高控制块之间的间隙，以防校正过程中顶升过度产生水平标高误差。待垂直度校正完毕，再度紧固地脚螺栓，并塞紧柱子底部四周的承重校正块（每摞不得多于三块），并点焊固定，详见示意图 22.2.1-6。

为了防止钢柱在垂直度校正过程中产生轴线位移，在位移校正后应在柱子底脚四周用 4～6 块 10mm 厚钢板设定位靠模，并与基础埋件焊接固定，防止移动。

④ 在吊装竖向构件或屋架时，还须对钢柱进行复核。此时，一般采用链条葫芦拉钢丝绳缆索进行校正，待竖向构件（特别是柱间支撑）或屋架安装完后，方可松开缆索。

⑤ 柱子垂直度校正，应做到"四校、五测、三记录"，以保证柱子在组成排架或框架后的安装质量。

所谓四校，即：初校；基础灌浆后复校；安装吊车梁时校正；安装屋盖时校正。复核最好在早上或阴天进行，以减少因阳光温度影响而造成的误差。

所谓五测，即：初校时测量为一测；灌浆后测量为二测；安装吊车梁或连系梁时调校测量为三测；安装屋架时调校测量为四测；屋面吊好后测量为五测。

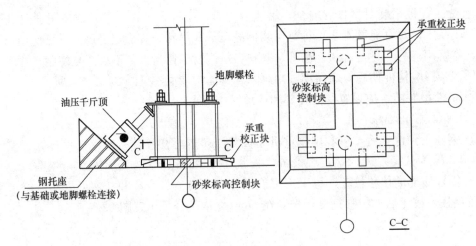

图 22.2.1-6　用千斤顶校正垂直度

所谓三记录，即：初校灌浆后复核的记录；安装吊车梁或连系梁时的记录；安装屋盖后的记录。

2）多层钢结构框架柱安装要求：

（1）多层框架多节柱的吊装和校正，其底层钢柱的吊装和校正方法与单层框架柱相同，不再赘述。

（2）第二节和以上数节钢柱吊装和校正的精度，取决于下层钢柱的安装和校正精度，下节钢柱柱顶垂直度偏差就是上节钢柱底部轴线的位移量，换而言之，下节钢柱柱顶垂直度偏差，应严格控制在上节钢柱底部轴线允许位移量之内。

（3）安装好一节钢柱后，应对钢柱顶面进行一次标高测定，其标高误差值应控制在允许范围内，若超过允许范围，则必须对柱子进行调整。调整时可采用填塞一定厚度低碳钢板的方法，但又必须注意不宜一次调整过大，以免影响整个多层框架的标高。

3）高层钢结构框架柱安装要求：

（1）基础标高调整方法与要求。首节钢柱基础标高调整，通常采用预埋螺杆调节螺母进行调整的方法，其标高允许偏差为±3mm，调整后进行底部二次灌浆。

（2）其他节框架钢柱的标高调整方法与要求。其他节框架钢柱的标高误差，主要取决于构件制作精度，除此之外，由于钢柱与钢柱对接焊缝的焊接变形以及整个框架基础随着结构荷载增加而产生沉降，还将使框架柱柱顶标高发生负偏差。调整方法为制定立柱预变形方案，并分阶段在钢柱分段上进行多次补偿，同层钢柱柱顶高差允许偏差≤5mm。

（3）框架钢柱的吊装方法与要求：

① 吊装方法基本与单层钢结构框架钢柱相同。钢柱吊耳可利用钢柱柱节间的连接板，详见图 22.2.1-7。

② 柱与柱连接处的四个侧面应对齐，不应有扭转角偏差。

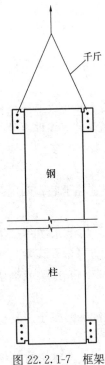

图 22.2.1-7　框架
钢柱吊装吊耳

③ 柱的工地拼装接头焊缝组间隙的允许偏差，应符合国家现行标准《钢结构工程施工质量验收标准》GB 50205—2020 中表 10.3.5 的规定。无垫板间隙允许偏差为 0～＋3.0mm；有垫板间隙为－2.0～＋3.0mm；接口允许错边为 $t/10$，且≤3mm。

④ 待柱子初校结束、并用夹板把上、下节柱的连接板用安装螺栓拧紧后，方可松开起重机吊钩。

⑤ 上节柱吊装前，下节框架必须满足下述要求：

a. 塔式起重机爬升区的柱与柱和柱与梁连接处的高强度螺栓应完成终拧，柱与柱以及顶层相隔一层的梁与柱的焊接必须完成；

b. 除塔式起重机爬升区外，"柱与柱"的高强度螺栓必须终拧；

c. 内筒区的剪力板和剪力支撑的高强度螺栓必须全部初拧；

d. 本节框架的顶层大梁与柱连接处的高强度螺栓必须全部终拧；

e. 用于临时加固爬升区框架刚度的顶层水平支撑的安装和焊接必须完成；

f. 塔式起重机的爬升必须完成；

g. 有关高空放置施工设备用的设备平台，应重新就位；

h. 有关电气设备的接电工作也应完成。

（4）底层框架钢柱的位移校正应满足国家现行标准《钢结构工程施工质量验收标准》GB 50205—2020 表 10.3.4 钢柱安装的允许偏差，柱脚底座中心线对定位轴线偏差为±5mm，柱子定位轴线偏差为±1mm。

（5）框架钢柱的垂直度校正，有两种方法：第一种与单层钢结构框架的钢柱校正法相同；第二种采用框架整体垂直度校正的方法。本节着重介绍框架整体垂直度校正方法，即将本节框架内的柱和梁先行安装，然后再校正标准柱和其他柱，方法如下。

① 选择标准柱。标准柱的选择必须满足：a. 符合和反映建筑物平面的特点；b. 便于流水段的流水；c. 几根标准柱能组成闭合图形；d. 便于其他柱的校正。

② 标准柱垂直度的校正方法：

a. 在标准柱的基础轴线上，向 x 和 y 轴方向引出等距离为 "e" 的补偿线，两根补偿线的交点即该标准柱的基准点，具体见图 22.2.1-8。

b. 在待校正的标准柱顶部，设置半透明的校正靶标（上有靶心和靶环），靶标供垂直激光仪光点投射用，靶心的位置与基础的基准点设置要求相同，具体见图 22.2.1-9 所示。

c. 将精度为 1/200000 的垂直激光经纬仪安置在底层第一节标准柱的操作平台上，使垂直激光经纬仪与基础基准点保持在同一铅垂线上，然后，把垂直激光经纬仪向上投射到柱顶靶标上。

为了消除仪器和操作等因素造成的

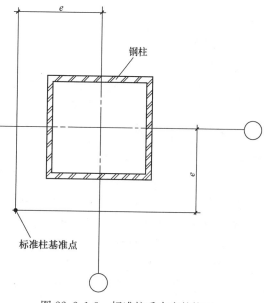

图 22.2.1-8 标准柱垂直度的校正

误差，应依次把垂直激光经纬仪旋转90°，并在靶标上分别测出四个光点，连接四点得出交点，该交点即为消除误差后的测点，见图22.2.1-10。把垂直激光经纬仪光束调整到消除误差的测点位置，接着即可校正标准柱，使柱顶的靶心与测点吻合，则此根标准柱校正即告完成。

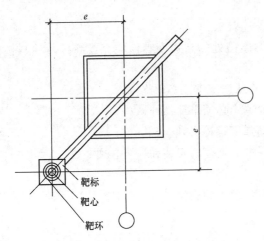

图 22.2.1-9 校正标准柱时靶标的设置图

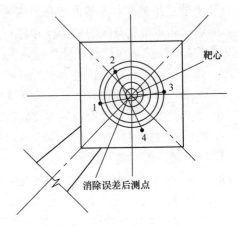

图 22.2.1-10 靶标上消除误差后的测点

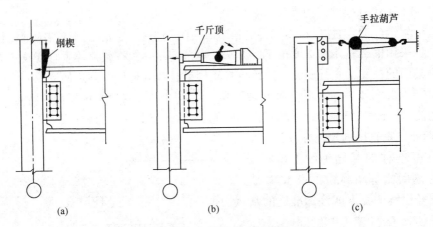

图 22.2.1-11 标准垂直度的校正
(a) 钢楔法；(b) 千斤顶法；(c) 手拉葫芦法

d. 标准柱的垂直度校正，可采用钢丝绳缆索（只适宜向跨内柱）、千斤顶、钢楔和手拉葫芦进行，具体见示意图22.2.1-11(a)、(b)、(c)。

③ 其他框架柱的校正方法

待标准柱校正完毕后，即可对其他柱进行校正，具体校正方法为：

a. 在已校正完毕的标准柱柱顶距 "e" 值处拉紧直径为 $\phi 1.6\text{mm}$（高强度钢丝，小于 $\phi 1.6\text{mm}$ 则更佳）的钢丝形成一个矩形框，钢丝框与基础轴线的距离亦为 "e"；

b. 用标准尺在本节框架的顶层梁面上逐个丈量其他柱子与钢丝框 x 和 y 两个方向的距离，使之校正到与设计轴线尺寸的误差控制在允许范围之内，详见图22.2.1-12；

c. 待所有其他柱丈量和校正完毕后，还须再用垂直激光仪对标准柱进行复测，若复测的结果在控制值之内，则本节框架柱子的垂直度校正完毕，并应及时做好校正记录，并终拧柱与柱和柱与梁之间的高强度螺栓。

3. 钢行车梁的吊装与校正要求。

1) 搁置钢行车梁牛腿面的水平标高调整要求。

（1）在柱子校正后，采用水准仪（精度为 $\pm 3mm/km$）测出每根钢柱上预先弹出的 ± 0.00 基准线的实际变化值。可实测钢柱近牛腿处横向的两侧，同时做好实测标记。

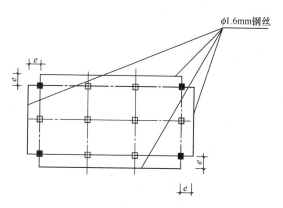

图 22.2.1-12　拉紧钢丝矩形框以校正其他柱的轴线尺寸

（2）根据各钢柱搁置行车梁牛腿面的实测标高，确定全部钢柱搁置行车梁牛腿面的统一标高。以统一标高为基准，得出各搁置行车梁牛腿面的标高差值。根据各个标高差值和行车梁的实际高差，加工不同厚度的钢垫板（一般应由刨床精加工制作）。

（3）搁置行车梁牛腿面上的钢垫板，一般应分成两块加工，以利于同一牛腿面上的两根行车梁端头高度的调整。在吊装行车梁前，应先将精加工过的垫板点焊在牛腿面上。

2) 行车梁纵横轴线的复测和调整要求。

（1）校正钢柱时，应把有柱间支撑的钢柱作为标准排架，从而控制其他柱子纵向的垂直偏差和竖向构件吊装时的累计误差；

（2）在已吊装完柱间支撑和竖向构件的钢柱上，复测行车梁的纵横轴线，并进行调整。

3) 行车梁的吊装方法。

（1）行车梁的吊装方法，一般分下列几种：

① 千斤捆扎法。方法简便，但在千斤与钢行车梁的棱角处，须采用护角器保护，以防止千斤被割伤，详见图 22.2.1-13；

② 工具式吊耳吊装法。该方法劳动强度低，装拆方便，能提高工效，减少料索具的磨损，详见图 22.2.1-14；

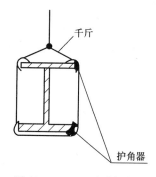

图 22.2.1-13　千斤捆扎法

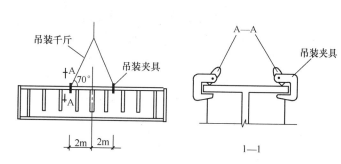

图 22.2.1-14　工具式吊耳吊装

③ 固定式吊耳吊装法。对于偏心较大的行车梁，吊装时可采用电焊吊耳的方法。吊

装时，严禁在吊车梁的下翼缘和腹板上焊接悬挂物和卡具。

（2）行车梁与牛腿连接采用螺栓紧固，行车梁下翼缘一端开正圆孔，另一端则应开椭圆孔。

（3）在已复测好行车梁纵横轴线的柱子上，即可进行行车梁吊装。

4）行车梁校正要求。

（1）行车梁吊装前必须注意的事项：

① 严格控制定位轴线；

② 钢柱底部设置临时标高垫块；

③ 密切注意钢柱吊装后的位移和垂直度偏差数值；

④ 实测行车梁搁置端部梁高的制作误差值。

（2）行车梁吊装后必须注意的事项：

① 进行行车梁表面的标高测定；

② 进行行车梁的中心线放线；

③ 对照行车梁中心线，对行车梁垂直度、位移、蛇形差、标高等进行校正；

④ 安装行车梁端部斜撑或中部剪刀支撑（即制动系统），使行车梁固定不变；

⑤ 最后复测行车梁的有关质量数据，达到标准后，进行制动系统的安装和紧固。

（3）行车梁的校正时间控制要求：

① 标高校正，在屋盖吊装前进行；

② 其他项目校正，宜安排在屋盖吊装完成后进行，因屋盖安装可能会引起钢柱在跨度方向有微小的变动，从而影响校正精度。

（4）校正方法。行车梁校正是对行车梁高低和水平方向进行移动，使之符合设计要求和行车要求，主要有以下两种方法：

① 高低方向校正：是对梁的端部标高进行校正，可用起重机、特殊工具或油压千斤顶抬高梁端，然后，在梁底填设垫块。

② 水平方向移动校正：常用撬棒、钢楔、花篮螺栓、链条葫芦和油压千斤顶进行校正。一般重型行车梁用油压千斤顶和链条葫芦进行水平方向移动较为方便。

4. 钢桁架的吊装与校正要求。

1）钢屋架的吊装与校正要求。

（1）钢屋架的吊装要求：

① 钢屋架吊装时，须对柱子横向进行复测和复校。

② 钢屋架吊装时，应验算屋架平面外刚度。若刚度不足，可采用增加吊点位置或加扁担的施工方法。

③ 钢屋架吊点的选择，除应保证屋架的平面刚度外，尚须考虑的因素包括：屋架重心位于吊点连线之下，否则应采取防止屋架倾倒的措施（即在屋架屋脊处多增加一个保险吊点和吊索）；吊点的选择应使屋架下弦处于受拉状态。

④ 屋架吊装一般采用千斤捆扎法（应用麻袋或橡皮包角），吊装千斤的安全系数应取 $K=10$；也可采用插片吊耳法，此法施工方便、安全，详见图 22.2.1-15。

⑤ 屋架吊装前，应在屋架上下弦绑扎扶手栏杆，屋架跨中平面应搭设上下登高用爬梯。

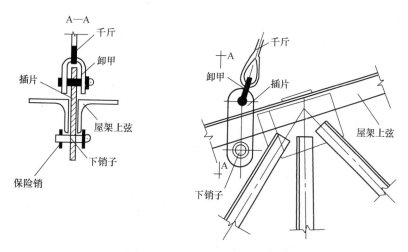

图 22.2.1-15　利用插片吊耳吊装屋架

（2）钢屋架校正要求：

① 钢屋架吊装到位后，第一榀和第二榀屋架应拉设屋架缆索固定，此时可采用松紧缆索校正屋架的垂直度；第三榀及以后的屋架，采用屋架临时固定支撑校正其垂直度，详见图 22.2.1-16。屋架临时固定支撑可设置在屋脊和檐沟处，一般跨度在 18m 之内的屋架，设三道临时固定支撑，18～30m 的设五道临时固定支撑。

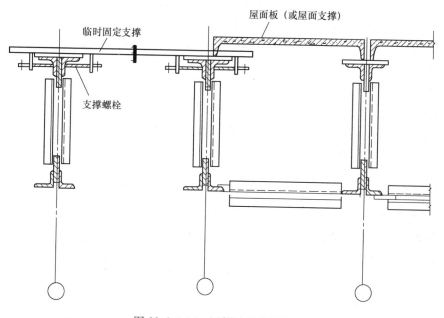

图 22.2.1-16　屋架垂直度的校正

② 钢屋架校正方法有两种：一种是下弦两端拉线与上弦中央挂重锤的方法；另一种是用经纬仪校正屋架上弦垂直度的方法。在屋架上弦两端和中央夹三把标尺，若三把标尺的定长刻度在同一直线上，则屋架垂直度校正完毕。

③ 钢屋架校正完毕，拧紧屋架临时固定支撑两端的螺杆和屋架两端搁置处的螺栓，

随即安装屋架永久支撑系统。

④ 焊接屋架两端搁置处的连接，焊接结束后，起重机吊钩才可松开。

2）钢托架和辅助桁架的吊装与校正要求。

（1）钢托架和辅助桁架的吊装：

① 吊装时，须对柱子的纵向垂直度进行复测和复校。

② 吊装方法与屋架相同。

（2）钢托架和辅助桁架校正。钢托架和辅助桁架的垂直度依附柱子的垂直度进行校正。

3）钢制动架的吊装要求。

钢制动架的吊装，在钢行车梁最终校正完毕后即可进行。安装方法有以下两种：

（1）高空散装法。每根制动架构件分别安装。安装时，若发生螺栓孔错位，一般应处理制动架的螺栓孔，而不应处理行车梁和辅助桁架的螺栓孔。

（2）地面整拼装法。钢行车梁、辅助桁架和制动架在地面整体拼装后整体一次吊装。地面拼装时，应严格控制相关的轴线尺寸、标高，待复核无误后，方可进行拼装件的最终连接。为了便于整体吊装的拼装件进档，对进档过程中有妨碍的单件构件，在地面时可暂不拼装，待整体吊装到位后，再在高空进行个别的单件安装。

5. 钢支撑的安装要求。

1）柱间支撑的安装要求。

柱间支撑安装前，应复核和复校钢柱的垂直度，达到验收标准后，随即安装和固定柱间支撑，使其形成刚性排架，减少竖向构件安装过程中的累计误差。焊接柱间支撑时，应严密观察和校正柱子的垂直度，防止柱子发生永久性的超验收标准的误差出现。

2）屋面系统支撑安装要求。

（1）屋架上、下弦的水平支撑安装，可采用整体安装法，若发现螺孔有错位现象，一般处理支撑系统螺孔，并应观察屋架的垂直度变化；

（2）垂直支撑的安装基本与桁架安装方法相同。

6. 金属压型板的安装。

1）围护结构压型板的安装要求。

应采用由下往上的顺序安装。采用工具式的外挂操作脚手架，由人工进行安装。安装时，应注意水平和垂直方向的操作偏差，保证横平竖直。

2）屋面压型板安装要求。

应采用由屋面檐口处向屋脊方向顺序安装。采用屋面可移动的操作平台进行人工安装，在屋架下弦应张设安全网，安装时，须注意压型板横平竖直。

3）楼层压型板安装要求。

楼层压型板是一种高强度镀锌压型钢板，一般用于高层钢结构建筑，在钢筋混凝土楼板中，既可用作永久性模板，也可用作部分拉力钢筋。在主体结构交叉施工时，又可以作为安全隔离层（锦江公馆采用厚度 0.8～1.2mm、宽度 390～630mm、最大长度 2000mm、自重 18.7kg/m² 的 N 型金属压型板）。

由于压型板自重轻，施工时可把整箱压型板由起重机垂直运输至须铺设的楼面，然后由人工逐张铺设。压型板与梁的搁置长度应满足设计的要求，压型板与相邻压型板须有一定的搭接（按设计要求，一般是边缘处相互重叠），并按设计要求用电焊进行点焊焊接。压型板与楼层梁和压型板与压型板的连接处必须随时点焊，防止在高空中因刮风产生负压，把铺好未焊的压型板掀起。

7. 钢板墙安装要求。

钢板剪力墙常用于超高层建筑钢结构或其他特殊结构中。采用高强度螺栓连接的钢板剪力墙，应尽量与相邻梁柱进行工厂预拼装。采用焊接连接的钢板剪力墙，可适当预留加工余量，在实测钢板墙就位位置的实际尺寸后，再调整其尺寸，焊接连接时，应采取正确的焊接工艺，减小焊接应力和焊接变形。

8. 复杂节点安装要求。

1) 关节轴承节点安装要求。

在需完全（或部分）释放杆（梁）端弯矩和扭矩的节点处，可选用关节轴承的节点形式。

关节轴承由专业厂家生产，以总成形式提供，在经严格检验合格后方可出厂。对运至安装现场的关节轴承成品应妥善保管，采用专门的工装进行吊装和安装。关节轴承安装精度要求高，采用该种连接方式的杆件或梁，其另一端应考虑适应结构安装误差的构造措施。

轴承总成不宜解体安装，就位后需采取临时固定措施，防止节点扭转。关节轴承的销轴与孔装配时必须密贴接触，宜采用锥形孔、轴，用专用工具顶紧安装，安装完毕后做好成品保护，避免轴承受损。

2) 铸钢节点安装要求。

铸钢节点多用于多杆汇交节点或支座节点处。铸钢节点出厂时，应提供理化检验、热处理和外形尺寸等质量证明，并标识清晰的安装基准标记。

采用焊接与其他杆件连接的铸钢节点，铸造时应严格控制碳当量，保证良好的施焊性能。铸钢节点现场焊接，应严格按焊接工艺评定的要求施焊和检验。为避免现场不同材质的铸钢件和杆件的直接焊接，可在加工厂内完成铸钢件与部分杆件端段的焊接，杆件端段的长度，应符合设计规定要求，且不影响运输。

22.2.2　单层结构安装方法与要求。

1. 单层重工业厂房钢结构吊装要求。

1) 单层重工业厂房钢结构吊装，一般按立柱、连系梁、柱间支撑、行车梁、屋架、檩条、屋面支撑、屋面板的顺序进行安装。可采用分件流水安装法与综合安装法。根据工程的不同施工条件，起重机可进跨安装或在跨外安装。

2) 单跨结构宜从跨端一侧向另一侧进行吊装，也可从结构中间向两端或两端向中间进行吊装。多跨结构，宜先吊主跨，后吊副跨。当有多台起重机时，也可采取多跨同时吊装的方法。

2. 单层轻钢结构吊装要求。

单层轻钢结构，一般采用两铰刚架体系。安装时，多采用起重机进跨综合吊装的方法。单层轻钢结构在安装过程中，应及时安装柱间支撑和设置稳定缆绳，确保施工阶段结构稳定。

22.2.3　高层与超高层钢结构安装方法与要求。

高层与超高层钢结构安装前，应与其他工序建立统一的测量基准网，留设基准垂直传递的通道，设置沉降观测点。高层钢结构采用钢框架-混凝土筒时，钢结构吊装流程应与爬升塔吊的爬距、土建施工节拍相协调。吊装、焊接、高强度螺栓、栓钉和压形钢板施工应按同一节拍流水施工。应及时铺设压形钢板，形成安全隔离，有利于安全施工。

钢柱的吊装分段，应根据起重机的能力确定，一般以 2～3 层一段为宜。分段钢柱安装后，应及时安装相关楼层钢梁，确保结构在施工阶段的稳定。

钢结构框架的校正，可采用单一构件校正法，也可以采用节间校正法。高层钢结构的标高在楼层间以相对标高控制，而结构整体以绝对标高控制。当结构恒载引起的压缩变形不可忽略时，应采取竖向预变形。

超高层施工过程中，混凝土结构由于荷载及收缩徐变等因素与钢结构的竖向变形不协调，施工中应采取相应的技术措施。超高层钢结构安装中，环境温度和日照对施工测量的影响不可忽略，应采取补偿和规避等技术措施。

22.2.4 空间钢结构安装方法与要求。

1. 空间钢结构安装一般要求。

空间结构是指具有不宜分解为平面结构体系的三维形体、具有三维受力特性、在荷载作用下呈空间工作的结构。空间钢结构安装时，结构存在由局部到总体的成形过程，其承力系统难以迅速构成，需采取临时支撑等施工措施。复杂空间钢结构安装时，宜对主体结构和临时结构进行内力和变形的施工监测，确保结构施工过程的安全和质量控制。

空间钢结构施工前，应进行安装全过程包括临时支撑系统卸载过程的施工分析和验算，有效控制其内力和变形，保证结构施工的安全和质量。

大跨度空间钢结构施工时，对环境温度的变化较敏感，特别是在结构合拢时，更应考虑环境温度的影响。

2. 空间钢结构安装方法。

1）满堂支架高空散装法。

该方法通过搭设支承架、操作平台或满堂脚手架，将散件在高空定位、拼装成结构。采用满堂支架高空散装，应选择合理的拼装顺序，圆形空间结构的拼装，一般由中心向四周扩散，其他形式结构则根据具体情况确定，搭设的支承架和操作平台应经过设计计算，保证支承系统的竖向刚度和稳定。支承系统卸载拆除时，应注意荷载均衡，变形协调。

2）高空悬拼安装法。

为减少临时支撑数量，大悬挑空间钢结构安装可采用高空悬拼安装。采用高空悬拼安装，应由根部支承处向悬挑部位逐节拼装，即首先形成自身稳定、能够承载的部分结构，再进行悬挑拼装。拼装时，注意控制结构的起拱度。

3）单元分块吊装法。

将空间结构划分成若干单元，经地面组装后，按一定顺序吊装，形成结构。采用单元分块吊装，可显著减少高空作业量，但对起重设备和场地有一定要求，并应注意单元分块吊装时的结构变形，特别是相邻单元的变形协调，对起吊吊点及临时支撑点的结构部位，需进行局部验算或加固。

4）高空累积滑移法。

在结构下部设置滑移轨道，结构的一端设置高空拼装胎架，结构以节间为单元在胎架上组装，由特种动力装置将拼装好的结构逐个节间牵引或顶推到设计位置。采用高空累积滑移，结构在施工阶段传力途径将发生变化，应进行验算，并进行必要的加固；轨道支撑架和拼装胎架，应有足够的承载能力和刚度。牵引或顶推时，应有同步控制要求。牵引或顶推装置的配置能力，为其设计荷载的 1.2～1.5 倍；结构到位时，可设置限位装置以利定位。结构落架（拆除滑移小车等装置）时，应平稳转换。

滑移法施工也可采用临时支承胎架滑移而安装好的结构不滑移的方法，滑移过程模拟计算内容与方法与结构滑移基本相同。

5）单元或整体提升（顶升）法。

被提升（顶升）结构在安装的地面投影位置组装后，利用竖向结构或临时结构设置提升（顶升）装置，将其垂直提升（顶升）至设计位置。采用单元或整体提升（顶升），应对被提升结构进行详细验算，包括提升（顶升）同步差异引起的结构内力变化，吊点处的局部强度和稳定性验算等。支承结构亦应进行强度、稳定验算，可考虑冗余设计。提升（顶升）装置的配置方式宜与结构永久支承状态接近。提升（顶升）装置的能力设定：当结构的施工状态为静定约束时，为提升（顶升）荷载的 1.2～1.5 倍；当结构的施工状态为超静定约束时，为提升（顶升）荷载的 1.5～2.0 倍。

22.2.5　高耸塔桅钢结构安装方法与要求。

1. 高耸塔桅钢结构安装的一般要求。

高耸塔桅结构是风敏感结构，安装过程中须对风荷载进行正确判定和详细计算。在可能遇到的风荷载作用下，已安装的结构均应具有足够的空间刚度和可靠的稳定性。

高耸塔桅结构在安装过程中，必须重视环境温度和日照对结构变形的影响，并应采取必要的技术措施。设置安全登高与操作设施和防坠隔离，是高耸结构施工的重要环节。

2. 高耸塔桅钢结构的常用安装方法。

1）高空散件（单元）流水安装法。

利用起重机械将每个安装单元或构件进行逐件吊运并安装。整个结构的安装过程为：从下至上流水作业，任一上部构件或安装单元在安装前，其下部所有构件均应根据设计布置和要求安装到位，即已安装的下部结构是稳定的、安全的。

2）塔身整体起扳法。

先将塔身结构在地面上进行平面拼装（卧拼），在地面上拼装完成后，再利用整体起扳系统（即将结构整体拉起到设计的竖直位置的起重系统），将结构整体起扳就位，并进行固定安装。

3）钢桅杆整体提升（顶升）法。

先将钢桅杆结构在较低的位置进行拼装，然后利用整体提升（顶升）系统将结构整体提升（顶升）到设计位置就位且固定安装。

采用整体起板和提升安装方法时，须对辅助设施及设备进行完整的计算和施工设计，并经结构设计单位确认同意。

22.2.6　市政桥梁安装方法与要求。

1. 市政桥梁安装的一般要求。

市政桥梁主要组成为基础、立柱、盖梁、桥面、附属结构等，目前除结构基础外，主要构件均能采用钢构件制作加工，如钢结构桥面板、钢盖梁、钢立柱及附属结构等。

市政桥梁安装前需要充分了解周边环境（如管线、电缆、河道、暗浜、地铁等）对施工的影响，制定合理的施工工艺流程。对主要施工工况须进行施工模拟计算分析。大跨度桥梁安装须制定预起拱方案。钢桥梁分段焊接前须制定科学的焊接工艺，确保焊接质量。

2. 市政桥梁安装的常用安装方法。

市政桥梁桥有全截面大箱梁、多列平行小箱梁或工字梁等形式。市政桥梁安装工艺应根据结构形式、施工工况确定，且应因地制宜。具体安装方法和要求如下：

1）全截面大箱梁安装法。对全截面大箱梁而言，由于整体桥面较宽大，一般需要纵横向分段（块）加工制作，以满足构件运输要求，运输至现场后，可进行扩大组拼后，再进行分段安装。常用的安装工艺有：

（1）临时支架高空分段（块）安装法。该方法为常规方法，先根据截面分段树立适当的临时支架，然后在支架上进行分段吊装及焊接成型。主要起重设备有履带吊、汽车吊等。

（2）桥面支架高空拼装整体顶推滑移落梁法。该方法首先需要先吊装成型一整块桥面，然后在成型的桥面上布置桥面拼装胎架，在胎架上进行下一块桥梁的整体拼装，拼装完成后，利用高空滑道滑移就位后落梁。

（3）高空悬拼顶推滑移累积安装法。该方法前段同样需要吊装成型一整块桥面，在滑移部分将高空滑道简化成悬臂滑移方法。悬臂滑移方法可减少滑移轨道措施，但对桥面有一定的抗弯要求。滑移时由于前后重量关系，往往需要 2.5 倍的后部平衡重量才能进行悬臂滑移，因此，为减轻悬臂重量，常常在前端布置悬挑梁，为此，可一次拼装或累积拼装成块后再进行滑移。但需要注意滑移过程中整个钢梁的变形。

（4）现场地面总拼模块车平移就位法。该方法主要用于地面有完整道路且道路不允许占用时间过长的条件下，需要在现场附近先总体拼装成整跨钢梁，验收合格后，再用模块车整体驮运到安装位置落下。在整体驮运过程中，需要注意高重心构件的稳定。

（5）架桥机横向截断拼装法。在未架设跨内先安装好架桥机，利用架桥机把所有桥面分段一块一块全部吊起，调整线型后整体落梁、焊接。该方法采用设备较大，且落梁过程的受力转换需要精确计算及同步控制，容易引起局部超载。

2）多列平行小箱梁（工字梁）安装。

多列平行小箱梁或工字梁安装的施工工艺。

（1）直接整段安装法。是一种常用方法，常采用汽车吊或履带吊进行安装作业。

（2）临时支架高空分段安装法。对于较为重的构件，可在 2/3 跨处分段，并设置合理的临时支架后安装，确保分段安装过程中的临时稳定。

（3）架桥机纵向分段安装法。对于常规纵向分段钢梁，常直接选用架桥机施工安装，架桥机施工便捷，支架少，对地面影响小，缺点在于施工点少，不能快速施工。

3）其他构件安装。

对钢盖梁、钢立柱及附属结构可采用直接安装方法。选用设备一般为汽车吊及履带吊。

3. 市政桥梁安装常用安装设备。

一般市政桥梁安装用设备，可根据施工环境、选用工艺、设备性能、施工难易程度、成本等综合考虑选择。最常用的设备一般为履带吊、汽车吊、龙门吊、塔吊（行走式）。其他常见特殊装备有：滑移施工成套技术装备、架桥机施工成套技术装备、桥面吊机施工成套技术装备等。

22.2.7 铝合金结构的安装方法与要求。

1. 铝合金结构的常见结构体系。

铝合金结构常见的结构体系有铝合金板式节点网壳、铝合金轻型门式刚架、铝合金螺栓球节点网架、铝合金人行桥等。

铝合金板式节点网壳通常为单层,网格一般采用三角形,构件多为 H 形截面挤压型材,节点多采用板式节点体系。板式节点是指采用两块圆盘盖板将 H 形截面构件的上下翼缘通过环槽铆钉连接而成的节点,如图 22.2.7-1 所示。

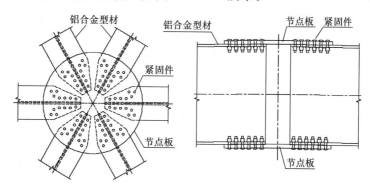

图 22.2.7-1 铝合金板式节点

铝合金轻型门式刚架通常用于临时建筑。建筑的横向受力体系为平面门式刚架结构,梁柱截面多采用挤压矩形管(图 22.2.7-2),柱脚多为铰接,构件之间通过插芯或夹板拼接;为提高刚架的抗侧刚度,屋檐和屋脊处通常设置加强撑。建筑的纵向荷载通过屋面支撑、系杆和柱间支撑传递至基础。

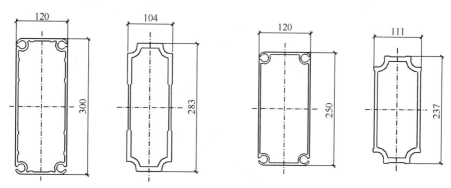

图 22.2.7-2 铝合金门式刚架构件的常用截面及其对应插芯截面

铝合金螺栓球节点网架通常用于跨度较小的结构,构件为圆管,节点为铝合金螺栓球节点。铝合金螺栓球节点的构造和钢螺栓球节点相同,节点球的材质通常为 7 系高强铝合金,螺栓通常采用不锈钢螺栓。

铝合金人行桥多采用桁架结构体系,构件可采用矩形管、方管或 H 形截面挤压型材,节点多采用板式节点,采用不锈钢螺栓或不锈钢环槽铆钉连接。

2. 铝合金结构的安装方法。

1) 铝合金板式节点网壳的安装方法。

铝合金板式节点网壳属于空间网格结构，其安装方法通常有满堂支架高空散装法、单元分块吊装法、单元或整体提升（顶升）法，具体施工方法及其施工要求可详见本书第22.2.4 节。

与空间钢结构安装相比，铝合金结构安装有以下几点需要注意：

（1）由于铝合金的弹性模量只有钢材的 1/3，其刚度比空间钢结构更小，安装过程中更易出现较大变形，因此，应采用合理措施减小安装过程中的变形；

（2）铝合金结构的安装精度比钢结构要求更高，应采用合理措施确保结构的安装精度；

（3）环槽铆钉通常需采用专用环槽铆钉枪进行紧固；

（4）铝合金的热膨胀系数约为钢材的 2 倍，对环境温度的变化更为敏感，安装时应考虑温度的影响。

2) 铝合金轻型门式刚架的安装方法。

铝合金轻型门式刚架的重量比单层轻钢结构更轻，因此安装时可采用小型吊机进行吊装，也可以采用人力进行安装。安装过程中应安装柱间支撑和设置稳定缆绳，确保施工阶段结构稳定。对于临时结构，应及时设置压重或柱脚锚杆，避免风荷载作用下柱脚被拔起。

3) 铝合金螺栓球节点网架的安装方法。

铝合金螺栓球节点网架也属于空间网格结构，其安装方法通常有满堂支架高空散装法、单元分块吊装法、单元或整体提升（顶升）法，具体施工方法及其施工要求可详见本书第 22.2.4 节。特别需要值得注意的是，铝合金螺栓球节点通常采用不锈钢螺栓连接螺栓球和杆件，螺栓的拧入深度要求比钢结构更高；由于铝合金焊接后的强度有较大下降，锥头和杆件之间通常采用冷加工方式结合。

4) 铝合金人行桥的安装方法。

由于铝合金重量较轻，在交通运输条件许可的情况下，铝合金人行桥通常在工厂完成整体拼装，然后运输至现场并采用多台吊机完成吊装；当运输条件不允许时，可在工厂进行分段拼装，然后分段运输至现场，采用多台吊机完成吊装。

22.3　工　地　测　量

22.3.1　钢结构施工测量，首先应熟悉设计施工图，了解结构类型和特征，掌握设计限差要求。进行工程测量前，应先实地勘查现场，了解现场地形、地貌情况，根据现场情况制定适合的施工测量方案。施测方案内容包括：施测依据、精度要求、仪器选择、控制网布设、施测方法和顺序。

22.3.2　钢结构施工测量仪器主要有：全站仪、经纬仪、水准仪和测距仪等。测量仪器、工具应及时检查校正，应加强维护保养，定期检修及标定。

22.3.3　施工控制网分为平面控制网和高程控制网，施工控制网的布设要求如下。

1. 平面控制网的布设要求。

1) 平面控制网布设原则如下：

（1）分级布网、逐级控制；

（2）要有足够的精度；

（3）要有足够的密度；

（4）要有统一的规格。

2）平面控制网放样点方法及主要步骤如下：

（1）展绘已有控制点；

（2）根据对点位的基本要求、结构总平面图和施工总布置图，设计从已知控制点开始扩展的测量控制网；

（3）判断和检查点间的通视条件；

（4）根据测区情况调查和控制网图设计结果，写出文字说明，并拟定作业计划；

（5）为保证平面控制网的质量，应定期检查。

2. 高程控制网布设要求。

首级高程控制网应布设成环形网，当需要加密时，宜布设成附和路线或结点的网。具体包括以下两项内容。

1）水准测量步骤：

（1）水准网图设计；

（2）水准点选定；

（3）水准标识埋设；

（4）水准测量观测；

（5）平差计算和成果表编制。

2）水准点选定应符合下列要求：

（1）水准点应选在土质坚硬、便于长期保存和使用方便的地点；

（2）墙水准点应设于稳定的建筑物上，点位应便于寻找、保存和引测。

22.3.4 工地施测方法。

1. 方向（角度）、距离、高程放样方法。

1）方向（角度）放样。角度放样是从一个已知方向出发，放样出另一个方向，使它与已知方向的夹角等于预定角度。

2）距离放样。是将图上设计的已知距离在实地上标定出来，即按给定的一个起点和方向标出另一个端点。

3）高程放样。利用附近已有水准点，将设计高程放样到各个层面。

2. 点位放样方法。

钢结构的形状和大小是通过其特征点在实地上表示出来的，如钢结构的形心、转折点和外围角点等。放样点位时，应有两个以上的控制点，且已知待定点坐标，通过测定距离和方向来放样。具体放样方法如下。

1）极坐标法。利用两个已知控制点，将仪器安置于其中某点，根据计算出待放点的放样方向和距离，将待放点在实地放样出来。

2）直角坐标法。当建筑场地的施工控制网为方格网或轴线网形式时，利用已知点位建立直角坐标系，计算位置点位与直角坐标系 x、y 轴偏差值，以此计算未知点坐标。

3）距离交会法。根据计算出的待放样点到两个控制点间的距离，从两个控制点分别量取计算出的距离值，相交点即为放样点。

4）前方交会法。通过已知点与控制点间的夹角，先放样过渡点，并用图解等方法得出放样点的位置。

5）后方交会法。通过在待定点进行设站，在待定点上向至少三个已知点进行水平角观测，并根据三个已知点的坐标及两个水平角值计算待定点坐标。

6）自由设站法。将全站仪置于任一合适位置，观测其到已知点的边长、方向，即可求得测站点坐标，根据测站点、已知点和放样点的坐标，采用极坐标布设各待放点。

3. 直线放样方法。

1）夹角定线。根据待定线与已知直线的夹角，使用经纬仪在夹角顶点拨出一定的角度，得出待定线。

2）外延定直线。根据要求，采用经纬仪在直线的延长线上定出一系列的待定特征点，得出待定线。

3）铅垂线的放样。放样铅垂线多采用线垂或激光铅直仪等进行放样。将激光铅直仪置于观测墩上，在施工平台设置接收屏，调节望远镜焦距使激光光斑在接收屏上聚焦，且每隔120°转动仪器，使三个光斑组成三角形，取其中心点即为铅垂投影点。

22.4　工　地　连　接

22.4.1　工地连接形式主要包括焊接连接和螺栓连接，不同连接方式的要求如下。

1. 焊接连接要求。

1）工地焊缝形式。工地焊接除采用角焊缝外，多采用对接焊缝（如柱与柱、柱与梁、梁与梁等节点），有些部位也采用 T 形焊缝（如剪力墙版与柱、斜撑与柱等节点）。接头形式一般为对接接头、U 形坡口、T 形接头、角接头。

2）焊接节点设计要求。焊接节点设计时应考虑施焊条件，便于焊接操作；应确定合理的焊缝数量及尺寸，不应盲目加大焊缝量；焊缝的布置宜对称于构件截面的中和轴；焊缝位置应避开高应力区；应选择合理的焊缝坡口形状和尺寸。

3）常用的坡口形状有：I、V、X 形坡口；单边 V 形坡口；K 形坡口；U 形、J 形坡口等。

4）工地焊缝的施焊方法。工地焊接主要以焊条电弧焊及 CO_2 气体保护焊为主。近年来，"焊接机器人"等自动化焊接作为一种新的焊接方法，也在工地焊接中得到运用，以提高焊接自动化程度，减少人工操作。

2. 螺栓连接要求。

螺栓连接分为普通螺栓连接和高强度螺栓连接。

1）普通螺栓连接要求如下：

（1）临时性普通螺栓。用于焊接、精制螺栓或高强度螺栓固定（施焊或螺栓紧固）前构件间的临时连接。临时安装螺栓的个数，在有荷载情况下应计算确定。

（2）永久性普通螺栓。用于结构上永久性使用的普通螺栓。每个螺栓用垫圈不得超过两个，也不得用大螺母代替垫圈。螺栓拧紧后，外露丝扣应不少于 2～3 扣，并应防止螺母松动。任何安装孔，均不得随意用气割扩孔。螺栓按其制作精度状况，可分为以下两种：

① 粗制螺栓（C 级）。孔径比杆径大 1～2mm，使用面广，是普通螺栓连接最常用的一种。

② 精制螺栓（A 级、B 级）。一般用于行车梁和制动桁架系统，其螺孔直径应与螺栓杆公称直径相等（孔径允许偏差见《钢结构工程施工质量验收标准》GB 50205—2020 的有关条款规定），构件制作时常有两种制孔方法：一是先按精确要求制孔，当出现超过允许偏差的孔错位时，应用电焊补孔，然后再重新铰孔；二是先在构件上切出小于螺栓直径的孔，然后在安装过程中进行扩孔，扩孔后的精制螺栓孔不得再用冲钉。两种方法各有利弊，一般常采用第一种方法。

2）高强度螺栓连接要求如下：

（1）高强度螺栓连接，通过给螺栓施加轴向预拉力使构件连接面间产生摩擦力（摩擦系数应符合设计要求），达到承载要求，并达到与构件等强度的效果，这种高强度螺栓连接称为摩擦型高强度螺栓连接（在剪切设计时，允许连接板之间发生相对位移，连接靠螺栓杆身剪切和孔壁承压以及板件接触面的摩擦力共同传力，这种高强螺栓连接称为承压型高强螺栓连接）；

（2）高强度螺栓孔的直径，应比螺杆公称直径大 1.5～3.0mm，孔的允许偏差应符合现行国家标准《钢结构工程施工质量验收标准》GB 50205—2020 的规定。

22.4.2 工地焊接的方法与要求。

1. 焊接材料要求。建筑钢结构用焊接材料的选用应符合设计及规范要求，其化学成分、力学性能和其他质量要求，应符合国家现行标准规定，并应出具质量证明书或检验报告。焊接材料的选用及管理，应符合下列规定。

1）焊接材料选用一般以焊缝金属与母材等强度为原则，当两种母材为不同强度等级时，宜采用与强度低的母材相匹配的焊接材料；

2）焊接材料应堆放在通风、干燥场所，且应按类别、牌号、规格、批号等分类堆放，并有明确标志；

3）焊条、焊剂、电渣焊的熔嘴和栓钉焊保护瓷圈，使用前应按技术说明书规定的烘焙时间，进行烘焙、保温；

4）焊工领用低氢型焊条时，须存放在保温筒内，且每次焊条数量不得超过 4h 的使用量。超过 4h，应重新烘焙。药芯焊丝启封后，应尽快用完，不得超过 2d 时间。当天多余焊丝应用薄膜封包，存放在室内。

2. 焊接方法及设备的选用要求，焊接方法的选用应符合下列规定。

1）焊接方法应根据焊接结构特点、钢材性能以及焊接条件等因素综合考虑选择；

2）钢结构焊接中，应优先采用 CO_2 气体保护焊，在超高层等重要钢结构工程焊接施工中，宜采用保护性能更好的药芯焊丝 CO_2 气体保护焊。

3）焊接设备的选用应符合下列规定：

（1）焊接设备的选用，应根据所采用的焊接方法及焊接材料的类型确定；

（2）一般重要钢结构采用低氢碱性焊条焊接，则宜选用直流电源，而一些酸性焊条焊接低碳钢及非重要结构时，则优先选用交流电源。

3. 焊工资质应符合下列要求。

1）焊工必须经考试合格并取得合格证书，持证焊工必须在其考试合格的项目及其认可范围内施焊；

2）焊工考试应由经国家主管部门授权批准的考试委员会负责实施；

3）从事超高层和一些大型重要钢结构焊接工作的焊工，应根据焊接结构的形式进行附加考试，考试合格的焊工才能获准施焊。

4. 焊接工艺评定应符合下列要求。

1）焊接工艺评定试验是确定焊接方法、焊接材料和制定合理焊接工艺的基础。焊接工艺评定试验所确定的工艺参数，在焊接施工中应作为指导生产的依据。

2）施工企业首先应编制焊接工艺评定方案，提交业主或监理审查。当施工企业能提供与承担的焊接工程相一致的焊接工程实例和经认可的焊接工艺评定试验报告，按规定可不再进行新的试验。

5. 焊接施工应符合下列规定。

1）现场焊接区应有登高设备或搭设操作脚手平台，平台高度及宽度应有利于焊工操作舒适、方便，并应有防风、防雨措施；

2）焊工应配置一些必要的工具，如凿子、榔头、刷子以及砂轮机等，焊把线应绝缘良好，若有破损处，应用绝缘布包裹好，以免拖拉焊把线时与母材打火；

3）焊接设备应接线正确、调试好，正式焊接前，宜先进行试焊，将电压、电流调至合适的范围；

4）焊接前应检查坡口装配质量，应去除坡口区域的氧化皮、水分、油污等影响焊缝质量的杂质。若坡口用氧-乙炔切割过，应用砂轮机进行打磨，直至露出金属光泽。当坡口组装间隙不超过20mm时，可采用堆焊措施，直至满足规范要求；若间隙超过20mm，则不宜采用堆焊措施，应会同焊接责任工程师及有关设计人员、监理，协商采取措施。

5）焊接工艺应按照现行国家标准《钢结构焊接规范》GB 50661—2011相关规定执行。

6. 栓钉焊（螺柱焊）应符合下列规定。

1）材料要求：

（1）栓钉选用棒材制成，一般为低碳钢。

（2）每一个栓钉配有一个防护套圈，采用陶瓷制成。

（3）栓钉应无有害结疤、毛刺、缝口、裂纹、扭转、弯曲或其他有害缺陷。

2）焊接设备要求：

（1）焊接设备由焊接电源、控制系统和焊枪三部分组成。

（2）宜采用专用设备作为电源，焊枪应为手提式。

3）焊接工艺要求：

（1）焊接时，栓钉必须无锈、锈坑、油、潮气及其他影响焊接操作的有害物质。焊接端严禁涂漆、镀锌或镀镉。

（2）母材表面应去除氧化皮、焊渣、锈、潮气、油污及其他妨碍正常焊接和产生有害烟雾的物质。

（3）瓷环应置于烘箱中90℃烘焙2h或按说明书进行烘焙。

（4）应采用直流正接，即电极为负极。

（5）焊接参数可参照设备使用说明书中厂家推荐的数据通过试验确定，也可按下列经验公式估计：

$$I = (50 \sim 100)d_s(A) \tag{22.4.2-1}$$

$$T_w = (50 \sim 150)d_s(ms) \tag{22.4.2-2}$$

式中　d_s——栓钉直径（mm）；

$\quad\quad T_w$——焊接时间（ms）；

$\quad\quad I$——焊接电流。

（6）操作中，焊枪必须保持适当位置而不转动，直至焊缝金属凝固为止。

（7）焊接后，应将瓷环敲碎、清除。

（8）栓钉也可采用手工电弧焊、CO_2气体保护焊等方法进行焊接，母材应按工艺要求决定是否预热，焊条应使用低氢焊条。

4）焊后应进行打弯检查。合格标准为：当栓钉打弯至 30°时，焊缝和热影响区不得有肉眼可见的裂纹，检查数量应不少于栓钉总数的 1%。

7. 碳弧气刨应符合下列规定。

1）设备与材料要求：

（1）碳弧气刨系统由电源、气刨枪、碳棒、电缆气管和压缩空气源组成。

（2）碳弧气刨，一般采用额定电流较大的直流电弧焊机作为电源。

（3）碳棒常用形式为圆形，规格为 $\phi 3 \sim \phi 10$(mm)。

2）气刨工艺要求：

（1）宜采用直流反接。

（2）电流可按经验公式选用（见式 22.4.2-3）：

$$I = (30 \sim 50)D \tag{22.4.2-3}$$

式中　I——电流（A）；

$\quad\quad D$——碳棒直径（mm）。

在实际应用中，宜选用较大的电流。

（3）压缩空气压力宜为 0.4～0.6MPa。

（4）碳棒外伸长宜为 80～100mm，当外伸长减少至 20～30mm 时，应重新调整至 80～100mm。

（5）碳棒与工件间的夹角宜呈 45°左右。

3）应用范围：

（1）碳弧气刨可用于清焊根、清除焊缝缺陷、加工坡口。

（2）对焊前要求预热的母材，应在预热的情况下进行碳弧气刨，且预热温度应等于或略高于预热温度。

8. 职业健康、安全措施应符合下列要求。

1）职业健康应符合下列规定：

（1）焊接场所应在不影响焊接质量的前提下保持一定的通风能力，尤其在局部封闭的空间内，应设置排风除尘装置。

（2）焊工应戴好防护面罩，配备符合标准的护目镜，必要时应佩戴防尘口罩。

（3）焊工相互之间受到弧光影响时，应设置有效的隔离措施。

（4）高温条件下不宜长时间工作，若需要连续施焊，则应由几名焊工轮流操作。

（5）焊接时，释放出对人体有毒气体及粉尘，焊工应定期进行身体检查。

2）焊接安全用电应符合下列规定：

（1）所用电焊机的外壳，均必须装设保护性接地或接零装置。

（2）焊机工作负荷不应超出铭牌规定。应按时检修，保持绝缘良好。

（3）焊接电缆应具备良好的导电能力和绝缘外层。电缆应整根，若用短线接长，接头应连接可靠，并保证绝缘。

（4）焊工应穿着干燥完好的工作服、绝缘鞋，戴好皮手套。

（5）身体出汗衣服潮湿时，不应靠在带电的钢板或坐在焊件上工作。

3）焊接防火与防爆应符合下列规定：

（1）氧气瓶和乙炔瓶，应根据各自安全要求保管和使用。

（2）操作中，氧气瓶距离乙炔瓶、明火或热源应大于5m。

（3）焊接操作点必须按规定设有灭火器，且有人进行安全监控。

9. 环境措施应符合下列要求。

1）焊接对环境造成的污染主要为噪声和弧光，应设置一定的隔离措施。

2）应优先选用低尘、低毒焊接材料。

22.4.3　工地高强度螺栓施工的规定。

1. 安装临时螺栓要求。

1）安装临时螺栓或冲钉对孔时，应注意柱子垂直度的变化，若错孔情况较大，应认真分析原因，严禁擅自扩孔。

2）安装临时螺栓投入数宜为每个节点螺栓数的1/3，但不应少于2只。当构件在未投入高强度螺栓前已有使用荷载作用时，应验算临时螺栓的投入数是否安全。

3）临时螺栓投入后，用扳手紧固后方可拔出冲钉，冲钉的穿入数量不宜多于临时螺栓的30%。

2. 高强度螺栓工地紧固（初、终拧）注意事项如下。

1）在高层钢结构工程中，每节柱和梁的高强度螺栓紧固顺序为：先顶层，然后底层，最后为中间层次。

2）同一连接面上的螺栓紧固，应由接缝中间向两端交叉进行。

3）两个连接构件的紧固顺序：先主要构件，后次要构件。

4）工字形构件的紧固顺序是：先上翼缘，次下翼缘，后腹板处。

3. 安全要求。

1）安装、紧固操作的登高及操作设施，应安全、方便、可靠。

2）高强度螺栓连接板大且重时，应提请设计单位和制作厂改为铰链式构造，并直接焊在构件的连接处，以减少高空操作时的劳动强度。

3）高空人员操作时，应着胶底鞋，携带工具袋（桶），工具应放入工具袋（桶）内。

4）在高空紧固操作时，应有必要的安全保护措施，防止工具、螺栓等物体坠落。扭剪型高强度螺栓在紧固后被拧下的尾部，应随时放入工具袋（桶）内，不应随地堆放，严禁随便向下抛落。

22.5 工地安装质量管理

22.5.1 质量验收标准及验收方法。

1. 钢结构施工验收标准应采用现行国家标准《钢结构工程施工质量验收标准》GB 50205—2020 及相关的专项规范。

2. 验收内容及方法如下。

1) 安装前钢结构检验内容与要求如下。

(1) 锚栓基础检验要求：

① 用经纬仪测定跨度及轴线间距是否符合设计要求；

② 用水平仪检测基础平面标高和倾斜度；

③ 检查基础锚栓，包括锚栓埋设位置、锚栓伸出长度及螺纹长度、锚栓垂直度、锚栓丝扣有无损坏。

(2) 钢柱检验要求：

① 用钢尺检查柱子总长度；

② 用钢尺检查柱底至牛腿面长度；

③ 检查柱底与基础锚栓、牛腿面与吊车梁、柱与托架、柱与屋架、柱与柱间支撑之间连接孔位置、孔径和孔距；

④ 用钢角尺检查柱底平面、柱顶平面、牛腿平面的平整度；

⑤ 拉麻线（或钢丝）检查柱子侧曲。

(3) 钢吊车梁（钢梁）检验要求：

① 检查吊车梁头线。检查时，用两根木制直尺靠在吊车梁两端中心线处，目测两端直尺是否在同一垂直线上；

② 用钢尺检查吊车梁（钢梁）长度；

③ 用钢尺检查吊车梁（钢梁）高度；

④ 用钢尺检查吊车梁两端底脚孔距及两端面连接板孔距；

⑤ 用麻线（或钢丝）检查吊车梁（钢梁）侧向挠曲度。

(4) 钢屋架、桁架检验要求：

① 用钢尺检查屋架（或桁架）跨度；

② 用麻线（或钢丝）检查屋架（或桁架）平面挠度；

③ 检查屋架与柱子连接点的尺寸，不同屋架检查内容如下：

a. 若为嵌入式屋架，应检查屋架上弦两端的螺栓孔与柱子的相应螺孔是否相符；

b. 若为搁置式屋架，应检查两端支座板的中心线、螺孔孔径和孔距；

c. 有气楼和檩条的屋架，须检查气楼连接孔及檩托的位置与间距。

(5) 支撑检验要求：

① 用钢尺检查各类支撑长度和高度；

② 检查各类支撑的孔径和孔距；

③ 用麻线检查各类支撑的挠曲值。

(6) 摩擦面检查。应检查摩擦面处理后的质量。

（7）检查钢材和其他材料的质量证明书和试验报告。

2）安装后钢构件检验内容与要求如下。

（1）钢柱检验要求：

① 用钢尺检查钢柱轴线安装位移；

② 用经纬仪和钢尺检查钢柱的实际垂直度偏差；

③ 用水准仪检查钢柱牛腿面和柱顶标高。

（2）钢吊车梁检验要求：

① 用挂重锤检查吊车梁垂直度；

② 用水准仪检查吊车梁面标高、跨间同一横截面内吊车梁顶面高差、相邻两柱间内吊车梁顶面高差；

③ 用钢尺检查吊车梁中心线的位移、跨间任一横截面的跨距和接头部位的中心错位。

（3）屋架和纵横梁检验要求：

① 用挂重锤检查钢屋架、屋架梁（包括气楼）的垂直度偏差；

② 用麻线（或钢丝）检查钢屋架、屋架梁（包括气楼）的平面弯曲矢高。

22.5.2　材料复试的要求。

1. 钢结构制作和安装所用的材料应符合设计文件和国家现行有关标准的规定；

2. 钢结构制作和安装所用的材料，必须具有合格的《质量证明书》、中文标志、检验报告等，其品种、规格、性能指标应符合国家产品标准和订货合同条款，且应满足设计文件的要求；

3. 钢结构制作和安装所用的材料，应根据现行国家标准《钢结构工程施工质量验收标准》GB 50205—2020 的有关要求进行材料复试。

22.5.3　现场质量管理的要求。

1. 质量保证体系要求。

1）建立和健全现场质量保证体系，落实合格质量检验管理人员，确保施工全过程的质量管理；

2）制订和严格执行质量管理制度；

3）施工组织设计应制订优化的技术方案和技术措施；

4）坚持贯彻"百年大计，质量第一"的思想。

2. 开展 TQC 活动要求。

1）应列出质量薄弱环节和克服薄弱环节的相应措施；

2）应根据 P.D.C.A 循环，制定各阶段的主要工序和工艺的有关质量控制计划；

3）应认真做好各级施工人员的质量交底工作；

4）应认真执行"自检、互检和专检"制度，详细做好检查记录。

3. 质量验收资料要求。

1）质量验收资料必须正确、及时、完整和真实。

2）竣工验收时，应提交下列文件：

（1）钢结构竣工图、施工图和设计更改文件；

（2）在安装过程中所达成的协议文件；

（3）安装所用的钢材和其他材料的质量证明书或试验报告；

（4）隐蔽工程中间验收记录，构件调整后的测量资料以及整个钢结构工程（或单元）的安装质量评定资料；

（5）焊缝质量检验资料、焊工编号或标志；

（6）高强度螺栓的检查记录；

（7）钢结构工程试验记录（如设计有要求）。

3）工程质量评定资料，应经企业有关部门审核合格后，提交企业技术负责人审定，且应归工程档案存放。

22.6　安　全　施　工

22.6.1　安全措施内容与要求。

1. 用电安全要求。

1）临时用电设备在5台及5台以上或设备总容量在50kW及50kW以上者，应编制临时用电施工组织设计；临时用电设备在5台以下和设备总容量50kW以下者，应制定安全用电技术措施和电气防火措施。临时用电施工组织设计内容应包括：

（1）确定电源进线，变电所、配电室、总配电箱、分配电箱等的位置及线路走向；

（2）进行负荷计算；

（3）选择变压器容量、导线截面和电器的类型、规格和数量；

（4）绘制电气平面图、立面图和接线系统图；

（5）制定安全用电技术措施，提出用电机械及设备的检查部位和检查点、订制电气防火措施。

2）施工措施要求如下：

（1）由专职电工实施施工期间的用电安全；

（2）制订安全用电的规章制度并严格实施；

（3）定期组织有关人员对用电检查部位和检查点进行检查，确保真正安全用电；

（4）在建工程（含脚手架、施工机械和工具）的外侧边缘与外电架空线路的边线之间，必须保持安全操作距离，最小安全操作距离应不小于表22.6.1-1的规定。

最小安全操作距离　　　　　　　　　　　表22.6.1-1

外电线路电压（kV）	1以下	1~10	35~110	154~220	350~500
最小安全操作距离（m）	4	6	8	10	15

（5）施工现场的机动车道与外电架空线交叉时，架空线路的最低点与路面的垂直距离，应不小于表22.6.1-2的规定。

架空线路的最低点与路面的垂直距离　　　　　表22.6.1-2

外电线路电压（kV）	1以下	1~10	35
最小垂直距离（m）	6	7	7

（6）旋转臂式起重机的任何部位或被吊物边缘，与10kV以下的架空线路边线最小水平距离不得小于2m。

（7）施工现场开挖非热管道沟槽的边缘与埋地外电缆沟槽边缘之间的距离不得小于0.5m。

（8）达不到上述规定的最小安全操作距离时，必须采取防护措施，增设屏障、遮栏、围栏或保护网，并悬挂醒目的敬告标志牌，同时，在架设防护设施时，应有电气工程技术人员或专职安全人员负责监护，否则应采取停电、迁移外电线路。有静电的施工现场内，集聚在机械设备上的静电，应采取接地泄漏措施。

（9）手持电动工具，必须单独安装漏电保护器〔应符合《剩余电流动作保护电器（RCD）的一般要求》GB/T 6829—2017的要求〕，外壳必须有效接地或接零，橡皮电线不得破损。

2. 防火安全要求。

1）根据施工周围环境和拟建建筑物的结构特点，必须制订防火安全措施；

2）建立动用明火审批制度，按规定划分级别，明确审批手续，并有监护措施；

3）配备一定数量、相应规格和型号的消防器材和设备，并指定设置点；

4）高层钢结构施工时，动用明火（电焊、气焊、栓钉焊等），应配置阻燃材料组成的隔离和围护设施，防止明火从高空向四周外溅落；

5）对施工现场的重点防火部位（如油库、油漆库、塑料制品库、木库、氧气瓶和乙炔瓶库等易燃易爆场所），应专门制订切实可行的措施和按国标设置警告标志，配置专用的灭火器材和设备，必要时，应有专人监护；

6）乙炔器（瓶）与氧气瓶间距应大于5m，与明火操作距离应大于10m，不准放在高压线下，不得在露天曝晒；

7）焊割作业应严格执行"十不烧"及压力容器使用规定；

8）危险品押运人员、仓库管理人员和特殊工种人员，必须培训和审证，做到持有效证件上岗；

9）建立施工现场防火责任制，按规定设置有专人负责的施工现场消防员（专职或兼职），下班后应检查并消除暗火隐患。

3. 高空施工安全要求。

1）制订和健全高空施工的安全操作制度，严肃施工纪律；

2）高空安全设施，必须用途齐全、安装牢固、拆除方便、使用可靠，必须保证"逢洞必有盖、遇边必有栏、登高要有梯、水平要有道、四周安全网、上下设隔离"，同时做到定期检查，专人修缮；

3）高空施工人员应佩安全带、戴安全帽、穿防滑鞋；超高空施工人员，应进行健康检查，在高空宜设置（冬季）避风棚和（夏季）遮阳棚；

4）当风力超过6级时，应停止高空机械化结构吊装施工；

5）安装的构件应连接稳妥，台风季节，构件间必须尽快连接成框架，并应有相应的抗大风的措施；

6）超过一定施工高度后，上下指挥应采用无线电对讲机，且信号统一；

7）超高空结构吊装施工时，必须在最高处设置夜间信号灯，确保夜间飞机飞行安全；

8）夜间施工时，应设置足够的照明。

4. 雷雨、寒冬、酷暑季节和汛期等的施工安全要求。

1) 雷雨季节施工时，起重机械等若在相邻建筑物、构筑物的防雷装置的保护范围以外时，应安装防雷装置，避雷针（接闪器）的长度应为 $1\sim2m$，其冲击接地电阻不得大于 30Ω；也可利用机械设备的重复接地装置，而不另设防雷接地装置；可能发生雷电时，施工人员应马上撤离高空。

2) 寒冬季节施工时，上班前应扫除暗霜、积雪和冰冻，特别是高空作业点，更应加强检查和落实，否则严禁高空作业施工；对于高空施工人员，应注意防寒保暖，防止冻伤。

3) 酷暑季节施工时，应做好防暑降温工作，防止施工人员中暑。

4) 汛期施工时，施工现场应根据当地的年平均降水量，安排和布置排水系统；对有地下室结构的建筑物施工时，应考虑集水井和强排水措施；地下室内严禁堆放须防潮的设备、器具和材料，应组织专人值班和抢险。

5) 大雾时，应停止高空结构吊装。

5. 其他要求。

1) 架空线路下严禁堆放构件；

2) 地下煤气管和地下电缆处，严禁堆物；

3) 塔式起重机路轨中间，严禁堆物；

4) 在起重机操作半径范围内的人员进出通道处，应搭设双层安全隔离棚；

5) 人货两用电梯与楼层通道口，须设防护门及明显标志，通道桥与电梯吊笼之间的间隙不大于 10cm，通道桥两侧须设有防护栏杆和挡脚板，楼层与电梯间应有通讯装置或传话器；

6) 应搞好施工现场操作结束时的"落手清"工作；

7) 其他均按有关规定执行。

22.6.2　安全设施内容与要求。

1. 垂直登高要求。

1) 人货两用电梯：解决高层和超高层框架施工时，施工人员上下及小型货物的垂直运输。

2) 登高井字架：解决多层框架施工时施工人员登高。

3) 登高爬梯：解决单件构件的施工人员垂直登高。

2. 水平通道要求。

1) 楼层通道：解决楼层构件间（即楼面未施工前）的水平通道。

2) 扶手杆和扶手栏杆：解决单件构件安装时的水平临时通道。

3. 安全网要求。

1) 平网：适用建筑物水平方向，一般从第二层楼面起用，往上每隔四层设一道。

2) 立网：适用建筑物垂直方向，随施工层提升，网高出施工层 1m 以上，网下口与构件生根牢靠，离构件外不大于 15cm，网与网之间拼接严密，空隙不大于 10cm。

4. 操作平台要求。

1) 安装操作平台：用于构件安装。

2) 电焊操作平台：用于焊割施工，有固定和移动两种。

3）高强度螺栓操作平台：用于高强度螺栓紧固，有固定和移动两种。

上述三种操作平台，可根据各自具体情况灵活应用。

5. 设备平台要求。

用于超高层结构施工，放置焊割材料及设备、高强度螺栓及紧固设备等用。要求有防雨构造，随楼层吊装逐次向上就位搁置用。

6. 安全扶手要求。

用于水平通道、操作平台、设备平台、人货两用电梯楼层通桥和楼层四周。

22.6.3 安全生产管理、职责与职权内容与要求。

1. 安全生产管理要求。

1）单位工程施工前，必须建立安全生产管理体系和责任制，坚决贯彻"谁负责施工，谁负责安全"的精神，上下一起抓，层层落实；

2）制订、贯彻安全生产制度和安全生产技术措施，坚持上岗交底、上岗检查、上岗记录和安全活动日制度；

3）加强检查，牢固树立"安全第一，预防为主"的思想，对事故苗子和隐患，要及时采取防范措施，随时总结经验和教训。

2. 安全监督人员的职责与职权要求。

1）经上岗培训合格后的安全监督人员，有权持证进入施工现场，进行监督和检查，督促施工现场落实整改措施，随时向上级报告情况；

2）工程施工前期，有权参加审查施工组织设计中有关安全技术措施，并对贯彻执行情况进行监督；

3）对事故隐患及危及人身安全的紧急情况，有权签发《整改通知书》，并采取紧急措施，纠正违章作业，通知现场停止作业，责成限期整改；

4）对违反规程、规定和安全技术标准或不听劝阻继续违章作业的班组和个人，有权给予权限内的处罚；

5）有权参与伤亡事故的调查，督促本企业抓好重大事故的查处，并参与审理对责任者的处理；

6）对在安全生产中做出显著成绩的班组和个人，有权建议主管部门给予表扬和奖励。

参考文献

[1] 钢结构工程施工质量验收标准：GB 50205—2020[S]. 北京：中国计划出版社，2020.
[2] 钢结构施工规范：GB 50755—2012[S]. 北京：中国建筑工业出版社，2020.
[3] 钢结构制作与安装规程：DG/TJ 08-216—2016[S]. 上海：同济大学出版社，2016.
[4] 钢结构焊接规范：GB 50661—2011[S]. 北京：中国建筑工业出版社，2011.
[5] 施工现场临时用电安全技术规范：JGJ 46—2005[S]. 北京：中国建筑工业出版社，2005.
[6] 建筑施工高处作业安全技术规范：JGJ 80—2016[S]. 北京：中国建筑工业出版社，2016.

第 23 章　钢结构改建与加固

23.1　改建与加固施工准备

23.1.1　钢结构改建与加固前，应对原既有结构进行安全性宏观评估。宏观评估的内容应包括：材料性能、腐蚀老化与外观损伤、结构体系、荷载与作用、整体宏观安全性评估等，同时评估结构改建加固工作的风险，且宜符合下列规定。

1. 材料性能的宏观评估可从施工图纸、竣工资料、使用维护资料、既往检测、加固改造等资料中获取，资料缺失的工程可通过无损检测结合必要的取样试验进行宏观评定；

2. 腐蚀老化与外观损伤的宏观评估应通过现场踏勘的方法进行检查，踏勘对象应包括承重体系的关键构件、梁柱节点、柱脚、支座、预应力锚固点、地基基础等；

3. 结构体系的宏观评估应通过查阅图纸与现场踏勘相结合的方法进行检查，结构体系应包括地基基础、承重主体结构体系、支撑体系、维护结构体系、内部隔墙、楼板体系等，结构体系的宏观评估应包括结构体系的几何稳定性、完整性、缺陷、其他结构体系的依存关系及其加固改造历史等，并应考虑腐蚀老化与外观损伤对结构体系的不利影响；

4. 荷载与作用的宏观评估应通过查阅图纸与现场踏勘相结合的方法进行检查，对荷载与作用的宏观评估应分别对设计采用的和实际作用的荷载与作用进行评估，并应对比分析其变化对结构的影响；

5. 整体安全性宏观评估应依据材料性能、腐蚀老化与外观损伤、结构体系、荷载与作用等给出宏观评估结论，可辅助于计算分析，形成结构体系现状安全性的宏观分析报告。整体安全性宏观报告应包括工程概况、评估依据、材料性能宏观评估、腐蚀老化与外观损伤宏观评估、结构体系宏观评估、荷载与作用调查、必要的计算书（情况复杂时）、结构现状安全性分析、拆除风险分析或改造后期工作风险分析、周围安全与环境影响分析等。

23.1.2　钢结构改建与加固前，应对既有结构进行测量复核。测量复核应符合下列规定。

1. 测量复核应依据施工图纸、竣工资料，重新设置施工控制网，施工控制网包括平面控制网、高程控制网；

2. 根据设置的施工控制网，对原结构进行测量复核，主要复核内容包括原结构柱的轴线偏差、垂直度偏差、楼层标高偏差等，对于复杂空间结构，还应复核结构跨中变形、悬挑下挠等数据；

3. 原结构测量复核可采用三维扫描技术，通过扫描数据重新建立实体模型，与原设计模型进行分析比对；

4. 通过对原结构测量复核，可分析原结构的现状，确定加固方案，为后续改建提供数据支撑。

23.1.3 钢结构改建与加固实施前,应依据原结构施工图纸、竣工资料、测量复核报告、安全性宏观评估报告、现场踏勘相关资料、改建与加固施工图纸,编制钢结构改建与加固专项方案。钢结构改建与加固专项方案应包括工程概况、施工总体部署、拆除方案、加固方案、改建方案、施工监测、进度计划、安全技术措施、应急预案等。

23.1.4 改建与加固材料验收应符合下列要求。

1. 用于钢结构改建与加固的原材料、零部件、成品件、标准件等产品应进行进场验收;

2. 材料及产品应符合国家现行标准的规定并满足设计要求;

3. 原材料及成品应根据现行国家标准《钢结构工程施工质量验收标准》GB 50205—2020 的相关要求进行验收及复验。

23.2 改建与加固施工方法

23.2.1 钢结构改建与加固应符合下列规定。

1. 钢结构改建与加固方案应根据现场施工环境制定合理的施工总体部署,明确起重设备布置、吊装路线、构件运输道路、现场临时堆场等;

2. 钢结构改建工序应与结构拆除、加固工序相结合,有序进行,改建过程应形成稳定的空间刚度单元,必要时增加临时支承结构或临时措施;

3. 钢结构改建过程应充分考虑既有建筑物楼板、墙、机电管线的影响。

23.2.2 多高层建筑改建与加固应符合下列规定。

1. 多高层建筑改建起重设备宜选用塔吊、汽车吊等定型产品。选用非定型产品作为起重设备时,应编制专项方案,并应经评审后再组织实施。起重设备需要附着或支承在结构上时,应得到设计单位的同意,并应进行结构安全验算。

2. 多高层建筑改建宜自下而上逐层施工,应就拆除、加固、新建等工序制定施工流程。多高层建筑楼板拆除宜采取新增一层、拆除一层的方式,或局部拆除的方式,确保结构改建过程的结构安全。

3. 多高层建筑层间改造施工应符合以下规定:

1) 构件分段应满足起重能力要求、构件运输要求以及层间就位要求;

2) 应根据实际吊装需求,在既有结构楼板留设一定数量的吊装孔,在既有结构墙板留设一定数量钢梁就位孔洞;

3) 钢结构施工先柱后梁或局部先柱后梁的顺序;钢柱安装到位后,及时安装柱间联系钢梁,形成节间稳定体系;钢楼板及压型金属板安装在楼层结构施工完成后及时安装。

23.2.3 空间结构改建与加固应符合下列规定。

1. 空间结构改建与加固,应根据新增结构特点和现场施工条件综合确定安装方法;

2. 空间结构改建宜根据平面轴网,设置多个施工分区,不同施工分区可同步改建,也可分阶段依次改建,通常可采用小型起重设备在结构内部进行改建与加固施工;

3. 空间结构改建应根据结构特点设置合理的临时支撑体系,并应通过计算分析,确定卸载方案和合理的拆除临时支撑的顺序和步骤;

4. 楼层间新增夹层时,应根据设计要求,在完成下层楼层加固验收合格后,再进行新增结构安装；

5. 既有结构梁、桁架加固，采用焊接作业时，应在卸荷条件下，采用合理的焊接工艺；

6. 空间结构外立面改建过程中，原结构外立面有保留要求的，应做好外立面的保护以及改建过程中外立面的临时稳定措施，外立面局部拆改时，应对既有结构外立面的整体安全进行分析。

23.2.4 高耸结构改建与加固应符合下列规定。

1. 高耸钢结构改建机械设备可选择地面起重机、塔吊、屋面吊、自制桅杆、攀升吊等；

2. 高耸钢结构层间改建要求与多高层建筑改建与加固相同；

3. 高耸钢结构顶层新增夹层、设备层、游艺设施等，宜利用顶层结构布置塔吊、屋面吊进行高空散装，起重设备附着或支承在结构上时，应得到设计单位的同意，并应进行结构安全验算；

4. 高耸钢结构天线桅杆加节施工时，宜采用整体起扳法或攀升吊分节安装法，对应的施工方法均应进行专项设计计算，并编制专项方案；

5. 高耸钢结构天线桅杆降节施工时，宜采用穿心式液压千斤顶钢绞线承重整体下降法，降低高空施工风险。

23.2.5 工业厂房改建与加固应符合下列规定。

1. 工业建筑钢结构内部改建施工与空间结构改建与加固相同；

2. 利用既有结构柱牛腿、行车梁等加固钢结构，应在原结构加固完成后，方可进行后续施工；

3. 改建施工过程中，宜通过增设临时柱间支撑或稳定缆风绳，确保结构临时稳定。新增结构宜采用节间综合法安装，在形成空间结构稳定体系后方可扩展安装后续节间；

4. 利用既有结构梁、柱、屋盖设计吊点，采用卷扬机、电动葫芦等进行施工时，挂点构造须设计计算，并对原结构承载能力进行计算复核。

23.3 改建与加固计算分析

23.3.1 改建与加固计算分析的属性。

钢结构改建和加固模拟计算方法与新建结构模拟计算基本一致，但亦有其一些特殊属性，主要表现在以下几个方面。

1. 在进行改建和加固施工分析前，需建立准确的既有结构分析模型，而既有结构分析模型的建立除需依据原设计文件外，还应结合实际现状进行修正，修正内容主要包括结构的几何位形、构（板）件壁厚、材料性能的退化和实际荷载作用等；

2. 对既有结构构件在受力状态下进行焊接作业的，宜考虑焊接热效应对结构内力、变形及构件承载力的影响；

3. 被加固构件加固前后，既存在受力改变，亦存在构造更迭，应依据现行国家标准《钢结构加固设计标准》GB 51367—2019 的规定进行承载力等的校核。

23.3.2 既有结构受力与卸荷分析应符合的要求。

1. 改建和加固分析的前提是对既有结构受力状态的准确评估。既有结构在过往服役期间可能存在板件和焊缝腐蚀、构件或节点域的损伤、钢与混凝土锚固区域收缩徐变变形、钢结构应力时效等情况,因此,须对既有结构进行检测鉴定,明确结构的几何位形、构(板)件壁厚、材料性能(包括弹性模量、屈服强度、极限强度和伸长率等),在此基础上结合实际的荷载情况(包括实测的楼面恒载、楼面活载、风荷载及温度作用等),对既有结构分析模型进行修正。

2. 通过修正的既有结构分析模型,可明确既有结构的理论受力状态,在此基础上,宜依据现行国家标准通过采用有损、半损或无损等检测方法对既有应力进行实测校准,以进一步校核分析模型的准确性。

3. 对于在改建和加固中采用焊接加固的,应依据现行国家标准《钢结构加固设计标准》GB 51367—2019进行待加固构件的应力比限值校核,若不符合要求,应进行卸力分析使之满足。卸力分析应结合设备性能和施工方法,考虑可能存在的卸力不同步和不均匀性等。

23.3.3 改建和加固阶段受力分析应符合的要求。

1. 改建和加固阶段受力分析应严格按照施工方案进行施工步分析;

2. 改建和加固阶段荷载除考虑结构恒载和施工活载外,尚应考虑风荷载、温度作用和其他可能的破坏作用等;

3. 对既有结构构件在受力状态下进行焊接作业的,宜考虑焊接热效应对结构内力、变形及构件承载力的影响。焊接热效应既包括焊接过程使钢材经历高温软化和降温退化等情况,亦包括焊接收缩对构件受力产生的影响。

23.3.4 结构构件计算校核应符合的要求。

1. 对于在改建和加固过程中,未发生任何变更的结构构件和节点,可按现行国家标准《钢结构设计标准》GB 50017—2017进行计算校核。

2. 对于在改建和加固过程中,发生了构件形式、结构构造、连接方式等变更的结构构件和节点,应按现行国家标准《钢结构加固设计标准》GB 51367—2019进行计算校核。

23.4 改建与加固施工监测

23.4.1 改建与加固施工过程监测的规定。

1. 既有钢结构建筑改建与拆除施工监测范围应包括:结构环境监测、结构荷载监测与结构响应监测,具体监测内容可包括:结构温度、风荷载、结构变形、结构应变、支座反力和结构振动监测。变形监测可包括基础沉降监测、竖向变形监测及水平变形监测、角位移监测、支座变形监测等内容。

2. 既有钢结构建筑改建与拆除施工中的监测参数可分为静力参数与动力参数,监测参数的选择,应满足对结构状态进行预警及评价的要求,可根据下列分类确定。

1)施工过程中静力监测参数可包括:最大应力、最大变形、变化率最大的应力和变形、变化最大的支座反力、索力、温度及风荷载;

2)施工过程中动力监测参数可包括:结构振动频率、结构最大位移、特征动力变形、振动加速度、构件最大应力、温度及风荷载。

3. 既有钢结构建筑改建与拆除施工安全监测，宜重点监测下列构件和节点。

1）应力变化显著或应力水平较高的构件；

2）变形显著的构件或节点；

3）承受较大施工荷载的构件或节点；

4）控制几何位形的关键节点；

5）能反映结构内力及变形关键特征的其他重要受力构件或节点。

23.4.2　监测数据分析与处理的规定。

1. 监测数据应进行处理分析，关键性数据宜实时进行分析判断，异常数据应及时进行核查确认。

2. 钢结构监测数据处理工作应包括监测数据采集、监测数据传输、数据库管理以及对监测全过程采集数据的分析，且应符合下列规定：

1）数据采集应包括监测软硬件的设计与开发及数据采集制度的设计。数据采集与传输的软硬件设计与选型应满足传感器的监测要求，数据采集制度应包括数据采集方式、触发预警值和采样频率的设计。

2）数据传输可采用人工间隔一定时间直接读取，宜利用现代网络传输技术进行自动无线或有线传输。

3）数据处理应能纠正或剔除异常数据，数据处理应具有标准化读写接口，应考虑数据的结构化、安全性、共享性以及使用的友好性和便捷性。

23.4.3　施工过程控制的规定。

1. 对既有钢结构建筑改建与拆除中需进行监测控制的构件或节点，应结合施工过程结构分析，得到与监测周期、监测内容相一致的计算分析结果，并宜根据安全控制与质量控制的不同目标，按"分区、分级、分阶段"的原则设置预警，且应提出相应的控制限值要求和不同重要程度的预警值。预警值应满足相关现行施工质量验收规范的要求。

2. 发生以下情况时，宜进行施工过程预警：

1）变形、应力监测值接近限值或设计要求时；

2）当监测结果超过施工过程分析结果 40％以上时；

3）当施工期间结构可能承受较大的荷载或作用时。

参考文献

[1]　钢结构工程施工质量验收标准：GB 50205—2020[S]. 北京：中国计划出版社，2020.

[2]　钢结构加固设计标准：GB 51367—2019[S]. 北京：中国计划出版社，2019.

[3]　钢结构设计标准：GB 50017—2017[S]. 北京：中国计划出版社，2017.

第 24 章　钢结构施工监测

24.1　施工监测的目的和意义

24.1.1　施工过程监测是及时掌握施工过程中结构关键性态指标、辅助施工决策的技术手段之一。通过在监测对象的特征位置布置传感器，获得测点的指标响应，结合结构特性参数如截面、跨度、高度、弹性模量和荷载边界条件，实时计算结构最不利的内力、变形、姿态等指标，根据预设的指标预警阈值进行实时评估，为施工过程提供预警服务。施工过程监测的成果可进一步为结构竣工评估提供数据。

24.1.2　钢结构施工过程监测是结构监测的一个类型，具有普通结构监测的技术共性，监测实施须确定监测目标、监测对象及施工过程中关心的结构指标，根据指标进行测点设计、预警设计、行为响应设定，选择合理的硬件设备及软件系统。

24.2　施工监测对象和指标参数

24.2.1　钢结构施工过程监测对象包括两类：安装过程中的结构，包括在建结构和临时支承结构或施工措施两种；环境、荷载及作用。结构实体监测对象包括两个层级：结构整体或其组件；构件和节点。

24.2.2　在建结构整体监测对象可根据结构体系和施工方法统筹考虑确定，当施工过程监测完成后，需进行使用过程监测时，监测对象的选取应统筹考虑两个阶段的监测需要。不同类型结构的监测要求如下。

1. 大跨度空间结构和大悬臂结构施工过程监测。

存在下列条件之一的大跨度空间钢结构以及高层结构中的局部空间结构，应进行结构整体监测。

1）跨度不小于 100m 的网架、多层网壳钢结构、索膜结构；

2）跨度不小于 50m 的单层网壳结构；

3）悬挑长度不小于 30m 的大悬臂结构；

4）设计文件提出明确监测要求的结构；

5）在施工过程中承受变化剧烈的外部荷载或作用，包括但不限于机械振动、温差、支座（提升点）不均匀沉降、冲击荷载等；

6）采用一种及以上特殊施工工艺的结构，特殊施工工艺如整体提升和顶升、整体滑移和分块滑移等。

2. 高层和高耸结构施工过程监测。

满足下列条件之一的高层和高耸结构，应进行结构整体监测。

1）高宽比不小于 15 的高层和高耸结构；

2）高度不小于 250m 的高层结构；

3）甲类或复杂的乙类抗震设防的高层和高耸结构；

4）设计文件提出明确监测要求的结构；

5）在施工过程中承受变化剧烈的外部荷载或作用，包括但不限于机械振动、温差、支座（提升点）不均匀沉降、冲击荷载等；

6）采用一种及以上特殊施工工艺的结构，特殊施工工艺如整体起扳法、整体提升和顶升法等；

7）对沉降和位形要求严格的高层和高耸结构；

8）含有超长构件、特殊截面或巨型截面的高层与高耸结构。

3. 其他异型结构施工过程监测。

其他异型结构指结构体系和受力复杂的空间结构。其结构整体监测对象的选取原则可按本条第 1 款确定。

24.2.3　施工用临时支承结构或措施的整体监测对象。

在钢结构施工过程中，临时支承（支撑）、千斤顶、液压提升器等施工措施与在建结构共同受力（如临时支承），或为在建结构提供边界条件（如千斤顶、提升钢绞线等），这些施工措施一旦损坏或出现故障，将影响整个在建结构的安全，因此，临时支承或施工措施是钢结构施工过程监测中必不可少的监测对象。常用的钢结构施工措施包括高支承架、缆风绳、吊索（拉索）、轨道梁、拼装胎架、支承等。

24.2.4　构件和节点监测对象，可根据在建结构和施工措施在结构中的位置和功能确定，不同类型结构施工过程中宜监测的构件和节点可按表 24.2.4-1 确定。

不同类型结构施工过程中宜监测的构件和节点　　　　表 24.2.4-1

结构整体		构件和节点
在建结构	大跨度空间结构和大悬臂结构	支座弦杆和腹杆、跨中弦杆和腹杆、索、撑杆、竖向支承柱、异形构件、支座节点、复杂节点
	高层结构	巨柱、框架柱、框架梁、异形构件、转换构件、伸臂桁架弦杆和腹杆、复杂节点
	高耸结构	支座弦杆和腹杆、塔筒、复杂节点
	其他异形结构	支座附近杆件、异形构件、复杂节点
施工临时支承结构和措施	高支模架	支座附近杆件
	缆风绳	缆风绳
	吊索（提升索）	索
	滑移轨道	轨道梁
	拼装胎架	支座附近构件、转换构件
	支撑架	支座（柱脚）附近构件、支撑架

24.2.5　在建结构和施工措施中的构件和节点监测对象的选取应满足的原则。

1. 施工过程传力路径上的关键构件或节点，包括但不限于支座附近的弦杆和腹杆、跨中弦杆、拉索或拉杆、重要或复杂的竖向支承构件、构造复杂的节点；

2. 施工过程中受力性态明显变化的结构和施工措施构件，包括内力变化幅度可能引起材料屈服、内力分量及符号变化、位形反复、关键构件性态变化的构件等；

3. 计算模型不能充分模拟实际情况，或现行规范或标准中无相应验算方法的构件或节点；

4. 连接构件多余 6 根或主受力构件间夹角小于 20°的节点；

5. 设计文件明确提出需要监测的构件或节点；

6. 施工顺序和工艺对结构竣工状态受力和变形影响大的构件或节点。

24.2.6　施工过程环境、荷载和作用监测对象包括：温度、风、机械振动等。其中，在钢结构施工中使用的各类机械设备，其振动可能对在建结构受力性态造成不利影响，故机械振动也是钢结构施工过程监测中的监测对象之一。存在以下情况之一的，应监测相应的环境、荷载与作用。

1. 受温度变化或温差、日照影响显著的结构，应进行温度监测；

2. 在基本风压超过 0.7kN/m² 或台风多发地区施工的钢结构，以及对风荷载敏感的大跨度、高层或高耸结构，应进行风荷载监测；

3. 施工机械设备振动显著的机械振动，应进行机械振动监测。

24.2.7　钢结构施工过程监测指标是指描述监测对象工作性能的参数。在施工过程监测中，通过获得监测指标数值，以评估在建结构和施工措施在施工过程中的受力性态，并随时进行预警。根据监测对象的类别，钢结构施工过程监测指标参数分为：结构整体指标参数；构件和节点指标参数；环境、荷载和作用指标参数。具体内容如下。

1. 结构整体指标参数，可根据结构类型确定，常见的钢结构施工过程监测整体指标参数如表 24.2.7-1 所示。

钢结构施工过程监测整体指标参数　　　　　　　　表 24.2.7-1

监测对象	对象子类	监测指标参数
在建结构	大跨度空间结构	结构挠度、支座位移差、支座反力、振动、自振频率、振型
	高层结构	竖向构件不均匀沉降、整体倾斜、层间位移角、支座反力
	高耸结构	竖向构件不均匀沉降、整体倾斜、整体弯曲、支座反力
	其他异形结构	结构挠度、支座位移差、支座反力、振动、自振频率、振型
施工措施	高支模架	整体倾斜、整体弯曲
	缆风绳/吊索	索力　振幅
	轨道梁	梁挠度
	拼装胎架	挠度
	提升（顶升）支撑架	顶部水平位移

2. 构件和节点指标参数，可根据施工过程模拟计算结果选取，其中，当在建结构或施工措施在施工过程中直接承受动力荷载或其他荷载导致动力效应显著的构件，应增加加速度、频率和振型等动力性能指标参数。常见构件和节点监测指标参数可参照表 24.2.7-2 选择。

钢结构施工过程监测构件和节点指标参数 表 24.2.7-2

监测对象	监测指标参数					
	截面轴力（索力）	截面（次）弯矩	构件应力比	挠度	倾斜	主应力
弦杆	✓	✓	✓			
腹杆	✓	✓	✓			
撑杆	✓	✓	✓			
索	✓					
竖向支承柱	✓	✓	✓	✓	✓	
巨柱	✓	✓	✓		✓	
框架柱	✓	✓	✓		✓	
框架梁	✓	✓	✓	✓		
异形构件	✓	✓		✓		✓
复杂节点						✓

3. 环境、荷载与作用指标参数，可按表 24.2.7-3 确定。

钢结构施工过程监测环境、荷载与作用指标参数 表 24.2.7-3

监测对象	监测指标	监测对象	监测指标
温度	环境温度、温差	地震	地震动加速度
湿度	环境湿度	机械振动	振动加速度、频率
风	风速、风向、风压		

24.3 测点布置

24.3.1 施工监测测点指直接设置在监测对象上、具有明确空间坐标的观测点。测点与监测传感器一一对应，根据传感器输出物理量划分的常用测点类型包括：应变、倾角、位移、加速度、索力等。施工过程监测测点布置原则如下。

1. 测点位置和数量应综合考虑监测指标参数结果充分、安装维护便捷进行系统性设计；

2. 如需继续进行使用健康监测，测点布置应统筹考虑；

3. 测点布置应有一定的冗余度，当部分测点损坏时，对获得监测指标参数的影响尽可能小；

4. 在满足监测要求的基础上，宜尽量缩短传感器与数据采集单元间的传输距离。

24.3.2 常用监测指标参数与测点类型对应关系可参见表 24.3.2-1。

监测指标参数与测点类型对应关系 表 24.3.2-1

监测指标参数	测点类型		监测指标参数	测点类型	
结构挠度	位移		构件应力比	截面轴力	应变
	倾角			截面弯矩	应变
支座位移差	位移		主应力	应变	
层间位移角	位移		索力	加速度（频率法）	
	倾角			索力	
自振频率	加速度		构件挠度	倾角	
振型	加速度		构件倾斜	倾角	
竖向构件（组件）顶部水平位移	位移				

24.3.3　结构和构件挠度监测可采用的方法有：采用全站仪直接测量待测点的坐标再计算挠度；采用位移计直接监测待测点与初始位置的相对位移；测量倾角，再通过挠曲线拟合获得挠度。具体要求如下。

1. 全站仪和水准仪监测要求如下。

1) 采用全站仪或水准仪监测结构和构件挠度前，需建立变形监测网，变形监测网包括基准点、工作基点和变形监测点，其中，基准点应埋设在变形区以外，点位应稳定、安全、可靠；工作基点，应选在相对稳定且方便观测的位置，每次变形监测时均应将其与基准点联测。垂直位移监测控制网的主要技术要求如表 24.3.3-1 所示。

垂直位移监测控制网精度要求 表 24.3.3-1

等级	相邻基准点高差中误差（mm）	每站高差中误差（mm）	附和或环线闭合差（mm）	往返较差、检测已测高差较差
一级	±0.3	±0.1	$0.2\sqrt{n}$	$0.3\sqrt{n}$
二级	±0.5	±0.3	$0.6\sqrt{n}$	$0.8\sqrt{n}$

2) 钢结构施工过程监测全站仪和水准仪选用应符合表 24.3.3-2、表 24.3.3-3 的要求：

全站仪选型表 表 24.3.3-2

仪器等级	一	二
标称测角精度	$m_\beta \leqslant 0.5$	$0.5 < m_\beta \leqslant 1.0$
标称测距精度	$m_d \leqslant (1 + D \times 10^{-6})$	$m_d \leqslant (2 + 2D \times 10^{-6})$

水准仪选型表 表 24.3.3-3

仪器等级	一	二
标称精度	$m_\Delta \leqslant 0.45$	$m_\Delta \leqslant 1.0$

3) 采用全站仪和水准仪监测挠度为人工测量，无法实现实时监测。当监测对象变形在施工过程中变化缓慢、稳定、无突变，且监测项目不要求连续实时监测挠度时，可采用该方法。

2. 位移计监测要求：当监测现场有条件设置位移计支架时，可采用位移计监测结构挠度。对于大跨度结构，一般在支座、跨中或四等分点布置位移计。在支座和跨中布置位移计的模式如图 24.3.3-1 所示。

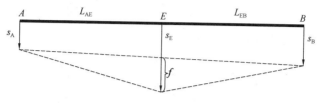

图 24.3.3-1　支座和跨中位移计布置方式

3. 静力水准仪监测要求：当监测对象挠度变化缓慢、稳定、无突变，但要求连续监测时，可采用静力水准仪监测。静力水准仪采用连通器原理，测量每个测点容器内的液面相对变化，获得结构或构件的挠度值。静力水准仪监测结构或构件挠度测点分布模式同位移计监测方法。

4. 倾角计换算结构挠度要求。

1）采用倾角计测结构挠度的前提为：

（1）结构的边界条件明确，待测跨度范围内无其他约束；

（2）荷载模式确定，即均布荷载或若干集中荷载作用确定。

2）在上述两个前提下，结构挠度可用 1 个二次或三次曲线拟合。以均布荷载作用下单跨桁架为例，通过监测桁架上 4 个点的倾角，根据最小二乘法即可获得挠曲线方程参数，进而获得该桁架任一点挠度值。也可用 3 个倾角计拟合该荷载和边界下结构的挠曲线。实践表明，采用 4 个倾角计进行过拟合得到的挠曲线方程更接近该荷载和边界条件下变形的真实状态。当结构荷载和边界条件明确时，可采用表 24.3.3-4 所示的模式进行结构挠度监测。

结构挠度监测方式　　　　　　　　　　　　　　表 24.3.3-4

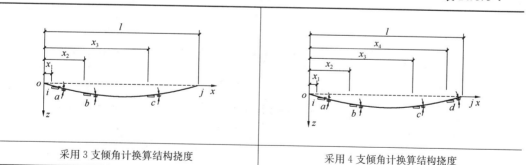

采用 3 支倾角计换算结构挠度	采用 4 支倾角计换算结构挠度

24.3.4　结构整体倾斜测点可采用以下分布模式与方法。

1. 采用全站仪或水准仪监测时，倾斜监测方法与结构和构件挠度监测方法相同。

2. 采用倾角计换算结构倾斜时，对于高层和高耸结构，由于结构并非刚体，在水平荷载作用下，结构的整体倾斜曲线可采用多项式拟合。与计算结构挠度类似，该情况下，可采用倾角计换算结构整体倾斜。采用倾角计测结构整体倾斜的测点分布模式如表 24.3.4-1 所示。

用倾角计测结构整体倾斜的测点分布方式 表 24.3.4-1

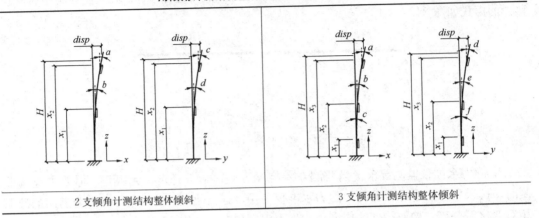

2 支倾角计测结构整体倾斜	3 支倾角计测结构整体倾斜

24.3.5 构件截面内力监测，可采用沿杆件轴线布置应变计的方法，以监测构件轴向应力或内力。在同一待测截面合理布置若干应变计，可根据材料力学原理，换算得到该截面应力或内力。表 24.3.5-1 为常用 H 形、矩形和圆管截面监测截面内力的测点分布模式。

常用 H 形、矩形和圆管截面内力监测测点分布模式 表 24.3.5-1

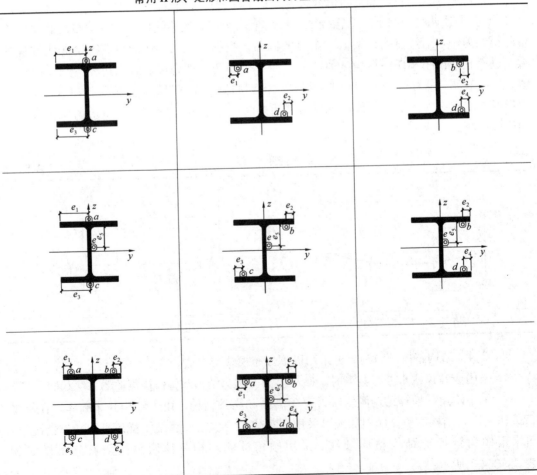

续表

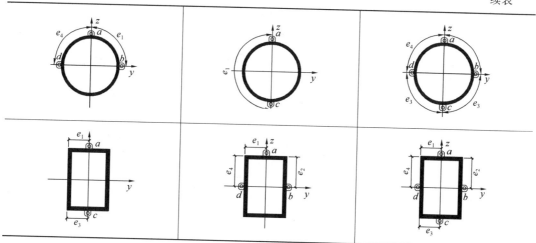

24.3.6 构件最不利内力监测，可根据构件边界条件和侧向荷载情况按以下方式布置测点。

1. 在确定的边界条件和荷载情况下，同时受轴力和弯矩的构件（压弯或拉弯）的最不利内力监测，可采用表24.3.6-1中的测点布置模式，采用该方法监测各测点处截面内力，以换算得到构件最不利内力或应力。

压弯或拉弯构件最不利内力测点布置   表 24.3.6-1

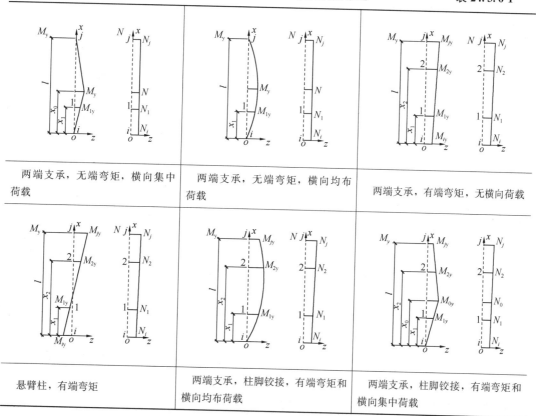

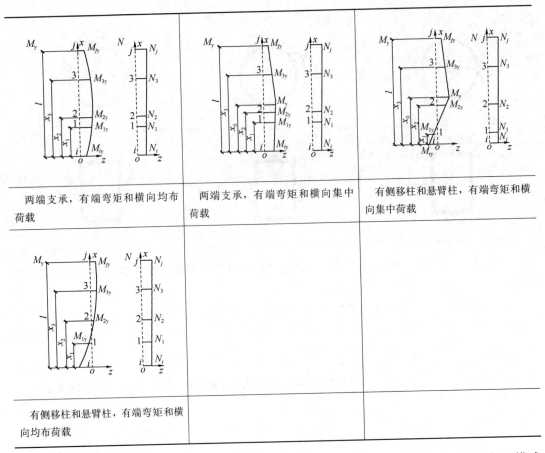

两端支承，有端弯矩和横向均布荷载	两端支承，有端弯矩和横向集中荷载	有侧移柱和悬臂柱，有端弯矩和横向集中荷载
有侧移柱和悬臂柱，有端弯矩和横向均布荷载		

2. 在确定的荷载模式和边界条件下，受弯构件可采用表 24.3.6-2 中的测点布置模式监测构件最不利内力或应力。

压受弯构件最不利内力测点布置　　　　　　表 24.3.6-2

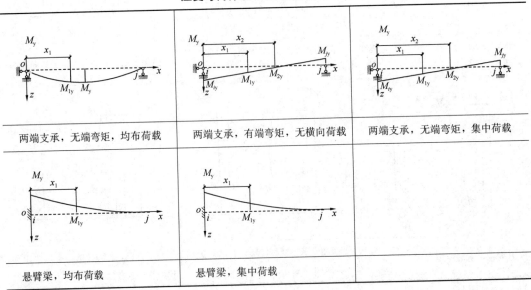

两端支承，无端弯矩，均布荷载	两端支承，有端弯矩，无横向荷载	两端支承，无端弯矩，集中荷载
悬臂梁，均布荷载	悬臂梁，集中荷载	

24.3.7　数据采样频率应考虑的因素及要求。

1. 影响钢结构施工过程数据采样频率的因素包括。

1) 施工加载区域，即直接承受荷载或机械设备（如提升点附近）作用的区域。加载区域以外的区域为影响区。

2) 施工工艺，不同施工工艺所需的数据采样频率有差异。特种施工（如整体提升、顶升和滑移）比传统施工（如分块吊装）所需的数据采样频率高。

3) 监测指标参数，不同监测指标参数之间的数据采样频率有差异。例如，同在加载区内的构件应力与加速度所需的数据采样频率通常不同，应力监测一般不低于1Hz，加速度监测一般不低于50Hz且不低于结构自振频率的5倍。

2. 监测指标参数与数据采样频率间的关系不宜低于表24.3.7-1的规定。

监测参数与数据采样频率的关系　　　　　　　　　表 24.3.7-1

监测指标参数	数据采样频率（Hz）		监测指标参数	数据采样频率（Hz）	
	加载区	影响区		加载区	影响区
结构挠度	1	1/600	索力（频率法）	50	50
支座位移差	1	1/600	索力（磁通量法）	1/600	1/600
层间位移角	1	1/600	索力（压力传感器）	1	1/600
振动加速度	50	10	构件挠度	1	1/600
竖向支承顶部水平位移	1	1/600	构件倾斜	1	1/600
构件应力比	1	1/600	温度	1/600	1/600
截面内力	1	1/600	风速和风向（超声式）	10	10
主应力	1	1/600	风速和风向（机械式）	1	1

注：振型加速度监测频次除满足上表外，尚不应低于监测对象自振频率的5倍。

24.3.8　测点定位工作内容包括监测对象在结构整体坐标系的定位和测点在监测对象上的定位。具体要求如下。

1. 监测对象在结构整体坐标系的定位。目的是确定监测对象自身的局部坐标系在结构整体坐标系中的定位。首先，确定局部坐标系原点在整体坐标系中的三维坐标，再确定局部坐标系轴线与整体坐标系的方位。

2. 测点在监测对象上的定位，包括：结构整体、杆构件、面（墙、板）构件、节点的定位，具体要求如下。

1) 测点在结构整体上的定位采用在结构整体坐标系的绝对坐标或与结构轴线的相对坐标表示。

2) 对于杆构件，测点属于一根构件上的一个截面，因此，杆构件上的测点定位分为两步：一是待测截面在杆上的定位，用该构件的局部坐标表示；二是测点在待测截面上的定位，用所在截面的二维平面坐标表示，如图24.3.8-1(a)所示。

3) 对于面构件测点定位，一是测点在待测构件面所在二维局部坐标上的定位，二是构件厚度方向的定位，如图24.3.8-1(b)、图24.3.8-1(c)所示。

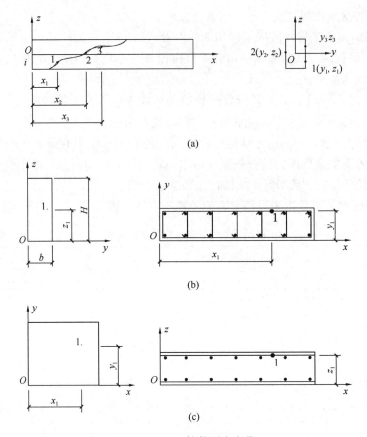

图 24.3.8-1　构件测点定位

（a）杆构件上的测点定位；（b）墙上的测点定位；（c）板的测点定位

4）节点定位，一是定位节点定位点在结构整体坐标系下的三维坐标，二是定位各测点与节点定位点的相对坐标。节点定位点可设置在节点域边缘或节点域中心。

24.4 监 测 系 统

24.4.1 监测系统的基本要求。

1. 监测系统可采用软件系统和数据采集硬件系统分离的设计模式。数据采集硬件应提供软件系统可访问的完整数据通信协议，协议可包含数据采集的开关控制、数据缓存和查询、采集频率设置、采集通道参数配置等。系统通过协议访问采集硬件的过程应与软件系统环境无关，硬件不应设置监测软件开发障碍。软件系统应从监测对象和环境的需求出发进行设备选型设计，并可根据监测要求的变化适配最佳性能的监测设备，充分兼容不同种类的监测设备，且具备可扩展性，不应在监测设备选型方面有排他性。

2. 监测系统在集成时应充分考虑各模块接口的兼容和匹配，其中，硬件标准物理接口包含电源、采集、存储和通信四类接口，电源应采用标准 220V 接口，如需电压转换的设备应将转换模块内置。通信接口应采用 RS232/RS485 或 RJ45 接口。软件系统的接口主要包含系统各软件模块间的交互接口，可采用 HTTP API 接口或 RPC 远程过程调用接口。

3. 数据采集硬件包括传感器、数据采集单元、数据传输单元、服务器和客户端。

4. 监测软件系统应具备数据采集、信息传输、结构监测数据分析、评估预警等基本功能，宜设计为便于现场操作和查看的形式，减少操作的复杂度和出错概率。

5. 软件系统应满足项目运营要求，并具备远程登录授权功能，可实现远程维护、升级。

24.4.2　传感器的类型及要求。

1. 监测类别与传感器类型的对应关系可参考表24.4.2-1。

监测类别与传感器种类对应关系　　　　　表 24.4.2-1

监测类别	传感器类别	传感器子类
应变	应变计（片）	电阻应变计（片）
		振弦式应变计
		光纤光栅应变计
索力	索力计	锚索计
		磁通量索力计
		加速度传感器（频率法）
位移	位移计	电阻位移计
		磁致伸缩式位移计
		激光位移计
		光纤光栅位移计
	静力水准仪	振弦式静力水准仪
		磁致伸缩式静力水准仪
		液压式静力水准仪
倾角	倾角计	MEMS 倾角计
		电容式倾角计
		光纤光栅倾角计
加速度	加速度计	磁电式速度传感器
		压电式加速度传感器
		电容式加速度传感器
		光纤光栅加速度传感器
温度	温度计	电阻式温度计
		热电偶
风速/风向	风速风向仪	机械式风速风向仪
		超声波风速风向仪
风压	风压计	微压差传感器

2. 传感器选型与使用原则。

1）传感器选用，首先应考虑监测需求，再根据监测量程、精度、分辨率、灵敏度、频响特性、稳定性、耐久性、环境适应性等，选用合适的传感器；

2）传感器能达到的最高监测频次，应满足施工过程监测项目要求；

3）考虑钢结构施工现场的复杂性，传感器应具有良好的抗冲击性且防护等级高（一般大于 IP65）；

4）传感器使用前应进行鉴定和校准。

3. 传感器参数包括工作参数和性能指标参数两类，具体内容如下。

1）工作参数，包括：工作电压、环境温度、湿度、抗冲击、绝缘电阻、防护等级等。

2）性能指标参数，包括：量程、精度、分辨率、灵敏度、频响特性、稳定性、耐久性、环境适应性等。常用的性能指标参数含义为：

（1）量程（F.S.）：传感器的测量范围；

（2）分辨率：传感器能够感知或监测到的最小输入信号量增量；

（3）灵敏度：传感器在稳态下输出量变化与输入量变化的比值；

（4）线性度（非线性误差）：传感器的输出与输入呈线性关系的程度，线性度表征测试系统的输出与输入系统能否像理想系统那样保持正常值比例关系（线性关系）的度量；

（5）精确度：包含精密度和准确度。准确度指仪表的示值与被测量（约定）真值的一致程度，准确度是系统误差大小的标志；精密度指测量精密度，在规定条件下，对同一对象或类似被测对象重复测量所得示值或测得值间的一致程度。一般传感器厂商给出的"精度"主要是指"准确度等级"，用传感器量程的百分率表示（%F.S.）。

（6）准确度等级：在规定的工作条件下，符合规定的计量要求，使测量误差或仪器不确定度保持在规定极限内的测量仪器或测量系统的等别或级别。由引用误差或相对误差表示与精确度有关因素的仪表，其精确度等级应在 0.01，0.02，0.05，0.1，0.2，0.5，1.0，1.5，2.5，4.0，5.0 选取，其中，示值误差指仪表的示值减去被测量的真值，引用误差指仪表的示值误差除以规定值，并以百分数表示（规定值常称为引用值，可以使仪表的输入或输出量程、范围上限值、标度长度等）。相对误差指仪表的示值误差除以被测量的（约定）真值，并以百分数表示。

24.4.3　数据采集单元的选型原则。

1. 施工过程监测中，数据采集单元数据采样频率应满足以下要求。

1）采样频率宜具备可调节功能；

2）可采样的最高频次应与对应传感器测量性能匹配，并满足物理量的最低频次。

2. 数据传输协议要求如下。

数据采集单元应提供完整的串口或以太网数据传输协议，并提供协议说明文件，包括采集单元配置参数说明、指令请求和响应体构成以及错误码说明，确保监测软件可访问并实时获取监测数据。传输协议的指令集功能应包括但不限于以下内容。

1）设置定时自动采样开关；

2）设置定时自动采样频率；

3）查询指定时间范围内的历史缓存原始数据；

4）对指定通道执行实时采样并返回当前数据；

5）查询采集单元通道数；

6）查询采集单元实时电压；

7）设置指定通道的采样参数、信号类型、信号处理方式等；

8）设置采集单元时钟。

3. 通道数选择应同时考虑下限和上限，下限不得低于接入传感器的数量，预留至少 2 个通道作为备用通道，以备通道损坏后切换；上限应综合考虑通道数的增加对采集单元的性能影响（采样频次的下降、供电电压不足等）。

4. 连接传感器的多样性要求：在一个监测项目中需监测多种物理量、采用多种传感器时，宜选择可接入多种传感器的数据采集单元。

5. 供电可选择的方式如下。

1）当监测现场可提供长期稳定的交流或直流电源时，宜采用有线供电；

2）当采集单元布设位置容易到达，且分布较广时，或监测周期低于电池供应周期，可选用电池供电。

6. 施工监测环境要求：根据施工监测环境的复杂程度，选择数据采集单元的防护（防尘和防水）等级，一般不低于 IP65。钢结构施工常位于露天环境中，需对数据采集单元提出防水、防潮、防冲击等工作环境特殊要求。

24.4.4 数据传输单元要求。

数据传输分为有线连接和无线连接。数据传输线路包括传感器到数据采集单元传输、数据采集单元到服务器传输。具体内容和要求如下。

1. 传感器到数据采集单元传输要求。

1）有线传输方式信号稳定，不易发生数据丢失，通常宜优先采用。传感器和采集单元之间的有线连接电缆应符合现行国家标准《矿用橡套软电缆 第 6 部分：额定电压 6/10 kV 及以下金属屏蔽监视型软电缆》GB/T 12972.6—2008 的规定。

2）无线传输方式在现场不易布设光、电缆时采用，要求连接信号的稳定性和设备耐久性应满足监测项目的需求。以下情况不宜采用无线传输形式：

（1）监测现场干扰信号强烈，严重影响无线数据传输的稳定性；

（2）通信能力不满足监测项目采样频次要求；

（3）特种作业施工（如结构整体提升、滑移等施工）。

无线通信受信号干扰和屏蔽影响较大，易导致监测数据丢失。特种施工作业（如结构整体提升、滑移等施工）现场使用电气设备较多，监测环境信号复杂，因此，传感器和采集单元之间通常不能采用无线通信。

2. 数据采集单元到服务器的传输要求。

1）当采用本地服务器时，数据采集单元到服务器宜采用有线传输，当采用云服务器时，数据采集单元和服务器之间可通过无线模块连接和传输数据；

2）当采集单元的通信接口为 RS485 时，有线传输距离不应超过 500m；当通信接口为 RS232 时，有线传输距离不应超过 20m，或经转换成 RS485 接口再进行长距离传输；当通信接口采用 RJ45 以太网时，网线传输距离不应超过 30m，否则应采用光缆通信。

24.4.5 服务器要求。

服务器应根据监测周期、数据采集单元的采样频次、测点数量选择合适的性能主机，选型方式可参考表 24.4.5-1。

服务器性能参数　　　　　　表 24.4.5-1

	依据	容量	CPU	内存	机箱
普通型	时间<2 年 测量频次<0.02Hz 测点数量<500	1T	2核	8GB	塔式
计算型	时间<6 个月 测量频次>1Hz 测点数量<500	4T	20核	32GB	机架式
存储型	时间<5 年 测量频次<1Hz 测点数量<1000	16T 硬盘阵列	4核	16GB	机架式
高性能	时间<5 年 测量频次>1Hz 测点数量<2000	32T 硬盘阵列	20核	32GB	机架式
云服务器集群	不限				

24.4.6　客户端选型（表 24.4.6-1）。

客户端性能特点　　　　　　表 24.4.6-1

服务器网络	登录方式	工具	客户端系统要求
本地服务器	局域网内计算机使用 IP 地址登录	浏览器。建议使用 Chrome、FireFox、Safari、Edge	Win10 Win7 MacOS 13 以上
云服务器	任意地点连接互联网，使用域名网址登录		

24.4.7　系统软件要求。

1. 兼容性要求如下。

1）系统软件应编入不同厂家、不同型号的采集单元的通信协议，以保证各类采集单元均能通过有线或无线方式与服务器通信；

2）可兼容各类不同传感器的信号类型，包括电流、电压、电阻、频率、加速度及各类处理后的传感器测量物理量；

3）同一监测对象上的传感器信号采集时间的不同步值不应大于 2 倍采样周期。

2. 数据处理能力要求如下。

1）监测系统软件应具备基本结构指标参数自动计算的能力，可根据预设条件自动触发计算模块运行，预设的条件一般可为计算频次、信号阈值等；

2）统软件宜采用分布式计算架构，数据计算能力应大于 1000 个指标/s；

3）测数据宜使用时序时空数据库 TSDB 存储，且存储数据点能力不得低于计算能力；

4）算模块应具有可扩展性，可增减或变更监测对象、结构指标及其计算方式。

3. 鲁棒性要求如下。

监测系统的核心在于监测数据的处理、分析，同时具备一般服务器的访问功能，需要同时满足两方面的性能要求，故系统宜设计成多进程或分布式系统，当局部路径上的数据采集、计算评估节点发生错误时，应确保其他计算路径不受影响，且不影响整体系统的稳定运行，不会造成服务器宕机或数据丢失，不影响客户端的数据访问功能。

24.4.8　系统选型包括以下内容和要求。

1. 系统搭建方式可参考表 24.4.8-1。

系统搭建方式　　　　　　　　　　　　　　表 24.4.8-1

	性能	适用场景	限制
云服务	实时	多地远程实时监控； 系统维护成本低，搭建速度快	监测环境具备 3G、4G 或其他有线互联网通信条件
本地局域网服务	依据服务器硬件选型而定	无网络信号； 对网络安全和数据保密有特殊要求	搭建时间长； 维护效率低，维护响应时间低于云服务； 无法提供短信实时报警

2. 评估延时要求可参考表 24.4.8-2。

评估延时要求　　　　　　　　　　　　　　表 24.4.8-2

响应时间	适用场景
≤5min	一般施工
≤30s	重要、高难度施工

3. 测点容量要求可参考表 24.4.8-3。

测点容量要求　　　　　　　　　　　　　　表 24.4.8-3

测点数量	适用场景
< 50	试验监测
50~500	一般项目监测
> 500	大型项目监测

24.5　监测系统安装、测试和维护

24.5.1　硬件安装原则。

1. 硬件安装总体原则。监测系统安装指监测设备的安装，包括传感器、数据采集设备、数据传输设备、服务器的安装。设备安装总原则包括。

1）设备安装前，应根据监测方案校对设备型号与测点、位置之间的对应关系。

2）设备安装完成后，应记录测点实际位置，绘制实际测点分布图。

3）设备的安装方式应考虑温度、湿度、防尘、振动和风压等环境影响和后期维护、更换的便利性。

4）设备安装完成后，应记录安装过程，设置永久标识符，建立设备电子档案，内容包括：

（1）设备名称、型号、危险标识；

（2）安装日期、安装责任人；

（3）验收日期、验收人；

（4）相连设备的名称、编号；

（5）光、电缆终端头、中间接头处、转弯处、直线段每隔50m处应设置标识牌。

5）监测设备安装后应进行保护，以避免施工过程中损坏失效或数据传输线路中断。

6）条件允许时，可提前在测点位置预制传感器支座或安装孔位。

2. 传感器安装原则如下。

1）传感器应根据监测施工图和安装手册正确安装；

2）传感器的安装偏差不宜大于3mm，安装角度偏差不应大于2°；

3）传感器安装时，应先在结构构件或节点处放线定位，再安装传感器支座，最后将传感器与支座连接。

3. 数据采集单元安装原则如下。

1）数据采集单元应按监测方案要求放置于指定位置，并应远离潮湿、强信号干扰环境；

2）应将数据采集单元及时接地并设置防雷措施；

3）除与传感器接线外，其他时段均应关闭并锁紧数据采集单元箱体，以免破损和受潮。

4. 数据传输单元安装原则如下。

1）设备和光、电线缆宜安装在建筑的隐蔽处，宜尽量避开人流通道、检修通道、强电线路、接触网、建筑功能标识牌等设施；

2）光、电线缆的终端接线处、转弯处及经过伸缩缝和沉降缝处均应设置固定点，且至少保留线缆直径的5倍长度防止弯折或冲断；

3）光、电线缆的接头位置应避开倾斜处、转弯处、检修不可达的狭窄处以及与其他管线交叉位置；

4）光、电线缆宜隐形布设，也可采用线管、线槽等措施进行防护布设，线缆防护措施的固定点间距不宜大于3m，防护措施后安装时，应及时修复原有建筑的防水、防腐防火涂层；

5）光纤接头应选择结构精密、插入损耗小、反射损耗率大的光连接器。应注意保持光纤接头的清洁，连接前，光纤接头和光法兰盘的软塑料帽不可打开。

24.5.2　本地服务器安装要求。

1. 设备清单可参考表24.5.2-1。

设备清单参照表

表24.5.2-1

设备名称	描述
企业级路由器	用于分配局域网设备的IP地址
千兆交换机	用于关联局域网内所有设备。交换机上行端口与路由器LAN口连接，下行端口连接采集单元、串口服务器、服务器主机
串口服务器	用于将采集设备的RS485通信接口转为以太网RJ45接口，并接入局域网内
服务器主机	用于运行监测系统服务，存储监测数据，给用户提供数据服务访问
采集单元	用于收集传感器数据，并与服务器主机通信和推送数据

2. 线路连接可参考图 24.5.2-1，连接要求如下：

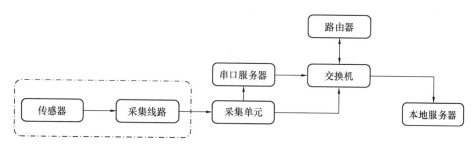

图 24.5.2-1　线路连接示意图

1）若采集单元的通信接口为 RS485/232 串口，则应用串口服务器将采集单元和交换机连接；

2）若采集单元通信接口为以太网 RJ45，则可以直接连接交换机；

3）为避免信号衰减损失，采集单元与服务器间的通信线路长度不宜过长。当采用串口线路时，线长不应超过 500m；采用网线传输时，线长不宜超过 30m，否则应采用光纤传输；当采集单元位于可活动设备上时（如吊机、堆垛机等），可在采集单元附近的固定点架设无线访问接入点 AP，采集单元通过 WIFI 通信模块与 AP 连接。

3. 服务器安装要求如下。

1）服务器不应裸露在外，应用网络机柜固定和保护服务器；

2）服务器不应安装于振动、噪声、粉尘等显著的环境，宜选择湿度 40％～60％、温度 10％～25℃范围的环境；

3）服务器应保证不间断供电，机房应配置一个或多个不间断电源 UPS 组成备用电源，形成电力冗余系统。

24.5.3　云服务器选用要求。

1. 云服务器可租用国内可靠供应商提供的云服务器，可同时租用多台组建集群；

2. 须至少购买 1 个或 2 个静态公网 IP，静态 IP 和主服务器应绑定，其余服务器可通过集群内网连接；

3. 静态公网 IP 流量带宽不应小于 5Mbps；

4. 采集单元连接无线模块，可通过 4G 或 5G 网络与云服务器通信连接，无线模块应用特定心跳包机制保证与服务器的长连接（图 24.5.3-1）。

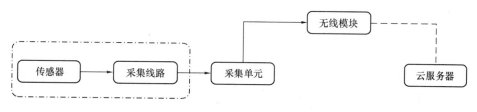

图 24.5.3-1　云服务器连接方式

24.5.4　设备防护要求。

1. 设备支承结构应具有足够的强度和刚度，并满足设备使用年限的耐久性要求；

2. 设备支座须在混凝土构件钻孔作业时，应避开主受力钢筋；

3. 设备安装在易受机械外力损伤、有腐蚀性介质、强磁场和强静电干扰等位置时，应加设物理保护和抗干扰保护措施；

4. 设备防护方式应考虑设备维护和更换的便利性，设备防护措施应安全可靠，其耐久性年限不得低于设备使用年限要求。

24.5.5　监测初值确定方法。

1. 各监测指标参数的初值宜采取实测的方式获取，当不具备实测条件时，应按施工实际情况进行施工过程模拟分析，取初始监测阶段对应的模拟分析值作为该指标的初值；

2. 监测设备更换时，若荷载和边界条件未发生改变，则应以前一阶段的有效数据作为当前阶段的初值，若荷载或边界条件改变，则取相应阶段的施工过程模拟分析结果作为当前阶段初值。

说明：实际监测时，传感器测量值反映的是传感器开始工作至读数时的监测指标状态增量，而监测对象的监测指标参数实际值应是传感器的读数与传感器开始工作时监测指标参数的取值之和，传感器开始工作时监测指标的取值即该监测指标的初值。

24.5.6　评估等级、阈值及行为响应要求。

1. 施工过程监测数据评估等级可设五个等级，对应的描述和通用的行为响应可参照表24.5.6-1设定。

监测数据等级评估与行为响应

表 24.5.6-1

等级	描述	行为响应
▓一级	非常安全	可继续加载；当出现反向加载时，自动触发构件性态转换开关，按新构件类别评估
▓二级	安全	可加载，须设置突加荷载限制值并通知现场
▓三级	重点关注	谨慎加载，宜进行当前阶段结构性态评估，通知潜在危险性，检查临时加固措施的完整性
▓四级	预警	限制加载量，即时进行伺服计算和评估，通知危险点，准备临时加固措施
▓五级	紧急	通知作业人员撤离，立即采取临时加固措施

2. 施工过程监测评估阈值可根据以下几个方面确定。

1）结构施工过程模拟计算结果；

2）结构设计计算结果（结构使用荷载作用下计算结果）；

3）设计、施工、验收等现行国家标准的限值；

4）设计资料明确要求的限值。

24.5.7　监测系统测试应按照先硬件后软件的步骤进行，测试内容包括系统的连通性、有效性和正确性，不同系统应按下列要求进行测试。

1. 硬件测试，应按通电前检查、电路测试、静态测试和动态测试的步骤进行，具体要求如下。

1）通电前检查内容如下：

（1）分别以传感器、采集单元、传输模块为中心，检查线路连接错误、断开、正负异性等；

（2）检查元器件连接的短路、接触不良、防雷接地等；

（3）检查设备供电电源的稳定性。

2）电路测试，应在通电后先进行不低于 1h 电路测试，全面观察电路有无冒烟、异常气味、监测设备高温等现象，当出现异常现象时，应立即关闭电源，待故障排除后再进行电路测试直至通过。

3）静态测试，采用万用表测量各设备及连接线缆的工作电压与电流的波动区间或电阻值。

4）动态测试，采集单元的信号调频功能和输出频率范围，测试传感器输出信号的波形、幅值量级、温度稳定性，测试信息传输模块抗干扰能力和信号衰减程度。

2. 软件测试，包括设备通信、网络、参数计算、参数评估、数据展示和预警发布，包括以下内容。

1）设备通信测试。依次调试监测设备的信号状态、波动范围、连接状态。

2）网络测试包括：

（1）排查本地服务器与监测设备连接的失效点；

（2）模拟监测故障，测试托管模式的触发机制；

（3）模拟监测运行，测试监测系统与其他客户端的通信状态。

3）监测指标参数计算测试包括：

（1）打开全部监测通道，测试监测指标参数计算的延时；

（2）至少提供 2～3 个监测指标参数进行现场激励，测试指标参数计算结果与施加激励的一致性；

（3）测试初值更替的连续性。

4）监测指标参数评估测试要求：

（1）调整监测指标参数阈值，测试监测指标参数自动评估的准确性；

（2）测试监测系统预警响应机制。

5）数据展示测试包括：

（1）监测指标预警信息到各客户端的延时不宜超过监测设计要求；

（2）监测报告生成、下载功能是否正常运行。

6）预警发布测试包括：

（1）手动触发预警，测试终端收到预警信息的延时是否满足监测设计要求；

（2）预警信息的正确性；

（3）是否存在漏发或错发。

24.5.8　系统硬件维护与系统软件维护的内容与要求。

1. 硬件维护要求如下。

1）物理检测：每季度检查，内容包括测设备机箱和传感单元以及安装支架的外观是否完整、整洁，设备机箱、传感单元的安装是否稳固、有无明显歪斜，机箱内的设备部件安装是否稳固，设备机箱、传感单元、安装支架与接地极连接是否可靠，设备机箱、传感单元外壳、安装支架、紧固件、接地极有无锈蚀；

2）设备运行物理状态：每季度检查，内容包括查看设备指示灯正常与否，是否有报警灯显示；

3）线路连接：每季度检查，内容包括查看外部接入、设备机箱与传感单元之间连接的线缆、电源线、接地线是否完整、无破损、无异常，在设备机箱内以及与传感单元之间的线缆布线是否整齐、整洁、规范，绑扎是否牢固和美观，线缆标识是否完整清晰，检测设备机箱单元的线缆连接是否牢固、接触可靠、无异声和异味，检查设备机箱内各接线端口、传感单元接线端口和线缆接线端子有无锈蚀；

4）电源：检查服务器电源、采集单元电源是否正常供电，检查供电电压是否稳定220V，检查电源变压器输出电压是否满足要求，检查变压设备是否完好、有无异味，检查备份电源是否完好；

5）在遭遇台风、地震、火灾、极端气候等灾害性事件后，运维单位应及时检查传感器及采集设备的工作状态，必要时，应由专业人员对系统进行专项维护。

2. 系统软件维护要求如下。

1）系统维护人员应每周检查监测系统的工作状态，处理日志中的提示、警告和错误等信息，并详细登记处理的内容，填写软件处理报告，详细描述出错环境，无法处理的问题和重大安全隐患，需及时汇报并记录在案，交由专业人士进行处理；

2）监测系统平台应包含设备管理模块，可以实时监控传感器及采集单元状态，对设备故障信号或数据异常信号进行报警和记录，必要时应检查对应的设备和线路状态。

24.6　施工监测报告

24.6.1　监测报告内容要求。

1. 阶段监测报告内容包括：

1）工程概况；

2）当前施工阶段描述和时间段；

3）监测依据；

4）监测施工图；

5）监测指标参数结果数据和曲线；

6）指标参数评估结果；

7）监测结论和建议。

2. 项目总报告内容包括：

1）工程概况；

2）施工阶段划分和时间段；

3）监测依据；

4）监测对象和指标参数；

5）监测施工图；

6）监测指标参数结果数据和曲线；

7）指标评估结果；

8）监测结论和建议。

24.6.2　报告样板。

1. 阶段监测报告模式，可参见本章附录 24-A；

2. 总监测报告模式，可参见本章附录 24-B。

附录 24-A　阶段监测报告

项 目 名 称

_____ 阶 段 监 测 报 告

阶段编号	上一阶段	当前阶段	下一阶段
施工内容			
开始时间			
结束时间			
报告索引			

委 托 单 位 _____

工 程 地 点 _____

委 托 日 期 _____

报 告 日 期 _____

监测专用章　　　　　　　　项目负责 _____

　　　　　　　　　　　　　编　　制 _____

　　　　　　　　　　　　　审　　核 _____

　　　　　　　　　　　　　批　　准 _____

声明：

1. 我公司仅对加盖"×××公司监测专用章"的完整报告负责。

2. 本报告结果仅对本项目的监测对象有效。

3. 未经本公司书面授权，不得部分复制本报告。

阶段监测结论

结论	
建议	
简图	当前施工阶段简图
依据	监测依据,包括现行国家标准、设计和施工资料等。
索引	(1) 监测对象、指标、测点分布见第1章 监测施工图。 (2) 指标预警阈值设置见第2章 评估等级和阈值。 (3) 该阶段监测指标参数评估见第3章 指标评估。 (4) 各个监测指标参数在本阶段的变化趋势见第4章 监测指标变化趋势。 (5) 本阶段的现场反馈情况见第5章 现场记录

第1章　监测施工图

包括监测对象、监测指标、测点分布、安装详图等。

第2章　评估等级和阈值

2.1　评估等级和行为响应

评估等级	描述	行为响应
一级	非常安全	可继续加载;当出现反向加载时,自动触发构件性态转换开关,按新构件类别评估
二级	安全	可加载,须设置突加荷载限制值并通知现场
三级	重点关注	谨慎加载,宜进行当前阶段结构性态评估,通知潜在危险性,检查临时加固措施的完整性
四级	预警	限制加载量,即时进行伺服计算和评估,通知危险点,准备临时加固措施
五级	紧急	通知作业人员撤离,立即采取临时加固措施

2.2　评估阈值

对象编号	指标参数名称	单位	二级	三级	四级	五级

第3章　指标评估

说明:

（1）阶段代表值可设定为当前施工阶段监测指标的最大值、最小值、平均值等统计值。

（2）阶段终值指当前阶段完成时监测指标的测值。

3.1　结构

结构组件编号，评估等级，行为响应。

测点分布模式图					
指标名称	单位	阶段代表值	等级	终值	评估等级

3.2　构件

构件或节点编号，构件类别，评估等级，行为响应。

测点分布模式图					
指标名称	单位	阶段代表值	评估等级	阶段终值	评估等级

3.3　节点

测点分布模式图					
指标名称	单位	阶段代表值	评估等级	阶段终值	评估等级

3.4　环境、荷载和作用

测点分布模式图					
指标名称	单位	阶段代表值	评估等级	阶段终值	评估等级

第 4 章　监测结果曲线图

报告所包含时间范围内各监测指标随时间变化的曲线。

第 5 章　现　场　照　片

现场照片内容包括但不限于：（1）现场环境；（2）数据采集单元及编号；（3）各传感器及编号。

附录 24-B 总监测报告

项 目 名 称

监 测 报 告
报告编号

项 目 地 点 _____

委 托 单 位 _____

进 场 日 期 _____

结 束 日 期 _____

报 告 日 期 _____

监测专用章　　　　　　　　项目负责 _____

编　制 _____

审　核 _____

批　准 _____

声明：

1. 我公司仅对加盖"××××公司监测专用章"的完整报告负责。

2. 本报告结果仅对本项目的监测对象有效。

3. 未经本公司书面授权，不得部分复制本报告。

结论和建议

结论	
建议	
简图	结构平面、立面简图
依据	监测依据，包括现行国家标准、设计和施工资料等

目录

第 6 章　监测指标变化趋势

第 7 章　现场记录

第 1 章　项　目　概　况

结构体系		施工方法	
主要材料		监测开始时间	
施工方法		监测结束时间	
结构总重		监测周期	
结构平面尺寸			

第 2 章　施工阶段划分

阶段编号	时间	施工内容	示意图

第 3 章　监　测　施　工　图

包括监测对象、监测指标、测点分布、安装详图等。

第 4 章　评估等级和阈值

4.1　评估等级和行为响应

等级	描述	行为响应
一级	非常安全	可继续加载；当出现反向加载时，自动触发构件性态转换开关，按新构件类别评估
二级	安全	可加载，须设置突加荷载限制值并通知现场
三级	重点关注	谨慎加载，宜进行当前阶段结构性态评估，通知潜在危险性，检查临时加固措施的完整性
四级	预警	限制加载量，即时进行伺服计算和评估，通知危险点，准备临时加固措施
五级	紧急	通知作业人员撤离，立即采取临时加固措施

4.2　评估阈值

对象编号	指标参数名称	单位	二级	三级	四级	五级

注：若各施工阶段评估阈值不同，需不同阶段分别列表。

第5章　指　标　评　估

代表值可设定为整个施工过程监测指标的最大值、最小值、平均值等统计值。

终值指监测完成时监测指标的测值。

5.1　结构

结构组件编号，评估等级，行为响应。

测点分布模式图					
指标名称	单位	代表值	等级	终值	评估等级

5.2　构件

构件或节点编号，构件类别，评估等级，行为响应。

测点分布模式图					
指标名称	单位	代表值	评估等级	终值	评估等级

5.3　节点

测点分布模式图					
指标名称	单位	代表值	评估等级	终值	评估等级

5.4　环境、荷载和作用

测点分布模式图					
指标名称	单位	代表值	评估等级	终值	评估等级

第6章　监测结果曲线图

报告包含时间范围内各监测指标随时间变化的曲线。

第7章 现 场 照 片

现场照片内容包括但不限于：（1）现场环境；（2）数据采集单元及编号；（3）各传感器及编号。

参考文献

［1］ 张心斌，罗永峰，耿树江. 钢结构检测鉴定指南［M］. 北京：中国建筑工业出版社，2018.

［2］ 建筑与桥梁结构监测技术规范：GB 50982—2014［S］. 北京：中国建筑工业出版社，2015.

［3］ 建筑工程施工过程结构分析与监测技术规范：JGJ/T 302—2013［S］. 北京：中国建筑工业出版社，2014.

［4］ 建筑变形测量规范：JGJ 8—2016［S］. 北京：中国建筑工业出版社，2016.

［5］ 结构健康监测系统设计标准：CECS 333：2012［S］. 北京：中国建筑工业出版社，2013.

［6］ 阳洋，李秋胜，刘纲. 建筑与桥梁结构监测技术规范应用与分析 GB 50982—2014［M］. 北京：中国建筑工业出版社，2016.

［7］ 通用计量术语及定义：JJF 1001—2011［S］. 北京：中国质检出版社，2011.

［8］ 公路桥梁结构安全监测系统技术规程：JT/T 1037—2016［S］. 北京：人民交通出版社股份有限公司，2016.